자·출·문

자주 출제되는 문제로
합격을 위한 핵심만 학습!
자격증 취득에 최적화된 수험서

2026 최신판

정영식
에너지관리기사

필기 시험대비

핵심이론 + 단원별 빈출문제

정영식 저

- 한국산업인력공단 출제기준 완벽 반영
- 지난 10년간 과년도 기출 30회분 완벽 분석
- 각 장마다 시험에 자주 출제되는 문제(자·출·문) 정리 후 이론을 정리하여
  중요한 내용과 필수 암기영역을 선별하여 학습
- 각 장마다 수록된 문제의 중복 출제 횟수를 별표(★)로 표시

머리말

에너지관리기사는 2020년에 신설된 기계설비법에 따른 기계설비유지관리자 선임 자격증이며, 에너지 이용 합리화법에 따라 열사용기자재를 담당하는 선임 자격증이기도 합니다.

하나의 자격증으로 두 가지 법령에 꼭 필요한 기계설비 분야의 필수 자격증이라고 할 수 있습니다. 또한 에너지관리기사는 1982년부터 2026년까지 100문항으로 출제되나, 2027년부터는 출제 과목이 변경되어 80문항으로 출제됩니다. 에너지관리기사는 2022년 3회부터 컴퓨터로 시험을 보는 CBT 방식으로 변경된 후 문제은행식으로 출제되고 있습니다. 따라서 시험 과목이 변경되기 전인 2026년 시험에 합격하는 것이 수험생들에게 유리할 수 있습니다.

이 교재는 지난 10년간의 과년도 문제 30회분을 완벽하게 분석했습니다.

각 장마다 자주 출제되는 문제, 이른바 "자출문"을 먼저 정리한 후 이론 부분을 집필했습니다. 수험생들은 어떤 부분이 중요하고 어떤 부분을 암기해야 하는지 알기 어렵지만, 이 교재의 "자출문" 위주로 공부하신다면 아주 쉽게 자격 취득이 가능할 것입니다.

또한 각 장에 수록된 문제에는 10년치 기출 문제를 완벽하게 분석하여 중복 출제된 횟수를 별표(★)로 표시했습니다.

별표(★)가 많을수록 여러 번 중복 출제된 중요한 문제입니다. 각 장의 문제를 모두 풀이하시면 10년치 기출 문제를 다 풀어보게 되는 것이며, 반드시 에너지관리기사 시험에 합격할 것입니다.

자격시험은 100점 만점에 60점 이상이면 합격하는 시험입니다.

이 교재와 강의는 학문적 깊이를 추구하기보다는 "자격 취득"을 목표로 합니다. 자주 출제되고 쉬운 문제를 놓치지 않는 것이 자격 취득의 지름길입니다. 난이도가 어려운 문제는 과감히 버리고 "자격 취득"에 최적화된 내용으로 교재를 집필했습니다.

이 교재와 와우에듀에서 진행하는 동영상 강좌를 함께 준비하신다면 에너지관리기사 자격증을 꼭 취득할 수 있을 것입니다. 수험생 여러분의 합격을 기원합니다.

정영식 저자

목차

PART 1   **열역학** / 9

- CHAPTER 01   열역학 정의와 단위 …………………………………………… 12
  - 과년도기출문제 …………………………………………………… 18
- CHAPTER 02   열역학 1법칙 ……………………………………………………… 26
  - 과년도기출문제 …………………………………………………… 27
- CHAPTER 03   이상기체와 각과정별 상태변화 ………………………………… 32
  - 과년도기출문제 …………………………………………………… 35
- CHAPTER 04   열역학 2법칙 ……………………………………………………… 48
  - 과년도기출문제 …………………………………………………… 50
- CHAPTER 05   증기 ………………………………………………………………… 64
  - 과년도기출문제 …………………………………………………… 66
- CHAPTER 06   증기동력사이클 …………………………………………………… 76
  - 과년도기출문제 …………………………………………………… 78
- CHAPTER 07   내연기관 …………………………………………………………… 86
  - 과년도기출문제 …………………………………………………… 89
- CHAPTER 08   냉동cycle ………………………………………………………… 98
  - 과년도기출문제 …………………………………………………… 102
- CHAPTER 09   증기의 흐름과 여러가지 계수 ………………………………… 116
  - 과년도기출문제 …………………………………………………… 117

PART 2　연소공학 / 121

- **CHAPTER 01** 연료 ········· 124
  - 과년도기출문제 ········· 128
- **CHAPTER 02** 고체연료 ········· 134
  - 과년도기출문제 ········· 140
- **CHAPTER 03** 액체연료 ········· 148
  - 과년도기출문제 ········· 157
- **CHAPTER 04** 기체연료 및 가스연료 ········· 166
  - 과년도기출문제 ········· 172
- **CHAPTER 05** 연소개론 ········· 180
  - 과년도기출문제 ········· 186
- **CHAPTER 06** 연소계산 ········· 194
  - 과년도기출문제 ········· 198
  - 과년도기출문제 ········· 203
  - 과년도기출문제 ········· 213
  - 과년도기출문제 ········· 219
  - 과년도기출문제 ········· 227
  - 과년도기출문제 ········· 236
- **CHAPTER 07** 전열 및 여러 가지 효율 ········· 238
  - 과년도기출문제 ········· 241
- **CHAPTER 08** 통풍장치/집진장치/보염장치 ········· 246
  - 과년도기출문제 ········· 255
  - 과년도기출문제 ········· 258
  - 과년도기출문제 ········· 263

CHAPTER 09 화재 및 폭발 ······ 266
　　　　　　과년도기출문제 ······ 269
CHAPTER 10 연료시험 및 배기가스 ······ 274
　　　　　　과년도기출문제 ······ 277

PART 3　계측방법 / 287

CHAPTER 01 측정의 개요 와 단위 ······ 290
　　　　　　과년도기출문제 ······ 300
CHAPTER 02 온도측정=측온(測溫) ······ 312
　　　　　　과년도기출문제 ······ 323
CHAPTER 03 압력측정 ······ 352
　　　　　　과년도기출문제 ······ 359
CHAPTER 04 유량측정 ······ 370
　　　　　　과년도기출문제 ······ 376
CHAPTER 05 액면측정 ······ 388
　　　　　　과년도기출문제 ······ 390
CHAPTER 06 습도측정 ······ 394
　　　　　　과년도기출문제 ······ 397
CHAPTER 07 가스분석 및 열량측정 ······ 402
　　　　　　과년도기출문제 ······ 407
CHAPTER 08 자동제어 ······ 420
　　　　　　과년도기출문제 ······ 428

PART 4 열설비재료 / 441

- CHAPTER 01 요로(窯爐) ········· 444
  - 과년도기출문제 ········· 449
- CHAPTER 02 로(爐)=furnace ········· 458
  - 과년도기출문제 ········· 462
- CHAPTER 03 내화물 ········· 468
  - 과년도기출문제 ········· 475
- CHAPTER 04 단열재와 보온재 ········· 488
  - 과년도기출문제 ········· 495
- CHAPTER 05 배관 및 밸브 ········· 508
  - 과년도기출문제 ········· 528

PART 5 열설비설계 / 539

- CHAPTER 01 보일러의 종류 및 특징 ········· 542
  - 과년도기출문제 ········· 553
- CHAPTER 02 보일러설계 ········· 568
  - 과년도기출문제 ········· 574
- CHAPTER 03 보일러의 부속장치 ········· 586
  - 과년도기출문제 ········· 593

CHAPTER 04 배관설계	604
● 과년도기출문제	610
CHAPTER 05 전열(열전달)	618
● 과년도기출문제	623
CHAPTER 06 용접, 리벳, 압력용기 설계	638
● 과년도기출문제	646
CHAPTER 07 급수처리	658
● 과년도기출문제	664
CHAPTER 08 보일러용량 및 열정산	676
● 과년도기출문제	678

PART 6 에너지관련법규 / 683

CHAPTER 01 에너지법	686
CHAPTER 02 에너지법 시행령	700
CHAPTER 03 에너지법 시행규칙	714
CHAPTER 04 에너지이용 합리화법	718
CHAPTER 05 에너지이용 합리화법 시행령	758
CHAPTER 06 에너지이용 합리화법 시행규칙	780

Part 1

열역학

01
열역학 정의 및 단위

01 열역학 정의 및 단위
02 열역학 1법칙
03 이상기체와 각과정별 상태변화
04 열역학 2법칙
05 증기
06 증기동력사이클
07 내연기관
08 냉동cycle
09 증기의 흐름과 여러가지 계수

CHAPTER 01 열역학 정의와 단위

자주출제 되는 문제

01 열역학 용어

(1) 강도성 상태량(强度性 狀態量 ; intensive property) : 온도(T), 압력(P), 밀도(ρ)
(2) 종량성 상태량(從量性 狀態量 ; extensive property) : 체적(V), 내부에너지(U), 엔탈피(H), 엔트로피(S)
(3) 열과 일은 과정함수=경로함수=도정함수 : 계의 변화 과정에 따라 그 값이 변하는 함수
(4) 밀폐계 : 열과 일의 출입이 있고 동작물질의 출입도 있다.
(5) 개방계 : 열과 일의 출입이 있고 동작물질의 출입이 없다.

02 온도 단위 환산

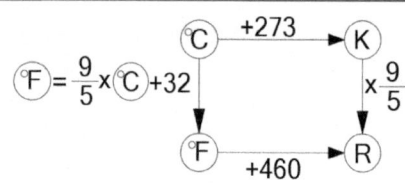

여기서, ℃ : 섭씨온도, K : 켈빈온도 °F : 화씨온도
R : 랭킨온도

03 (어떤물질의 무게) $W = \gamma \times V = S \times \gamma_w \times V = \rho \times g \times V$

(비중) $S = \dfrac{\gamma}{\gamma_w} = \dfrac{\rho}{\rho_w}$

(물의 비중량) $\gamma_w = 1000 \left[\dfrac{kg_f}{m^3}\right] = 9800 \left[\dfrac{N}{m^3}\right] = 1 \left[\dfrac{kg_f}{l}\right] = 1 \left[\dfrac{g_f}{cc}\right]$

(물의 밀도) $\rho_w = 1000 \left[\dfrac{kg}{m^3}\right]$

04 압력 단위환산

(절대압력)$P_{abs} = P_o + P_G$, (절대압력)$P_{abs} = P_o - P_V = P_o - P_o x = P_o(1-x)$

여기서, P_G : 게이지 압 = 정압, P_V : 진공압 = 부압, P_o : 국소대기압, x : 진공도

표준대기압 1atm = 760mmHg = $1.0332\frac{kg_f}{cm^2}$ = 10.332mAg = 1.01325bar = 101325Pa=14.7PSI

$1[bar] = 10^5[Pa]$ =100[KPa]=0.1[MPa]≒$1\left[\frac{kg_f}{cm^2}\right]$≒$10[mH_2O]$

05 열역학 0 법칙(온도평형의 법칙, 열적평형의 법칙)

(열량의 변화) $\triangle Q = m \times C \times \triangle T$, m : 질량, C : 비열, △T : 온도의 변화

열량의 단위 $1Kcal = 4.185KJ = 427Kg_f \cdot m$

(두 물체의 혼합후의 평균온도) $T_m = \dfrac{m_1 C_1 T_1 + m_2 C_2 T_2}{m_1 C_1 + m_2 C_2}$ 여기서, m : 질량, C : 비열,

T : 온도의 변화

06 $\delta Q = dU + \delta W$

여기서, δQ : 열량의 변화, dU : 내부 에너지의 변화, δW : 일량의 변화

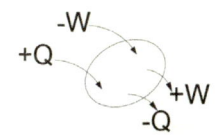	Q(열)을 받으면 $(+)$열, Q(열)을 버리면 $(-)$열 W(일)을 받으면 $(-)$일, W(일)을 외부로 하면 $(+)$일

07 열기관의 효율$(\eta) = \dfrac{output}{input} = \dfrac{얻어진 정미일량}{공급된 연소열량} = \dfrac{동력}{연료의 저위발열량 \times 연료소비율} = \dfrac{H}{Q_L \times f}$

01 열역학 용어

1) **열(熱)** : 분자운동에너지 결과로써 고온에서 저온으로 이동하는 에너지
2) **열역학의 정의** : 열과 일의 관계 및 열과 일에 관계되는 물질에 대해 연구하는 학문
3) **열역학의 목적** : 열에너지를 기계적 에너지로 효율적으로 경제적으로 변화시키기 위함이 목적이다. 열에너지를 기계적 에너지로 변환시키기 위해서는 여러가지 과정이 필요하고 이 과정이 하나의 주기를 가질 때 사이클이 구성된다. 즉 과정을 해석 하여 사이클의 열 효율을 높이는 방법을 제시 하는 것이 열역학의 목적이다.
4) **계(system)** : 연구대상으로 선택한 물질이나 공간
   (1) 동작물질 : 에너지를 저장 운반하는 물질(예 : 증기기관의 증기, 냉장고의 냉매)
   (2) 계의 종류

구분	열과 일의 의 출입	동작물질의 출입	예시
고립계 (isolated system)	無(없다)	無(없다)	실제는 존재하지 않지만 과학·수학적 모델을 만드는 데 중요한 개념
밀폐계 (open system)	有(있다)	無(없다)	열풍선, 실린더 체적의 변화를 통해서 일을 한다.
개방계 (closed system)	有(있다)	有(있다)	터빈, 펌프 압력의 변화를 통해서 일을 한다.

5) **상태량** : 계의 상태를 나타내는 상태량 : 완전미분형태로 나타낸다.
   (1) **강도성 상태량**(强度性 狀態量 ; intensive property) : 나누어도 변하지 않는 상태량 물질이 가지는 질량의 크기에 관계없는 상태량으로 온도(T), 압력(P)등이 표적이다. - 나누어도 변화가 없는 상태량
   (2) **종량성 상태량**(從良性 狀態量 ; extensive property)=용량성 상태량=시량적 상태량 : 나누면 변화 되는 상태량 물질의 질량에 따라서 값이 변하는 상태량이다. 체적(V), 내부에너지(U), 엔탈피(H), 엔트로피(S), 질량등이 있다. - 나누면 변화가 있는 상태량
6) **상태량으로 표시 할수 없는 상태량**
   (1) 열과 일은 과정함수 또는 경로 함수라고 한다. 일과 열은 과정에서 따라 값이 달라지기 때문에 불완전 미분 형태로 나타낸다.
   (2) 상수로 고정되는 물리량 : 기체상수, 비열비, 만력인력상수 등

02 온도의 단위

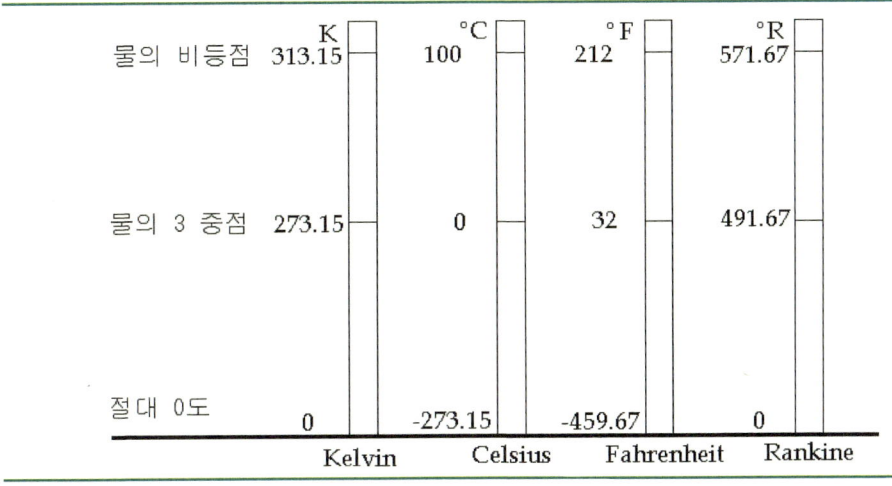

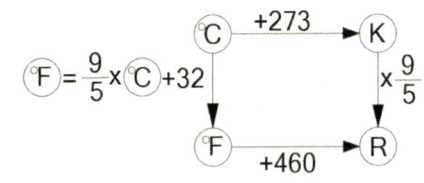

여기서, ℃ : 섭씨온도, K : 켈빈온도
°F : 화씨온도, R : 랭킨온도
1℃ 상승 = 1K 상승 = 1.8°F 상승 = 1.8R상승

03 기초 단위

	단위	길이	질량	시간	힘	일(에너지)	동력	비고
절대 단위	M.K.S	m	kg	sec	1N=1kgm/s²	1J=1N·m	W=1J/sec	1KW=1000N·m/s
	C.G.S	cm	g	sec	dyne	erg		
공학 단위	중력 단위	m cm	kgfs²/m	sec	kgf	kgf·m cal		1ps=75kgf·m/s 1KW=102kgf·m/s

배 수	접두어 약호	배 수	접두어 약호
$10^9 = 1000000000$	giga (G)	$10^{-1} = 0.1$	deci (d)
$10^6 = 1000000$	mega (M)	$10^{-2} = 0.01$	centi (c)
$10^3 = 1000$	kilo (k)	$10^{-3} = 0.001$	milli (m)
$10^2 = 100$	hecto (h)	$10^{-6} = 0.000001$	micro (μ)
$10^1 = 10$	deca (D)	$10^{-9} = 0.000000001$	nano (n)

1) 체적의 단위

$1[m^3] = 1000[l] = 10^6[cc]$

$1[l] = 10^3[cm^3] = 1000[cc]$, $1[cc] = 1[cm^3] = 1[ml]$

2) 비중량(γ), 밀도(ρ) 비체적(ν), 비중(S)

V : 체적, W : 무게, m : 질량,

① (비중량) $\gamma = \dfrac{W}{V} = \dfrac{mg}{V} = \rho g$,

② (밀도) $\rho = \dfrac{m}{V}$

③ (비체적) $v = \dfrac{V}{m}$

④ (비중) $S = \dfrac{\text{어떤 물질의 비중량}}{\text{물의 비중량}} = \dfrac{\gamma}{\gamma_w} = \dfrac{\rho}{\rho_w}$

⑤ (물의 비중량) $\gamma_w = 1000\left[\dfrac{kg_f}{m^3}\right] = 9800\left[\dfrac{N}{m^3}\right] = 1\left[\dfrac{kg_f}{l}\right] = 1\left[\dfrac{g_f}{cc}\right]$

(물의 밀도) $\rho_w = 1000\left[\dfrac{kg}{m^3}\right] = 102\left[\dfrac{kg_f \cdot S}{m^4}\right]$

3) (어떤물질의 무게) $W = \gamma \times V = S \times \gamma_w \times V = \rho \times g \times V$

04 압력단위

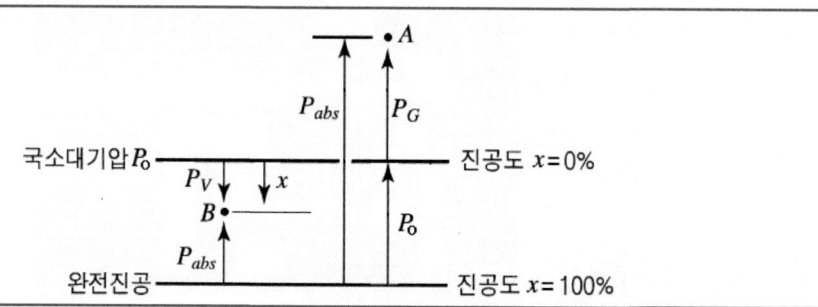

(절대압력) $P_{abs} = P_o + P_G$,

(절대압력) $P_{abs} = P_o - P_V = P_o - P_o x = P_o(1-x)$

여기서 , P_G : 게이지 압 = 정압, P_V : 진공압 = 부압, P_o : 국소대기압, x : 진공도

표준대기압 1atm = 760mmHg = 1.03321.0332 $\dfrac{kg_f}{cm^2}$ = 10.332mAg = 1.01325bar = 101325Pa=14.7PSI

$1[bar] = 10^5[Pa]$ =100[KPa]=0.1[MPa]

05 열역학 0 법칙(온도평형의 법칙, 열적평형의 법칙)

(열량의 변화) $\triangle Q = m \times C \times \triangle T$, m : 질량, C : 비열, △T : 온도의 변화

열량의 단위 $1Kcal = 4.185KJ = 427Kg_f \cdot m$

(두 물체의 혼합후의 평균온도) $T_m = \dfrac{m_1 C_1 T_1 + m_2 C_2 T_2}{m_1 C_1 + m_2 C_2}$ 여기서, m : 질량, C : 비열, T : 온도의 변화

06 $\delta Q = dU + \delta W$

여기서, δQ : 열량의 변화, dU : 내부 에너지의 변화, δW : 일량의 변화

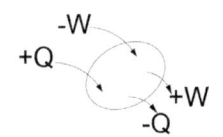	Q(열)을 받으면 $(+)$열, Q(열)을 버리면 $(-)$열 W(일)을 받으면 $(-)$일, W(일)을 외부로 하면 $(+)$일

07 열기관의 효율 $(\eta) = \dfrac{output}{input} = \dfrac{얻어진 정미일량}{공급된 연소열량} = \dfrac{동력}{연료의 저위발열량 \times 연료소비율} = \dfrac{H}{Q_L \times f}$

과년도 기출문제

열역학

1. 열역학 용어 상태량

01 열역학적계란 고려하고자 하는 에너지 변화에 관계되는 물체를 포함하는 영역을 말하는데 이 중 폐쇄계(closed system)는 어떤 양의 교환이 없는 계를 말하는가? ○ 19년9월21일

① 질량　　② 에너지
③ 일　　　④ 열

해설 폐쇄계(closed system)는 동작물질의 교환이 없는 계이다. 여기서 동작물질의 교환이 없다는 것은 계의 질량이 변화지 않는 것으로 질량의 교환이 없는 것이다.

02 다음 중 강도성 상태량이 아닌 것은? ○ 20년9월26일

① 압력　　② 온도
③ 비체적　④ 체적

해설 강도성 상태량은 나누어도 변화 되지 않는 상태량으로 압력, 온도, 밀도, 비체적 등이 있다.

03 어떤 상태에서 질량이 반으로 줄면 강도성질(intensive property) 상태량의 값은? ○ 13년9월28일

① 반으로 줄어든다.
② 2배로 증가한다.
③ 4배로 증가한다.
④ 변하지 않는다.

해설 강도성질(intensive property) 상태량은 나누어도 변하지 않는다.

04 다음 중 용량성 상태량(extensive property)에 해당하는 것은? ○ 19년3월3일

① 엔탈피　② 비체적
③ 압력　　④ 절대온도

해설 용량성 상태량(extensive property)=종량성상태량 : 나누어서 변화되는 상태량으로 질량, 엔탈피, 엔트로피, 내부 에너지, 체적등이 있다.

05 다음 중 경로에 의존하는 값은? ○ 16년3월6일

① 엔트로피　② 위치에너지
③ 엔탈피　　④ 일

해설 경로 함수=과정함수는 열과 일이다.

06 시량적 성질(extensive property)에 해당하는 것은? ○ 15년5월31일

① 체적　　② 조성
③ 압력　　④ 절대온도

해설 시량적 성질(extensive property)=종량성 성질 : 나누면 변화되는 물리량으로 체적, 질량, 내부 에너지, 엔탈피, 엔트로피등이 있다.

07 어떤 상태에서 질량이 반으로 줄면 강도성질(intensive property) 상태량의 값은?

① 반으로 줄어든다.　② 2배로 증가한다.
③ 4배로 증가한다.　④ 변하지 않는다.

해설 강도성질(intensive property) 상태량은 나주어도 변하지 않는다.

정답 01 ①　02 ④　03 ④　04 ①　05 ④　06 ①　07 ④

2 온도

★★

01 온도와 관련된 설명으로 틀린 것은?
　　　　　　　　◎ 21년5월15일, 13년6월2일

① 온도 측정의 타당성에 대한 근거는 열역학 제0법칙이다.
② 온도가 0℃에서 10℃로 변화하면, 절대온도는 0K에서 283.15K로 변화한다.
③ 섭씨온도는 물의 어는점과 끓는점을 기준으로 삼는다.
④ SI 단위계에서 온도의 단위는 켈빈 단위를 사용한다.

해설 온도가 0℃에서 10℃로 변화하면, 절대온도는 273.15K에서 283.15K로 변화한다.

02 온도와 관련된 설명으로 틀린 것은?
　　　　　　　　◎ 13년6월2일

① 온도 측정의 타당성에 대한 근거는 열역학 제 0법칙이다.
② 온도가 10℃ 올라가면 절대온도는 283.15K 올라간다.
③ 섭씨온도는 물의 어는점과 끓는점을 기준으로 삼는다.
④ SI 단위계에서 열역학적 온도 눈금(scale)으로는 켈빈 눈금을 사용한다.

풀이 온도가 10℃ 올라가면 절대온도는 10K 올라간다.

3 압력

★★★

01 보일러의 게이지 압력이 800kPa 일 때 수은기압계가 측정한 대기 압력이 856mmHg를 지시했다면 보일러 내의 절대압력은 약 몇 kPa 인가? (단, 수은의 비중은 13.6 이다.)
　　　　　　　　◎ 21년9월12일

① 810　　② 914
③ 1320　　④ 1656

해설 절대압력 = 게이지압력 + 국소대기압
$$= 800kPa + \left(856mmHg \times \frac{101.325kPa}{760mmHg}\right)$$
$$= 914kPa$$

★★

02 대기압이 100kPa 인 도시에수 두 지점의 계기압력비가 '5 : 2'라면 절대 압력비는?
　　　　　　　　◎ 21년9월12일

① 1.5 : 1
② 1.75 : 1
③ 2 : 1
④ 주어진 정보로는 알 수 없다.

해설 $\frac{절대압력_2}{절대압력_1} = \frac{P_o + 2P_g}{P_o + 5P_g}$ 임으로 알수 없다.

03 다음 중에서 가장 높은 압력을 나타내는 것은?
　　　　　　　　◎ 20년8월22일

① 1atm　　② $10kgf/cm^2$
③ $10^5 Pa$　　④ 14.7psi

해설 ① 1atm ≒ 1bar
② 10kgf/cm2 ≒ 10bar
③ 105Pa ≒ 0.01bar
④ 14.7psi ≒ 1bar

정답　01 ②　02 ② / 01 ②　02 ④　03 ②

04 그림과 같은 피스톤-실린더 장치에서 피스톤의 질량은 40kg이고, 피스톤 면적이 $0.05m^2$일 때 실린더 내의 절대압력은 약 몇 bar인가? (단, 국소 대기압은 0.96bar이다.)

◉ 18년3월4일

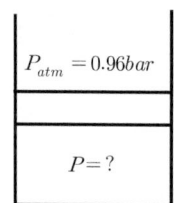

① 0.964 ② 0.982
③ 1.038 ④ 1.122

해설
게이지압력
$P_g = \dfrac{W}{A} = \dfrac{mg}{A} = \dfrac{40 \times 9.8}{0.05} \dfrac{N}{m^2} = 7840Pa = 0.0784bar$

$P_{abs} = P_O + P_g = 0.96 + 0.0784 = 1.0384bar$

4 밀도, 비체적, 비중량

★★
01 밀도가 $800kg/m^3$인 액체와 비체적이 $0.0015m^3/kg$인 액체를 질량비 1 : 1로 잘 섞으면 혼합액의 밀도는 약 몇 kg/m^3인가?

◉ 19년4월27일

① 721 ② 727
③ 733 ④ 739

해설
$m_1 = m_2 = m$

$\rho_m = \dfrac{2m}{V_1 + V_2} = \dfrac{2m}{\dfrac{m}{\rho_1} + m \times v_2} = \dfrac{2}{\dfrac{1}{\rho_1} + v_2} = \dfrac{2}{\dfrac{1}{800} + 0.0015} = 727.27 \dfrac{kg}{m^3}$

02 반지름이 0.55cm이고, 길이가 1.94cm인 원통형 실린더 안에 어떤 기체가 들어 있다. 이 기체의 질량이 8g이라면, 실린더 안에 들어 있는 기체의 밀도는 약 몇 g/cm^3인가?

◉ 19년4월27일

① 2.9 ② 3.7
③ 4.3 ④ 5.1

해설 $\rho = \dfrac{m}{V} = \dfrac{8}{\pi \times 0.55^2 \times 1.94} = 4.33 \dfrac{g}{cm^3}$

03 체적이 3L, 질량이 15kg인 물질의 비체적(cm^3/g)은?

◉ 17년5월7일

① 0.2 ② 1.0
③ 3.0 ④ 5.0

해설 $v = \dfrac{3 \times 10^3 cm^3}{15000g} = 0.2 \dfrac{cm^3}{g}$

정답 04 ③ / 01 ② 02 ③ 03 ①

5 열용량식

★★

01 온도 250℃, 질량 50kg인 금속을 20℃의 물속에 놓았다. 최종 평형 상태에서의 온도가 30℃이면 물의 양은 약 몇 kg인가? (단, 열손실은 없으며, 금속의 비열은 0.5kJ/kg·K, 물의 비열은 4.18kJ/kg·K이다.) ⊕ 16년5월8일

① 108.3　　② 131.6
③ 167.7　　④ 182.3

해설
$T_m = \dfrac{m_1 C_1 T_1 + m_2 C_2 T_2}{m_1 C_1 + m_2 C_2}$, $30 = \dfrac{50 \times 0.5 \times 250 + m_2 \times 4.18 \times 20}{50 \times 0.5 + m_2 \times 4.18}$

$m_2 = 131.6℃$

02 80℃의 물 50kg과 20℃의 물 100kg을 혼합하면 이 혼합된 물의 온도는 약 몇 ℃인가? (단, 물의 비열은 4.2kJ/kg·K이다.) ⊕ 20년6월6일

① 33　　② 40
③ 45　　④ 50

해설
$T_m = \dfrac{m_1 C_1 T_1 + m_2 C_2 T_2}{m_1 C_1 + m_2 C_2} = \dfrac{m_1 T_1 + m_2 T_2}{m_1 + m_2} = $

$\dfrac{50 \times 80 + 100 \times 20}{50 + 100} = 40℃$

03 80℃의 물 100kg과 50℃의 물 50kg을 혼합한 물의 온도는 약 몇 ℃인가? (단, 물의 비열은 일정하다.) ⊕ 19년4월27일

① 70　　② 65
③ 60　　④ 55

해설
$T_m = \dfrac{m_1 C_1 T_1 + m_2 C_2 T_2}{m_1 C_1 + m_2 C_2} = \dfrac{m_1 T_1 + m_2 T_2}{m_1 + m_2} = $

$\dfrac{100 \times 80 + 50 \times 50}{100 + 50} = 70℃$

04 온도 45℃인 금속 덩어리 40g을 15℃인 물 100g에 넣었을 때, 열평형이 이루어진 후 두 물질의 최종 온도는 몇 ℃인가? (단, 금속의 비열은 0.9J/g·℃, 물의 비열은 4J/g·℃이다.) ⊕ 21년9월12일

① 17.5　　② 19.5
③ 27.4　　④ 29.4

해설
$T_m = \dfrac{m_1 C_1 T_1 + m_2 C_2 T_2}{m_1 C_1 + m_2 C_2} = \dfrac{40 \times 0.9 \times 45 + 100 \times 4 \times 15}{40 \times 0.9 + 100 \times 4} ≒ 17.5℃$

05 물체 A와 B가 각각 물체 C와 열평형을 이루었다면 A와 B도 서로 열평형을 이룬다는 열역학 법칙은? ⊕ 16년10월1일

① 제0법칙　　② 제1법칙
③ 제2법칙　　④ 제3법칙

해설 온도평형의 법칙은 열역학 제0법칙이다.

06 비열이 0.473kJ/kg·K인 철 10kg의 온도를 20℃에서 80℃로 높이는 데 필요한 열량은 몇 kJ인가? ⊕ 16년3월6일

① 28　　② 60
③ 284　　④ 600

해설
$Q = mC_P(T_2 - T_1) = 10 \times 0.473 \times (80 - 20) = 283.8 kJ$

07 높이 50m인 폭포에서 물이 낙하할 때 위치에너지가 운동에너지로 변했다가 다시 열에너지로 변한다면 물의 온도는 대략 얼마나 올라가는가? ⊕ 13년9월28일

① 0.02℃　　② 0.12℃
③ 0.22℃　　④ 0.32℃

해설
$WH = WC(T_2 - T_1)$

$(T_2 - T_1) = \dfrac{H}{C} = \dfrac{50m}{1\,\frac{kcal}{kg℃}} = \dfrac{50m}{1\,\frac{kcal}{kg℃} \times \frac{427 kg \times m}{1 kcal}} = 0.117℃$

정답 01 ②　02 ②　03 ①　04 ①　05 ①　06 ③　07 ②

6 동력/효율/연료소비율

01 저위발열량 40000kJ/kg인 연료를 쓰고 있는 열기관에서 이 열이 전부 일로 바꾸어지고, 연료 소비량이 20kg/h이라면 발생되는 동력은 약 몇 kW인가?
　　　　　　　　　　　　　　◎ 17년9월23일

① 110　　　　② 222
③ 346　　　　④ 820

해설 동력 $= Q_L \times f = 40000 \frac{kJ}{kg} \times \frac{20}{3600} \frac{kg}{s} = 222 kW$

02 저발열량 11,000kcal/kg인 연료를 연소시켜서 900kW의 동력을 얻기 위해서는 매분당 약 몇 kg의 연료를 연소시켜야 하는가? (단, 연료는 완전연소되며 발생한 열량의 50%가 동력으로 변환된다고 가정한다.)
　　　　　　　　　　　　　　◎ 16년10월1일

① 1.37　　　　② 2.34
③ 3.82　　　　④ 4.17

해설 열기관의 효율$(\eta) = \frac{동력}{연료의\ 저위발열량 \times 연료소비율} = \frac{H}{Q_L \times f}$

연료소비율 $f = \frac{H}{Q_L \times \eta} = \frac{900\frac{kJ}{s}}{11000\frac{4.2kJ}{kg} \times 0.5} = 0.0389 \frac{kg}{s} \times \frac{60s}{min} = 2.337 \frac{kg}{min}$

03 어떤 연료의 1kg의 발열량이 36000kJ이다. 이 열이 전부 일로 바뀌고 1시간마다 30kg의 연료가 소비된다고 하면 발생하는 동력은 약 몇 kW인가?
　　　　　　　　　　　　　　◎ 18년3월4일

① 4　　　　② 10
③ 300　　　　④ 1200

해설 동력 $= Q_L \times f = 36000 \frac{kJ}{kg} \times \frac{30}{3600} \frac{kg}{s} = 300 kW$

04 비열이 3KJ/kg·℃인 액체 10kg을 20℃로부터 80℃까지 전열기로 가열시키는 데 필요한 소요전력량은 약 몇 kWh인가? (단, 전열기의 효율은 88%이다.)
　　　　　　　　　　　　　　◎ 16년5월8일

① 0.46　　　　② 0.57
③ 480　　　　④ 530

해설 $\eta = \frac{10 \times 3 \times (80-20)}{소요전력량}$, 소요전력량 $= \frac{10 \times 3 \times (80-20)}{\eta} = \frac{1800kJ}{0.88} = 2045.45kJ$

$= 2045.45(kW \times s) \times \frac{1h}{3600s} = 0.568 kWh$

05 출력이 100kW인 디젤 발전기에서 시간당 25kg의 연료를 소모한다. 연료의 발열량이 42000kJ/kg일 때 이 발전기의 전환효율은 얼마인가?
　　　　　　　　　　　　　　◎ 15년9월19일

① 34%　　　　② 40%
③ 60%　　　　④ 66%

해설 열기관의 효율$(\eta) = \frac{동력}{연료의\ 저위발열량 \times 연료소비율} = \frac{H}{Q_L \times f}$

$= \frac{100 \frac{kJ}{s}}{42000 \frac{kJ}{kg} \times \frac{25}{3600} \frac{kg}{s}} = 0.3428 = 34.28\%$

06 출력 50kW의 가솔린 엔진이 매시간 10kg의 가솔린을 소모한다. 이 엔진의 효율은? (단, 가솔린의 발열량은 42000kJ/kg이다.)
　　　　　　　　　　　　　　◎ 15년5월31일

① 21%　　　　② 32%
③ 43%　　　　④ 60%

해설 열기관의 효율$(\eta) = \frac{동력}{연료의\ 저위발열량 \times 연료소비율} =$

$\frac{H}{Q_L \times f} = \frac{50\frac{kJ}{s}}{42000 \frac{kJ}{kg} \times \frac{10}{3600} \frac{kg}{s}} = 0.4286 = 42.86\%$

정답 01 ②　02 ②　03 ③　04 ②　05 ①　06 ③

7 열량/일량

01 그림과 같은 압력-부피선도(P-V선도)에서 A에서 C로의 정압과정 중 계는 50J의 일을 받아들이고 25J의 열을 방출하며, C에서 B로의 정적과정 중 75J의 열을 받아들인다면, B에서 A로의 과정이 단열일 때 계가 얼마의 일(J)을 하겠는가?

◉ 18년3월4일

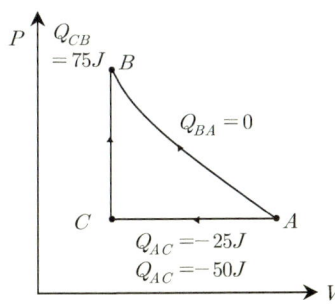

① 25 ② 50
③ 75 ④ 100

해설 $W = 50 + (-25) + 75 = 100J$

02 폐쇄계에서 경로 A→C→B를 따라 110J의 열이 계로 들어오고 50J의 일을 외부에 할 경우 B→D→A를 따라라 계가 되돌아 올 때 계가 40J의 일을 받는다면 이 과정에서 계는 얼마의 열을 방출 또는 흡수하는가? ◉ 17년9월23일

① 30J 방출 ② 30J 흡수
③ 100J 방출 ④ 100J 흡수

해설 110-50=60
60+40=100J(방출)

정답 01 ④ 02 ③

열역학

02

열역학 1법칙

01 열역학 정의 및 단위
02 열역학 1법칙
03 이상기체와 각과정별 상태변화
04 열역학 2법칙
05 증기
06 증기동력사이클
07 내연기관
08 냉동cycle
09 증기의 흐름과 여러가지 계수

CHAPTER 02 열역학 1법칙

자주출제 되는 문제

01 열역학 1법칙의 미분형

$\delta q = du + \delta w = du + Pdv$, $\delta q = dh + \delta w_t = dh - vdP$

여기서, δq : 단위 질량당 열량의 변화, du : 비내부에너지의 변화,
δw : 단위 질량당의 절대일의 변화, P : 압력, dv : 비체적의 변화,
dh : 비엔탈피의 변화, δw_t : 단위질량당의 공업 일의 변화, dP : 압력의 변화,
(엔탈피) $H = U + PV$ 여기서, U : 내부에너지, PV : 유동에너지
(비엔탈피) $h = u + Pv$ 여기서, u : 비내부에너지, Pv : 비유동에너지

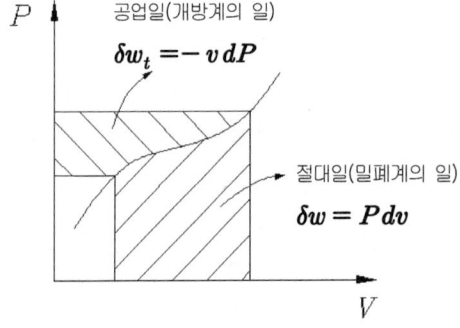

02 열역학 1법칙의 서술적 표현

① 에너지 보존의 법칙
② 열과 일은 서로 교환이 가능하다.
③ 가역과정이다
④ 열효율이 100%인 기관이 존재한다. = 제1종 영구기관
⑤ 열효율이 100%이상인 기관 부정 = 제2종영구기관은 부정

열역학 과년도 기출문제

1 열역학1법칙 서술적표현

01 열역학 제1법칙을 설명한 것으로 옳은 것은
　　　　　　　　　　　　　　　　◎ 22년4월24일
① 절대 영도 즉 0K에는 도달할 수 없다.
② 흡수한 열을 전부 일로 바꿀 수는 없다.
③ 열을 일로 변환할 때 또는 일을 열로 변환할 때 전체 계의 에너지 총량은 변하지 않고 일정하다.
④ 제3의 물체와 열평형에 있는 두 물체는 그들 상호간에도 열평형에 있으며, 물체의 온도는 서로 같다.

[해설] 열역학 제1법칙 : 열을 일로 변환할 때 또는 일을 열로 변환할 때 전체 계의 에너지 총량은 변하지 않고 일정하다.

02 열역학 제1법칙에 대한 설명으로 틀린 것은?
　　　　　　　　　　　　　　　　◎ 19년9월21일
① 열은 에너지의 한 형태이다.
② 일을 열로 또는 열을 일로 변환할 때 그 에너지 총량은 변하지 않고 일정하다.
③ 제1종의 영구기관을 만드는 것은 불가능하다.
④ 제1종의 영구기관은 공급된 열에너지를 모두 일로 전환하는 가상적인 기관이다.

[해설] 제1종의 영구기관은 열효율이 100%이상인 기관으로 열역학 제1법칙에 위배된다.

03 다음 중 열역학 제1법칙을 설명한 것으로 가장 옳은 것은?
　　　　　　　　　　　　　　　　◎ 17년9월23일
① 제3의 물체와 열평형에 있는 두 물체는 그들 상호간에도 열평형에 있으며, 물체의 온도는 서로 같다.
② 열을 일로 변환할 때 또는 일을 열로 변환할 때 전체 계의 에너지 총량은 변하지 않고 일정하다.
③ 흡수한 열을 전부 일로 바꿀 수는 없다.
④ 절대 영도 즉 0K에는 도달할 수 없다.

[해설] 열역학 제1법칙 열을 일로 변환할 때 또는 일을 열로 변환할 때 전체 계의 에너지 총량은 변하지 않고 일정하다는 에너지보존의 법칙이다.

04 다음 주 열역학적 계에 대한 에너지 보존의 법칙에 해당하는 것은?
　　　　　　　　　　　　　　　　◎ 17년5월7일
① 열역학 제0법칙　② 열역학 제1법칙
③ 열역학 제2법칙　④ 열역학 제3법칙

[해설] 에너지 보존의 법칙은 열역학 제1법칙이다.

05 다음 중 에너지 보존의 법칙은 어느 것인가?
　　　　　　　　　　　　　　　　◎ 12년9월15일
① 열역학 제0법칙　② 열역학 제1법칙
③ 열역학 제2법칙　④ 열역학 제3법칙

[풀이] 에너지 보존의 법칙은 열역학 제1법칙

정답 01 ③　02 ④　03 ②　04 ②　05 ②

06 제1종 영구 운동기관이 불가능한 것과 관계있는 법칙은? ● 13년3월10일

① 열역학 제0법칙 ② 열역학 제1법칙
③ 열역학 제2법칙 ④ 열역학 제3법칙

[해설] 제1종 영구 운동기관이 불가능한 것과 관계있는 법칙은 열역학 제1법칙이다.

07 열역학 제1법칙은 기본적으로 무엇에 관한 내용인가? ● 19년4월27일

① 열의 전달   ② 온도의 정의
③ 엔트로피의 정의 ④ 에너지의 보존

[해설] 열역학 제1법칙은 에너지의 보존의 법칙이다.

08 제1종 영구기관이 실현 불가능한 것과 관계있는 열역학 법칙은? ● 18년9월15일

① 열역학 제0법칙 ② 열역학 제1법칙
③ 열역학 제2법칙 ④ 열역학 제3법칙

[해설] 열역학 제1법칙은 제1종 영구기관이 실현 불가능하다고 한 법칙이다.

09 정상상태(steady state)에 대한 설명으로 옳은 것은? ● 21년9월12일

① 특정 위치에서만 물성값을 알 수 있다.
② 모든 위치에서 열역학적 함수값이 같다.
③ 열역학적 함수값은 시간에 따라 변하기도 한다.
④ 유체 물성이 시간데 따라 변하지 않는다.

[해설] 정상상태(steady state)는 유체 물성이 시간데 따라 변하지 않는다.

2 열역학1법칙 계산식

01 $\int Fdx$는 무엇을 나타내는가? (단, F는 힘, x는 변위를 나타낸다.) ● 16년5월8일

① 일
② 열
③ 운동에너지
④ 엔트로피

[해설] 힘×변위 = 일

02 지름 4cm의 피스톤 위에 추가 올려져 있고, 기체가 실린더 속에 가득 차 있다. 기체를 가열하여 피스톤과 추가 50cm위로 올라간다면 기체가 한 일은 몇 J인가? (단, 추와 피스톤의 무게를 합하면 30N이고, 마찰은 없다.) ● 13년3월10일

① 1.53
② 7.5
③ 15
④ 147

[풀이] 기체가 한 일
$W = PV = \dfrac{W}{A} \times (A \times L) = W \times L = 30N \times 0.5m = 15Nm = 15J$

정답 06 ② 07 ④ 08 ② 09 ④ / 01 ① 02 ③

03 정상상태로 흐르는 유체의 에너지방정식을 다음과 같이 표현할 때 ( ) 안에 들어갈 용어로 옳은 것은? (단, 유체에 대한 기호의 의미는 아래와 같고, 첨자 1과 2는 각각 입·출구를 나타낸다.)

$$\dot{Q}+\dot{m}\left[h_1+\frac{V_1^2}{2}+(\ )_1\right]=\dot{W}_s+\dot{m}\left[h_2+\frac{V_2^2}{2}+(\ )_2\right]$$

기호	의미	기호	의미
$\dot{Q}$	시간당 받는 열량	$\dot{W}_s$	시간당 주는 일량
$\dot{m}$	질량유량	s	비엔트로피
h	비엔탈피	u	비내부에너지
V	속도	P	압력
g	중력가속도	z	높이

① s
② u
③ gz
④ P

04 압력 3000 kPa, 온도 400℃인 증기의 내부에너지가 2926kJ/kg이고 엔탈피는 3230 kJ/kg이다. 이 상태에서 비체적은 약 몇 m³/kg인가?   ○ 21년5월15일

① 0.0303
② 0.0606
③ 0.101
④ 0.303

[해설] $h=u+Pv$, $3230=2926+3000\times v$, $v=0.101\frac{m^3}{kg}$

05 직경 40cm의 피스톤이 800kPa의 압력에 대항하여 20cm 움직였을 때 한 일은 약 몇 KJ인가?   ○ 16년5월8일

① 20.1
② 63.6
③ 254
④ 1350

[해설] $W=P\times\triangle V=800\times\frac{\pi}{4}0.4^2\times0.2=20.1kJ$

★★
06 밀폐된 피스톤-실린더 장치 안에 들어 있는 기체가 팽창을 하면서 일을 한다. 압력 P[MPa]와 부피 V[L]의 관계가 아래와 같을 때, 내부에 있는 기체의 부피가 5L에서 두배로 팽창하는 경우 이 장치가 외부에 한 일은 약 몇 kJ인가? (단, a = 3MPa/L², b = 2MPa/L, c = 1MPa)   ○ 22년3월5일

$$P = 5(aV^2 + bV + c)$$

① 4175
② 4375
③ 4575
④ 4775

[해설] 단위 $[MJ]\times[L]=[kJ]$
$W=\int_5^{10}5\times(3V^2+2V+1)dV=4775kJ$

[참고] 공학용 계산기의 적분을 활용 하면된다.

07 실린더 속에 250g의 기체가 들어 있다. 피스톤에 의해 기체를 압축했더니 300kJ의 일이 필요하였고, 외부로 200kJ의 열을 방출했다면 이 기체 1kg당 내부에너지의 증가량은 몇 kJ/kg인가?   ○ 13년3월10일

① 100
② 200
③ 300
④ 400

[풀이] $\triangle u=\frac{300-200}{0.25kg}=400\frac{kJ}{kg}$

08 밀폐계가 300kPa의 압력을 유지하면서 체적이 0.2m³에서 0.4m³로 증가하였고 이 과정에서 내부에너지는 20kJ 증가하였다. 이 때 계가 받은 열량은 약 몇 kJ인가?   ○ 22년4월24일

① 9
② 80
③ 90
④ 100

[해설] $\triangle Q=\triangle U+P(V_2-V_1)=20+300\times(0.4-0.2)=80kJ$

정답 03 ③ 04 ③ 05 ① 06 ④ 07 ④ 08 ②

09 일정한 압력 300kPa으로, 체적 0.5m³의 공기가 외부로부터 160kJ의 열을 받아 그 체적이 0.8m³로 팽창하였다. 내부에너지의 증가량은 몇 kJ인가?
　　　　　　　　　　　　◎ 21년9월12일

① 30　　　　　② 70
③ 90　　　　　④ 160

해설 $\triangle Q = \triangle U + P(V_2 - V_1)$
$(+160) = \triangle U + 300 \times (0.8 - 0.5)$
$\triangle U = +70 kJ$

★★
10 압력이 200kPa로 일정한 상태로 유지되는 실린더 내의 이상기체가 체적 0.3m³에서 0.4m³로 팽창될 때 이상기체가 한 일의 양은 몇 kJ인가?
　　　　　　　　　◎ 14년3월2일, 17년3월5일

① 20　　　　　② 40
③ 60　　　　　④ 80

해설 $W = P(V_2 - V_1) = 200 \times (0.4 - 0.3) = 20 kJ$

11 실린더 속에 100g의 기체가 있다. 이 기체가 피스톤의 압축에 따라서 2kJ의 일을 받고 외부로 3kJ의 열을 방출했다. 이 기체의 단위 kg당 내부에너지는 어떻게 변화하는가?
　　　　　　　　　　　　◎ 18년4월28일

① 1kJ/kg 증가한다.
② 1kJ/kg 감소한다.
③ 10kJ/kg 증가한다.
④ 10kJ/kg 감소한다.

해설 $\triangle u = \dfrac{+2 + (-3) kJ}{0.1 kg} = -10 \dfrac{kJ}{kg}$

12 정압과정에서 어느 한 계(system)에 전달된 열량은 그 계에서 어떤 상태량의 변화량과 양이 같은가?
　　　　　　　　　　　　◎ 21년5월15일

① 내부에너지　　② 엔트로피
③ 엔탈피　　　　④ 절대일

해설 정압과정의 가열열량은 엔탈피의 변화량과 같다.

13 피스톤이 장치된 실린더 안의 기체가 체적 V_1에서 V_2로 팽창할 때 피스톤에 해준 일은 $W = \displaystyle\int_{V_1}^{V_2} PdV$ 로 표시될 수 있다. 이 기체는 이 과정을 통하여 $PV^2 = C(상수)$의 관계를 만족시켜 준다면 W를 옳게 나타낸 것은?
　　　　　　　　　　　　◎ 21년3월7일

① $P_1 V_1 - P_2 V_2$
② $P_2 V_2 - P_1 V_1$
③ $(P_1 V_1 - P_2 V_2)/2$
④ $(P_2 V_2 - P_1 V_1)/2$

해설 폴리트로픽고정
$W = \dfrac{P_1 V_1 - P_2 V_2}{n - 1} = \dfrac{P_1 V_1 - P_2 V_2}{2 - 1} = P_1 V_1 - P_2 V_2$

정답　09 ②　10 ①　11 ④　12 ③　13 ①

03
이상기체와 각과정별 상태변화

01 열역학 정의 및 단위
02 열역학 1법칙
03 이상기체와 각과정별 상태변화
04 열역학 2법칙
05 증기
06 증기동력사이클
07 내연기관
08 냉동cycle
09 증기의 흐름과 여러가지 계수

CHAPTER 03 이상기체와 각과정별 상태변화

자주출제 되는 문제

01 이상기체 상태 방정식 $PV=mRT$

여기서, P(절대압력), V(체적), m(질량), T(절대온도)

(기체상수) $R = \dfrac{8314}{M} \left[\dfrac{Nm}{Kg \cdot °K}\right]$, M(분자량)$\left[\dfrac{kg}{kmol}\right]$

※ (기체상수) $R = \dfrac{PV}{mT} = \dfrac{Pv}{T} = const$, $\dfrac{P_1 v_1}{T_1} = \dfrac{P_2 v_2}{T_2}$

02 (기체상수) $R = C_P - C_V$, (비열비) $k = \dfrac{C_P}{C_V}$

(정압비열) $C_P = \dfrac{kR}{k-1}$, (정적비열) $C_V = \dfrac{R}{k-1}$

03 열역학 1법칙과 이상기체상태 방정식과의 관계

$$\delta q = du + \delta w = C_V dT + P dv$$
$$\delta q = dh + \delta w_t = C_P dT - v dP$$

P : 압력, dv : 비체적의 변화, dP : 압력의 변화, v : 비체적
$h = u + Pv$, h : 비엔탈피, u : 비내부에너지, Pv : 유동에너지

04 단열과정의 온도, 비체적, 압력의 관계

$Pv^k = c$

$\dfrac{T_2}{T_1} = \left(\dfrac{v_1}{v_2}\right)^{k-1} = \left(\dfrac{P_2}{P_1}\right)^{\dfrac{k-1}{k}}$

05 Polytropic 과정의 일반식

(폴리트로픽 과정의 일반식) $Pv^n = c$

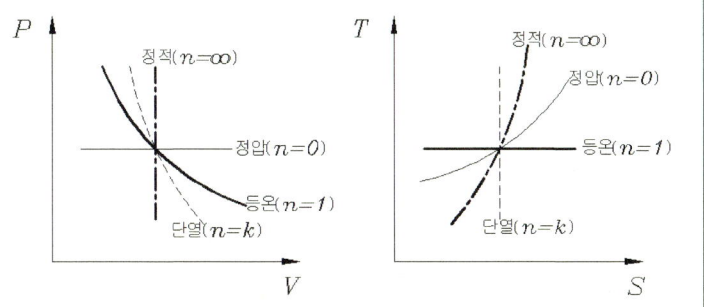

$Pv^n = C$
$n = 0, \ P = C$ (정압과정)
$n = 1, \ Pv = C$ (등온과정)
$n = k, \ Pv^k = C$ (단열과정)
$n = \infty, \ v = C$ (정적과정)

06 교축과정=등엔탈피과정 $dh = 0$

변화	정적변화	정압변화	정온변화
p,v,T 관계	$v = C, \ dv = 0$ $\dfrac{P_1}{T_1} = \dfrac{P_2}{T_2}$	$P = C, \ dP = 0$ $\dfrac{v_1}{T_1} = \dfrac{v_2}{T_2}$	$T = C, \ dT = 0$ $Pv = C$ $P_1 v_1 = P_2 v_2$
절대일 $_1w_2 = \int p\,dv$	0	$P(v_2 - v_1)$ $= R(T_2 - T_1)$	$P_1 v_1 \ln \dfrac{v_2}{v_1} = P_1 v_1 \ln \dfrac{P_1}{P_2}$ $= RT \ln \dfrac{v_2}{v_1} = RT \ln \dfrac{P_1}{P_2}$
공업일 $_1w_{2t} = -\int v\,dp$	$v(P_1 - P_2)$ $= R(T_1 - T_2)$	0	$_1w_2 = {_1w_{2t}}$
내부에너지의 변화 $u_2 - u_1$	$C_v(T_2 - T_1)$ $= \dfrac{R}{k-1}(T_2 - T_1)$ $= \dfrac{v(P_2 - P_1)}{k-1}$	$C_v(T_2 - T_1)$ $= \dfrac{R}{k-1}(T_2 - T_1)$ $= \dfrac{P(v_2 - v_1)}{k-1}$	0
엔탈피의 변화 $h_2 - h_1$	$C_P(T_2 - T_1)$ $= \dfrac{k}{k-1}R(T_2 - T_1)$ $= \dfrac{k}{k-1}v(P_2 - P_1)$ $= k(u_2 - u_1)$	$C_P(T_2 - T_1)$ $= \dfrac{k}{k-1}R(T_2 - T_1)$ $= \dfrac{k}{k-1}P(v_2 - v_1)$ $= k(u_2 - u_1)$	0
외부에서 얻은 열 $_1q_2$	$u_2 - u_1$	$h_2 - h_1$	$_1w_2 = {_1w_{2t}} = {_1q_2}$

변화	단열변화	폴리트로픽 변화
p,v,T 관계	$Pv^k = c$ $\dfrac{T_2}{T_1} = (\dfrac{v_1}{v_2})^{k-1} = (\dfrac{P_2}{P_1})^{\frac{k-1}{k}}$	$Pv^n = c$ $\dfrac{T_2}{T_1} = (\dfrac{v_1}{v_2})^{n-1} = (\dfrac{P_2}{P_1})^{\frac{n-1}{n}}$
절대일 $_1w_2 = \int p\,dv$	$\dfrac{P_1v_1 - P_2v_2}{k-1}$	$\dfrac{P_1v_1 - P_2v_2}{n-1}$
공업일 $_1w_{2t} = -\int v\,dp$	$k\,_1w_2$	$n\,_1w_2$
내부에너지의 변화 $u_2 - u_1$	$C_v(T_2 - T_1)$ $= \dfrac{R}{k-1}(T_2 - T_1)$ $= \dfrac{RT_1}{k-1}(\dfrac{T_2}{T_1} - 1)$ $= \dfrac{P_1v_1}{k-1}\left(\left(\dfrac{v_1}{v_2}\right)^{k-1} - 1\right)$ $= \dfrac{P_1v_1}{k-1}\left(\left(\dfrac{P_2}{P_1}\right)^{\frac{k-1}{k}} - 1\right)$	$C_v(T_2 - T_1)$ $= \dfrac{R}{k-1}(T_2 - T_1)$ $= \dfrac{RT_1}{k-1}(\dfrac{T_2}{T_1} - 1)$ $= \dfrac{P_1v_1}{k-1}\left(\left(\dfrac{v_1}{v_2}\right)^{n-1} - 1\right)$ $= \dfrac{P_1v_1}{k-1}\left(\left(\dfrac{P_2}{P_1}\right)^{\frac{n-1}{n}} - 1\right)$
엔탈피의 변화 $h_2 - h_1$	$C_p(T_2 - T_1) = k(u_2 - u_1)$	$C_p(T_2 - T_1) = k(u_2 - u_1)$
외부에서 얻은 열 1q2	0	$C_n(T_2 - T_1)$ $C_n = C_v \dfrac{n-k}{n-1}$

과년도 기출문제

열역학

1 이상기체와 비열

★★★

01 40m³의 실내에 있는 공기의 질량은 약 몇 kg인가? (단, 공기의 압력은 100kPa, 온도는 27℃이며, 공기의 기체상수는 0.287kJ/(kg·K) 이다.)
　　　　　　　　　　　　　　　　○ 19년3월3일

① 93　　　　　　② 46
③ 10　　　　　　④ 2

해설 $m = \dfrac{PV}{RT} = \dfrac{100 \times 40}{0.287 \times (27+273)} = 46.45 kg$

★★

02 압력이 P로 일정한 용기 내에 이상기체 1kg이 들어 있고, 이 이상가체를 외부에서 가열하였다. 이 때 전달된 열량은 Q이며, 온도가 T_1에서 T_2로 변화하였고, 기체의 부피가 V_1에서 V_2로 변하였다. 공기의 정압비열 Cp은 어떻게 계산되는가?
　　　　　　　　　　　　　　　　○ 16년5월8일

① $C_P = \dfrac{Q}{P}$

② $C_P = \dfrac{Q}{T_2 - T_1}$

③ $C_P = \dfrac{Q}{V_2 - V_1}$

④ $C_P = P \dfrac{V_2 - V_1}{T_2 - T_1}$

해설 $C_P = \dfrac{Q}{(T_2 - T_1)}$

★★

03 다음 중 이상기체에 대한 식으로 옳은 것은? (단, 각 기호에 대한 설명은 아래와 같다.)
　　　　　　　　　　　　　　　　○ 22년3월5일

- u : 단위질량당 내부에너지
- h : 비엔탈피　　- T : 온도
- R : 기체상수　　- P : 압력
- v : 비체적　　　- k : 비열비
- C_V : 정적비열　- C_P : 정압비역

① $\dfrac{du}{dT} - \dfrac{dh}{dT} = R$

② $h = u + \dfrac{Pv}{RT}$

③ $C_V = \dfrac{R}{k-1}$

④ $C_P = \dfrac{kC_V}{k-1}$

해설 정적비열 $C_V = \dfrac{R}{k-1}$

04 이상기체에서 정적비열 C_v와 정압비열 C_p와의 관계를 나타낸 것으로 옳은 것은? (단, R은 기체상수이고, k는 비열비이다.) ○ 19년3월3일

① $C_V = k \times C_P$

② $C_V = \dfrac{1}{2} \times C_P$

③ $C_V = C_P + R$

④ $C_V = C_P - R$

해설 $R = C_P - C_V$

정답　01 ②　02 ②　03 ③　04 ④

chapter 03 이상기체와 각과정별 상태변화 | 35

05 비열이 일정한 이상기체 1kg에 대하여 다음 중 옳은 식은? (단, P는 압력, V는 체적, T는 온도, C_P는 정압비열, C_V는 정적비열, U는 내부에너지이다.) ★★
○ 18년9월15일

① $\triangle U = C_P \times \triangle T$ ② $\triangle U = C_P \times \triangle V$
③ $\triangle U = C_V \times \triangle T$ ④ $\triangle U = C_V \times \triangle P$

해설 $\triangle U = C_V \times \triangle T$
$\triangle H = C_P \times \triangle T$

06 이상기체에서 엔탈피의 미소변화 dh는 어떻게 표시되는가?
○ 13년9월28일

① $dh = C_V dT$
② $dh = \sqrt{C_P C_V} \, dT$
③ $dh = C_P dT$
④ $dh = (C_P/C_V) \, dT$

해설 $dh = C_P dT$
$du = C_V dT$

07 이상기체의 정압비열(Cp)과 정적비열(Cv)의 관계로 옳은 것은? (단, R은 기체상수이다.)
○ 14년3월2일

① $C_P + C_V = R$ ② $C_P - C_V = R$
③ $C_P/C_V = R$ ④ $C_P \cdot C_V = R$

해설 $C_P - C_V = R$
(비열비) $k = \dfrac{C_P}{C_V}$

08 공기의 기체상수가 0.287 kJ(kg·K)일 때 표준상태(0℃, 1기압)에서 밀도는 약 몇 kg/m³ 인가?
○ 17년3월5일

① 1.29   ② 1.87
③ 2.14   ④ 2.48

해설 $\rho = \dfrac{P}{RT} = \dfrac{101.325 \frac{kN}{m^2}}{0.287 \frac{kJ}{kgK} \times (273+0)K} = 1.29 \frac{kg}{m^3}$

09 온도 30℃, 압력 350kPa에서 비체적이 0.449m³/kg인 이상기체의 기체상수는 몇 kJ/kg·K 인가?
○ 18년3월4일

① 0.143   ② 0.287
③ 0.518   ④ 0.842

해설 $Pv = RT$,
$R = \dfrac{Pv}{T} = \dfrac{350 \times 0.449}{(30+273)} = 0.5186 \dfrac{kJ}{kgK}$

10 어떤 기체의 이상기체상수는 2.08kJ/(kg·K)이고 정압비열은 5.24kJ/(kg·K)일 때, 이 가스의 정적비열은 약 몇 kJ/(kg·K)인가?
○ 18년4월28일

① 2.18   ② 3.16
③ 5.07   ④ 7.20

해설 $C_V = C_P - R = 5.24 - 2.08 = 3.16 \dfrac{kJ}{kgK}$

11 애드벌룬에 어떤 이상기체 100kg을 주입하였더니 팽창 후의 압력이 150kPa, 온도 300K가 되었다. 애드벌룬의 반지름(m)은? (단, 애드벌룬은 완전한 구형(sphere)이라고 가정하며, 기체상수는 250J/kg·K 이다.)
○ 19년9월21일

① 2.29   ② 2.73
③ 3.16   ④ 3.62

해설 $V = \dfrac{mRT}{P} = \dfrac{100 \times 0.25 \times 300}{150} = 50 m^3$
(구의 체적) $V = \dfrac{4\pi R^3}{3}$, $50 = \dfrac{4\pi R^3}{3}$,
(구의 반지름) $R = 2.285 m$

정답 05 ③ 06 ③ 07 ② 08 ① 09 ③ 10 ② 11 ①

12 비열비는 1.3이고 정압비열이 0.845kJ/kg·K인 기체의 기체상수(kJ/kg·K)는 얼마인가?

① 0.195　　　② 0.5
③ 0.845　　　④ 1.345

해설
$$C_V = \frac{C_P}{k} = \frac{0.845}{1.3} = 0.65 \frac{kJ}{kgK}$$
$$R = C_P - C_V = 0.845 - 0.65 = 0.195 \frac{kJ}{kgK}$$

13 초기의 온도, 압력이 100℃, 100kPa 상태인 이상기체를 가열하여 200℃, 200kPa 상태가 되었다. 기체의 초기상태 비체적이 0.5m³/kg일 때, 최종상태의 기체 비체적(m³/kg)은?
◎ 20년9월26일

① 0.16　　　② 0.25
③ 0.32　　　④ 0.50

해설
$$\frac{P_1 v_1}{T_1} = \frac{P_2 v_2}{T_2}, \quad \frac{100 \times 0.5}{100 + 273} = \frac{200 \times v_2}{200 + 273}, \quad v_2 = 0.317 \frac{m^3}{kg}$$

14 기체상수가 0.287kJ/kg·K인 이상기체의 정압비열이 1.0kJ/kg·K이다. 온도가 10℃ 만큼 상승하면 내부 에너지는 얼마나 증가하는가?
◎ 14년3월2일

① 0.287kJ/kg　　　② 1.0kJ/kg
③ 2.87kJ/kg　　　　④ 7.13kJ/kg

풀이
$$\Delta u = C_V \times \Delta T = (C_P - R) \times \Delta T = (1 - 0.287) \times 10 = 7.13 \frac{kJ}{kg}$$

15 300K, 100kPa에서 어떤 기체의 부피가 500m³라면, 400K, 150kPa에서 부피는 약 얼마인가?
◎ 12년9월15일

① 666m³　　　② 444m³
③ 333m³　　　④ 222m³

풀이
$$\frac{P_1 V_1}{T_1} = \frac{P_2 V_2}{T_2}, \quad V_2 = \frac{T_2 P_1 V_1}{T_1 P_2} = \frac{400 \times 100 \times 500}{300 \times 150} = 444 m^3$$

16 온도 30℃, 압력 350kPa에서 비체적이 0.449m³/kg인 이상기체의 기체상수는 약 몇 kJ/kg·K인가?
◎ 22년4월24일

① 0.143　　　② 0.287
③ 0.518　　　④ 0.842

해설
$$Pv = RT, \quad R = \frac{Pv}{T} = \frac{350 \times 0.449}{30 + 273} = 0.518 \frac{kJ}{kgK}$$

17 110kPa, 20℃의 공기가 반지름 20cm, 높이 40cm인 원통형 용기 안에 채워져 있다. 이 공기의 무게는 몇 N 인가? (단, 공기의 기체상수는 287 J/kg·K 이다.)
◎ 21년5월15일

① 0.066　　　② 0.64
③ 6.7　　　　④ 66

해설
$$m = \frac{PV}{RT} = \frac{110000 \times (\pi \times 0.2^2 \times 0.4)}{287 \times (20 + 273)} = 0.0657 kg$$
$$(무게) W = mg = 0.0657 \times 9.8 = 0.644 N$$

정답 12 ①　13 ③　14 ④　15 ②　16 ③　17 ②

chapter 03 이상기체와 각과정별 상태변화 | 37

2 정적과정

01 유체가 담겨 있는 밀폐계가 어떤 과정을 거칠 때 그 에너지식은 △U₁₂=Q₁₂으로 표현된다. 이 밀폐계와 관련된 일은 팽창일 또는 압축일 뿐이라고 가정할 경우 이 계가 거쳐간 과정에 해당하는 것은? (단, U는 내부에너지를, Q는 전달된 열량을 나타낸다.)   ● 13년6월2일

① 등온과정(isothermal process)
② 정압과정(constant pressure proess)
③ 정적과정(constant volume process)
④ 단열과정(adiabatic process)

풀이 △U₁₂=Q₁₂ 은 정적과정($\triangle V_{12}=0$)이다.
$Q_{12} = \triangle U_{12} + P \times \triangle V_{12}$

02 열손실이 없는 단단한 용기 안에 20℃의 헬륨 0.5kg을 15W의 전열기로 20분간 가열하였다. 최종 온도(℃)는? (단, 헬륨의 정적비열은 3.116 kJ/kg·K, 정압비열은 5.193 kJ/kg·K 이다.)   ● 20년9월26일

① 23.6   ② 27.1
③ 31.6   ④ 39.5

해설
(공급된열량)
$Q = 15\frac{J}{s} \times (20 \times 60)s = 18000 J$
$Q = mC_V(T_2 - T_1), 18000 = 0.5 \times 3116 \times (T_2 - 20) \; T_2 = 31.55℃$

3 정압과정

01 정압과정으로 5kg의 공기에 20kcal의 열이 전달되어, 공기의 온도가 10℃에서 30℃로 올랐다. 이 온도 범위에서 공기의 평균 비열(kJ/kg·K)을 구하면?   ● 16년3월6일

① 0.152   ② 0.321
③ 0.463   ④ 0.837

해설 $Q = mC_P(T_2 - T_1)$
$C_P = \frac{Q}{m \times (T_2 - T_1)} = \frac{20 \times 4.2}{5 \times (30-10)} = 0.84 \frac{kJ}{kgK}$

02 0℃, 1기압(101.3kPa) 하에 공기 10m³가 있다. 이를 정압 조건으로 80℃까지 가열하는데 필요한 열량은 약 몇 kJ인가? (단, 공기의 정압비열은 1.0kJ/(kg·K)이고, 정적비열은 0.71kJ/(kg·K)이며 공기의 분자량은 28.96kg/kmol이다.)   ● 18년9월15일

① 238   ② 546
③ 1033   ④ 2320

해설 $22.4m^2 : 28.96kg = 10m^2 : mkg, \; m = 12.928kg$
$Q = mC_P(T_2 - T_1) = 12.928 \times 1 \times (80-0) = 1034 kJ$

03 피스톤이 장치된 용기속의 온도 30℃, 압력 200kPa, 체적 V₁m³의 이상기체가 압력이 일정한 과정 으로 체적이 원래의 3배로 되었을 때 이 기체의 온도는 약 몇 ℃인가?   ● 12년9월15일

① 30   ② 90
③ 636   ④ 910

풀이 $\frac{T_2}{T_1} = \frac{V_2}{V_1}, \; \frac{273+T_2}{273+30} = \frac{3V_1}{V_1}, \; T_2 = 636℃$

정답 01 ③ 02 ③ / 01 ④ 02 ③ 03 ③

04 온도 100℃, 압력 200kPa의 공기(이상기체)가 정압과정으로 최종온도가 200℃가 되었을 때 공기의 부피는 처음부피의 약 몇 배가 되는가?
　　　　　　　　　　　　　　　　　◎ 13년9월28일

① 1.12　　② 1.27
③ 1.52　　④ 2

해설 $V_2 = \dfrac{T_2}{T_1} \times V_1 = \dfrac{200+273}{100+273} \times V_1 = 1.27 V_1$

05 −50℃인 탄산가스가 있다. 이 가스가 정압과정으로 0℃가 되었을 때 변경 후의 체적은 변경 전의 체적 대비 약 몇 배가 되는가? (단, 탄산가스는 이상기체로 간주한다.)
　　　　　　　　　　　　　　　　　◎ 19년3월3일

① 1.094배　　② 1.224배
③ 1.375배　　④ 1.512배

해설 정압과정
$\dfrac{V_1}{T_1} = \dfrac{V_2}{T_2}$, $\dfrac{V_2}{V_1} = \dfrac{T_2}{T_1} = \dfrac{0+273}{-50+273} = 1.224$

06 압력 200kPa, 체적 1.66m³의 상태에 있는 기체를 정압하에서 열을 제거하였다. 최종 체적이 처음 체적의 반이라면 이 기체에 의하여 행하여진 일은 몇 kJ인가?
　　　　　　　　　　　　　　　　　◎ 14년3월2일

① −256　　② −188.5
③ −166　　④ −125.5

해설 $W = P(V_2 - V_1) = 200 \times (0.68 - 1.36) = -136 kJ$

07 압력 500kPa, 온도 423K의 공기 1kg이 압력이 일정한 상태로 변하고 있다. 공기의 일이 122kJ이라면 공기에 전달된 열량(kJ)은 얼마인가? (단, 공기의 정적비열은 0.7165kJ·kgK, 기체상수는 0.287kJ/kg·K이다.)
　　　　　　　　　　　　　　　　　◎ 20년8월22일

① 426　　② 526
③ 626　　④ 726

해설 $V_1 = \dfrac{mRT_1}{P_1} = \dfrac{1 \times 0.287 \times 423}{500} = 0.2428 m^3$

$W = P(V_2 - V_1), 122 = 500 \times (V_2 - 0.2428), V_2 = 0.4868 m^3$

정압과정 $\dfrac{V_1}{T_1} = \dfrac{V_2}{T_2}$, $\dfrac{0.2428}{423} = \dfrac{0.4868}{T_2}$, $T_2 = 848K$

$C_P = C_V + R = 0.7165 + 0.287 ≒ 1 \dfrac{kJ}{kgK}$

$Q = mC_P(T_2 - T_1) = 1 \times 1 \times (848 - 423) = 425 kJ$

08 압력 200kPa, 체적 1.66m³의 상태에 있는 기체가 정압조건에서 초기 체적의 1/2로 줄었을 때 이 기체가 행한 일은 약 몇 kJ인가?
　　　　　　　　　　　　　　　　　◎ 18년4월28일

① −166　　② −198.5
③ −236　　④ −245.5

해설 $W = P(V_2 - V_1) = 200 \times (\dfrac{1.66}{2} - 1.66) = -166 kJ$

09 피스톤이 장치된 용기 속의 온도 100℃, 압력 200 kPa, 체적 0.1m³의 이상기체 0.5kg이 압력이 일정한 과정으로 체적이 0.2m³으로 되었다. 이때 전달된 열량은 약 몇 kJ인가? (단, 이 기체의 정압비열은 5kJ/(kg·K)이다.)
　　　　　　　　　　　　　　　　　◎ 17년5월7일

① 200　　② 250
③ 746　　④ 933

해설
(기체상수) $R = \dfrac{P_1 V_1}{m T_1} = \dfrac{200 \times 0.1}{0.5 \times (100+273)} = 0.107 \dfrac{kJ}{kgK}$

$T_2 = \dfrac{P_2 V_2}{mR} = \dfrac{200 \times 0.2}{0.5 \times 0.107} = 747.7K$

$Q = m \times C_P \times (T_2 - T_1) = 0.5 \times 5 \times (747.7 - 373) = 936.7 kJ$

정답 04 ②　05 ②　06 ③　07 ①　08 ①　09 ④

10 이상기체 2kg을 정압과정으로 50℃에서 150℃로 가열할 때, 필요한 열량은 약 몇 kJ인가? (단, 이 기체의 정적비열은 3.1kJ/(kg·K)이고, 기체상수는 2.1kJ/(kg·K)) ◉ 17년9월23일

① 210　　　　② 310
③ 620　　　　④ 1040

[해설]
$C_P = R + C_V = 2.1 + 3.1 = 5.2 \dfrac{kJ}{kgK}$
$Q = mC_P \times (T_2 - T_1) = 2 \times 5.2 \times (150 - 50) = 1040 kJ$

4 등온과정

★★
01 이상기체가 등온과정에서 외부에 하는 일에 대한 관계식으로 틀린 것은? (단, R은 기체상수이고, 계에 대해서 m은 질량, V는 부피, P는 압력을 나타낸다. 또한 하첨자 "1"은 변경전, 하첨자 "2"는 변경후를 나타낸다.) ◉ 17년5월7일

① $P_1 V_1 \ln \dfrac{V_2}{V_1}$　　② $P_1 V_1 \ln \dfrac{P_2}{P_1}$

③ $mRT \ln \dfrac{P_1}{P_2}$　　④ $mRT \ln \dfrac{V_2}{V_1}$

02 피스톤과 실린더로 구성된 밀폐된 용기 내에 일정한 질량의 이상기체가 차 있다. 초기 상태의 압력은 2atm, 체적은 0.5m³이다. 이 시스템의 온도가 일정하게 유지되면서 팽창하여 압력이 1atm이 되었다. 이 과정 동안에 시스템이 한 일은 몇 kJ인가? ◉ 16년3월6일

① 64　　　　② 70
③ 79　　　　④ 83

[해설]
$W = P_1 V_1 \ln \dfrac{P_1}{P_2} = 200 \times 0.5 \times \ln \dfrac{2}{1} = 69.3 kJ$

03 이상기체를 등온과정으로 초기 체적의 1/2로 압축하려 한다. 이때 필요한 압축일의 크기는? (단, m은 질량, R은 기체상수, T는 온도이다.) ◉ 18년4월28일

① $1/2 mRT \times \ln 2$　　② $mRT \times \ln \dfrac{1}{2}$

③ $2mRT \times \ln 2$　　④ $mRT \times \left(\ln \dfrac{1}{2} \right)^2$

[해설]
등온과정
$W = mRT \ln \dfrac{V_2}{V_1} = mRT \ln \dfrac{\frac{V_1}{2}}{V_1} = mRT \ln \dfrac{1}{2} = -mRT \ln 2$

정답　10 ④ / 01 ② 　02 ② 　03 ②

04 $_1W_2 = mRT\ln\dfrac{V_2}{V_1}$ 의 식은 이상기체의 밀폐계에 대한 압축일을 나타낸다. 이 식이 적용될 수 있는 과정으로 옳은 것은? ● 13년6월2일

① 등온과정(isothermal process)
② 등압과정(constant pressure process)
③ 단열과정(adiabatic process)
④ 등적과정(constant volume process)

풀이 등온과정한일 $W = mRT\ln\dfrac{V_2}{V_1}$

05 밀폐 시스템내의 이상기체에 대하여 단위 질량당 일(w)이 다음과 같은 식으로 표시될 때 이 식은 어떤 과정에 대하여 적용할 수 있는가? (단, R은 기체상수, T는 온더, V는 체적이다.) ● 14년5월25일

$$W = RT\ln\dfrac{V_2}{V_1}$$

① 단열과정　　② 등압과정
③ 등온과정　　④ 등적과정

해설 등온과정 일량
$W = P_1 v_1 \ln\dfrac{v_2}{v_1} = RT\ln\dfrac{v_2}{v_1}$

06 압력 1000kPa, 부피 1m³의 이상기체가 등온과정으로 팽창하여 부피가 1.2m³이 되었다. 이때 기체가 한 일(kJ)은? ● 19년9월21일

① 82.3　　② 182.3
③ 282.3　　④ 382.3

해설 등온과정에서 한일
$W = P_1 V_1 \ln\dfrac{V_2}{V_1} = 1000 \times 1 \times \ln\dfrac{1.2}{1} = 182.3kJ$

07 110kPa, 20℃의 공기가 정압과정으로 온도가 50℃만큼 상승한 다음(즉 70℃가 됨), 등온과정으로 압력이 반으로 줄어들었다. 최종 비체적은 최초 비체적의 약 몇 배인가? ● 17년3월5일

① 0.585　　② 1.17
③ 1.71　　④ 2.34

해설 2→3과정 등온과정 $T_2 = T_3 = 70 + 273 = 343K$
$\dfrac{V_3}{V_1} = \dfrac{\frac{RT_3}{P_3}}{\frac{RT_1}{P_1}} = \dfrac{P_1 \times T_3}{P_3 \times T_1} = \dfrac{110 \times 343}{55 \times (20+273)} = 2.34$

$V_3 = 2.34 V_1$

08 밀폐계의 등온과정에서 이상기체가 행한 단위 질량당 일은?(단, 압력과 부피는 P_1, V_1에서 P_2, V_2로 변하며 T는 온도, R은 기체상수이다.) ● 17년9월23일

① $RT\left(\dfrac{P_1}{P_2}\right)$　　② $\ln\dfrac{V_1}{V_2}$
③ $(P_2-P_1)(V_2-V_1)$　　④ $R\left(\dfrac{P_1}{P_2}\right)$

해설 등온과정에서 이상기체가 행한 단위 질량당 일
$W = RT\ln\dfrac{V_2}{V_1} = RT\ln\dfrac{P_1}{P_2}$

09 용적 0.02m³의 실린더 속에 압력 1MPa, 온도 25℃의 공기가 들어 있다. 이 공기가 일정온도 하에서 압력 200kPa까지 팽창하였을 경우 공기가 행한 일의 양은 약 몇 kJ인가? (단, 공기는 이상기체이다.) ● 15년3월8일

① 2.3　　② 3.2
③ 23.1　　④ 32.2

해설 $W = P_1 V_1 \ln\dfrac{P_1}{P_2} = 1000 \times 0.02 \ln\dfrac{1000}{200} = 32.18kJ$

정답 04 ①　05 ③　06 ②　07 ④　08 ①　09 ④

5 단열과정

01 압력 P_1, 온도 T_1인 이상기체를 압력 P_2까지 단열압축하였다. 이 때 나중 온도 T_2에 대하여 다음의 식으로 계산할 수 있는 경우는? (단, γ는 비열비 이다.) ◎ 14년5월25일

$$T_2 = T_1\left(\frac{P_2}{P_1}\right)^{\frac{\gamma-1}{\gamma}}$$

① 가역 단열압축이고 γ는 일정
② 비가역 단열압축이고 γ는 온도에 따라 변화
③ 가역 단열압축이고 γ는 온도에 따라 변화
④ 비가역 단열압축이고 γ는 일정

해설 단열과정 $\frac{T_2}{T_1} = (\frac{v_1}{v_2})^{\gamma-1} = (\frac{P_2}{P_1})^{\frac{\gamma-1}{\gamma}}$

★★
02 이상기체에 대한 가역 단열과정에서 온도(T), 압력(P), 부피(V)의 관계를 표시한 것으로 옳은 것은? (단, γ는 비열비이다.) ◎ 14년5월25일

① $\frac{T_1}{T_2} = \left(\frac{P_1}{P_2}\right)^{\frac{\gamma-1}{\gamma}}$

② $\frac{P_1}{P_2} = \left(\frac{V_1}{V_2}\right)^2$

③ $\frac{T_1}{T_2} = \left(\frac{V_1}{V_2}\right)^{\gamma-1}$

④ $\frac{P_1}{P_2} = \frac{V_2}{V_1}$

해설 단열과정 $\frac{T_2}{T_1} = (\frac{v_1}{v_2})^{\gamma-1} = (\frac{P_2}{P_1})^{\frac{\gamma-1}{\gamma}}$

$\frac{T_2}{T_1} = (\frac{v_1}{v_2})^{k-1}$, $T_2 = T_1 \times \epsilon^{k-1} = (273+32) \times 14.1^{1.4-1} = 879K$

03 온도가 T_1인 이상기체를 가열단열과정으로 압축하였다. 압력이 P_1에서 P_2로 변하였을 때, 압축 후의 온도 T_2를 옳게 나타낸 것은? (단, k는 이상기체의 비열비를 나타낸다.) ◎ 21년9월12일

① $T_2 = T_1\left(\frac{P_2}{P_1}\right)^{\frac{k}{k-1}}$

② $T_2 = T_1\left(\frac{P_2}{P_1}\right)^{\frac{k}{1-k}}$

③ $T_2 = T_1\left(\frac{P_2}{P_1}\right)^{\frac{k-1}{k}}$

④ $T_2 = T_1\left(\frac{P_2}{P_1}\right)^{\frac{1-k}{k}}$

해설 단열과정

04 이상기체를 가역단열 팽창시킨 후의 온도는? ◎ 20년6월6일

① 처음상태보다 낮게 된다.
② 처음상태보다 높게 된다.
③ 변함이 없다.
④ 높을 때도 있고 낮을 때도 있다.

해설 이상기체를 가역단열 팽창시킨 후의 온도는 처음 상태보다 낮게 된다.

05 이상기체를 가역단열과정으로 압축하여 그 체적이 1/2로 감소하였다. 이 때 최종압력의 최초압력에 대한 비(ratio)는? (단, 비열비는 1.4이다.) ◎ 13년3월10일

① 2.80   ② 2.64
③ 2.00   ④ 1.40

풀이

$\left(\frac{V_1}{V_2}\right) = \left(\frac{P_2}{P_1}\right)^{\frac{1}{k}}$, $\frac{P_2}{P_1} = \left(\frac{V_1}{V_2}\right)^k = \left(\frac{V_1}{\frac{1}{2}V_1}\right)^{1.4} = 2.64$

정답 01 ① 02 ① 03 ③ 04 ① 05 ②

06 −35℃, 22MPa의 질소를 가역단열과정으로 500kPa까지 팽창했을 때의 온도(℃)는? (단, 비열비는 1.41이고 질소를 이상기체로 가정한다.) ✪ 20년8월22일

① −180   ② −194
③ −200   ④ −206

해설
단열과정
$\frac{T_2}{T_1} = (\frac{P_2}{P_1})^{\frac{k-1}{k}}$, $\frac{T_2+273}{-35+273} = (\frac{500}{22000})^{\frac{1.41-1}{1.41}}$, $T_2 ≒ -194℃$

07 2kg, 30℃인 이상기체가 100kPa에서 300kPa까지 가역 단열과정으로 압축되었다며 최종온도(℃)는? (단, 이 기체의 정적비열은 750J/kg·K, 정압비열은 1000J/kg·K 이다.) ✪ 20년9월26일

① 99   ② 126
③ 267   ④ 399

해설
$k = \frac{C_P}{C_V} = \frac{1000}{750} = 1.33$
$\frac{T_2}{T_1} = (\frac{P_2}{P_1})^{\frac{k-1}{k}}$, $\frac{T_2+273}{30+273} = (\frac{300}{100})^{\frac{1.33-1}{1.33}}$, $T_2 ≒ 126℃$

08 1kg의 이상기체(C_p=1.0kJ/kg·K, C_v=0.71kJ/kg·K)가 가역단열과정으로 P_1=1Mpa, V_1=0.6[m^3]에서 P_2=100KPa으로 변한다. 가역단열과정 후 이 기체의 부피 V_2와 온도 T_2는 각각 얼마인가? ✪ 20년8월22일

① V_2=2.24m^3, T_2=1000K
② V_2=3.08m^3, T_2=1000K
③ V_2=2.24m^3, T_2=1060K
④ V_2=3.08m^3, T_2=1060K

해설
$k = \frac{C_P}{C_V} = \frac{1}{0.71} = 1.408$
$\frac{V_1}{V_2} = (\frac{P_2}{P_1})^{\frac{1}{k}}$, $\frac{0.6}{V_2} = (\frac{1000}{100})^{\frac{1}{1.408}}$, $V_2 = 3.078 m^3$
$P_2 V_2 = mRT_2$, $R = C_P - C_V = 1 - 0.71 = 0.29 \frac{kJ}{kgK}$
$T_2 = \frac{P_2 V_2}{mR} = \frac{100 \times 3.078}{1 \times 0.29} ≒ 1060K$

09 압력 1Mpa, 온도 400℃의 이상기체 2kg이 가역단열과정으로 팽창하여 압력이 500kPa로 변화한다. 이 기체의 최종온도는 약 몇 ℃인가? (단, 이 기체의 정적비열은 3.12kJ/(kg·K), 정압비열은 5.21kJ/(kg·K)이다.) ✪ 17년5월7일

① 237   ② 279
③ 510   ④ 622

해설
$k = \frac{C_P}{C_V} = \frac{5.21}{3.12} = 1.67$
$T_2 = T_1 \times (\frac{P_2}{P_1})^{\frac{k-1}{k}} = (400+273) \times (\frac{0.5}{1})^{\frac{1.67-1}{1.67}} = 509.6K = 236.6℃$

10 체적 4m^3, 온도 290K의 어떤 기체가 가역단열과정으로 압축되어 체적 2m^3, 온도340K로 되었다. 이상기체라고 가정하면 기체의 비열비는 약 얼마인가? ✪ 17년5월7일

① 1.091   ② 1.229
③ 1.407   ④ 1.667

해설 $\frac{T_2}{T_1} = (\frac{V_1}{V_2})^{k-1}$, $\frac{340}{290} = (\frac{4}{2})^{k-1}$, $k = 1.2296$

정답 06 ② 07 ② 08 ④ 09 ① 10 ②

11 비열비가 1.41인 이상기체가 1MPa, 500L에서 가역단열과정으로 120kPa로 변할 때 이 과정에서 한 일은 약 몇 kJ인가? ◆ 19년3월3일

① 561 ② 625
③ 715 ④ 825

해설
$$W = \frac{P_1V_1 - P_2V_2}{k-1} = \frac{1000 \times 0.5 - 120 \times 2.249}{1.41} \fallingdotseq 561 kJ$$

$$\frac{T_2}{T_1} = \left(\frac{V_1}{V_2}\right)^{k-1} = \left(\frac{P_2}{P_1}\right)^{\frac{k-1}{k}}$$

$$\frac{V_1}{V_2} = \left(\frac{P_2}{P_1}\right)^{\frac{1}{k}}, \frac{V_2}{0.5} = \left(\frac{1000}{120}\right)^{\frac{1}{1.41}}, V_2 = 2.249 m^3$$

6 폴리트로픽과정

★★★

01 "PV^n=일정"인 과정에서 밀폐계가 하는 일을 나타낸 것은? (단, P는 압력, V는 부피, n은 상수이며, 첨자 1, 2는 각각 과정 전·후 상태를 나타낸다.) ◆ 22년4월24일

① $P_2V_2 - P_1V_1$
② $\dfrac{P_1V_1 - P_2V_2}{n-1}$
③ $\dfrac{P_2V_2^{n-1} - P_1V_1^{n-1}}{n-1}$
④ $P_1V_1^n(V_2 - V_1)$

★★

02 폴리트로픽 과정에서의 지수(polytripic index)가 비열비와 같을 때의 변화는? ◆ 22년3월5일

① 정적변화   ② 가역단열변화
③ 등온변화   ④ 등압변화

해설 폴리트로픽 과정에서의 지수n
① 정적변화 : n=∞
② 가역단열변화 : n=비열비
③ 등온변화 : n=1
④ 등압변화 : n=0

★★

03 이상기체의 상태변화에 관련하여 폴리트로픽(Polytropic) 지수 n에 대한 설명으로 옳은 것은? ◆ 19년9월21일

① 'n = 0'이면 단열 변화
② 'n = 1'이면 등온 변화
③ 'n = 비열비'이면 정적 변화
④ 'n = ∞'이면 등압 변화

해설 ① 'n = 0'이면 정압 변화
② 'n = 1'이면 등온 변화
③ 'n = 비열비'이면 단열 변화
④ 'n = ∞'이면 정적 변화

정답 11 ① / 01 ② 02 ② 03 ②

04 폴리트로픽 과정을 나타내는 다음 식에서 폴리트로픽 지수 과 관련하여 옳은 것은? (단, P는 압력, V는 부피이고, C는 상수이다. 또한, k는 비열비이다.) ❖ 18년3월4일

$$PV^n = C$$

① n = ∞ : 단열과정
② n = 0 : 정압과정
③ n = k : 등온과정
④ n = 1 : 정적과정

해설 ① n = ∞ : 정적과정
② n = 0 : 정압과정
③ n = k : 단열과정
④ n = 1 : 등온과정

05 PVn=C에서 이상기체의 등온변화인 경우 폴리트로프 지수(n)는? ❖ 16년5월8일

① ∞   ② 1.4
③ 1   ④ 0

해설 $PV^1 = C$, $PV = C$ 등온과정

06 이상기체의 폴리트록픽 변화에서 항상 일정한 것은? (단, P : 압력, T : 온도, V : 부피, n : 폴리트로픽 지수) ❖ 21년9월21일

① VT^{n-1} ② $\dfrac{PT}{V}$
③ TV^{1-n} ④ PV^n

해설 $PV^n = c$
$\dfrac{T_2}{T_1} = (\dfrac{V_1}{V_2})^{n-1} = (\dfrac{P_2}{P_1})^{\frac{n-1}{n}}$

7 교축과정

★★★★★★★

01 다음 중 이상적인 교축 과정(throttling process)은? ❖ 17년5월7일

① 등온 과정
② 등엔트로피 과정
③ 등엔탈피 과정
④ 정압 과정

02 다음 괄호 안에 들어갈 말로 옳은 것은? ❖ 18년3월4일

일반적으로 교축(throttling)과정에서는 외부에 대하여 일을 하지 않고, 열교환이 없으며, 속도변화가 거의 없음에 따라 (   )(은)는 변하지 않는다고 가정한다.

① 엔탈피   ② 온도
③ 압력   ④ 엔트로피

해설 교축과정은 등엔탈피과정이다.

03 증기의 교축과정에 대한 설명으로 옳은 것은? ❖ 16년5월8일

① 습증기 구역에서 포화온도가 일정한 과정
② 습증기 구역에서 포화압력이 일정한 과정
③ 가역과정에서 엔트로피가 일정한 과정
④ 엔탈피가 일정한 비가역 정상류 과정

해설 증기의 교축과정 엔탈피가 일정한 비가역 정상류 과정이다.

정답 04 ② 05 ③ 06 ④ / 01 ③ 02 ① 03 ④

chapter 03 이상기체와 각과정별 상태변화 | **45**

열역학

04

열역학 2법칙

01 열역학 정의 및 단위
02 열역학 1법칙
03 이상기체와 각과정별 상태변화
04 열역학 2법칙
05 증기
06 증기동력사이클
07 내연기관
08 냉동cycle
09 증기의 흐름과 여러가지 계수

CHAPTER 04 열역학 2법칙

㈜주㈜제 되는㈜제

01 열역학 2법칙의 서술적 표현에 대한 문제
① 자연계에 어떠한 변화도 남기지 않고 일정온도인 어느 열원의 열을 계속하여 열로 변환시키는 기계를 만드는 것은 불가능하다.
② 열은 저온의 물체에서 고온으로 스스로 이동하지 못한다. 그러므로 선능계수가 무한대인 냉동기는 만들 수 없다
③ 에너지의 방향성을 제시한 법칙
④ 비가역의 법칙
⑤ 열효율이 100%인 기관은 없다=제1종영구기관부정
⑥ 엔트로피를 정의한 법칙
⑦ 절대온도를 정의한 법칙

02 (carnot cycle의 효율), $\eta_c = \dfrac{W_{net}}{Q_H} = \dfrac{Q_H - Q_L}{Q_H} = 1 - \dfrac{Q_L}{Q_H} = 1 - \dfrac{T_L}{T_H}$

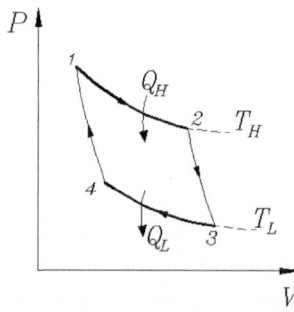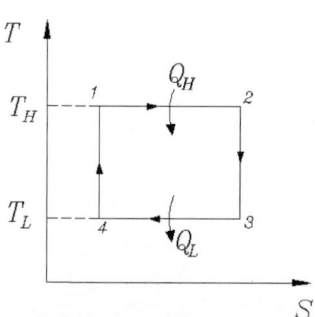

W_{net} : 유효일량, Q_H : 고열원에서 공급된 열량, Q_L : 저열원에서 버리는 열량,
T_L : 저열원의 절대온도, T_H : 고열원의 절대온도

03 (clausius integral) $\oint \dfrac{\delta Q}{T} \leq 0$, (엔트로피변화량) $dS = \dfrac{\delta Q}{T}$

(가역과정) $\oint \dfrac{\delta Q}{T} = 0$, (비가역과정) $\oint \dfrac{\delta Q}{T} < 0$

04 (각과정별 엔트로피변화량)

$$\Delta S = S_2 - S_1 = C_v \ln \dfrac{T_2}{T_1} + R \ln \dfrac{v_2}{v_1} = C_p \ln \dfrac{T_2}{T_1} - R \ln \dfrac{p_2}{p_1} = C_p \ln \dfrac{v_2}{v_1} + C_v \ln \dfrac{p_2}{p_1}$$

C_v : 정적비열, C_P : 정압비열, R : 기체상수, T_2 : 나중온도, T_1 : 처음온도,
v_2 : 나중체적, v_1 : 처음체적, p_2 : 나중압력, p_1 : 처음압력
가역단열과정은 등엔트로픽과정이다.

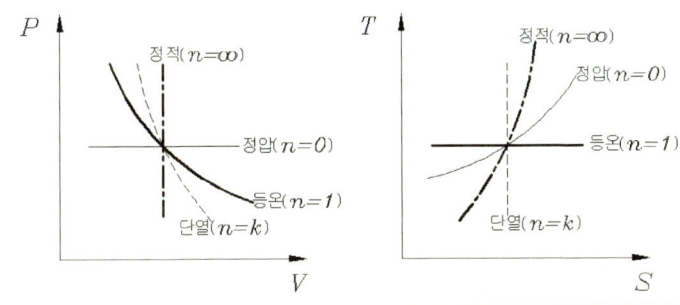

$Pv^n = C$
$n = 0$, $P = C$ (정압과정)
$n = 1$, $Pv = C$ (등온과정)
$n = k$, $Pv^k = C$ (단열과정)
$n = \infty$, $v = C$ (정적과정)

열역학 과년도 기출문제

1 열역학2법칙 서술적표현

01 열역학 제2법칙에 대한 설명이 아닌 것은?
　　　　　　　　　　　　　　　● 13년6월2일

① 제2종 영구기관의 제작은 불가능하다.
② 고립계의 엔트로피는 감소하지 않는다.
③ 열은 자체적으로 저온에서 고온으로 이동이 곤란하다.
④ 열과 일은 변환이 가능하며, 에너지보존법칙이 성립한다.

해설 열역학 제1법칙 : 열과 일은 변환이 가능하며, 에너지보존 법칙이 성립한다.

02 다음 설명과 가장 관계되는 열역학적 법칙은?
　　　　　　　　　　● 18년3월4일, 21년3월7일

- 열은 그 자신만으로는 저온의 물체로부터 고온의 물체로 이동할 수 없다.
- 외부에 어떠한 영향을 남기지 않고 한 사이클 동안에 계가 열원으로부터 받은 열은 모두 일로 바꾸는 것은 불가능하다.

① 열역학 제 0법칙
② 열역학 제 1법칙
③ 열역학 제 2법칙
④ 열역학 제 3법칙

해설 설명은 열역학 제2법칙에 대한 설명이다.

03 열역학 제2법칙을 설명한 것이 아닌 것은?
　　　　　　　　　　　　　　　● 15년5월31일

① 사이클로 작동하면서 하나의 열원으로부터 열을 받아서 이 열을 전부 일로 바꾸는 것은 불가능하다.
② 에너지는 한 형태에서 다른 형태로 바뀔 뿐이다.
③ 제2종 영구기관을 만든다는 것은 불가능하다.
④ 주위에 아무런 변화를 남기지 않고 열을 저온의 열원으로부터 고온의 열원으로 전달하는 것은 불가능하다.

해설 "에너지는 한 형태에서 다만 다른 형태로 바뀔 뿐이다." 표현은 열역학1법칙에 대한 설명이다.

04 다음 중 열역학 제2법칙과 관련된 것은?
　　　　　　　　　　　　　　　● 21년9월12일

① 상태 변화 시 에너지는 보존된다.
② 일을 100% 열로 변환시킬 수 있다.
③ 사이클과정에서 시스템이 한 일은 시스템이 받은 열량과 같다.
④ 열은 저온부로부터 고온부로 자연적으로 전달되지 않는다.

해설 열역학 제1법칙 : 사이클과정에서 시스템이 한 일은 시스템이 받은 열량과 같다.

$$\frac{T_2}{T_1} = (\frac{V_1}{V_2})^{k-1} = (\frac{P_2}{P_1})^{\frac{k-1}{k}},$$

$$T_2 = T_1 \times (\frac{P_2}{P_1})^{\frac{k-1}{k}}$$

정답 01 ④　02 ③　03 ②　04 ④

05 다음 중 열역학 제2법칙에 대한 설명으로 틀린 것은? ⊕ 22년3월5일

① 에너지 보존에 대한 법칙이다.
② 제2종 영구기관은 존재할 수 없다.
③ 고립계에서 엔트로피는 감소하지 않는다.
④ 열은 외부 동력 없이 저온체에서 고온체로 이동할 수 없다.

해설 열역학 제1법칙 : 에너지 보존에 대한 법칙이다.

06 "일을 열로 바꾸는 것은 용이하고 완전히 되는 데 반하여 열을 일로 바꾸는 것은 그 효율이 절대로 100%가 될 수 없다."는 말은 어떤 법칙에 해당되는가? ⊕ 16년10월1일

① 열역학 제1법칙
② 열역학 제2법칙
③ 줄(Joule)의 법칙
④ 푸리에(Fourier)의 법칙

해설 에너지의 방향성을 제시한 법칙은 열역학 2법칙이다.

07 다음은 열역학 기본법칙을 설명한 것이다. 0법칙, 1법칙, 2법칙, 3법칙 순으로 옳게 나열한 것은? ⊕ 20년6월6일

가. 에너지 보존에 관한 법칙이다.
나. 에너지의 전달 방향에 관한 법칙이다.
다. 절대온도 0 k에서 완전 결정질의 절대 엔트로피는 0이다.
라. 시스템 A가 시스템 B와 열적 평형을 이루고 동시에 시스템 C와도 열적 평형을 이룰 때 시스템 B와 C의 온도는 동일하다.

① 가 - 나 - 다 - 라
② 라 - 가 - 나 - 다
③ 다 - 라 - 가 - 나
④ 나 - 가 - 라 - 다

해설
라. 열역학 0법칙
가. 열역학 1법칙
나. 열역학 2법칙
다. 열역학 3법칙

08 다음 중 열역학 제2법칙이 표현이 될 수 없는 내용은? ⊕ 14년5월25일

① 진공 중에서의 가스의 확산은 비가역적이다.
② 제2종 영구기관은 존재할 수 없다.
③ 사이클에 의하여 일을 발생시킨 때는 고온체만 필요하다.
④ 열은 외부 동력없이 저온체에서 고온체로 이동할 수 없다.

해설 열역학 제2법칙은 에너지의 방향성을 나타낸 법칙으로 에너지는 고온에서 저온으로 이동한다. 즉 열이 이동 할려면 고온과 저온이 있어야 된다.

09 열역학 제2법칙과 관계가 가장 먼 것은? ⊕ 14년5월25일

① 열은 온도가 높은 곳에서 낮은 곳으로 흐른다.
② 전열선에 전기를 가하면 열이 나지만 전열선을 가열하여도 전역을 얻을 수 없다.
③ 열기관의 효율에 대한 이론적인 한계를 결정한다.
④ 전체 에너지양은 항상 보존된다.

해설 열역학 제1법칙이 전체 에너지양은 항상 보존되는 에너지 보존의 법칙이다.

정답 05 ① 06 ② 07 ② 08 ③ 09 ④

10 열역학 제2법칙의 내용과 직접적인 관련이 없는 것은? ○ 13년9월28일

① 엔트로피의 정의
② 비가역과정의 생성 엔트로피
③ 자연 발생적인 열의 흐름 방향
④ 내부 에너지의 정의

해설 열역학 1법칙은 에너지보존의 법칙으로 내부에너지를 정의 할수 있다.

11 열역학 제2법칙에 관한 다음 설명 중 옳지 않은 것은? ○ 17년3월5일

① 100%의 열효율을 갖는 열기관은 존재할 수 없다.
② 단일열원으로부터 열을 전달받아 사이클 과정을 통해 모두 일로 변화시킬수 있는 열기관이 존재할 수 있다.
③ 열은 저온부로부터 고온부로 자연적으로 전달되지는 않는다.
④ 고립계에서 엔트로피는 항상 증가하거나 일정하게 보존된다.

해설 열역학 제2법칙은 열효율이 100%인 기관은 존재 할수 없다. 즉 단일열원으로부터 열을 전달받아 사이클 과정을 통해 모두 일로 변화시킬 수 있는 열기관이 존재할 수 있다.

12 임의의 과정에 대한 가역성과 비가역성을 논의하는 데 적용되는 법칙은? ○ 20년9월26일

① 열역학 제0법칙
② 열역학 제1법칙
③ 열역학 제2법칙
④ 열역학 제3법칙

해설 임의의 과정에 대한 가역성과 비가역성을 나타내는 것이 엔트로피이다.
엔트로피를 정의하는 법칙은 열역학 2법칙이다.

13 다음과 관계있는 법칙은? ○ 19년4월27일

"계가 흡수한 열을 완전히 일로 전환할 수 있는 장치는 없다."

① 열역학 제3법칙
② 열역학 제2법칙
③ 열역학 제1법칙
④ 열역학 제0법칙

해설 열역학 제2법칙은 계가 흡수한 열을 완전히 일로 전환 할수 있는 장치는 없다. 즉 열이 일로 변환되는 과정에서 자연계에 흔적을 남긴다.

정답 10 ④   11 ②   12 ③   13 ②

2 carnot cycle

★★★★★

01 최고 온도 500℃와 최저 온도 30℃사이에서 작동되는 열기관의 이론적 효율(%)은?
◎ 20년6월6일

① 6 ② 39
③ 61 ④ 94

해설 $\eta_c = 1 - \dfrac{T_L}{T_H} = 1 - \dfrac{30+273}{500+273} = 0.61 = 61\%$

★★

02 카르노 사이클에서 최고 온도는 600K이고, 최저 온도는 250K일 때 이 사이클의 효율은 약 몇 %인가?
◎ 18년3월4일

① 41 ② 49
③ 58 ④ 64

해설 $\eta_c = 1 - \dfrac{T_L}{T_H} = 1 - \dfrac{250}{600} = 0.58 = 58\%$

★★

03 열역학적 사이클에서 열효율이 고열원과 저열원의 온도만으로 결정되는 것은?
◎ 20년8월22일

① 카르노 사이클 ② 랭킨 사이클
③ 재열 사이클 ④ 재생 사이클

해설 카르노 사이클의 효율 $\eta_c = 1 - \dfrac{T_L}{T_H}$

★★

04 동일한 최고 온도, 최저 온도 사이에 작동하는 사이클 중 최대의 효율을 나타내는 사이클은?
◎ 22년3월5일

① 오토 사이클 ② 디젤 사이클
③ 카르노 사이클 ④ 브레이튼 사이클

해설 카르노 사이클은 가역이상 열기관사이클로 동일한 최고 온도, 최저 온도 사이에 작동하는 사이클 중 최대의 효율을 나타내는 사이클이다.

05 카르노사이클의 효율은 무엇에만 의존하는가?
◎ 15년5월31일

① 두 열저장조(heat reservoir)의 온도
② 저온부의 온도
③ 카르노 사이클에 사용되는 작동유체
④ 고온부의 온도

해설 (carnot cycle의 효율), $\eta_c = 1 - \dfrac{T_L}{T_H}$

06 그림과 같은 카르노 열기관의 사이클 P-V 선도에서 d→a 과정이 나타내는 것은?
◎ 12년9월15일

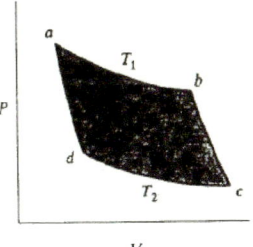

① 등적과정
② 등엔탈피과정
③ 등엔트로피과정
④ 등온과정

풀이 a → b 등온팽창
b → c 단열팽창(등엔트로피)
c → d 등온압축
d → a 단열압축(등엔트로피)

정답 01 ③ 02 ③ 03 ① 04 ③ 05 ① 06 ③

07 다음 이상기체에 대한 Carnot cycle 중 등엔트로피 과정을 나타내는 것은? ◎ 13년3월10일

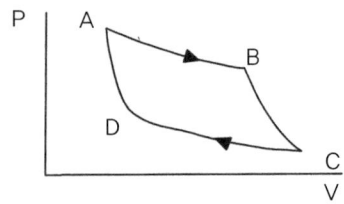

① A-C, B-C
② B-C, C-D
③ D-A, B-C
④ A-B, D-C

풀이 A→B : 등온팽창 = 등온흡열
B→C : 단열팽창 = 등엔트로피팽창
C→D : 등온압축 = 등온방열
D→A : 단열압축 = 등엔트로피압축

08 카르노사이클의 과정에 해당하는 것은? ◎ 14년5월25일

① 등온과정과 등압과정
② 등온과정과 단열과정
③ 등압과정과 단열과정
④ 등적과정과 단열과정

해설 카르노사이클은 2개의 등온과정, 2개의 단열과정으로 구성된다.

09 이상적인 카르노(Carnot) 사이클의 구성에 대한 설명으로 옳은 것은? ◎ 17년9월23일

① 2개의 등온과정과 2개의 단열과정으로 구성된 가역 사이클이다.
② 2개의 등온과정과 2개의 정압과정으로 구성된 가역 사이클이다.
③ 2개의 등온과정과 2개의 단열과정으로 구성된 비가역 사이클이다.
④ 2개의 등온과정과 2개의 정압과정으로 구성된 비가역 사이클이다.

해설 이상적인 카르노(Carnot) 사이클 2개의 등온과정과 2개의 단열과정으로 구성된 가역 사이클이다.

10 Carnot 사이클은 2개의 등온과정과 또 다른 2개의 어느 과정으로 구성되는가? ◎ 13년9월28일

① 정압과정   ② 등적과정
③ 단열과정   ④ 폴리트로픽과정

해설 Carnot 사이클은 2개의 등온과정과 2개의 단열과정으로 구성된다.

11 다음은 열역학적 사이클에서 일어나는 여러 가지의 과정이다. 이상적인 카르노(Carnot) 사이클에서 일어나는 과정을 옳게 나열한 것은? ◎ 14년9월20일

| (a) 등온 압축 과정 | (b) 정적 팽창 과정 |
| (c) 정압 압축 과정 | (d) 단열 팽창 과정 |

① (a), (b)   ② (b), (C)
③ (C), (d)   ④ (a), (d)

해설 이상적인 카르노(Carnot) 사이클은 2개의 등온과정, 2개의 단열과정으로 구성된다.

12 카르노 열기관이 600K의 고열원과 300K의 저열원 사이에서 작동하고 있다. 고열원으로부터 300kJ의 열을 공급받을 때 기관이 하는 일(kJ)은 얼마인가? ◎ 19년9월21일

① 150   ② 160
③ 170   ④ 180

해설
$\eta_c = 1 - \dfrac{T_L}{T_H} = 1 - \dfrac{300}{600} = \dfrac{W_{net}}{Q_H}$,
$W_{net} = Q_H \times \left(1 - \dfrac{300}{600}\right) = 300 \times \left(1 - \dfrac{300}{600}\right) = 150 kJ$

정답 07 ③   08 ②   09 ①   10 ③   11 ④   12 ①

13 저열원 10℃, 고열원 600℃ 사이에 작용하는 카르노사이클에서 사이클당 방열량이 3.5kJ이면 사이클당 실제 일의 양은 약 몇 KJ인가?

◎ 16년5월8일

① 3.5   ② 5.7
③ 6.8   ④ 7.3

해설

$$\eta_c = \frac{W_{net}}{Q_H} = 1 - \frac{Q_L}{Q_H} = 1 - \frac{T_L}{T_H}$$

$$\frac{Q_L}{Q_H} = \frac{T_L}{T_H}, \quad \frac{3.5}{Q_H} = \frac{10+273}{600+273}, \quad Q_H = 10.796 kJ$$

$$W_{net} = 10.796 - 3.5 = 7.29 kJ$$

14 Carnot 사이클로 작동하는 가역기관이 800℃의 고온열원으로부터 5,000kW의 열을 받고 30℃의 저온열원에 열을 배출할 때 동력은 약 몇 kW인가?

◎ 16년10월1일

① 440   ② 1,600
③ 3,590 ④ 4,560

해설

$$\eta_c = \frac{W_{net}}{Q_H} = 1 - \frac{T_L}{T_H} = 1 - \frac{30+273}{800+273},$$

$$W_{net} = Q_H \times \left(1 - \frac{30+273}{800+273}\right) = 5000 \times \left(1 - \frac{30+273}{800+273}\right) = 3585 kW$$

★★

15 가역적으로 움직이는 열기관이 300℃의 고열원으로부터 200kJ의 열을 흡수하여 40℃의 저열원으로 열을 배출하였다. 이 때 40℃의 저열원으로 배출한 열량은 약 몇 kJ인가?

◎ 18년3월4일

① 27   ② 45
③ 73   ④ 109

해설

$$\eta_c = 1 - \frac{Q_L}{Q_H} = 1 - \frac{T_L}{T_H}$$

$$\frac{Q_L}{Q_H} = \frac{T_L}{T_H}, \quad \frac{Q_L}{200} = \frac{40+273}{300+273}, \quad Q_L = 109.24 kJ$$

16 카르노 사이클(Carnot cycle)로 작동하는 가역 기관에서 650℃의 고열원으로부터 18830kJ/min의 에너지를 공급받아 일을 하고 65℃의 저열원에 방열시킬 때 방열량은 약 몇 kW인가?

◎ 19년4월27일

① 1.92   ② 2.61
③ 115.0 ④ 156.5

해설

$$Q_H = \frac{18830}{60} \frac{kJ}{s} = 313.83 kW$$

$$\eta_c = 1 - \frac{Q_L}{Q_H} = 1 - \frac{T_L}{T_H},$$

$$\frac{Q_L}{Q_H} = \frac{T_L}{T_H}, \quad \frac{Q_L}{313.83} = \frac{65+273}{650+273}, \quad Q_L ≒ 115 kW$$

17 온도가 400℃인 열원과 300℃인 열원 사이에서 작동하는 카르노 열기관이 있다. 이 열기관에서 방출되는 300℃의 열은 또 다른 카르노 열기관으로 공급되어, 300℃의 열원과 100℃의 열원 사이에서 작동한다. 이와 같은 복합 카르노 열기관의 전체 효율은 약 몇 %인가?

◎ 17년3월5일

① 44.57% ② 59.43%
③ 74.29% ④ 29.72%

해설 복합카르노 열기관 효유릉 처음고열원의 온도과 끝의 저열원의 온도로 구한다.

$$\eta_c = 1 - \frac{T_L}{T_H} = 1 - \frac{100+273}{400+273} = 0.4457 = 44.57\%$$

정답 13 ④ 14 ③ 15 ④ 16 ③ 17 ①

3 클라우시우스의 부등식

★★

01 열역학 제2법칙과 관련하여 가역 또는 비가역 사이클 과정 중 항상 성립하는 것은? (단, Q는 시스템에 출입하는 열량이고, T는 절대온도이다.) ◎ 21년9월12일

① $\oint \dfrac{\delta Q}{T} = 0$

② $\oint \dfrac{\delta Q}{T} > 0$

③ $\oint \dfrac{\delta Q}{T} \geq 0$

④ $\oint \dfrac{\delta Q}{T} \leq 0$

해설 가역과정 $\oint \dfrac{\delta Q}{T} = 0$

비가역과정 $\oint \dfrac{\delta Q}{T} < 0$

가역 또는 비가역 사이클 과정 $\oint \dfrac{\delta Q}{T} \leq 0$

★★

02 비가역 사이클에 대한 클라시우스(Clausius)의 적분에 대하여 옳은 것은? (단, Q는 열량, T는 온도이다.) ◎ 17년9월23일

① $\oint \dfrac{\delta Q}{T} > 0$

② $\oint \dfrac{\delta Q}{T} \geq 0$

③ $\oint \dfrac{\delta Q}{T} = 0$

④ $\oint \dfrac{\delta Q}{T} < 0$

해설 비가역과정 $\oint \dfrac{\delta Q}{T} < 0$

03 임의의 가역 사이클에서 성립되는 Clausius의 적분은 어떻게 표현되는가? ◎ 15년3월8일

① $\oint \dfrac{\delta Q}{T} > 0$

② $\oint \dfrac{\delta Q}{T} < 0$

③ $\oint \dfrac{\delta Q}{T} = 0$

④ $\oint \dfrac{\delta Q}{T} \geq 0$

해설 가역 사이클에서 성립되는 Clausius의 적분 $\oint \dfrac{\delta Q}{T} \leq 0$

정답 01 ④ 02 ④ 03 ③

4 각과정별 엔트로피 변화

01 단열계에서 엔트로피 변화에 대한 설명으로 옳은 것은? ◉ 16년3월6일

① 가역 변화시 계의 전 엔트로피는 증가된다.
② 가역 변화시 계의 전 엔트로피는 감소한다.
③ 가역 변화시 계의 전 엔트로피는 변하지 않는다.
④ 가역 변화시 계의 전 엔트로피의 변화량은 비가역 변화시보다 일반적으로 크다.

해설 $dS = \dfrac{dQ}{T} = \dfrac{0}{T}$, $dS = 0$

02 다음 과정 중 가역적인 과정이 아닌 것은? ◉ 19년4월27일

① 과정은 어느 방향으로나 진행될 수 있다.
② 마찰을 수반하지 않아 마찰로 인한 손실이 없다.
③ 변화 경로의 어느 점에서도 역학적, 열적, 화학적 등의 모든 평형을 유지하면서 주위에 어떠한 영향도 남기지 않는다.
④ 과정은 이를 조절하는 값을 무한소만큼씩 변화시켜도 역행할 수는 없다.

해설 가역적인 과정은 이를 조절하는 값을 무한소만큼씩 변화시켜도 역행할 수는 있다.

03 이상적인 가역 단열변화에서 엔트로피는 어떻게 되는가? ◉ 19년4월27일

① 감소한다.
② 증가한다.
③ 변하지 않는다.
④ 감소하다 증가한다.

해설 이상적인 가역 단열변화에서 엔트로피는 변하지 않는다.
즉 이상적인 가역 단열변화는 등엔트로피 변화이다.
$dS = \dfrac{\delta Q}{T} = \dfrac{0}{T} = 0$

04 단열 비가역 변화를 할 때 전체 엔트로피는 어떻게 변하는가? ◉ 14년9월20일

① 감소한다.
② 증가한다.
③ 변화가 없다.
④ 주어진 조건으로는 알 수 없다.

해설 단열 비가역 변화를 할 때 전체 엔트로피는 증가한다.

05 엔트로피에 대한 설명으로 틀린 것은? ◉ 16년5월8일

① 엔트로피는 상태함수이다.
② 엔트로피는 분자들의 무질서도 척도가 된다.
③ 우주의 모든 현상은 총 엔트로피가 증가하는 방향으로 진행되고 있다.
④ 자유팽창, 종류가 다른 가스의 혼합, 액체 내의 분자의 확산 등의 과정에서 엔트로피가 변하지 않는다.

해설 자유팽창, 종류가 다른 가스의 혼합, 액체내의 분자의 확산 등의 과정은 비가역과정 임으로 엔트로피는 증가 한다.

06 다음 중 등엔트로피 과정에 해당하는 것은? ◉ 19년9월21일

① 등적과정
② 등압과정
③ 가역단열과정
④ 가역등온과정

해설 등엔트로피 과정은 가역단열과정, 비가역단열과정은 엔트로피 증가

정답 01 ③ 02 ④ 03 ③ 04 ② 05 ④ 06 ③

07 밀폐계에서 비가역 단열과정에 대한 엔트로피 변화를 옳게 나타낸 식은? (단, S는 엔트로피, C_P는 정압비열, T는 온도, R은 기체상수, P는 압력, Q는 열량을 나타낸다.) ○ 18년4월28일

① dS=0
② dS>0
③ $ds = C_P \dfrac{dT}{T} - R \dfrac{dP}{P}$
④ $ds < \dfrac{\delta Q}{T}$

해설 비가역 단열과정에 대한 엔트로피 변화 dS>0

08 밀폐계에서 비가역 단열과정에 대한 엔트로피 변화를 옳게 나타내는 식은? ○ 14년3월2일

① dS = 0
② dS > 0
③ $dS = C_P \dfrac{dT}{T} - R \dfrac{dP}{P}$
④ dS = δQ / T

해설 비가역 단열과정에 대한 엔트로피 변화 dS > 0
가역단열과정에 대한 엔트로피 변화 dS = 0

09 어느 밀폐계와 주위 사이에 열의 출입이 있다. 이것으로 인한 계와 주위의 엔트로피의 변화량을 각각 △S₁, △S₂로 하면 엔트로피 증가의 원리를 나타내는 식은? ○ 14년3월2일

① △S₁ > 0
② △S₂ > 0
③ △S₁ + △S₂ > 0
④ △S₁ - △S₂ > 0

해설 비가역 단열과정에 대한 엔트로피 변화 dS > 0

10 이상기체 1kg이 A상태(T_A, P_A)에서 B상태(T_B, P_B)로 변화하였다. 정압비열 C_P가 일정할 경우 엔트로피의 변화 △S를 옳게 나타낸 것은? ○ 14년3월2일

① $\triangle s = C_P \ln \dfrac{T_A}{T_B} + R \ln \dfrac{P_B}{P_A}$
② $\triangle s = C_P \ln \dfrac{T_B}{T_A} + R \ln \dfrac{P_B}{P_A}$
③ $\triangle s = C_P \ln \dfrac{T_A}{T_B} - R \ln \dfrac{P_B}{P_A}$
④ $\triangle s = C_P \ln \dfrac{T_B}{T_A} - R \ln \dfrac{P_B}{P_A}$

해설 $\triangle S = C_P \ln \dfrac{T_B}{T_A} - R \ln \dfrac{P_B}{P_A}$

11 이상기체 1kg의 압력과 체적이 각각 P_1, V_1에서 P_2, V_2로 등온 가역적으로 변할 때 엔트로피 변화(△S)는? (단, R은 기체상수이다.) ○ 17년5월7일

① $\triangle s = R \ln \dfrac{P_1}{P_2}$
② $\triangle s = \dfrac{V_1}{V_2} \ln R$
③ $\triangle s = R \ln \dfrac{V_1}{V_2}$
④ $\triangle s = \dfrac{P_1}{P_2} \ln R$

해설 등온과정일 때
$\triangle S = R \ln \dfrac{V_2}{V_1} = -R \ln \dfrac{P_2}{P_1} = R \ln \dfrac{P_1}{P_2}$

정답 07 ② 08 ② 09 ③ 10 ④ 11 ①

12 400K로 유지되는 항온조 내의 기체에 80kJ의 열이 공급되었을 때, 기체의 엔트로피 변화량은 몇 kJ/K인가? ● 18년9월15일

① 0.01
② 0.03
③ 0.2
④ 0.3

해설 $\triangle S = \dfrac{\triangle Q}{T} = \dfrac{80}{400} = 0.2 \dfrac{kJ}{K}$

13 97℃로 유지되고 있는 항온조가 실내 온도 27℃인 방에 놓여 있다. 어떤 시간에 1000kJ의 열이 항온조에서 실내로 방출되었다면 다음 설명 줄 틀린 것은?

① 항온조속의 물질의 엔트로피 변화는 -2.7 kJ/K이다.
② 실내 공기의 엔트로피의 변화는 약 3.3 kJ/K이다.
③ 이 과정은 비가역적이다.
④ 항온조와 실내 공기의 총 엔트로피는 감소하였다.

해설
(항온조의 엔트로피변화) $\triangle S_{항온조} = \dfrac{-1000}{97+273} = -2.7 \dfrac{kJ}{K}$
(실내의 엔트로피변화) $\triangle S_{항온조} = \dfrac{+1000}{27+273} = +3.3 \dfrac{kJ}{K}$
$\triangle S = (-2.7) + (+3.3) = +0.6 \dfrac{kJ}{K}$

14 96.9℃로 유지되고 있는 항온탱크가 온도 26.9℃의 방 안에 놓여있다. 어떤 시간 동안에 1000J의 열이 항온탱크로부터 방 안 공기로 방출됐다. 항온탱크 물질의 엔트로피의 변화는 몇 J/K인가? ● 14년3월2일

① -0.27
② -2.70
③ 270
④ 2700

해설 $\triangle S = \dfrac{\triangle Q}{T} = \dfrac{-100}{96.3+273} = -2.7 \dfrac{J}{K}$

★★★★
15 이상기체의 단위 질량당 내부에너지 u, 비엔탈피 h, 비엔트로피 s에 관한 다음의 관계식 중에서 모두 옳은 것은? (단, T는 온도, p는 압력, v는 비체적을 나타낸다.) ● 22년3월5일

① Tds = du − vdp, Tds = dh − pdv
② Tds = du + pdv, Tds = dh − vdp
③ Tds = du − vdp, Tds = dh + pdv
④ Tds = du + pdv, Tds = dh + vdp

해설 $dS = \dfrac{\delta q}{T}, \; \delta q = TdS$
$\delta q = du + Pdv, \; \delta q = dh - vdP$

16 기체상수가 R 인 이상기체가 일정 온도 하에서 가역팽창하여 압력이 처음 상태의 1/2배로 되었다. 단위 질량당 엔트로피 변화량은? ● 12년9월15일

① $\dfrac{R}{2}\ln 2$
② $R\ln 2$
③ $2R$
④ $2R\ln 2$

풀이 $\triangle S = R\ln \dfrac{V_2}{V_1} = R\ln \dfrac{P_1}{P_2} = R\ln \dfrac{P_1}{\frac{1}{2}P_1} = R\ln 2$

정답 12 ③ 13 ④ 14 ② 15 ② 16 ②

17 압력 300kPa인 이상기체 150kg이 있다. 온도를 일정하게 유지하면서 압력을 100kPa로 변화시킬 때 엔트로피 변화는 약 몇 kJ/K인가? (단, 기체의 정적비열은 1.735kJ/kg·K, 비열비는 1.299이다.)

○ 22년4월24일

① 62.7
② 73.1
③ 85.5
④ 97.2

[해설]
$C_P = kC_V = 1.299 \times 1.735 = 2.254 \dfrac{kJ}{kgK}$

$R = C_P - C_V = 2.254 - 1.735 = 0.519 \dfrac{kJ}{kgK}$

등온과정

$\Delta S = mR \ln \dfrac{P_1}{P_2} = 150 \times 0.519 \times \ln \dfrac{300}{100} = 85.53 \dfrac{kJ}{K}$

18 이상기체가 V_1, P_1 으로부터 V_2, P_2 까지 등온팽창 하였다. 이 과정 중에 일어난 내부 에너지 변화량 ΔU, 엔탈피 변화량 ΔH, 엔트로피 변화량 ΔS 를 옳게 나타낸 것은?

○ 12년9월15일

① $\Delta U > 0$, $\Delta H > 0$, $\Delta S > 0$
② $\Delta U = 0$, $\Delta H = 0$, $\Delta S < 0$
③ $\Delta U = 0$, $\Delta H > 0$, $\Delta S < 0$
④ $\Delta U = 0$, $\Delta H = 0$, $\Delta S > 0$

[풀이]
$\Delta u = C_V \times \Delta T = C_V \times 0 = 0$
$\Delta h = C_p \times \Delta T = C_p \times 0 = 0$
$\Delta S = R \ln \dfrac{V_2}{V_1}$, $\Delta S > 0$
팽창할때 $V_2 > V_1$

19 압력이 100kPa인 공기를 정적과정으로 200kPa의 압력이 되었다. 그 후 정압과정으로 비체적이 1m³/kg에서 2m³/kg으로 변하였다고 할 때 이 과정 동안의 총 엔트로피의 변화량은 약 몇 kJ/(kg·K)인가? (단, 공기의 정적비열은 0.7kJ/(kg·K), 정압비열은 1.0 kJ/(kg·K))

○ 17년9월23일

① 0.31
② 0.52
③ 1.04
④ 1.18

[해설]
$\Delta S_A = C_v \ln \dfrac{P_2}{P_1} = 0.7 \times \ln \dfrac{200}{100} = 0.485 \dfrac{kJ}{kgK}$

$\Delta S_B = C_P \ln \dfrac{V_3}{V_2} = 1 \times \ln \dfrac{2}{1} = 0.693 \dfrac{kJ}{kgK}$

$\Delta S = \Delta S_A + \Delta S_B = 0.485 + 0.693 = 1.178 \dfrac{kJ}{kgK}$

20 이상기체 5kg이 250℃에서 120℃까지 정적과정을 변화한다. 엔트로피 감소량은 약 몇 kJ/K인가? (단, 정적비열은 0.653kJ/(kg·K)이다.)

○ 17년3월5일

① 0.933
② 0.439
③ 0.274
④ 0.187

[해설]
$\Delta S = mC_v \ln \dfrac{T_2}{T_1} = 5 \times 0.653 \times \ln \dfrac{120+273}{250+273} = -0.933 \dfrac{kJ}{K}$

21 압력을 일정하게 유지하면서 15kg의 이상기체를 300K에서 500K까지 가열하였다. 엔트로피 변화는 몇 KJ/K 인가? (단, 기체상수는 0.189kJ/kg·K, 비열비는 1.289이다.)

○ 15년9월19일

① 5.273
② 6.459
③ 7.441
④ 8.175

[해설]
$C_P = \dfrac{kR}{k-1} = \dfrac{1.289 \times 0.189}{1.289-1} = 0.843 \dfrac{kJ}{kgK}$

$\Delta S = mC_P \ln \dfrac{T_2}{T_1} = 15 \times 0.843 \ln \dfrac{500}{300} = 6.459 \dfrac{kJ}{K}$

정답 17 ③ 18 ④ 19 ④ 20 ① 21 ②

22 압력 300kPa인 이상기체 150kg이 있다. 온도를 일정하게 유지하면서 압력을 100kPa로 변화시킬 때 엔트로피(kJ/K)변화는? (단, 기체의 정적비열은 1.735kJ/kg·K, 비열비는 1.299이다.)
                          ● 14년3월2일

① 62.7　　② 73.1
③ 85.5　　④ 97.2

해설
$$\Delta S = mR\ln\frac{P_2}{P_1} = m(kC_V - C_V)\ln\frac{P_1}{P_2}$$
$$= 150 \times (1.299 \times 1.736 - 1.736)\ln\frac{300}{100} = 85.5 kJ/K$$

23 공기가 압력 1MPa, 체적 0.4m³인 상태에서 50℃의 등온 과정으로 팽창하여 체적이 4배로 되었다. 엔트로피의 변화는 약 몇 kJ/K인가?
                          ● 21년9월12일

① 1.72　　② 5.46
③ 7.32　　④ 8.83

해설
$$m = \frac{P_1 V_2}{RT_2} = \frac{1000 \times 0.4}{0.287 \times (50+273)} = 4.3 kg$$
$$\Delta S = mR\ln\frac{V_2}{V_1} = 4.3 \times 0.287 \times \ln\frac{4V_1}{V_1} = 1.71 \frac{kJ}{K}$$

24 비열 4.184kJ/kg·K인 물 15kg을 0°C에서 80°C까지 가열할 때, 물의 엔트로피 상승은 약 몇 kJ/K인가?
                          ● 13년6월2일

① 9.5　　② 16.1
③ 21.9　　④ 30.8

해설
$$\Delta S = mC\ln\frac{T_2}{T_1} = 15 \times 4.184 \times \ln\frac{273+80}{273+0} = 16.13 \frac{kJ}{K}$$

정답　22 ③　23 ①　24 ②

열역학

05 증기

01 열역학 정의 및 단위
02 열역학 1법칙
03 이상기체와 각과정별 상태변화
04 열역학 2법칙
05 증기
06 증기동력사이클
07 내연기관
08 냉동cycle
09 증기의 흐름과 여러가지 계수

CHAPTER 05 증기

자주출제 되는 문제

01 습증기의 상태량

(습증기의 비체적) $v_x = v' + x(v'' - v')$

(습증기의 엔탈피) $h_x = h' + x(h'' - h') = h' + x\gamma$

(습증기의 내부에너지) $u_x = u' + x(u'' - u')$

(습증기의 엔트로피) $s_x = s' + x(s'' - s')$

여기서, v' : 포화수의 비체적, v'' : 포화증기의 비체적,
            h' : 포화수의 엔탈피, h'' : 포화증기의 엔탈피,
            u' : 포화수의 내부에너지, u'' : 포화증기의 내부에너지,
            s' : 포화수의 엔트로피, s'' : 포화증기의 엔트로피,
            γ : 증발잠열

(건도) $x = \dfrac{\text{증기의 중량}}{\text{전체중량}} = \dfrac{\text{증기의 중량}}{\text{증기의 중량} + \text{물의 중량}}$

02 정압 하에서의 증기의 상태변화

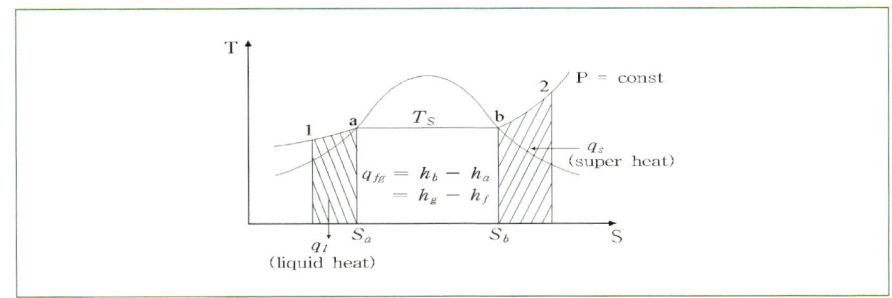

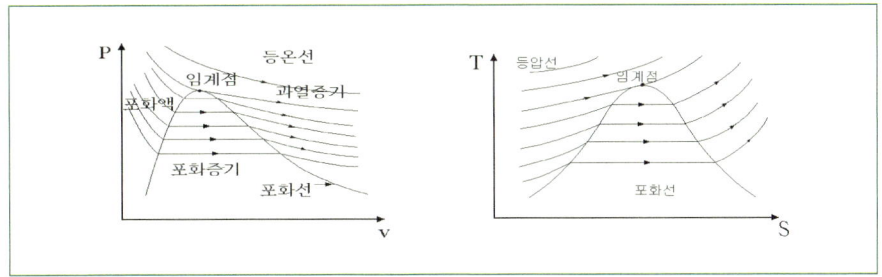

TS (Saturated temperature) : 포화온도, q_l (lipuid heat or sensible heat) : 액체열, 감열, 현열

q_{fg} (latent heat) : 증발잠열, q_s (super heat) : 과열

03 (증발잠열) $r = h'' - h' = u'' - u' + P(v'' - v')$

           ⇩   ⇩
          내부증발잠열   외부증발잠열

여기서, h'' : 포화증기의 엔탈피, h' : 포화수의 엔탈피,
    v'' : 포화증기의 비체적, v' : 포화수의 비체적

04 1atm 일 때 포화온도 100℃ 증발잠열 $538.8 \dfrac{kcal}{kg}$

$0.1 \dfrac{kg_f}{cm^2}$ 일 때 포화온도 45.45℃ 증발잠열 $571.4 \dfrac{kcal}{kg}$

열역학 과년도 기출문제

📝 1 습증기선도 P-V, T-S선도

★★★
01 다음 중 포화액과 포화증기의 비엔트로피 변화에 대한 설명으로 옳은 것은? ◎ 22년3월5일

① 온도가 올라가면 포화액의 비엔트로피는 감소하고 포화증기의 비엔트로피는 증가한다.
② 온도가 올라가면 포화액의 비엔트로피는 증가하고 포화증기의 베엔트로피는 감소한다.
③ 온도가 올라가면 포화액과 포화증기의 비엔트로피는 감소한다.
④ 온도가 올라가면 포화액과 포화증기의 비엔트로피는 증가한다.

[해설] 포화액은 온도가 올라가면 비엔트로피 증가 하고 포화증기는 온고가 올라가면 비엔트로피 감소한다.

★★★
02 물체의 온도 변화 없이 상(phase, 相) 변화를 일으키는데 필요한 열량은? ◎ 22년3월5일

① 비열   ② 점화열
③ 잠열   ④ 반응열

[해설] 잠열 : 물체의 온도 변화 없이 상(phase, 相) 변화를 일으키는데 필요한 열량

★★★
03 다음 중 과열증기(superheated steam)의 상태가 아닌 것은? ◎ 22년3월5일, 17년9월23일

① 주어진 압력에서 포화증기 온도보다 높은 온도
② 주어진 비체적에서 포화증기 압력보다 높은 압력
③ 주어진 온도에서 포화증기 비체적보다 낮은 비체적
④ 주어진 온도에서 포화증기 엔탈피보다 높은 엔탈피

[해설] 과열증기(superheated steam)는 주어진 온도에서 포화증기 비체적보다 큰 비체적을 가진다.

★★
04 건포화증기(dry saturated vapor)의 건도는 얼마인가? ◎ 18년9월15일

① 0   ② 0.5
③ 0.7   ④ 1

[해설] 건포화증기(dry saturated vapor)는 모두 증기이기 때문에 건도는 1이다.

★★
05 다음 중 물의 임계압력에 가장 가까운 값은? ◎ 22년4월24일, 15년9월19일

① 1.03 kPa   ② 100 kPa
③ 22 MPa   ④ 63 MPa

[해설] 물의 임계압력 22 MPa
물의 임계온도 374.15℃

정답 01 ② 02 ③ 03 ③ 04 ④ 05 ③

06 물의 삼중점(triple point)의 온도는?
◎ 17년5월7일

① 0K
② 273.16℃
③ 73K
④ 273.16K

해설 물의 삼중점의 온도 0.01℃(273.16K), 압력은 610Pa

07 ★★ 증기에 대한 설명 중 틀린 것은?
◎ 21년9월12일

① 동일압력에서 포화증기는 포화수보다 온도가 더 높다.
② 동일압력에서 건포화증기를 가열한 것이 과열증기이다.
③ 동일압력에서 과열증기는 건포화증기보다 온도가 더 높다.
④ 동일압력에서 습포화증기와 건포화증기는 온도가 같다.

해설 증기의 압력이 높아지면 증발잠열은 작아진다.

08 포화증기를 등엔트로피 과정으로 압축시키면 상태는 어떻게 되는가?
◎ 16년3월6일

① 습증기가 된다.
② 과열증기가 된다.
③ 포화액이 된다.
④ 임계성을 띤다.

해설 포화증기를 등엔트로피 과정으로 압축시키면 과열증기가 된다.

09 그림 중 A 점에서는 어떠한 상태가 공존하는가?
◎ 14년3월2일

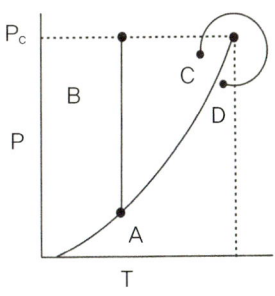

① 기상, 액상
② 고상, 액상
③ 기상, 고상
④ 기상, 액상, 고상

해설 삼중점은 기상, 액상, 고상이 공존하는 점이다.

10 다음 그림은 물의 상평형도를 나타내고 있다. a~d에 대한 용어로 옳은 것은?
◎ 21년3월7일

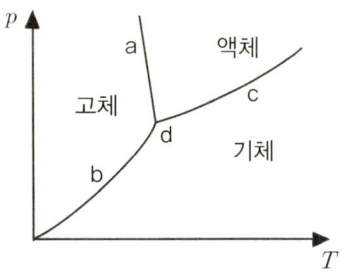

① a : 승화 곡선
② b : 용융 곡선
③ c : 증발 곡선
④ d : 임계점

해설
① a : 융해(응고) 곡선
② b : 승화 곡선
③ c : 증발(기화) 곡선=액화곡선
④ d : 삼중점

정답 06 ④ 07 ① 08 ② 09 ④ 10 ③

11 임계점(Critical Point)에 대한 설명 중 옳지 않은 것은? ◉ 18년3월4일

① 액상, 기상, 고상이 함께 존재하는 점을 말한다.
② 임계점에서는 액상과 기상을 구분할 수 없다.
③ 임계 압력 이상이 되면 상변화 과정에 대한 구분이 나타나지 않는다.
④ 물의 임계점에서의 압력과 온도는 약 22.09 MPa, 374.14℃이다.

해설 임계점(Critical Point)은 액상, 기상이 함께 존재하는 점을 임계점이라 한다.
삼중점은 액상, 기상, 고상이 함께 존재하는 점을 말한다.

12 물의 임계 압력에서의 잠열은 몇 kJ/kg 인가? ◉ 21년5월15일

① 0   ② 333
③ 418   ④ 2260

해설 임계상태는 물과 증기가 공존하는 구간으로 잠열은 0이다.

13 압력 1MPa, 온도 210℃인 증기는 어떤 상태의 증기인가? (단, 1MPa 에서의 포화온도는 179℃이다.) ◉ 19년4월27일

① 과열증기   ② 포화증기
③ 건포화증기   ④ 습증기

해설 같은 압력에서 포화온도이상의 증기는 과열증기이다.

14 포화증기를 일정한 압력 아래에서 가열하면 어떤 상태가 되는가? ◉ 12년9월15일

① 과열증기   ② 건포화증기
③ 습증기   ④ 포화액

해설 포화증기를 일정한 압력 아래에서 가열하면 과열증기가 된다.

15 한 용기 내에 적당량의 순수 물질 액체가 갇혀 있을 때, 어느 특정 조건 하에서 이 물질의 액체상과 기체상의 구별이 없어질 수 있다. 이러한 상태가 유지되기 위한 필요충분조건으로 옳은 것은? ◉ 13년3월10일

① 임계압력보다 높은 압력, 임계온도보다 낮은 온도
② 임계압력보다 낮은 압력
③ 임계온도보다 낮은 온도
④ 임계압력보다 높은 압력, 임계온도보다 높은 온도

풀이 임계상태보다 높은 압력, 높은 온도를 유지 해야 액체상과 기체상의 구별이 없어진다.

16 다음 중 물의 증발잠열에 관한 사항은? ◉ 14년9월20일

① 포화압력이 낮으면 증가한다.
② 포화압력이 높으면 증가한다.
③ 포화온도가 높으면 증가한다.
④ 온도와 압력에 무관하다.

해설 물의 증발잠열은 압력이 높아짐에 따라 감소한다.
물의 증발잠열은 압력이 작아짐에 따라 증가한다.

정답 11 ① 12 ① 13 ① 14 ① 15 ④ 16 ①

17 증기의 기본적 성질에 대한 설명으로 틀린 것은?

① 임계 압력에서 증발열은 0이다.
② 증발 잠열은 포화 압력이 높아질수록 커진다.
③ 임계점에서는 액체와 기체의 상에 대한 구분이 없다.
④ 물의 3중점은 물과 얼음과 증기의 3상이 공존하는 점이며 이 점의 온도는 0.01℃이다.

해설 증발 잠열은 포화 압력이 높아질수록 작아진다.

18 증기에 대한 설명 중 틀린 것은?
 ⊕ 21년9월12일

① 포화액 1kg을 정압 하에서 가열하여 포화증기로 만드는데 필요한 열량을 증발잠열이라 한다.
② 포화증기를 일정 체적 하에서 압력을 상승시키면 과열증기가 된다.
③ 온도가 높아지면 내부에너지가 커진다.
④ 압력이 높아지면 증발잠열이 커진다.

해설 동일압력에서 포화증기는 포화수는 같은 온도이고 이때의 온도를 포화온도라 한다.

19 포화액의 온도를 유지하면서 압력을 높이면 어떤 상태가 되는가?
 ⊕ 15년3월8일

① 습증기
② 압축(과냉)액
③ 과열증기
④ 포화액

해설 포화액의 온도를 유지하면서 압력을 높이면 압축(과냉)액이 된다.

20 1MPa의 포화증기가 등온상태에서 압력이 700kPa까지 내려갈 때 최종상태는?
 ⊕ 17년9월23일

① 과열증기
② 습증기
③ 포화증기
④ 포화액

해설 등온상태에서 포화증기의 압력이 내려가면 비등점이 낮아지면서 과열증기가 된다.

21 액화공정을 나타낸 그래프에서 Ⓐ, Ⓑ, Ⓒ 과정 중 액화가 불가능한 공정을 나타낸 것은?
 ⊕ 16년10월1일

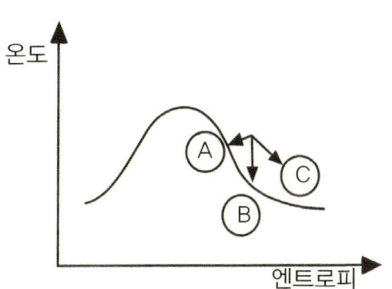

① Ⓐ
② Ⓑ
③ Ⓒ
④ Ⓐ, Ⓑ, Ⓒ

해설 Ⓒ는 과열증기가 과열증기로 변화 되는 과정이다.

정답 17 ② 18 ④ 19 ② 20 ① 21 ③

22 그림은 물의 압력-체적 선도(P-V)를 나타낸다. A'ACBB' 곡선은 상들 사이의 경계를 나타내며, T₁, T₂, T₃는 물의 P-V 관계를 나타내는 등온곡선들이다. 이 그림에서 점 C는 무엇을 의미하는가?

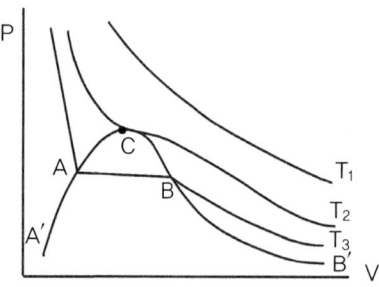

① 변곡점 ② 극대점
③ 삼중점 ④ 임계점

해설 C : 임계점으로 액상과 기상이 같이 공존하는 점이다.

23 포화증기를 가역 단열 압축시켰을 때의 설명으로 옳은 것은? ● 16년5월8일

① 압력과 온도가 올라간다.
② 압력은 올라가고 온도는 떨어진다.
③ 온도는 불변이며 압력은 올라간다.
④ 압력과 온도 모두 변하지 않는다.

해설 포화증기를 가역 단열 압축시켰을 때 압력과 온도가 올라가서 과열증기가 된다.

24 물의 경우 고온, 고압에서 포화액과 포화증기의 구분이 없어지는 상태가 나타난다. 이 상태를 무엇이라 하는가? ● 14년3월2일

① 상중점 ② 포화점
③ 임계점 ④ 비등점

해설 물의 경우 고온, 고압에서 포화액과 포화증기의 구분이 없어지는 상태를 임계점이라 한다.

2 습증기상태량 계산식

★★★
01 체적 0.4m³인 단단한 용기 안에 100℃의 습증기 2kg이 들어있다. 이 습증기의 건도는 얼마인가? (단, 100℃의 물에 대해 vf=0.00104m³/kg, vg=1.672m³/kg 이다.) ● 14년3월2일, 22년3월5일

① 11.9% ② 10.4%
③ 9.9% ④ 8.4%

해설
$$v_x = \frac{0.4}{2} = 0.2 \frac{m^3}{kg}$$
$$v_x = v' + x(v'' - v'),$$
$$x = \frac{v_x - v'}{v'' - v'} = \frac{0.2 - 0.00104}{1.672 - 0.00104} = 0.119 = 11.95\%$$

★★
02 압력 500kpa, 온도 240℃인 과열증기와 압력 500kpa의 포화수가 정상상태로 흘러 들어와 섞인 후 같은 압력의 포화증기 상태로 흘러 나간다. 1kg의 과열증기에 대하여 필요한 포화수의 양을 구하면 약 몇 kg인가? (단, 과열증기의 엔탈피는 3063kJ/kg이고, 포화수의 엔탈피는 636kJ/kg, 증발열은 2109kJ이다.) ● 15년5월31일

① 0.15 ② 0.45
③ 1.12 ④ 1.45

해설 과열증기가 잃은 열량
$$Q_1 = 3063 - (636 + 2109) = 318 \frac{kJ}{kg}$$
포화수가 얻은 열량 $Q_2 = 2109 \times m$
$Q_1 = Q_2$
$$m = \frac{318}{2109} = 0.1507kg$$

정답 22 ④ 23 ① 24 ③ / 01 ① 02 ①

★★

03 온도 127℃에서 포화수 엔탈피는 560kJ/kg, 포화증기의 엔탈피는 2720kJ/kg일 때 포화수 1kg이 포화증기로 변화하는 데 따르는 엔트로피의 증가는 몇 kJ/K인가? ● 18년9월15일

① 1.4
② 5.4
③ 9.8
④ 21.4

해설 $\triangle S = \dfrac{\triangle q}{T} = \dfrac{2720-560}{273+127} = 5.4 \dfrac{kJ}{kgK}$

★★

04 동일한 온도, 압력 조건에서 포화수 1kg과 포화증기 4kg을 혼합하여 습증기가 되었을 이 증기의 건도는? ● 18년4월28일

① 20%
② 25%
③ 75%
④ 80%

해설 $x = \dfrac{증기질량}{전체질량} = \dfrac{4}{1+4} = 0.8 = 80\%$

★★

05 동일한 압력에서 100℃, 3kg의 포화증기와 0℃, 3kg의 물의 엔탈피 차이를 몇 kJ인가? (가. 평균정압비열은 4.18kJ/kg·K이고, 100℃에서 증발잠열은 2250kJ/kg이다.) ● 15년9월19일

① 638
② 1918
③ 2668
④ 8005

해설 $Q_1 = 3 \times 4.184 \times (100-0) + 2250 \times 3 = 8005.2 kJ$
$Q_2 = 3 \times 4.184 \times (100-0) = 0$
$\triangle Q = Q_1 - Q_2 = 8005.2 kJ$

★★

06 20℃의 물 10kg을 대기압 하에서 100℃의 수증기로 완전히 증발시키는데 필요한 열량은 약 몇 kJ인가? (단, 수증기의 증발 잠열은 2257kJ/kg이고, 물의 평균비열은 4.2kJ/kg·K이다.) ● 16년3월6일

① 800
② 6190
③ 25930
④ 61900

해설 $Q_1 = mC(T_2 - T_1) = 10 \times 4.2 \times (100-20) = 3360 kJ$
$Q_2 = 10 \times 2257 = 22570 kJ$
$Q = Q_1 + Q_2 = 360 + 22570 = 25930 kJ$

07 물 1kg이 100℃의 포화액 상태로부터 동일 압력에서 100℃의 건포화증기로 증발할 때까지 2,280kJ을 흡수하였다. 이 때 엔트로피의 증가는 약 몇 kJ/K인가? ● 19년3월3일

① 6.1
② 12.3
③ 18.4
④ 25.6

해설 $\triangle S = \dfrac{\triangle Q}{T} = \dfrac{2280}{100+273} = 6.1 \dfrac{kJ}{kg}$

08 압력이 1.2MPa이고 건도가 0.65인 습증기 10m³의 질량은 약 몇 kg인가? (단, 1.2MPa에서 포화액과 포화증기의 비체적은 각각 0.0011373m³/kg, 0.1662m³/kg이다.) ● 19년3월3일

① 87.83
② 92.23
③ 95.11
④ 99.45

해설
$v_x = v' + x(v'' - v') = 0.0011373 + 0.65 \times (0.1662 - 0.0011373) = 0.108 \dfrac{m^3}{kg}$
$m = \dfrac{V}{v_x} = \dfrac{10}{0.108} = 92.59 kg$

정답 03 ② 04 ④ 05 ④ 06 ③ 07 ① 08 ②

09 50℃의 물의 포화액체와 포화증기의 엔트로피는 각각 0.703kJ/(kg·K), 8.07kJ/(kg·K)이다. 50℃의 습증기의 엔트로피가 4kJ/(kg·K)일 때 습증기의 건도는 약 몇 %인가?

○ 17년3월5일

① 31.7　　　　② 44.8
③ 51.3　　　　④ 62.3

해설　$s_x = s' + x(s'' - s')$

$$x = \frac{s_x - s'}{s'' - s'} = \frac{4 - 0.703}{8.07 - 0.703} = 0.4475$$

10 물 1kg이 50℃의 포화액 상태로부터 동일 압력에서 건포화증기로 증발할 때까지 2280kJ을 흡수하였다. 이 때 엔트로피의 증가는 몇 kJ/K인가?

○ 15년3월8일

① 7.06　　　　② 15.3
③ 22.3　　　　④ 47.6

해설　$dS = \dfrac{dQ}{T} = \dfrac{2280}{273 + 50} = 7.05 \dfrac{kJ}{K}$

11 체적 500L인 탱크가 300℃로 보온되었고, 이 탱크 속에는 25kg의 습증기가 들어있다. 이 증기의 건도를 구한값은? (단, 증기표의 값은 300℃인 온도 기준일 때 v'=0.0014036m³/kg, v''=0.02163m³/kg이다.)

○ 15년5월31일

① 62%　　　　② 72%
③ 82%　　　　④ 92%

해설　$v_x = \dfrac{0.5m^3}{25kg} = 0.02 \dfrac{m^3}{kg}$

(습증기의 비체적)

$v_x = v' + x(v'' - v')$,　$x = \dfrac{v_x - v'}{v'' - v'} = \dfrac{0.02 - 0.0014036}{0.02163 - 0.0014036} = 0.919 = 91.9\%$

12 어떤 압력의 포화수를 가열하여 동일한 압력의 건포화증기로 만들고자 한다. 이 때 소요되는 증발열이 가장 큰 포화수는 다음 중 어떤 압력일 경우인가?

○ 13년9월28일

① $0.5kgf/cm^2$　　　② $1.0kgf/cm^2$
③ $10kgf/cm^2$　　　④ $100kgf/cm^2$

해설　압력이 클수록 증발잠열은 작아진다.
　　　　압력이 낮을수록 증발잠열은 커진다.

13 부피 500L인 탱크 내에 건도 0.95의 수증기가 압력 1600kPa로 들어있다. 이 수증기의 질량은 약 몇 kg인가? (단, 이 압력에서 건포화증기의 비체적은 v_g = 0.1237m³/kg, 포화수의 비체적은 v_f = 0.001m³/kg이다.)

○ 21년3월7일

① 4.83　　　　② 4.55
③ 4.25　　　　④ 3.26

해설
$v_x = v_f + x(v_g - v_f) = 0.001 + 0.95(0.1237 - 0.001) = 0.1175 \dfrac{m^3}{kg}$

$v_x = \dfrac{V}{m}$,　$0.1175 = \dfrac{0.5}{m}$,　$m ≒ 4.25kg$

14 압력 1MPa인 포화액의 비체적 및 비엔탈피는 각각 0.0012m³/kg, 762.8kJ/kg이고, 포화증기의 비체적 및 비엔탈피는 각각 0.1944m³/kg, 2778.1kJ/kg이다. 이 압력에서 건도가 0.7인 습증기의 단위 질량당 내부에너지는 약 몇 kJ/kg인가?

○ 22년4월24일

① 2037.1　　　② 2173.8
③ 2251.3　　　④ 2393.5

해설
$u_x = u' + x(u'' - u') = 761.6 + 0.7 \times (2583.7 - 761.6) = 2037.07 \dfrac{kJ}{kg}$

$u' = h' - Pv' = 762.8 - 1000 \times 0.0012 = 761.6 \dfrac{kJ}{kg}$

$u'' = h'' - Pv'' = 2778.1 - 1000 \times 0.1944 = 2583.7 \dfrac{kJ}{kg}$

정답　09 ②　10 ①　11 ④　12 ①　13 ③　14 ①

15 동일한 압력하에서 포화수, 건포화증기의 비체적을 각각 V′, V″로 하고, 건도 x의 습증기의 비체적을 V_x로 할 때 건도 x는 어떻게 표시되는가?

○ 15년9월19일

① $x = \dfrac{V'' - V'}{V_x + V'}$

② $x = \dfrac{V_x + V'}{V'' - V'}$

③ $x = \dfrac{V'' - V'}{V_x - V'}$

④ $x = \dfrac{V_x - V'}{V'' - V'}$

해설
$v_x = v' + x(v'' - v')$, $x = \dfrac{v_x - v'}{v'' - v'}$

정답 15 ④

열역학

06
증기동력사이클

01 열역학 정의 및 단위
02 열역학 1법칙
03 이상기체와 각과정별 상태변화
04 열역학 2법칙
05 증기
06 증기동력사이클
07 내연기관
08 냉동cycle
09 증기의 흐름과 여러가지 계수

CHAPTER 06 증기동력사이클

자주출제 되는 문제

01 (Rankin cycle의 효율) $\eta_R = \dfrac{참일량}{보일러에서\ 가한열량} = \dfrac{w_{net}}{q_B} = \dfrac{터빈일 - 펌프일}{보일러에서\ 가한열량}$

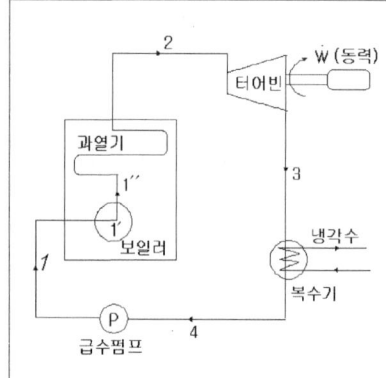

과정1-2 : 보일러 : 정압흡열 q_B
$q_B = h_2 - h_1 \approx h_2 - h_4$
과정2-3 : 터빈 : 단열팽창 w_t
$w_t = h_2 - h_3$
과정3-4 : 복수기 : 정압방열 q_c
$q_c = h_3 - h_4$
과정4-1 : 펌프 : 단열압축 w_P
$w_P = (h_1 - h_4) = v'(P_1 - P_4)$

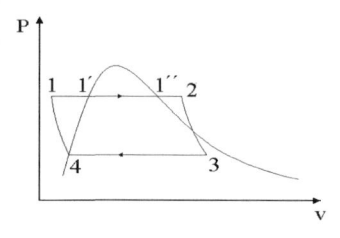
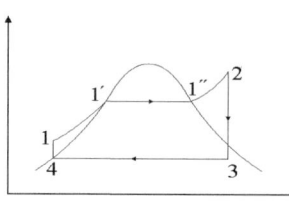
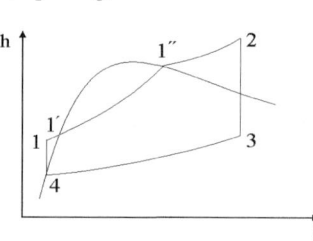

※ Rankin cycle의 효율 증가 방법에 대한 서술적 표현
① 초온(터빈입구온도), 초압(터빈입구압력)을 높인다.
② 보일러의 압력은 높을수록 복수기의 압력은 낮을수록 열효율 증가 된다.
③ 터빈출구의 압력 (= 복수기 압력)은 낮을수록 열효율증가

02 (재열 cycle의 효율)

$\eta_{RH} = \dfrac{참일량}{보일러에서\ 가한열량 + 재열기에서\ 가한열량} = \dfrac{w_{net}}{q_B + q_R} = \dfrac{W_{T1} + W_{T2} - W_P}{q_B + q_R}$

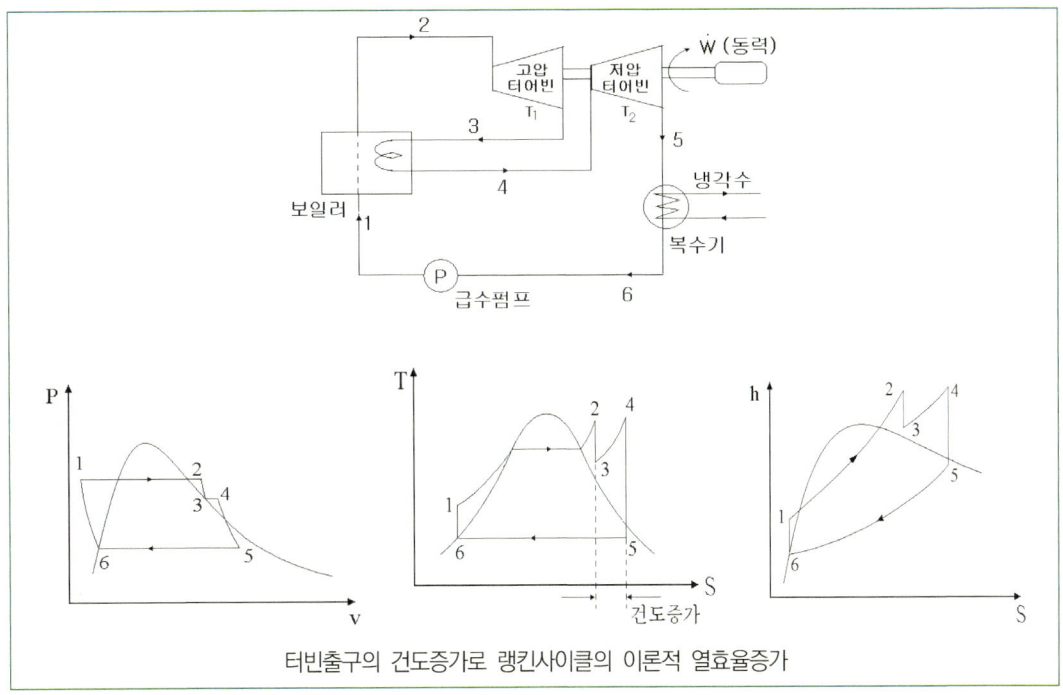

터빈출구의 건도증가로 랭킨사이클의 이론적 열효율증가

03 재생 cycle의 열효율 증가 방법 : 복수기에서 배출하는 열량이 많기 때문에 열손실이 크다.

이 열손실을 감소시키기 위하여 터빈에서 단열팽창도중의 동작유체의 일부를 추출하여 이 증기의 잠열로서 보일러에 공급되는 물을 예열하고 복수기에서 방출되는 폐기의 일부열량을 급수에 재생(Regeneration)한다.

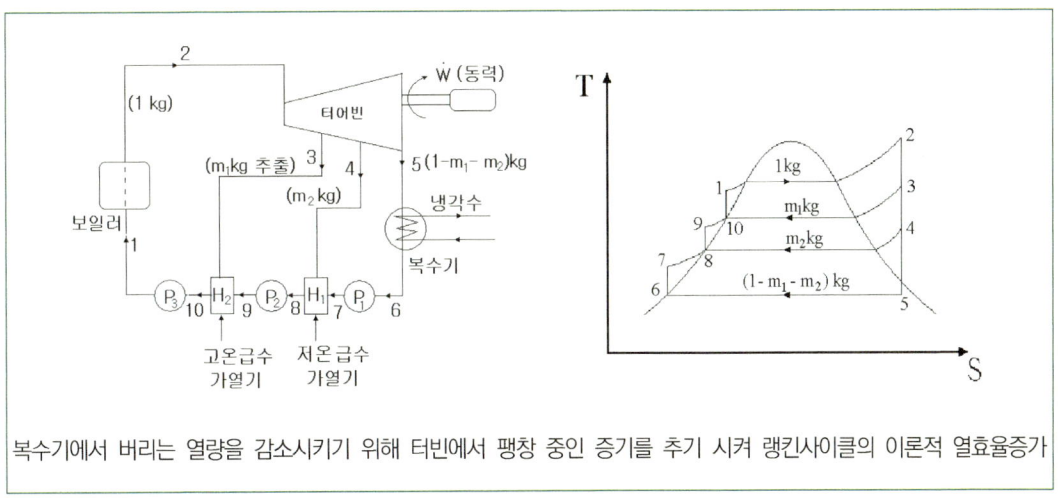

복수기에서 버리는 열량을 감소시키기 위해 터빈에서 팽창 중인 증기를 추기 시켜 랭킨사이클의 이론적 열효율증가

열역학 과년도 기출문제

1. Rankine cycle 서술적표현

★★★★★★

01 Rankine cycled 4개 과정으로 옳은 것은? ● 18년4월28일

① 가역단열팽창 → 정압방열 → 가역단열압축 → 정압가열
② 가역단열팽창 → 가역단열압축 → 정압가열 → 정압방열
③ 정압가열 → 정압방열 → 가역단열압축 → 가역단열팽창
④ 정압방열 → 정압가열 → 가역단열압축 → 가역단열팽창

해설 Rankine cycled 4개 과정
가역단열팽창 → 정압방열 → 가역단열압축 → 정압가열
터빈 → 복수기 → 펌프 → 보일러

02 다음 중 수증기를 사용하는 증기동력 사이클은? ● 17년9월23일

① 랭킨 사이클   ② 오토 사이클
③ 디젤 사이클   ④ 브레이턴 사이클

해설 랭킨 사이클은 (수)증기 동력사이클이다.

03 다음 사이클(cycle) 중 물과 수증기를 오가면서 동력을 발생시키는 플랜트에 적용하기 적합한 것은? ● 19년4월27일

① 랭킨 사이클   ② 오토 사이클
③ 디젤 사이클   ④ 브레이턴 사이클

해설 랭킨 사이클은 물과 수증기를 오가면서 동력을 발생시키는 플랜트에 적합한 기관이다.

04 다음 중 수증기를 사용하는 발전소의 열역학 사이클과 가장 관계 깊은 것은? ● 14년5월25일

① 랭킨 사이클   ② 오토 사이클
③ 디젤 사이클   ④ 브레이턴 사이클

해설 증기동력사이클의 기본사이클은 랭킨 사이클이다.

05 이상적인 증기동력 사이클인 랭킨사이클을 이루는 과정이 아닌 것은? ● 13년9월28일

① 펌프에서의 등엔트로피 압축
② 보일러에서의 정압 가열
③ 터빈에서의 등온 팽창
④ 응축기에서의 정압 방열

해설 ① 펌프에서의 등엔트로피 압축(단열압축)
② 보일러에서의 정압 가열
③ 터빈에서의 등엔트로피 팽창(단열팽창)
④ 응축기에서의 정압 방열

06 증기원동기의 랭킨사이클에서 열을 공급하는 과정에서 일정하게 유지되는 상태량은 무엇인가? ● 19년9월21일

① 압력   ② 온도
③ 엔트로피   ④ 비체적

해설 증기원동기의 랭킨사이클에서 보일러는 정압 과정에서 열을 공급 한다.

정답 01 ① 02 ① 03 ① 04 ① 05 ③ 06 ①

07 증기 동력 사이클 중 이상적인 랭킨(Rankine) 사이클에서 등엔트로피 과정이 일어나는 곳은?
◎ 16년3월6일

① 펌프, 터빈
② 응축기, 보일러
③ 터빈, 응축기
④ 응축기, 펌프

해설 ▶ 랭킨(Rankine)사이클에서
펌프 : 등엔트로피 (압축)과정
터빈 : 등엔트로피 (팽창)과정

08 랭킨사이클의 구성요소 중 단열 압축이 일어나는 곳은?
◎ 19년9월21일

① 보일러 ② 터빈
③ 펌프   ④ 응축기

해설 ① 보일러 : 정압가열
② 터빈 : 단열팽창
③ 펌프 : 단열압축
④ 응축기 : 정압방열

★★★ 09 랭킨사이클로 작동하는 증기 동력 사이클에서 효율을 높이기 위한 방법으로 거리가 먼 것은?
◎ 18년3월4일

① 복수기에서의 압력을 상승시킨다.
② 터빈 입구의 온도를 높인다.
③ 보일러의 압력을 상승시킨다.
④ 재열 사이클(reheat cycle)로 운전한다.

해설 랭킨사이클로 작동하는 증기 동력 사이클에서 효율을 높이기 위한 방법으로 복수기 압력을 낮추어서 유효일량을 증가시켜 열효율증가 시킨다.

★★ 10 랭킨사이클로 작동되는 발전소의 효율을 높이려고 할 때 초압(터빈입구의 압력)과 배압(복수기 압력)은 어떻게 하여야 하는가?
◎ 19년9월21일

① 초압과 배압 모두 올림
② 초압을 올리고 배압을 낮춤
③ 초압은 낮추고 배압을 올림
④ 초압과 배압 모두 낮춤

해설 터빈 입구의 초압을 올리고 터빈 출구의 배압을 낮춤으로써 랭킨사이클로 작동되는 발전소의 효율을 높일수 있다.

11 Rankine 사이클의 이론 열효율을 향상시키는 방안으로 볼 수 없는 것은?
◎ 14년5월25일

① 보일러 압력을 낮춘다.
② 증기를 고온으로 과열시킨다.
③ 응축기 압력을 낮춘다.
④ 응축기 온도를 낮춘다.

해설 Rankine 사이클의 이론 열효율을 향상시키는 방안은 보일러의 압력을 높여서 열효율을 증가시킨다.

12 랭킨사이클의 열효율 증대 방안으로 가장 거리가 먼 것은?
◎ 19년3월3일

① 복수기의 압력을 낮춘다.
② 과열 증기의 온도를 높인다.
③ 보일러의 압력을 상승시킨다.
④ 응축기의 온도를 높인다.

해설 랭킨사이클의 열효율 증대 방안으로 응축기의 온도를 낮추어야 일량이 많아져 효율이 증대된다.

정답 07 ① 08 ③ 09 ① 10 ② 11 ① 12 ④

13 랭킨(Rankine) 사이클에서 응축기의 압력을 낮출 때 나타나는 현상으로 옳은 것은?
　　　　　　　　　　　　　　　● 22년3월5일

① 이론 열효율이 낮아진다.
② 터빈 출구의 증기건도가 낮아진다.
③ 응축기의 포화온도가 높아진다.
④ 응축기내의 절대압력이 증가한다.

[해설] 랭킨(Rankine) 사이클에서 응축기의 압력을 낮출 때 터빈 출구의 증기건도가 낮아진다.

14 증기동력사이클의 효율을 높이기 위하여 취하는 조치 중 가장 거리가 먼 것은?
　　　　　　　　　　　　　　　● 14년9월20일

① 작동유체의 순환량을 증가시킨다.
② 고온 측의 압력을 높인다.
③ 고온측과 저온측의 온도차를 크게 한다.
④ 필요에 따라서는 2유체 사이클로 한다.

[해설] 작동유체의 순환량은 각과정별 질량보존의법칙을 유지 함으로 각구성품의 열량의공급과 한일의 변화는 없다.
즉 순환량을 증기 시켜도 효율은 변화지 않는다.

15 랭킨 사이클에서 압력 및 온도의 영향에 대한 설명으로 틀린 것은?
　　　　　　　　　　　　　　　● 15년5월31일

① 응축기 압력이 낮아지면 배출열량은 적어지고 열효율은 증가한다.
② 배기온도를 낮추면 터빈을 떠나는 습증기의 건도가 증가한다.
③ 보일러 압력이 높아지면 열효율이 증가한다.
④ 주어진 압력에서 과열도가 높을수록 출력이 증가하여 열효율이 증가한다.

[해설] 배기온도를 낮추면 터빈을 떠나는 습증기의 건도가 감소한다.

16 증기 동력 사이클의 구성 요소 중 복수기(condenser)가 하는 역할은?
　　　　　　　　　　　　　　　● 17년5월7일

① 물을 가열하여 증기로 만든다.
② 터빈에 유입되는 증기의 압력을 높인다.
③ 증기를 팽창시켜서 동력을 얻는다.
④ 터빈에서 나오는 증기를 물로 바꾼다.

[해설] 터빈에서 나오는 증기를 물로 바꾸어 준다.

17 수증기를 사용하는 기본 랭킨사이클에서 응축기 압력을 낮출 경우 발생하는 현상에 대한 설명으로 옳지 않은 것은?
　　　　　　　　　　　　　　　● 19년4월27일

① 열이 방출되는 온도가 낮아진다.
② 열효율이 높아진다.
③ 터빈 날개의 부식 발생 우려가 커진다.
④ 터빈 출구에서 건도가 높아진다.

[해설] 기본 랭킨사이클에서 응축기 압력을 낮출 경우 터빈 출구의 건도가 작아진다.

18 랭킹 사이클에서 복수기 압력을 낮추면 어떤 현상이 나타나는가?
　　　　　　　　　　　　　　　● 20년8월22일

① 복수기의 포화온도는 상승한다.
② 열효율이 낮아진다.
③ 터빈 출구부에 부식문제가 생긴다.
④ 터빈 출구부의 증기 건도가 높아진다.

[해설] 랭킹 사이클에서 복수기 압력을 낮추면 터빈 출구의 건도가 낮아져 물의 양의 증가 하여 터빈 출구부에 부식문제가 생긴다.

정답 13 ② 14 ① 15 ② 16 ④ 17 ④ 18 ③

19 랭킨(Rankine) 사이클에서 응축기의 압력을 낮출 때 나타나는 현상으로 옳은 것은?
　　　　　　　　　　　　　　● 22년3월5일

① 이론 열효율이 낮아진다.
② 터빈 출구의 증기건도가 낮아진다.
③ 응축기의 포화온도가 높아진다.
④ 응축기내의 절대압력이 증가한다.

해설 랭킨(Rankine) 사이클에서 응축기의 압력을 낮출 때 터빈 출구의 증기건도가 낮아진다.

20 다음의 공정도를 갖는 사이클의 명칭은?
　　　　　　　　　　　　　　● 14년3월2일

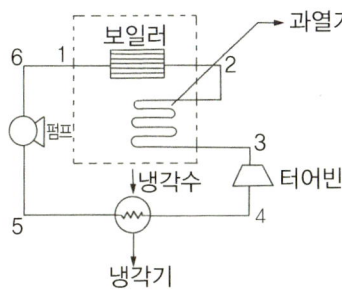

① Diesel cycel   ② Carnot cycle
③ Otto cycle   ④ Rankine cycle

해설 Rankine cycle : 증기동력사이클의 기본 사이클

★★
21 다음 그림은 어떤 사이클에 가장 가까운가?
　　　　　　　　　　　● 15년9월19일, 18년9월15일

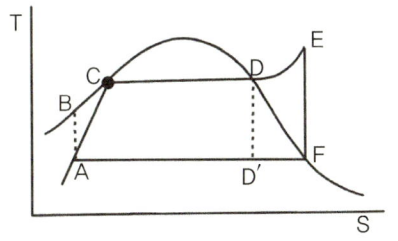

① 디젤 사이클   ② 냉동 사이클
③ 오토 사이클   ④ 랭킨 사이클

해설 랭킨사이클의 T-S선도이다.

2 Rankine cycle 계산식

01 터빈에서 2kg/s의 유량으로 수증기를 팽창시킬 때 터빈의 출력이 1200kW라면 열손실은 몇 kW인가? (단, 터빈 입구와 출구에서 수증기의 엔탈피는 각각 3200kJ/kg와 2500 kJ/kg이다.)
　　　　　　　　　　　　　　● 21년9월12일

① 600   ② 400
③ 300   ④ 200

해설
(터빈 일량)
$$W_T = m \times (h_2 - h_1) = 2\frac{kg}{s} \times (3200-2500)\frac{kJ}{kg} = 1400kW$$
열손실=1400−1200=200kW

02 증기터빈에서 상태 ⓐ의 증기를 규정된 압력까지 단열에 가깝게 팽창 시켰다. 이 때 증기터빈 출구에서의 증기 상태는 그림의 각각 ⓑ, ⓒ, ⓓ, ⓔ이다. 이 중 터빈의 효율이 가장 좋을 때 출구의 증기 상태로 옳은 것은?   ● 21년5월15일

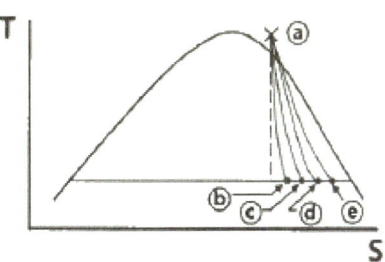

① ⓑ   ② ⓒ
③ ⓓ   ④ ⓔ

해설 터빈은 가역단열 팽창한다. 즉 엔트로피의 변화가 가장 작은 과정인 ⓑ가 터빈 효율이 가장 좋다.

★★
03 다음 그림은 Rankine 사이클의 h-s선도이다. 등엔트로피 팽창과정을 나타내는 것은?
　　　　　　　　　　　　　○ 21년3월7일

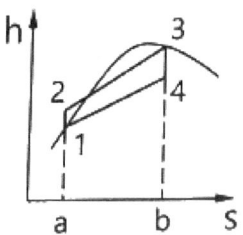

① 1 → 2　　　② 2 → 3
③ 3 → 4　　　④ 4 → 1

해설　① 1 → 2 : 펌프　단열압축=등엔트로피압축
　　　② 2 → 3 : 보일러　정압가열
　　　③ 3 → 4 : 터빈　단열팽창=등엔트로피팽창
　　　④ 4 → 1 : 복수기　정압방열

★★
04 그림은 랭킨사이클의 온도, 엔트로피(T-S)선도이다. 상태 1~4의 비엔탈피 값이 h_1=192kJ/kg, h_2=194kJ/kg, h_3=2802kJ/kg, h_4=2010kJ/kg 이라면 열효율(%)은?

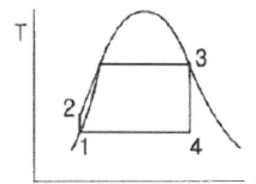

① 25.3　　　② 30.3
③ 43.6　　　④ 49.7

해설
$$\eta_R = \frac{w_{net}}{q_B} = \frac{터빈일-펌프일}{보일러에서\ 가한열량}$$
$$= \frac{(h_3-h_4)-(h_2-h_1)}{(h_3-h_2)} =$$
$$\frac{(2802-2010)-(194-192)}{(2802-194)} ≒ 0.303 = 30.3\%$$

★★
05 매시간 2000kg의 포화수증기를 발생하는 보일러가 있다. 보일러내의 압력은 200kPa이고, 이 보일러에는 매시간 150kg의 연료가 공급된다. 이 보일러의 효율은 약 얼마인가? (단, 보일러에 공급되는 물의 엔탈피는 84kJ/kg이고, 200kPa에서의 포화증기의 엔탈피는 2700kJ/kg이며, 연료의 발열량은 42000kJ/kg이다.)
　　　　　　　　　　　　　○ 14년5월25일

① 77%
② 80%
③ 83%
④ 86%

해설　(보일러 효율)$\eta_B = \dfrac{2000 \times (2700-84)}{150 \times 42000} = 0.83 = 83\%$

06 랭킨사이클에서 각 지점의 엔탈피가 다음과 같을 때 사이클의 효율은 약 몇 % 인가?
　　　　　　　　　　　　　○ 20년6월6일

- 펌프 입구 : 190 kJ/kg
- 보일러 입구 : 200 kJ/kg
- 터빈 입구 : 2900 kJ/kg
- 응축기 입구 : 2000 kJ/kg

① 25
② 30
③ 33
④ 37

해설
$$\eta_R = \frac{터빈일}{보일러에서\ 가한열량} = \frac{2900-2000}{2900-200} = 0.333 = 33.3\%$$

정답　03 ③　04 ②　05 ③　06 ③

07 다음 온도(T)-엔트로피(s) 선도에 나타난 랭킨(Rankine) 사이클의 효율을 바르게 나타낸 것은?
  ○ 18년4월28일

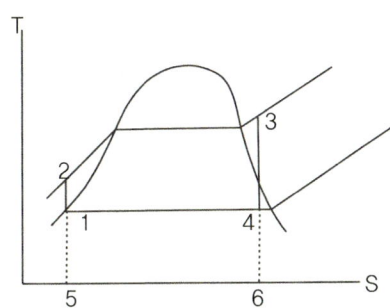

① $\dfrac{\text{면적}1-2-3-4-1}{\text{면적}5-2-3-6-5}$

② $1-\dfrac{\text{면적}1-2-3-4-1}{\text{면적}5-2-3-6-5}$

③ $\dfrac{\text{면적}1-4-6-5-1}{\text{면적}5-2-3-6-1}$

④ $\dfrac{\text{면적}1-2-3-4-1}{\text{면적}5-1-4-6-5}$

해설 $\eta_R = \dfrac{W_{net}}{Q_B} = \dfrac{\text{면적}1-2-3-4-1}{\text{면적}5-2-3-6-5}$

08 이상적인 단순 랭킨사이클로 작동되는 증기원동소에서 펌프 입구, 보일러 입구, 터빈 입구, 응축기 입구의 비엔탈피를 각각 h_1, h_2, h_3, h_4라고 할 때 열효율은?
  ○ 15년3월8일

① $1-\dfrac{h_4-h_1}{h_3-h_2}$

② $1-\dfrac{h_4-h_2}{h_3-h_2}$

③ $1-\dfrac{h_4-h_2}{h_3-h_1}$

④ $1-\dfrac{h_4-h_1}{h_3-h_1}$

해설 $\eta_R = \dfrac{w_{net}}{q_B} = \dfrac{\text{터빈일}-\text{펌프일}}{\text{보일러에서 가한열량}} = 1-\dfrac{h_4-h_1}{h_3-h_2}$

09 수증기의 내부에너지 및 엔탈피가 터빈 입구에서 각각 2900kJ/kg, 3200kJ/kg이고 터빈 출구에서 2300kJ/kg, 2500kJ/kg 일 때 터빈의 출력은 몇 kW 인가? (단, 터빈은 단열되어 있으며 발생되는 수증기의 질량 유량은 2kg/s 이다.)
  ○ 12년9월15일

① 600   ② 700
③ 1200   ④ 1400

풀이 (터빈일량)$= 3200-2500 = 700 kJ/kg$
터빈출력 $= 700\dfrac{kJ}{kg} \times 2\dfrac{kg}{s} = 1400 kW$

10 100kPa의 포화액이 펌프를 통과하여 1,000kPa까지 단열압축된다. 이 때 필요한 펌프의 단위 질량당 일은 약 몇 kJ/kg인가? (단, 포화액의 비체적은 0.001m³/kg으로 일정하다.)
  ○ 19년3월3일

① 0.9   ② 1.0
③ 900   ④ 1,000

해설 $W_P = v \times (P_2 - P_1) = 0.001 \times (1000-100) = 0.9 \dfrac{kJ}{kg}$

11 어느 과열증기의 온도가 325℃일 때 과열도를 구하면 약 몇 ℃인가? (단, 이 증기의 포화온도는 495K이다.)
  ○ 16년3월6일

① 93   ② 103
③ 113   ④ 123

해설 과열도=과열증기온도-포화온도
=325-(494-273)=103℃

정답 07 ① 08 ① 09 ④ 10 ① 11 ②

3 재열 재생 사이클

01 다음 그림은 어떠한 사이클과 가장 가까운가?   ○ 16년10월1일

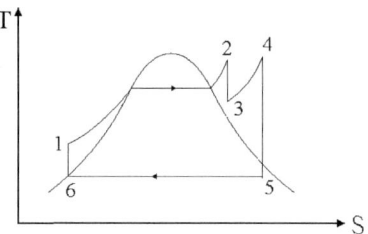

① 디젤(Diesel) 사이클
② 재열(Reheat) 사이클
③ 합성(Composite) 사이클
④ 재생(Regenerative) 사이클

해설 재열기를 이용한 재열(Reheat) 사이클이다.

02 랭킨(Rankine) 사이클에서 재열을 사용하는 목적은?   ○ 17년3월5일

① 응축기 온도를 높이기 위해서
② 터빈 압력을 높이기 위해서
③ 보일러 압력을 낮추기 위해서
④ 열효율을 개선하기 위해서

해설 랭킨(Rankine) 사이클에서 재열사이클은 터빈 출구의 건도를 증가 시켜 열효유을 개선 하기 위한 사이클이다.

03 랭킨사이클의 터빈출구 증기의 건도를 상승시켜 터빈날개의 부식을 방지하기 위한 사이클은?   ○ 20년9월26일

① 재열 사이클
② 오토 사이클
③ 재생 사이클
④ 사바테 사이클

해설 재열사이클 : 랭킨사이클의 터빈출구 증기의 건도를 상승시켜 터빈날개의 부식을 방지하기 위한 사이클

04 랭킨(Rankine) 사이클에서 재열을 사용하는 목적은?   ○ 13년3월10일

① 응축기 온도를 높이기 위해서
② 터빈 압력을 높이기 위해서
③ 보일러 압력을 낮추기 위해서
④ 열효율을 개선하기 위해서

풀이 랭킨(Rankine) 사이클에서 재열시키는 방법은 터빈 출구의 건도를 증가 시켜 열효율을 개선 하기 위한 목적으로 사용 한다.

★★
05 다음 중 터빈에서 증기의 일부를 배출하여 급수를 가열하는 증기사이클은?   ○ 15년9월19일

① 사바테 사이클
② 재생 사이클
③ 재열 사이클
④ 오토 사이클

해설 터빈에서 증기의 일부를 배출하여 급수를 가열하는 증기사이클은 재생사이클이다.
터빈에서 증기의 일부를 배출하는 것을 추기라고 한다.

정답 01 ② 02 ④ 03 ① 04 ④ 05 ②

07

내연기관

01 열역학 정의 및 단위
02 열역학 1법칙
03 이상기체와 각과정별 상태변화
04 열역학 2법칙
05 증기
06 증기동력사이클
07 내연기관
08 냉동cycle
09 증기의 흐름과 여러가지 계수

CHAPTER 07 내연기관

자주출제 되는 문제

01 오토사이클 = 정적사이클 = 가솔린기관의 기본사이클(2개의 정적, 2개의 단열과정)

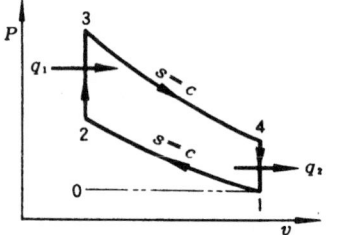 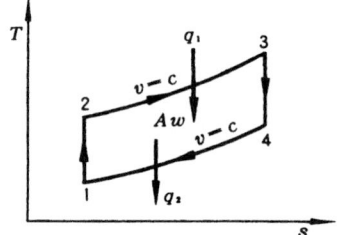

$$\eta_O = \frac{q_1 - q_2}{q_1} = 1 - \frac{q_2}{q_1} = 1 - \frac{C_v(T_4 - T_1)}{C_v(T_3 - T_2)} = 1 - \frac{(T_4 - T_1)}{(T_3 - T_2)} = 1 - \left(\frac{1}{\epsilon}\right)^{k-1}$$

(압축비) $\epsilon = \dfrac{\text{실린더체적}}{\text{연소실체적}} = \dfrac{\text{연소실체적} + \text{행정체적}}{\text{연소실체적}}$

02 디젤 사이클=정압 사이클 저중속디젤기관의 기본사이클(1개의 정압, 1개의 정적, 2개의 단열과정)

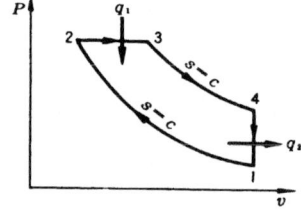 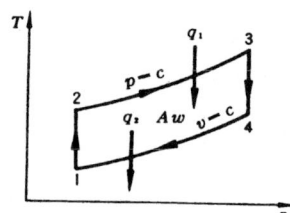

86 | 열역학

$$\eta_O = \frac{q_1 - q_2}{q_1} = 1 - \frac{q_2}{q_1} = 1 - \frac{C_v(T_4 - T_1)}{C_p(T_3 - T_2)} = 1 - \frac{T_4 - T_2}{k(T_3 - T_2)}$$

$$= 1 - \left(\frac{1}{\epsilon}\right)^{k-1} \frac{\sigma^k - 1}{k(\sigma - 1)}$$

$$(체절비) \; \sigma = \frac{V_3}{V_2}$$

03 사바테 사이클= 합사이클 = 고속디젤사이클의 기본사이클(2개의 정적,1개정압,2개단열과정)

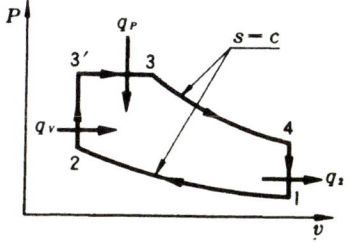 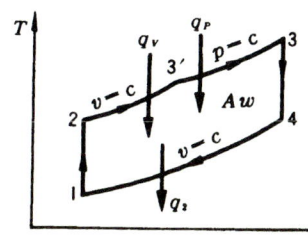

$$(\text{Sabathe cycle의 효율}) \; \eta_S = \frac{q_p + q_v - q_v}{q_p + q_v} = 1 - \frac{q_v}{q_p + q_v} = 1 - \frac{C_v(T_4 - T_1)}{C_P(T_3 - T_3') + C_V(T_3' - T_2)}$$

$$= 1 - \left(\frac{1}{\epsilon}\right)^{k-1} \times \frac{\rho\sigma^k - 1}{(\rho - 1) + k\rho(\sigma - 1)}$$

여기서,

$$(압축비 = compression \; ratio) \; \epsilon = \frac{실린더체적}{연소실체적} = 1 + \frac{행정체적}{연소실체적}$$

$$(압력상승비 = 폭발비 = 압력비 = \text{explosion} \; ratio) \; \rho = \frac{연소후의 \; 최고압력}{압축말의 \; 압력}$$

$$(체절비 = 단절비 = cut \; off \; ratio) \; \sigma = \frac{연소후의 \; 체적}{연소실체적 = 압축말의 \; 체적}$$

$\sigma = 1$일때 (오토사이클의 효율) $\eta_o = 1 - \left(\frac{1}{\epsilon}\right)^{k-1}$,

$\rho = 1$일때 (디젤사이클의 효율) $\eta_d = 1 - \left(\frac{1}{\epsilon}\right)^{k-1} \frac{\sigma^k - 1}{k(\sigma - 1)}$

04 브레이클 사이클 = 가스터빈의 기본사이클(2개의 정압, 2개의 단열과정)

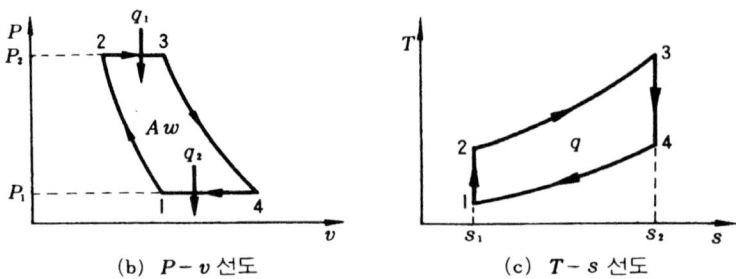

(b) $P-v$ 선도   (c) $T-s$ 선도

$$\eta_B = \frac{q_1 - q_2}{q_1} = 1 - \frac{q_2}{q_1} = 1 - \frac{C_P(T_4 - T_1)}{C_P(T_3 - T_2)} = 1 - \frac{(T_4 - T_1)}{(T_3 - T_2)} = 1 - \left(\frac{1}{\rho}\right)^{\left(\frac{k-1}{k}\right)}$$

(압력상승비) $\rho = \dfrac{P_{\max}}{P_{\min}}$

과년도 기출문제

1 오토사이클

01 그림과 같이 작동하는 열기관 사이클(cycle)은? (단, γ는 비열비이고, P는 압력, V는 체적, T는 온도, S는 엔트로피 이다.)
> 17년5월7일

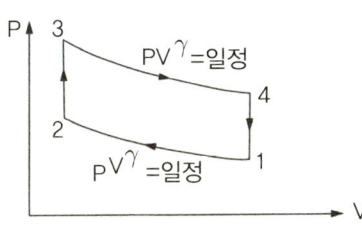

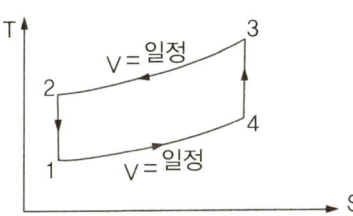

① 스털링(stiriling) 사이클
② 브레이턴(Brayton) 사이클
③ 오토(Otto) 사이클
④ 카르노(Carnot) 사이클

해설 2개의 정적과정과 2개의 단열과정을 구성된 사이클은 오토(Otto) 사이클 이다.

02 오토사이클에서 열효율이 56.5%가 되려면 압축비는 얼마인가? (단, 비열비는 1.4이다.)
> 20년6월6일

① 3 ② 4
③ 8 ④ 10

해설
(오토사이클의 효율) $\eta_o = 1 - (\frac{1}{\epsilon})^{k-1}$, $0.565 = 1 - (\frac{1}{\epsilon})^{1.4-1}$, $\epsilon = 8$

03 오토(Otto)사이클은 온도-엔트로피(T-S)선도로 표시하면 그림과 같다. 작동유체가 열을 방출하는 과정은?
> 19년4월27일

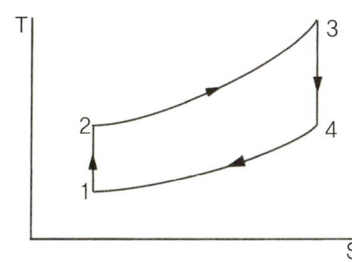

① 1 → 2 과정   ② 2 → 3 과정
③ 3 → 4 과정   ④ 4 → 1 과정

해설 1 → 2 과정 : 단열압축
2 → 3 과정 : 정적흡열
3 → 4 과정 : 단열팽창
4 → 1 과정 : 정적방열

★★
04 불꽃 점화 기관의 기본 사이클인 오토사이클에서 압축비가 10이고, 기체의 비열비는 1.4일 때 이 사이클의 효율은 약 몇 %인가?
> 17년3월5일

① 43.6   ② 51.4
③ 60.2   ④ 68.5

해설
(오토사이클의 효율) $\eta_o = 1 - (\frac{1}{\epsilon})^{k-1} = 1 - (\frac{1}{10})^{1.4-1} = 0.602 = 60.2\%$

정답 01 ③   02 ③   03 ④   04 ③

05 오토(Otto) 사이클의 열효율에 대한 설명으로 옳은 것은? ● 13년3월10일

① 압축비가 증가하면 열효율은 증가한다.
② 압축비가 증가하면 열효율은 감소한다.
③ Carnot cycle의 열효율보다 높다.
④ 압축비는 열효율과 무관하다.

풀이 오토(Otto) 사이클의 열효율은 압축비가 증가하면 열효율은 증가한다.

06 오토사이클에서 동작 가스의 가열전, 후 온도가 600K, 1200K 이고 방열 전, 후의 온도가 800K, 400K일 경우의 이론 열효율은 몇 %인가? ● 14년3월2일

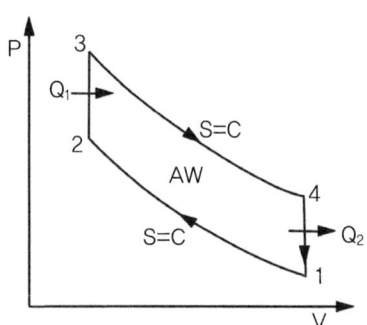

① 28.6   ② 33.3
③ 39.4   ④ 42.6

해설
$$\eta = \frac{Q_1 - Q_2}{Q_1} = 1 - \frac{Q_2}{Q_1} = 1 - \frac{mC_v(T_4 - T_1)}{mC_v(T_3 - T_2)}$$
$$= 1 - \frac{(T_4 - T_1)}{(T_3 - T_2)} = 1 - \frac{(800 - 400)}{(1200 - 600)} = 0.33 = 33.3\%$$

07 압축비가 5인 오토 사이클기관이 있다. 이 기관이 15~1500℃의 온도범위에서 작동할 때 최고압력은 약 몇 kPa인가? (단, 최저압력은 100kPa, 비열비는 1.4이다.) ● 22년4월24일

① 3090   ② 2650
③ 1961   ④ 1247

해설
$$\frac{T_2}{T_1} = (\frac{V_1}{V_2})^{k-1} = (\frac{P_2}{P_1})^{\frac{k-1}{k}}$$

$$\frac{T_2}{T_1} = (\epsilon)^{k-1} = (\frac{P_2}{P_1})^{\frac{k-1}{k}}$$

$$\frac{T_2}{T_1} = (\epsilon)^{k-1}, \quad \frac{T_2}{15+273} = (5)^{1.4-1}, \quad T_2 = 548.25K$$

$$(\epsilon)^{k-1} = (\frac{P_2}{P_1})^{\frac{k-1}{k}}, \quad (5) = (\frac{P_2}{100})^{\frac{1}{1.4}}, \quad P_2 = 951kPa$$

정적과정
$$\frac{P_2}{T_2} = \frac{P_3}{T_3}, \quad \frac{951}{548.25} = \frac{P_3}{(1500+273)}, \quad P_3 = 3075.46kPa$$

08 오토사이클의 열효율에 영향을 미치는 인자들만 모은 것은? ● 21년3월7일

① 압축비, 비열비
② 압축비, 차단비
③ 차단비, 비열비
④ 압축비, 차단비, 비열비

해설 (오토사이클의 효율) $\eta_o = 1 - (\frac{1}{\epsilon})^{k-1}$
압축비(ϵ), 비열비(k)

★★
09 가솔린 기관의 이상 표준사이클인 오토사이클(Otto cycle)에 대한 설명 중 옳은 것을 모두 고른 것은? ● 22년3월5일

ㄱ. 압축비가 증가할수록 열효율이 증가한다.
ㄴ. 가열 과정은 일정한 체적 하에서 이루어진다.
ㄷ. 팽창 과정은 단열 상태에서 이루어진다.

① ㄱ, ㄴ   ② ㄱ, ㄷ
③ ㄴ, ㄷ   ④ ㄱ, ㄴ, ㄷ

해설 (오토사이클의 효율) $\eta_o = 1 - (\frac{1}{\epsilon})^{k-1}$
모두 옳은 표현이다.

정답 05 ① 06 ② 07 ① 08 ① 09 ④

2 디젤사이클

01 그림의 열기관 사이클(cycle)에 해당되는 것은?

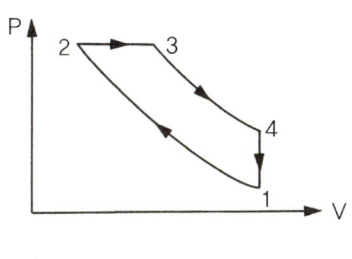

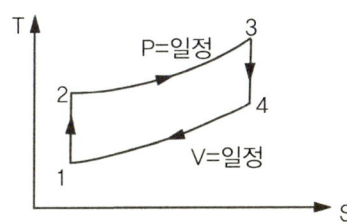

① 오토(Otto) 사이클
② 디젤(Diesel) 사이클
③ 랭킨(Rankine) 사이클
④ 스터얼링(Stirling) 사이클

02 다음과 같은 압축비와 차단비를 가지고 공기로 작동되는 디젤사이클 중에서 효율이 가장 높은 것은? (단, 공기의 비열비는 1.4 이다.)
● 21년5월15일

① 압축비 : 11, 차단비 : 2
② 압축비 : 11, 차단비 : 3
③ 압축비 : 13, 차단비 : 2
④ 압축비 : 13, 차단비 : 3

해설 디젤사이클 중에서 효율은 압축비가 크고 차단비는 1에 가까울 때 효율이 높아진다.

****
03 공기 표준 디젤사이크렝서 압축비가 17이고 단절비(cut-off ratio)가 3일 때 열효율(%)은? (단, 공기의 비열비는 1.4 이다.) ● 19년9월21일

① 52
② 58
③ 63
④ 67

해설
$$\eta_{th,d} = 1 - \left(\frac{1}{\epsilon}\right)^{k-1} \frac{\sigma^k - 1}{k(\sigma - 1)}$$
$$= 1 - \left(\frac{1}{17}\right)^{1.4-1} \frac{3^{1.4} - 1}{1.4 \times (3-1)} = 0.581 = 58.1\%$$

04 그림은 디젤 사이클의 P - V 선도이다. 단절비(cut-off ratio)에 해당하는 것은? (단, P는 압력, V는 체적이다.)
● 15년9월19일

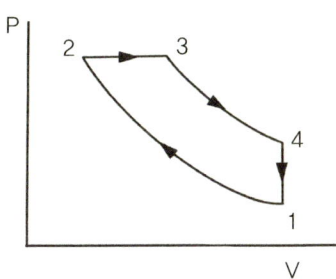

① V_1 / V_2
② V_3 / V_2
③ V_4 / V_3
④ V_4 / V_2

해설 단절비 $\sigma = \dfrac{\text{열량을 공급받은후의 체적}}{\text{열량을 공급받기전의 체적}} = \dfrac{V_3}{V_2}$

정답 01 ② 02 ③ 03 ② 04 ②

★★
05 디젤 사이클로 작동되는 디젤 기관의 각 행정의 순서를 옳게 나타낸 것은?

◎ 19년4월27일

① 단열압축 → 정적가열 → 단열팽창 → 정적방열
② 단열압축 → 정압가열 → 단열팽창 → 정압방열
③ 등온압축 → 정적가열 → 등온팽창 → 정적방열
④ 단열압축 → 정압가열 → 단열팽창 → 정적방열

해설 디젤 기관의 각 행정의 순서 : 단열압축 → 정압가열 → 단열팽창 → 정적방열

3 오토/디젤/사바테사이클 비교

01 다음 가스 동력 사이클에 대한 설명으로 틀린 것은?

◎ 17년5월7일

① 오토 사이클의 이론 열효율은 작동유체의 비열비와 압축비에 의해서 결정된다.
② 카르노 사이클의 최고 및 최저 온도의 스털링 사이클의 최고 및 최저온도가 서로 같을 경우 두 사이클의 이론 열효율은 동일하다.
③ 디젤 사이클에서 가열과정은 정적과정으로 이루어진다.
④ 사바테 사이클의 가열과정은 정적과 정압과정이 복합적으로 이루어진다.

해설 디젤 사이클에서 가열과정은 정압과정으로 이루어진다.

★★
02 동일한 압축비 및 연료 단절비에서 열효율이 큰 순서는?

◎ 14년3월2일

① Otto cycle > Sabathe cycle > Diesel cycle
② Sabathe cycle > Diesel cycle > Otto cycle
③ Diesel cycle > Sabathe cycle > Otto cycle
④ Sabathe cycle > Otto cycle > Diesel cycle

해설 동일한 압축비 및 연료 단절비에서 열효율이 큰 순서
Otto cycle > Sabathe cycle > Diesel cycle

정답 05 ④ / 01 ③ 02 ①

★★
03 최저 온도, 압축비 및 공급 열량이 같을 경우 사이클의 효율이 큰 것부터 작은 순서대로 옳게 나타낸 것은? ◎ 17년3월5일

① 오토사이클＞디젤사이클＞사바테사이클
② 사바테사이클＞오토사이클＞디젤사이클
③ 디젤사이클＞오토사이클＞사바테사이클
④ 오토사이클＞사바테사이클＞디젤사이클

해설 최저 온도, 압축비 및 공급 열량이 같을 경우 사이클의 효율이 큰 것부터 작은 순서대로
오토사이클＞사바테사이클＞디젤사이클

04 열역학 사이클에 대한 설명으로 틀린 것은? ◎ 12년9월15일

① 오토사이클의 효율은 압축비만의 함수이다.
② 압축비가 증가하면 일반적으로 오토사이클의 효율은 증가한다.
③ 디젤사이클의 효율은 압축비와 차단비(cut-off ratio)의 함수이다.
④ 동일한 압축비에서는 디젤 사이클의 효율이 오토사이클의 효율보다 높다.

풀이 1. 동일한 압축비
   오토사이클 ＞ 사바테사이클 ＞ 디젤사이클
2. 최고압력이 일정한 경우
   디젤사이클 ＞ 사바테사이클 ＞ 오토사이클

05 오토사이클과 디젤사이클의 열효율에 대한 설명 중 틀린 것은? ◎ 21년9월12일

① 오토사이클의 열효율은 압축비와 비열비만으로 표시된다.
② 차단비가 1에 가까워질수록 디젤사이클의 열효율은 오토사이클의 열효율에 근접한다.
③ 압축 초기 압력과 온도, 공급 열량, 최고 온도가 같을 경우 디젤사이클의 열효율이 오토사이클의 열효율보다 높다.
④ 압축비와 차단비가 클수록 디젤사이클의 열효율은 높아진다.

해설 압축비는 크고와 차단비는 차단비가 1에 가까워질수록 디젤사이클의 열효율은 높아진다.

정답 03 ④ 04 ④ 05 ④

chapter 07 내연기관

4 가스터빈(브레이튼)

01 그림과 같이 2개의 단열변화와 2개의 등압변화로 되어 있는 가스터빈의 이상적 사이클 효율은? ○ 13년6월2일

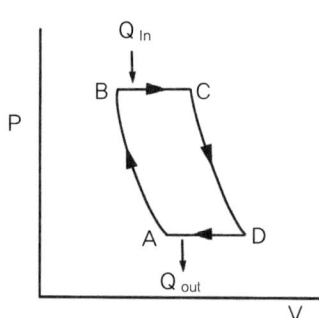

① $\eta = 1 - \dfrac{T_C - T_D}{T_B - T_A}$

② $\eta = 1 - \dfrac{T_D - T_A}{T_C - T_B}$

③ $\eta = 1 - \dfrac{T_D - T_C}{T_B - T_A}$

④ $\eta = 1 - \dfrac{T_A - T_D}{T_C - T_B}$

풀이 브레이튼 사이클의 효율
$\eta_B = 1 - \dfrac{Q_{out}}{Q_{in}} = 1 - \dfrac{mC_P(T_D - T_A)}{mC_P(T_C - T_B)} = 1 - \dfrac{T_D - T_A}{T_C - T_B}$

02 T-S 선도에서 그림과 같은 사이클은 어느 사이클인가? (단, 2-3, 4-1 과정에서는 압력이 일정하다.) ○ 13년6월2일

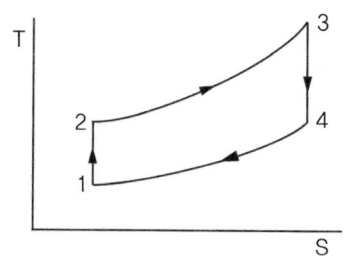

① 오토 사이클
② 디젤 사이클
③ 브레이턴 사이클
④ 랭킨 사이클

풀이 브레이튼 사이클의 T-S선도이다.
(2개의 정압과정, 2개의 단열과정)

03 브레이튼 사이클(Brayton cycle)은 어떤 기관에 대한 이상적인 사이클인가? ○ 13년9월28일

① 가스터빈 기관   ② 증기 기관
③ 가솔린 기관   ④ 디젤 기관

해설 브레이튼 사이클(Brayton cycle)은 가스터빈 기관의 이상적인 사이클이다.

04 기체 동력 사이클과 가장 거리가 먼 것은? ○ 14년9월20일

① 증기원동소
② 가스터빈
③ 불꽃점화 자동차기관
④ 디젤기관

해설 증기원동소는 물을 증기로 만드는 외연기관의 기본사이클이다.
가스터빈, 불꽃점화 자동차기관(오토사이클), 디젤기관은 이상적인 기체(공기)동력사이클이다.

05 가스터빈에 대한 이상적인 공기 표준사이클로서 정압연소 사이클이라고도 하는 것은? ○ 15년5월31일

① Stirling 사이클   ② Ericsson 사이클
③ Diesel 사이클   ④ Brayton 사이클

해설 Diesel 사이클은 왕복형내연기관의 정압연소 사이클이다.
Brayton 사이클은 가스터빈의 정압연소 사이클이다.

정답 01 ② 02 ③ 03 ① 04 ① 05 ④

06 다음 중 가스터빈의 사이클로 가장 많이 사용되는 사이클은?   ◎ 19년3월3일

① 오토 사이클
② 디젤 사이클
③ 랭킨 사이클
④ 브레이턴 사이클

해설 브레이턴 사이클은 가스터빈의 기본 사이클이다.

★★★
07 그림과 같은 브레이튼 사이클에서 열효율(η)은? (단, P는 압력, v는 비체적이며, T_1, T_2, T_3, T_4는 각각의 지점에서의 온도이다. 또한, q_{in}과 q_{out}은 사이클에서 열이 들어오고 나감을 의미한다.)   ◎ 22년3월5일

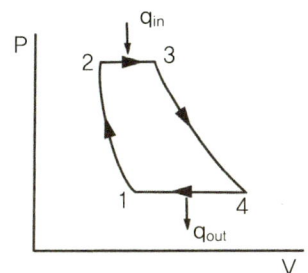

① $\eta = 1 - \dfrac{T_3 - T_2}{T_4 - T_1}$

② $\eta = 1 - \dfrac{T_1 - T_2}{T_3 - T_4}$

③ $\eta = 1 - \dfrac{T_4 - T_1}{T_3 - T_2}$

④ $\eta = 1 - \dfrac{T_3 - T_4}{T_1 - T_2}$

해설 $\eta = 1 - \dfrac{q_{out}}{q_{in}} = 1 - \dfrac{C_P(T_4 - T_1)}{C_P(T_3 - T_2)} = 1 - \dfrac{(T_4 - T_1)}{(T_3 - T_2)}$

08 브레이튼 사이클의 이론 열효율을 높일 수 있는 방법으로 틀린 것은?   ◎ 22년4월24일

① 공기의 비열비를 감소시킨다.
② 터빈에서 배출되는 공기의 온도를 낮춘다.
③ 연소기로 공급되는 공기의 온도를 낮춘다.
④ 공기압축기의 압력비를 증가시킨다.

해설 브레이튼 사이클의 이론 열효율
$\eta_B = 1 - \left(\dfrac{1}{\rho}\right)^{\left(\dfrac{k-1}{k}\right)}$

브레이튼 사이클의 이론 열효율을 높일 수 있는 방법은 공기의 비열비를 증가시킨다.

정답 06 ④ 07 ③ 08 ①

열역학

08

냉동cycle

01 열역학 정의 및 단위
02 열역학 1법칙
03 이상기체와 각과정별 상태변화
04 열역학 2법칙
05 증기
06 증기동력사이클
07 내연기관
08 냉동cycle
09 증기의 흐름과 여러가지 계수

CHAPTER 08 냉동cycle

자주출제 되는 문제

01 냉매

냉매의 구비조건

커서 좋은 것	증발잠열, 증발압력은 대기압보다 높아야된다. 인화점, 열전도계수, 임계온도
작아서 좋은 것	비체적, 비열비, 표면장력, 응고점, 저온저압에서 응축잘 되어야한다.

냉매의 종류

- 냉매
  - 프레온(Freon)
    할론카본냉매
    할론탄화수소냉매
    - CFC(염화불화탄소) R-11, R-12, R-13
      오존파괴지수가 높아 지구온난화 문제가 발생 2010년부터 사용금지되어 HFC냉매로 대체해서 사용된다.
    - HCFC(수소염화불화탄소)-R-22, R-114, R-123, R-124
    - HFCR(수소불화탄소)-R-32, R-134a
  - 암모니아(NH_3)
    R-717
    - ① 동일 냉동능력 일 때 냉매 순환량이 가장적다.
    - ② 냉동능력이 크다.
    - ③ 증발잠열이 커서 중형 및 대형의 산업용 냉매로 사용
    - ④ 냉동창고등 저온용으로 사용
    - ⑤ 아연을 침식시킨다.
    - ⑥ 연소성과 폭발성이 있다.
  - 이산화탄소(CO_2)
  - 아황산가스
  - 탄화 수소냉매
  - 물
  - 공기

02 역carnot cycle

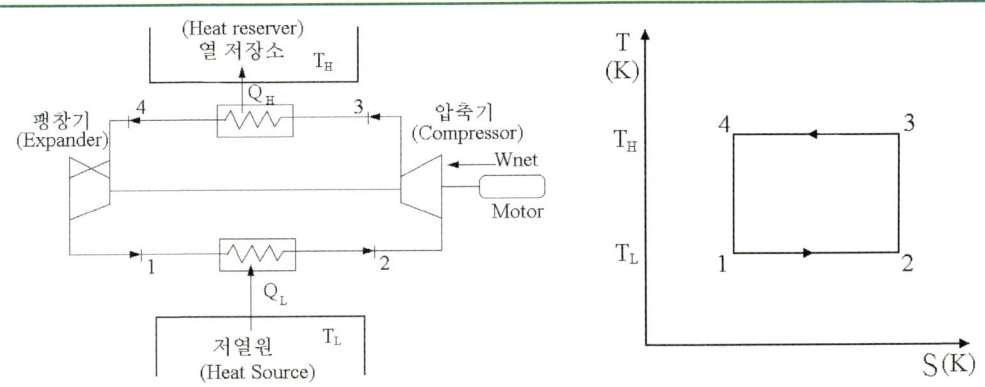

〈역Carnot Cycle로 작동되는 냉동시스템〉

(역카르노 사이클의 성능계수) COP

$$COP = \frac{Q_L}{W_{net}} = \frac{T_L \times \Delta S}{(T_H - T_L) \times \Delta S} = \frac{T_L}{(T_H - T_L)}$$

03 증기 냉동 사이클

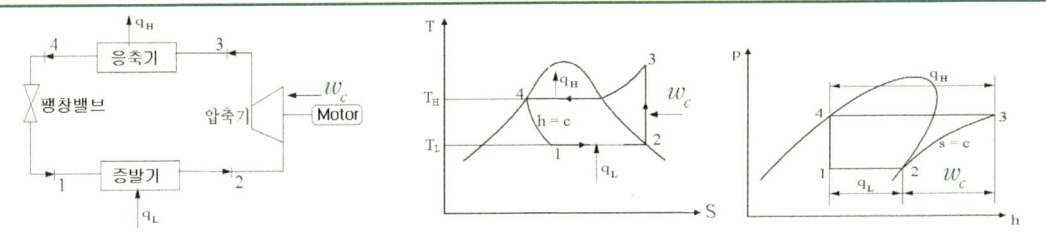

〈증기냉동사이크〉

(증기냉동사이클의 성능계수) COP

$$COP = \frac{q_L}{w_C} = \frac{h_2 - h_1}{h_3 - h_2}$$

과정 1→2 : 증발기, 과정 2→3 : 압축기, 과정 3→4 : 응축기, 과정 4→1 : 팽창밸브

여기서, q_L은 냉동효과 = 저열원에서 흡수한 열량, Wc : 압축기에서 받은일

$$1RT = 3320 \frac{kcal}{hr} = 3.86 kw$$

04 열펌프

(열펌프의 성능계수) $\epsilon_{HP} = \dfrac{q_H}{w_{net}} = \dfrac{q_H}{q_H - q_L} = \dfrac{T_H}{T_H - T_L}$

chapter 08 냉동cycle | 99

01 냉매

1) 냉매의 구비조건
① 비체적이 작아야 된다.
② 저온, 저압상태에서도 응축이 잘되어야 된다.=액화가 쉬울것
③ 표면장력이 작아야 된다.
④ 응고점이 낮아야 된다.
⑤ 비열비가 작아야 된다.
⑥ 인화점이 높아야 된다.
⑦ 증발잠열이 크야 된다.
⑧ 증발압력이 대기압보다 높아야 한다.
⑨ 열전달계수(열전달율)이 크야 된다.
⑩ 임계온도가 높아야 한다.
⑪ 불활성이고 화학적으로 안정이어야 한다.

냉매의 구비조건	커서 좋은 것	증발잠열, 증발압력은 대기압보다 높아야된다. 인화점, 열전도계수, 임계온도
	작아서 좋은 것	비체적, 비열비, 표면장력, 응고점, 저온저압에서 응축잘 되어야한다.

2) 냉매의 표시 방법

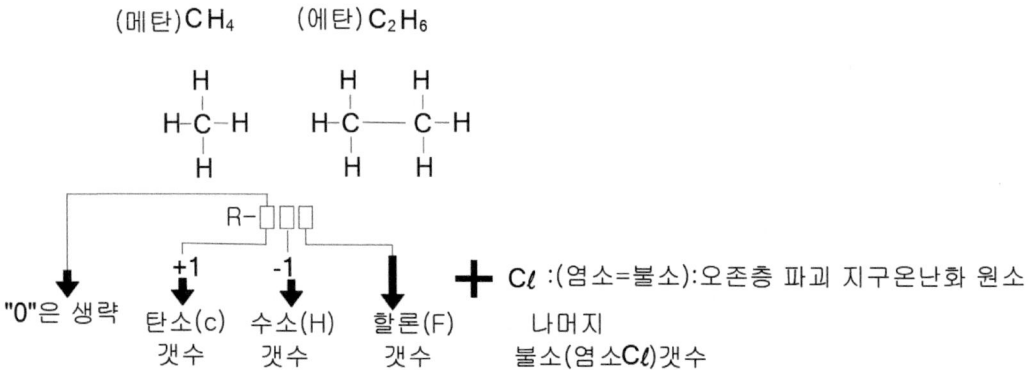

3) 냉매의 종류

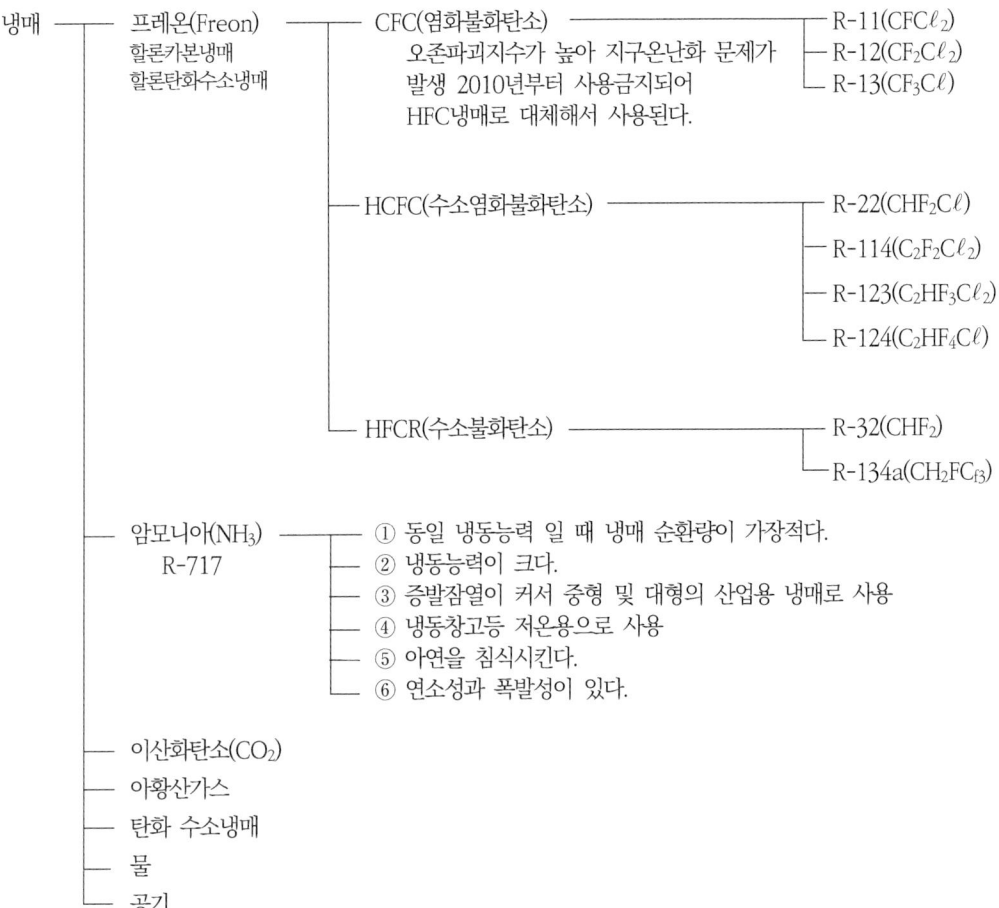

열역학 과년도 기출문제

1 냉매

01 냉동기의 냉매로서 갖추어야 할 요구조건으로 틀린 것은?　21년9월12일

① 증기의 비체적이 커야 한다.
② 불활성이고 안정적이어야 한다.
③ 증발온도에서 높은 잠열을 가져야 한다.
④ 액체의 표면장력이 작아야 한다.

해설　냉동기의 냉매는 비체적이 작아야 한다.

02 냉동사이클에서 냉매의 구비조건으로 가장 거리가 먼 것은?　15년5월31일, 19년3월3일

① 임계온도가 높을 것
② 증발열이 클 것
③ 인화 및 폭발의 위험성이 낮을 것
④ 저온, 저압에서 응축이 잘 되지 않을 것

해설　냉매의 구비조건은 저온, 저압에서 응축이 잘 되어야 한다.

03 냉매가 구비해야 할 조건 중 틀린 것은?　22년4월24일, 17년3월5일

① 증발열이 클 것
② 비체적이 작을 것
③ 임계온도가 높을 것
④ 비열비가 클 것

해설　냉매가 구비해야 할 조건은 비열비가 작을 것

04 좋은 냉매의 특성으로 틀린 것은?

① 낮은 응고점
② 낮은 증기의 비열비
③ 낮은 열전달계수
④ 단위 질량당 높은 증발열

해설　좋은 냉매는 높은 열전달계수를 가져야 빨리 상변화가 이루어진다.

05 냉매가 갖추어야 하는 요건으로 거리가 먼 것은?　21년5월15일

① 증발잠열이 작아야 한다.
② 화학적으로 안정되어야 한다.
③ 임계온도가 높아야 한다.
④ 증발온도에서 압력이 대기압보다 높아야 한다.

해설　냉매는 증발잠열이 커야 냉동효과가 증가 한다.

06 다음 중 냉매가 구비해야할 조건으로 옳지 않은 것은?　18년9월15일

① 비체적이 클 것
② 비열비가 작을 것
③ 임계점(critical point)이 높을 것
④ 액화하기가 쉬울 것

해설　냉매가 구비해야할 조건으로 비체적이 작아야 된다.

정답　01 ①　02 ④　03 ④　04 ③　05 ①　06 ①

07 냉동기에 사용되는 냉매의 구비조건으로 옳지 않은 것은?
◐ 18년4월28일

① 응고점이 낮을 것
② 액체의 표면장력이 작을 것
③ 임계점(critical point)이 낮을 것
④ 비열비가 작을 것

해설 냉동기에 사용되는 냉매의 구비조건은 임계온도가 높고 응고 온도는 낮아야 한다.

08 냉동 사이클의 작동 유체인 냉매의 구비조건으로 틀린 것은?

① 화학적으로 안정될 것
② 임계 온도가 상온보다 충분히 높을 것
③ 응축 압력이 가급적 높을 것
④ 증발 잠열이 클 것

해설 냉동 사이클의 작동 유체인 냉매의 구비조건은 응축압력이 낮아야 공급되는 일량이 작아져 성능계수가 증가 한다.

09 다음 중 표준(이상)사이클에서 동일 냉동능력에 대한 냉매순환(kg/h)이 가장 작은 것은?
◐ 14년5월25일

① NH_3
② R-12
③ R-22
④ R-113

해설 냉매 중에서 암모니아가 냉각능력이 가장 뛰어나서 같은 조건에서의 냉매 순환량이 가장 작다.

★★ 10 다음과 같은 특징이 있는 냉매의 특징은?
◐ 22년3월5일

- 냉동창고 등 저온용으로 사용
- 산업용의 대용량 냉동기에 널리 사용
- 아연 등을 침식시킬 우려가 있음
- 연소성과 폭발성이 있음

① R-12
② R-22
③ R-134a
④ NH_3

해설 암모니아(NH_3)는 산업용의 대용량 냉동기에 널리 사용되는 것으로 냉동창고의 저온용으로 주로 사용되지만 아연을 침식 시키는 단점이 있고 연소의 위험성과 폭발성이 있어 취급에 주의 하여야 한다.

★★★ 11 일반적으로 사용되는 냉매로 가장 거리가 먼 것은?
◐ 12년9월15일, 17년9월23일

① 암모니아
② 프레온
③ 이산화탄소
④ 오산화인

풀이 냉매의 종류에는 암모니아, 프레온, 이산화탄소 등이 있으며 오산화인은 주로 흡습제로 사용된다.

12 다음 중 표준냉동사이클에서 냉동능력이 가장 좋은 냉매는?
◐ 15년5월31일

① 암모니아
② R-12
③ R-22
④ R-113

해설 암모니아는 냉각능력이 가장 뛰어난 냉매로 가격이 저렴하나 독성이 강하기 때문에 사용에 주의하여야 된다.

정답 07 ③ 08 ③ 09 ① 10 ④ 11 ④ 12 ①

13 다음 중 일반적으로 냉매로 쓰이지 않는 것은? ○ 18년3월4일

① 암모니아
② CO
③ CO_2
④ 할로겐화탄소

> 해설 냉매는 암모니아, 프레온, 이산화탄소, 할로겐화탄소등이 사용된다.

14 다음 중 증발열이 커서 중형 및 대형의 산업용 냉동기에 사용하기에 가장 적정한 냉매는? ○ 19년9월21일

① 프레온-12
② 탄산가스
③ 아황산가스
④ 암모니아

> 해설 발열이 커서 중형 및 대형의 산업용 냉동기에 사용하기에 가장 적정한 냉매는 암모니아 이다.

15 다음 중 오존층을 파괴하며 국제협약에 의해 사용이 금지된 CFC 냉매는? ○ 20년9월26일

① R-12
② HFO1234yf
③ NH_3
④ CO_2

> 해설 R11, R12, R13등은 오존층 파괴로 국제협약에 의해 사용이 금지된 CFC 냉매이다.
> CFC 냉매 : 탄소(C)+불소(F)+염소(Cl)
> 프레온 : 탄소(C), 불소(F), 염소(Cl)등을 포함하는 유기 화합물의 총칭이다.
> 프레온은 오존층을 파괴한다.

★★
16 오존층 파괴와 지구 온난화 문제로 인해 냉동장치에 사용하는 냉매의 선택에 있어서 주의를 요한다. 이와 관련하여 다음 중 오존 파괴 지수가 가장 큰 냉매는? ○ 21년3월7일, 17년5월7일

① R-134a
② R-123
③ 암모니아
④ R-11

> 해설 R11, R12, R13등은 오존층 파괴로 국제협약에 의해 사용이 금지된 CFC 냉매이다.
> CFC 냉매 : 탄소(C)+불소(F)+염소(Cl)
> 프레온 : 탄소(C), 불소(F), 염소(Cl)등를 포함하는 유기 화합물의 총칭이다.
> 프레온은 오존층을 파괴한다.

정답 13 ②   14 ④   15 ①   16 ④

2 역카르노사이클

01 10℃와 80℃ 사이에서 작동되는 카르노(Carnot)냉동기의 성능계수(COP)는 얼마인가?
● 13년6월2일

① 8.00 ② 6.51
③ 5.64 ④ 4.04

[풀이] $COP = \dfrac{Q_L}{W} = \dfrac{T_L}{T_H - T_L} = \dfrac{273+10}{80-10} = 4.04$

★★
02 온도가 각각 −20℃, 30℃인 두 열원 사이에서 작동하는 냉동사이클이 이상적이 역카르노사이클(reverse Carnot cyxle)을 이루고 있다. 냉동기에 공급된 일이 15kW이면 냉동용량(냉각열량)은 약 몇 kW인가?
● 13년3월10일

① 2.5 ② 3.0
③ 76 ④ 97

[풀이] $\epsilon_R = \dfrac{Q_L}{W} = \dfrac{T_L}{T_H - T_L} = \dfrac{(273-20)}{30-(-20)}$

$Q_L = W \times \dfrac{(273-20)}{30-(-20)} = 15 \times \dfrac{(273-20)}{30-(-20)} = 75.9 kW$

★★★
03 역 카르노 사이클로 작동하는 냉동사이클이 있다. 저온부가 −10℃로 유지되고, 고온부가 40℃로 유지되는 상태를 A상태라고 하고, 저온부가 0℃, 고온부가 50℃로 유지되는 상태를 B상태라 할 때, 성능계수는 어느 상태의 냉동사이클이 얼마나 더 높은가?
● 17년9월23일

① A상태의 사이클이 약 0.8만큼 높다.
② A상태의 사이클이 약 0.2만큼 높다.
③ B상태의 사이클이 약 0.8만큼 높다.
④ B상태의 사이클이 약 0.2만큼 높다.

[해설] $\epsilon_A = \dfrac{T_L}{T_H - T_L} = \dfrac{-10+273}{40-(-10)} = 5.26$

$\epsilon_B = \dfrac{T_L}{T_H - T_L} = \dfrac{0+273}{50-(0)} = 5.46$

04 온도차가 있는 두 열원 사이에서 작동하는 역카르노사이클을 냉동기로 사용할 때 성능계수를 높이려면 어떻게 해야 하는가?
● 21년9월12일

① 저열원의 온도를 높이고 고열원의 온도를 높인다.
② 저열원의 온도를 높이고 고열원의 온도를 낮춘다.
③ 저열원의 온도를 낮추고 고열원의 온도를 높인다.
④ 저열원의 온도를 낮추고 고열원의 온도를 낮춘다.

[해설] $COP = \dfrac{T_L}{T_H - T_L}$

05 실온이 25℃인 방에서 역카르노 사이클 냉동기가 작동하고 있다. 냉동공간은 −30℃로 유지되며, 이 온도를 유지하기 위해 작동유체가 냉동공간으로부터 100kW를 흡열하려할 때 전동기가 해야 할 일은 약 몇 kW 인가?
● 21년9월12일

① 22.6 ② 81.5
③ 207 ④ 414

[해설] $COP = \dfrac{Q_L}{W_{net}} = \dfrac{T_L}{T_H - T_L}$,

$\dfrac{Q_L}{W_{net}} = \dfrac{T_L}{T_H - T_L}$, $\dfrac{100}{W_{net}} = \dfrac{-30+273}{25-(-30)}$, $W_{net} \approx 22.6 kW$

[정답] 01 ④ 02 ③ 03 ④ 04 ② 05 ①

06 카르노사이클로 작동하는 냉동기를 사용하여 냉동실의 온도를 −8℃로 유지하는데 5.4×10⁶J/h의 일이 소비되었다. 외기의 온도가 5℃라 할 때, 이 냉동기의 냉동톤(RT)은 약 얼마인가? (단, 1 RT=3320 kcal/h이다.)

● 13년3월10일

① 2.4   ② 5.8
③ 7.9   ④ 12.4

[풀이] $W = 5.4 \times 10^3 \times 0.24 [\frac{kcal}{h}] = 1296 [\frac{kcal}{h}]$

$\epsilon_R = \frac{Q_L}{W} = \frac{T_L}{T_H - T_L} = \frac{(273-8)}{5-(-8)}$

$Q_L = 1296 \times \frac{(273-8)}{5-(-8)} = 26418.46 [\frac{kcal}{h}]$

$Q_L = 26418.46 [\frac{kcal}{h}] \times \frac{1RT}{3320[\frac{kcal}{h}]} = 7.95 RT$

07 30℃와 100℃ 사이에서 냉동기를 가동시키는 경우 최대의 성능계수(COP)는 약 얼마인가?

● 15년9월19일

① 2.33   ② 3.33
③ 4.33   ④ 5.33

[해설] $COP = \frac{Q_L}{W_{net}} = \frac{T_L}{T_H - T_L} = \frac{30}{100-30} = 4.33$

08 역카르노 사이클로 운전되는 냉방장치가 실내온도 10℃에서 30kW의 열량 흡수하여 20℃ 응축기에서 응축기에서 방열한다. 이 때 냉방에 필요한 최소 동력은 약 몇 kW인가?

● 17년5월7일

① 0.03   ② 1.06
③ 30   ④ 60

[해설] $COP = \frac{Q_L}{W_{net}} = \frac{T_L}{(T_H - T_L)}, \frac{30}{W_{net}} = \frac{273+10}{(20-10)}\ W_{net} = 1.06 kW$

09 그림과 같이 역 카르노사이클로 운전하는 냉동기의 성능계수(COP)는 약 얼마인가? (단, T₁는 24℃, T₂는 −6℃이다.)

● 18년9월15일

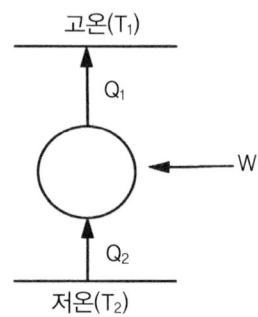

① 7.124   ② 8.905
③ 10.048 ④ 12.845

[해설] $COP = \frac{T_2}{T_1 - T_2} = \frac{-6+273}{24-(-6)} = 8.9$

10 그림과 같은 냉동기의 성능계수(COP)는 어떻게 나타낼 수 있는가?

● 14년5월25일

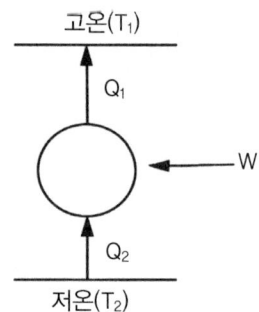

① W/Q_1
② Q_2/W
③ $(T_1-T_2)/T_2$
④ $T_1/(T_2-T_1)$

[해설] (냉동사이클 성능계수) $COP = \frac{Q_2}{W}$

정답 06 ③ 07 ③ 08 ② 09 ② 10 ②

11 역카르노 사이클로 작동하는 냉장고가 있다. 냉장고 내부의 온도가 0℃이고 이곳에서 흡수한 열량이 10kW이고, 30℃의 외기로 열이 방출된다고 할 때 냉장고를 작동하는데 필요한 동력(kW)은?

① 1.1   ② 10.1
③ 11.1   ④ 21.1

[해설]
$COP = \dfrac{Q_L}{W_{net}} = \dfrac{T_L}{(T_H - T_L)}$, $\dfrac{10}{W_{net}} = \dfrac{273+0}{(30-0)}$, $W_{net} = 1.098 kW$

12 카르노 냉동 사이클의 설명 중 틀린 것은?
　　　　　　　　　　　　　　◉ 20년6월6일

① 성능계수가 가장 좋다.
② 실제적인 냉동 사이클이다.
③ 카르노 열기관 사이클의 역이다.
④ 냉동 사이클의 기준이 된다.

[해설] 카르노 냉동 사이클은 가역 이상 냉동사이클로 실제적인 냉동 사이클은 아니다.

13 그림은 Carnot 냉동사이클을 나타낸 것이다. 이 냉동기의 성능계수를 옳게 표현한 것은?
　　　　　　　　　　　　　　◉ 21년3월7일

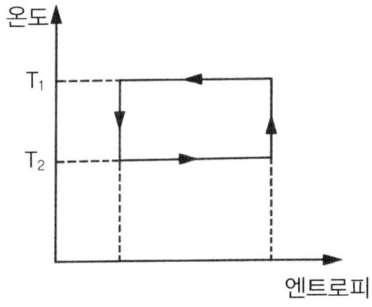

① $\dfrac{T_1 - T_2}{T_1}$ ② $\dfrac{T_1 - T_2}{T_2}$
③ $\dfrac{T_2}{T_1 - T_2}$ ④ $\dfrac{T_1}{T_1 - T_2}$

[해설] $COP = \dfrac{T_L}{T_H - T_L} = \dfrac{T_2}{T_1 - T_2}$

14 냉동사이클의 성능계수와 동일한 온도 사이에서 작동하는 역 Carnot 사이클의 성능계수가 관계되는 사항으로서 옳은 것은? (단, T_H=고온부, T_L=저온부의 절대온도이다.)　◉ 16년10월1일

① 냉동사이클의 성능계수가 역 Carnot 사이클의 성능계수보다 높다.
② 냉동사이클의 성능계수는 냉동사이클에 공급한 일을 냉동효과로 나눈 것이다.
③ 역 Carnot 사이클의 성능계수는 $\dfrac{T_L}{T_H - T_L}$로 표시할 수 있다.
④ 냉동사이클의 성능계수는 $\dfrac{T_H}{T_H - T_L}$로 표시할 수 있다.

[해설] ① 냉동사이클의 성능계수가 역 Carnot 사이클의 성능계수보다 낮다.
② 냉동사이클의 성능계수는 냉동효과를 냉동사이클에 공급한 일로 나눈 것이다.
③ 역 Carnot 사이클의 성능계수는 $\dfrac{T_L}{T_H - T_L}$로 표시할 수 있다.
④ 열펌프의 성능계수는 $\dfrac{T_L}{T_H - T_L}$로 표시할 수 있다.

정답　11 ①　12 ②　13 ③　14 ③

3 증기냉동사이클

01 표준 증기 압축식 냉동사이클의 주요 구성 요소는 압축기, 팽창밸브, 응축기, 증발기이다. 냉동기가 동작할 때 작동 유체(냉매)의 흐름의 순서로 옳은 것은? ● 19년9월21일

① 증발기 → 응축기 → 압축기 → 팽창밸브 → 증발기
② 증발기 → 압축기 → 팽창밸브 → 응축기 → 증발기
③ 증발기 → 응축기 → 팽창밸브 → 압축기 → 증발기
④ 증발기 → 압축기 → 응축기 → 팽창밸브 → 증발기

해설

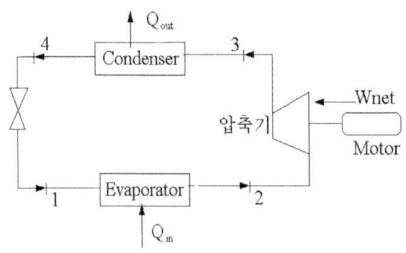

증발기(Evaporator) → 압축기 → 응축기(condenser) → 팽창밸브 → 증발기(Evaporator)

02 이상적인 표준 증기 압축식 냉동 사이클에서 등엔탈피 과정이 일어나는 곳은? ● 20년9월26일

① 압축기
② 응축기
③ 팽창밸브
④ 증발기

해설 팽창밸브는 교축과정은 등엔탈피 과정이다.

03 아래와 같이 몰리에르(엔탈피-엔트로피) 선도에서 가역 단열과정을 나타내는 선의 형태로 옳은 것은? ● 21년5월15일

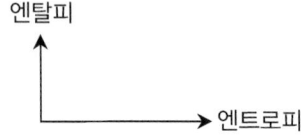

① 엔탈피축에 평행하다.
② 기울기가 양수(+)인 곡선이다.
③ 기울기가 음수(-)인 곡선이다.
④ 엔트로피축에 평행하다.

해설

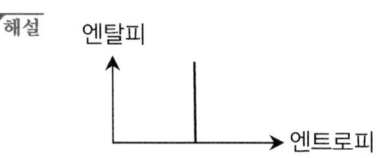

가역 단열과정은 등 엔트로피 과정 임으로 엔탈피축에 평행하다.

04 다음의 열역학 선도 중 몰리 에선도(Mollier chart)를 나타낸 것은? ● 15년9월19일

① P - V   ② T - S
③ H - P   ④ H - S

해설 열역학 선도 중 몰리 에선도(Mollier chart) H(엔탈피) - S(엔트로피)선도이다.

★★
05 다음 중 냉동 사이클의 운전특성을 잘 나타내고, 사이클의 해석을 하는 데 가장 많이 사용되는 선도는? ● 16년5월8일

① 온도-체적 선도   ② 압력-엔탈피 선도
③ 압력-체적 선도   ④ 압력-온도 선도

해설 냉동 사이클의 운전특성을 잘 나타내고, 사이클의 해석을 하는 데 가장 많이 사용되는 선도는 압력(P)-엔탈피(H) 선도

정답 01 ④ 02 ③ 03 ① 04 ④ 05 ②

06 냉동사이클을 비교하여 설명한 것으로 잘못된 것은? ● 13년6월2일

① 역 Carnot 사이클이 최고의 COP를 나타낸다.
② 가역팽창 엔진을 가진 증기압축 냉동사이클의 성능계수는 최고값에 접근한다.
③ 보통의 증기압축 사이클은 역 Carnot 사이클의 COP보다 낮은 값을 갖는다.
④ 공기 냉동사이클이 가장 높은 효율을 나타낸다.

풀이 냉동사이클은 역카르노 사이클이 최고의 성능계수를 가진다.

07 표준 증기압축 냉동사이클을 설명한 것으로 옳지 않은 것은? ● 18년4월28일

① 압축과정에서는 기체상태의 냉매가 단열압축되어 고온고압의 상태가 된다.
② 증발과정에서는 일정한 압력상태에서 저온부로부터 열을 공급 받아 냉매가 증발한다.
③ 응축과정에서는 냉매의 압력이 일정하며 주위로의 연방출을 통해 냉매가 포화액으로 변한다.
④ 팽창과정은 단열상태에서 일어나며, 대부분 등엔트로피 팽창을 한다.

해설 표준 증기압축 냉동사이클의 팽창과정은 교축상태에서 일어나며, 대부분 등엔탈피 팽창을 한다.

★★
08 냉동능력을 나타내는 단위로 0℃의 물 1000kg을 24시간 동안에 0℃의 얼음으로 만드는 능력을 무엇이라 하는가? ● 22년4월24일

① 냉동계수   ② 냉동마력
③ 냉동톤   ④ 냉동률

해설 1냉동톤=1RT : 0℃의 물 1000kg을 24시간 동안에 0℃의 얼음으로 만드는 능력

09 이상적인 증기압축식 냉동장치에서 압축기 입구를 1, 응축기 입구를 2, 팽창밸브 입구를 3, 증발기 입구를 4로 나타낼 때 온도(T)-엔트로피(S) 선도(수직축 T, 수평축 S)에서 수직선에서 나타나는 과정은? ● 17년3월5일

① 1 − 2 과정   ② 2 − 3 과정
③ 3 − 4 과정   ④ 4 − 1 과정

해설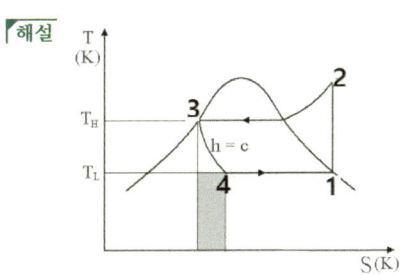

1 → 2 과정 : 압축기
2 → 3 과정 : 응축기
3 → 4 과정 : 팽창밸브
4 → 1 과정 : 증발기

정답 06 ④ 07 ④ 08 ③ 09 ①

10 냉동사이클을 비교하여 설명한 것으로 잘못된 것은? ○ 13년6월2일

① 이상적인 Carnot 사이클이 최고의 COP를 나타낸다.
② 가역팽창 엔진을 가진 증기압축 냉동사이클의 성능계수는 최고값에 접근한다.
③ 보통의 증기압축 사이클은 이론치보다 약간 낮은 효율을 갖는다.
④ 공기사이클은 최고의 효율을 가진다.

[풀이] 냉동사이클은 역카르노 사이클이 최고의 성능계수를 가진다.

11 증기압축 냉동사이클에서 응축온도는 동일하고 증발온도가 다음과 같을 때 성능계수가 가장 큰 것은? ○ 16년10월1일

① −20℃
② −25℃
③ −30℃
④ −40℃

[해설] 증발온도가 높을수록 냉동효과가 크기 때문에 성능계수가 크다.

12 0℃의 물 1,000kg을 24시간 동안 0℃의 얼음으로 냉각하는 냉동능력은 몇 kW인가? (단, 얼음의 용해열은 335kJ/kg이다.) ○ 16년10월1일

① 2.15
② 3.88
③ 14
④ 14,000

[해설]
(냉동능력) $Q_L = 335 \frac{kJ}{kg} \times 1000kg \times \frac{1}{3600s} = 3.877 kW$

13 이상적인 증기압축 냉동사이클에서 증발온도가 동일하고 응축온도가 아래와 같을 때 성능계수가 가장 큰 경우는? ○ 15년9월19일

① 15℃
② 20℃
③ 30℃
④ 25℃

[해설] 성능계수는 응축온도가 낮을수록 커진다.

★★
14 30℃에서 기화잠열이 173kJ/kg 인 어떤 냉매의 포화액-포화증기 혼합물 4kg을 가열하여 건도가 20%에서 70%로 증가되었다. 이 과정에서 냉매의 엔트로피 증가량은 약 몇 kJ/K인가? ○ 21년5월15일

① 11.5
② 2.31
③ 1.14
④ 0.29

[해설] $\triangle S = \frac{\triangle Q}{T} = \frac{4 \times 173 \times (0.7-0.2)}{30+273} = 1.142 \frac{kJ}{K}$

15 그림과 같은 카르노 냉동 사이클에서 성적 계수는 약 얼마인가? (단, 각 사이클에서의 엔탈피(h)는 $h_1 = h_4 = 98kJ/kg$, $h_2 = 231kJ/kg$, $h_3 = 282kJ/kg$이다.) ○ 18년4월28일

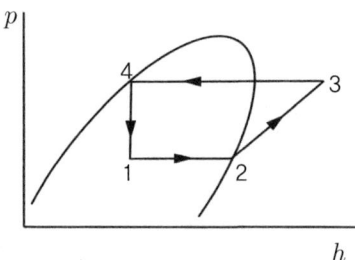

① 1.9
② 2.3
③ 2.6
④ 3.3

[해설] $COP = \frac{Q_L}{W_C} = \frac{h_2 - h_1}{h_3 - h_2} = \frac{231 - 98}{282 - 231} = 2.61$

정답 10 ④ 11 ① 12 ② 13 ① 14 ③ 15 ③

16 냉동(refrigeration) 사이클에 대한 성능계수(COP)는 다음 중 어느 것을 해 준 일(work input)로 나누어 준 것인가? ◆ 16년5월8일

① 저온측에서 방출된 열량
② 저온측에서 흡수한 열량
③ 고온측에서 방출된 열량
④ 고온측에서 흡수한 열량

해설 $COP = \dfrac{\text{저온에서 흡수한 열량}}{\text{압축기에서 공급된 일량}}$

★★
17 냉장고가 저온체에서 30kW의 열을 흡수하여 고온체로 40kW의 열을 방출한다. 이 냉장고의 성능계수는? ◆ 18년3월4일, 14년3월2일

① 2   ② 3
③ 4   ④ 5

해설 $COP = \dfrac{Q_L}{W} = \dfrac{Q_L}{Q_H - Q_L} = \dfrac{30}{40-30} = 3$

18 성능계수(COP)가 2.5인 냉동기가 있다. 15냉동톤(refrigeration ton)의 냉동 용량을 얻기 위해서 냉동기에 공급해야할 동력(kW)은? (단, 1냉동톤은 3.861 kW 이다.) ◆ 19년4월27일

① 20.5   ② 23.2
③ 27.5   ④ 29.7

해설 $COP = \dfrac{Q_L}{W}$, $W = \dfrac{Q_L}{COP} = \dfrac{15 \times 3.861}{2.5} = 23.16 kW$

19 15℃ 물로부터 0℃의 얼음을 시간당 40kg 만드는 냉동기의 냉동톤은 약 얼마인가? (단, 얼음의 융해열은 80kcal/kg이고, 1냉동톤은 3320kcal/h로 한다. ◆ 14년5월25일

① 0.14   ② 1.14
③ 2.14   ④ 3.14

해설 현열 $= mC(T_2 - T_1) = 40 \times 1 \times (15-0) = 600 kcal/h$
응고잠열 $= 40 \times 80 = 3200 kcal/h$
$Q_L = 600 + 3200 = 3800 kcal/h$
$3800 \dfrac{kcal}{h} \times \dfrac{1RT}{3320 \dfrac{kcal}{h}} = 1.14 RT$

20 냉장고가 저온에서 400kcal/h의 열을 흡수하고, 고온체에 560kcal/h로 열을 방출한다. 이 냉장고의 성능계수는? ◆ 14년9월20일

① 0.5   ② 1.5
③ 2.5   ④ 20

해설 (냉동사이클 성능계수)
$COP = \dfrac{Q_L}{W_C} = \dfrac{Q_L}{Q_H - Q_L} = \dfrac{400}{560 - 400} = 2.5$

★★★
21 성능계수가 5.0, 압축기에서 냉매의 단위 질량당 압축하는데 요구되는 에너지는 200kJ/kg인 냉동기에서 냉동능력 1kW당 냉매의 순환량(kg/h)은? ◆ 17년9월23일

① 1.8   ② 3.6
③ 5.0   ④ 20.0

해설 $COP = \dfrac{Q_L}{mw}$, $m = \dfrac{Q_L}{COP \times w} = \dfrac{1\dfrac{kJ}{s}}{5 \times 200 \dfrac{kJ}{kg}} = \dfrac{1}{1000} \dfrac{kg}{s}$

$m = \dfrac{1}{1000} \dfrac{kg}{s} \times \dfrac{3600s}{h} = 3.6 \dfrac{kg}{h}$

22 성능계수가 4.8인 증기압축냉동기의 냉동능력 1kW당 소요동력(kW)은? ◆ 17년5월7일

① 0.21   ② 1.0
③ 2.3   ④ 4.8

해설 $COP = \dfrac{Q_L}{W}$, $W = \dfrac{Q_L}{COP} = \dfrac{1kW}{4.8} = 0.2 kW$

| 정답 | 16 ② | 17 ② | 18 ② | 19 ② | 20 ③ | 21 ② | 22 ① |

23 냉동기가 저온에서 80kcal를 흡수하고 고온에서 120kcal를 방출할 때 성능계수(COP)는 얼마인가? ● 13년9월28일

① 0   ② 1
③ 2   ④ 3

[해설] $COP = \dfrac{Q_L}{W} = \dfrac{Q_L}{Q_H - Q_L} = \dfrac{80}{120-80} = 2$

24 성능계수(coefficient of performance)가 2.5인 냉동기가 있다. 15냉동톤(refrigeration ton)의 냉동용량을 얻기 위해서 냉동기에 공급해야할 동력(kW)은? (단, 1 냉동톤은 3.861kW이다.) ● 13년9월28일

① 20.5
② 23.2
③ 27.5
④ 29.7

[해설] $COP = \dfrac{Q_L}{W_c}$, $W_c = \dfrac{Q_L}{COP} = \dfrac{15 \times 3.861}{2.5} = 23.166 kW$

★★
25 성능계수가 4.3인 냉동기가 1시간 동안 30MJ의 열을 흡수한다. 이 냉동기를 작동하기 위한 동력은 약 몇 kW인가? ● 22년4월24일

① 0.25
② 1.94
③ 6.24
④ 10.4

[해설] $W = \dfrac{Q_L}{COP} = \dfrac{\frac{30000}{3600}\,\frac{kJ}{s}}{4.3} = 1.94 kW$

★★
26 다음 T-S 선도에서 냉동사이클의 성능계수를 옳게 표시한 것은? (단, u는 내부에너지, h는 엔탈피를 나타낸다.) ● 16년3월6일

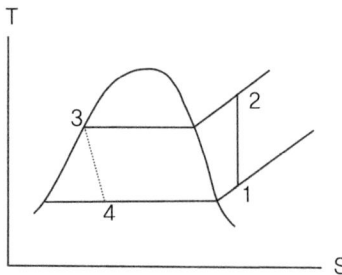

① $\dfrac{h_1 - h_4}{h_2 - h_1}$ ② $\dfrac{u_1 - u_4}{u_2 - u_1}$

③ $\dfrac{h_2 - h_1}{h_1 - h_4}$ ④ $\dfrac{u_2 - u_1}{u_1 - u_4}$

[해설] $COP = \dfrac{Q_L}{W_C} = \dfrac{h_1 - h_4}{h_2 - h_1}$

27 냉동사이클의 T-s선도에서 냉매단위질량당 냉각열량 qL과 압축기의 소요동력 w를 옳게 나타낸 것은? (단, h는 엔탈피를 나타낸다.) ● 16년5월8일

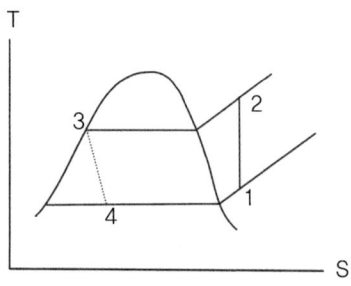

① qL=h₃-h₄, w=h₂-h₁
② qL=h₁-h₄, w=h₂-h₁
③ qL=h₂-h₃, w=h₁-h₄
④ qL=h₃-h₄, w=h₁-h₄

[해설] 냉각열량 qL=h₁-h₄, 압축기의 소요동력 w=h₂-h₁

정답 23 ③   24 ②   25 ②   26 ①   27 ②

28 0℃의 물 1000kg을 24시간 동안에 0℃의 얼음으로 냉각하는 냉동 능력은 약 몇 kW인가? (단, 얼음의 융해열은 335kJ/kg이다.)

◎ 21년3월7일

① 2.15
② 3.88
③ 14
④ 14000

해설
$$1RT = \frac{1000kg \times 335\frac{kJ}{kg}}{24 \times 3600s} = 3.877 kW$$

29 냉동효과가 200kJ/kg인 냉동사이클에서 4kW의 열량을 제거하는 데 필요한 냉매 순환량은 몇 kg/min인가?

◎ 21년5월15일

① 0.02
② 0.2
③ 0.8
④ 1.2

해설 $m(h_2 - h_1) = Q_L$
$$m = \frac{Q_L}{h_2 - h_1} = \frac{4\frac{kJ}{s}}{200\frac{kJ}{kg}} = \frac{1}{50}\frac{kg}{s}$$
$$m = \frac{1}{50}\frac{kg}{s} \times \frac{60s}{1\min} = 1.2 \frac{kg}{\min}$$

4 열펌프

★★
01 어떤 열기관이 열펌프와 냉동기로 작동될 수 있다. 동일한 고온열원과 저온열원에서 작동될 때, 열펌프(heat pump)와 냉동기의 성능계수 COP는 다음과 같은 관계식으로 표시될 수 있다. ( ) 안에 알맞은 값은?

◎ 14년3월2일

$$COP_{열펌프} = COP_{냉동기} + (\quad\quad)$$

① 0.0
② 1.0
③ 1.5
④ 2.0

해설 $COP_{열펌프} = COP_{냉동기} + 1$

★★
02 열펌프(heat pump)사이클에 대한 성능계수(COP)는 다음 중 어느 것을 입력 일(work input)로 나누어 준 것인가?

◎ 15년3월8일

① 저온부 압력
② 고온부 온도
③ 고온부 방출열
④ 저온부 부피

해설 $COP_{열펌프} = \dfrac{Q_H}{W} = \dfrac{고온부 방출열}{일}$

정답 28 ② 29 ④ / 01 ② 02 ③

03 그림과 같은 열펌프사이클에서 성능계수는? (단, P는 압력, h는 비엔탈피이다.)

● 13년9월28일

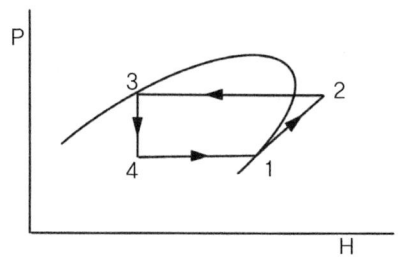

① $\dfrac{h_2 - h_3}{h_2 - h_1}$

② $\dfrac{u_1 - u_4}{u_2 - u_1}$

③ $\dfrac{h_2 - h_1}{h_1 - h_4}$

④ $\dfrac{u_2 - u_1}{u_1 - u_4}$

해설 $COP = \dfrac{Q_H}{W_c} = \dfrac{H_2 - H_3}{H_2 - H_1}$

04 열펌프(heat pump)의 성능계수에 대한 설명으로 옳은 것은?

● 18년9월15일

① 냉동 사이클의 성능계수와 같다.
② 가해준 일에 의해 발생한 저온체에서 흡수한 열량과의 비이다.
③ 가해준 일에 의해 발생한 고온체에 방출한 열량과의 비이다.
④ 열 펌프의 성능계수는 1보다 작다.

해설 $COP_{열펌프} = \dfrac{Q_H(고온체에 방출한열량)}{W(가해준일)}$

정답 03 ① 04 ③

114 | 열역학

09
증기의 흐름과 여러가지 계수

01 열역학 정의 및 단위
02 열역학 1법칙
03 이상기체와 각과정별 상태변화
04 열역학 2법칙
05 증기
06 증기동력사이클
07 내연기관
08 냉동cycle
09 증기의 흐름과 여러가지 계수

CHAPTER 09 증기의 흐름과 여러가지 계수

자주출제 되는 문제

01 노즐에서의 흐름

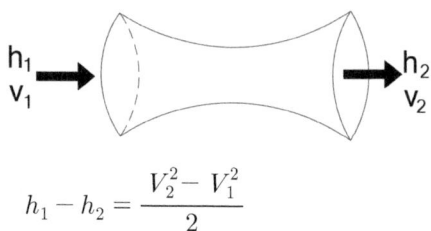

$$h_1 - h_2 = \frac{V_2^2 - V_1^2}{2}$$

02 (음속) a

$a = \sqrt{kRT}$

k : 비열비 R : 기체상수 T : 절대온도

03 여러 가지 계수

(줄톰슨계수) μ, (체적팽창계수) β, (등온 압축계수) K,

① (줄톰슨계수) μ : 엔탈피가 일정한 상태에서 압력에 변화에 따른 온도 변화

$$(줄톰슨 계수)\mu = \left(\frac{\partial T}{\partial P}\right)_H$$

압력이 감소함에 따라 온도가 감소하는 경우는 Joule-thomson 계수 $\mu > 0$

② (체적팽창계수) β : 압력이 일정한 상태에서 온도가 변하였을 때의 체적 변형률

$$(체적팽창계수)\beta = \frac{1}{V}\left(\frac{\partial V}{\partial T}\right)_P$$

③ (등온압축계수) K : 온도가 일정한 상태에서 압력이 증가 할때의 체적 변형률

$$(등온압축수)K = -\frac{1}{V}\left(\frac{\partial V}{\partial P}\right)_T$$

열역학 과년도 기출문제

1. 노즐의 흐름

★★

01 비엔탈피가 326kJ/kg인 어떤 기체가 노즐을 통하여 단열적으로 팽창되어 비엔탈피가 322kJ/kg으로 되어 나간다. 유입 속도를 무시할 때 유출 속도는 몇 m/s인가? ● 12년9월15일

① 4.4
② 22.6
③ 64.7
④ 89.4

풀이 $V = \sqrt{2(h_1 - h_2)} = \sqrt{2(326000 - 322000)} = 89.4 \frac{m}{s}$

★★

02 수증기가 노즐 내를 단열적으로 흐를 때 출구 엔탈피가 입구 엔탈피보다 15kJ/kg 만큼 작아진다. 노즐 입구에서의 속도를 무시할 때 노즐 출구에서의 수증기 속도는 약 몇 m/s 인가? ● 21년9월12일

① 173
② 200
③ 283
④ 346

해설 $V_2 = \sqrt{2(h_1 - h_2)} = \sqrt{2 \times 15000} = 173.2 \frac{m}{s}$

03 엔탈피가 3140kJ/kg인 과열증기가 단열 노즐에 저속상태로 들어와 출구에서 엔탈피가 3010KJ/kg인 상태로 나갈 때 출구에서의 증기 속도(m/s)는? ● 16년5월8일

① 8
② 25
③ 160
④ 510

해설 $V_2 = \sqrt{2(h_1 - h_2)} = \sqrt{2 \times (3140000 - 3010000)} = 510 \frac{m}{s}$

04 일정한 질량유량으로 수평하게 증기가 흐르는 노즐이 있다. 노즐 입구에서 엔탈피는 3205kJ/kg이고, 증기 속도는 15m/s이다. 노즐 출구에서의 증기 엔탈피가 2994kJ/kg일 때 노즐 출구에서의 증기의 속도는 약 몇 m/s인가? (단, 정상상태로서 외부와의 열교환은 없다고 가정한다.) ● 18년4월28일

① 500
② 550
③ 600
④ 650

해설 $\frac{V_2^2 - V_1^2}{2} = h_1 - h_2$, $\frac{V_2^2 - 15^2}{2} = 320000 - 2994000$, $V_2 = 649.788 \frac{m}{s}$

05 2.4MPa, 450℃인 과열증기를 160kPa가 될 때까지 단열적으로 분출시킬 때, 출구속도는 960m/s 이었다. 속도계수는 얼마인가? (단, 초속은 무시하고 입구와 출구 엔탈피는 각각 h1=3,350kJ/kg, h2=2,692kJ/kg이다.) ● 16년10월1일

① 0.225
② 0.543
③ 0.769
④ 0.837

해설 속도계수 $= \frac{실제속도}{\sqrt{2(h_1-h_2)}} = \frac{960}{\sqrt{2(3350000-2692000)}} = 0.8368$

정답 01 ④ 02 ① 03 ④ 04 ④ 05 ④

06 노즐에서 가역단열 팽창에서 분출하는 이상기체가 있다고 할 때 노즐 출구에서의 유속에 대한 관계식으로 옳은 것은? (단, 노즐입구에서의 유속은 무시할 수 있을 정도로 작다고 가정하고, 노즐 입구의 단위질량당 엔탈피는 hi, 노즐 출구의 단위질량당 엔탈피는 ho이다.)

◉ 16년10월1일

① $\sqrt{h_i - h_o}$
② $\sqrt{h_o - h_i}$
③ $\sqrt{2(h_i - h_o)}$
④ $\sqrt{2(h_o - h_i)}$

해설
$h_i - h_o = \dfrac{v_o^2 - v_i^2}{2}, \quad h_i - h_o = \dfrac{v_o^2 - 0^2}{2}$
$v_o = \sqrt{2(h_i - h_o)}$

2 음속

01 다음 4개의 물질에 대해 비열비가 거의 동일하다고 가정할 때, 동일한 온도 T에서 음속이 가장 큰 것은?

◉ 18년9월15일

① Ar(평균분자량 : 40g/mol)
② 공기(평균분자량 : 29g/mol)
③ CO(평균분자량 : 28g/mol)
④ H2(평균분자량 : 2g/mol)

해설 (음속) $a = \sqrt{kRT} = \sqrt{k \dfrac{8314}{M} T}$ 분자량M이 작을수록 음속은 커진다.

02 온도 0℃에서 공기의 음속은 몇 m/s인가? (단, 공기의 기체상수는 0.287kJ/kg·K이고 비열비는 1.4이다.)

◉ 14년5월25일

① 312   ② 331
③ 348   ④ 352

해설 $a = \sqrt{kRT} = \sqrt{1.4 \times 287 \times (273+0)} = 331.19 \dfrac{m}{s}$

03 아음속 유동에서 유체가 가속되려면 노즐 단면적은 유동방향에 따라 어떻게 되어야 하는가?

◉ 14년9월20일

① 감소되어야 한다.
② 변화없이 유지되어야 한다.
③ 커져야 한다.
④ 단면적과는 무관하다.

해설 아음속 유동에서 유체가 가속되려면 노즐 단면적은 유동방향에 따라 감소시켜야 된다.
$Q = AV, \quad V = \dfrac{Q(일정)}{A}$

정답 06 ③ / 01 ④ 02 ② 03 ①

3 여러가지 계수

★★★

01 스로틀링(throttling) 밸브를 이용하여 Joule-thomson 효과를 보고자 한다. 이 때 압력이 감소함에 따라 온도가 감소하는 경우는 Joule-thomson 계수 μ가 어떤 값을 가질 때인가?
○ 14년9월20일

① $\mu = 0$
② $\mu > 0$
③ $\mu < 0$
④ $\mu = -1$

해설 $\mu = \left(\dfrac{\partial T}{\partial P}\right)_H$

Joule-thomson 계수 μ>0 압력이 내려갈 때 온도도 내려감
Joule-thomson 계수 μ<0 압력이 내려갈 때 온도도 올라감

★★

02 다음 중 압력이 일정한 상태에서 온도가 변하였을 때의 체적팽창계수 β에 관한 식으로 옳은 것은? (단, 식에서 V는 부피 T는 온도, P는 압력을 의미한다.)
○ 17년9월23일

① $\beta = -\dfrac{1}{V}\left(\dfrac{\partial V}{\partial T}\right)_P$
② $\beta = -\dfrac{1}{V}\left(\dfrac{\partial V}{\partial T}\right)_T$
③ $\beta = \dfrac{1}{V}\left(\dfrac{\partial V}{\partial T}\right)_P$
④ $\beta = \dfrac{1}{V}\left(\dfrac{\partial V}{\partial T}\right)_T$

해설 체적팽창계수 $\beta = \dfrac{1}{V}\left(\dfrac{\partial V}{\partial T}\right)_P$

03 비압축성 유체의 체적팽창계수 β에 대한 식으로 옳은 것은?
○ 18년4월28일

① β=0
② β=1
③ β>0
④ β>1

04 등온 압축계수 K를 옳게 표시한 것은?
○ 18년4월28일

① $K = -\dfrac{1}{V}\left(\dfrac{dP}{dT}\right)_V$
② $K = -\dfrac{1}{V}\left(\dfrac{dV}{dP}\right)_T$
③ $K = \dfrac{1}{V}\left(\dfrac{dP}{dT}\right)_V$
④ $K = \dfrac{1}{V}\left(\dfrac{dV}{dP}\right)_T$

해설 비압축성 유체 $\partial V = 0$
부피 팽창계수
$\beta = \dfrac{1}{V}\left(\dfrac{\partial V}{\partial T}\right)_P = \dfrac{1}{V}\left(\dfrac{0}{\partial T}\right)_P = 0$

정답 01 ② 02 ③ 03 ① 04 ②

열역학

Part 2

에너지관리기사 연소공학

연소공학

01
연료

01 연료
02 고체연료
03 액체연료
04 기체연료 및 가스연료
05 연소개론
06 연소계산식
07 전열 및 여러 가지 효율
08 통풍장치/집진장치/보염장치
09 화재 및 폭발
10 연료시험 및 배기가스

CHAPTER 01 연료

자주출제 되는 문제

01 연료의 구비조건
① 인체에 유해하지 않을 것
② 공해가 적을것
③ 연소시 회분(재 ; ash)이 적을 것
④ 단위중량당 발열량이 클것
⑤ 공기 중에서 쉽게 연소 할수 있을 것
⑥ 사용상 위험이 적을 것
⑦ 운반 및 저장이 용이 하고 가격이 저렴할 것

02 고체연료, 액체연료, 기체연료의 비교

고체연료/액체연료/기체연료 비교

고체연료	액체연료	기체연료
‣ 구하기 쉽다. ‣ 가격이 저렴하다. ‣ 품질이 떨어진다. ‣ 적재가 가능하다. ‣ 회분(재=Ash)이 많다 ‣ 연소효율이 낮고 고온을 얻기 어렵다. ‣ 점화 및 소화가 곤란하고 온도조절이 어렵다. ‣ 풍화 작용에 의해 변질된다. ‣ 역화가 잘 안일어난다. (미분탄은 역화가 일어난다) 코크스발열량 $7500\frac{kcal}{kg}$ 무연탄발열량 $7200\frac{kcal}{kg}$ 타르계 중유	‣ 품질이 균일하다. ‣ 발열량이 높다. ‣ 연소효율이 양호한 편이다 ‣ 저장 운반이 편리하다. ‣ 고온연소가 가능하다. ‣ 화재 및 역화의 우려가 있다. ‣ 국부적인 과열이 일어난다. ‣ 인화의 위험성이 있다. ‣ 고체연료에 비해 연소조절이 용이하다. ‣ 회분이 거의 없다. 가솔린저위발열량 $12000\frac{kcal}{kg}$ 등유-저위발열량 $11000\frac{kcal}{kg}$ 경유-저위발열량 $10700\frac{kcal}{kg}$ 중유-저위발열량 $10400\frac{kcal}{kg}$	‣ 제조 비용이 액체,고체연료에 비해 높다. ‣ 단위 중량당 발열량이 높다. ‣ 연소의 조절이 용이하다. ‣ 연소효율이 높다. ‣ 회분이나 매연이 적어 공해가 거의 없다. ‣ 저장이 어려워 수송하기가 어렵다. ‣ 다른 연료에 비하여 제조비용이 비싸다. ‣ 인화의 위험등으로 안전장치등 시설비가 많이든다. ‣ 화염온도의 상승이 비교적 용이하다 ‣ 고온을 얻기 쉽다. ‣ 누설되기 쉽고 폭발의 위험성이 크다. ‣ 다른 연료보다 확산연소로 인해 과잉공기가 적다 수소 저위발열량 $28600\frac{kcal}{kg}$ 메탄 저위발열량 $13000\frac{kcal}{kg}$ 에탄 저위발열량 $12550\frac{kcal}{kg}$ 프로판 저위발열량 $12000\frac{kcal}{kg}$ 부탄 저위발열량 $11850\frac{kcal}{kg}$ 일산화탄소 저위발열량 $2430\frac{kcal}{kg}$

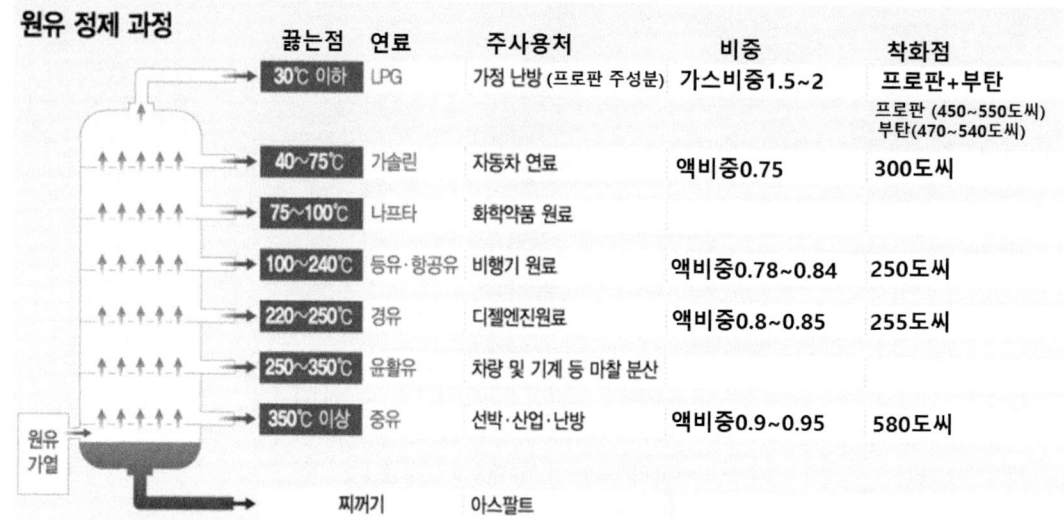

- 고체연료는 주로 탄소, 수소, 산소로 구성되어 있으며, 그 중 탄소 함량이 가장 많다. 탄소는 완전연소 시 이산화탄소로 전환되며, 이산화탄소는 산소와 결합하여 형성됩니다. 따라서, 고체연료의 O_2 함량은 상대적으로 높다.

- 액체연료는 주로 탄소, 수소, 황으로 구성되어 있으며, 그 중 수소 함량이 가장 많다. 수소는 완전연소 시 물로 전환되며, 물은 산소와 결합하여 형성됩니다. 따라서, 액체연료의 O_2 함량은 상대적으로 낮다.

- 회분은 연료 중에 함유된 불순물로, 연소 과정에서 클링커를 형성합니다. 클링커는 고체로 단단하게 굳어져서 통풍을 방해하고, 연소 효율을 떨어뜨립니다.

- 기체연료 고위발열량(Kcal/Sm^3)

액화석유가스(LPG)	26,000
천연가스	10,550
액화천연가스(LNG)	10,500
증열수성가스	5,000
석탄가스	4,710
유가스	4,710
도시가스	4,500
수성가스	2,500
발생로가스	1,100
고로가스	900

03 포화탄화수소계의 기체 연료

일반식	C_nH_{2n+2}	저위발열량	발화온도	연소범위
C1	CH_4 메탄	$13000 \frac{kcal}{kg}$	537℃	5 ~ 15 %
C2	C_2H_6 에탄	$12550 \frac{kcal}{kg}$	515℃	3 ~ 12.5 %
C3	C_3H_8 프로판	$12000 \frac{kcal}{kg}$	450℃	2.2 ~ 9.5 %
C4	C_4H_{10} 부탄	$11850 \frac{kcal}{kg}$	287℃	1.8 ~ 8.4 %

연소공학 과년도 기출문제

01 다음 중 일반적으로 연료가 갖추어야 할 구비조건이 아닌 것은? ● 17년5월7일, 22년4월24일

① 연소 시 배출물이 많아야 한다.
② 저장과 운반이 편리해야 한다.
③ 사용시 위험성이 적어야 한다.
④ 취급이 용이하고 안전하며 무해하여야 한다.

해설 일반적으로 연료는 연소시 배출물이 적어야 된다.

02 다음 액체 연료 중 비중이 가장 낮은 것은? ● 13년3월10일, 18년9월15일

① 중유　　② 등유
③ 경유　　④ 가솔린

해설 ▶ 액체연료의 비중
중유 : 0.9~0.95
경유 : 0.8~0.85
등유 : 0.78~0.84
휘발유 : 0.75

03 기체연료의 일반적인 특징으로 틀린 것은? ● 22년4월24일

① 연소효율이 높다.
② 고온을 얻기 쉽다.
③ 단위 용적당 발열량이 크다.
④ 누출되기 쉽고 폭발의 위험성이 크다.

해설 ▶ 기체연료는 단위중량당 발열량이 크다.

04 기체연료가 다른 연료보다 과잉공기가 적게 드는 가장 큰 이유는? ● 13년3월10일

① 착화가 용이하기 때문에
② 착화 온도가 낮기 때문에
③ 열전도도가 크기 때문에
④ 확산으로 혼합이 용이하기 때문에

해설 ▶ 기체연료의 공기비가 낮은 이유는 확산으로 인한 연료와 공기와의 혼압이용이하기 때문에 과잉공기가 적게 된다.

05 기체연료가 다른 연료에 비하여 연소용 공기가 적게 소요되는 가장 큰 이유는? ● 14년3월2일, 19년3월3일

① 인화가 용이하므로
② 착화온도가 낮으므로
③ 열전도도가 크므로
④ 확산연소가 되므로

해설 기체연료가 다른 연료에 비하여 연소용 공기가 적게 소요되는 가장 큰 이유는 확산연소가 되기 때문이다.

06 기체연료의 특징에 대한 설명 중 가장 거리가 먼 것은? ● 13년3월10일

① 연소효율이 높다.
② 단위용적당 발열량이 크다.
③ 고온을 얻기 쉽다.
④ 자동제어에 의한 연소에 적합하다.

해설 ▶ 기체연료는 단위 중량당 발열량이 크다.

정답　01 ①　02 ④　03 ③　04 ④　05 ④　06 ②

07 기체연료의 특징으로 틀린 것은?
　　　　　　　　　　　　　　　　● 17년3월5일

① 연소효율이 높다.
② 고온을 얻기 쉽다.
③ 단위 용적당 발열량이 크다.
④ 누출되기 쉽고 폭발의 위험성이 크다.

해설 ▶ 기체연료는 단위 중량당 발열량이 크다.

08 액체연료가 갖는 일반적인 특징이 아닌 것은?
　　　　　　　　　　　　　　　　● 15년3월8일

① 연소온도가 높기 때문에 국부과열을 일으키기 쉽다.
② 발열량은 높지만 품질이 일정하지 않다.
③ 화재, 역화 등의 위험이 크다.
④ 연소할 때 소음이 발생한다.

해설 ▶ 액체연료는 발열량 높고 품질이 균일하다.

09 고체연료에 비해 액체연료의 장점에 대한 설명으로 틀린 것은?
　　　　　　　　　　　　　　　　● 15년5월31일

① 화재, 역화 등의 위험이 적다.
② 회분이 거의 없다.
③ 연소효율 및 열효율이 좋다.
④ 저장운반이 용이하다.

해설 ▶ 액체연료도 과도하게 가열될 경우 폭발 위험이 있습니다. 또한, 액체연료는 공기와 접촉할 경우 쉽게 연소하기 때문에 역화 위험이 있습니다.

10 기체 연료의 장점이 아닌 것은?
　　　　　　　　　　　　● 15년9월19일, 21년3월7일

① 연소조절이 용이하다.
② 운반과 저장이 용이하다.
③ 회분이나 매연이 없어 청결하다.
④ 적은 공기로 완전연소가 가능하다.

해설 ▶ 기체연료는 운반과 저장이 곤란하다.

11 기체연료의 일반적인 특징에 대한 설명으로 틀린 것은?
　　　　　　　　　　　　　　　　● 16년10월1일

① 화염온도의 상승이 비교적 용이하다.
② 연소 후에 유해성분의 잔류가 거의 없다.
③ 연소장치의 온도 및 온도분포의 조절이 어렵다.
④ 액체연료에 비해 연소공기비가 적다.

해설 ▶ 연소의 조절이 용이하다.

12 고체연료의 일반적인 특징에 대한 설명으로 틀린 것은?
　　　　　　　　　　　● 16년10월1일, 22년3월5일

① 회분이 많고 발열량이 적다.
② 연소효율이 낮고 고온을 얻기 어렵다.
③ 점화 및 소화가 곤란하고 온도조절이 어렵다.
④ 완전연소가 가능하고 연료의 품질이 균일하다.

해설 ▶ 기체연료는 완전연소가 가능하고 연료의 품질이 균일하다.

정답 07 ③ 08 ② 09 ① 10 ② 11 ③ 12 ④

13 고체 연료의 일반적인 특징으로 옳은 것은?
  ● 17년3월5일
① 점화 및 소화가 쉽다.
② 연료의 품질이 균일하다.
③ 완전연소가 가능하며 연소효율이 높다.
④ 연료비가 저렴하고 연료를 구하기 쉽다.

해설 고체연료는 연료를 구하기 쉽고 연료비가 저렴하다.

14 다음 기체연료에 대한 설명 중 틀린 것은?
  ● 18년9월15일
① 고온연소에 의한 국부가열의 염려가 크다.
② 연소조절 및 점화, 소화가 용이하다.
③ 연료의 예열이 쉽고 전열효율이 좋다.
④ 적은 공기로 완전 연소시킬 수 있으며 연소효율이 높다.

해설 액체연료는 고온연소에 의한 국부가열의 염려가 크다.

15 기체연료의 장점이 아닌 것은? ● 20년9월26일
① 열효율이 높다.
② 연소의 조절이 용이하다.
③ 다른 연료에 비하여 제조비용이 싸다.
④ 다른 연료에 비하여 회분이나 매연이 나오지 않고 청결하다.

해설 기체연료는 다른 연료에 비하여 제조비용이 비싸다.

16 기체연료에 대한 일반적인 설명으로 틀린 것은?
  ● 21년9월12일
① 회분 및 유해물질의 배출량이 적다.
② 연소소절 및 점화, 소화가 용이하다.
③ 인화의 위험성이 적고 연소장치가 간단하다.
④ 소량의 공기로 완전연소 할 수 있다.

해설 기체 연료는 인화의 위험성이 크고 연소장치가 복잡하다.

17 액체연료가 갖는 일반적이 특징이 아닌 것은?
  ● 21년5월15일
① 연소온도가 높기 때문에 국부과열을 일으키기 쉽다.
② 발열량은 높지만 품질이 일정하지 않다.
③ 화재, 역화 등의 위험이 크다.
④ 연소할 때 소음이 발생한다.

해설 액체연료는 발열량은 높고 품질이 균일하다. 고체연료는 품질이 일정하지 않다.

18 고체연료에 비해 액체연료의 장점에 대한 설명으로 틀린 것은?
  ● 21년9월12일
① 화재, 역화 등의 위험이 적다.
② 회분이 거의 없다.
③ 연소효율 및 열효율이 좋다.
④ 저장운반이 용이하다.

해설 액체연료는 고체연료에비해 화재 및 역화의 위험이 많다.

정답 13 ④ 14 ① 15 ③ 16 ③ 17 ② 18 ①

19 다음 기체연료 중 단위 체적당 고위발열량이 가장 높은 것은?   ○ 16년5월8일

① LNG　　② 수성가스
③ LPG　　④ 유(油)가스

해설 ▶ 기체연료 고위발열량(Kcal/Sm³)

액화석유가스(LPG)	26,000
천연가스	10,550
액화천연가스(LNG)	10,500
증열수성가스	5,000
석탄가스	4,710
유(油)가스	4,710
도시가스	4,500
수성가스	2,500
발생로가스	1,100
고로가스	900

20 다음 기체연료 중 고발열량(kcal/Sm³)이 가장 큰 것은?   ○ 19년4월27일

① 고로가스　　② 수성가스
③ 도시가스　　④ 액화석유가스

21 다음 기체연료 중 고위발열량(MJ/Sm³)이 가장 큰 것은?   ○ 13년6월2일

① 고로가스　　② 천연가스
③ 석탄가스　　④ 수성가스

해설 ▶ 기체연료 고위발열량(Kcal/Sm³)

액화석유가스(LPG)	26,000
천연가스	10,550
액화천연가스(LNG)	10,500
증열수성가스	5,000
석탄가스	4,710
유가스	4,710
도시가스	4,500
수성가스	2,500
발생로가스	1,100
고로가스	900

22 다음 연료 중 발열량(kcal/kg)이 가장 큰 것은?   ○ 12년9월15일

① 중유　　② 프로판
③ 무연탄　　④ 코크스

해설
프로판저위발열량 $12000 \frac{kcal}{kg}$

중유저위발열량 $10800 \frac{kcal}{kg}$

코크스발열량 $7500 \frac{kcal}{kg}$

무연탄발열량 $7200 \frac{kcal}{kg}$

23 다음 연료 중 저위발열량이 가장 높은 것은?   ○ 21년3월7일

① 가솔린　　② 등유
③ 경유　　④ 중유

해설
가솔린저위발열량 $12000 \frac{kcal}{kg}$

등유저위발열량 $11000 \frac{kcal}{kg}$

경유저위발열량 $10700 \frac{kcal}{kg}$

중유저위발열량 $10400 \frac{kcal}{kg}$

24 다음 기체 연료 중 단위질량당 고위발열량(MJ/kg)이 가장 큰 것은?   ○ 12년9월15일

① 메탄
② 에탄
③ 프로판
④ 수소

해설 수소의 단위 질량당 발열량은 $34000 \frac{kcal}{kg}$ 이다.

정답 19 ③ 20 ④ 21 ② 22 ② 23 ① 24 ④

25 다음 가스 중 저위발열량(MJ/kg)이 가장 낮은 것은? ○ 21년5월15일

① 수소
② 메탄
③ 일산화탄소
④ 에탄

> 해설
> 수소저위발열량 $34000\dfrac{kcal}{kg}$
> 메탄저위발열량 $13000\dfrac{kcal}{kg}$
> 에탄저위발열량 $12550\dfrac{kcal}{kg}$
> 프로판저위발열량 $12000\dfrac{kcal}{kg}$
> 부탄저위발열량 $11850\dfrac{kcal}{kg}$
> 일산화탄소 저위발열량 $2430\dfrac{kcal}{kg}$

26 다음 기체 연료 중 단위질량당 고위발열량이 가장 큰 것은? ○ 22년3월5일

① 메탄
② 수소
③ 에탄
④ 프로판

> 해설
> 연료의 저위발열량 $\left[\dfrac{kcal}{kg}\right]$
> 수소 > 메탄 > 프로판 > 부탄 > 경유 > 중유
> 수소저위발열량 $34000\dfrac{kcal}{kg}$
> 메탄저위발열량 $13000\dfrac{kcal}{kg}$
> 에탄저위발열량 $12550\dfrac{kcal}{kg}$
> 프로판저위발열량 $12000\dfrac{kcal}{kg}$
> 부탄저위발열량 $11850\dfrac{kcal}{kg}$

27 다음 연료 중 발열량(kcal/kg)이 가장 큰 것은? ○ 12년9월15일

① 중유
② 프로판
③ 무연탄
④ 코크스

> 해설
> 코크스발열량 : 6300~6900[kcal/kg]
> 석탄 발열량 : 5000~7000[kcal/kg]
> 무연탄 발열량 : 5260~7000[kcal/kg]
> 중유 발열량 : 10000~11000[kcal/kg]
> 프로판저위발열량 : $12000\dfrac{kcal}{kg}$

28 고체연료에 대비 액체연료의 성분 조성비는? ○ 18년3월4일

① H_2 함량이 적고 O_2 함량이 적다.
② H_2 함량이 크고 O_2 함량이 적다.
③ O_2 함량이 크고 H_2 함량이 크다.
④ O_2 함량이 크고 H_2 함량이 적다.

> 해설
> ▶ 고체연료는 주로 탄소, 수소, 산소로 구성되어 있으며, 그 중 탄소 함량이 가장 많다. 탄소는 완전연소 시 이산화탄소로 전환되며, 이산화탄소는 산소와 결합하여 형성됩니다. 따라서, 고체연료의 O_2 함량은 상대적으로 높다.
> ▶ 액체연료는 주로 탄소, 수소, 황으로 구성되어 있으며, 그 중 수소 함량이 가장 많다. 수소는 완전연소 시 물로 전환되며, 물은 산소와 결합하여 형성됩니다. 따라서, 액체연료의 O_2 함량은 상대적으로 낮다.

정답 25 ③ 26 ② 27 ② 28 ②

02 고체연료

01 연료
02 고체연료
03 액체연료
04 기체연료 및 가스연료
05 연소개론
06 연소계산식
07 전열 및 여러 가지 효율
08 통풍장치/집진장치/보염장치
09 화재 및 폭발
10 연료시험 및 배기가스

CHAPTER 02 고체연료

자주출제 되는 문제

01 탄화도

탄화도가 증가할수록 (석탄화의 정도)	증가 하는 것	고정탄소증가, 발열량증가, 착화온도높아진다.
	감소 하는 것	휘발분감소, 비열감소

02 고체 연료의 공업분석은 수분→회분→휘발분 순으로 분석하고 고정탄소는 계산식으로 구한다

고정탄소(%) = 100 − {수분(%) + 회분(%) + 휘발분(%)}

03 고체연료의 연료비(Fuel ratio)

연료비 = $\dfrac{고정탄소}{휘발분}$	무연탄 : 연료비가 7이상 유연탄 : 연료비가 1~7 갈탄 : 연료비 1이하

04 탄수소비

탄화수소비 $\left(\dfrac{C}{H}\right)$ 클수록	증가 하는 것	탄소량증가, 착화온도가 높아진다
	감소 하는 것	수소량감소, 발열량이 감소

05 미분탄연소

① 적은 과잉공기로 완전연소 가능하여 연소효율이 높다.
② 부하에 따른 연소량 조절이 용이하다.
③ 저질의 연료도 연소상태가 양호하고 사용연료의 범위가 넓어진다.
④ 폭발 및 역화의 위험성이 크다.

⑤ 석탄을 분쇄시키는 분쇄시설이 필요하여 소비전력이 크다.
⑥ 미산재(fly ash)가 심해 대규모 집진장치가 필요한다.
⑦ 분새시설, 집진장치등이 필요 함으로 대형연소로에 사용된다.
⑧ 연소실의 공간을 유효하게 이용 할수 있다.
⑨ 미분탄의 자연발화나 폭발 역화의 위험성이 크다.

06 저탄장 관리 (석탄 저장법) : 실내 2m이내 바닥구배 1/100~1/150

07 고체연료의 연소장치

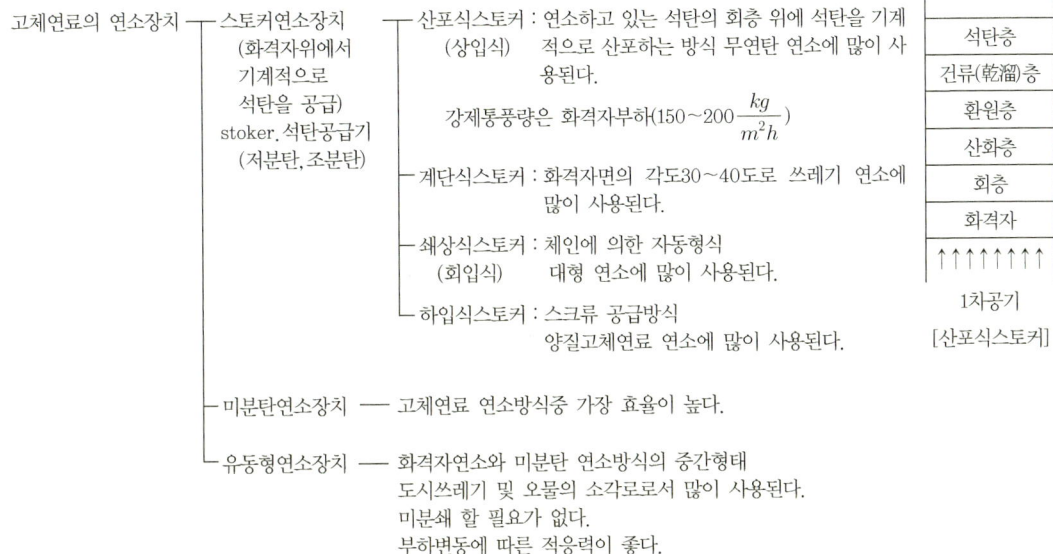

[산포식스토커]

고체연료의 연소장치
- 스토커연소장치 (화격자위에서 기계적으로 석탄을 공급) stoker.석탄공급기 (저분탄,조분탄)
  - 산포식스토커 (상입식) : 연소하고 있는 석탄의 회층 위에 석탄을 기계적으로 산포하는 방식 무연탄 연소에 많이 사용된다.
    강제통풍량은 화격자부하(150~200 $\frac{kg}{m^2 h}$)
  - 계단식스토커 : 화격자면의 각도 30~40도로 쓰레기 연소에 많이 사용된다.
  - 쇄상식스토커 (회입식) : 체인에 의한 자동형식 대형 연소에 많이 사용된다.
  - 하입식스토커 : 스크류 공급방식 양질고체연료 연소에 많이 사용된다.
- 미분탄연소장치 ── 고체연료 연소방식중 가장 효율이 높다.
- 유동형연소장치 ── 화격자연소와 미분탄 연소방식의 중간형태
  도시쓰레기 및 오물의 소각로서 많이 사용된다.
  미분쇄 할 필요가 없다.
  부하변동에 따른 적응력이 좋다.

01 탄화도(carbonnization degree) : 석탄화의 정도를 의미한다.

① 탄화도가 진행 될수록 고정탄소량이 증가하여 발열량이 증가한다.
② 휘발분은 감소하여 착화온도가 높아진다.
③ 비열은 감소한다.
④ 열전도율은 증가한다.

탄화도가 증가할수록 (석탄화의 정도)	증가 하는 것	고정탄소증가, 발열량증가, 착화온도높아진다.
	감소 하는 것	휘발분감소, 비열감소

02 고정탄소(fixed carbon)

① 석탄의 주성분이다.
② 고정탄소가 많을수록 발열량 증가 하나 휘발분이 감소 하여 착화상태가 불량해진다.
③ 고정탄소가 많을수록 화염이 단염상태에서 연소한다.

고체 연료의 공업분석은 수분 → 회분 → 휘발분 순으로 분석하고 고정탄소는 계산식으로 구한다
고정탄소(%) = 100 − {수분(%) + 회분(%) + 휘발분(%)}

● 고정탄소가 많을 수록 단염을 발생되고 휘발분이 많을수록 장염발생된다.

03 고체연료의 연료비(Fuel ratio)

연료비 = $\dfrac{고정탄소}{휘발분}$	무연탄 : 연료비가 7이상 유연탄 : 연료비가 1~7 갈탄 : 연료비1이하

> **참고**
> 무연탄 : 연소할 때 연기가 나오지 않는 석탄(고정탄소가 많고, 휘발분이 적다)
> 유연탄 : 연소할 때 연기가 나오는 석탄(휘발분이 많다)

연료비 = $\dfrac{고정탄소}{휘발분}$ 클수록	증가 하는 것	고정탄소, 착화온도
	감소 하는 것	휘발분, 발열량이 감소

● 고정탄소가 많을 수록 단염을 발생된다.

04 탄수소비(C/H weight ratio) : 연료의 원소분석으로 탄소와 수소의 중량비

탄화수소비 $\left(\dfrac{C}{H}\right)$ 클수록	증가 하는 것	탄소량증가, 착화온도가 높아진다
	감소 하는 것	수소량감소, 발열량이 감소

- 탄소에 비해 수소의 발열량이 크기 때문에 발열량이 감소한다.
- 탄소가 많아질수록 휘발분이 작아져 착화가 잘되지 않아 착화온도가 높아진다.

고체연료 연소장치

구 분	특 징
수분(手焚)식화격자 (Hard Firing)	- 고정화격자에 연료를 직접 삽으로 투탄연소하는 방법
기계분(機械焚) 화격자 (Stoker)	- 석탄의 공급과 재의 처리를 기계적으로 자동화한 화격자연소 장치이다. - 설비비 및 운전비가 높다. - 저질연료를 사용하여도 유효한 연소가 가능하다. - 산포식 스토커는 호퍼, 회전익차, 스크류피이더가 주요 구성요소이다.
미분탄 연소장치	- 석탄을 150~200Mesh이하로 가공하여 1차공기와 혼합하여 버너에 의한 연소실에서 -연소하는 방식으로 분쇄장치 및 집진장치등이 설치 되어야 하기 때문에 대량 연소에 사용 된다.

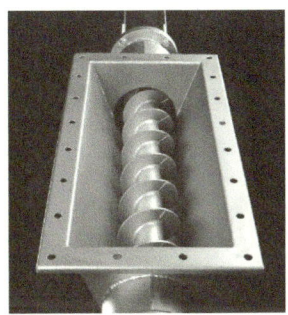

〈스크류피이더〉

고체연료의 연소장치 ─ 스토커연소장치 ─ 산포식스토커 : 연소하고 있는 석탄의 회층 위에 석탄을 기계
　　　　　　　　　　　(화격자위에서　 (상입식)　　　적으로 산포하는 방식 무연탄 연소에 많이 사
　　　　　　　　　　　기계적으로　　　　　　　　용된다.
　　　　　　　　　　　석탄을 공급)
　　　　　　　　　　　stoker.석탄공급기　　　　강제통풍량은 화격자부하(150~200 $\frac{kg}{m^2 h}$)
　　　　　　　　　　　(저분탄, 조분탄)
　　　　　　　　　　　　　　　　　　─ 계단식스토커 : 화격자면의 각도30~40도로 쓰레기 연소에
　　　　　　　　　　　　　　　　　　　　　　　　　많이 사용된다.
　　　　　　　　　　　　　　　　　　─ 쇄상식스토커 : 체인에 의한 자동형식
　　　　　　　　　　　　　　　　　　　(회입식)　　　대형 연소에 많이 사용된다.
　　　　　　　　　　　　　　　　　　└ 하입식스토커 : 스크류 공급방식
　　　　　　　　　　　　　　　　　　　　　　　　　양질고체연료 연소에 많이 사용된다.
　　　　　　　　　　├ 미분탄연소장치 ── 고체연료 연소방식중 가장 효율이 높다.
　　　　　　　　　　└ 유동형연소장치 ── 화격자연소와 미분탄 연소방식의 중간형태
　　　　　　　　　　　　　　　　　　　도시쓰레기 및 오물의 소각로서 많이 사용된다.
　　　　　　　　　　　　　　　　　　　미분쇄 할 필요가 없다.
　　　　　　　　　　　　　　　　　　　부하변동에 따른 적응력이 좋다.

```
석탄층
건류(乾溜)층
환원층
산화층
회층
화격자
↑↑↑↑↑↑↑↑
1차공기
[산포식스토커]
```

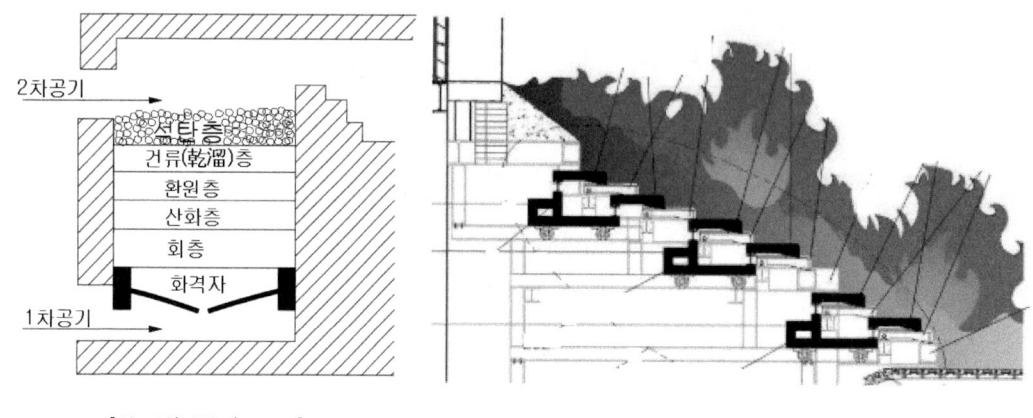

[산포식(상입식)스토커]　　　　　[계단식스토커]

05 미분탄연소

석탄을 미분탄(150mesh)으로 하고 공기와 혼합시켜 연소시킨다.

① 적은 과잉공기로 완전연소 가능하여 연소효율이 높다
② 부하에 따른 연소량 조절이 용이하다.
③ 저질의 연료도 연소상태가 양호하고 사용연료의 범위가 넓어진다.
④ 폭발 및 역화의 위험성이 크다.
⑤ 석탄을 분쇄시키는 분쇄시설이 필요하여 소비전력이 크다.
⑥ 미산재(fly ash)가 심해 대규모 집진장치가 필요한다.
⑦ 분쇄시설, 집진장치등이 필요 함으로 대형연소로에 사용된다.
⑧ 연소실의 공간을 유효하게 이용 할수 있다.
⑨ 미분탄의 자연발화나 폭발 역화긔 위험성이 크다.

> 하드그로브 지수(HGI : Hardgrove Grindability index)
> 석탄의 분쇄성을 나타내는 지수로 수치가 클수록분쇄성이 좋다.

> 참고
> 건조 석탄을조분(粗粉) 석탄또는 조분탄 이라고 한다.

06 석탄

1) 석탄 완전연소를 위한 필요조건

① 공기를 예열하여야 된다.
② 통풍력을 좋게 함
③ 공기를 적당히 보내 피연물과 잘 접촉시킴
④ 연료를 착화온도 이상으로 유지 하여된다.

2) 석탄의 함유 성분의 연소에 미치는 영향
   ① 수분 : 발열량 감소
   ② 휘발분 : 매연발생, 연소시 긴 불꽃생성
   ③ 황분 : 연소기관의 부식
   ④ 고정탄소 : 발열량 증가

3) 저탄장 관리 (석탄 저장법)
   ① 직사광선을 피하고 통풍이 잘 되도록 한다.
   ② 실내온도는 60℃ 이하를 유지하여 자연발화를 방지한다.
   ③ 저장일은 30일 이내로 한다.
   ④ 바닥은 배수가 용이하게 1/100~1/150 정도의 구배를 준다.
   ⑤ 종류별, 저장시기별로 칸막이로 구분한다.
   ⑥ 30m^2마다 1개소 이상의 통기구를 설치한다.
   ⑦ 탄층의 높이는 실외는 4m이하, 실내는 2m이하로 적재한다.
   ⑧ 풍화작용을 억제하기 위해 가급적 수분과 휘발분이 적고 입자가 큰 석탄을 선택한다.

4) 석탄 연소 시 발생하는 버드네스트(blrdnest)현상
   석탄재가 용융상태로 과열기나 재열기 등의 고온 전열면에 부착되는 현상

   > 참고
   > 버드네스트(blrdnest) : 새둥지

5) 클링커(Clinker)
   석탄을 연소시키는 공정에서 석탄에 포함된 회분이 열에 의해 녹아서 굳어 형성된 물질로 불에 탄 덩어리라는 의미로 소괴(燒塊)라고도 한다. 클러커 가 발생되면 연소중의 통풍을 방해한다.

연소공학 과년도 기출문제

01 품질이 좋은 고체연료의 조건으로 옳은 것은? ● 20년8월22일

① 고정탄소가 많을 것
② 회분이 많을 것
③ 황분이 많을 것
④ 수분이 많을 것

해설 품질이 좋은 고체 연료는 고정탄소가 많아야 된다.

02 고체연료의 공업분석에서 고정탄소를 산출하는 식은? ● 21년5월15일, 18년3월4일

① 100−[수분(%)+회분(%)+질소(%)]
② 100−[수분(%)+회분(%)+황분(%)]
③ 100−[수분(%)+황분(%)+휘발분(%)]
④ 100−[수분(%)+회분(%)+휘발분(%)]

해설 고정탄소 = 100 − [수분(%) + 회분(%) + 휘발분(%)]

03 다음 성분 중 연료의 조성을 분석하는 방법 중에서 공업분석으로 알 수 없는 것은? ● 20년9월26일

① 수분(W)   ② 회분(A)
③ 휘발분(V)   ④ 수소(H)

해설 고체 연료의 공업분석은 수분→회분→휘발분 순으로 분석하고 고정탄소는 계산식으로 구한다.
고정탄소(%) = 100 − {수분(%) + 회분(%) + 휘발분(%)}

04 다음 중 고체연료의 공업분석에서 계산만으로 산출되는 것은? ● 19년4월27일

① 회분   ② 수분
③ 휘발분   ④ 고정탄소

해설 고체 연료의 공업분석은 수분→회분→휘발분 순으로 분석하고 고정탄소는 계산식으로 구한다.
고정탄소(%) = 100 − {수분(%) + 회분(%) + 휘발분(%)}

05 석탄을 분석하니 다음과 같았다면 연료비는 약 얼마인가? ● 14년5월25일

휘발분 : 30%, 회분 : 10%, 수분 : 5%

① 1.4   ② 1.6
③ 1.8   ④ 2.0

해설 고정탄소 = 100 − (수분 + 회분 + 휘발분) = 100 −(5 + 10 + 30) = 55%
연료비 = $\dfrac{고정탄소}{휘발분} = \dfrac{55}{30} = 1.833$

06 다음 석탄류 중 연료비가 가장 높은 것은? ● 18년9월15일

① 갈탄   ② 무연탄
③ 흑갈탄   ④ 반역청탄

해설 연료비 = $\dfrac{고정탄소}{휘발분}$
무연탄 : 연료비가 7이상
유연탄 : 연료비가 1~7
갈탄 : 연료비1이하

정답 01 ① 02 ④ 03 ④ 04 ④ 05 ③ 06 ②

07 고체연료의 연료비를 식으로 바르게 나타낸 것은?
● 20년8월22일, 17년3월5일

① $\dfrac{고정탄소(\%)}{휘발분(\%)}$

② $\dfrac{회분(\%)}{휘발분(\%)}$

③ $\dfrac{고정탄소(\%)}{회분(\%)}$

④ $\dfrac{가연성성분\ 중\ 탄소(\%)}{유리수소(\%)}$

해설
연료비 = $\dfrac{고정탄소}{휘발분}$
- 무연탄: 연료비가 7이상
- 유연탄: 연료비가 1~7
- 갈탄: 연료비 1이하

08 연료비가 크면 나타나는 일반적인 현상이 아닌 것은?
● 20년8월22일

① 고정 탄소량이 증가한다.
② 불꽃은 단염이 된다.
③ 매연의 발생이 적다.
④ 착화온도가 낮아진다.

해설
연료비 = $\dfrac{고정탄소}{휘발분}$ 클수록
- 증가 하는 것: 고정탄소, 착화온도
- 감소 하는 것: 휘발분, 발열량이 감소

09 중유의 탄수소비가 증가함에 따른 발열량의 변화는?
● 21년5월15일

① 무관하다.
② 증가한다.
③ 감소한다.
④ 초기에는 증가하다가 점차 감소한다.

해설
탄화수소비 $\left(\dfrac{C}{H}\right)$ 클수록
- 증가 하는 것: 탄소량증가, 착화온도가 높아진다
- 감소 하는 것: 수소량감소, 발열량이 감소

10 미분탄 연소의 특징이 아닌 것은?
● 13년3월10일, 18년4월28일

① 큰 연소실이 필요하다.
② 분쇄시설이나 분진처리시설이 필요하다.
③ 중유 연소기에 비해 소요 동력이 적게 필요하다.
④ 마모부분이 많아 유지비가 많이 든다.

해설 미분탄 연소는 시설증대에 따른 동력이 크게 증가 한다.

11 미분탄연소의 일반적인 특징에 대한 설명으로 틀린 것은?
● 15년3월8일

① 사용연료의 범위가 좁다.
② 소량의 과잉공기로 단시간에 완전연소가 되므로 연소효율이 높다.
③ 부하변동에 대한 적응성이 좋다.
④ 회(灰), 먼지 등이 많이 발생하여 집진장치가 필요하다.

해설 미분탄 연소는 사용연료 범위 넓다

12 석탄을 완전 연소시키기 위하여 필요한 조건에 대한 설명 중 틀린 것은?
● 15년3월8일, 18년9월15일

① 공기를 적당하게 보내 피연물과 잘 접촉시킨다.
② 연료를 착화온도 이하로 유지한다.
③ 통풍력을 좋게 한다.
④ 공기를 예열한다.

해설 석탄을 완전 연소시키기 위하여 필요한 조건으로 연료를 착화온도 이상으로 유지 해야된다.

정답 07 ① 08 ④ 09 ③ 10 ③ 11 ① 12 ②

13 석탄에 함유되어 있는 성분 중 ㉠ 수분, ㉡ 휘발분, ㉢ 황분이 연소에 미치는 영향으로 가장 적합하게 각각 나열한 것은? ◯ 19년3월3일

① ㉠ 발열량 감소
　㉡ 연소 시 긴 불꽃 생성
　㉢ 연소기관의 부식
② ㉠ 매연발생
　㉡ 대기오염 감소
　㉢ 착화 및 연소방해
③ ㉠ 연소방해
　㉡ 발열량 감소
　㉢ 매연발생
④ ㉠ 매연발생
　㉡ 발열량 감소
　㉢ 점화방해

[해설] 석탄의 함유 성분의 연소에 미치는 영향
　1) 수분 : 발열량 감소
　2) 휘발분 : 매연발생, 연소시 긴 불꽃생성
　3) 황분 : 연소기관의 부식
　4) 고정탄소 : 발열량 증가

14 저탄장 바닥의 구배와 실외에서 탄층높이로 가장 적절한 것은? ◯ 14년3월2일

① 구배 1/50 ~ 1/100, 높이 2m 이하
② 구배 1/100 ~ 1/150, 높이 4m 이하
③ 구배 1/150 ~ 1/200, 높이 2m 이하
④ 구배 1/200 ~ 1/250, 높이 4m 이하

[해설] 저탄장 옥내화
　대기환경보전법 시행규칙(2019년 개정)에 따라 기존 화력발전소 운영을 위해 석탄저장시설인 저탄시설을 야외에 보유한 발전사는 야외 저탄장을 건물 안으로 설치해야 하는 옥내화 의무가 신설되었습니다.
　저탄장 바닥의 구배 1/100 ~ 1/150, 실외에서 탄층높이 4m 이하

15 건조한 석탄층을 공기 중에 오래 방치할 때 일어나는 현상 중에서 틀린 것은? ◯ 15년3월8일
① 공기 중 산소를 흡수하여 서서히 발열량이 감소한다.
② 점결탄의 경우 점결성이 감소한다.
③ 불순물이 증발하여 발열량이 증가한다.
④ 산소에 의하여 산화와 직사광선으로 열을 발생하여 자연발화할 수도 있다.

[해설] 공기중에 석탄층을 오래 방치하면 발열량이 감소한다.

16 고체연료의 연소방식으로 옳은 것은?
　　◯ 17년3월5일, 20년6월6일
① 포트식 연소
② 화격자 연소
③ 심지식 연소
④ 증발식 연소

[해설]

구 분	특 징
수분식화격자 (Hard Firing)	고정화격자에 연료를 직접 삽으로 투탄연소하는 방법
기계분화격자 (Stoker)	- 석탄의 공급과 재의 처리를 기계적으로 자동화한 화격자연소 장치이다. - 설비비 및 운전비가 높다. - 저질연료를 사용하여도 유효한 연소가 가능하다. - 산포식 스토커는 호퍼, 회전익차, 슈크류 피이더가 주요소이다.
미분탄 연소장치	석탄을 150~200Mesh이하로 가공하여 1차 공기와 혼합하여 버너에 의한 연소실에서연소하는 방식

정답　13 ①　14 ②　15 ③　16 ②

17 저질탄 또는 조분탄의 연소방식이 아닌 것은?
◉ 21년5월15일

① 분무식
② 산포식
③ 쇄상식
④ 계단식

해설 저질탄 조분탄은 고체 연료이다. 분무식은 액체연료의 연소방식이다.

스토커연소장치 (화격자 위에서 기계적으로 석탄을 공급) stoker. 석탄 공급기
- 산포식스토커(상입식) : 연소하고 있는 석탄의 화층 위에 석탄을 기계적으로 산포하는 방식 무연탄 연소에 많이 사용된다.
- 계단식스토커 : 화격자면의 각도 30~40도로 쓰레기 연소에 많이 사용된다.
- 쇄상식스토커(회입식) : 체인에 의한 자동형식 대형 연소에 많이 사용된다.
- 하입식스토커 : 스크류 공급방식 양질고체연료 연소에 많이 사용된다.

석탄층 / 건류(乾溜)층 / 환원층 / 산화층 / 회층 / 화격자
↑↑↑↑↑↑
1차공기
[산포식스토케]

미분탄연소장치 — 고체연료 연소방식중 가장 효율이 높다.

18 기계분(機械焚) 연소에 대한 설명으로 틀린 것은?
◉ 15년3월8일

① 설비비 및 운전비가 높다.
② 산포식 스토커는 호퍼, 회전익차, 슈크류피이더가 주요 구성요소이다.
③ 고정화격자 연소의 경우 효율이 떨어진다.
④ 저질연료를 사용하여도 유효한 연소가 가능하다.

해설 기계분 화격자는 석탄의 공급과 재의 처리를 기계적으로 자동화한 화격자연소 장치로 고정 화격자 연소에 비해 효율이 높다.

고체연료 연소장치	
구 분	특 징
수분식화격자 (Hard Firing)	고정화격자에 연료를 직접 삽으로 투탄연소하는 방법
기계분화격자 (Stoker)	- 석탄의 공급과 재의 처리를 기계적으로 자동화한 화격자연소 장치이다. - 설비비 및 운전비가 높다. - 저질연료를 사용하여도 유효한 연소가 가능하다. - 산포식 스토커는 호퍼, 회전익차, 슈크류피이더가 주요요소이다.
미분탄 연소장치	석탄을 150~200Mesh이하로 가공하여 1차공기와 혼합하여 버너에 의한 연소실에 서연소하는 방식

19 기계분(스토커) 화격자 중 연소하고 있는 석탄의 화층 위에 석탄을 기계적으로 산포하는 방식은?
◉ 22년4월24일

① 횡입(쇄상)식
② 상입식
③ 하입식
④ 계단식

해설

스토커연소장치 (화격자 위에서 기계적으로 석탄을 공급) stoker. 석탄 공급기
- 산포식스토커(상입식) : 연소하고 있는 석탄의 화층 위에 석탄을 기계적으로 산포하는 방식 무연탄 연소에 많이 사용된다.
- 계단식스토커 : 화격자면의 각도 30~40도로 쓰레기 연소에 많이 사용된다.
- 쇄상식스토커(회입식) : 체인에 의한 자동형식 대형 연소에 많이 사용된다.
- 하입식스토커 : 스크류 공급방식 양질고체연료 연소에 많이 사용된다.

석탄층 / 건류(乾溜)층 / 환원층 / 산화층 / 회층 / 화격자
↑↑↑↑↑↑
1차공기
[산포식스토케]

미분탄연소장치 — 고체연료 연소방식중 가장 효율이 높다.

정답 17 ① 18 ③ 19 ②

20 ★★ 산포식 스토커를 이용한 강제통풍일 때 일반적인 화격자 부하는 어느 정도인가?
　　　　　　　　　　　　　　　● 17년9월23일

① 90 ~ 110 kg/m2·h
② 150 ~ 200 kg/m2·h
③ 210 ~ 250 kg/m2·h
④ 260 ~ 300 kg/m2·h

21 산포식 스토커로 석탄을 연소시킬 때 연소층은 어떤 순서로 형성되는가?
　　　　　　　　　　　　　　　● 13년9월28일

① 건조층 → 환원층 → 산화층 → 회층
② 환원층 → 건조층 → 산화층 → 회층
③ 회층 → 건조층 → 환원층 → 산화층
④ 산화층 → 환원층 → 건조층 → 회층

해설 산포식스토거(상입식 화격자) 연소층의 순서

```
  석탄층
  건류(乾溜)층
  환원층
  산화층
  회층
  화격자
  ↑↑↑↑↑↑
   1차공기
 [산포식스토커]
```

22 고체연료 연소장치 중 쓰레기 소각에 적합한 스토커는?
　　　　　　　　　　　　　　　● 20년8월22일

① 계단식 스토커
② 고정식 스토커
③ 산포식 스토커
④ 하압식 스토커

해설

스토커연소장치 (화격자 위에서 기계적으로 석탄을 공급) stoker.석탄공급기
― 산포식스토커(상입식) : 연소하고 있는 석탄의 회층 위에 석탄을 기계적으로 산포하는 방식 무연탄 연소에 많이 사용된다.
― 계단식스토커 : 화격자면의 각도30~40도로 쓰레기 연소에 많이 사용된다.
― 쇄상식스토커(회입식) : 체인에 의한 자동형식 대형 연소에 많이 사용된다.
― 하입식스토커 : 스크류 공급방식 양질고체연료 연소에 많이 사용된다.

미분탄연소장치— 고체연료 연소방식중 가장 효율이 높다.

```
  석탄층
  건류(乾溜)층
  환원층
  산화층
  회층
  화격자
  ↑↑↑↑↑↑
   1차공기
 [산포식스토커]
```

23 ★★ 연료 중에 회분이 많을 경우 연소에 미치는 영향으로 옳은 것은?
　　● 14년3월2일, 16년10월1일

① 발열량이 증가한다.
② 연소상태가 고르게 된다.
③ 클링커의 발생으로 통풍을 방해한다.
④ 완전연소되어 잔류물을 남기지 않는다.

해설 ▶ 회분은 연료 중에 함유된 불순물로, 연소 과정에서 클링커를 형성합니다. 클링커는 고체로 단단하게 굳어져서 통풍을 방해하고, 연소 효율을 떨어뜨립니다.

참고 클링커(Clinker) : 석탄을 연소시키는 공정에서 석탄에 포함된 회분이 열에 의해 녹아서 굳어 형성된 물질로 불에 탄 덩어리라는 의미로 소괴(燒塊)라고도 한다.

정답 20 ② 21 ① 22 ① 23 ③

24 석탄 연소 시 발생하는 버드네스트(blrdnest) 현상은 주로 어느 전열면에서 가장 많은 피해를 일으키는가? ○ 13년9월28일

① 과열기
② 공기예열기
③ 급수예열기
④ 화격자

해설 버드네스트(blrdnest)현상은 재가 용융상태로 과열기나 재열기 등의 고온 전열면에 부착 되는 현상이다.

25 다음 중 석탄을 연료로 하는 보일러에서 회(ash)의 부착이 가장 잘 생기는 곳은? ○ 14년9월20일

① 보일러 본체
② 공기예열기
③ 절탄기
④ 과열기

해설 석탄연소시 발생하는 버드네스트(Birdnest) 현상이 가장큰 피해를 주는 전열면은 과열기 이다.
※ 버드네스트 : 스토커나 미분탄연소에 의해 생긴 회(재 : ash)가용융되어 전열면에 부착 되어 새 둥지처럼 되는 현상

26 다음 석탄의 성질 중 연소성과 가장 관계가 적은 것은? ○ 18년4월28일

① 비열
② 기공률
③ 점결성
④ 열전도율

해설 ▶ 석탄의 성질 중 연소성 영향 요인
1) 비열
2) 기공률
3) 열전도율
※ 점결성 : 역청탄, 등은 온도 350℃이상에서 용해하여 굳어지는 성질

정답 24 ① 25 ④ 26 ③

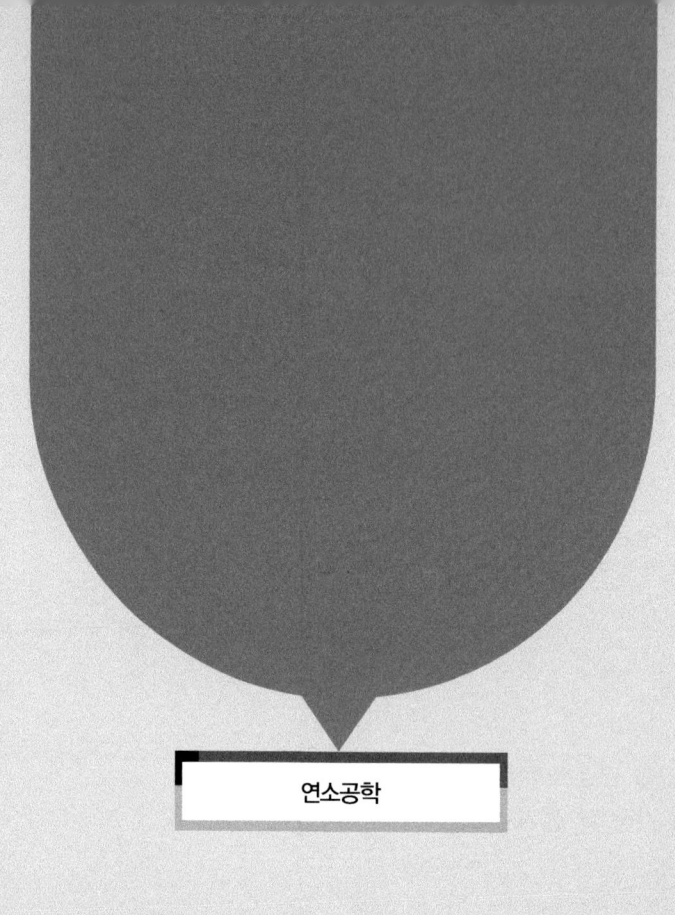

연소공학

03 액체연료

01 연료
02 고체연료
03 액체연료
04 기체연료 및 가스연료
05 연소개론
06 연소계산식
07 전열 및 여러 가지 효율
08 통풍장치 / 집진장치 / 보염장치
09 화재 및 폭발
10 연료시험 및 배기가스

CHAPTER 03 액체연료

자주출제 되는 문제

01 인화점/착화점/유동점

1) 인화점 : 가연성증기에 불꽃을 가까이 댔을 때 불이 붙는 온도
   ★ 액체연료 인화점에 영향 요인
   ① 온도
   ② 압력
   ③ 용액의 농도

2) 착화점 : 공기 중에 놓여있는 연료가 불씨를 접촉하지 않아도 연소를 개시할 수 있는 최저온도
   ★ 착화온도가 낮아지는 요인
   ① 발열량이 높을 때
   ② 산소농도가 높을 때
   ③ 압력이 높을 때
   ④ 반응활성도가 높을 때
   ⑤ 분자구조가 복잡 할 때

3) 유동점(流動點 Pour Point) ; 액체가 흐르는 가장 낮은 온도
   ★ 액체연료의 유동점 (流動點 Pour Point)은 응고점보다 몇 2.5℃ 높다.

02 액체연료의 미립화

1) 액체연료의 미립화 방법
   ① 고속기류
   ② 충돌식
   ③ 와류식(암기법 고속 충돌 와~)

2) 액체를 미립화하기 위해 분무를 할 때 분무를 지배는하는 요소
   ① 액체의 운동량
   ② 액체와 기체의 표면적에 따른 저항력

③ 액체와 기체 사이의 표면장력

03 중유(重油/fuel oil)

1) 착화온도530 ~ 580℃, 인화 온도60~150℃, 비중 0.95, 주성분은 탄소로 85%가 탄소이다.
2) 발열량10000kcal/kg으로 석탄의 1.5배 이상이다.
3) 점성도에 따라 A중유·B중유·C중유등 크게 세 종류로 나뉜다.
   점도에 따라 A급<, B급, <C급
   ① A중유 : 요업용·금속정련용·소형디젤엔진용 등
   ② B중유 : 대형 디젤엔진용
   ③ C중유 : 대형 보일러용·대형 디젤엔진용·철강용산업체 현장에서 주로 사용된다.

04 타르계 중유

액체연료를 고온 건류하여 얻은 고체연료이다.
① 탄화수소비(C/H)가 크다
② 화염의 방사율이 크다
③ 단위 용적당 발열량이 많다
④ 황의 영향이 적다
⑤ 슬러지를 발생시킴

05 액체연료 연소장치(비등점에 따른 분류)

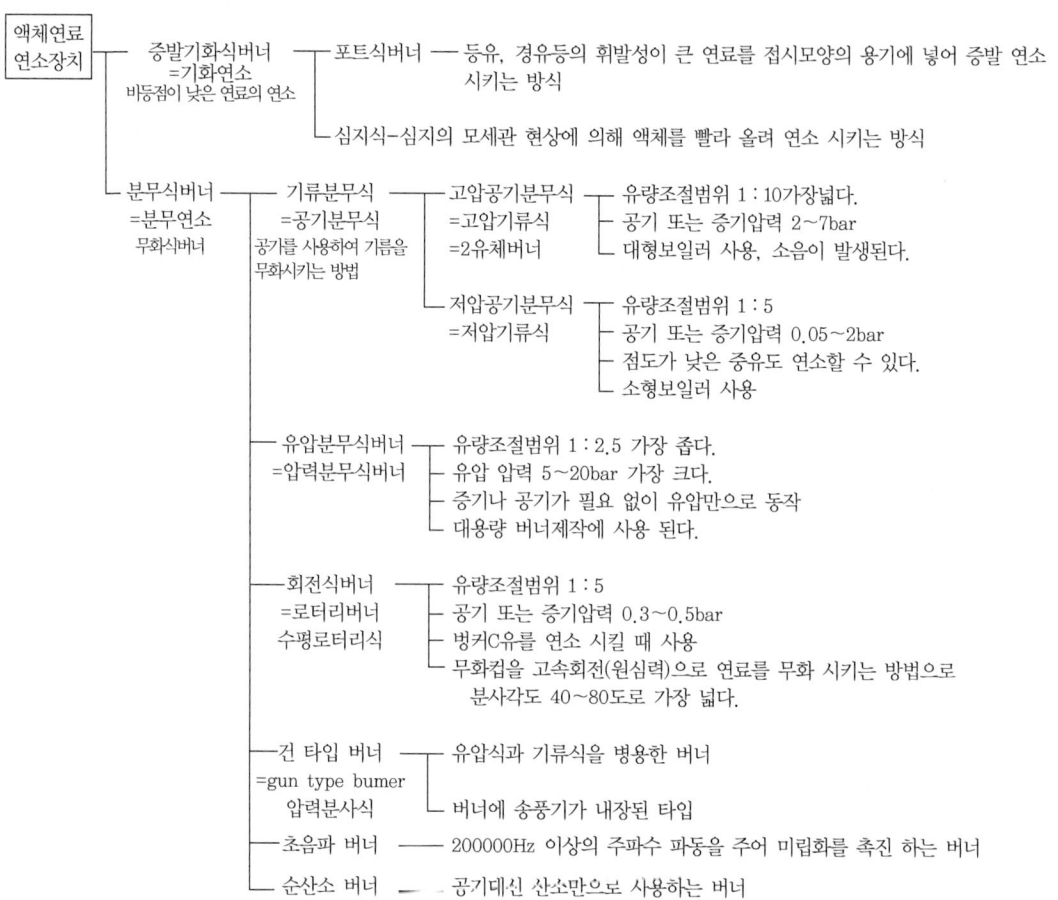

01 인화점

1) **인화점**
   ① 가연성 액체에서 발생한 증기가 공기 중 농도가 연소범위 내에 있을 경우 불꽃을 접근시키면 불이 붙는데 이때 필요한 최저온도
   ② 외부의 직접적인 점화원에 의하여 불이 붙을 수 있는 최저온도
   ③ 외부로부터 열을 받아 연료가 연소하기 시작하는 온도

연료	인화점
가솔린	0℃이하
등유	40~70℃
중유	60~150℃

2) **액체연료 인화점에 영향 요인**
   ① 온도
   ② 압력
   ③ 용액의 농도
   액체연료 성분조성비 (고체연료 비교시) : H_2 함량이 크고 O_2 함량이 적음

02 착화점(=발화점)

1) **착화온도**
   ① 외부로부터 열을 받지 않아도 연소를 개시할 수 있는 최저온도
   ② 외부로부터 점화에 의하지 않고 스스로 연소(주위 산화열에 의해 연소함)

2) **착화열** : 연료를 최초의 온도부터 착화온도까지 가열하는데 사용된 열량

3) **연료의 착화온도(℃)**

연료	착화온도(℃)
수소	590℃
중유	580℃
가솔린	300℃
경유	255℃

4) **착화온도가 낮아지는 요인**
   ① 발열량이 높을때
   ② 산소농도가 높을때
   ③ 압력이 높을때

④ 반응활성도가 높을때
⑤ 분자구조가 복잡 할 때

5) 연소를 계속 유지시키는데 필요한 조건은 연료에 산소를 공급하고 착화온도 이상으로 유지해야 된다.

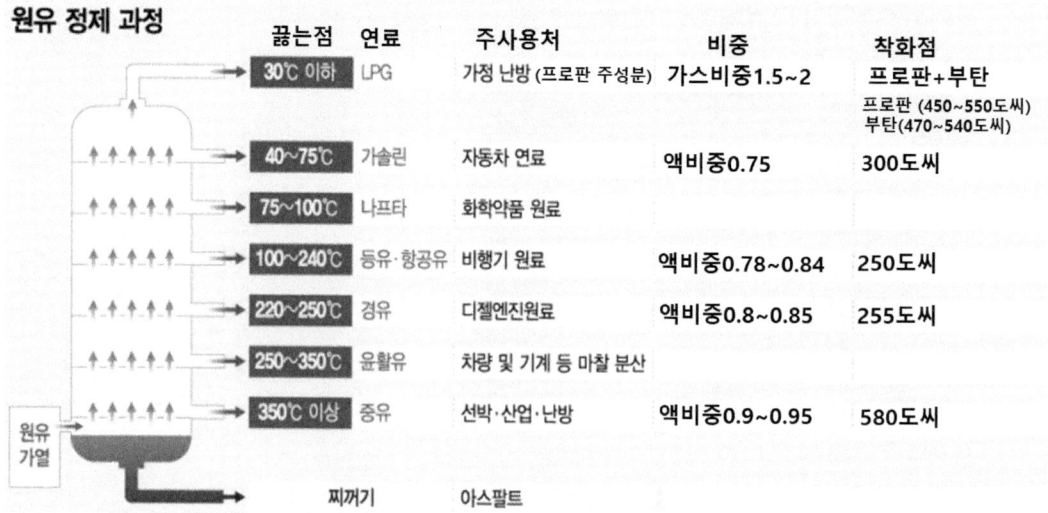

03 유동점 (流動點 Pour Point) ; 액체가 흐르는 가장 낮은 온도

액체연료의 유동점 (流動點 Pour Point)은 응고점보다 2.5℃ 높다

04 액체 연료의 미립화(분무)

1) 액체연료의 미립화 방법
   ① 충돌식
   ② 와류식
   ③ 고속기류

2) 액체의 미립화(분무)를 지배요소
   ① 액류의 운동량
   ② 액체와 기체 사이의 표면장력
   ③ 액류와 기체의 표면적에 따른 저항력

3) 액체 연료의 미립화(무화)의 목적
   ① 연료의 단위중량당 표면적을 넓게함
   ② 공기와의 혼합을 양호하게 함

③ 연소효율을 높임

4) 액체연료 미립화시 평균 분무입경의 영향 요인을 주는 것
① 액체연료의 밀도
② 액체연료의 표면장력
③ 액체연료의 점성계수

■ **액체연료 연소장치 (비등점에 따른 구분)**

구 분	종 류	특 징
증발기화식버너 =기화연소 비등점 낮은 연료의 연소	포트식버너	화구에 공급된 연료가 노내 복사열에 의해 증발되어 연소하는 버너 등유, 경유등의휘발성이 큰연료를 접시모양의 용기에 넣어 증발연소 시키는 방식
	심지식	심지의 모세관현상에 의해 액체를 빨아올려 연소
분무식 버너 =분무연소 (무화식 버너) 무화매체를 이용해 연료 표면적을 넓게 하여 중질유 연소	유압분무식버너 (압력분무식버너)	① 유압펌프에 의해 연료를 노즐로부터 고속 분출하는 방식 ② 대용량으로 분무각도와 유압은 크다. ③ 유량조절범위는 1 : 2.5 정도로 좁다(CBT★). ④ 유량조절범위가 좁아 연소의 제어 범위가 좁다. ⑤ 보일러 가동중 버너교환이 가능하다. ⑥ 유압으로 동작되어 무화매체인 증기나 공기가 필요하지 않다. ⑦ 대용량 버너 제작이 용이하다. ⑧ 유압은 $5 \sim 20 \dfrac{kg_f}{cm^2}$으로 가장크다.
	회전식버너 =로터리버너 (수평로터리식)	① 무화컵을 고속회전(원심력)으로 연료를 무화시키는 방식 ② 분사각은 40~80°정도이다. ③ 유량조절범위는 1 : 5 정도 ④ 사용유압은 $0.3 \sim 0.5 \dfrac{kg_f}{cm^2}$(30~50kPa)이다. ⑤ 부속설비가 없으며 화염이 짧고 안정한 연소를 얻을 수 있다. ⑥ 자동제어에 편리한 구조로 되어 있다. ⑦ 벙커 C유를 연소 시킬 때 분무시켜 연소시킨다.
	기류분무식 =공기분무식 : 공기를 사용하여 기름을 무화시키는 형식	고압공기분무식 =2유체버너 =고압기류식	① 공기또는 증기 압력 2~7bar(200~700KPa)을 이용하여 연료를 분무하는형식 ② 분무각도는 30°정도로 가장좁다. ③ 유량조절범위는 1 : 10으로 가장 크다. ④ 연소시 소음이 발생한다.

		⑤ 연료의 점도가 커도 무화가 가능하다. ⑥ 대형보일러에 사용
	저압공기분무식 =저압기류식	① 압력0.05~2bar(5~200KPa)를 이용하여 연료를 분무하는 형식 ② 1차공기와 2차 공기의 공급이 별개의 계통으로 됨 ③ 분무각도는 30~60°이다. ④ 유량조절범위는 1 : 5이다. ⑤ 점도가 낮은 중유도 연소할 수 있다. ⑥ 소형보일러에 사용
	건타입 (Gun type)버너 (압력분사식)	gun type버너는버너에 송출기가 내장된 타입이다. 유압식과 기류식을 병용하는 버너
	초음파 버너	20,000Hz이상의주파수 파동을 주어미립화를 촉진하는 버너
	순산소 버너 (음파버너)	공기대신 산소만으로 사용하는 버너

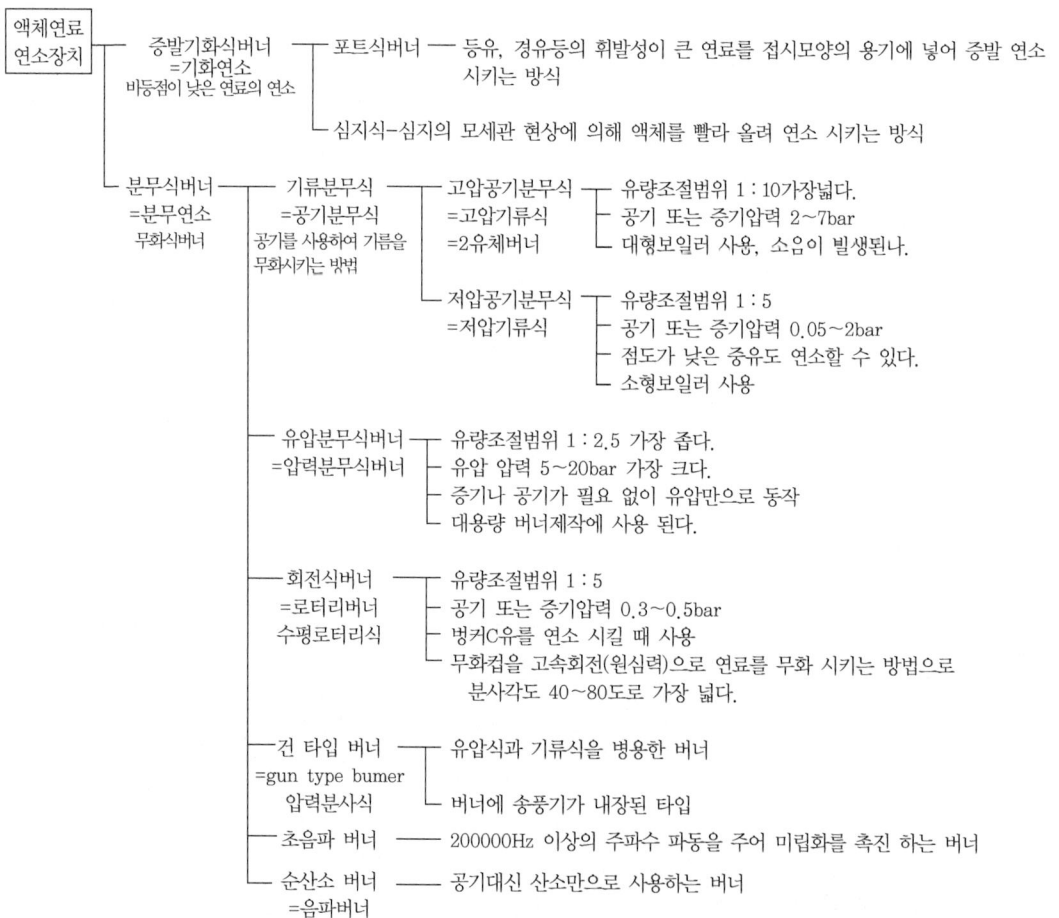

05 중유(重油/fuel oil)

- 착화온도 530~580℃, 인화 온도 60~150℃, 비중 0.95
- 경유보다 비중이 커서 중유(重油)라고 한다.
- 대략 원유용량의 30~50%는 중유로 제품화된다.
- 발열량 10000kcal/kg으로 석탄의 1.5배 이상이다.
- 점성도에 따라 A중유·B중유·C중유등 크게 세 종류로 나뉜다.
  점도에 따라 A급 < , B급 < C급
  A중유 : 요업용·금속정련용·소형디젤엔진용 등
  B중유 : 대형 디젤엔진용
  C중유 : 대형 보일러용·대형 디젤엔진용·철강용산업체 현장에서 주로 사용된다.

1) 중유 연소 특징
① 점화 및 소화가 용이하며, 화력의 가감이 자유로워 부하 변동에 적용이 용이함
② 발열량이 석탄보다 크고 과잉공기가 적어도 완전연소가능함
③ 재가 적으며 발열량, 품질, 등이 고체연료에 비해 일정함
④ 회분을 함유되어 클링커를 발생시킴

> **참고**
>
> **클링커(Clinker)** : 석탄을 연소시키는 공정에서 석탄에 포함된 회분이 열에 의해 녹아서 굳어 형성된 물질로 불에 탄 덩어리라는 의미로 소괴(燒塊)라고도 한다.

2) C중유 사용시 그을음 많이 발생될 때 점검해야 되는 부분
① 화염이 닿고 있지 않은지 점검
② 연소실 부하가 많지 않은지 점검
③ 통풍력이 부족하지 않은지 점검
④ 연소실 온도가 너무 낮지 않은지 점검
   ※ 연소실 온도가 낮으면 불완전연소가 발생하여 그을음 발생한다.

3) 중유연소시 화염이 불안정하게 되는 원인
    ① 유압의 변동
    ② 연소용 공기의 과다
    ③ 물 및 협착물에 의한 분무의 단속
    ④ 노내의 온도가 낮을때
    ※ 노내 온도가 높으면 화염 안정화 및 연소상태 양호해짐

4) 중유 점도가 높을 경우 연소에 미치는 영향
    ① 기름탱크로부터 버너까지 송유가 곤란해진다.
    ② 버너의 연소상태가 나빠짐
    ③ 버너 화구에 유리탄소(C)가 생김
    ④ 기름의 분무현상(Atomization) 불량해 진다.

5) 중유 첨가제
    ① 슬러지 분산제 : 중유의 슬러지를 분산시켜 엔진의 연소 효율을 향상시키는 역할을 한다.
    ② 부식 방지제 : 중유의 부식을 방지하는 역할을 한다.
    ③ 조연제 : 중유의 점도, 유동성, 착화성을 개선하는 역할을 한다.

6) 중유의 탄화 수소비(C/H)가 커질수록
    ① 이론공연비는 작아진다.
    ② 수소가 감소함으로 발열량은 감소 한다.
    ③ 연소시 그을음이 생기기 쉽다.
    ④ 착화온도가 높아진다.

7) 타르계 중유 : 액체연료를 고온 건류하여 얻은 고체연료이다.
    ① 탄화수소비(C/H)가 크다
    ② 화염의 방사율이 크다
    ③ 단위 용적당 발열량이 많다
    ④ 황의 영향이 적다
    ⑤ 슬러지를 발생시킴

06 경유

1) 경유에 포함된 탄화수소 중 세탄가가 높은 순서
    노말파라핀계 > 이소 파라핀 > 나프텐 > 올레핀계

연소공학

과년도 기출문제

01 가연성 액체에서 발생한 증기의 공기 중 농도가 연소범위 내에 있을 경우 불꽃을 접근시키면 불이 붙는데 이때 필요한 최저온도를 무엇이라고 하는가? ● 21년3월7일

① 기화온도
② 인화온도
③ 착화온도
④ 임계온도

해설 인화온도 : 가연성 액체에서 발생한 증기의 공기 중 농도가 연소범위 내에 있을 경우 불꽃을 접근시키면 불이 붙는데 이때 필요한 최저온도

02 ★★ 액체의 인화점에 영향을 미치는 요인으로 가장 거리가 먼 것은? ● 22년3월5일, 14년3월2일

① 온도
② 압력
③ 발화지연시간
④ 용액의 농도

해설 액체연료 인화점에 영향 요인
① 온도
② 압력
③ 용액의 농도

03 착화열에 대한 설명으로 옳은 것은? ● 15년3월8일

① 연료가 착화해서 발생하는 전 열량
② 외부로부터의 점화에 의하지 않고 스스로 연소하여 발생하는 열량
③ 연료 1kg이 착화하여 연소할 때 발생하는 총 열량
④ 연료를 최초의 온도부터 착화 온도까지 가열하는데 사용된 열량

해설
1) 착화온도 : 외부로부터 열을 받지 않아도, 연소를 개시할 수 있는 최저온도
2) 착화점 : 외부로부터 점화에 의하지 않고 스스로 연소하여 발생 발생하는 열량 (주위 산화열에 의해 연소함)
3) 착화열 : 연료를 최초의 온도부터 착화온도까지 가열하는데 사용된 열량
4) 착화온도를 낮추는 방법 : 불을 잘 붙게 만드는 방법
5) 연료의 착화온도(℃)

메 탄	505(℃)
목 탄	320~370(℃)
갈 탄	300(℃)
중 유	254~405(℃)

6) 연료의 착화온도 : 코크스(650~758) 〉 수소(580~600) 〉 프로판(460~520)

04 다음 중 착화온도가 낮아지는 요인이 아닌 것은? ● 13년3월10일

① 산소농도가 높을수록
② 분자구조가 간단할수록
③ 압력이 높을수록
④ 발열량이 높을수록

해설 ▶ 착화온도가 낮아지는 요인
① 발열량이 높을때
② 산소농도가 높을때
③ 압력이 높을때
④ 반응활성도가 높을때
⑤ 분자구조가 복잡 할 때

정답 01 ② 02 ③ 03 ④ 04 ②

05 다음 중 중유의 착화온도(℃)로 가장 적합한 것은?
◆ 19년3월3일

① 250~300   ② 325~400
③ 400~440   ④ 530~580

[해설]
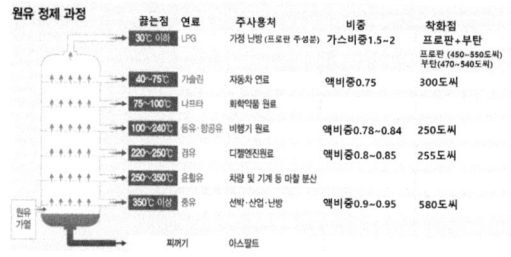

06 액체연료의 유동점은 응고점보다 몇 ℃ 높은가?
◆ 19년9월21일

① 1.5   ② 2.0
③ 2.5   ④ 3.0

[해설] 유동점(流動點 Pour Point) ; 액체가 흐르는 가장 낮은 온도 액체연료의 유동점 (流動點 Pour Point)은 응고점보다 몇 2.5℃ 높다.

07 액체연료의 미립화 방법이 아닌 것은?
◆ 19년9월21일, 12년9월15일

① 고속기류
② 충돌식
③ 와류식
④ 혼합식

[해설] *액체연료의 미립화
1. 고속기류
2. 충돌식
3. 와류식

08 액체를 미립화하기 위해 분무를 할 때 분무를 지배는하는 요소로서 가장 거리가 먼 것은?
◆ 13년6월2일

① 액류의 운동량
② 액류와 기체의 표면적에 따른 저항력
③ 액류와 액공 사이의 마찰력
④ 액체와 기체 사이의 표면장력

[해설] ▶ 분무를 지배하는 요인으로는 운동량, 저항력, 표면장력 등이 있다.

09 액체연료의 미립화 시 평균 분무입경에 직접적인 영향을 미치는 것이 아닌 것은?
◆ 14년5월25일, 17년5월7일

① 액체연료의 표면장력
② 액체연료의 점성계수
③ 액체연료의 탁도
④ 액체연료의 밀도

[해설] 액체언료의 미립화 시 평균 분무입경에 직접적인 영향을 미치는 것은 표면장력, 점성계수, 밀도이다.

10 다음 중 중유의 성질에 대한 설명으로 옳은 것은?
◆ 17년9월23일, 21년3월7일

① 점도에 따라 1, 2, 3급 중유로 구분한다.
② 원소 조성은 H가 가장 많다.
③ 비중은 약 0.72 ~ 0.76 정도이다.
④ 인화점은 약 60 ~ 150℃ 정도이다.

[해설] 중유(重油/fuel oil)
착화온도530 ~ 580℃,
인화 온도60~150℃,
비중 0.95

정답 05 ④ 06 ③ 07 ④ 08 ③ 09 ③ 10 ④

11 중유를 A급, B급, C급으로 구분하는 기준은?
◉ 16년3월6일

① 발열량　　② 인화점
③ 착화점　　④ 점도

해설 ▶ 점성도에 따라 A중유·B중유·C중유등 크게 세 종류로 나뉜다. 점도에 따라 A급<, B급, <C급
　▲ A중유 = 요업용·금속정련용·소형디젤엔진용 등
　▲ B중유 = 대형 디젤엔진용
　▲ C중유 = 대형 보일러용·대형 디젤엔진용·철강용 등

★★
12 중유에 대한 일반적인 설명으로 틀린 것은?
◉ 15년9월19일

① A 중유는 C 중유보다 점성이 작다.
② A 중유는 C 중유보다 수분 함유량이 적다.
③ 중유는 점도에 따라 A급, B급, C급으로 나뉜다.
④ C 중유는 소형디젤기관 및 소형보일러에 사용된다.

해설 원유 → 휘발유 → 등유 → 경유 → 중유(점도에 따라 A급<, B급<C급) 경질유 오일 중질유 오일
C급 중유는 산업체 현장에서 사용하는 연료

13 C중유 사용 시 그을음이 많이 나오기 때문에 원인을 체크하고 있다. 다음 방법 중 틀린 것은?
◉ 14년9월20일

① 화염이 닿고 있지 않은지 점검한다.
② 연소실 온도가 너무 높지 않은지 점검한다.
③ 연소실 열부하가 많지 않은지 점검한다.
④ 통풍력이 부족하지 않은지 점검한다.

해설 ▶ 중류는 점성도에 따라 A중유·B중유·C중유 등 크게 세 종류로 나뉜다.
　① A중유 = 요업용·금속정련용·소형디젤엔진용 등
　② B중유 = 대형 디젤엔진용
　③ C중유 = 대형 보일러용·대형 디젤엔진용·철강용 등
그을음은 연소실 온도가 낮을 때 발생한다.

14 다음 중 중유연소의 장점이 아닌 것은?
◉ 18년4월28일

① 회분을 전혀 함유하지 않으므로 이것에 의한 장해는 없다.
② 점화 및 소화가 용이하며, 화력의 가감이 자유로워 부하 변동에 적용이 용이하다.
③ 발열량이 석탄보다 크고, 과잉공기가 적어도 완전 연소시킬 수 있다.
④ 재가 적게 남으며, 발열량, 품질 등이 고체연료에 비해 일정하다.

해설 중유는 회분을 함유되어 클링커를 발생시킴

참고 클링커(Clinker) : 석탄을 연소시키는 공정에서 석탄에 포함된 회분이 열에 의해 녹아서 굳어 형성된 물질로 불에 탄 덩어리라는 의미로 소괴(燒塊)라고도 한다.

15 중유 연소에 있어서 화염이 불안정하게 되는 원인이 아닌 것은?
◉ 15년9월19일

① 유압의 변동
② 노내 온도가 높을 때
③ 연소용 공기의 과다(過多)
④ 물 및 기타 협잡물에 의한 분부의 단속(斷續)

풀이 노내 온도가 높아야 화염 안전화 및 연소 상태 양호해짐

정답　11 ④　12 ④　13 ②　14 ①　15 ②

16 중유 연소과정에서 발생하는 그을음의 주된 원인은? 　　　　　　　　　　● 16년3월6일

① 연료 중 미립탄소의 불완전연소
② 연료 중 불순물의 연소
③ 연료 중 회분과 수분의 중합
④ 연료 중 파라핀 성분 함유

해설 ▶ 중유연소과정에서 그을음 발생의 주원인은
: 연료 중 미립탄소의 불완전연소 때문

17 중유의 점도가 높아질수록 연소에 미치는 영향에 대한 설명으로 틀린 것은? ● 16년5월8일

① 오일탱크로부터 버너까지의 이송이 곤란해진다.
② 기름의 분무현상(automization)이 양호해진다.
③ 버너 화구(火口)에 유리탄소가 생긴다.
④ 버너의 연소상태가 나빠진다.

풀이 중유의 점도가 작아야 기름의 분무현상(automization)이 양호해진다.

18 액체연료 중 고온 건류하여 얻은, 타르계 중유의 특징에 대한 설명으로 틀린 것은?
　　　　　　　　　　● 20년8월22일

① 화염의 방사율이 크다.
② 황의 영향이 적다.
③ 슬러지를 발생시킨다.
④ 석유계 액체연료이다.

해설 고온 건류하여 얻은, 타르계 중유는 고체연료이다.

19 액체연료 중 고온 건류하여 얻은 타르계 중유의 특징에 대한 설명으로 틀린 것은?
　　　　　　　　　　● 15년3월8일

① 화염의 방사율이 크다.
② 황의 영향이 적다.
③ 슬러지를 발생시킨다.
④ 단위 용적당의 발열량이 적다.

해설 ▶ 타르계 중유 의 특징
1 탄화수소비(C/H)가 크다
2) 화염의 방사율이 크다
3) 단위 용적당 발열량이 많다
4) 황의 영향이 적다
5) 슬러지를 발생시킴

20 다음 중 중유 첨가제의 종류에 포함되지 않는 것은? 　　　　　　　● 17년9월23일

① 슬러지 분산제
② 안티녹제
③ 조연제
④ 부식방지제

해설 ▶ 중유 첨가제
① 슬러지 분산제 : 중유의 슬러지를 분산시켜 엔진의 연소 효율을 향상시키는 역할을 합니다.
② 부식 방지제 : 중유의 부식을 방지하는 역할을 합니다.
③ 조연제 : 중유의 점도, 유동성, 착화성을 개선하는 역할을 합니다.

정답　16 ①　17 ②　18 ④　19 ④　20 ②

21 중유의 탄수소비가 증가함에 따른 발열량의 변화는? ◉ 19년3월3일

① 무관하다.
② 증가한다.
③ 감소한다.
④ 초기에는 증가하다가 점차 감소한다.

[해설] 중유의 탄화 수소비(C/H)가 커질수록 :
① 이론공연비는 작아진다.
② 수소가 감소함으로 발열량은 감소 한다.
③ 연소시 그을음이 생기기 쉽다.
④ 착화온도가 높아진다.

★★★
22 액체연료의 대한 적합한 연소방법은? ◉ 16년5월8일

① 화격자연소   ② 스토커연소
③ 버너연소   ④ 확산연소

[해설] ▶ 액체연료의 대한 적합한 연소방법
유압분무식버너(압력분무식버너)
회전식버너
로터리 버너(rotary burner)
고압공기 분무식
저압증기 분무식
(저압기류식)
건타입버너
음파버너

23 로터리 버너를 사용하였더니 로벽에 카본이 붙었다. 그 주원인은? ◉ 14년5월25일

① 연소실 온도가 너무 높다.
② 공기비가 너무 크다.
③ 화염이 닿는 곳이 있다.
④ 중유의 예열온도가 높다.

[해설] ▶ 버너 사용 중 노벽에 카본이 많이 부착되는 것은 화염이 노벽에 직접 닿기 때문이다.

24 로터리 버너를 장시간 사용하였더니 노벽에 카본이 많이 붙어 있었다. 다음 중 주된 원인은? ◉ 18년9월15일

① 공기비가 너무 컸다.
② 화염이 닿는 곳이 있었다.
③ 연소실 온도가 너무 높았다.
④ 중유의 예열 온도가 너무 높았다.

[해설] 로터리 버너는 연료와 공기가 혼합되어 노즐을 통해 분사된 후, 노벽에 부딪혀 연소되는 방식의 버너이다.
노벽에 카본이 많이 붙어 있는 경우, 화염이 노벽에 닿아 연소된 결과로 볼 수 있다.

★★
25 로터리 버너로 벙커 C유를 연소시킬 때 분무가 잘 되게 하기 위한 조치로서 가장 거리가 먼 것은? ◉ 21년3월7일

① 점도를 낮추기 위하여 중유를 예열한다.
② 중유 중의 수분을 분리, 제거한다.
③ 버너 입구 배관부에 스트레이너를 설치한다.
④ 버너 입구의 오일 압력을 100kPa 이상으로 한다.

[해설]

회전식버너 =로터리버너 (수평로터리식)	① 무화컵을 고속회전(원심력)으로 연료를 무화시키는 방식 ② 분사각은 40~80°정도이다. ③ 유량조절범위는 1 : 5 정도 ④ 사용유압은 0.3~0.5bar(30~50kPa)이다. ⑤ 부속설비가 없으며 화염이 짧고 안정한 연소를 얻을 수 있다. ⑥ 자동제어에 편리한 구조로 되어 있다. ⑦ 벙커 C유를 연소 시킬 때 분무시켜 연소시킨다.

정답 21 ③ 22 ③ 23 ③ 24 ② 25 ④

26 액체 연소장치 중 회전식 버너의 일반적인 특징으로 옳은 것은? ○ 22년3월5일

① 분사각은 20~50° 정도이다.
② 유량조절범위는 1 : 3 정도이다.
③ 사용 유압은 30~50kPa 정도이다.
④ 화염이 길어 연소가 불안정하다.

해설 액체 연소장치 중 회전식 버너의 사용유압은 0.3~0.5bar(30~50kPa)이다.

27 액체연료 연소장치 중 회전식 버너의 특징에 대한 설명으로 틀린 것은? ○ 17년5월7일, 21년5월15일

① 분무각은 10~40° 정도이다.
② 유량조절범위는 1 : 5 정도이다.
③ 자동제어에 편리한 구조로 되어있다.
④ 부속설비가 없으며 화염이 짧고 안정한 연소를 얻을 수 있다.

해설

회전식버너 =로터리버너 (수평로터리식)	① 무화컵을 고속회전(원심력)으로 연료를 무화시키는 방식 ② 분사각은 40~80°정도이다. ③ 유량조절범위는 1 : 5 정도 ④ 사용유압은 0.3~0.5bar(30~50kPa)이다. ⑤ 부속설비가 없으며 화염이 짧고 안정한 연소를 얻을 수 있다. ⑥ 자동제어에 편리한 구조로 되어 있다. ⑦ 벙커 C유를 연소 시킬 때 분무시켜 연소시킨다.

28 유압분무식 버너의 특징에 대한 설명 중 틀린 것은? ○ 15년9월19일

① 기름의 점도가 너무 높으면 무화가 나빠진다.
② 유지 및 보수가 간단하다.
③ 대용량의 버너제작이 용이하다.
④ 분무 유량조절의 범위가 넓다.

해설

유압분무식 버너 (압력분무식 버너)	1) 구조가 간단하며, 유지 및 보수가 간편함 2) 소음발생 적음 3) 무화매체인 증기나 공기가 필요없음 4) 기름의 점도가 너무 높으면 무화가 나빠짐 5) 유량조절범위는 1 : 2정도로 가장 좁다 6) 유량조절범위가 좁기 때문에 연소의 제어범위가 좁다 7) 보일러 가동 중 버너 교환이 가능함 8) 대용량 버너 제작이 용이함 9) 유압은 5~20 $\dfrac{kg}{cm^2}$ 으로 가장 크다.

29 유압분무식 버너의 특징에 대한 설명으로 틀린 것은? ○ 13년3월10일, 16년3월6일

① 유량 조절 범위가 좁다.
② 연소의 제어범위가 넓다.
③ 무화매체인 증기나 공기가 필요하지 않다.
④ 보일러 가동 중 버너교환이 가능하다.

해설

유압 분무식 버너	① 유압펌프에 의해 연료를 노즐로부터 고속 분출하는 방식 ② 대용량으로 분무각도와 유압은 크다. ③ 유량조절범위는 1 : 2.5 정도로 좁다 (CBT★) ④ 유량조절범위가 좁아 연소의 제어 범위가 좁다. ⑤ 보일러 가동중 버너교환이 가능하다.

정답 26 ③ 27 ① 28 ④ 29 ②

30 공기를 사용하여 중유를 무화시키는 형식으로 아래의 조건을 만족하면서 부하변동이 많은데 가장 적합한 버너의 형식은? ✚ 17년9월23일

- 유량 조절범위 = 1 : 10 정도
- 연소 시 소음이 발생
- 점도가 커도 무화가 가능
- 분무각도가 30° 정도로 작음

① 로터리식 ② 저압기류식
③ 고압기류식 ④ 유압식

해설	
고압공기분무식 =2유체버너 =고압기류식	① 공기또는 증기 압력 2~7bar을 이용하여 연료를 분무하는 형식 ② 분무각도는 30°정도로 가장좁다. ③ 유량조절범위는 1 : 10으로 가장 크다. ④ 연소시 소음이 발생한다. ⑤ 연료의 점도가 커도 무화가 가능하다.

31 저압공기 분무식 버너의 특징이 아닌 것은? ✚ 20년9월26일

① 구조가 간단하여 취급이 간편하다.
② 공기압이 높으면 무화공기량이 줄어든다.
③ 점도가 낮은 중유도 연소할 수 있다.
④ 대형보일러에 사용된다.

해설	
고압공기분무식 =2유체버너 =고압기류식	① 공기또는 증기 압력 2~7bar을 이용하여 연료를 분무하는형식 ② 분무각도는 30°정도로 가장좁다. ③ 유량조절범위는 1 : 10으로 가장 크다. ④ 연소시 소음이 발생한다. ⑤ 연료의 점도가 커도 무화가 가능하다. ⑥ 대형보일러에 사용

저압공기분무식 =저압기류식	① 압력0.05~2bar를 이용하여 연료를 분무하는 형식 ② 1차공기와 2차 공기의 공급이 별개의 계통으로 됨 ③ 분무각도는 30~60°이다. ④ 유량조절범위는 1 : 5이다. ⑤ 점도가 낮은 중유도 연소할 수 있다. ⑥ 소형보일러에 사용

32 공기를 사용하여 기름을 무화시키는 형식으로, 200~700kPa의 고압공기를 이용하는 고압식과 5~200kPa의 저압공기를 이용하는 저압식이 있으며, 혼합 방식에 의해 외부혼합식과 내부혼합식으로도 구분하는 버너의 종류는?
✚ 21년9월12일

① 유압분무식 버너 ② 회전식 버너
③ 기류분무식 버너 ④ 건타입 버너

해설		
기류분무식 =공기분무식 : 공기를 사용하여 기름을 무화시키는 형식	고압공기분무식 =2유체버너 =고압기류식	① 공기또는 증기 압력 2~7bar (200~700KPa)을 이용하여 연료를 분무하는형식 ② 분무각도는 30°정도로 가장좁다. ③ 유량조절범위는 1 : 10으로 가장 크다. ④ 연소시 소음이 발생한다. ⑤ 연료의 점도가 커도 무화가 가능하다. ⑥ 대형보일러에 사용
	저압공기분무식 =저압기류식	① 압력0.05~2bar(5~200KPa)를 이용하여 연료를 분무하는 형식 ② 1차공기와 2차 공기의 공급이 별개의 계통으로 됨 ③ 분무각도는 30~60°이다. ④ 유량조절범위는 1 : 5이다. ⑤ 점도가 낮은 중유도 연소할 수 있다. ⑥ 소형보일러에 사용

정답 30 ③ 31 ④ 32 ③

33 등유, 경유 등의 휘발성이 큰 연료를 접시 모양의 용기에 넣어 증발 연소시키는 방식은?

◎ 22년3월5일

① 분해 연소
② 확산 연소
③ 분무 연소
④ 포트식 연소

해설

구 분	종 류	특 징
증발기화식 버너 =기화연소 비등점 낮은 연료의 연소	포트식버너	화구에 공급된 연료가 노내 복사열에 의해 증발되어 연소하는 버너 등유, 경유등의 휘발성이 큰연료를 접시모양의 용기에 넣어 증발연소 시키는 방식
	심지식	심지의 모세관현상에 의해 액체를 빨아올려 연소
분무식 버너 =분무연소 (무화식 버너) 무화매체를 이용해 연료 표면적을 넓게 하여 중질유 연소	유압분무식 버너	유압펌프에 의해 연료를 노즐로부터 고속 분출하는 방식
	회전식버너 (수평로터리식)	무화컵을 고속회전(원심력)으로 연료를 무화시키는 방식 분사각은 40~80°정도이다. 유량조절범위는 1 : 3 정도 사용유입은 0.3~0.5bar(30~50kPa)이다. 부속설비가 업승며 화염이 짧고 안정된 연소를 얻을 수 있다.
	기류식버너	공기나 증기, 등 기류를 이용해 무화시키는 방식
	건타입 (Gun type) 버너 (압력분사식)	gun type버너는 버너에 송출기가 내장된 타입이다. 유압식과 기류식을 병용하는 버너

초음파 버너	20,000Hz↑ 주파수 등 음파에너지로 오일을 무하시키는 방식
순산소 버너	공기대신 산소만으로 사용하는 버너

★★
34 건타입 버너(gun type burner)에 대한 설명으로 옳은 것은?

◎ 16년10월1일

① 연소가 다소 불량하다.
② 비교적 대형이며 구조가 복잡하다.
③ 버너에 송풍기가 장치되어 있다.
④ 보일러나 열교환기에는 사용할 수 없다.

해설

건타입 (Gun type) 버너 (압력분사식)	gun type버너는 버너에 송출기가 내장된 타입이다. 유압식과 기류식을 병용하는 버너

35 경유에 포함된 탄화수소 중 세탄가가 높은 순서대로 나타낸 것은?

◎ 14년3월2일

① 노말 파라핀 > 나프텐 > 올레핀
② 노말 파라핀 > 올레핀 > 나프텐
③ 올레핀 > 노말 파라핀 > 나프텐
④ 올레핀 > 나프텐 > 노말 파라핀

해설 세탄가
노말파라핀계>이소 파라핀>나프텐>올레핀계

정답 33 ④ 34 ③ 35 ①

04
기체연료 및 가스연료

01 연료
02 고체연료
03 액체연료
04 기체연료 및 가스연료
05 연소개론
06 연소계산식
07 전열 및 여러 가지 효율
08 통풍장치 /집진장치 /보염장치
09 화재 및 폭발
10 연료시험 및 배기가스

CHAPTER 04 기체연료 및 가스연료

자주출제 되는 문제

01 기체연료의 종류

석유계 기체연료=오일가스	석탄계 기체연료	혼합계 기체연료	부생가스(By-product gas)
① 천연가스(Natural Gas) ② 액화천연가스(LNG) 　(Liquefied Natural Gas) ③ 액화석유가스(LPG) 　(Liquefied Petroleum Gas)	① 석탄가스 ② 수성가스 ③ 발생로가스	① 증열수성가스 : 수성가스에 석탄계탄화수소를 가열분해하여 만든 가스혼합물	① 코크스가스 ② 전로가스 ③ 고로가스 : (주성분 N_2, CO_2, CO) 주성분중 가연성분은 CO)

02 액화석유가스(LPG ; Liquefied Petroleum Gas)

① 액화조건 : 상온에서 0.6~0.8MPa정도로 가압하여 액화 시킨다. 상온 대기압(0.1MPa)에서는 기체이다.
② 주성분 : 프로판(C_3H_8)과 부탄(C_4H_{10})이 주성분이다. 가장 주된 주성분은 프로판(C_3H_8)이다.
③ 기화(증발)잠열이 커서 냉각제로도 이용 가능하다.
④ 가스비중이 1.5~2이기 때문에 누설시 바닥에 체류하여 폭발의 위험이 크다.
⑤ 폭발범위 = 연소범위 = 가연범위 : 2.1~9.5
⑥ 연소속도가 완만하여 완전연소시 많은 과잉공기가 필요하다.
⑦ 상용압력의 1.5배 이상의 압력으로 내압시험을 실시하여 이상이 없어야 한다.
⑧ LPG용기는 40℃이하로 유지 하고 직사광선을 피한다.

03 액화천연가스(LNG ; Liquefied Natural Gas)

① 도시가스로 사용된다.
② 공기보다 가볍다
③ 천연가스를 상압(대기압)하에서 응축온도 -162℃로 냉각 시켜 액화 시킨다.

④ 주성분은 메탄(CH_4)이다.
⑤ 주성분 메탄 이기 때문에 프로판(C_3H_8)보다 가볍다.

04 석탄가스

① 주성분은 수소와 메탄
② 저온건류 가스와 고온건류 가스로 분류됨
③ 제절소의 코크스 제조시 부산물로 생성되는 가스
④ 석탄건류

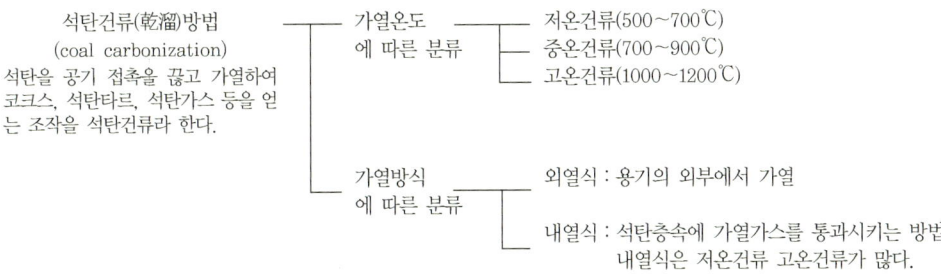

석탄건류(乾溜)방법
(coal carbonization)
석탄을 공기 접촉을 끊고 가열하여 코크스, 석탄타르, 석탄가스 등을 얻는 조작을 석탄건류라 한다.

- 가열온도에 따른 분류
  - 저온건류(500~700℃)
  - 중온건류(700~900℃)
  - 고온건류(1000~1200℃)
- 가열방식에 따른 분류
  - 외열식 : 용기의 외부에서 가열
  - 내열식 : 석탄층속에 가열가스를 통과시키는 방법
    내열식은 저온건류 고온건류가 많다.

05 기체연료 연소장치

- 기체연료 연소장치
  - 확산 연소방식
    - 포트형버너 : 단면이 넓고 내화재로 만든 화구에 공기와 가스를 따로 연소실에 송입하는 방법으로 대형가마에 사용하는 방식
    - 선회형버너 : 가스와 공기를 선회 날개를 통하여 혼합시키는 방식으로 고로가스와 같은 저질연료를 연소시키는 방식
    - 방사형버너 : 방사형 분사헤드 설치로 골고루 화력을 분산시켜 주고 점화판 장착으로 원활한 점화가 가능한 방식
  - 예혼합 연소방식 역학의 위험성이 큰 연소방식
    - 저압버너 : 가스압력 70~160mmH₂O 상태에서 연료와 공기혼합
    - 고압버너 : 가스압력 20000mmH₂O 상태에서 연료와 공기혼합
    - 송풍버너 : 가스와 공기를 가입하여 송입(역화방지에 주의)

- 기체연료 가스버너
  - 강제혼합식 가스버너
    - 외부혼합식 가스버너
      - 링형
      - 스크롤형
      - 센터타이어형
      - 멀티스풋(다분기관)형
    - 내부혼합식 가스버너
    - 부분혼합식 가스버너
  - 유도혼합식 가스버너
    - 분젠식 가스버너
      - 링버너
      - 슬릿버너
      - 적외선버너
      - 태클루버너
    - 적화식 가스버너

01 기체연료의 종류

석유계 기체연료=오일가스	석탄계 기체연료	혼합계 기체연료	부생가스(By-product gas)
① 천연가스(Natural Gas) ② 액화천연가스(LNG) 　(Liquefied Natural Gas) ③ 액화석유가스(LPG) 　(Liquefied Petroleum Gas)	① 석탄가스 ② 수성가스 ③ 발생로가스	① 증열수성가스 : 수성가스에 석탄계탄화수소를 가열분해하여 만든 가스혼합물	① 코크스가스 ② 전로가스 ③ 고로가스 : (주성분 N_2, CO_2, CO) 주성분중 가연성분은 CO)

> **참고**
> 부생가스(By-product gas)란 제품 생산 공정에서 필요로 하는 화학 원료 외에 부산물로 발생하는 가스다. 즉, 어떠한 제품을 생산하려다 보니 불가피하게 함께 생산된 가스를 말한다. 특히 철강의 생산공정에서 많이 발생한다고 알려져 있다 코크스가스, 고로가스, 전로가스 등이 있다
> 발열량 순서 LPG〉LNG〉오일가스〉석탄가스〉수성가스〉발생로가스〉고로가스

기체연료 고위발열량(Kcal/S㎥)

연료	발열량
액화석유가스(LPG)	26,000
천연가스	10,550
액화천연가스(LNG)	10,500
증열수성가스	5,000
석탄가스	4,710
오일가스=유(油)가스	4,710
도시가스	4,500
수성가스	2,500
발생로가스	1,100
고로가스	900

일반식	C_nH_{2n+2}		저위발열량	발화온도	연소범위
C1	CH_4	메탄	$13000\frac{kcal}{kg}$	537℃	5~15 %
C2	C_2H_6	에탄	$12550\frac{kcal}{kg}$	515℃	3~12.5 %
C3	C_3H_8	프로판	$12000\frac{kcal}{kg}$	450℃	2.2~9.5 %
C4	C_4H_{10}	부탄	$11850\frac{kcal}{kg}$	287℃	1.8~8.4 %

02 액화석유가스(LPG ; Liquefied Petroleum Gas)

① 액화조건 : 상온에서 0.6~0.8MPa정도로 가압하여 액화 시킨다. 상온 대기압(0.1MPa)에서는 기체이다.
② 주성분 : 프로판(C_3H_8)과 부탄(C_4H_{10})이 주성분이다. 가장 주된 주성분은 프로판(C_3H_8)이다.
③ 기화(증발)잠열이 커서 냉각제로도 이용 가능하다.
④ 가스비중이 1.5~2이기 때문에 누설시 바닥에 체류하여 폭발의 위험이 크다.
⑤ 폭발범위 = 연소범위 = 가연범위 : 2.1~9.5
⑥ 연소속도가 완만하여 완전연소시 많은 과잉공기가 필요하다.

⑦ 상용압력의 1.5배 이상의 압력으로 내압시험을 실시하여 이상이 없어야 한다.
⑧ LPG용기는 40℃이하로 유지 하고 직사광선을 피한다.

03 액화천연가스(LNG ; Liquefied Natural Gas)

① 도시가스로 사용된다.
② 공기보다 가볍다
③ 천연가스를 상압(대기압)하에서 응축온도 -162℃로 냉각 시켜 액화 시킨다.
④ 주성분은 메탄(CH_4)이다.
⑤ 주성분 메탄 이기 때문에 프로판(C_3H_8)보다 가볍다.

04 발생로 가스

석탄이나 코크스 또는 목탄을 800~1200℃의 고온으로 가열해 두고(적열(赤熱)), 여기에 공기를 보내어 불완전연소시켜 얻어지는 연료용 가스로서, 일산화탄소(CO) 20~30%, 질소 50~60%를 주성분으로 하는 외에 수소(7~18%), 탄산가스(1~7%), 메탄을 미량 포함한다. 제조가 간단하고 값싸게 얻어지지만, 발열량이 낮아 1100~1500kcal/㎥정도이다. 일산화탄소를 함유하고 있어 인체에 치명적인 작용을 할 수 있으므로 주의를 요한다.

05 수성가스(water gas)

고온으로 가열한 코크스에 수증기를 가하여 생기는 가스로, 일산화탄소와 수소가 혼합된 연료 가스이다. 수증기만을 사용해 만들어진 수성가스는 일산화탄소 40%, 수소 50%가 주성분이며, 이산화탄소, 메탄, 질소 등을 함유하고 있다. 발열량은 2800~2900kcal/㎥입니다.

06 석탄가스

1) 주성분은 수소와 메탄
2) 저온건류 가스와 고온건류 가스로 분류됨
3) 제철소의 코크스 제조시 부산물로 생성되는 가스
4) 석탄건류

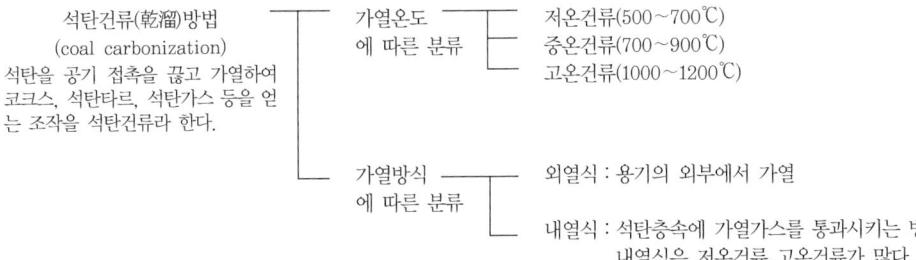

※ 탄전가스 : 지하의 석탄층에서 발생하는 가스. 주성분은 메탄이다.

07 기체연료 연소장치와 가스 버너

1) 기체연료연소장치

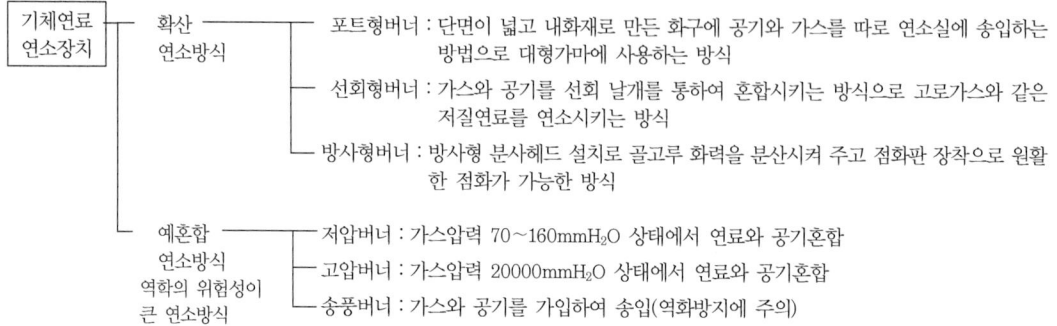

▶ 예혼합 연소방식 : 역화의 위험성이 가장 큰 연소방식으로서, 설비의 시동 및 정지 시에 폭발 및 화재에 대비한 안전 확보에 각별한 주의를 요하는 방식

2) 기체연료 가스버너

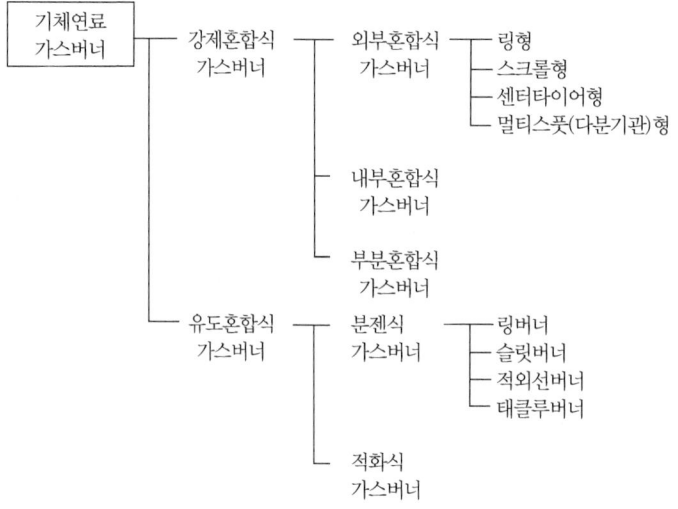

3) 분젠(bunsen berner)식 버너

분젠(bunsen)독일화학자 이름, 가스레인지와 같은 가스버너로써 고부하의 연소설비에서 연료의 점화나 화염 안정화를 도모하고자 할 때 사용할 수 있는 장치, 가스의 유출속도를 점차 빠르게 하면 불꽃이 엉클어지면서 짧아진다.

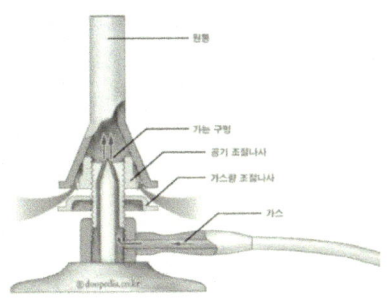

[분젠식 버너]

4) 기체연료용 버너의 구성요소

① 가스량 조절부

② 공기와 가스 혼합부

③ 보염부

가스의 유출속도가 빠르면, 가스가 노즐을 통해 분출되는 속도가 빨라진다. 따라서, 가스와 공기가 혼합되는 속도도 빨라진다. 이때, 가스와 공기가 충분히 혼합되지 못하면, 불꽃이 엉클어지면서 짧아진다.

08 기체 연료의 저장방식

가스홀더(Gas holder) : 가스탱크라고도 한다. 제조 공장에서 제조된 가스를 저장하여 가스의 질을 균일하게 유지하며 제조량과 수요량을 조절하는 저장 탱크이다. 건축물과 10m 이상 유지, 2m이내 인화물질이 있으면 안된다.

종류 : 유수식, 무수식, 고압식, 수봉식, 건식

■ 웨베지수 WI(Webbe Index) : 도시가스의 호환성을 판단하는데 사용되는 지수

$$웨베지수(WI) = \frac{도시가스의\ 총발열량}{\sqrt{도시가스의\ 가스비중}}$$

연소공학 과년도 기출문제

01 다음 기체연료 중 고위발열량(MJ/Sm³)이 가장 큰 것은? ◎ 19년3월3일

① 고로가스 ② 천연가스
③ 석탄가스 ④ 수성가스

해설
[기체연료 고위발열량(Kcal/Sm³)]

액화석유가스(LPG)	26,000
천연가스	10,550
액화천연가스(LNG)	10,500
증열수성가스	5,000
석탄가스	4,710
유가스	4,710
도시가스	4,500
수성가스	2,500
발생로가스	1,100
고로가스	900

02 LPG 용기의 안전관리 유의사항으로 틀린 것은? ◎ 20년8월22일

① 밸브는 천천히 열고 닫는다.
② 통풍이 잘되는 곳에 저장한다.
③ 용기의 저장 및 운반 중에는 항상 40℃ 이상을 유지한다.
④ 용기의 전락 또는 충격을 피하고 가까운 곳에 인화성 물질을 피한다.

풀이 LPG 용기의 저장 및 운반 중에는 항상 40℃ 이하을 유지한다.

★★ 03 액화석유가스의 성질에 대한 설명 중 틀린 것은? ◎ 13년6월2일

① 가스의 비중은 공기보다 무겁다.
② 상온, 상압에서는 액체이다.
③ 천연고무를 잘 용해시킨다.
④ 물에는 잘 녹지 않는다.

해설 ▶ 액화석유가스LPG(Liquefied Petroleum Gas)는 유전에서 원유를 채취하거나 원유 정제시 나오는 탄화수소 가스를 비교적 낮은 압력(6~7bar)을 가하여 냉각 액화시킨 것이다. 상온, 상압에서는 기체상태이다.

04 액화석유가스(LPG)의 성질에 대한 설명으로 틀린 것은? ◎ 18년3월4일

① 인화폭발의 위험성이 크다.
② 상온, 대기압에서는 액체이다.
③ 가스의 비중은 공기보다 무겁다.
④ 기화잠열이 커서 냉각제로도 이용 가능하다.

해설 ▶ 액화석유가스(LPG ; Liquefied Petroleum Gas)
① 액화조건 : 상온에서 0.6~0.8MPa정도로 가압하여 액화 시킨다. 상온 대기압(0.1MPa)에서는 기체이다.
② 주성분 : 프로판(C_3H_8)과 부탄(C_4H_{10})이 주성분이다. 가장 주된 주성분은 프로판(C_3H_8)이다.
③ 기화(증발)잠열이 커서 냉각제로도 이용 가능하다.
④ 가스비중이 1.5~2이기 때문에 누설시 바닥에 체류하여 폭발의 위험이 크다.
⑤ 폭발범위=연소범위=가연범위 : 2.1~9.5
⑥ 연소속도가 완만하여 완전연소시 많은 과잉공기가 필요하다.
⑦ 상용압력의 1.5배 이상의 압력으로 내압시험을 실시하여 이상이 없어야 한다.

정답 01 ② 02 ③ 03 ② 04 ②

05 액화석유가스를 저장하는 가스설비의 내압성능에 대한 설명으로 옳은 것은? ✚ 17년3월5일

① 최대압력의 1.2배 이상의 압력으로 내압시험을 실시하여 이상이 없어야 한다.
② 최대압력의 1.5배 이상의 압력으로 내압시험을 실시하여 이상이 없어야 한다.
③ 상용압력의 1.2배 이상의 압력으로 내압시험을 실시하여 이상이 없어야 한다.
④ 상용압력의 1.5배 이상의 압력으로 내압시험을 실시하여 이상이 없어야 한다.

[해설] ▶ 액화석유가스(LPG;Liquefied Petroleum Gas)
① 액화조건 : 상온에서 0.6~0.8MPa정도로 가압하여 액화 시킨다. 상온 대기압(0.1MPa)에서는 기체이다.
② 주성분 : 프로판(C_3H_8)과 부탄(C_4H_{10})이 주성분이다. 가장 주된 주성분은 프로판(C_3H_8)이다.
③ 기화(증발)잠열이 커서 냉각제로도 이용 가능하다.
④ 가스비중이 1.5~2이기 때문에 누설시 바닥에 체류하여 폭발의 위험이 크다.
⑤ 폭발범위=연소범위=가연범위 : 2.1~9.5
⑥ 연소속도가 완만하여 완전연소시 많은 과잉공기가 필요하다.
⑦ 상용압력의 1.5배 이상의 압력으로 내압시험을 실시하여 이상이 없어야 한다.

06 다음 연료 중 이론공기량(Nm³/Nm³)이 가장 큰 것은? ✚ 21년3월7일

① 오일가스
② 석탄가스
③ 액화석유가스
④ 천연가스

[해설] 분자량이 큰 연료가 이론공기량이 크다.
▶ 액화석유가스(液化石油, Liquefied Petroleum Gas, LPG,)

유전에서 원유를 채취하거나 원유 정제시 나오는 탄화수소 가스를 비교적 낮은 압력(6~7bar)을 가하여 냉각 액화시킨 것이다. 기체가 액체로 되면 그 부피가 약 1/250로 줄어들어 저장과 운송에 편리하다. LPG의 주성분은 프로페인(C_3H_8), 부테인(C_4H_{10})이며, 소량의 프로펜(C_3H_6), 뷰텐(C_4H_8) 등의 탄화수소가 단일 물질 또는 혼합물로 구성된 것이다.
▶ 액화천연가스(LNG;Liquefied Natural Gas)의 주성분은 메탄(CH_4)이다.

07 다음 중 착화온도가 가장 높은 연료는? ✚ 17년9월23일

① 갈탄
② 메탄
③ 중유
④ 목탄

[해설] 메탄은 탄소와 수소로 이루어진 단순한 분자로, 탄소-수소 결합이 강하기 때문에 착화온도가 높다.
갈탄, 중유, 목탄은 모두 탄소 함량이 높지만, 메탄에 비해 탄소-수소 결합이 약하기 때문에 착화온도가 낮다.
메탄 : 580~600℃
중유 : 530~580℃
갈탄 : 320~400℃
목탄 : 250~300℃

08 각종 천연가스(유전가스, 수용성가스, 탄전가스 등)의 주성분은? ✚ 16년3월6일

① CH_4
② C_2H_6
③ C_3H_8
④ C_4H_{10}

[해설] □ 천연가스 특징
1) 주성분은 메탄
2) 발열량이 비교적 높음
3) LNG는 대기압 하에서 비등점이 -162℃인 액체상태
4) 프로판가스보다 무거움(X) ⇒ 가벼움

정답 05 ④ 06 ③ 07 ② 08 ①

09 일반적인 천연가스에 대한 설명으로 가장 거리가 먼 것은? ◎ 17년5월7일

① 주성분은 메탄이다.
② 발열량이 비교적 높다.
③ 프로판가스보다 무겁다.
④ LNG는 대기압 하에서 비등점이 -162℃인 액체이다.

해설 ▶ 액화천연가스(LNG;Liquefied Natural Gas)
① 도시가스로 사용된다.
② 공기보다 가볍다
③ 천연가스를 상압(대기압)하에서 -162℃로 냉각 시켜 액화 시킨다.
④ 주성분은 메탄(CH_4)이다.
천연가스의 주성분 메탄 이기 때문에 프로판(C_3H_8)보다 가볍다.

10 일반적인 천연가스에 대한 설명으로 가장 거리가 먼 것은? ◎ 17년5월7일

① 주성분은 메탄이다.
② 옥탄가가 높아 자동차 연료로 사용이 가능하다.
③ 프로판가스보다 무겁다.
④ LNG는 대기압 하에서 비등점이 -162℃인 액체이다.

해설 ▶ 액화천연가스(LNG;Liquefied Natural Gas)
① 도시가스로 사용된다.
② 공기보다 가볍다
③ 천연가스를 상압(대기압)하에서 -162℃로 냉각 시켜 액화 시킨다.
④ 주성분은 메탄(CH_4)이다.
천연가스의 주성분 메탄 이기 때문에 프로판(C_3H_8)보다 가볍다.

11 다음 중 부생가스가 아닌 것은? ◎ 13년9월28일

① 코크스가스   ② 고로가스
③ 발생로가스   ④ 전로가스

해설 부생가스(By-product gas)란 제품 생산 공정에서 필요로 하는 화학 원료 외에 부산물로 발생하는 가스다. 즉, 어떠한 제품을 생산하려다 보니 불가피하게 함께 생산된 가스를 말한다. 특히 철강의 생산공정에서 많이 발생한다고 알려져 있다 코크스가스, 고로가스, 전로가스등이 있다.

★★
12 석탄, 코크스, 목재 등을 적열상태로 가열하고, 공기로 불완전 연소시켜 얻은 연료는? ◎ 14년9월20일

① 석탄가스   ② 수성가스
③ 발생로가스   ④ 증열수성가스

해설 ▶ 발생로가스
석탄, 코크스, 목재, 등을 적열상태로 가열하고, 공기로 불완전 연소시켜 얻은 연료

★★
13 코크스의 적정 고온 건류온도(℃)는? ◎ 22년4월24일

① 500~600   ② 1000~1200
③ 1500~1800   ④ 2000~2500

석탄건류(乾溜)방법 (coal carbonization) 석탄을 공기 접촉을 끊고 가열하여 코크스, 석탄타르, 석탄가스 등을 얻는 조작을 석탄건류라 한다.
― 가열온도에 따른 분류 ― 저온건류(500~700℃)
― 중온건류(700~900℃)
― 고온건류(1000~1200℃)
― 가열방식에 따른 분류 ― 외열식 : 용기의 외부에서 가열
― 내열식 : 석탄충속에 가열가스를 통과시키는 방법
내열식은 저온건류 고온건류가 많다.

정답 09 ③ 10 ③ 11 ③ 12 ③ 13 ②

14 고로가스의 주요 가연분은? ✪ 14년9월20일

① 수소
② 탄소
③ 탄화수소
④ 일산화탄소

해설 ▶ 고로가스
① 주성분은 N_2, CO, CO_2 이중에서 가연분은 CO 이다.
② 고로에서 배출되는 부산물 가스
▶ 가연분은 전체 습윤폐기물 중에서 회분(재)과 수분을 제외한 성분을 말한다.

15 석탄가스에 대한 설명으로 틀린 것은? ✪ 16년3월6일

① 주성분은 수소와 메탄이다.
② 저온건류 가스와 고온건류 가스로 분류된다.
③ 탄전에서 발생되는 가스이다.
④ 제철소의 코크스 제조 시 부산물로 생성되는 가스이다.

해설 석탄가스
1) 주성분은 수소와 메탄
2) 저온건류 가스와 고온건류 가스로 분류됨
3) 제철소의 코크스 제조시 부산물로 생성되는 가스
※ 탄전가스 : 지하의 석탄층에서 발생하는 가스. 주성분은 메탄이다.

16 다음 중 분젠식 가스버너가 아닌 것은? ✪ 17년5월7일

① 링버너
② 슬릿버너
③ 적외선버너
④ 블라스트버너

해설

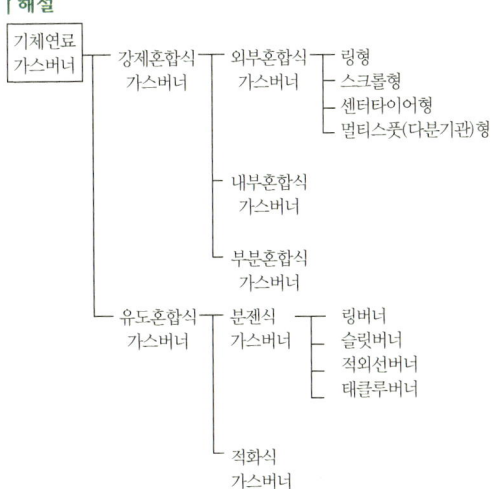

17 다음 중 분젠식 가스버너가 아닌 것은? ✪ 17년5월7일

① 링버너
② 적외선버너
③ 슬릿버너
④ 블라스트버너

해설

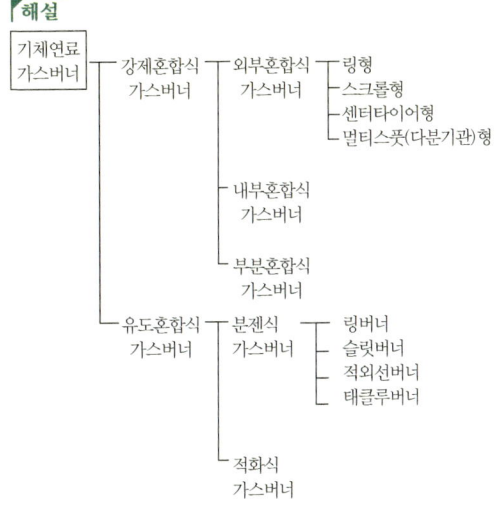

정답 14 ④ 15 ③ 16 ④ 17 ④

chapter 04 기체연료 및 가스연료 | 175

18 분젠 버너의 가스유속을 빠르게 했을 때 불꽃이 짧아지는 이유는? ● 15년9월19일

① 층류 현상이 생기기 때문에
② 난류 현상으로 연소가 빨라지기 때문에
③ 가스와 공기의 혼합이 잘 안되기 때문에
④ 유속이 빨라서 미처 연소를 못하기 때문에

해설 연소가 잘 되기 위해서는 연료와 공기가 잘 섞여 난류가 되어야 하며 난류시 연소가 빨리지만 화염길이는 짧아진다.

19 분젠 버너를 사용할 때 가스의 유출 속도를 점차 빠르게 하면 불꽃 모양은 어떻게 되는가? ● 20년9월26일

① 불꽃이 엉클어지면서 짧아진다.
② 불꽃이 엉클어지면서 길어진다.
③ 불꽃의 형태는 변화 없고 밝아진다.
④ 아무런 변화가 없다.

해설 분젠(bunsen berner) : 독일화학자 이름, 가스레인지와 같은 가스버너로써 고부하의 연소설비에서 연료의 점화나 화염 안정화를 도모하고자 할 때 사용할 수 있는 장치, 가스의 유출속도를 점차 빠르게 하면 불꽃이 엉클어져서 짧아진다.

★★
20 가스버너로 연료가스를 연소시키면서 가스의 유출속도를 점차 빠르게 하였다. 이때 어떤 현상이 발생하겠는가? ● 13년6월2일, 18년9월15일

① 불꽃이 엉클어지면서 짧아진다.
② 불꽃이 엉클어지면서 길어진다.
③ 불꽃형태는 변함없으나 밝아진다.
④ 별다른 변화를 찾기 힘들다.

해설

연료비 = $\frac{고정탄소}{휘발분}$

연료비: 석탄의 분류기준

연료비 7이상이면 무연탄
연료비 1~7 이면 유연탄
연료비 1 이하는 갈탄

21 기체연료용 버너의 구성요소가 아닌 것은? ● 18년4월28일

① 가스량 조절부   ② 공기와 가스 혼합부
③ 보염부   ④ 통풍구

해설 기체연료용 버너의 구성요소
① 가스량 조절부
② 공기와 가스 혼합부
③ 보염부

22 다음 중 연소 전에 연료와 공기를 혼합하여 버너에서 연소하는 방식인 예혼합 연소방식 버너의 종류가 아닌 것은? ● 18년4월28일

① 저압버너   ② 중압버너
③ 고압버너   ④ 송풍버너

해설

예혼합연소	연료와 연소용 공기를 미리 혼합한 후에 연소실에 공급하는 방법. 가연성 기체와 공기 중의 산소를 미리 혼합하여 연소하는 현상 • 화염면이라고 하는 고온의 반응면이 형성되어 스스로 전파해 나감 • 화염면의 전파는 혼합비가 너무 높거나 낮아도 일어나지 않는다. 사용되는 버너 ① 고압버너 ② 저압버너 ③ 송풍버너

정답 18 ② 19 ① 20 ① 21 ④ 22 ②

23 내화재로 만든 화구에서 공기와 가스를 따로 연소실에 송입하여 연소시키는 방식으로 대형가마에 적합한 가스연료 연소장치는?

　　　　　　　　　　　　　　　● 18년9월15일

① 방사형 버너　　② 포트형 버너
③ 선회형 버너　　④ 건타입형 버너

해설
■ 기체연료 연소장치

구분	종류	특징
확산 연소 방식	포트형	단면이 넓은 화구에 공기와 가스를 연소실에 송입하는 방법 내화재로 만든 화구에서 공기와 가스를 따로 연소실에 송입하여 연소시키는 방식으로 대형가마에 적합한 가스연료 연소장치
	버너형	천연가스(복사형버너) 및 고로가스 (가스와 공기를 선회날개로 혼합)
예혼합 연소 방식	저압버너	가스압력 70~160mmH₂O상태에서 공기 흡입
	고압버너	가스압력 0.2MPa(20,000mmH2O)↑에서 연료와 공기 혼합
	송풍버너	가스와 공기를 가압하여 송입함. (역화 방지에 주의)

24 다음 중 연소 전에 연료와 공기를 혼합하여 버너에서 연소하는 방식인 예혼합 연소방식 버너의 종류가 아닌 것은?

　　　　　　　　　　　　　　　● 21년9월12일

① 포트형 버너　　② 저압버너
③ 고압버너　　　④ 송풍버너

해설

예혼합 연소	연료와 연소용 공기를 미리 혼합한 후에 연소실에 공급하는 방법. 가연성 기체와 공기 중의 산소를 미리 혼합하여 연소하는 현상 • 화염면이라고 하는 고온의 반응면이 형성되어 스스로 전파해 나감 • 화염면의 전파는 혼합비가 너무 높거나 낮아도 일어나지 않는다. 사용되는 버너 ① 고압버너 ② 저압버너 ③ 송풍버너

25 기체 연료의 저장방식이 아닌 것은?

　　　　　　　　　　　● 14년9월20일, 17년3월5일

① 유수식　　② 고압식
③ 가열식　　④ 무수식

해설 ▶ 기체 연료의 저장방식
가스홀더(Gas holder) : 가스탱크라고도 한다. 제조 공장에서 제조된 가스를 저장하여 가스의 질을 균일하게 유지하며 제조량과 수요량을 조절하는 저장 탱크이다. 건축물과 10m 이상 유지, 2m이내 인화물질이 있으면 안된다.
종류 : 유수식, 무수식, 고압식, 수봉식, 건식

26 도시가스의 호환성을 판단하는데 사용되는 지수는?

　　　　　　　　　　　　　　　● 19년4월27일

① 웨베지수(Webbe Index)
② 듀롱지수(Dulong Index)
③ 릴리지수(Lilly Index)
④ 제이도비흐지수(Zeldovich Index)

해설 ■ 웨베지수 WI(Webbe Index) : 도시가스의 호환성을 판단하는데 사용되는 지수

$$웨베지수(WI) = \frac{도시가스의 총발열량}{\sqrt{도시가스의 가스비중}}$$

27 제조 기체연료에 포함된 성분이 아닌 것은?

　　　　　　　　　　　　　　　● 20년9월26일

① C　　　　② H_2
③ CH_4　　④ N_2

해설 제조 기체연료(가공 기체연료)
$H_2, CH_4, N_2, CO_2, O_2$, 등이 있다.

정답　23 ②　24 ①　25 ③　26 ①　27 ①

연소공학

05 연소개론

01 연료
02 고체연료
03 액체연료
04 기체연료 및 가스연료
05 연소개론
06 연소계산식
07 전열 및 여러 가지 효율
08 통풍장치 /집진장치 /보염장치
09 화재 및 폭발
10 연료시험 및 배기가스

CHAPTER 05 연소개론

자주 출제 되는 문제

01 연소개론

1) 연소의 정의 : 온도가 높은 분위기 속에서 산소와 화합하여 빛과 열을 발생하는 현상
2) 연소의 3요소 : 가연물, 산소공급원, 점화원,
3) 연소의 4요소 : 가연물, 산소공급원, 점화원, 순조로운 연쇄반응
4) 연소를 계속 유지하기 위해서는 연료에 산소를 공급하고 착화온도 이상으로 유지하여야 된다.
5) 1차, 2차 연소의 구분
   ① 1차연소 : 화실(연소실)에서 연소하는 연소
   ② 2차연소 : 불완전연소에 의해 발생하는 미연가스(CO)가 연도에서 다시 연소 하는 것

02 연소의 종류

고체연료	액체연료	기체연료
① 증발연소(파라핀) ② 분해연소(종이, 목재, 석탄, 섬유, 무연탄) ③ 표면연소(숯, 목탄, 코크스) ④ 자기연소=내부연소(셀로로이드류, 질산에 스테르류) ⑤ 유동층연소(미분탄 연소)	① 증발연소(가솔린, 등유, 경유) ② 분해연소(중질유 = 중유) ③ 액면연소(등유, 경유) ④ 등심연소 = 심화연소 = 등화 연소 ⑤ 분무연소=액적연소(벙커C유)	① 확산연소 ② 예혼합연소 ③ 부분예혼합연소

03 불꽃연소 무염연소의 비교

1) 불꽃연소의 특징
   ① 연소속도가 매우 빠르다.
   ② 시간당 방출열량이 많다.
   ③ 연쇄반응을 수반한다.

04 연소온도

연소온도를 증가시키는 방법	증가시켜야 될것	① 산소농도를 증가 하여 연소온도를 증가 시킨다.
	감소시켜야 될것	① 공기비는 연소온도에 가장 많은 영향을 주는 것으로 공기비를 감소 시켜 연소온도 증가시킨다. ② 열전달(전도, 대류, 복사)이 나쁘면 열손실이 적어서 연소온도증가

05 연소속도

1) 연소속도를 결정하는 요인
 ① 산화속도
 ② 산소농도
 ③ 반응온도
 ④ 촉매

2) 연소속도
 ① 온도와 압력이 증가 할수록 연소속도는 증가 한다.
 ② 연소생성물(CO_2, N_2)의 농도가 증가 되면공기량 부족으로 연소속도는 감소한다.
 ③ 기체 연료의 경우 혼합기체의 초기온도가 올라갈수록 연소속도도 빨라짐
 ④ 메탄의 경우 당량비가 1.1~1.2일 때 연소속도가 최대가 된다.

06 최소점화에너지(MIE) : 가연성 혼합기체를 점화시키는데 필요한 최소에너지

최소점화에너지(MIE)	비례	불꽃방전시 전압에 제곱에 비례, 열전도율
	반비례	온도, 압력, 연소속도, 농도

01 연소의 개요

1) **연소의 정의** : 온도가 높은 분위기 속에서 산소와 화합하여 빛과 열을 발생하는 현상
2) **연소의 3요소** : 가연물, 산소공급원, 점화원,
3) **연소의 4요소** : 가연물, 산소공급원, 점화원, 순조로운 연쇄반응

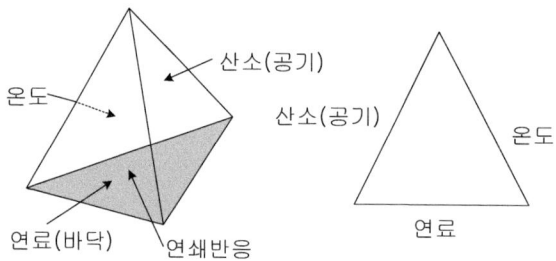

[연소사면체]

4) 연소를 계속 유지하기 위해서는 연료에 산소를 공급하고 착화온도 이상으로 유지하여야 된다.
5) 1차, 2차 연소의 구분
   (1) 1차연소 : 화실(연소실)에서연소하는 연소
   (2) 2차연소 : 불완전연소에 의해 발생하는 미연가스(CO)가 연도에서 다시 연소 하는 것

02 연소의 종류

고제연료	액체연료	기체연료
① 증발연소(파라핀) ② 분해연소(종이, 목재, 석탄, 섬유, 무연탄) ③ 표면연소(숯, 목탄, 코크스) ④ 자기연소 = 내부연소(셀로로이드류, 질산에스테르류) ⑤ 유동층연소(미분탄 연소)	① 증발연소(가솔린, 등유,경유) ② 분해연소(중질유 = 중유) ③ 액면연소(등유, 경유) ④ 등심연소 = 심화연소 = 등화 연소 ⑤ 분무연소=액적연소(벙커C유)	① 확산연소 ② 예혼합연소 ③ 부분예혼합연소

(1) **증발연소** : 연료의 표면에서 발생된 가연성증기와 공기가 혼합기체가 되어 연소하는 형태
(2) **분해연소** : 일반적으로 나무,,종이 석탄,무연탄 등 분자량이 큰 연료가 연소 할 때 일정한 온도가 되면 물질이 분해되면서 가연성 휘발분을 방출되면서 점화원에 이해 연소 되는 연소이다. 일반적으로 긴화염이 발생한다.
(3) **표면연소** : 열분해에 의해 가연성 가스를 발생하지 않고 그 물질 자체가 연소하는 현상
(4) **자기연소(내부연소)** : 공기 중의 산소가 아닌 그 자체가 함유하고 있는 산소에 의해 연소하는 현상. 그 물질 자체가 가연물과 산소를 동시에 가지고 있어 자체 함유하고 있는 산소에 의해 물질 자체의 가연물이 연소하는 현상.

(5) 액면연소 : 화염으로부터의 방사나 대류에 의해 오일 연료 표면이 가열되어 증발이 일어나며, 발생한 연료 증기가 공기와 접촉하여유면의 상부에서 확산연소하는

(6) 등심연소 = 등화연소 = 심화연소 : 심지의 일단에서 확산 연소

(7) 분무연소(액적연소) : 연료를 무수히 많은 유적으로 미립화하여 연소. 벙커C유과 같이 가열하여 점도를 낮추어 버너 등을 사용하여 액체의 입자를 안개상으로 분출하여 연소하는 현상
예)벙커C유

(8) 유동층연소 : 미세하게 분쇄된 석탄 입자(미분탄)를 석회석과 같은 유동성 매질과 혼합하고 공기를 주입하여 부유 유동층을 만드는 방법이다. 이연소 방법은 석탄을 효율적이고 깨끗하게 연소 할 수 있는 연소 방식이다.

불활성 입자와 가연성 물질을 혼합하여 연소시키는 연소방식으로 황산화물, 질소산화물등의 오염물질을 배출을 줄일수 있어 친환경적 연소 방식이다.

(9) 기체연료

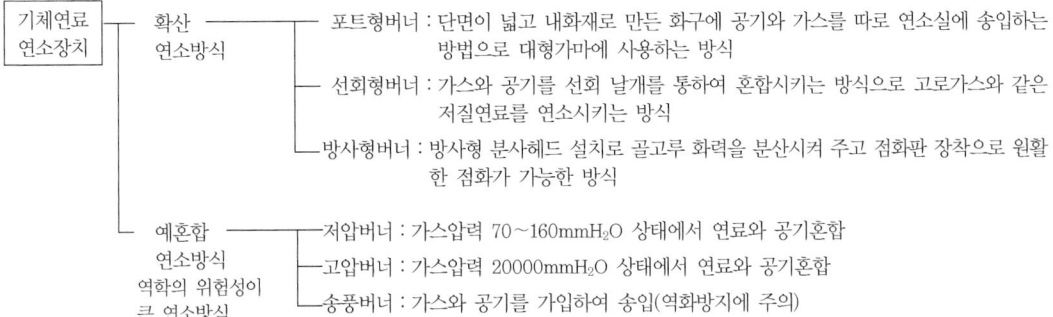

03 유염(발염)연소와 무염연소

연소의 형태는 물질의 종류, 장소, 연소속도 등에 따라 여러 가지로 분류 할 수 있다. 기본적인 것은 가시적으로 불꽃이 보이는 화재와 불꽃 없이 훈소 형태로 진행되는 화재가 있다.

1) 발염(發炎)연소=불꽃연소(Flaming combustion)=유염연소

발염연소는 유염연소 또는 불꽃연소(Flaming combustion)라고 하는데 불꽃은 발열 반응의 결과로서 기체가 빠르게 연소하면서 빛과 열을 발산하는 부분이다. 흔히 화재 시 사람의 눈에 보이는 부분으로 화염이라고 한다. 일반적으로 화재는 불꽃이 발생하게 되면서 복사열로 인한 피해가 발생하며 주변 가연물로 연소 확대가 빠르게 진행된다.

불꽃연소는 연소의 4요소 중 하나인 연쇄반응을 수반하는데 불꽃의 온도는 열방출속도와 연소가스 발생량 및 열용량에 의해 결정된다.

불꽃연소의 예로는 석유류의 액면화재, 목재의 분해 증발에 의한 것이 있다.

① 연소속도가 매우 빠르다.
② 시간당 방출열량이 많다.
③ 연쇄반응을 수반한다. 대표적으로 가솔린 연소가 불꽃 연소이다.

2) 무염(無炎)연소

무염연소에는 불꽃이 없이 연기만 발생하는 발연연소, 불꽃을 내지 않고 주로 빛만을 내는 작열 연소, 가연물 내부에서 서서히 화재가 진행되는 훈소화재가 있다. 훈소는 산소의 공급이 부족한 상태에서 연소 진행방향이 가연물 내부로 전파되기 때문에 심부화재라고도 한다.

이러한 현상은 독립적으로 일어나는 것이 아니라 복합적으로 발생하므로 정확한 개념을 이해하는 것이 필요하다.

04 연소온도

1) 연소온도를 증가 시키는 방법

연소온도을 증가시키는 방법	증가시켜야 될것	① 산소농도를 증가 하여 연소온도를 증가 시킨다.
	감소시켜야 될것	① 공기비는 연소온도에 가장 많은 영향을 주는 것으로 공기비를 감소 시켜 연소온도 증가시킨다. ② 열전달(전도, 대류, 복사)이 나쁘면 열손실이 적어서 연소온도증가

2) 연료의 공기비

① 기체연료 공기비 : 1.1~1.3 기체연료의 공기비가 적은 이유는 기체의 확산연소를 하기 때문이다.
② 액체연료 공기비 : 1.2~1.4
③ 고체연료 공기비 : 1.4~2

05 연소속도

1) 정상연소시 연소속도 주요 요인 : 공기 중 산소의 확산속도

2) 연소속도

① 온도와 압력이 증가 할수록 연속속는 증가 한다.
② 연소생성물 CO_2, N_2) 의 농도가 증가 되면공기량 부족으로 연소속도는 감소한다.
③ 기체 연료의 경우 혼합기체의 초기온도가 올라갈수록 연소속도도 빨라짐
④ 메탄의 경우 당량비가 1.1~1.2일 때 연소속도가 최대가 된다.

$$(당량비) \varnothing = \frac{실제연공비}{이론연공비} = \frac{FA_{실제}}{FA_{이론}}$$

3) 연소속도를 결정하는 요인

① 산화속도
② 산소농도
③ 반응온도
④ 촉매

06 최소점화에너지(MIE ; Minimum Ignition Energy)

가연성 혼합기체를 점화시키는데 필요한 최소에너지

1) 불꽃방전시 일어나는 에너지의 크기는 전압의 제곱에 비례한다.
2) 열전도율이 클수록 최소점화에너지는 커진다.
3) 온도가 증가 할수록 최소점화 에너지는 작아진다.
4) 압력이 증가 할수록 최소점화 에너지는 작아진다.
5) 연소속도가 빠를수록 최소점화 에너지는 작아진다.
6) 농도가 클수록 최소점화 에너지는 작아진다.
7) 최소 점화 에너지는 온도, 압력, 농도, 연소속도 와는 반비례 관계를 가진다.

최소점화에너지(MIE)	비례	불꽃방전시 전압에 제곱에 비례, 열전도율
	반비례	온도, 압력, 연소속도, 농도

연소공학 과년도 기출문제

01 연소의 정의를 가장 옳게 나타낸 것은?
　　　　　　　　　　　　　　◎ 16년5월8일

① 연료가 환원하면서 발열하는 현상
② 화학변화에서 산화로 인한 흡열 반응
③ 물질의 산화로 에너지의 전부가 직접 빛으로 변하는 현상
④ 온도가 높은 분위기 속에서 산소와 화합하여 빛과 열을 발생하는 현상

> [해설] ▶ 연소의 정의 : 온도가 높은 분위기 속에서 산소와 화합하여 빛과 열을 발생하는 현상

02 ★★ 연소를 계속 유지시키는데 필요한 조건을 가장 바르게 설명한 것은?
　　　　　　　　　　　　　　◎ 13년9월28일

① 연료에 산소를 공급하고 착화온도 이하로 억제한다.
② 연료에 발화온도 미만의 저온 분위기를 유지시킨다.
③ 연료에 산소를 공급하고 착화온도 이상으로 유지한다.
④ 연료에 공기를 접촉시켜 연소속도를 저하시킨다.

> [해설] ▶ 연소를 계속 유지하려면 연료에 산소를 지속적으로 공급하고 착화온도이상으로 유지 해야한다.

03 연료의 연소 시 는 어느 때의 값인가?
　　　　　　　　　　　　　　◎ 12년9월15일

① 이론공기량으로 연소 시
② 실제공기량으로 연소 시
③ 과잉공기량으로 연소 시
④ 이론양보다 적은 공기량으로 연소 시

> [해설] ▶ $CO_{2max}(\%)$ 는 이론공기량으로 연소시 최대로 발생하는 값이다.

04 ★★ 1차, 2차 연소 중 2차 연소란 어떤 것을 말하는가?
　　　　　　　　　　　　　　◎ 15년3월8일

① 공기보다 먼저 연료를 공급했을 경우 1차, 2차 반응에 의해서 연소하는 것
② 불완전 연소에 의해 발생한 미연가스가 연도 내에서 다시 연소하는 것
③ 완전 연소에 의한 연소가스가 2차 공기에 의해서 폭발 되는 것
④ 점화할 때 착화가 늦었을 경우 재점화에 의해서 연소하는 것

> [해설] ▶ 연소구분
> • 1차연소 : 화실에서 연소하는 연소
> • 2차연소 : 불완전연소에 의해 발생하는 미연가스(CO)가 연도 내에서 다시 연소하는 것

정답 01 ④　02 ③　03 ①　04 ②

05 연소과정에 대한 설명으로 틀린 것은?
◆ 14년5월25일

① 무연탄은 주로 증발연소를 한다.
② 석탄, 목재 같은 연료가 연소 초기에 화염을 내면서 연소하는 과정을 분해연소라 한다.
③ 표면연소는 연소반응이 고체 표면에서 일어난다.
④ 연소속도는 산화반응 속도라고도 할 수 있다.

해설 ▶ 증발연소 : 물질의 표면에서 증발한 가연성 가스와 공기 중의 산소가 화합하여 연소하는 현상으로 주로 경유, 휘발유 같은 액체 연료의 연소이다.
▶ 분해연소 : 열분해에 의한 가연성 가스가 공기와 혼합하여 연소하는 현상. 종이, 석탄, 무연탄, 목재, 섬유, 플라스틱의 연소이다.

06 기체연료의 연소방법에 해당하는 것은?
◆ 16년10월1일

① 증발연소 ② 표면연소
③ 분무연소 ④ 확산연소

고체연료	액체연료	기체연료
① 증발연소	① 증발연소	① 확산연소
② 분해연소	② 분무연소	② 예혼합연소
③ 표면연소	③ 액면연소	③ 부분예혼합연소
④ 자기연소	④ 등심연소(심화연소)	

07 일반적으로 기체연료의 연소방식을 크게 2가지로 분류한 것은?
◆ 18년3월4일

① 등심연소와 분산연소
② 액면연소와 증발연소
③ 증발연소와 분해연소
④ 예혼합연소와 확산연소

고체연료	액체연료	기체연료
① 증발연소	① 증발연소	① 확산연소
② 분해연소	② 분무연소	② 예혼합연소
③ 표면연소	③ 액면연소	③ 부분예혼합연소
④ 자기연소 (내부연소)	④ 등심연소 (심화연소)	

08 액체연료의 연소방법으로 틀린 것은?
◆ 14년5월25일

① 유동층연소 ② 등심연소
③ 분무연소   ④ 증발연소

해설 ▶ 유동층 연소는 불활성 입자와 가연성 물질을 혼합하여 연소시키는 연소방식으로 고체연료의 연소방법이다.

09 연료의 발열량에 대한 설명으로 틀린 것은?
◆ 14년5월7일

① 기체 연료는 그 성분으로부터 발열량을 계산할 수 있다.
② 발열량의 단위는 고체와 액체 연료의 경우 단위중량당(통상 연료당 kg당) 발열량으로 표시한다.
③ 고위발열량은 연료의 측정열량에 수증기 증발잠열을 포함한 연소열량이다
④ 일반적인 액체 연료는 비중이 크면 체적당 발열량은 감소하고, 중량당 발열량은 증가한다.

해설 액체연료의 비중이 크면 체적당 발열량 증가하고 중량당 발열량은 감소한다.

정답 05 ① 06 ④ 07 ④ 08 ① 09 ④

10 연료의 일반적인 연소 반응의 종류로 틀린 것은?

① 유동층연소
② 증발연소
③ 표면연소
④ 분해연소

해설 연소의 종류

고체연료	액체연료	기체연료
① 증발연소	① 증발연소	① 확산연소
② 분해연소	② 분무연소	② 예혼합연소
③ 표면연소	③ 액면연소	③ 부분예혼합연소
④ 자기연소 (내부연소)	④ 등심연소 (심화연소)	

11 다음 연소 방법 중 기체 연료의 연소 방법에 해당 하는 것은? ● 12년9월15일

① 증발연소   ② 표면연소
③ 분무연소   ④ 확산연소

해설 ▶ 기체연료의 연소방법에는 예혼합 및 확산연소가 있다.

12 다음 중 역화의 위험성이 가장 큰 연소방식으로서, 설비의 시동 및 정지 시에 폭발 및 화재에 대비한 안전 확보에 각별한 주의를 요하는 방식은? ● 20년6월6일

① 예혼합 연소   ② 미분탄 연소
③ 분무식 연소   ④ 확산 연소

해설 ▶ 예혼합 연소 : 역화의 위험성이 가장 큰 연소방식으로서, 설비의 시동 및 정지 시에 폭발 및 화재에 대비한 안전 확보에 각별한 주의를 요하는 방식

★★
13 불꽃연소(flaming combustion)에 대한 설명으로 틀린 것은? ● 22년3월5일, 13년9월28일

① 연소속도가 느리다.
② 연쇄반응을 수반한다.
③ 연소사면체에 의한 연소이다.
④ 가솔린의 연소가 이에 해당한다.

해설 ▶ 불꽃연소(flaming combustion)
  ① 연소속도가 매우 빠르다.
  ② 시간당 방출열량이 많다.
  ③ 연쇄반응을 수반한다. 대표적으로 가솔린 연소가 불꽃 연소이다.

14 불꽃연소(Flaming combustion)에 대한 설명으로 틀린 것은? ● 22년3월5일, 13년9월28일

① 연소사면체에 의한 연소이다.
② 연소속도가 느리다.
③ 연쇄반응을 수반한다.
④ 가솔린 등의 연소가 이에 해당한다.

해설 불꽃연소(flaming combustion)
  ① 연소속도가 매우 빠르다.
  ② 시간당 방출열량이 많다.
  ③ 연쇄반응을 수반한다. 대표적으로 가솔린 연소가 불꽃 연소이다.

15 화염온도를 높이려고 할 때 조작방법으로 틀린 것은? ● 16년10월1일

① 공기를 예열한다.
② 과잉공기를 사용한다.
③ 연료를 완전 연소시킨다.
④ 노벽 등의 열손실을 막는다.

해설 ▶ 과잉공기가 많을수록 연소실 온도는 낮아진다.

정답 10 ① 11 ④ 12 ① 13 ① 14 ② 15 ②

16 다음 중 연소온도에 직접적인 영향을 주는 요소로 가장 거리가 먼 것은? ✚ 17년9월23일

① 공기 중의 산소농도
② 연료의 저위발열량
③ 연소실의 크기
④ 공기비

해설 ▶ 연소온도는 연료와 공기의 혼합비율에 따라 결정됩니다.
공기비가 높을수록 연소온도가 높아진다.
공기 중의 산소농도가 높을수록 연소온도가 높아진다.
연료의 저위발열량이 높을수록 연소온도가 높아진다.

17 다음 중 연소 온도에 가장 많은 영향을 주는 것은? ✚ 15년3월8일

① 외기온도
② 공기비
③ 공급되는 연료의 현열
④ 열매체의 온도

해설 ▶ 연소온도의 직접 영향요인
 1) 공기비
 2) 연소효율
 3) 연료의 저위발열량
 4) 공기 중의 산소농도
연소 온도에 가장 많은 영향을 주는 것은 공기비이다.

18 연소온도는 다음 중 어느 것의 영향을 가장 많이 받는가? ✚ 14년3월2일

① 1차 공기와 2차 공기의 비율
② 공기비
③ 공급되는 연료의 현열
④ 연료의 조성

연소온도 증가↑	증가↑	산소농도
	감소↓	공기비, 열전달(전도, 대류, 복사)이 나쁘면

★★
19 다음 중 연소 온도에 가장 큰 영향을 미치는 것은? ✚ 13년6월2일

① 연료의 착화온도
② 연료의 고위발열량
③ 연료의 휘발분
④ 연소용 공기의 공기비

풀이 ▶ 연소온도에 영향을 미치는 인자
 ① 산소농도 : 연소 공기중에 산소농도가 낮을수록 연소온도는 낮아진다..
 ② 공기비 : 공기비가 클수록 연소온도는 낮아진다.
$$m = \frac{A(실제공기량)}{A_o(이론공기량)}$$
기체연료 공기비 : 1.1~1.3
액체연료 공기비 : 1.2~1.4
고체연료 공기비 : 1.4~2
 ③ 열전달 : 전도, 대류, 복사 등의 열전달이 잘 될수록 손실열로 인해 연소온도는 낮아진다.

20 화염온도를 높이려고 할 때 조작방법으로 틀린 것은? ✚ 16년10월1일

① 공기를 예열한다.
② 과잉공기를 사용한다.
③ 연료를 완전 연소시킨다.
④ 노 벽 등의 열손실을 막는다.

해설 과잉공기가 많을수록 연소실온도가 저하한다.

정답 16 ③ 17 ② 18 ② 19 ④ 20 ②

21 일반적인 정상연소의 연소속도를 결정하는 요인으로 가장 거리가 먼 것은?

◎ 20년8월22일

① 산소농도
② 이론공기량
③ 반응온도
④ 촉매

해설 연속속도를 결정하는 요인
　　　1) 산화속도
　　　2) 산소농도
　　　3) 반응온도
　　　4) 촉매

22 온도가 높고 압력이 커질수록 연소속도는 어떻게 변하는가?

◎ 14년3월2일

① 빨라진다.
② 느려진다.
③ 불변이다.
④ 상관없다.

해설 온도가 높고 압력이 클수록 연소속도는 빨라진다.

23 기체연료의 연소속도에 대한 설명으로 틀린 것은?

◎ 15년5월31일

① 연소속도는 가연한계 내에서 혼합기체의 농도에 영향을 크게 받는다.
② 연소속도는 메탄의 경우 당량비가 1.1 부근에서 최저가 된다.
③ 보통의 탄화수소와 공기의 혼합기체 연소속도는 약 40~50cm/s 정도로 느린 편이다.
④ 혼합기체의 초기온도가 올라갈수록 연소속도도 빨라진다.

해설 ▶ 기체연료 연소속도
　　　1) 연소속도는 가연한계 내에서 혼합기체의 농도에 영향을 크게 받음
　　　2) 혼합기체의 초기온도가 올라갈수록 연소속도도 빨라짐
　　　3) 보통의 탄화수소와 공기의 혼합기체 연소속도는 약 40~50cm/s 정도로 느린편
　　　4) 연소속도는 메탄의 경우 당량비가 1.1부근에서 최대가 됨

★★
24 연소 시 점화 전에 연소실가스를 몰아내는 환기를 무엇이라 하는가?

◎ 16년10월1일, 21년3월7일

① 프리퍼지　　② 가압퍼지
③ 불착화퍼지　④ 포스트퍼지

해설 ★ 프리퍼지(Pre-purge) : 보일러 점화 전에 연소실 잔로가스를 배출 하여 폭발사고 등을 미연에 방지하는 환기작업

25 최소착화에너지(MIE)의 특징에 대한 설명으로 옳은 것은?

◎ 13년9월28일

① 최소착화에너지는 압력증가에 따라 감소한다.
② 질소농도의 증가는 최소착화에너지를 감소시킨다.
③ 산소농도가 많아지면 최소착화에너지는 증가한다.
④ 일반적으로 분진의 최소착화에너지는 가연성가스 보다 작다.

해설 최소점화에너지는 압력이 증가하면 감소하고 질소농도가 많아지면 증가 한다.

정답　21 ②　22 ①　23 ②　24 ①　25 ①

26 최소 점화에너지에 대한 설명으로 틀린 것은?

◎ 17년5월7일

① 혼합기의 종류에 의해서 변한다.
② 불꽃 방전 시 일어나는 에너지의 크기는 전압의 제곱에 비례한다.
③ 최소 점화에너지는 연소속도 및 열전도가 작을수록 큰 값을 갖는다.
④ 가연성 혼합기체를 점화시키는데 필요한 최소 에너지를 최소 점화에너지라 한다.

해설 ☐ 최소점화에너지(MIE)
1) 가연성 혼합기체를 점화시키는데 필요한 최소에너지를 최소점화에너지(MIE) 라고 한다.
2) 혼합기의 종류에 의해서 최소점화 에너지는 변한다.
3) 불꽃방전시 일어나는 에너지의 크기는 전압의 제곱에 비례한다.
4) 열전도율이 클수록 최소점화에너지는 커진다.
5) 온도가 증가 할수록 최소점화 에너지는 작아진다.
6) 압력이 증가 할수록 최소점화 에너지는 작아진다.
7) 연소속도가 빠를수록 최소점화 에너지는 작아진다.
8) 농도가 클수록 최소점화 에너지는 작아진다.
9) 최소 점화 에너지는 온도, 압력, 농도, 연소속도 와는 반비례 관계를 가진다.

27 최소착화에너지(MIE)의 특징에 대한 설명으로 옳은 것은?

◎ 18년4월28일

① 질소농도의 증가는 최소착화에너지를 감소시킨다.
② 산소농도가 많아지면 최소착화에너지는 증가한다.
③ 최소착화에너지는 압력증가에 따라 감소한다.
④ 일반적으로 분진의 최소착화에너지는 가연성가스보다 작다.

해설 ☐ 최소점화에너지(MIE)
1) 가연성 혼합기체를 점화시키는데 필요한 최소에너지를 최소점화에너지(MIE) 라고 한다.
2) 혼합기의 종류에 의해서 최소점화 에너지는 변한다.
3) 불꽃방전시 일어나는 에너지의 크기는 전압의 제곱에 비례한다.
4) 연소속도 및 열전도가 클수록 최소점화에너지는 커진다.
 - 열전도율 : 비례
 - 온도 / 압력 / 농도 / 연소속도 : 반비례
5) 이동농도는 혼합기 부근에서 최소가 됨

28 점화에 대한 설명으로 틀린 것은?

◎ 22년3월5일

① 연료가스의 유출속도가 너무 느리면 실화가 발생한다.
② 연소실의 온도가 낮으면 연료의 확산이 불량해진다.
③ 연료의 예열온도가 낮으면 무화불량이 발생한다.
④ 점화시간이 늦으면 연소실 내로 역화가 발생한다.

해설 ▶ 연료가스의 유출속도가 너무 느리면 역화가 발생한다.
▶ 연료의 양이 부족할 때 실화가 발생한다.
▶ 역화의 원인
① 버너과열
② 프리퍼지 부족
③ 착화 및 점화시간지연
④ 연료밸브를 급하게 개방 할때
⑤ 연소속도〉유출속도

정답 26 ③ 27 ③ 28 ①

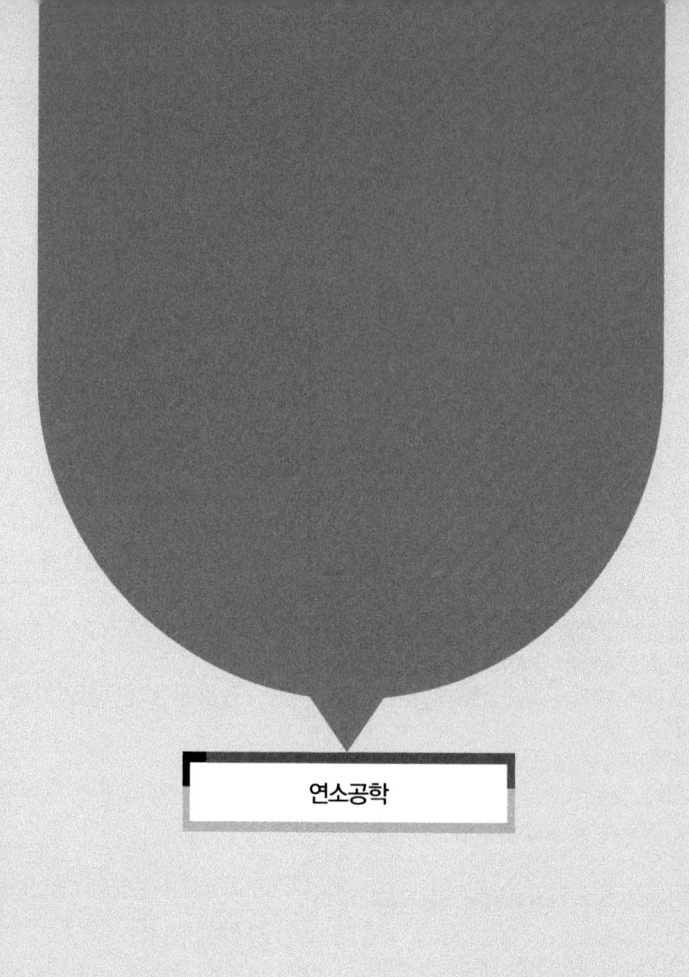

연소공학

06 연소계산

01 연료
02 고체연료
03 액체연료
04 기체연료 및 가스연료
05 연소개론
06 연소계산식
07 전열 및 여러 가지 효율
08 통풍장치 /집진장치 /보염장치
09 화재 및 폭발
10 연료시험 및 배기가스

CHAPTER 06 연소계산

자주출제 되는문제

구분		공식
이론공기량 A_o	액체 고체	$A_o[Nm^3/kg] = 8.89C + 26.67\left(H - \dfrac{O}{8}\right) + 3.33S$ ············ ①
		$A_o[kg/kg] = 11.49C + 34.5\left(H - \dfrac{O}{8}\right) + 4.3S$ ·············· ②
	기체	$A_o[Nm^3/Nm^3] = \{(0.5H_2 + 0.5CO + 2CH_4 + 2.5C_2H_2 + 3C_2H_4 + 3.5C_2H_6 + \cdots) - O_2\} \times \dfrac{1}{0.21}$
		$= 2.38H_2 + 2.38CO + 9.52CH_4 + 11.9C_2H_2 + 14.3C_2H_4 + 13.67C_2H_6 + \cdots) - 4.76O_2$ ············ ③
이론건연소 가스량 (G_{od})	액체 고체	$G_{od}[Nm^3/kg] = (1-0.21)A_o + 1.867C + 0.7S + 0.8N_2$ ············· ④
		$G_{od}[Nm^3/kg] = 8.89C + 21.07\left(H - \dfrac{O}{8}\right) + 3.33S + 0.8N_2$ ············ ⑤➡④식에① 식 대입
	기체	$G_{od}[Nm^3/Nm^3] = (1-0.21)A_o + CO_2 + CO + CH_4 + 2C_2H_4 + 3C_3H_8 + N_2$ ············· ⑥
		$G_{od}[Nm^3/Nm^3] = 1.88H_2 + 2.88CO + CO_2 + 8.52CH_4 + 13.5C_2H_4 + 21.8C_3H_8 + N_2 - 3.8O_2$ ····· ⑦➡⑥식에③ 식 대입
실제건연소 가스량 G_d	액체 고체	$G_d[Nm^3/kg] = G_{od} + (m-1)A_o$ ··············· ⑧
		$G_d[Nm^3/kg] = (m-0.21)A_o + 1.867C + 0.7C + 0.8N_2$ ······· ⑨
	기체	$G_d[Nm^3/Nm^3] = G_{od} + (m-1)A_o$ ················· ⑩
		$G_{od}[Nm^3/Nm^3] = (m-0.21)A_o + CO_2 + CO + CH_4 + 2C_2H_4 + 3C_3H_8 + N_2$ ·········· ⑪
이론습연소 가스량 G_{ow}	액체 고체	$G_{ow}[Nm^3/kg] = G_{od} + 1.224(9H + W)$ ················ ⑫
		$G_{ow}[Nm^3/kg] = (1-0.21)A_o + 1.867C + 0.7S + 0.8N_2 + 1.244(9H + W)$ ············ ⑬
		$G_{ow}[Nm^3/kg] = 8.89C + 21.07\left(H - \dfrac{O}{8}\right) + 3.33S + 0.8N_2 + 0.8N_2 + 1.244(9H + W)$ ····· ⑭➡⑬식에① 식 대입
	기체	$G_{od}[Nm^3/Nm^3] = (1-0.21)A_o + CO_2 + CO + CH_4 + 2C_2H_4 + 3C_3H_8 + N_2 + H_2 + H_2O$ ······· ⑮
		$G_{od}[Nm^3/Nm^3] = 2.88H_2 + 2.88CO + CO_2 + 10.5CH_4 + 15.3C_2H_4 + 25.8C_3H_8 + N_2 + H_2 + H_2O - 3.8O_2$ ····· ⑯➡⑮식에③ 식 대입

실제습연소 가스량 G_w	액체	$G_w[Nm^3/kg] = G_d + 1.2244(9H+W)$ ⋯⋯⋯⋯⋯⋯⋯⋯⋯⋯⋯⋯⋯⋯⋯⋯ ⑰
	고체	$G_w[Nm^3/kg] = (m-0.21)A_o + 1.867C + 0.7S + 0.8N_2 + 1.244(9H+W)$ ⋯⋯⋯⋯ ⑱
	기체	$G_w[Nm^3/Nm^3] = G_{ow} + (m-1)A_o$ ⋯⋯⋯⋯⋯⋯⋯⋯⋯⋯⋯⋯⋯⋯⋯⋯⋯⋯⋯⋯⋯ ⑲
		$G_{od}[Nm^3/Nm^3] = (m-0.21)A_o + CO_2 + CO + CH_4 + 2C_2H_4 + 3C_3H_8 + N_2 + H_2 + H_2O$ ⋯⋯ ⑳

01 고체연료, 액체 연료의 (이론산소량)O_o, (이론공기량)A_o

02 기체연료의 (이론산소량)O_o, (이론공기량)A_o

03 연소가스량

(이론건연소가스량)G_{od}, (실제건연소가스량)G_d, (이론습연소가스량)G_{ow}, (실제건연소가스량)G_w

04 (고위발열량)H_h, (저위 발열량)H_l

$$H_h\left[\frac{kcal}{kg}\right] = 8100C + 34000\left(H - \frac{O}{8}\right) + 2500S, \quad H_l\left[\frac{kcal}{kg}\right] = H_h - 600(9H+W)$$

05 (공기비)m

① 완전연소시 $m = \dfrac{21}{21-O_2} = \dfrac{N_2}{N_2 - 3.76 O_2}$

② 불완전연소시 $m = \dfrac{N_2}{N_2 - 3.76(O_2 - 0.5CO)}$

③ 탄산가스 최대치$(CO_2)_{max}$에 의한 공기비(m)계산

$$m = \frac{(CO_2)_{max}}{CO_2}, \quad 최대탄산가스율\ (CO_2)_{max} = \frac{21CO_2}{21-O_2},$$

$$최대탄산가스율\ (CO_2)_{max} = \frac{(1.867\times 탄소) + (0.7 \times 황)}{이론건연소가스량} \times 100$$

06 (당량비) $\varnothing = \dfrac{실제연공기(FA_{실제})}{이론연공비(FA_{이론})}$

01 고체연료, 액체 연료의 (이론산소량)O_o, (이론공기량)A_o

1) 가연성 물질 탄소 (C), 수소 (H), 황(S)

(1) 탄소 (C)

$$C + O_2 \longrightarrow CO_2 + 97200[kcal]$$

분자량	12[kg]	32[kg] $\longrightarrow$	44[kg] +	97200[kcal]
	$\dfrac{12[kg]}{12[kg]_C}$	$\dfrac{32[kg]}{12[kg]_C}$ $\longrightarrow$	$\dfrac{44[kg]}{12[kg]_C}$ +	$\dfrac{97200[kcal]}{12[kg]_C}$
탄소1[kg] 연소할때	1[kg]$_C$	2.67$\dfrac{[kg]}{[kg]_C}$ $\longrightarrow$	3.67$\dfrac{[kg]}{[kg]_C}$ +	8100$\dfrac{[kcal]}{[kg]_C}$
몰수	1[kmol]	1[kmol] $\longrightarrow$	1[kmol]	
체적	22.4[m³]	22.4[m³]	22.4[m³]	
탄소1[m³] 연소할때	1[m³]	1[m³]	1[m³]	

(2) 수소 (H)

$$H_2 + \tfrac{1}{2}O_2 \longrightarrow H_2O + 68000[kcal]$$

분자량	2[kg]	16[kg] $\longrightarrow$	18[kg] +	68000[kcal]
	$\dfrac{2[kg]}{2[kg]_H}$	$\dfrac{16[kg]}{2[kg]_H}$ $\longrightarrow$	$\dfrac{18[kg]}{2[kg]_H}$ +	$\dfrac{68000[kcal]}{2[kg]_H}$
수소1[kg] 연소할때	1[kg]$_H$	8$\dfrac{[kg]}{[kg]_H}$ $\longrightarrow$	9$\dfrac{[kg]}{[kg]_H}$ +	34000$\dfrac{[kcal]}{[kg]_H}$
몰수	1[kmol]	$\tfrac{1}{2}$[kmol] $\longrightarrow$	1[kmol]	
체적	22.4[m³]	11.2[m³]	22.4[m³]	
수소1[m³] 연소할때	1[m³]	0.5[m³]	1[m³]	

> 고체연료 or 액체연료
> C (10[kg])   (유효수소)H_e
> H (10[kg]) $H_e = (H - \dfrac{O}{8})$
> S (10[kg]) $= (10 - \dfrac{24}{8})$
> O (24[kg]) $= 7\,[kg]$

(3) 황 (S)

$$S + O_2 \longrightarrow SO_2 + 80000[kcal]$$

분자량	32[kg]	32[kg] $\longrightarrow$	64[kg] +	80000[kcal]
	$\dfrac{32[kg]}{32[kg]_S}$	$\dfrac{32[kg]}{32[kg]_S}$ $\longrightarrow$	$\dfrac{64[kg]}{32[kg]_S}$ +	$\dfrac{80000[kcal]}{32[kg]_S}$
황1[kg] 연소할때	1[kg]$_S$	1$\dfrac{[kg]}{[kg]_S}$ $\longrightarrow$	2$\dfrac{[kg]}{[kg]_S}$ +	2500$\dfrac{[kcal]}{[kg]_S}$
몰수	1[kmol]	1[kmol] $\longrightarrow$	1[kmol]	
체적	22.4[m³]	22.4[m³]	22.4[m³]	
황1[m³] 연소할때	1[m³]	1[m³]	1[m³]	

2) 고체연료 액체 연료 (이론산소량)O_o, (이론공기량)A_o

   (1) 이론산소량(O_o) : 단위중량의 가연성 물질을 완전시키는데 필요한 산소량

① 무게로 표시한 이론 산소량 $O_o\left[\dfrac{(kg)_{산소}}{(kg)_{연료}}\right]$	② 체적으로 표시한 이론 산소량 $O_o\left[\dfrac{(Nm^3)_{산소}}{(kg)_{연료}}\right]$
$O_o\left[\dfrac{(kg)_{공기}}{(kg)_{연료}}\right] = \dfrac{32}{12}C + \dfrac{16}{2}(H - \dfrac{O}{8}) + \dfrac{32}{32}S$ $= 2.67C + 8(H - \dfrac{O}{8}) + 1S$	$O_o\left[\dfrac{(Nm^3)_{산소}}{(kg)_{연료}}\right] = \dfrac{22.4}{12}C + \dfrac{11.2}{2}(H - \dfrac{O}{8}) + \dfrac{22.4}{32}S$ $= 1.87C + 5.6(H - \dfrac{O}{8}) + 0.7S$

   (2) 이론공기량(A_o) : 단위 중량당 연료를 완전연소시키기 위하여 필요한 최소한의 공기량

① 무게로 표시한 이론 산소량 $A_o\left[\dfrac{(kg)_{공기}}{(kg)_{연료}}\right]$	② 체적으로 표시한 이론 산소량 $A_o\left[\dfrac{(Nm^3)_{공기}}{(kg)_{연료}}\right]$
$A_o\left[\dfrac{(kg)_{산소}}{(kg)_{연료}}\right] = 11.49C + 34.5(H - \dfrac{O}{8}) + 4.3S$ $A_o\left[\dfrac{(kg)_{공기}}{(kg)_{연료}}\right] = O_o\left[\dfrac{(kg)_{산소}}{(kg)_{연료}}\right] \times \dfrac{1(kg)_{공기}}{0.232(kg)_{산소}}$ $= \left(2.67C + 8(H - \dfrac{O}{8}) + 1S\right) \times \dfrac{1(kg)_{공기}}{0.232(kg)_{산소}}$ $= 11.49C + 34.5(H - \dfrac{O}{8}) + 4.3S$	$A_o\left[\dfrac{(Nm^3)_{공기}}{(kg)_{연료}}\right] = 8.89C + 26.67(H - \dfrac{O}{8}) + 3.33S$ $A_o\left[\dfrac{(Nm^3)_{공기}}{(kg)_{연료}}\right] = O_o\left[\dfrac{(Nm^3)_{산소}}{(kg)_{연료}}\right] \times \dfrac{1(Nm^3)_{공기}}{0.21(Nm^3)_{산소}}$ $= \left(1.87C + 5.6(H - \dfrac{O}{8}) + 0.7S\right) \times \dfrac{1(Nm^3)_{공기}}{0.21(Nm^3)_{산소}}$ $= 8.89C + 26.7(H - \dfrac{O}{8}) + 3.33S$

   (3) (공기비=공기과잉계수)m

   ① $m = \dfrac{실제공기량(A)}{이론공기량(A_o)}$

   ② 과잉 공기량($\triangle A$), $\triangle A = A - A_o$

   ③ (과잉공기율)% $= \dfrac{\triangle A}{A_o} \times 100 = \dfrac{A - A_o}{A_o} \times 100 = \dfrac{mA_o - A_o}{A_o} \times 100 = (m-1) \times 100$

과년도 기출문제

연소공학

■ 고체연료 액체연료의 이론산소량(O_O), 이론공기량(A_O)

01 연료를 구성하는 가연원소로만 나열된 것은? ○ 19년9월21일

① 질소, 탄소, 산소
② 탄소, 질소, 불소
③ 탄소, 수소, 황
④ 질소, 수소, 황

해설
$C + O_2 \longrightarrow CO_2 + 97200[kcal]$
$H_2 + \frac{1}{2}O_2 \longrightarrow H_2O + 68000[kcal]$
$S + O_2 \longrightarrow SO_2 + 80000[kcal]$

02 탄소 1kg의 연소에 소요되는 공기량은 약 몇 Nm^3인가? ○ 18년9월15일

① 5.0   ② 7.0
③ 9.0   ④ 11.0

해설
$C + O_2 \longrightarrow CO_2 + 97200[kcal]$
12[kg] + 32[kg] → 44[kg] + 97200[kcal]
22.4[Nm^3] + 22.4[Nm^3] → 22.4[Nm^3]

$\frac{22.4[Nm^3]_{산소}}{12[kg]_{탄소}} \times \frac{1[Nm^3]_{공기}}{0.21[nm^3]_{산소}} = 8.88 \frac{[Nm^3]_{공기}}{[kg]_{탄소}}$

03 탄소 1kg을 완전 연소시키는데 필요한 공기량은 몇 Nm^3인가? ○ 21년5월15일

① 22.4   ② 11.2
③ 9.6   ④ 8.89

해설
$C + O_2 \longrightarrow CO_2 + 97200[kcal]$
12[kg] + 32[kg] → 44[kg] + 97200[kcal]
22.4[Nm^3] + 22.4[Nm^3] → 22.4[Nm^3]

04 탄소 1kg을 완전 연소시키는 데 필요한 공기량(Nm^3)은? (단, 공기 중의 산소와 질소의 체적 함유 비를 각각 21%와 79%로 하며 공기 1 kmol의 체적은 22.4 m^3 이다.) ○ 19년4월27일

① 6.75   ② 7.23
③ 8.89   ④ 9.97

해설
$C + O_2 \longrightarrow CO_2$
12[kg] + 32[kg] → 44[kg]
22.4[Nm^3] + 22.4[Nm^3] → 22.4[Nm^3]
$\frac{12[kg]}{12[kg]} + \frac{22.4[Nm^3]_{O_2}}{12[kg]_C} \longrightarrow \frac{22.4[Nm^3]_{CO_2}}{12[kg]_C}$
$1[kg]_C + 1.867\frac{[Nm^3]_{O_2}}{[kg]_C} \longrightarrow 1.867\frac{[Nm^3]_{CO_2}}{[kg]_C}$

$1.867\frac{[Nm^3]_{O_2}}{[kg]_C} \times \frac{1[Nm^3]_{Air}}{0.21[Nm^3]_{O_2}} = 8.89\frac{[Nm^3]_{Air}}{[kg]_C}$

05 탄소(C) 1/12kmol을 완전연소 시키는데 필요한 이론 산소량은? ○ 16년3월6일

① 1/12kmol   ② 1/2kmol
③ 1kmol   ④ 2kmol

해설
$C + O_2 \longrightarrow CO_2 + 97200[kcal]$
1kmol   1kmol   1kmol

정답 01 ③ 02 ③ 03 ④ 04 ③ 05 ①

06 탄소 1kg을 완전히 연소시키는데 요구되는 이론산소량은?
◆ 15년5월31일

① 약 $0.82 Nm^3/kg$ ② 약 $1.23 Nm^3/kg$
③ 약 $1.87 Nm^3/kg$ ④ 약 $2.45 Nm^3/kg$

해설

$C + O_2 \longrightarrow CO_2$
$12[kg] + 32[kg] \longrightarrow 44[kg]$
$22.4[Nm^3] + 22.4[Nm^3] \longrightarrow 22.4[Nm^3]$
$\frac{12[kg]}{12[kg]_C} + \frac{22.4[Nm^3]_{O_2}}{12[kg]_C} \longrightarrow \frac{22.4[Nm^3]_{CO_2}}{12[kg]_C}$
$1[kg]_C + 1.867\frac{[Nm^3]_{O_2}}{[kg]_C} \longrightarrow 1.867\frac{[Nm^3]_{CO_2}}{[kg]_C}$

07 황 2kg을 완전연소 시키는데 필요한 산소의 양은 Nm^3인가? (단, S의 원자량은 32이다.)
◆ 21년5월15일

① 0.70   ② 1.00
③ 1.40   ④ 3.33

해설

$S + O_2 \longrightarrow SO_2$
$32[kg] + 32[kg] \quad 64[kg]$
$22.4[m^3] + 22.4[m^3] \quad 22.4[m^3]$

$\frac{22.4 m^3}{32 kg 황} \times 2kg 황 = 1.4[m^3]_{산소}$

08 어떤 연료를 분석한 결과 탄소(C), 수소(H), 산소(O), 황(S) 등으로 나타낼 때 이 연료를 연소시키는데 필요한 이론 산소량을 구하는 계산식은? (단, 각 원소의 원자량은 산소 16, 수소 1, 탄소 12, 황 32이다.)
◆ 16년3월6일

① $1.867C + 5.6(H + \frac{O}{8}) + 0.7S [Nm^3/kg]$

② $1.867C + 5.6(H - \frac{O}{8}) + 0.7S [Nm^3/kg]$

③ $1.867C + 11.2(H + \frac{O}{8}) + 0.7S [Nm^3/kg]$

④ $1.867C + 11.2(H - \frac{O}{8}) + 0.7S [Nm^3/kg]$

풀이

(이론산소량) O_o

$O_o = \frac{[Nm^3]_{O_2}}{[kg]_{fuel}} = \frac{22.4[m^3]_{O_2}}{12[kg]_{CO_2}} + \frac{11.2[m^3]_{O_2}}{2[kg]_{H_2}}(H - \frac{O}{8}) + \frac{22.4[m^3]_{O_2}}{32[kg]_S}$

$= 1.867C + 5.6(H - \frac{O}{8}) + 0.7S$

09 액체연료를 연소시키는데 필요한 이론공기량을 옳게 표시한 것은?
◆ 14년3월2일

① $L_o = \frac{1}{0.232}\left(2.667C + 8(H - \frac{O}{8}) + S\right)\left[\frac{kg}{kg}\right]$

② $L_o = \frac{1}{0.232}\left(2.667C + 8(H - \frac{O}{8}) + S\right)\left[\frac{Nm^3}{kg}\right]$

③ $L_o = \frac{1}{0.21}(1.867C + 5.6H - 0.7O + 0.7S)\left[\frac{kg}{kg}\right]$

④ $L_o = \frac{1}{0.21}(1.867C + 5.6H - 0.7O + 0.7S)\left[\frac{Nm^3}{Nm^3}\right]$

해설 ▶ 액체연료를 연소시키는데 필요한 이론 공기량 L_o

$L_o\left[\frac{kg_{공기}}{kg_{연료}}\right] = \frac{1}{0.232}\left(2.667C + 8(H - \frac{O}{8}) + S\right)$

$L_o\left[\frac{Nm^3_{공기}}{kg_{연료}}\right] = \frac{1}{0.21}\left(1.867C + 5.6(H - \frac{O}{8}) + 0.7S\right)$

10 다음과 같은 질량조성을 가진 석탄의 완전연소에 필요한 이론공기량(kg/kg)은 얼마인가?
◆ 20년6월6일

| C : 64.0%, H : 5.3%, S : 0.1%, O : 8.8% |
| N : 0.8%, ash : 12.0%, water : 9.0% |

① 7.5   ② 8.8
③ 9.7   ④ 10.4

해설

$A_o\left[\frac{kg_{공기}}{kg_{연료}}\right] = \frac{1}{0.232}\left(2.667C + 8(H - \frac{O}{8}) + S\right)$

$= \frac{1}{0.232}\left(2.667 \times 0.64 + 8(0.053 - \frac{0.088}{8}) + 0.001\right)$

$= 8.8\left[\frac{kg_{공기}}{kg_{연료}}\right]$

정답 06 ③ 07 ③ 08 ② 09 ① 10 ②

11 다음 조성의 액체연료를 완전 연소시키기 위해 필요한 이론공기량은 약 몇 Sm^3/kg인가?
　　　　　　　　　　　　　　● 14년9월20일

| C : 0.70kg, H : 0.10kg, O : 0.05kg |
| S : 0.05%, N : 0.09kg, ash : 0.01kg |

① 8.9
② 11.5
③ 15.7
④ 18.9

풀이 (이론공기량) A_o

$A_o\left[\dfrac{Nm^3_{공기}}{kg_{연료}}\right] = 8.89C + 26.67\left(H - \dfrac{O}{8}\right) + 3.33S$

$= 8.89 \times 0.7 + 26.67 \times \left(0.1 - \dfrac{0.05}{8}\right) +$

$3.33 \times 0.05 = 8.89\left[\dfrac{Nm^3_{공기}}{kg_{연료}}\right]$

---

12 어떤 고체연료를 분석하니 중량비로 수소 10%, 탄소 80%, 회분 10%이었다. 이 연료 100kg을 완전연소시키기 위하여 필요한 이론공기량은 약 몇 Nm^3 인가?
　　　　　　　　　　　　　　● 22년3월5일

① 206
② 412
③ 490
④ 978

해설

(이론공기량) $A_o\left[\dfrac{kg}{kg}\right]$

$A_o\dfrac{[Nm^3]_{공기}}{[kg]_{연료}} = 8.89C + 26.67\left(H - \dfrac{O}{8}\right) + 3.33S$

$= 8.89 \times 0.8 + 26.67 \times \left(0.1 - \dfrac{0}{8}\right) + 3.33 \times 0$

$= 9.779 \dfrac{[Nm^3]_{공기}}{[kg]_{연료}}$

(총이론 공기량)
$A_o' = 9.779 \times 100 = 977.9 [Nm^3]_{air}$

---

13 다음 조성의 액체연료를 완전 연소시키기 위해 필요한 이론공기량은 약 몇 Sm^3/kg인가?
　　　　　　　　　　　　　　● 14년9월20일

| C : 0.70kg, H : 0.10kg, O : 0.05kg |
| S : 0.05%, N : 0.09kg, ash : 0.01kg |

① 8.9
② 11.5
③ 15.7
④ 18.9

풀이

$A_o\left[\dfrac{Sm^3_{공기}}{kg_{연료}}\right]$

$= 8.89C + 26.67\left(H - \dfrac{O}{8}\right) + 3.33S$

$= 8.89 \times 0.7 + 26.67\left(0.1 - \dfrac{0.05}{8}\right) + 3.33 \times 0.05$

$= 8.89\left[\dfrac{Sm^3_{공기}}{kg_{연료}}\right]$

---

14 중량비로 조성이 C : 87%, H : 10%, S : 3%인 중유 1kg을 연소시킬 때 필요한 이론공기량은 얼마인가?
　　　　　　　　　　　　　　● 14년9월20일

① $5.8m^3$
② $10.5m^3$
③ $23.8m^3$
④ $34.5m^3$

해설

$A_o\left[\dfrac{Sm^3_{공기}}{kg_{연료}}\right] = 8.89C + 26.67\left(H - \dfrac{O}{8}\right) + 3.33S$

$= 8.89 \times 0.87 + 26.67\left(0.1 - \dfrac{0}{8}\right) +$

$3.33 \times 0.03 = 10.5\left[\dfrac{Sm^3_{공기}}{kg_{연료}}\right]$

정답　11 ①　12 ④　13 ①　14 ②

15 중량비로 탄소 84%, 수소 13%, 유황 2%의 조성으로 되어 있는 경유의 이론공기량은 약 몇 Nm^3/kg인가?   ✪ 17년9월23일

① 5   ② 7
③ 9   ④ 11

해설

$$(\text{이론공기량}) A_o \frac{[Nm^3]_{air}}{[kg]_{fuel}}$$
$$= 8.89 \times C + 26.67(H - \frac{O}{8}) + 3.33S$$
$$= 8.89 \times 0.84 + 26.67 \times (0.13 - \frac{0}{8}) + 3.33 \times 0.02$$
$$= 11 \frac{[Nm^3]_{air}}{[kg]_{fuel}}$$

16 등유($C_{10}H_{20}$)를 연소시킬 때 필요한 이론 공기량은 약 몇 Nm^3/kg 인가?   ✪ 18년4월28일

① 15.6   ② 13.5
③ 11.4   ④ 9.2

해설

$$C_{10}H_{20} + 15\,O_2 \longrightarrow 10\,CO_2 + 10\,H_2O$$
$$140kg \quad 15 \times 22.4[m^3]$$

(이론산소량) O_o (이론공기량) A_o

$$O_o = \frac{15 \times 22.4 [Nm^3]_{산소}}{140 [kg]_{연료}} = \frac{2.4 [Nm^3]_{산소}}{[kg]_{연료}}$$

$$A_0 = \frac{2.4 [Nm^3]_{산소}}{[kg]_{연료}} \times \frac{1 [Nm^3]_{공기}}{0.21 [Nm^3]_{산소}} = 11.42 \frac{[Nm^3]_{공기}}{[kg]_{연료}}$$

정답   15 ④   16 ③

02 기체연료의 (이론산소량)O_o 및 (이론공기량)A_o

기체의 경우는 체적의 비로 구한다.

(1) $O_o\left[\dfrac{(Nm^3)_{산소}}{(Nm^3)_{연료}}\right] = (0.5H_2 + 0.5CO + 2CH_4 + 2.5C_2H_2 + 3C_2H_4 + 3.5C_2H_6 + \cdots) - O_2$

(2)
$$A_o\left[\dfrac{(Nm^3)_{공기}}{(Nm^3)_{연료}}\right] = O_o\left[\dfrac{(Nm^3)_{산소}}{(Nm^3)_{연료}}\right] \times \dfrac{1(Nm^3)_{공기}}{0.21(Nm^3)_{산소}}$$
$$= \left[(0.5H_2 + 0.5CO + 2CH_4 + 2.5C_2H_2 + 3C_2H_4 + 3.5C_2H_6 + \cdots) - O_2\right] \times \dfrac{1}{0.21}$$

여기서 O_2는 기체연료에 포함된 공기량의 체적비

(3) 탄화수소계의 이론 산소량 이론공기량

$$H_2 + \dfrac{1}{2}O_2 \longrightarrow H_2O$$

$$CO + \dfrac{1}{2}O_2 \longrightarrow CO_2$$

$$C_mH_n + \left(m + \dfrac{n}{4}\right)O_2 \longrightarrow mCO_2 + \dfrac{n}{2}H_2O$$

메탄 $CH_4 + 2O_2 \longrightarrow CO_2 + 2H_2O$

에탄 $C_2H_6 + 3.5O_2 \longrightarrow 2CO_2 + 3H_2O$

프로판 $C_3H_8 + 5O_2 \longrightarrow 3CO_2 + 4H_2O$

부탄 $C_4H_{10} + 6.5O_2 \longrightarrow 4CO_2 + 5H_2O$

에틸렌 $C_2H_4 + 3O_2 \longrightarrow 2CO_2 + 2H_2O$

에타인=에틴=아세틸렌 $C_2H_2 + 2.5O_2 \longrightarrow 2CO_2 + H_2O$

일반식	C_nH_{2n+2}	C_nH_{2n}	C_nH_{2n-2}	C_nH_{2n+1}
결합형태	단일 결합	2중 결합	3중 결합	원자단
명 칭	파라핀계(알칸)	올레핀계(알켄)	아세틸렌계(알킨)	알킬기
C1	CH_4 메탄	CH_2 메텐		CH_3 메틸기
C2	C_2H_6 에탄	C_2H_4 에텐	C_2H_2 아세틸렌=에틴	C_2H_5 에틸기
C3	C_3H_8 프로판	C_3H_6 프로펜	C_3H_4 프로핀	C_3H_7 프로필기
C4	C_4H_{10} 부탄	C_4H_8 부텐	C_4H_6 부틴	C_4H_9 부틸기
C5	C_5H_{12} 펜탄	C_5H_{10} 펜텐	C_5H_8 펜틴	C_5H_{11} 펜틸기

과년도 기출문제

연소공학

■ 기체연료의 이론산소량(O_O), 이론공기량(A_O)

01 산소 1Nm³을 연소에 이용하려면 필요한 공기량(Nm³)은? ● 16년5월8일

① 1.9
② 2.8
③ 3.7
④ 4.8

해설 $1[Nm^3]_{O_2} \times \dfrac{1[Nm^3]_{air}}{0.21[Nm^3]_{O_2}} = 4.78[Nm^3]_{air}$

02 C_mH_n 1Nm³를 완전 연소시켰을 때 생기는 H_2O의 양(Nm³)은? (단, 분자식의 첨자 m, n과 답항의 n 은 상수이다.) ● 19년4월27일

① n/4
② n/2
③ n
④ 2n

해설 $C_mH_n + (m + \dfrac{n}{4})O_2 \longrightarrow mCO_2 + \dfrac{n}{2}H_2O$

03 다음 연소반응식 중 옳은 것은? ● 17년9월23일

① $C_2H_6 + 3O_2 \rightarrow 2CO_2 + 4H_2O$
② $C_3H_8 + 5O_2 \rightarrow 2CO_2 + 6H_2O$
③ $C_4H_{10} + 6O_2 \rightarrow 4CO_2 + 5H_2O$
④ $CH_4 + 2O_2 \rightarrow CO_2 + 2H_2O$

해설 $C_mH_n + (m + \dfrac{n}{4})O_2 \longrightarrow mCO_2 + \dfrac{n}{2}H_2O$
메탄 $CH_4 + 2O_2 \longrightarrow CO_2 + 2H_2O$
에탄 $C_2H_6 + 3.5O_2 \longrightarrow 2CO_2 + 3H_2O$
프로판 $C_3H_8 + 5O_2 \longrightarrow 3CO_2 + 4H_2O$
부탄 $C_4H_{10} + 6.5O_2 \longrightarrow 4CO_2 + 5H_2O$

04 다음 연소 반응식 중에서 틀린 것은? ● 21년5월15일

① $CH_4 + 2O_2 \rightarrow CO_2 + 2H_2O$
② $C_2H_6 + 3\dfrac{1}{2}O_2 \rightarrow 2CO_2 + 3H_2O$
③ $C_3H_8 + 5O_2 \rightarrow 3CO_2 + 4H_2O$
④ $C_4H_{10} + 9O_2 \rightarrow 4CO_2 + 5H_2O$

해설 $C_4H_{10} + 6.5O_2 \longrightarrow 4CO_2 + 5H_2O$

★★
05 분자식이 C_mH_n 인 탄화수소가스 1Nm³을 완전 연소시키는데 필요한 이론공기량은 약 몇 Nm³인가? (단, C_mH_n의 m, n은 상수이다.) ● 21년3월7일

① $m + 0.25n$
② $1.19m + 4.76n$
③ $4m + 0.5n$
④ $4.76m + 1.19n$

해설 $C_mH_n + (m + \dfrac{n}{4})O_2 \longrightarrow mCO_2 + \dfrac{n}{2}H_2O$
(이론공기량)
$A_o = \dfrac{(m + \dfrac{n}{4})O_2}{0.21} = 4.76m + 1.19n$

정답 01 ④ 02 ② 03 ④ 04 ④ 05 ④

06 C_mH_n 1 Nm³를 공기비 1.2로 연소시킬 때 필요한 실제 공기량은 약 몇 Nm³인가?

◉ 22년3월5일

① $\dfrac{1.2}{0.21}\left(m+\dfrac{n}{2}\right)$ ② $\dfrac{1.2}{0.21}\left(m+\dfrac{n}{4}\right)$

③ $\dfrac{1.2}{0.79}\left(m+\dfrac{n}{2}\right)$ ④ $\dfrac{1.2}{0.79}\left(m+\dfrac{n}{4}\right)$

해설 $C_mH_n + (m+\dfrac{n}{4})O_2 \longrightarrow mCO_2 + \dfrac{n}{2}H_2O$

(이론공기량) A_o, (실제공기량) A

$A_o = \dfrac{(m+\dfrac{n}{4})[Nm^3]_{산소}}{1[Nm^3]_{연료}} \times \dfrac{1[Nm^3]_{공기}}{0.21[Nm^3]_{산소}} = \dfrac{(m+\dfrac{n}{4})[Nm^3]_{공기}}{0.21[Nm^3]_{연료}}$

$A = m \times A_o = \dfrac{1.2}{0.21}\left(m+\dfrac{n}{4}\right)\dfrac{[Nm^3]_{공기}}{[Nm^3]_{연료}}$

★★★
07 수소가 완전 연소하여 물이 될 때, 수소와 연소용 산소와 물의 몰(mol)비는? ◉ 21년5월15일

① 1 : 1 : 1 ② 1 : 2 : 1
③ 2 : 1 : 2 ④ 2 : 1 : 3

해설 $H_2 + \dfrac{1}{2}O_2 \longrightarrow H_2O$

수소 : 산소 : 물 = 1 : $\dfrac{1}{2}$: 1 = 2 : 1 : 2

08 수소 1kg을 완전히 연소시키는데 요구되는 이론산소량은 몇 Nm³인가? ◉ 20년9월26일

① 1.86   ② 2.8
③ 5.6   ④ 26.7

해설 $H_2 + \dfrac{1}{2}O_2 \longrightarrow H_2O$

2[kg] + 16[kg]   18[kg]
22.4[Nm³] + 11.2[Nm³]   22.4[Nm³]

$\dfrac{11.2[Nm^3]}{2[kg]} = 5.6\dfrac{[Nm^3]}{[kg]}$

09 1Nm³의 질량이 2.59kg인 기체는 무엇인가?

◉ 20년8월22일

① 메테인(CH_4)
② 에테인(C_2H_6)
③ 프로페인(C_3H_8)
④ 뷰테인(C_4H_{10})

해설 $\dfrac{2.59kg}{m^3} \times 22.4m^3 = 58kg$

분자량이 58kg은 뷰테인(C_4H_{10})이다.

10 CH_4 1 Sm³를 완전연소시키는데 필요한 공기량은? ◉ 14년5월25일

① 9.52 Sm³
② 11.5 Sm³
③ 13.5 Sm³
④ 15.52 Sm³

해설 $CH_4 + 2O_2 \longrightarrow CO_2 + 2H_2O$

1[sm³] + 2[sm³]$_{O_2}$ ⟶ 1[sm³]

$2[sm^3]_{O_2} \times \dfrac{1[sm^3]_{Air}}{0.21[sm^3]_{O_2}} = 9.52\dfrac{[sm^3]_{Air}}{[sm^3]_{CH_4}}$

11 메탄(CH_4) 64kg을 연소시킬 때 이론적으로 필요한 산소량은 몇 kmol 인가?

◉ 19년9월21일

① 1
② 2
③ 4
④ 8

해설 $CH_4 + 2O_2 \longrightarrow CO_2 + 2H_2O$

1kmol + 2kmol   1kmol + 2kmol
4×16kg + 4×2kmol

정답 06 ② 07 ③ 08 ③ 09 ④ 10 ① 11 ④

12 C_2H_4가 10g 연소할 때 표준상태인 공기는 160g 소모되었다. 이 때 과잉공기량은 약 몇 g 인가? (단, 공기 중 산소의 중량비는 23.2% 이다.)

○ 21년9월12일

① 12.22　　② 13.22
③ 14.22　　④ 15.22

해설 에틸렌 $C_2H_4 + 3O_2 \longrightarrow 2CO_2 + 2H_2O$
　　　　　　28[kg]　+ 3×32[kg]

$$\frac{3 \times 32[g]}{28[g]} = 3.428 \frac{[g]산소}{[g]연료}$$

$$3.428 \frac{[g]산소}{[g]연료} \times \frac{1[g]}{0.232[g]} = 14.77 \frac{[g]공기}{[g]연료}$$

(실제공급된공기질량) $14.77 \times 10 = 147.7g$
(과잉공기량) = $160 - 147.7 = 12.21g$

13 헵테인(C_7H_{16})1kg을 완전 연소하는데 필요한 이론공기량(kg)은? (단, 공기 중 산소 질량비는 23%이다.)

○ 20년8월22일

① 11.64　　② 13.21
③ 15.30　　④ 17.17

해설
$C_mH_n + (m+\frac{n}{4})O_2 \longrightarrow mCO_2 + \frac{n}{2}H_2O$

$C_7H_{16} + \quad 11O_2 \longrightarrow 7CO_2 + 8H_2O$
100[kg]　+　11×32[kg]　　　　452[kg]
$\frac{100[kg]}{100[kg]}$ + $\frac{11\times32[kg]}{100[kg]}$ 　　$\frac{452[kg]}{100[kg]}$
1[kg]　+　3.52[kg]　　　　4.52[kg]

(이론공기량)$A_O = 3.52 \times \frac{1}{0.23} = 15.3 \frac{kg}{kg}$

14 11g의 프로판이 완전연소 시 생성되는 물의 질량(g)은?

○ 20년6월6일

① 44　　② 34
③ 28　　④ 18

해설 $C_3H_8 + 5O_2 \longrightarrow 3CO_2 + 4H_2O$
　　　　44kg　　5×32kg　　3×44kg　4×18kg
　　　　11kg　　　　　　　　　　　18kg

15 프로판가스 1kg 연소시킬 때 필요한 이론 공기량은 약 몇 Sm^3/kg인가?

○ 18년3월4일

① 10.2
② 11.3
③ 12.1
④ 13.2

해설 $C_3H_8 + 5O_2 \longrightarrow 3CO_2 + 4H_2O$
　　　　44kg　　$5 \times 22.4[m^3]$

$$A_o = \frac{5 \times 22.4[m^3]_{O_2}}{44[kg]_{fuel}} \times \frac{1[m^3]_{air}}{0.21[m^3]_{O_2}} = 12.12 \frac{[m^3]_{air}}{[kg]_{fuel}}$$

16 프로판가스(C_3H_8) $1Nm^3$을 완전연소시키는 데 필요한 이론공기량은 약 몇 Nm^3인가?

○ 18년9월15일

① 23.8
② 11.9
③ 9.52
④ 5

해설 $C_3H_8 + 5O_2 \longrightarrow 3CO_2 + 4H_2O$

$$\frac{5[Nm^3]산소}{[Nm^3]프로판} \times \frac{1[Nm^3]공기}{0.21[nm^3]산소} = 23.8 \frac{[Nm^3]공기}{[Nm^3]프로판}$$

17 프로판(Propane) 가스 1kg을 완전연소시킬 때 필요한 이론공기량(Sm^3/kg)은?

○ 12년9월15일

① 6　　② 8
③ 10　④ 12

풀이
$C_3H_8 + 5O_2 \longrightarrow 3CO_2 + 4H_2O$
44kg　+ $5 \times 22.4[Sm^3]$

1kg　+ $\frac{5 \times 22.4[Sm^3]}{44kg}$ = $2.54 \frac{[Sm^3]O_2}{kg_{C_3H_8}}$　프로판 1kg 연소 하는데 필요한 산소량 $2.54[Sm^3]$

$2.54 \frac{[Sm^3]O_2}{kg_{C_3H_8}} \times \frac{1[Sm^3]_{Air}}{0.21[Sm^3]O_2} = 12.09 \frac{[Sm^3]Air}{kg_{C_3H_8}}$　프로판 1kg 연소 하는데 필요한 공기량 $12.09[Sm^3]$

정답 12 ①　13 ③　14 ④　15 ③　16 ①　17 ④

18 상온, 상압에서 프로판-공기의 가연성 혼합기체를 완전 연소시킬 때 프로판 1kg을 연소시키기 위하여 공기는 몇 kg이 필요한가? (단, 공기 중 산소는 23.15wt%이다.) ● 13년3월10일

① 3.6　　　② 15.7
③ 17.3　　 ④ 19.2

해설

$C_3H_8 + 5O_2 \longrightarrow 3CO_2 + 4H_2O$
44kg + 5×32kg

$1kg \times \dfrac{5 \times 32kg}{44kg} = 3.636 \dfrac{kg_{O_2}}{kg_{C_3H_8}}$ 프로판 1kg 연소 하는데 필요한 산소량 $3.636 \dfrac{kg_{O_2}}{kg_{C_3H_8}}$

$3.636 \dfrac{kg_{O_2}}{kg_{C_3H_8}} \times \dfrac{1kg_{Air}}{0.2315 kg_{O_2}} = 15.07 \dfrac{kg_{Air}}{kg_{C_3H_8}}$ 프로판 1kg 연소 하는데 필요한 공기량 $15.07 \dfrac{kg_{Air}}{kg_{C_3H_8}}$

19 프로판가스(C_3H_8) 1m³을 공기비 1.15로 완전연소시키는데 필요한 공기량은 몇 m³인가? ● 13년3월10일

① 20.23m³　　② 23.8m³
③ 27.37m³　　④ 30.7m³

해설

$C_3H_8 + 5O_2 \longrightarrow 3CO_2 + 4H_2O$
22.4[Sm³] + 5×22.4[Sm³]

$1[Sm^3] \times \dfrac{5 \times 22.4[Sm^3]}{22.4[Sm^3]} = 5 \dfrac{[Sm^3]_{O_2}}{[Sm^3]_{C_3H_8}}$ 프로판 1m³ 연소 하는데 필요한 산소량 $5 \dfrac{[Sm^3]_{O_2}}{[Sm^3]_{C_3H_8}}$

$5 \dfrac{[Sm^3]_{O_2}}{[Sm^3]_{C_3H_8}} \times \dfrac{1[Sm^3]_{Air}}{0.21[Sm^3]_{O_2}} = 23.8 \dfrac{[Sm^3]_{Air}}{[Sm^3]_{C_3H_8}}$ 프로판 1m³ 연소 하는데 필요한 이론공기량 $23.8 \dfrac{[Sm^3]_{Air}}{[Sm^3]_{C_3H_8}}$

★★
20 프로판(Propane)가스 2kg을 완전 연소시킬 때 필요한 이론공기량은 약 몇 Nm³인가? ● 18년4월28일

① 6　　　② 8
③ 16　　 ④ 24

해설　$C_3H_8 + 5O_2 \longrightarrow 3CO_2 + 4H_2O$
　　　　44kg　　5×22.4[m³]

(이론산소량)

$O_o = \dfrac{5 \times 22.4[Nm^3]_{산소}}{44[kg]_{연료}} = \dfrac{2.545[Nm^3]_{산소}}{[kg]_{연료}}$

(이론공기량) A_o

$A_o = \dfrac{2.545[Nm^3]_{산소}}{[kg]_{연료}} \times \dfrac{1[Nm^3]_{공기}}{0.21[Nm^3]_{산소}} = 12.11 \dfrac{[Nm^3]_{공기}}{[kg]_{연료}}$

$A_o' = 12.11 \dfrac{[Nm^3]_{공기}}{[kg]_{연료}} \times 2[kg]_{연료} = 24.23[Nm^3]_{공기}$

프로판(Propane)가스 2kg을 완전 연소시킬 때 필요한 이론공기량 = $12.09 \times 2 = 24.18[Sm^3]$

21 부탄의 연소반응에 대한 설명으로 틀린 것은? ● 14년5월25일

① 부탄 1kg을 연소시키기 위해서는 2.51Sm³의 산소가 필요하다.
② 부탄을 완전 연소시키기 위해서는 질량으로 6.5배의 산소가 필요하다.
③ 부탄 1m³을 연소시키면 4m³의 탄산가스가 발생한다.
④ 부탄과 산소의 질량의 합은 탄산가스와 수증기의 질량의 합과 같다.

해설

$C_4H_{10} + 6.5O_2 \longrightarrow 4CO_2 + 5H_2O$
58kg　+ 6.5×22.4[Sm³]$_{O_2}$

$1kg + \dfrac{6.5 \times 22.4[Sm^3]_{O_2}}{58kg} = 2.51 \dfrac{[Sm^3]_{O_2}}{[kg]_{C_4H_{10}}}$

58kg　+ 6.5×32[kg]$_{O_2}$

$1kg + \dfrac{6.5 \times 32[kg]_{O_2}}{58kg} = 3.586 \dfrac{[kg]_{O_2}}{[kg]_{C_4H_{10}}}$

★★
22 일산화탄소 1Sm³을 완전 연소시키는데 필요한 이론공기량(Sm³)은? ● 14년9월20일

① 2.38　　② 2.67
③ 4.31　　④ 4.76

해설　$CO + \dfrac{1}{2}O_2 \longrightarrow CO_2$

$1[Sm^3] + \dfrac{1}{2}[Sm^3]_{O_2}$

$\dfrac{1}{2}[Sm^3]_{O_2} \times \dfrac{1[Sm^3]_{Air}}{0.21[Sm^3]_{O_2}} = 2.38 \dfrac{[Sm^3]_{Air}}{[Sm^3]_{CO}}$

정답 18 ②　19 ③　20 ④　21 ②　22 ①

23 메탄올(CH_3OH) 1kg을 완전연소 하는데 필요한 이론공기량은 약 몇 Nm^3인가?

                                      ● 22년3월5일

① 4.0 ② 4.5
③ 5.0 ④ 5.5

해설
$CH_3OH + 1.5O_2 \rightarrow CO_2 + 2H_2O$

$32kg + \left(\dfrac{1.5 \times 22.4 [Nm^3]_{산소}}{32 [kg]_{메탄올}} = \dfrac{1.05 [Nm^3]_{산소}}{1 [kg]_{메탄올}}\right)$

$\dfrac{1.05 [Nm^3]_{산소}}{1 [kg]_{메탄올}} \times \dfrac{1 [Nm^3]_{공기}}{0.21 [Nm^3]_{산소}} = \dfrac{5 [Nm^3]_{공기}}{1 [kg]_{메탄올}}$

24 다음 체적비(%)의 코크스로 가스 $1Nm^3$를 완전연소시키기 위하여 필요한 이론공기량은 약 몇 Nm^3인가?

                                      ● 22년4월24일

CO_2 : 2.1, C_2H_4 : 3.4, O_2 : 0.1, N_2 : 3.3, CO : 6.6, CH_4 : 32.5, H_2 : 52.0

① 0.97 ② 2.97
③ 4.97 ④ 6.97

해설
$A_0 \dfrac{[Nm^3]_{공기}}{[Nm^3]_{연료}} = 2.38(H_2 + CO) + 9.52CH_4 + 14.3C_2H_4 - 4.8O_2$
$= 2.38 \times (0.52 + 0.066) + 9.52 \times 0.325 + 14.3 \times 0.034 - 4.8 \times 0.001$
$= 4.97 \dfrac{[Nm^3]_{공기}}{[Nm^3]_{연료}}$

25 기체연료의 체적 분석결과 H_2가 45%, CO가 40%, CH_4가 15%이다. 이 연료 $1m^3$를 연소하는데 필요한 이론공기량은 몇 m^3인가?(단, 공기 중의 산소 : 질소의 체적비는 1:3.770이다.)

                                      ● 17년9월23일

① 3.12 ② 2.14
③ 3.46 ④ 4.43

해설
이론산소량 $O_o \dfrac{[Nm^3]_{산소}}{[Nm^3]_{연료}}$
$= \dfrac{1}{2}H_2 + \dfrac{1}{2}CO + 2CH_4 + 3C_2H_4 + 2.5C_2H_2 + 3.5C_2H_6 - O_2$
$= \dfrac{1}{2} \times 0.45 + \dfrac{1}{2} \times 0.4 + 2 \times 0.15$
$= 0.725 \dfrac{[Nm^3]_{산소}}{[Nm^3]_{연료}}$

이론공기량 $A_0 = 0.725 \dfrac{[Nm^3]_{산소}}{[Nm^3]_{연료}} \times \dfrac{(1+3.77)[Nm^3]_{공기}}{1[Nm^3]_{산소}} = 3.46 \dfrac{[Nm^3]_{공기}}{[Nm^3]_{연료}}$

26 다음의 혼합 가스 $1 Nm^3$의 이론 공기량(Nm^3/Nm^3)은? (단, C_3H_8 : 70%, C_4H_{10} : 30%이다.)

                                      ● 17년5월7일

① 24 ② 26
③ 28 ④ 30

해설
$C_3H_8 + 5O_2 \longrightarrow 3CO_2 + 4H_2O$
$C_4H_{10} + 6.5O_2 \longrightarrow 4CO_2 + 5H_2O$

$(5 \times 0.7 + 6.5 \times 0.3)[Nm^3]_{산소} \times \dfrac{1[Nm^3]_{공기}}{0.21[Nm^3]_{산소}} = 25.95 [Nm^3]_{공기}$

27 H_2 50%, CO 50%인 기체연료의 연소에 필요한 이론공기량 (Sm^3/Sm^3)은 얼마인가?

                                      ● 14년5월25일

① 0.50 ② 1.00
③ 2.38 ④ 3.30

해설 ▶ 기체연료의 연소에 필요한 이론 공기량

$A_o \left[\dfrac{Sm^3_{공기량}}{Sm^3_{기체연료}}\right]$

$A_o \left[\dfrac{Sm^3_{공기량}}{Sm^3_{기체연료}}\right]$
$= 2.38(H_2 + CO) + 9.52CH_4 + 14.3C_2H_4 + 23.8C_3H_8 - 4.8O_2$
$= 2.38(0.5 + 0.5) + 9.52 \times 0 + 14.3 \times 0 + 23.8 \times 0 - 4.8 \times 0$
$= 2.38 \left[\dfrac{Sm^3_{공기량}}{Sm^3_{기체연료}}\right]$

정답   23 ③   24 ③   25 ③   26 ②   27 ③

28 건조공기를 사용하여 수성가스를 연소시킬 때 공기량은? (단, 공기과잉률 : 1.30, CO_2 : 4.5%, O_2 : 0.2%, CO : 38%, H_2 : 52.0%, N_2 : 5.3%이다.) ○ 16년10월1일

① $4.95Nm^3/Nm^3$
② $4.27Nm^3/Nm^3$
③ $3.50Nm^3/Nm^3$
④ $2.77Nm^3/Nm^3$

해설 ▶ 수성가스(water gas)는 일산화탄소와 수소가 혼합된 연료 가스이다. 수성가스는 연료층(코크스)에 공기를 번갈아 가열하고 증기로 기화하여 생산합한다. 수증기만을 사용해 만들어진 수성가스는 일산화탄소 40%, 수소 50%가 주성분이며, 이산화탄소, 메탄, 질소 등을 함유하고 있다.

(기체연료의 이론공기량) A_0

$A_o \left[\dfrac{Sm^3_{공기량}}{Sm^3_{기체연료}} \right]$

$A_o = 2.38(H_2 + CO) + 9.52CH_4 + 14.3C_2H_4 + 23.8C_3H_8 - 4.8O_2$
$= 2.38(0.52 + 0.38) + 9.52 \times 0 + 14.3 \times 0 + 23.8 \times 0 - 4.8 \times 0.002$
$= 2.13 \left[\dfrac{Sm^3_{공기량}}{Sm^3_{기체연료}} \right]$

$A = m \times A_0 = 1.3 \times 2.13 = 2.769 \dfrac{[Nm^3]_{공기}}{[Nm^3]_{연료}}$

29 어떤 연료 가스를 분석하였더니 보기와 같았다. 이 가스 $1Nm^3$를 연소시키는데 필요한 이론산소량은 몇 Nm^3 인가? ○ 21년9월12일

수소 : 40%, 일산화탄소 : 10%, 메탄 : 10%, 질소 : 25%, 이산화탄소 : 10%, 산소 : 5%,

① 0.2 ② 0.4
③ 0.6 ④ 0.8

해설 (이론산소량)

$O_o = \dfrac{1}{2}H_2 + \dfrac{1}{2}CO + 2CH_4 + 3C_2H_4 - O_2$
$= \dfrac{1}{2} \times 0.4 + \dfrac{1}{2} \times 0.1 + 2 \times 0.1 - 0.05$
$= 0.4 Nm^3$

정답 **28** ④ **29** ②

03 연소가스량

1) 이론(연소)가스량 $G_o \frac{[m^3]_{연소가스}}{[kg]_{연료}}$, 실제(연소)가스량 $G \frac{[m^3]_{연소가스}}{[kg]_{연료}}$

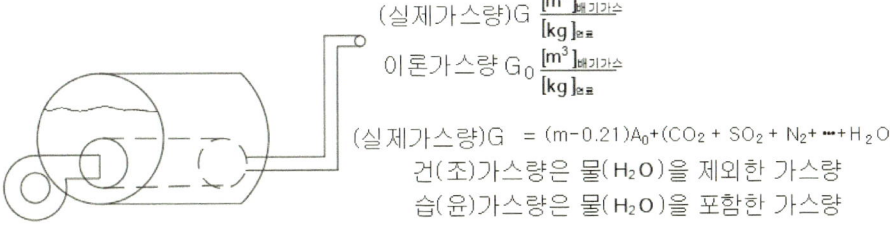

(실제가스량)G $\frac{[m^3]_{배기가스}}{[kg]_{연료}}$

이론가스량 G_0 $\frac{[m^3]_{배기가스}}{[kg]_{연료}}$

(실제가스량)G = (m-0.21)A₀+(CO₂ + SO₂ + N₂+ ⋯ +H₂O)

건(조)가스량은 물(H₂O)을 제외한 가스량
습(윤)가스량은 물(H₂O)을 포함한 가스량

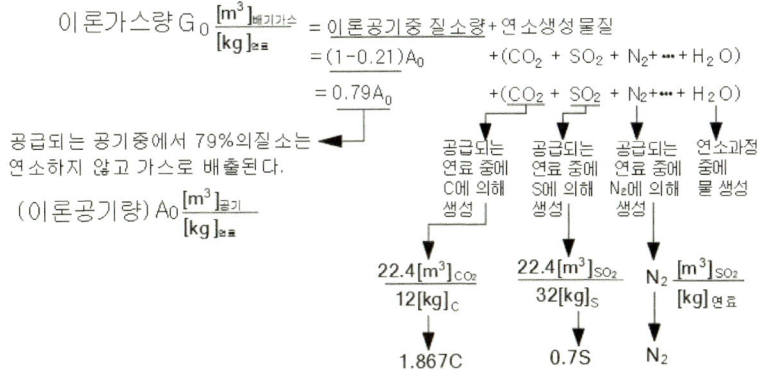

고체연료, 액체연료 연소가스량

이론연소가스량(G_0) ─ 이론건(조)가스량(G_{0d}) = 0.79A₀+(CO₂ + SO₂ + N₂) = 0.79A₀+(1.867C+0.7S+N₂)
$\frac{[m^3]_{배기가스}}{[kg]_{연료}}$ └ 이론습(윤)가스량(G_{0w}) = 0.79A₀+(CO₂ + SO₂ + N₂+H₂O) = 0.79A₀+(1.867C+0.7S+N₂+H₂O)

실제연소가스량(G) ─ 실제건(조)가스량(G_d) = G_{0d}+(m-1)A₀ = (m-0.21)A₀ + 1.867C+0.7S+N₂
$\frac{[m^3]_{배기가스}}{[kg]_{연료}}$ └ 이론습(윤)가스량(G_w) = G_{0w}+(m-1)A₀ = (m-0.21)A₀ + 1.867C+0.7S+N₂+H₂O

기체연료 연소가스량

(실제습가스량)G_w = (m-0.21)A₀ + (CO₂ + SO₂ + N₂+•••+H₂O)

$\frac{[m^3]_{배기가스}}{[m^3]_{연료}}$

(실제습가스량)$G_w = (m-0.21)A_o + \sum 연소생성물 [m^3]$

유도과정

(실제습가스량)$G_w = G_{0w} + (m-1)A_0$

(이론습가스량)G_{0w} = (이론공기중 질소량) + (연소생성물)

$\quad\quad\quad\quad\quad = 0.79A_0 \quad\quad + (CO_2 + SO_2 + N_2 + \bullet\bullet\bullet + H_2O)$

$\quad\quad\quad\quad\quad = (1-0.21)A_0 \quad + (CO_2 + SO_2 + N_2 + \bullet\bullet\bullet + H_2O)$

(실제습가스량)$G_w = \boxed{G_{0w}} + (m-1)A_0$

$\quad\quad\quad\quad\quad = \boxed{(1-0.21)A_0 + (CO_2 + SO_2 + N_2 + \bullet\bullet\bullet + H_2O)} + (m-1)A_0$

$\quad\quad\quad\quad\quad = (1-0.21+m-1)A_0 + (CO_2 + SO_2 + N_2 + \bullet\bullet\bullet + H_2O)$

$\quad\quad\quad\quad\quad = (m-0.21)A_0 + (CO_2 + SO_2 + N_2 + \bullet\bullet\bullet + H_2O)$

예제1

★★

Q 질량 기준으로 C 85%, H 12%, S 3%의 조성으로 되어 있는 중유를 공기비 1.1로 연소시킬 때 건연소가스양은 약 몇 Nm^3/kg인가?

① 9.7　　② 10.5
③ 11.3　　④ 12.1

해설

(이론공기량)A_o

$A_o \left[\dfrac{Nm^3_{공기}}{kg_{연료}}\right] = 8.89C + 26.67\left(H - \dfrac{O}{8}\right) + 3.33S$

$\quad\quad\quad\quad\quad = 8.89 \times 0.085 + 26.67 \times \left(0.12 - \dfrac{0}{8}\right) + 3.33 \times 0.03$

$\quad\quad\quad\quad\quad = 10.8568 \left[\dfrac{Nm^3_{공기}}{kg_{연료}}\right]$

(건연소가스량)G

$G = (m - 0.21)A_0 + 1.867C + 0.7S + 0.8N_2$

$\quad = (1.1 - 0.21) \times 10.8568 + 1.867 \times 0.85 + 0.7 \times 0.03 + 0.8 \times 0$

$\quad = 11.27 \dfrac{[Nm^3]_{가스량}}{[kg]_{fuel}}$

[정답] ③

예제2

Q 다음과 같은 조성의 석탄가스를 연소시켰을 때의 이론습연소가스량(Nm^3/Nm^3)은?

성분	CO	CO_2	H_2	CH_4	N_2
부피(%)	8	1	50	37	4

① 5.61　② 4.61
③ 3.94　④ 2.94

해설

필요한 산소량 $\dfrac{[m^3]_{O_2}}{[m^3]_{fule}} = \dfrac{1}{2}H_2 + \dfrac{1}{2}CO + 2CH_4 + 3C_2H_4 + 2.5C_2H_2 + 3.5C_2H_6 - O_2$

$A_O \dfrac{[m^3]_{air}}{[m^3]_{fule}} = \dfrac{1[m^3]_{air}}{0.21[m^3]_{O_2}} \times \left\{ \dfrac{1}{2}H_2 + \dfrac{1}{2}CO + 2CH_4 + 3C_2H_4 + 2.5C_2H_2 + 3.5C_2H_6 - O_2 \right\} \dfrac{[m^3]_{O_2}}{[m^3]_{fule}}$

$= 2.38H_2 + 2.38CO + 9.52CH_4 + 14.28C_2H_4 + 11.9C_2H_2 + 16.67C_2H_6 - 4.76O_2$

$A_O \dfrac{[m^3]_{air}}{[m^3]_{fule}} = 2.38H_2 + 2.38CO + 9.52CH_4 + 14.28C_2H_4 + 11.9C_2H_2 + 16.67C_2H_6 - 4.76O_2$

$= 2.38 \times 0.05 + 2.38 \times 0.08 + 9.52 \times 0.37 = 4.9 \dfrac{[m^3]_{air}}{[m^3]_{fule}}$

(이론습연소가스량) $G_{ow} \dfrac{[m^3]_{ow}}{[m^3]_{fule}} = (1 - 0.21)A_0 +$ 연소생성물

연소생성물 $= H_2 + 3CH_4 + CO_2 + CO + N_2$

$G_{ow} \dfrac{[m^3]_{ow}}{[m^3]_{fule}} = (1 - 0.21)A_0 +$ 연소생성물 $= (1 - 0.21) \times 4.9 + (0.5 + 3 \times 0.37 + 0.01 + 0.08 + 0.04) = 5.61 \dfrac{[m^3]_{ow}}{[m^3]_{fule}}$

[정답] ①

구분		공식
이론공기량 A_o	액체 고체	$A_o[Nm^3/kg] = 8.89C + 26.67(H - \dfrac{O}{8}) + 3.33S$ ············ ①
		$A_o[kg/kg] = 11.49C + 34.5(H - \dfrac{O}{8}) + 4.3S$ ············ ②
	기체	$A_o[Nm^3/Nm^3] = \{(0.5H_2 + 0.5CO + 2CH_4 + 2.5C_2H_2 + 3C_2H_4 + 3.5C_2H_6 + \cdots) - O_2\} \times \dfrac{1}{0.21}$ $= 2.38H_2 + 2.38CO + 9.52CH_4 + 11.9C_2H_2 + 14.3C_2H_4 + 13.67C_2H_6 + \cdots) - 4.76O_2$ ············ ③

이론건연소 가스량 (G_{od})	액체 고체	$G_{od}[Nm^3/kg] = (1-0.21)A_o + 1.867C + 0.7S + 0.8N_2$ ················ ④
		$G_{od}[Nm^3/kg] = 8.89C + 21.07\left(H-\dfrac{O}{8}\right) + 3.33S + 0.8N_2$ ········ ⑤ ➡ ④식에 ① 식 대입
	기체	$G_{od}[Nm^3/Nm^3] = (1-0.21)A_o + CO_2 + CO + CH_4 + 2C_2H_4 + 3C_3H_8 + N_2$ ·········· ⑥
		$G_{od}[Nm^3/Nm^3] = 1.88H_2 + 2.88CO + CO_2 + 8.52CH_4 + 13.5C_2H_4 + 21.8C_3H_8 + N_2 - 3.8O_2$ ··· ⑦ ➡ ⑥식에 ③ 식 대입
실제건연소 가스량 G_d	액체 고체	$G_d[Nm^3/kg] = G_{od} + (m-1)A_o$ ················ ⑧
		$G_d[Nm^3/kg] = (m-0.21)A_o + 1.867C + 0.7C + 0.8N_2$ ········ ⑨
	기체	$G_d[Nm^3/Nm^3] = G_{od} + (m-1)A_o$ ················ ⑩
		$G_{od}[Nm^3/Nm^3] = (m-0.21)A_o + CO_2 + CO + CH_4 + 2C_2H_4 + 3C_3H_8 + N_2$ ·········· ⑪
이론습연소 가스량 G_{ow}	액체 고체	$G_{ow}[Nm^3/kg] = G_{od} + 1.224(9H+W)$ ················ ⑫
		$G_{ow}[Nm^3/kg] = (1-0.21)A_o + 1.867C + 0.7S + 0.8N_2 + 1.244(9H+W)$ ··········· ⑬
		$G_{ow}[Nm^3/kg] = 8.89C + 21.07\left(H-\dfrac{O}{8}\right) + 3.33S + 0.8N_2 + 0.8N_2 + 1.244(9H+W)$ ····· ⑭ ➡ ⑬식에 ① 식 대입
	기체	$G_{od}[Nm^3/Nm^3] = (1-0.21)A_o + CO_2 + CO + CH_4 + 2C_2H_4 + 3C_3H_8 + N_2 + H_2 + H_2O$ ·········· ⑮
		$G_{od}[Nm^3/Nm^3] = 2.88H_2 + 2.88CO + CO_2 + 10.5CH_4 + 15.3C_2H_4 + 25.8C_3H_8 + N_2 + H_2 + H_2O - 3.8O_2$ ··· ⑯ ➡ ⑮식에 ③ 식 대입
실제습연소 가스량 G_w	액체 고체	$G_w[Nm^3/kg] = G_d + 1.2244(9H+W)$ ················ ⑰
		$G_w[Nm^3/kg] = (m-0.21)A_o + 1.867C + 0.7S + 0.8N_2 + 1.244(9H+W)$ ··········· ⑱
	기체	$G_w[Nm^3/Nm^3] = G_{ow} + (m-1)A_o$ ················ ⑲
		$G_{od}[Nm^3/Nm^3] = (m-0.21)A_o + CO_2 + CO + CH_4 + 2C_2H_4 + 3C_3H_8 + N_2 + H_2 + H_2O$ ·········· ⑳

※ (기체 연료의 이론 건연소가스) $G_{od}[Nm^3/Nm^3]$ ※

$$G_{0d}[Nm^3/Nm^3] = (1-0.21)A_0 + \boxed{CO_2} + \boxed{1}CO + \boxed{2}C_2H_4 + \boxed{3}C_3H_8 + \boxed{N_2}$$

연료의 이산화탄소 — CO_2
연료의 질소 — N_2
연소가스중의 질소성분
연소생성물질

$$CO + \tfrac{1}{2}O_2 \longrightarrow \boxed{1}CO_2$$

에틸렌 $C_2H_4 + 3O_2 \longrightarrow \boxed{2}CO_2 + 2H_2O$

프로판 $C_3H_8 + 5O_2 \longrightarrow \boxed{3}CO_2 + 4H_2O$

연소생성물 몰수비=체적비

과년도 기출문제

01 순수한 탄소 1kg을 이론공기량으로 완전 연소시켜서 나오는 연소 가스량은? ✚ 15년5월31일

① 약 $8.89 Nm^3/kg$
② 약 $10.593 Nm^3/kg$
③ 약 $12.89 Nm^3/kg$
④ 약 $14.59 Nm^3/kg$

02 C_2H_6 $1Nm^3$을 연소했을 때의 건연소가스량(Nm^3)은? (단, 공기 중 산소의 부피비는 21%이다.) ✚ 20년8월22일

① 4.5 ② 15.2
③ 18.1 ④ 22.4

해설

$$C_mH_n + (m + \frac{n}{4})O_2 \longrightarrow mCO_2 + \frac{n}{2}H_2O$$

$$C_2H_6 + 3.5O_2 \longrightarrow 2CO_2 + 3H_2O$$

(이론공기량) $A_o = \frac{3.5}{0.21} = 16.67 \frac{m^3}{m^3}$

(연소가스량)
$G_{od} = (m - 0.21)A_O + CO_2$
$= (1 - 0.21) \times 16.67 + 2 = 15.169 m^3$

03 부탄(C_4H_{10}) 1kg의 이론 습배기가스량은 약 몇 Nm^3/kg인가? ✚ 17년3월5일

① 10 ② 13
③ 16 ④ 19

해설

$$C_4H_{10} + 6.5O_2 \longrightarrow 4CO_2 + 5H_2O$$

58kg $(1-0.21) \times 6.5[m^3]_{산소} \times \frac{22.4[m^3]_{공기}}{0.21[m^3]_{산소}} = 547.73[m^3]_{배기공기}$

58kg $547.73[m^3]_{배기공기}$ $4 \times 22.4[m^3]_{CO_2} + 5 \times 22.4[m^3]_{H_2O}$

(습배기가스량) $G_{OW} = \frac{547.73[m^3]_{배기공기} + 4 \times 22.4[m^3]_{CO_2} + 5 \times 22.4[m^3]_{H_2O}}{58[kg]_{C_4H_{10}}} = \frac{12.91[m^3]}{[kg]_{C_4H_{10}}}$

04 CH_4 가스 $1Nm^3$를 30% 과잉공기로 연소시킬 때 완전연소에 의해 생성되는 실제 연소가스의 총량은 약 몇 Nm^3인가? ✚ 21년9월12일

① 2.4 ② 13.4
③ 23.1 ④ 82.3

해설

$CH_4 + 2O_2 \longrightarrow CO_2 + 2H_2O$
$1mol + 2mol \quad\quad 1mol + 2mol$

$G_w = (m - 0.21)A_o + CO_2 + H_2O$
$= (1.3 - 0.21)\frac{2}{0.21} + 1 + 2 = 13.37 \frac{[Nm^3]_{실제연소가스}}{[Nm^3]_{메탄}}$

★★★

05 수소 4kg을 과잉공기계수 1.4의 공기로 완전 연소시킬 때 발생하는 연소가스 중의 산소량은 약 몇 kg인가? ✚ 22년4월24일

① 3.20 ② 4.48
③ 6.40 ④ 12.8

해설

$$H_2 + \frac{1}{2}O_2 \longrightarrow H_2O$$

▶ 2kg + 16kg
4kg + 32kg

연소가스중의 산소량 $= (m-1) \times O_o = (1.4 - 1) \times 32 = 12.8 kg$

정답 01 ① 02 ② 03 ② 04 ② 05 ④

06 CH_4 가스 $1Nm^3$을 30% 과잉공기로 연소시킬 때 실제 연소가스량은? ● 16년3월6일

① 2.38 Nm^3/Nm^3 ② 13.36 Nm^3/Nm^3
③ 23.1 Nm^3/Nm^3 ④ 82.31 Nm^3/Nm^3

해설 $CH_4 + 2O_2 \longrightarrow CO_2 + 2H_2O$
(실제 연소가스량)
$$G_w = (m-0.21)A_0 + CO_2 + H_2O$$
$$= (1.3-0.21) \times 9.52 \frac{[Nm^3]_{air}}{[Nm^3]_{fuel}} + 1 + 2$$
$$= 13.37 \frac{[Nm^3]_{배기가스}}{[Nm^3]_{fuel}}$$

07 메탄 $1Nm^3$를 이론 산소량으로 완전 연소시켰을 때의 습연소 가스의 부피는 몇 Nm^3인가? ● 15년3월8일

① 1   ② 2
③ 3   ④ 4

해설 메탄 C_1H_4
$$C_mH_n + \left(m+\frac{n}{4}\right)O_2 \rightarrow mCO_2 + \frac{n}{2}H_2O$$
$$C_1H_4 + \left(1+\frac{4}{4}\right)O_2 \rightarrow 1CO_2 + \frac{4}{2}H_2O$$
$$CH_4 + 2O_2 \rightarrow CO_2 + 2H_2O$$
$CH_4 + 2O_2 \longrightarrow CO_2 + 2H_2O$
$1[sm^3] + 2[sm^3] \longrightarrow 1[sm^3] + 2[sm^3]$
                              습연소가스

08 수소 $1Nm^3$를 이론공기량으로 완전연소 시켰을 때 생성되는 이론 습윤 연소가스량 (Nm^3)은? ● 14년3월2일

① 1.88   ② 2.88
③ 3.88   ④ 4.88

해설 $H_2 + \frac{1}{2}O_2 \longrightarrow H_2O$
$1[Nm^3] + 0.5[Nm^3] \longrightarrow 1[Nm^3]$
(이론습윤 연소가스량)
$$G_{ow} = (1-0.21) \times \frac{0.5}{0.21} + 1 = 2.881[Nm^3]$$

09 옥테인(C_8H_{18})이 과잉공기율 2로 연소 시 연소가스 중의 산소 부피비(%)는? ● 20년8월22일

① 6.4   ② 10.1
③ 12.9   ④ 20.2

해설 $C_mH_n + \left(m+\frac{n}{4}\right)O_2 \longrightarrow mCO_2 + \frac{n}{2}H_2O$
$C_8H_{18} + 12.5O_2 \longrightarrow 8CO_2 + 9H_2O$
(이론공기량) $A_o = \frac{12.5}{0.21} = 59.5 \frac{m^3}{m^3}$
(연소가스량)
$$G_w = (m-0.21)A_O + CO_2 + H_2O$$
$$= (2-0.21) \times 59.5 + 8 + 9 = 123.5m^3$$
산소의 부피비 $= \frac{12.5}{123.5} \times 100 = 10.1\%$

10 옥탄(C_8H_{18})이 공기과잉율 2로 연소 시 연소가스 중 산소의 몰분율은? ● 13년6월2일

① 0.0647   ② 0.1012
③ 0.1294   ④ 0.2024

해설 ▶ 산소의 몰분률
산소의 몰분률 $= \frac{산소의 체적}{실제 습연소가스량} = \frac{12.5}{123.5} = 0.1012$

(실제습연소가스량) $G_w = (m-0.21)A_o + CO_2 + H_2O$
$$= (2-0.21) \times 59.5 + 8 + 9$$
$$= 123.5m^3$$
$$C_mH_n + \left(m+\frac{n}{4}\right)O_2 \rightarrow mCO_2 + \frac{n}{2}H_2O$$
$$C_8H_{18} + \left(8+\frac{18}{4}\right)O_2 \rightarrow 8CO_2 + \frac{18}{2}H_2O$$
$$C_8H_{18} + 12.5O_2 \rightarrow 8CO_2 + 9H_2O$$
(이론공기량) $A_o = 12.5 \times \frac{1}{0.21} = 59.5[sm^3]$
(실제연소가스량)
$$G_w = (m-0.21)A_O + CO_2 + H_2O$$
$$= (2-0.21) \times 59.5 + 8 + 9 = 123.5m^3$$
산소의 부피비 $= \frac{12.5}{123.5} = 0.101$

정답 06 ② 07 ③ 08 ② 09 ② 10 ②

11 C_8H_{18} 1mol을 공기비 2로 연소시킬 때 연소가스 중 산소의 몰분율은?
　　　　　　　　　　　　　　　◎ 21년3월7일

① 0.065　　② 0.073
③ 0.086　　④ 0.101

해설　$C_8H_{18} + 12.5O_2 \longrightarrow 8CO_2 + 9H_2O$

(이론공기량) $A_o = \dfrac{12.5}{0.21} = 59.5 \dfrac{m^3}{m^3}$

(실제습연소가스량)
$G_w = (m-0.21)A_o + CO_2 + H_2O$
$\quad = (2-0.21) \times 59.5 + 8 + 9$
$\quad = 123.5 m^3$

(산소의 몰분율) $= \dfrac{산소의\ 체적}{실제습연소가스량} = \dfrac{12.5}{123.5} = 0.1012$

12 프로판 1Nm³를 공기비 1.1로서 완전연소시킬 경우 건연소가스량은 약 몇 Nm³인가?
　　　　　　　　　　　　　　　◎ 21년9월12일

① 20.2　　② 24.2
③ 26.2　　④ 33.2

해설　$C_3H_8 + 5O_2 \longrightarrow 3CO_2 + 4H_2O$
　　　　　　　　　　　　　　　　↓
　　　　　　　　　　　　　건연소가스

$G_d = (m-0.21)A_o + \sum 물을\ 제외한\ 연소생성물$
$\quad = (m-0.21)\dfrac{O_o}{0.21} + \sum 물을\ 제외한\ 연소생성물$
$\quad = (1.1-0.21) \times \dfrac{5}{0.21} + 3 = 24.19 \dfrac{m^3_{연소가스}}{m^3_{연료}}$

13 프로판(C_3H_8) 5Sm³를 이론산소량으로 완전연소시켰을 때의 건연소가스량은 몇 Sm³인가?
　　　　　　　　　　　　　　　◎ 13년3월10일

① 5　　② 10
③ 15　　④ 20

해설
▶ 건연소가스량은 물을 제외 한 것이다.

　　　　　　　　　　　　　　　건연소가스
　　$C_3H_8 + 5O_2 \longrightarrow 3CO_2 + 4H_2O$
　　$22.4[Sm^3] + 5\times22.4[Sm^3] \rightarrow 3\times22.4[Sm^3]$

　　$1[Sm^3] + \dfrac{5\times22.4[Sm^3]}{22.4[Sm^3]} \quad \dfrac{3\times22.4[Sm^3]}{22.4[Sm^3]}$

　　$1[Sm^3] + 5[Sm^3] \longrightarrow 3[Sm^3]$
　　　×　　　　×　　　　　×
　　　5　　　　5　　　　　5
　　$5[Sm^3] \quad 25[Sm^3] \quad 15[Sm^3]$

14 탄소 12kg을 과잉공기계수 1.2의 공기로 완전연소 시킬 때 발생하는 연소가스량은 약 몇 Nm³인가?
　　　　　　　　　　　　　　　◎ 21년9월12일

① 84
② 107
③ 128
④ 149

해설　$C + O_2 \longrightarrow CO_2 + 97200[kcal]$
　　　1kmol　1kmol　　1kmol

$G_d = (m-0.21) \times A_o + CO_2$
$\quad = (1.2-0.21) \times \dfrac{1}{0.21} + 1$
$\quad = 5.714 \dfrac{[Nm^3]_{건연소가스}}{[Nm^3]_{탄소}}$

탄소 $12kg$은 $1kmol$이고 체적은 $22.4m^3$

$G_d' = 5.714 \dfrac{[Nm^3]_{건연소가스}}{[Nm^3]_{탄소}} \times 22.4[Nm^3]_{탄소} = 128[Nm^3]_{건연소가스}$

정답　11 ④　12 ②　13 ③　14 ③

★★
15 질량 기준으로 C 85%, H 12%, S 3%의 조성으로 되어 있는 중유를 공기비 1.1로 연소시킬 때 건연소가스양은 약 몇 Nm³/kg인가?

◎ 19년3월3일

① 9.7   ② 10.5
③ 11.3 ④ 12.1

해설

(이론공기량) A_o

$$A_o\left[\frac{Nm^3_{공기}}{kg_{연료}}\right] = 8.89C + 26.67\left(H - \frac{O}{8}\right) + 3.33S$$

$$= 8.89 \times 0.085 + 26.67 \times \left(0.12 - \frac{0}{8}\right) + 3.33 \times 0.03$$

$$= 10.8568\left[\frac{Nm^3_{공기}}{kg_{연료}}\right]$$

(건연소가스량) G

$G = (m - 0.21)A_0 + 1.867C + 0.7S + 0.8N_2$
$= (1.1 - 0.21) \times 10.8568 + 1.867 \times 0.85 + 0.7 \times 0.03 + 0.8 \times 0$
$= 11.27 \dfrac{[Nm^3]_{가스량}}{[kg]_{fuel}}$

정답 15 ③

04 고위발열량(H_h), 저위발열량(H_l)

(1) 탄소 (C)

	C	+	O_2	→	CO_2	+	97200[kcal]
분자량	12[kg]		32[kg]	→	44[kg]	+	97200[kcal]
	$\frac{12[kg]}{12[kg]_C}$		$\frac{32[kg]}{12[kg]_C}$	→	$\frac{44[kg]}{12[kg]_C}$	+	$\frac{97200[kcal]}{12[kg]_C}$
탄소1[kg] 연소할때	$1[kg]_C$		$2.67\frac{[kg]}{[kg]_C}$	→	$3.67\frac{[kg]}{[kg]_C}$	+	$\frac{8100[kcal]}{[kg]_C}$
몰수	1[kmol]		1[kmol]	→	1[kmol]		
체적	22.4[m^3]		22.4[m^3]		22.4[m^3]		
탄소1[m^3] 연소할때	1[m^3]		1[m^3]		1[m^3]		

(2) 수소 (H)

	H_2	+	$\frac{1}{2}O_2$	→	H_2O	+	68000[kcal]
분자량	2[kg]		16[kg]	→	18[kg]	+	68000[kcal]
	$\frac{2[kg]}{2[kg]_H}$		$\frac{16[kg]}{2[kg]_H}$	→	$\frac{18[kg]}{2[kg]_H}$	+	$\frac{68000[kcal]}{2[kg]_H}$
수소1[kg] 연소할때	$1[kg]_H$		$8\frac{[kg]}{[kg]_H}$	→	$9\frac{[kg]}{[kg]_H}$	+	$\frac{34000[kcal]}{[kg]_H}$
몰수	1[kmol]		$\frac{1}{2}$[kmol]	→	1[kmol]		
체적	22.4[m^3]		11.2[m^3]		22.4[m^3]		
수소1[m^3] 연소할때	1[m^3]		0.5[m^3]		1[m^3]		

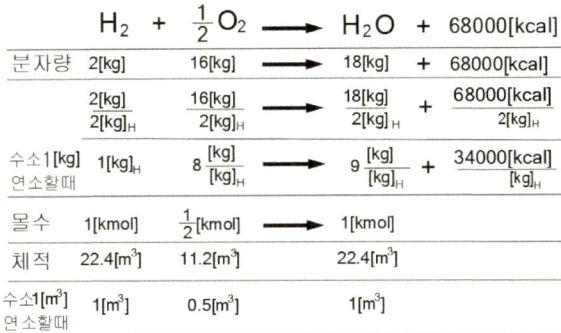

고체연료 or 액체연료

C (10[kg])　　　(유효수소)H_e
H (10[kg])　　　$H_e = (H - \frac{O}{8})$
S (10[kg])　　　　　$= (10 - \frac{24}{8})$
O (24[kg])　　　　　$= 7$ [kg]

(3) 황 (S)

	S	+	O_2	→	SO_2	+	80000[kcal]
분자량	32[kg]		32[kg]	→	64[kg]	+	80000[kcal]
	$\frac{32[kg]}{32[kg]_S}$		$\frac{32[kg]}{32[kg]_S}$	→	$\frac{64[kg]}{32[kg]_S}$	+	$\frac{80000[kcal]}{32[kg]_S}$
황1[kg] 연소할때	$1[kg]_S$		$1\frac{[kg]}{[kg]_S}$	→	$2\frac{[kg]}{[kg]_S}$	+	$\frac{2500[kcal]}{[kg]_S}$
몰수	1[kmol]		1[kmol]	→	1[kmol]		
체적	22.4[m^3]		22.4[m^3]		22.4[m^3]		
황1[m^3] 연소할때	1[m^3]		1[m^3]		1[m^3]		

$$(고위발열량) H_h \left[\frac{kcal}{kg}\right] = 8100C + 34000\left(H - \frac{O}{8}\right) + 2500S$$

(고위발열량) $H_h [\frac{MJ}{kg}] = 34C + 144(H - \frac{O}{8}) + 10.5S$

(저위발열량) $H_l [\frac{kcal}{kg}] = H_h - 600(9H + W)$

(저위발열량) $H_l [\frac{MJ}{kg}] = H_h - 2.52(9H + W)$

$1 kcal = 4.2 kJ = 0.0042 MJ$

연소공학 과년도 기출문제

01 탄소의 발열량은 약 몇 kcal/kg인가?
○ 17년3월5일

$$C + O_2 \rightarrow CO_2 + 97600 \text{kcal/kmol}$$

① 8133 ② 9760
③ 48800 ④ 97600

해설 $\dfrac{97600 kcal}{12 kg} = 8133.33 \dfrac{kcal}{kg}$

02 고위발열량과 저위발열량의 차이는 어떤 성분과 관련이 있는가?
○ 15년5월31일

① 황 ② 탄소
③ 질소 ④ 수소

해설 수소는 산소와 반응하여 물을 생성 한다.

03 액체연료 1kg 중에 같은 질량의 성분이 포함될 때, 다음 중 고위발열량에 가장 크게 기여하는 성분은?
○ 18년4월28일

① 수소 ② 탄소
③ 황 ④ 회분

해설 (고위발열량) $H_h = H_l + 600(9H + W)$
수소(H)와 물(W)의 양이다.

04 표준 상태에서 고위발열량과 저위발열량의 차이는?
○ 18년9월15일

① 80 cal/mol
② 539 cal/mol
③ 9200 cal/mol
④ 9702 cal/mol

해설 $H_h - H_l = \gamma$
(물의 증발잠열) $\gamma = \dfrac{539[kcal]}{[kg]}$
$= 539 \dfrac{[cal]}{[g]} = 539 \dfrac{[cal]}{\dfrac{1}{18}[mol]} = 9702 \dfrac{[cal]}{[mol]}$

물 $18[g] = 1[mol]$, $1[g] = \dfrac{1}{18}[mol]$

05 연료의 성분이 어떤 경우에 총(고위)발열량과 진(저위)발열량이 같아지는가?
○ 13년9월28일

① 수소만인 경우
② 수소와 일산화탄소인 경우
③ 일산화탄소와 메탄인 경우
④ 일산화탄소와 유황의 경우

해설 물이 생성되지 않는 반응이 총(고위)발열량과 진(저위)발열량이 같다.

$$H_2 + \dfrac{1}{2} O_2 \longrightarrow H_2O$$
$$CO + \dfrac{1}{2} O_2 \longrightarrow CO_2$$
$$CH_4 + 2O_2 \longrightarrow CO_2 + 2H_2O$$
$$S + O_2 \longrightarrow SO_2$$

정답 01 ① 02 ④ 03 ① 04 ④ 05 ④

06 액체 연료의 발열량 산출식으로 옳은 것은? (단, H_L : 저위 발열량, H_h : 고위발열량, 연료 1kg 중의 C, H, O, S 이다.) ● 14년3월2일

① $H_h = 33.9C + 144(H - O/8) + 10.5S$ [MJ/kg]

② $H_h = 33.9C + 119.6(H - O/8) + 9.3S$ [MJ/kg]

③ $H_L = 33.9C + 119.6(H + O/8) + 9.3S$ [MJ/kg]

④ $H_L = 33.9C + 142.C(H + O/8) + 9.3S$ [MJ/kg]

해설
$H_h = 8100C + 34000(H - \dfrac{O}{8}) + 2500S [\dfrac{kcal}{kg}]$

$1kcal = 4.2KJ = 0.0042MJ$

$H_h = 34C + 144(H - \dfrac{O}{8}) + 10.5S [\dfrac{MJ}{kg}]$

07 아래 표와 같은 질량분율을 갖는 고체 연료의 총 질량이 2.8kg일 때 고위발열량과 저위발열량은 각각 약 몇 MJ인가? ● 21년9월12일

C(탄소) : 80.2%, H(수소) : 12.3%,
S(황) : 2.5%, W(수분) : 1.2%,
O(산소) : 1.1%, 회분 : 2.7%

반응식	고위발열량 (MJ/kg)	저위발열량 (MJ/kg)
$C + O_2 \rightarrow CO_2$	32.79	32.79
$H + \frac{1}{4}O_2 \rightarrow \frac{1}{2}H_2O$	141.9	120.0
$S + O_2 \rightarrow SO_2$	9.265	9.265

① 44, 41
② 123, 115
③ 156, 141
④ 723, 786

해설
$H_h [\dfrac{kcal}{kg}] = 8100C + 34000(H - \dfrac{O}{8}) + 2500S$

$H_h [\dfrac{MJ}{kg}] = 34C + 144(H - \dfrac{O}{8}) + 10.5S$

$H_h [\dfrac{MJ}{kg}] = 32.79C + 141.9(H - \dfrac{O}{8}) + 9.265S$

$= 32.79 \times 0.802 + 141.9(0.123 - \dfrac{0.011}{8}) + 9.265 \times 0.025$

$= 43.79 \dfrac{MJ}{kg}$

고위발열량 $= 43.79 \dfrac{MJ}{kg} \times 2.8kg = 122.612MJ$

08 표준 상태에서 메탄 1mol이 연소할 때 고위발열량과 저위발열량의 차이는 약 몇 kJ인가? (단, 물의 증발잠열은 44kJ/mol이다.) ● 22년4월24일

① 42
② 68
③ 76
④ 88

해설
$CH_4 + 2O_2 \longrightarrow CO_2 + 2H_2O$
1mol + 2mol   1mol + 2mol
고위발열량=저위발열량+증발잠열
증발잠열=고위발열량－저발열량=44KJ/mol × 2mol=88KJ

09 고위발열량이 37.7MJ/kg인 연료 3kg이 연소할 때의 저위발열량은 몇 MJ인가? (단, 이 연료의 중량비는 수소 15%, 수분 1%이다.) ● 22년3월5일

① 52
② 103
③ 184
④ 217

해설
$H_l = H_h - 600(9H + W)$

$= 37.7 - 600 \times \dfrac{0.0042MJ}{1kcal} \times (9 \times 0.15 + 0.01) = 34.27[\dfrac{MJ}{kg}]$

전체 저위 발열량 $= 34.27[\dfrac{MJ}{kg}] \times 3[kg] = 102.8[MJ]$

저위발열량 : $H_l : [\dfrac{kcal}{kg}]$

고위발열량 : $H_l : [\dfrac{kcal}{kg}]$

현열을 포함함 증발잠열 : $600 \dfrac{kcal}{kg}$

H : 연료 $1kg$당 수소의 량$[kg]$
W : 연료 $1kg$당 물의 량$[kg]$

$1kcal = 4.2KJ = 0.0042MJ$

정답 06 ① 07 ② 08 ④ 09 ②

10 B중유 5kg을 완전 연소시켰을 때 저위발열량은 약 몇 MJ 인가? (단, B중유의 고위발열량은 41900 kJ/kg, 중유 1kg에 수소 H는 0.2kg, 수증기 W는 0.1kg 함유되어 있다.)

◎ 20년9월26일

① 96   ② 126
③ 156   ④ 186

해설

$$H_l = H_h - 600 \times 4.2(9H+W)$$
$$= 41900 - 600 \times 4.2(9 \times 0.2 + 0.1) = 37112 \frac{KJ}{kg} = 371.12 \frac{MJ}{kg}$$
$$H_l' = 37.112 \frac{MJ}{kg} \times 5kg = 185.56 MJ$$
$$1kcal = 4.2KJ = 0.0042MJ$$

11 연료의 조성(wt%)이 다음과 같을 때의 고위발열량은 약 몇 kcal/kg 인가? (단, C, H, S의 고위발열량은 각각 8100 kcal/kg, 34200 kcal/kg, 2500 kcal/kg 이다.)

◎ 19년9월21일

| C : 47.20, | H : 3.96, | O : 8.36, | S : 2.79 |
| N : 0.61, | H₂O : 14.54, | | Ash : 22.54 |

① 4129   ② 4329
③ 4890   ④ 4998

해설

$$H_h[\frac{kcal}{kg}] = 8100C + 34000(H - \frac{O}{8}) + 2500S$$
$$= 8100 \times 0.472 + 34000(0.0396 - \frac{0.0836}{8}) + 2500 \times 0.0279$$
$$= 4889.88[\frac{kcal}{kg}]$$

12 다음의 무게조성을 가진 중유의 저위발열량은 약 몇 kcal/kg인가? (단, 아래의 조성은 중유 1kg당 함유된 각 성분의 양이다.)

◎ 15년5월31일

C : 84%, H : 13%, O : 0.5%, S : 2% W : 0.5%

① 8600   ② 10590
③ 13600   ④ 17600

해설

$$H_l[\frac{kcal}{kg}] = 8100C + 34000(H - \frac{O}{8}) + 2500S - 600(9H+W)$$
$$= 8100 \times 0.84 + 34000 \times (0.13 - \frac{0.005}{8}) + 2500 \times 0.02 - 600(9 \times 0.13 - 0.005)$$
$$= 10553 \frac{kcal}{kg}$$

13 A회사에 입하된 석탄의 성질을 조사하였더니 회분 6%, 수분 3%, 수소 5% 및 고위발열량이 6000 kcal/kg이었다. 실제 사용할 때의 저발열량은 약 몇 kcal/kg인가? ◎ 19년9월21일

① 3341   ② 4341
③ 5712   ④ 6341

해설

$$H_l = H_h - 600(9H+W)$$
$$= 60000 - 600 \times (9 \times 0.05 + 0.03) = 5712[\frac{kcal}{kg}]$$

저위발열량 : $H_l : [\frac{kcal}{kg}]$
고위발열량 : $H_l : [\frac{kcal}{kg}]$
현열을 포함함증발잠열 : $600\frac{kcal}{kg}$
H : 연료1kg당 수소의 량[kg]
W : 연료1kg당 물의 량[kg]

14 다음 반응식으로부터 프로판 1kg의 발열량은 약 몇 MJ인가?

◎ 22년4월24일

$$C + O_2 \rightarrow CO_2 + 406kJ/mol$$
$$H_2 + \frac{1}{2}O_2 \rightarrow H_2O + 241kJ/mol$$

① 33.1
② 40.0
③ 49.6
④ 65.8

정답 10 ④ 11 ③ 12 ② 13 ③ 14 ③

15 고체연료를 사용하는 어느 열기관의 출력이 3000kW이고 연료소비율이 매시간 1400kg일 때 이 열기관의 열효율은 약 몇 % 인가? (단, 고체연료의 중량비는 C=73%, H=4.5%, O=8%, S=2%, W=4% 이다.) ◎ 13년9월28일

① 26.7   ② 28.8
③ 30.3   ④ 32.3

해설

$H_L = 8100C + 34000(H - \dfrac{O}{8}) + 2500S - 600(9H+W)$
$= 8100 \times 0.73 + 34000(0.045 - \dfrac{0.08}{8}) + 2500 \times 0.02 - 600(9 \times 0.045 + 0.04)$
$= 6886 [\dfrac{kcal}{kg}]$

$\eta = \dfrac{3000kW}{6886\dfrac{kcal}{kg} \times 1400\dfrac{kg}{h}} = \dfrac{3000kW}{6886\dfrac{4.2kJ}{kg} \times 1400\dfrac{kg}{3600s}} = 0.2667 = 26.67\%$

16 고체연료를 사용하는 어느 열기관의 출력이 3,000kW이고 연료소비율이 매시간 1,400kg일 때, 이 열기관의 열효율은? (단, 고체연료의 중량비는 C=81.5%, H=4.5%, O=8%, S=2%, W=4%이다.) ◎ 16년10월1일

① 25%   ② 28%
③ 3%   ④ 32%

해설

(고위발열량)

$H_h[\dfrac{kcal}{kg}] = 8100C + 34000(H - \dfrac{O}{8}) + 2500S$
$= 8100 \times 0.815 + 34000 \times (0.045 - \dfrac{0.08}{8}) + 2500 \times 0.02$
$= 7841.5 [\dfrac{kcal}{kg}]$

(저위발열량)

$H_l = H_h - 600(9H+W) = 7841.5 - 600 \times (9 \times 0.045 + 0.04) = 7574.5 \dfrac{[kcal]}{[kg]}$

$\eta = \dfrac{3000kW}{7841.5\dfrac{kcal}{kg} \times 1400\dfrac{kg}{h}} = \dfrac{3000kW}{7841.5\dfrac{4.2kJ}{kg} \times 1400\dfrac{kg}{3600s}} = 0.2342 = 23.42\%$

17 고위발열량이 9000kcal/kg인 연료 3kg이 연소할 때의 총저위발열량은 몇 kcal 인가? (단, 이 연료 1kg당 수소분은 15%, 수분은 1%의 비율로 들어있다.) ◎ 17년5월7일

① 12300   ② 24552
③ 43882   ④ 51888

풀이 (저위발열량)

$H_l = H_h - 600(9H+W) = 9000 - 600 \times (9 \times 0.15 + 0.01) = 8184 \dfrac{kcal}{kg}$

(총발열량) $H_t = 8184\dfrac{kcal}{kg} \times 3kg = 24552 kcal$

18 다음의 무게조성을 가진 중유의 저위발열량은? ◎ 17년9월23일

| C : 84%, H : 13%, O : 0.5%, S : 2%, W : 0.5% |

① 약 8600 kcal/kg
② 약 10547 kcal/kg
③ 약 13606 kcal/kg
④ 약 17606 kcal/kg

해설

$H_l[\dfrac{kcal}{kg}] = 8100C + 34000(H - \dfrac{O}{8}) + 2500S - 600(9H+W)$
$= 8100 \times 0.84 + 34000 \times (0.13 - \dfrac{0.005}{8}) + 2500 \times 0.02$
$- 600(9 \times 0.13 - 0.005)$
$= 10553 \dfrac{kcal}{kg}$

19 중유 1kg 속에 수소 0.15kg, 수분 0.003kg이 들어 있다면 이 중유의 고발열량이 10^4 kcal/kg일 때, 이 중유 2kg의 총 저위발열량은 약 몇 kcal인가? ◎ 17년3월5일

① 12000   ② 16000
③ 18400   ④ 20000

해설

$H_l = H_h - 600(9H+W) = 10^4 - 600 \times (9 \times 0.15 + 0.003) = 18376.4 kcal$

정답 15 ① 16 ① 17 ② 18 ② 19 ③

20 표준 상태인 공기 중에서 완전 연소비로 아세틸렌이 함유되어 있을 때 이 혼합기체 1L당 발열량(kJ)은 얼마인가? (단, 아세틸렌의 발열량은 1308kJ/mol이다.) ● 20년6월6일

① 4.1 ② 4.5
③ 5.1 ④ 5.5

해설

$C_2H_2 + 2.5O_2 \longrightarrow 2CO_2 + H_2O + 1308kJ/mol$
22.4 [L] 2.5×22.4 [L]

$\dfrac{2.5 \times 22.4 [L]}{0.21}$ =266.667 [L]

(혼합가스 체적)V=22.4 [L]+266.667[L]=289.06[L]

$\dfrac{1308[kJ]}{[mol]} \times \dfrac{1[mol]}{289.06[L]} = 4.525 \dfrac{[kJ]}{[L]}$

21 연소가스량 10[Sm³/kg], 비열 0.32 [kcal/Sm³℃]인 어떤 연료의 저위 발열량이 6500kcal/kg이었다면 이론 연소온도는 약 몇 ℃가 되겠는가? ● 13년3월10일

① 1000 ② 1500
③ 2000 ④ 2500

해설 ▶ 연료의 발열량 Q

$Q = GCT$

$Q[\dfrac{kcal}{kg}]$: 연료의 발열량

G : 연소가스량 $[\dfrac{sm^3}{kg}]$

C : 비열 $[\dfrac{kcal}{sm^3℃}]$

T : 온도[℃]

$T = \dfrac{Q}{GC} = \dfrac{6500}{10 \times 0.32} = 2031℃$

22 연소가스량 10Nm³/kg, 연소가스의 정압비열 1.34[kJ/Nm³·℃]인 어떤 연료의 저위발열량이 27200 kJ/kg이었다면 이론 연소온도(℃)는? (단, 연소용 공기 및 연료 온도는 5℃이다.) ● 20년6월6일

① 1000 ② 1500
③ 2000 ④ 2500

해설 $Q = GC(T_2 - T_1)$

$T_2 = \dfrac{Q}{GC} + T_1 = \dfrac{27200}{10 \times 1.34} + 5 = 2034℃$

정답 20 ② 21 ③ 22 ③

chapter 06 연소계산식

05 공기비

공기비가 클 때(과잉공기량증가) 나타나는 현상	공기비가 작을 때 나타나는 형상
① 배기가스에 의한 열손실이 증가 한다. ② 연소가스 중의 질소산화물 인 N_2O(아산화질소)발생이 심하여 대기오염이 증가한다. ③ 연소가스 중의 SO_3(황산화물) 이 많아져 저온부식이 촉진된다. ④ 산소량 증가 ⑤ 연료소비량이 증가한다. ⑥ 이산화 탄소량 감소 ⑦ 불완전연소물의 발생이 적어진다. ⑧ 연소실온도가 낮아진다.	① 미연소연료에 의한 열손실이 증가 한다. ② 불완전연소에 의한 매연발생증가(매연의 주성분 CO) ③ 연소효율감소 ④ 미연가승에 의한 폭발사고의 위험성증가 ⑤ 역화가 발생한다.

(공기비)m 증가↑ $m = \dfrac{(실제공기량)A}{(이론공기량)A_o}$	증가↑	① 산소량증가 ② 연료소비량증가 ③ 배기가스에 의한 열손실, ④ 연소가스 중의 질소산화물 인 N_2O(아산화질소)발생이 심하여 대기오염을 초래한다. ⑤ 연소가스 중의 SO_3(황산화물) 이 많아져 저온부식이 촉진된다.
	감소↓	① 불완전연소물의 발생이 적어진다. ② 이산화탄소량 ③ 연소실온도,

※ 주의)
 공기비가 크거나 작을 때 모두 열손실은 공통적으로 증가 한다.
 공기비가 크거나 작을 때 모두 대기오염을 초래 한다.
 공기비가 적을 때 불완전 연소가 발생한다.

1) m(공기비 = 공기과잉계수)

$$m = \frac{실제공기량(A)}{이론공기량(A_o)}$$

2) 과잉 공기량($\triangle A$)
 $\triangle A = A - A_o$

3) (과잉공기율)% $= \dfrac{\triangle A}{A_o} \times 100 = \dfrac{A - A_o}{A_o} \times 100 = \dfrac{mA_o - A_o}{A_o} \times 100 = (m-1) \times 100$

4) 오르사트(Orsat)분석법에 의한 배출가스 분석시($CO_2\%$ $O_2\%$ $CO\%$, 가 주어질 때) 공기비(m)

$$m = \frac{N_2\%}{N_2\% - 3.76 \times (O_2\% - 0.5CO\%)}$$

① 오르사트(Orsat)분석법 배출가스 분석분서 및 흡수제

분석순서	1	2	3	4
분석가스	CO_2	O_2	CO	N
흡수제	KOH(수산화칼륨) 30%수용액	알칼리성 피로갈롤용액	암모니아성염화 제1구리용액	나머지양으로 계산

② 불완전연소 일 때 최대탄산가스율 $(CO_2)_{max} = \dfrac{21(CO_2 + CO)}{21 - O_2 + 0.395CO}$

5) 탄산가스최대량(최대탄산가스율)$(CO_2)_{max}$은 이론공기량으로 연료를 완전연소 시킨다고 가정할 경우에 연소가스 중의 탄산가스량을 이론 건연연소가스량에 대한 백분율로 표시 한 것이다.

$$(CO_2)_{max} = \frac{1.867 \times C}{G_{od}} \times 100$$

(생성되는 연소가스의 조성을 알 때 공기비 구하기)

① 완전연소시 (H_2, CO성분이 없거나 아주 적은 경우) 공비기(m)계산

$$m = \frac{N_2}{N_2 - 3.76 O_2} = \frac{(N_2) \times \dfrac{21\%}{79\% N_2}}{\left(N_2 - \dfrac{79}{21}O_2\right) \times \dfrac{21\%}{79\% N_2}} = \frac{21}{21 - O_2}$$

② 탄산가스 최대치$(CO_2)_{max}$에 의한 공기비(m)계산

$$m = \frac{(CO_2)_{max}}{CO_2}, \quad (공기비)m = \frac{21}{21 - O_2} = \frac{(CO_2)_{max}}{CO_2}$$

완전연소 일 때 최대탄산가스율 $(CO_2)_{max} = \dfrac{21 CO_2}{21 - O_2}$

불완전연소 일 때 최대탄산가스율 $(CO_2)_{max} = \dfrac{21(CO_2 + CO)}{21 - O_2 + 0.395CO}$

최대탄산가스율 $(CO_2)_{max} = \dfrac{(1.867 \times 탄소) + (0.7 \times 황)}{이론건연소가스량} \times 100$

$(CO_2)_{max} = \dfrac{1.867 \times C[kg]}{G_{od}} \times 100$,

(이론건연소가스량) $G_{od}\left[\dfrac{m^3}{kg}\right] = 0.79 A_o + \sum 연소생성물\left[\dfrac{m^3}{kg}\right]$ (물제외)

$$C + O_2 \longrightarrow CO_2$$
$$12[kg]$$
$$\frac{22.4[m^3]}{12[kg]} = 1.867 \frac{[m^3]}{[kg]탄소}$$

$1.867C[kg] \longrightarrow$ 탄소에 의해 발생되는 $CO_2[m^3]$량

$$S + O_2 \longrightarrow SO_2$$
$$32[kg]$$
$$\frac{22.4[m^3]}{32[kg]} = 0.7 \frac{[m^3]}{[kg]황}$$

$0.7S[kg] \longrightarrow$ 황에 의해 발생되는 $SO_2[m^3]$량

연소공학 과년도 기출문제

■ 공기비

01 과잉공기량이 많을 때 일어나는 현상으로 옳은 것은? ● 16년10월1일

① 배기가스에 의한 열손실이 감소한다.
② 연소실의 온도가 높아진다.
③ 연료소비량이 적어진다.
④ 불완전연소물의 발생이 적어진다.

해설

공기비가 클 때(과잉공기량증가) 나타나는 현상	공기비가 작을 때 나타나는 형상
① 연소실온도가 낮아진다.	① 미연소연료에 의한 열손실증가 한다.
② 배기가스에 의한 열손실이 증가 한다.	② 불완전연소에 의한 매연발생증가(매연의 주성분CO)
③ 배기가스에 의한 대기오염이 증가한다.	③ 연소효율감소
④ N_2O(아산화질소)발생이 심하여 대기오염이 증가한다.	④ 미연가승에 의한 폭발사고의 위험성증가
⑤ SO_2(무수황산)량의 증가로 저온 부식 원인이 된다.	
⑥ 불완전연소물의 발생이 적어진다.	
⑦ 연료소비량이 증가한다.	

02 과잉공기량이 증가할 때 나타나는 현상이 아닌 것은? ● 21년9월12일

① 연소실의 온도가 저하된다.
② 배기가스에 의한 열손실이 많아진다.
③ 연소가스 중의 SO3이 현저히 줄어 저온 부식이 촉진된다.
④ 연소가스 중의 질소산화물 발생이 심하여 대기오염을 초래한다.

해설

공기비가 클 때(과잉공기량증가) 나타나는 현상	공기비가 작을 때 나타나는 형상
① 배기가스에 의한 열손실이 증가 한다.	① 미연소연료에 의한 열손실이 증가 한다.
② 연소실온도가 낮아진다.	② 불완전연소에 의한 매연발생증가(매연의 주성분CO)
③ 배기가스에 의한 대기오염이 증가한다.	③ 연소효율감소
④ 연소가스 중의 질소산화물 인 N_2O(아산화질소)발생이 심하여 대기오염이 증가한다.	④ 미연가승에 의한 폭발사고의 위험성증가
⑤ 이산화 탄소 량 감소	⑤ 역화가 발생한다.
⑥ 불완전연소물의 발생이 적어진다.	
⑦ 연료소비량이 증가한다.	
⑧ 산소량 증가	

03 이론공기량에 대한 설명으로 가장 거리가 먼 것은? ● 12년9월15일

① 연소에 필요한 최소한의 공기량이다.
② 연료를 완전히 연소할 수 있는 공기량이다.
③ 연료의 연소 시 이론적으로 필요한 공기량이다.
④ 실제공기량과 이론공기량의 비를 공기비라 한다.

풀이
1. 이론공기량 : 연소에 필요한 최소공기량
2. 실제공기량 : 연료를 완전히 연소할 수 있는 공기량이다

m(공기비 = 공기과잉계수)

$$m = \frac{실제공기량(A)}{이론공기량(A_o)}$$

정답 01 ④ 02 ③ 03 ②

chapter 06 연소계산식 | 227

04 과잉공기량이 증가할 때 나타나는 현상이 아닌 것은?
◎ 14년9월20일

① 연소실의 온도 저하
② 배기가스에 의한 열손실 증가
③ 불완전연소에 의한 매연 증가
④ 연소가스 중의 N_2O 발생이 심하여 대기오염 초래

| (공기비)m 증가↑ | 증가↑ | 배기가스에 의한열손실, 배기가스로 인한 대기오염, N_2O(아산화질소)대기오염 |
| | 감소↓ | 연소실온도, 효율 |

공기비가 적을 때 불완전 연소가 발생한다.

05 과잉 공기가 너무 많을 때 발생하는 현상으로 옳은 것은?
◎ 15년5월31일

① 이산화탄소 비율이 많아진다.
② 연소 온도가 높아진다.
③ 보일러 효율이 높아진다.
④ 배기가스의 열손실이 많아진다.

【해설】▶ 공기비가 클 때의 나타나는 현상 현상=과잉공기가 많을 때 나타나는 현상
① 연소실 온도 저하
② 산소량 증가
③ 이산화 탄소 량 감소
④ 열손실증가
⑤ 대기오염 증대

【참고】 공기비가 크거나 작을 때 모두 열손실은 공통적으로 증가 한다.

06 과잉공기량이 연소에 미치는 영향으로 가장 거리가 먼 것은?
◎ 14년3월2일

① 열효율   ② CO 배출량
③ 노 내 온도   ④ 연소 시 와류 형성

【해설】 연소시 와류 형성은 연소실내의 모양이 결정한다.

07 매연 생성에 가장 큰 영향을 미치는 것은?
◎ 14년5월25일

① 연소속도   ② 발열량
③ 공기비   ④ 착화온도

【해설】▶ 매연생성에 큰 여향을 미치는 것은 공기비이다.

08 공기비(m)에 대한 식으로 옳은 것은?
◎ 16년3월6일

① $\dfrac{실제공기량}{이론공기량}$ ② $\dfrac{이론공기량}{실제공기량}$

③ $1 - \dfrac{과잉공기량}{이론공기량}$ ④ $\dfrac{실제공기량}{과잉공기량} - 1$

【풀이】● m(공기비 = 공기과잉계수)
$$m = \dfrac{실제공기량(A)}{이론공기량(A_o)}$$
2) 과잉 공기량($\triangle A$)
$\triangle A = A - A_o$
3) m'(과잉공기비)
$m' = \dfrac{\triangle A}{A_o}$

09 공기비 2.3 으로 연소시키는 석탄연소로에서 실제 공기량이 11.96Sm³/kg 일 때 이론공기량은 약 몇 Sm³/kg 인가?
◎ 12년9월15일

① 5.2   ② 10.4
③ 13.8   ④ 27.5

【풀이】
$m = 2.3, \quad m = \dfrac{A}{A_o}$
(이론공기량) $A_o = \dfrac{A}{m} = \dfrac{11.96}{2.3} = 5.2 [sm^3/kg]$

정답 04 ③ 05 ④ 06 ④ 07 ③ 08 ① 09 ①

10 배기가스 중 O_2의 계측값이 3%일 때 공기비는? (단, 완전연소로 가정한다.) ◎ 16년3월6일

① 1.07 ② 1.11
③ 1.17 ④ 1.24

해설 (공기비)
$$m = \frac{A}{A_O} = \frac{21}{21-O_2} = \frac{(CO_2)_{max}}{CO_2},$$
(공기비) $m = \frac{A}{A_O} = \frac{21}{21-3} = 1.166$

11 연소배기가스를 분석한 결과 O_2의 측정치가 4%일 때 공기비(m)는? ◎ 16년5월8일

① 1.10 ② 1.24
③ 1.30 ④ 1.34

해설 (공기비)
$$m = \frac{A}{A_O} = \frac{21}{21-O_2} = \frac{21}{21-4} = 1.235$$

12 연소가스 부피조성이 CO_2 13%, O_2 8%, N_2 79%일 때 공기 과잉계수(공기비)는? ◎ 16년5월8일

① 1.2 ② 1.4
③ 1.6 ④ 1.8

해설 공기 과잉계수(공기비) m
$$m = \frac{N_2}{N_2 - 3.76(O_2 - 0.5CO)} = \frac{79}{79 - 3.76(8 - 0.5 \times 0)} = 1.61$$

13 중량비로 C(86%), H(14%)의 조성을 갖는 액체 연료를 매 시간당 100kg 연소시켰을 때 생성되는 연소가스의 조성이 체적비로 CO_2(12.5%), O_2(3.7%), N_2(83.8%)일 때 1시간당 필요한 연소용 공기량은? ◎ 16년10월1일

① 11.4Sm^3 ② 1140Sm^3
③ 13.7Sm^3 ④ 1368Sm^3

해설
$$m = \frac{N_2}{N_2 - 3.76O_2} = \frac{83.8}{83.8 - 3.76 \times 3.7} = 1.2$$

14 어떤 중유연소 가열로의 발생가스를 분석했을 때 체적비로 CO_2 12.0%, O_2 8.0%, N_2 80%의 결과를 얻었다. 이 경우 공기비는? (단, 연료 중에는 질소가 포함되어 있지 않다.) ◎ 16년10월1일

① 1.2 ② 1.4
③ 1.6 ④ 1.8

해설
$$m = \frac{N_2}{N_2 - 3.76O_2} = \frac{80}{80 - 3.76 \times 8} = 1.6$$

15 어떤 중유 연소보일러의 연소배기가스의 조성이 CO_2(SO_2포함)=11.6%, CO=0%, O_2=6.0%m N_2=82.4%이었다. 중유의 분석 결과는 중량단위로 탄소 84.6%, 수소 12.9%, 황 1.6%, 산소 0.9%로서 비중은 0.924이었다. 연소할 때 사용된 공기의 공기비는? ◎ 15년9월19일

① 1.08 ② 1.18
③ 1.28 ④ 1.38

해설 ▶ 생성되는 연소가스의 조성을 알 때 공기비 구하기
$$m = \frac{N_2}{N_2 - 3.76(O_2 - 0.5CO)}$$
(공기비)
$$= \frac{82.4}{82.4 - 3.76(6 - 0.5 \times 0)} = 1.377$$

정답 10 ③ 11 ② 12 ③ 13 ④ 14 ③ 15 ④

16 배기가스의 분석값이 CO_2 : 11.5%, O_2 : 2.0%, N_2 : 86.5%이었다. 이 때 공기비(m)는 얼마인가?
　　◯ 13년6월2일

① 1.1　　② 1.2
③ 1.3　　④ 1.4

풀이 공기비(m)
$$m = \frac{N_2}{N_2 - 3.76(O_2 - 0.5CO)} = \frac{86.5}{86.5 - 3.76(2 - 0.5 \times 0)} = 1.09$$

17 어떤 연도가스의 조성이 아래와 같을 때 과잉공기의 백분율은 얼마인가? (단, CO_2는 11.9% CO는 1.6%, O_2는 4.1%, N_2는 82.4%이고 공기 중 질소와 산소의 부피비는 79:21이다.)
　　◯ 17년5월7일

① 15.7%　　② 17.7%
③ 19.7%　　④ 21.7%

해설 불완전연소시(H_2, CO성분이포함된 경우) 공비기(m)계산
$$m = \frac{N_2}{N_2 - 3.76(O_2 - 0.5CO)} = \frac{82.4}{82.4 - 3.76(4.1 - 0.5 \times 1.6)} = 1.177$$
과잉공기 백분율 = $(m-1) \times 100 = (1.177-1) \times 100 = 17.7\%$

18 어떤 연도가스의 조성을 분석하였더니 CO_2 : 11.9%, CO : 1.6%, O_2 : 4.1%, N_2 : 82.4% 이었다. 이 때 과잉공기의 백분율은 얼마인가? (단, 공기 중 질소와 산소의 부피비는 79 : 21 이다.)
　　◯ 13년9월28일

① 15.7%　　② 17.7%
③ 19.7%　　④ 21.7%

해설
$$m = \frac{N_2}{N_2 - 3.76(O_2 - 0.5CO)}$$
$$= \frac{82.4}{82.4 - 3.76(4.1 - 0.5 \times 1.6)} = 1.177$$
과잉공기 백분율 = $(m-1) \times 100$
$= (1.177-1) \times 100 = 17.7\%$

19 연소가스 부피조성이 CO_2:13%, O_2:8%, N_2:79%일 때 공기 과잉계수(공기비)는?
　　◯ 20년8월22일

① 1.2
② 1.4
③ 1.6
④ 1.8

해설 (공기비)
$$m = \frac{N_2}{N_2 - 3.76(O_2 - 0.5CO)}$$
$$= \frac{79}{79 - 3.76(8 - 0.5 \times 0)} = 1.61$$

20 연료의 연소 시 CO_{2max}(%)는 어느 때의 값인가?
　　◯ 20년9월26일

① 실제공기량으로 연소시
② 이론공기량으로 연소시
③ 과잉공기량으로 연소시
④ 이론양보다 적은 공기량으로 연소시

해설 완전연소 일 때 최대탄산가스율
$$(CO_2)_{max} = \frac{21 CO_2}{21 - O_2}$$
$$(공기비)m = \frac{21}{21 - O_2} = \frac{(CO_2)_{max}}{CO_2}$$
불완전연소 일 때 최대탄산가스율 CO_{2max}(%)
$$(CO_2)_{max} = \frac{21(CO_2 + CO)}{21 - O_2 + 0.395 CO}$$

정답 16 ①　17 ②　18 ②　19 ③　20 ②

21 탄산가스최대량(CO_{2max})에 대한 설명 중 ( )에 알맞은 것은?   ⊕ 18년3월4일

( )으로 연료를 완전연소시킨다고 가정할 경우에 연소가스 중의 탄산가스량을 이론 건연소가스량에 대한 백분율로 표시한 것이다.

① 실제공기량
② 과잉공기량
③ 부족공기량
④ 이론공기량

해설 탄산가스 최대량$(CO_2)_{max}$은 이론공기량으로 연료를 완전연소 시킨다고 가정을 할 경우에 연소가스중의 탄사가스량을 이론 건연소가스량에 대한 백분율로 표시한 것이다.

$$(CO_2)_{max}[\%] = \frac{CO_2}{G_{od}} = \frac{1.867C + 0.7S}{G_{od}}$$

이론 건연소가스량: $G_{od}\left[\frac{Nm^3}{kg}\right]$

★★
22 다음 중 연료 연소 시 최대탄산가스농도($CO_{2\ max}$)가 가장 높은 것은?   ⊕ 22년3월5일

① 탄소
② 연료유
③ 역청탄
④ 코크스로가스

풀이 연료 연소시 ($CO_{2\ max}$) 가 가장 높은 것은 탄소이다.

해설 ▶ 연료별 탄소 함량
* 탄소 : 100%
* 연료유 : 약 80%
* 역청탄 : 약 75%
* 코크스로가스 : 약 70%

23 $(CO_2)_{max}$에 대한 식으로 맞는 것은?   ⊕ 14년9월20일

① $(CO_2)_{max} = \dfrac{21(O_2)}{21 - O_2}$

② $(CO_2)_{max} = \dfrac{21(CO_2)}{21 - O_2}$

③ $(CO_2)_{max} = \dfrac{21(O_2)}{21 - (CO_2)}$

④ $(CO_2)_{max} = \dfrac{21(CO_2)}{(O_2) - 21}$

해설 (공기비)
$$m = \frac{A}{A_O} = \frac{21}{21 - O_2} = \frac{(CO_2)_{max}}{CO_2}$$
$$(CO_2)_{max} = \frac{21 CO_2}{21 - O_2}$$

★★
24 CO_{2max}는 19.0%, CO_2는 10.0%, O_2는 0.3%일 때 과잉공기계수(m)는 얼마인가?   ⊕ 17년3월5일

① 1.25   ② 1.35
③ 1.46   ④ 1.90

해설 (공기비) $m = \dfrac{(CO_2)_{max}}{CO_2} = \dfrac{19}{10} = 1.9$

25 연소가스 분석결과가 CO_2 13%, O_2 8%, CO 0% 일 때 공기비는 약 얼마인가? (단, $(CO_2)_{max}$는 21% 이다.)   ⊕ 21년3월7일

① 1.22   ② 1.42
③ 1.62   ④ 1.82

해설 (공기비) $m = \dfrac{(CO_2)_{max}}{CO_2} = \dfrac{21}{13} = 1.615$

정답 21 ④ 22 ① 23 ② 24 ④ 25 ③

26 과잉공기를 공급하여 어떤 연료를 연소시켜 건연소가스를 분석하였다. 그 결과 CO_2, O_2, N_2의 함유율이 각각 16%, 1%, 83% 이었다면 이 연료의 최대 탄산가스율은 몇 % 인가?

　　　　　　　　　　　　　○ 21년9월12일

① 15.6　　　　② 16.8
③ 17.4　　　　④ 18.2

해설 최대탄산가스율
$$(CO_2)_{max} = \frac{21 CO_2}{21 - O_2} = \frac{21 \times 16}{21 - 1} = 16.8\%$$

27 연도가스 분석결과 CO_2 12.0%, O_2 6.0%, CO 0.0%이라면 CO_2 max는 몇 %인가?

　　　　　　　　　　　　　○ 18년4월28일

① 13.8　　　　② 14.8
③ 15.8　　　　④ 16.8

해설
$$(CO_2)_{max} = \frac{21 CO_2}{21 - O_2} = \frac{21 \times 12}{21 - 6} = 16.8\%$$

★★
28 연돌에서의 배기가스 분석 결과 CO_2 14.2%, O_2 4.5%, CO 0% 일 때 탄산가스의 최대량$[CO_2]_{max}$(%)는?　○ 18년9월15일, 21년5월15일

① 10.5　　　　② 15.5
③ 18.0　　　　④ 20.5

해설 완전연소 일 때 최대탄산가스율
$$(CO_2)_{max} = \frac{21 CO_2}{21 - O_2}$$
$$(공기비) m = \frac{21}{21 - O_2} = \frac{(CO_2)_{max}}{CO_2}$$
$$(CO_2)_{max} = \frac{21 CO_2}{21 - O_2} = \frac{21 \times 14.2}{21 - 4.5} = 18\%$$

29 연도가스를 분석한 결과 값이 각각 CO_2 12.6%, O_2 6.4% 일 때 $(CO_2)_{max}$ 값은?

　　　　　　　　　　　　　○ 14년3월2일

① 15.1%　　　　② 18.1%
③ 21.1%　　　　④ 24.1%

해설 $(공기비) m = \frac{(CO_2)_{max}}{CO_2}$
$$(CO_2)_{max} = \frac{21 CO_2}{21 - O_2} = \frac{21 \times 12.6}{21 - 6.4} = 18.1\%$$

30 연소가스를 분석한 결과 CO_2:12.5%, O_2:3.0%일 때, $(CO_2)_{max}$%는? (단, 해당 연소가스에 CO는 없는 것으로 가정한다.)

　　　　　　　　　　　　　○ 20년8월22일

① 12.62　　　　② 13.45
③ 14.58　　　　④ 15.03

해설 완전연소 일 때 최대탄산가스율
$$(CO_2)_{max} = \frac{21 CO_2}{21 - O_2} = \frac{21 \times 12.5}{21 - 3} = 14.583\%$$
$$(공기비) m = \frac{21}{21 - O_2} = \frac{(CO_2)_{max}}{CO_2}$$

31 연도가스를 분석한 결과 CO_2 10.6%, O_2 4.4%, CO가 0.0% 이었다. $(CO_2)_{max}$는?

　　　　　　　　　　　　　○ 15년9월19일

① 13.4%　　　　② 19.5%
③ 22.6%　　　　④ 35.0%

해설 (공기비)
$$m = \frac{A}{A_O} = \frac{21}{21 - O_2} = \frac{(CO_2)_{max}}{CO_2}$$
$$(CO_2)_{max} = \frac{21 CO_2}{21 - O_2} = \frac{21 \times 10.6}{21 - 4.4} = 13.4$$

정답 26 ②　27 ④　28 ③　29 ②　30 ③　31 ①

32 보일러실에 자연환기가 안될 때 실외로부터 공급하여야할 공기는 벙커C유 1L 당 최소 몇 Nm^3이 필요한가? (단, 벙커C유의 이론공기량은 10.24Nm³/kg, 비중은 0.96, 연소장치의 공기비는 1.3으로 한다.) ● 18년4월28일

① 11.34　　　② 12.78
③ 15.69　　　④ 17.85

해설
$A = m \times A_O = 1.3 \times 10.24 \dfrac{[Nm^3]}{[kg]} \times 0.96 \times 1 \dfrac{[kg]}{[l]} = 12.8 [Nm^3]$

33 연소 배기가스의 분석결과 CO_2의 함량이 13.4%이다. 벙커C유(55L/h)의 연소에 필요한 공기량은 약 몇 $Nm^3/\min$ 인가? (단, 벙커 C유의 이론공기량은 12.5 Nm^3/kg 이고, 밀도는 0.93 g/cm^3 이며 $(CO_2)_{max}$는 15.5% 이다.) ● 21년5월15일

① 12.33　　　② 49.03
③ 63.12　　　④ 73.99

해설 (이론공기량)
$A_o = 12.5 \dfrac{m^3}{kg} \times \dfrac{0.055 \times 0.93 \times 1000}{60} \dfrac{kg}{\min}$
$\quad = 10.656 \dfrac{m^3}{\min}$

(공기비)
$m = \dfrac{(CO_2)_{max}}{CO_2} = \dfrac{15.5}{13.4} = 1.157$
$A = mA_o = 1.157 \times 10.656 = 12.328 m^3/\min$

34 벙커 C유 연소배기가스를 분석한 결과 CO_2의 함량이 12.5%이었다. 이 때 벙커 C유 500L/h 연소에 필요한 공기량은? (단, 벙커 C유 이론공기량은 10.5Nm³/kg, 비중 0.96, CO_2 $_{max}$는 15.5% 로 한다.) ● 15년3월8일

① 약 105Nm³/min　　② 약 150Nm³/min
③ 약 180Nm³/min　　④ 약 200Nm³/min

해설 (공기비)
$m = \dfrac{A}{A_O} = \dfrac{(CO_2)_{max}}{CO_2} = \dfrac{15.5}{12.5} = 1.24$
$A = 1.24 \times 10.5 \dfrac{Nm^3}{kg} = 13.02 \dfrac{Nm^3}{kg}$
$A_t = 13.02 \dfrac{Nm^3}{kg} \times 500 \dfrac{L}{h} \times \dfrac{0.96 kg}{L}$
$\quad = 6249.6 \left[\dfrac{Nm^3}{h}\right] = \dfrac{6249.6}{60} \left[\dfrac{Nm^3}{\min}\right] = 104.16 \left[\dfrac{Nm^3}{\min}\right]$

35 CO_2와 연료 중의 탄소분을 알고 있을 때 건연소가스량(G)을 구하는 식은? ● 16년10월1일

① $\dfrac{1.867 \times C}{(CO_2)} [Nm^3/kg]$

② $\dfrac{(CO_2)}{1.867 \times C} [Nm^3/kg]$

③ $\dfrac{1.867 \times C}{21 \times (CO_2)} [Nm^3/kg]$

④ $\dfrac{21 \times (CO_2)}{1.867 \times C} [Nm^3/kg]$

해설 ■ CO_2와 연료 중의 탄소분을 알고 있을 때 건연소가스량($G_{od}\left[\dfrac{Nm^3}{kg}\right]$)을 구하는 식
$CO_2 = \dfrac{1.867 \times C}{G_{od}} \times 100$

36 탄소(C) 80%, 수소(H) 20%의 중유를 완전 연소시켰을 때 $(CO_2)_{max}$[%]는? ● 16년5월8일

① 13.2　　　② 17.2
③ 19.1　　　④ 21.1

해설
$(CO_2)_{max} = \dfrac{1.867C + 0.7S}{G_{0d}} \times 100$
$\quad = \dfrac{1.867 \times 0.8 + 0.7 \times 0}{11.326} \times 100 = 13.2$

정답 32 ②　33 ①　34 ①　35 ①　36 ①

37 $(CO_{2\,max})$가 24.0%, (CO_2)가 14.2% (CO)가 3.0%라면 연소가스 중의 산소는 약 몇 % 인가? ◎ 17년9월23일

① 3.8　　　② 5.0
③ 7.1　　　④ 10.1

[해설] 완전연소 일 때 최대탄산가스율
$$(CO_2)_{max} = \frac{21\,CO_2}{21-O_2}$$
불완전연소 일 때 최대탄산가스율
$$(CO_2)_{max} = \frac{21(CO_2+CO)}{21-O_2+0.395\,CO},$$
$$24 = \frac{21\times(14.2+3)}{21-O_2+0.395\times3}, \quad O_2 = 7.135\%$$

38 C(85%), H(15%)의 조성을 가진 중유를 10kg/h의 비율로 연소시키는 가열로가 있다. 오르자트 분석결과가 다음과 같았다면 연소 시 필요한 시간당 실제공기량은? (단, CO_2=12.5%, O_2=3.2%, N_2=84.3%이다.) ◎ 15년3월8일

① 약 121Nm³　　　② 약 124Nm³
③ 약 135Nm³　　　④ 약 143Nm³

[해설]
(공기비)
$$m = \frac{N_2}{N_2 - 3.76\,O_2} = \frac{84.3}{84.3 - 3.76\times 3.2} = 1.17$$

$$A_o\left[\frac{Nm^3_{공기}}{kg_{연료}}\right]$$
$$= 8.89\,C + 26.67\left(H - \frac{O}{8}\right) + 3.33\,S$$
$$= 8.89\times 0.85 + 26.67\left(0.15 - \frac{0}{8}\right) + 3.33\times 0$$
$$= 11.557\left[\frac{Nm^3_{공기}}{kg_{연료}}\right]$$
$$A = m\times A_O = 1.17\times 11.557\left[\frac{Nm^3_{공기}}{kg_{연료}}\right] = 13.521\left[\frac{Nm^3_{공기}}{kg_{연료}}\right]$$
(총공기량)
$$A_t = 10\,\frac{kg_{연료}}{h}\times 13.521\left[\frac{Nm^3_{공기}}{kg_{연료}}\right] = 135.21\left[\frac{Nm^3_{공기}}{h}\right]$$

39 중량비로 C(86%), H(14%)의 조성을 갖는 액체 연료를 매 시간당 100kg 연소시켰을 때 생성되는 연소가스의 조성이 체적비로 CO_2(12.5%), O_2(3.7%), N_2(83.8%)일 때 1시간당 필요한 연소용 공기량(Sm³)은? ◎ 14년5월25일

① 11.4　　　② 1140
③ 13.7　　　④ 1370

[해설]
(공기비)$m = \dfrac{N_2}{N_2 - 3.76\,O_2} = \dfrac{83.8}{83.8 - 3.76\times 3.7} = 1.2$

$$A_o\left[\frac{Nm^3_{공기}}{kg_{연료}}\right] = 8.89\,C + 26.67\left(H - \frac{O}{8}\right) + 3.3\,S$$
$$= 8.89\times 0.86 + 26.67\left(0.14 - \frac{0}{8}\right) + 3.3\times 0$$
$$= 1138\left[\frac{Nm^3_{공기}}{kg_{연료}}\right]$$
(실제공기량)$A = m\,A_O = 1.2\times 1138$

40 연료 조성이 C : 80%, H_2 : 18%, O_2 : 2%인 연료를 사용하여 10.2%의 CO_2가 계측되었다면 이 때의 최대 탄산가스율은? (단, 과잉공기량은 3 Nm³/kg이다.) ◎ 16년3월6일

① 12.78%　　　② 13.25%
③ 14.78%　　　④ 15.25%

[해설]
$$A_o\,\frac{[Nm^3]_{air}}{[kg]_{fuel}} = 8.89\,C + 26.67\left(H - \frac{O}{8}\right) + 3.33\,S$$
$$= 8.89\times 0.8 + 26.67\times\left(0.18 - \frac{0.02}{8}\right) + 3.33\times 0$$
$$= 11.846\,\frac{[Nm^3]_{air}}{[kg]_{fuel}}$$
(과잉공기량)$\triangle A = A - A_o$
$$A = A_o + \triangle A = 11.846 + 3 = 14.846\,\frac{[Nm^3]_{air}}{[kg]_{fuel}}$$
(공기비)$m = \dfrac{A}{A_O} = \dfrac{14.846}{11.846} = 1.253$

(공기비)$m = \dfrac{(CO_2)_{max}}{CO_2},$
(최대탄산가스율)
$(CO_2)_{max} = m\times CO_2 = 1.253\times 10.2 = 12.78\%$

정답　37 ③　38 ③　39 ④　40 ①

06 당량비(Equevalence Ratio) ∅

1) 당량비(Equevalence Ratio) ∅ : 실제연공비와 이론연공비의 비로 정의된다.

   기관의 실제 연소에 대해 이론 조건에 대한 상대적인 연료-공기 혼합물의 척도로서 당량비 Φ를 사용한다.

   $$(당량비)\varnothing = \frac{(실제연공비)FA_{실제}}{(이론연공비)FA_{이론}}$$

2) 연공비(FA : Fuel-Air Ratio), 공연비(AF : Air-Fuel Ratio),

   $$(공연비)AF = \frac{m_{air}(공기의\ 질량)}{m_{fuel}(연료의\ 질량)} = \frac{1}{FA}$$

연소공학 과년도 기출문제

■ 공연비/연공비/당량비

★★

01 가연성 혼합기의 공기비가 1.0 일 때 당량비는? ○ 15년5월31일

① 0 ② 0.5
③ 1.0 ④ 1.5

해설
▶ 공연비(AF : Air-Fuel Ratio),
  연공비(FA : Fuel-Air Ratio)

(당량비) $\varnothing = \dfrac{FA_{실제}}{FA_{이론}} = \dfrac{AF_{이론}}{AF_{실제}} = \dfrac{1}{1} = 1$

(당량비) $\varnothing = \dfrac{FA_{실제}}{FA_{이론}} = \dfrac{AF_{이론}}{AF_{실제}} = 1$

★★

02 공기와 연료의 혼합기체의 표시에 대한 설명 중 옳은 것은? ○ 13년6월2일, 19년3월3일

① 공기비(excess air ratio)는 연공비의 역수와 같다.
② 연공비(fuel air ratio)라 함은 가연 혼합기 중의 공기와 연료의 질량비로 정의된다.
③ 공연비(air fuel ratio)라 함은 가연 혼합기 중의 연료와 공기의 질량비로 정의된다.
④ 당량비(equivalence ratio)는 실제연공비와 이론연공비의 비로 정의된다.

풀이
▶ m : 공기비(air ratio)=공기과잉계수(excess air ratio)

(공기비) $m = \dfrac{A(실제공기량)}{A_o(이론공기량)}$

▶ AFR(air fuel ratio) : 공연비,

$AFR = \dfrac{공기의 질량}{연료의 질량} = \dfrac{1}{연공비}$

정답 **01** ③ **02** ④

07
전열 및 여러 가지 효율

01 연료
02 고체연료
03 액체연료
04 기체연료 및 가스연료
05 연소개론
06 연소계산식
07 전열 및 여러 가지 효율
08 통풍장치 / 집진장치 / 보염장치
09 화재 및 폭발
10 연료시험 및 배기가스

CHAPTER 07 전열 및 여러 가지 효율

자주출제 되는 문제

01 열전달

1) 전도 : 고체와 고체사이의 열전달

평판의 열전달 퓨리에(fourier)열전도법칙

$$Q[W] = \lambda \frac{A(T_H - T_L)}{L}$$

Q : 시간당 전열량[W], λ : 열전도계수[$\frac{W}{m \cdot ℃}$], A : 전열면적[m^2], T_H : 높은 온도[℃],

T_L : 낮은 온도[℃], L : 재료두께[m]

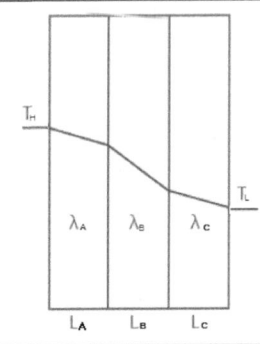

(평균열전도율)$\lambda_m = \dfrac{L_A + L_B + L_C}{\dfrac{L_A}{\lambda_A} + \dfrac{L_B}{\lambda_B} + \dfrac{L_C}{\lambda_C}} = \dfrac{L_t}{\dfrac{L_A}{\lambda_A} + \dfrac{L_B}{\lambda_B} + \dfrac{L_C}{\lambda_C}}$

$q[\dfrac{W}{m^2}] = \dfrac{Q}{A} = \lambda_m \dfrac{(T_H - T_L)}{L_t} = \dfrac{(T_H - T_L)}{\dfrac{L_t}{\lambda_m}} = \dfrac{(T_H - T_L)}{R}$

R : 열저항계수[$\dfrac{℃}{W}$] $R = \dfrac{L_t}{\lambda_m}$

2) 대류 : 유체와 고체사이의 열전달

$Q[W] = aA(T_H - T_L)$

Q : 시간당 전열량[W], a : 열전달계수[$\dfrac{W}{m^2 \cdot ℃}$], A : 전열면적[m^2], T_H : 높은 온도[℃],

T_L : 낮은 온도[℃]

3) 복사 : 복사체에 의한 열전달

$Q[W] = \sigma \epsilon A T^4$

Q : 시간당 전열량 $[W]$, σ : 스테판 볼프만의 상수 $[5.67 \times 10^{-6} \dfrac{W}{m^2 K}]$, ϵ : 복사율 $0 < \epsilon < 1$

A : 전열면적 $[m^2]$, T : 복사체의 절대온도 $[K]$

4) 열관류(熱貫流)참고)貫(꿸뚤 : 관)

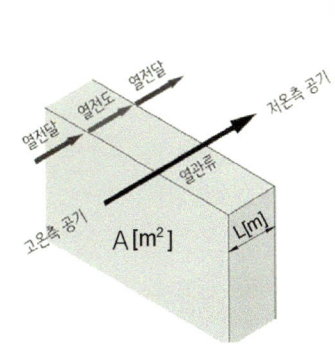

$K = \dfrac{1}{\dfrac{1}{a_1} + \dfrac{L}{\lambda} + \dfrac{1}{a_2}}$

K : 열관류계수 = 열통과계수 = 총괄전열계수 $[\dfrac{W}{m^2 \,^\circ C}]$,

L : 재료의 두께 $[m]$

a_1 : 내측유체열전달률 $[\dfrac{W}{m^2 \,^\circ C}]$, a_2 : 외측유체열전달률 $[\dfrac{W}{m^2 \,^\circ C}]$

Q : 열관류에 의한 손실열량 $[W]$,
$Q[W] = KA(T_H - T_L)$

A : 전열면적 $[m^2]$, T_H : 높은 온도 $[^\circ C]$, T_L : 낮은 온도 $[^\circ C]$

02 여러가지 효율

1) (연소장치의 연소효율) E_C

$E_C = \dfrac{\text{실제연소열량}}{\text{완전연소열량}}$

$E_c = \dfrac{H_C - H_L}{H_C} = \dfrac{H_C - (H_1 + H_2)}{H_C} = \dfrac{H_C - H_1 - H_2}{H_C}$

H_C : 저위발열량 = 진발열량
(손실열량) $H_L = H_1 + H_2$
H_1 : 연재 중의 미연탄소에 의한 손실 = 탄찌거기속에 미연탄소에 의한 손실
H_2 : 불완전연소에 따른 열손실

> **참고**
> 연재 중의 미연탄소는 연소 과정에서 완전하게 연소되지 못하고 남아 있는 탄소이다.

2) 가열실의 이론효율 E_1

가열실이론효율 $= \dfrac{\text{유효온도}}{\text{이론연소온도}} = \dfrac{\text{이론연소온도} - \text{피연물의 온도}}{\text{이론연소온도}}$

$E_1 = \dfrac{t_e}{t_r} = \dfrac{t_r - t_i}{t_r}$

t_r : 이론연소온도,

t_e : 유효온도 $t_e = t_r - t_i$

t_i : 피연물의 온도

3) 보일러 효율 η_B

$$\eta_B = \frac{(h_s - h_w) \times G_a}{H_l \times G_f}$$

$$\eta_B = \frac{(발생증기의 엔탈피 - 입구의 급수 엔탈피) \times 발생증기량}{연료의 저위발열량 \times 연료소비율}$$

4) 열효율 η

$$\eta = \frac{출력}{연료의 저위발열량 \times 연료소비율}$$

연소공학 과년도 기출문제

01 다음 중 열전도율의 단위는? ✦ 12년9월15일

① kcal/m·h·℃
② kcal/m²·h·℃
③ kcal/m·h²·℃
④ kcal/m·h·℃²

해설
1. 열전도율 단위 : $[\frac{kcal}{mh℃}]$, $[\frac{W}{m℃}]$
2. 열관류율=열통과율=열전달율 단위 :
   $[\frac{kcal}{m^2h℃}]$, $[\frac{W}{m^2℃}]$

★★★
02 환열실의 전열면적[m²]과 전열량[kcal/h] 사이의 관계는? (단, 전열면적은 F, 전열량은 Q, 총괄전열계수는 V이며, △tm은 평균온도차이다.) ✦ 13년6월2일

① Q = F × V × △tm
② Q = F / △tm
③ Q = F × △tm
④ Q = V / (F × △tm)

풀이 Q = F × V × △tm
F : 열전달 표면적, $[m^2]$
V : 총괄 열전달 계수, $[\frac{kcal}{hm^2℃}]$
△tm : 대수 평균 온도차, [℃]

03 아래에 도시한 3층으로 되어 있는 평면벽의 평균 열전도율$[W/mK]$을 구하면 얼마인가? (단, 열전도율 $\lambda_A = 0.93[W/mK]$ $\lambda_B = 2.32[W/mK]$ $\lambda_C = 0.93[W/mK]$이다)

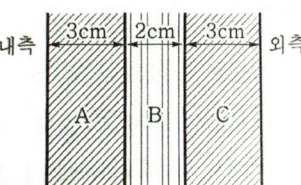

① 0.98   ② 1.51
③ 1.09   ④ 2.3

해설
$$\lambda_m = \frac{L_A + L_B + L_C}{\frac{L_A}{\lambda_A} + \frac{L_B}{\lambda_B} + \frac{L_C}{\lambda_C}} = \frac{0.03 + 0.02 + 0.03}{\frac{0.03}{0.93} + \frac{0.02}{2.32} + \frac{0.03}{0.93}} = 1.09$$

04 두께 240mm의 내화 벽돌과 두께 100mm의 단열 벽돌 및 두께 100mm의 적벽돌이 되어 있는 노벽이 있다. 이들의 열전도율은 각각 1.2, 0.06, 0.6W/mK이다. 노벽 벽면의 온고가 1000℃이고, 외벽면의 온도가 100℃일 때한시간당 벽면 $1m^2$의 손실열량을 구하면 약 얼마인가?

① $502[W/m^2]$ ② $442[W/m^2]$
③ $289[W/m^2]$ ④ $204[W/m^2]$

풀이
$$\lambda_m = \frac{L_A + L_B + L_C}{\frac{L_A}{\lambda_A} + \frac{L_B}{\lambda_B} + \frac{L_C}{\lambda_C}} = \frac{0.24 + 0.1 + 0.1}{\frac{0.24}{1.2} + \frac{0.1}{0.06} + \frac{0.1}{0.6}} = 0.216$$

$$q[\frac{W}{m^2}] = \frac{Q}{A} = \lambda_m \frac{(T_H - T_L)}{L_t}$$
$$= 0.216 \times \frac{1000 - 100}{0.24 + 0.1 + 0.1} = 441.81[\frac{W}{m^2}]$$

정답 01 ① 02 ① 03 ③ 04 ②

05 연소 시 100℃에서 500℃로 온도가 상승하였을 경우 500℃의 열복사 에너지는 100℃에서의 열복사 에너지의 약 몇 배가 되겠는가?

◎ 17년3월5일

① 16.2   ② 17.1
③ 18.5   ④ 19.3

[해설] $\left(\dfrac{500+273}{100+273}\right)^4 = 18.45$

★★★★★
06 연소장치의 연소효율(E_C)식이 아래와 같을 때 H_2는 무엇을 의미하는가? (단, H_c : 연료의 발열량, H_1 : 연재 중의 미연탄소의 의한 손실이다.)

◎ 17년5월7일

$$E_C = \dfrac{H_C - H_1 - H_2}{H_C}$$

① 전열손실
② 현열손실
③ 연료의 저발열량
④ 불완전연소에 따른 손실

[해설] ▶ 연소효율 η_c

$\eta_c = \dfrac{\text{저위발열량} - \text{손실열량}}{\text{저위발열량}} = \dfrac{\text{저위발열량} - (L_c + L_i)}{\text{저위발열량}}$

손실열량 $= L_c + L_i$
L_c : 탄찌꺼기 속의 미연탄소분에 의한 열손실
L_i : 불완전연소에 따른 열손실

★★
07 다음 중 연소효율(ηc)을 옳게 나타낸 식은? (단, H_L : 저위발열량, L_i : 불완전연소에 따른 손실열, L_c : 탄찌꺼기 속의 미연탄소분에 의한 손실열이다.)

◎ 13년3월10일

① $\dfrac{H_L - (L_C + L_i)}{H_L}$

② $\dfrac{H_L - (L_C - L_i)}{H_L}$

③ $\dfrac{H_L}{H_L + (L_C + L_i)}$

④ $\dfrac{H_L}{H_L - (L_C - L_i)}$

[해설] ▶ 연소효율 η_c

$\eta_c = \dfrac{\text{저위발열량} - \text{손실열량}}{\text{저위발열량}} = \dfrac{\text{저위발열량} - (L_c + L_i)}{\text{저위발열량}}$

손실열량 $= L_c + L_i$
L_c : 탄찌꺼기 속의 미연탄소분에 의한 열손실
L_i : 불완전연소에 따른 열손실

08 열효율 향상 대책이 아닌 것은?

◎ 16년5월8일

① 과잉공기를 증가시킨다.
② 손실열을 가급적 적게 한다.
③ 전열량이 증가되는 방법을 취한다.
④ 장치의 최적 설계조건과 운전조건을 일치시킨다.

[해설] 열효율을 증가 시키기 위해서는 적정공기비를 유지시켜야 된다.

09 발열량이 5000kcal/kg인 고체연료를 연소할 때 불완전연소에 의한 열손실이 5%, 연소재에 의한 열손실이 5%이었다면 연소효율은?

◎ 16년5월8일

① 80%   ② 85%
③ 90%   ④ 95%

[해설] $E_c = \dfrac{H_C - H_L}{H_C} = \dfrac{H_C - (H_1 + H_2)}{H_C}$

(연소 열효율)η
$\eta = 100 - (\text{불완전열손실} + \text{연소재열손실})$
$= 100 - (5+5) = 90\%$

정답 05 ③ 06 ④ 07 ① 08 ① 09 ③

10 가열실의 이론 효율(E1)을 옳게 나타낸 식은? (단, tr : 이론연소온도, ti : 피열물의 온도) ◎ 12년9월15일

① $E_1 = \dfrac{t_r + t_i}{t_t}$ ② $E_1 = \dfrac{t_r - t_i}{t_r}$

③ $E_1 = \dfrac{t_i - t_r}{t_i}$ ④ $E_1 = \dfrac{t_i + t_r}{t_i}$

> **풀이** 가열실이론효율 $= \dfrac{\text{유효온도}}{\text{이론연소온도}}$
> $= \dfrac{\text{이론연소온도} - \text{피열물의 온도}}{\text{이론연소온도}}$

11 저위발열량이 1784kcal/kg의 석탄을 연소시켜 13200kg/h의 증기를 발생시키는 보일러의 효율은? (단, 연료소비율은 6040kg/h이고, 증기의 엔탈피는 742kcal/kg, 급수의 엔탈피는 23kcal/kg이다.) ◎ 15년9월19일

① 64%   ② 74%
③ 88%   ④ 94%

> **해설** 보일러 효율 η_B
> $\eta = \dfrac{13200\frac{kg}{h} \times (742-23)\frac{kcal}{kg}}{1784\frac{kcal}{kg} \times \frac{6040kg}{h}} = 0.88 = 88\%$

12 보일러의 열효율[η] 계산식으로 옳은 것은? (단, h_s : 발생증기, h_w : 급수의 엔탈피, G_a : 발생증기량, G_f : 연료소비량, Hl : 저위발열량이다.) ◎ 19년3월3일

① $\eta = \dfrac{H_l \times G_f}{(h_s + h_w) \times G_a}$

② $\eta = \dfrac{(h_s - h_w) \times G_a}{H_l \times G_f}$

③ $\eta = \dfrac{(h_s + h_w) \times G_a}{H_l \times G_f}$

④ $\eta = \dfrac{(h_s - h_w) \times G_a \times G_f}{H_l}$

> **해설**
> ▶ 보일러 효율
> $\eta_B = \dfrac{(\text{발생증기의 엔탈피} - \text{입구의 급수 엔탈피}) \times \text{발생증기량}}{\text{연료의 저위발열량} \times \text{연료소비율}}$

13 효율이 60%인 보일러에서 12000 kJ/kg의 석탄을 150kg을 연소시켰을 때의 열손실은 몇 MJ인가? ◎ 20년9월26일

① 720   ② 1080
③ 1280 ④ 1440

> **해설** 열손실은 40%에 해당 되는 값으로
> $0.4 \times 12000 \left[\dfrac{kJ}{kg}\right] \times 150[kg] = 720000 kJ = 720 MJ$

14 고체연료를 사용하는 어떤 열기관의 출력이 3000kW이고 연료소비율이 1400kg/h 일 때 이 열기관의 열효율은 약 몇 % 인가? (단, 이 고체연료의 저위발열량은 28 MJ/kg이다.) ◎ 21년3월7일

① 28
② 38
③ 48
④ 58

> **해설**
> $\eta = \dfrac{3000\frac{kJ}{s}}{\frac{1400}{3600}\frac{kg}{s} \times 28000\frac{kJ}{kg}} = 0.2755 = 27.55\%$

15 연소효율은 실제의 연소에 의한 열량을 완전연소 했을 때의 열량으로 나눈 것으로 정의할 때, 실제의 연소에 의한 열량을 계산하는 데 필요한 요소가 아닌 것은? ○ 16년5월8일

① 연소가스 유출 단면적
② 연소가스 밀도
③ 연소가스 열량
④ 연소가스 비열

해설 연소효율 = (실제 연소열량) / (완전연소열량)
연소가스 열량은 완전연소가 일어난 경우의 열량입니다. 따라서, 실제 연소에 의한 열량을 계산하는 데에는 필요하지 않는다.

정답 15 ③

08

통풍장치 / 집진장치 / 보염장치

01 연료
02 고체연료
03 액체연료
04 기체연료 및 가스연료
05 연소개론
06 연소계산식
07 전열 및 여러 가지 효율
08 통풍장치 / 집진장치 / 보염장치
09 화재 및 폭발
10 연료시험 및 배기가스

CHAPTER 08 통풍장치 / 집진장치 / 보염장치

자주출제 되는 문제

01 통풍장치

통풍장치 ┬ 자연통풍 : 배기가스와 외기공기와의 비중차이(비중량차이)에 의한 통풍
　　　　└ 강제통풍 ┬ 압입통풍 : 연소실 입구측에 송풍기 설치
　　　　　　　　　├ 흡입통풍(=유입통풍=흡출통풍) : 연도내에 송풍기(배풍기)를 설치
　　　　　　　　　└ 평행통풍 : 압입통풍과 흡입통풍을 병행하는 통풍방식

연돌(굴뚝)의 통풍력	송풍기 계산식
① 이론통풍력 $Z[mmH_2O] = 273H \times \left(\dfrac{\rho_a}{t_a+273} - \dfrac{\rho_g}{t_g+273} \right)$ 　H : 연돌의 높이 $[m]$ 　ρ_a : 외기의 밀도 $\left[\dfrac{kg}{m^3}\right]$, 　t_a : 외기의 온도 $[℃]$ 　ρ_g : 배기가스의 밀도 $\left[\dfrac{kg}{m^3}\right]$, 　t_g : 배기가스의 온도 $[℃]$ ② 이론통풍력 $Z[mmH_2O] = 355H \times \left(\dfrac{1}{T_a} - \dfrac{1}{T_g} \right)$ 　H : 연돌의 높이 $[m]$ 　T_a : 외기의 절대온도 $[K]$ 　T_g : 배기가스의 절대온도 $[K]$ ③ 이론 통풍력 $Z[Pa] = H(\gamma_a - \gamma_g)$ 　H : 연돌의 높이 $[m]$ 　γ_a : 외기의 비중량 $\left[\dfrac{N}{m^3}\right]$ 　γ_g : 배기가스의 비중량 $\left[\dfrac{N}{m^3}\right]$	■ 송풍기 상사(相似)법칙 풍량 $\dfrac{Q_2}{Q_1} = \dfrac{N_2}{N_1} = \left(\dfrac{D_2}{D_1}\right)^3$ 정압 $\dfrac{P_2}{P_1} = \left(\dfrac{N_2}{N_1}\right)^2 = \left(\dfrac{D_2}{D_1}\right)^2$ 동력 $\dfrac{L_2}{L_1} = \left(\dfrac{N_2}{N_1}\right)^3 = \left(\dfrac{D_2}{D_1}\right)^5$ ■ 송풍기효율) η $\eta = \dfrac{\text{풍압력}[Pa] \times \text{풍량}\left[\dfrac{m^3}{s}\right]}{\text{소요동력}[W]}$

02 송풍기

송풍기 ─┬─ 원심식 ─┬─ 터보형(후향날개구조) : 압입통풍 주로 사용/고온 및 고압용/대용량에 적합하다.
　　　　│　　　　├─ 플레이트형(방사형 날개구조) : 흡입통풍에 주로사용/구조가 견고/부식에 잘견딘다
　　　　│　　　　└─ 다익형=실리코형(전향날개구조) : 소형,경량으로 제작/제작비가 싸다/저압 및
　　　　│　　　　　　저온에 사용
　　　　└─ 축류식 ── 프로펠러형 : 고속운전/저압 및 대풍량 사용/구조가 간단/풍량이 많아 지하실의
　　　　　　　　　　　배기 및 환기용

01 통풍장치

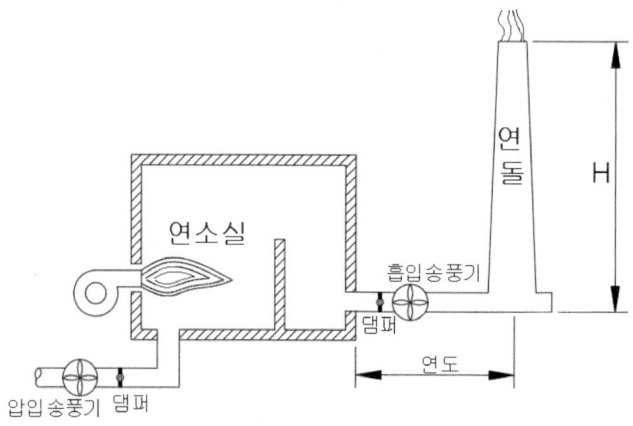

통풍장치 ─┬─ 자연통풍 : 배기가스와 외기공기와의 비중차이(비중량차이)에 의한 통풍
         └─ 강제통풍 ─┬─ 압입통풍 : 연소실 입구측에 송풍기 설치
                    ├─ 흡입통풍(=유인통풍=흡출통풍) : 연도내에 송풍기(배풍기)를 설치
                    └─ 평형통풍 : 압입통풍과 흡입통풍을 병행하는 통풍방식

1) 자연통풍

(1) 자연통풍의 특징

① 배기가스와 외기공기의 밀도차이(비중차이, 온도차이)에 의해 통풍이 이루어진다.
② 연돌(굴뚝)에 의해 이루어지는 통풍방식이다.
③ 통풍량이 적은 소규모 보일러에 사용된다.
④ 송풍기가 사용되지 않음으로 시설비가 적다.
⑤ 노내압이 부압(-)되어 외기 침입의 우려가 있다.
⑥ 외기의 온도 및 습도 등의 영향을 많이 받는다.
⑦ 통풍력이 약하고 통풍력조절이 어렵다.
⑧ 연돌(굴뚝)의 높이가 통풍력에 큰 영향을 미친다.

(2) 자연통풍을 증가시키는 방법

① 연돌의 높이를 증가시킨다.
② 연돌의 상부 단면적을 크게 한다.
③ 연도의 골곡부를 최소화 한다.
④ 외기온도가 낮을수록 통풍력증대
⑤ 배기가스 온도를 높인다.

3) 압입통풍과 흡입통풍의 비교

압입통풍	흡입통풍
① 송풍기의 고장이 적고, 점검 및 보수가 용이하다. ② 연소실 내부 압력이 정압(+)이 되어 완전연소가 용이하다 ③ 송풍기의 동력소비가 적다. ④ 연소용 공기를 예열하여 사용이 가능하다.	① 송풍기가 고온의 연소가스와 직접 접촉하므로 고장이 많고 점검 및 보수가 어렵다. ② 연소실 내부 압력이 부압(-)이 되거, 냉공기의 침입의 우려가 있어 연소상태가 나빠진다. ③ 송풍기의 동력소비가 크다. ④ 예열공기사용이 불가능하다.

4) 평행통풍방식의 특징

① 연소실 전후에 송풍기 설치됨으로 설비비 많이들고 동력소비도 많다.
② 강한 통풍력을 얻을수 있으면 노내압 및 통풍력의 조절이 가능하다.
③ 통풍력이 큰 대형 보일러나 고성능 보일러에 널리 사용되고 있다.
④ 노내압을 정압(+), 부압(-)조절이 가능하다.

5) 풍압 및 속도의 크기평행통풍 〉 흡입통풍 〉 압입통풍 〉 자연통풍

연돌(굴뚝)의 통풍력	송풍기 계산식
① 이론통풍력 $Z[mmH_2O] = 273H \times \left(\dfrac{\rho_a}{t_a+273} - \dfrac{\rho_g}{t_g+273}\right)$ H: 연돌의 높이$[m]$ ρ_a: 외기의 밀도$[\dfrac{kg}{m^3}]$, t_a: 외기의 온도$[℃]$ ρ_g: 배기가스의 밀도$[\dfrac{kg}{m^3}]$, t_g: 배기가스의 온도$[℃]$ ② 이론통풍력 $Z[mmH_2O] = 355H \times \left(\dfrac{1}{T_a} - \dfrac{1}{T_g}\right)$ H: 연돌의 높이$[m]$ T_a: 외기의 절대온도$[K]$ T_g: 배기가스의 절대온도$[K]$ ③ 이론 통풍력 $Z[Pa] = H(\gamma_a - \gamma_g)$ H: 연돌의 높이$[m]$ γ_a: 외기의 비중량$[\dfrac{N}{m^3}]$ γ_g: 배기가스의 비중량$[\dfrac{N}{m^3}]$	■ 송풍기 상사(相似)법칙 풍량 $\dfrac{Q_2}{Q_1} = \dfrac{N_2}{N_1} = \left(\dfrac{D_2}{D_1}\right)^3$ 정압 $\dfrac{P_2}{P_1} = \left(\dfrac{N_2}{N_1}\right)^2 = \left(\dfrac{D_2}{D_1}\right)^2$ 동력 $\dfrac{L_2}{L_1} = \left(\dfrac{N_2}{N_1}\right)^3 = \left(\dfrac{D_2}{D_1}\right)^5$ ■ 송풍기효율)η $\eta = \dfrac{풍압력[Pa] \times 풍량[\dfrac{m^3}{s}]}{소요동력[W]}$

02 송풍기

송풍기 ─┬─ 원심식 ─┬─ 터보형(후향날개구조) : 압입통풍 주로 사용/고온 및 고압용/대용량에 적합하다.
　　　　│　　　　├─ 플레이트형(방사형 날개구조) : 흡입통풍에 주로사용/구조가 견고/부식에 잘견딘다
　　　　│　　　　└─ 다익형=실리코형(전향날개구조) : 소형,경량으로 제작/제작비가 싸다/저압 및
　　　　│　　　　　　　저온에 사용
　　　　└─ 축류식 ── 프로펠러형 : 고속운전/저압 및 대풍량 사용/구조가 간단/풍량이 많아 지하실의
　　　　　　　　　　　　배기 및 환기용

원심식			축류식
터보형 (후향날개구조)	플레이트형 (방사형)	다익형(=실리코형) (전향날개구조)	프로펠러형
			고속운전에 적합하다. 저압 및 대풍량 사용. 구조가 간단하다. 풍량이 많아 지하실의 배기 및 환기용으로 사용
압입통풍에 주로 사용 고온 및 고압용으로 사용 대용량에 적합하다.	흡입통풍에 주로사용 구조가 견고하다 부식에 잘견딘다 플레이트교체가 쉽다.	소형,경량으로 제작 제작비가 싸다. 저압 및 저온에 사용	

03 집진장치

- 집진장치 (Dust collecbir)
  - 건식집진장치
    - 중력침강식 : 중력에 의한 포집
    - 관성력식 : 방해판 충돌에 의하거나 급격한 기류의 방향전환을 통한 분진을 분리 포집하는 방식
    - 원심력식 : 선회 운동을 통한 입자분리방식
      사이클론 멀티클론(multiclone) → 멀티 클론는 소형 사이클론을 직력로 연결하여 원심력 분리 효과를 극대화한 집진장치
    - 전기식 : 직류전압(30~60kV)을 이용한 코로나 방전을 이용
      : 가장 높은 집진율(90%~99.9%)
      : 미세입자(0.1㎛) 포집
      : 낮은 압력손실로 대량의 가스처리가능
      : 광범위한 온도범위에서 설계가 가능하다.
      : 방전극을 음(陰), 집진극을 양(陽)으로 한다.
    - 여과식 : 백필터(Bag filter) 여과제를 통한 분리 포집방식
      : 처리가스의 온도는 250도를 넘지 않아야 된다.
      : 배기가스의 노점이상으로 유지하여 저온부식을 방지한다.
      : 습한 함진가스에는 사용하지 못한다.
      : 미립자 크기에 관계없이 집진효율이 가장 높은 장치
  - 습식집진장치 (세정식)
    → 함진 배기가스를 액방울이나 액막에 충돌시켜 분진입자를 포집 분리 하는 장치
    - 가압수식 (집진효율은 우수하나 압력손실이 큰편이다) 스크러버(scrubber) : 세정 탑
      - 벤튜리 스크러버(Venturl Scrubber) : 세정식 집진장치 중에서 가장 미세한 입자의 집진과 높은 집진효율을 가짐
      - 제트 스크러버(Jet Scrubber) : 이젝터로 함진가스를 흡입해 무을 미세화하여 진액 입자를 흡수해 낙하시킴
      - 사이클론 스크러버(Cyclon Scrubber) : 미스트와 수용성 분진처리에 효과적인 원심력과 세정력을 이용
      - 충전탑(Packed rower) : 원통 내부에 충전물을 채워 넣은 탑으로 구조가 간단하고 가스의 압력손실이 비교적 적은편이다.
      - 분무탑(Spray to wer) : 다수의 노즐에서 미세한 액체 방울을 분무하여 분진을 포집
    - 유수식 : 가스 중의 분진을 물의 분사나 수막에 의하여 씻어내는 것으로 유수(고인물)를 순화시켜 물의 소비량이 적은 편이다.
      : 에어 텀블러의 장치가 있다.
    - 회전식 : (Rotary Scrubber)
      : 설치면적은 자고 부식성 가스의 처리에는 부적당하다.
      : 가동부분이 적고 구조가 간단하다.
      : 비교적 큰 압력손실을 견딜수 있다.
      : 집진물 회수사 별도의 탈수, 건조 등을 수행하는 장치를 필요로 한다.
      : 임펠리 스크러버, 타이젠 와셔(Theisen Washer)

건식집진장치			
중력침강식	관성력식	원심력식	여과식

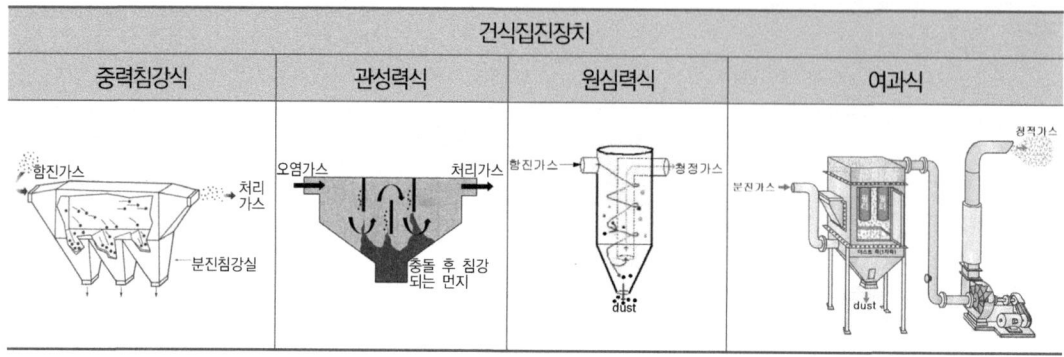

중력침강식	[원심력식 집진장치]

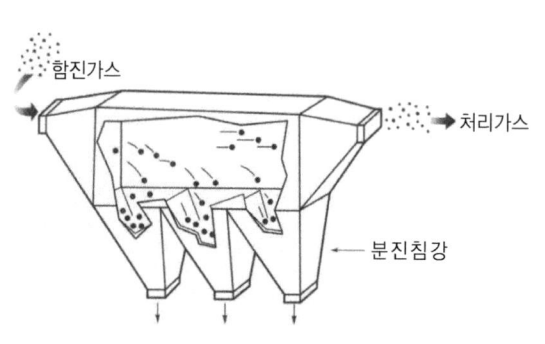
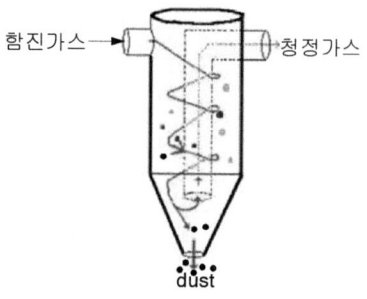

▶ 원심력식 집진장치
① 선회운동을 통한 입자분리방식
② 사이클론
③ 멀티클론 : 소형사이클론을 직렬로 연결하여 원심력 분리효과를 극대화 한 집진장치

관성(력)식집진장치	여과식 집진장치 Bag filter의 구조

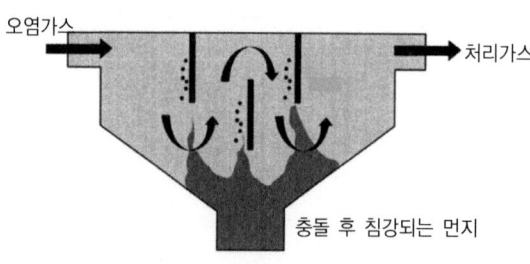
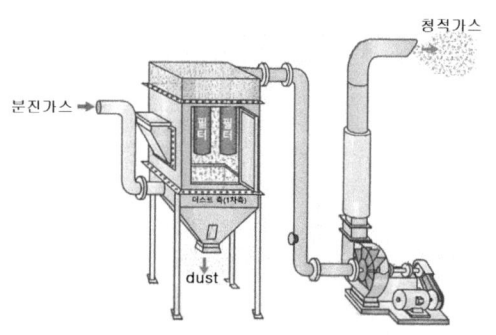

▶ 관성력 집진장치의 집진율을 높이는 방법
① 방해판이 많을수록 집진효율이 우수하다.
② 충돌 직전 처리가스 속도가 빠를 수록 좋다.(CBT★)
③ 출구가스 속도가 느릴수록 미세한 입자가 제거된다.
④ 기류의 방향 전환각도가 작고, 전환회수가 많을수록 집진효율이 증가한다.

▶ 여과식은 백 필터(bag filter)의 특징
① 여과면의 가스 유속은 미세한 더스트 일수록 적게 한다.
② 더스트 부하가 클수록 집진율은 커진다.
③ 여포재에 더스트 일차부착층(0.1um)이 형성되면 집진율은 높아진다. (CBT★)
④ 백의 밑에서 가스백 내부로 송입하여 집진한다.

가압수식 집진장치				
벤츄리 스크러버	사이클론 스크러버	제트 스크러버	충전탑	분무탑

▶ 여과제 재질의특징

① 테트론 : 내산성이 좋지만 내알칼리성은 좋지 않다.

② 사란 : 내산성과 내알칼리성 모두 좋지 않다.

③ 비닐론 : 내산성과 내알칼리성 모두 좋다.

④ 글라스 : 내산성은 좋지만 내알칼리성은 좋지 않다.

▶ (주처리 집진효율) η

$$\eta = \frac{집진기효율 - 전처리집진효율}{100 - 전처리집진효율}$$

보염(保焰)장치

Ⓐ 분무컵	공기의 압력에 의해 기름을 분무시키는 장치
Ⓑ 스테빌라이저 (stablilizer) =보염기 =보염판	화염이 공급 공기에 의해 꺼지지 않게 보호하는 장치로, 크게 선회기 방식과 보염판 방식으로 구분된다. 선회기 방식의 스테빌라이저는 공급 공기의 흐름을 회전시키는 선회기를 사용하여 화염을 보호 보염판 방식의 스테빌라이저는 화염 주위에 보염판을 설치하여 공급 공기가 화염에 직접 닿지 않도록 보호
Ⓒ 윈드박스 (wind box)	공기의 동압(動壓)을 정압(靜壓)정압으로 유지시켜 화염을 조절 하는 장치
에어레지스터 (Air Resister) Ⓐ+Ⓑ+Ⓒ	연소용 공기를 연소에 적합한 흐름 및 양을 조정하여 착화의 안정 및 연료와 공기와의 혼합을 양호하게 하는 장치
버너타일 (burner tile)	분무유체와 타일 벽 사이에 와류 형성으로 화염 안전 및 형상조절하는 장치

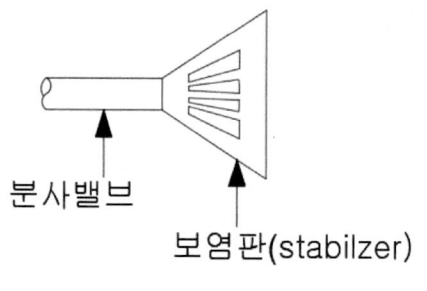

연소공학 과년도 기출문제

■ 통풍장치

★★★

01 연소가스와 외부공기의 밀도차에 의해서 생기는 압력차를 이용하는 통풍 방법은?

◎ 12년9월15일

① 자연 통풍
② 평행 통풍
③ 압입 통풍
④ 유인 통풍

풀이 * 통풍의 종류
1. 자연통풍 : 비중량차(밀도차)에 의한 통풍
2. 강제통풍 : 압입통풍, 흡입통풍, 평형통

★★

03 연소실에서 연소된 연소가스의 자연통풍력을 증가시키는 방법으로 틀린 것은?

◎ 21년5월15일, 15년3월8일

① 연돌의 높이를 높인다.
② 배기가스의 비중량을 크게 한다.
③ 배기가스 온도를 높인다.
④ 연도의 길이를 짧게 한다.

해설 ★ 자연통풍을 증가시키는 방법
① 연돌의 높이를 증가시킨다.
② 연돌의 상부 단면적을 크게 한다.
③ 연도의 골곡부를 최소화 한다.
④ 외기온도가 낮을수록 통풍력증대
⑤ 배기가스 온도를 높인다.

02 연돌의 통풍력은 외기온도에 따라 변화한다. 만일 다른조건이 일정하게 유지되고 외기온도만 높아진다면 통풍력은 어떻게 되겠는가?

◎ 17년5월7일

① 통풍력은 감소한다.
② 통풍력은 증가한다.
③ 통풍력은 변화하지 않는다.
④ 통풍력은 증가하다 감소한다.

해설

① 이론통풍력 $Z[mmH_2O] = 273H \times \left(\dfrac{\rho_a}{t_a+273} - \dfrac{\rho_g}{t_g+273} \right)$

H : 연돌의높이$[m]$

ρ_a : 외기의 밀도$\left[\dfrac{kg}{m^3}\right]$, t_a : 외기의 온도$[℃]$

ρ_g : 배기가스의 밀도$\left[\dfrac{kg}{m^3}\right]$, t_g : 배기가스의 온도$[℃]$

04 다음 중 굴뚝의 통풍력을 나타내는 식은? (단, h는 굴뚝높이, γ_a는 외기의 비중량, γ_g는 굴뚝속의 가스의 비중량, g는 중력가속도이다.)

◎ 20년9월26일

① $h(\gamma_g - \gamma_a)$
② $h(\gamma_a - \gamma_g)$
③ $\dfrac{h(\gamma_g - \gamma_a)}{g}$
④ $\dfrac{h(\gamma_a - \gamma_g)}{g}$

해설 ▶ 연돌(굴뚝)의 통풍력

이론 통풍력 $Z[Pa] = H(\gamma_a - \gamma_g)$

H : 연돌의높이$[m]$

γ_a : 외기의 비중량$\left[\dfrac{N}{m^3}\right]$

γ_g : 배기가스의 절대온도$\left[\dfrac{N}{m^3}\right]$

정답 01 ① 02 ① 03 ② 04 ②

05 연소장치의 연돌통풍에 대한 설명으로 틀린 것은?
◎ 20년8월22일

① 연돌의 단면적은 연도의 경우와 마찬가지로 연소량과 가스의 유속에 관계한다.
② 연돌의 통풍력은 외기온도가 높아짐에 따라 통풍력이 감소하므로 주의가 필요하다.
③ 연돌의 통풍력은 공기의 습도 및 기압에 관계없이 외기온도에 따라 달라진다.
④ 연돌의 설계에서 연돌 상부 단면적을 하부 단면적 보다 작게 한다.

[해설] ◆ 연돌의 통풍력은 공기의 습도, 기압 및 외기온도에 따라 달라진다.

06 연소로에서의 흡출(吸出)통풍에 대한 설명으로 틀린 것은?
◎ 15년5월31일

① 로안은 항상 부압(−)으로 유지된다.
② 흡출기로 배기가스를 방출하므로 연돌의 높이에 관계없이 연소할 수 있다.
③ 고온가스에 대한 송풍기의 재질이 견딜 수 있어야 한다.
④ 가열 연소용 공기를 사용하며 경제적이다.

[풀이] 흡출통풍(흡입통풍)은 로 안이 항상 부압이며 역화의 위험성은 없으나 공기를 예열 할수 없다.

★★★
07 통풍방식 중 평형통풍에 대한 설명으로 틀린 것은?
◎ 15년9월19일, 19년3월3일, 22년3월5일

① 통풍력이 커서 소음이 심하다.
② 안정한 연소를 유지할 수 있다.
③ 노내 정압을 임의로 조절할 수 있다.
④ 중형 이상의 보일러에는 사용할 수 없다.

[해설] 통풍방식 중 평형통풍은 대형이상의 보일러에 사용 할수 있다.

★★
08 보일러 흡인 통풍(Induced Draft)방식에 가장 많이 사용하는 송풍기의 형식은?
◎ 13년3월10일

① 터보형
② 플레이트형
③ 축류형
④ 다익형

[해설] ▶ 흡입통풍
① 노 내압이 부압(−)압력 유지
② 연도측에서 강제로 빨아내는 방식
③ 배기가스 유속은 10m/s정도
④ 예열용 공기사용 불가
⑤ 주로 플레이트형 사용

09 다음 중 고속운전에 적합하고 구조가 간단하며 풍량이 많아 배기 및 환기용으로 적합한 송풍기는?
◎ 22년3월5일

① 다익형 송풍기
② 플레이트형 송풍기
③ 터보형 송풍기
④ 축류형 송풍기

[해설] ▶ 축류형 송풍기 : 흐름의 방향이 축방향이며 덕트의 배부에 설치가 가능하며 고속운전에 적합하고 구조가 간단하며 저압 대풍량으로배기 및 환기용으로 적합한 송풍기이다.

정답 | 05 ③ 06 ④ 07 ④ 08 ② 09 ④

10 배기가스와 외기의 평균온도가 220℃와 25℃이고, 0℃, 1기압에서 배기가스와 대기의 밀도는 각각 0.770kg/m³와 1.186kg/m³일 때 연돌의 높이는 약 몇 m인가? (단, 연돌의 통풍력 Z=52.85mmH₂O이다.)
○ 19년3월3일

① 60
② 80
③ 100
④ 120

해설

① 이론통풍력 $Z[mmH_2O] = 273H \times \left(\dfrac{\rho_a}{t_a+273} - \dfrac{\rho_g}{t_g+273} \right)$

H: 연돌의 높이[m]
ρ_a: 외기의 밀도[$\dfrac{kg}{m^3}$], t_a: 외기의 온도[℃]
ρ_g: 배기가스의 밀도[$\dfrac{kg}{m^3}$], t_g: 배기가스의 온도[℃]

① 이론통풍력 $52.85[mmH_2O]$
$= 273H \times \left(\dfrac{1.186}{25+273} - \dfrac{0.77}{220+273} \right)$
$H = 80.7m$

11 보일러의 연소용 공기 압입 터보형 송풍기가 풍압이 부족하여 송풍기의 회전수를 1800rpm에서 2100rpm으로 올렸다. 이 때 회전수 증가에 의한 풍압은 약 몇 % 상승하겠는가?
○ 13년3월10일

① 14%
② 16%
③ 36%
④ 42%

해설

풍량 $\dfrac{Q_2}{Q_1} = \dfrac{N_2}{N_1} = \left(\dfrac{D_2}{D_1}\right)^3$

정압 $\dfrac{P_2}{P_1} = \left(\dfrac{N_2}{N_1}\right)^2 = \left(\dfrac{D_2}{D_1}\right)^2$

동력 $\dfrac{L_2}{L_1} = \left(\dfrac{N_2}{N_1}\right)^3 = \left(\dfrac{D_2}{D_1}\right)^5$

$\dfrac{P_2}{P_1} = \left(\dfrac{2100}{1800}\right)^2 = 1.36$ 136%즉 36%증가

12 연돌의 실제 통풍압이 35mmH₂O 송풍기의 효율은 70%, 연소가스량이 200m³/min 일 때 송풍기의 소요 동력은 약 몇 kW 인가?
○ 21년3월7일

① 0.84
② 1.15
③ 1.63
④ 2.21

해설

$\eta = \dfrac{압력 \times 유량}{소요동력}$,

소요동력 $= \dfrac{(35 \times 10^{-3}[mH_2O] \times \dfrac{101325[Pa]}{10.332[mH_2O]}) \times \dfrac{200}{60}[\dfrac{m^3}{s}]}{0.7}$

$= 1634.48\,W = 1.634\,kW$

정답 10 ② 11 ③ 12 ③

chapter 08 통풍장치 / 집진장치 / 보염장치 | 257

연소공학 과년도 기출문제

■ 집진장치

01 다음 중 습식집진장치의 종류가 아닌 것은?
◐ 18년4월28일

① 멀티클론(multiclone)
② 제트 스크러버(jet scrubber)
③ 사이클론 스크러버(cyclone scrubber)
④ 벤츄리 스크러버(venturi scrubber)

해설 멀티클론은 건식집진장치이다.

02 다음 중 습한 함진가스에 가장 적절하지 않은 집진장치는?
◐ 18년9월15일

① 사이클론 ② 멀티클론
③ 스크러버 ④ 여과식 집진기

해설
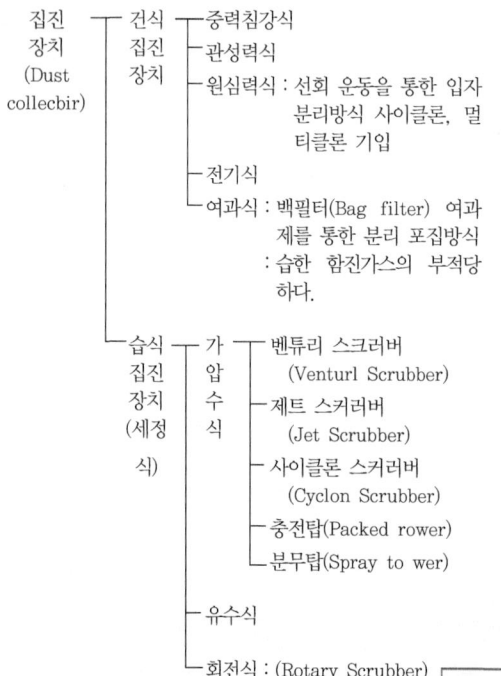

★★★
03 다음 대기오염 방지를 위한 집진장치 중 습식집진장치에 해당하지 않는 것은?
◐ 22년4월24일, 17년9월23일

① 백필터
② 충진탑
③ 벤투리 스크러버
④ 사이클론 스크러버

해설
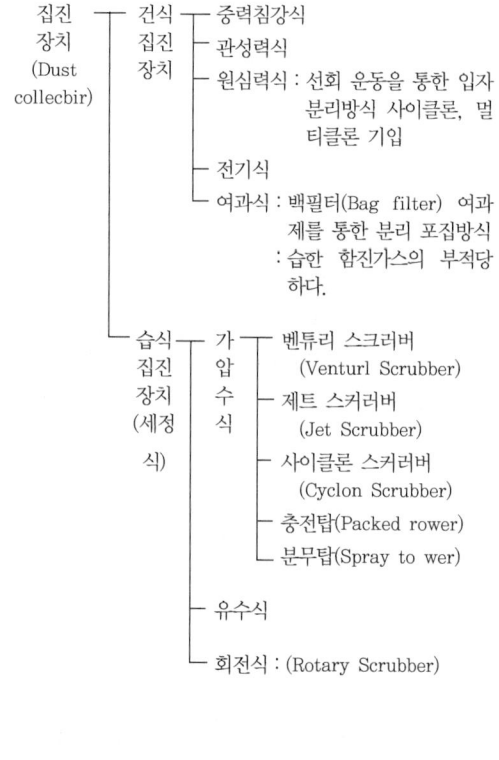

정답 01 ① 02 ④ 03 ①

04 습한 함진가스에 가장 부적당한 집진장치는? ◎ 15년5월31일

① 사이클론
② 멀티클론
③ 여과식 집진기
④ 스크러버

해설

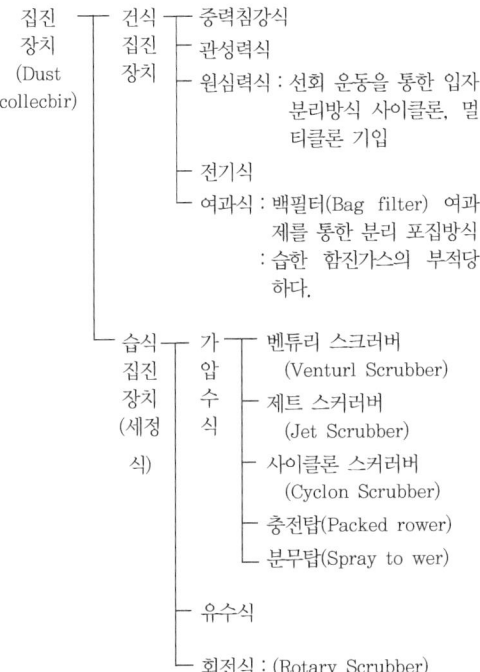

05 다음 중 건식집진장치가 아닌 것은? ◎ 15년9월19일

① 사이클론(Cyclone)
② 백필터(Bag filter)
③ 멀티클로(Multiclone)
④ 사이클론 스크러버(Cyclone scrubber)

해설

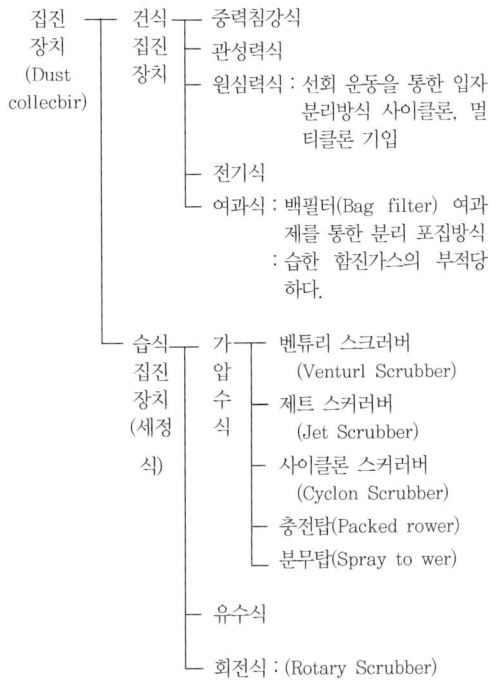

06 관성력 집진장치의 집진율을 높이는 방법이 아닌 것은? ◎ 20년6월6일

① 방해판이 많을수록 집진효율이 우수하다.
② 충돌 직전 처리가스 속도가 느릴수록 좋다.
③ 출구가스 속도가 느릴수록 미세한 입자가 제거된다.
④ 기류의 방향 전환각도가 작고, 전환회수가 많을수록 집진효율이 증가한다.

해설

▶ 관성력 집진장치의 집진율을 높이는 방법
① 방해판이 많을수록 집진효율이 우수하다.
② 충돌 직전 처리가스 속도가 빠를 수록 좋다
③ 출구가스 속도가 느릴수록 미세한 입자가 제거된다.
④ 기류의 방향 전환각도가 작고, 전환회수가 많을수록 집진효율이 증가한다.

정답 04 ③ 05 ④ 06 ②

07 다음 집진장치 중에서 미립자 크기에 관계없이 집진효율이 가장 높은 장치는?
◎ 17년3월5일

① 세정 집진장치
② 여과 집진장치
③ 중력 집진장치
④ 원심력 집진장치

[해설] 다음 집진장치 중에서 미립자 크기에 관계없이 집진효율이 가장 높은 장치는 여과 집진장치이다.

★★
08 백 필터(bag-filter)에 대한 설명으로 틀린 것은?
◎ 15년3월8일

① 여과면의 가스 유속은 미세한 더스트 일수록 적게 한다.
② 더스트 부하가 클수록 집진율은 커진다.
③ 여포재에 더스트 일차부착층이 형성되면 집진율은 낮아진다.
④ 백의 밑에서 가스백 내부로 송입하여 집진한다.

[해설] ▶ 백필터의 특징
1) 백의 밑에서 가스백 내부로 송입하여 집진함
2) 더스트 부하가 클수록, 집진율증가
3) 여과면의 가스유속은 미세한 더스트일수록 적게함
4) 여포재에 더스트 1차 부착층이 형성되면 집진율은 높아진다.

★★
09 여과 집진장치의 여과재 중 내산성, 내알칼리성 모두 좋은 성질을 갖는 것은?
◎ 19년4월27일

① 테트론   ② 사란
③ 비닐론   ④ 글라스

[해설] ▶ 여과재 재질의특징
테트론 : 내산성이 좋지만 내알칼리성은 좋지 않다.
사란 : 내산성과 내알칼리성 모두 좋지 않다.
비닐론 : 내산성과 내알칼리성 모두 좋다.
글라스 : 내산성은 좋지만 내알칼리성은 좋지 않다.

10 다음 대기오염물 제거방법 중 분진의 제거방법으로 가장 거리가 먼 것은?
◎ 18년3월4일

① 습식세정법
② 원심분리법
③ 촉매산화법
④ 중력침전법

[해설] 촉매산화법은 대기오염물질을 촉매를 사용하여 산화시켜 제거하는 화학적인 방법입니다. 촉매산화법은 주로 질소산화물, 일산화탄소, 휘발성 유기화합물(VOCs) 등의 제거에 사용됩니다.

★★
11 세정 집진장치의 입자 포집원리에 대한 설명으로 틀린 것은?
◎ 18년3월4일, 22년4월24일

① 액적에 입자가 충돌하여 부착한다.
② 입자를 핵으로 한 증기의 응결에 의하여 응집성을 증가시킨다.
③ 미립자의 확산에 의하여 액적과의 접촉을 좋게 한다.
④ 배기의 습도 감소에 의하여 입자가 서로 응집한다.

[해설] 세정 집진장치의 입자 포집원리는 배기의 습도 증가에 의하여 입자가 서로 응집한다.

정답 07 ② 08 ③ 09 ③ 10 ③ 11 ④

12 다음 집진장치의 특성에 대한 설명으로 옳지 않은 것은? ○ 17년9월23일

① 사이클론 집진기는 분진이 포함된 가스를 선회운동 시켜 원심력에 의해 분진을 분리한다.
② 전기식 집진장치는 대치시킨 2개의 전극 사이에 고압의 교류전장을 가해 통과하는 미립자를 집진하는 장치이다.
③ 가스흡입구에 벤투리관을 조합하여 먼지를 세정하는 장치를 벤투리 스크러버라 한다.
④ 백 필터는 바닥을 위쪽으로 달아메고 하부에서 백내부로 송입하여 집전하는 방식이다.

13 세정식 집진장치에서 분리되는 원리로서 가장 거리가 먼 것은? ○ 12년9월15일

① 액방울, 액막과 같은 작은 매진과 관성에 의한 충돌 부착
② 큰 매진의 확산에 의한 부착
③ 습기 증가로 입자의 응집성 증가에 의한 부착
④ 매진을 핵으로 한 증기의 응결

> 해설
> ▶ 큰매진의 확산에 의한부착은 건식집진장치에 속한다
> ▶ 매연이란 탄화수소물질(검댕)이 분해 연소하는 과정에서 미연의 탄소입자가 모여 응집한 것을 말하며,
> ▶ 매진이란 연료속의 회분, 생성물질 등이고 이것이 합쳐서 배기가스와 함께 연돌로 배출되는 대기오염의 인자를 총칭한다.

14 집진장치 중 하나인 사이클론의 특징으로 틀린 것은? ○ 17년5월7일

① 원심력 집진장치이다.
② 다량의 물 또는 세정액을 필요로 한다.
③ 함진가스의 충돌로 집진기의 마모가 쉽다.
④ 사이클론 전체로서의 압력손실은 입구 헤드의 4배 정도이다.

> 해설 다량의 물 또는 세정액을 필요로 하는 집진장치는 습식집진장치이다.

15 집진장치에 대한 설명으로 틀린 것은? ○ 15년5월31일

① 전기 집진기는 방전극을 음(陰), 집진극을 양(陽)으로 한다.
② 전지집진은 콜롱(coulomb)력에 의해 포집된다.
③ 소형 사이클론을 직렬시킨 원심력 분리장치를 멀티 스크러버(multi-scrubber)라 한다.
④ 여과 집진기는 함진 가스를 여과재에 통과시키면서 입자를 분리하는 장치이다.

> 해설
> 건식집진장치
> — 중력침강식 : 중력에 의한 포집
> — 관성력식 : 방해판 충돌에 의하거나 급격한 기류의 방향전환을 통한 분진을 분리 포집하는 방식
> — 원심력식 : 선회 운동을 통한 입자분리방식
>   사이클론 멀티클론(multiclone)
>   멀티 클론는 소형 사이클론을 직렬로 연결하여 원심력 분리 효과를 극대화한 집진장치
>
> — 전기식 : 코로나 방전을 이용
>   : 가장 높은 집진율(90%~99.9%)
>   : 미세입자(0.1㎛) 포집
>   : 낮은 압력손실로 대량의 가스처리가능
>   : 광범위한 온도범위에서 설계가 가능하다.
>
> — 여과식 : 백필터(Bag filter) 여과제를 통한 분리 포집방식
>   : 처리가스의 온도는 250도를 넘지 않아야 된다.
>   : 배기가스의 노점이상으로 유지하여 저온부식을 방지한다.
>   : 습한 함진가스에는 사용하지 못한다.
>   : 미립자 크기에 관계없이 집진효율이 가장 높은 장치

16 세정식 집진장치의 집진형식에 따른 분류가 아닌 것은? ◎ 16년3월6일

① 유수식　　② 가압수식
③ 회전식　　④ 관성식

해설
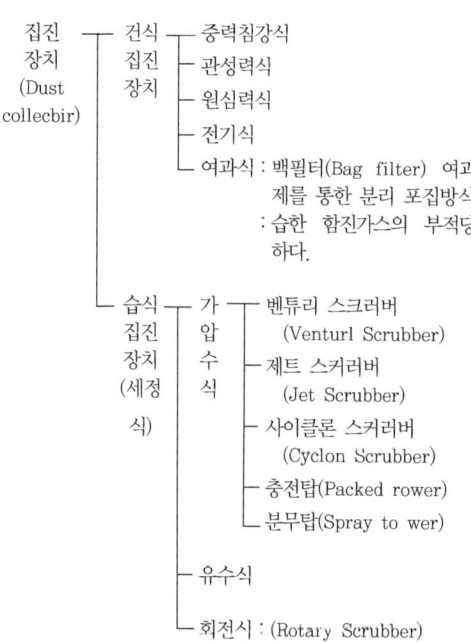

★★
17 전기식 집진장치에 대한 설명 중 틀린 것은? ◎ 16년3월6일, 21년9월12일

① 포집입자의 직경은 30~50㎛ 정도이다.
② 집진효율이 90~99.9%로서 높은 편이다.
③ 고전압장치 및 정전설비가 필요하다.
④ 낮은 압력손실로 대량의 가스처리가 가능하다.

해설 전기식 집진장치는 포집입자의 직경은 0.1㎛ 정도이다.

18 95% 효율을 가진 집진장치계통을 요구하는 어느 공장에서 35% 효율을 가진 전처리 장치를 이미 설치하였다. 주처리 장치는 몇 % 효율을 가진 것이어야 하는가? ◎ 14년3월2일

① 60.00　　② 85.76
③ 92.31　　④ 95.45

해설 $\eta = \dfrac{95-35}{100-35} = 0.9231 = 92.31\%$

19 99% 집진을 요구하는 어느 공장에서 70% 효율을 가진 전처리 장치를 이미 설치하였다. 주처리 장치는 약 몇 %의 효율을 가진 것이어야 하는가? ◎ 19년3월3일

① 98.7　　② 96.7
③ 94.7　　④ 92.7

해설 $\eta = \dfrac{99-70}{100-70} = 0.9666 = 96.7\%$

정답 16 ④ 17 ① 18 ③ 19 ②

연소공학 과년도 기출문제

■ 보염장치

01 화염이 공급 공기에 의해 꺼지지 않게 보호하며 선회기 방식과 보염판 방식으로 대별되는 장치는? ◎ 15년9월19일

① 윈드박스
② 스테빌라이저
③ 버너타일
④ 콤버스터

해설

보염(保焰)장치	
스테빌라이저 (stablilizer) =보염기 =보염판	화염이 공급 공기에 의해 꺼지지 않게 보호하는 장치로, 크게 선회기 방식과 보염판 방식으로 구분된다. 선회기 방식의 스테빌라이저는 공급 공기의 흐름을 회전시키는 선회기를 사용하여 화염을 보호 보염판 방식의 스테빌라이저는 화염 주위에 보염판을 설치하여 공급 공기가 화염에 직접 닿지 않도록 보호
윈드박스 (wind box)	공기의 동압(動壓)을 정압(靜壓)정압으로 유지시켜 화염을 조절 하는 장치
에어레지스터 (Air Resister)	연소용 공기를 연소에 적합한 흐름 및 양을 조정하여 착화의 안정 및 연료와 공기와의 혼합을 양호하게 하는 장치
버너타일 (burner tile)	분무유체와 타일 벽 사이에 와류 형성으로 화염 안전 및 형상조절하는 장치
콤버스터 (combuster)	노내에서 불꽃의 꺼짐을 막아주고 급속 연소를 촉진 하는 장치

02 분무기로 노내에 분사된 연료에 연소용 공기를 유효하게 공급하여 연소를 좋게 하고, 확실한 착화와 화염의 안정을 도모하기 위해서 공기류를 적당히 조정하는 장치는? ◎ 19년9월21일

① 자연통풍(Natural draft)
② 에어레지스터(Air register)
③ 압입 통풍 시스템(Forced draft system)
④ 유인 통풍 시스템(Induced draft system)

해설

보염(保焰)장치	
스테빌라이저 (stablilizer) =보염기 =보염판	화염이 공급 공기에 의해 꺼지지 않게 보호하는 장치로, 크게 선회기 방식과 보염판 방식으로 구분된다. 선회기 방식의 스테빌라이저는 공급 공기의 흐름을 회전시키는 선회기를 사용하여 화염을 보호 보염판 방식의 스테빌라이저는 화염 주위에 보염판을 설치하여 공급 공기가 화염에 직접 닿지 않도록 보호
윈드박스 (wind box)	공기의 동압(動壓)을 정압(靜壓)정압으로 유지시켜 화염을 조절 하는 장치
에어레지스터 (Air Resister)	연소용 공기를 연소에 적합한 흐름 및 양을 조정하여 착화의 안정 및 연료와 공기와의 혼합을 양호하게 하는 장치
버너타일 (burner tile)	분무유체와 타일 벽 사이에 와류 형성으로 화염 안전 및 형상조절하는 장치
콤버스터 (combuster)	노내에서 불꽃의 꺼짐을 막아주고 급속 연소를 촉진 하는 장치

정답 01 ② 02 ②

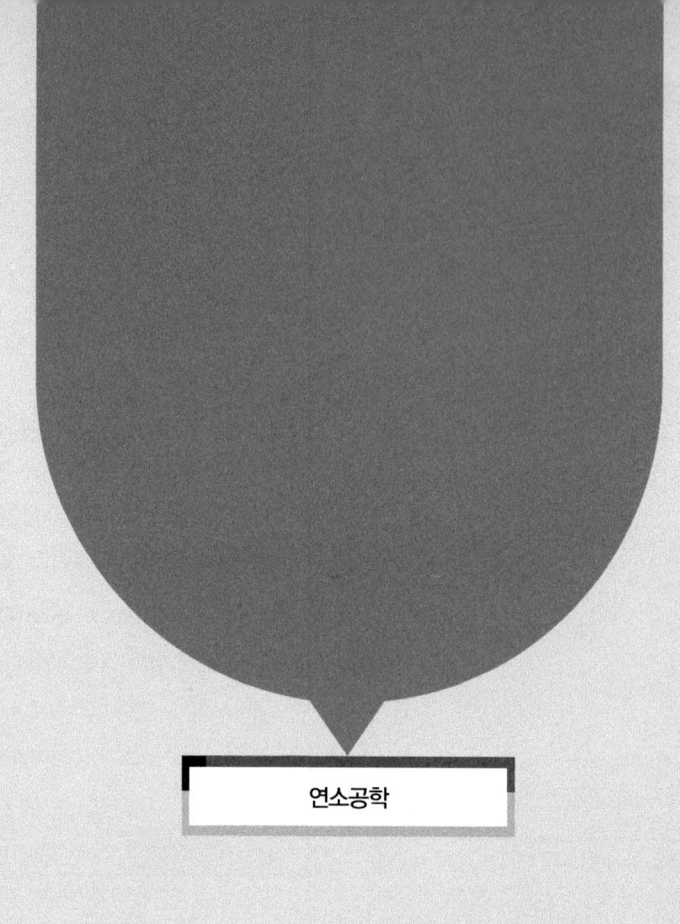

연소공학

09

화재 및 폭발

01 연료
02 고체연료
03 액체연료
04 기체연료 및 가스연료
05 연소개론
06 연소계산식
07 전열 및 여러 가지 효율
08 통풍장치 /집진장치 /보염장치
09 화재 및 폭발
10 연료시험 및 배기가스

CHAPTER 09 화재 및 폭발

자주 출제 되는 문제

01 가스의 폭발(연소)범위(하한계~상한계, 체적[%])

아세틸렌(2.5~81) 〉수소(4~75) 〉메탄(5~15) 〉프로판(2.1~9.5) 〉벤젠(1.3~7.9) 〉 톨루엔(1.4~6.7)

[연소(폭발)범위의 정의]

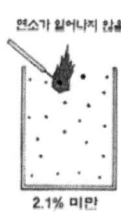 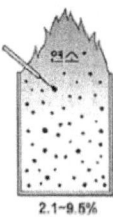 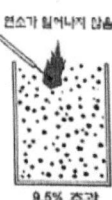

[프로판 가스의 연소범위를 통한 폭발범위의 이해]

02 혼합가스의 폭발(연소)범위

(혼합가스폭발(연소)하한계) $L = \dfrac{100}{\dfrac{V_1}{L_a} + \dfrac{V_2}{L_b} + \dfrac{V_3}{L_c}}$,

(혼합가스폭발(연소)상한계) $U = \dfrac{100}{\dfrac{V_1}{U_1} + \dfrac{V_2}{U_2} + \dfrac{V_3}{U_3}}$

V_1, V_2, V_3 : 각 성분의 체적[%]
L_1, L_2, L_3 : 각 성분의 연소범위 하한계 체적[%]
U_1, U_2, U_3 : 각 성분의 연소범위 상한계 체적[%]

03 가연성혼합가스의 폭발한계 측정에 영향을 주는 요소

① 점화원은 충분한에너지가 필요한다. 즉 폭발상한계의 결정을 위하여 점화에너지보다 큰 에너지가 필요하다.

② 온도의 영향(100℃증가 할때마다 폭발범위는 16% 넓어진다.)
③ 압력의 영향(압력이 증가 하면 폭발범위는 넓어진다.)
④ 산소의 영향(산소농도의 최소화하여 폭발을 방지 한다)
⑤ 폭발가스를 불활성가스로 치환 하면 폭발을 방지 할수 있다.
⑥ 불활성가스를 첨가하면 폭발을 방지 할수 있다.
⑦ 연소하한계이하의 농도에서는 가연성증기농도가 낮아 연소하기 어렵다.
⑧ 연소상한계이상의 농도에서는 산소농도가 가 낮아 연소하기 어렵다.
⑨ 측정용기의 직경은 관벽의 영향을 최소화 할수 있는 큰장치를 사용하여 측정한다.
⑩ 화염의 전파방향은 수직관 하단에서 점화하는 방법을 택한다

04 증기운폭발의 특징

증기운폭발 : 가연성증기가 다량으로 방출되어 점화시 일어나는 폭발
① 폭발보다 화재가 많음
② 연소에너지의 약 20%만 폭풍파로 변함
③ 증기운의 크기가 클수록, 점화될 가능성이 커짐
④ 가연성 증기의 다량 방출로 점화 위치가 방출점에서 멀수록 폭발위력이 커진다.

05 폭발원인에 따른 분류

구 분	상 태	종 류
물리적폭발	의상폭발 (고체 및 액체상태의 폭발)	증기폭발, 수증기폭발, 압력폭발, 전선폭발,
화학적폭발	기상폭발 (기체상태의 폭발)	분해폭발, 분진폭발, 산화폭발, 유증기폭발, 중합폭발, 가스폭발

□ **분해폭발성 물질**

① 에틸렌
② 아세틸렌(C_2H_2)
③ 히드라진(N_2H_4)
④ 오존
⑤ 이산화염소

분해폭발 : 물질의 구성분자의 결합이 안정적이지 못해 분해반응을 일으키는 폭발로 산소의 농도없이 단일가스가 분해하여 폭발한다.

06 폭발 위험장소종별

폭발위험장소종별 (zone)	정의	예시
제 0종 위험장소 zone 0	가스 폭발분위기가 연속적으로 장기간 또는 빈번하게 존재하는 장소	가스용기, 배관내부
제1종 위험장소 zone 1	정상작동 중에 가스 폭발분위기가 주기적 또는 간헐적으로 생성되기 쉬운장소	맨홀, 벤트, 피트 등의 주위
제2종 위험장소 zone 2	정상작동 중 가스 폭발분위기가 조성되지 않을 것으로 예상되면 생성된다 하더라도 짧은 기간에만 지속되는 장소	가스켓, 패킹등의 주위
비위험장소 non-hazardous	전기기기를 제조, 설치 및 사용함에 있어서 특별한 주의가 요구되는 폭발 분위기가 조성될 우려가 없는 장소	

07 폭굉(Detonation) : 반응의 전파속도가 그 물질 내에서 음속보다 빠른 것을 폭굉이라 한다.

1) 폭굉이 발생되는 과정
① 가연성 가스와 산화제가 혼합된 공간에서 점화가 일어난다.
② 점화된 가스의 화학 반응이 시작되면서 열과 압력이 발생한다.
③ 발생한 열과 압력에 의해 충격파가 형성된다.(정상연소보다 압력의 2배 상승 한다)
④ 충격파가 진행되면서 주변의 가연성 가스와 산화제를 활성화시킨다.(충격팡에 의해 유지 되는 화학 반응현상이다)
⑤ 활성화된 가연성 가스와 산화제가 반응하여 더욱 큰 열과 압력을 발생시킨다.
⑥ 이 과정이 반복되면서 폭굉이 발생한다.

연소공학 과년도 기출문제

★★ 01 다음 연소범위에 대한 설명 중 틀린 것은? ◎ 14년5월25일

① 연소 가능한 상한치와 하한치의 값을 가지고 있다.
② 연소에 필요한 혼합 가스의 농도를 말한다.
③ 연소 범위가 좁으면 좁을수록 위험하다.
④ 연소 범위의 하한치가 낮을수록 위험도는 크다.

해설 ▶ 연소 범위가 넓으면 넓을수록 위험하다.

★★ 02 다음 연소범위에 대한 설명으로 옳은 것은? ◎ 17년9월23일, 21년9월12일

① 온도가 높아지면 좁아진다.
② 압력이 상승하면 좁아진다.
③ 연소상한계 이상의 농도에서는 산소농도가 너무 높다.
④ 연소하한계 이하의 농도에서는 가연성증기의 농도가 너무 낮다.

해설 ▶ 연소하한계이하의 농도에서는 가연성증기농도가 낮아 연소하기 어렵다.

★★ 03 다음 기체 중 폭발범위가 가장 넓은 것은? ◎ 14년9월20일, 18년3월4일, 21년3월7일

① 수소 ② 메탄
③ 프로판 ④ 벤젠

해설 ▶ 가스의 폭발(연소)범위(상·하한 값, %)
아세틸렌(2.5~81) 〉 수소(4~75) 〉 메탄(5~15) 〉 프로판(2.1~9.5) 〉벤젠(1.3~7.9) 〉 톨루엔(1.4~6.7)

04 공기와 혼합 시 가연범위(폭발범위)가 가장 넓은 것은? ◎ 20년6월6일

① 메탄 ② 프로판
③ 메틸알코올 ④ 아세틸렌

해설 ▶ 가스의 폭발(연소)범위(상·하한 값, %)
아세틸렌(2.5~81) 〉 수소(4~75) 〉 메탄(5~15) 〉 프로판(2.1~9.5) 〉벤젠(1.3~7.9) 〉 톨루엔(1.4~6.7)

05 부탄가스의 폭발 하한값은 1.8 Vol%이다. 크기가 10m×20m×3m 인 실내에서 부탄의 질량이 최소 약 몇 kg일 대 폭발할 수 있는가? (단, 실내 온도는 25℃이다.) ◎ 18년9월15일

① 24.1 ② 26.1
③ 28.5 ④ 30.5

해설 (부탄이 폭발 하기 위한 최소 체적)
실내는 대기압으로 정압상태이다. 표준상태의 환산부피 V_S

$$V = (10 \times 20 \times 3)m^3 \times \frac{1.8}{100} = 10.8[m^3]$$

$$\frac{V_S}{T_S} = \frac{V}{T}, \quad \frac{V_S}{0+273} = \frac{10.8}{25+273}, \quad V_S = 9.89[m^3]$$

표준상태 부탄 C_4H_{10} (1kmol, 22.4m^3, 58kg)

$$22.4[m^3] : 58[kg] = 9.89[m^3] : m, \quad m = \frac{58 \times 9.89}{22.4} = 25.6[kg]$$

다른 풀이)
이상기체상태 방정식

$$m = \frac{PV}{RT} = \frac{101325 \times 10.8}{\frac{8314}{58} \times (25+273)} = 25.6[kg]$$

정답 01 ③ 02 ④ 03 ① 04 ④ 05 ②

★★

06 메탄 50V%, 에탄 25V%, 프로판 25V%가 섞여 있는 혼합 기체의 공기 중에서 연소하한계는 약 몇 % 인가? (단, 메탄, 에탄, 프로판의 연소하한계는 각각 5V%, 3V%, 2.1V% 이다.)

◎ 20년9월26일

① 2.3
② 3.3
③ 4.3
④ 5.3

해설 (폭발하한계)
$$L_1 = \frac{100}{\frac{V_1}{L_1} + \frac{V_2}{L_2} + \frac{V_3}{L_3}} = \frac{100}{\frac{50}{5} + \frac{25}{3} + \frac{25}{2.1}} = 3.3\%$$

07 체적비로 메탄이 15%, 수소가 30%, 일산화탄소가 55%인 혼합기체가 있다. 각각의 폭발상한계가 다음 표와 같을 때, 이 기체의 공기 중에서 폭발 상한계는 약 몇 vol% 인가?

◎ 22년3월5일

구분	메탄	수소	일산화탄소
폭발 상한계 (vol%)	15	75	74

① 46.7
② 45.1
③ 44.3
④ 42.5

해설 (폭발상한계)
$$U = \frac{100}{\frac{V_1}{U_1} + \frac{V_2}{U_2} + \frac{V_3}{U_3}}$$
$$= \frac{100}{\frac{15}{15} + \frac{30}{75} + \frac{55}{74}} = 46.658\%$$

★★

08 가연성 혼합가스의 폭발한계 측정에 영향을 주는 요소로서 가장 거리가 먼 것은?

◎ 13년6월2일

① 점화에너지
② 온도
③ 용기의 두께
④ 산소농도

풀이 ■ 가연성혼합가스의 폭발한계 측정에 영향을 주는 요소
① 점화원은 충분한에너지가 필요한다. 즉 폭발상한계의 결정을 위하여 점화에너지보다 큰 에너지가 필요하다.
② 측정용기의 직경은 관벽의 영향을 최소화 할수 있는 큰장치를 사용하여 측정한다.
③ 화염의 전파방향은 수직관 하단에서 점화하는 방법을 택한다.
④ 온도의 영향(100℃증가 할때마다 폭발범위는 16% 넓어진다.)
⑤ 압력의 영향(압력이 증가 하면 폭발범위는 넓어진다.)
⑥ 산소의 영향(산소농도의 최소화하여 폭발을 방지 한다)
⑦ 폭발가스를 불활성가스로 치환 하면 폭발을 방지 할수 있다.
⑧ 불활성가스를 첨가하면 폭발을 방지 할수 있다.
⑨ 연소상한계이상의 농도에서는 산소농도가 낮아 연소하기 어렵다.
⑩ 연소하한계이하의 농도에서는 가연성증기 농도가 낮아 연소하기 어렵다.

★★

09 가연성 혼합기의 폭발방지를 위한 방법으로 가장 거리가 먼 것은?
◎ 13년6월2일, 16년5월8일

① 산소농도의 최소화
② 불활성 가스의 치환
③ 불활성 가스의 첨가
④ 이중용기 사용

해설 ▶ 가연성 혼합기의 폭발방지 방법
① 산소농도의 최소화
② 불활성가스의 치환
③ 불환성가스의 첨가

정답 06 ② 07 ① 08 ③ 09 ④

★★★
10 증기운 폭발의 특징에 대한 설명으로 틀린 것은?
✚ 17년5월7일, 21년9월12일

① 폭발보다 화재가 많다.
② 연소에너지의 약 20% 만 폭풍파로 변한다.
③ 증기운의 크기가 클수록 점화될 가능성이 커진다.
④ 점화위치가 방출점에서 가까울수록 폭발위력이 크다.

해설 □ 증기운폭발의 특징
① 폭발보다 화재가 많음
② 연소에너지의 약 20%만 폭풍파로 변함
③ 증기운의 크기가 클수록, 점화될 가능성이 커짐
④ 점화위치가 방출점에서 멀수록 폭발위력이 커짐
⑤ 가연성 증기의 다량 방출로 점화 위치가 방출점에서 멀수록 폭발위력이 커진다.
※ 증기운폭발 : 가연성증기가 다량으로 방출되어 점화시일어나는 폭발

★★
11 다음 중 기상폭발에 해당되지 않는 것은?
✚ 18년9월15일, 13년9월28일

① 가스폭발
② 분무폭발
③ 분진폭발
④ 수증기폭발

해설 ■ 폭발원인에 따른 분류

구 분	상 태	종 류
물리적 폭발	의상폭발 (고체 및 액체 상태의 폭발)	증기폭발, 수증기폭발, 압력폭발, 전선폭발
화학적 폭발	기상폭발 (기체상태 의 폭발)	분해폭발, 분진폭발, 산화폭발, 유증기폭발, 중합폭발, 가스폭발

12 다음 중 폭발의 원인이 나머지 셋과 크게 다른 것은?
✚ 19년4월27일

① 분진 폭발
② 분해 폭발
③ 산화 폭발
④ 증기 폭발

해설

구 분	상 태	종 류
물리적 폭발	의상폭발 (고체 및 액체 상태의 폭발)	증기폭발, 수증기폭발, 압력폭발, 전선폭발
화학적 폭발	기상폭발 (기체상태 의 폭발)	분해폭발, 분진폭발, 산화폭발, 유증기폭발, 중합폭발, 가스폭발

13 다음 중 분해폭발성 물질이 아닌 것은?
✚ 18년4월28일

① 아세틸렌
② 히드라진
③ 에틸렌
④ 수소

해설 □ 분해폭발성 물질
① 에틸렌
② 아세틸렌(C_2H_2)
③ 히드라진(N_2H_4)
④ 오존
⑤ 이산화염소

정답 10 ④ 11 ④ 12 ④ 13 ④

14 가스폭발 위험 장소의 분류에 속하지 않은 것은? ○ 22년4월24일

① 제0종 위험장소
② 제1종 위험장소
③ 제2종 위험장소
④ 제3종 위험장소

해설

폭발위험장소 종별(zone)	정의	예시
제 0종 위험장소 zone 0	가스 폭발분위기가 연속적으로 장기간 또는 빈번하게 존재하는 장소	가스용기, 배관내부
제1종 위험장소 zone 1	정상작동 중에 가스 폭발분위기가 주기적 또는 간헐적으로 생성되기 쉬운장소	맨홀, 벤트, 피트 등의 주위
제2종 위험장소 zone 2	정상작동 중 가스 폭발분위기가 조성되지 않을 것으로 예상되면 생성된다 하더라도 짧은 기간에만 지속되는 장소	가스켓, 패킹등의 주위
비위험장소 non-hazardous	전기기기를 제조, 설치 및 사용함에 있어서 특별한 주의가 요구되는 폭발 분위기가 조성될 우려가 없는 장소	

■ 폭굉(Detonation)

★★
15 폭굉(detonation)현상에 대한 설명으로 옳지 않은 것은? ○ 21년5월15일

① 확산이나 열전도의 영향을 주로 받는 기체역학적 현상이다.
② 물질 내에 충격파가 발생하여 반응을 일으킨다.
③ 충격파에 의해 유지되는 화학 반응 현상이다.
④ 반응의 전파속도가 그 물질 내에서 음속보다 빠른 것을 말한다.

해설 □ 폭굉(Detonation)의 특징
1) 반응의 전파속도가 그 물질 내에서 음속보다 빠른 것을 폭굉이라 한다.
2) 정상연소보다 압력은 2배 상승 (밀폐공간은 7~8배)
3) 충격파에 의해 유지되는 화학반응 현상
4) 물질 내에 충격파가 발생하여 반응을 일으킴

16 가스 연소 시 강력한 충격파와 함께 폭발의 전파속도가 초음속이 되는 현상은? ○ 21년9월12일

① 폭발연소
② 충격파연소
③ 폭연(deflagration)
④ 폭굉(detonation)

풀이 □ 폭굉(Detonation)의 특징
1) 반응의 전파속도가 그 물질 내에서 음속보다 빠른 초음속이 되는 것을 폭굉이라 한다.
2) 정상연소보다 압력은 2배 상승 (밀폐공간은 7~8배)
3) 충격파에 의해 유지되는 화학반응 현상
4) 물질 내에 충격파가 발생하여 반응을 일으킴

정답 14 ④ 15 ① 16 ④

10 연료시험 및 배기가스

01 연료
02 고체연료
03 액체연료
04 기체연료 및 가스연료
05 연소개론
06 연소계산식
07 전열 및 여러 가지 효율
08 통풍장치 / 집진장치 / 보염장치
09 화재 및 폭발
10 연료시험 및 배기가스

CHAPTER 10 연료시험 및 배기가스

자주출제 되는 문제

01 연료시험

```
연료시험 ─┬─ 고체연료 ─┬─ 원소분석법 ─┬─ 탄소 ─┬─ 세필드법
          │            │              │        └─ 리비히법
          │            │              ├─ 수소 ─┬─ 세필드고온법
          │            │              │        └─ 리비히법
          │            │              ├─ 황 ─┬─ 에슈카법
          │            │              │      └─ DMS법
          │            │              └─ 질소정량법 ─┬─ 케달법
          │            │                            └─ 세미마이크로 케달법
          │            └─ 공업분석법 - 고정탄소 - 고정탄소-100 (수분+회분+휘발분)
          │
          ├─ 액체연료 ─┬─ 인화점 시험법 ─┬─ 밀폐식 ─┬─ 아벨펜 스키식 : 50도씨 이하의 석유제품시험
          │            │                │          ├─ 펜스키말텐스식 : 50도씨 이상의 석유제품시험
          │            │                │          └─ 타그식 : 80도씨 이하의 석유제품시험
          │            │                └─ 개방식 ── 클리블랜드식 : 80도씨 이상의 석유제품시험
          │            ├─ 발화점 시험법 ── 펜스키 마텐스(Pensky martens)장치
          │            ├─ 열량 ── 톰슨(Thomson) 열량계
          │            ├─ 점도 ─┬─ 오스트왈드 점도계
          │            │        ├─ 세이볼트 점도계
          │            │        └─ 낙구식점도계
          │            └─ 비중 ─┬─ 비중병
          │                     ├─ 라이드법
          │                     ├─ 분젠실링법
          │                     └─ APT(미국석유협회)도 APT = $\frac{141.5}{비중} - 131.5$
          │
          └─ 기체연료 ─┬─ 헴펠식분석법 : 분석순서 $CO_2 \to C_mH_n \to O_2 \to CO \to N_2$
                       ├─ 오르자트법 : 분석순서 $CO_2 \to O_2 \to CO \to N_2$
                       │              연소가스의 배출량을 측정하여 대기오염을 측정하는 분석법
                       │              기체연료의 품질을 평가하기 위한 분석법
                       └─ 위험도 : 어떤 가연성 가스가 화재를 일으킬 위험성을 나타내는 척도
                                  위험도= $\frac{연소상한계(\%) - 연소하한계(\%)}{연소하한계}$
```

연료비= $\frac{고정탄소}{휘발분}$

연료비 : 석탄의 분류기중
연료비 : 7 이상이면 무연탄
연료비 : 1~7이면 유연탄
연료비 : 1 이하는 갈탄

02 대기오염물질

입자상물질	미세먼지	공기 중에 존재하는 고체상태와 액체상태의 입자 혼합물로, 산업시설, 자동차 등에서 발생합니다. 미세먼지는 지름에 따라 PM10과 PM2.5로 나눈다.
	매연	석탄, 석유 등의 화석연료가 연소할 때 발생하는 오염물질
가스상물질	황산화물	황을 함유한 석탄, 석유 등의 화석연료가 연소할 때 발생하는 오염물질로, 아황산가스(SO_2), 삼산화황(SO_3), 아황산(H_2SO_3), 황산(H_2SO_4) 등이 포함, 산성비의 원인
	질소산화물	휘발성유기화합물(VOCs)과 반응하여 오존(O_3)을 생성하는 물질이며, 스모그 현상의 주된물질

1) **매연의 발생 원인** : 매연발생에 가장 큰 영향을 미치는 것은 공기비이다.

① 연소실온도가 낮을때
② 연료의 질이 불량 할때
③ 연소장치가 불량 할때
④ 통풍력이 부족 할 때
⑤ 연료를 과다하게 공급 할 때
⑥ 연소실체적이 작을때

03 링겔만 농도표 매연측정

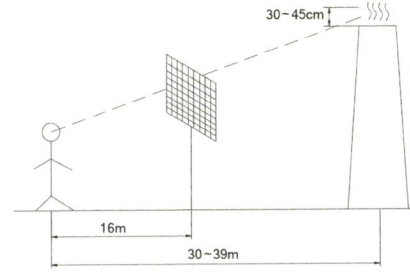

① 크기 : 14cmX21cm (가로X세로)
② 농도표 : 0도에서 5도(6종)
③ 가장 양호한 상태는 0도가 아니라 1도 (엷은 회색)이다.
④ 2도 이하가 합격
⑤ 농도율은 흑색도는 각각 20%씩 다른다.

0도	1도	2도	3도	4도	5도
0%	20%	40%	60%	80%	100%

04 (질소산화물) NOx

1) **보일러의 연소장치에서 (질소산화물) NOx의 생성을 억제할 수 있는 연소방법**

① 과잉공기량 감소시킴
② 연소온도와 연소압력를 낮게 유지함
③ 질소성분을 함유하지 않은 연료를 사용함
④ 노 내 가스의 잔류시간을 줄여준다.
⑤ 연소실 열부하을 저감 시킨다.
⑥ 산소분압을 낮게 한다.(공기중의 산소농도를 저하 시킨다.)

⑦ 에멀전 연료를 사용한다.
⑧ 배기가스 재순환 연소
⑨ 물을 분사 시켜준다.
⑩ 단계적 연소법(Boos법)=농담연소법=2단연소법=바이어스 연소을 한다.

2) 배기가스 질소산화물 제거방법

건식법에서 사용되는 환원제	습식법에 사용되는 물질
① 암모니아	① 물
② 탄화수소	② 알칼리수용액
③ 일산화탄소	③ 황산

05 SO_x (황산화물)

1) 석유제품에 포함된 황분을 정량하는 시험법
   ① 램프식
   ② 봄브식
   ③ 연소관식

2) SO_x (황산화물)특징
   ① 대기중에 존재하는 황화합물 $SO_x > SO_2 > SO_3$
   ② 대기 중에서는 $SO_2 \rightarrow SO_3$, $SO_3 \rightarrow SO_2$로 다시 변함
   ③ SO_x는 연소시 직접 생기는 수도 있고, SO_2가 산화하여생길 수 있음
   ④ 액체연료 연소시 온도가 높을수록 SO_3 생산량이 감소한다.
   ⑤ SO_x(황산화물)은 연소 과정에서 황이 포함된 연료가 완전 연소되지 않았을 때 발생합니다.
   ⑥ SO_x(황산화물)는 대기 중에서 수증기와 반응하여 황산으로 변하여 산성비의 원인이 됩니다.
   ⑦ SO_x(황산화물)은 가성소다나 석회, 등을 통해 황산화물을 제거할 수 있다.

06 연소 배기가스 중 O_2나 CO_2 함유량 측정 이유
: 공기비를 조절하여, 열효율을 높이고 연료소비량을 줄이기 위함

과년도 기출문제

연소공학

01 링겔만 농도표의 측정 대상은? ✚ 20년6월6일

① 배출가스 중 매연 농도
② 배출가스 중 CO 농도
③ 배출가스 중 CO_2 농도
④ 화염의 투명도

[해설] ▶ 링겔만 농도표 매연측정 : 배출가스 중 매연 농도

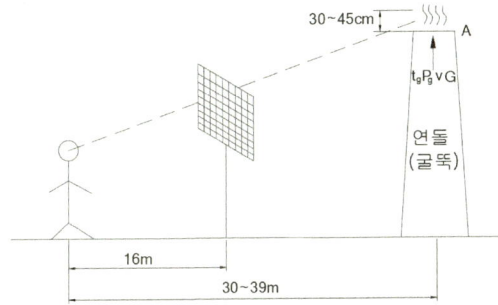

① 크기 : 14cm×21cm (가로×세로)
② 농도표 : 0도에서 5도(6종)
③ 가장 양호한 상태는 0도가 아니라 1도 (엷은 회색)이다.
④ 2도 이하가 합격
⑤ 농도율은 흑색도는 각각 20%씩 다른다.
(NO 0) 농도0도 : 0%
(NO 1) 농도1도 : 20%
(NO 2) 농도2도 : 40%
(NO 3) 농도3도 : 60%
(NO 4) 농도4도 : 80%
(NO 5) 농도5도 : 100%

02 다음 중 매연 측정을 위해 사용하는 것은? ✚ 15년9월19일

① 보염장치
② 링겔만 농도표
③ 레드우드 점도계
④ 사이클론 장치

[해설] ▶ 링겔만 농도표 매연측정
① 크기 : 14cm×21cm (가로×세로)
② 농도표 : 0도에서 5도(6종)
③ 가장 양호한 상태는 0도가 아니라 1도 (엷은 회색)이다.
④ 2도 이하가 합격
⑤ 농도율은 흑색도는 각각 20%씩 다른다.
0도 : 0%
1도 : 20%
2도 : 40%
3도 : 60%
4도 : 80%
5도 : 100%

★★ 03 링겔만 농도표는 어떤 목적으로 사용하는가? ✚ 14년5월25일

① 연돌에서 배출되는 매연농도 측정
② 보일러수의 pH 측정
③ 연소가스 중의 탄산가스 농도 측정
④ 연소가스 중의 CO_x 농도 측정

[해설] ▶ 링겔만 농도표 (Ringelmann chart)
연돌(굴뚝)에서 배출되는 매연 농도를 측정할 때 사용하는 기준표를 의미한다. 전백에서 전흑까지 6단계로 구분하여, 매연 농도와 비교하여 도수를 결정한다. 이 방법은 매연의 색을 비교하는 것이 아니라 태양 광선이 매연에 흡수되는 상태를 비교하는 것이다.

정답 01 ① 02 ② 03 ①

04 연돌에서 배출되는 연기의 농도를 1시간 동안 측정한 결과가 다음과 같을 때 매연의 농도율은 몇 %인가?   ◎ 18년3월4일

- 농도 4도 : 10분,   • 농도 3도 : 15분
- 농도 2도 : 15분,   • 농도 1도 : 20분

① 25   ② 35
③ 45   ④ 55

해설
$$\left(80\% \times \frac{10분}{60분}\right) + \left(60\% \times \frac{15분}{60분}\right) + \left(40\% \times \frac{15분}{60분}\right) + \left(20\% \times \frac{20분}{60분}\right) = 45\%$$

★★
05 다음 중 석유제품에 포함된 황분에 대한 시험방법이 아닌 것은?   ◎ 14년3월2일

① 램프식   ② 봄브식
③ 연소관식   ④ 타그식

해설 ▶ 석유제품에 포함된 황분을 정량하는 시험법
① 램프식 ② 봄브식 ③ 연소관식

06 고체연료의 전황분 측정방법에 해당되는 것은?   ◎ 15년3월8일

① 에슈카법   ② 쉐필드 고온법
③ 중량법   ④ 리비히법

고체연료 원소분석법

탄소	세필드법
	리비히법
수소	세필드고온법
	리비히법
황	에슈카법 : 전 황분 측정
	DMS
질소	케달법
	세미마이크로칼달법

★★★
07 인화점이 50℃ 이상인 원유, 경유 등에 사용되는 인화점 시험방법으로 가장 적절한 것은?   ◎ 15년5월31일, 21년9월12일

① 태그밀폐식
② 아벨펜스키 밀폐식
③ 클브렌드 개방식
④ 펜스키마텐스 밀폐식

해설 ▶ 인화점 시험법
① 아벨펜스키식 : 50℃ 이하의 석유제품시험 (밀폐식)
② 펜스키말텐스식 : 50℃ 이상의 석유제품시험 (밀폐식)
③ 클리블랜드식 : 80℃ 이상의 석유제품시험 (개방식)
④ 타그식 : 80℃ 이하의 석유제품시험(밀폐식)

08 연소가스에 들어 있는 성분을 CO_2, C_mH_n, O_2, CO의 순서로 흡수 분리시킨 후 체적변화로 조성을 구하고, 이어 잔류가스에 공기나 산소를 혼합, 연소시켜 성분을 분석하는 기체연료 분석 방법은?   ◎ 18년4월28일

① 헴펠법   ② 치환법
③ 리비히법   ④ 에슈카법

기체연료
- 헴펠식분석법 : 분석순서 $CO_2 \rightarrow C_mH_n \rightarrow O_2 \rightarrow CO \rightarrow N_2$
- 오르자트법 : 분석순서 $CO_2 \rightarrow O_2 \rightarrow CO \rightarrow N_2$
  연소가스의 배출량을 측정하여 대기오염을 측정하는 분석법
  기체연료의 품질을 평가하기 위한 분석법
- 위험도 : 어떤 가연성 가스가 화재를 일으킬 위험성을 나타내는 척도
  $$위험도 = \frac{연소상한계(\%) - 연소하한계(\%)}{연소하한계}$$

정답 04 ③ 05 ④ 06 ① 07 ④ 08 ①

09 연료시험에 사용되는 장치 중에서 주로 기체연료 시험에 사용되는 것은? ◎ 17년9월23일

① 세이볼트(saybolt) 점도계
② 톰슨(Thomson) 열량계
③ 오르잣(Orsat) 분석장치
④ 펜스키 마텐스(Pensky martens) 장치

해설

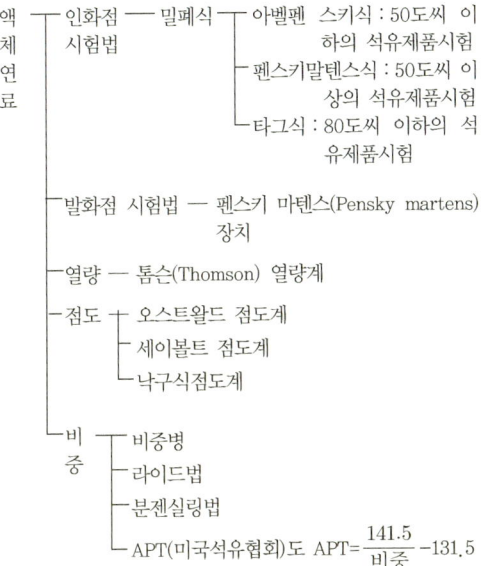

10 비중이 0.8(60°F)인 액체연료의 API도는? ◎ 17년5월7일

① 10.1 ② 21.9
③ 36.8 ④ 45.4

해설 ▶ $API(미국석유협회)도 = \dfrac{14.5}{비중} - 131.5$
$= \dfrac{14.5}{0.8} - 131.5$
$= 45.375$

★★
11 연소 배출가스 중 CO_2 함량을 분석하는 이유로 가장 거리가 먼 것은?
◎ 19년9월21일, 12년9월15일

① 연소상태를 판단하기 위하여
② 공기비를 계산하기 위하여
③ CO 농도를 판단하기 위하여
④ 열효율을 높이기 위하여

해설 ▶ CO_2 함량분석목적
1. 연소상태판단
2. 공기비계산
3. 열효율향상

12 연소 배기가스 중의 O_2나 CO_2 함유량을 측정하는 경제적인 이유로 가장 적당한 것은?
◎ 16년10월1일

① 연소 배가스량 계산을 위하여
② 공기비를 조절하여 열효율을 높이고 연료소비량을 줄이기 위하여
③ 환원염의 판정을 위하여
④ 완전 연소가 되는지 확인하기 위하여

해설 연소 배기가스 중의 O_2나 CO_2 함유량을 측정하는 이유는 공기비를 조절하여 열효율을 높이고 연료소비량을 줄이기 위해서 이다.

정답 09 ③ 10 ④ 11 ③ 12 ②

13 유효 굴뚝높이(He)와 지표상의 최고농도(Cmax)와의 관계에 있어서 일반적으로 He가 2배가 될 때 Cmax는? ● 13년3월10일

① 2배
② 4배
③ 1/2
④ 1/4

해설 ■ 최대착지농도(최대지표농도, C_{max}) : 굴뚝에서 배출된 오염물질이 지표에 최대로 쌓일수 있는 농도

$$C_{max} = \frac{2QC}{\pi e U H_e^2} \times \left(\frac{\sigma_z}{\sigma_y}\right)$$

C_{max} : 최대지표농도=최대착지농도[ppm]
C : 오염물질농도[ppm]
Q : 오염물질 배출 유량[$\frac{m^3}{s}$]
U : 풍속[$\frac{m}{s}$]
H_e : 유효굴뚝높이[m]
σ_y : 수평방향의 표준편차
σ_z : 수직방향의 표준편차

$$C_{max} \approx \frac{1}{H_e^2}, \quad C_{max}' \approx \frac{1}{(2H_e)^2} \approx \frac{1}{4} \times \frac{1}{H_e^2}$$

14 연료 사용설비의 배기가스에 의한 대기오염을 방지 하는 방법으로 가장 거리가 먼 것은? ● 14년3월2일

① 집진장치를 설치한다.
② 공기비를 높인다.
③ 연료유의 불순물을 제거한다.
④ 연소장치를 정기적으로 청소한다.

풀이 배기가스에 의한 대기 오염 방지를 위해서는 적정공기비로 연소 해야 한다.

15 다음 연소가스의 성분 중 대기오염 물질이 아닌 것은? ● 12년9월15일

① 입자상물질
② 이산화탄소
③ 황산화물
④ 질소산화물

해설 ▶ 대기오염물질
1. 입자상물질
2. 황산화물
3. 질소산화물

★★★
16 연소기의 배기가스 연도에 댐퍼를 부착하는 이유로 가장 거리가 먼 것은? ● 14년9월20일, 18년9월15일

① 통풍력을 조절한다.
② 과잉공기를 조절한다.
③ 가스의 흐름을 차단한다.
④ 주연도, 부연도가 있는 경우에는 가스의 흐름을 바꾼다.

해설 ▶ 배기가스 연도에 댐퍼 부착 이유
1) 통풍력을 조절함
2) 가스의 흐름을 차단함
3) 주연도, 부연도가 있는 경우에는 가스의 흐름을 바꿈
※ 댐퍼의 종류 : 공기댐퍼, 연도댐퍼
4) 과잉공기를 조절하는 것은 공기댐퍼의 역할

정답 13 ④ 14 ② 15 ② 16 ②

17 댐퍼를 설치하는 목적으로 가장 거리가 먼 것은? ○ 19년3월3일

① 통풍력을 조절한다.
② 가스의 흐름을 조절한다.
③ 가스가 새어나가는 것을 방지한다.
④ 덕트 내 흐르는 공기 등의 양을 제어한다.

해설

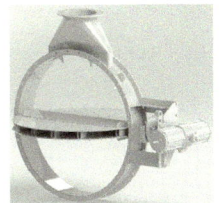

▶ 댐퍼를 설치하는 목적
① 통풍력을 조절한다.
② 가스의 흐름을 조절한다.
③ 덕트 내 흐르는 공기 등의 양을 제어한다.

★★
18 연소 배기가스 중 가장 많이 포함된 기체는? ○ 15년3월8일

① O_2 ② N_2
③ CO_2 ④ SO_2

해설 연료가 연소할 때 대기 중의 공기를 취하여 연소하며 공기 중 질소는 체적으로 78[%]를 차지하고, 질소는 불연성가스이므로 배기가스로 배출되므로 배기가스 중 가장 많이 포함된 기체는 질소(N2)이다.

19 다음 중 연소 시 발생하는 질소산화물 (NOx)의 감소 방안으로 틀린 것은? ○ 20년6월6일

① 질소 성분이 적은 연료를 사용한다.
② 화염의 온도를 높게 연소한다.
③ 화실을 크게 한다.
④ 배기가스 순환을 원활하게 한다.

해설 ■ 보일러의 연소장치에서 NO_x의 생성을 억제할 수 있는 연소방법
① 과잉공기량 감소시킴
② 연소온도를 낮게 유지함 (저 연소온도)
③ 질소성분을 함유하지 않은 연료를 사용함
④ 노 내 가스의 잔류시간을 줄여준다.
⑤ 연소실 열부하를 저감 시킨다.
⑥ 물을 분사 시켜준다.
⑦ 에멀전 연료를 사용한다.
⑧ 배기가스 재순환 연소
⑨ 산소분압을 낮게 한다.(공기중의 산소농도를 저하 시킨다)
⑩ 단계적
연소법(Boos법) = 농담연소법 = 2단연소법 = 바이어스 연소을 한다.

★★★
20 연소가스중의 질소산화물 생성을 억제하기 위한 방법으로 틀린 것은? ○ 21년3월7일

① 2단연소
② 고온연소
③ 농담연소
④ 배기사스 재순환연소

해설 □ 연소가스중의 질소산화물(NO_x)억제 방법
① 단계적 연소법(=2단 연소법=농담연소법=바이어스연소법)
② 저연소온도
③ 산소분압을 낮게 한다.
④ 과잉공기 최소화
⑤ 물분사
⑥ 연소실 열부하 저감
⑦ 증기분사
⑧ 에멜전연료
⑨ 배기가스 재순환 장치 사용

정답 17 ③   18 ②   19 ②   20 ②

21 보일러 등의 연소장치에서 질소산화물(NO_x)의 생성을 억제할 수 있는 연소 방법이 아닌 것은?
　　　　　　　　　　◎ 22년3월5일, 16년5월8일

① 2단 연소
② 저산소(저공기비) 연소
③ 배기의 재순환 연소
④ 연소용 공기의 고온 예열

[해설] 보일러 등의 연소장치에서 질소산화물(NO_x)의 생성을 억제할 수 있는 연소 방법
　① 2단 연소
　② 저산소(저공기비)연소
　③ 배기의 재순환 연소
　④ 과잉공기 최소화
　⑤ 연소실 열부하저감
　⑥ 물분사

22 배기가스 질소산화물 제거방법 중 건식법에서 사용되는 환원제가 아닌 것은? ◎ 15년5월31일

① 질소가스　　② 암모니아
③ 탄화수소　　④ 일산화탄소

[해설] ▶ 질소산화물 제거 건식법에 사용되는 환원제
　　① 암모니아　② 탄화수소　③ 일산화탄소

23 질소산화물을 경감시키는 방법으로 틀린 것은?
　　　　　　　　　　◎ 16년3월6일

① 과잉공기량을 감소시킨다.
② 연소온도를 낮게 유지한다.
③ 로 내 가스의 잔류시간을 늘려준다.
④ 질소성분을 함유하지 않은 연료를 사용한다.

[해설] ▶ 보일러의 연소장치에서 NO_x의 생성을 억제할 수 있는 연소방법
　　① 과잉공기량 감소시킴
　　② 연소온도를 낮게 유지함 (저 연소온도)
　　③ 질소성분을 함유하지 않은 연료를 사용함
　　④ 노 내 가스의 잔류시간을 줄여준다.

⑤ 연소실 열부하을 저감 시킨다.
⑥ 물을 분사 시켜준다.
⑦ 에먼젼 연료를 사용한다.
⑧ 배기가스 재순환 연소
⑨ 산소분압을 낮게 한다.(공기중의 산소농도를 저하 시킨다)
⑩ 단계적 연소법(Boos법)=농담연소법=2단연소법=바이어스 연소을 한다.

24 NO_2의 배출을 최소화할 수 있는 방법이 아닌 것은? ◎ 16년5월8일

① 미연소분을 최소화 하도록 한다.
② 연료와 공기의 혼합을 양호하게 하여 연소온도를 낮춘다.
③ 저온배출가스 일부를 연소용 공기에 혼입해서 연소용 공기 중의 산소농도를 저하시킨다.
④ 버너 부근의 화염온도는 높이고 배기가스 온도는 낮춘다.

[해설] ▶ NOX 배출를 최소화 방법
　① 미연탄소분을 최소화 함
　② 연료와 공기의 혼합을 양호하게 하여, 연소온도를 낮춤
　③ 저온배출가스 일부를 연소용 공기에 혼입해서 연소용
　④ 공기 중의 산소농도를 저하시킴
　⑤ 버너 부근의 화염온도는낮추고 배기가스 온도높인다.

25 대도시의 광화학 스모그(smog) 발생의 원인 물질로 문제가 되는 것은? ◎ 22년4월24일

① NO_x　　　　② He
③ CO　　　　④ CO_2

[해설] ■ 스모그(smog)은 매연(smoke)와 안개(fog)의 합성어로 대기환경의 오염을 의미하는 물질로 질소산화물(NO_x)가 원인 물질이다.

정답　21 ④　22 ①　23 ③　24 ④　25 ①

26 연소상태에 따라 매연 및 먼지의 발생량이 달라진다. 다음 설명 중 잘못된 것은?

　　　　　　　　　　　　　　● 18년4월28일

① 매연은 탄화수소가 분해 연소할 경우에 미연의 탄소입자가 모여서 된 것이다.
② 매연의 종류 중 질소산화물 발생을 방지하기 위해서는 과잉공기량을 늘리고 노내압을 높게 한다.
③ 배기 먼지를 적게 배출하기 위한 건식집진장치는 사이클론, 멀티클론, 백필터 등이 있다.
④ 먼지 입자는 연료에 포함된 회분의 양, 연소방식, 생산물질의 처리방법 등에 따라서 발생하는 것이다.

[해설] ▶ 매연의 종류 중 질소산화(NO$_x$)발생을 방지하려면 과잉공기량을 줄이고, 노내압을 낮게 해야 한다.

27 다음 중 매연 생성에 가장 큰 영향을 미치는 것은?

　　　　　　　　　　　　　　● 19년4월27일

① 연소속도
② 발열량
③ 공기비
④ 착화온도

[해설] 매연은 연소되지 않은 연료의 불완전 연소로 인해 발생한다. 연료가 완전히 연소되기 위해서는 충분한 공기가 필요하다. 공기비가 적으면 연료에 충분한 산소가 공급되지 못하여 매연이 발생한다.

★★
28 다음 중 매연의 발생 원인으로 가장 거리가 먼 것은?

　　　　　　　　　　　　　　● 21년3월7일

① 연소실 온도가 높을 때
② 연소장치가 불량한 때
③ 연료의 질이 나쁠 때
④ 통풍력이 부족할 때

[해설] ■매연의 발생원인
① 연소실온도가 낮을때
② 연료의 질이 불량 할때
③ 연소장치가 불량 할때
④ 통풍력이 부족 할 때
⑤ 연료를 과다하게 공급 할 때
⑥ 연소실체적이 작을 때

29 매연을 발생시키는 원인이 아닌 것은?

　　　　　　　　　　　　　　● 21년5월15일

① 통풍력이 부족할 때
② 연소실 온도가 높을 때
③ 연료를 너무 많이 투입했을 때
④ 공기와 연료가 잘 혼합되지 않을 때

[해설] □ 매연의 발생원인
① 연소실온도가 낮을때
② 연료의 질이 불량 할때
③ 연소장치가 불량 할때
④ 통풍력이 부족 할 때
⑤ 연료를 과다하게 공급 할 때
⑥ 연소실체적이 작을때

정답　26 ②　27 ③　28 ①　29 ②

30 SOx에 관한 설명으로 틀린 것은?
◎ 14년9월20일

① 대기 중에서는 SO_2가 SO_3로, SO_3는 SO_2로 다시 변한다.
② 액체연료 연소시 온도가 높을 수록 SO_3의 생산량은 적다.
③ 대기 중에 존재하는 황화합물 중에서 가장 많은 것은 SO_2이다.
④ SO_x는 연소 시 직접 생기는 수도 있고, SO_2가 산화하여 생기는 수도 있다.

[해설] ▶ 황산화물(SO_x)의 특징
황산화물은 이산화황(SO_2), 삼산화황(SO_3), 아황산(H_2SO_3), 황산(H_2SO_4) 등이 있으며, 황산구리(Cu_2SO_4), 황산칼륨($kaSO_4$), 황산마그네슘($MgSO_4$) 등의 황산염 등이 속합니다.
주요한 대기오염물질로서 산성비의 원인이 되거나 기체 자체로 사람의 몸속의 점막에 작용해 호흡기 질환을 일으킵니다. 가성소다나 석회, 등을 통해 제거할 수 있는 물질
□ SOx 특징
1) 대기중에 존재하는 황화합물 $SO_x > SO_2 > SO_3$
2) 대기 중에서는 $SO_2 \rightarrow SO_3$, $SO_3 \rightarrow SO_2$로 다시 변함
3) SO_x는 연소시 직접 생기는 수도 있고, SO_2가 산화하여 생길 수 있음
4) 액체연료 연소시 온도가 높을수록 SO_3 생산량이 감소한다.

31 연소 설비에서 배출되는 다음의 공해물질 중 산성비의 원인이 되며 가성소다나 석회 등을 통해 제거할 수 있는 것은?
◎ 19년4월27일

① SO_x
② NO_x
③ CO
④ 매연

[해설] SO_x(황산화물)은 연소 과정에서 황이 포함된 연료가 완전 연소되지 않았을 때 발생합니다. SO_x는 대기 중에서 수증기와 반응하여 황산으로 변하여 산성비의 원인이 됩니다.

32 화염검출기와 가장 거리가 먼 것은?
◎ 16년10월1일

① 플레임 아이
② 플레임 로드
③ 스테빌라이저
④ 스택 스위치

[해설] ▶ 화염검출기 종류
1) 플레임아이 : 발광
2) 플레임로드 : 이온화
3) 스택스위치 : 발열

[참고] 4) 스테빌라이저 : 보염장치로써 안정된 연소를 발생시키기 위한 화염 보염장치이다.

★★
33 연소관리에 있어 연소배기가스를 분석하는 가장 직접적인 목적은?
◎ 18년3월4일

① 공기비 계산
② 노내압 조절
③ 연소열량 계산
④ 매연농도 산출

[해설] 연소관리에 있어 연소배기가스를 분석하는 가장 직접적인 목적은 공기비 계산 이다.
공기비는 연료와 공기의 비율을 나타내는 지표로 연소효율을 결정하는 중요한 요소이다. 따라서, 연소배기가스를 분석하여 공기비를 정확하게 측정하면 연소효율을 개선할 수 있다.

정답 30 ③ 31 ① 32 ③ 33 ①

34 다음 중 배기가스와 접촉되는 보일러 전열면으로 증기나 압축공기를 직접 분사시켜서 보일러에 회분, 그을음 등 열전달을 막는 퇴적물을 청소하고 쌓이지 않도록 유지하는 설비는?

◎ 20년6월6일

① 수트블로워
② 압입통풍 시스템
③ 흡입통풍 시스템
④ 평형통풍 시스템

해설 ▶ 수트블로워(soot blower) : 배기가스와 접촉되는 보일러 전열면으로 증기나 압축공기를 직접 분사시켜서 보일러에 회분, 그을음 등 열전달을 막는 퇴적물을 청소하고 쌓이지 않도록 유지하는 설비

연소공학

Part 3 에너지관리기사 계측방법

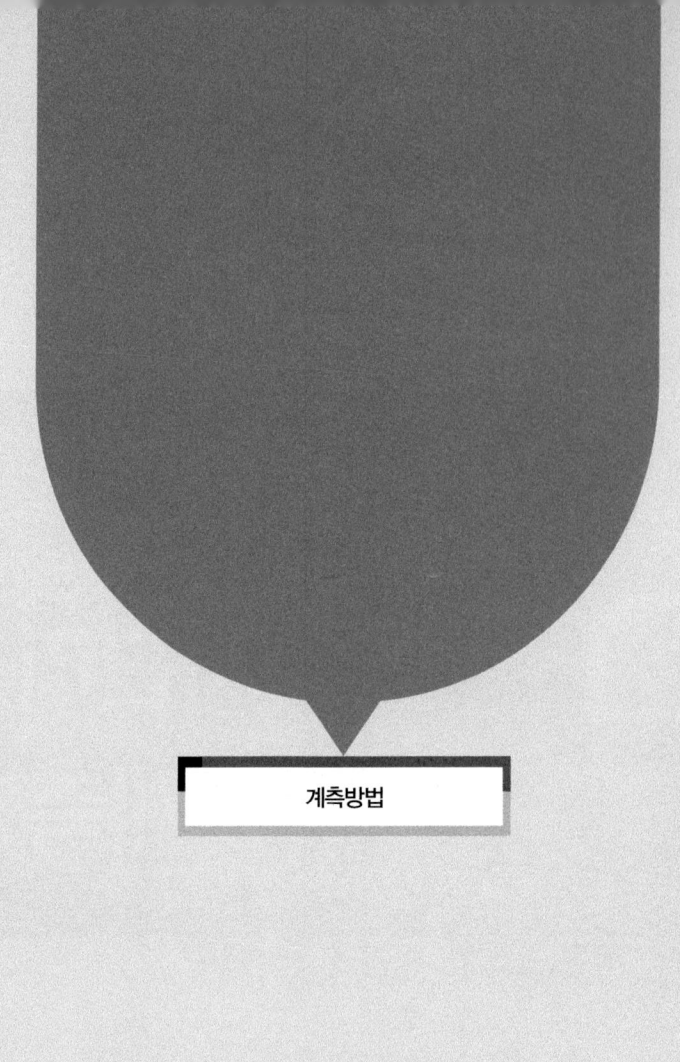

계측방법

01 측정의 개요 와 단위

01 측정의 개요 와 단위
02 온도측정=측온(測溫)
03 압력측정
04 유량측정
05 액면측정
06 습도측정
07 가스분석 및 열량측정
08 자동제어

CHAPTER 01 측정의 개요 와 단위

자주출제 되는 문제

01 "오차 = 측정값 – 참값"

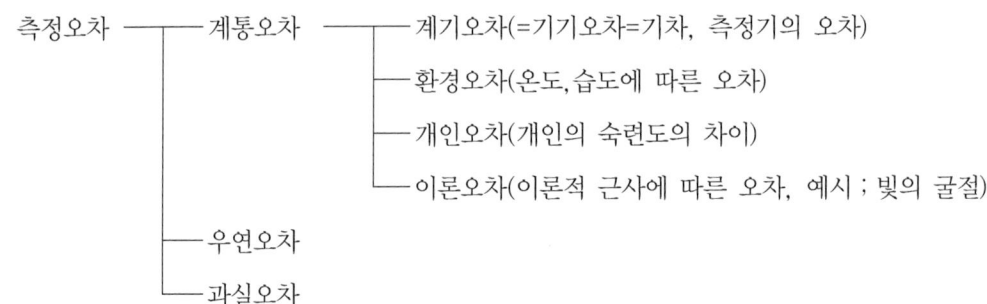

측정오차 ─┬─ 계통오차 ─┬─ 계기오차(=기기오차=기차, 측정기의 오차)
　　　　　│　　　　　├─ 환경오차(온도,습도에 따른 오차)
　　　　　│　　　　　├─ 개인오차(개인의 숙련도의 차이)
　　　　　│　　　　　└─ 이론오차(이론적 근사에 따른 오차, 예시 ; 빛의 굴절)
　　　　　├─ 우연오차
　　　　　└─ 과실오차

02 SI기본단위 7개 :

양	길이	질량	시간	전류	온도	몰질량	광도
명칭	미터	킬로그램	초	암페어	켈빈	몰	칸델라
기호	m	kg	s	A	K	mol	cd

03 압력단위환산

(절대압력)$P_{abs} = P_o + P_G$, (절대압력)$P_{abs} = P_o - P_V = P_o - P_o x = P_o(1-x)$

여기서 , P_G : 게이지 압 = 정압, P_V : 진공압 = 부압, P_o : 국소대기압, x : 진공도

표준대기압 1atm = 760mmHg = $1.0332\dfrac{kg_f}{cm^2}$ = 10.332mAg = 1.01325bar = 101325Pa=14.7PSI

$1[bar] = 10^5[Pa]$ =100[KPa]=0.1[MPa]≒$1\left[\dfrac{kg_f}{cm^2}\right]$≒$10[mH_2O]$

04 온도단위환산

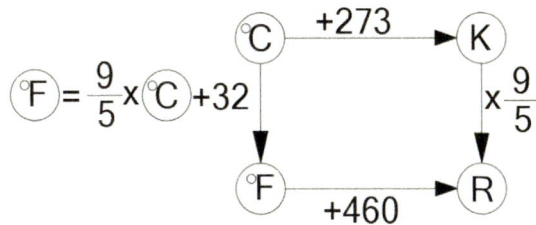

05 측정방식 : 영위법, 편위법, 치환법, 보상법

06 측정에 사용되는 원리

① 연속방정식 : (질량유량) $M = \rho_1 A_1 V_1 = \rho_2 A_2 V_2$, (중량유량) $G = \gamma_1 A_1 V_1 = \gamma_2 A_2 V_2$,
(체적유량) $Q = A_1 V_1 = A_2 V_2$

② 이상기체상태방정식 : $PV = mRT$

③ (레이놀드 수) $Re = \dfrac{관성력}{점성력} = \dfrac{\rho V D}{\mu} = \dfrac{V D}{\nu}$

여기서, V : 유속, D : 내경, μ : 점성계수, ν : 동점성계수

01 측정오차 "오차 = 측정값 - 참값"

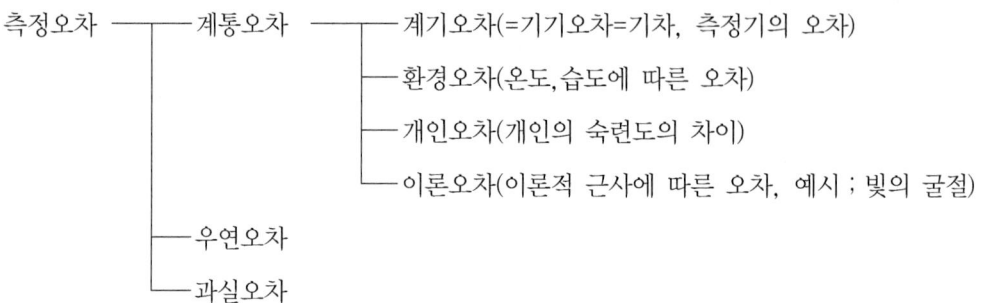

1) **계통오차** : 측정값에 일정한 영향을 주는 원인에 의해 생기는 오차, 보정이 가능한 오차
2) **우연오차** : 원인을 알수 없는 오차로써 불규칙하게 변화에 의해 발생하는 오차이다.
   측정횟수가 많을수록 오차의 합이 "0"에 가까운 특징이 있는 오차
3) **과실오차** : 측정기의 취급 부 주의에 의해 발생되는 오차, 개인의 실수
4) **백분율오차** $= \dfrac{\text{절대오차}}{\text{참값}} = \dfrac{\text{측정값} - \text{참값}}{\text{참값}}$
5) **정확도** - 오차가 작은정도, 계통적 오차에 원인이 크다. 측정된 치수와 실제값(참값) 사이의 일치도, 오차가 작은정도
6) **정밀도** - 측정값의 흩여짐의 정도, 측정의 반복도, 우연오차에 원인이 크다.

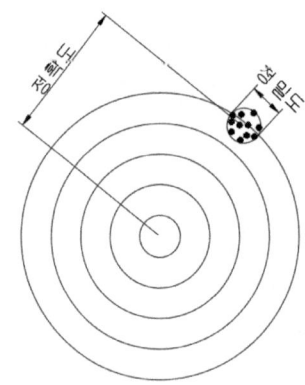

7) **시차(視差)** : 눈금을 읽을 때 시선의 방향에 따른 오차, 보는 방향에 따라 생기는 오차
8) **측정량** : 측정하고자 하는 양
9) **양** : 수와 기준으로 표시할 수 있는 크기를 갖는 현상이나 물체 또는 물질의 성질
10) **값** : 양의 크기를 함께 표현하는 수와 기준
11) **제어편차** : 제어 시스템이 목표값에 도달하지 못하고 발생한 오차를 의미한다.

02 단위

1) 국제단위와 공학단위

구분		거리	질량	시간	힘	일	동력
국제(SI) 단위	MKS 단위계	m	kg	s	$1N = 1kg \times 1\frac{m}{s^2}$	$1J = 1Nm$	$1W = 1\frac{J}{s} = 1\frac{Nm}{s}$ $1kW = 102\frac{kg_f \, m}{s}$
공학 단위	중력 단위계	m cm mm	$kg_f \cdot s^2/m$	s $\min$	kg_f	$kg_f \times m$	$1PS = 75\frac{kg_f \, m}{s}$

2) SI기본단위 7개

기본량	이름	기호	정의
길이	미터	m	1 m는 빛이 진공에서 1/299,792,458초 동안 진행한 경로의 길이이다.
질량	킬로그램	kg	1 kg은 질량의 단위이며 플랑크 상수가 정확히 $6.62607015 \times 10^{-34}$ [J · s]가 되도록 하는 값이다.
시간	초	s	1초는 온도가 0K인 세슘-133 원자의 바닥 상태에 있는 두 초미세 준위 사이의 전이에 대응하는 복사선의 9,192,631,770 주기의 지속 시간이다.
전류	암페어	A	1 A는 기본전하 e가 $1.602176634 \times 10^{-19}$ [C]가 되도록 정의된다.
온도	켈빈	K	켈빈은 물의 삼중점에 해당하는 열역학적 온도의 1/273.16
몰질량	몰	mol	1 mol은 아보가드로수 $6.02214076 \times 10^{23}$개의 입자를 포함한다.
광도	칸델라	cd	1 cd는 주어진 방향에서 특정 주파수의 복사선이 1/683 [W/sr]의 복사강도를 가질 때의 밝기이다.

3) SI유도 단위 중 고유명칭을 가진 단위(19개)

양	고유명칭	기호	단위	비고
힘	뉴턴	N	$kg \times \frac{m}{s^2}$	힘 = 질량 × 가속도
압력, 응력	파스칼	Pa	$\frac{N}{m^2}$	압력 = $\frac{\text{힘}}{\text{면적}}$, 응력 = $\frac{\text{하중}}{\text{면적}}$
에너지, 일량, 열량	줄	J	$N \times m$	일량 = 힘 × 거리
일률, 동력, 전력	와트	W	$\frac{J}{s} = \frac{N \times m}{s}$	동력 = $\frac{\text{일량}}{\text{시간}} = \frac{\text{힘} \times \text{거리}}{\text{시간}}$
주파수	헤르쯔	Hz	$\frac{1}{\sec}$	주파수 = $\frac{\text{사이클}}{\text{초}}$

섭씨온도	섭씨	°C	°C	섭씨온도 = 절대온도 − 273.15
전기량, 전하	쿨롬	C	C	(전기량 = 전하) = 전류 × 시간
전압, 전위	볼트	V	V	전압 = $\dfrac{전력}{전력}$
전기용량	패럿	F	F	전기용량 = $\dfrac{전하량}{전압}$
전기저항	옴	Ω	Ω	전기저항 = $\dfrac{전압}{전류}$
전기전도도 (=컨덕턴스)	지멘스	S	$S = \dfrac{1}{\Omega}$	전기전도도 = $\dfrac{전류}{전압}$
자속	웨버	Wb	Wb	자속 = 전압 × 시간
자속밀도	테슬라	T	$T = \dfrac{Wb}{m^2}$	자속밀도 = $\dfrac{자속}{면적}$
인덕턴스	헨리	H	H	인덕턴스 = $\dfrac{자속}{전류}$
광속	루멘	lm	lm	
조도	럭스	lx	lx	
방사능	베크렐	Bq	Bq	
흡수선량	그레이	Gy	Gy	
선량당량	시버트	Sv	Sv	

4) 보조단위

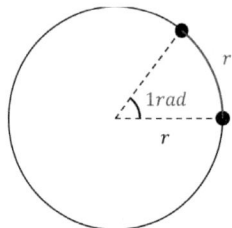

1[rad] : 라디안

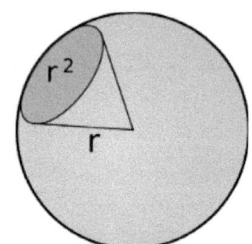

1[sr] : 스테라디안

5) 차원해석 $[MLT]$=[질량.길이.시간], $[FLT]$=[힘.길이.시간]

물리량	기호	MLT계		FLT계	
		단위	차원	단위	차원
가속도	a	$\frac{m}{s^2}$	LT^{-2}	$\frac{m}{s^2}$	LT^{-2}
각속도	ω	$\frac{rad}{s}$	T^{-1}	$\frac{rad}{s}$	T^{-1}
질량	m	kg	M	$\frac{Kg_f s^2}{m}$	$FL^{-1}T^2$
힘	F	N	MLT^{-2}	Kg_f	F
회전력	T	J	ML^2T^{-2}	$Kg_f \cdot m$	FL
동력	H	W	ML^2T^{-3}	$\frac{Kg_f \cdot m}{s}$	FLT^{-1}
전단응력	τ	$Pa=\frac{N}{m^2}$	$ML^{-1}T^{-2}$	$\frac{Kg_f}{mm^2}$	FL^{-2}
압력	P	$Pa=\frac{N}{m^2}$	$ML^{-1}T^{-2}$	$\frac{Kg_f}{mm^2}$	FL^{-2}
운동량	V	$m \times v$	MLT^{-1}	$Kg_f \cdot s$	FT
각운동량	P_ω	$(m \times v) \times r$	ML^2T^{-1}	$Kg_f \cdot m \cdot s$	FLT
점성	μ	$Poise$	$ML^{-1}T^{-1}$	$\frac{NS}{m^2}$	$FL^{-2}T$

03 압력단위환산

(절대압력)$P_{abs} = P_o + P_G$, (절대압력)$P_{abs} = P_o - P_V = P_o - P_o x = P_o(1-x)$

여기서, P_G : 게이지 압 = 정압, P_V : 진공압 = 부압, P_o : 국소대기압, x : 진공도

표준대기압 1atm = 760mmHg = $1.0332 \frac{kg_f}{cm^2}$ = 10.332mAg = 1.01325bar = 101325Pa = 14.7PSI

$1[bar] = 10^5[Pa] = 100[KPa] = 0.1[MPa] ≒ 1\left[\frac{kg_f}{cm^2}\right] ≒ 10[mH_2O]$

04 온도단위환산

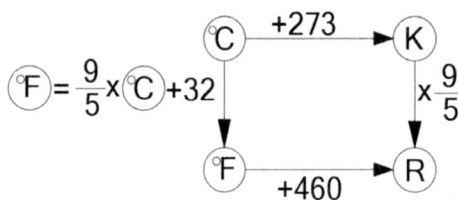

여기서, ℃ : 섭씨온도, K : 켈빈온도, °F : 화씨온도, R : 랭킨온도

05 측정방식

1) **편위법(Deflection Method)** : 스프링저울, 등 측정량이 원인이 되어 그 직접적인 결과로 생기는 지시로부터 측정량을 구하는 방법으로 정밀도는 낮으나 조작이 간단한 것

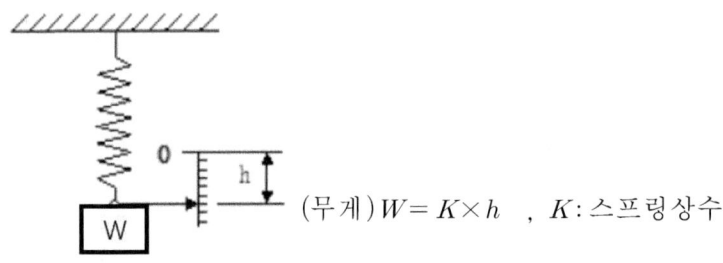

〈편위법에 의한 무게 측정〉

2) **영위법(Zero Method)** : 측정하고자 하는 상태량과 독립적 크기를 조정할 수 있는 기준량과 비교하여 측정, 계측하는 방법으로 편위법보다 정밀도가 높음, 대표적인 계측기기는 마이크로미터가 있다.
측정량과 동일 종류의 크기가 파악된 표준량을 평행상태로 하여 값을 구하는 방법.

3) **치환법(Replace Method)** : 이미 알고 있는 양으로부터 측정량을 아는 방법으로, 다이얼 게이지를 이용하여 높이를 측정 할 때 블록게이지를 올려놓고 측정한다음 피측정물을 바꾸어 넣었을 때 지시의 차를 읽고 사용한 블록게이지의 높이를 알면 피측정물의 높이를 구할 수 있다. 정확한 기준과 비교 측정하여 측정기 자신의 부정확한 원인이 되는 오차를 제거하기 위하여 사용되는 방법

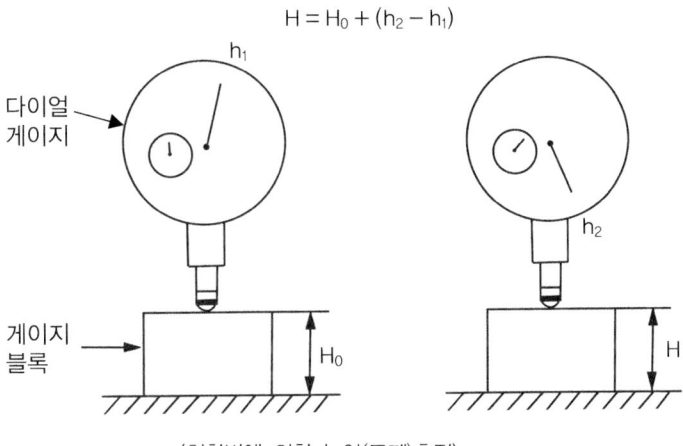

〈치환법에 의한 높이(두께)측정〉

4) **보상법(Compensation Method)** : 측정량과 크기가 거의 같은 미리 알고 있는 양의 분동을 준비하여 분동과 측정량의 차이로부터 측정량을 하는 방식

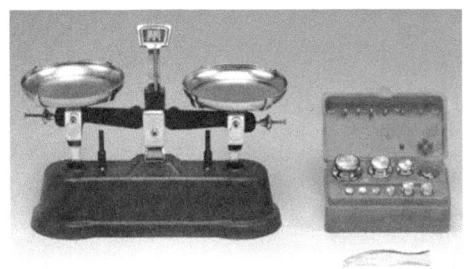

06 측정에 사용되는 원리

1) 파스칼의원리

파스칼의 원리(pascal's Principle)
밀폐된 용기 속에 정지하고 있는 유체의 일부에 가해진 압력은 유체의 모든 부분수직으로 작용되고 그 방향과 관계없이 동일하다.
(1) 공기는 압축되나 오일은 압축되지 않는다.
(2) 오일은 운동을 전달할 수 있다.
(3) 오일은 힘을 전달할 수 있다.
(4) 단면적을 변화시키면 힘을 증대시킬 수 있다.
(5) 밀폐된 용기에 오일을 채우고 이곳에 압력을 가하면 이 용기의 내면에 직각으로 똑같은 압력이 작용한다.

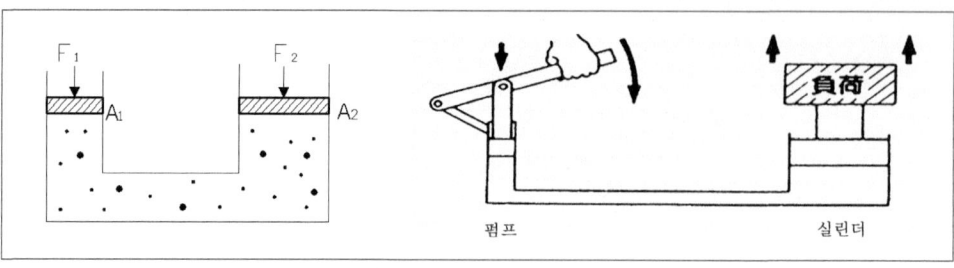

$$P_1 = P_2 \;:\; \frac{F_1}{A_1} = \frac{F_2}{A_2} \;(\text{원통인 용기인 경우의 단면적}) A_1 = \frac{\pi d_1^2}{4},\; A_2 = \frac{\pi d_2^2}{4}$$

2) 베르누이 방정식

$$(\text{Bernoulli equation})\; \frac{P_1}{r} + \frac{V_1^2}{2g} + Z_1 = \frac{P_2}{r} + \frac{V_2^2}{2g} + Z_2 = H$$

$\frac{P}{r} + \frac{V^2}{2g} + Z = H, \Rightarrow$ 압력수두 + 속도수두 + 위치수두 = 전수두 = Energy Line

$\frac{P}{r} + Z = HGL \Longrightarrow$ 압력수두 + 위치수두 = 수력구배선

※ 모든 단면에서 압력수두, 속도수두, 위치수두의 합은 항상 일정하다.
※ 수력구배선은 항상 에너지선보다 속도수두 만큼 아래에 있다.
※ Bernoulli equation의 유도 가정조건
 ① 유체는 유선을 따라 움직인다.
 ② 유체는 시간에 따라 흐름의 변화가 없는 정상류이다.
 ③ 유체는 점성을 무시하는 비점성 유체이다.
 ④ 유체는 비압축성 유동이다.

3) 뉴턴의 점성법칙

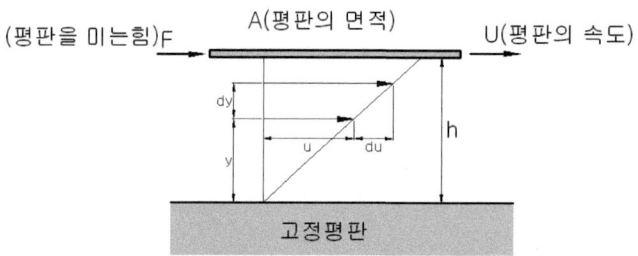

(평판을 미는힘) $F = \mu \dfrac{Au}{h}$

(유체에 점성에 의한 전단응력) $\tau = \mu \dfrac{du}{dy}$ 여기서, $\dfrac{du}{dy}$: 속도구배

(점성계수) μ의 단위 : $1 Poise = 1\dfrac{dyne \times \sec}{cm^2} = 1\dfrac{g_m}{cm \times \sec} = \dfrac{1}{10} Pa \times s$

(동점성계수) $\nu = \dfrac{\mu}{\rho}$

(동점성계수) ν 단위 : $1\,stoke = 1\,\dfrac{cm^2}{s}$

★ Macmichael 점도계, Stomer 점도계 → Newton의 점성법칙 이용 점도계

4) **하겐포아젤방정식(Hagen–Poiseuille Equation)** : 수평원관의 층류유동

(유량) $Q = \dfrac{\pi D^4 \Delta P}{128\mu L}$

★ Ostwald 점도계, Say bolt 점도계 → 하겐 포아젠방정식 이용한 점도계

5) **연속방정식** : 질량보존의 법칙을 유체유동에 적용시킨방정식

(질량유량) $M = \rho_1 A_1 V_1 = \rho_2 A_2 V_2$,
(중량유량) $G = \gamma_1 A_1 V_1 = \gamma_2 A_2 V_2$,
(체적유량) $Q = A_1 V_1 = A_2 V_2$
여기서 ρ : 밀도, γ : 비중량, A : 단면적, V : 유속

6) **레이놀즈 수**

(레이놀드 수) $Re = \dfrac{\text{관성력}}{\text{점성력}} = \dfrac{\rho V D}{\mu} = \dfrac{V D}{\nu}$

여기서, V : 유속, D : 내경, μ : 점성계수, ν : 동점성계수

$Re = 2100$ $\quad$ $Re = 4000$
층류 ─│─ 천이 ─│─ 난류

7) **이상기체상태 방정식**

이상기체 상태 방정식 $PV = mRT$
여기서, P(절대압력), V(체적), m(질량), T(절대온도),

(기체상수) $R = \dfrac{8314}{M}\left[\dfrac{Nm}{Kg\,°K}\right]$, M(분자량)

계측방법 과년도 기출문제

01 오차와 관련된 설명으로 틀린 것은?
　　　　　　◎ 15년9월19일, 19년3월3일, 21년9월12일

① 흩어짐이 큰 측정을 정밀하다고 한다.
② 오차가 적은 계량기는 정확도가 높다.
③ 계측기가 가지고 있는 고유의 오차를 기차라고 한다.
④ 눈금을 읽을 때 시선의 방향에 따른 오차를 시차라고 한다.

[해설]
절대압력 $= 10.332mH_2O + 0.15mH_2O = 10.482mH_2O$

$10.482mH_2O \times \dfrac{1.0332 \dfrac{kg_f}{cm^2}}{10.332mH_2O} = 1.0482 \dfrac{kg_f}{cm^2} = 10482 \dfrac{kg_f}{m^2}$

02 오차의 정의로서 맞는 것은? ◎ 13년9월28일

① 오차 = 측정값 - 참값
② 오차 = 참값 / 측정값
③ 오차 = 참값 + 측정값
④ 오차 = 측정값 × 참값

[해설] 오차 = 측정값 - 참값

03 원인을 알 수 없는 오차로서 측정할 때 마다 측정값이 일정하지 않고 분포현상을 일으키는 오차는?
　　　　　　◎ 13년9월28일

① 계량기 오차　　② 과오에 의한 오차
③ 계통적 오차　　④ 우연 오차

[해설]
1) 계통오차 : 측정값에 일정한 영향을 주는 원인에 의해 생기는 오차, 보정이 가능한 오차
2) 우연오차 : 원인을 알수 없는 오차로써 불규칙하게 변화에 의해 발생하는 오차이다. 측정횟수가 많을수록 오차의 합이 "0"에 가까운 특징이 있는 오차
3) 과실오차 : 측정기의 취급 부 주의에 의해 발생되는 오차, 개인의 실수

04 다음 중 계통오차(Systematic error)가 아닌 것은?
　　　　　　◎ 20년6월6일

① 계측기오차　　② 환경오차
③ 개인오차　　　④ 우연오차

[해설]
1) 계통오차 : 측정값에 일정한 영향을 주는 원인에 의해 생기는 오차, 보정이 가능한 오차
2) 우연오차 : 원인을 알수 없는 오차로써 불규칙하게 변화에 의해 발생하는 오차이다. 측정횟수가 많을수록 오차의 합이 "0"에 가까운 특징이 있는 오차
3) 과실오차 : 측정기의 취급 부 주의에 의해 발생되는 오차, 개인의 실수

05 불규칙하게 변하는 주변 온도와 기압 등이 원인이 되며, 측정 횟수가 많을수록 오차의 합이 0에 가까운 특징이 있는 오차의 종류는?
　　　　　　◎ 21년5월15일

① 개인오차　　② 우연오차
③ 과오오차　　④ 계통오차

[해설]
1) 계통오차 : 측정값에 일정한 영향을 주는 원인에 의해 생기는 오차, 보정이 가능한 오차
2) 우연오차 : 원인을 알수 없는 오차로써 불규칙하게 변화에 의해 발생하는 오차이다. 측정횟수가 많을수록 오차의 합이 "0"에 가까운 특징이 있는 오차
3) 과실오차 : 측정기의 취급 부 주의에 의해 발생되는 오차, 개인의 실수

정답 01 ①　02 ①　03 ④　04 ④　05 ②

★★★
06 측정하고자 하는 상태량과 독립적 크기를 조정할 수 있는 기준량과 비교하여 측정, 계측하는 방법은? ✪ 22년3월5일, 13년6월2일, 17년5월7일

① 보상법
② 편위법
③ 치환법
④ 영위법

해설 영위법(Zero Method) : 측정하고자 하는 상태량과 독립적 크기를 조정할 수 있는 기준량과 비교하여 측정, 계측하는 방법으로 편위법보다 정밀도가 높음, 대표적인 계측기기는 마이크로미터가 있다.
측정량과 동일 종류의 크기가 파악된 표준량을 평행상태로 하여 값을 구하는 방법.

★★
07 스프링저울 등 측정량이 원인이 되어 그 직접적인 결과로 생기는 지시로부터 측정량을 구하는 방법으로 정밀도는 낮으나 조작이 간단한 것은? ✪ 18년9월15일

① 영위법
② 치환법
③ 편위법
④ 보상법

해설 ▶ 편위법(Deflection Method) : 스프링저울, 등 측정량이 원인이 되어 그 직접적인 결과로 생기는 지시로부터 측정량을 구하는 방법으로 정밀도는 낮으나 조작이 간단한 것

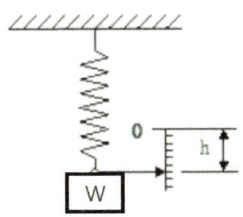

(무게)$W = K \times h$, K : 스프링상수
[편위법에 의한 무게 측정]

★★
08 측정량과 크기가 거의 같은 미리 알고 있는 양의 분동을 준비하여 분동과 측정량의 차이로부터 측정량을 구하는 방식은? ✪ 20년9월26일

① 편위법
② 보상법
③ 치환법
④ 영위법

해설 보상법(Compensation Method) : 측정량과 크기가 거의 같은 미리 알고 있는 양의 분동을 준비하여 분동과 측정량의 차이로부터 측정량을 하는 방식

09 다이얼게이지를 이용하여 두께를 측정하는 방법 등이 이에 해당하며, 정확한 기준과 비교 측정하여 측정기 자신의 부정확한 원인이 되는 오차를 제거하기 위하여 사용되는 방법은? ✪ 15년9월19일

① 편위법
② 영위법
③ 치환법
④ 보상법

해설 치환법(Replace Method) : 이미 알고 있는 양으로부터 측정량을 아는 방법으로, 다이얼 게이지를 이용하여 높이를 측정 할 때 블록게이지를 올려놓고 측정한다음 피측정물을 바꾸어 넣었을 때 지시의 차를 읽고 사용한 블록게이지의 높이를 알면 피측정물의 높이를 구할 수 있다.

★★
10 다음 측정관련 용어에 대한 설명으로 틀린 것은? ✪ 22년3월5일, 22년3월5일

① 측정량 : 측정하고자 하는 양
② 값 : 양의 크기를 함께 표현하는 수와 기준
③ 제어편차 : 목표치에 제어량을 더한 값
④ 양 : 수와 기준으로 표시할 수 있는 크기를 갖는 현상이나 물체 또는 물질의 성질

해설 서보기구에서의 제어편차는 목표값에서 제어량을 뺀값이다.
프로세스제어에서의 제어편차는 제어량에서 목표값을 뺀값이다.

정답 06 ④ 07 ③ 08 ② 09 ③ 10 ③

11 다음 중 파스칼의 원리를 가장 바르게 설명한 것은?　● 19년4월27일

① 밀폐 용기 내의 액체에 압력을 가하면 압력은 모든 부분에 동일하게 전달된다.
② 밀폐 용기 내의 액체에 압력을 가하면 압력은 가한 점에만 전달된다.
③ 밀폐 용기 내의 액체에 압력을 가하면 압력은 가한 반대편으로만 전달된다.
④ 밀폐 용기 내의 액체에 압력을 가하면 압력은 가한 점으로부터 일정 간격을 두고 차등적으로 전달된다.

해설 파스칼의 원리 : 밀폐 용기 내의 액체에 압력을 가하면 압력은 모든 부분에 동일하게 전달된다. 압력은 모든 벽에 수직으로 작용한다.

12 베르누이 방정식을 적용할 수 있는 가정으로 옳게 나열된 것은?　● 16년10월1일

① 무마찰, 압축성유체, 정상상태
② 비점성유체, 등유속, 비정상상태
③ 뉴턴유체, 비압축성유체, 정상상태
④ 비점성유체, 비압축성유체, 정상상태

해설 베르누이 방정식을 적용할 수 있는 가정조건 : 비점성유체, 비압축성유체, 정상상태

13 다음 중 기본단위의 정의가 잘못된 것은?　● 12년9월15일

① "미터"는 빛의 진공에서 1/299,792,458초 동안 진행한 경로의 길이
② "초"는 세슘 133 원자의 바닥상태에 있는 두 초미세 준위 사이의 전이에 대응하는 복사선의 9,192,631,770 주기의 지속시간
③ "켈빈"은 물의 삼중점에 해당하는 열역학적 온도의 1/273.16
④ "몰"은 수소 2의 0.012 킬로그램에 있는 원자의 개수와 같은 수의 구성요소를 포함하는 어떤 계의 물질량

해설 "몰"은 수소의 킬로그램에 있는 원자의 개수와 같은 수의 구성요소를 포함한 어떤계의 물질량을 의미한다.

14 다음 각 물리량에 대한 SI 유도단위의 기호로 틀린 것은?　● 13년9월28일

① 압력 - 파스칼(pascal)
② 에너지 - 칼로리(calorie)
③ 일률 - 와트(watt)
④ 광선속 - 루멘(lumen)

해설 에너지 - 줄(Jeole)
열량 - 칼로리(calorie)

15 국제단위계(SI)에서 길이단위의 설명으로 틀린 것은?　● 17년3월5일

① 기본단위이다.
② 기호는 K이다.
③ 명칭은 미터이다.
④ 빛이 진공에서 1/229792458초 동안 진행한 경로의 길이이다.

해설

기본량	이름	기호
길이	미터	m
질량	킬로그램	kg
시간	초	s
전류	암페어	A
온도	켈빈	K
몰질량	몰	mol
광도	칸델라	cd

정답 11 ① 12 ④ 13 ④ 14 ② 15 ②

16 국제단위계(SI)를 분류한 것으로 옳지 않은 것은?   ◆ 19년4월27일

① 기본단위   ② 유도단위
③ 보조단위   ④ 응용단위

해설   ① 기본단위   ② 유도단위   ③ 보조단위

기본량	이름	기호
길이	미터	m
질량	킬로그램	kg
시간	초	s
전류	암페어	A
온도	켈빈	K
몰질량	몰	mol
광도	칸델라	cd

17 다음 중 온도는 국제단위계(SI 단위계)에서 어떤 단위에 해당하는가?   ◆ 19년9월21일

① 보조단위   ② 유도단위
③ 특수단위   ④ 기본단위

해설

기본량	이름	기호
길이	미터	m
질량	킬로그램	kg
시간	초	s
전류	암페어	A
온도	켈빈	K
몰질량	몰	mol
광도	칸델라	cd

18 국제단위계(SI)에서 길이의 설명으로 틀린 것은?   ◆ 22년4월24일

① 기본단위이다.
② 기호는 m이다.
③ 명칭은 미터이다.
④ 소리가 진공에서 1/229792458초 동안 진행한 경로의 길이이다.

해설

기본량	이름	기호
길이	미터	m
질량	킬로그램	kg
시간	초	s
전류	암페어	A
온도	켈빈	K
몰질량	몰	mol
광도	칸델라	cd

1m는 빛이 진공에서 1/299,792,458초 동안 진행한 경로의 길이이다.

★★
19 다음 중 SI 기본단위를 바르게 표현한 것은?   ◆ 13년9월28일

① 길이 – 밀리미터
② 질량 – 그램
③ 시분 – 분
④ 전류 – 암페어

해설

기본량	이름	기호
길이	미터	m
질량	킬로그램	kg
시간	초	s
전류	암페어	A
온도	켈빈	K
몰질량	몰	mol
광도	칸델라	cd

20 다음 중 단위에 따른 차원식으로 틀린 것은?   ◆ 19년9월21일

① 점도 : $ML^{-1}T^{-1}$
② 압력 : $ML^{-1}T^{-2}$
③ 에너지 : $ML^2 T^{-2}$
④ 동력 : ML^2T^{-1}

해설   일 = 힘×거리 = $[MLT^{-2}]×[L] = [ML^2T^{-2}]$

정답 16 ④ 17 ④ 18 ④ 19 ④ 20 ④

21 다음 중 단위에 따른 차원식으로 틀린 것은? ◉ 19년9월21일

① 동점도 : L^2T^{-1}
② 압력 : $ML^{-1}T^{-2}$
③ 가속도 : LT^{-2}
④ 일 : MLT^{-2}

[해설] 일 = 힘×거리 = $[MLT^{-2}]×[L] = [ML^2T^{-2}]$

★★
22 물리량과 SI 기본단위의 기호가 틀린 것은? ◉ 21년3월7일

① 질량 : kg
② 온도 : ℃
③ 몰질량 : mol
④ 광도 : cd

[해설]

기본량	이름	기호
길이	미터	m
질량	킬로그램	kg
시간	초	s
전류	암페어	A
온도	켈빈	K
몰질량	몰	mol
광도	칸델라	cd

★★
23 다음 중 유도단위에 속하지 않는 것은? ◉ 17년5월7일

① 비열
② 압력
③ 습도
④ 열량

[해설] 습도는 특수단위에 속한다.

24 다음 각 물리량에 대한 SI 유도단위의 기호로 틀린 것은? ◉ 13년9월28일

① 압력 – Pa
② 에너지 – cal
③ 일률 – W
④ 자기선속 – Wb

[해설] 에너지 – J $1J = 1N·m$

25 체적유량 $Q[m^3/s]$ 의 올바른 표현식은? (단, A(m²) 는 유로의 단면적, $V[m/s]$ 는 유로단면의 평균선속도이다.) ◉ 15년3월8일

① $Q = \dfrac{V}{A}$
② $Q = A × V$
③ $Q = \dfrac{A}{V}$
④ $Q = \dfrac{1}{A × V}$

[해설] $Q = AV$

★★
26 지름이 10cm 되는 관 속을 흐르는 유체의 유속이 16m/s이었다면 유량은 약 몇 m³/s인가? ◉ 19년3월3일

① 0.125
② 0.525
③ 1.605
④ 1.725

[해설] $Q = \dfrac{\pi}{4}D^2 × V = \dfrac{\pi}{4} × 0.1^2 × 16 ≒ 0.125 \dfrac{m^3}{s}$

27 내경 10cm의 관에 물이 흐를 때 피토관에 의해 측정된 유속이 5m/s이라면 유량은? ◉ 16년10월1일

① 19kg/s
② 29kg/s
③ 39kg/s
④ 49kg/s

[해설] $\dot{m} = \rho AV = 1000 × \left(\dfrac{\pi}{4} × 0.1^2\right) × 5 ≒ 39 \dfrac{kg}{s}$

| 정답 | 21 ④ | 22 ② | 23 ③ | 24 ② | 25 ② | 26 ① | 27 ③ |

28 내경 300mm인 원관 내에 3kg/s의 공기가 유입되고 있다. 이 때 관내의 압력 200kPa, 온도 25℃, 공기기체상수는 287J/kg·K이라고 할 때 공기평균속도는 약 몇 m/s인가?

◎ 13년9월28일

① 1.8
② 2.4
③ 18.2
④ 23.5

해설
$\dot{m} = \rho A V$, $\rho = \dfrac{P}{RT} = \dfrac{200000}{287 \times (25+273)} = 2.33 \dfrac{kg}{m^3}$

$V = \dfrac{\dot{m}}{\rho A} = \dfrac{3}{2.33 \times \dfrac{\pi}{4} 0.3^2} = 18.21 \dfrac{m}{s}$

29 지름 400mm인 관속을 5kg/s로 공기가 흐르고 있다. 관속의 압력은 200kPa, 온도는 23℃, 공기의 기체상수 R이 287J/(kg·K)라 할 때 공기의 평균 속도는 약 몇 m/s인가?

◎ 17년3월5일

① 2.4
② 7.7
③ 16.9
④ 24.1

30 안지름 1000mm의 원통형 물탱크에서 안지름 150mm인 파이프로 물을 수송할 때 파이프의 평균 유속이 3m/s이었다. 이 때 유량(Q)과 물탱크 속의 수면이 내려가는 속도(V)는 약 얼마인가?

◎ 17년3월5일

① Q = 0.053m³/s, V = 6.75cm/s
② Q = 0.831m³/s, V = 6.75cm/s
③ Q = 0.053m³/s, V = 8.31cm/s
④ Q = 0.831m³/s, V = 8.31cm/s

31 직경 80mm인 원관내에 비중 0.9인 기름이 유속 4m/s로 흐를 때 질량유량은 약 몇 kg/s인가?

◎ 19년9월21일

① 18
② 24
③ 30
④ 36

해설
$\dot{m} = s \times \rho_w \times A \times V = 0.9 \times 1000 \times \dfrac{\pi}{4} 0.08^2 \times 4 ≒ 18 \dfrac{kg}{s}$

32 지름이 각각 0.6m, 0.4m인 파이프가 있다. (1) 에서의 유속이 8m/s이면 (2) 에서의 유속(m/s)은 얼마인가?

◎ 20년9월26일

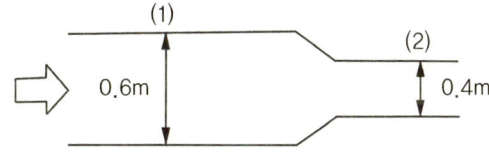

① 16
② 18
③ 20
④ 22

해설
$Q = A_1 V_1 = A_2 V_2$, $\dfrac{\pi}{4} \times 0.6^2 \times 8 = \dfrac{\pi}{4} \times 0.4^2 \times V_2$, $V_2 = 18 \dfrac{m}{s}$

정답 28 ② 29 ④ 30 ① 31 ① 32 ②

33 내경이 50mm인 원관에 20℃ 물이 흐르고 있다. 층류로 흐를 수 있는 최대 유량은 약 몇 m^3/s인가? (단, 임계 레이놀즈수(Re)는 2320이고, 20℃일 때 동점성계수(ν)=1.0064×10⁻⁶m^2/s이다.) ⊙ 15년3월8일

① 5.33×10⁻⁵ ② 7.36×10⁻⁵
③ 9.16×10⁻⁵ ④ 15.23×10⁻⁵

[해설] $R_e = \dfrac{\rho DU}{\mu} = \dfrac{DU}{\frac{\mu}{\rho}} = \dfrac{DU}{\nu}$, 속도

$U = \dfrac{R_e \times \nu}{D} = \dfrac{2320 \times 1.0064 \times 10^{-6}}{0.05} = 0.0467 \dfrac{m}{s}$

$Q = A \times U = \dfrac{\pi}{4} \times 0.05^2 \times 0.0467 ≒ 9.16 \times 10^{-5} \dfrac{m^3}{s}$

34 내경이 50mm인 원관에 20℃ 물이 흐르고 있다. 층류로 흐를 수 있는 최대 유량은? (단, 20℃일 때 동점성계수(ν)=1.0064×10⁻⁶m^2/sec이고, 레이놀즈(Re)수는 2320이다.) ⊙ 15년3월8일

① 약 5.33×10⁻⁵m^3/s
② 약 7.33×10⁻⁵m^3/s
③ 약 9.22×10⁻⁵m^3/s
④ 약 15.23×10⁻⁵m^3/s

[해설] $R_e = \dfrac{\rho DU}{\mu} = \dfrac{DU}{\frac{\mu}{\rho}} = \dfrac{DU}{\nu}$, 속도

$U = \dfrac{R_e \times \nu}{D} = \dfrac{2320 \times 1.0064 \times 10^{-6}}{0.05} = 0.0467 \dfrac{m}{s}$

$Q = A \times U = \dfrac{\pi}{4} \times 0.05^2 \times 0.0467 ≒ 9.16 \times 10^{-5} \dfrac{m^3}{s}$

35 관유동에서 층류와 난류를 판정할 때 레이놀즈수를 사용한다. 층류와 난류의 기준이 되는 임계 레이놀즈수는 약 얼마인가? ⊙ 14년5월25일

① 23   ② 232
③ 2320 ④ 23200

[해설] 층류와 난류를 구별하는 무차원수 레이놀즈 수 $R_e = \dfrac{D\mu U}{\rho}$ 레이놀즈수가 2320이하는 층류이다.

★★
36 레이놀즈수를 나타낸 식으로 옳은 것은? (단, D는 관의 내경, μ는 유체의 점도, ρ는 유체의 밀도, U는 유체의 속도이다.) ⊙ 14년9월20일, 21년3월7일

① DμU / ρ ② DUρ / μ
③ D$\mu\rho$ / U   ④ $\mu\rho$U / D

[해설] 층류와 난류를 구별하는 무차원수 레이놀즈 수 $R_e = \dfrac{\rho DU}{\mu}$

★★
37 관속을 흐르는 유체가 층류로 되려면? ⊙ 16년3월6일, 20년9월26일

① 레이놀즈수가 4000보다 많아야 한다.
② 레이놀즈수가 2100보다 적어야 한다.
③ 레이놀즈수가 4000 이어야 한다.
④ 레이놀즈수와는 관계가 없다.

[해설] 층류와 난류를 구별하는 무차원수 레이놀즈 수 $R_e = \dfrac{\rho DU}{\mu}$ 층류는 레이놀즈수가 2100보다 적어야 한다.

★★
38 다음 계측기 중 열관리용에 사용되지 않는 것은? ⊙ 13년3월10일, 20년6월6일

① 유량계
② 온도계
③ 부르동관 압력계
④ 다이얼 게이지

[해설] 다이얼게이지는 길이측정 계측기기이다.

| 정답 | 33 ③ | 34 ③ | 35 ③ | 36 ② | 37 ② | 38 ④ |

39 다음 중 하겐 – 포아젤의 법칙을 이용한 점도계는?
◎ 14년3월2일

① 낙구식 점도계
② 스토머 점도계
③ 맥미첼 점도계
④ 세이볼트 점도계

해설 하겐포아젤방정식(Hagen-Poiseuille Equation) : 수평원관의 층류유동

(유량) $Q = \dfrac{\pi D^4 \Delta P}{128\mu L}$

① Ostwald 점도계
② Say bolt 점도계

40 하겐 포아젤 방정식의 원리를 이용한 점도계는?
◎ 16년10월1일

① 낙구식 점도계
② 모세관 점도계
③ 회전식 점도계
④ 오스트발트 점도계

해설 하겐포아젤방정식(Hagen-Poiseuille Equation) : 수평원관의 층류유동

(유량) $Q = \dfrac{\pi D^4 \Delta P}{128\mu L}$

① Ostwald 점도계,
② Say bolt 점도계

41 절대압력 700mmHg는 약 몇 kpa인가?
◎ 16년3월6일

① 93kpa
② 103kpa
③ 113kpa
④ 123kpa

해설 $700mmHg \times \dfrac{101.325KPa}{760mmHg} ≒ 93kPa$

42 보일러의 계기에 나타난 압력이 6kg/cm² 이다. 이를 절대압력으로 표시할 때 가장 가까운 값을 몇 kg/cm²인가?
◎ 19년4월27일

① 3
② 5
③ 6
④ 7

해설 절대압력 = 국소대기압 + 게이지압 = $1 + 6 = 7 \dfrac{kg_f}{cm^2}$

43 보일러 냉각기의 진공도가 700mmHg일 때 절대압은 몇 kg/cm²·a인가?
◎ 16년5월8일

① 0.02kg/cm²·a
② 0.04kg/cm²·a
③ 0.06kg/cm²·a
④ 0.08kg/cm²·a

해설 절대압력 = $760mmHg - 700mmHg = 60mmHg$

$60mmHg \times \dfrac{1.0332 \dfrac{kg_f}{cm^2}}{760mmHg} = 0.081 \dfrac{kg_f}{cm^2}$

44 국소대기압이 740mmHg인 곳에서 게이지압력이 0.4kgf/cm²일 때 절대압력(kgf/cm²)은?
◎ 14년9월20일

① 1.0
② 1.2
③ 1.4
④ 1.6

해설 절대압력 = $740mmHg \times \dfrac{1.0332 \dfrac{kg_f}{cm^2}}{760mmHg} + 0.4 \dfrac{kg_f}{cm^2} ≒ 1.4 \dfrac{kg_f}{cm^2}$

45 국소대기압이 740mmHg인 곳에서 게이지압력이 0.4bar일 때 절대압력(kPa)은?
◎ 20년8월22일

① 100
② 121
③ 139
④ 156

해설 $P_{abs} = 740mmHg \times \dfrac{101.325kPa}{760mmHg} + 0.4bar \times \dfrac{100kPa}{1bar} ≒ 139kPa$

정답 39 ④ 40 ④ 41 ① 42 ④ 43 ④ 44 ③ 45 ③

46 대기압 750mmHg에서 계기압력이 325kPa 이다. 이 때 절대압력은 약 몇 kPa 인가?
 ◎ 21년9월12일

① 223　　② 327
③ 425　　④ 501

해설 $P_{abs} = 325kPa + 750mmHg \times \frac{101.325kPa}{760mmHg} ≒ 425kPa$

47 표준대기압 760mmHg을 SI 단위로 변환하면 몇 kPa인가?
 ◎ 13년3월10일

① 1.0132　　② 10.132
③ 101.32　　④ 1013.2

해설 760mmHg=101.325kPa
표준대기압 1atm = 760mmHg = $1.0332 \frac{kg_f}{cm^2}$ = 10.332mAg = 1.01325bar = 101325Pa = 14.7PSI

48 복사온도계에서 전복사에너지는 절대온도의 몇 승에 비례하는가?
 ◎ 21년3월7일

① 2　　② 3
③ 4　　④ 5

해설 복사온도계에서 전복사에너지는 절대온도의 4승에 비례 한다.

49 ★★ 화씨(°F)와 섭씨(°C)의 눈금이 같게 되는 온도는 몇 °C 인가?
 ◎ 14년5월25일, 19년4월27일

① 40　　② 20
③ -20　　④ -40

해설 -40°F = -40°C
$°F = \frac{9}{5}°C + 32$, $(-40°F) = \frac{9}{5}(-40°C) + 32$

50 ★★ 다음 중 실제 값이 나머지 3개와 다른 값을 갖는 것은?
 ◎ 14년3월2일, 16년10월1일

① 273.15K　　② 0°C
③ 460°R　　④ 32°F

해설 0°C = 273.15k = 32°F = 492°R

51 평형수소의 온도 20.28K는 약 몇 °R에 해당되는가?
 ◎ 13년3월10일

① -254.87　　② -252.87
③ 36.8　　④ 253.87

해설 랭킨온도 = $\frac{9}{5}$ × 캘빈온도 = $\frac{9}{5} \times 20.28 = 36.5 °R$

52 150°F 는 몇 °C인가?
 ◎ 15년3월8일

① 65.5°C　　② 88.5°C
③ 118.5°C　　④ 123.5°C

해설 섭씨온도 = $\frac{5}{9} \times (F - 32) = \frac{5}{9} \times (150 - 32) = 65.55°C$

53 ★★ 점도 단위인 1Pa·s와 같은 값을 가지는 단위는?
 ◎ 13년6월2일

① 1kg/m·s　　② 1P
③ 1kgf·s/m2　　④ 1cP

해설 $1 Poise = 1 \frac{dyne \times \sec}{cm^2} = 1 \frac{g}{cm \times \sec} = \frac{1}{10} Pa \times s$
$1 Pa \times s = 1 \frac{kg}{m\,s}$

정답 46 ③　47 ③　48 ③　49 ④　50 ③　51 ③　52 ①　53 ①

54 ★★ 점성계수 μ=0.85 poise, 밀도 ρ=85N·s²/m⁴인 유체의 동점성 계수는? ○ 15년5월31일

① 1m²/s ② 0.1m²/s
③ 0.01m²/s ④ 0.001m²/s

해설
$$\nu = \frac{\mu}{\rho} = \frac{0.85 \times \frac{1}{10} \frac{N}{m^2}s}{85} = 0.001 \frac{m^2}{s}$$

55 비중량이 900kgf/m³ 인 기름 18L의 중량은? ○ 16년3월6일

① 12.5kgf ② 15.2kgf
③ 16.2kgf ④ 18.2kgf

해설
$$W = \gamma \times V = 900 \frac{kg_f}{m^3} \times 0.018 m^3 = 16.2 kg_f$$

56 2.2k의 저항에 220V의 전압이 사용되었다면 1초당 발생하는 열량은 몇 W인가? ○ 17년9월23일

① 12 ② 22
③ 32 ④ 42

해설 (전력량) $P = \frac{V^2}{R} = \frac{220^2}{2200} = 22W = 22\frac{J}{s}$

57 20L인 물의 온도를 15℃에서 80℃로 상승시키는 데 필요한 열량은 약 몇 kJ 인가? ○ 18년4월28일

① 4680 ② 5442
③ 6320 ④ 6860

해설 $Q = m \times c \times \Delta T = 20 \times 4.185 \times (80-15) ≒ 5442 kJ$

$m = \rho \times V = \frac{1kg}{l} \times 20l = 20kg$

58 20L인 물의 온도를 15℃에서 80℃로 상승시키는데 필요한 열량은 약 몇 kJ인가? ○ 21년5월15일

① 4200 ② 5400
③ 6300 ④ 6900

해설
$$Q = m \times C \times \Delta T = 20kg \times 4.185 \frac{kJ}{kg℃} \times (80-15) = 5400 kJ$$

$$m = \rho \times V = \frac{1kg}{L} \times 20L = 20kg$$

정답 54 ④ 55 ③ 56 ② 57 ② 58 ②

계측방법

02

온도측정=측온(測溫)

01 측정의 개요 와 단위
02 온도측정=측온(測溫)
03 압력측정
04 유량측정
05 액면측정
06 습도측정
07 가스분석 및 열량측정
08 자동제어

CHAPTER 02 온도측정=측온(測溫)

자주출제 되는 문제

01 온도계 분류

```
온도계 ┬ 접촉식     ┬ 열팽창식 ┬ 압력식온도계 ┬ 액체팽창식 ┬ 수은온도계 : 고온측정,
       │ 1000℃     │          │              │ 유리(체)온도계 │           베크만 온도계
       │ 이하측정   │          │              │            └ 알콜온도계 : 저온측정,
       │           │          │              │                          표면장력작다
       │           │          │              │                          액주상승후 하강시간이 수은
       │           │          │              │                          보다 길다.
       │           │          │              │                          열팽창계수가 수은보다 크다.
       │           │          │              ├ 기체팽창식
       │           │          │              ├ 증기팽창식
       │           │          │              └ 가스압력식
       │           │          └ 바이메탈온도계 - 열팽창계수가 다른 금속에 의한 온도측정
       │           │            (-50~500℃)
       │           ├ 열전(대)온도계 - 두 금속의 온도차에 의한 열기전력을 이용한
       │           │                온도측정 -
       │           │
       │           ├ (전기)저항식온도계 -
       │           │
       │           └ 제겔콘(Seger cone)
       └ 비접촉식 ┬ 광고온도계(700℃~2000℃) : 비접촉방식중 가장 정밀한 온도측정
                  ├ 방사온도계(700℃~3000℃)
                  ├ 광전관온도계(50℃~3000℃)
                  └ 색온도계(600℃~2500℃)
```

온도계		온도℃
KS	구JIS	
R	PR	0~1600
K	CA	-200~1200
J	IC	0~700
T	CC	-200~350

전기저항체	온도℃
백금	-200~500
니켈	-50~300
구리	0~120
서미스터	화재감지기

02 열전(대)온도계의 종류

기호		사용금속		사용온도 [°C]	특징
KS	구 JIS	(+)측	(-)측		
B	-	(70%백금)+(30%로듐)	(94%백금)+(6%로듐)	600~1700	상온에서 열전능력이 약함
R	PR	(87%백금)+(13%로듐)	(100%백금)	0~1600	정밀측정용
S	-	(90%백금)+(10%로듐)	(100%백금)	0~1600	안전성이 양호하고 표준용으로 사용 내열성이좋다 가격이 비싸다. 점도가 높다. 산화분위기에서 강하다 환원성분위기에서 약하다. 고온측정 PR열전대의 보상도선의 허용오차0.5%
K	CA	크로멜	알루멜	-200~1200	R다음으로 내열성과 정확도가 높아 공업요에 많이사용
E	CRC	크로멜	콘스탄탄	-200~800	감도가 가장우수 열기전력이 가장 크다.
J	IC	(99.5%철)	콘스탄탄	0~700	중간온도용으로 좋다
T	CC	(100%구리)	콘스탄탄	-200~350	극저혼 측정이 가능하다.

01 온도계 분류

- 온도계
  - 접촉식 1000℃ 이하측정
    - 열팽창식
      - 압력식온도계
        - 액체팽창식 유리(체)온도계
          - 수은온도계 : 고온측정, 베크만 온도계
          - 알콜온도계 : 저온측정, 표면장력작다 액주상승후 하강시간이 수은보다 길다. 열팽창계수가 수은보다 크다.
        - 기체팽창식
        - 증기팽창식
        - 가스압력식
      - 바이메탈온도계 - 열팽창계수가 다른 금속에 의한 온도측정 (-50~500℃)
    - 열전(대)온도계 - 두 금속의 온도차에 의한 열기전력을 이용한 온도측정 -

온도계		온도℃
KS	구JIS	
R	PR	0~1600
K	CA	-200~1200
J	IC	0~700
T	CC	-200~350

    - (전기)저항식온도계 -

전기저항체	온도℃
백금	-200~500
니켈	-50~300
구리	0~120
서미스터	화재감지기

    - 제겔콘(Seger cone)
  - 비접촉식
    - 광고온도계(700℃~2000℃) : 비접촉방식중 가장 정밀한 온도측정
    - 방사온도계(700℃~3000℃)
    - 광전관온도계(50℃~3000℃)
    - 색온도계(600℃~2500℃)

접촉식 온도계의 특징	비접촉식온도계의 특징
① 측정범위가 넓고 정밀측정이 가능하다 ② 측정오차가 적다 ③ 피측정체의 내부온도만을 측정한다. ④ 이동물체의 온도측정이 곤란하다 ⑤ 측정시간의 지연이 작다. ⑥ 온도변화에 대한 반응이 늦다 ⑦ 1000℃이하의 저온측정	① 측정량의 변화가 없다. ② 이동물체의 온도측정이 가능하다. ③ 측정시간의 지연이 크다. ④ 고온측정용

02 베크만 온도계

모세관의 상부에 수은을 봉입한 부분에 대해 측정온도에 따라 남은 수은의 양을 가감하여 그 온도부분의 온도차를 0.01℃까지 측정할 수 있다.

03 바이메탈온도계의 특징

1) 바이메탈온도계의 특징
    ① 고체팽창식 온도계이다.
    ② 서로 다른 2개의 금속의 열팽창계수(선팽창계수)의 차이를 이용한 온도계
    ③ 온도변화에 대하여 응답이 느리다.
    ④ 오래 사용시 히스테리시스 오차가 발생한다.
    ⑤ 온도 자동조절이나 온도 보상장치에 이용된다.
    ⑥ 구조가 간단하다.
    ⑦ 측온범위는 -50~500℃ 이다

2) 바이메탈온도계 온도변화(ΔT) 구하는 식

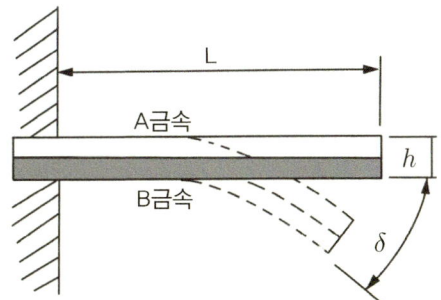

(변위거리) $\delta = K \times \dfrac{(\alpha_A - \alpha_B) \times L^2 \times \Delta T}{h}$, (온도차이) $\Delta T = \dfrac{1}{K} \times \dfrac{\delta \times h}{(\alpha_A - \alpha_B) \times L^2}$

04 열전대온도계

1) 열전대온도계의 원리

    제백(Seebeck)효과 : 성질이 다른 두 금속의 접점에 온도차를 두면 열기전력이 일어난다. 큐폴라 상부의 배기가스 온도를 측정하기 위한 접촉식 온도계로 사용된다.

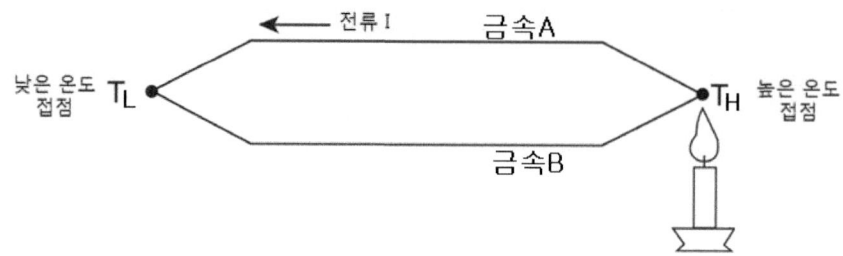

2) 열전대(thermo couple) 재료(금속)의 구비조건
① 재생도가 높고 제조와 가공이 용이할 것
② 장시간 사용에 견디며, 이력현상(履歷現象)이 없을 것
③ 내열성으로 고온에도 기계적 강도를 가지고 고온의 공기나 가스 중에서 내식성이 좋을 것
④ 전기저항작아야 한다.
⑤ 저항온도계수가 작아야 한다.
⑥ 열전도율이 작아야 한다.
⑦ 열기전력이 크고 온도상승에 따라 연속적으로 열기전력이 상승해야 된다.

3) 열전대온도계의 구성품
① 보상도선 ② 감온접점 ③ 보호관

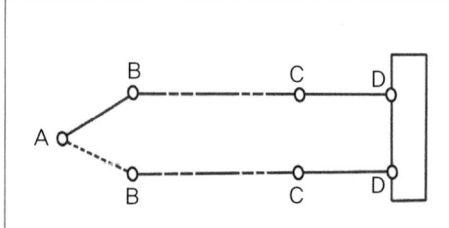

※ 열전대 명칭
- A : 열접점
- 선ABC : 열전대금속
- C : 냉접점
- D : 측정단자
- CD : 보상도선 (구리, 니켈) : 중간온도의 법칙적용

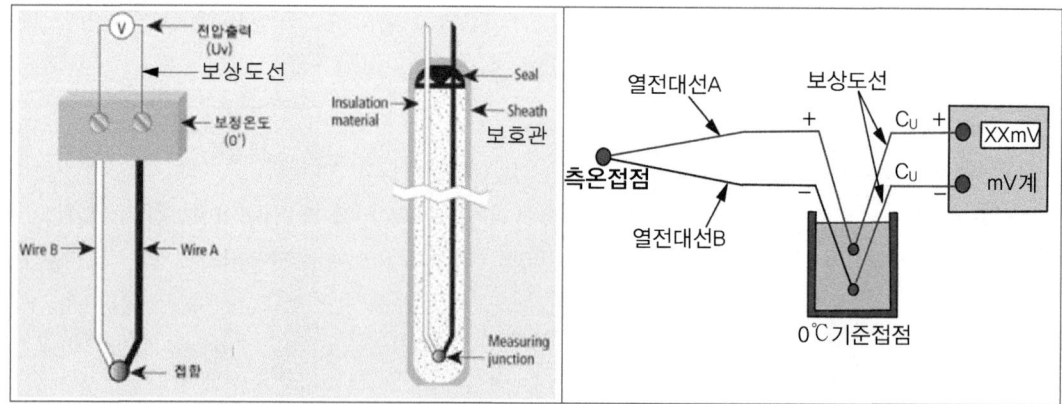

4) 열전대온도계 측정시 주의사항

① 측온저항체와 열전대는 소자를 보호관 속에 넣어 사용함
② 기준접점의 온도를 일정하게 유지해야 함
③ 열기전력이 크고 온도증가에 따라 연속적으로 상승해야함
④ 접촉식 온도계 중에서 가장 고온측정을 할수 있다.
⑤ 냉접점 및 보상도선으로 인한 오차가 발생되기 쉬움
⑥ 보호관 선택 및 유지관리에 주의함
⑦ 주위의 고온체로부터 복사열의 영향으로 인한 오차가 생기지 않도록 주의해야 함
⑧ 열전대는 측정하고자 하는 곳에 정확히 삽입하여 삽입한 구멍을 통하여 냉기가 들어가지 않도록 함
⑨ 단자(+)와 보상도선(+)을 연결하고, 단자(-)와 보상도선(-)를 결선한다.

5) 열전대의 냉접점의 특징

① 냉접점의 온도는 0℃로 유지함
② 냉접점의 온도가 0℃가 아닐 때는 온도보정이 필요함
③ 냉접점과 계기 사이에는 보상도선을 사용 하고재질은 구리, 구리-니켈의 합금 사용함

6) 보상도선
: 열전대온도계에서 주위 온도에 의한 오차를 전기적으로 보상할 때 주로 사용되는 저항선 보상도선은 중간 금속의 법칙이 적용된 것이다.

중간 금속의 법칙 : 열전대를 구성하는 두 금속의 한쪽 접점이 서로 접해있고, 다른 접점은 제3의 금속과 연결되어 있을 때, 두 접점이 같은 온도라면 기전력이 발생하지 않는다는 법칙이다. 즉, 중간에 다른 금속이 끼어 있어도 온도만 같다면 열전 효과는 발생하지 않는다는 법칙이다.

7) 열전대온도계의 종류

기호		사용금속		사용온도 [℃]	특징
KS	구 JIS	(+)측	(-)측		
B	-	(70%백금)+(30%로듐)	(94%백금)+(6%로듐)	600~1700	상온에서 열전능력이 약함
R	PR	(87%백금)+(13%로듐)	(100%백금)	0~1600	정밀측정용
S	-	(90%백금)+(10%로듐)	(100%백금)	0~1600	안전성이 양호하고 표준용으로 사용 내열성이좋다 가격이 비싸다. 점도가 높다. 산화분위기에서 강하다 환원성분분위기에서 약하다. 고온측정 PR열전대의 보상도선의 허용오차0.5%
K	CA	크로멜	알루멜	-200~1200	R다음으로 내열성과 정확도가 높아 공업요에 많이사용

E	CRC	크로멜	콘스탄탄	-200~800	감도가 가장우수 열기전력이 가장 크다.
J	IC	(99.5%철)	콘스탄탄	0~700	중간온도용으로 좋다
T	CC	(100%구리)	콘스탄탄	-200~350	극저혼 측정이 가능하다.

> **참고**
> - **크로멜** : 90% Ni(니켈) + 10% Cr(크롬)
> - **알루멜** : 95% Ni(니켈) + 2% Al(알루미늄) + 2% Mn(망간) + 1% Si(실리콘)
> - **콘스탄탄** : 55% Cu(구리) + 45% Ni(니켈)
> - **니크로실** : 84% Ni(니켈) + 14.2% Cr(크롬) + 1.4% Si(실리콘)

■ 열전대 측정온도에 대한 기전력의 크기 : IC>CC>CA>PR

8) 열전대보호관의 구비조건
① 기밀을 유지할 것
② 사용온도 및 화학적을 강할 것 (내열성·내식성 있을 것)
③ 열전도율이 높아야 한다. (온도변화시 열전대 전달)
④ 온도상승에 따른 열기전력이 클 것
⑤ 전기저항이 작을 것
⑥ 온도계수가 작을 것
※ 보호관 : 황동관, 연강관, 내열강 SHE-5 등

9) 열전대온도계 보호관의 재질 및 사용온도
① **자기관** : 급열·급랭에 약하여 이중 보호관 외관에 사용되는 비금속 보호관 (상용온도는 약 1,450℃)
② **카보런덤관** : 열전대를 보호하기 위해 사용되는 보호관 중 상용 사용 온도가 가장 높으며, 급냉·급열에 강하고 방사고온계의 단망관이나 2중 보호관의 외관으로 주로 사용되는 보호관
  ※ 카보런덤관(1,600℃) : 2중 보호관 외관용
③ **석영관** : 열전대온도계의 보호관 중 상용 사용온도가 약 1,000℃ 이며, 내열성·내산성이 우수하나 환원성가스에 기밀성이 약간 떨어지는 것
④ **내열강 SHE-5에 대한 특징**
  ⓐ 내식성, 내열성 및 강도가 좋음
  ⓑ 상용온도는 1,050℃이고, 최고 사용온도는 1,200℃까지 가능함
  ⓒ 유황가스 및 산화염에도 사용 가능함
  ⓓ 비금속관·자기관에 비해 비교적 저온측정에 사용됨
  ※ 내열강 SHE-5(Ni-Cr 스테인리스) : Cr(25%)+Ni(20%)로 구성

■ 보호관의 재질 및 사용온도
① 자기관, 카보랜덤관 : 1,600℃
② 석영관, SHE-5 : 1,050℃
③ 연강관 : 800℃
④ 황동관 : 650℃
: 자기관 〉 석영관 〉 연강관 〉 (황)동관

10) **시스(sheath) 열전대 온도계** : 열전대가 있는 보호관 속에 MgO(마그네시아), Al2O2(알루미나)를 넣고 다져서 길게 만든 것으로 매우 가늘어서 가소성이있고, 국부적인 측온이나 진동이 심한 곳에 사용 시간 지연이 없는 것이 특징이다.

■ 시스(Sheath)=시스 커플(Sheath Couple) 열전대의 특징
① 응답속도가 빠름
② 국부적인 온도측정에 적합함
③ 피측온체의 온도저하 없이 측정할 수 있음
④ 매우 가늘어서 진동이 심한 곳에는 사용할 수 있다.
⑤ 가소성이 있어 굴곡진부분의 온도측정에 유리하다.

05 (전기)저항온도계(Resistance Thermometer)

1) 전기저항 온도계의 특징
① 일정온도에서 일정한 저항을 가져야 함
② 저항체는 저항온도계수가 커야 한다.
③ 저항체로서 주로 백금, 니켈, 구리, 서미스터가 사용된다.
④ 일반적으로 온도가 증가함에 따라 금속의 전기저항이 증가하는 현상을 이용한 온도계
⑤ 자동기록이 가능하다.
⑥ 원격측정에 편리하다.
⑦ 자기 가열 오차가 발생하므로 보정이 필요하다.
⑧ 시간지연이 적어 응답이 빠르다.
⑨ 넓은 온도 범위(-100℃~500℃)에서 높은 정밀도를 나타내므로, 정밀한 온도 측정이 필요한 분야에서 널리 사용됩니다.

2) 측온(測溫)저항체에 사용되는 금속

백금(-200~500℃)	ⓐ 사용온도 범위가 넓어 저항온도계의 저항체로서 가장 우수한 재질 ⓑ 정밀측정용 ⓒ 열화가 적으나 저항온도계수가 비교적 낮은 측온저항체로서 일반적으로 가장 많이 사용되는 금속 ⓓ 백금(0℃에서) : 200Ω, 100Ω, 50Ω, 25Ω 사용 ⓔ 온도 측정 시 시간 지연의 결점이 있다
니켈(-50~300℃)	• 저항온도계수가 큼 • 니켈(0℃에서) : 500Ω 사용
구리(0~120℃)	저항률이 낮음
서미스터	저항온도계수가 가장 큼

3) 서미스터(Thermistor)저항체 온도계의 특징

① 전기저항체 온도계이다.
② 주로 화재 감지기에 사용되고 소형이며 응답이 빠르다.
③ 재현성이 없어 재 사용이 어렵다.
④ 온도가 상승하면 전기저항이 감소하는 저항온도계수가 부 특성을 가진다.
⑤ 흡습, 등에 의하여 열화되기 쉽다.
⑥ 저항 온도계수가 금속에 비해 매우 크다
⑦ 서미스터는 Cu, Ni, Fe, Co, Mn 재질로 제작된다.
⑧ 큰 전류가 흐를 때 중열에 의해 측정하고자 하는 온도보다 높아지는 현상인 자기가열(自己加熱) 현상이 있는 온도계이다.

06 광고온도계(Optical Pyrometer)

고온물체로부터 방사되는 가시광선중 특정파장(0.65μm)의 빛과 기기내의 표준열원(필라멘트)으로부터 나오는 같은 파장의 빛의 강도(휘도)를 육안으로 비교함으로써 온도 측정하는 온도계이다. 정확도는 높지만 측정인력이 필요한 비접촉 온도계이다.

1) 광고온계 특징

① 비접촉식 온도측정방법 중 가장 정확한 측정을 할 수 있으나, 기록·경보·자동제어가 불가능한 온도계
② 넓은 측정온도(700~2,000℃) 범위를 갖음
③ 측정하는 사람에 따라 개인오차가 발생한다.
④ 방사온도계에 비하여 방사율에 대한 보정량이 작다.
⑤ 연속측정 및 자동제어 사용을 할수 없다.

07 광전관온도계(光電管高溫計, Photoelectric Pyrometer)

측온 물체로부터의 빛의 세기를 광전관을 통해 광전류로 하고, 그 변화를 측정해서 온도를 구하는 온도계

1) 광전관식온도계 특징
① 이동물체의 높은 온도(700℃~3000℃)측정이 가능함
② 응답시간이 매우 빠름
③ 온도의 연속기록 및 자동제어가 용이함
④ 비교증폭기가 부착되어 있음

08 방사온도계(Radiation Pyrometer)

모든 물질의 온도에 비례하여 적외선을 방사 한다.
방사온도계는 물질에서 방사되는 적외선을 포착하여 온도를 측정하는 온도계

1) 방사온도계의 특징
① 1,000℃ 이상인 고온체의 연속측정에 적합한 온도계
② 이동물체의 온도측정이 쉽다.
③ 방사율에 대한 보정량이 크다.
④ 측정시간의 지연이 작아서 응답속도가 빠르다.
⑤ 발신기를 이용한 연속기록이 가능하다.
⑥ 측정거리에 따라 오차발생이 크다.
⑦ 발신기의 온도가 상승하지 않게 필요에 따라 냉각함
⑧ 노벽과의 사이에 수증기(H_2O), 탄산가스(CO_2) , 등이 있으면 오차가 생기므로 주의해야 함
⑨ 측정대상의 온도에 영향이 작다

2) 방사온도계의 발신부

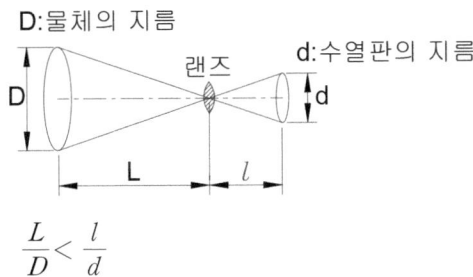

$$\frac{L}{D} < \frac{l}{d}$$

3) 방사온도계의 피측정물의 진정한 온도(T) 및 스테판 볼프만의 법칙

$$T = \frac{S}{\sqrt[4]{E_t}}$$

T : 피측정물의 진정한 절대온도

S : 계기의 지시 절대온도

E_t : 전방사율

$Q[W] = \sigma \epsilon A T^4$

Q : 시간당 전열량 $[W]$, σ : 스테판 볼프만의 상수 $[5.67 \times 10^{-6} \frac{W}{m^2 K}]$, ϵ : 복사율 $0 < \epsilon < 1$

A : 전열면적 $[m^2]$, T : 복사체의 절대온도 $[K]$

09 색온도계(Color Pyrometer)

온도에 따라 색이 변하는 일원적인 관계로부터 온도를 측정한다.

1) 색온도계 특징
   ① 응답성이 매우빠르다.
   ② 휴대와 취급이 간편하다.
   ③ 고온측정이 가능하며, 기록조절용으로 사용됨
   ④ 주위로부터 빛 반사의 영향을 받는다.
   ⑤ 광흡수에 영향이 작다.
   ⑥ 방사율의 영향이 작다.
   ⑦ 구조가 복잡하다.

2) 색온도계 색깔에 따른 온도
   ① 어두운색(600℃)
   ② 붉은색(800℃)
   ③ 오렌지색(1,000℃)
   ④ 노란색(1,200℃)
   ⑤ 눈부신 황백색(1,500℃)
   ⑥ 매우 눈부식 흰색(2,000℃)
   ⑦ 푸른기가 있는 흰백색(2,500℃)

과년도 기출문제

01 접촉식 온도계에 대한 설명으로 틀린 것은?
 ◎ 15년3월8일

① 일반적으로 1000℃ 이하의 측온에 적합하다.
② 측정오차가 비교적 적다.
③ 방사율에 의한 보정을 필요로 한다.
④ 측온 소자를 접촉시킨다.

해설 ▶ 비접촉식 온도계의 종류 (비접촉식 온도계는 고온측정에 사용된다)
 1) 광고온도계 (700℃ ~ 2000℃) : 비접촉 방식 중 가장 정밀한 온도 측정
 2) 광전관온도계 (700℃ ~ 3000℃)
 3) 방사온도계 (50℃ ~ 3000℃)
 4) 색온도계 (600℃ ~ 2500℃)
 방사율에 의한 보정을 필요로 하는 것은 방사온도계인 비접촉식 온도계이다.

02 다음 중 접촉식 온도계가 아닌 것은?
 ◎ 16년5월8일

① 방사온도계   ② 제겔콘
③ 수은온도계   ④ 백금저항온도계

해설 ▶ 비접촉식 온도계의 종류 (비접촉식 온도계는 고온측정에 사용된다)
 1) 광고온도계 (700℃ ~ 2000℃) : 비접촉 방식 중 가장 정밀한 온도 측정
 2) 광전관온도계 (700℃ ~ 3000℃)
 3) 방사온도계 (50℃ ~ 3000℃)
 4) 색온도계 (600℃ ~ 2500℃)

03 수은 및 알코올 온도계를 사용하여 온도를 측정할 때 계측의 기본원리는 무엇인가?
 ◎ 19년9월21일

① 비열   ② 열팽창
③ 압력   ④ 점도

해설 수은 및 알코올 온도계는 액체의 열팽창을 이용하여 온도를 측정하는 계측기기이다.

04 다음 중 온도계의 분류가 다른 하나는?
 ◎ 13년6월2일

① 열팽창식
② 압력식
③ 광전관식
    ④ 제겔콘

해설 ▶ 비접촉식 온도계의 종류 (비접촉식 온도계는 고온측정에 사용된다)
 1) 광고온도계 (700℃ ~ 2000℃) : 비접촉 방식 중 가장 정밀한 온도 측정
 2) 광전관온도계 (700℃ ~ 3000℃)
 3) 방사온도계 (50℃ ~ 3000℃)
 4) 색온도계 (600℃ ~ 2500℃)

05 다음 중 비접촉식 온도계는? ◎ 18년4월28일
① 색온도계
② 저항온도계
③ 압력식온도계
④ 유리온도계

해설 ▶ 비접촉식 온도계의 종류 (비접촉식 온도계는 고온측정에 사용된다)
 1) 광고온도계 (700℃ ~ 2000℃) : 비접촉 방식 중 가장 정밀한 온도 측정
 2) 광전관온도계 (700℃ ~ 3000℃)
 3) 방사온도계 (50℃ ~ 3000℃)
 4) 색온도계 (600℃ ~ 2500℃)

정답 01 ③ 02 ① 03 ② 04 ③ 05 ①

06 다음 중 접촉식 온도계가 아닌 것은?
　　　　　　　　　　　　　　　　● 16년5월8일

① 저항온도계　　② 방사온도계
③ 열전온도계　　④ 유리온도계

[해설] ▶ 비접촉식 온도계의 종류 (비접촉식 온도계는 고온측정에 사용된다)
　1) 광고온도계 (700℃ ~ 2000℃) : 비접촉 방식 중 가장 정밀한 온도 측정
　2) 광전관온도계 (700℃ ~ 3000℃)
　3) 방사온도계 (50℃ ~ 3000℃)
　4) 색온도계 (600℃ ~ 2500℃)

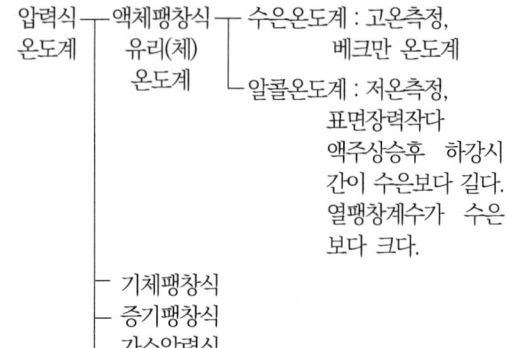

07 액체의 팽창하는 성질을 이용하여 온도를 측정하는 것은?
　　　　　　　　　　　　　　　　● 21년3월7일

① 수은 온도계
② 저항 온도계
③ 서미스터 온도계
④ 백금 – 로듐 열전대 온도계

[해설]
액체팽창식 ─ 수은온도계 : 고온측정,
유리(체) 　　　　　　베크만 온도계
온도계　　└ 알콜온도계 : 저온측정,
　　　　　　　　표면장력작다
　　　　　　　　액주상승후 하강시간이 수은보다 길다.
　　　　　　　　열팽창계수가 수은보다 크다.

★★
08 다음 중 압력식 온도계가 아닌 것은?
　　　　　　　　　　　　　　　　● 14년5월25일

① 액체팽창식 온도계
② 열전 온도계
③ 증기압식 온도계
④ 가스압력식 온도계

★★★
09 다음 중 압력식 온도계를 이용하는 방법으로 가장 거리가 먼 것은?
　　　　　　　　　　　　　　　　● 18년3월4일

① 고체 팽창식　　② 액체 팽창식
③ 기체 팽창식　　④ 증기 팽창식

[해설]
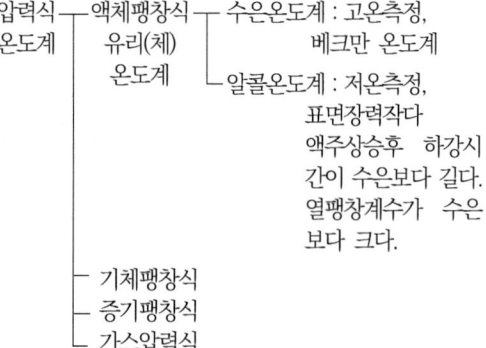

10 다음 중 액체의 온도팽창을 이용한 온도계는?
　　　　　　　　　　　　　　　　● 15년3월8일

① 저항 온도계　　② 색 온도계
③ 유리제 온도계　　④ 광학 온도계

[해설] 유리제 온도계의 대표적인 온도계가 알콜 온도계이다. 알콜 온도계는 온도가 올라가면 액체가 팽창하는 특성을 이용한 온도계이다.

정답 06 ②　07 ①　08 ②　09 ①　10 ③

11 압력식 온도계가 아닌 것은? ● 16년3월6일

① 액체 팽창식   ② 전기 저항식
③ 기체 압력식   ④ 증기 압력식

해설
압력식 — 액체팽창식 — 수은온도계 : 고온측정,
온도계   유리(체)   베크만 온도계
            온도계   — 알콜온도계 : 저온측정,
                                    표면장력작다
                                    액주상승후 하강시
                                    간이 수은보다 길다.
                                    열팽창계수가 수은
                                    보다 크다.
        — 기체팽창식
        — 증기팽창식
        — 가스압력식

12 다음 중 비접촉식 온도계가 아닌 것은? ● 13년9월28일

① 광고 온도계(Optical pyrometer)
② 바이메탈 온도계(Bimetal pyrometer)
③ 방사 온도계(Radiation pyrometer)
④ 광전관식 온도계(Photoeletric pyrometer)

해설 ▶ 비접촉식 온도계의 종류 (비접촉식 온도계는 고온측정에 사용된다)
1) 광고온도계 (700℃ ~ 2000℃) : 비접촉 방식 중 가장 정밀한 온도 측정
2) 광전관온도계 (700℃ ~ 3000℃)
3) 방사온도계 (50℃ ~ 3000℃)
4) 색온도계 (600℃ ~ 2500℃)

13 다음 중에서 비접촉식 온도 측정 방법이 아닌 것은? ● 19년9월21일

① 광고온계
② 색온도계
③ 서미스터
④ 광전관식 온도계

해설 ▶ 비접촉식 온도계의 종류 (비접촉식 온도계는 고온측정에 사용된다)
1) 광고온도계 (700℃ ~ 2000℃) : 비접촉 방식 중 가장 정밀한 온도 측정
2) 광전관온도계 (700℃ ~ 3000℃)
3) 방사온도계 (50℃ ~ 3000℃)
4) 색온도계 (600℃ ~ 2500℃)

14 다음 온도계 중 비접촉식 온도계로 옳은 것은? ● 20년8월22일

① 유리제 온도계
② 압력식 온도계
③ 전기저항식 온도계
④ 광고온계

해설 ▶ 비접촉식 온도계의 종류 (비접촉식 온도계는 고온측정에 사용된다)
1) 광고온도계 (700℃ ~ 2000℃) : 비접촉 방식 중 가장 정밀한 온도 측정
2) 광전관온도계 (700℃ ~ 3000℃)
3) 방사온도계 (50℃ ~ 3000℃)
4) 색온도계 (600℃ ~ 2500℃)

15 액체 온도계 중 수은온도계 비하여 알코올 온도계에 대한 설명으로 틀린 것은? ● 16년5월8일

① 저온측정용으로 적합하다.
② 표면장력이 작다.
③ 열팽창계수가 작다.
④ 액주상승 후 하강시간이 길다.

해설 액체 온도계 중 수은온도계 비하여 알코올 온도계는 열팽창계수가 크다.

정답 11 ② 12 ② 13 ③ 14 ④ 15 ③

16 베크만 온도계에 대한 설명으로 옳은 것은?   ● 17년9월23일

① 빠른 응답성의 온도를 얻을 수 있다.
② 저온용으로 적합하여 약 −100℃까지 측정할 수 있다.
③ −60℃ ~ 350℃ 정도의 측정온도 범위인 것이 보통이다.
④ 모세관의 상부에 수은을 봉입한 부분에 대해 측정온도에 따라 남은 수은의 양을 가감하여 그 온도부분의 온도차를 0.01℃까지 측정할 수 있다.

해설 베크만 온도계 : 모세관의 상부에 수은을 봉입한 부분에 대해 측정온도에 따라 남은 수은의 양을 가감하여 그 온도부분의 온도차를 0.01℃까지 측정할 수 있다.
베크만 온도계 : 모세관의 상부에 수은을 봉입한 부분에 대해 측정온도에 따라 남은 수은의 양을 가감하여 그 온도부분의 온도차를 0.01℃까지 측정할 수 있다.

17 바이메탈 온도계에서 자유단위 변위거리 δ의 값을 구하는 식은? (단, K는 정수, t는 온도변화, α는 선팽창 계수이다.)   ● 13년6월2일

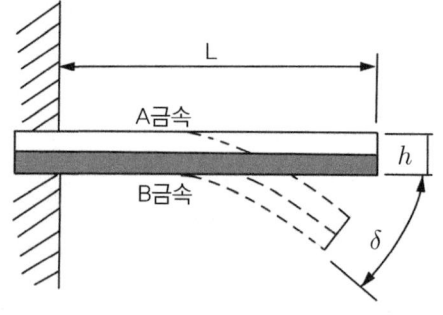

① $\delta = K(\alpha_A - \alpha_B)L^2t^2/h$
② $\delta = K(\alpha_A - \alpha_B)L^2t/h$
③ $\delta = K(\alpha_A - \alpha_B)L^2t^2h$
④ $\delta = K(\alpha_A - \alpha_B)L^2th$

해설 (변위거리) $\delta = K \times \dfrac{(\alpha_A - \alpha_B) \times L^2 \times \Delta T}{h}$.

★★
18 서로 다른 2개의 금속판을 접합시켜서 만든 바이메탈 온도계의 기본 작동원리는?   ● 20년8월22일

① 두 금속판의 비열의 차
② 두 금속판의 열전도도의 차
③ 두 금속판의 열팽창계수의 차
④ 두 금속판의 기계적 강도의 차

해설 바이메탈 온도계 : 서로 다른 2개의 금속판을 접합시켜서 두 금속판의 열팽창계수의 차이를 이용한 온도계

19 바이메탈 온도계의 특징으로 틀린 것은?   ● 17년5월7일

① 구조가 간단하다.
② 온도변화에 대하여 응답이 빠르다.
③ 오래 사용 시 히스테리시스 오차가 발생한다.
④ 온도자동 조절이나 온도 보상장치에 이용된다.

해설 바이메탈온도계의 특징
① 고체팽창식 온도계이다.
② 서로 다른 2개의 금속의 열팽창계수(선팽창계수)의 차이를 이용한 온도계
③ 온도변화에 대하여 응답이 느리다
④ 오래 사용시 히스테리시스 오차가 발생한다.
⑤ 온도 자동조절이나 온도 보상장치에 이용된다.
⑥ 구조가 간단하다.
⑦ 측온범위는 −50~500℃ 이다.

정답 16 ④ 17 ② 18 ③ 19 ②

20 다음 중 바이메탈온도계의 측온 범위는?
　　　　　　　　　　　　　　　　◆ 17년9월23일

① -200℃ ~ 200℃
② -30℃ ~ 360℃
③ -50℃ ~ 500℃
④ -100℃ ~ 700℃

해설 바이메탈온도계의 측온 범위 : -50℃ ~ 500℃

21 제백(Seebeck)효과에 대하여 가장 바르게 설명한 것은?
　　　　　　　　　　　　　　　　◆ 20년8월22일

① 어떤 결정체를 압축하면 기전력이 일어난다.
② 성질이 다른 두 금속의 접점에 온도차를 두면 열기전력이 일어난다.
③ 고온체로부터 모든 파장의 전방사에너지는 절대온도의 4승에 비례하여 커진다.
④ 고체가 고온이 되면 단파장 성분이 많아진다.

해설 제백(Seebeck)효과 : 성질이 다른 두 금속의 접점에 온도차를 두면 열기전력이 일어나는 현상으로 열전대온도계에 적용되는 효과이다.

★★
22 열전대(thermo couple)는 어떤 원리를 이용한 온도계인가?
　　　　　　　　　　◆ 21년5월15일, 15년5월31일

① 열팽창율 차　　② 전위차
③ 압력 차　　　　④ 전기저항 차

해설 ▶ 열전대온도계의 원리 :
제백(Seebeck)효과 : 성질이 다른 두 금속의 접점에 온도차를 두면 전위차(열기전력)이 일어난다.
큐폴라 상부의 배기가스 온도를 측정하기 위한 접촉식 온도계로 사용된다.

23 열전대 온도계의 열기전력은 무엇으로 측정하는가?
　　　　　　　　　　　　　　　　◆ 14년3월2일

① 전위차계　　② 파고계
③ 전력계　　　④ 저항계

해설 열전대 온도계의 열기전력의 차이를 전위차(전압차)계로 측정한다.

24 열전대 온도계에 대한 설명으로 옳은 것은?
　　　　　　　　　　　　　　　　◆ 21년3월7일

① 흡습 등으로 열화 된다.
② 밀도차를 이용한 것이다.
③ 자기가열에 주의해야 한다.
④ 온도에 대한 열기전력이 크며 내구성이 좋다.

해설 열전대 온도계는 온도에 대한 열기전력이 크며 내구성이 좋다.

25 열전대 재료의 구비 조건으로 틀린 것은?
　　　　　　　　　　　　　　　　◆ 15년9월19일

① 장시간 사용에 견디며 이력현상(履歷現像)이 없을 것
② 내열성으로 고온에도 기계적 강도를 가지고 고온의 공기나 가스 중에서 내식성이 좋을 것
③ 재생도가 높고 제조와 가공이 용이할 것
④ 열기전력이 적고 온도상승에 따라 연속적으로 상승하지 않을 것

해설 열전대(thermo couple) 재료(금속)의 구비조건
① 재생도가 높고 제조와 가공이 용이할 것
② 장시간 사용에 견디며, 이력현상(履歷現像)이 없을 것
③ 내열성으로 고온에도 기계적 강도를 가지고 고온의 공기나 가스 중에서 내식성이 좋을 것
④ 전기저항 작아야 한다.
⑤ 저항온도계수가 작아야 한다.
⑥ 열전도율이 작아야 한다.
⑦ 열기전력이 크고 온도상승에 따라 연속적으로 열기전력이 상승해야 된다.

정답 20 ③　21 ②　22 ②　23 ①　24 ④　25 ④

26 다음 열전대의 구비조건으로 가장 적절하지 않은 것은? ◦ 19년3월3일

① 열기전기력이 크고 온도 증가에 따라 연속적으로 상승할 것
② 저항온도 계수가 높을 것
③ 열전도율이 작을 것
④ 전기저항이 작을 것

해설 열전대(thermo couple) 재료(금속)의 구비조건
　① 재생도가 높고 제조와 가공이 용이할 것
　② 장시간 사용에 견디며, 이력현상(履歷現像)이 없을 것
　③ 내열성으로 고온에도 기계적 강도를 가지고 고온의 공기나 가스 중에서 내식성이 좋을 것
　④ 전기저항 작아야 한다.
　⑤ 저항온도계수가 작아야 한다.
　⑥ 열전도율이 작아야 한다.
　⑦ 열기전력이 크고 온도상승에 따라 연속적으로 열기전력이 상승해야 된다.

27 열전대 온도계에서 열전대의 구비조건으로 틀린 것은? ◦ 16년3월6일

① 장시간 사용하여도 변형이 없을 것
② 재생도가 높고 가공기 용이할 것
③ 전기저항, 저항온도계수와 열전도율이 클 것
④ 열기전력이 크고 온도상승에 따라 연속적으로 상승할 것

해설 열전대(thermo couple) 재료(금속)의 구비조건
　① 재생도가 높고 제조와 가공이 용이할 것
　② 장시간 사용에 견디며, 이력현상(履歷現像)이 없을 것
　③ 내열성으로 고온에도 기계적 강도를 가지고 고온의 공기나 가스 중에서 내식성이 좋을 것
　④ 전기저항 작아야 한다.
　⑤ 저항온도계수가 작아야 한다.
　⑥ 열전도율이 작아야 한다.
　⑦ 열기전력이 크고 온도상승에 따라 연속적으로 열기전력이 상승해야 된다.

28 열전대(thermo couple)의 구비조건으로 틀린 것은? ◦ 15년3월8일

① 열전도율이 작을 것
② 전기저항과 온도계수가 클 것
③ 기계적 강도가 크고 내열성, 내식성이 있을 것
④ 온도상승에 따른 열기전력이 클 것

해설 열전대(thermo couple) 재료(금속)의 구비조건
　① 재생도가 높고 제조와 가공이 용이할 것
　② 장시간 사용에 견디며, 이력현상(履歷現像)이 없을 것
　③ 내열성으로 고온에도 기계적 강도를 가지고 고온의 공기나 가스 중에서 내식성이 좋을 것
　④ 전기저항 작아야 한다.
　⑤ 저항온도계수가 작아야 한다.
　⑥ 열전도율이 작아야 한다.
　⑦ 열기전력이 크고 온도상승에 따라 연속적으로 열기전력이 상승해야 된다.

29 열전대 온도계에 대한 설명으로 옳은 것은? ◦ 17년3월5일

① 흡습 등으로 열화된다.
② 밀도차를 이용한 것이다.
③ 자기가열에 주의해야 한다.
④ 온도에 대한 열기전력이 크며 내구성이 좋다.

해설 열전대 온도계는 온도에 대한 열기전력이 크며 내구성이 좋다.

정답 26 ② 27 ③ 28 ② 29 ④ 30 ①

30 열전대 온도계로 사용되는 금속이 구비하여야 할 조건이 아닌 것은? ❖ 16년5월8일

① 이력현상이 커야 한다.
② 열기전력이 커야 한다.
③ 열적으로 안정해야 한다.
④ 재생도가 높고, 가공성이 좋아야 한다.

[해설] 열전대(thermo couple) 재료(금속)의 구비조건
① 재생도가 높고 제조와 가공이 용이할 것
② 장시간 사용에 견디며, 이력현상(履歷現像)이 없을 것
③ 내열성으로 고온에도 기계적 강도를 가지고 고온의 공기나 가스 중에서 내식성이 좋을 것
④ 전기저항 작아야 한다.
⑤ 저항온도계수가 작아야 한다.
⑥ 열전도율이 작아야 한다.
⑦ 열기전력이 크고 온도상승에 따라 연속적으로 열기전력이 상승해야 된다.

31 열전온도계에 대한 설명으로 틀린 것은? ❖ 17년9월23일

① 접촉식 온도계에서 비교적 낮은 온도 측정에 사용한다.
② 열기전력이 크고 온도증가에 따라 연속적으로 상승해야한다.
③ 기준접점의 온도를 일정하게 유지해야 한다.
④ 측온 저항체와 열전대는 소자를 보고관 속에 넣어 사용한다.

[해설] 열전온도계는 접촉식 온도계에서 비교적 높은 온도측정에 사용된다.

32 열전대 온도계의 구성 부분으로 가장 거리가 먼 것은? ❖ 15년3월8일

① 보상도선   ② 저항코일과 저항선
③ 감온접점   ④ 보호관

[해설] (전기)저항식 온도계에 저항코일과 저항선의 구성부분이 있어야 한다.

33 다음 중 열전대 온도계에서 사용되지 않는 것은? ❖ 17년9월23일

① 동 – 콘스탄탄   ② 크로멜 – 알루멜
③ 철 – 콘스탄탄   ④ 알루미늄 – 철

[해설]

기호		사용금속		사용온도 [℃]
KS	구JIS	(+)측	(-)측	
B	-	(70%백금)+(30%로듐)	(94%백금)+(6%로듐)	600~1700
R	PR	(87%백금)+(13%로듐)	(100%백금)	0~1600
S	-	(90%백금)+(10%로듐)	(100%백금)	0~1600
K	CA	크로멜	알루멜	-200~1200
E	CRC	크로멜	콘스탄탄	-200~800
J	IC	(99.5%철)	콘스탄탄	0~700
T	CC	(100%구리)	콘스탄탄	-200~350

34 다음에서 열전온도계 종류가 아닌 것은? ❖ 20년6월6일

① 철과 콘스탄탄을 이용한 것
② 백금과 백금·로듐을 이용한 것
③ 철과 알루미늄을 이용한 것
④ 동과 콘스탄탄을 이용한 것

[해설]

기호		사용금속		사용온도 [℃]
KS	구JIS	(+)측	(-)측	
B	-	(70%백금)+(30%로듐)	(94%백금)+(6%로듐)	600~1700
R	PR	(87%백금)+(13%로듐)	(100%백금)	0~1600
S	-	(90%백금)+(10%로듐)	(100%백금)	0~1600
K	CA	크로멜	알루멜	-200~1200
E	CRC	크로멜	콘스탄탄	-200~800
J	IC	(99.5%철)	콘스탄탄	0~700
T	CC	(100%구리)	콘스탄탄	-200~350

정답 31 ① 32 ② 33 ④ 34 ③

35 다음 중 백금 – 백금. 로듐 열전대 온도계에 대한 설명으로 가장 적절한 것은?
◦ 18년3월4일

① 측정 최고온도는 크로멜 – 알루멜 열전대보다 낮다.
② 열기전력이 다른 열전대에 비하여 가장 높다.
③ 안정성이 양호하여 표준용으로 사용된다.
④ 200℃ 이하의 온도측정에 적당하다.

> 해설

기호	사용금속		사용온도[℃]	특징
	(+)측	(-)측		
PR	(87%백금)+(13%로듐)	(100%)백금	0~1600	정밀측정용 안전성이 양호하고 표준용으로 사용 내열성이 좋다. 가격이 비싸다. 점도가 높다. 산화분위기에서 강하다 환원성분분위기에서 약하다. 고온측정 PR열전대의 보상도선의 허용오차0.5%

36 백금·로듐 – 백금 열전대 온도계의 특성이 아닌 것은?
◦ 12년9월15일

① 정밀 측정용으로 주로 사용된다.
② 다른 열전대 온도계보다 안정성이 우수하여 고온 측정에 적합하다.
③ 가격이 비싸다.
④ 열기전력이 다른 열전대에 비하여 가장 크다.

> 해설 열기전력이 가장 큰 것은 크로멜 – 콘스탄탄이다.
열전대 측정온도에 대한 기전력의 크기 :
CRC(크로멜+콘스탄탄)〉IC(철+콘스탄탄) > CC(구리+콘스탄탄) > CA(크로멜+알루멜) > PR(백금+로듐)

37 백금 – 백금·로듐 열전대 온도계에 대한 설명으로 옳은 것은?
◦ 15년3월8일

① 측정 최고온도는 크로멜 – 알루멜 열전대보다 낮다.
② 다른 열전대에 비하여 정밀 측정용에 사용된다.
③ 열기전력이 다른 열전대에 비하여 가장 높다.
④ 200℃이하의 온도측정에 적당하다.

> 해설

기호	사용금속		사용온도[℃]	특징
	(+)측	(-)측		
PR	(87%백금)+(13%로듐)	(100%)백금	0~1600	정밀측정용 안전성이 양호하고 표준용으로 사용 내열성이 좋다. 가격이 비싸다. 점도가 높다. 산화분위기에서 강하다 환원성분분위기에서 약하다. 고온측정 PR열전대의 보상도선의 허용오차0.5%

38 점도가 높고 내열성은 강하나 환원성분위기에는 약한 특징의 열전대는?

① 구리 – 콘스탄탄 ② 철 – 콘스탄탄
③ 크로멜 – 알루멜 ④ 백금 – 백금·로듐

정답 35 ③ 36 ④ 37 ② 38 ④

39 내열성이 우수하고 산화분위기 중에서도 강하며, 가장 높은 온도까지 측정이 가능한 열전대의 종류는? ◐ 22년3월5일

① 구리 – 콘스탄탄   ② 철 – 콘스탄탄
③ 크로멜 – 알루멜   ④ 백금 – 백금·로듐

해설

기호	사용금속		사용온도[℃]	특징
	(+)측	(-)측		
PR	(87%백금)+(13%로듐)	(100%백금)	0~1600	정밀측정용 안전성이 양호하고 표준용으로 사용 내열성이 좋다. 가격이 비싸다. 점도가 높다. 산화분위기에서 강하다 환원성분분위기에서 약하다. 고온측정 PR열전대의 보상도선의 허용오차0.5%

40 측정온도범위가 약 0~700℃ 정도이며, (-)측이 콘스탄탄으로 구성된 열전대는? ◐ 22년4월24일

① J형   ② R형
③ K형   ④ S형

해설

기호		사용금속		사용온도[℃]
KS	구JIS	(+)측	(-)측	
B	-	(70%백금)+(30%로듐)	(94%백금)+(6%로듐)	600~1700
R	PR	(87%백금)+(13%로듐)	(100%백금)	0~1600
S	-	(90%백금)+(10%로듐)	(100%백금)	0~1600
K	CA	크로멜	알루멜	-200~1200
E	CRC	크로멜	콘스탄탄	-200~800
J	IC	(99.5%철)	콘스탄탄	0~700
T	CC	(100%구리)	콘스탄탄	-200~350

41 최고 약 1600℃ 정도 까지 측정할 수 있는 열전대는? ◐ 16년5월8일

① 동 – 콘스탄탄
② 크로멜 – 알루멜
③ 백금 – 백금·로듐
④ 철 - 콘스탄탄

해설

기호	사용금속		사용온도[℃]	특징
	(+)측	(-)측		
PR	(87%백금)+(13%로듐)	(100%백금)	0~1600	정밀측정용 안전성이 양호하고 표준용으로 사용 내열성이 좋다. 가격이 비싸다. 점도가 높다. 산화분위기에서 강하다 환원성분분위기에서 약하다. 고온측정 PR열전대의 보상도선의 허용오차0.5%

42 열전 온도계의 열전대 중 사용 온도가 가장 높은 것은? ◐ 14년9월20일

① 동 – 콘스탄탄(CC)
② 철 – 콘스탄탄(IC)
③ 크로멜 – 알루멜(CA)
④ 백금 – 백금로듐(PR)

해설

기호	사용금속		사용온도[℃]
	(+)측	(-)측	
PR	(87%백금)+(13%로듐)	(100%백금)	0~1600
CA	크로멜	알루멜	-200~1200
CRC	크로멜	콘스탄탄	-200~800
IC	(99.5%철)	콘스탄탄	0~700
CC	(100%구리)	콘스탄탄	-200~350

정답 39 ④ 40 ① 41 ③ 42 ④

43 열전대 온도계에서 주위 온도에 의한 오차를 전기적으로 보상할 때 주로 사용되는 저항선은?
　　　　　　　　　　　　　　　● 16년3월6일

① 서미스터(thermistor)
② 구리(Cu) 저항선
③ 백금(Pt) 저항선
④ 알루미늄(Al) 저항선

해설

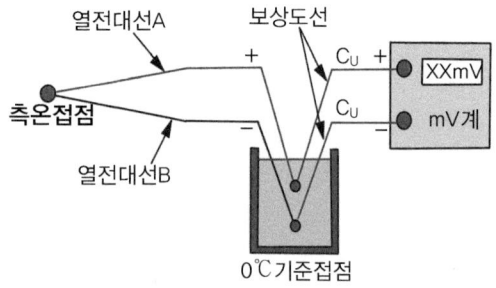

보상도선의 재질은 구리 또는 니켈이 사용된다.

44 열전대의 냉접점에 대한 설명으로 옳은 것은?
　　　　　　　　　　　　　　　● 13년6월2일

① 측온 물체에 닿는 접전이다.
② 냉각을 하여 항상 0°C를 유지한 점이다.
③ 감온접점이라고도 한다.
④ 자동평형 계기에서의 냉접점은 0°C 이하로 유지한다.

해설 열전대의 냉접점의 특징
　　　① 냉접점의 온도는 0°C로 유지함
　　　② 냉접점의 온도가 0°C가 아닐 때는 온도보정이 필요함
　　　③ 냉접점과 계기 사이에는 보상도선을 사용하고재질은 구리, 구리 - 니켈의 합금 사용함

45 다음 그림은 열전대의 결선방법과 냉접점을 나타낸 것이다. 냉접점을 표시하는 부분은?
　　　　　　　　　　　　　　　● 15년9월19일

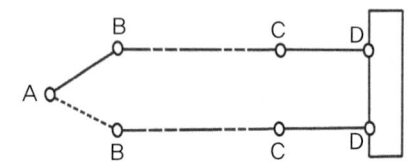

① A   ② B
③ C   ④ D

해설

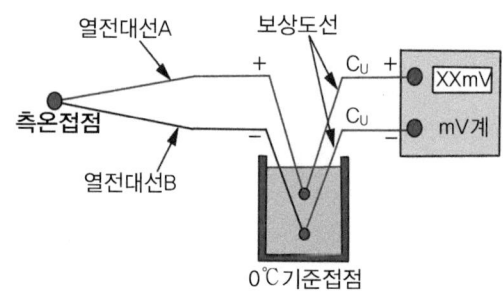

0°C 기준 접점은 냉 접점 이다.

46 큐폴라 상부의 배기가스 온도를 측정하기 위한 접촉식 온도계로 가장 적합한 것은?
　　　　　　　　　　　　　　　● 16년3월6일

① 광고온계
② 색온도계
③ 수은온도계
④ 열전대온도계

해설 열전대온도계의 원리
　　　제백(Seebeck)효과 : 성질이 다른 두 금속의 접점에 온도차를 두면 열기전력이 일어난다. 큐폴라 상부의 배기가스 온도를 측정하기 위한 접촉식 온도계로 사용된다.

정답 43 ② 44 ② 45 ③ 46 ④

47 PR 열전대에 사용하는 보상도선의 허용 오차는 몇 % 이내 인가?   ◆ 12년9월15일

① 0.5　　　　　② 3
③ 5　　　　　　④ 10

[해설] 접촉식온도계의 허용오차는 0.5% 정도이다.

48 열전대 보호관의 구비조건으로 틀린 것은?   ◆ 15년3월8일

① 기밀(氣密)을 유지할 것
② 사용온도에 견딜 것
③ 화학적으로 강할 것
④ 열전도율이 낮을 것

[해설] 열전대보호관의 구비조건
① 기밀을 유지할 것
② 사용온도 및 화학적을 강할 것 (내열성 · 내식성 있을 것)
③ 열전도율이 높아야 한다. (온도변화시 열전대 전달)
④ 온도상승에 따른 열기전력이 클 것
⑤ 전기저항이 작을 것
⑥ 온도계수가 작을 것

49 다음 중 열전대 보호관 재질 중 상용 온도가 가장 높은 것은?   ◆ 16년3월6일

① 유리　　　　　② 자기
③ 구리　　　　　④ Ni-Cr 스테인리스

[해설] ▶ 보호관의 재질 및 사용온도
① 자기관, 카보랜덤관 : 1,600℃
② 석영관, SHE -5 : 1,050℃
③ 연강관 : 800℃
④ 황동관 : 650℃
　: 자기관 〉 석영관 〉 연강관 〉 (황)동관

50 열전대용 보호관으로 사용되는 재료 중 상용온도가 높은 순으로 나열한 것은?   ◆ 21년9월12일

① 석영관 〉 자기관 〉 동관
② 석영관 〉 동관 〉 자기관
③ 자기관 〉 석영관 〉 동관
④ 동관 〉 자기관 〉 석영관

[해설] 보호관의 재질 및 사용온도
① 자기관, 카보랜덤관 : 1,600℃
② 석영관, SHE -5 : 1,050℃
③ 연강관 : 800℃
④ 황동관 : 650℃
　: 자기관 〉 석영관 〉 연강관 〉 (황)동관

51 다음 중 급열, 급랭에 약하며 이중 보호관 외관에 사용되는 비금속 보호관은? (단, 상용온도는 약 1,450℃이다.)   ◆ 16년10월1일

① 자기관　　　　② 유리관
③ 석영관　　　　④ 내열강

[해설] 열전대온도계 보호관의 재질 및 사용온도
① 자기관 : 급열 · 급랭에 약하여 이중 보호관 외관에 사용되는 비금속 보호관 (상용온도는 약 1,450℃)
② 카보런덤관 : 열전대를 보호하기 위해 사용되는 보호관 중 상용 사용 온도가 가장 높으며, 급냉 · 급열에 강하고 방사고온계의 단망관이나 2중 보호관의 외관으로 주로 사용되는 보호관
※ 카보런덤관(1,600℃) : 2중 보호관 외관용
③ 석영관 : 열전대 온도계의 보호관 중 상용 사용온도가 약 1,000℃ 이며, 내열성 · 내산성이 우수하나 환원성가스에 기밀성이 약간 떨어지는 것
④ 내열강 SHE -5

[정답] 47 ① 48 ④ 49 ② 50 ③ 51 ①

52 열전대 온도계에서 열전대선을 보호하는 보호관 단자로부터 냉접점까지는 보상도선을 사용한다. 이때 보상도선의 재료로서 가장 적합한 것은?   ○ 20년9월26일

① 백금로듐   ② 알루멜
③ 철선   ④ 동 – 니켈 합금

[해설]

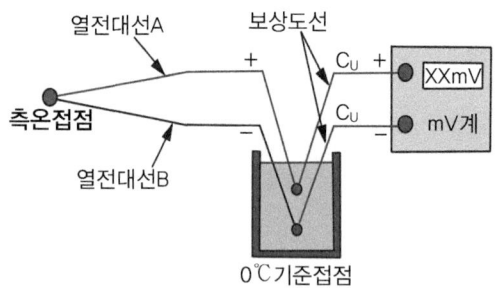

보상도선은 동(구리), 니켈, 동 – 니켈합금을 사용한다.

53 열전대 보호관 중 최고사용온도가 가장 낮은 것은?   ○ 14년5월25일

① 황동관   ② 연강관
③ 자기관   ④ 석영관

[해설] 보호관의 재질 및 사용온도
  ① 자기관, 카보랜덤관 : 1,600℃
  ② 석영관, SHE –5 : 1,050℃
  ③ 연강관 : 800℃
  ④ 황동관 : 650℃
  : 자기관 > 석영관 > 연강관 > (황)동관

54 열전대를 보호하기 위해 사용되는 보호관 중 상용 사용온도가 가장 높으며 급냉, 급열에 강하고 방사고온계의 단망관이나 2중 보호관의 외관으로 주로 사용되는 것은?   ○ 14년9월20일

① 석영관   ② 자기관
③ 내열강관 ④ 카보런덤관

[해설] 카보런덤관 : 열전대를 보호하기 위해 사용되는 보호관 중 상용 사용 온도가 가장 높으며, 급냉·급열에 강하고 방사고온계의 단망관이나 2중 보호관의 외관으로 주로 사용되는 보호관
  ※ 카보런덤관(1,600℃) : 2중 보호관 외관용

★★
55 열전대 온도계 보호관 중 내열강 SEH – 5에 대한 설명으로 틀린 것은?   ○ 13년3월10일

① 내식성, 내열성 및 강도가 좋다.
② 상용온도는 800℃이고 최고 사용 온도는 950℃까지 가능하다.
③ 유황가스 및 산화염에도 사용이 가능하다.
④ 비금속관에 비해 비교적 저온측정에 사용된다.

[해설] 내열강 SEH – 5는 상용온도는 1000℃이고 최고 사용온도는 1200℃까지 가능하다.

56 열전대 온도계의 보호관 중 상용 사용온도가 약 1000℃이며, 내열성, 내산성이 우수하나 환원성 가스에 기밀성이 약간 떨어지는 것은?   ○ 18년4월28일

① 카보런덤관
② 자기관
③ 석영관
④ 황동관

[해설] 석영관 : 열전대온도계의 보호관 중 상용 사용온도가 약 1,000℃이며, 내열성·내산성이 우수하나 환원성가스(알칼리)에 기밀성이 약간 떨어지는 보호관이다.

[정답] 52 ④ 53 ① 54 ④ 55 ② 56 ③

57 열전대 온도계의 보호관으로 석영관을 사용하였을 때의 특징으로 틀린 것은?

◎ 22년4월24일

① 급냉, 급열에 잘 견딘다.
② 기계적 충격에 약하다.
③ 산성에 대하여 약하다.
④ 알칼리에 대하여 약하다.

해설 ▶ 열전대온도계 보호관의 재질 및 사용온도
① 자기관 : 급열·급랭에 약하여 이중 보호관 외관에 사용되는 비금속 보호관 (상용온도는 약 1,450℃)
② 카보런덤관 : 열전대를 보호하기 위해 사용되는 보호관 중 상용 사용 온도가 가장 높으며, 급냉·급열에 강하고 방사고온계의 단망관이나 2중 보호관의 외관으로 주로 사용되는 보호관
※ 카보런덤관(1,600℃) : 2중 보호관 외관용

58 가스온도를 열전대 온도계를 써서 측정할 때 주의해야 할 사항으로 틀린 것은?

◎ 19년4월27일

① 열전대를 측정하고자 하는 곳에 정확히 삽입하여 삽입된 구멍에 냉기가 들어가지 않게 한다.
② 주위의 고온체로부터의 복사열의 영향으로 인한 오차가 생기지 않도록 해야 한다.
③ 단자의 +, -를 보상도선의 -, +와 일치하도록 연결하여 감온부의 열팽창에 의한 오차가 발생하지 않도록 한다.
④ 보호관의 선택에 주의한다.

해설

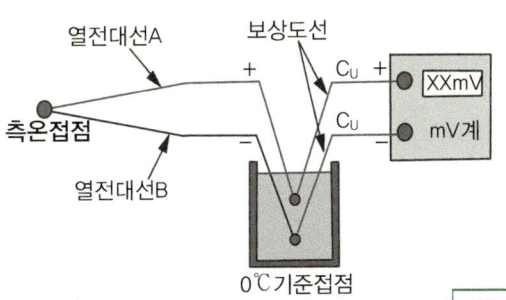

59 가스 온도를 열전대 온도계를 사용하여 측정할 때 주의해야 할 사항이 아닌 것은?

◎ 24년4월24일

① 열전대는 측정하고자 하는 곳에 정확히 삽입하며 삽입된 구멍에 냉기가 들어가지 않게 한다.
② 주위의 고온체로부터의 복사열의 영향으로 인한 오차가 생기지 않도록 해야 한다.
③ 단자와 보상도선의 +, -를 서로 다른 기호끼리 연결하여 감온부의 열팽창에 의한 오차가 발생하지 않도록 한다.
④ 보호관의 선택에 주의한다.

해설

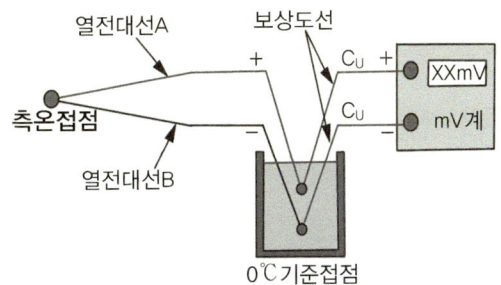

단자와 보상도선의 +, -를 서로 같은 기호끼리 연결하여 감온부의 열팽창에 의한 오차가 발생하지 않도록 한다.

정답 57 ③ 58 ③ 59 ③

60 열전대 온도계에 대한 설명으로 틀린 것은?
◎ 22년3월5일

① 보호관 선택 및 유지관리에 주의한다.
② 단자의 (+)와 보상도선의 (−)를 결선해야 한다.
③ 주위의 고온체로부터 복사열의 영향으로 인한 오차가 생기지 않도록 주의해야 한다.
④ 열전대는 측정하고자 하는 곳에 정확히 삽입하여 삽입한 구멍을 통하여 냉기가 들어가지 않게 한다.

해설 단자의 (+), (−)와 보상도선의 (+), (−)를 결선해야 한다.

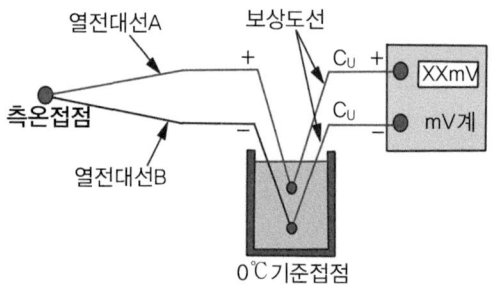

61 열전대 온도계가 구비해야 할 사항에 대한 설명으로 틀린 것은?
◎ 15년5월31일

① 주위의 고온체로부터 복사열의 영향으로 인한 오차가 생기지 않도록 주의해야 한다.
② 보호관 선택 및 유지관리에 주의한다.
③ 열전대는 측정하고자 하는 곳에 정확히 삽입하여 삽입한 구멍을 통하여 냉기가 들어가지 않게 한다.
④ 단자의 (+), (−)와 보상도선의 (−), (+)를 결선해야 한다.

해설 열전대의 결선 : 단자의 (+), (−)와 보상도선의 (+), (−)를 결선해야 한다.

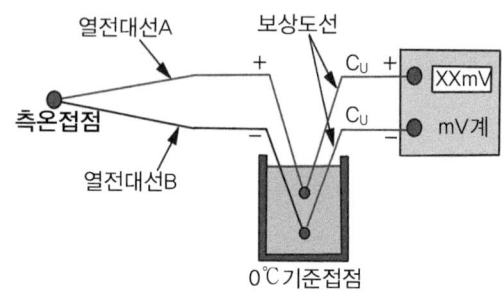

62 다음 열전대 종류 중 측정온도에 대한 기전력의 크기로 옳은 것은?
◎ 17년3월5일

① IC>CC>CA>PR
② IC>PR>CC>CA
③ CC>CA>PR>IC
④ CC>IC>CA>PR

해설 열전대 측정온도에 대한 기전력의 크기 : CRC(크로멜+콘스탄탄)>IC(철+콘스탄탄)>CC(구리+콘스탄탄)>CA(크로멜+알루멜)>PR(백금+로듐)

63 시스(sheath) 열전대 온도계에서 열전대가 있는 보호관 속에 충전되는 물질로 구성된 것은?
◎ 20년9월26일

① 실리카, 마그네시아
② 마그네시아, 알루미나
③ 알루미나, 보크사이트
④ 보크사이트, 실리카

해설 시스(sheath) 열전대 온도계 : 열전대가 있는 보호관 속에 MgO(마그네시아), Al_2O_2(알루미나)를 넣고 다져서 길게 만든 것으로 매우 가늘어서 가소성이있고, 국부적인 측온이나 진동이 심한 곳에 사용 시간 지연이 없는 것이 특징이다.

정답 60 ② 61 ④ 62 ① 63 ②

64 시즈(sheath)열전대의 특징이 아닌 것은?
○ 14년9월20일

① 응답속도가 빠르다.
② 국부적인 온도측정에 적합하다.
③ 피측온체의 온도저하 없이 측정할 수 있다.
④ 매우 가늘어서 진동이 심한 곳에는 사용할 수 없다.

해설 ▶ 시이드(Sheath) = 시스 커플(Sheath Couple) 열전대의 특징
  ① 응답속도가 빠름
  ② 국부적인 온도측정에 적합함
  ③ 피측온체의 온도저하 없이 측정할 수 있음
  ④ 매우 가늘어서 진동이 심한 곳에는 사용할 수 있다.
  ⑤ 가소성이 있어 굴곡진부분의 온도측정에 유리하다.

65 시이드(sheath)형 측온저항체의 특성이 아닌 것은?
○ 13년9월28일

① 응답성이 빠르다.
② 진동에 강하다.
③ 가소성이 없다.
④ 국부적인 측온에 사용된다.

해설 ▶ 시이드(Sheath)=시스 커플(Sheath Couple) 열전대의 특징
  ① 응답속도가 빠름
  ② 국부적인 온도측정에 적합함
  ③ 피측온체의 온도저하 없이 측정할 수 있음
  ④ 매우 가늘어서 진동이 심한 곳에는 사용할 수 있다.
  ⑤ 가소성이 있어 굴곡진부분의 온도측정에 유리하다.

66 전기저항 온도계의 특징에 대한 설명으로 틀린 것은?
○ 15년9월19일

① 자동기록이 가능하다.
② 원격측정이 용이하다.
③ 1000℃ 이상의 고온측정에서 특히 정확하다.
④ 온도가 상승함에 따라 금속의 전기 저항이 증가하는 현상을 이용한 것이다.

해설 전기저항 온도계는 넓은 온도 범위(-100℃~500℃)에서 높은 정밀도를 나타내므로, 정밀한 온도 측정이 필요한 분야에서 널리 사용됩니다.

67 전기저항 온도계의 특징에 대한 설명으로 틀린 것은?
○ 15년9월19일, 20년6월6일

① 자동기록이 가능하다.
② 원격측정이 용이하다.
③ 700℃ 이상의 고온측정에서 특히 정확하다.
④ 온도가 상승함에 따라 금속의 전기 저항이 증가하는 현상을 이용한 것이다.

해설 전기저항 온도계는 넓은 온도 범위(-100℃~500℃)에서 높은 정밀도를 나타내므로, 정밀한 온도 측정이 필요한 분야에서 널리 사용됩니다.

68 저항온도계에 대한 설명으로 옳은 것은?
○ 14년9월20일

① 저항체로서 주로 Fe가 사용된다.
② 저항체는 저항온도계수가 적어야 한다.
③ 일정온도에서 일정한 저항을 가져야 한다.
④ 일반적으로 온도가 증가함에 따라 금속의 전기저항이 감소하는 현상을 이용한 것이다.

해설 ① 저항체로서 주로백금, 니켈,구리 등이 사용된다.
  ② 저항체는 저항온도계수가 커야 한다.
  ④ 일반적으로 온도가 증가함에 따라 금속의 전기저항이 증가하는 현상을 이용한 것이다.

정답 64 ④ 65 ③ 66 ③ 67 ③ 68 ③

69 저항 온도계에 관한 설명 중 틀린 것은?
　　　　　　　　　　　　○ 12년3월7일

① 구리는 -200~500℃에서 사용한다.
② 시간지연이 적어 응답이 빠르다.
③ 저항선의 재료로는 저항온도계수가 크며, 화학적으로나 물리적으로 안정한 백금, 니켈 등을 쓴다.
④ 저항 온도계는 금속의 가는 선을 절연물에 감아서 만든 측온 저항체의 저항치를 재어서 온도를 측정한다.

[해설] 백금은 -200~500℃에서 온도 측정한다.

70 측온저항체의 구비조건으로 틀린 것은?
　　　　　　　　　　　　○ 19년4월27일

① 호환성이 있을 것
② 저항의 온도계수가 작을 것
③ 온도와 저항의 관계가 연속적일 것
④ 저항 값이 온도 이외의 조건에서 변하지 않을 것

[해설] 측온저항체의 구비조건 저항의 온도계수가 커서 온도 변화에 대해 저항의 값이 많이 변하여야 된다.

71 다음 금속 중 측온(測溫)저항체로 쓰이지 않는 것은?
　　　　　　　　　　　　○ 13년9월28일

① Cu　　　　　② Fe
③ Ni　　　　　④ Pt

[해설] 측온(測溫)저항체로 사용되는 금속
- 백금(-200~500℃)
- 니켈(-50~300℃)
- 구리(0~120℃)
- 서미스터

72 다음 중에서 측온저항체로 사용되지 않는 것은?
　　　　　　　　　　　　○ 22년4월24일

① Cu　　　　　② Ni
③ Pt　　　　　④ Cr

[해설] 측온저항체로 사용되는 금속
1) 백금(-200~500℃)
2) 니켈(-50~300℃)
3) 구리(0~120℃)
4) 서미스터

73 측온 저항온도계의 저항체로 사용되는 백금의 측정온도범위를 바르게 나타낸것은?

① -200℃~500℃
② 200℃~500℃
③ -100℃~400℃
④ 100℃~400℃

74 다음 중 사용온도 범위가 넓어 저항온도계의 저항체로서 가장 우수한 재질은?
　　　　　　　　　　　　○ 15년3월8일

① 백금　　　　② 니켈
③ 동　　　　　④ 철

[해설] 전기 저항식 온도계 중 백금(Pt) 측온 저항체의 특징
ⓐ 사용온도 범위(-200~500℃)가 넓어 저항온도계의 저항체로서 가장 우수한 재질
ⓑ 정밀측정용
ⓒ 열화가 적으나 저항온도계수가 비교적 낮은 측온저항체로서 일반적으로 가장 많이 사용되는 금속
ⓓ 백금(0℃에서) : 200Ω, 100Ω, 50Ω, 25Ω 사용
ⓔ 온도 측정 시 시간 지연의 결점이 있다.

정답　69 ①　70 ②　71 ②　72 ④　73 ①　74 ①

75 전기 저항식 온도계 중 백금(Pt) 측온 저항체에 대한 설명으로 틀린 것은?
　　　　　　　　　　　◆ 15년5월31일, 18년9월15일

① 0℃에서 500Ω을 표준으로 한다.
② 측정온도는 최고 약 500℃ 정도이다.
③ 저항온도계수는 작으나 안정성이 좋다.
④ 온도 측정 시 시간 지연의 결점이 있다.

해설 ▶ 전기 저항식 온도계 중 백금(Pt) 측온 저항체의 특징
ⓐ 사용온도 범위(-200~500℃)가 넓어 저항 온도계의 저항체로서 가장 우수한 재질
ⓑ 정밀측정용
ⓒ 열화가 적으나 저항온도계수가 비교적 낮은 측온저항체 로서 일반적으로 가장 많이 사용되는 금속
ⓓ 백금(0℃에서) : 200Ω, 100Ω, 50Ω, 25Ω 사용
ⓔ 온도 측정 시 시간 지연의 결점이 있다.

76 측정범위가 넓고 안정성과 재현성이 우수하며 고온에서 열화가 적으나 저항온도계수가 비교적 낮은 측온저항체로서 일반적으로 가장 많이 사용되는 금속은?

① Cu　　　　② Fe
③ Ni　　　　④ Pt

77 측온 저항체의 설치 방법으로 틀린 것은?
　　　　　　　　　　　◆ 13년3월10일

① 내열성, 내식성이 커야 한다.
② 유속이 가장 빠른 곳에 설치하는 것이 좋다.
③ 가능한 한 파이프 중앙부의 온도를 측정할 수 있게 한다.
④ 파이프 길이가 아주 짧을 때에는 유체의 방향으로 굴곡부에 설치한다.

해설 ▶ 전기 저항식 온도계 중 백금(Pt) 측온(測溫) 저항체의 특징
ⓐ 사용온도 범위(-200~500℃)가 넓어 저항 온도계의 저항체로서 가장 우수한 재질
ⓑ 정밀측정용
ⓒ 열화가 적으나 저항온도계수가 비교적 낮은 측온저항체 로서 일반적으로 가장 많이 사용되는 금속
ⓓ 백금(0℃에서) : 200Ω, 100Ω, 50Ω, 25Ω 사용
ⓔ 온도 측정 시 시간 지연의 결점이 있다.

78 -200~500℃의 측정범위를 가지며 측온 저항체 소선으로 주로 사용되는 저항소자는?
　　　　　　　　　　　◆ 21년9월12일

① 백금선　　　② 구리선
③ Ni선　　　　④ 서미스터

해설 ▶ 전기 저항식 온도계 중 백금(Pt) 측온(測溫) 저항체의 특징
ⓐ 사용온도 범위(-200~500℃)가 넓어 저항 온도계의 저항체로서 가장 우수한 재질
ⓑ 정밀측정용
ⓒ 열화가 적으나 저항온도계수가 비교적 낮은 측온저항체 로서 일반적으로 가장 많이 사용되는 금속
ⓓ 백금(0℃에서) : 200Ω, 100Ω, 50Ω, 25Ω 사용
ⓔ 온도 측정 시 시간 지연의 결점이 있다.

79 전기저항 온도계의 측온 저항체의 공칭 저항치라고 하는 것은 온도 몇 ℃일 때의 저항소지의 저항을 말하는가?
　　　　　　　　　　　◆ 14년5월25일

① 20℃　　　② 15℃
③ 10℃　　　④ 0℃

해설 전기저항 온도계의 측온 저항체의 공칭 저항치라고 하는 것은 온도 몇 0℃일 때의 저항소지의 저항

정답 75 ①　76 ④　77 ②　78 ①　79 ④

80 다음 중 고온의 노 내 온도 측정을 위해 사용되는 온도계로 가장 부적절한 것은?

◉ 16년10월1일

① 제겔콘(Seger Cone)온도계
② 백금저항온도계
③ 방사온도계
④ 광고온계

해설 ▶ 백금 저항온도계(-200~500℃온도 측정)
  ⓐ 사용온도 범위가 넓어 저항온도계의 저항체로서 가장 우수한 재질
  ⓑ 정밀측정용
  ⓒ 열화가 적으나 저항온도계수가 비교적 낮은 측온저항체로서 일반적으로 가장 많이 사용되는 금속
  ⓓ 백금(0℃에서) : 200Ω, 100Ω, 50Ω, 25Ω 사용
  ⓔ 온도 측정 시 시간 지연의 결점이 있다.
  노내 온도는 1000℃이상임으로 백금저항온도계로는 측정 할수 없다.

81 전기 저항식 온도계 중 백금(Pt) 측온 저항체에 대한 설명으로 틀린 것은? ◉ 18년9월15일

① 0℃에서 500Ω을 표준으로 한다.
② 측정온도는 최고 약 500℃ 정도이다.
③ 저항온도계수는 작으나 안정성이 좋다.
④ 온도 측정 시 시간 지연의 결점이 있다.

해설 ▶ 전기 저항식 온도계 중 백금(Pt) 측온 저항체의 특징
  ⓐ 사용온도 범위(-200~500℃)가 넓어 저항온도계의 저항체로서 가장 우수한 재질
  ⓑ 정밀측정용
  ⓒ 열화가 적으나 저항온도계수가 비교적 낮은 측온저항체 로서 일반적으로 가장 많이 사용되는 금속
  ⓓ 백금(0℃에서) : 200Ω, 100Ω, 50Ω, 25Ω 사용
  ⓔ 온도 측정 시 시간 지연의 결점이 있다.

82 -200~500℃의 측정범위를 가지며 측온 저항체 소선으로 주로 사용되는 저항소자는?

◉ 18년9월15일

① 구리선   ② 백금선
③ Ni선   ④ 서미스터

해설 ▶ 전기 저항식 온도계 중 백금(Pt) 측온 저항체의 특징
  ⓐ 사용온도 범위(-200~500℃)가 넓어 저항온도계의 저항체로서 가장 우수한 재질
  ⓑ 정밀측정용
  ⓒ 열화가 적으나 저항온도계수가 비교적 낮은 측온저항체 로서 일반적으로 가장 많이 사용되는 금속
  ⓓ 백금(0℃에서) : 200Ω, 100Ω, 50Ω, 25Ω 사용
  ⓔ 온도 측정 시 시간 지연의 결점이 있다.

★★
83 1000℃ 이상인 고온의 로(爐) 내 온도측정을 위해 사용되는 온도계로 가장 적합하지 않은 것은? ◉ 22년3월5일

① 제겔콘(seger cone) 온도계
② 백금저항온도계
③ 방사온도계
④ 광고온계

해설 ▶ 전기 저항식 온도계 중 백금(Pt) 측온(測溫) 저항체의 특징
  ⓐ 사용온도 범위(-200~500℃)가 넓어 저항온도계의 저항체로서 가장 우수한 재질
  ⓑ 정밀측정용
  ⓒ 열화가 적으나 저항온도계수가 비교적 낮은 측온저항체 로서 일반적으로 가장 많이 사용되는 금속
  ⓓ 백금(0℃에서) : 200Ω, 100Ω, 50Ω, 25Ω 사용
  ⓔ 온도 측정 시 시간 지연의 결점이 있다

정답 80 ② 81 ① 82 ② 83 ②

84 명판에 Ni450이라 쓰여 있는 측온저항체의 100℃의 점에서의 저항값은 얼마인가? (단, Ni의 저항온도계수는 +0.0067이다.)

◆ 14년5월25일

① 752mΩ   ② 752Ω
③ 301mΩ   ④ 301Ω

해설 0℃에서의 저항값이다. Ni450의 0℃에서의 저항값은 450Ω

$$\alpha = \frac{\left(\frac{R_2 - R_1}{R_1}\right)}{T_2 - T_1}, \quad 0.0067 = \frac{\left(\frac{R_2 - 450}{450}\right)}{100 - 0}, R_2 = 751.5\Omega,$$

$T_2 = 500℃$

$R_2 = R_1(1 + \alpha(T_2 - T_1)) = 450 \times (1 + 0.0067 \times (100 - 0)) = 751.5\Omega$

85 0℃에서 저항이 80Ω이고 저항온도계수가 0.002인 저항온도계를 노안에 삽입했더니 저항이 160Ω이 되었을 때 노안의 온도는 약 몇 ℃인가?

◆ 20년8월22일

① 160℃
② 320℃
③ 400℃
④ 500℃

해설

$$\alpha = \frac{\left(\frac{R_2 - R_1}{R_1}\right)}{T_2 - T_1}, \quad 0.002 = \frac{\left(\frac{160 - 80}{80}\right)}{T_2 - 0},$$

$T_2 = 500℃$

$R_2 = R_1(1 + \alpha(T_2 - T_1)), 160 = 80 \times (1 + 0.002(T_2 - 0)), T_2 = 500℃$

86 서미스터 온도계의 특징이 아닌 것은?

◆ 21년9월12일

① 소형이며 응답이 빠르다.
② 저항 온도계수가 금속에 비하여 매우 작다.
③ 흡습 등에 의하여 열화되기 쉽다.
④ 전기저항체 온도계이다.

해설 서미스터(Thermistor)저항체 온도계의 특징
① 전기저항체 온도계이다
② 주로 화재 감지기에 사용되고 소형이며 응답이 빠르다.
③ 재현성이 없어 재 사용이 어렵다.
④ 온도가 상승하면 전기저항이 감소하는 저항 온도계수가 부 특성을 가진다.
⑤ 흡습, 등에 의하여 열화되기 쉽다.
⑥ 저항 온도계수가 금속에 비해 매우 크다
⑦ 서미스터는 Cu, Ni, Fe,Co, Mn 재질로 제작된다.
⑧ 큰 전류가 흐를 때 중열에 의해 측정하고자 하는 온도보다 높아지는 현상인 자기가열(自己加熱) 현상이 있는 온도계이다.

87 Thermister(서미스터)의 특징이 아닌 것은?

◆ 19년3월3일

① 소형이며 응답이 빠르다.
② 온도계수가 금속에 비하여 매우 작다.
③ 흡습 등에 의하여 열화되기 쉽다.
④ 전기저항체 온도계이다.

해설 서미스터(Thermistor)저항체 온도계의 특징
① 전기저항체 온도계이다
② 주로 화재 감지기에 사용되고 소형이며 응답이 빠르다.
③ 재현성이 없어 재 사용이 어렵다.
④ 온도가 상승하면 전기저항이 감소하는 저항 온도계수가 부 특성을 가진다.
⑤ 흡습, 등에 의하여 열화되기 쉽다.
⑥ 저항 온도계수가 금속에 비해 매우 크다
⑦ 서미스터는 Cu, Ni, Fe, Co, Mn 재질로 제작된다.
⑧ 큰 전류가 흐를 때 중열에 의해 측정하고자 하는 온도보다 높아지는 현상인 자기가열(自己加熱) 현상이 있는 온도계이다.

정답 84 ② 85 ④ 86 ② 87 ②

88 서미스터(Thermistor)는 어떤 현상을 이용한 온도계인가?

① 밀도의 변화 ② 전기저항의 변화
③ 치수의 변화 ④ 압력의 변화

[해설] 서미스터(Thermistor)저항체 온도계의 특징
① 전기저항체 온도계이다
② 주로 화재 감지기에 사용되고 소형이며 응답이 빠르다.
③ 재현성이 없어 재 사용이 어렵다.
④ 온도가 상승하면 전기저항이 감소하는 저항 온도계수가 부 특성을 가진다.
⑤ 흡습, 등에 의하여 열화되기 쉽다.
⑥ 저항 온도계수가 금속에 비해 매우 크다
⑦ 서미스터는 Cu, Ni, Fe, Co, Mn 재질로 제작된다.
⑧ 큰 전류가 흐를 때 중열에 의해 측정하고자 하는 온도보다 높아지는 현상인 자기가열(自己加熱) 현상이 있는 온도계이다.

89 서미스터(thermistor)저항체 온도계의 특성에 대한 설명으로 옳은 것은? ◎ 14년5월25일

① 재현성이 좋다.
② 응답이 느리다.
③ 저항온도계수가 부특성이다.
④ 저항온도계수는 섭씨온도의 제곱에 비례한다.

[해설] 서미스터(Thermistor)저항체 온도계의 특징
① 전기저항체 온도계이다
② 주로 화재 감지기에 사용되고 소형이며 응답이 빠르다.
③ 재현성이 없어 재 사용이 어렵다.
④ 온도가 상승하면 전기저항이 감소하는 저항 온도계수가 부 특성을 가진다.
⑤ 흡습, 등에 의하여 열화되기 쉽다.
⑥ 저항 온도계수가 금속에 비해 매우 크다.
⑦ 서미스터는 Cu, Ni, Fe,Co, Mn 재질로 제작된다.
⑧ 큰 전류가 흐를 때 중열에 의해 측정하고자 하는 온도보다 높아지는 현상인 자기가열(自己加熱) 현상이 있는 온도계이다.

90 서미스터(thermistor)의 재질로서 부적당한 것은? ◎ 13년6월2일

① Ni ② Co
③ Mn ④ Al

[해설] 서미스터(Thermistor)저항체 온도계의 특징
① 전기저항체 온도계이다
② 주로 화재 감지기에 사용되고 소형이며 응답이 빠르다.
③ 재현성이 없어 재 사용이 어렵다.
④ 온도가 상승하면 전기저항이 감소하는 저항 온도계수가 부 특성을 가진다.
⑤ 흡습, 등에 의하여 열화되기 쉽다.
⑥ 저항 온도계수가 금속에 비해 매우 크다
⑦ 서미스터는 Cu, Ni, Fe,Co, Mn 재질로 제작된다.
⑧ 큰 전류가 흐를 때 중열에 의해 측정하고자 하는 온도보다 높아지는 현상인 자기가열(自己加熱) 현상이 있는 온도계이다.

91 서미스터의 재질로서 적합하지 않은 것은? ◎ 22년3월5일

① Ni ② Co
③ Mn ④ Pb

[해설] 서미스터(Thermistor)저항체 온도계의 특징
① 전기저항체 온도계이다
② 주로 화재 감지기에 사용되고 소형이며 응답이 빠르다.
③ 재현성이 없어 재 사용이 어렵다.
④ 온도가 상승하면 전기저항이 감소하는 저항 온도계수가 부 특성을 가진다.
⑤ 흡습, 등에 의하여 열화되기 쉽다.
⑥ 저항 온도계수가 금속에 비해 매우 크다
⑦ 서미스터는 Cu, Ni, Fe,Co, Mn 재질로 제작된다.
⑧ 큰 전류가 흐를 때 중열에 의해 측정하고자 하는 온도보다 높아지는 현상인 자기가열(自己加熱) 현상이 있는 온도계이다.

정답 88 ② 89 ③ 90 ④ 91 ④

92 측온 저항체에 큰 전류가 흐를 때 중열에 의해 측정하고자 하는 온도보다 높아지는 현상인 자기가열(自己加熱) 현상이 있는 온도계는?
　　　　　　　　　　　　　　　　◎ 22년4월24일

① 열전대 온도계　② 압력식 온도계
③ 서미스터 온도계　④ 광고온계

해설 서미스터(Thermistor)저항체 온도계의 특징
① 전기저항체 온도계이다.
② 주로 화재 감지기에 사용되고 소형이며 응답이 빠르다.
③ 재현성이 없어 재 사용이 어렵다.
④ 온도가 상승하면 전기저항이 감소하는 저항 온도계수가 부 특성을 가진다.
⑤ 흡습, 등에 의하여 열화되기 쉽다.
⑥ 저항 온도계수가 금속에 비해 매우 크다.
⑦ 서미스터는 Cu, Ni, Fe,Co, Mn 재질로 제작된다.
⑧ 큰 전류가 흐를 때 중열에 의해 측정하고자 하는 온도보다 높아지는 현상인 자기가열(自己加熱) 현상이 있는 온도계이다.

★★
93 응답이 빠르고 감도가 높으며, 도선저항에 의한 오차를 적게 할 수 있으나, 재현성이 없고 흡습 등으로 열화되기 쉬운 특징을 가진 온도계는?
　　　　　　　　　　　　　　　　◎ 19년3월3일

① 광고온계
② 열전대 온도계
③ 서미스터 저항체 온도계
④ 금속 측온 저항체 온도계

해설 서미스터(Thermistor)저항체 온도계의 특징
① 전기저항체 온도계이다
② 주로 화재 감지기에 사용되고 소형이며 응답이 빠르다.
③ 재현성이 없어 재 사용이 어렵다.
④ 온도가 상승하면 전기저항이 감소하는 저항 온도계수가 부 특성을 가진다.
⑤ 흡습, 등에 의하여 열화되기 쉽다.
⑥ 저항 온도계수가 금속에 비해 매우 크다
⑦ 서미스터는 Cu, Ni, Fe,Co, Mn 재질로 제작된다.
⑧ 큰 전류가 흐를 때 중열에 의해 측정하고자 하는 온도보다 높아지는 현상인 자기가열(自己加熱) 현상이 있는 온도계이다.

★★
94 저항온도계에 활용되는 측온저항체 종류에 해당되는 것은?
　　　　　　　　　　　　　　　　◎ 20년8월22일

① 서미스터(thermistor)저항 온도계
② 철 – 콘스탄탄(IC) 저항 온도계
③ 크로멜(chromel) 저항 온도계
④ 알루멜(alumel) 저항 온도계

해설 서미스터(Thermistor)저항체 온도계의 특징
① 전기저항체 온도계이다
② 주로 화재 감지기에 사용되고 소형이며 응답이 빠르다.
③ 재현성이 없어 재사용이 어렵다.
④ 온도가 상승하면 전기저항이 감소하는 저항 온도계수가 부 특성을 가진다.
⑤ 흡습, 등에 의하여 열화 되기 쉽다.
⑥ 저항 온도계수가 금속에 비해 매우 크다
⑦ 서미스터는 Cu, Ni, Fe,Co, Mn 재질로 제작된다.
⑧ 큰 전류가 흐를 때 중열에 의해 측정하고자 하는 온도보다 높아지는 현상인 자기가열(自己加熱) 현상이 있는 온도계이다.

95 고온물체로부터 방사되는 특정파장을 온도계 속으로 통과시켜 온도계 내의 전구 필라멘트의 휘도를 육안으로 직접 비교하여 온도를 측정하는 것은?
　　　　　　　　　　　　　　　　◎ 19년3월3일

① 열전온도계
② 광고온계
③ 색온도계
④ 방사온도계

해설 ▶ 광고온계(Optical Pyrometer) : 고온물체로부터 방사되는 가시광선중 특정파장($0.65\mu m$)의 빛과 기기내의 표준열원(필라멘트)으로부터 나오는 같은 파장의 빛의 강도(휘도)를 육안으로 비교함으로써 온도 측정하는 온도계이다. 정확도는 높지만 측정인력이 필요한 비접촉 온도계이다.

정답　92 ③　93 ③　94 ①　95 ②

96 광고온계의 특징에 대한 설명으로 옳은 것은? ○ 16년10월1일

① 비접촉식 온도 측정법 중 가장 정밀도가 높다.
② 넓은 특정온도(0~3000℃) 범위를 갖는다.
③ 측정이 자동적으로 이루어져 개인오차가 발생하지 않는다.
④ 방사온도계에 비하여 방사율에 대한 보정량이 크다.

해설 광고온계 특징
① 비접촉식 온도측정방법 중 가장 정확한 측정을 할 수 있으나, 기록·경보·자동제어가 불가능한 온도계
② 넓은 측정온도(700~2,000℃) 범위를 갖음
③ 측정하는 사람에 따라 개인오차가 발생한다.
④ 방사온도계에 비하여 방사율에 대한 보정량이 작다.
⑤ 연속측정 및 자동제어 사용을 할수 없다.

97 다음 중 광고온계의 측정원리는? ○ 20년6월6일

① 열에 의한 금속팽창을 이용하여 측정
② 이종금속 접합점의 온도차에 따른 열기전력을 측정
③ 피측정물의 전파장의 복사 에너지를 열전대로 측정
④ 피측정물의 휘도와 전구의 휘도를 비교하여 측정

해설 ▶ 광고온도계(Optical Pyrometer) : 고온물체로부터 방사되는 가시광선중 특정파장($0.65\mu m$)의 빛과 기기내의 표준열원(필라멘트)으로부터 나오는 같은 파장의 빛의 강도(휘도)를 육안으로 비교함으로써 온도 측정하는 온도계이다. 정확도는 높지만 측정인력이 필요한 비접촉 온도계이다.

98 방사율에 의한 보정량이 적고 비접촉법으로는 정확한 측정이 가능하나 사람 손이 필요한 결점이 있는 온도계는? ○ 20년9월26일

① 압력계형 온도계
② 전기저항 온도계
③ 열전대 온도계
④ 광고온계

해설 ▶ 광고온도계(Optical Pyrometer) : 고온물체로부터 방사되는 가시광선중 특정파장($0.65\mu m$)의 빛과 기기내의 표준열원(필라멘트)으로부터 나오는 같은 파장의 빛의 강도(휘도)를 육안으로 비교함으로써 온도 측정하는 온도계이다. 정확도는 높지만 측정인력이 필요한 비접촉 온도계이다.

99 비접촉식 온도측정 방법 중 가장 정확한 측정을 할 수 있으나 연속측정이나 자동제어에 응용할 수 없는 것은? ○ 19년4월27일

① 광고온계
② 방사온도계
③ 압력식 온도계
④ 열전대 온도계

해설 ▶ 광고온계 특징
① 비접촉식 온도측정방법 중 가장 정확한 측정을 할 수 있으나, 기록·경보·자동제어가 불가능한 온도계
② 넓은 측정온도(700~2,000℃) 범위를 갖음
③ 측정하는 사람에 따라 개인오차가 발생한다.
④ 방사온도계에 비하여 방사율에 대한 보정량이 작다.
⑤ 연속측정 및 자동제어 사용을 할수 없다.

정답 96 ① 97 ④ 98 ④ 99 ①

100 광고온계의 특징에 대한 설명으로 옳은 것은?
　　　　　　　　　　　　　● 16년10월1일

① 비접촉식 온도 측정법 중 가장 정도가 높다.
② 넓은 측정온도(0~3,000℃) 범위를 갖는다.
③ 측정이 자동적으로 이루어져 개인오차가 발생하지 않는다.
④ 방사온도계에 비하여 방사율에 대한 보정량이 크다.

[해설] 광고온계 특징
① 비접촉식 온도측정방법 중 가장 정확한 측정을 할 수 있으나, 기록·경보·자동제어가 불가능한 온도계
② 넓은 측정온도(700~2,000℃) 범위를 갖음
③ 측정하는 사람에 따라 개인오차가 발생한다.
④ 방사온도계에 비하여 방사율에 대한 보정량이 작다.
⑤ 연속측정 및 자동제어 사용을 할수 없다.

101 광고온계의 사용상 주의점이 아닌 것은?
　　　　　　　　　　　　　● 17년5월7일

① 광학계의 먼지, 상처 등을 수시로 점검한다.
② 측정자간의 오차가 발생하지 않고 정확하다.
③ 측정하는 위치와 각도를 같은 조건으로 한다.
④ 측정체와의 사이에 연기나 먼지 등이 생기지 않도록 주의한다.

[해설] 광고온계 개인의 숙련도에 따른 개인오차가 발생함으로 여러명이 사람이 특정 해야 한다.

102 다음 중 1000℃이상의 고온을 측정하는데 적합한 온도계는?
　　　　　　　　　　　　　● 18년3월4일

① CC(동 – 콘스탄탄)열전온도계
② 백금저항 온도계
③ 바이메탈 온도계
④ 광고온계

[해설] ▶ 비접촉식 온도계의 종류 (비접촉식 온도계는 고온측정에 사용된다)
▶ 광고온계 특징
① 비접촉식 온도측정방법 중 가장 정확한 측정을 할 수 있으나, 기록·경보·자동제어가 불가능한 온도계
② 넓은 측정온도(700~2,000℃) 범위를 갖음
③ 측정하는 사람에 따라 개인오차가 발생한다.
④ 방사온도계에 비하여 방사율에 대한 보정량이 작다.
⑤ 연속측정 및 자동제어 사용을 할수 없다.
1) 광고온도계 (700℃ ~ 2000℃) : 비접촉 방식 중 가장 정밀한 온도 측정
2) 광전관온도계 (700℃ ~ 3000℃)
3) 방사온도계 (50℃ ~ 3000℃)
4) 색온도계 (600℃ ~ 2500℃)

103 비접촉식 온도측정 방법 중 가장 정확한 측정을 할 수 있으나 기록, 경보, 자동제어가 불가능한 온도계는?
　　　　　　　　　　　　　● 16년5월8일

① 압력식온도계　② 방사온도계
③ 열전온도계　　④ 광고온계

[해설] ▶ 광고온계 특징
① 비접촉식 온도측정방법 중 가장 정확한 측정을 할 수 있으나, 기록·경보·자동제어가 불가능한 온도계
② 넓은 측정온도(700~2,000℃) 범위를 갖음
③ 측정하는 사람에 따라 개인오차가 발생한다.
④ 방사온도계에 비하여 방사율에 대한 보정량이 작다.
⑤ 연속측정 및 자동제어 사용을 할수 없다.

[정답] 100 ①　101 ②　102 ④　103 ④

104 특정파장을 온도계 내에 통과시켜 온도계 내의 전구 필라멘트의 휘도를 육안으로 직접 비교하여 온도를 측정하므로 정도는 높지만 측정인력이 필요한 비접촉 온도계는? ⊙ 13년3월10일

① 광고온도계
② 방사온도계
③ 열전대온도계
④ 저항온도계

해설 ▶ 광고온계 특징
① 비접촉식 온도측정방법 중 가장 정확한 측정을 할 수 있으나, 기록·경보·자동제어가 불가능한 온도계
② 넓은 측정온도(700~2,000℃) 범위를 갖음
③ 측정하는 사람에 따라 개인오차가 발생한다.
④ 방사온도계에 비하여 방사율에 대한 보정량이 작다.
⑤ 연속측정 및 자동제어 사용을 할수 없다.

105 다음 온도계 중 측정범위가 가장 높은 것은? ⊙ 17년3월5일

① 광온도계
② 저항온도계
③ 열전온도계
④ 압력온도계

해설 ▶ 비접촉식 온도계의 종류 (비접촉식 온도계는 고온측정에 사용된다)
1) 광고온도계 (700℃ ~ 2000℃) : 비접촉 방식 중 가장 정밀한 온도 측정
2) 광전관온도계 (700℃ ~ 3000℃)
3) 방사온도계 (50℃ ~ 3000℃)
4) 색온도계 (600℃ ~ 2500℃)

106 특정파장을 온도계 내에 통과시켜 온도계 내의 전구 필라멘트의 휘도를 육안으로 직접 비교하여 온도를 측정하므로 정밀도는 높지만 측정인력이 필요한 비접촉 온도계는?
⊙ 21년9월12일

① 광고온계
② 방사온도계
③ 열전대온도계
④ 저항온도계

해설 ▶ 광고온도계(Optical Pyrometer) : 고온물체로부터 방사되는 가시광선중 특정파장($0.65\mu m$)의 빛과 기기내의
표준열원(필라멘트) 으로부터 나오는 같은 파장의 빛의 강도(휘도)를 육안으로 비교함으로써 온도 측정하는 온도계이다. 정확도는 높지만 측정인력이 필요한 비접촉 온도계이다.

107 광고온계의 측정온도 범위로 가장 적합한 것은? ⊙ 21년9월12일

① 100 ~ 300℃
② 100 ~ 500℃
③ 700 ~ 2000℃
④ 4000 ~ 5000℃

해설 ▶ 광고온계 특징
① 비접촉식 온도측정방법 중 가장 정확한 측정을 할 수 있으나, 기록·경보·자동제어가 불가능한 온도계
② 넓은 측정온도(700~2,000℃) 범위를 갖음
③ 측정하는 사람에 따라 개인오차가 발생한다.
④ 방사온도계에 비하여 방사율에 대한 보정량이 작다.
⑤ 연속측정 및 자동제어 사용을 할수 없다.

정답 104 ① 105 ① 106 ① 107 ③

108 방사온도계의 특징에 대한 설명으로 틀린 것은?
　　　　　　　　　　　　　● 15년5월31일

① 방사율에 대한 보정량이 크다.
② 측정거리에 따라 오차발생이 적다.
③ 발신기의 온도가 상승하지 않게 필요에 따라 냉각한다.
④ 노벽과의 사이에 수증기, 탄산가스 등이 있으면 오차가 생기므로 주의해야 한다.

해설　방사온도계의 특징
　① 1,000℃ 이상인 고온체의 연속측정에 적합한 온도계
　② 이동물체의 온도측정이 쉽다.
　③ 방사율에 대한 보정량이 크다.
　④ 측정시간의 지연이 작아서 응답속도가 빠르다.
　⑤ 발신기를 이용한 연속기록이 가능하다.
　⑥ 측정거리에 따라 오차발생이 크다.
　⑦ 발신기의 온도가 상승하지 않게 필요에 따라 냉각함
　⑧ 노벽과의 사이에 수증기(H_2O), 탄산가스(CO_2), 등이 있으면 오차가 생기므로 주의해야 함
　⑨ 측정대상의 온도에 영향이 작다.

109 방사고온계의 장점이 아닌 것은?
　　　　　　　　　　　　　● 21년5월15일

① 고온 및 이동물체의 온도측정이 쉽다.
② 측정시간의 지연이 작다.
③ 발신기를 이용한 연속기록이 가능하다.
④ 방사율에 의한 보정량이 작다.

해설　방사온도계의 특징
　① 1,000℃ 이상인 고온체의 연속측정에 적합한 온도계
　② 이동물체의 온도측정이 쉽다.
　③ 방사율에 대한 보정량이 크다.
　④ 측정시간의 지연이 작아서 응답속도가 빠르다.
　⑤ 발신기를 이용한 연속기록이 가능하다.
　⑥ 측정거리에 따라 오차발생이 크다.
　⑦ 발신기의 온도가 상승하지 않게 필요에 따라 냉각함

⑧ 노벽과의 사이에 수증기(H_2O), 탄산가스(CO_2), 등이 있으면 오차가 생기므로 주의해야 함
⑨ 측정대상의 온도에 영향이 작다.

★★
110 방사온도계의 특징에 대한 설명으로 옳은 것은?
　　　　　　　　　　　　　● 14년3월2일

① 측정대상의 온도에 영향이 크다.
② 이동물체에 대한 온도측정이 가능하다.
③ 저온도에 대한 측정에 적합하다.
④ 응답속도가 느리다.

해설　방사온도계의 특징
　① 1,000℃ 이상인 고온체의 연속측정에 적합한 온도계
　② 이동물체의 온도측정이 쉽다.
　③ 방사율에 대한 보정량이 크다.
　④ 측정시간의 지연이 작아서 응답속도가 빠르다.
　⑤ 발신기를 이용한 연속기록이 가능하다.
　⑥ 측정거리에 따라 오차발생이 크다.
　⑦ 발신기의 온도가 상승하지 않게 필요에 따라 냉각함
　⑧ 노벽과의 사이에 수증기(H_2O), 탄산가스(CO_2), 등이 있으면 오차가 생기므로 주의해야 함
　⑨ 측정대상의 온도에 영향이 작다.

111 다음 중 방사고온계는 어느 이론을 응용한 것인가?
　　　　　　　　　　　　　● 16년3월6일

① 제백 효과
② 필터 효과
③ 윈 – 프랑크 법칙
④ 스테판 – 볼프만 법칙

해설　방사에너지=복사에너지
　복사에너지는 절대온도의 4승에 비례한다는 법칙은 스테판 – 볼프만 법칙이다.

정답　108 ②　109 ④　110 ②　111 ④

112 물체의 온도를 측정하는 방사고온계에서 이용하는 원리는? ◎ 22년3월5일

① 제백 효과
② 필터 효과
③ 윈 - 프랑크의 법칙
④ 스테판 - 볼츠만의 법칙

해설 방사에너지=복사에너지
복사에너지는 절대온도의 4승에 비례한다는 법칙은 스테판 - 볼프만 법칙이다.

113 2000℃까지 고온 측정이 가능한 온도계는? ◎ 17년3월5일

① 방사 온도계
② 백금저항 온도계
③ 바이메탈 온도계
④ Pt - Rh 열전식 온도계

해설 ▶ 비접촉식 온도계의 종류 (비접촉식 온도계는 고온측정에 사용된다)
 1) 광고온도계 (700℃ ~ 2000℃) : 비접촉 방식 중 가장 정밀한 온도 측정
 2) 광전관온도계 (700℃ ~ 3000℃)
 3) 방사온도계 (50℃ ~ 3000℃)
 4) 색온도계 (600℃ ~ 2500℃)

★★
114 다음 중 1,000℃ 이상인 고온체의 연속 측정에 가장 적합한 온도계는? ◎ 19년3월3일

① 저항 온도계
② 방사 온도계
③ 바이메탈식 온도계
④ 액체압력식 온도계

해설 ▶ 비접촉식 온도계의 종류 (비접촉식 온도계는 고온측정에 사용된다)
 1) 광고온도계 (700℃ ~ 2000℃) : 비접촉 방식 중 가장 정밀한 온도 측정
 2) 광전관온도계 (700℃ ~ 3000℃)
 3) 방사온도계 (50℃ ~ 3000℃)
 4) 색온도계 (600℃ ~ 2500℃)

★★
115 방사온도계의 발신부를 설치할 때 다음 중 어떠한 식이 성립하여야 하는가? (단, L : 렌즈로부터의 수열판까지의 거리, d : 수열판의 직경, L : 렌즈로부터 물체까지의 거리, D : 물체의 직경이다.) ◎ 19년9월21일

① $L/D < L/d$ ② $L/D > L/d$
③ $L/D = L/d$ ④ $L/L < d/D$

해설

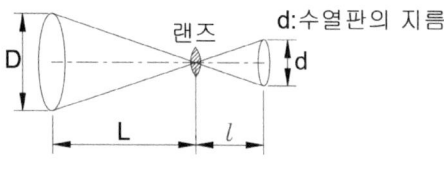

$$\frac{L}{D} < \frac{l}{d}$$

116 방사고온계로 물체의 온도를 측정하니 1000℃였다. 전방사율이 0.7이면 진온도는 약 몇 ℃인가? ◎ 20년6월6일

① 1119   ② 1196
③ 1284   ④ 1392

해설
$T = \dfrac{S}{\sqrt[4]{E_t}}$
T : 피측정물의 진정한 절대온도
S : 계기의 지시 절대온도
E_t : 전방사율

$T = \dfrac{S}{\sqrt[4]{E_t}} = \dfrac{1000+273}{\sqrt[4]{0.7}} = 1391.73[K] = 1118.72[℃]$

T : 피측정물의 진정한 절대온도
S : 계기의 지시 절대온도
E_t : 전방사율

(전방사율)$\epsilon = \left(\dfrac{측정온도 절대온도}{진온도 절대온도}\right)^4$, $0.7 = \left(\dfrac{1000+273}{T+273}\right)^4$,

진온도 섭씨온도 $T = 118.7℃$

정답 112 ④ 113 ① 114 ② 115 ① 116 ①

117 다음 중 가장 높은 온도를 측정할 수 있는 온도계는?
◆ 14년9월20일, 18년9월15일

① 저항 온도계
② 광전관 온도계
③ 열전대 온도계
④ 유리제 온도계

[해설] ▶ 비접촉식 온도계의 종류 (비접촉식 온도계는 고온측정에 사용된다)
1) 광고온도계 (700℃ ~ 2000℃) : 비접촉 방식 중 가장 정밀한 온도 측정
2) 광전관온도계 (700℃ ~ 3000℃)
3) 방사온도계 (50℃ ~ 3000℃)
4) 색온도계 (600℃ ~ 2500℃)

118 다음 보기에서 설명하는 온도계는?
◆ 14년3월2일

- 이동물체의 온도측정이 가능하다.
- 응답시간이 매우 빠르다.
- 온도의 연속기록 및 자동제어가 용이하다.
- 비교증폭기가 부착되어 있다.

① 광전관식 온도계
② 광 고온계
③ 색 온도계
④ 게겔콘 온도계

[해설] 광전관온도계(光電管高溫計, Photoelectric Pyrometer) : 측온 물체로부터의 빛의 세기를 광전관을 통해 광전류로 하고, 그 변화를 측정해서 온도를 구하는 온도계
1) 광전관식온도계 특징
① 이동물체의 높은 온도(700℃~3000℃)측정이 가능함
② 응답시간이 매우 빠름
③ 온도의 연속기록 및 자동제어가 용이함
④ 비교증폭기가 부착되어 있음

119 색온도계의 특징이 아닌 것은?
◆ 15년5월31일, 19년4월27일

① 방사율의 영향이 크다.
② 광흡수에 영향이 적다.
③ 응답이 빠르다.
④ 구조가 복잡하여 주위로부터 빛 반사의 영향을 받는다.

120 색온도계에 대한 설명으로 옳은 것은?
◆ 20년9월26일

① 온도에 따라 색이 변하는 일원적인 관계로부터 온도를 측정한다.
② 바이메탈 온도계의 일종이다.
③ 유체의 팽창정도를 이용하여 온도를 측정한다.
④ 기전력의 변화를 이용하여 온도를 측정한다.

[해설] 색온도계(Color Pyrometer) : 온도에 따라 색이 변하는 일원적인 관계로부터 온도를 측정한다.
색온도계 색깔에 따른 온도
① 어두운색(600℃)
② 붉은색(800℃)
③ 오렌지색(1,000℃)
④ 노란색(1,200℃)
⑤ 눈부신 황백색(1,500℃)
⑥ 매우 눈부식 흰색(2,000℃)
⑦ 푸른기가 있는 흰백색(2,500℃)

정답 117 ② 118 ① 119 ① 120 ①

121 비접촉식 온도계 중 색온도계의 특징에 대한 설명으로 틀린 것은?   ◎ 16년5월8일

① 방사율의 영향이 작다.
② 휴대와 취급이 간편하다.
③ 고온측정이 가능하며 기록조절용으로 사용된다.
④ 주변 빛의 반사에 영향을 받지 않는다.

해설 색온도계 특징
  ① 응답성이 매우 빠르다.
  ② 휴대와 취급이 간편하다.
  ③ 고온측정이 가능하며, 기록조절용으로 사용됨
  ④ 주위로부터 빛 반사의 영향을 받는다.
  ⑤ 광흡수에 영향이 작다.
  ⑥ 방사율의 영향이 작다.

122 다음 중 응답성이 가장 빠른 온도계는?
  ◎ 14년9월20일

① 색 온도계
② 압력식 온도계
③ 저항식 온도계
④ 바이메탈 온도계

해설 응답성이 가장 빠른 온도계는 색 온도계이다.

123 색(色)온도계의 색깔에 따른 온도가 옳게 짝지어진 것은?   ◎ 13년6월2일

① 붉은색 −600°C
② 오렌지색 −800°C
③ 매우 눈부신 흰색 −2000°C
④ 황색 −2500°C

해설 색온도계 색깔에 따른 온도
  ① 어두운색(600℃)
  ② 붉은색(800℃)
  ③ 오렌지색(1,000℃)
  ④ 노란색(1,200℃)
  ⑤ 눈부신 황백색(1,500℃)
  ⑥ 매우 눈부신 흰색(2,000℃)
  ⑦ 푸른기가 있는 흰백색(2,500℃)

정답 121 ④ 122 ① 123 ③

03

압력측정

01 측정의 개요 와 단위
02 온도측정=측온(測溫)
03 압력측정
04 유량측정
05 액면측정
06 습도측정
07 가스분석 및 열량측정
08 자동제어

CHAPTER 03 압력측정

자주출제 되는 문제

01 압력계의 분류

압력계
- 액주식 (마노미터)
  - 주식 U자관 : 10~2000mmAq, 크기는 보통 2m
  - 경사관식(경사미압계) : 미세압력을 정밀하게 측정, 보일러의 통풍의 압력측정에 사용
  - 부자식(float)플로트액주식
  - (링 밸런스압력계)환상천평식 : 저압측정, 연돌가스의 압력측정 : 25~3000mmAq
  - 침종식 : 저압의 기체의 압력측정, 진동충격의 영향이 적다.
- 탄성식
  - 부르동관압력계 : 0~3000bar
  - 벨로즈식 : 0.01~10bar
  - 다이어프램식(박막식=격막식) : 박판재료는 인청동, 고무 등이 사용된다. : 25~5000mmAq
- 전기식
  - 저항선 : 금속의 전기전항의 변화를 통해 압력측정, 응답빠르고 초과압에서 미압까지 측정가능
  - 스트레인게이지식 압력계 : 압전식(piezo)압력계
- 피스톤압력계(표준 분동식)=분동식압력계 : 탄성식압력계의 기준, 교정 또는 검정용으로 사용된다.
- 진공압력계
  - 맥로우드(Mcleod) : 수은주의 체적변화를 통해 진공측정
  - 열전도형 진공계
  - 전리진공계
  - 방전전리를 이용한 진공계
    - 가이슬러관
    - 열전자 전리진공계
    - α선 전리진공계

※ 압력계의 측정압력
- 부르동관 : 0~3,000kgt/cm²
- 다이어프램식 : 25~5,000mmAq
- 벨로스식 : 0.01~10kg/cm²
- 링밸런스식 : 25~3,000mmAq

02 액주식 압력계

1) 액주식 압력계에 사용되는 액체의 구비조건
   ① 모세관 현상이 작아야 된다.
   ② 점도이 작아야 된다.
   ③ 액면은 항상 수평이 되어야 한다.
   ④ 증기에 의한 밀도 변화가 되도록 적을 것
   ⑤ 온도변화에 의한 밀도 변화가 작아야 한다.
   ⑥ 열팽창계수가 작을 것
   ⑦ 일정한 화학성분을 가질 것
   ⑧ 휘발성·흡수성이 적을 것
   ※액주식 압력계에 사용되는 액체 : 물, 수은, 기름, 등을 사용함

2) 액주에 의한 압력측정에서 정밀측정을 위한 보정 항목
   ① 모세관현상의 보정
   ② 중력의 보정
   ③ 온도의 보정

3) 압력계산식

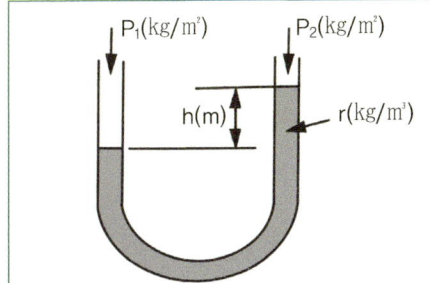

U자관의 압력 측정 범위는 $(10 \sim 2000 mmH_2O)$ 이다.
$(P_1 - P_2) = \gamma \times h$

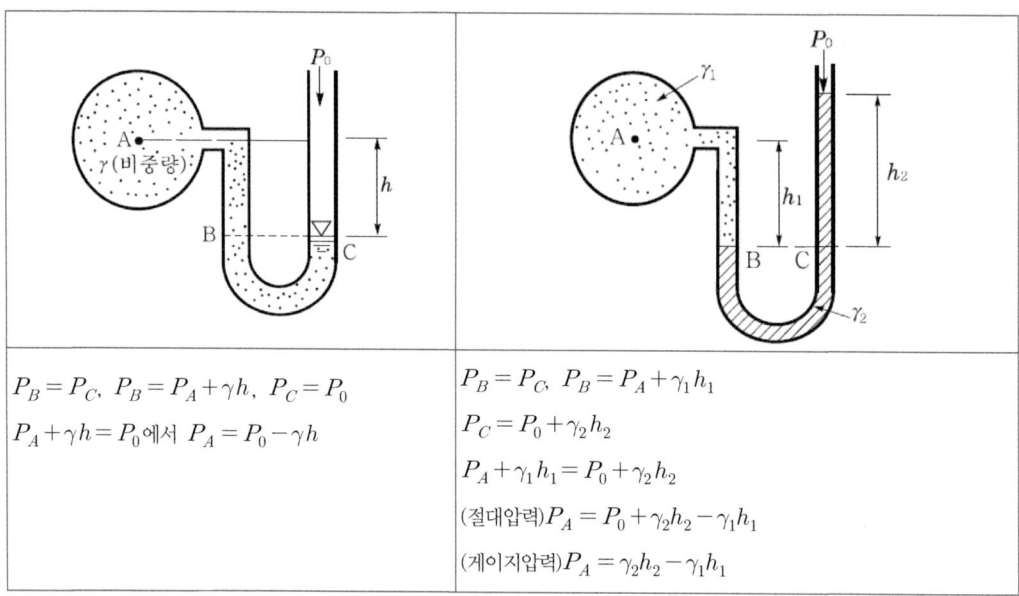

$P_B = P_C$, $P_B = P_A + \gamma h$, $P_C = P_0$ $P_A + \gamma h = P_0$에서 $P_A = P_0 - \gamma h$	$P_B = P_C$, $P_B = P_A + \gamma_1 h_1$ $P_C = P_0 + \gamma_2 h_2$ $P_A + \gamma_1 h_1 = P_0 + \gamma_2 h_2$ (절대압력) $P_A = P_0 + \gamma_2 h_2 - \gamma_1 h_1$ (게이지압력) $P_A = \gamma_2 h_2 - \gamma_1 h_1$

3) **경사관식압력계** : 눈금을 확대하여 읽어내기 때문에 U자관압력계보다 정밀한 측정을 할 수 있으나, 구조상 저압의 압력측정 에만 사용함

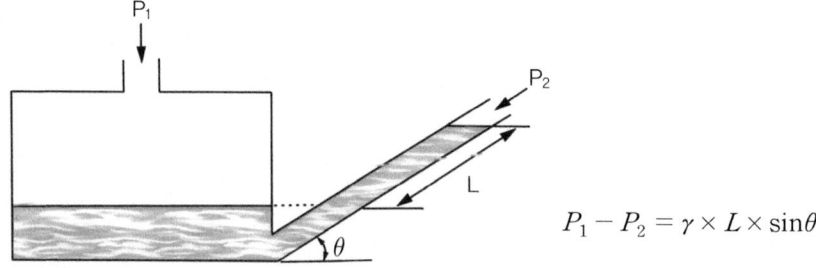

$$P_1 - P_2 = \gamma \times L \times \sin\theta$$

4) **환상천평식(링밸런스식)압력계** : 원형의 측정실 내부에 액(기름, 수은)을 절반 정도 넣고, 하부에 붙인 추의 탄성을 이용하여 압력을 측정한다. 연돌 가스 압력측정에 사용된다. 저압가스(25~3,000mmAq)나 드래프트 게이지로 사용된다.

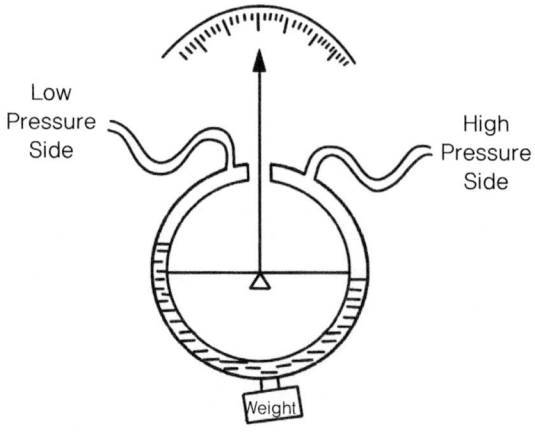

> [용어정리]
> 드래프트(drift : 통풍) 게이지 : 주로 연소 또는 굴뚝과 같은 곳에서 낮은 압력 차이를 측정하는 데 사용되는 계기 대표적으로 통풍력게이지로 사용함

5) **침종식압력계(沈鐘式壓力計)** : 액체 속에 일부분이 잠겨 있는 종(鐘)이 압력의 변화에 따라 오르내리는 것을 이용하여 압력의 크기를 표시하거나 기록하는 압력계 플로트 모양이 종(鐘)처럼 생겨서 침종식으로 명칭 하였다.

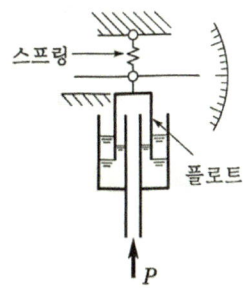

- 침종식압력계의 특징
    ⓐ 진동·충격의 영향이 적고 미소 차압의 측정이 가능하며,
    ⓑ 저압가스의 유량을 측정하는데 주로 사용되는 압력계
    ⓒ 아르키메데스의 원리(부력의 원리)를 이용함
    ⓓ 봉입액은 자주 세정, 교환하여 청정하도록 유지함
    ⓔ 압력 취출구에서 압력계까지 배관은 가능한 짧게 함
    ⓕ 계기 설치는 똑바로 수평으로 해야 함
    ⓖ 봉입액의 양은 일정하게 유지해야 함

02 탄성식압력계

1) **부르동관 (bourdon tube ; 청동관) 압력계** : 청동관의 탄성을 이용한 고압측정용 압력계

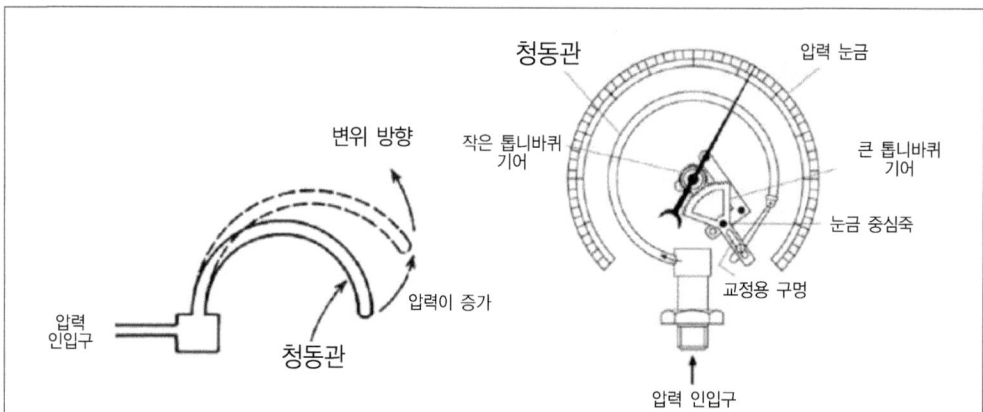

- 부르동관 압력계의 특징
  ① 구조가 간단하고 사용이 간편함
  ② 전송장치로 원격지지, 기록이 가능함
  ③ 최고측정 가능압력이 1,000atm까지 되어 측정범위가 넓음
  ④ 자동제어의 원격조정이 용이함

2) **벨로우즈(Bellows)압력계** : 벨로우즈라는 주름이 있는 주머니의 변화량을 이용한 압력계

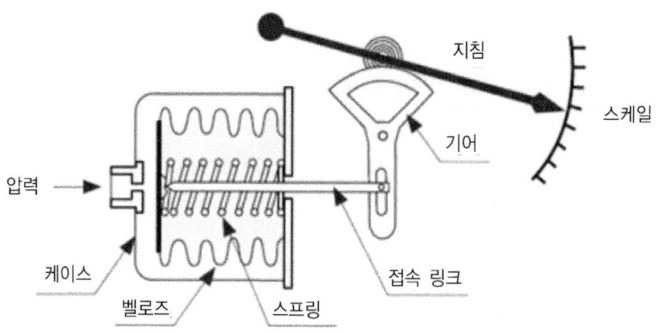

- 벨로우즈 압력계의 특징
  ① 측정압력은 0.01~10kg/㎠이다.
  ② 벨로스의 재질은 인청동 및 스테인리스강을 사용한다.
  ③ Bellows 탄성의 보조로 코일 스프링을 조합하여 사용하는 이유는 히스테리시스 현상을 없애기 위해서 사용한다.

3) **다이어프램(Diaphragm)식 압력계** : 다이어프램이라는 격막의 움직임을 통해 압력을 측정하는 것으로 구조상 먼지, 등을 함유한 액체나 점도가 높은 액체에 적합하여 주로 연소가스의 통풍계로 사용되는 압력계

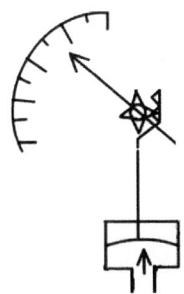

- 다이어프램(Diaphragm)식 압력계의 특징
① 다이어프램 재질은 가죽, 고무, 양은, 인청동, 스테인리스, 탄성체박판
② 저압(20~5,000mmH2O) 측정에 주로 사용된다.
③ 점도가 높은 액체의 압력측정에 사용된다.
④ 먼지가 함유된 액체에 적합함
⑤ 대기압과의 차가 적은 미소압력의 측정에 사용함
⑥ 응답속도가 빠르고 부식성 유체의 측정이 가능함
⑦ 온도의 영향을 받기 쉬움
⑧ 압력의 증가에 의해 피니언(시계바늘)은 시계방향으로 회전함

03 전기식압력계

1) **저항선식압력계** : 금속의 전기저항 값이 변화되는 것을 이용하여 압력을 측정하는 압력계
   - (전기)저항선식압력계의 특징
   ① 응답속도가 빠르고 초고압에서 미압까지 측정함
   ② 전기저항식압력계에 사용되는 저항선의 재질은 백금, 구리, 니켈, 서미스터, 등이 있다.

2) **스트레인게이지식압력계** : 압전 저항효과(Piezo 효과)를 이용한 압력계
   - 스트레인게이지식압력계(전기식 압력계) 특징
   ① 압전, 저항효과를 이용한 압력계(자기변형 압력계)
   ② 물체에 압력을 가하면 발생한 전기량은 압력에 비례함
   ③ 응답이 빨라서 급격한 압력변화를 측정함

04 분동식 압력계
: 램, 실린더, 기름탱크 가압펌프, 등으로 구성되어 있으며, 탄성식 압력계의 일반교정용으로 주로 사용되는 압력계 로써 다른 압력계의 기준기로 사용된다.

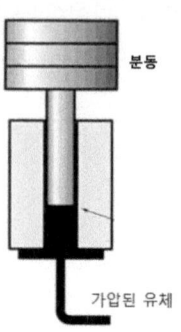

※ 사용기름 : 경유, 모빌유(300MPa 이상압력측정시 사용), 스핀들유, 파마자유

05 진공 압력계

진공압력계 ┬ 맥로우드(Mcleod) : 수은주의 체적변화를 통해 진공측정
           ├ 열전도형 진공계
           ├ 전리진공계
           └ 방전전리를 이용한 진공계 ┬ 가이슬러관
                                    ├ 열전자 전리진공계
                                    └ α선 전리진공계

> **참고**
>
> 전리 현상(電離現象, ionization)은 방사선이 물질에 충돌하여 원자 또는 분자에서 전자를 떼어내어 양이온과 전자를 만드는 현상

1) **맥클라우드(Macleod)식** : 진공에 대한 폐관식 압력계로서 측정하려고 하는 기체를 압축하여 수은주로 읽게 하여 그 체적변화로부터 원래의 압력을 측정하는 형식의 진공계

06 pitot tube(피토우트관)

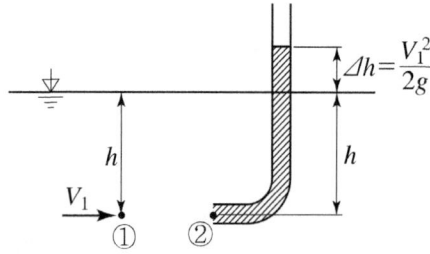

(수심 h지점에서의 속도) $V_1 = \sqrt{2g \Delta h} = \sqrt{2g \dfrac{P_t - P_s}{\gamma}}$

(정압(靜壓)) $P_s = \gamma \times h$

(동압(動壓)) $P_d = \gamma \times \Delta h = \gamma \times \dfrac{V_1^2}{2g}$,   (전압(全壓)) $P_t = P_s + P_d$,

과년도 기출문제 (계측방법)

01 다음 중 액주식(液柱式) 압력계가 아닌 것은? ◎ 15년9월19일

① U자관 압력계
② 단관식 압력계
③ 링밸런스식 압력계
④ 격막식(diaphragm) 압력계

02 액주식 압력계의 종류가 아닌 것은? ◎ 21년5월15일

① U자관형
② 경사관식
③ 단관형
④ 벨로즈식

해설 ▶ 액주식 (마노미터)의 종류
1) U자관 : 10~2000 mmAq, 크기는 보통 2m
2) 경사관식 (경사미압계) : 미세압력을 정밀하게 측정, 보일러의 통풍 압력 측정에 사용
3) 단관식 : 저압 측정
4) 부자식 (float) 플로트 액주식
5) 환상천평식(링 밸런스 압력계) : 저압 측정, 연돌가스의 압력 측정 (25~3000 mmAq)
6) 침종식 : 저압의 기체 압력 측정, 진동 충격의 영향이 적다

03 탄성 압력계에 속하지 않는 것은? ◎ 19년4월27일

① 부자식 압력계
② 다이아프램 압력계
③ 벨로우즈식 압력계
④ 부르동관 압력계

해설 ▶ 탄성식 압력계 종류
1) 부르동관 압력계 : 측정 범위 : 0 ~ 3000 bar
2) 벨로즈식 압력계 : 측정 범위 : 0.01 ~ 10 bar
3) 다이어프램식 (박막식 = 격막식) : 측정 범위 : 25 ~ 5000 mmAq, 박판 재료 : 인청동, 고무 등

04 다음 중 탄성 압력계에 속하는 것은? ◎ 21년3월7일

① 침종 압력계
② 피스톤 압력계
③ U자관 압력계
④ 부르동간 압력계

해설 ▶ 탄성식 압력계 종류
1) 부르동관 압력계 : 측정 범위 : 0 ~ 3000 bar
2) 벨로즈식 압력계 : 측정 범위 : 0.01 ~ 10 bar
3) 다이어프램식 (박막식 = 격막식) : 측정 범위 : 25 ~ 5000 mmAq, 박판 재료 : 인청동, 고무 등

05 부르돈 게이지(Bourdon gauge)는 유체의 무엇을 직접적으로 측정하기 위한 기기인가? ◎ 16년3월6일

① 온도
② 압력
③ 밀도
④ 유량

해설 ▶ 부르동관 압력계의 특징
① 구조가 간단하고 사용이 간편하다.
② 전송장치로 원격지지, 기록이 가능하다.
③ 최고측정 가능압력이 1,000atm까지 되어 측정범위가 넓다.
④ 자동제어의 원격조정이 용이하다.

정답 01 ④ 02 ④ 03 ① 04 ④ 05 ②

06 탄성체의 탄성변형을 이용하는 압력계가 아닌 것은?
① 단관식 ② 부르돈관식
③ 벨로우즈식 ④ 다이어프램식

해설 ▶ 탄성식 압력계 종류
1) 부르동관 압력계 : 측정 범위 : 0 ~ 3000 bar
2) 벨로즈식 압력계 : 측정 범위 : 0.01 ~ 10 bar
3) 다이어프램식 (박막식 = 격막식) : 측정 범위 : 25 ~ 5000 mmAq, 박판 재료 : 인청동, 고무 등

07 다음 중 압전 저항효과를 이용한 압력계는?
① 액주형 압력계
② 아네로이드 압력계
③ 박막식 압력계
④ 스트레인게이지식 압력계

해설 ▶ 스트레인게이지식압력계 : 압전 저항효과 (Piezo 효과)를 이용한 압력계
▶ 스트레인게이지식압력계(전기식 압력계) 특징
① 압전, 저항효과를 이용한 압력계(자기변형 압력계)
② 물체에 압력을 가하면 발생한 전기량은 압력에 비례함
③ 응답이 빨라서 급격한 압력변화를 측정함

08 다음 중 방전을 이용하는 진공계는?
① 피라니
② 가이슬러관
③ 휘스톤브리지
④ 서미스터

해설
방전전리를 이용한 진공계 ─ 가이슬러관
　　　　　　　　　　　　　├ 열전자 전리진공계
　　　　　　　　　　　　　└ α선 전리진공계

09 스트레인게이지식 압력계는 어떤 효과를 이용한 것인가?
① 펠티어 효과
② 제벡효과
③ 톰선효과
④ 압전효과

10 액주식 압력계에서 액주에 사용되는 액체의 구비조건으로 틀린 것은?
① 모세관 현상이 클 것
② 점도나 팽창계수가 작을 것
③ 항상 액면을 수평으로 만들 것
④ 증기에 의한 밀도 변화가 되도록 적을 것

해설 ▶ 액주식 압력계에 사용되는 액체의 구비조건
① 모세관 현상이 작아야 된다.
② 점도이 작아야 된다.
③ 액면은 항상 수평이 되어야 한다.
④ 증기에 의한 밀도 변화가 되도록 적을 것
⑤ 온도변화에 의한 밀도 변화가 작아야 한다.
⑥ 열팽창계수가 작을 것
⑦ 일정한 화학성분을 가질 것
⑧ 휘발성·흡수성이 적을 것
　※ 액주식 압력계에 사용되는 액체 : 물, 수은, 기름, 등을 사용함

정답 06 ① 07 ④ 08 ② 09 ④ 10 ①

11 액주식 압력계에 사용되는 액체의 구비조건으로 틀린 것은?
🔘 21년3월7일, 16년10월1일

① 온도변화에 의한 밀도 변화가 커야 한다.
② 액면은 항상 수평이 되어야 한다.
③ 점도와 팽창계수가 작아야 한다.
④ 모세관 현상이 적어야 한다.

해설 ▶ 액주식 압력계에 사용되는 액체의 구비조건
① 모세관 현상이 작아야 된다.
② 점도이 작아야 된다.
③ 액면은 항상 수평이 되어야 한다.
④ 증기에 의한 밀도 변화가 되도록 적을 것
⑤ 온도변화에 의한 밀도 변화가 작아야 한다.
⑥ 열팽창계수가 작을 것
⑦ 일정한 화학성분을 가질 것
⑧ 휘발성·흡수성이 적을 것
※ 액주식 압력계에 사용되는 액체 : 물, 수은, 기름, 등을 사용함

12 액주식 압력계에 필요한 액체의 조건으로 틀린 것은?
🔘 22년3월5일

① 점성이 클 것
② 열팽창계수가 작을 것
③ 성분이 일정할 것
④ 모세관현상이 작을 것

해설 ▶ 액주식 압력계에 사용되는 액체의 구비조건
① 모세관 현상이 작아야 된다.
② 점도이 작아야 된다.
③ 액면은 항상 수평이 되어야 한다.
④ 증기에 의한 밀도 변화가 되도록 적을 것
⑤ 온도변화에 의한 밀도 변화가 작아야 한다.
⑥ 열팽창계수가 작을 것
⑦ 일정한 화학성분을 가질 것
⑧ 휘발성·흡수성이 적을 것
※ 액주식 압력계에 사용되는 액체 : 물, 수은, 기름, 등을 사용함

13 압력 측정에 사용되는 액체의 구비조건 중 틀린 것은?
🔘 21년5월15일

① 열팽창계수가 클 것
② 모세관 현상이 작을 것
③ 점성이 작을 것
④ 일정한 화학성분을 가질 것

해설 ▶ 액주식 압력계에 사용되는 액체의 구비조건
① 모세관 현상이 작아야 된다.
② 점도이 작아야 된다.
③ 액면은 항상 수평이 되어야 한다.
④ 증기에 의한 밀도 변화가 되도록 적을 것
⑤ 온도변화에 의한 밀도 변화가 작아야 한다.
⑥ 열팽창계수가 작을 것
⑦ 일정한 화학성분을 가질 것
⑧ 휘발성·흡수성이 적을 것
※ 액주식 압력계에 사용되는 액체 : 물, 수은, 기름, 등을 사용함

14 액주에 의한 압력측정에서 정밀한 측정을 할 때 다음 중 필요로 하지 않는 보정은?
🔘 12년9월15일

① 온도의 보정
② 중력의 보정
③ 높이의 보정
④ 모세관 현상의 보정

해설 액주계(마노미터)의 압력측정보정
1. 온도의 보정
2. 중력의 보정
3. 모세관현상의 보정

정답 11 ① 12 ① 13 ① 14 ③

15 액주형 압력계 중 경사관식 압력계의 특정에 대한 설명으로 옳은 것은? ○ 22년4월24일

① 일반적으로 U자관보다 정밀도가 낮다.
② 눈금을 확대하여 읽을 수 있는 구조이다.
③ 통풍계로는 사용할 수 없다.
④ 미세압 측정이 불가능하다.

해설 ▶ 경사관식압력계(경사마노미터)
눈금을 확대하여 읽어내기 때문에 U자관압력계보다 정밀한 측정을 할 수 있으나, 구조상 저압의 압력측정 에만 사용함.
미세한 압력차를 측정하는데 사용된다.

★★★★
16 다음 중 미세한 압력차를 측정하기에 적합한 액주식 압력계는? ○ 20년9월26일

① 경사관식 압력계   ② 부르동관 압력계
③ U자관식 압력계   ④ 저항선 압력계

해설 ▶ 경사관식압력계(경사마노미터)
눈금을 확대하여 읽어내기 때문에 U자관압력계보다 정밀한 측정을 할 수 있으나, 구조상 저압의 압력측정 에만 사용함.
미세한 압력차를 측정하는데 사용된다.

17 U자관 압력계에 관한 설명으로 가장 거리가 먼 것은? ○ 16년3월6일

① 차압을 측정할 경우에는 한 쪽 끝에만 압력을 가한다.
② U자관의 크기는 특수한 용도를 제외하고는 보통 2m 정도로 한다.
③ 관 속에 수은, 물 등을 넣고 한 쪽 끝에 측정압력을 도입하여 압력을 측정한다.
④ 측정 시 메니스커스, 모세관현상 등의 영향을 받으므로 이에 대한 보정이 필요하다.

해설 U자관은 차압을 측정 할수 없다.

18 U자관 압력계에 대한 설명으로 틀린 것은? ○ 19년9월21일

① 측정 압력은 1 ~ 1000 kPa 정도이다.
② 주로 통풍력을 측정하는 데 사용된다.
③ 측정의 정도는 모세관 현상의 영향을 받으므로 모세관 현상에 대한 보정이 필요하다.
④ 수은, 물, 기름 등을 넣어 한쪽 또는 양쪽 끝에 측정압력을 도입한다.

해설 U자관의 압력 측정 범위는 (10~2000mmH_2O, 1~200kPa)이다.

19 보일러의 통풍계 등에도 사용되며 미세압을 측정하는데 가장 적당한 압력계는? ○ 14년3월2일

① 경사관식 액주형 압력계
② 분동식 액주형 압력계
③ 부르동관식 압력계
④ 단관식 압력계

해설 ▶ 경사관식압력계(경사마노미터)
눈금을 확대하여 읽어내기 때문에 U자관압력계보다 정밀한 측정을 할 수 있으나, 구조상 저압의 압력측정 에만 사용함.
미세한 압력차를 측정하는데 사용된다.

★★
20 압력센서인 스트레인게이지의 응용원리로 옳은 것은? ○ 22년3월5일, 14년5월25일

① 온도의 변화
② 전압의 변화
③ 저항의 변화
④ 금속선의 굵기 변화

해설 압력센서인 스트레인게이지의 응용원리는 저항의 변화를 통해 압력을 측정한다.

정답 15 ② 16 ① 17 ① 18 ① 19 ① 20 ③

21 다음 중 가장 높은 압력을 측정할 수 있는 압력계는?
◎ 19년9월21일

① 부르동관 압력계
② 다이어프램식 압력계
③ 벨로스식 압력계
④ 링밸런스식 압력계

[해설] 부르동관 압력계은 3000bar까지 높은 압력을 측정하는 탄성식 압력계이다.

22 ★★ 금속의 전기 저항 값이 변화되는 것을 이용하여 압력을 측정하는 전기저항압력계의 특성으로 맞는 것은?
◎ 20년8월22일

① 응답속도가 빠르고 초고압에서 미압까지 측정한다.
② 구조가 간단하여 압력검출용으로 사용한다.
③ 먼지의 영향이 적고 변동에 대한 적응성이 적다.
④ 가스폭발 등 급속한 압력변화를 측정하는 데 사용한다.

[해설] ▶ 전기저항압력계(저항선식압력계) : 금속의 전기저항 값이 변화되는 것을 이용하여 압력을 측정하는 압력계
▶ 전기저항압력계(저항선식압력계)의 특징
① 응답속도가 빠르고 초고압에서 미압까지 측정함
② 전기저항식압력계에 사용되는 저항선의 재질은 백금, 구리, 니켈, 서미스터, 등이 있다.

23 다이어프램 재질의 종류로 가장 거리가 먼 것은?
◎ 15년3월8일

① 가죽   ② 스테인리스강
③ 구리   ④ 탄소강

[해설] 다이어프램 재질은 가죽, 고무, 양은, 인청동, 스테인리스, 탄성체박판

24 ★★ 다이어프램식 압력계의 압력증가 현상에 대한 설명으로 옳은 것은?
◎ 12년9월15일

① 다이어프램에 가해진 압력에 의해 격막이 팽창한다.
② 링크가 아래 방향으로 회전한다.
③ 섹터기어가 시계방향으로 회전한다.
④ 피니언은 시계방향으로 회전한다.

[해설] 다이어프램(Diaphragm)식 압력계 : 다이어프램이라는 격막의 움직임을 통해 압력을 측정하는 것으로 구조상 먼지, 등을 함유한 액체나 점도가 높은 액체에 적합하여 주로 연소가스의 통풍계로 사용되는 압력계

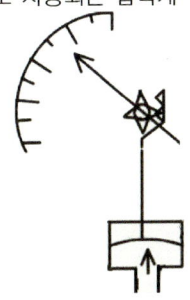

25 침종식 압력계에 대한 설명으로 틀린 것은?
◎ 15년5월31일

① 봉입액은 자주 세정 혹은 교환하여 청정하도록 유지한다.
② 압력 취출구에서 압력계까지 배관은 가능한 길게 한다.
③ 계기 설치는 똑바로 수평으로 하여야 한다.
④ 봉입액의 양은 일정하게 유지해야 한다.

[해설] ▶ 침종식압력계의 특징
ⓐ 진동·충격의 영향이 적고 미소 차압의 측정이 가능하며,
ⓑ 저압가스의 유량을 측정하는데 주로 사용되는 압력계
ⓒ 아르키메데스의 원리(부력의 원리)를 이용함
ⓓ 봉입액은 자주 세정, 교환하여 청정하도록 유지함
ⓔ 압력 취출구에서 압력계까지 배관은 가능한 짧게 함
ⓕ 계기 설치는 똑바로 수평으로 해야 함
ⓖ 봉입액의 양은 일정하게 유지해야 함

정답 21 ① 22 ① 23 ④ 24 ④ 25 ②

26 진동·충격의 영향이 적고, 미소 차압의 측정이 가능하며 저압가스의 유량을 측정하는 데 주로 사용되는 압력계는? ● 16년3월6일

① 압전식 압력계
② 분동식 압력계
③ 침종식 압력계
④ 다이아프램 압력계

> 해설 ■ 침종식압력계의 특징
> ⓐ 진동·충격의 영향이 적고 미소 차압의 측정이 가능하며,
> ⓑ 저압가스의 유량을 측정하는데 주로 사용되는 압력계
> ⓒ 아르키메데스의 원리(부력의 원리)를 이용함
> ⓓ 봉입액은 자주 세정, 교환하여 청정하도록 유지함
> ⓔ 압력 취출구에서 압력계까지 배관은 가능한 짧게 함
> ⓕ 계기 설치는 똑바로 수평으로 해야 함
> ⓖ 봉입액의 양은 일정하게 유지해야 함

27 진공에 대한 폐관식 압력계로서 측정하려고 하는 기체를 압축하여 수은주로 읽게 하여 그 체적변화로부터 원래의 압력을 측정하는 형식의 진공계는? ● 16년5월8일

① 눗슨(Knudsen)
② 피라니(Pirani)
③ 맥로우드(Mcleod)
④ 벨로우즈(Bellows)

> 해설 맥로우드(Macleod)식 : 진공에 대한 폐관식 압력계로서 측정하려고 하는 기체를 압축하여 수은주로 읽게 하여 그 체적변화로부터 원래의 압력을 측정하는 형식의 진공계

28 다음 중 구조상 먼지 등을 함유한 액체나 점도가 높은 액체에 적합하여 주로 연소가스의 통풍계로 사용되는 압력계는? ● 16년5월8일

① 다이어프램식
② 밸로우즈식
③ 링밸런스식
④ 분동식

> 해설 다이어프램(Diaphragm)식 압력계의 특징
> ① 다이어프램 재질은 가죽, 고무, 양은, 인청동, 스테인리스, 탄성체박판
> ② 저압(20~5,000mmH2O) 측정에 주로 사용된다.
> ③ 점도가 높은 액체의 압력측정에 사용된다.
> ④ 먼지가 함유된 액체에 적합함
> ⑤ 대기압과의 차가 적은 미소압력의 측정에 사용함
> ⑥ 응답속도가 빠르고 부식성 유체의 측정이 가능함
> ⑦ 온도의 영향을 받기 쉬움
> ⑧ 압력의 증가에 의해 피니언(시계바늘)은 시계방향으로 회전함

★★★
29 램, 실린더, 기름탱크 가압펌프 등으로 구성되어 있으며 탄성식 압력계의 일반교정용으로 주로 사용되는 압력계는? ● 17년5월7일

① 분동식 압력계
② 격막식 압력계
③ 침종식 압력계
④ 벨로즈식 압력계

> 해설 분동식 압력계 : 램, 실린더, 기름탱크 가압펌프, 등으로 구성되어 있으며, 탄성식 압력계의 일반교정용으로 주로 사용되는 압력계 로써 다른 압력계의 기준기로 사용된다.

정답 26 ③ 27 ③ 28 ① 29 ①

30 벨로우즈(Bellows)압력계에서 Bellows 탄성의 보조로 코일 스프링을 조합하여 사용하는 주된 이유는? ✚ 17년9월23일

① 감도를 증대시키기 위하여
② 측정압력 범위를 넓히기 위하여
③ 측정지연 시간을 없애기 위하여
④ 히스테리시스 현상을 없애기 위하여

해설 벨로우즈(Bellows)압력계에서 Bellows 탄성의 보조로 코일 스프링을 조합하여 사용하는 주된 이유는 히스테리시스 현상을 없애기 위해서 설치한다.

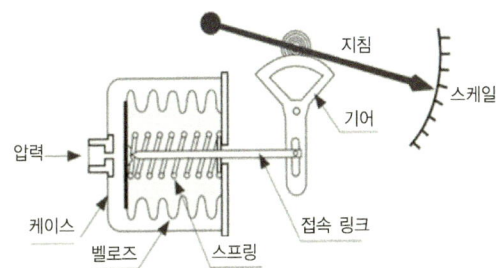

31 다이어프램 압력계의 특징이 아닌 것은? ✚ 18년3월4일

① 점도가 높은 액체에 부적합하다.
② 먼지가 함유된 액체에 적합하다.
③ 대기압과의 차가 적은 미소압력의 측정에 사용한다.
④ 다이어프램으로 고무, 스테인리스 등의 탄성체 박판이 사용된다.

해설 다이어프램(Diaphragm)식 압력계의 특징
① 다이어프램 재질은 가죽, 고무, 양은, 인청동, 스테인리스, 탄성체박판
② 저압(20~5,000mmH2O) 측정에 주로 사용됨
③ 점도가 높은 액체의 압력측정에 사용된다.
④ 먼지가 함유된 액체에 적합함
⑤ 대기압과의 차가 적은 미소압력의 측정에 사용함
⑥ 응답속도가 빠르고 부식성 유체의 측정이 가능함
⑦ 온도의 영향을 받기 쉬움
⑧ 압력의 증가에 의해 피니언(시계바늘)은 시계방향으로 회전함

32 압력 측정을 위해 지름 1cm의 피스톤을 갖는 사하중계(dead weight)를 이용할 때, 사하중계의 추, 피스톤 그리고 펜(pan)의 전체 무게가 6.14kgf이라면 게이지압력은 약 몇 kPa인가? (단, 중력가속도는 9.81m/s2 이다.) ✚ 21년9월12일

① 76.7   ② 86.7
③ 767   ④ 867

해설
$(압력)P = \dfrac{W}{A} = \dfrac{6.14 \times 9.81 N}{\dfrac{\pi}{4} 0.01^2 m^2} = 766915.46 Pa ≒ 767 kPa$

33 환상천평식(링밸런스식) 압력계에 대한 설명으로 옳은 것은? ✚ 19년3월3일

① 경사관식 압력계의 일종이다.
② 히스테리시스 현상을 이용한 압력계이다.
③ 압력에 따른 금속의 신축성을 이용한 것이다.
④ 저압가스의 압력측정이나 드래프트게이지로 주로 이용된다.

해설 환상천평식(링밸런스식)압력계 : 원형의 측정실 내부에 액(기름, 수은)을 절반 정도 넣고, 하부에 붙인 추의 탄성을 이용하여 압력을 측정한다. 연돌 가스 압력측정에 사용된다. 저압가스(25~3,000mmAq)나 드래프트 게이지로 사용된다.

용어정리
드래프트(drift : 통풍) 게이지 : 주로 연소또는 굴뚝과 같은 곳에서 낮은 압력 차이를 측정하는 데 사용되는 계기 대표적으로 통풍력게이지로 사용함

정답 30 ④ 31 ① 32 ③ 33 ④

★★
34 다음 각 압력계에 대한 설명으로 틀린 것은?
　　　　　　　　　　　　　　　○ 20년8월22일

① 벨로즈 압력계는 탄성식 압력계이다.
② 다이어프램 압력계의 박판재료로 인청동, 고무를 사용할 수 있다.
③ 침종식 압력계는 압력이 낮은 기체의 압력 측정에 적당하다.
④ 탄성식 압력계의 일반교정용 시험기로는 전기식 표준압력계가 주로 사용된다.

[해설] 탄성식 압력계의 일반교정용 시험기로 표준분동식 압력계가 있다.

35 다음 중 사하중계(dead weight gauge)의 주된 용도는?
　　　　　　　　　　　　　　　○ 20년9월26일

① 압력계 보정
② 온도계 보정
③ 유체 밀도 측정
④ 기체 무게 측정

[해설] 사하중계(dead weight gauge)는 분동식 압력계이다.
특히 탄성식 압력계의 일반 교정용으로 사용된다.

36 분동식 압력계에서 300MPa 이상 측정할 수 있는 것에 사용되는 액체로 가장 적합한 것은?
　　　　　　　　　　　　　　　○ 20년9월26일

① 경유　　　　② 스핀들유
③ 피마자유　　④ 모빌유

[해설] 분동식 압력계 : 램, 실린더, 기름탱크 가압펌프, 등으로 구성되어 있으며, 탄성식 압력계의 일반교정용으로 주로 사용되는 압력계 로써 다른 압력계의 기준기로 사용된다.

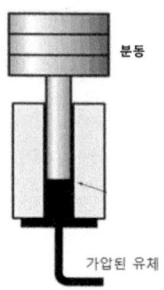

※ 사용기름 : 경유, 모빌유(300MPa 이상압력 측정시 사용), 스핀들유, 파마자유

37 다이어프램 압력계의 특징이 아닌 것은?
　　　　　　　　　　　　　　　○ 21년5월15일

① 점도가 높은 액체에 부적합하다.
② 먼지가 함유된 액체에 적합하다.
③ 대기압과의 차가 적은 미소압력의 측정에 사용한다.
④ 다이어프램으로 고무, 스테인리스 등의 탄성체 박판이 사용된다.

[해설] ▶ 다이어프램(Diaphragm)식 압력계의 특징
① 다이어프램 재질은 가죽, 고무, 양은, 인청동, 스테인리스, 탄성체박판
② 저압(20~5,000mmH2O) 측정에 주로 사용된다.
③ 점도가 높은 액체의 압력측정에 사용된다.
④ 먼지가 함유된 액체에 적합함
⑤ 대기압과의 차가 적은 미소압력의 측정에 사용함
⑥ 응답속도가 빠르고 부식성 유체의 측정이 가능함
⑦ 온도의 영향을 받기 쉬움
⑧ 압력의 증가에 의해 피니언(시계바늘)은 시계방향으로 회전함

정답　34 ④　35 ①　36 ④　37 ①

38 링밸런스식 압력계에 대한 설명으로 옳은 것은?
⊙ 22년4월24일

① 도압관은 가늘고 긴 것이 좋다.
② 측정 대상 유체는 주로 액체이다.
③ 계기를 압력원에 가깝게 설치해야 한다.
④ 부식성 가스나 습기가 많은 곳에서도 정밀도가 좋다.

해설 ① 도압관은 가늘고 짧은 것이 좋다.
② 측정 대상은 연소가스와 같은 낮은 압력차이를 측정 하는데 사용된다.
④ 부식성 가스나 습기가 많은 곳에서도 정밀도가 좋지 못하다.

39 직각으로 굽힌 유리관의 한쪽을 수면 바로 밑에 넣고 다른 쪽은 연직으로 세워 수평방향으로 0.5m/s 의 속도로 움직이면 물은 관속에서 약 몇 m 상승하는가?
⊙ 21년3월7일

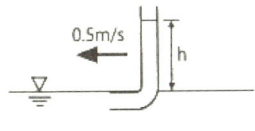

① 0.01
② 0.02
③ 0.03
④ 0.04

해설 $V = \sqrt{2gh}$, $h = \dfrac{v^2}{2g} = \dfrac{0.5^2}{2 \times 9.8} = 0.0127m$

40 U-자관에 수은이 채워져 있다. 여기에 어떤 액체를 넣었는데 이 액체 20cm와 수은 4cm가 평형을 이루었다면 이 액체의 비중은? (단, 수은의 비중은 13.6이다.)
⊙ 15년3월8일

① 6.82
② 0.59
③ 2.72
④ 3.44

해설
$P_1 = P_2$, $\gamma_1 h_1 = \gamma_2 h_2$, $S_1 \gamma_w h_1 = S_2 \gamma_w h_2$, $S_1 h_1 = S_2 h_2$,
$S_1 h_1 = S_2 h_2$, $S_2 = \dfrac{S_1 h_1}{h_2} = \dfrac{13.6 \times 4cm}{20cm} = 2.72$

★★ 41 다음 그림과 같은 U자관에서 유도되는 식은?
⊙ 18년4월28일

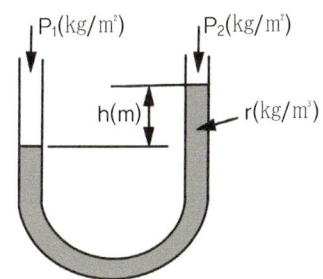

① P1=P2-h
② h=γ(P1-P2)
③ P1+P2=γh
④ P1=P2+γh

해설 같은 위치에서의 압력은 같다.
P1 = P2 + γh

42 다음 그림과 같은 경사관식 압력계에서 P2는 50kg/m²일 때 측정압력 P1은 약 몇 kg/m²인가? (단, 액체의 비중은 1이다.)
⊙ 17년3월5일

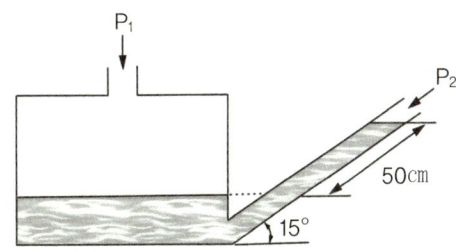

① 130
② 180
③ 320
④ 530

해설
$P_1 = P_2 + \gamma L \sin 15 = 50 + 1000 \times 0.5 \times \sin 15 = 179.4 \dfrac{kg_f}{m^2}$

정답 38 ③ 39 ① 40 ③ 41 ④ 42 ②

★★★
43 피토관의 전압을 Pt(kgf/m²), 정압을 Ps(kgf/m²), 유체의 비중량을 γ(kg/m³), 중력가속도를 g(9.8m/s²) 라고 하면 유속 V(m/s)를 구하는 식은?   ● 13년6월2일

① $V = \sqrt{2g(P_s - P_t)/\gamma}$
② $V = \sqrt{2g(P_t - P_s)/\gamma}$
③ $V = \sqrt{2g(P_s - P_t) \cdot \gamma}$
④ $V = \sqrt{2g(P_t - P_s) \cdot \gamma}$

해설 ▶ pitot tube(피토우트관)

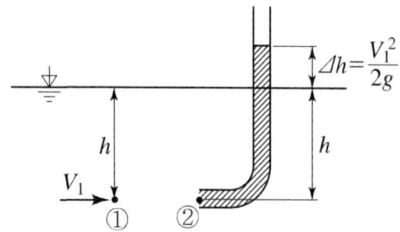

(수심 h지점에서의 속도)
$V_1 = \sqrt{2g \Delta h} = \sqrt{2g \frac{P_t - P_s}{\gamma}} = \sqrt{2g \frac{P_d}{\gamma}}$

(정압(靜壓)) $P_s = \gamma \times h$

(동압(動壓)) $P_d = \gamma \times \Delta h = \gamma \times \frac{V_1^2}{2g}$,

(전압(全壓)) $P_t = P_s + P_d$,

44 다음 액주계에서 r, r₁이 비중량을 표시할 때 압력(P_X)을 구하는 식은?   ● 18년9월15일

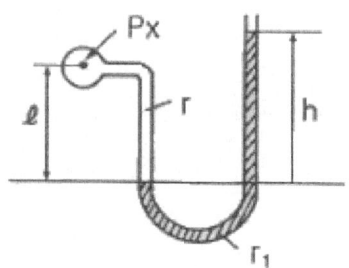

① $P_X = r_1 h + r \ell$
② $P_X = r_1 h - r \ell$
③ $P_X = r_1 \ell - rh$
④ $P_X = r_1 \ell + rh$

해설 같은 위치에서의 압력은 같다.

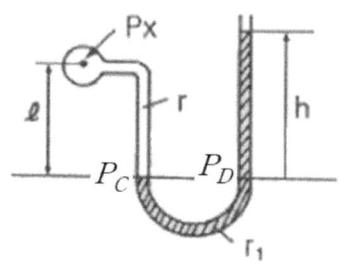

$P_C = P_D, \quad P_C = P_x + \gamma l, \quad P_D = \gamma_1 h$
$P_x + \gamma l = \gamma_1 h,$
$P_x = \gamma_1 h - \gamma l$

45 압력을 측정하는 계가가 그림과 같을 때 용기안에 들어있는 물질로 적절한 것은?   ● 20년6월6일

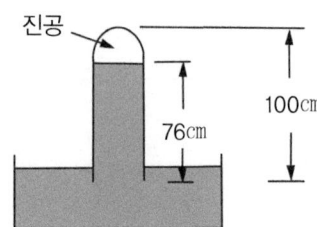

① 알코올   ② 물
③ 공기   ④ 수은

해설 대기압 $1 atm = 760 mmHg = 76 cmHg$

정답 43 ② 44 ② 45 ④

04

유량측정

01 측정의 개요 와 단위
02 온도측정=측온(測溫)
03 압력측정
04 유량측정
05 액면측정
06 습도측정
07 가스분석 및 열량측정
08 자동제어

CHAPTER 04 유량측정

자주출제 되는 문제

01 유량계 분류

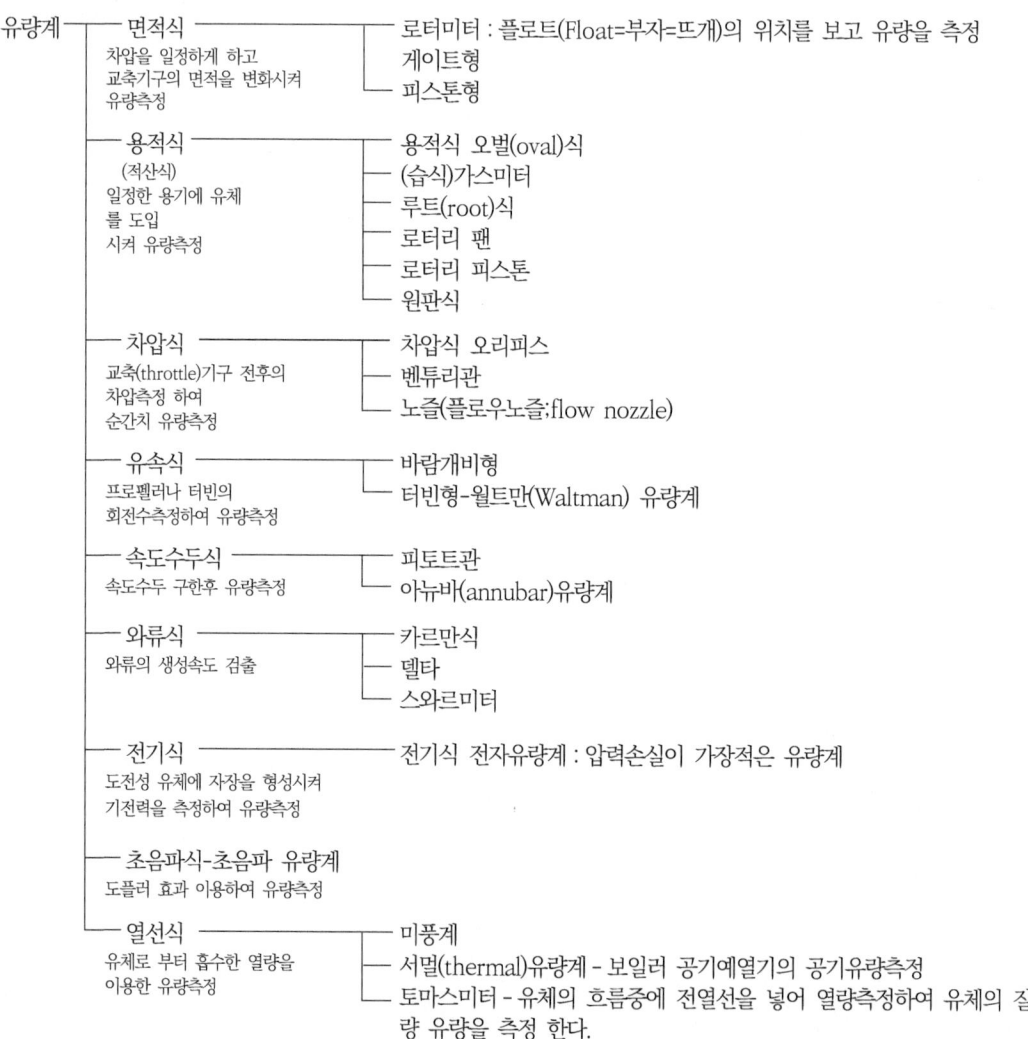

02 면적식유량계 : 차압을 일정하게 하고 교축기구의 면적을 변화 시켜 유량측정

1) 면적식 유량계의 종류
   ① 로터미터(float=부자=뜨개)
   ② 피스톤식
   ③ 게이트식

2) **로터미터(Rota Meter)** : 유체가 흐르는 단면적이 변함으로써 직접 유체의 유량을 읽을 수 있는 기기, 즉 압력차를 측정할 필요가 없는 장치 위로 벌어진 유리관에 팽이 모양의 부자(浮子)를 넣고, 밑에서부터 들어온 유체에 의하여 뜨게 만들어 그 높이로 유량을 산출한다.

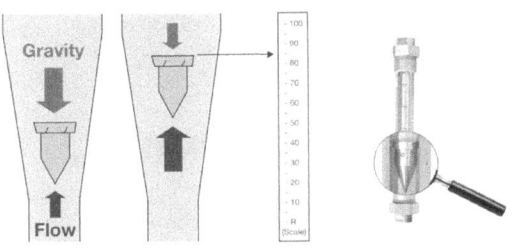

3) 면적식 유량계의 특징
   ① 진동에 매우 약함
   ② 압력손실이 크기 때문에 정밀측정에 부적합 하다.
   ③ 슬러리 액이나 부식성 액체 측정이 가능함
   ④ 고점도의 유량측정에 사용된다.
   ⑤ 수직배관만 사용 가능 하다.
   ⑥ 소유량의 유량 측정

03 용적식 유량계 : 일정한 용적의 용기에 유체를 도입시켜 유량을 측정 하는 방법

1) 용적식(적산식) 유량계의 종류
   ① 오벌(oval)식   ② (습식)가스미터   ③ 루트(root)   ④ 로터리팬   ⑤ 로터리피스톤

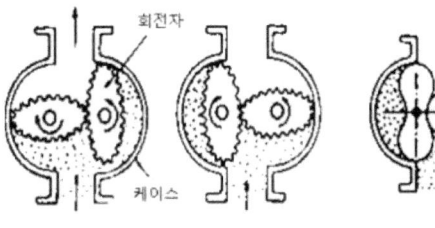
[오벌(oval)식 유량계]

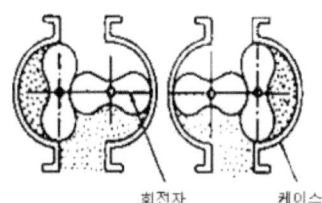
[루트(root)식 유량계]

2) 용적식유량계의 특징

① 압력손실이 적으며, 설치가 간단하다.
② 고형물 혼입방지용으로 입구측에 여과기가 필요하다.
③ 측정유체의 맥동에 의한 영향이 거의 없다.
④ 고점도의 유체측정이 가능함
⑤ 정도(精度)가 높다.
⑥ 구조가 복잡하다.

3) **오벌(Oval)식유량계** : 기어의 회전이 유량에 비례하는 원리를 이용한 유량계

■ 오벌(Oval)식유량계의 특징

① 타원형 치차의 맞물림의 이용하므로 비교적 측정정도가 높다.
② 기체유량 측정을 불가능하다.
③ 설치가 간단하고 내구력이 우수하다.
④ 유량계의 앞부분에 여과기(Strainer)를 설치하여야 된다.
⑤ 구조가 복잡하다.

04 차압식 유량계

1) **차압식 유량계의 종류**

① 오리피스(Orifice)식 : 압력손실 큼
② 플로우노즐(flow nozzle)식 : 압력손실 중간
③ 벤투리미터(venturi miter)식 : 차압식 중에서 압력손실이 가장 적어 정밀측정이 가능하다.

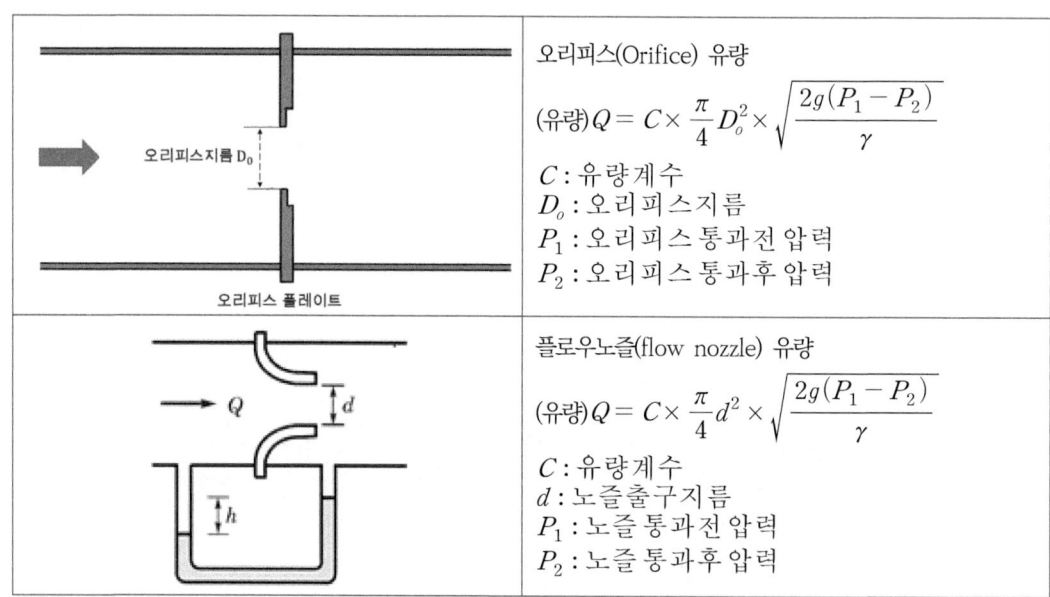

오리피스(Orifice) 유량

(유량) $Q = C \times \dfrac{\pi}{4} D_o^2 \times \sqrt{\dfrac{2g(P_1 - P_2)}{\gamma}}$

C : 유량계수
D_o : 오리피스지름
P_1 : 오리피스 통과전 압력
P_2 : 오리피스 통과후 압력

플로우노즐(flow nozzle) 유량

(유량) $Q = C \times \dfrac{\pi}{4} d^2 \times \sqrt{\dfrac{2g(P_1 - P_2)}{\gamma}}$

C : 유량계수
d : 노즐출구지름
P_1 : 노즐 통과전 압력
P_2 : 노즐 통과후 압력

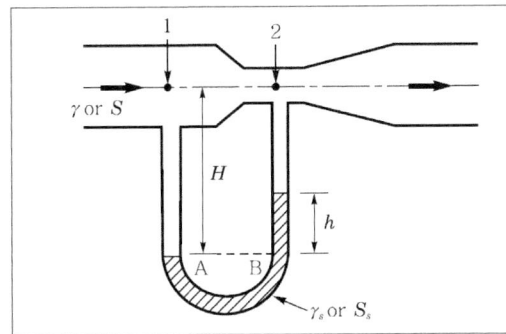

벤투리미터(venturi miter) 유량

$$Q = \frac{CA_2}{\sqrt{1-\left(\frac{d_2}{d_1}\right)^4}} \sqrt{\frac{2g(P_1-P_2)}{\gamma}}$$

2) 차압식 유량계의 특징
① 순간치를 측정하는 유량계
② 속도의 수두차를 측정하는 유량계
③ 스로틀(Throttle=교축=관줄임) 기구에 의해 유량을 측정하는 유량계
④ 유로에 고정된 교축기구를 두어 그 전·후의 압력차를 측정하여 유량을 구하는 유량계
⑤ 레이놀즈수가 10^5 이상에서 유량계수가 유지된다.
⑥ 유량은 압력차의 평방근에 비례한다.
⑦ 측정기구 전·후의 압력차(차압)을 이용하여 유량측정
⑧ 저압에서는 오차가 발생하며 정밀도 좋지 못하고 측정범위도 좁다.

3) 벤투리미터(Venturi meter)의 특징
① 오리피스에 비해 가격이 비싸다
② 오리피스에 비해 공간을 크게 차지 한다
③ 압력손실이 적고 측정 정도가 높다.
④ 파이프와 목부분의 지름비를 변화시킬 수 없다.

4) 오리피스 유량측정에 쓰이는 Tap 방식의 종류
오리피스의 전, 후단에 압력을 측정하는 위치를 탭(tap)이라 한다.
① 플랜지탭(flange taps) : 오리피스의 압력을 측정하기 위해 관지름에 관계없이 오리피스 판벽으로부터 상·하류 25mm 위치에 압력탭을 설치하는 것
② 코너탭(coner taps) : 보통 파이프 직경이 50 ㎜ 이하인 경우
③ 축류탭(베나탭=venacontracta taps) : 오리피스에서 상류측은 파이프 직경만큼 떨어진 위치 그리고 하류측은 압력이 최소가 되는 위치에 탭을 설치한다.
④ 반경탭(radius taps) : 오리피스에서 상류측은 배관직경(D), 하류측은 배관직경의 D/2 인 위치에 탭을 설치한다.
⑤ 파이프 탭(pipe taps) : 오리피스에서 상류측은 2.5D, 하류측은 8D의 위치에 탭을 설치한다.

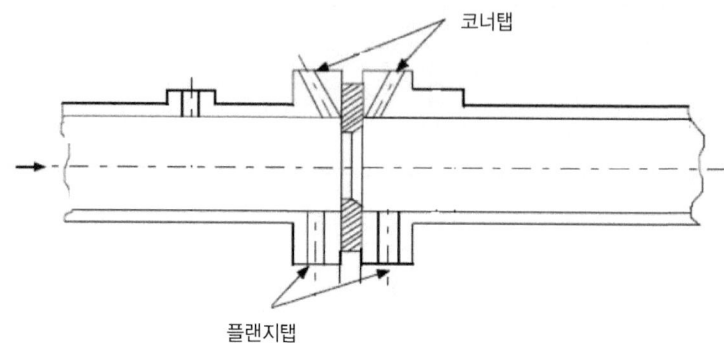

05 와류식 유량계

소용돌이 발생수를 알면 유속을 알 수 있는 원리를 이용 한 유량계 (카르만 와열은 레이놀즈수의 범위에서 유속 과 관계된 정해진 발생 수를 나타냄)

1) 와류식 유량계의 종류
① 델타유량계
② 스와르메타유량계
③ 칼만유량계

06 전자식 유량계

자계 속을 도전성유체가 흐르면 그 유체 안에서 기전력이 발생한다는 페러데이 전자유도 법칙을 이용한 유량계

1) 전자유량계의 특징
① 도전성 유체만 가능
② 유체와 직접 접촉하지 않기 때문에 유체의 밀도와 점성의 영향을 받지 않는다.
③ 유로에 장애물이 없고 압력손실, 이물질 부착의 염려가 없다.
④ 다른물질이 섞여있거나 기포가 있는 액체도 측정 가능하다
⑤ 압력손실이 거의 없다.
⑥ 유체와 직접 접촉하지 않기 때문에 높은 내식성을 유지한다.
⑦ 미소한 측정전압에 대해 고성능의 증폭기가 필요하다.
⑧ 고점도 유체 및 슬러리의 유량측정이 가능하다.
⑨ 유속검출에 지연시간이 없어 응답이 매우 빠르다.

07 위어(Weir) : 개수로의 대유량을 측정하기 위한 계측기

1) 예봉 위어와 광봉 위어는 대유량 측정 그리고 사각 위어는 중간 유량 측정에 이용되며 유량은 $Q = KLH^{\frac{3}{2}}[m^3/\min]$이다.
2) V-놋치위어(삼각 위어)는 소유량 측정에 사용되며 유량 $Q = KH^{\frac{5}{2}}[m^3/\min]$이다.
3) 광봉위어(광정위어)
4) 예봉위어

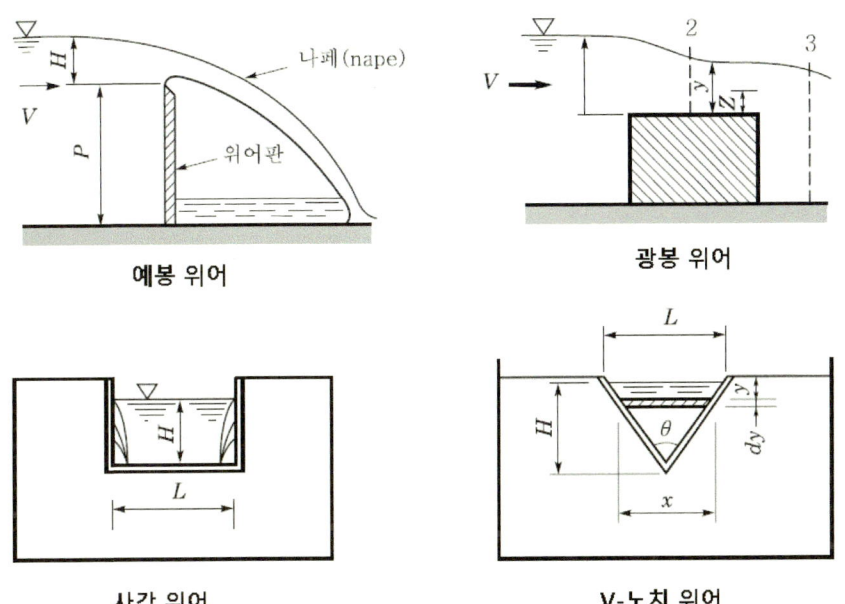

예봉 위어

광봉 위어

사각 위어

V-노치 위어

계측방법 과년도 기출문제

01 다음 중 면적식 유량계는?
  ○ 21년9월12일, 12년9월15일

① 오리피스(Orifice)미터
② 로터미터(Rotameter)
③ 벤투리(Venturi)미터
④ 플로노즐(Flow - nozzle)

[해설] 면적식 유량계의 종류
  ① 로터미터(float=부자=뜨개)
  ② 피스톤식
  ③ 게이트식

02 차압식 유량계의 종류가 아닌 것은?
  ○ 17년3월5일, 21년5월15일

① 벤투리   ② 오리피스
③ 터빈유량계   ④ 플로우 노즐

[해설] 차압식(throttle)기구 전후의 차압을 측정하여 순간치 유량측정하는 것으로
  ① 오리피스 유량계
  ② 벤투리관 유량계
  ③ 플로노즐 유량계 가 있다.

03 다음 중 차압식 유량계가 아닌 것은?
  ○ 18년3월4일, 19년4월27일, 15년3월8일

① 오리피스(orifice)
② 벤투리관(venturi)
③ 로터미터(rotameter)
④ 플로우 노즐(flow - nozzle)

[해설] 차압식(throttle)기구 전후의 차압을 측정하여 순간치 유량측정하는 것으로
  ① 오리피스 유량계
  ② 벤투리관 유량계
  ③ 플로노즐 유량계 가 있다.

04 오리피스(orifice)는 어떤 형식의 유량계 인가?
  ○ 14년3월2일

① 터빈식   ② 면적식
③ 용적식   ④ 차압식

[해설] 차압식(throttle)기구 전후의 차압을 측정하여 순간치 유량측정하는 것으로
  ① 오리피스 유량계
  ② 벤투리관 유량계
  ③ 플로노즐 유량계 가 있다.

05 다음 유량계 종류 중에서 적산식 유량계는?
  ○ 18년9월15일

① 용적식 유량계   ② 차압식 유량계
③ 면적식 유량계   ④ 동압식 유량계

[해설] 용적식유량계의 특징
  ① 압력손실이 적으며, 설치가 간단하다.
  ② 고형물 혼입방지용으로 입구측에 여과기가 필요하다.
  ③ 측정유체의 맥동에 의한 영향이 거의 없다.
  ④ 고점도의 유체측정이 가능함
  ⑤ 정도(精度)가 높다
  ⑥ 구조가 복잡하다.
  ⑦ 적산유량의 측정에 적합하다.

06 다음 중 용적식 유량계가 아닌 것은?
  ○ 13년9월28일, 22년4월24일

① 습식가스미터   ② 원판식 유량계
③ 아뉴바 유량계   ④ 오벌식 유량계

[해설] 용적식(적산식) 유량계의 종류
  ① 오벌(oval)식
  ② (습식)가스미터
  ③ 루트(root)
  ④ 로터리팬
  ⑤ 로터리피스톤

정답 01 ② 02 ③ 03 ③ 04 ④ 05 ① 06 ③

07 다음 중 용적식 유량계에 해당하는 것은?
　　　　　　　　　　　　　　★★ 18년4월28일

① 오리피스미터　　② 습식가스미터
③ 로터미터　　　　④ 피토관

해설 용적식(적산식) 유량계의 종류
　　① 오벌(oval)식
　　② (습식)가스미터
　　③ 루트(root)
　　④ 로터리팬
　　⑤ 로터리피스톤

08 열관리 측정기기 중 오벌(oval)미터는 주로 무엇을 측정하기 위한 것인가? 15년3월8일

① 온도　　　② 액면
③ 위치　　　④ 유량

해설 ▶ 오벌(Oval)식유량계의 특징
　　① 타원형 치차의 맞물림의 이용하므로 비교적 측정정도가 높다.
　　② 기체유량 측정을 불가능하다.
　　③ 설치가 간단하고 내구력이 우수하다.
　　④ 유량계의 앞부분에 여과기(Strainer)를 설치하여야 된다.
　　⑤ 구조가 복잡하다.

09 다음중 스로틀(throttle)기구에 의하여 유량을 측정하지 않는 유량계는? 17년9월23일

① 오리피스미터　　② 플로우 노즐
③ 벤투리미터　　　④ 오벌미터

10 다음 중 속도 수두 측정식 유량계는?
　　　　　　　　　　　　　　16년3월6일

① Delta 유량계
② Annulbar 유량계
③ Oval 유량계
④ Thermal 유량계

해설 ▶ 속도수두식(속도수두를 구한 후 유량을 측정)
　　1) 피토트관
　　2 아뉴바(annubar) 유량계

11 순간치를 측정하는 유량계에 속하지 않는 것은? 17년5월7일

① 오벌(Oval) 유량계
② 벤튜리(Venturi) 유량계
③ 오리피스(Orifice) 유량계
④ 플로우노즐(Flow - nozzle) 유량계

해설 관의 단면적변화를 통해 유량을 측정하는 순간치 유량을 측정하는 유량계 : 벤튜리(Venturi) 유량계, 오리피스(Orifice) 유량계, 플로우노즐(Flow - nozzle) 유량계이다.

★★
12 유량 측정기기 중 유체가 흐르는 단면적이 변함으로서 직접 유체의 유량을 읽을 수 있는 기기, 즉 압력차를 측정할 필요가 없는 장치는?
　　　　　　　　　　　　　　14년5월25일

① 오리피스 미터
② 벤투리 미터
③ 로터 미터
④ 피토 튜브

해설 차압식(throttle)기구 전후의 차압을 측정하여 순간치 유량측정하는 것으로
　　① 오리피스 유량계
　　② 벤투리관 유량계
　　③ 플로노즐 유량계 가 있다.

정답 07 ②　08 ④　09 ④　10 ②　11 ①　12 ③

13 유체의 와류를 이용하여 측정하는 유량계는? ● 19년9월21일

① 오벌 유량계
② 델타 유량계
③ 로터리 피스톤 유량계
④ 로터미터

> **해설** ▶ 와류식 유량계의 종류
> ① 델타유량계
> ② 스와르메타유량계
> ③ 칼만유량계

14 다음 중 와류식 유량계가 아닌 것은? ● 13년3월10일

① 델타 유량계
② 스와르메타 유량계
③ 칼만 유량계
④ 월터만 유량계

> **해설** ▶ 와류식 유량계의 종류
> ① 델타유량계
> ② 스와르메타유량계
> ③ 칼만유량계

15 월트만(Waltman)식과 관련된 설명으로 옳은 것은?

① 전자식 유량계의 일종이다.
② 용적식 유량계 중 박막식이다.
③ 유속식 유량계 중 터빈식이다.
④ 차압식 유량계 중 노즐식과 벤투리식을 혼합한 것이다.

> **해설**
> 유속식 ─┬─ 바람개비형
> 프로펠러 터빈 └─ 터빈형-월트만(Waltman) 유량계
> 회전수측정하여 유량측정

16 보일러 공기예열기의 공기유량을 측정하는 데 가장 적합한 유량계는? ● 18년9월15일

① 면적식 유량계   ② 차압식 유량계
③ 열선식 유량계   ④ 용적식 유량계

> **해설** ▶ 열선식 유량계
> 1) 유체로부터 흡수한 열량을 이용한 유량측정
> 2) 연선식 유량계의 종류
> ① 서멀(thermal) 유량계 : 보일러 공기예열기의 공기유량 측정
> ② 토마스미터 : 유체의 흐름 중에 전열선을 넣어 열량 측정하여 유체의 질량유량을 측정한다.
> ③ 미풍계

17 오리피스(orifice), 벤투리관(venturi tube)을 이용하여 유량을 측정하고자 할 때 다음 중 필요한 것은? ● 13년6월2일

① 측정기구 전, 후의 압력차
② 측정기구 전, 후의 온도차
③ 측정기구 입구에 가해지는 압력
④ 측정기구의 출구 압력

> **해설** 차압식(throttle)기구 전후의 차압을 측정하여 순간치 유량측정하는 것으로
> ① 오리피스 유량계
> ② 벤투리관 유량계
> ③ 플로노즐 유량계 가 있다.

18 유로에 고정된 교축기구를 두어 그 전후의 압력차를 측정하여 유량을 구하는 유량계의 형식이 아닌 것은? ● 19년3월3일

① 벤투리미터   ② 플로우 노즐
③ 로터미터   ④ 오리피스

> **해설** 차압식(throttle)기구 전후의 차압을 측정하여 순간치 유량측정하는 것으로
> ① 오리피스 유량계
> ② 벤투리관 유량계
> ③ 플로노즐 유량계 가 있다.

정답 13 ② 14 ④ 15 ③ 16 ③ 17 ① 18 ③

19 속도의 수두차를 측정하는 유량계가 아닌 것은?
◆ 13년9월28일

① 피토관(Pitot tube)
② 로터미터(Rota meter)
③ 오리피스미터(Orifice meter)
④ 벤투리미터(Venturi meter)

해설 차압식(throttle)기구 전후의 차압을 측정하여 순간치 유량측정하는 것으로
　① 오리피스 유량계
　② 벤투리관 유량계
　③ 플로노즐 유량계 가 있다.

★★
20 부자식(float)면적 유량계에 대한 설명으로 틀린 것은?
◆ 15년9월19일, 22년3월5일

① 압력손실이 적다.
② 정밀측정에는 부적당하다.
③ 대유량의 측정에 적합하다.
④ 수직배관에만 적용이 가능하다.

해설 면적식 유량계의 특징
　① 진동에 매우 약함
　② 압력손실이 크기 때문에 정밀측정에 부적합하다.
　③ 슬러리 액이나 부식성 액체 측정이 가능함
　④ 고점도의 유량측정에 사용된다.
　⑤ 수직배관만 사용 가능 하다.
　⑥ 소유량의 유량 측정

★★
21 다음 중 유량측정의 원리와 유량계를 바르게 연결한 것은?
◆ 13년6월2일

① 유체에 작용하는 힘 - 터빈 유량계
② 유속변화로 인한 압력차 - 용적식 유량계
③ 흐름에 의한 냉각효과 - 전자기 유량계
④ 파동의 전파 시간차 - 조리개 유량계

해설 ② 유속변화로 인한 압력차 - 차압식 유량계
　③ 흐름에 의한 냉각효과 - 열선식유량계
　④ 파동의 전파 시간차 - 초음파식유량계

22 유체의 흐름 중에 전열선을 넣고 유체의 온도를 높이는데 필요한 에너지를 측정하여 유체의 질량유량을 알 수 있는 것은? ◆ 16년5월8일

① 토마스식 유량계
② 정전압식 유량계
③ 정온도식 유량계
④ 마그네틱식 유량계

해설
열선식 유체로부터 흡수한 열량을 이용한 유량측정
　― 미풍계
　― 서멀(thermal)유량계 - 보일러 공기예열기의 공기유량측정
　― 토마스미터 - 유체의 흐름중에 전열선을 넣어 열량측정하여 유체의 질량 유량을 측정 한다.

23 용적식 유량계의 일반적인 특징에 대한 설명으로 틀린 것은?
◆ 13년6월2일

① 정도(精度)가 높다.
② 고점도의 유체측정이 가능하다.
③ 맥동에 의한 영향이 없다.
④ 구조가 간단하다.

해설 용적식(적산식)유량계의 특징
　① 압력손실이 적으며, 설치가 간단하다.
　② 고형물 혼입방지용으로 입구측에 여과기가 필요하다.
　③ 측정유체의 맥동에 의한 영향이 거의 없다.
　④ 고점도의 유체측정이 가능함
　⑤ 정도(精度)가 높다
　⑥ 구조가 복잡하다.

정답　19 ②　20 ③　21 ①　22 ①　23 ④

24 용적식 유량계에 대한 설명으로 틀린 것은?
● 19년4월27일

① 측정유체의 맥동에 의한 영향이 적다.
② 점도가 높은 유량의 측정은 곤란하다.
③ 고형물의 혼입을 막기 위해 입구 측에 여과기가 필요하다.
④ 종류에는 오벌식, 루트식, 로터리피스톤식 등이 있다.

해설 용적식유량계의 특징
① 압력손실이 적으며, 설치가 간단하다.
② 고형물 혼입방지용으로 입구측에 여과기가 필요하다.
③ 측정유체의 맥동에 의한 영향이 거의 없다.
④ 고점도의 유체측정이 가능함
⑤ 정도(精度)가 높다
⑥ 구조가 복잡하다.

25 용적식 유량계에 대한 설명으로 옳은 것은?
● 21년5월15일

① 적산유량의 측정에 적합하다.
② 고점도에는 사용할 수 없다.
③ 발신기 전후에 직관부가 필요하다.
④ 측정유체의 맥동에 의한 영향이 크다.

해설 용적식유량계의 특징
① 압력손실이 적으며, 설치가 간단하다.
② 고형물 혼입방지용으로 입구측에 여과기가 필요하다.
③ 측정유체의 맥동에 의한 영향이 거의 없다.
④ 고점도의 유체측정이 가능함
⑤ 정도(精度)가 높다
⑥ 구조가 복잡하다.
⑦ 적산유량의 측정에 적합하다.

26 오벌(oval)식 유량계의 특징에 대한 설명으로 틀린 것은?
● 13년9월28일

① 타원형 치차의 맞물림을 이용하므로 비교적 측정정도가 높다.
② 기체유량 측정은 불가능하다.
③ 유량계의 앞부분에 여과기(strainer)를 설치하지 않아도 된다.
④ 설치가 간단하고 내구력이 우수하다.

27 오벌(oval)식 유량계로 유량을 측정할 때 지시값의 오차 중 히스테리시스 차의 원인이 되는 것은?
● 22년4월24일

① 내부 기어의 마모
② 유체의 압력 및 점성
③ 측정자의 눈의 위치
④ 온도 및 습도

해설 벌(Oval)식유량계 : 기어의 회전이 유량에 비례하는 원리를 이용한 유량계

★★
28 차압식 유량계에 대한 설명 중 틀린 것은?
● 12년9월15일

① 관로에 오리피스, 플로 노즐 등이 설치되어 있다.
② 정도(精度)가 좋으나, 측정범위가 좁다.
③ 유량은 압력차의 평방근에 비례한다.
④ 레이놀즈수가 10^5 이상에서 유량계수가 유지된다.

해설 차압식유량계중오리피스같은경우압력손실이 큰편이다.
차압식(throttle)기구 전후의 차압을 측정하여 순간치 유량측정하는 것으로
① 오리피스 유량계
② 벤투리관 유량계
③ 플로노즐 유량계 가 있다.

정답 24 ② 25 ① 26 ③ 27 ① 28 ②

29 차압식 유량계에 대한 설명으로 옳은 것은?　● 20년8월22일

① 유량은 교축기구 전후의 차압에 비례한다.
② 유량은 교축기구 전후의 차압의 제곱근에 비례한다.
③ 유량은 교축기구 전후의 차압의 근사값이다.
④ 유량은 교축기구 전후의 차압에 반비례한다.

해설 차압식(throttle)기구 전후의 차압을 측정하여 순간치 유량측정하는 것으로
① 오리피스 유량계
② 벤투리관 유량계
③ 플로노즐 유량계 가 있다.

$$(P_1 - P_2) = \triangle P = \frac{\rho}{2}\left(\frac{Q}{CA}\right)^2$$

ρ : 유체의 밀도
Q : 체적유량
C : 유량계수
A : 오리피스면적

30 관로에 설치된 오리피스 전후의 압력차는?　● 17년3월5일

① 유량의 제곱에 비례한다.
② 유량의 제곱근에 비례한다.
③ 유량의 제곱에 반비례한다.
④ 유량의 제곱근에 반비례한다.

해설 오리피스 전후의 압력차

$$\triangle P = \frac{\rho}{2}\left(\frac{Q}{CA}\right)^2$$

ρ : 유체의 밀도
Q : 체적유량
C : 유량계수
A : 오리피스면적

31 오리피스에 의한 유량측정에서 유량에 대한 설명으로 옳은 것은?　● 21년9월12일

① 압력차에 비례한다.
② 압력차의 제곱근에 비례한다.
③ 압력차에 반비례한다.
④ 압력차의 제곱근에 반비례한다.

해설 오리피스 전후의 압력차

$$\triangle P = \frac{\rho}{2}\left(\frac{Q}{CA}\right)^2$$

ρ : 유체의 밀도
Q : 체적유량
C : 유량계수
A : 오리피스면적

32 다음 중 차압식 유량계에 속하지 않는 것은?　● 13년3월10일

① 플로트형 유량계
② 오리피스 유량계
③ 벤투리관 유량계
④ 플로노즐 유량계

해설 차압식(throttle)기구 전후의 차압을 측정하여 순간치 유량측정하는 것으로
① 오리피스 유량계
② 벤투리관 유량계
③ 플로노즐 유량계 가 있다.

정답 29 ② 30 ① 31 ② 32 ①

33 다음 유량계 중 유체압력 손실이 가장 적은 것은?
○ 18년3월4일

① 유속식(Impeller식)유량계
② 용적식 유량계
③ 전자식 유량계
④ 차압식 유량계

[해설] ▶ 전자유량계의 특징
① 도전성 유체만 가능
② 유체와 직접 접촉하지 않기 때문에 유체의 밀도와 점성의 영향을 받지 않는다.
③ 유로에 장애물이 없고 압력손실, 이물질 부착의 염려가 없다.
④ 다른물질이 섞여있거나 기포가 있는 액체도 측정 가능하다
⑤ 압력손실이 거의 없다.
⑥ 유체와 직접 접촉하지 않기 때문에 높은 내식성을 유지한다.
⑦ 미소한 측정전압에 대해 고성능의 증폭기가 필요하다
⑧ 고점도 유체 및 슬러리의 유량측정이 가능하다.
⑨ 유속검출에 지연시간이 없어 응답이 매우 빠르다.

34 차압식 유량계의 측정에 대한 설명으로 틀린 것은?
○ 16년3월6일

① 연속의 법칙에 의한다.
② 플로트 형상에 따른다.
③ 차압기구는 오리피스이다.
④ 베르누이의 정리를 이용한다.

[해설] 차압식(throttle)기구 전후의 차압을 측정하여 순간치 유량측정하는 것으로
① 오리피스 유량계
② 벤투리관 유량계
③ 플로노즐 유량계 가 있다.

35 유량 측정에 사용되는 오리피스가 아닌 것은?
○ 20년8월22일

① 베나탭　② 게이지탭
③ 코너탭　④ 플랜지탭

[해설] ▶ 오리피스 유량측정에 쓰이는 Tap 방식의 종류 오리피스의 전, 후단에 압력을 측정하는 위치를 탭(tap)이라 한다.
① 플랜지탭(flange taps) : 오리피스의 압력을 측정하기 위해 관지름에 관계없이 오리피스 판벽으로부터 상·하류 25mm 위치에 압력탭을 설치하는 것
② 코너탭(coner taps) : 보통 파이프 직경이 50mm 이하인 경우
③ 축류탭(베나탭=venacontracta taps) : 오리피스에서 상류측은 파이프 직경만큼 떨어진 위치 그리고 하류측은 압력이 최소가 되는 위치에 탭을 설치한다.
④ 반경탭(radius taps) : 오리피스에서 상류측은 배관직경(D), 하류측은 배관직경의 D/2인 위치에 탭을 설치한다.
⑤ 파이프 탭(pipe taps) : 오리피스에서 상류측은 2.5D, 하류측은 8D의 위치에 탭을 설치한다.

36 오리피스의 압력을 측정하기 위하여 관지름에 관계없이 오리피스판벽으로부터 상, 하류 25mm 위치에 압력 탭을 설치하는 것은?
○ 14년9월20일

① 베나탭
② 베벨탭
③ 모서리탭
④ 플랜지탭

[해설] 오리피스의 전, 후단에 압력을 측정하는 위치를 탭(tap)이라 한다.
플랜지탭(flange taps) : 오리피스의 압력을 측정하기 위해 관지름에 관계없이 오리피스 판벽으로부터 상·하류 25mm 위치에 압력탭을 설치하는 것

정답　33 ③　34 ②　35 ②　36 ④

★★
37 유량 측정에 쓰이는 Tap 방식이 아닌 것은?
⊕ 17년3월5일

① 베나 탭   ② 코어 탭
③ 압력 탭   ④ 플랜지 탭

해설 오리피스 유량측정에 쓰이는 Tap 방식의 종류 오리피스의 전, 후단에 압력을 측정하는 위치를 탭(tap)이라 한다.
① 플랜지탭(flange taps)
② 코너탭(coner taps)
③ 축류탭(베나탭 = venacontracta taps)
④ 반경탭(radius taps)
⑤ 파이프 탭(pipe taps)

38 다음 중 오리피스(orifice), 벤투리관(venturi tube)을 이용하여 유량을 측정하고자 할 때 요한 값으로 가장 적절한 것은?
⊕ 18년4월28일

① 측정기구 전후의 압력차
② 측정기구 전후의 온도차
③ 측정기구 입구에 가해지는 압력
④ 측정기구의 출구 압력

해설 차압식(throttle)기구 전후의 차압을 측정하여 순간치 유량측정하는 것으로
① 오리피스 유량계
② 벤투리관 유량계
③ 플로노즐 유량계 가 있다.

39 오리피스 유량계에 대한 설명으로 틀린 것은?
⊕ 20년9월26일

① 베르누이의 정리를 응용한 계기이다.
② 기체와 액체에 모두 사용이 가능하다.
③ 유량계수 C는 유체의 흐름이 층류이거나 와류의 경우 모두 같고 일정하며 레이놀즈수와 무관하다.
④ 제작과 설치가 쉬우며, 경제적인 교축기구이다.

해설 $(P_1 - P_2) = \triangle P = \dfrac{\rho}{2}\left(\dfrac{Q}{CA}\right)^2$
ρ : 유체의 밀도
Q : 체적유량
C : 유량계수
A : 오리피스면적
유량계수(C) : 유로의 형상, 레이놀즈수에 따라 변한다.

40 벤트리미터(venturi meter)의 특성으로 옳은 것은?
⊕ 15년5월31일

① 오리피스에 비해 가격이 저렴하다.
② 오리피스에 비해 공간을 적게 차지한다.
③ 압력손실이 적고 측정 정도가 높다.
④ 파이프와 목부분의 지름비를 변화시킬 수 있다.

해설 유량측정 방법중 오리피스, 노즐에 비해 압력손실이 적고 측정 정도가 높다.

★★
41 조리개부가 유선형에 가까운 형상으로 설계되어 축류의 영향을 비교적 적게 받게 하고 조리개에 의한 압력손실을 최대한으로 줄인 조리개의 형식의 유량계는?
⊕ 14년3월2일

① 원판(dosc)
② 벤투리(venturi)
③ 노즐(nozzle)
④ 오리피스(orifice)

해설 차압식(throttle)기구 전후의 차압을 측정하여 순간치 유량측정하는 것으로
① 오리피스 유량계
② 벤투리관 유량계
③ (플로)노즐 유량계 가 있다.
벤투리관 : 조리개부가 유선형에 가까운 형상으로 설계되어 축류의 영향을 비교적 적게 받게 하고 조리개에 의한 압력손실을 최대한으로 줄인 조리개의 형식의 유량계이다.

정답 37 ③   38 ①   39 ③   40 ③   41 ②

42 전자유량계의 특징이 아닌 것은?

　　　　　14년9월20일, 19년4월27일

① 유속검출에 지연시간이 없다.
② 유체의 밀도와 점성의 영향을 받는다.
③ 유로에 장애물이 없고 압력손실, 이물질 부착의 염려가 없다.
④ 다른 물질이 섞여있거나 기포가 있는 액체도 측정이 가능하다.

해설 전자유량계의 특징
　① 도전성 유체만 가능
　② 유체와 직접 접촉하지 않기 때문에 유체의 밀도와 점성의 영향을 받지 않는다.
　③ 유로에 장애물이 없고 압력손실, 이물질 부착의 염려가 없다.
　④ 다른물질이 섞여있거나 기포가 있는 액체도 측정 가능하다.
　⑤ 압력손실이 거의 없다.
　⑥ 유체와 직접 접촉하지 않기 때문에 높은 내식성을 유지한다.
　⑦ 미소한 측정전압에 대해 고성능의 증폭기가 필요하다.
　⑧ 고점도 유체 및 슬러리의 유량측정이 가능하다.
　⑨ 유속검출에 지연시간이 없어 응답이 매우 빠르다.

43 전자유량계의 측정원리는?　13년6월2일

① 베르누이(Bernoulli)법칙
② 패러데이(Faraday)법칙
③ 레더포드(Rutherford)법칙
④ 줄(Joule)법칙

해설 전자식 유량계 : 자계 속을 도전성유체가 흐르면 그 유체 안에서 기전력이 발생한다는 페러데이 전자유도 법칙을 이용한 유량계

44 전자유량계의 특징에 대한 설명 중 틀린 것은?

　　　　　13년9월28일

① 압력손실이 거의 없다.
② 응답이 매우 빠르다.
③ 높은 내식성을 유지할 수 있다.
④ 모든 액체의 유량 측정이 가능하다.

해설 전자유량계의 특징
　① 도전성 유체만 가능
　② 유체와 직접 접촉하지 않기 때문에 유체의 밀도와 점성의 영향을 받지 않는다.
　③ 유로에 장애물이 없고 압력손실, 이물질 부착의 염려가 없다.
　④ 다른물질이 섞여있거나 기포가 있는 액체도 측정 가능하다.
　⑤ 압력손실이 거의 없다.
　⑥ 유체와 직접 접촉하지 않기 때문에 높은 내식성을 유지한다.
　⑦ 미소한 측정전압에 대해 고성능의 증폭기가 필요하다.
　⑧ 고점도 유체 및 슬러리의 유량측정이 가능하다.
　⑨ 유속검출에 지연시간이 없어 응답이 매우 빠르다.

정답　42 ②　43 ②　44 ④

45 전자유량계의 특징에 대한 설명 중 틀린 것은?
◎ 20년8월22일

① 압력손실이 거의 없다.
② 내식성 유지가 곤란하다.
③ 전도성 액체에 한하여 사용할 수 있다.
④ 미소한 측정전압에 대하여 고성능의 증폭기가 필요하다.

해설 전자유량계의 특징
① 도전성 유체만 가능
② 유체와 직접 접촉하지 않기 때문에 유체의 밀도와 점성의 영향을 받지 않는다.
③ 유로에 장애물이 없고 압력손실, 이물질 부착의 염려가 없다.
④ 다른물질이 섞여있거나 기포가 있는 액체도 측정 가능하다.
⑤ 압력손실이 거의 없다.
⑥ 유체와 직접 접촉하지 않기 때문에 높은 내식성을 유지한다.
⑦ 미소한 측정전압에 대해 고성능의 증폭기가 필요하다.
⑧ 고점도 유체 및 슬러리의 유량측정이 가능하다.
⑨ 유속검출에 지연시간이 없어 응답이 매우 빠르다.

46 전자 유량계에 대한 설명으로 틀린 것은?
◎ 21년3월7일

① 응답이 매우 빠르다.
② 제작 및 설치비용이 비싸다.
③ 고점도 액체는 측정이 어렵다.
④ 액체의 압력에 영향을 받지 않는다.

해설 전자유량계의 특징
① 도전성 유체만 가능
② 유체와 직접 접촉하지 않기 때문에 유체의 밀도와 점성의 영향을 받지 않는다.
③ 유로에 장애물이 없고 압력손실, 이물질 부착의 염려가 없다.
④ 다른물질이 섞여있거나 기포가 있는 액체도 측정 가능하다.
⑤ 압력손실이 거의 없다.
⑥ 유체와 직접 접촉하지 않기 때문에 높은 내식성을 유지한다.
⑦ 미소한 측정전압에 대해 고성능의 증폭기가 필요하다.
⑧ 고점도 유체 및 슬러리의 유량측정이 가능하다.
⑨ 유속검출에 지연시간이 없어 응답이 매우 빠르다.

47 전자 유량계의 특징에 대한 설명으로 가장 거리가 먼 것은?
◎ 14년3월2일

① 응답이 매우 빠르다.
② 압력손실이 거의 없다.
③ 도전성 유체에 한하여 사용한다.
④ 점도가 높은 유체는 사용하기 곤란하다.

해설 전자유량계의 특징
① 도전성 유체만 가능
② 유체와 직접 접촉하지 않기 때문에 유체의 밀도와 점성의 영향을 받지 않는다.
③ 유로에 장애물이 없고 압력손실, 이물질 부착의 염려가 없다.
④ 다른물질이 섞여있거나 기포가 있는 액체도 측정 가능하다.
⑤ 압력손실이 거의 없다.
⑥ 유체와 직접 접촉하지 않기 때문에 높은 내식성을 유지한다.
⑦ 미소한 측정전압에 대해 고성능의 증폭기가 필요하다.
⑧ 고점도 유체 및 슬러리의 유량측정이 가능하다.
⑨ 유속검출에 지연시간이 없어 응답이 매우 빠르다.

정답 45 ② 46 ③ 47 ④

48 전자유량계로 유량을 측정하기 위해서 직접 계측하는 것은?   ⊙ 19년3월3일

① 유체에 생기는 과전류에 의한 온도 상승
② 유체에 생기는 압력 상승
③ 유체 내에 생기는 와류
④ 유체에 생기는 기전력

[해설] 자계 속을 도전성유체가 흐르면 그 유체 안에서 기전력이 발생한다는 페러데이 전자유도법칙을 이용한 유량계

49 다음 유량계 중에서 압력손실이 가장 적은 것은?   ⊙ 21년9월12일

① Float형 면적 유량계
② 열전식 유량계
③ Rotary piston형 용적식 유량계
④ 전자식 유량계

[해설] ▶ 전자유량계의 특징
① 도전성 유체만 가능
② 유체와 직접 접촉하지 않기 때문에 유체의 밀도와 점성의 영향을 받지 않는다.
③ 유로에 장애물이 없고 압력손실, 이물질 부착의 염려가 없다.
④ 다른물질이 섞여있거나 기포가 있는 액체도 측정 가능하다.
⑤ 압력손실이 거의 없다.
⑥ 유체와 직접 접촉하지 않기 때문에 높은 내식성을 유지한다.
⑦ 미소한 측정전압에 대해 고성능의 증폭기가 필요하다.
⑧ 고점도 유체 및 슬러리의 유량측정이 가능하다.
⑨ 유속검출에 지연시간이 없어 응답이 매우 빠르다.

50 유량계에 대한 설명으로 틀린 것은?   ⊙ 22년3월5일

① 플로트형 면적유량계는 정밀측정이 어렵다.
② 플로트형 면적유량계는 고점도 유체에 사용하기 어렵다.
③ 플로우 노즐식 교축유량계는 고압유체에 유량측정에 적합하다.
④ 플로우 노즐식 교축유량계는 노즐의 교축을 완만하게 하여 압력손실을 줄인 것이다.

[해설] 면적식 유량계의 특징
① 진동에 매우 약함
② 압력손실이 크기 때문에 정밀측정에 부적합하다.
③ 슬러리 액이나 부식성 액체 측정이 가능함
④ 고점도의 유량측정에 사용된다.
⑤ 수직배관만 사용 가능 하다.
⑥ 소유량의 유량 측정

51 초음파 유량계의 특징이 아닌 것은?   ⊙ 20년6월6일

① 압력손실이 없다.
② 대 유량 측정용으로 적합하다.
③ 비전도성 액체의 유량측정이 가능하다.
④ 미소기전력을 증폭하는 증폭기가 필요하다.

52 개수로에서의 유량은 위어(Weir)로 측정한다. 다음 중 위어(Weir)에 속하지 않는 것은?   ⊙ 16년10월1일

① 예봉 위어   ② 이각 위어
③ 삼각 위어   ④ 광정 위어

[해설] 위어(Weir) : 개수로의 대유량을 측정하기 위한 계측기
1) V - 놋치위어(삼각 위어)
2 광봉위어(광정위어)
3 예봉위어

정답 48 ④   49 ④   50 ②   51 ④   52 ②

05

액면측정

01 측정의 개요 와 단위
02 온도측정=측온(測溫)
03 압력측정
04 유량측정
05 액면측정
06 습도측정
07 가스분석 및 열량측정
08 자동제어

CHAPTER 05 액면측정

자주출제 되는 문제

- 액면측정
  - 직접식
    - 수면계
      - 유리관식(직관식)액면계
      - 평형반사식 : 보일러 수위을 직접 확인
      - 평형투사식
    - 검척식액면계 : 측정하고자 하는 액면을 직접 자로 측정
    - 플로트(float)액면계=부자식액면계 : 구조간단하고 고압사용가능 하지만 액면이 움직이는 곳은 사용 안 된다.
  - 간접식
    - 압력검출식액면계
    - 차압식액면계 : 고압 밀폐형 탱크의 액면측정
    - 편위식액면계 : 아르키메데스의 부력원리 이용
    - 정전용량식액면계 : 축전기의 원리를 이용
    - 전극식액면계 : 전도성 액체 내부에 전극설치 하여 액면을 검지하여 자동 급배수제어장치에 사용
    - 초음파식액면계
    - 기포식액면계
    - γ선액면계=방사선식액면계

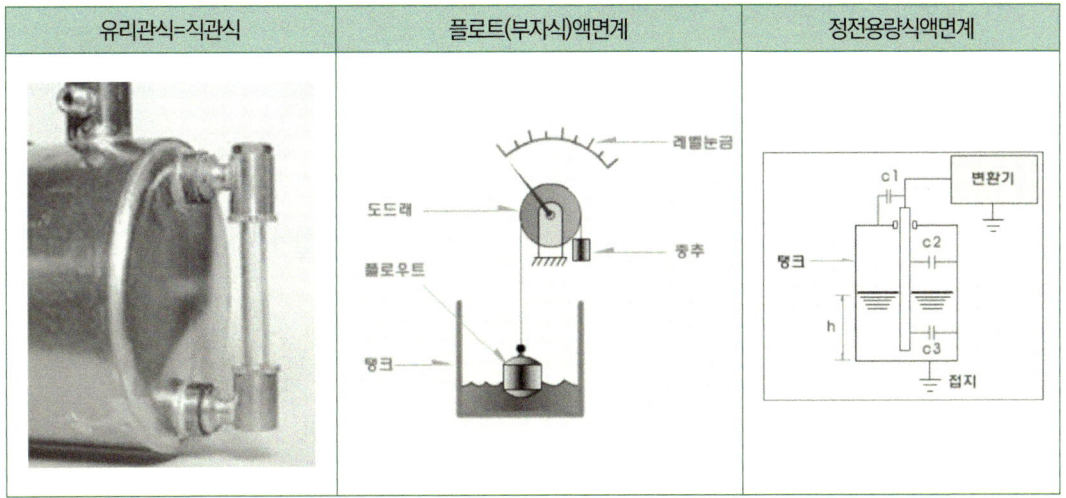

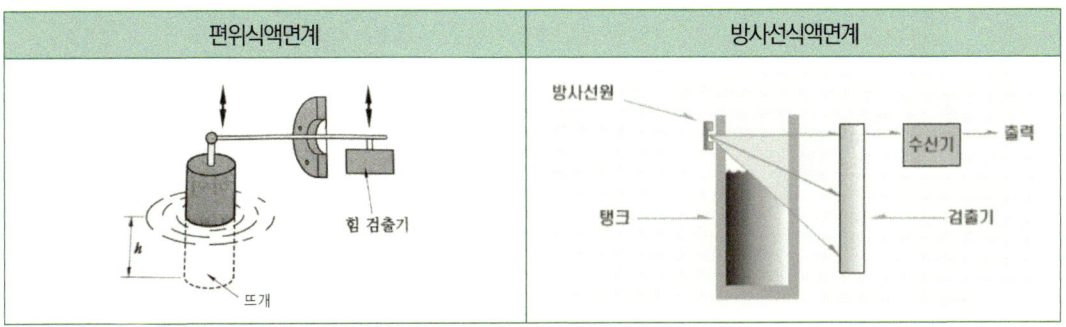

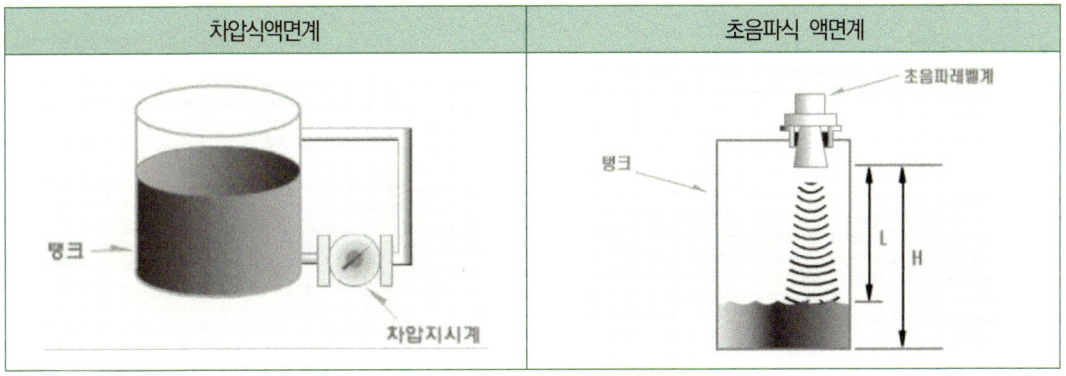

■ **단요소식 수위제어** : 보일러의 수위만을 검출하여 급수량을 조절하는 방식이다.

계측방법 과년도 기출문제

01 다음 중 액면 측정방법이 아닌 것은?
  ◎ 19년3월3일
① 액압측정식
② 정전용량식
③ 박막식
④ 부자식

해설 박막식는 다이어프램식으로 압력측정에 사용되는 방식이다.

02 다음 중 액면측정 방법으로 가장 거리가 먼 것은?
  ◎ 18년3월4일
① 유리관식
② 부자식
③ 차압식
④ 박막식

해설 박막식은 다이어프래임을 이용하는 것으로 압력측정에 사용된다.

03 보일러 수위를 육안으로 직접 확인할 수 있는 계측기는?
  ◎ 13년3월10일
① 평형 반사식
② 부자식
③ 다이어프램식
④ 차압식

해설 육안확인이 가능한 수면계에는 평형반사식, 평형투시식, 2색시, 유리제 등이 있다.

★★
04 다음 중 간접식 액면측정 방법이 아닌 것은?
  ◎ 13년6월2일, 20년9월26일
① 방사선식 액면계
② 초음파식 액면계
③ 플로트식 액면계
④ 저항전극식 액면계

해설
간접식 ─┬─ 압력검출식액면계
        ├─ 차압식액면계 : 고압 밀폐형 탱크의 액면측정
        ├─ 편위식액면계 : 아르키메데스의 부력원리 이용
        ├─ 정전용량식액면계 : 축전기의 원리를 이용
        ├─ 전극식액면계 : 전도성 액체 내부에 전극설치 하여 액면을 검지하여 자동 급배수 제어장치에 사용
        ├─ 초음파식액면계
        ├─ 기포식액면계
        └─ γ선액면계=방사선식액면계

★★
05 측정하고자 하는 액면을 직접 자로 측정, 자의 눈금을 읽음으로서 액면을 측정하는 방법의 액면계는?
  ◎ 14년9월20일, 19년3월3일
① 검척식 액면계
② 기포식 액면계
③ 직관식 액면계
④ 플로트식 액면계

해설 ▶ 검척식 액면계
  1) 측정하고자 하는 액면을 직접 자로 측정, 자의 눈금을 읽음으로서 액면을 측정하는 방법의 액면계
  2) 개방탱크나 저수탱크와 같은 액면변동이 적은곳에 사용하는 액면계

정답 01 ③ 02 ④ 03 ① 04 ③ 05 ①

06 다음 중 직접식 액위계에 해당하는 것은?
◆ 15년5월31일, 19년3월3일

① 플로트식
② 초음파식
③ 방사선식
④ 정전용량식

해설
직접식 ─ 수면계 ─ 유리관식(직관식)액면계
　　　　　　　　　─ 평형반사식 : 보일러 수위을 직접 확인
　　　　　　　　　─ 평형투사식
　　　　─ 검척식액면계 : 측정하고자 하는 액면을 직접 자로 측정
　　　　─ 플로트(float)액면계=부자식액면계 : 구조간단하고 고압사용가능 하지만 액면이 움직이는 곳은 사용 안 된다.

07 아르키메데스의 부력 원리를 이용한 액면 측정 기기는?
◆ 19년9월21일, 12년9월15일

① 차압식 액면계
② 퍼지식 액면계
③ 기포식 액면계
④ 편위식 액면계

해설 ▶ 간접식 액면계 종류
1) 압력검출식 액면계
2) 차압식 액면계 : 고압 밀폐형 탱크의 액면 측정
3) 편위식 액면계 : 아르키메데스의 부력 원리 이용
4) 정전용량식 액면계 : 축전기의 원리를 이용
5) 전극식 액면계 : 전도성 액체 내부에 전극 설치하여 액면을 검지, 자동 급배수제어장치에 사용
6) 초음파식 액면계
7) 기포식 액면계
8) γ선 액면계 : 방사선식 액면계

08 수면계의 안전관리 사항으로 옳은 것은?
◆ 16년5월8일

① 수면계의 최상부와 안전저수위가 일치하도록 장착한다.
② 수면계의 점검은 2일에 1회 정도 실시한다.
③ 수면계가 파손되면 물 밸브를 신속히 닫는다.
④ 보일러는 가동완료 후 이상 유무를 점검한다.

해설 ① 수면계의 최하부와 안전저수위가 일치하도록 장착한다.
② 수면계의 점검은 1일에 1회 실시한다.
④ 보일러는 가동 전 이상 유무를 점검한다.

09 부자(float)식 액면계의 특징으로 틀린 것은?
◆ 17년5월7일

① 원리 및 구조가 간단하다.
② 고압에도 사용할 수 있다.
③ 액면이 심하게 움직이는 곳에 사용하기 좋다.
④ 액면 상, 하 한계에 경보용 리미트 스위치를 설치할 수 있다.

해설 부자(float)식 액면계는 액면이 심하게 움직이는 곳에는 사용 하면 안된다.

10 서로 맞서 있는 2개 전극사이의 정전 용량은 전극사이에 있는 물질 유전율의 함수이다. 이러한 원리를 이용한 액면계는?
◆ 18년3월4일

① 정전 용량식 액면계
② 방사선식 액면계
③ 초음파식 액면계
④ 중추식 액면계

해설 정전 용량식 액면계 : 서로 맞서 있는 2개 전극 사이의 정전 용량은 전극사이에 있는 물질 유전율의 함수인 정정용량을 이용한 액면계

정답 06 ① 07 ④ 08 ③ 09 ③ 10 ①

11 기준 수위에서의 압력과 측정 액면계에서의 압력의 차이로부터 액위를 측정하는 방식으로 고압 밀폐형 탱크의 측정에 적합한 액면계는?
　　　　　　　　　　　　　● 18년3월4일

① 차압식 액면계
② 편위식 액면계
③ 부자식 액면계
④ 유리관식 액면계

> **해설** 차압식 액면계 : 기준 수위에서의 압력과 측정 액면계에서의 압력의 차이로부터 액위를 측정하는 방식으로 고압 밀폐형 탱크의 측정에 적합한 액면계

12 정전 용량식 액면계의 특징에 대한 설명 중 틀린 것은?
　　　　　　　　　　　　　● 18년9월15일

① 측정범위가 넓다.
② 구조가 간단하고 보수가 용이하다.
③ 유전율이 온도에 따라 변화되는 곳에도 사용할 수 있다.
④ 습기가 있거나 전극에 피측정제를 부착하는 곳에는 부적당하다.

> **해설** ▶ 정전 용량식 액면계
> ① 측정범위가 넓다.
> ② 구조가 간단하고 보수가 용이하다.
> ③ 유전율이 온도에 따라 변화되는 곳에는 사용 할수 없다.
> ④ 습기가 있거나 전극에 피측정제를 부착하는 곳에는 부적당하다.
> ⑤ 견고하고 신뢰성이 높다.

13 액면계에 대한 설명으로 틀린 것은?
　　　　　　　　　　　　　● 21년5월15일

① 유리관식 액면계는 경우탱크의 액면을 측정하는 것이 가능하다.
② 부자식은 액면이 심하게 움직이는 곳에는 사용하기 곤란하다.
③ 차압식 유량계는 정밀도가 좋아서 액면제어용으로 가장 많이 사용된다.
④ 편위식 액면계는 아르키메데스의 원리를 이용하는 액면계이다.

> **해설** 차압식 액면계는 압력식 액면계의 일종으로 주로 고압밀폐 탱크의 액면을 측정하는데 사용된다.

★★
14 단요소식 수위제어에 대한 설명으로 옳은 것은?
　　　　　　　　　● 13년3월10일, 19년3월3일

① 발전용 고압 대용량 보일러의 수위제어에 사용되는 방식이다.
② 보일러의 수위만을 검출하여 급수량을 조절하는 방식이다.
③ 부하변동에 의한 수위변화 폭이 대단히 적다.
④ 수위조절기의 제어동작은 PID동작이다.

> **해설** 보일러 급수제어(FWC)
> ① 단요소식 수위제어 : 보일러의 수위만을 검출하여 급수량을 조절하는 방식
> ② 2요소식 수위제어 : 보일러 수위, 증기량 검출
> ③ 3요소식 수위제어 : 보일러수위, 증기량검출, 급수량 검출

정답 11 ① 12 ③ 13 ③ 14 ②

06 습도측정

01 측정의 개요 와 단위
02 온도측정=측온(測溫)
03 압력측정
04 유량측정
05 액면측정
06 습도측정
07 가스분석 및 열량측정
08 자동제어

CHAPTER 06 습도측정

자주출제 되는 문제

습도측정 ─┬─ 건습구습도계 ─┬─ 유리제 온도계를 사용하는 습도계 : 2개의 유리관 사용
　　　　　│　　　　　　　　├─ 통풍식건습구습도계(아스만 통풍건습구 습도계) : 3~5m/s의 통풍이 필요
　　　　　│　　　　　　　　└─ 수동식건습구습도계
　　　　　│
　　　　　├─ 수분흡수법습도계 ─┬─ (전기)저항식습도계 : 흡수성 물질의 교류 전기저항 변화를 통해 습도 측정,
　　　　　│　 흡수제 재질　　　│　　　　　　　　　　　　 응답 빠르고 정도가 좋다.
　　　　　│　 : 오산화인,실리카　├─ 용량성습도계 : 흡수한 물질의 용량변화를 통해 습도측정
　　　　　│　 　겔, 황산　　　　└─ 저울형습도계 : 수증기가 흡수 될때 물질의 무게변화를 통해 습도측정
　　　　　│
　　　　　├─ 노점습도계 : 저습도를 측정할수 있다.
　　　　　├─ 모발습도계 : 습도의 증감에 따라 모발이 신축하는 성질을 이용한 습도계 ,모발은 2년주기로 교체
　　　　　├─ 두셀노점계 : 염화리튬이 공기 수증기압과 평형을 이룰때 생기는 온도저하를 이용한 습도계
　　　　　└─ 서미스터습도센서 : 물을 함유한 공기와 건조공기의 열전도율 차이를 이용한 습도계

01 습도의 종류

1) **절대습도** : 건공기1kg에 대한 수증기 중량비

　　(절대습도)$x = 0.622 \times \dfrac{P_w}{P_a} = 0.622 \times \dfrac{P_s}{P - P_w}$

　　P_w : 수증기 분압
　　P_a : 건조공기의 분압
　　P : 대기압, $P = P_a + P_w$
　　0.622 : 공기 중 수증기의 기체 상수와 건조 공기의 기체 상수의 비

2) **상대습도** : 습증기 수증기 분압(P_w)과 동일온도의 포화습공기 분압(P_s)

(상대습도) $\varnothing = \dfrac{P_w}{P_s} \times 100(\%)$

P_w : 수증기 분압

P_s : 포화수증기 분압

포화수증기 분압 : 현재 온도에서 공기 중에 최대로 포함할 수 있는 수증기의 압력

3) **비교습도(포화도)** : 습공기 절대습도(x_w)와 포화습공기 절대습도(x_s)와의 비

(비교습도) $\psi = \dfrac{x_w}{x_s} \times 100(\%)$

02 온도

1) **건구온도** : 일반적인 온도계오 측정한 온도

2) **습구온도** : 온도계 감온부를 젖은 헝겊으로 감싸고 측정한 온도(증발잠열에 의한 온도)

3) **노점온도** : 습공기 수증기 분압이 일정한 상태에서 수분의 증감없이 냉각 시킬 때 수증기가 응축하기 시작하여 이슬이 맺는 온도

03 습도계의 종류

1) **2개의 수은 유리온도계를 사용하는 습도계**
   ① 건구온도계와 습구온도계 2래로 구성되어 있다. 즉 2개의 수은 유리온도계를 사용하는 습도계
   ② 구조나 취급이 간단하고, 휴대가 편하며, 가격이 저렴
   ③ 물이 필요하고 헝겊이 잠긴 방향과 바람에 따라 오차가 생기기 쉬움

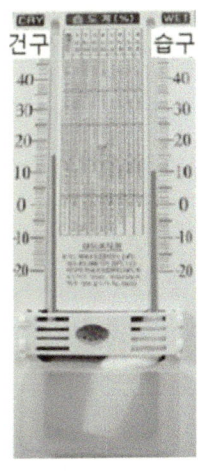

[건습구온도계]

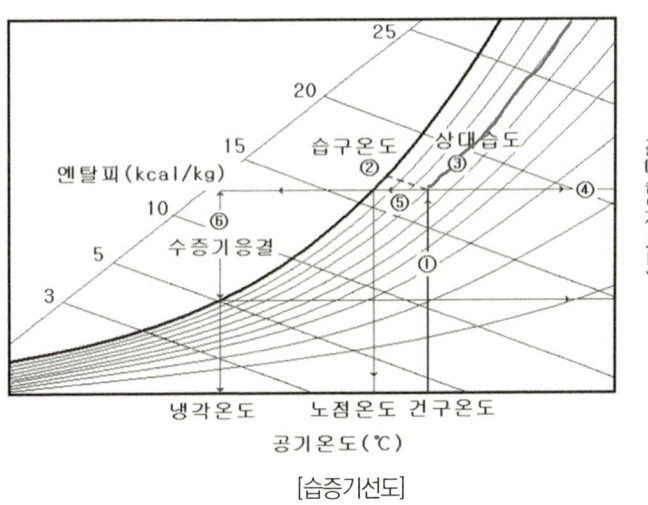

[습증기선도]

2) 통풍형 건습구 습도계=아스만(Asman) 습도계
   ① 통풍 장치(3~5m/s)를 갖춘 건습구 습도계로, 정확한 습도 측정을 위해 아스만(Asman)이 고안한 습도계이다.
   ② 아스만 습도계는 태엽의 힘으로 공기를 통풍시켜 건구 온도와 습구 온도의 차이를 정확하게 측정한다.
   ③ 휴대용으로 상온에서 비교적 정도가 좋다.

3) (전기)저항식습도계
   ① 교류전압에 의하여 저항치를 측정하여 상대습도를 표시한다.
   ② 응답이 빠르다.
   ③ 연속기록, 원격측정, 자동제어에 이용된다.
   ④ 저온도에서의 습도 측정이 가능하다.
   ⑤ 감도가 좋고 좁은 범위의 상대습도 측정에 유리하다.

4) 노점습도계 : 저습도를 측정 할수 있다.

5) 모발 습도계
   ① 습도의 증감에 따라 규칙적으로 신축하는 모발의 성질을 이용한 습도계
   ② 사용이 간단하다
   ③ 안정성이 좋지 않다.
   ④ 응답시간이 길다.
   ⑤ 실내습도조절용으로 사용된다.
   ⑥ 모발습도계는 2년마다 모발을 바꾸어 주어야 한다.

6) 듀셀노점계
   ① 염화리튬이 공기 수증기압과 평형을 이룰 때 생기는 온도저하를 저항온도계로써 측정하여 습도를 알아내는 습도계
   ② 습도측정시 가열이 필요한 단점이 있지만 상온이나 고온 에서 정도가 좋으며, 자동제어에도 이용 가능한 습도계(일명 염화리튬 노점계)
   ③ 염화리튬의 흡수성을 이용한 습도계(브리지 회로가 필요하다)

7) 서미스터 습도센서 : 물을 함유한 공기와 건조공기의 열전도율 차이를 이용 하여 습도를 측정하는 것

계측방법 과년도 기출문제

01 공기 중에 있는 수증기 양과 그때의 온도에서 공기 중에 최대로 포함할 수 있는 수증기의 양을 백분율로 나타낸 것은? ✚ 20년8월22일

① 절대 습도
② 상대 습도
③ 포화 증기압
④ 혼합비

해설 상대습도 : 습증기 수증기 분압(P_w)과 동일온도의 포화습공기 분압(P_s)

(상대습도) $\varnothing = \dfrac{P_w}{P_s} \times 100(\%)$

  P_w : 수증기 분압
  P_s : 포화수증기 분압
포화수증기 분압 : 현재 온도에서 공기 중에 최대로 포함할 수 있는 수증기의 압력

★★★
02 다음 각 습도계의 특징에 대한 설명으로 틀린 것은? ✚ 20년8월22일, 17년5월7일, 13년6월2일

① 노점 습도계는 저습도를 측정할 수 있다.
② 모발 습도계는 2년마다 모발을 바꾸어 주어야 한다.
③ 통풍 건습구 습도계는 3~5m/s의 통풍이 필요하다.
④ 저항식 습도계는 직류전압을 사용하여 측정한다.

해설 (전기)저항식습도계
  ① 교류전압에 의하여 저항치를 측정하여 상대습도를 표시한다.
  ② 응답이 빠르다.
  ③ 연속기록, 원격측정, 자동제어에 이용된다.
  ④ 저온도에서의 습도 측정이 가능하다.
  ⑤ 감도가 좋고 좁은 범위의 상대습도 측정에 유리하다.

★★
03 물을 함유한 공기와 건조공기의 열전도율의 차이를 이용하여 습도를 측정하는 것은? ✚ 13년6월2일

① 염화리듐 습도센서
② 고분자 습도센서
③ 서미스터 습도센서
④ 수정진동자 습도센서

해설 서미스터 습도센서 : 물을 함유한 공기와 건조공기의 열전도율 차이를 이용하여 습도를 측정하는 것

★★★
04 염화리튬이 공기 수증기압과 평형을 이룰 때 생기는 온도 저하를 저항온도계로써 측정하여 습도를 알아내는 습도계는? ✚ 13년9월28일

① 아스만 습도계
② 듀셀 노점계
③ 전기저항식 습도계
④ 광전관식 노점계

해설 듀셀노점계
  ① 염화리튬이 공기 수증기압과 평형을 이룰 때 생기는 온도저하를 저항온도계로써 측정하여 습도를 알아내는 습도계
  ② 습도측정시 가열이 필요한 단점이 있지만 상온이나 고온에서 정도가 좋으며, 자동제어에도 이용 가능한 습도계(일명 염화리튬 노점계)
  ③ 염화리튬의 흡수성을 이용한 습도계(브리지 회로가 필요하다)

정답 01 ② 02 ④ 03 ③ 04 ②

05 수분흡수법에 의해 습도를 측정할 때 흡수제로 사용하기에 부적절한 것은? ◎ 15년5월31일

① 오산화인 ② 활성탄
③ 실리카겔 ④ 황산

해설 ▶ 수분 흡수법 습도계
1) 흡수제 재질 : 요산화인, 실리카겔, 황산
2) 수분흡수법 습도계 종류
① (전기) 저항식 습도계 : 흡수성 물질의 교류 전기저항 변화를 통해 습도 측정, 응답 빠르고 정도가 좋다
② 용량성 습도계 : 흡수한 물질의 용량 변화를 통해 습도 측정
③ 저울형 습도계 : 수증기가 흡수될 때 물질의 무게 변화를 통해 습도 측정

★★
06 다음 중 수분 흡수법에 의해 습도를 측정할 때 흡수제로 사용하기에 가장 적절하지 않은 것은? ◎ 18년4월28일, 21년3월7일

① 오산화인 ② 피크린산
③ 실리카겔 ④ 황산

해설 ▶ 수분 흡수법 습도계
1) 흡수제 재질 : 요산화인, 실리카겔, 황산
2) 수분흡수법 습도계 종류
① (전기) 저항식 습도계 : 흡수성 물질의 교류 전기저항 변화를 통해 습도 측정, 응답 빠르고 정도가 좋다
② 용량성 습도계 : 흡수한 물질의 용량 변화를 통해 습도 측정
③ 저울형 습도계 : 수증기가 흡수될 때 물질의 무게 변화를 통해 습도 측정

★★★
07 휴대용으로 상온에서 비교적 정도가 좋은 아스만(Asman) 습도계는 다음 중 어디에 속하는가? ◎ 15년9월19일

① 간이 건습구 습도계
② 저항 습도계
③ 통풍형 건습구 습도계
④ 냉각식 노점계

해설 통풍형 건습구 습도계=아스만(Asman) 습도계
통풍 장치(3~5m/s)를 갖춘 건습구 습도계로, 정확한 습도 측정을 위해 아스만(Asman)이 고안한 습도계이다.
아스만 습도계는 태엽의 힘으로 공기를 통풍시켜 건구 온도와 습구 온도의 차이를 정확하게 측정한다.
휴대용으로 상온에서 비교적 정도가 좋다.

★★★
08 저항식 습도계의 특징으로 틀린 것은? ◎ 16년5월8일

① 저온도의 측정이 가능하다.
② 응답이 늦고 정도가 좋지 않다.
③ 연속기록, 원격측정, 자동제어에 이용된다.
④ 교류전압에 의하여 저항치를 측정하여 상대습도를 표시한다.

해설 (전기)저항식습도계
① 교류전압에 의하여 저항치를 측정하여 상대습도를 표시한다.
② 응답이 빠르다.
③ 연속기록, 원격측정, 자동제어에 이용된다.
④ 저온도에서의 습도 측정이 가능하다.
⑤ 감도가 좋고 좁은 범위의 상대습도 측정에 유리하다.

★★
09 흡습염(염화리듐)을 이용하여 습도 측정을 위해 대기 중의 습도를 흡수하면 흡습체 표면에 포화용액 층을 형성하게 되는데, 이 포화용액과 대기와의 증기평형을 이루는 온도를 측정하는 방법은? ◎ 16년5월8일

① 이슬점법 ② 흡습법
③ 건구습도계법 ④ 습구습도계법

해설 이슬점법 : 포화용액과 대기와의 증기평형을 이루는 온도를 측정하는 방법

정답 05 ② 06 ② 07 ③ 08 ② 09 ①

10 다음 중 습도계의 종류로 가장 거리가 먼 것은?   ● 18년3월4일

① 모발 습도계
② 듀셀 노점계
③ 초음파식 습도계
④ 전기저항식 습도계

해설

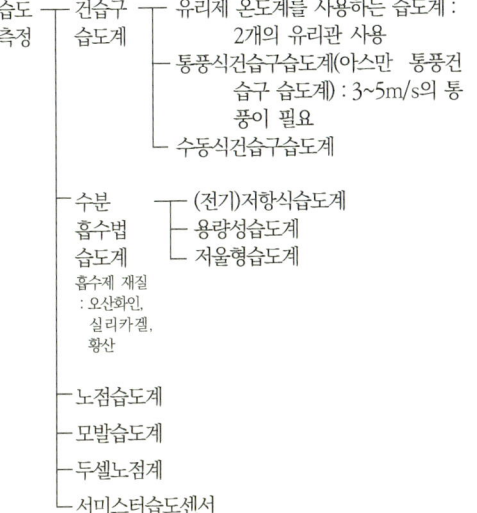

11 2개의 수은 유리온도계를 사용하는 습도계는?   ● 18년3월4일

① 모발 습도계
② 건습구 습도계
③ 냉각식 습도계
④ 저항식 습도계

해설 건습구 습도계 : 2개의 수은 유리온도계를 사용하는 습도계

12 물을 함유한 공기와 건조공기의 열전도율 차이를 이용하여 습도를 측정하는 것은?   ● 17년5월7일

① 고분자 습도센서
② 염화리튬 습도센서
③ 서미스터 습도센서
④ 수정진동자 습도센서

해설 서미스터 습도센서 : 물을 함유한 공기와 건조 공기의 열전도율 차이를 이용 하여 습도를 측정하는 것

13 다음 중 습도계의 종류로 가장 거리가 먼 것은?   ● 18년3월4일

① 모발 습도계
② 듀셀 노점계
③ 초음파식 습도계
④ 전기저항식 습도계

해설

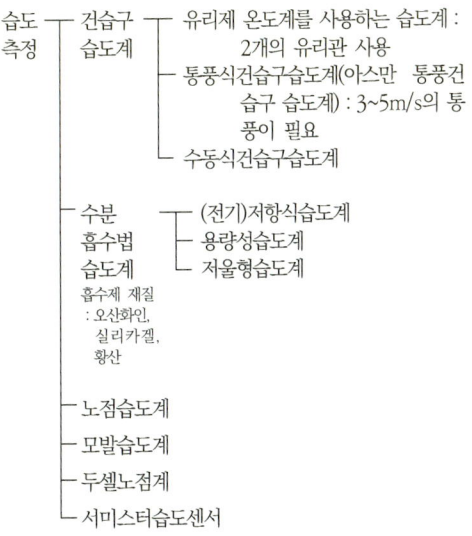

정답 10 ③ 11 ② 12 ③ 13 ③

chapter 06 습도측정 | 399

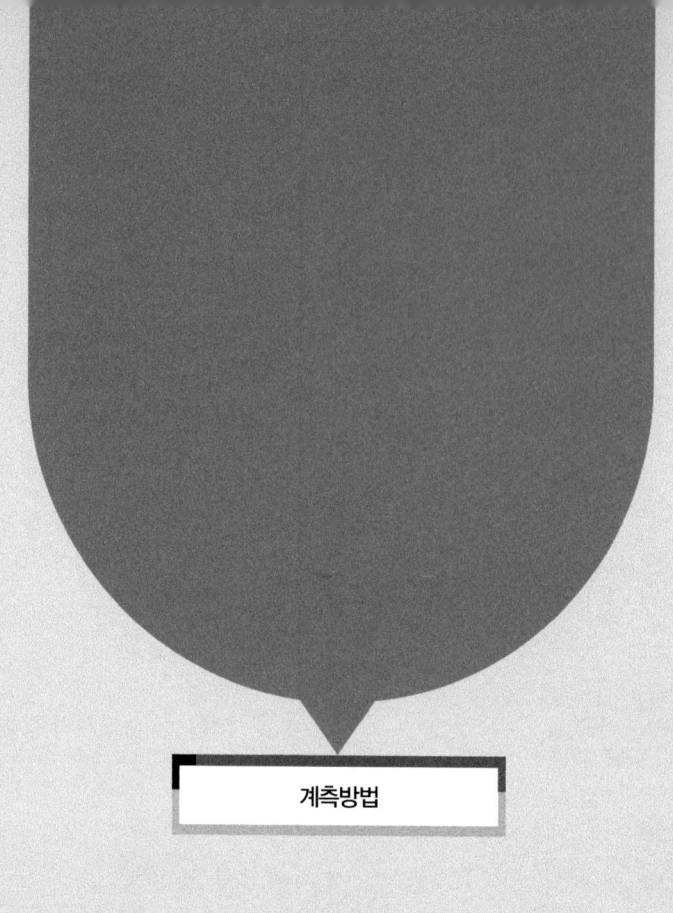

계측방법

07
가스분석 및 열량측정

01 측정의 개요 와 단위
02 온도측정=측온(測溫)
03 압력측정
04 유량측정
05 액면측정
06 습도측정
07 가스분석 및 열량측정
08 자동제어

CHAPTER 07 가스분석 및 열량측정

자주출제 되는문제

- 가스분석 측정방법에 따른 분류
  - 흡수분석법
    - 흡수분석법 오르사트법
    - 헴펠법
    - 게겔법
  - 화학분석법
    - 적정법
    - 중량법
  - 연소분석법
    - 완만연소법(우일클레법) : (산소+시료가스)을 백금선 으로연소
    - 폭발법
    - 분별연소법
  - 기기분석법
    - 가스크로마토그래퍼
    - 질량분석법
    - 적외선분광분석법
  - 시험지분석법
    - 일산화 탄소(CO) : 염화파라듐지-흑변
    - 암모니아(NH_3) : 적색리크머스-청변
    - 포스겐($COCL_2$) : 해리슨시험지-심등색
    - 아세틸렌(C_2H_2) : 염화 제1동 착염지-적변
    - 황화수소 : 연당지-황갈색(흑색)
    - 시안화수소 : 초산벤젠지-청변

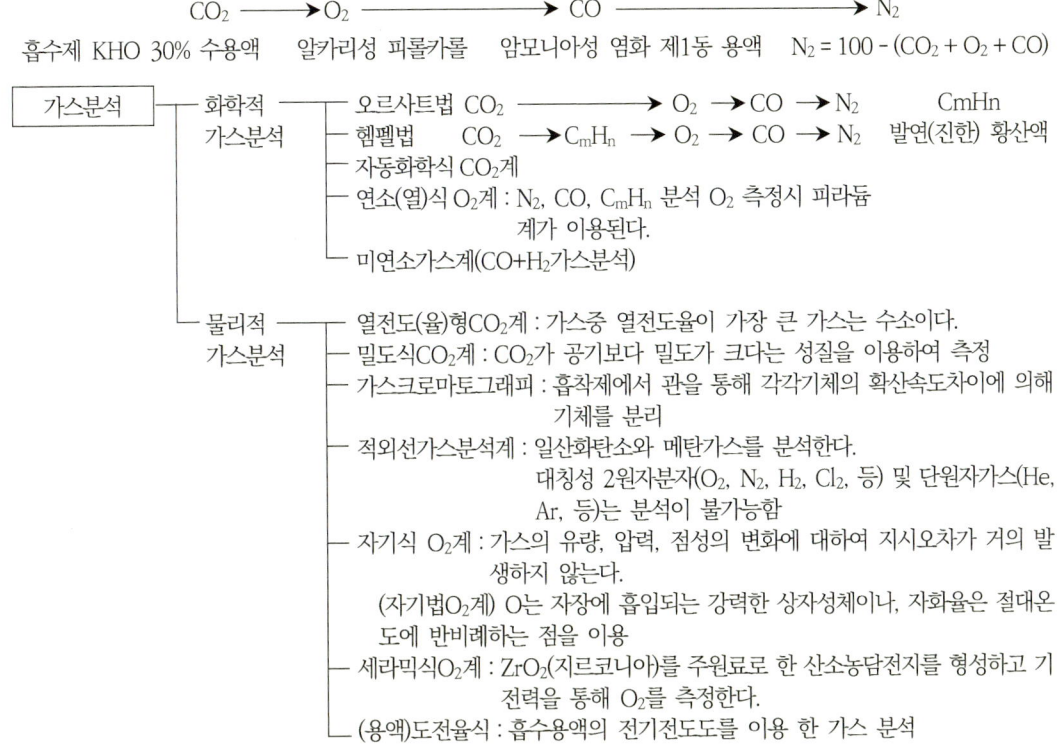

01 가스분석계의 특징

1) 적정한 시료가스의 채취장치가 필요하다.
2) 선택성에 대한 고려가 필요 하다.
3) 시료가스의 온도 및 압력의 변화로 측정오차를 유발할 우려가 있다.
4) 계기의 교정에는 화학분석에 의해 검정된 표준시료 가스를 이용해야 된다.

02 가스채취시 주의사항

1) 가스의 구성성분의 비중을 고려하여 적정위치에서 측정 하여야 한다.
2) 가스채취구는 외부에서 공기가 잘 통할 수없도록 하여야 한다.
3) 채취된 가스의 온도, 압력의 변화로 측정오차가 생기지 않도록 한다.
4) 가스성분과 화학반응을 일으키지 않는 관을 이용하여 채취해야 한다.

03 열전도(율)형 CO_2계의 특징

1) 가스 유속을 거의 일정하게 유지 한다.
2) 브리지의 공급 전류의 점검을 확실하게 해야 된다.
3) 셀의 주위 온도와 측정가스 온도를 거의 일정하게 유지 시키고 과도한 상승은 피해야 된다.
4) H_2의 혼입을 막아서 지시치를 낮춰주어야 된다.

04 가스 크로마토그래피(Gas chromatograph) : 컬럼안에 채워진 흡착제를 통해 각각 기체의 독자적인 확산속도차이를 이용해 기체를 분리시키는 가스분석계으로 CO_2, CO, N_2, H_2, CH_4 등을 모두 분석 할수 있어 분리능력과 선택성이 우수한 가스분석계이다.

1) 가스크로마토그래피의 특징
   ① 미량성분의 분석이 가능하다.
   ② 분리성능이 좋고 선택성이 우수하다.
   ③ 응답속도가 다소 느리고 동일한 가스의 연속측정이 불가능하다.
   ④ 1대의 장치로는 SO_2, NO_2 제외한 대부분의 가스분석을 할수 있다.
   ⑤ 기체 뿐만 아니라 비점 300℃이하의 액체를 측정 할수 있다.
   ⑥ 흡착제(실리콘, 폴리머)는 컬럼안에 채워져있는 고정상태로 시료가 흡착 및 분리되는 역할을 한다.
   ⑦ 캐리어가스(수소, 질소, 헬륨)는 이동상태로 시료를 컬럼안으로 운반하고 분리된 시료를 검출기로 이동시키는 역할이다.
   ⑧ 충진제(활성탄, 실리카겔, 알루미나)는 주로 분리 컬럼 내부를 채우는 다공성 고체 물질로, 고정상태인 흡착제을 지지하는 역할을 한다.

2) 가스크로마토그래피의 구성요소

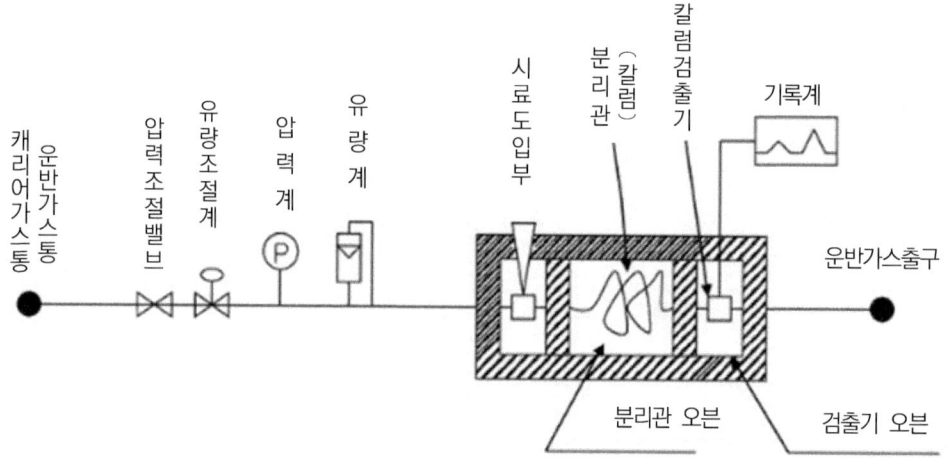

   ① 유량(계)측정기
   ② 칼럼(column)검출기
   ③ 운반가스(carrier gas ; 캐리어가스 : H_2, N_2, He, Ar)
   ④ 시료도입부
   ⑤ 분리관(column ; 칼럼)
   ⑥ 기록계

3) 가스크로마토그래피를 사용하여 주어진 혼합가스를 보다 정확하게 분석하기 위한 고려사항
   ① 충진컬럼 길이
   ② 충진컬럼 온도
   ③ Carrier가스 속도

4) 가스크로마토그래피법에서 사용하는 검출기의 종류
   ① 열전도형 검출기(TCD) : 일반적으로 널리 사용된다.
   ② 전자포획 이온화 검출기(ECD) : 할로겐 및 산소화합물 감도 최고이고, 탄화수소 감도는 나쁘다.
   ③ 수소염이온화 검출기(FID) : 탄화수소 감도 최고이다.

05 적외선식가스 분석계

1) 2원자 분자를 제외한 CO_2, CO, CH_4, 등의 가스를 분석할 수 있으며, 선택성이 우수하고 저농도 분석에 적합한 가스분석법
2) 적외선식가스 분석계는 대칭성 2원자분자(O_2, N_2, H_2, Cl_2, 등) 및 단원자가스(He, Ar, 등)는 분석이 불가능하다.

06 자기식 O_2계

1) 자기식 O_2계의 특징
   ① O_2는 자장에 흡입되는 강력한 상자성체이나, 자화율은 절대온도에 반비례하는 점을 이용하였다.
   ② 가동부분이 없고 구조도 비교적 간단하며, 취급이 용이하다.
   ③ 가스의 유량·압력·점성의 변화에 대하여 지시오차가 거의 발생하지 않는다.
   ④ 열선은 유리로 피복되어 있어 측정가스 중의 가연성가스에 대한 백금의 촉매작용을 막아준다.

07 세라믹식 O_2계

1) 세라믹식 O_2계의 특징
   ① ZrO_2(지르코니아)를 주원료로 한 산소농담전지를 형성하고 기전력을 통해 O_2를 측정한다.
   ② 산소의 농도를 측정할 때, 기전력을 이용하여 분석·계측 하는 분석계
   ③ 측정가스의 유량이나 설치장소 주위의 온도변화에 의한 영향이 적다.
   ④ 연속측정이 가능하며, 측정범위가 넓다.
   ⑤ 측정부의 온도유지를 위해 온도조절용 전기로가 필요하다.

08 화염검출

1) 화염검출방식
   ① 화염의 열을 이용
   ② 화염의 빛을 이용(빛의 흡수율과 복사율은 같다.)
   ③ 화염의 전기전도성을 이용

2) 화염검출기 종류
   ① 스택스위치(화염의 발열체)
   ② 프레임아이(광전관식)
   ③ 프레임로드(전도전도성)

3) 불꽃이온화식 검출기의 특징 : 시료를 파괴한다.

09 열량계

1) **봄브(Bomb)식 열량계** : 주로 고체 또는 액체 연료의 발열량을 측정한다.
   연료를 작은 용기(봄브) 안에 넣고 산소와 함께 폭발시켜 열을 발생시키고, 이 열을 물에 흡수시켜 발열량을 계산한다.

2) **융커스식 열량계** : 기체 연료의 발열량을 측정한다.
   기체 연료를 태워 물에 열을 전달하고, 물의 온도 변화를 측정하여 발열량을 계산한다.

3) **태그식열량계** : 주로 휘발유의 불꽃점을 측정한다.
   시료컵에 시료를 넣고 점화하여 불꽃이 발생하면 측정한다.

4) **클리브랜드식** : 주로 석유 유제품의 불꽃점과 점화점을 측정한다.
   특정 시료컵에 시료를 넣고 온도 변화를 관찰하며 불꽃점과 점화점을 측정한다.

5) **시차주사 열량계** : 융해열을 측정할수 있는 열량계

계측방법 과년도 기출문제

★★
01 가스 채취 시 주의하여야 할 사항에 대한 설명으로 틀린 것은? ◎ 19년9월21일, 12년9월15일

① 가스의 구성 성분의 비중을 고려하여 적정 위치에서 측정하여야 한다.
② 가스 채취구는 외부에서 공기가 잘 유통할 수 있도록 하여야 한다.
③ 채취된 가스의 온도, 압력의 변화로 측정 오차가 생기지 않도록 한다.
④ 가스성분과 화학반응을 일으키지 않는 관을 이용하여 채취한다.

[해설] 가스 채취 시 가스 채취구는 외부에서 공기가 잘 통할 수 없도록 하여야 한다.

★★
02 가스분석계에 특징에 관한 설명으로 틀린 것은? ◎ 16년10월1일

① 적정한 시료가스의 채취장치가 필요하다.
② 선택성에 대한 고려가 필요 없다.
③ 시료가스의 온도 및 압력의 변화로 측정 오차를 유발할 우려가 있다.
④ 계기의 교정에는 화학분석에 의해 검정된 표준시료 가스를 이용한다.

[해설] 가스분석계는 분석하고자 하는 가스의 종류를 고려하여 선택한다.

★★
03 다음 중 가스분석 측정법이 아닌 것은? ◎ 17년9월23일, 21년3월7일

① 오르사트법   ② 적외선 흡수법
③ 플로우 노즐법 ④ 열전도율법

[해설] 플로우 노즐법 : 차압식유량계

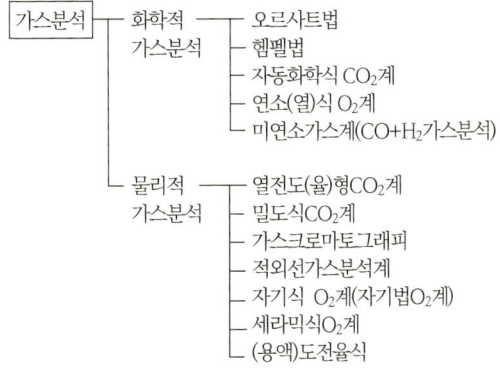

04 다음 중 물리적 가스 분석법으로 가장 거리가 먼 것은? ◎ 15년9월19일

① 적외선 흡수식
② 열전도율식
③ 연소열식
④ 자기식

[해설]

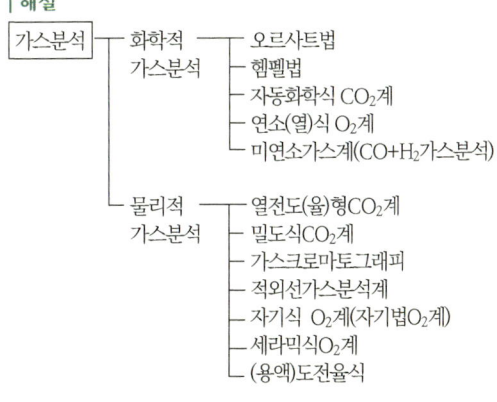

정답 01 ② 02 ② 03 ③ 04 ③

05 연소분석법으로서 산소와 시료가스를 피펫에 천천히 넣고 백금선 등으로 연소시키는 방법으로 우일클레법이라고도 하는 방법은?

◎ 13년6월2일

① 분별연소법   ② 폭발법
③ 완만 연소법   ④ 흡수분석법

[해설] 완만연소법(우일클레법) : 연소분석법으로서 산소와 시료가스를 피펫에 천천히 넣고 백금선 등으로 연소시키는 방법

06 다음 중 화학적 가스 분석계에 해당하는 것은? ★★

◎ 14년3월2일, 19년4월27일

① 고체 흡수제를 이용하는 것
② 가스의 밀도와 점도를 이용하는 것
③ 흡수용액의 전기전도도를 이용하는 것
④ 가스의 자기적 성질을 이용하는 것

[해설] 화학적 가스 분서계는 고체 흡수제를 이용 한다.

07 다음 각 가스별 시험방법 등의 연결이 잘못된 것은?

◎ 14년3월2일

① 암모니아 - 리트머스시험지 - 청색
② 시안화수소 - 질산구리벤젠지 - 청색
③ 염소 - 염화파라듐지 - 적색
④ 황화수소 - 연당지 - 흑갈색

[해설] 염소 - 요오드화칼륨녹말종이 - 청색

08 다음 연소가스 중 미연소가스계로 측정 가능한 것은? ★★

◎ 18년9월15일

① CO   ② CO_2
③ NH_3 ④ CH_4

[해설] ▶ 미연소가스법
1) 지연성가스인 O_2의 혼합이 필요하다.
2) H_2와 CO의 종도를 측정한다.
3) 촉매로 백금을 사용한다.

09 연소 가스 중의 CO와 H_2의 측정에 주로 사용되는 가스 분석계는?

◎ 17년9월23일

① 과잉공기계   ② 질소가스계
③ 미연소가스계   ④ 탄산가스계

[해설]

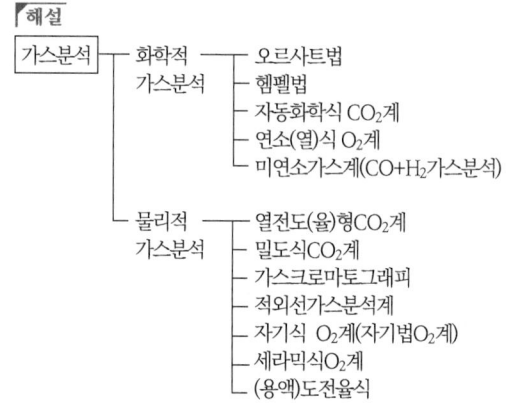

10 다음 가스분석계 중 산소를 분석할 수 없는 것은?

◎ 14년5월25일

① 연소식
② 자기식
③ 적외선식
④ 지르코니아식

[해설] 적외선식가스 분석계
1) 2원자 분자를 제외한 CO_2, CO, CH_4, 등의 가스를 분석할 수 있으며, 선택성이 우수하고 저농도 분석에 적합한 가스분석법
2) 적외선식가스 분석계는 대칭성 2원자분자 (O_2, N_2, H_2, Cl_2, 등) 및 단원자가스(He, Ar, 등)는 분석이 불가능하다.

정답 05 ③   06 ①   07 ③   08 ①   09 ③   10 ③

11 다음 측정방법 중 화학적 가스분석 방법은? ◆ 16년10월1일

① 열전도율법
② 도전율법
③ 적외선흡수법
④ 연소열법

해설
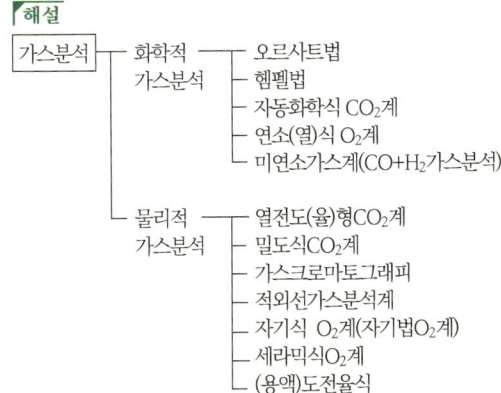

12 물리적 가스분석계의 측정법이 아닌 것은? ◆ 18년3월4일

① 밀도법
② 세라믹법
③ 열전도율법
④ 자동오르자트법

해설
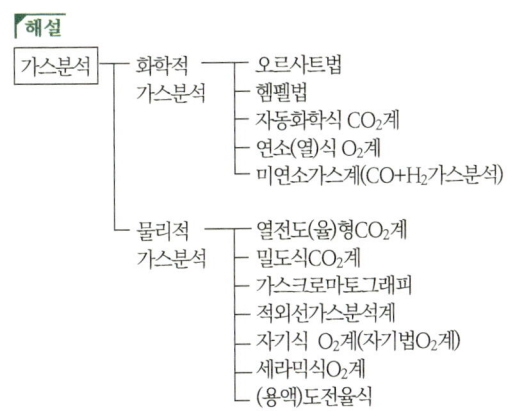

13 다음 가스분석 방법 중 물리적 성질을 이용한 것이 아닌 것은? ◆ 18년4월28일

① 밀도법
② 연소열법
③ 열전도율법
④ 가스크로마토그래프법

해설
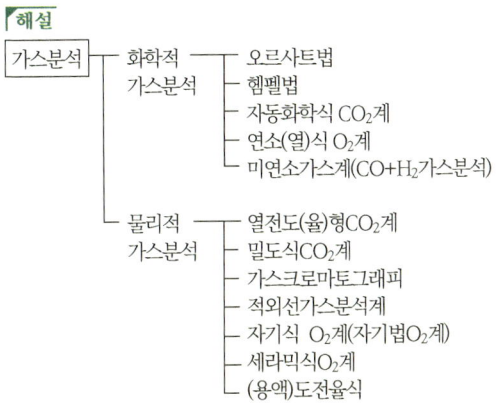

14 다음 중 물리적 가스분석계와 거리가 먼 것은? ◆ 20년6월6일

① 가스 크로마토그래프법
② 자동오르자트법
③ 세라믹식
④ 적외선흡수식

해설
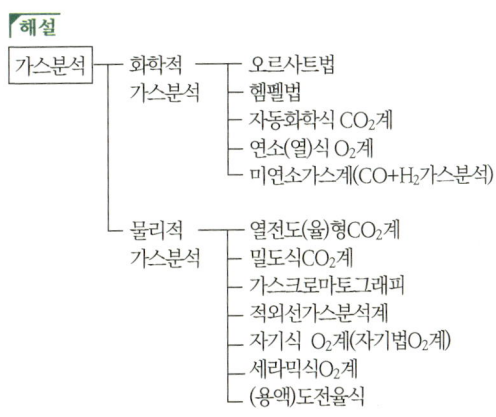

정답 11 ④ 12 ④ 13 ② 14 ②

15 다음 가스 분석계 중 화학적 가스분석계가 아닌 것은?   ◎ 20년8월22일

① 밀도식 CO_2계   ② 오르자트식
③ 헴펠식   ④ 자동화학식 CO_2계

해설
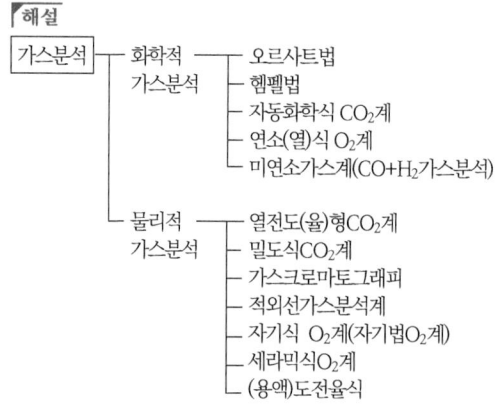

16 다음 가스 분석법 중 흡수식인 것은?   ◎ 22년3월5일

① 오르자트법   ② 밀도법
③ 자기법   ④ 음향법

해설 ▶ 오르사트법 가스분석장치

분석순서	분석원소	흡수제
첫번째	CO_2	수산화 칼륨(KHO)30% 수용액
두번째	O_2	알카리성 피롤카롤 용액
세번째	CO	암모니아성 염화 제1동(CuCl) 용액

질소는 계산을 통해 구한다.
$$N_2 = 100 - (CO_2 + O_2 + CO)$$

17 가스분석 장법 중 CO_2의 농도를 측정할 수 없는 방법은?   ◎ 14년9월20일

① 자기법   ② 도전율법
③ 적외선법   ④ 열도전율법

해설 자기법 O_2를 측정하는 가스 분석법이다.

18 가스의 자기성(磁氣性)을 이용한 분석계는?   ◎ 15년5월31일

① CO_2계
② SO_2계
③ O_2계
④ 가스 크로마토그래피

해설 자기식 O_2계의 특징
① O_2는 자장에 흡입되는 강력한 상자성체이나, 자화율은 절대온도에 반비례하는 점을 이용하였다.
② 가동부분이 없고 구조도 비교적 간단하며, 취급이 용이하다.
③ 가스의 유량·압력·점성의 변화에 대하여 지시오차가 거의 발생하지 않는다.
④ 열선은 유리로 피복되어 있어 측정가스 중의 가연성가스에 대한 백금의 촉매작용을 막아준다.

19 가스의 상자성을 이용하여 만든 세라믹식 가스분석계는?   ◎ 20년6월6일

① O_2 가스계
② CO_2 가스계
③ SO_2 가스계
④ 가스크로마토그래피

해설 자기식 O_2계의 특징
① O_2는 자장에 흡입되는 강력한 상자성체이나, 자화율은 절대온도에 반비례하는 점을 이용하였다.
② 가동부분이 없고 구조도 비교적 간단하며, 취급이 용이하다.
③ 가스의 유량·압력·점성의 변화에 대하여 지시오차가 거의 발생하지 않는다.
④ 열선은 유리로 피복되어 있어 측정가스 중의 가연성가스에 대한 백금의 촉매작용을 막아준다.

정답   15 ①   16 ①   17 ①   18 ③   19 ①

20 산소의 농도를 측정할 때 기전력을 이용하여 분석, 계측하는 분석계는?   ● 15년9월19일

① 자기식 O_2계   ② 세라믹식 O_2계
③ 연소식 O_2계   ④ 밀도식 O_2계

해설 세라믹식 O_2계의 특징
① ZrO_2(지르코니아)를 주원료로 한 산소농담 전지를 형성하고 기전력을 통해 O_2를 측정한다.
② 산소의 농도를 측정할 때, 기전력을 이용하여 분석·계측 하는 분석계
③ 측정가스의 유량이나 설치장소 주위의 온도 변화에 의한 영향이 적다.
④ 연속측정이 가능하며, 측정범위가 넓다.
⑤ 측정부의 온도유지를 위해 온도조절용 전기로가 필요하다.

21 가스분석계에서 연소가스 분석 시 비중을 이용하여 가장 측정이 용이한 기체는?   ● 22년4월24일

① NO_2 ② O_2
③ CO_2 ④ H_2

해설 ▶ 밀도식 CO_2계
1) CO_2의 밀도가 공기보다 큰 성질을 이용하였다.
2) 모세관을 통과 할때 생기는 저항차이에 의해 CO_2량 측정한다.
3) 선택성이 불량한 물리적 가스분석법이다.
4) 가스의 비중을 이용하는 가스 분석법이다.

22 다음 중 가스의 열전도율이 가장 큰 것은?   ● 18년4월28일

① 공기   ② 메탄
③ 수소   ④ 이산화탄소

해설 분자량이 작을수록 열전도율이 크다.
① 공기 : 분자량 $29\dfrac{kg}{kmol}$
② 메탄(CH_4) : 분자량 : $16\dfrac{kg}{kmol}$
③ 수소분자량(H_2) : $2\dfrac{kg}{kmol}$
④ 이산화탄소분자량(CO_2) $44\dfrac{kg}{kmol}$

23 오르자트(Orsat) 가스분석계에서 CO2측정을 위해 일반적으로 사용하는 흡습제는?   ● 18년4월28일

① 수산화칼륨 수용액
② 암모니아성 염화제1구리 용액
③ 알칼리성 피로갈를 용액
④ 발연 황산액

해설 분자량이 작을수록 열전도율이 크다.
① 공기 : 분자량 $29\dfrac{kg}{kmol}$
② 메탄(CH_4) : 분자량 : $16\dfrac{kg}{kmol}$
③ 수소분자량(H_2) : $2\dfrac{kg}{kmol}$
④ 이산화탄소분자량(CO_2) $44\dfrac{kg}{kmol}$

24 오르사트식 가스분석계로 CO를 흡수제에 흡수시켜 조성을 정량하여 한다. 이 때 흡수제의 성분으로 옳은 것은?   ● 21년9월12일

① 발연 황산액
② 수산화칼륨 30% 수용액
③ 알칼리성 피로갈롤 용액
④ 암모니아성 염화 제1동 용액

해설 ▶ 오르사트법 가스분석장치

분석순서	분석원소	흡수제
첫번째	CO_2	수산화 칼륨(KHO)30% 수용액
두번째	O_2	알카리성 피로카롤 용액
세번째	CO	암모니아성 염화 제1동(CuCl) 용액

질소는 계산을 통해 구한다.
$N_2 = 100 - (CO_2 + O_2 + CO)$

정답 20 ② 21 ③ 22 ③ 23 ① 24 ④

25 시료 가스 중의 CO2, 탄화수소, 산소, CO 및 질소성분을 분석할 수 있는 방법으로 흡수법 및 연소법의 조합인 분석법은? ● 15년5월31일

① 분젠 – 실링(Bunsen schiling)법
② 헴펠(Hempel)t식 분석법
③ 정커스(Junkers)식 분석법
④ 오르자트(Orsat) 분석법

해설 ▶ 헴펠식(Hempel type) 가스분석장치

분석순서	분석원소	흡수제
첫번째	CO_2	수산화 칼륨(KHO)30% 수용액
두번째	O_2	알카리성 피롤카롤 용액
세번째	CO	암모니아성 염화 제1동(CuCl) 용액

질소는 계산을 통해 구한다.
$N_2 = 100 - (CO_2 + O_2 + CO)$

26 100mL 시료가스를 CO2, O2, CO순으로 흡수 시켰더니 남은 부피가 각각 50mL, 30mL, 20mL이었으며 최종 질소가스가 남았다. 이 때 가스 조성으로 옳은 것은? ● 16년5월8일

① CO₂ 50% ② O₂ 30%
③ CO 20%   ④ N₂ 10%

해설
$CO_2 = 100 - 50 = 50\%$
$O_2 = 50 - 30 = 20\%$
$CO = 30 - 20 = 10\%$
$N_2 = 100 - (CO_2 + O_2 + CO) = 100 - (50 + 20 + 100) = 20\%$

27 오르자트식 가스분석계로 측정하기 어려운 것은? ● 17년3월5일

① O₂   ② CO₂
③ CH₄   ④ CO

해설 ▶ 오르사트법 가스분석장치

분석순서	분석원소	흡수제
첫번째	CO_2	수산화 칼륨(KHO)30% 수용액
두번째	O_2	알카리성 피롤카롤 용액
세번째	CO	암모니아성 염화 제1동(CuCl) 용액

질소는 계산을 통해 구한다.
$N_2 = 100 - (CO_2 + O_2 + CO)$

28 헴펠식(Hempel type) 가스분석장치에 흡수되는 가스와 사용하는 흡수제의 연결이 잘못된 것은? ● 18년9월15일, 12년9월15일

① CO – 차아황산소다
② O₂ – 알칼리성 피로갈롤용액
③ CO₂ – 30% KOH 수용액
④ C_mH_n – 진한 황산

헴펠식(Hempel type) 가스분석장치

해설

분석순서	분석원소	흡수제
첫번째	CO_2	수산화 칼륨(KHO)30% 수용액
두번째	O_2	알카리성 피롤카롤 용액
세번째	CO	암모니아성 염화 제1동(CuCl) 용액

질소는 계산을 통해 구한다.
$N_2 = 100 - (CO_2 + O_2 + CO)$

29 일반적으로 오르자트 가스분석기로 어떤 가스를 분석할 수 있는가? ● 19년4월27일

① CO₂, SO₂, CO
② CO₂, SO₂, O₂
③ SO₂, CO, O₂
④ CO₂, O₂, CO

해설 오르사트법 가스분석장치

분석순서	분석원소	흡수제
첫번째	CO_2	수산화 칼륨(KHO)30% 수용액
두번째	O_2	알카리성 피롤카롤 용액
세번째	CO	암모니아성 염화 제1동(CuCl) 용액

질소는 계산을 통해 구한다.
$N_2 = 100 - (CO_2 + O_2 + CO)$

정답 25 ② 26 ① 27 ③ 28 ① 29 ④

30 가스분석계에 대한 설명으로 틀린 것은?
◈ 14년9월20일

① 미연소가스계는 일산화탄소와 수소 분석에 사용된다.
② 세라믹 산소계는 기전력을 측정하여 산소 농도를 측정한다.
③ 이산화탄소계는 가스의 상자석을 이용하여 이산화탄소의 농도를 측정한다.
④ 적외선가스분석계를 사용하면 일산화탄소와 메탄가스를 분석하는 것이 가능하다.

해설 자기식 O_2계가스 분서계는 가스의 상자석을 이용하여 이산화탄소의 농도를 측정한다.

31 가스크로마토그래피는 다음 중 어떤 원리를 응용한 것인가?
◈ 21년3월7일

① 증발   ② 증류
③ 건조   ④ 흡착

해설 가스 크로마토그래피(Gas chromatograph) : 컬럼안에 채워진 흡착제를 통해 각각 기체의 독자적인 확산속도차이를 이용해 기체를 분리시키는 가스분석계으로 CO_2, CO, N_2, H_2, CH_4등을 모두 분석 할수 있어 분리능력과 선택성이 우수한 가스분석계이다.

32 가스크로마토그래피의 특징에 대한 설명으로 틀린 것은?
◈ 17년5월7일

① 미량성분의 분석이 가능하다.
② 분리성능이 좋고 선택성이 우수하다.
③ 1대의 장치로는 여러 가지 가스를 분석할 수 없다.
④ 응답속도가 다소 느리고 동일한 가스의 연속측정이 불가능하다.

해설 가스크로마토그래피의 특징
① 미량성분의 분석이 가능하다.
② 분리성능이 좋고 선택성이 우수하다.
③ 응답속도가 다소 느리고 동일한 가스의 연속측정이 불가능하다.
④ 1대의 장치로는 SO_2, NO_2 제외한 대부분의 가스분석을 할수 있다.
⑤ 기체 뿐만 아니라 비점 300℃이하의 액체를 측정 할수 있다.
⑥ 흡착제(실리콘, 폴리머)는 컬럼안에 채워져 있는 고정상태로 시료가 흡착 및 분리되는 역할을 한다.
⑦ 캐리어가스(수소, 질소, 헬륨)는 이동상태로 시료를 컬럼안으로 운반하고 분리된 시료를 검출기로 이동시키는 역할이다.
⑧ 충진제(활성탄, 실리카겔, 알루미나)는 주로 분리 컬럼 내부를 채우는 다공성 고체 물질로, 고정상태인 흡착제을 지지하는 역할을 한다.

33 다음 중 기체 및 비점 300℃ 이하의 액체를 측정하는 물리적 가스 분석계로 선택성이 우수한 가스분석계는?
◈ 12년9월15일

① 밀도법
② 기체크로마토그래피법
③ 세라믹법
④ 오르자트법

해설 가스크로마토그래피의 특징
① 미량성분의 분석이 가능하다.
② 분리성능이 좋고 선택성이 우수하다.
③ 응답속도가 다소 느리고 동일한 가스의 연속측정이 불가능하다.
④ 1대의 장치로는 SO_2, NO_2 제외한 대부분의 가스분석을 할수 있다.
⑤ 기체 뿐만 아니라 비점 300℃이하의 액체를 측정 할수 있다.
⑥ 흡착제(실리콘, 폴리머)는 컬럼안에 채워져 있는 고정상태로 시료가 흡착 및 분리되는 역할을 한다.
⑦ 캐리어가스(수소, 질소, 헬륨)는 이동상태로 시료를 컬럼안으로 운반하고 분리된 시료를 검출기로 이동시키는 역할이다.
⑧ 충진제(활성탄, 실리카겔, 알루미나)는 주로 분리 컬럼 내부를 채우는 다공성 고체 물질로, 고정상태인 흡착제을 지지하는 역할을 한다.

정답 30 ③ 31 ④ 32 ③ 33 ②

★★
34 가스 크로마토그래피법에서 사용하는 검출기 중 수소염 이온화검출기를 의미하는 것은?
◎ 15년5월31일, 18년9월15일

① ECD ② FID
③ HCD ④ FTD

[해설] 가스크로마토그래피법에서 사용하는 검출기의 종류
① 열전도형 검출기 (TCD) : 일반적으로 널리 사용된다.
② 전자포획 이온화 검출기(ECD) : 할로겐 및 산소화합물 감도 최고이고, 탄화수소 감도는 나쁘다.
③ 수소염이온화 검출기 (FID) : 탄화수소 감도 최고이다.

35 흡착제에서 관을 통해 각각 기체의 독자적인 이동속도에 의해 분리시키는 방법으로, CO_2, CO, N_2, H_2, CH_4 등을 모두 분석할 수 있어 분리 능력과 선택성이 우수한 가스분석계는?
◎ 22년4월24일

① 밀도법
② 기체크로마토그래피법
③ 세라믹법
④ 오르자트법

[해설] ▶ 가스 크로마토그래피(Gas chromatograph) : 컬럼안에 채워진 흡착제를 통해 각각 기체의 독자적인 확산속도차이를 이용해 기체를 분리시키는 가스분석계로 CO_2, CO, N_2, H_2, CH_4 등을 모두 분석 할수 있어 분리능력과 선택성이 우수한 가스분석계이다.

★★
36 기체크로마토그래피는 기체의 어떤 특성을 이용하여 분석하는 장치인가? ◎ 13년3월10일

① 분자량 차이 ② 부피 차이
③ 분압 차이 ④ 확산속도 차이

[해설] 가스 크로마토그래피(Gas chromatograph) : 컬럼안에 채워진 흡착제를 통해 각각 기체의 독자적인 확산속도차이를 이용해 기체를 분리시키는 가스분석계로 CO_2, CO, N_2, H_2, CH_4 등을 모두 분석 할수 있어 분리능력과 선택성이 우수한 가스분석계이다.

★★
37 가스크로마토그래피의 구성요소가 아닌 것은?
◎ 14년9월20일

① 유량측정기
② 칼럼검출기
③ 직류증폭장치
④ 캐리어 가스통

[해설] ▶ 가스크로마토그래피의 구성요소
① 유량(계)측정기
② 칼럼(column)검출기
③ 운반가스(carrier gas;캐리어가스 : H_2, N_2, He, Ar)
④ 시료도입부
⑤ 분리관(column;칼럼)
⑥ 기록계

38 가스크로마토그래피의 구성요소가 아닌 것은?
◎ 20년9월26일

① 검출기
② 기록계
③ 칼럼(분리관)
④ 지르코니아

[해설] 가스크로마토그래피의 구성요소
① 유량(계)측정기
② 칼럼(column)검출기
③ 운반가스(carrier gas;캐리어가스 : H_2, N_2, He, Ar)
④ 시료도입부
⑤ 분리관(column;칼럼)
⑥ 기록계

정답 34 ② 35 ② 36 ④ 37 ③ 38 ④

39 기체 크로마토그래피에 대한 설명으로 틀린 것은?
　　　　　　　　　　　　　　　　　● 21년5월15일

① 캐리어 기체로는 수소, 질소 및 헬륨 등이 사용된다.
② 충전재로는 활성탄, 알루미나 및 실리카겔 등이 사용된다.
③ 기체의 확산속도 특성을 이용하여 기체의 성분을 분리하는 물리적은 가스분석기이다.
④ 적외선 가스분석기에 비하여 응답속도가 빠르다.

해설　가스크로마토그래피의 특징
　　① 미량성분의 분석이 가능하다.
　　② 분리성능이 좋고 선택성이 우수하다.
　　③ 응답속도가 다소 느리고 동일한 가스의 연속측정이 불가능하다.
　　④ 1대의 장치로는 SO_2, NO_2 제외한 대부분의 가스분석을 할수 있다.
　　⑤ 기체 뿐만 아니라 비점 300℃이하의 액체를 측정 할수 있다.
　　⑥ 흡착제(실리콘, 폴리머)는 컬럼안에 채워져 있는 고정상태로 시료가 흡착 및 분리되는 역할을 한다.
　　⑦ 캐리어가스(수소, 질소, 헬륨)는 이동상태로 시료를 컬럼안으로 운반하고 분리된 시료를 검출기로 이동시키는 역할이다.
　　⑧ 충진제(활성탄, 실리카겔, 알루미나)는 주로 분리 컬럼 내부를 채우는 다공성 고체 물질로, 고정상태인 흡착제를 지지하는 역할을 한다.

40 다음 중 가스 크로마토그래피의 충진제로 쓰이는 것은?

① 미분탄
② 활성탄
③ 유연탄
④ 신탄

41 다음 보기의 특징을 가지는 가스분석계는?
　　　　　　　　　　　　　　　　　● 16년10월1일

- 가동부분이 없고 구조도 비교적 간단하며, 취급이 용이하다.
- 가스의 유량, 압력, 점성의 변화에 대하여 지시오차가 거의 발생하지 않는다.
- 열선은 유리로 피복되어 있어 측정가스 중의 가연성 가스에 대한 백금의 촉매작용을 막아준다.

① 연소식 O_2계
② 적외선 가스분석계
③ 자기식 O_2계
④ 밀도식 CO_2계

해설　자기식 O_2계의 특징
　　① O_2는 자장에 흡입되는 강력한 상자성체이나, 자화율은 절대온도에 반비례하는 점을 이용하였다.
　　② 가동부분이 없고 구조도 비교적 간단하며, 취급이 용이하다.
　　③ 가스의 유량·압력·점성의 변화에 대하여 지시오차가 거의 발생하지 않는다.
　　④ 열선은 유리로 피복되어 있어 측정가스 중의 가연성가스에 대한 백금의 촉매작용을 막아준다.

42 2원자분자를 제외한 CO_2, CO, CH_4 등의 가스를 분석할 수 있으며, 선택성이 우수하고 저농도 분석에 적합한 가스 분석법은?
　　　　　　　　　　　　　　　　　● 17년3월5일

① 적외선법
② 음향법
③ 열전도율법
④ 도전율법

해설　적외선법 가스 분석계 : 2원자분자를 제외한 CO_2, CO, CH_4등의 가스를 분석할 수 있으며, 선택성이 우수하고 저농도 분석에 적합한 가스 분석법으로 주로 일산화탄소와 메탄가스를 분석한다.

정답　39 ④　40 ②　41 ③　42 ①

43 화학적 가스분석계인 연소식 O_2계의 특징이 아닌 것은? ○ 17년5월7일

① 원리가 간단하다.
② 취급이 용이하다.
③ 가스의 유량변동에도 오차가 없다.
④ O_2 측정 시 팔라듐계가 이용된다.

해설 화학적 가스분석계인 연소식 O_2계는 측정가스의 유량변동시 측정오차가 발생한다.

44 산소의 농도를 측정할 때 기전력을 이용하여 분석, 계측하는 분석계는? ○ 15년9월19일

① 자기식 O_2계
② 세라믹식 O_2계
③ 연소식 O_2계
④ 밀도식 O_2계

해설 세라믹식 O_2계의 특징
① ZrO_2(지르코니아)를 주원료로 한 산소농담전지를 형성하고 기전력을 통해 O_2를 측정한다.
② 산소의 농도를 측정할 때, 기전력을 이용하여 분석·계측 하는 분석계
③ 측정가스의 유량이나 설치장소 주위의 온도 변화에 의한 영향이 적다.
④ 연속측정이 가능하며, 측정범위가 넓다.
⑤ 측정부의 온도유지를 위해 온도조절용 전기로가 필요하다.

45 가스분석계의 측정법 중 전기적 성질을 이용한 것은? ○ 16년3월6일

① 세라믹식 측정방법
② 연소열식 측정방법
③ 자동 오르자트법
④ 가스크로마토그래피법

해설 세라믹식 O_2계의 특징
① ZrO_2(지르코니아)를 주원료로 한 산소농담전지를 형성하고 기전력을 통해 O_2를 측정한다.
② 산소의 농도를 측정할 때, 기전력을 이용하여 분석·계측 하는 분석계
③ 측정가스의 유량이나 설치장소 주위의 온도 변화에 의한 영향이 적다.
④ 연속측정이 가능하며, 측정범위가 넓다.

★★
46 세라믹(Ceramic)식 O_2계의 세라믹 주원료는? ○ 16년3월6일

① Cr_2O_3 ② Pb
③ P_2O_5 ④ ZrO_2

해설 세라믹식 O_2계의 특징
① ZrO_2(지르코니아)를 주원료로 한 산소농담전지를 형성하고 기전력을 통해 O_2를 측정한다.
② 산소의 농도를 측정할 때, 기전력을 이용하여 분석·계측 하는 분석계
③ 측정가스의 유량이나 설치장소 주위의 온도 변화에 의한 영향이 적다.
④ 연속측정이 가능하며, 측정범위가 넓다.
⑤ 측정부의 온도유지를 위해 온도조절용 전기로가 필요하다.

★★
47 액체와 고체연료의 열량을 측정하는 열량계는? ○ 17년9월23일

① 봄브식
② 융커스식
③ 클리브랜드식
④ 태그식

해설 발열량 측정법
1) 고체,액체연료 : 봄브식 열량계
2) 기체연료 : 윤켈스열량계, 시그마열량계

정답 43 ③ 44 ② 45 ① 46 ④ 47 ①

48 다음 중 융해열을 측정할 수 있는 열량계는? ● 19년4월27일

① 금속 열량계
② 융커스형 열량계
③ 시차주사 열량계
④ 디페닐에테르 열량계

해설 ▶ 시차주사 열량계 : 융해열을 측정할수 있는 열량계

★★
49 화염검출방식으로 가장 거리가 먼 것은? ● 19년4월27일

① 화염의 열을 이용
② 화염의 빛을 이용
③ 화염의 전기전도성을 이용
④ 화염의 색을 이용

해설 화염검출방식
① 화염의 열을 이용 : 발열을 이용
② 화염의 빛을 이용 : 발광을 이용
③ 화염의 전기전도성을 이용 : 전기전도성이용

정답 48 ③ 49 ④

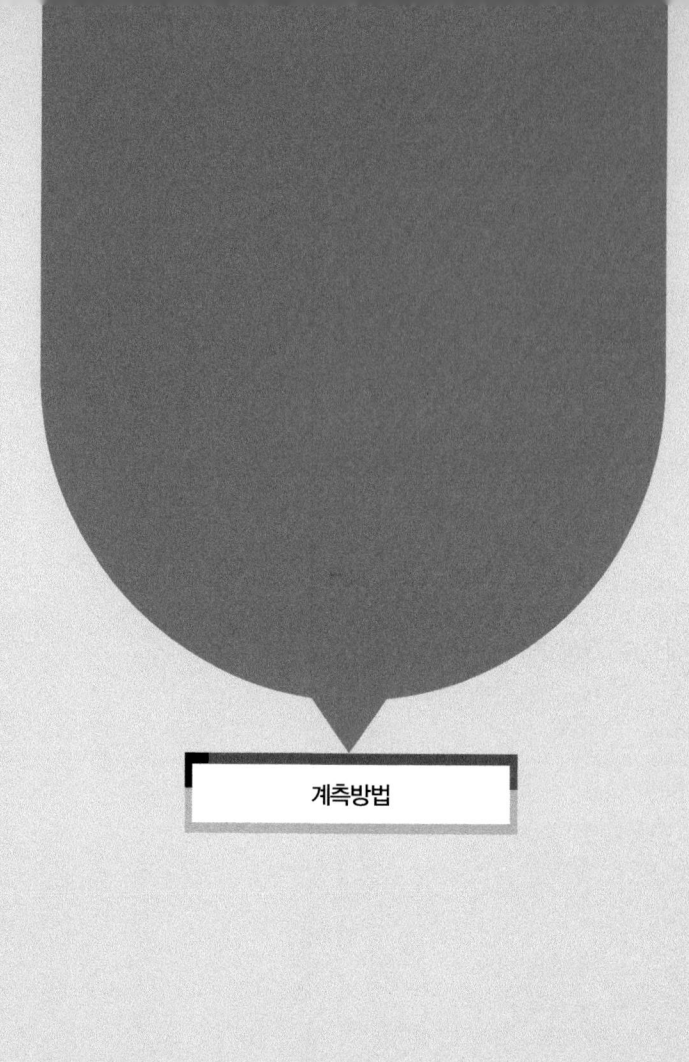

계측방법

08 자동제어

01 측정의 개요 와 단위
02 온도측정=측온(測溫)
03 압력측정
04 유량측정
05 액면측정
06 습도측정
07 가스분석 및 열량측정
08 자동제어

CHAPTER 08 자동제어

자주출제 되는 문제

제어동작의 종류

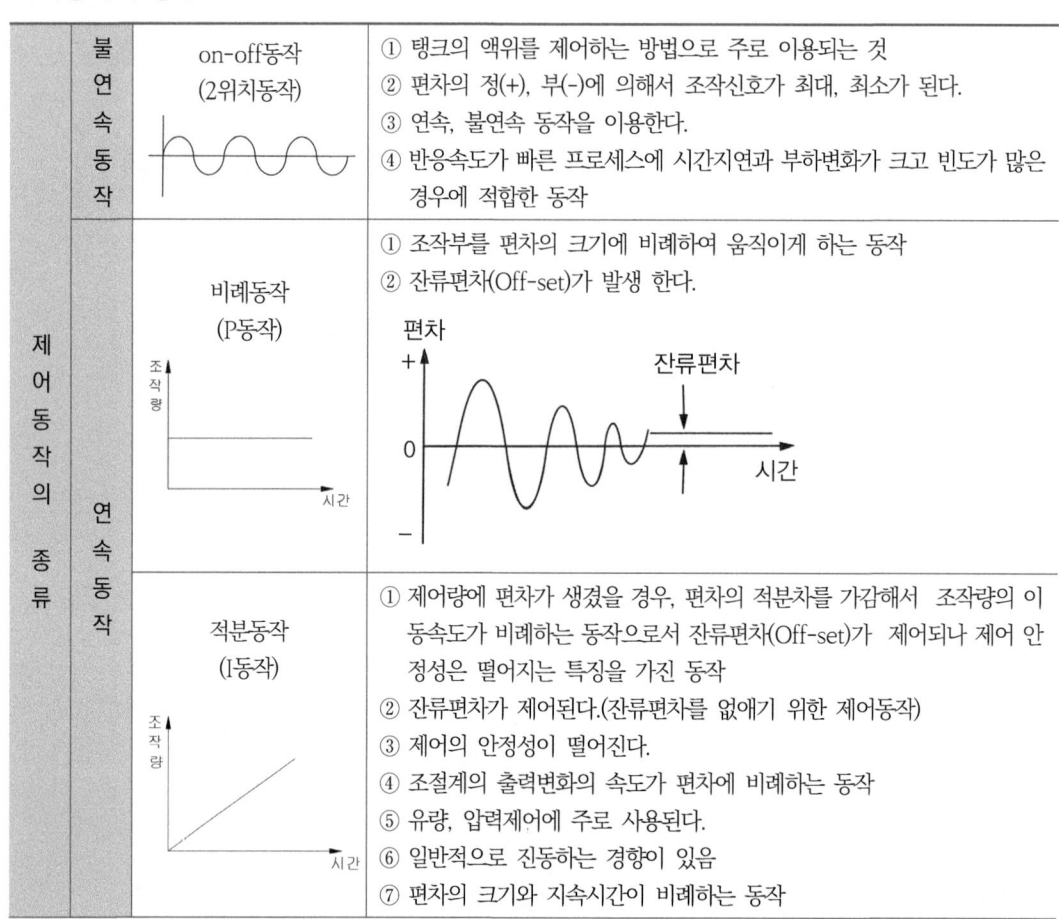

제어동작의 종류			
불연속동작	on-off동작 (2위치동작)		① 탱크의 액위를 제어하는 방법으로 주로 이용되는 것 ② 편차의 정(+), 부(-)에 의해서 조작신호가 최대, 최소가 된다. ③ 연속, 불연속 동작을 이용한다. ④ 반응속도가 빠른 프로세스에 시간지연과 부하변화가 크고 빈도가 많은 경우에 적합한 동작
	연속동작	비례동작 (P동작)	① 조작부를 편차의 크기에 비례하여 움직이게 하는 동작 ② 잔류편차(Off-set)가 발생 한다.
		적분동작 (I동작)	① 제어량에 편차가 생겼을 경우, 편차의 적분차를 가감해서 조작량의 이동속도가 비례하는 동작으로서 잔류편차(Off-set)가 제어되나 제어 안정성은 떨어지는 특징을 가진 동작 ② 잔류편차가 제어된다.(잔류편차를 없애기 위한 제어동작) ③ 제어의 안정성이 떨어진다. ④ 조절계의 출력변화의 속도가 편차에 비례하는 동작 ⑤ 유량, 압력제어에 주로 사용된다. ⑥ 일반적으로 진동하는 경향이 있음 ⑦ 편차의 크기와 지속시간이 비례하는 동작

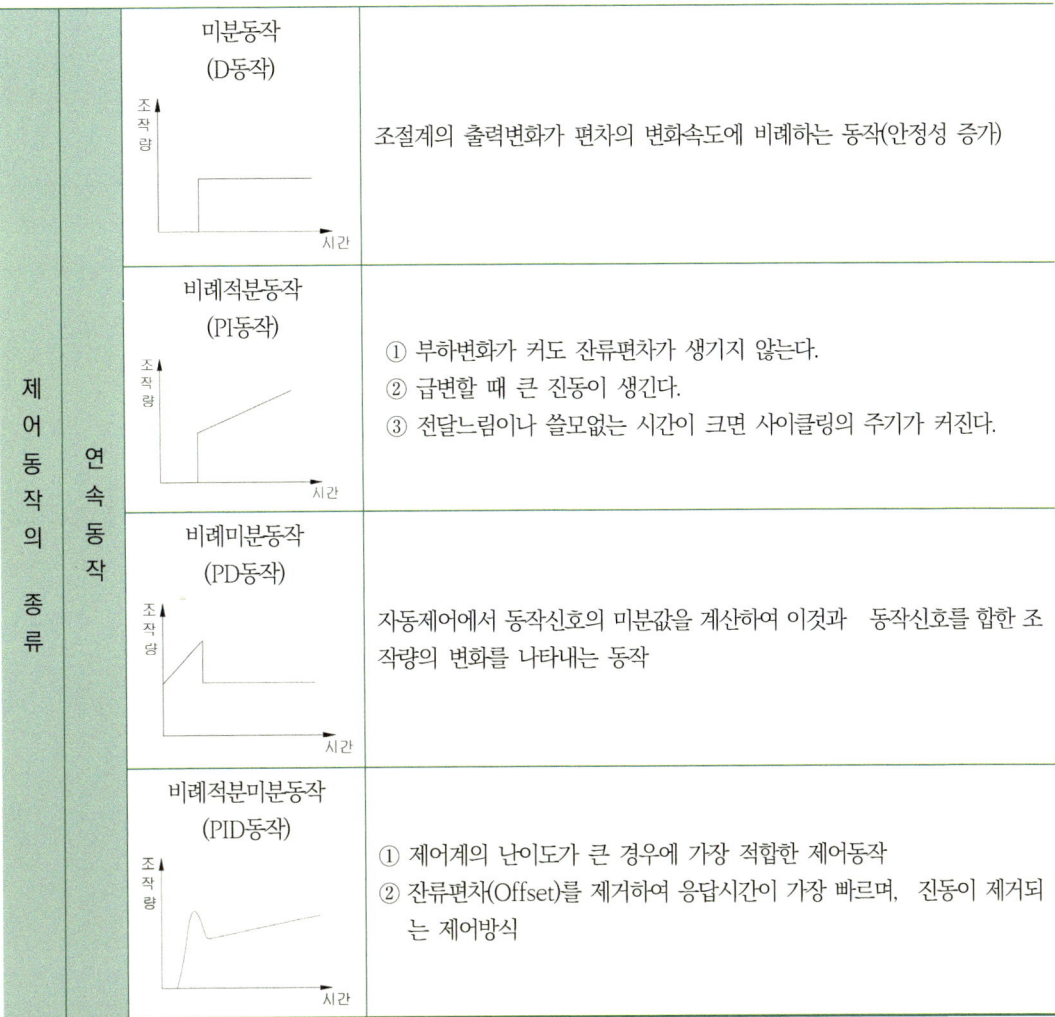

01 자동제어의 구분

1) **시퀀스제어(Sequence Control)**
   미리 정해진 순서에 따라 순차적으로 진행하는 제어방식, 보일러의 점화와 소화에 주로 사용되는 제어

2) **피드백(Feedback) 제어**
   (폐루프를 형성하여)출력 측의 신호를 입력 측에 되돌려 비교하는 제어방법

3) **캐스케이드(Cascade)제어=측정제어**
   ① (2개의 제어계를 조합하여) 1차 제어장치의 제어량을 측정하여 제어명령을 발하고 2차 제어장치의 목표치로 설정하는 제어방식
   ② 대표적인 경우는 유체의 온도를 제어하는데 온도조절의 출력으로 열교환기에 유입되는 증기의 유량을 제어하는 유량조절기의 설정치를 조절하는 제어

4) 목표 값에 의한 분류

분류	설명
정치제어	목표값이 시간에 대해서 변화지 않는 제어 예)송풍량을 일정하게 공급 하는 것
추치제어 (추종제어)	목표값이 시간에 따라 변화하는 제어 예) 풍량에 따라 온도가 변하는 제어

02 피드백(Feedback) 제어

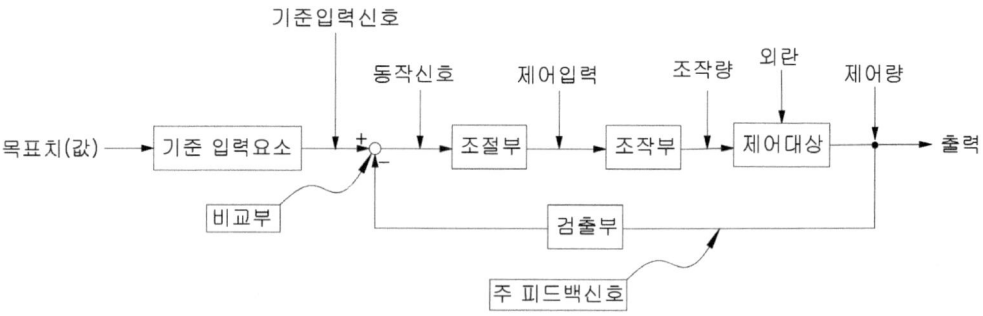

1) 피드백제어계의 특징
① 폐회로 방식이다.
② 입력과 출력을 비교하는 장치는 반드시 필요하다.
③ 다른 제어계보다 정확도가 증가한다.
④ 다른 제어계보다 제어 폭(량)이 증가한다.
⑤ 보일러의 급수제어에 주로 사용된다.
⑥ 설비비의 고액투입이 요구됨
⑦ 운영에 있어 고도의 기술이 요구됨
⑧ 수리가 어려움
⑨ 일부 고장이 있어도 전체 생산에 영향을 미친다.

2) 자동제어계 관련 장치
① 설정부(기준입력요소)
② 조절부 : 기준입력신호과 검출부 출력의 차로 주어지는 동작신호에 따라 조작부에 신호를 전달하는 부분 자동제어장치에서 조절부의 신호전달의 크기 순서 : 전기식 〉 유압식 〉 공기압식
③ 조작부
④ 검출부

3) 자동제어의 일반적인 동작순서
검출 → 비교 → 판단 → 조작

4) 자동조작장치로 쓰이는 장치
   ① 전동밸브
   ② 전자개폐기
   ③ (전동)댐퍼

5) 보일러 조작에 따른 조작량
   ① 증기압력 조작량 : 연료량, 공기량
   ② 노내압 조작량 : 연소가스량
   ③ 급수보일러 수위 조작량 : 급수량
   ④ 증기온도 조작량 : 전열량

4) **제어편차** : 목표치에 제어량을 뺀 값

03 시간, 응답 그래프

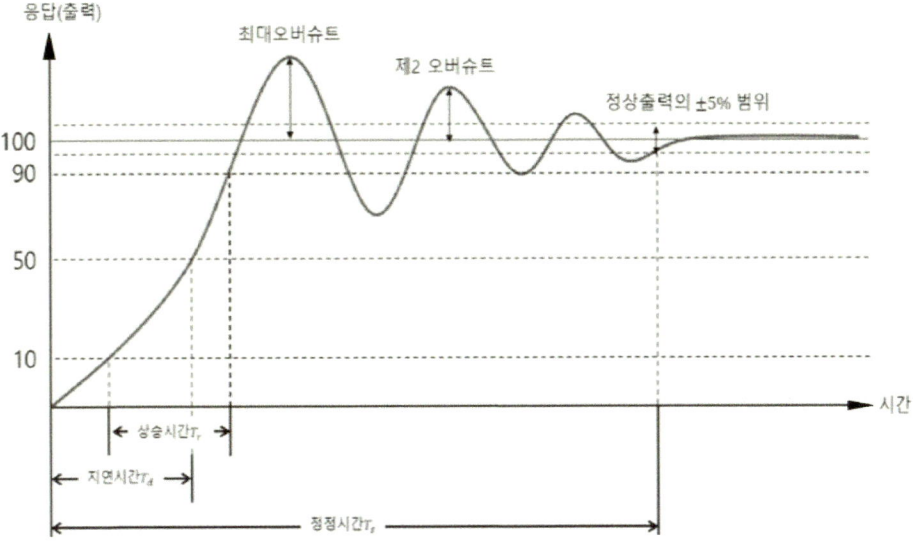

1) 계측에 있어 측정의 참값을 판단하는 계의 특성 중 동특성은?
   ① 응답
   ② 지연시간
   ③ 상승시간
   ④ 정정시간
   ⑤ 오버슈트
   ⑥ 정상상태편차(동오차)

2) **과도응답** : 정상상태에 도달 되기 전까지의 응답

3) **정상편차** : 과도응답에 있어서 충분한 시간이 경과 하여 제어편차가 일정한 값으로 안정되었을 때의 값

4) **헌팅(Hunting)** : 제어계가 불안정하여 제어량이 주기적으로 변하는 상태

5) **오버슈트(Overshoot, 초과량)**
   ① 최대편차량(제어량이 목표값을 초과하여 최초 로 나타나는 최대값)
   ② 목표값을 얼마나 초과하게 되는지를 나타내는 척도
   ③ 자동제어계에서 안정성의 척도가 되는 것

6) **시정수** : 과도현상에서 정상상태까지 도달하는데 걸리는데 필요한 시간
   ① 시정수(T)가 클수록 응답속도가 느려짐
   ② 시정수(T)가 작아지면, 시간지연이 적고 **빠르게** 목표값에 도달한다.(응답이 **빠르다**)

04 블록선도와 전달 함수

1) (전달함수) $G(s) = \dfrac{출력}{입력} = \dfrac{C(s)}{R(s)}$

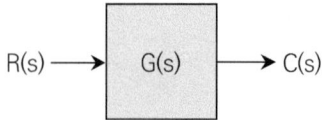

2) 전향이득=전향경로이득

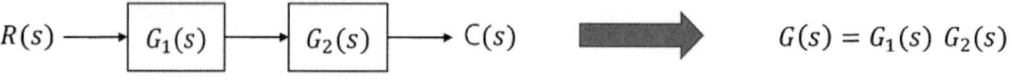

$G(s) = G_1(s)\, G_2(s)$

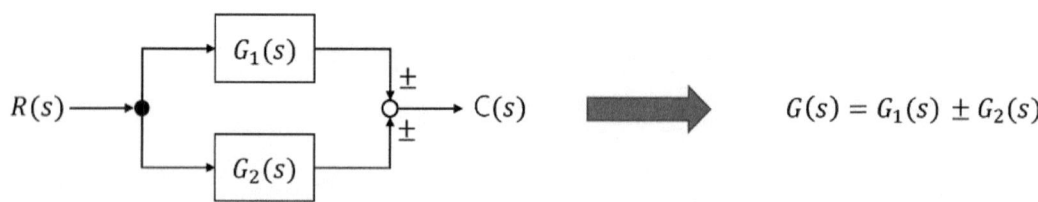

$G(s) = G_1(s) \pm G_2(s)$

3) 블록선도에 사용 되는 용어

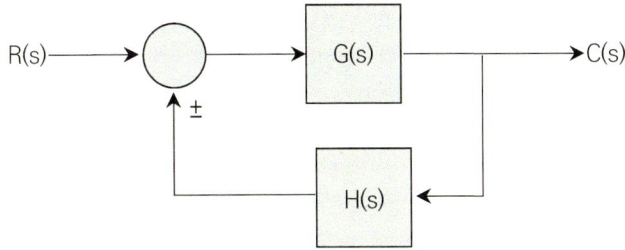

$$M(s) = \frac{C(s)}{R(s)} = \frac{전향이득}{1-(\pm 루프이득)} = \frac{G(s)}{1 \mp G(s)H(s)}$$

$M(s)$: 전달함수

$R(s)$: 입력

$C(s)$: 출력

$G(s) \times H(s)$: 루프이득

$G(s)$: 전향이득

$H(s)$: 되먹임($feedback$)이득

05 제어동작의 종류

제어동작의 종류	불연속동작	on-off동작 (2위치동작)	① 탱크의 액위를 제어하는 방법으로 주로 이용되는 것 ② 편차의 정(+), 부(-)에 의해서 조작신호가 최대, 최소가 된다. ③ 연속, 불연속 동작을 이용한다. ④ 반응속도가 빠른 프로세스에 시간지연과 부하변화가 크고 빈도가 많은 경우에 적합한 동작
	연속동작	비례동작 (P동작)	① 조작부를 편차의 크기에 비례하여 움직이게 하는 동작 ② 잔류편차(Off-set)가 발생 한다. 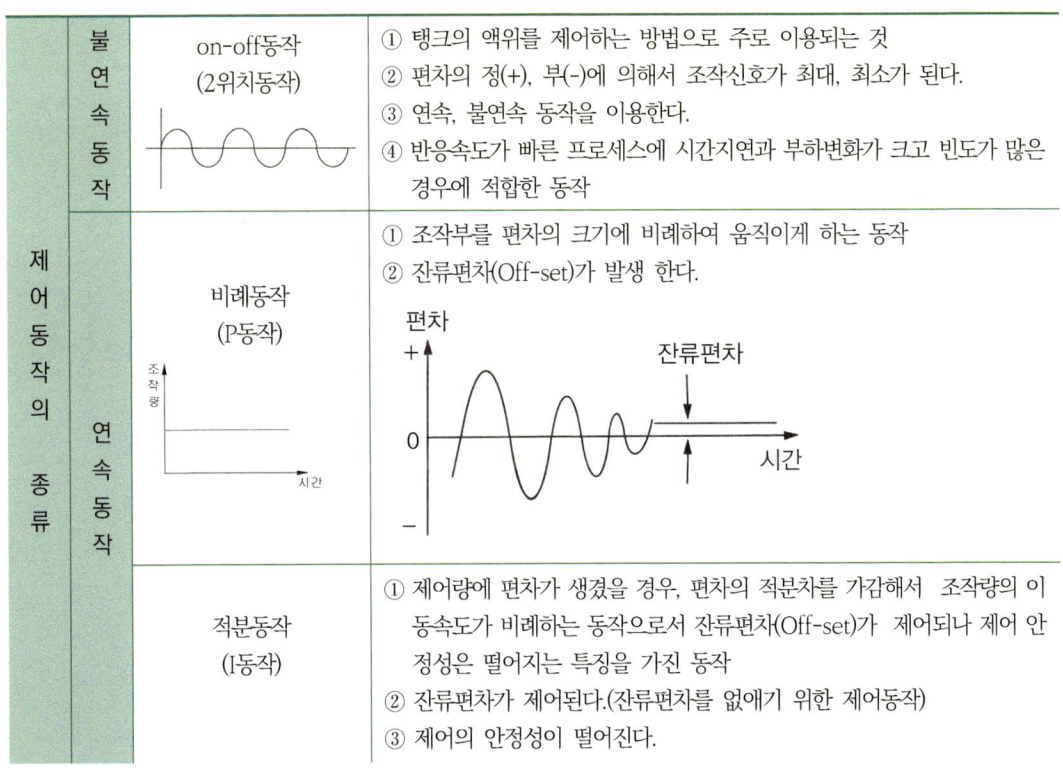
		적분동작 (I동작)	① 제어량에 편차가 생겼을 경우, 편차의 적분치를 가감해서 조작량의 이동속도가 비례하는 동작으로서 잔류편차(Off-set)가 제어되나 제어 안정성은 떨어지는 특징을 가진 동작 ② 잔류편차가 제어된다.(잔류편차를 없애기 위한 제어동작) ③ 제어의 안정성이 떨어진다.

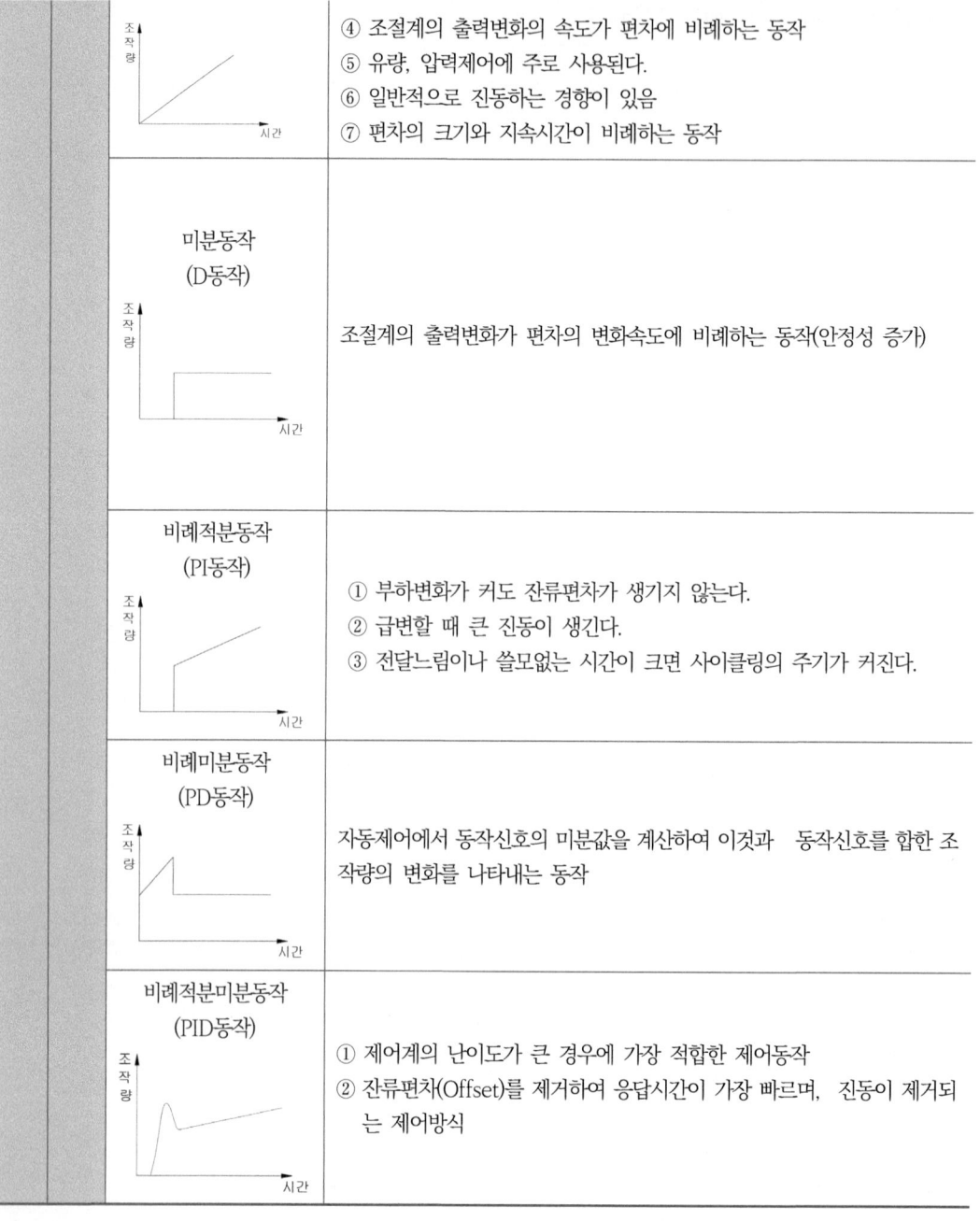

		④ 조절계의 출력변화의 속도가 편차에 비례하는 동작 ⑤ 유량, 압력제어에 주로 사용된다. ⑥ 일반적으로 진동하는 경향이 있음 ⑦ 편차의 크기와 지속시간이 비례하는 동작
	미분동작 (D동작)	조절계의 출력변화가 편차의 변화속도에 비례하는 동작(안정성 증가)
	비례적분동작 (PI동작)	① 부하변화가 커도 잔류편차가 생기지 않는다. ② 급변할 때 큰 진동이 생긴다. ③ 전달느림이나 쓸모없는 시간이 크면 사이클링의 주기가 커진다.
	비례미분동작 (PD동작)	자동제어에서 동작신호의 미분값을 계산하여 이것과 동작신호를 합한 조작량의 변화를 나타내는 동작
	비례적분미분동작 (PID동작)	① 제어계의 난이도가 큰 경우에 가장 적합한 제어동작 ② 잔류편차(Offset)를 제거하여 응답시간이 가장 빠르며, 진동이 제거되는 제어방식

06 보일러 자동제어

1) 보일러 자동제어(ABC ; Automatic Boiler Control)의 종류
   ① 자동 급수 제어(FWC, Feed Water Control)
   ② 자동 연소 제어(ACC, Auto Combustion Control)
   ③ 증기 온도 제어(STC, Steam Temperature Control)

2) 급수제어(FWC)
   ① 단요소식 수위제어 : 보일러의 수위만을 검출하여 급수량을 조절하는 방식
   ② 2요소식 수위제어 : 보일러 수위, 증기량 검출
   ③ 3요소식 수위제어 : 보일러수위, 증기량검출, 급수량 검출

3) 증기온도제어(STC) : 보일러의 과열증기의 온도조절방법
   ① 습증기의 일부를 과열기로 보낸다.(재생사이클)
   ② 연소가스의 유량을 가감하여 조절 한다.
   ③ 과열기 전용화로를 설치하여 온도 조절한다.
   ④ 연소실의 화염위치를 바꾸어 온도 조절한다.
   ⑤ 저온가스를 연소실 내로 재순환시켜서 온도 조절한다.

4) 노내압을 제어하는데 필요한 조작
   ① 공기량 조작
   ② 연료량 조작
   ③ 댐퍼의 조작

5) 증기 압력제어의 병렬 제어방식

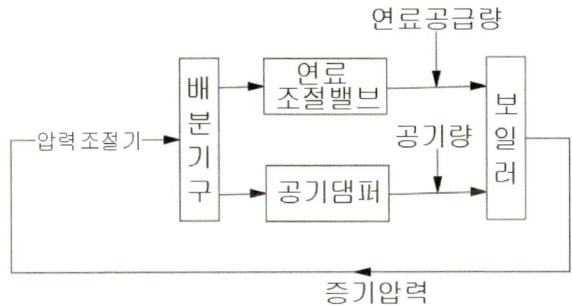

6) 보일러의 인터록제어(interlock control)
   보일러의 안전하고 효율적인 운전을 위해 필수적인 제어 시스템이다.
   보일러의 비정상적인 상황이 발생했을 때 보일러의 동작을 자동으로 중시하여 사고를 예방하는 것을 인터록제어라 한다. 보일러의 인터록의 종류는 아래와 같다.
   ① 저연소 인터록
   ② 저수위 인터록
   ③ 불착화 인터록
   ④ 압력초과 인터록
   ⑤ 프리퍼지 인터록 : 보일러를 자동 운전할 경우 송풍기가 작동되지 않으면 연료공급 전자밸브가 열리지 않게 하는 인터록

계측방법 과년도 기출문제

01 자동제어의 특성에 대한 설명으로 틀린 것은? ● 22년3월5일

① 작업능률이 향상된다.
② 작업에 따른 위험 부담이 감소된다.
③ 인건비는 증가하나 시간이 절약된다.
④ 원료나 연료를 경제적으로 운영할 수 있다.

해설 자동제어는 인건비가 감소하고 작업시간도 감소한다.

02 ★★ 미리 정해진 순서에 따라 순차적으로 진행하는 제어방식은? ● 13년9월28일, 17년9월23일

① 시퀀스 제어(Sequence control)
② 피드백 제어(Feedback control)
③ 피드포워드 제어(Feed forward control)
④ 적분 제어(Integral control)

해설 시퀀스 제어(Sequence control) : 미리 정해진 순서에 따라 순차적으로 진행하는 제어방식

03 ★★★ 1차 제어 장치가 제어량을 측정하여 제어명령을 발하고 2차 제어 장치가 이 명령을 바탕으로 제어량을 조절할 때, 다음 중 측정 제어로 가장 적절한 것은? ● 18년4월28일

① 주치제어   ② 프로그램제어
③ 캐스케이드제어 ④ 시퀀스제어

해설 2개의 제어계를 조합하여 1차 제어장치의 제어량을 측정하여 제어명령을 발하고 2차 제어장치의 목표치로 설정하는 제어방식

04 ★★ 아래 열교환기에 대한 제어내용은 다음 중 어느 제어방법에 해당하는가? ● 16년5월8일

> 유체의 온도를 제어하는 데 온도조절의 출력으로 열교환기에 유입되는 증기의 유량을 제어하는 유량조절기의 설정치를 조절한다.

① 추종제어
② 프로그램제어
③ 정치제어
④ 캐스케이드제어

해설 2개의 제어계를 조합하여 1차 제어장치의 제어량을 측정하여 제어명령을 발하고 2차 제어장치의 목표치로 설정하는 제어방식

05 ★★ 다음 중 자동제어계와 직접 관련이 없는 장치는? ● 14년3월2일

① 기록부   ② 검출부
③ 조절부   ④ 조작부

해설 자동제어계의 구성요소에는 검출부, 비교부, 조절부, 조작부 등이 있다.

06 기준입력과 주 피드백 신호와의 차에 의해서 일정한 신호를 조작요소에 보내는 제어장치는? ● 14년3월2일

① 조절기   ② 전송기
③ 조작기   ④ 계측기

해설 자동제어계의 구성요소에는 검출부, 비교부, 조절부, 조작부 등이 있다.

정답 01 ③ 02 ① 03 ③ 04 ④ 05 ① 06 ①

07 자동제어장치에서 조절계의 입력신호 전송방법에 따른 분류로 가장 거리가 먼 것은?
　　　　　　　　　　　　　　　　◎ 16년10월1일

① 전기식　　　　② 수증기식
③ 유압식　　　　④ 공기압식

> **해설** 자동제어장치에서 조절계의 입력신호 전송방법 : ① 전기식 ② 유압식 ③ 공기압식

08 석유화학, 화약공장과 같은 화기의 위험성이 있는 곳에 사용되며 신뢰성이 높은 입력신호 전송방식은?
　　　　　　　　　　　　　　　　◎ 13년3월10일

① 공기압식
② 유압식
③ 전기식
④ 유압식과 전기식의 결합방식

> **해설** 자동제어장치에서 조절부의 신호전달의 크기 순서 : 전기식 > 유압식 > 공기압식
> 신호전달방식에는 전기식, 유압식, 공기압식 등이 있으나 이중에서 가장 안전하고 신뢰성이 높은 것은 공기압식 이다.

09 다음은 피드백 제어계의 구성을 나타낸 것이다. ( ) 안에 가장 적절한 것은?
　　　　　　　　　　　　　　　　◎ 21년9월12일

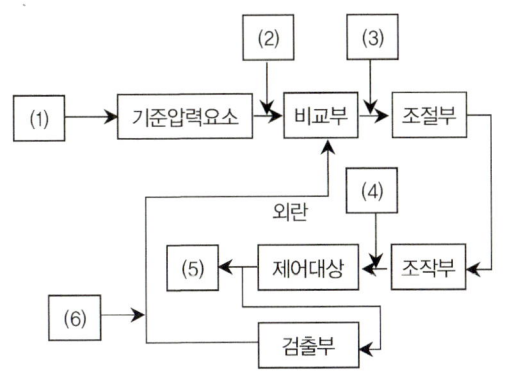

① (1) 조작량 (2) 동작신호 (3) 목표치
　　(4) 기준입력신호 (5) 제어편차 (6) 제어량
② (1) 목표치 (2) 기준입력신호 (3) 동작신호
　　(4) 조작량 (5) 제어량 (6) 주피드백 신호
③ (1) 동작신호 (2) 오프셋 (3) 조작량
　　(4) 목표치 (5) 제어량 (6) 설정신호
④ (1) 목표치 (2) 설정신호 (3) 동작신호
　　(4) 오프셋 (5) 제어량 (6) 주피드백 신호

> **해설**
>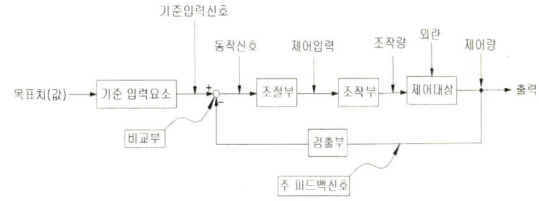

10 자동제어의 일반적인 동작순서로 옳은 것은?
　　　　　　　　　　　　　　　　◎ 17년5월7일

① 검출 → 판단 → 비교 → 조작
② 검출 → 비교 → 판단 → 조작
③ 비교 → 검출 → 판단 → 조작
④ 비교 → 판단 → 검출 → 조작

> **해설** 자동제어의 일반적인 동작순서 : 검출 → 비교 → 판단 → 조작

11 페루프를 형성하여 출력측의 신호를 입력측에 되돌리는 제어를 의미하는 것은?
　　　　　　　　　　　　　　　　◎ 18년4월28일

① 뱅뱅　　　　② 리셋
③ 시퀀스　　　④ 피드백

> **해설** 피드백(feed back;되먹임) : 페루프를 형성하여 출력측의 신호를 입력측에 되돌리는 제어를 피드백이라 한다.

정답 07 ② 08 ① 09 ② 10 ② 11 ④

12 출력 측의 신호를 입력 측에 되돌려 비교하는 제어방법은?
◎ 18년9월15일

① 인터록(inter lock)
② 시퀀스(sequence)
③ 피드백(feed back)
④ 리셋(reset)

[해설] 피드백(feed back;되먹임) : 폐루프를 형성하여 출력측의 신호를 입력측에 되돌리는 제어를 피드백이라 한다.

13 피드백 제어에 대한 설명으로 틀린 것은?
◎ 20년6월6일, 21년3월7일

① 고액의 설비비가 요구된다.
② 운영하는데 비교적 고도의 기술이 요구된다.
③ 일부 고장이 있어도 전체 생산에 영향을 미치지 않는다.
④ 수리가 비교적 어렵다.

[해설] 피드백제어계의 특징
① 폐회로 방식이다.
② 입력과 출력을 비교하는 장치는 반드시 필요하다.
③ 다른 제어계보다 정확도가 증가한다.
④ 다른 제어계보다 제어 폭(량)이 증가한다.
⑤ 보일러의 급수제어에 주로 사용된다.
⑥ 설비비의 고액투입이 요구됨
⑦ 운영에 있어 고도의 기술이 요구됨
⑧ 수리가 어려움
⑨ 일부 고장이 있어도 전체 생산에 영향을 미친다.

14 피드백(feedback) 제어계에 관한 설명으로 틀린 것은?
◎ 16년10월1일, 19년9월21일

① 입력과 출력을 비교하는 장치는 반드시 필요하다.
② 다른 제어계보다 정확도가 증가된다.
③ 다른 제어계보다 제어 폭이 감소된다.
④ 급수제어에 사용된다.

[해설] 피드백제어계의 특징
① 폐회로 방식이다.
② 입력과 출력을 비교하는 장치는 반드시 필요하다.
③ 다른 제어계보다 정확도가 증가한다.
④ 다른 제어계보다 제어 폭(량)이 증가한다.
⑤ 보일러의 급수제어에 주로 사용된다.
⑥ 설비비의 고액투입이 요구됨
⑦ 운영에 있어 고도의 기술이 요구됨
⑧ 수리가 어려움
⑨ 일부 고장이 있어도 전체 생산에 영향을 미친다.

15 피드백 제어에 대한 설명으로 틀린 것은?
◎ 20년6월6일

① 폐회로로 구성된다.
② 제어량과 대한 수정동작을 한다.
③ 미리 정해진 순서에 따라 순차적으로 제어한다.
④ 반드시 입력과 출력을 비교하는 장치가 필요하다.

[해설] 피드백제어계의 특징
① 폐회로 방식이다.
② 입력과 출력을 비교하는 장치는 반드시 필요하다.
③ 다른 제어계보다 정확도가 증가한다.
④ 다른 제어계보다 제어 폭(량)이 증가한다.
⑤ 보일러의 급수제어에 주로 사용된다.
⑥ 설비비의 고액투입이 요구됨
⑦ 운영에 있어 고도의 기술이 요구됨
⑧ 수리가 어려움
⑨ 일부 고장이 있어도 전체 생산에 영향을 미친다.

정답 12 ③ 13 ③ 14 ③ 15 ③

16 피드백 제어에 대한 설명으로 틀린 것은?
　　　　　　　　　　　　　　　✚ 20년6월6일

① 폐회로 방식이다.
② 다른 제어계보다 정확도가 증가한다.
③ 보일러 점화 및 소화 시 제어한다.
④ 다른 제어계보다 제어폭이 증가한다.

해설 피드백제어계의 특징
① 폐회로 방식이다.
② 입력과 출력을 비교하는 장치는 반드시 필요하다.
③ 다른 제어계보다 정확도가 증가한다.
④ 다른 제어계보다 제어 폭(량)이 증가한다.
⑤ 보일러의 급수제어에 주로 사용된다.
⑥ 설비비의 고액투입이 요구됨
⑦ 운영에 있어 고도의 기술이 요구됨
⑧ 수리가 어려움
⑨ 일부 고장이 있어도 전체 생산에 영향을 미친다.

★★
17 다음 중 송풍량을 일정하게 공급하려고 할 때 가장 적당한 제어방식은?
　　　　　　　　✚ 21년5월15일, 18년4월28일

① 프로그램제어
② 비율제어
③ 추종제어
④ 정치제어

해설 목표값이 변하지 않는 제어를 정치제어라 한다. 목표값이 변하는 제어를 추종제어라 한다.

★★
18 1차 지연요소에서 시정수(T)가 클수록 응답속도는 어떻게 되는가?
　　　　　　　　　　　　　　　✚ 19년9월21일

① 응답속도가 빨라진다.
② 응답속도가 느려진다.
③ 응답속도가 일정해진다.
④ 시정수와 응답속도는 상관이 없다.

해설 시정수가 작을수록 빨리 목표값에 도달 하기 때문에 응답속도가 따르다.
시정수가 클수록 늦게 목표값에 도달 하기 때문에 응답속도가 느리다.

★★
19 다음 중 자동조작 장치로 쓰이지 않는 것은?
　　　　　　　　　　　　　　　✚ 20년6월6일

① 전자개폐기　　② 안전밸브
③ 전동밸브　　　④ 댐퍼

해설 안전밸브는 스프링의 장력에 의해 분출되는 것으로 전기적인 자동조작장치는 아니다.

20 다음 중 정상편차에 대한 설명으로 옳은 것은?
　　　　　　　　　　　　　　　✚ 14년9월20일

① 목표치와 제어량의 차
② 입력의 시간 미분값에 비례하는 편차
③ 2개 이상의 양 사이에 어떤 비례관계를 갖는 편차
④ 과도응답에 있어서 충분한 시간이 경과하여 제어편차가 일정한 값으로 안정되었을 때의 값

해설 정상편차 : 과도응답에 있어서 충분한 시간이 경과하여 제어편차가 일정한 값으로 안정되었을 때의 값

21 자동제어계에서 응답을 나타낼 때 목표치를 기준한 앞뒤의 진동으로 시간의 지연을 필요로 하는 시간적 동작의 특성을 의미하는 것은?
　　　　　　　　　　　　　　　✚ 20년9월26일

① 동특성　　　② 스텝응답
③ 정특성　　　④ 과도응답

해설 시간 의 지연을 필요로 하는 시간적 동작의 특성을 의미하는 것을 동특성이라 한다.
즉 시간에 따라 변화는 특성을 동특성이라 한다.

정답 16 ③　17 ④　18 ②　19 ②　20 ④　21 ①

22 자동제어계에서 안정성의 척도가 되는 것은?
   🔸 15년9월19일
① 감쇠
② 정상편차
③ 지연시간
④ 오버슈트(overshoot)

해설 오버슈트(overshoot) : 자동제어계에서 안정성의 척도

★★
23 제어계가 불안정해서 제어량이 주기적으로 변화하는 좋지 못한 상태를 무엇이라 하는가?
   🔸 12년9월15일
① 오버슈트
② 헌팅
③ 외란
④ 스텝응답

해설 헌팅(Hunting) : 제어계가불안정해서제어량이 주기적으로 변화하는좋지 못한 상태

24 제어시스템에서 응답이 계단변화가 도입된 후에 얻게 될 최종적인 값을 얼마나 초과하게 되는지를 나타내는 척도는?
   🔸 17년3월5일
① 오프셋
② 쇠퇴비
③ 오버슈트
④ 응답시간

해설 오버슈트 : 제어시스템에서 응답이 계단변화가 도입된 후에 얻게 될 최종적인 값을 얼마나 초과하게 되는지를 나타내는 척도

25 계측에 있어 측정의 참값을 판단하는 계의 특성 중 동특성에 해당하는 것은? 🔸 21년9월12일
① 감도
② 직선성
③ 히스테리시스 오차
④ 응답

해설 동특성은 시간에 따라 변화는 하는 것으로 응답은 시간에 따라 목표값의 변화를 나타낸 것이다.

26 계측에 있어 측정의 참값을 판단하는 계의 특성 중 동특성에 해당하는 것은?
   🔸 21년9월12일
① 감도
② 직선성
③ 히스테리시스 오차
④ 시간지연과 동오차

해설 동특성은 시간에 따라 변화는 하는 것으로 응답은 시간에 따라 목표값의 변화를 나타낸 것이다.

★★
27 다음 중 그림과 같은 조작량 변화 동작은?
   🔸 20년9월26일

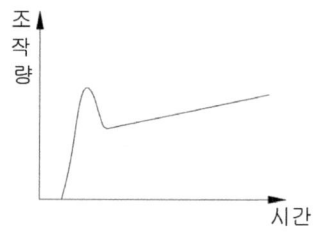

① P.I 동작
② ON – OFF 동작
③ P.I.D 동작
④ P.D 동작

해설
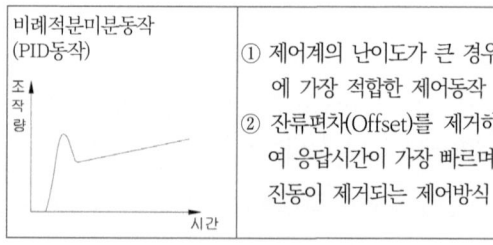
① 제어계의 난이도가 큰 경우에 가장 적합한 제어동작
② 잔류편차(Offset)를 제거하여 응답시간이 가장 빠르며, 진동이 제거되는 제어방식

정답 22 ④ 23 ② 24 ③ 25 ④ 26 ④ 27 ③

28 자동제어에서 동작신호의 미분값을 계산하여 이것과 동작신호를 합한 조작량 변화를 나타내는 동작은?   ○ 17년9월23일

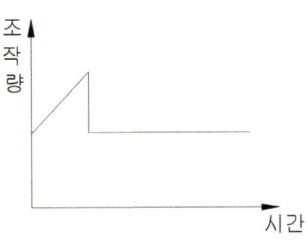

① D동작 ② P동작
③ PD동작 ④ PID동작

비례미분동작 (PD동작) 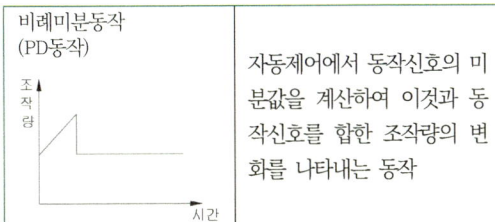	자동제어에서 동작신호의 미분값을 계산하여 이것과 동작신호를 합한 조작량의 변화를 나타내는 동작

29 다음과 같이 자동제어에서 응답속도를 빠르게하고 외란에 대해 안정적으로 제어하려 한다. 이 때 추가해야할 제어 동작은?   ○ 22년4월24일

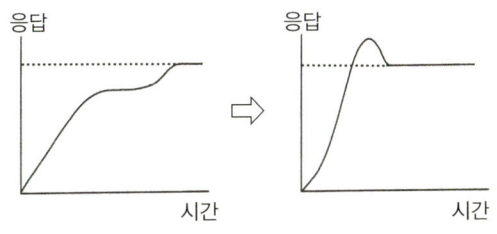

① 다위치동작 ② P동작
③ I동작 ④ D동작

해설 미분동작(D동작) : 조절계의 출력변화가 편차의 변화 속도에 비례하는 동작을 응답이이 시간에 따라 일정한 값을 가지어 동작이다.

30 적분동작의 특징에 대한 설명으로 틀린 것은?   ○ 13년6월2일

① 잔류편차가 제어된다.
② 제어의 안전성이 떨어진다.
③ 일반적으로 진동하는 경향이 있다.
④ 편차의 크기와 지속시간이 반비례하는 동작이다.

적분동작 (I동작) 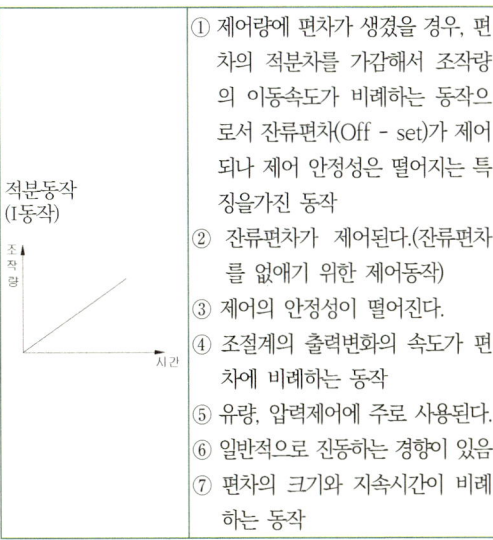	① 제어량에 편차가 생겼을 경우, 편차의 적분차를 가감해서 조작량의 이동속도가 비례하는 동작으로서 잔류편차(Off - set)가 제어되나 제어 안정성은 떨어지는 특징을가진 동작 ② 잔류편차가 제어된다.(잔류편차를 없애기 위한 제어동작) ③ 제어의 안정성이 떨어진다. ④ 조절계의 출력변화의 속도가 편차에 비례하는 동작 ⑤ 유량, 압력제어에 주로 사용된다. ⑥ 일반적으로 진동하는 경향이 있음 ⑦ 편차의 크기와 지속시간이 비례하는 동작

정답 28 ③ 29 ④ 30 ④

31 자동제어에서 비례동작에 대한 설명으로 옳은 것은?
　　　　　　　　　　　　　　◎ 22년4월24일

① 조작부를 측정값의 크기에 비례하여 움직이게 하는 것
② 조작부를 편차의 크기에 비례하여 움직이게 하는 것
③ 조작부를 목표값의 크기에 비례하여 움직이게 하는 것
④ 조작부를 외란의 크기에 비례하여 움직이게 하는 것

해설

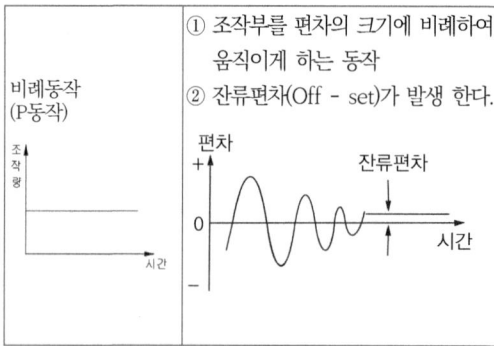

32 조절계의 동작에는 연속, 불연속 동작을 이용한다. 다음 중 불연속 동작을 이용하는 것은?
　　　　　　　　　　　　　　◎ 14년5월25일

① ON - OFF 동작
② 비례동작
③ 적분동작
④ 미분동작

해설 ON - OFF 동작 : 조절계의 동작에는 연속, 불연속 동작을 이용한다. 다음 중 불연속 동작을 이용하는 것

★★
33 다음 보기에서 설명하는 제어동작은?
　　　　　　　　　　　　　◎ ★★ 14년5월25일

- 부하변화가 커도 잔류편차가 생기지 않는다.
- 급변할 때 큰 진동이 생긴다.
- 전달느림이나 쓸모없는 시간이 크면 사이클링의 주기가 커진다.

① PD 동작　　② PID 동작
③ PI 동작　　④ P 동작

해설

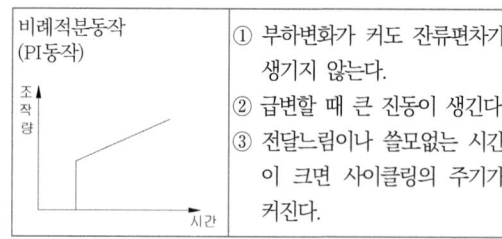

34 연속동작으로 잔류편차(off - set) 현상이 발생하는 제어동작은?
　　　　　　　　　　　　　◎ 15년9월19일

① 온-오프(on-off)2위치 동작
② 비례동작(P동작)
③ 비례적분동작(PI동작)
④ 비례적분미분동작(PID동작)

해설

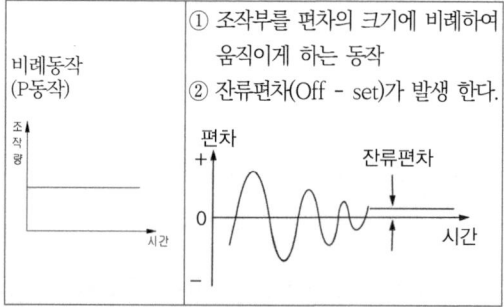

정답　31 ②　32 ①　33 ③　34 ②

35 제어계의 난이도가 큰 경우 가장 적합한 제어동작은? ◎ 15년9월19일

① 헌팅동작 ② PD동작
③ ID동작 ④ PID동작

> [해설]
>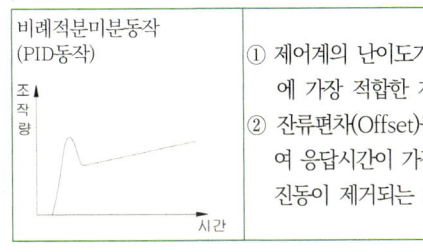
> ① 제어계의 난이도가 큰 경우에 가장 적합한 제어동작
> ② 잔류편차(Offset)를 제거하여 응답시간이 가장 빠르며, 진동이 제거되는 제어방식

36 불연속 제어로서 탱크의 액위를 제어하는 방법으로 주로 이용되는 것은? ◎ 17년3월5일

① P 동작 ② PI 동작
③ PD 동작 ④ 온·오프 동작

> [해설]
>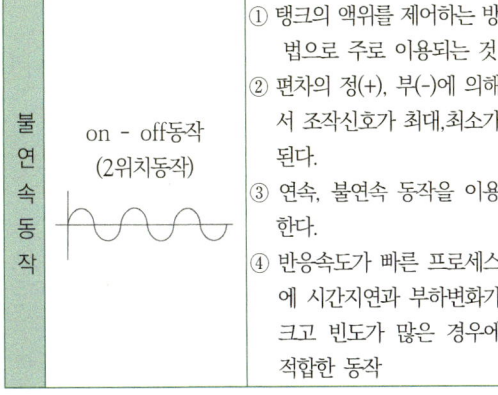
> ① 탱크의 액위를 제어하는 방법으로 주로 이용되는 것
> ② 편차의 정(+), 부(-)에 의해서 조작신호가 최대,최소가 된다.
> ③ 연속, 불연속 동작을 이용한다.
> ④ 반응속도가 빠른 프로세스에 시간지연과 부하변화가 크고 빈도가 많은 경우에 적합한 동작

★★★★
37 불연속 제어동작으로 편차의 정(+), 부(-)에 의해서 조작신호가 최대, 최소가 되는 제어동작은? ◎ 18년3월4일

① 미분동작 ② 적분동작
③ 비례동작 ④ 온 - 오프동작

> [해설]
>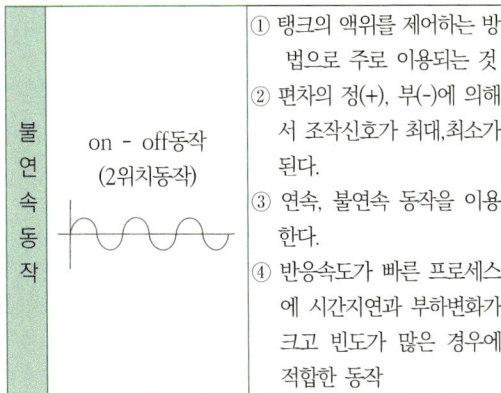
> ① 탱크의 액위를 제어하는 방법으로 주로 이용되는 것
> ② 편차의 정(+), 부(-)에 의해서 조작신호가 최대,최소가 된다.
> ③ 연속, 불연속 동작을 이용한다.
> ④ 반응속도가 빠른 프로세스에 시간지연과 부하변화가 크고 빈도가 많은 경우에 적합한 동작

38 제어시스템에서 조작량이 제어 편차에 의해서 정해진 두 개의 값이 어느 편인가를 택하는 제어방식으로 제어결과가 다음과 같은 동작은? ◎ 17년9월23일

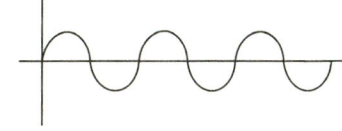

① 온오프동작 ② 비례동작
③ 적분동작 ④ 미분동작

> [해설]
>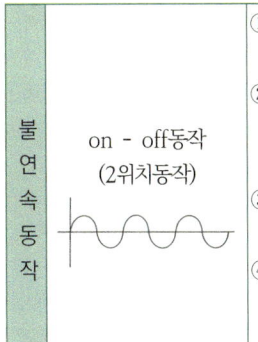
> ① 탱크의 액위를 제어하는 방법으로 주로 이용되는 것
> ② 편차의 정(+), 부(-)에 의해서 조작신호가 최대,최소가 된다.
> ③ 연속, 불연속 동작을 이용한다.
> ④ 반응속도가 빠른 프로세스에 시간지연과 부하변화가 크고 빈도가 많은 경우에 적합한 동작

[정답] 35 ④ 36 ④ 37 ④ 38 ①

chapter 08 자동제어 | 435

39 다음 제어방식 중 잔류편차(off set)를 제거하여 응답시간이 가장 빠르며 진동이 제거되는 제어방식은?   ◎ 18년9월15일

① P ② I
③ PI ④ PID

|해설|

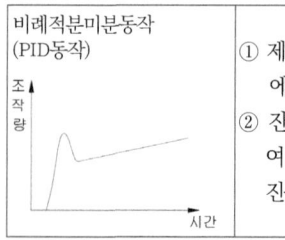

① 제어계의 난이도가 큰 경우에 가장 적합한 제어동작
② 잔류편차(Offset)를 제거하여 응답시간이 가장 빠르며, 진동이 제거되는 제어방식

40 조절계의 제어작동 중 제어편차에 비례한 제어동작은 잔류편차(offset)가 생기는 결점이 있는데, 이 잔류편차를 없애기 위한 제어동작은?   ◎ 19년3월3일

① 비례동작 ② 미분동작
③ 2위치동작 ④ 적분동작

|해설|

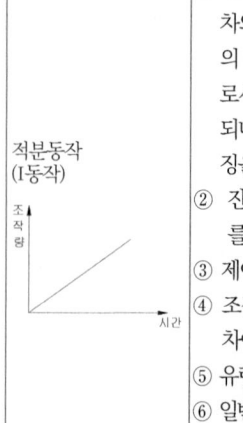

① 제어량에 편차가 생겼을 경우, 편차의 적분차를 가감해서 조작량의 이동속도가 비례하는 동작으로서 잔류편차(Off-set)가 제어되나 제어 안정성은 떨어지는 특징을가진 동작
② 잔류편차가 제어된다.(잔류편차를 없애기 위한 제어동작)
③ 제어의 안정성이 떨어진다.
④ 조절계의 출력변화의 속도가 편차에 비례하는 동작
⑤ 유량, 압력제어에 주로 사용된다.
⑥ 일반적으로 진동하는 경향이 있음
⑦ 편차의 크기와 지속시간이 비례하는 동작

41 적분동작(I동작)을 가장 바르게 설명한 것은?   ◎ 15년3월8일

① 출력변화의 속도가 편차에 비례하는 동작
② 출력변화가 편차의 제곱근에 비례하는 동작
③ 출력변화가 편차의 제곱근에 반비례하는 동작
④ 조작량이 동작신호의 값을 경계로 완전 개폐되는 동작

|해설|

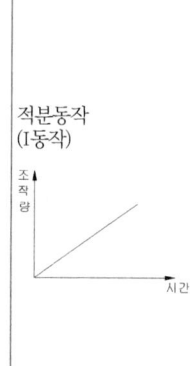

① 제어량에 편차가 생겼을 경우, 편차의 적분차를 가감해서 조작량의 이동속도가 비례하는 동작으로서 잔류편차(Off-set)가 제어되나 제어 안정성은 떨어지는 특징을가진 동작
② 잔류편차가 제어된다.(잔류편차를 없애기 위한 제어동작)
③ 제어의 안정성이 떨어진다.
④ 조절계의 출력변화의 속도가 편차에 비례하는 동작
⑤ 유량, 압력제어에 주로 사용된다.
⑥ 일반적으로 진동하는 경향이 있음
⑦ 편차의 크기와 지속시간이 비례하는 동작

정답 39 ④ 40 ① 41 ①

42 다음 중 자동제어에서 미분동작을 설명한 것으로 가장 적절한 것은? ● 19년4월27일

① 조절계의 출력 변화가 편차에 비례하는 동작
② 조절계의 출력 변화의 크기와 지속시간에 비례하는 동작
③ 조절계의 출력 변화가 편차의 변화속도에 비례하는 동작
④ 조작량이 어떤 동작 신호의 값을 경계로 하여 완전히 전개 또는 전폐되는 동작

해설
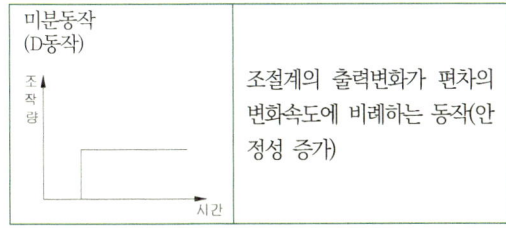

43 제어량에 편차가 생겼을 경우 편차의 적분차를 가감해서 조작량의 이동속도가 비례하는 동작으로서 잔류편차가 제어되나 제어 안정성은 떨어지는 특징을 가진 동작은?
● 20년9월26일, 14년3월2일

① 비례동작
② 적분동작
③ 미분동작
④ 다위치동작

해설
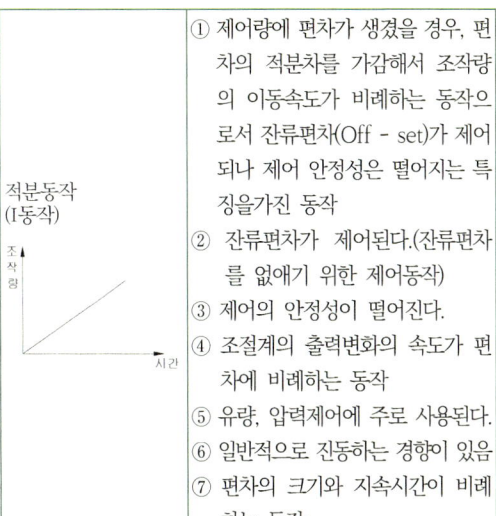

① 제어량에 편차가 생겼을 경우, 편차의 적분차를 가감해서 조작량의 이동속도가 비례하는 동작으로서 잔류편차(Off - set)가 제어되나 제어 안정성은 떨어지는 특징을 가진 동작
② 잔류편차가 제어된다.(잔류편차를 없애기 위한 제어동작)
③ 제어의 안정성이 떨어진다.
④ 조절계의 출력변화의 속도가 편차에 비례하는 동작
⑤ 유량, 압력제어에 주로 사용된다.
⑥ 일반적으로 진동하는 경향이 있음
⑦ 편차의 크기와 지속시간이 비례하는 동작

44 비례동작만 사용할 경우와 비교할 때 적분동작을 같이 사용하면 제거할 수 있는 문제로 옳은 것은? ● 21년3월7일

① 오프셋
② 외란
③ 안정성
④ 빠른 응답

해설
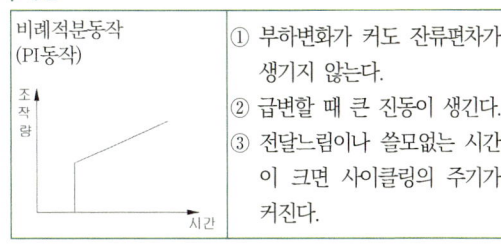

① 부하변화가 커도 잔류편차가 생기지 않는다.
② 급변할 때 큰 진동이 생긴다.
③ 전달느림이나 쓸모없는 시간이 크면 사이클링의 주기가 커진다.

정답 42 ③ 43 ② 44 ①

45 다음 비례 – 적분동작에 대한 설명에서 ( ) 안에 들어갈 알맞은 용어는? ○ 22년3월5일

> 비례동작에 발생하는 ( )을(를) 제거하기 위해 적분동작과 결합한 제어

① 오프셋
② 빠른 응답
③ 지연
④ 외란

[해설]
비례적분동작 (PI동작)
① 부하변화가 커도 잔류편차가 생기지 않는다.
② 급변할 때 큰 진동이 생긴다.
③ 전달느림이나 쓸모없는 시간이 크면 사이클링의 주기가 커진다.

46 다음 블록선도에서 출력을 바르게 나타낸 것은? ○ 16년5월8일

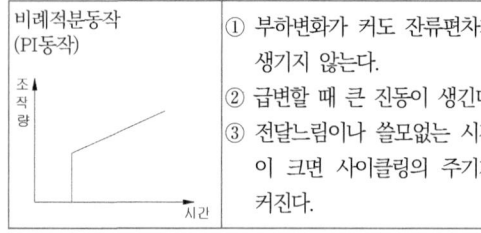

① $B(s) = G(s)A(s)$
② $B(s) = \dfrac{G(s)}{A(s)}$
③ $B(s) = \dfrac{A(s)}{B(s)}$
④ $B(s) = \dfrac{1}{G(s)A(s)}$

[해설]
$B(s) = G(s)A(s)$

47 자동제어에서 전달함수의 블록선도를 그림과 같이 등가변환시킨 것으로 적합한 것은? ○ 18년3월4일

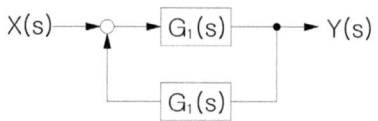

①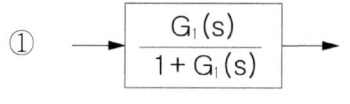

② $\dfrac{G_1(s)}{1 \pm G_1(s)G_2(s)}$

③ $1 \pm G_1(s)G_2(s)$

④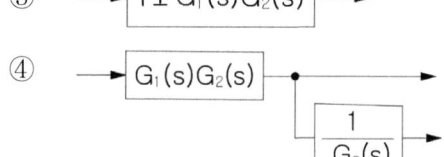

[해설] 전달함수
$$M(s) = \dfrac{Y(s)}{X(s)} = \dfrac{\text{전향이득}}{1-(\pm\text{루프이득})} = \dfrac{G_1(s)}{1 \mp G_1(s)G_2(s)}$$

48 다음 중 보일러 자동제어를 의미하는 약칭은? ○ 13년3월10일

① A.B.C ② A.C.C
③ F.W.C ④ S.T.C

[해설] ▶ 보일러 자동제어(ABC ; Automatic Boiler Control)의 종류
① 자동 급수 제어(FWC, Feed Water Control)
② 자동 연소 제어(ACC, Auto Combustion Control)
③ 증기 온도 제어(STC, Steam Temperature Control)

정답 45 ① 46 ① 47 ② 48 ①

49 보일러의 자동제어 중에서 A.C.C.이 나타내는 것은 무엇인가? ○ 17년5월7일

① 연소제어
② 급수제어
③ 온도제어
④ 유압제어

[해설] 보일러 자동제어(ABC ; Automatic Boiler Control)의 종류
① 자동 급수 제어 (FWC, Feed Water Control)
② 자동 연소 제어 (ACC, Auto Combustion Control)
③ 증기 온도 제어 (STC, Steam Temperature Control)

50 다음은 증기 압력제어의 병렬 제어방식을 나타낸 것이다. ( )안에 알맞은 용어를 바르게 나열한 것은? ○ 16년3월6일

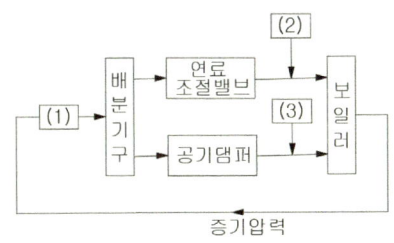

① (1) 동작신호, (2) 목표치, (3) 제어량
② (1) 조작량, (2) 설정신호, (3) 공기량
③ (1) 압력조절기, (2) 연료공급량, (3) 공기량
④ (1) 압력조절기, (2) 공기량, (3) 연료공급량

[해설]
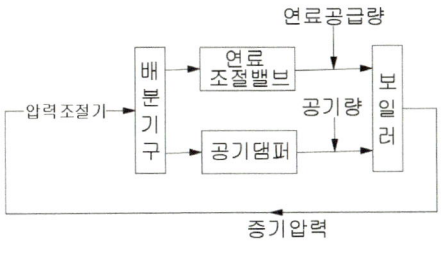

51 자동연소제어 장치에서 보일러 증기압력의 자동제어에 필요한 조작량은? ○ 20년8월22일

① 연소량과 증기압력
② 연소량과 보일러수위
③ 연료량과 공기량
④ 증기압력과 보일러수위

[해설] 노 내압은 연소량(연료량+공기량)이며 이를 제어 하기 위한 것은 댐퍼(damper)이다.

52 과열증기의 온도조절방법이 아닌 것은? ○ 13년9월28일

① 습증기의 일부를 과열기로 보내는 방법
② 연소가스의 유량을 가감하는 방법
③ 과열기 전용화로를 설치하는 방법
④ 과열증기의 일부를 배출하는 방법

[해설] 랭킨사이클의 열효율을 증가 시키기 위해 과열 증기의 일부를 배출하여 복수기에서 버리는 열 량을 감소 시켜 열효율 증가 시키는 방법이다.

53 보일러를 자동 운전할 경우 송풍기가 작동되지 않으면 연료공급 전자 밸브가 열리지 않는 인터록의 종류는? ○ 14년9월20일

① 송풍기 인터록
② 불착화 인터록
③ 프리퍼지 인터록
④ 전자밸브 인터록

[해설] 프리퍼지 인터록 : 보일러를 자동 운전할 경우 송풍기가 작동되지 않으면 연료공급 전자밸브 가 열리지 않게 하는 인터록

정답 49 ① 50 ③ 51 ③ 52 ④ 53 ③

chapter 08 자동제어 | 439

54 보일러의 자동제어에서 인터록 제어의 종류가 아닌 것은? ⊙ 19년9월21일, 16년3월6일, 22년4월24일

① 압력초과
② 저연소
③ 고온도
④ 불착화

해설 보일러의 인터록제어(interlock control)의 종류
 ① 저연소 인터록
 ② 저수위 인터록
 ③ 불착화 인터록
 ④ 압력초과 인터록
 ⑤ 프리퍼지 인터록

정답 54 ③

Part 4

에너지관리기사 열설비재료

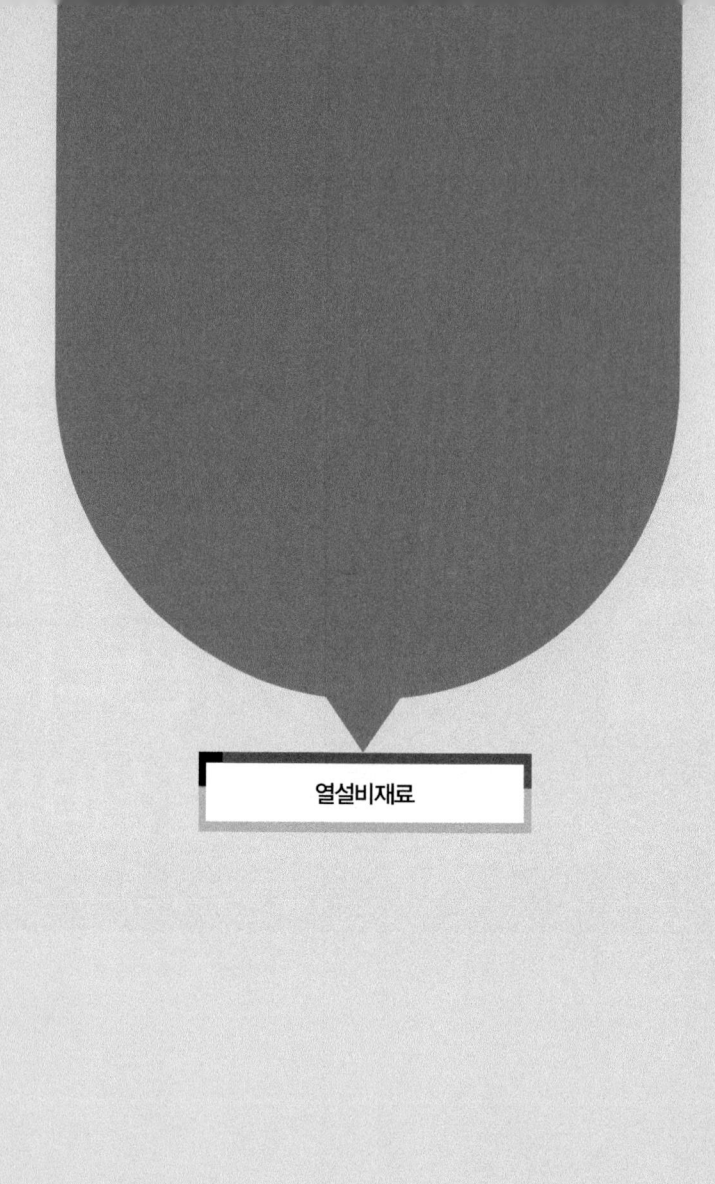

01

요로(窯爐)

01 요로(窯爐)
02 로(爐)=furnace
03 내화물
04 단열재와 보온재
05 배관 및 밸브

CHAPTER 01 요로(窯爐)

자주출제 되는 문제

요로(窯爐) : 요(窯)=가마=kiln(킬른), 로(爐)=furnace(퍼어런스)

가마(요, kiln) 조업방식에 따른분류
- 불연속로 가마 (단가마) 제품고정
  - 연소가스(화염)진행에 따른 분류
  - 도염식 (꺽임불꽃가마)
    - 불꽃이 올라가서 천정에 부딪쳐 가마 바닥의 흡입구멍으로 빠짐
    - 구조 : 가마 바닥에 흡입공설치
    - 화구수를 결정요인 : 요의 크기/소성온도/소설물질 및 연료
    - 머플가마 : 피가열물(제품)이 연소가스에 의해 오염되지 않는 가마
  - 승염식(오름불꽃가마) : 열손실 가장크다.
  - 횡염식(옆불꽃가마)
- 반연속가마 (대차식가열로) 자동예열
  - 셔틀요
    - 가마 1대당 2대 이상의 대차가 필요
    - 가마의 보유열보다 대차의 보유열이 크기 때문에 열절약의 요인이 됨
    - 작업이 용이 하고 수월하다.
    - 대차의 보유열이 제품의 예열에 쓰임
  - 등요(오름가마=up hill)
- 연속가마 대차 사용한다. 제품이동 열효율높다.대량생산
  - 운요(ring kiln, 고리모양) (고리가마)
    - 12~18개의 소성실에 설치한 구조로 종이 칸막이를 옮겨가며 연속적으로 가능
    - 열효율높음
    - 벽돌, 기와, 보도타일등 건축자재 소성용
  - 터널요
    - 가늘고 긴 터널로 피연물을 실은 대차가 레일위를 진행한다. 대차 진행방향과 연소가스진행방향 반대
    - 열효율높아 연료비 절감/연료이 제한이 있다./소성이 균일/소성시간이 짧다/온도조절자동화/대량생산
    - 중유버너 사용/온도조절이 가장 쉬운 가마/터널의 크기에 따라 제품의 크기에 제한을 받는다.
    - 3개 구조부 : 예열부/소성부/냉각부
  - 반터널요
  - 견요(선가마) : 석회석 클링커 제조, 제품의 예열을 이용하여 연소용공기 예열, 연료를 상부에서 주입하는 특징이 있다.
- 시멘트제조
  - 회전요(rotary kilh) : 건조, 가스, 소성, 용융작업등을 연속적으로 할 수 있어 시멘트 클링커의 소성작업 및 석회석 소성 까지 광범위하게 사용시멘트 클링커의 제조방법에 따라, 건식법, 습식법, 반건식법이 있다.

01 요로(窯爐)

1) 요로(窯爐)정의
요로(窯爐)란 물체를 가열하여 용융 시키거나 소성(燒成)을 통하여 가공 생산하는 공업장치로서 열원에 따라
① 발열반응을 이용하는 장치
② 전열을 이용 하는 장치
③ 연료의 환원반응을 이용하는 장치의 3종류로 크게 구분 할수 있다.

참고 소성(燒成) : 고온에서 구워 단단하게 만드는 과정

2) 요로(窯爐)의 특징
① (원)재료를 가열하여 물리적·화학적 성질을 변화시키는 가열장치
② 석탄, 석유, 가스, 전기 등의 에너지를 다량으로 사용하는 설비
③ 조업방식에 따라 불연속식, 반연속식, 연속식으로 분류
④ 사용목적은 물체를 가열, 용융, 소성하는 장치

3) 요로를 균일하게 가열하는 방법
① 가열시간을 되도록 오랜시간 동안 가열 한다.
② 장염이나 축차연소를 행한다.
③ 노내 가스를 순환시켜 연소 가스량을 많게 한다.
④ 벽으로부터의 방사열을 적절히 이용한다.

4) 요로 내에서 생성된 연소가스의 흐름의 특징
① 가열물의 주변에 고온가스가 체류하는 것이 좋다.
② 같은 흡입 조건 하에서 고온 가스는 천장쪽으로 흐른다.
③ 가연성가스를 포함하는 연소가스는 흐르면서 연소가 진행된다.
④ 연소가스는 일반적으로 가열실 내에 충만되어 흐르는 것이 좋다.

02 불연속가마(단가마)

1) 연소가스(화염)진행에 따른 분류

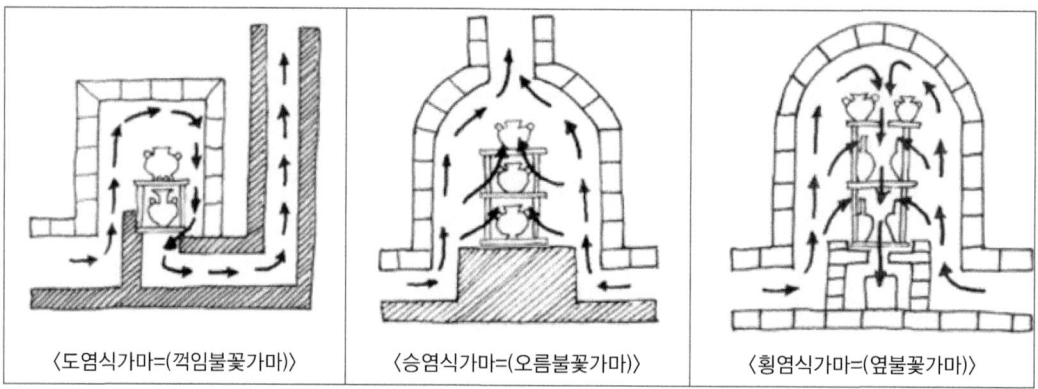

〈도염식가마=(꺾임불꽃가마)〉 〈승염식가마=(오름불꽃가마)〉 〈횡염식가마=(옆불꽃가마)〉

2) 도염식가마(꺾임 불꽃가마) 특징
   ① 불꽃이 올라가서 천정에 부딪쳐 가마 바닥이 흡입구멍으로 빠져나간다.
   ② 가마 바닥에 흡입공 설치가 되어 있다.
   ③ 화구수를 결정하는 요인은 요의 크기, 소성온도, 소성물질 및 연료이다.
   ④ 머플가마는 피가열물(제품)이 연소가스에 의해 오염되지 않는 가마이다.

03 셔틀요(Shuttle kiln)의 특징

1) 가마의 보유열보다 대차의 보유열이 열 절약의 요인이 됨
2) 급랭파가 생기지 않을 정도의 고온에서 제품을 꺼냄
3) 가마 1개당 2대 이상의 대차가 있어야 함
4) 대차 보유열에 의해 제품이 예열된다.
5) 작업이 용이하여 조업하기가 수월하다.
6) 대차보유열이 가마 보유열보다 크다.

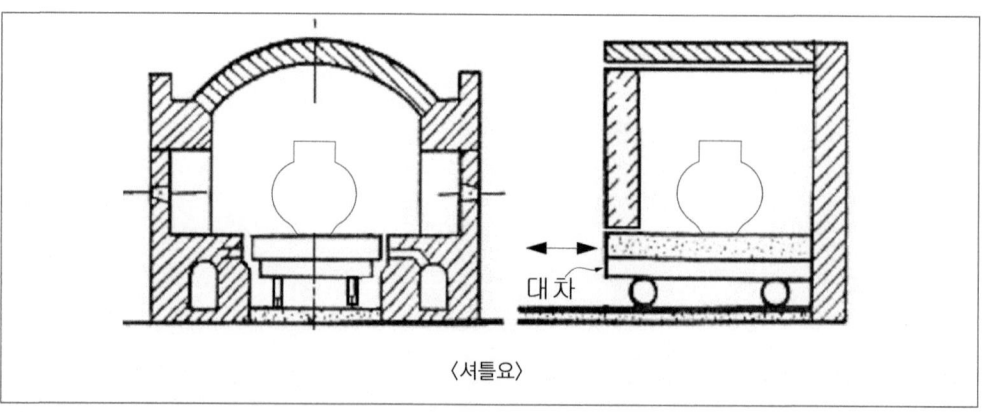

〈셔틀요〉

04 윤요(Ring kiln)의 특징

1) 연속식가마이다.
2) 열효율이 높다.
3) 소성이 불균일하다.
4) 종이 칸막이가 있음
5) 건축자재 소성용으로 사용된다.

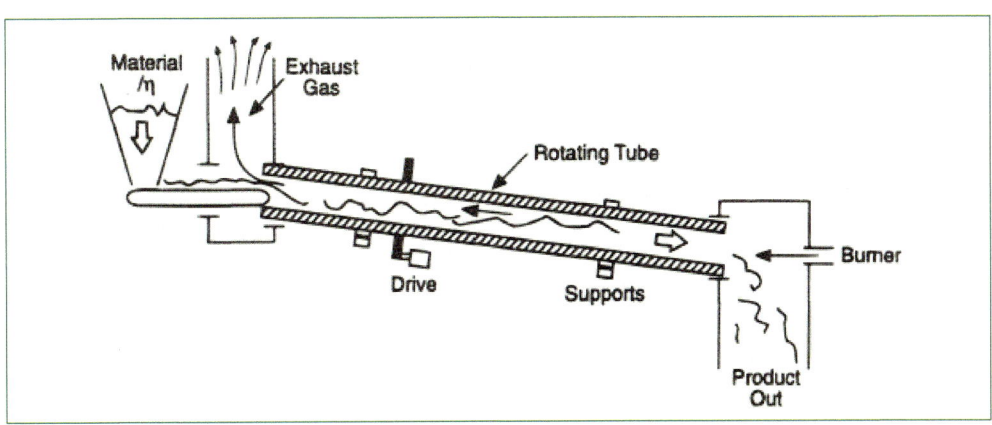

05 터널가마의 특징

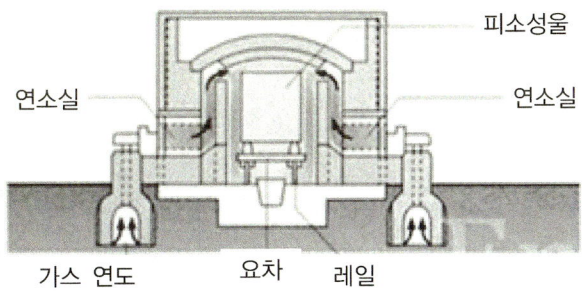

① 성형물일 1,300℃ 정도의 고온으로 소성하고자 할 때 사용되는 가마
② 구성요소로 예열대, 소성대, 냉각대가 있어 계속적으로 행할 수 있어 열효율이 좋고, 자동화 하기도 쉽다.
   가마내의 온도분포를 균일하게 조절할 수 있을 뿐만 아니라 일정한 가열곡선에 부합되도록 조절할 수 있는 가마
③ 대차의 진행방향과 연소가스의 진행방향은 반대이다.
④ 샌드실(Sand seal)은 노내 고온부의 열이 레일위치(저온부)로 이동하지 않도록 하는 장치이다.
⑤ 노내 온도 조절이 용이 하다.
⑥ 중유버너를 사용 하기 때문에사용연료에 제한이 있다.
⑦ 대량생산이 가능하고 유지비가 저렴하다.

⑧ 터널의 크기에 따른, 크기, 형상 등에 제한을 받는다.

06 회전가마(Rotary kiln)의 특징

① 일반적으로 시멘트, 석회석 등의 소성에 사용된다.
② 온도에 따라 소성대, 가소대, 예열대, 건조기, 등으로 구분된다.
③ 시멘트 클링커의 제조방법에 따라 건식법, 습식법, 반건식법으로 분류된다.
④ 회전가마(Rotary kiln)의 구역 중 탄산염 원료가 주로 분해되어지는 구역은 하소대 이다.
 ※ 하소대 : 탄산염 원료 분해 구역

07 견요 =선가마(Shaft kiln)

1) 이동 화상식이며 연속요에 속한다.
2) 상부에서 연료를 장입하는 형식이다.
3) 석회석 클링커 제조에 널리 사용된다.
4) 제품의 예열을 이용하여 연소용 공기를 예열함
※ 견요(선가마)) : 시멘트 소성요

과년도 기출문제

열설비재료

01 다음은 요로의 정의에 대한 설명이다. ( ) 안 ㉮~㉱에 들어갈 용어로서 틀린 것은?
  ◆ 14년3월2일

"요로란 물체를 가열하여 (㉮)시키거나 (㉯)을 통하여 가공 생산하는 공업장치로서 (㉰)에 따라 연료의 발열 반응을 이용하는 장치, 전열을 이용하는 장치 및 연료의 (㉱)반응을 이용하는 장치의 3종류로 크게 구분할 수 있다."

① ㉮ – 용융
② ㉯ – 소성
③ ㉰ – 열원
④ ㉱ – 산화

[해설] 요로(窯爐)란 물체를 가열하여 용융 시키거나 소성(燒成)을 통하여 가공 생산하는 공업장치로서 열원에 따라 발열반응을 이용하는 장치, 전열을 이용 하는 장치, 연료의 환원반응을 이용하는 장치의 3종류로 크게 구분 할수 있다.

[참고] 소성(燒成) : 고온에서 구워 단단하게 만드는 과정

02 요로(窯爐)의 정의를 설명한 것으로 가장 적절한 것은?
  ◆ 15년3월8일

① 물을 가열하여 수증기를 만드는 장치
② 물체를 가열시켜 소성 또는 용융하는 장치
③ 금속을 녹이는 장치
④ 도자기를 굽는 장치

[해설] 요로(窯爐)의 정의 : 물체를 가열시켜 소성 또는 용융하는 장치

03 요로의 정의가 아닌 것은?
  ◆ 17년5월7일, 20년9월26일

① 전열을 이용한 가열장치
② 원재료의 산화반응을 이용한 장치
③ 연료의 환원반응을 이용한 장치
④ 열원에 따라 연료의 발열반응을 이용한 장치

[해설] 요로(窯爐)란 물체를 가열하여 용융 시키거나 소성(燒成)을 통하여 가공 생산하는 공업장치로서 열원에 따라 ① 발열반응을 이용하는 장치, ② 전열을 이용 하는 장치, ③ 연료의 환원반응을 이용하는 장치의 3종류로 크게 구분 할수 있다.

[참고] 소성(燒成) : 고온에서 구워 단단하게 만드는 과정

04 요로에 대한 설명으로 틀린 것은?
  ◆ 17년9월23일

① 재료를 가열하여 물리적 및 화학적 성질을 변화시키는 가열장치이다.
② 석탄, 석유, 가스, 전기 등의 에너지를 다량으로 사용하는 설비이다.
③ 사용목적은 연료를 가열하여 수증기를 만들기 위함이다.
④ 조업방식에 따라 불연속식, 반연속식, 연속식으로 분류된다.

[해설] 증기 보일러의 사용목적은 사용목적은 연료를 가열하여 수증기를 만들기 위함이다.

정답 01 ④ 02 ② 03 ② 04 ③

05 요로를 균일하게 가열하는 방법이 아닌 것은? ○ 19년9월21일

① 노내 가스를 순환시켜 연소 가스량을 많게 한다.
② 가열시간을 되도록 짧게 한다.
③ 장염이나 축차연소를 행한다.
④ 벽으로부터의 방사열을 적절히 이용한다.

[해설] 요로를 균일하게 가열하는 방법은 가열시간을 되도록 길게 한다.

06 요로 내에서 생성된 연소가스의 흐름에 대한 설명으로 틀린 것은? ○ 18년9월15일

① 가열물의 주변에 저온 가스가 체류하는 것이 좋다.
② 같은 흡입 조건 하에서 고온 가스는 천정 쪽으로 흐른다.
③ 가연성가스를 포함하는 연소가스는 흐르면서 연소가 진행된다.
④ 연소가스는 일반적으로 가열실 내에 충만되어 흐르는 것이 좋다.

[해설] 요로 내에서 생성된 연소가스의 흐름은 가열물의 주변에 고온가스가 체류하는 것이 좋다.

★★
07 요의 구조 및 형상에 의한 분류가 아닌 것은? ○ 21년9월12일

① 터널요　　② 셔틀요
③ 횡요　　　④ 승염식요

[해설] ▶ 불꽃의 방향에 따른분류
1) 도염식(꺽임불꽃가마)
2) 승염식(오름불꽃가마)
3) 횡염식(옆불꽃가마)

08 다음 중 불연속식 요에 해당하지 않는 것은? ○ 20년6월6일

① 횡염식 요
② 승염식 요
③ 터널 요
④ 도염식 요

[해설]
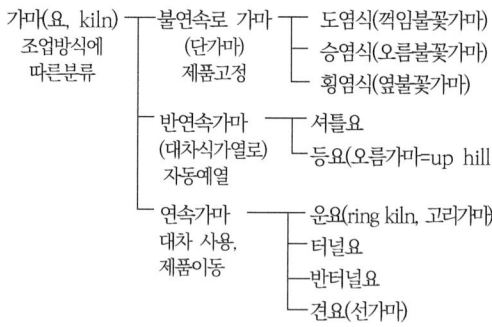

★★
09 다음 중 연속식 요가 아닌 것은? ○ 17년5월7일

① 등요
② 윤요
③ 터널요
④ 고리가마

[해설]
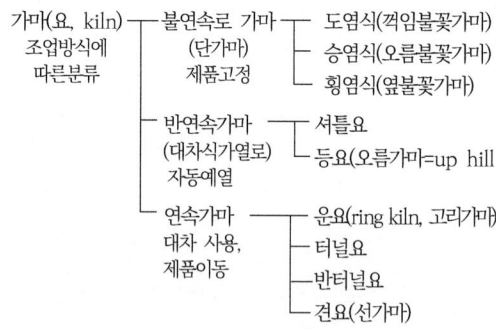

정답 05 ②　06 ①　07 ④　08 ③　09 ①

★★
10 다음 중 셔틀요(shuttle kiln)는 어디에 속하는가?   ◎ 20년8월22일, 16년3월6일

① 반연속요
② 승염식요
③ 연속요
④ 불연속요

[해설]
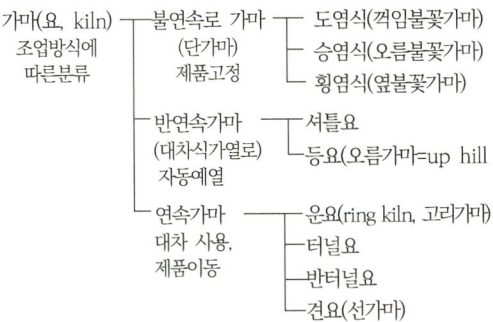

★★
11 도염식요는 조업방법에 의해 분류할 경우 어떤 형식에 속하는가?   ◎ 18년9월15일

① 불연속식
② 반연속식
③ 연속식
④ 불연속식과 연속식의 절충형식

[해설]
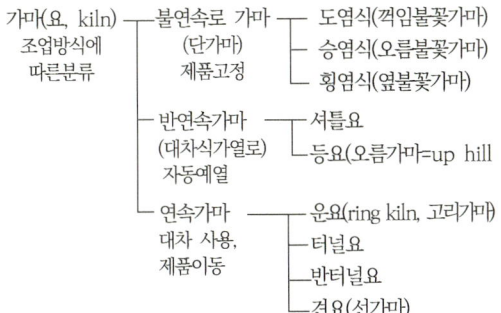

12 단가마는 어떠한 형식의 가마인가?   ◎ 15년3월8일

① 불연속식
② 반연속식
③ 연속식
④ 불연속식과 연속식의 절충형식

[해설]
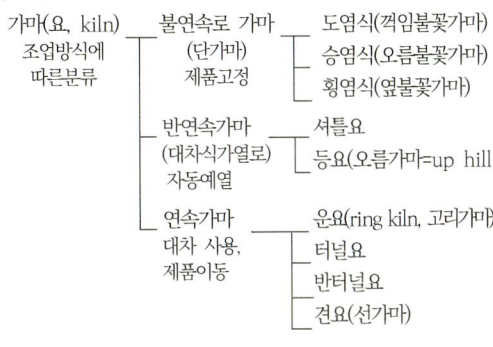

13 연소가스(화염)의 진행방향에 따라 요로를 분류할 때 종류로 옳은 것은?   ◎ 21년3월7일

① 연속식 가마
② 도염식 가마
③ 직화식 가마
④ 셔틀 가마

[해설]
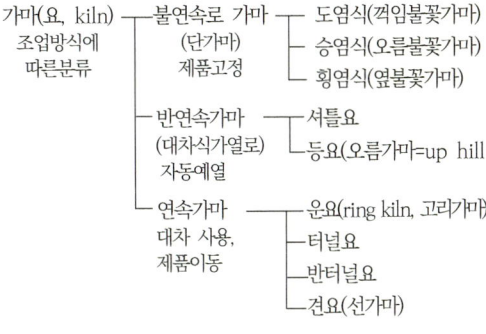

정답 10 ① 11 ① 12 ① 13 ②

14 연속가마, 반연속가마, 불연속가마의 구분 방식은 어떤 것인가? ● 22년3월5일

① 온도상승 속도
② 사용목적
③ 조업방식
④ 전열방식

해설
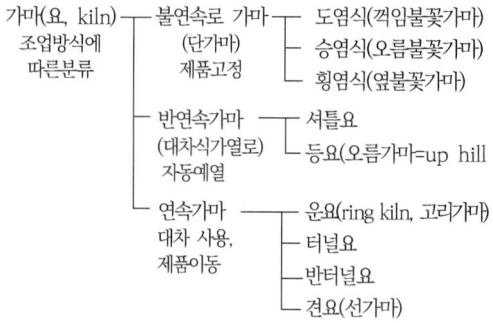

15 소성가마 내 열의 전열방법으로 가장 거리가 먼 것은? ● 16년5월8일, 21년5월15일

① 복사
② 전도
③ 전이
④ 대류

해설 전열방법은 전도, 대류, 복사가 있다.

16 도자기 소성 시 노내 분위기의 순서를 바르게 나타낸 것은? ● 12년9월15일

① 산화성 분위기 → 환원성 분위기 → 중성 분위기
② 산화성 분위기 → 중성 분위기 → 환원성 분위기
③ 환원성 분위기 → 중성 분위기 → 산화성 분위기
④ 환원성 분위기 → 산화성 분위기 → 중성 분위기

해설 도자기소성시 로 내분위기 : 산화성분위기→ 환원성분위기→중성분위기

17 도염식 가마의 구조에 해당되지 않는 것은? ● 19년3월3일

① 흡입구
② 대차
③ 지연도
④ 화교

해설
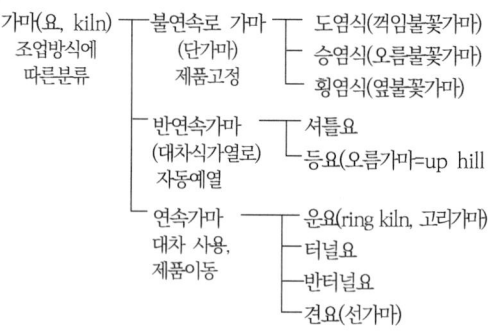
대차가 사용되는 것은 연속가마 이다.

18 도염식 가마(down draft kiln)에서 불꽃의 진행방향으로 옳은 것은? ● 21년5월15일, 16년5월8일

① 불꽃이 올라가서 가마천장에 부딪쳐 가마바닥의 흡입구멍으로 빠진다.
② 불꽃이 처음부터 가마바닥과 나란하게 흘러 굴뚝으로 나간다.
③ 불꽃이 연소실에서 위로 올라가 천장에 닿아서 수평으로 흐른다.
④ 불꽃의 방향이 일정하지 않으나 대개 가마 밑에서 위로 흘러나간다.

해설 도염식 가마(down draft kiln)에서 불꽃의 진행방향은 불꽃이 올라가서 가마천장에 부딪쳐 가마바닥의 흡입구멍으로 빠진다.

정답 14 ③ 15 ③ 16 ① 17 ② 18 ①

19 다음 중 피가열물이 연소가스에 의해 오염되지 않는 가마는? ○ 18년3월4일

① 직화식가마 ② 반머플가마
③ 머플가마   ④ 직접식가마

해설 머플가마 : 간접 가열식 가마로 가열실과 연소실 사이에 격벽을 설치하여 물체 표면의 오염을 방지하고 양질의 제품을 얻을수 있는 가마이다.

★★★
20 작업이 간편하고 조업주기가 단축되며 요체의 보유열을 이용할 수 있어 경제적인 반연속식 요는? ○ 21년5월15일, 18년4월28일, 13년6월2일

① 셔틀요   ② 윤요
③ 터널요   ④ 도염식요

해설 ▶ 셔틀요(Shuttle kiln)의 특징
1) 가마의 보유열보다 대차의 보유열이 열 절약의 요인이 됨
2) 급랭파가 생기지 않을 정도의 고온에서 제품을 꺼냄
3) 가마 1개당 2대 이상의 대차가 있어야 함
4) 대차 보유열에 의해 제품이 예열된다.
5) 작업이 용이하여 조업하기가 수월하다.
6) 대차보유열이 가마 보유열보다 크다.

★★
21 셔틀요(shuttle kiln)의 특징으로 틀린 것은? ○ 19년9월21일, 22년4월24일

① 가마의 보유열보다 대차의 보유열이 열 적약의 요인이 된다.
② 급량파가 생기지 않을 정도의 고온에서 제품을 꺼낸다.
③ 가마 1개당 2대 이상의 대차가 있어야 한다.
④ 작업이 불편하여 조업하기가 어렵다.

해설 ▶ 셔틀요(Shuttle kiln)의 특징
1) 가마의 보유열보다 대차의 보유열이 열 절약의 요인이 됨
2) 급랭파가 생기지 않을 정도의 고온에서 제품을 꺼냄
3) 가마 1개당 2대 이상의 대차가 있어야 함
4) 대차 보유열에 의해 제품이 예열된다.
5) 작업이 용이하여 조업하기가 수월하다.
6) 대차보유열이 가마 보유열보다 크다.

22 윤요(Ring kiln)에 대한 설명으로 옳은 것은? ○ 17년5월7일

① 석회소성용으로 사용된다.
② 열효율이 나쁘다.
③ 소성이 균일하다.
④ 종이 칸막이가 있다.

해설 ▶ 윤요(고리가마=Ring kiln)의 특징
1) 연속식가마이다.
2) 열효율이 높다.
3) 소성이 불균일하다.
4) 종이 칸막이가 있음
5) 건축자재 소성용으로 사용된다.

23 벽돌, 기와, 보도타일 등 건축재료를 소성하는데 주로 사용되는 가마는? ○ 14년3월2일

① 고리가마
② 회전가마
③ 선가마
④ 탱크가마

해설 고리가마=윤요(Ring kiln) : 벽돌, 기와, 보도타일 등 건축재료를 소성하는데 주로 사용되는 가마

정답 19 ③ 20 ① 21 ④ 22 ④ 23 ①

24 윤요(ring kiln)에 대한 일반적인 설명으로 옳은 것은?
○ 22년3월5일

① 종이 칸막이가 있다.
② 열효율이 나쁘다.
③ 소성이 균일하다.
④ 석회소성용으로 사용된다.

해설 ▶ 윤요(Ring kiln, 고리가마)의 특징
1) 연속식가마이다.
2) 열효율이 높다.
3) 소성이 불균일하다.
4) 종이 칸막이가 있음
5) 건축자재 소성용으로 사용된다.

25 터널가마의 일반적인 특징이 아닌 것은?
○ 22년4월24일

① 소성이 균일하여 제품의 품질이 좋다.
② 온도조절의 자동화가 쉽다.
③ 열효율이 좋아 연료비가 절감된다.
④ 사용연료의 제한을 받지 않고 전력소비가 적다.

해설 터널가마(Tunnel kiln)는 중유버너를 사용하기 때문에 사용연료에 제한이 있다.

26 다음 중 터널요에 대한 설명으로 옳은 것은?
○ 20년9월26일

① 예열, 소성, 냉각이 연속적으로 이루어지며 대차의 진행방향과 같은 방향으로 연소가스가 진행된다.
② 소성기간이 길기 때문에 소량생산에 적합하다.
③ 인건비, 유지비가 많이 든다.
④ 온도조절의 자동화가 쉽지만 제품의 품질, 크기, 형상 등에 제한을 받는다.

해설 ▶ 터널가마(터널요)의 특징
① 성형물이 1,300℃정도의 고온으로 소성하고자 할 때 사용되는 가마
② 구성요소로 예열대, 소성대, 냉각대가 있어 계속적으로 행할 수 있어 열효율이 좋고, 자동화 하기도 쉽다.
가마내의 온도분포를 균일하게 조절할 수 있을 뿐만 아니라 일정한 가열곡선에 부합되도록 조절할 수 있는 가마
③ 대차의 진행방향과 연소가스의 진행방향은 반대이다.
④ 샌드실(Sand seal)은 노 내 고온부의 열이 레일위치(저온부)로 이동하지 않도록 하는 장치이다.
⑤ 노내 온도 조절이 용이 하다.
⑥ 중유버너를 사용 하기 때문에 사용연료에 제한이 있다.
⑦ 대량생산이 가능하고 유지비가 저렴하다.
⑧ 터널의 크기에 따른 , 크기, 형상 등에 제한을 받는다.

27 터널가마(Tunnel kiln)의 특징에 대한 설명 중 틀린 것은?
○ 20년8월22일

① 연속식 가마이다.
② 사용연료에 제한이 없다.
③ 대량생산이 가능하고 유지비가 저렴하다.
④ 노내 온도조절이 용이하다.

28 터널가마에서 샌드 시일(sand seal)장치가 마련되어 있는 주된 이유는?
○ 13년9월28일

① 내화벽돌 조각이 아래로 떨어지는 것을 막기 위하여
② 열 절연의 역할을 하기 위하여
③ 찬바람이 가마 내로 들어가지 않도록 하기 위하여
④ 요차를 잘 움직이게 하기 위하여

해설 터널가마(Tunnel kiln)는 중유버너를 사용하기 때문에 사용연료에 제한이 있다.

정답 24 ① 25 ④ 26 ④ 27 ② 28 ②

29 터널가마(tunnel kiln)의 장점이 아닌 것은?
◎ 17년9월23일

① 소성이 균일하여 제품의 품질이 좋다.
② 온도조절의 자동화가 쉽다.
③ 열효율이 좋아 연료비가 절감된다.
④ 사용연료의 제한을 받지 않고 전력소비가 적다.

해설 터널가마(Tunnel kiln)는 중유버너를 사용하기 때문에 사용연료에 제한이 있다.

30 터널요의 3개 구조부에 해당하지 않는 것은?
◎ 13년6월2일

① 용융부
② 예열부
③ 소성부
④ 냉각부

해설 터널요의 3개 구조부
1) 예열부
2) 소성부
3) 냉각부

31 소성이 균일하고 소성시간이 짧고 일반적으로 열효율이 좋으며 온도조절의 자동화가 쉬운 특징의 연속식 가마는?
◎ 19년4월27일

① 터널 가마
② 도염식 가마
③ 승염식 가마
④ 도염식 둥근가마

해설 터널 가마 : 소성이 균일하고 소성시간이 짧고 일반적으로 열효율이 좋으며 온도조절의 자동화가 쉬운 특징의 연속식 가마

32 성형물을 1300℃ 정도의 고온으로 소성하고자 할 때 일반적으로 열효율이 좋고, 온도조절의 자동화가 쉬운 특징의 가마는?
◎ 15년9월19일

① 터널가마
② 도염식 가마
③ 승염식 가마
④ 도염식 둥근가마

해설 터널가마 : 성형물을 1300℃ 정도의 고온으로 소성하고자 할 때 일반적으로 열효율이 좋고, 온도조절의 자동화가 쉬운가마 터널의 크기에 따른, 크기, 형상 등에 제한을 받는다.

★★
33 견요의 특징에 대한 설명으로 틀린 것은?
◎ 20년9월26일, 17년9월23일

① 석회석 클링커 제조에 널리 사용된다.
② 하부에서 연료를 장입하는 형식이다.
③ 제품의 예열을 이용하여 연소용 공기를 예열한다.
④ 이동 화상식이며 연속요에 속한다.

해설 ▶ 견요(선가마)의 특징
1) 석회석 클링커 제조에 널리 사용된다.
2) 상부에서 연료를 장입하며 이동화상식이다.
3) 제품의 예열을 이용하여 연소용 공기를 예열한다.
4) 이동 화상식이며 연속요에 속한다.

정답 29 ④ 30 ① 31 ① 32 ① 33 ②

★★
34 회전 가마(rotary kiln)에 대한 설명으로 틀린 것은? ◎ 22년3월5일, 15년5월31일

① 일반적으로 시멘트, 석회석 등의 소성에 사용된다.
② 온도에 따라 소성대, 가소대, 예열대, 건조대 등으로 구분된다.
③ 소성대에는 황산염이 함유된 클링커가 용융되어 내화벽돌을 침식시킨다.
④ 시멘트 클링커의 제조방법에 따라 건식법, 습식법, 반건식법으로 분류된다.

[해설] 회전가마의 소성대에서는 고온으로 인하 균열 현상이 발생하므로 열간강도가 뛰어난 염기성 벽돌이 마그-크롬질벽돌을 사용한다.

★★
35 축요(築窯)시 가장 중요한 것은 적합한 지반(地盤)을 고르는 것이다. 다음 중 지반의 적부시험으로 틀린 것은? ◎ 20년6월6일

① 지내력시험   ② 토질시험
③ 팽창시험   ④ 지하탐사

[해설] ▶ 지반의 검사(지반의 적부 결정)
1) 지내력시험
2) 토질시험
3) 지하탐사가 있다.

정답 34 ③ 35 ③

02

로(爐)=furnace

01 요로(窯爐)
02 로(爐)=furnace
03 내화물
04 단열재와 보온재
05 배관 및 밸브

CHAPTER 02 로(爐)=furnace

자주 출제 되는 문제

- 로(furnace)
  - 철강용로
    - 배소로 : 용해 되지 않을 정도로 가열시켜 물리적 화학적으로 변화를 일으키는 로 철광석의 유해성분(황, 인)제거하는 로
      철광석의 산화도를 변화시켜 자력선광(磁力選鑛)을 할 수 있도록 한다.
      철광석의 화합수(결합수)와 탄산염을 분해 시키는 로
    - 소결로 : 분말(분상) 철광석을 제선과정을 통해 선철의 제조하는 로
    - 용광로(고로, 제선로)
      - 철광석을 제선과정을 통해 선철의 제조하는 로
      - 주원료
        - 철광석
        - 석회석 : 슬래그의 성분으로 유가 금속(有價金屬)의 용해도가 작아야 된다.
        - 코크스 : 흡탄작용/철의 환원/열원공급
          환원성가스를 발생시켜 철의 환원을 도모한다.
          코크스 제조 과정에서 사용되는 코크스 오븐의 구조
          축열실, 탄화실, 연소실로 구성된다.
      - 용광로에 망간광석을 넣는 이유 : 탈황 및 탈산 작용
  - 제강로
    - 평로 : 축열실은 폐열회수 하여 배기가스의 현열을 흡수하여 연소용 공기를 예열한다.(간접가열식)
    - 전로 : 연료를 사용하지 않고 용선의 보유열과 용선속의 불순물의 산화열에 의해서 노내온도를 유지한다.
    - 전기로
      - 아크로
      - 유도로
      - 저항로
    - 반사로 : 주물용해로
  - 용선로(큐폴라) : 주물용해로, 선철을 쇳물로 만드는 로
  - 도가니 : 비철금속(구리) 주물 용해로/도가니의 재료은 흑연이다.
  - 열처리로
    - 풀림로 : 열처리로 경화된 재료을 조직을 연화시키고, 내부응력을 제거하는 로
    - 침탄법에 사용 되는 로내의 온도 850~950도씨

01 철강 제조과정

1) 배소로(焙燒爐)(roasting)

제철 제강 공정에서 배소(roasting)는 철광석을 융점 이하의 온도로 가열하여 다음 공정에 유리한 상태로 만드는 전처리 공정입니다.

주로 철광석 내 불순물을 제거하거나, 환원 반응을 용이하게 하기 위해 수행됩니다
① 철광석을 용해 되지 않을 정도로 가열시켜 물리적, 화학적으로 변화를 준다.
② 철광석의 유해성분(화,인)을 제거하는 로이다.
③ 철광석의 산화도를 변화시켜 자력선광(磁力選鑛)을 할수 있도록 한다.
④ 철광석의 화합수(결합수)와 탄산염을 분해 시키는 로이다.

> **참고**
>
> ▶ **자력선광(磁力選鑛, Magnetic Separation)** : 광석 내 자성을 띠는 광물과 그렇지 않은 광물을 분리하는 방법
> ▶ **산화 배소(Oxidizing Roasting)** : 광석을 가열하여 산소와 반응시켜 금속을 산화시키는 과정으로 산소와 반응하여 열을 발생 시키는 발열 반응이다.
> ▶ **괴상(塊狀)** : 덩어리로 된 모양

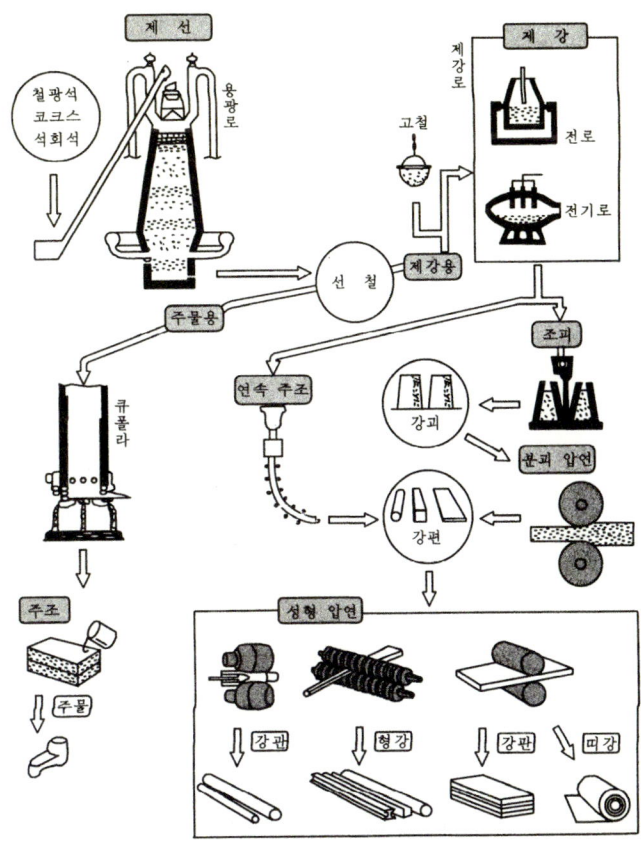

철광석의 종류	화학식	Fe[%]
적철광	Fe_2O_3	70.0
자철광	Fe_3O_4	72.4
갈철광	$Fe_2O_3 \cdot n\, H_2O$ n = 0.5~4	66.3~48.3
결정 갈철광	FeOOH	62.9
능철광	$FeCO_3$	48.3

02 고로(용광로)

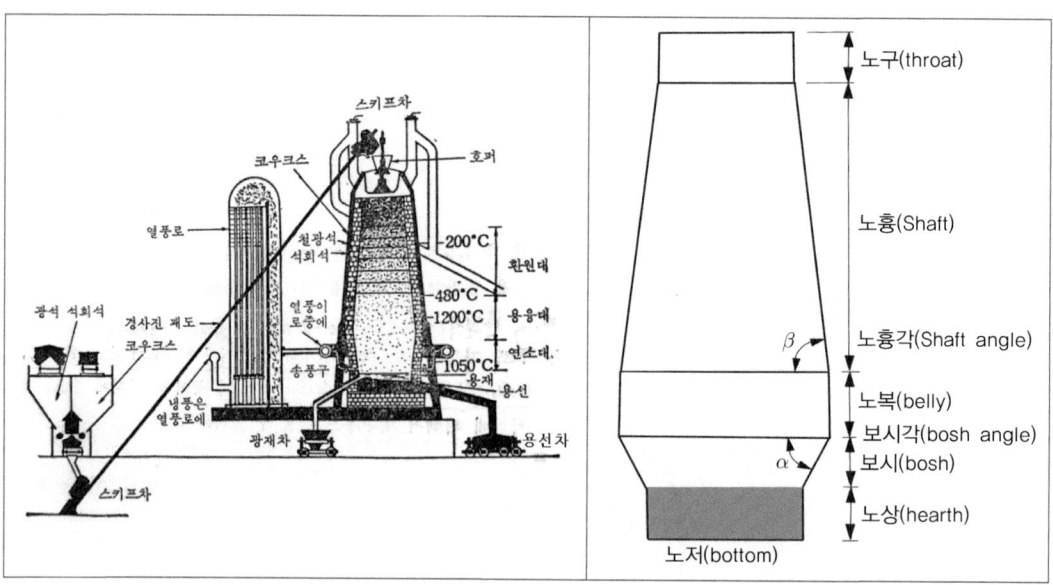

1) **고로의 구성** : 노구(Throat), 노흉(샤프트;Shaft), 보시(Bosh), 노상(Hearth)으로 구성된 로

2) **고로(Blast furnace)의 특징**
   ① 철광석의 불순물을 제거하여 선철을 제조 하는 로이다.
   ② 산소의 제거는 CO가스에 의한 간접 환원반응과 코크스 에 의한 직접 환원반응으로 이루어짐
   ③ 철광석 등의 원료는 노의 상부에서 투입되고 용선은 노의 하부에서 배출됨
   ④ 노 내부의 반응을 촉진시키기 위해 압력을 높이거나 열풍의 온도를 높이는 경우도 있음

3) **고로(용광로)에 주입하는 코크스의 역할**
   ① 연소시 환원성가스를 발생시켜 철의 환원을 도모하는 역할을 한다.
   ② (환원성)가스상태로 선철 중에 흡수되어 철의 환원을 도모하는 역할을 한다.
   ③ 선철을 제조하는데 필요한 열원을 공급
   ④ 일부의 탄소는 선철 중에 흡수됨(흡탄작용)

4) 고로(용광로)에 주입하는 망간(Mn)광석의 역할 : 탈황 및 탈산을 위해 첨가 한다.

5) 고로(용광로)에 주입하는 석회석 : 슬래그의 성분으로 유가 금속(有價金屬)의 용해도가 작아야 된다.

03 평로

1) 평로의 축열실
제강 평로에서 채용되고 있는 폐열회수방법으로서 배기 가스의 현열을 흡수하여 연소용 공기를 예열에 이용될 수 있도록 한 장치이다. 폐열회수장치를 환열기(레큐퍼레이터)라고 한다.

04 전로
연료를 사용하지 않고 용선의 보유열과 용선속 불순물의 산화열에 의해서 노내 온도를 유지하며 용강을 얻는 노

1) 전로법에 의한 제강 작업시의 열원은 : 용선(선철)내의 불순원소의 산화열
※ 선철 중에 포함된 Si, P, Mn 등의 불순물의 산화열에 의해 노 내 온도가 유지됨

2) 순산소 전로법(LD전로)
전로 제강법의 한 방법으로 1949년 오스트리아의 린츠(Linz)공장과 도나비츠(Donawitz)공장에서 공동 연구로 개발된 산소전로법이 있다. 이 전로법을 LD전로법이라 한다. LD전로법은 순산소를 노위에서 불어 넣어 강을 정련하는 방법으로 제강능률이 평로법보다 6~8배에 달하며, 품질면에 있어서는 평로강과 동등하거나 그 이상이다.
LD전로법은 또한 평로전로법의 건설비보다 60~70%에 불과하므로 현재 세계적으로 가장 많이 사용되는 제강법이다.

05 용선로(Cupola;큐플라) : 고체 상태의 선철을 녹여 쇳물을 만드는 노

1) 용선로(Cupola)의 특징
① 대량생산이 가능함
② 다른 용해로에 비해 열효율이 좋고 용해시간이 빠름
③ 용해 특성상 용량에 탄소, 황, 인, 등의 불순물이 들어 가기 쉬움

06 도가니로
동합금, 경합금, 등 비철금속 용해로로 주로 사용되는 로이다. 도가니의 재료는 흑연이 주재료 이다.

07 풀림로
열처리로 경화된 재료를 변태점 이상의 적당한 온도로 가열한 다음 서서히 냉각하여 강의 입도를 미세화하여 조직을 연화, 내부응력을 제거하는 로

열설비재료 과년도 기출문제

01 제철 및 제강공정 중 배소로의 사용 목적으로 가장 거리가 먼 것은? ○ 21년5월15일, 18년3월4일

① 유해성분의 제거
② 산화도의 변화
③ 분상광석의 괴상으로서의 소결
④ 원광석의 결합수의 제거와 탄산염의 분해

[해설] ▶ 배소로(焙燒爐)(roasting)
제철 제강 공정에서 배소(roasting)는 철광석을 융점 이하의 온도로 가열하여 다음 공정에 유리한 상태로 만드는 전처리 공정입니다.
주로 철광석 내 불순물을 제거하거나, 환원 반응을 용이하게 하기 위해 수행됩니다.
① 철광석을 용해 되지 않을 정도로 가열시켜 물리적, 화학적으로 변화를 준다.
② 철광석의 유해성분(화,인)을 제거하는 로이다.
③ 철광석의 산화도를 변화시켜 자력선광(磁力選鑛)을 할수 있도록 한다.
④ 철광석의 화합수(결합수)와 탄산염을 분해시키는 로

02 다음 중 배소(roasting)에 대한 설명으로 틀린 것은? ○ 12년9월15일

① 화합수와 탄산염을 분해한다.
② 황, 인 등의 유해성분을 제거한다.
③ 산화배소는 일반적으로 흡열반응이다.
④ 산화도를 변화시켜 자력선광을 할 수 있도록 한다.

[해설] 배소(roasting)
광석이 용융하지 않을 정도의 온도에서 상호작용시키는 것으로 목적물이 산화물인 경우에는 산화배소라하는데 발열반응이다.

03 광석을 용해되지 않을 정도를 가열하는 배소(roasting)의 목적이 아닌 것은? ○ 15년9월19일

① 물리적 변화의 방지
② 화합수와 탄산염의 분해를 촉진
③ 황(S), 인(P) 등의 유해성분을 제거
④ 산화도를 변화시켜 제련이 용이

[해설] 배소(roasting) : 물지적변화를 목적으로 산화도를 변화시켜 제련을 용이하게 하는 것을 배소라 한다.

04 다음 중 용광로에 장입되는 물질 중 탈황 및 탈산을 위해 첨가하는 것으로 가장 적당한 것은? ○ 19년3월3일

① 철광석
② 망간광석
③ 코크스
④ 석회석

[해설] 용광로에 장입되는 물질 중 탈황 및 탈산을 위해 첨가하는 것은 망간광석이다.

05 용광로에서 선철을 만들 때 사용되는 주원료 및 부재료가 아닌 것은? ○ 20년8월22일

① 규선석
② 석회석
③ 철광석
④ 코크스

[해설] 용광로에서 선철을 만들 때 사용되는 주원료 및 부재료

정답 01 ③ 02 ③ 03 ① 04 ② 05 ①

★★
06 용광로의 원료 중 코크스의 역할로 옳은 것은?
　　　　　　　　　　　　● 21년3월7일, 13년9월28일
① 탈황작용　　　② 흡탄작용
③ 매용제(煤熔劑)　　④ 탈산작용

해설 ▶ 용광로에 장입하는 코크스의 역할
　　1) 철을 환원시킴 : 흡탄작용
　　2) 가스상태로 선철중에 흡수
　　3) 선철을 제조 하는데 필요한 열원을 공급
참고 철광석 중의 탈황, 탈산작용을 하는 것은 망간광석이다.

★★★
07 용광로에 장입하는 코크스의 역할이 아닌 것은?
　　　　　● 14년3월2일, 16년10월1일, 21년9월12일
① 철광석 중의 황분을 제거
② 가스상태로 선철 중에 흡수
③ 선철을 제조하는데 필요한 열원을 공급
④ 연소 시 환원성가스를 발생시켜 철의 환원을 도모

해설 ▶ 용광로에 장입하는 코크스의 역할
　　1) 철을 환원시킴 : 흡탄작용
　　2) 가스상태로 선철중에 흡수
　　3) 선철을 제조 하는데 필요한 열원을 공급
참고 철광석 중의 탈황, 탈산작용을 하는 것은 망간광석이다.

08 용광로에서 코크스가 사용되는 이유로 가장 거리가 먼 것은?
　　　　　　　　　　　　　　● 18년3월4일
① 열량을 공급한다.
② 환원성 가스를 생성시킨다.
③ 일부의 탄소는 선철 중에 흡수된다.
④ 철광석을 녹이는 용제 역할을 한다.

해설 ▶ 용광로에 장입하는 코크스의 역할
　　1) 철을 환원시킴 : 흡탄작용
　　2) 가스상태로 선철중에 흡수
　　3) 선철을 제조 하는데 필요한 열원을 공급
참고 철광석 중의 탈황, 탈산작용을 하는 것은 망간광석이다.

★★
09 용광로를 고로라고도 하는데, 이는 무엇을 제조하는데 사용되는가?
　　　　　　　　　　　　　　● 17년5월7일
① 주철
② 주강
③ 선철
④ 포금

해설 용광로=고로 : 선철을 제조 하는 로

10 고로(blast furnace)의 특징에 대한 설명이 아닌 것은?
　　　　　　　　　　　　　　● 16년3월6일
① 축열실, 탄화실, 연소실로 구분되며 탄화실에는 석탄 장입구와 가스를 배출시키는 상승관이 있다.
② 산소의 제거는 CO 가스에 의한 간접 환원반응과 코크스에 의한 직접 환원반응으로 이루어진다.
③ 철광석 등의 원료는 노의 상부에서 투입되고 용선은 노의 하부에서 배출된다.
④ 노 내부의 반응을 촉진시키기 위해 압력을 높이거나 열풍의 온도를 높이는 경우도 있다.

해설 축열실은 평로, 균열로 등에서 연소용 공기의 예열에 사용된다.

정답　06 ②　07 ①　08 ④　09 ③　10 ①

11 공업로의 에너지절감 대책으로서 틀린 것은?
　　　　　　　　　　　　　　　○ 14년5월25일

① 배열을 재료의 예열로 사용
② 노체 열용량의 증가
③ 공연비의 개선
④ 단열의 강화

해설　공업로의 에너지절감 대책으로 노체 열용량을 감소 시켜야 한다.

12 다음 중 주물 용해로가 아닌 것은?
　　　　　　　　　　　　　　　○ 14년3월2일

① 반사로　　　② 큐폴라
③ 용광로　　　④ 도가니로

해설　용광로=고로는 선철의 제조로이다.

13 로 속에 목탄이나 코크스와 침탄촉진제를 이용하여 강의 표면에 탄소를 침입시켜 표면을 경화시키기 위한 로내의 가열 온도는?
　　　　　　　　　　　　　　　○ 14년5월25일

① 650~750℃　　　② 750~850℃
③ 850~950℃　　　④ 950~1050℃

해설　침탄로의 로내 가열온도는 850~950℃ 정도이다.

★★★
14 다음 중 제강로가 아닌 것은?
　　　　　　　　　　　○ 22년4월24일, 12년9월15일

① 전기로　　　② 평로
③ 전로　　　　④ 고로

해설　고로=용광로 : 선철의 제조하는 로이다.

15 다음 그림에 맞는 로의 명칭은? ○ 13년6월2일

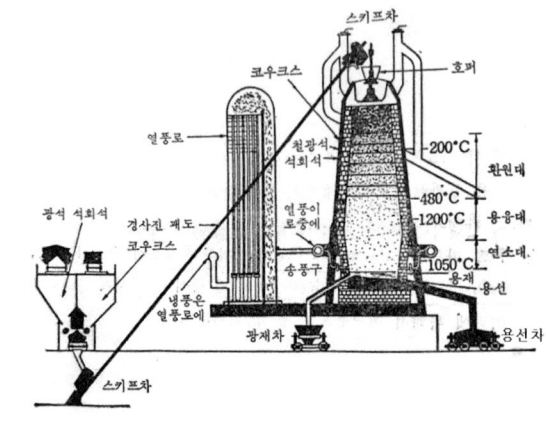

① 배소로　　　② 고로
③ 평로　　　　④ 용선로

해설　고로(용광로=퍼어런스)의 구조이다.

★★
16 다음 중 노체 상부로부터 노구(throat), 샤프트(shaft), 보시(bosh), 노상(hearth)으로 구성된 노(爐)는?
　　　　　　　　　　　　　　　○ 18년9월15일

① 평로　　　　② 고로
③ 전로　　　　④ 코크스로

해설

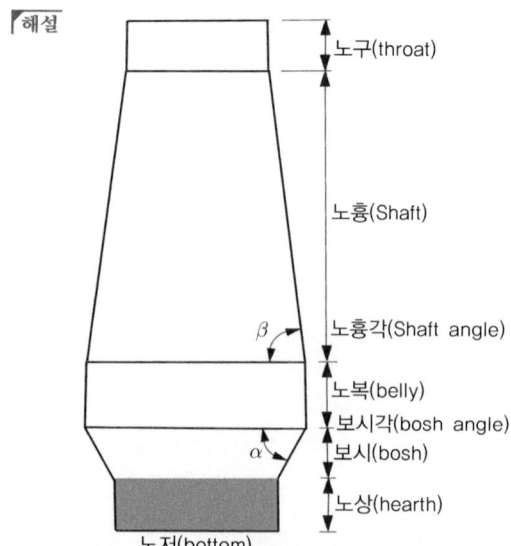

용광로=고로=(Blast furnace)

정답　11 ②　12 ③　13 ③　14 ④　15 ②　16 ②

17 좋은 슬래그가 갖추어야 할 구비조건으로 틀린 것은?   ● 12년9월15일

① 유가금속의 비중이 낮을 것
② 유가금속의 용해도가 클 것
③ 유가금속의 용융점이 낮을 것
④ 점성이 낮고 유동성이 좋을 것

해설 광석에서 금속을 빼찌거기를 슬래그 라하는 데 구비조건으로는 유가금속(금, 은 등의 고가의 유색금속)의 용해도가 적어야한다.

18 용선로(cupola)에 대한 설명으로 틀린 것은?   ● 13년6월2일

① 대량생산이 가능하다.
② 용해 특성상 용탕에 탄소, 황, 인 등의 불순물이 들어가기 쉽다.
③ 동합금, 경합금 등 비철금속 용해로로 주로 사용된다.
④ 다른 용해로에 비해 열효율이 좋고 용해시간이 빠르다.

해설 용선로는 주철의 용해로이다.

19 중요 소성을 하는 평로에서 축열실의 역할로서 가장 옳은 것은?   ● 20년8월22일

① 제품을 가열한다.
② 급수를 예열한다.
③ 연소용 공기를 예열한다.
④ 포화 증기를 가열하여 과열증기로 만든다.

해설 평로에서 축열실은 배기가스의 현열을 흡수하여 공기나 연료가스예열에 이용하는 배열회수장치이다.

20 가열방법에 따른 노의 분류 중 직접가열식이 아닌 것은?   ● 12년9월15일

① 평로
② 용광로
③ 용선로
④ 전로

해설 평로는 반사열을 이용하는 반사로의 일종으로 제강용에 사용하며 시멘스마틴법 이라함

21 제강 평로에서 채용되고 있는 폐열회수 방법으로서 배기가스의 현열을 흡수하여 공기나 연료가스 예열에 이용될 수 있도록 한 장치는?   ● 15년5월31일, 19년4월27일, 21년9월12일

① 축열실
② 환열기
③ 폐열 보일러
④ 판형 열교환기

해설 평로에서 축열실은 배기가스의 현열을 흡수하여 공기나 연료가스예열에 이용하는 배열회수장치이다.

22 연료를 사용하지 않고 용선의 보유열과 용선속의 불순물의 산화열에 의해서 노내 온도를 유지하며 용강을 얻는 것은?   ● 15년5월31일

① 평로
② 고로
③ 반사로
④ 전로

해설 전로 : 연료를 사용하지 않고 용선의 보유열과 용선속의 불순물의 산화열에 의해서 노내 온도를 유지하며 용강을 얻는 로

정답 17 ② 18 ③ 19 ③ 20 ① 21 ① 22 ④

23 선철을 강철로 만들기 위하여 고압 공기나 산소를 취입시키고, 산화열에 의해 노 내 온도를 유지하며 용강을 얻는 노(furnace)는?

◦ 21년9월12일

① 평로   ② 고로
③ 반사로   ④ 전로

[해설] 전로 : 연료를 사용하지 않고 용선의 보유열과 용선속의 불순물의 산화열에 의해서 노내 온도를 유지하며 용강을 얻는 로

24 다음 중 전로법에 의한 제강 작업시의 열원은?

◦ 17년9월23일

① 가스의 연소열
② 코크스의 연소열
③ 석회석의 반응열
④ 용선내의 불순원소의 산화열

[해설] 전로법 : 제강시간이 짧아 연료를 필요로 하지 않고 용선내의 불순원소의 산화열을 이용한다.

25 다음 중 전기로에 해당되지 않는 것은?

◦ 21년3월7일

① 푸셔로   ② 아크로
③ 저항로   ④ 유도로

[해설]
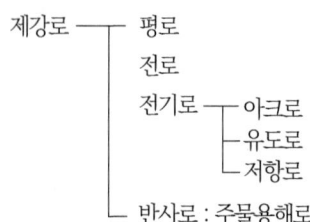

26 ★★ 열처리로 경화된 재료를 변태점 이상의 적당한 온도로 가열한 다음 서서히 냉각하여 강의 압도를 미세화하여 조직을 연화, 내부응력을 제거하는 로는?

◦ 14년3월2일

① 머플로   ② 소성로
③ 풀림로   ④ 소결로

[해설] 풀림로 : 열처리로 경화된 재료를 변태점 이상의 적당한 온도로 가열한 다음 서서히 냉각하여 강의 압도를 미세화하여 조직을 연화, 내부응력을 제거하는 로

27 다음 중 구리합금 용해용 도가니로에 사용될 도가니의 재료로 가장 적합한 것은?

◦ 16년5월8일

① 흑연질   ② 점토질
③ 구리   ④ 크롬질

[해설] 도가니의 재료로 재질은 흑연질로 사용한다.

28 ★★ 공업용 로에 있어서 폐열회수장치로 가장 적합한 것은?

◦ 14년5월25일

① 댐퍼
② 백필터
③ 바이패스 연도
④ 레큐퍼레이터

[해설] 공업용 로에 있어서 폐열회수장치는 레큐퍼레이터 이다.
*레큐퍼레이터(Recuperator;환열기)는 열교환기(heat exchanger)의 일종으로, 고온의 배기가스에서 열을 회수하여 공기 또는 연료를 예열하는 장치입니다. 주로 산업용 가로로, 보일러, 소성로, 건조기 등에 사용되어 에너지 절감 및 열효율 향상을 목적으로 사용 된다.

| 정답 | 23 ④ | 24 ④ | 25 ① | 26 ③ | 27 ① | 28 ④ |

03

내화물

01 요로(窯爐)
02 로(爐)=furnace
03 내화물
04 단열재와 보온재
05 배관 및 밸브

CHAPTER 03 내화물

자주 출제 되는 문제

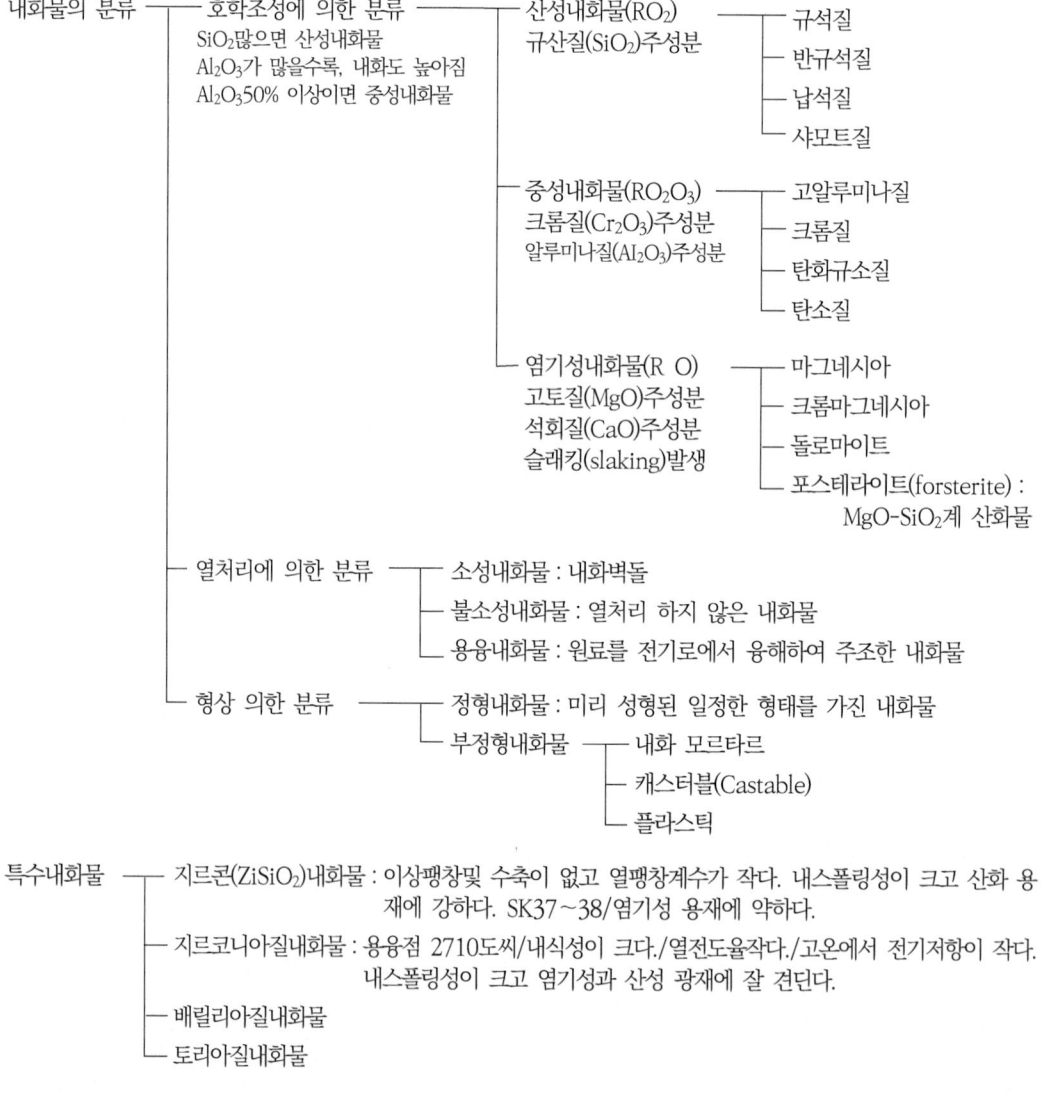

산성내화물(RO_2) SiO_2(이산화규소)	
납석질	① 비교적 저온에서의 소결이 용이하다. ② 흡수율이 작고 압축강도가 크다. ③ 내식성이 우수하다. ④ 내화도는 SK 26~34(1,580~1,750℃)
규석내화물	① 내화도가 높고 용용점까지 하중에 견디기 때문에 각종 가마의 천정에 주로 사용되는 내화물 ② 내화도(SK31~34 : 1,690 ~ 1,750℃)
반규석질	① 저온에서 강도가 크다. ② 열에 의한 치수변동율이 작다.
샤모트질	① 샤모트질(Chamotte) 벽돌의 주성분은 카올리나이트(Al_2O_3, $2SiO_2$, $2H_2O$) 이다. ② 샤모트(Chamotte)벽돌의 원료로서 샤모트 이외에 가소성 생점토를 넣어 성형 및 소결성을 좋게 한다. ③ 일반적으로 가공률이 크고 비교적 낮은 온도에서 연화 되며 내스폴링성이 좋다.

중성내화물(R_2O_3) 알루미나질(Al_2O_3)주성분, 크롬질(Cr_2O_3)주성분	
크롬질	① 중화내화물 중 내마모성이 크며 스폴링을 일으키기 쉬운 것으로 염기성 평로에서 산성벽돌과 염기성벽돌을 섞어서 축로할 때 서로의 침식을 방지하는 목적으로 사용한다. ② SK38(1,850℃)의 내화벽 ③ 크롬철광+내화점토 2~5%로 성형건조 한다.
고알루미나질	① 하중 연화온도가 높다. ② 내식성 내마모성이 높다. ③ 알루미나 함량이 많을수록, 내화도가 높아진다. ④ 알루미나 함량이 많은 원소는 가소성이 작진다. ⑤ 알루미나 함량이 많은 원료는 고온에서 비중이 작아진다. ⑥ 고알루미나질 : Al_2O_3-SiO_2계에서 Al_2O_3가 50%이상인 것
탄화질	
탄화규소질	

염기성내화물(RO) 고토질(MgO)주성분, 석회질(CaO)주성분 슬래킹(Slaking)현상이 잘일어난다.	
마그네이사	① 염기성 슬래그나 용용금속에 대한 내침식성이 크므로 염기성 제강로의 노재로 주로 사용되는 내화벽돌 ② 마그네시아질 벽돌($MgCO_3$)은 열팽창성이 크므로 스폴링에 약하다. ③ 마그네사이트 또는 수산화마그네슘을 주원료로 한다. ④ 1,500℃ 이상으로 가열하여 소성한다. ⑤ 열전도율이 낮다. ⑥ 마그네시아 벽돌 : SK36(1,790℃) 이상에서 사용한다.
크롬마그네시아	① 버스팅(Bursting)현상이 잘 일어난다. ② 버스팅(Bursting)현상 : 크롬이나 크롬마그네시아 벽돌이 고온(1,600℃ 이상)에서 산화철을 흡수하여 표면이 부풀어 오르고 떨어져 나가 는 현상

돌로마이트	① 소화성이 크다. ② 염기성 슬랙에 대한 저항이 크다. ③ 내화도는 SK 36~39 ④ 산소제강 전로(LD전로)의 내장에 쓰인다.
포스테라이트	① $MgO-SiO_2$계 내화물 ② 포스테라이트의 주성분은 Mg_2SiO_4이다. ③ 감람석, 사문암등에 마그네시아 클링커를 배합하여 만든 벽돌이며 주물사로 이용하기도 한다. ④ 내화도(SK36이상)와 하주연화점이 높다. ⑤ 사용용도는 반사로, 저주파유도전기로, 염기성평로 등에 사용된다.

부정형 내화물 : 일정한 모양없이 시공현장에서 원료에 물을 가하여 필요한 모양으로 성형하는 내화물	
캐스터블내화물 (Castable)	① 합성 뮬라이트와 알루미나시멘트 ② 내화골재에 주로 알루미나시멘트를 강화제로 배합하여 만든 부정형 내화물 ③ 저온용 내화성 골재로는 점토질, 샤모트를 사용한다. ④ 고온용 내화성 골재로는 고알루미나질, 크롬질, 크롬마그네시아질를 사용한다. ⑤ 경화 건조 후 부피비중이 가장 큰 캐스터블 내화물은 크롬질이다. ⑥ 접합부 없이 노체를 구축할 수 있다. ⑦ 소성할 필요가 없고 가마의 열손실이 작다. ⑧ 내스폴링성이 우수하다. ⑨ 열전도율이 작지만 잔존 수축이 크다. ⑩ 온도의 변동에 따라 스폴링(Spalling)이 잘 일어나지 않는다.
플라스틱내화물	① 팽창수축이 적음 ② 소결력이 좋고 내식성이 큼 ③ 내화도가 낮다. 하중연화점이 높다. ④ 캐스터블 소재보다 고온에 적합하다. ⑤ 잔존수축률이 1~2%, 열팽창율이 1%정도임
내화 모르타르	① 필요한 내화도를 가져야 한다. ② 시공성 및 접착성이 좋아야 한다. ③ 화학성분 및 광물조성이 내화벽돌과 유사해야 한다. ④ 건조, 가열 등에 의한 수축 팽창이 작아야 한다. ⑤ 모르타르 굳히는방법으로 열경성, 기경성, 수경성이 있다.

> **참고**
>
> 뮬라이트 : 산화알루미늄과 산화규소의 화합물

01 내화물

1) 내화물의 기능
① 요로의 안정성 유지 한다.

② 요로 내의 고열을 차단하여 단열 효과가 있다.
③ 열 방산을 막아 효율적 열 이용할수 있다.

2) 내화물의 구비조건
① 사용온도에서 연화, 변형하지 않아야 한다.
② 화학적으로 침식되지 않아야 한다.
③ 내마모성 및 내침식성이 뛰어나야 한다.
④ 온도의 급격한 변화에 의해 파손이 적어야 한다.
⑤ 재가열시에 수축이 적게 일어나야 한다.
⑥ 열에 의한 팽창 수축이 작을 아야 된다.
⑦ 상온 및 사용온도에서 압축강도가 크야 된다.

3) KS규격의 내화재료의 정의

국가	규격
한국(KSL 0011)	SK 26(1580℃)이상 내화도를 가진 비금속 물질 또는 그 제품일부금속 또한 포함) (Sk=Seger Kege,독일) 제게르 추 (Seger Cone,미국) / SK 번호
일본(JIS-R2001)	1500℃이상의 정형내화물 및 최고 사용온도 800℃이상의 부정형내화물

> **참고**
>
> **내화물** : 제겔콘 26번(1,580℃)=SK 26은 1,580℃ 이상에서 견디는 물질

SK번호	온도(℃)
3	-
4a	1160
4	-
5a	1180
5	-
6a	1200
6	-
7	1230
8	1250
9	1280
10	1300
11	1320
12	1350
13	1380
14	1410

① 내화물의 용융온도 (내화물은 SK 26 ~ SK 42까지임)
② SK21~SK25번은 없다.

[제게르 추(Seger Cone)]

③ (소성)내화물의 제조공정의 순서
  분쇄 → 혼련 → 성형 → 건조 → 소성
ⓐ 분쇄 : 미분쇄기에 의해 0.1mm이하의 크기로 분쇄
ⓑ 혼련 : 분쇄원료에 물이나 첨가제를 사용하여 혼합아는 과정
ⓒ 성형 : 일정한 형상으로 만드는 과정
ⓓ 건조 : 수분을 제거하는 과정
ⓔ 소성 : 원료에 열화학적변화를 일으켜서 내화물로서의 강도를 가지게 하는 과정

15	1435
16	1460
17	1480
18	1500
19	1520
20	1530
21	-
22	-
23	-
24	-
25	-
26	1580
27	1610
28	1630
29	1650
30	1670
31	1690
31½	-
32	1710
32½	-
33	1730
34	1750
35	1770
36	1790
37	1820
38	1850
39	1890
40	1920
41	1960
42	2000

4) 안전사용온도(최고사용온도)
  ① 단열벽돌 안전사용온도 : 800 ~ 1,200℃
  ② 내화단열벽돌의 안전사용온도 : 1,300 ~ 1,500℃

5) 내화물의 특성 중 비중과 관련있는 것
① 내화도
② 기공율
③ 압축강도

6) 내화물의 비중

W_1 : 시료의 건조중량(kg)

W_2 : 함수시료의 수중중량(kg) : 함수 시료의 수중중량은 시료가 물속에 잠겼을 때의 무게로 시료가 물에 잠기면서 받는 부력 때문에 공기 중에서 측정했을 때보다 가볍다.

W_3 : 함수시료의 중량(kg) : 시료내 수분을 포함한 총무게

$W_3 > W_1 > W_2$

① 부피비중 $= \dfrac{W_1}{W_3 - W_2}$

② 겉보기비중 $= \dfrac{W_1}{W_1 - W_2}$

③ 흡수율 $= \dfrac{W_3 - W_1}{W_3} \times 100$

02 내화벽돌

1) 표준형 내화벽돌의 치수 : $230 \times 114 \times 65 mm$

2) 1,200℃ 이상 처리하는 가열로의 벽을 쌓을 때, 쓰이는 재료의 종류 및 배열순서 (내부→외부) : 내화벽돌 → 내화단열벽돌 → 보통벽돌

3) 내화벽돌 사용시 고려할 사항
① 피열물질의 화학적인 성질을 고려해야 된다.
② 몰탈(모르타르)의 성질이 적합해야 한다.
③ 내화도는 적절해야 된다.
④ 내스폴링성이 클수록 좋다.

4) 내화물의 원료를 샤모트(Schamotte)화 하는 이유

내화물의 원료를 샤모트화한다는 것은 점토질 내화물 원료를 고온에서 소성(구워서)하여 안정화시킨 후 분쇄하여 얻은 샤모트(Schamotte)를 내화물 제조 과정에서 다른 원료와 혼합하여 사용하는 것을 샤모트화라 한다.

샤모트는 내화물의 소성 수축을 줄이고 내열성을 향상시키는 효과가 있다.
① 내화도를 높이기 위해
② 내스폴링성을 높이기 위해
③ 잔존 팽창수축성을 적게 하기 위해

> 참고
>
> Schamotte : 불에 구워진 점토

03 스폴링(Spalling)현상, =박락현상

내화물 사용 중 (화실 내)온도의 급격한 변화 또는 불균일한 가열, 등으로 열응력이 생겨, 균열이 생기거나 표면이 박리되는 현상

1) 스폴링(Spalling)의 종류
   ① 열적 스폴링
   ② 기계적 스폴링
   ③ 조직적 스폴링

2) 내화물의 스폴링(Spalling) 시험방법의 특징
   ① 시험체는 표준형 벽돌을 110±5℃에서 건조하여 사용함
   ② 전 기공율 45% 이상의 내화벽돌은 공랭법에 의함
   ③ 시험편을 노 내에 삽입 후 소정의 시험온도에 도달하고 나서 약 15분간 가열함
   ④ 수냉법의 경우 시험체의 한 끝을 소정온도로 일정시간 가열 후 수중에서 급랭하며, 반복하여 시험

04 슬래킹(Slaking)현상

마그네시아 또는 돌로마이트를 원료로 하는 내화물이 수증기의 작용을 받아 $Ca(OH)_2$나 $Mg(OH)_3$를 생성하게 된다. 이때 체적변화로 인해 노벽에 균열이 발생하거나 붕괴하는 현상

05 버스팅(bursting)현상

크롬철광 원료가 1600℃이상에서 부풀어 오르고 떨어져 나가는 현상

> 참고
>
> **영어사전**
> **스폴링(Spalling)** : 부스러뜨리다.
> **슬래킹(Slaking)** : (물을 마셔)갈증을 해소하다
> **버스팅(bursting)** : 폭발

과년도 기출문제

열설비재료

★★
01 소성내화물의 제조공정으로 가장 적절한 것은?
◉ 19년4월27일

① 분쇄 → 혼련 → 건조 → 성형 → 소성
② 분쇄 → 혼련 → 성형 → 건조 → 소성
③ 분쇄 → 건조 → 혼련 → 성형 → 소성
④ 분쇄 → 건조 → 성형 → 소성 → 혼련

해설 소성내화물의 제조공정 : 분쇄 → 혼련 → 성형 → 건조 → 소성

02 다음 중 내화물의 구비조건으로 틀린 것은?
◉ 15년9월19일

① 사용온도에서 연화변형하지 않아야 한다.
② 내마모성 및 내침식성이 뛰어나야 한다.
③ 재가열시에 수축이 크게 일어나야 한다.
④ 상온에서 압축강도가 커야 한다.

해설 내화물은 재가열시에 수축이 적게 일어나야 한다.

03 내화물의 구비조건으로 틀린 것은?
◉ 17년3월5일

① 상온에서 압축강도가 작을 것
② 내마모성 및 내침식성을 가질 것
③ 재가열 시 수축이 적을 것
④ 사용온도에서 연화변형하지 않을 것

해설 내화물은 재가열시에 수축이 적게 일어나야 한다.

04 내화물의 구비조건으로 틀린 것은?
◉ 19년4월27일

① 사용온도에서 연화, 변형되지 않을 것
② 상온 및 사용온도에서 압축강도가 클 것
③ 열에 의한 팽창 수축이 클 것
④ 내마모성 및 내침식성을 가질 것

★★
05 내화물 SK-26번이면 용융온도 1580℃에 견디어야 한다. SK-30번이라면 약 몇 ℃에 견디어야 하는가?
◉ 15년5월31일

① 1460℃ ② 1670℃
③ 1780℃ ④ 1800℃

해설

SK번호	온도(℃)
26	1580
27	1610
28	1630
29	1650
30	1670
31	1690

SK-30번은 1670℃에 견디어야 한다.

06 다음 중 내화단열벽돌의 안전사용온도는?
◉ 14년3월2일

① 1,300~1,500℃
② 800~1,200℃
③ 500~800℃
④ 100~500℃

해설 1) 단열벽돌안전사용온도 : 800℃~1200℃
2) 내화단열벽돌(내화벽돌) : 1300℃~1500℃

정답 01 ② 02 ③ 03 ① 04 ③ 05 ② 06 ①

07 내화물의 부피비중을 바르게 표현한 것은? (단, W_1 : 시료의 건조중량 (Kg), W_2 : 함수시료의 수중중량 (Kg), W_3 : 함수시료의 중량 (Kg)이다.)   ○ 14년9월20일, 18년3월4일

① $\dfrac{W_1}{W_3 - W_2}$ ② $\dfrac{W_1}{W_2 - W_3}$

③ $\dfrac{W_3 - W_2}{W_1}$ ④ $\dfrac{W_2 - W_3}{W_1}$

|해설| W_1 : 시료의 건조중량(kg)
W_2 : 함수시료의 수중중량(kg) : 함수 시료의 수중중량은 시료가 물속에 잠겼을 때의 무게로 시료가 물에 잠기면서 받는 부력 때문에 공기 중에서 측정했을 때보다 가볍다.
W_3 : 함수시료의 중량(kg) : 시료내 수분을 포함한 총무게
$$W_3 > W_1 > W_2$$
① 부피비중 $= \dfrac{W_1}{W_3 - W_2}$
② 겉보기비중 $= \dfrac{W_1}{W_1 - W_2}$
③ 흡수율 $= \dfrac{W_3 - W_1}{W_3} \times 100$

08 내화물의 분류방법으로 적합하지 않는 것은?   ○ 21년3월7일

① 원료에 의한 분류
② 형상에 의한 분류
③ 내화도에 의한 분류
④ 열전도율에 의한 분류

|해설| ▶ 내화물의 분류
1) 원료에 의한 분류
2) 형상에 의한 분류
3) 내화도에 의한 분류
4) 화학적 조성에 의한 분류
5) 열처리 방식에 의한 분류

09 산성 내화물이 아닌 것은?   ○ 14년9월20일, 17년3월5일

① 규석질 내화물   ② 납석질 내화물
③ 샤모트질 내화물   ④ 마그네시아 내화물

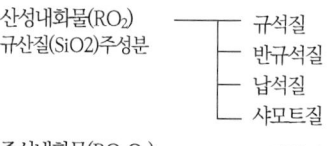

10 다음 중 중성내화물에 속하는 것은?   ○ 18년4월28일, 22년3월5일

① 납석질 내화물
② 고알루미나질 내화물
③ 반규석질 내화물
④ 샤모트질 내화물

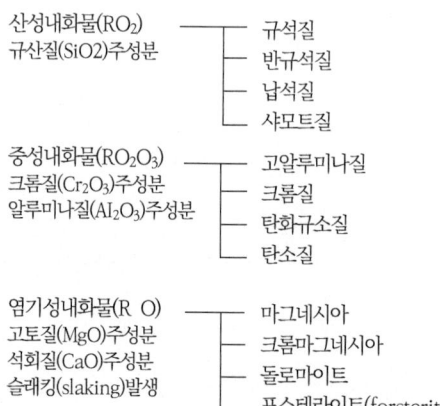

정답 07 ① 08 ④ 09 ④ 10 ②

11 다음 중 산성 내화물에 속하는 벽돌은?
　　　　　　　　　　　　　　　　● 20년6월6일

① 고알루미나질
② 크롬-마그네시아질
③ 마그네시아질
④ 샤모티질

해설

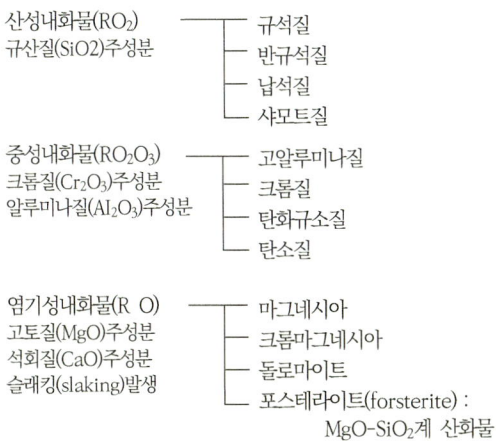

12 다음 중 중성내화물은?　● 12년9월15일

① 규석 벽돌
② 마그네시아 벽돌
③ 크롬질 벽돌
④ 납석 벽돌

해설

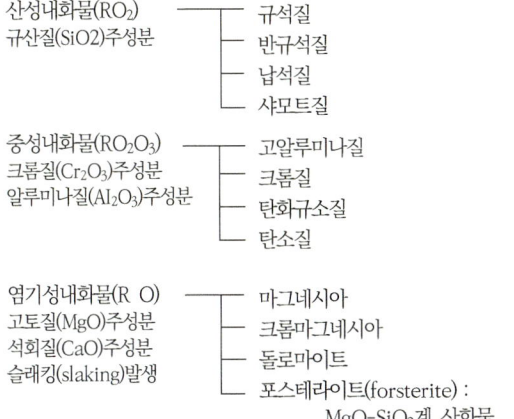

13 염기성 슬래그나 용융금속에 대한 내침식성이 크므로 염기성 제강로의 노재로 주로 사용되는 내화벽돌은?　● 13년9월28일

① 마그네시아질　② 규석질
③ 샤모트질　　　④ 알루미나질

해설 ▶ 마그네이사질 벽돌의 특징
1) 염기성 슬래그나 용융금속에 대한 내침식성이 크므로 염기성 제강로의 노재로 주로 사용되는 내화벽돌
2) 마그네시아질 벽돌($MgCO_3$)은 열팽창성이 크므로 스폴링에 약하다.
3) 마그네사이트 또는 수산화마그네슘을 주원료로 한다.
4) 1,500℃ 이상으로 가열하여 소성한다.
5) 열전도율이 낮다.
6) 마그네시아 벽돌 : SK36(1,790℃) 이상에서 사용한다.

14 노재의 화학적 성질을 잘못 짝지은 것은?
　　　　　　　　　　　　　　　　● 17년5월7일

① 샤모트질 벽돌 : 산성
② 규석질 벽돌 : 산성
③ 돌로마이트질 벽돌 : 염기성
④ 크롬질 벽돌 : 염기성

해설

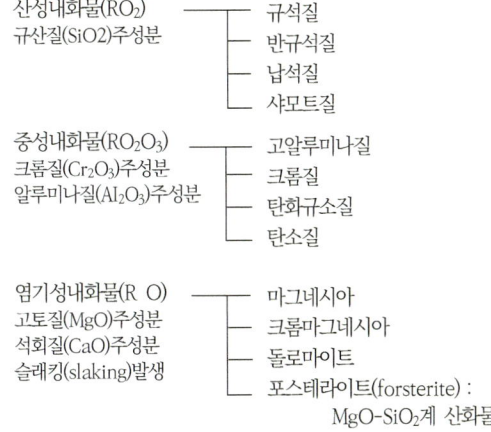

정답 11 ④　12 ③　13 ①　14 ④

15 다음 중 규석벽돌로 쌓은 가마 속에서 소성하기에 가장 적절하지 못한 것은? ● 19년9월21일

① 규석질 벽돌 ② 샤모트질 벽돌
③ 납석질 벽돌 ④ 마그네시아질 벽돌

해설

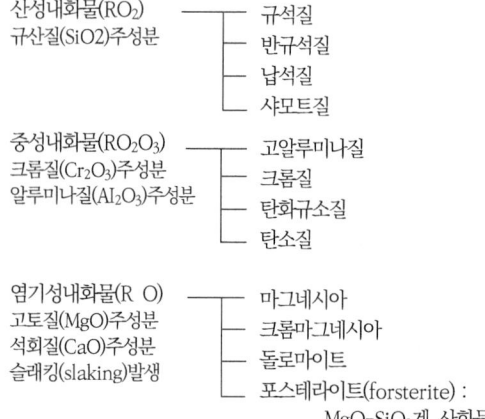

16 다음 중 부정형 내화물이 아닌 것은?
● 13년3월10일

① 내화 모르타르 ② 병형(竝型) 내화물
③ 플라스틱 내화물 ④ 캐스터블 내화물

해설 ▶ 부정형 내화물 : 일정한 모양없이 시공현장에서 원료에 물을 가하여 필요한 모양으로 성형하는 내화물
1) 캐스터블내화물(Castable)
2) 플라스틱내화물
3) 내화 모르타르

★★
17 내화도가 높고 용융점 부근까지 하중에 견디기 때문에 각종 가마의 천장에 주로 사용되는 내화물은? ● 16년10월1일

① 규석내화물 ② 납석내화물
③ 샤모트내화물 ④ 마그네시아내화물

해설 ▶ 규석내화물
1) 내화도가 높고 용융점까지 하중에 견디기 때문에 각종 가마의 천정에 주로 사용되는 내화물
2) 내화도(SK31~34 : 1,690 ~ 1,750℃)

18 반규석질 내화물의 특징에 대한 설명으로 옳은 것은?

① 염기성내화물이다.
② 열에 의한 치수변동율이 작다.
③ 저온에서 강도가 작다.
④ MgO, ZnO를 50~80% 함유한다.

해설

산성내화물(RO_2) : 규산질 SiO_2(이산화규소)이 주성분이다	
납석질	① 비교적 저온에서의 소결이 용이하다. ② 흡수율이 작고 압축강도가 크다. ③ 내식성이 우수하다. ④ 내화도는 SK 26~34(1,580~1,750℃)
규석내화물	① 내화도가 높고 용융점까지 하중에 견디기 때문에 각종 가마의 천정에 주로 사용되는 내화물 ② 내화도(SK31~34 : 1,690 ~ 1,750℃)
반규석질	① 저온에서 강도가 크다. ② 열에 의한 치수변동율이 작다
샤모트질	① 샤모트질(Chamotte) 벽돌의 주성분은 카올리나이트(Al_2O_3, $2SiO_2$, $2H_2O$) 이다. ② 샤모트(Chamotte)벽돌의 원료로서 샤모트 이외에 가소성 생점토를 넣어 성형 및 소결성을 좋게 한다. ③ 일반적으로 가공률이 크고 비교적 낮은 온도에서 연화 되며 내스폴링성이 좋다.

정답 15 ④ 16 ② 17 ① 18 ②

19 납석벽돌의 특성에 대한 설명으로 틀린 것은?
⊙ 14년5월25일

① 비교적 저온에서의 소결이 용이하다.
② 흡수율이 작고 압축강도가 크다.
③ 내식성이 우수하다.
④ 내화도는 SK 34이상이다.

해설 납석벽돌 : 내화도는 SK 26~34(1,580~1,750℃)

20 다음 중 샤모트질계 내화물의 주성분은?
⊙ 12년9월15일

① 마그네사이트($MgCO_3$)
② 카올리나이트($Al_2O_3 \cdot 2SiO_2 \cdot 2H_2O$)
③ 납석($Al2O3 \cdot 4SiO_2 \cdot H_2O$)
④ 크로마이트($Cr_2O_3 \cdot FeO$)

해설 ▶ 샤모트질(Chamotte)벽돌
① 샤모트질(Chamotte) 벽돌의 주성분은 카올리나이트(Al_2O_3, $2SiO_2$, $2H_2O$) 이다.
② 샤모트(Chamotte)벽돌의 원료로서 샤모트 이외에 가소성 생점토를 넣어 성형 및 소결성을 좋게 한다.
③ 일반적으로 가공률이 크고 비교적 낮은 온도에서 연화되며 내스폴링성이 좋다.

★★
21 샤모트질(Chamotte) 벽돌의 주성분은?
⊙ 16년10월1일

① Al_2O_3, $2SiO_2$, $2H_2O$
② Al_2O_3, $7SiO_2$, H_2O
③ FeO, Cr_2O_3
④ $MgCO_3$

해설 ▶ 샤모트질(Chamotte)벽돌
① 샤모트질(Chamotte) 벽돌의 주성분은 카올리나이트(Al_2O_3, $2SiO_2$, $2H_2O$) 이다.
② 샤모트(Chamotte)벽돌의 원료로서 샤모트 이외에 가소성 생점토를 넣어 성형 및 소결성을 좋게 한다.
③ 일반적으로 가공률이 크고 비교적 낮은 온도에서 연화 되며 내스폴링성이 좋다.

★★
22 샤모트(chamotte) 벽돌의 원료로서 샤모트 이외의 가소성 생점토(生粘土)를 가하는 주된 이유는?
⊙ 21년5월15일

① 치수 안정을 위하여
② 열전도성을 좋게 하기 위하여
③ 성형 및 소결성을 좋게 하기 위하여
④ 건조 소성, 수축을 미연에 방지하기 위하여

해설 ▶ 샤모트질(Chamotte)벽돌
① 샤모트질(Chamotte) 벽돌의 주성분은 카올리나이트(Al_2O_3, $2SiO_2$, $2H_2O$) 이다.
② 샤모트(Chamotte)벽돌의 원료로서 샤모트 이외에 가소성 생점토를 넣어 성형 및 소결성을 좋게 한다.
③ 일반적으로 가공률이 크고 비교적 낮은 온도에서 연화되며 내스폴링성이 좋다.

23 샤모트(chamotte) 벽돌에 대한 설명으로 옳은 것은?
⊙ 17년3월5일

① 일반적으로 가공률이 크고 비교적 낮은 온도에서 연화되며 내스폴링성이 좋다.
② 흑연질 등을 사용하며 내화도와 하중연화점이 높고 열 및 전기전도도가 크다.
③ 내식성과 내마모성이 크며 내화도는 SK 35 이상으로 주로 고온부에 사용된다.
④ 하중 연화점이 높고 가소성이 커 염기성 제강로에 주로 사용된다.

해설 ▶ 샤모트질(Chamotte)벽돌
1) 샤모트질(Chamotte) 벽돌의 주성분은 카올리나이트(Al_2O_3, $2SiO_2$, $2H_2O$) 이다.
2) 샤모트(Chamotte)벽돌의 원료로서 샤모트 이외에 가소성 생점토를 넣어 성형 및 소결성을 좋게 한다.
3) 일반적으로 가공률이 크고 비교적 낮은 온도에서 연화 되며 내스폴링성이 좋다.

정답 19 ④ 20 ② 21 ① 22 ③ 23 ①

24 ★★ 고알루미나(high alumina)질 내화물의 특성에 대한 설명으로 옳은 것은?
◎ 17년9월23일, 21년3월7일

① 급열, 급냉에 대한 저항성이 적다.
② 고온에서 부피변화가 크다.
③ 하중 연화온도가 높다.
④ 내마모성이 적다.

[해설] ▶ 고알루미나(high alumina)질 내화물의 특성
① 하중 연화온도가 높다.
② 내식성 내마모성이 높다.
③ 알루미나 함량이 많을수록, 내화도가 높아진다.
④ 알루미나 함량이 많은 원소는 가소성이 작진다.
⑤ 알루미나 함량이 많은 원료는 고온에서 비중이 작아진다.
⑥ 고알루미나질 : Al_2O_3-SiO_2계에서 Al_2O_3가 50%이상인 것

25 고알루미나질 내화물의 특징에 대한 설명으로 거리가 가장 먼 것은?
◎ 21년9월12일

① 중성내화물이다.
② 내식성, 내마모성이 적다.
③ 내화도가 높다.
④ 고온에서 부피변화가 적다.

[해설] ▶ 고알루미나(high alumina)질 내화물의 특성
① 하중 연화온도가 높다.
② 내식성 내마모성이 높다.
③ 알루미나 함량이 많을수록, 내화도가 높아진다.
④ 알루미나 함량이 많은 원소는 가소성이 작진다.
⑤ 알루미나 함량이 많은 원료는 고온에서 비중이 작아진다.
⑥ 고알루미나질 : Al_2O_3-SiO_2계에서 Al_2O_3가 50%이상인 것

26 중화내화물 중 내마모성이 크며 스폴링을 일으키기 쉬운 것으로 염기성 평로에서 산성 벽돌과 염기성벽돌을 섞어서 축로할 때 서로의 침식을 방지하는 목적으로 사용하는 것은?
◎ 17년5월7일

① 탄소질 벽돌
② 크롬질 벽돌
③ 탄화규소질 벽돌
④ 폴스테라이트 벽돌

[해설] 크롬질 벽돌 : 중화내화물 중 내마모성이 크며 스폴링을 일으키기 쉬운 것으로 염기성 평로에서 산성 벽돌과 염기성벽돌을 섞어서 축로할 때 서로의 침식을 방지하는 목적으로 사용하는 벽돌

27 염기성 내화벽돌에서 공통적으로 일어날 수 있는 현상은?
◎ 16년5월8일

① 스폴링(spalling)
② 슬래킹(slaking)
③ 더스팅(dusting)
④ 스웰링(swelling)

[해설] ▶ 슬래킹(Slaking)현상
마그네시아 또는 돌로마이트를 원료로 하는 내화물이 수증기의 작용을 받아 $Ca(OH)_2$나 $Mg(OH)_3$를 생성하게 된다. 이때 체적변화로 인해 노벽에 균열이 발생하거나 붕괴하는 현상

정답 24 ③ 25 ② 26 ② 27 ②

28 마그네시아 또는 돌로마이트를 원료로 하는 내화물이 수증기의 작용을 받아 $Ca(OH)_2$나 $Mg(OH)_2$를 생성하게 된다. 이때 체적변화로 인해 노벽에 균열이 발생하거나 붕괴하는 현상을 무엇이라고 하는가?
  ◆ 19년3월3일

① 버스팅 ② 스폴링
③ 슬래킹 ④ 에로존

해설 버스팅(bursting)현상
크롬 철광 원료가 1600℃이상에서 부풀어 오르고 떨어져 나가는 현상
▶ 스폴링(Spalling)현상=박락현상
내화물 사용 중 (화실 내)온도의 급격한 변화 또는 불균일한 가열, 등으로 열응력이 생겨, 균열이 생기거나 표면이 박리되는 현상
▶ 슬래킹(Slaking)현상
마그네시아 또는 돌로마이트를 원료로 하는 내화물이 수증기의 작용을 받아 $Ca(OH)_2$나 $Mg(OH)_3$를 생성하게 된다. 이때 체적변화로 인해 노벽에 균열이 발생하거나 붕괴하는 현상

29 마그네시아질 내화물이 수증기에 의해서 조직이 약화되어 노벽에 균열이 발생하여 붕괴하는 현상은?
  ◆ 19년9월21일

① 슬래킹 현상
② 더스팅 현상
③ 침식 현상
④ 스폴링 현상

해설 ▶ 슬래킹(Slaking)현상
마그네시아 또는 돌로마이트를 원료로 하는 내화물이 수증기의 작용을 받아 $Ca(OH)_2$나 $Mg(OH)_3$를 생성하게 된다. 이때 체적변화로 인해 노벽에 균열이 발생하거나 붕괴하는 현상
▶ 버스팅(bursting)현상
크롬 철광 원료가 1600℃이상에서 부풀어 오르고 떨어져 나가는 현상
▶ 스폴링(Spalling)현상=박락현상
내화물 사용 중 (화실 내)온도의 급격한 변화 또는 불균일한 가열, 등으로 열응력이 생겨, 균열이 생기거나 표면이 박리되는 현상

30 염기성 내화벽돌이 수증기의 작용을 받아 생성되는 물질이 비중변화에 의하여 체적변화를 일으켜 노벽에 균열이 발생하는 현상은?
  ◆ 21년9월12일

① 스폴링(spalling)
② 필링(peeling)
③ 슬래킹(slaking)
④ 스웰링(swelling)

해설 ▶ 스폴링(Spalling)현상=박락현상
내화물 사용 중 (화실 내)온도의 급격한 변화 또는 불균일한 가열, 등으로 열응력이 생겨, 균열이 생기거나 표면이 박리되는 현상
▶ 버스팅(bursting)현상
크롬 철광 원료가 1600℃이상에서 부풀어 오르고 떨어져 나가는 현상
▶ 슬래킹(Slaking)현상
마그네시아 또는 돌로마이트를 원료로 하는 내화물이 수증기의 작용을 받아 $Ca(OH)_2$나 $Mg(OH)_3$를 생성하게 된다. 이때 체적변화로 인해 노벽에 균열이 발생하거나 붕괴하는 현상

31 다음 내화물의 특성 중 비중과 관계없는 것은?
  ◆ 14년3월2일

① 슬레이킹
② 압축강도
③ 기공율
④ 내화도

해설 ▶ 슬래킹(Slaking)현상
마그네시아 또는 돌로마이트를 원료로 하는 내화물이 수증기의 작용을 받아 $Ca(OH)_2$나 $Mg(OH)_3$를 생성하게 된다. 이때 체적변화로 인해 노벽에 균열이 발생하거나 붕괴하는 현상으로 비중과 관련이 없다.

정답 28 ③ 29 ① 30 ③ 31 ①

32 다음 중 MgO-SiO₂ 계 내화물은?
◎ 16년3월6일, 19년4월27일

① 마그네시아질 내화물
② 돌로마이트질 내화물
③ 마그네시아-크롬질 내화물
④ 포스테라이트질 내화물

해설 ▶ 포스테라이트질 내화물
1) $MgO-SiO_2$계 내화물
2) 포스테라이트의 주성분은 Mg_2SiO_4이다.
3) 감람석, 사문암등에 마그네시아 클링커를 배합하여 만든 벽돌이며 주물사로 이용하기도 한다.
4) 내화도(SK36이상)와 하주연화점이 높다.
5) 사용용도는 반사로, 저주파유도전기로, 염기성평로 등에 사용된다.

33 포스테라이트에 대한 설명으로 옳은 것은?
◎ 21년9월12일

① 주성분은 Mg_2SiO_4 이다.
② 내식성이 나쁘고 기공류은 작다.
③ 돌로마이트에 비해 소화성이 크다.
④ 하중연화점은 크나 내화도는 SK 28로 작다.

해설 ▶ 폴스테라이트의 특징
1) $MgO-SiO_2$계 내화물
2) 폴스테라이트의 주성분은 Mg_2SiO_4이다.
3) 감람석, 사문암등에 마그네시아 클링커를 배합하여 만든 벽돌이며 주물사로 이용하기도 한다.
4) 내화도(SK36이상)와 하주연화점이 높다.
5) 사용용도는 반사로, 저주파유도전기로, 염기성평로 등에 사용된다.

34 내화물에 대한 설명으로 틀린 것은?
◎ 15년9월19일

① 샤모트질 벽돌은 카올린을 미리 SK10~14 정도로 1차 소성하여 탈수 후 분쇄한 것으로서 고온에서 광물상을 안정화한 것이다.
② 제겔콘 22번의 내화도는 1530℃이며, 내화물은 제겔콘 26번 이상의 내화도를 가진 벽돌을 말한다.
③ 중성질 내화물은 고알루미나질, 탄소질, 탄화규소질, 크롬질 내화물이 있다.
④ 용융내화물은 원료를 일단 용융상태로 한 다음에 주조한 내화물이다.

해설 ① 내화물의 용융온도 (내화물은 SK 26 ~ SK 42까지임)
② SK21~SK25번은 없다.

35 크롬벽돌이나 크롬-마그네시아 벽돌이 고온에서 산화철을 흡수하여 표면이 부풀어 오르고 떨어져 나가는 현상은?
◎ 15년3월8일, 17년3월5일, 21년5월15일

① 버스팅   ② 큐어링
③ 슬래킹   ④ 스폴링

해설 ▶ 버스팅(bursting)현상
크롬 철광 원료가 1600℃이상에서 부풀어 오르고 떨어져 나가는 현상
▶ 스폴링(Spalling)현상=박락현상
내화물 사용 중 (화실 내)온도의 급격한 변화 또는 불균일한 가열, 등으로 열응력이 생겨, 균열이 생기거나 표면이 박리되는 현상
▶ 슬래킹(Slaking)현상
마그네시아 또는 돌로마이트를 원료로 하는 내화물이 수증기의 작용을 받아 $Ca(OH)_2$나 $Mg(OH)_3$를 생성하게 된다. 이때 체적변화로 인해 노벽에 균열이 발생하거나 붕괴하는 현상

정답 32 ④ 33 ① 34 ② 35 ①

36 마그네시아 벽돌에 대한 설명으로 틀린 것은? ● 16년10월1일

① 마그네사이트 또는 수산화마그네슘을 주원료로 한다.
② 산성벽돌로서 비중과 열전도율이 크다.
③ 열팽창성이 크며 스폴링이 약하다.
④ 1,500℃ 이상으로 가열하여 소성한다.

해설

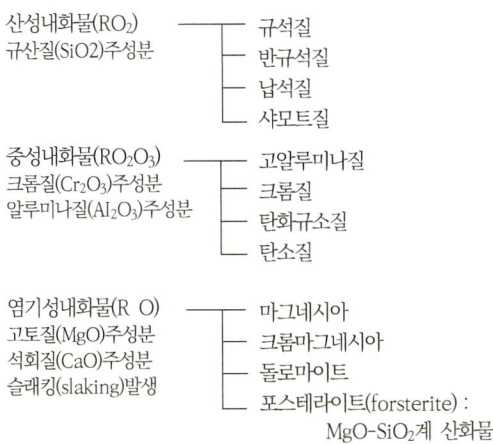

37 스폴링(spalling)의 종류로 가장 거리가 먼 것은? ● 15년9월19일

① 열적 스폴링   ② 기계적 스폴링
③ 화학적 스폴링 ④ 조직적 스폴링

해설 ▶ 스폴링(Spalling)의 종류
① 열적 스폴링
② 기계적 스폴링
③ 조직적 스폴링

★★
38 내화물 사용 중 온도의 급격한 변화 혹은 불균일한 가열 등으로 균열이 생기거나 표면이 박리되는 현상을 무엇이라 하는가?
● 20년8월22일, 13년3월10일

① 스폴링   ② 버스팅
③ 연화   ④ 수화

해설 ▶ 스폴링(Spalling)현상=박락현상
내화물 사용 중 (화실 내)온도의 급격한 변화 또는 불균일한 가열, 등으로 열응력이 생겨, 균열이 생기거나 표면이 박리되는 현상

39 스폴링(spalling)에 대한 설명으로 옳은 것은? ● 16년3월6일

① 마그네시아를 원료로 하는 내화물이 체적 변화를 일으켜 노벽이 붕괴하는 현상
② 온도의 급격한 변동으로 내화물에 열응력이 생겨 표면이 갈라지는 현상
③ 크롬마그네시아 벽돌이 1600℃ 이상의 고온에서 산화철을 흡수하여 부풀어 오르는 현상
④ 내화물이 화학반응에 의하여 녹아내리는 현상

해설 ▶ 스폴링(Spalling)현상=박락현상

40 내화물의 스폴링(spalling) 시험방법에 대한 설명으로 틀린 것은? ● 17년9월23일

① 시험체는 표준형 벽돌을 110±5℃에서 건조하여 사용한다.
② 전 기공율 45% 이상의 내화벽돌은 공랭법에 의한다.
③ 시험편을 노 내에 삽입 후 소정의 시험온도에 도달하고 나서 약 15분간 가열한다.
④ 수냉법의 경우 노 내에서 시험편을 꺼내어 재빠르게 가열면 측을 눈금의 위치까지 물에 잠기게 하여 약 10분간 냉각한다.

해설 ▶ 내화물의 스폴링(spalling) 시험방법 중 수냉법
가열(15분)→수냉(3분)→공랭(12분)의 1사이클 과정을 거친다.

정답 36 ② 37 ③ 38 ① 39 ② 40 ④

41 염기성 슬래그나 용융금속에 대한 내침식성이 크므로 염기성 제강로의 노재로 주로 사용되는 내화벽돌은? ○ 20년6월6일

① 마그네시아질 벽돌
② 규석 벽돌
③ 샤모트 벽돌
④ 알루미나질 벽돌

해설 ▶ 마그네이사질 벽돌의 특징
1) 염기성 슬래그나 용융금속에 대한 내침식성이 크므로 염기성 제강로의 노재로 주로 사용되는 내화벽돌
2) 마그네시아질 벽돌($MgCO_3$)은 열팽창성이 크므로 스폴링에 약하다.
3) 마그네사이트 또는 수산화마그네슘을 주원료로 한다.
4) 1,500℃ 이상으로 가열하여 소성한다.
5) 열전도율이 낮다.
6) 마그네시아 벽돌 : SK36(1,790℃) 이상에서 사용한다.

42 플라스틱 내화물의 설명으로 틀린 것은? ○ 15년3월8일

① 소결력이 좋고 내식성이 크다.
② 캐스터블 소재보다 고온에 적합하다.
③ 내화도가 높고 하중 연화점이 낮다.
④ 팽창 수축이 적다.

해설 플라스틱 내화물은 내화도가 낮고 하중 연화점이 높다.

★★
43 캐스터블 내화물의 특징이 아닌 것은? ○ 22년4월24일

① 소성할 필요가 없다.
② 접합부 없이 노체를 구축할 수 있다.
③ 사용 현장에서 필요한 형상으로 성형할 수 있다.
④ 온도의 변동에 따라 스폴링을 일으키기 쉽다.

해설 캐스터블내화물(Castable)은 온도의 변동에 따라 스폴링(Spalling)이 잘 일어나지 않는다.

44 다음 중 캐스터불내화물의 특성이 아닌 것은? ○ 14년3월2일

① 현장에서 필요한 형상으로 성형이 가능하다.
② 내스폴링성이 우수하고 열전도율이 작다.
③ 열팽창이 크나 잔존수축이 작다.
④ 소성할 필요가 없고 가마의 열손실이 적다.

해설 캐스터불내화물은 열팽창작고 잔존수축은 크다.

45 경화 건조 후 부피비중이 가장 큰 캐스터블 내화물은? ○ 15년5월31일

① 점토질
② 고알루미나질
③ 크롬질
④ 내화단열질

해설 경화 건조 후 부피비중이 가장 큰 캐스터블 내화물은 크롬질이다.

46 내화 모르타르의 구비조건으로 틀린 것은? ○ 17년5월7일

① 시공성 및 접착성이 좋아야 한다.
② 화학성분 및 광물조성이 내화벽돌과 유사해야 한다.
③ 건조, 가열 등에 의한 수축 팽창이 커야 한다.
④ 필요한 내화도를 가져야 한다.

해설 내화 모르타르는 건조, 가열 등에 의한 수축 팽창이 작아야 한다.

정답 41 ① 42 ③ 43 ④ 44 ③ 45 ③ 46 ③

47 다음 중 내화모르타르의 분류에 속하지 않는 것은?
  ● 20년6월6일

① 열경성
② 화경성
③ 기경성
④ 수경성

> 해설 내화모르타르는 열경성, 기경성, 수경성으로 분류한다.

48 지르콘(ZrSiO₄) 내화물의 특징에 대한 설명 중 틀린 것은?
  ● 20년9월26일

① 열팽창율이 작다.
② 내스폴링성이 크다.
③ 염기성 용재에 강하다.
④ 내화도는 일반적으로 SK 37~38 정도이다.

> 해설 ▶ 지르콘(ZrSiO4) 내화물의 특징
>   1) 열팽창율이 작다.
>   2) 내스폴링성이 크다.
>   3) 지르코늄을 주성분으호 하는 산성내화물로 내열성이 뛰어나다.
>   4) 내화도는 일반적으로 SK 37~38 정도이다.

49 다음 [보기]에서 설명하는 내화물은?
  ● 12년9월15일

- 용융점은 약 2710℃이다.
- 내식성이 크고 열전도율은 적다.
- 고온에서 전기저항이 작다.
- 용융주로 내화물로 주로 사용된다.

① 베릴리아 내화물
② 내화 모르타르
③ 캐스터블 내화물
④ 지르코니아 내화물

> 해설 지르코니아(Zirconia)내화물
>   1. 높은용융온도(약℃)를 갖는 내열성재료
>   2. 낮은열 전도도를 가지며 내식성이 크다.
>   3. 온도에 따라 결정구조가 변화 한다.
>   4. 용융주조 내화물로 주로 사용된다.

정답 47 ② 48 ③ 49 ④

열설비재료

04

단열재와 보온재

01 요로(窯爐)
02 로(爐)=furnace
03 내화물
04 단열재와 보온재
05 배관 및 밸브

CHAPTER 04 단열재와 보온재

자주출제 되는 문제

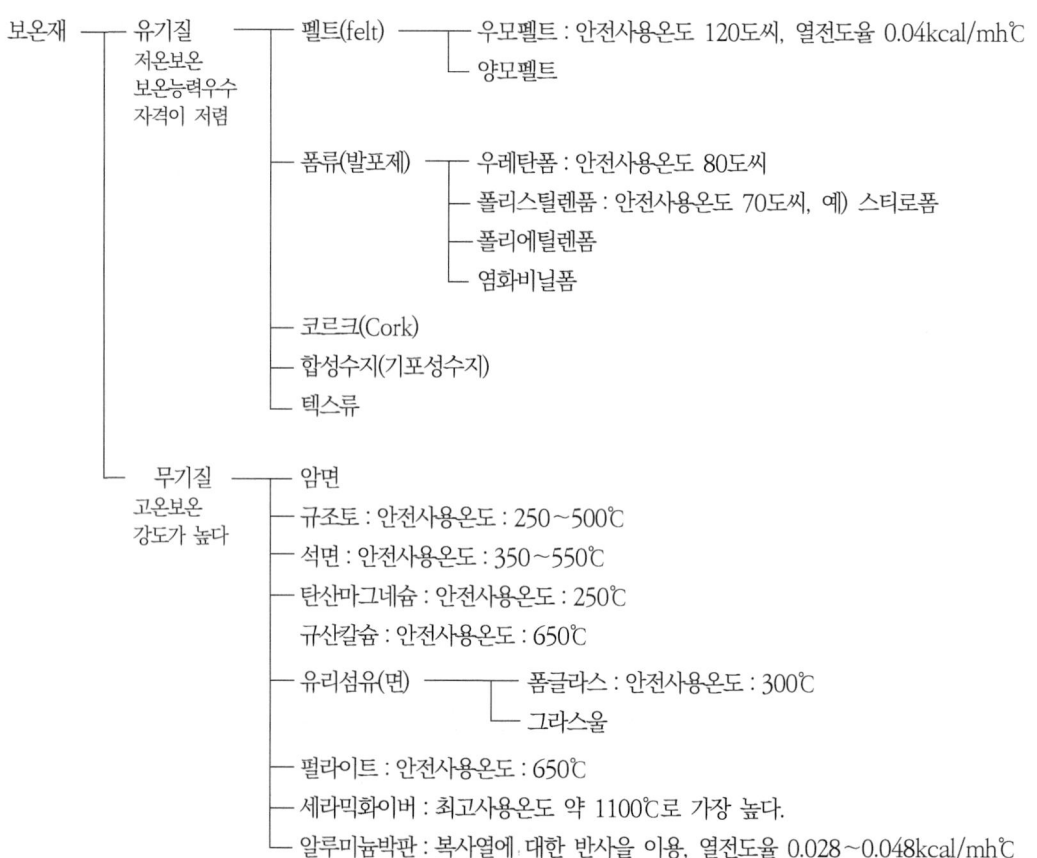

- 보온재
  - 유기질 (저온보온, 보온능력우수, 자격이 저렴)
    - 펠트(felt)
      - 우모펠트 : 안전사용온도 120도씨, 열전도율 0.04kcal/mh℃
      - 양모펠트
    - 폼류(발포제)
      - 우레탄폼 : 안전사용온도 80도씨
      - 폴리스틸렌폼 : 안전사용온도 70도씨, 예) 스티로폼
      - 폴리에틸렌폼
      - 염화비닐폼
    - 코르크(Cork)
    - 합성수지(기포성수지)
    - 텍스류
  - 무기질 (고온보온, 강도가 높다)
    - 암면
    - 규조토 : 안전사용온도 : 250~500℃
    - 석면 : 안전사용온도 : 350~550℃
    - 탄산마그네슘 : 안전사용온도 : 250℃
    - 규산칼슘 : 안전사용온도 : 650℃
    - 유리섬유(면)
      - 폼글라스 : 안전사용온도 : 300℃
      - 그라스울
    - 펄라이트 : 안전사용온도 : 650℃
    - 세라믹화이버 : 최고사용온도 약 1100℃로 가장 높다.
    - 알루미늄박판 : 복사열에 대한 반사을 이용, 열전도율 0.028~0.048kcal/mh℃

1) (평판의 시간당 열손실) $Q = \lambda \dfrac{A(T_H - T_L)}{t}$

2) (원형관의 시간당 열손실) $Q = \lambda \dfrac{2\pi L(T_1 - T_2)}{\ln \dfrac{R_2}{R_1}}$

3) 평판이 연결되었을때

   (시간당 열손실) $Q = q \times A$, (열유속) $q\left[\dfrac{W}{m^2}\right] = \dfrac{(T_1 - T_2)}{R}$, (열저항) $R = \dfrac{t_1}{\lambda_1} + \dfrac{t_2}{\lambda_2} + \dfrac{t_3}{\lambda_3}$

4) 열전도와 열전달을 모두 고려할 때

   (시간당 전열량) $Q = \alpha_m \times A \times (T_1 - T_2)$, (합성열전달계수) $\alpha_m = \dfrac{1}{\dfrac{1}{\alpha_1} + \dfrac{t}{\lambda} + \dfrac{1}{\alpha_2}}$

5) 보온효율 η

   $\eta = \dfrac{Q_1 - Q_2}{Q_1}$

   Q_1 : 보온이 안되었을 때 손실열량 = 나면(裸面)의 방산열량
   Q_2 : 보온이 되었을 때 손실열량 = 보온면의 방산열량

01 단열재

1) 안전사용온도(최고사용온도)

   보냉재 < 보온재 < 단열재 < 내화단열재(내화벽돌) < 내화물
   100℃ < 800℃ < 1200℃ < 1500℃ < 1580℃~2000℃ (SK26~SK42)

   ① 단열벽돌안전사용온도 : 800℃~1200℃
   ② 내화단열벽돌(내화벽돌) : 1300℃~1500℃
   ③ 단열재 : 단열재보온 단열재의 재료에 따른 구분에서, 약 850~1,200℃ 정도까지 견디며 열 손실을 줄이기 위해 사용되는 것

단열재	규조토질 단열재	※ 규조토질 단열재 안전사용온도 • 저온용 : 800~1,200℃　• 고온용 : 1,300~1,500℃
	점토질 단열재	1) 내스폴링성이 크다 2) 노벽이 얇아져서 노의 중량이 적다 3) 내화재와 단열재의 역할을 동시에 한다. 4) 안전사용온도는 1300~1500℃ 정도임 (고온용 단열재)

4) 단열효과에 대한 특징
① 노 내 온도가 균일하게 유지된다.
② 열확산계수가 작아진다.
③ 열전도계수가 작아진다.
④ 스폴링 현상을 방지된다.

02 보온재

1) 보온재의 구비해야 할 조건
① 열전도율이 작아야 한다.(열전도율 0.095kcal/m·h·℃(0.4kJ/m·h·k)이하 이어야 된다.)
② 불연성일 것
③ (부피)비중이 작을 것
④ 어느정도의 강도가 있을 것
⑤ 내구성, 내식성, 내열성 커야 된다.

2) 물질의 열전도율
① 열전도율(kcal/m·h·℃)의 크기
　　공기(0.02)<고무(0.11~020) < 물(0.56) < 철(40~50)
　　공기 < 스트로폼 < 석고보드 < 물 < 유리 < 콘크리트
② 보온재내 공기 이외의 가스를 사용하는 경우, 가스분자량이 공기의 분자량보다 크면 보온재 열전도율은 낮아진다.

3) 보온재의 열전도율에 영향을 미치는 인자
① 보온재의 밀도
② 함유수분
③ 외부온도

4) 보온재의 열전도율이 작아지는 조건
① 재료의 밀도(비중)이 작을수록, 열전도율 낮아짐
② 재료의 온도가 낮을수록, 열전도율 낮아짐
③ 재질내 수분(함수율)이 적을수록, 열전도율 낮아짐
④ 재료내 기공의 크기가 작고 기공률이 클수록, 열전도율 낮아짐
⑤ 재료의 두께가 두꺼울수록 열전도율 낮아짐
⑥ 재료의 기계적 강도가 클수록 열전도율 낮아짐

> **참고**
> 열전도율은 대부분의 물리량에 비례
> 열전도유은 기계적강도와 가스의 분자량과는 반비례

5) 보온재 시공시 주의해야 할 사항
① 사용장소의 온도에 적당한 보온재를 선택함
② 보온재의 열전도성 및 내열성을 충분히 검토한 후 선택함
③ 사용처의 구조 및 크기 및 위치 등에 적합한 것을 선택함

6) 보온재의 시공방법의 설명
① 보온재는 열전도성 및 내열성을 충분히 검토한 후 선택 하여 사용하여야 함
② 물로 반죽하여 시공하는 보온재의 1차 시공시 보온재의 두께는25mm가 적당하다.
③ 판상 보온재를 사용할 경우 두께가 75mm를 초과하는 경우에는 층을 두 개로 나누어 시공함

보온재			
	유지질 주로 저온보온 보온능력이 우수 가격이저렴	펠트(felt)	• 우모펠트 : 안전사용온도 120℃, 열전도율 : 0.04~0.042kcal/m · h · ℃
			• 양모펠트
		폼류(발포제)	• 우레탄폼 : 안전사용온도 80℃
			• 폴리스틸렌폼 : 안전사용온도 70℃ 예)스티로폼
			• 폴리에닐렌폼
			• 염화비닐폼
		코르크(cork)	
		합성수지 (기포성 수지)	
		텍스류	
	무기질 강도가 높음 고온보온	암면	
		규조토	• 안전사용온도250~500℃
		석면	• 안전사용온도350~550℃
		탄산마그네슘	• 안전사용온도250℃
		규산칼슘	• 규산에 석회 및 석면 섬유를 섞어서 성형하고 다시 수증기로 처리하여 만든다. • 플랜트 설비의 탑조류, 가열로, 배관류 등의 보온공사 에 많이 사용됨 • 경량이고 기계적 강도가 크며 내열성, 내수성이 강하고 내마모성이 있어 탱크, 노벽 등에 적합한 보온재 • 다공질이며 최고 안전사용온도는 약 650℃ 정도이다. • 열전도율 0.05~0.065kcal/m · h · ℃ • 내산성이크다. • 내수성이 강하다.(물에 쉽게 붕괴되지 않는다.)

	유리섬유(면)	• 폼글라스 : 안전사용온도 300℃ • 그라스울
	펄라이트	• 안전사용온도 650℃ • 진주암, 흑성, 등을 소성·팽창시켜 다공질로 하여 접착제와 3~15%의 석면 등과 같은 무기질 섬유를 배합하여 성형한 고온용 무기질 보온재
	세라믹화이버 (Ceramic fiber)	• 석영을 녹여 만들며(용융석영을 방사하여 제조) • 내약품성이 뛰어나고 • 용융석영을 방사하여 제조하며 융점이 높고 내약품성이 우수하며 최고 사용온도가 약 1100℃인 단열재
	알루미늄박판	• 금속 보온재의 보온효과를 가지는 특성은 복사열에 대한 반사 열전도율 0.028~0.048 kcal/m·h·℃

※ 시험에 출제된 보온재의 안전사용온도

보온재	안전사용온도	종류
폼류(발포제)	80℃ 이하	우레탄폼, 폴리에틸렌폼, 폴리스틸렌폼
탄산마그네슘	250℃ 이하	
유리섬유(면)	300℃	그라스울, 폼글라스
페놀폼	480℃	
규조토	250~500℃	
석면	350~550℃	아스베스토스
펄라이트	650℃	
규산칼슘	650℃	
세라믹화이버	1100℃	

03 열량계산식

1) (평판의 시간당 열손실) $Q = \lambda \dfrac{A(T_H - T_L)}{t}$

    Q : 시간당 열손실 $[W]$

    λ : 열전도율 $\left[\dfrac{W}{m°C}\right]$

    A : 전열면적 $[m^2]$
    T_H : 높은 온도
    T_L : 낮은 온도
    t : 평판두께 $[m]$

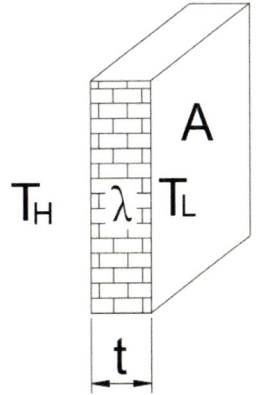

2) (원형관의 시간당 열손실)

$$Q = \lambda \dfrac{2\pi L(T_1 - T_2)}{\ln\dfrac{R_2}{R_1}}$$

    Q : 시간당 전열량 $[W]$

    λ : 열전도율 $\left[\dfrac{W}{m°C}\right]$

    L : 관의 길이 $[m]$
    T_1 : 보온내 내면온도
    T_2 : 보온재 외면온도
    R_1 : 보온재 안(반)지름 $[m]$
    R_2 : 보온재 바깥(반)지름 $[m]$

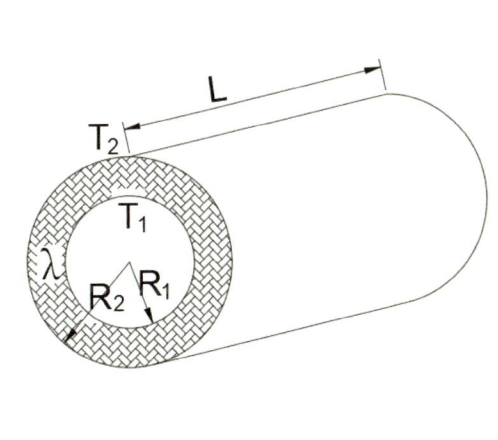

3) 평판이 연결되었을때

    (시간당 열손실) $Q = q \times A$

    (열유속) $q\left[\dfrac{W}{m^2}\right] = \dfrac{(T_1 - T_2)}{R}$

    (열저항) $R = \dfrac{t_1}{\lambda_1} + \dfrac{t_2}{\lambda_2} + \dfrac{t_3}{\lambda_3}$

    λ : 열전도율 $\left[\dfrac{W}{m°C}\right]$

    t : 평판두께 $[m]$

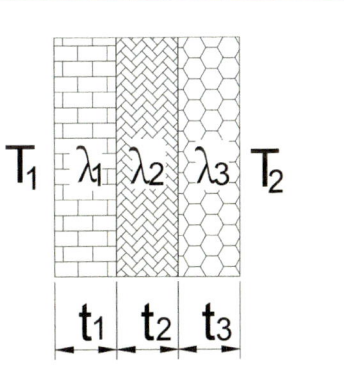

4) 열전도와 열전달을 모두 고려할 때

(시간당 전열량) $Q = a_m \times A \times (T_1 - T_2)$

(합성열전달계수) $a_m = \dfrac{1}{\dfrac{1}{\alpha_1} + \dfrac{t}{\lambda} + \dfrac{1}{\alpha_2}}$

λ : 열전도율 $\left[\dfrac{W}{m\,°C}\right]$

α : 열전달율 $\left[\dfrac{W}{m^2\,°C}\right]$

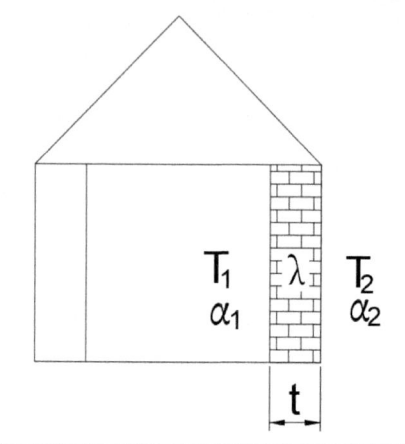

4) 보온효율 η

$\eta = \dfrac{Q_1 - Q_2}{Q_1}$

Q_1 : 보온이 안되었을 때 손실열량 = 나면(裸面)의 방산열량

Q_2 : 보온이 되었을 때 손실열량 = 보온면의 방산열량

열설비재료 과년도 기출문제

01 보온재의 구비조건으로 가장 거리가 먼 것은? ◆ 22년3월5일
① 밀도가 작을 것
② 열전도율이 작을 것
③ 재료가 부드러울 것
④ 내열, 내약품성이 있을 것

[해설] ▶ 보온재의 구비해야 할 조건
① 열전도율이 작아야 한다.(열전도율 0.095kcal/m·h·℃(0.4kJ/m·h·k)이하 이어야 된다.)
② 불연성일 것
③ (부피)비중이 작을 것
④ 어느정도의 강도가 있을 것
⑤ 내구성, 내식성, 내열성 크야 된다.

02 보온재로서 구비하여야 할 일반적인 조건이 아닌 것은? ◆ 15년3월8일
① 불연성일 것
② 비중이 작을 것
③ 열전도율이 클 것
④ 어느 정도의 강도가 있을 것

[해설] 보온재 열전도율이 작아야 한다.(열전도율 0.095kcal/m·h·℃(0.4kJ/m·h·k)이하 이어야 된다.)

03 보온재의 구비 조건으로 틀린 것은? ◆ 21년5월15일
① 불연성일 것
② 흡수성이 클 것
③ 비중이 작을 것
④ 열전도율이 작을 것

[해설] ▶ 보온재의 구비해야 할 조건
① 열전도율이 작아야 한다.(열전도율 0.095kcal/m·h·℃(0.4kJ/m·h·k)이하 이어야 된다.)
② 불연성일 것
③ (부피)비중이 작을 것
④ 어느정도의 강도가 있을 것
⑤ 내구성, 내식성, 내열성 크야 된다.

04 다음 중 보냉재가 구비해야 할 조건이 아닌 것은? ◆ 22년4월24일
① 탄력성이 있고 가벼워야 한다.
② 흡수성이 적어야 한다.
③ 열전도율이 적어야 한다.
④ 복사열의 투과에 대한 저항성이 없어야 한다.

[해설] 보냉재 복사열의 투과에 대한 저항성이 크야 한다.

★★
05 보온재나 단열재 및 보냉재 등으로 구분하는 기준은? ◆ 12년9월15일
① 열전도율
② 안전사용온도
③ 압력
④ 내화도

[해설] 안전사용온도(최고사용온도)
보냉재 〈 보온재 〈 단열재 〈 내화단열재(내화벽돌) 〈 내화물
100℃ 〈 800℃ 〈 1200℃ 〈 1500℃ 〈 1580℃~2000℃(SK26~SK42)

정답 01 ③ 02 ③ 03 ② 04 ④ 05 ②

06 다음 보온재 중 재질이 유기질 보온재에 속하는 것은?
○ 18년9월15일

① 우레탄폼
② 펄라이트
③ 세라믹 파이버
④ 규산칼슘 보온재

해설

보온재			
유지질 주로 저온보온 보온능력이 우수 가격이저렴	펠트(felt)	우모펠트	
		양모펠트	
	폼류 (발포제)	우레탄폼	
		폴리스틸렌폼(스티로폼)	
		폴리에닐렌폼	
		염화비닐폼	
	코르크(cork)		
	합성수지(기포성 수지)		
	텍스류		
무기질 강도가 높음 고온보온	암면		
	규조토		
	석면		
	탄산마그네슘		
	규산칼슘		
	유리섬유 (면)	폼글라스	
		그라스울	
	펄라이트		
	세라믹화이버(Ceramic fiber)		
	알루미늄박판		

07 다음 보온재 중 저온용이 아닌 것은?
○ 14년5월25일

① 우모펠트
② 염화비닐
③ 폴리우레탄 폼
④ 세라믹 화이버

해설

보온재			
유지질 주로 저온보온 보온능력이 우수 가격이저렴	펠트(felt)	우모펠트	
		양모펠트	
	폼류 (발포제)	우레탄폼	
		폴리스틸렌폼(스티로폼)	
		폴리에닐렌폼	
		염화비닐폼	
	코르크(cork)		
	합성수지(기포성 수지)		
	텍스류		
무기질 강도가 높음 고온보온	암면		
	규조토		
	석면		
	탄산마그네슘		
	규산칼슘		
	유리섬유 (면)	폼글라스	
		그라스울	
	펄라이트		
	세라믹화이버(Ceramic fiber)		
	알루미늄박판		

정답 06 ① 07 ④

08 다음 중 고온용 보온재가 아닌 것은?
　　　　　　　　　　　　　　　● 18년4월28일

① 우모펠트
② 규산칼슘
③ 세라믹화이버
④ 펄라이트

해설

보온재	유지질 주로 저온보온 보온능력이 우수 가격이저렴	펠트(felt)	우모펠트
			양모펠트
		폼류 (발포제)	우레탄폼
			폴리스틸렌폼(스티로폼)
			폴리에닐렌폼
			염화비닐폼
		코르크(cork)	
		합성수지(기포성 수지)	
		텍스류	
	무기질 강도가 높음 고온보온	암면	
		규조토	
		석면	
		탄산마그네슘	
		규산칼슘	
		유리섬유 (면)	폼글라스
			그라스울
		펄라이트	
		세라믹화이버(Ceramic fiber)	
		알루미늄박판	

09 보온재는 일반적으로 상온(20℃)에서 열전도율이 약 몇 kJ/mhK 인 것을 말하는가?
　　　　　　　　　　　　　　　● 14년9월20일

① 0.04
② 0.4
③ 4
④ 40

해설　보온재는 열전도율0.095kcal/m·h·℃(0.4kJ/m·h·k)이하 이어야 된다.

10 다음 중 열전도율이 낮은 재료에서 높은 재료 순으로 바르게 표기된 것은? ● 16년5월8일

① 물-유리-콘크리트-석고보드-스티로폼-공기
② 공기-스티로폼-석고보트-물-유리-콘크리트
③ 스티로폼-유리-공기-석고보드-콘크리트-물
④ 유리-스티로폼-물-콘크리트-석고보드-공기

해설　열전도율(kcal/m·h·℃)의 크기
　　　공기(0.02)<고무(0.11~020) < 물(0.56) <철(40~50)
　　　공기< 스트로폼< 석고보드<물 <유리 <콘크리트

11 보온재의 열전도율과 체적 비중, 온도, 습분 및 기계적 강도와의 관계에 관한 설명으로 틀린 것은?
　　　　　　　　　　　　　　　● 16년3월6일

① 열전도율은 일반적으로 체적 비중의 감소와 더불어 적어진다.
② 열전도율은 일반적으로 온도의 상승과 더불어 커진다.
③ 열전도율은 일반적으로 습분의 증가와 더불어 커진다.
④ 열전도율은 일반적으로 기계적 강도가 클수록 커진다.

참고　열전도율은 대부분의 물리량에 비례
　　　열전도유은 기계적강도와 가스의 분자량과는 반비례

정답　08 ①　09 ②　10 ②　11 ④

★★
12 보온재의 열전도율에 대한 설명으로 틀린 것은?
◉ 18년4월28일, 15년5월31일

① 재료의 두께가 두꺼울수록 열전도율이 작아진다.
② 재료의 밀도가 클수록 열전도율이 작아진다.
③ 재료의 온도가 낮을수록 열전도율이 작아진다.
④ 재질내 수분이 작을수록 열전도율이 작아진다.

[해설] ▶ 보온재의 열전도율이 작아지는 조건
① 재료의 밀도(비중)이 작을수록, 열전도율 낮아짐
② 재료의 온도가 낮을수록, 열전도율 낮아짐
③ 재질내 수분(함수율)이 적을수록, 열전도율 낮아짐
④ 재료내 기공의 크기가 작고 기공률이 클수록, 열전도율 낮아짐
⑤ 재료의 두께가 두꺼울수록 열전도율 낮아짐
⑥ 재료의 기계적 강도가 클수록 열전도율 낮아짐

[참고] 열전도율은 대부분의 물리량에 비례
열전도율은 기계적강도와 가스의 분자량과는 반비례

13 보온재의 열전도율에 대한 설명으로 옳은 것은?
◉ 16년3월6일

① 열전도율 0.5kcal/m·h·℃ 이하를 기준으로 하고 있다.
② 재질 내 수분이 많을 경우 연전도율은 감소한다.
③ 비중이 클수록 열전도율은 작아진다.
④ 밀도가 작을수록 열전도율은 작아진다.

[해설] 보온재의 열전도율이 작아지는 조건
① 재료의 밀도(비중)이 작을수록, 열전도율 낮아짐
② 재료의 온도가 낮을수록, 열전도율 낮아짐
③ 재질내 수분(함수율)이 적을수록, 열전도율 낮아짐
④ 재료내 기공의 크기가 작고 기공률이 클수록, 열전도율 낮아짐
⑤ 재료의 두께가 두꺼울수록 열전도율 낮아짐
⑥ 재료의 기계적 강도가 클수록 열전도율 낮아짐

14 보온재의 열전도율에 대한 설명으로 옳은 것은?
◉ 16년3월6일

① 배관 내 유체의 온도가 높을수록 열전도율은 감소한다.
② 재질 내 수분이 많을 경우 열전도율은 감소한다.
③ 비중이 클수록 열전도율은 감소한다.
④ 밀도가 작을수록 열전도율은 감소한다.

[해설] 보온재의 열전도율이 작아지는 조건
① 재료의 밀도(비중)이 작을수록, 열전도율 낮아짐
② 재료의 온도가 낮을수록, 열전도율 낮아짐
③ 재질내 수분(함수율)이 적을수록, 열전도율 낮아짐
④ 재료내 기공의 크기가 작고 기공률이 클수록, 열전도율 낮아짐
⑤ 재료의 두께가 두꺼울수록 열전도율 낮아짐
⑥ 재료의 기계적 강도가 클수록 열전도율 낮아짐

[정답] 12 ② 13 ④ 14 ④

15 보온재의 열전도계수에 대한 설명으로 틀린 것은?
　　　　　　　　　　　　　　◎ 19년3월3일

① 보온재의 함수율이 크게 되면 열전도계수도 증가한다.
② 보온재의 기공률이 클수록 열전도계수는 작아진다.
③ 보온재의 열전도계수가 작을수록 좋다.
④ 보온재의 온도가 상승하면 열전도계수는 감소된다.

[해설] ▶ 보온재의 열전도율이 작아지는 조건
① 재료의 밀도(비중)이 작을수록, 열전도율 낮아짐
② 재료의 온도가 낮을수록, 열전도율 낮아짐
③ 재질내 수분(함수율)이 적을수록, 열전도율 낮아짐
④ 재료내 기공의 크기가 작고 기공률이 클수록, 열전도율 낮아짐
⑤ 재료의 두께가 두꺼울수록 열전도율 낮아짐
⑥ 재료의 기계적 강도가 클수록 열전도율 낮아짐

[참고] 열전도율은 대부분의 물리량에 비례
열전도유은 기계적강도와 가스의 분자량과는 반비례

16 보온재의 열전도율이 작아지는 조건으로 틀린 것은?
　　　　　　　　　　　　　　◎ 19년4월27일

① 재료의 두께가 두꺼워야 한다.
② 재료의 온도가 낮아야 한다.
③ 재료의 밀도가 높아야 한다.
④ 재료내 기공이 작고 기공률이 커야 한다.

[해설] ▶ 보온재의 열전도율이 작아지는 조건
① 재료의 밀도(비중)이 작을수록, 열전도율 낮아짐
② 재료의 온도가 낮을수록, 열전도율 낮아짐
③ 재질내 수분(함수율)이 적을수록, 열전도율 낮아짐
④ 재료내 기공의 크기가 작고 기공률이 클수록, 열전도율 낮아짐
⑤ 재료의 두께가 두꺼울수록 열전도율 낮아짐
⑥ 재료의 기계적 강도가 클수록 열전도율 낮아짐

[참고] 열전도율은 대부분의 물리량에 비례
열전도유은 기계적강도와 가스의 분자량과는 반비례

17 보온재의 열전도율에 대한 설명으로 옳은 것은?
　　　　　　　　　　　　　　◎ 19년9월21일

① 열전도율이 클수록 좋은 보온재이다.
② 보온재 재료의 온도에 관계없이 열전도율은 일정하다.
③ 보온재 재료의 밀도가 작을수록 열전도율은 커진다.
④ 보온재 재료의 수분이 적을수록 열전도율은 작아진다.

[해설] ▶ 보온재의 열전도율이 작아지는 조건
① 재료의 밀도(비중)이 작을수록, 열전도율 낮아짐
② 재료의 온도가 낮을수록, 열전도율 낮아짐
③ 재질내 수분(함수율)이 적을수록, 열전도율 낮아짐
④ 재료내 기공의 크기가 작고 기공률이 클수록, 열전도율 낮아짐
⑤ 재료의 두께가 두꺼울수록 열전도율 낮아짐
⑥ 재료의 기계적 강도가 클수록 열전도율 낮아짐

[참고] 열전도율은 대부분의 물리량에 비례
열전도율은 기계적강도와 가스의 분자량과는 반비례

[정답] 15 ④　16 ③　17 ④

18 다음 중 최고 안전 사용온도(℃)가 가장 낮은 보온재는? ● 12년9월15일

① 염화비닐 폼
② 폼 글라스
③ 암면
④ 규산칼슘

해설 최고안전사용온도가 낮은 것은 펠트류, 폼류(100℃ 이하)이다.

19 폴리스틸렌폼의 최고 안전 사용온도(K)는? ● 14년9월20일

① 323
② 343
③ 373
④ 3230

해설

보온재	안전사용온도	종류
폼류(발포제)	80℃ 이하	우레탄폼, 폴리에틸렌폼, 폴리스틸렌폼
탄산마그네슘	250℃ 이하	
유리섬유(면)	300℃	그라스울, 폼글라스
페놀폼	480℃	
규조토	250~500℃	
석면	350~550℃	아스베스토스
펄라이트	650℃	
규산칼슘	650℃	
세라믹화이버	1100℃	

20 다음 보온재 중 최고안전사용온도가 가장 높은 것은? ● 17년5월7일

① 석면
② 펄라이트
③ 폼글라스
④ 탄화마그네슘

해설

보온재	안전사용온도	종류
폼류(발포제)	80℃ 이하	우레탄폼, 폴리에틸렌폼, 폴리스틸렌폼
탄산마그네슘	250℃ 이하	
유리섬유(면)	300℃	그라스울, 폼글라스
페놀폼	480℃	
규조토	250~500℃	
석면	350~550℃	아스베스토스
펄라이트	650℃	
규산칼슘	650℃	
세라믹화이버	1100℃	

★★★
21 다음 보온재 중 최고 안전 사용온도가 가장 낮은 것은? ● 19년3월3일, 22년3월5일

① 유리섬유
② 규조토
③ 우레탄 폼
④ 펄라이트

해설

보온재	안전사용온도	종류
폼류(발포제)	80℃ 이하	우레탄폼, 폴리에틸렌폼, 폴리스틸렌폼
탄산마그네슘	250℃ 이하	
유리섬유(면)	300℃	그라스울, 폼글라스
페놀폼	480℃	
규조토	250~500℃	
석면	350~550℃	아스베스토스
펄라이트	650℃	
규산칼슘	650℃	
세라믹화이버	1100℃	

정답 18 ① 19 ② 20 ② 21 ③

22 최고안전사용온도 600℃ 이상의 고온용 무기질 보온재는? ● 16년10월1일

① 펄라이트(Pearlite)
② 폼 유리(Foam Glass)
③ 석면
④ 규조토

해설 ▶ 펄라이트 보온재
1) 안전사용온도 650℃
2) 진주암, 흑성, 등을 소성·팽창시켜 다공질로 하여 접착제와 3~15%의 석면 등과 같은 무기질 섬유를 배합하여성형한 고온용 무기질 보온재

23 다음 중 최고사용온도가 가장 낮은 보온재는? ● 19년9월21일

① 유리면 보온재
② 페놀 폼
③ 펄라이트 보온재
④ 폴리에틸렌 폼

해설

보온재	안전사용온도	종류
폼류(발포제)	80℃ 이하	우레탄폼, 폴리에틸렌폼, 폴리스틸렌폼
탄산마그네슘	250℃ 이하	
유리섬유(면)	300℃	그라스울, 폼글라스
페놀폼	480℃	
규조토	250~500℃	
석면	350~550℃	아스베스토스
펄라이트	650℃	
규산칼슘	650℃	
세라믹화이버	1100℃	

24 상온(20℃)에서 공기의 열전도율은 몇 kcal/m·h·℃인가? ● 13년3월10일

① 0.022   ② 0.22
③ 0.055   ④ 0.55

해설 공기의 열전도율은 상온(20℃)에서 0.022kcal/m·h·℃ 이다.

25 다음 중 열전도율이 가장 적은 것은? ● 13년9월28일

① 철   ② 고무
③ 물   ④ 공기

해설 열전도율(kcal/m·h·℃)의 크기
공기(0.02)〈고무(0.11~020)〈 물(0.56)〈철(40~50)
공기〈 스트로폼〈 석고보드〈물〈유리〈콘크리트

★★
26 보온재 내 공기 이외의 가스를 사용하는 경우 가스분자량이 공기의 분자량보다 적으면 보온재의 열전도율의 변화는? ● 15년3월8일, 18년4월28일

① 동일하다.
② 낮아진다.
③ 높아진다.
④ 높아지다가 낮아진다.

해설 ▶ 보온재의 열전도율이 작아지는 조건
① 재료의 밀도(비중)이 작을수록, 열전도율 낮아짐
② 재료의 온도가 낮을수록, 열전도율 낮아짐
③ 재질내 수분(함수율)이 적을수록, 열전도율 낮아짐
④ 재료내 기공의 크기가 작고 기공률이 클수록, 열전도율 낮아짐
⑤ 재료의 두께가 두꺼울수록 열전도율 낮아짐
⑥ 재료의 기계적 강도가 클수록 열전도율 낮아짐

참고 열전도율은 대부분의 물리량에 비례
열전도율은 기계적강도와 가스의 분자량과는 반비례

27 보온재의 열전도율에 영향을 미치는 인자로서 가장 거리가 먼 것은? ◉ 13년3월10일

① 외부온도
② 보온재의 밀도
③ 함유수분
④ 외부압력

해설 ▶ 보온재의 열전도율에 영향을 미치는 인자
  ① 보온재의 밀도
  ② 함유수분
  ③ 외부온도

★★
28 고온용 무기질 보온재로서 석영을 녹여 만들며, 내약품성이 뛰어나고, 최고사용온도가 1100℃ 정도인 것은? ◉ 15년5월31일, 21년3월7일

① 유리섬유(glass wool)
② 석면(asvestos)
③ 펄라이트(pearlite)
④ 세라믹 화이버(ceramic fiber)

해설 ▶ 세라믹화이버(Ceramic fiber)
  1) 석영을 녹여 만들며(용융석영을 방사하여 제조)
  2) 내약품성이 뛰어나고
  3) 용융석영을 방사하여 제조하며 융점이 높고 내약품성이 우수하며 최고 사용온도가 약 1100℃인 단열재

29 용융석영을 방사하여 제조하며 융점이 높고 내약품성이 우수하며 최고 사용온도가 약 1100℃인 단열재는? ◉ 13년6월2일

① 석면
② 폼글라스
③ 펄라이트
④ 세라믹 화이버

해설 ▶ 세라믹화이버(Ceramic fiber)
  1) 석영을 녹여 만들며(용융석영을 방사하여 제조)
  2) 내약품성이 뛰어나고
  3) 용융석영을 방사하여 제조하며 융점이 높고 내약품성이 우수하며 최고 사용온도가 약 1100℃인 단열재

30 다음 중 최고안전사용온도가 가장 높은 보온재는? ◉ 16년10월1일

① 탄화 코르트
② 폴리스틸렌 발포제
③ 폼글라스
④ 세라믹 파이버

해설 ▶ 세라믹화이버(Ceramic fiber)
  1) 석영을 녹여 만들며(용융석영을 방사하여 제조)
  2) 내약품성이 뛰어나고
  3) 용융석영을 방사하여 제조하며 융점이 높고 내약품성이 우수하며 최고 사용온도가 약 1100℃인 단열재

★★
31 진주암, 흑석 등을 소성, 팽창시켜 다공질로 하여 접착제와 3~15%의 석면 등과 같은 무기질 섬유를 배합하여 성형한 고온용 무기질 보온재는? ◉ 15년3월8일

① 규산칼슘 보온재
② 세라믹화이버
③ 유리섬유 보온재
④ 펄라이트

해설 ▶ 펄라이트 보온재
  1) 안전사용온도 650℃
  2) 진주암, 흑성, 등을 소성·팽창시켜 다공질로 하여 접착제와 3~15%의 석면 등과 같은 무기질 섬유를 배합하여성형한 고온용 무기질 보온재

정답 27 ④ 28 ④ 29 ④ 30 ④ 31 ④

32 규산칼슘 보온재에 대한 설명으로 가장 거리가 먼 것은? ● 17년9월23일

① 규산에 석회 및 석면 섬유를 섞어서 성형하고 다시 수증기로 처리하여 만든 것이다.
② 플랜트 설비의 탑조류, 가열로, 배관류 등의 보온공사에 많이 사용된다.
③ 가볍고 단열성과 내열성은 뛰어나지만 내산성이 적고 끓는 물에 쉽게 붕괴된다.
④ 무기질 보온재로 다공질이며 최고 안전 사용온도는 약 650℃ 정도이다.

| 해설 | ▶ 규산칼슘 보온재
규산에 석회 및 석면 섬유를 섞어서 성형하고 다시 수증기로 처리하여 만든 것으로 경량이고 기계적강도가 크며 내열성 및 내수성이 강하고 탱크, 보벽등에 적합하며 최고 사용온도는 650℃이다.

33 고온용 무기질 보온재로서 경량이고 기계적강도가 크며 내열성, 내수성이 강하며 내마모성이 있어 탱크, 노벽 등에 적합한 보온재는? ● 12년9월15일

① 암면
② 석면
③ 규산칼슘
④ 탄산마그네슘

| 해설 | ▶ 규산칼슘 보온재
규산에 석회 및 석면 섬유를 섞어서 성형하고 다시 수증기로 처리하여 만든 것으로 경량이고 기계적강도가 크며 내열성 및 내수성이 강하고 탱크, 보벽등에 적합하며 최고 사용온도는 650℃이다.

34 고온용 무기질 보온재로서 경량이고 기계적 강도가 크며 내열성, 내수성이 강하고 내마모성이 있어 탱크, 노벽 등에 적합한 보온재는? ● 21년5월15일

① 암면
② 석면
③ 규산칼슘
④ 탄산마그네슘

| 해설 | ▶ 규산칼슘 보온재
규산에 석회 및 석면 섬유를 섞어서 성형하고 다시 수증기로 처리하여 만든 것으로 경량이고 기계적강도가 크며 내열성 및 내수성이 강하고 탱크, 보벽등에 적합하며 최고 사용온도는 650℃이다.

35 점토질 단열재의 특징에 대한 설명으로 틀린 것은? ● 15년9월19일

① 내스폴링성이 작다.
② 노벽이 얇아져서 노의 중량이 적다.
③ 내화재와 단열재의 역할을 동시에 한다.
④ 안전사용온도는 1300~1500℃ 정도이다.

| 해설 | 점토질 단열재 내스폴링성이 크다.

36 알루미늄박 보온재의 열전도율의 값으로 가장 옳은 것은? ● 14년3월2일

① 0.014~0.024 kcal/m·h·℃
② 0.028~0.048 kcal/m·h·℃
③ 0.14~0.24 kcal/m·h·℃
④ 0.28~0.48 kcal/m·h·℃

| 해설 | 알루미늄박판
1) 금속 보온재의 보온효과를 가지는 특성은 복사열에 대한 반사
2) 열전도율 0.028~0.048 kcal/m·h·℃

정답 32 ③ 33 ③ 34 ③ 35 ① 36 ②

chapter 04 단열재와 보온재 | 503

37 알루미늄박(箔)과 같은 금속 보온재는 주로 어떤 특성을 이용하여 보온효과를 얻는가?
◆ 13년3월10일

① 복사열에 대한 대류
② 복사열에 대한 반사
③ 복사열에 대한 흡수
④ 전도, 대류에 대한 흡수

해설 알루미늄박(箔)판 : 금속 보온재의 보온효과를 가지는 특성은 복사열에 대한 반사에 의해 보온효과를 가진다.

38 보온재 시공시 주의해야 할 사항으로 가장 거리가 먼 것은?
◆ 18년9월15일

① 사용개소의 온도에 적당한 보온재를 선택한다.
② 보온재의 열전도성 및 내열성을 충분히 검토한 후 선택한다.
③ 사용처의 구조 및 크기 또는 위치 등에 적합한 것을 선택한다.
④ 가격이 가장 저렴한 것을 선택한다.

해설 보온제는 용도에 맞게 경제적으로 선택하여야 한다.

39 보온재의 시공방법에 대한 설명으로 틀린 것은?
◆ 15년9월19일

① 물로 반죽하여 시공하는 보온재의 1차 시공시 보온재의 두께는 50mm가 적당하다.
② 판상 보온재를 사용할 경우 두께가 75mm를 초과하는 경우에는 층을 두 개로 나누어 시공한다.
③ 보온재는 열전도성 및 내열성을 충분히 검토한 후 선택하여 사용하여야 한다.
④ 내화벽돌을 사용할 경우 일반보온재를 내층에, 내화벽돌은 외측으로 하여 밀착, 시공한다.

해설 물로 반죽하여 시공하는 보온재의 1차 시공 시 보온재의 두께는 25mm가 적당하다.

40 두께 230mm의 내화벽돌이 있다. 내면의 온도가 320℃이고 외면의 온도가 150℃일 때 이 벽면 10m²에서 손실되는 열량(W)은? (단, 내화벽돌의 열전도율은 0.96 W/m·℃이다.)
◆ 22년3월5일

① 710
② 1632
③ 7096
④ 14391

해설 $Q = \lambda \frac{A(T_H - T_L)}{\delta} = 0.96 \times \frac{10 \times (320-150)}{0.23} = 7096\,W$

41 보온이 안 된 어떤 물체의 단위면적당 손실열량이 1600kJ/m²이었는데, 보온한 후에 단위면적당 손실열량이 1200kJ/m²이라면 보온효율은 얼마인가?
◆ 21년3월7일

① 1.33
② 0.75
③ 0.33
④ 0.25

해설 $\eta = \frac{Q_1 - Q_2}{Q_1} = \frac{1600 - 1200}{1600} = 0.25$

정답 37 ② 38 ④ 39 ① 40 ③ 41 ④

42 옥내온도는 15℃, 외기온도가 5℃일 때 콘크리트 벽(두께 10cm, 길이 10m 및 폭이 5m)을 통한 열손실이 1700W이라면 외부 표면 열전달계수(W/m²·℃)는? (단, 내부표면 열전달계수는 9.0 W/m²·℃ 이고, 콘크리트 열전도율은 0.87 W/m·℃이다.) ● 20년9월26일

① 12.7
② 14.7
③ 16.7
④ 18.7

해설
$$\alpha_m = \frac{1}{\frac{1}{\alpha_1} + \frac{\delta}{\lambda} + \frac{1}{\alpha_2}} = \frac{Q}{A(T_H - T_L)}$$
$$\frac{1}{\frac{1}{9} + \frac{0.1}{0.87} + \frac{1}{\alpha_2}} = \frac{1700}{50 \times (15-5)}$$
$$\alpha_2 = 14.69 \frac{W}{m^2 ℃}$$

43 두께 230mm의 내화벽돌, 114mm의 단열벽돌, 230mm의 보통벽돌로 된 노의 평면 벽에서 내벽면의 온도가 1200℃이고 외벽면의 온도가 120℃일 때, 노벽 1m²당 열손실(W)은? (단, 내화벽돌, 단열벽돌, 보통벽돌의 열전도도는 각각 1.2, 0.12, 0.6 W/m·℃이다.) ● 19년9월21일

① 376.9
② 563.5
③ 708.2
④ 1688.1

해설
$$\alpha_m = \frac{1}{\frac{\delta_1}{\lambda_1} + \frac{\delta_2}{\lambda_2} + \frac{\delta_3}{\lambda_3}} = \frac{1}{\frac{0.23}{1.2} + \frac{0.114}{0.12} + \frac{0.23}{0.6}} = 0.6557 \frac{W}{m^2 ℃}$$
$$Q = \alpha_m \times A \times (T_H - T_L) = 0.6557 \times 1 \times (1200-120) = 708.196 W$$

44 단열재를 사용하지 않는 경우의 방출열량이 350W이고, 단열재를 사용할 경우의 방출열량이 100W라 하면 이 때의 보온효율은 약 몇 %인가? ● 20년8월22일

① 61
② 71
③ 81
④ 91

해설
$$\eta = \frac{Q_1 - Q_2}{Q_1} = \frac{350-100}{350} = 0.71 = 71\%$$

45 단열재를 사용하지 않는 경우의 방출열량이 300kcal/h이고, 단열재를 사용할 경우의 방출열량이 0.1kW라 하면 이 때의 보온 효율은 약 몇 % 인가? ● 14년3월2일

① 61
② 71
③ 81
④ 91

해설
$$Q_2 = 0.1kW \times \frac{860kcal}{1kWh} = 86 \frac{kcal}{h}$$
$$\eta = \frac{Q_1 - Q_2}{Q_1} = \frac{300-86}{300} = 0.713 = 71.3\%$$

46 온수탱크의 나면과 보온면으로부터 방산열량을 측정한 결과 각각 1000kcal/m²·h, 300kcal/m²·h 이었을 때, 이 보온재의 보온효율(%)은? ● 17년5월7일

① 30
② 70
③ 93
④ 233

해설
$$\eta = \frac{Q_1 - Q_2}{Q_1} = \frac{1000-300}{1000} = 70\%$$

정답 42 ② 43 ③ 44 ② 45 ② 46 ②

47 보온면의 방산열량 1100kJ/m2, 나면의 방산열량 1600kJ/m2일 때 보온재의 보온 효율은 약 몇 %인가?   ● 13년6월2일

① 25
② 31
③ 45
④ 69

해설 $\eta = \dfrac{Q_1 - Q_2}{Q_1} = \dfrac{1600 - 1100}{1600} = 0.3125 = 31.25\%$

48 옥내온도는 15℃, 외기온도가 5℃일 때 콘크리트 벽(두께 10cm, 길이 10m 및 높이 5m)을 통한 열손실이 1500kcal/h이라면 외부 표면 열전달계수는 약 몇 kcal/m²·h·℃인가? (단, 내부표면 열전달계수는 8.0kcal/m²·h·℃이고 콘크리트 열전도율은 0.7443kcal/m·h·℃이다.)   ● 13년9월28일

① 11.5
② 13.5
③ 15.5
④ 17.5

해설

$(열관류율)\alpha_m = \dfrac{1}{\dfrac{1}{\alpha_1} + \dfrac{t_1}{\lambda_1} + \dfrac{1}{\alpha_2}} = \dfrac{Q}{A(T_2 - T_1)}$

$\dfrac{1}{\dfrac{1}{8} + \dfrac{0.1}{0.7443} + \dfrac{1}{\alpha_2}} = \dfrac{1500}{(10 \times 5) \times (15 - 5)}, \quad \alpha_2 = 13.7 \dfrac{kcal}{m^2 h ℃}$

$Q = \alpha_m A(T_1 - T_2) = 1.538 \times 10 \times (400 - 38) = 5678.17 W$

정답 47 ② 48 ②

05

배관 및 밸브

01 요로(窯爐)
02 로(爐)=furnace
03 내화물
04 단열재와 보온재
05 배관 및 밸브

CHAPTER 05 배관 및 밸브

㈜주㈜제 되는 ㈜제 ① ~ ⑦

01 강관의 종류

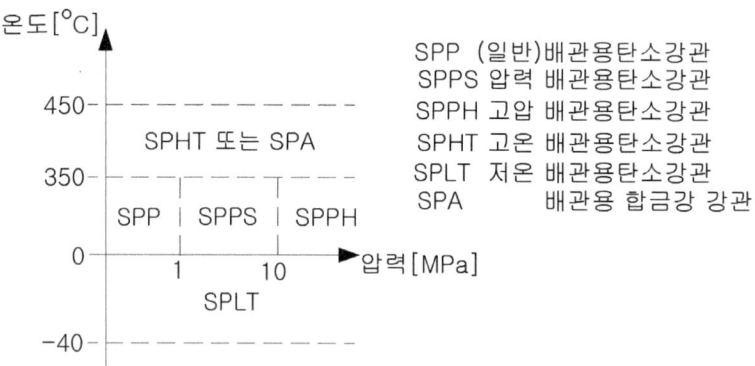

02 재질에 따른 배관의 특징

배관	특징
강관	내충격성이 크다. 인장강도가 크다. 인성이 풍부하여 나사이음과 용접이음에 적합한다. 배관이음이 용이하다. 부식에 약하다.
주철관	내식성이 우수하여 수도용, 배수용, 가스용 배관으로 사용된다. 주조하는 방법으로 수직법과 원심력법이 사용 된다. 압축에는 강하지만 인장강도가 약하다. 취성이 있어 충격에는 약하다.(인성부족)
동관	전기와 열의 양도체이다. 내식성 굴곡성이 우수 열교환기의 내관(tube)와 화학공업용으로 사용된다. 플레어 이음(나팔관이음)이 주로 사용된다.

03 신축이음

슬리브형 신축 이음쇠 (sleeve type expantion joint)	단식과 복식의 2종류가 있으며 급탕, 난방용으로 저압일 때 사용한다.
벨로즈형 신축 이음쇠 (bellows type expantion joint)	신축으로 인한 응력을 받지 않는다. 고압 배관에는 부적당 하다.
루프형 신축 이음쇠 (loop type expantion joint)	고압에 잘 견디며 주로 고압증기의 옥외 배관에 사용한다.
스위블형 신축 이음쇠 (swivel type expantion joint)	온수 또는 저압증기의 배관에 사용하며 큰 신축에 대하여는 누설의 염려 가 있다.
볼조인트형 신축 이음쇠 (ball joint type expantion joint)	평면상의 변위 뿐 만 아니라 입체적인 변위까지도 이음 할수 있다.
플렌시블 신축 이음쇠 (flexible type expantion joint)	배관과 장치의 편심, 진동의 전달 방지 목적으로 사용된다.

04 배관의 계산식

1) 내압을 받는 관에 발생하는 응력

① (축방향응력) $\sigma_x = \dfrac{Pd}{4t}$

② (원주방향응력) $\sigma_y = \dfrac{Pd}{2t}$

2) (열에의해 신장량) $\Delta L = \alpha \times L \times \Delta T$

05 밸브의 종류

밸브	특징
체크밸브	• 유체가 역류하지 않고 한쪽방향으로만 흐르게 하는 밸브 • 리프트식과 스윙식이 있다. • 급수밸브와 체크 밸브의 설치 기준 : 전열면적 $10m^2$이하는 호칭15A 이상 사용, $10m^2$이상일때는 20A이상사용
글로브밸브 (globe valve)	• 밸브의 몸통이 둥근 달걀형 모양이다. • 유체의 흐름방향이 밸브 몸통 내부에서 변한다. • 조작력이 적어 주로 저압에 사용되고, 유량조절용 및 차단용으로 사용된다. • 유량조절이 용이하므로 자동조절밸브 등에 응용시킬 수 있다.
게이트밸브 (gate valve) = 슬루스밸브 (sluice valve)	• 밸브를 여는 조작력이 크기 때문에 개폐(開閉)가 많지 않은 곳에 사용한다. • 고압 및 대구경에 사용된다.

다이어프램 밸브 (diaphragm valve)	• 산 등의 화학 약품을 차단하는데 사용하는 밸브이다. • 유체의 흐름이 주는 영향이 비교적 적다. • 기밀을 유지하기 위한 패킹이 불필요하고 금속부분이 부식될 염려가 없다.
볼밸브 (ball valve)	• 유로가 배관과 같은 형상으로 유체의 저항이 적다. • 밸브의 개폐가 쉽고 조작이 간편하여 자동조작밸브로 활용된다. • 이음쇠 구조가 없기 때문에 설치공간이 작아도 되며 보수가 쉽다. • 기밀성이 우수하다.
버터플라이 밸브 (butter fly valve)	• 90°회전으로 개폐가 가능하다. • 유량조절이 가능하다. • 완전 열림시 유체저항이작다. • 밸브몸통 내에서 밸브대를 축으로 하여 원판형태의 디스트의 움직임으로 개폐하는 밸브이다.
안전밸브 (Safety valve)	• 스프링식 안전밸브는 스프링의 신축량을 이용하며 고압, 대용량 보일러에 적합하다. • 지렛대식 안전밸브는 추의 이동에 따라 증기의 취출압력을 조정한다. • 중추식 안전밸브는 밸브 위에 추를 올려 놓아 증기압력과 정방향이 되게 하여 고압용으로 적합하다.

06 배관의지지

대분류		소분류	
명칭	용도	명칭	용도
서포트 (Support)	배관의 중량을 지지하는 장치 (밑에서 지지 하는 것)	파이프 슈	관의 수평부, 곡관부지지에 사용
		리지드 서포트	빔 등으로 만든 지지대
		롤러 서포트	관의 축방향 이동 가능
		스프링 서포트	하중 변화에 다라 미소한 상하이동 허용
행거 (Hanger)	배관의 중량을 지지하는장치 (위에서 달아 매는 것)	리지드 행거	빔에 턴버클 연결 달아 올림 (수직방향 변위 없는 곳에 사용)
		스프링행거	방진을 위행 턴버클 대신 스프링 설치 (변위가 적은 개소에 사용)
		콘스텐트 행거	배관의 상하 이동 허용하면서 관지지력 일정하게 유지 (변위 큰 개소)
리스트레인트 (Restraint)	배관의 열팽창에 의한 이동을 구속 제한하는 것	앵커(Anchor)	관지점에서 이동·회전 방지 (고정)
		스터퍼(stopper)	관의 직선이동 제한
		가이드(Guide)	관의 회전제한, 축방향의 이동안내
브레이스 (Brace)	주로 배관의 진동 및 충격을 흡수하는 역할을 한다.	방진기	배관계의 진동방지 및 감쇠
		완충기	배관 계에서 발생한 충격을 완화

07 배관의 손실수두

원형관의 손실수두 $h_L = f \times \dfrac{l}{d} \times \dfrac{v^2}{2g}$, 압력손실 $\Delta P = \gamma \times h_L$

수평원관의 의 층류유동일때의 유량 $Q = \dfrac{\Delta P \pi d^4}{128 \mu l}$

01 강관(steel pipes)

1) 강관(steel pipes)의 특징
① 연관이나 주철관보다 가볍다.
② 충격에 강하고 굴요성이 풍부하다.
③ 관의 접합이 비교적 쉽다.
④ 주철관보다 내식성이 작고 사용연한이 비교적 짧다.
⑤ 조인트 제작이 곤란하므로 조인트의 종류가 적은편이다.

2) 강관의 종류

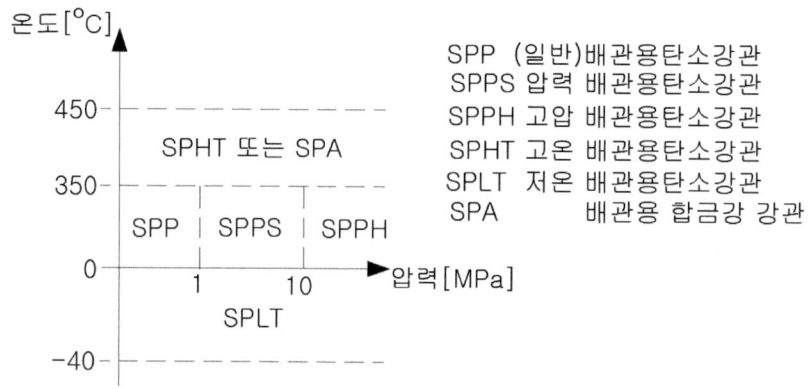

KS기호	규격명칭	비고
SPP	배관용 탄소강 강관 (S : steel, P : pipe, P : piping)	온도 350℃이하, 압력1MPa($10\dfrac{Kg_f}{cm^2}$)이하에서 사용한다. 증기,물, 가스 및 공기 및 일반 배관용으로 사용한다. 호칭경은 6A~500A이다. 아연 도금을 하지 않은 흑관과 아연도금을 한 백관이 있다.
SPPS	압력 배관용 탄소강 강관 (S : steel, P : pipe, P : pressure, S : service)	사용온도가 -15~350℃, 압력1Mpa~10Mpa ($10\dfrac{Kg_f}{cm^2} \sim 100\dfrac{Kg_f}{cm^2}$)에서 사용한다. 압력 배관용 호칭경6A~500A
SPPH	고압배관용 탄소강 강관 (S : steel, P : pipe, P : pressure, H : high)	350℃이하, 사용압력10MPa($100\dfrac{Kg_f}{cm^2}$) 이상의 고압 배관으로 이칼드강 재질로 음매 없는 강관으로 되어 있다. 암모니아 합성 고압 배관, 화학공법의 고압 유체수송용으로 사용된다.
SPHT	고온 배관용 탄소강 강관 (S : steel, P : pipe, H : high, T : temperature)	350℃이상의 고온 배관용으로 사용된다.

SPA	배관용 합금강 강관 (S : steel, P : pipe, A : alloy)	Ni, Cr, Mo, Mn, Si, Al등의 원소를 첨가 하여 물리적, 기계적 성질을 향상 시킨 강관이다. 350℃이상에서도 잘 견디므로, 보일러의 증기관으로 사용된다.
SPLT	저온 배관용 강관 (S : steel P : pipe, L : low, T : temperature)	빙점 이하의 특히 저온용이고, SPHT와 같은 외경으로 사용된다.

2) 강관의 규격표시방법

① 압력배관용 탄소강 강관(KS기호 : SPPS)의 규격표시 방법

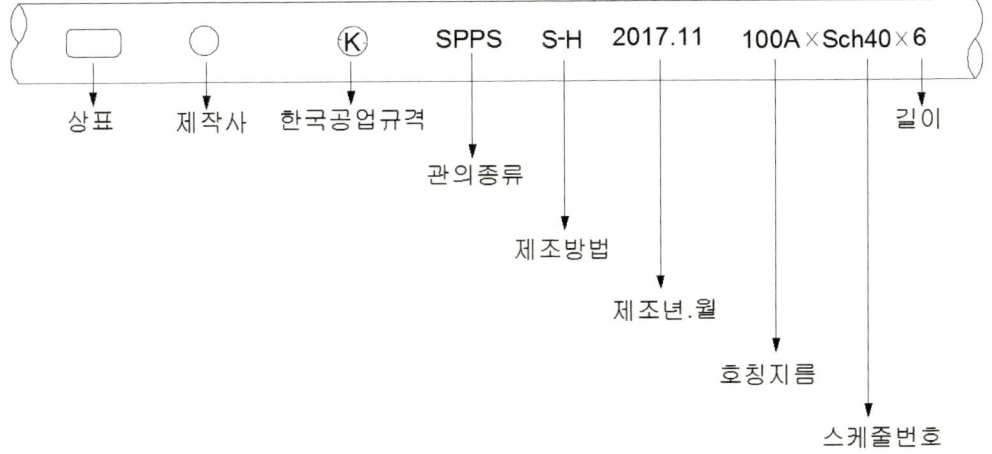

② 호칭지름 : 관의 바깥지름

③ 스케줄 번호schedule number(SCH) : "관의 호칭두께"이며 관의 외경은 같아도 관의 두께에 따라 내경이 달라진다.

$$(스케줄번호) Sch.No = 10 \times \frac{사용압력\left[\frac{Kg_f}{cm^2}\right]}{허용응력\left[\frac{Kg_f}{mm^2}\right]} = 10 \times \frac{사용압력\left[\frac{Kg_f}{cm^2}\right]}{\left(\frac{인장강도\left[\frac{Kg_f}{mm^2}\right]}{안전률}\right)}$$

[고압 배관용 탄소 강관(KS D 3564)]의 호칭지름은 바깥지름이 기준이 된다.

호칭지름		바깥지름 mm	호칭두께											
			스케줄 10		스케줄 20		스케줄 30		스케줄 40		스케줄 60		스케줄 80	
A	B		두께 mm	무게 kg/m	두께 mm	무게 kg/m	두께 mm	무게 kg/m	두께 mm	무게 kg/m	두께 mm	무게 kg/m	두께 mm	무게 kg/m
6	1/8	10.5	—	—	—	—	—	—	1.7	0.369	2.2	0.450	2.4	0.479
8	1/4	13.8	—	—	—	—	—	—	2.2	0.629	2.4	0.675	3.0	0.799
10	3/8	17.3	—	—	—	—	—	—	2.3	0.851	2.8	1.00	3.2	1.11
15	1/2	21.7	—	—	—	—	—	—	2.8	1.31	3.2	1.46	3.7	1.64
20	3/4	27.2	—	—	—	—	—	—	2.9	1.74	3.4	2.00	3.9	2.24
25	1	34.0	—	—	—	—	—	—	3.4	2.57	3.9	2.89	4.5	3.27
32	1 1/4	42.7	—	—	—	—	—	—	3.6	3.47	4.5	4.24	4.9	4.57
40	1 1/2	48.6	—	—	—	—	—	—	3.7	4.10	4.5	4.89	5.1	5.47
50	2	60.5	—	—	3.2	4.52	—	—	3.9	5.44	4.9	6.72	5.5	7.46
65	2 1/2	76.3	—	—	4.5	7.97	—	—	5.2	9.12	6.0	10.4	7.0	12.0
80	3	89.1	—	—	4.5	9.39	—	—	5.5	11.3	6.6	13.4	7.6	15.3
90	3 1/2	101.6	—	—	4.5	10.8	—	—	5.7	13.5	7.0	16.3	8.1	18.7
100	4	114.3	—	—	4.5	13.2	—	—	6.0	16.0	7.1	18.8	8.6	22.4
125	5	139.8	—	—	5.1	16.9	—	—	6.6	21.7	8.1	26.3	9.5	30.5
150	6	165.2	—	—	5.5	21.7	—	—	7.1	22.7	9.3	35.8	11.0	41.8
200	8	216.3	—	—	6.4	33.1	7.0	36.1	8.2	42.1	10.3	52.3	12.7	63.8
250	10	267.4	—	—	6.4	41.2	7.8	49.9	9.3	59.2	12.7	79.8	15.1	93.9
300	12	318.5	—	—	6.4	49.3	8.4	64.2	10.3	78.3	14.3	107	17.4	129
350	14	355.6	6.4	55.1	7.9	67.7	9.5	81.1	11.1	94.3	15.1	127	19.0	158
400	16	406.4	6.4	63.1	7.9	77.6	9.5	93.0	12.7	123	16.7	160	21.4	203
450	18	457.2	6.4	71.1	7.9	87.5	11.1	122	14.3	156	19.0	205	23.8	254
500	20	508.0	6.4	79.2	9.5	117	12.7	155	15.1	184	20.6	248	26.2	311
550	22	558.8	6.4	87.2	9.5	129	12.7	171	15.9	213	—	—	—	—
600	24	609.6	6.4	95.2	9.5	141	14.3	228	—	—	—	—	—	—
650	26	660.4	7.9	103	12.7	12.7	—	—	—	—	—	—	—	—

02 동관(copper pipes)="구리관"

1) 동관 이음의 특징
① 전기와 열의 양도체로서 내식성, 굴곡성이 우수하고 내압성도 있어 열교환기의 내관(tube) 및 화학공업용으로 사용되는 관(pipe)으로 사용된다.
② 용접(납땜)시 가열시간이 짧아 공수 절감된다.
③ 벽 두께가 균일 하므로 취약 부분이 적다
④ 재료가 동관과 같으므로 내식성이 좋아 부식에 의한 누수 우려가 없다
⑤ 다른 이음쇠에 의한 배관작업에 비해 공사비를 줄일 수 있다.
⑥ 외형이 크지 않은 구조이므로 배관 공간이 적어도 된다.
⑦ 내면이 동관과 같아 압력 손실이 적다

2) 동관 이음의 종류

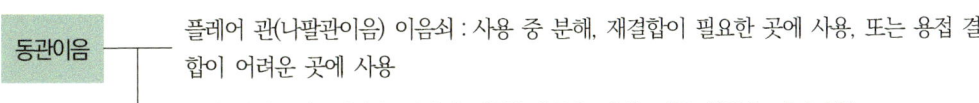

플레어 관(나팔관이음) 이음쇠 : 사용 중 분해, 재결합이 필요한 곳에 사용, 또는 용접 결합이 어려운 곳에 사용

납땜 관이음쇠 : 배관용 동관의 접합(한쪽은 납땜, 다른 한쪽은 나사이음)

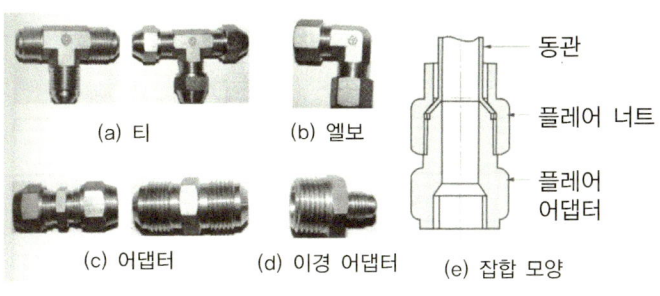

(a) 티　(b) 엘보
(c) 어댑터　(d) 이경 어댑터　(e) 잡합 모양
동관 / 플레어 너트 / 플레어 어댑터

〈플레어 관(나팔관이음) 이음쇠〉

03 주철관(cast iron pipes)

1) 주철관(cast iron pipes)의 특징
① 철이 인류의 역사에 도입된 이래 오랜 옛날부터 상수도용 송배수관으로 주철이 사용되어 왔다.
② 제조방법은 수직법과 원심력법이 있다.
③ 수도용, 배수용, 가스용으로 사용된다.
④ 주철은 압축에서 강하나 인장강도가 약하다.
⑤ 주철은 인장강도(250MPa)에 따라 250MPa이하는 보통 주철과 250MPa이상은 고급주철로 분류된다.

04 신축이음

모든 물체는 열을 가하면 팽창하거나 수축하게 된다. 이것은 신축의 크기는 관의 길이와 온도의 변화에 직접 관계가 있으며, 팽창하였던 물질은 냉각되면 본래의 길이로 되돌아간다.

강관의 팽창 : 철의 선팽창계수는 $12 \times 10^{-6} [\frac{1}{℃}]$이므로 1m의 길이를 기준하면 1℃ 상승할 때 마다 0.012 [mm] 늘어나게 되므로 직선길이가 긴 배관에서는 이 팽창의 영향으로 관의 접합부(이음쇠), 또는 기기의 접속부가 파괴될 우려가 있으므로 이러한 사고를 미연에 방지하기 위해 배관의 도중에 일정한 길이마다 신축이음쇠를 사용하게 된다.

(열에의해 신장량) $\Delta L = \alpha \times L \times \Delta T$

α : 열팽창계수 $[\frac{1}{℃}]$

L : 처음길이

ΔT : 온도변화

재료	선팽창계수 $10^{-6} [\frac{1}{℃}]$
알루미늄	23.0
스테인리스강(SUS304)	17.3
구리	16.5
철	12
콘크리트	10

- 종류
    ① 슬리브형 신축 이음쇠(sleeve type expantion joint)
    ② 벨로즈형 신축 이음쇠(bellows type expantion joint)
    ③ 루프형 신축 이음쇠(loop type expantion joint)
    ④ 스위블형 신축 이음쇠(swivel type expantion joint)
    ⑤ 볼조인트형 신축 이음쇠(ball joint type expantion joint)
    ⑥ 플렉시블 신축 이음쇠(flexible type expantion joint)

1) **슬리브형 신축 이음쇠(sleeve type expantion joint) 특징**
    ① 신축량이 크고, 신축으로 인한 응력이 생기지 않는다.
    ② 직선으로 이음 한다.
    ③ 단식과 복식의 2종류가 있으며 급탕, 난방용으로 저압일 때 사용한다.
    ④ 장시간 사용 시 패킹의 마모로 누수의 원인이 된다.

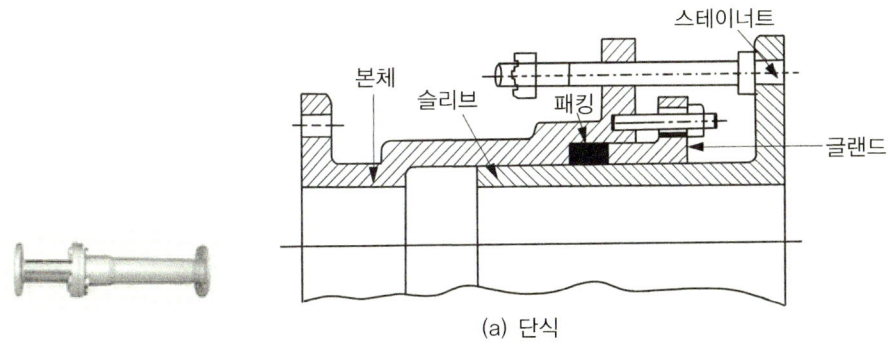

(a) 단식

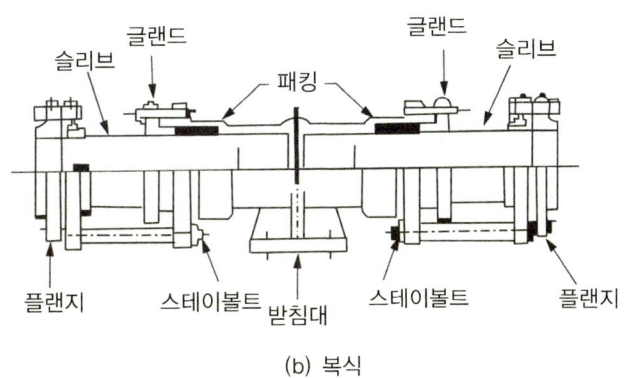

(b) 복식

2) 벨로즈형 신축 이음쇠(bellows type expantion joint)특징

① 설치공간을 넓게 차지하지 않는다.
② 고압 배관에는 부적당 하다
③ 신축으로 인한 응력을 받지 않고 누설이 없다
④ 벨로즈는 부식되지 않는 청동제, 또는 스테인레스제를 사용 한다.

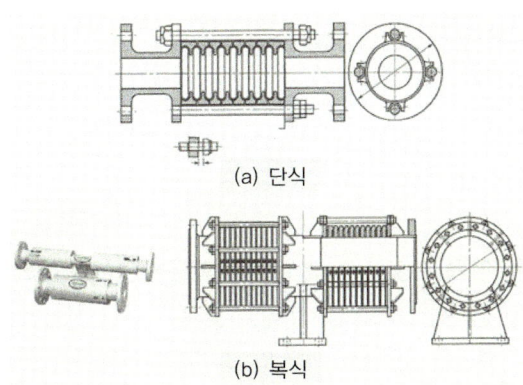

(a) 단식

(b) 복식

3) 루프형 신축 이음쇠(loop type expantion joint)=신축 곡관특징 :
   ① 설치공간을 많이 차지한다.
   ② 신축에 따른 자체 응력이 생긴다.
   ③ 고온, 고압의 옥외 배관에 많이 쓰인다.
   ④ 신축이음의 곡률반경은 관지름의 6배 이상이 좋다.

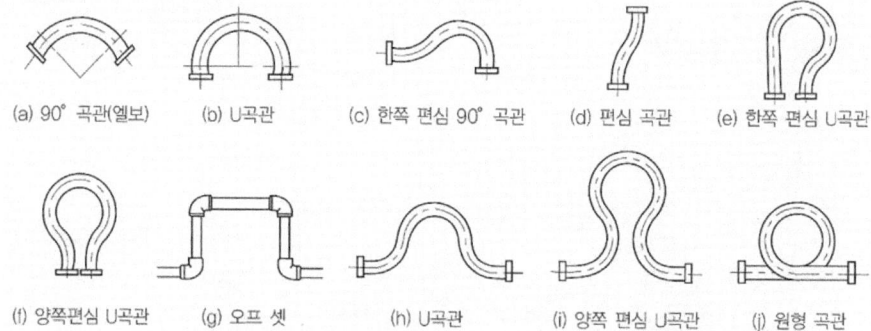

4) 스위블형 신축 이음쇠(swivel type expantion joint)특징
   회전 이음, 지블이음, 지웰이음 등으로도 불린다. 주로 증기 및 온수난방에 이용 되는 이음쇠이다.
   ① 굴곡부에서 압력 강하를 가져온다.
   ② 신축량이 큰 배관에서는 누설의 위험이 있다
   ③ 설치비가 싸다
   ④ 제작이 쉽다
   ⑤ 주로 증기 및 온수난방에 이용 되는 이음쇠이다.

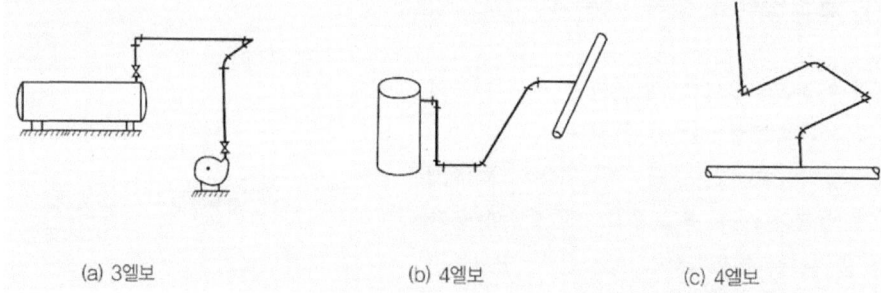

5) 볼조인트형 신축 이음쇠(ball joint type expantion joint)특징
   볼 조인트 신축 이음쇠와 오프셋 배관을 이용해서 관의 신축을 흡수하는 방법
   ① 평면상의 변위 뿐 만 아니라 입체적인 변위까지도 흡수
   ② 어떤 형식의 변위에도 배관이 안전하다
   ③ 설치 공간이 적다

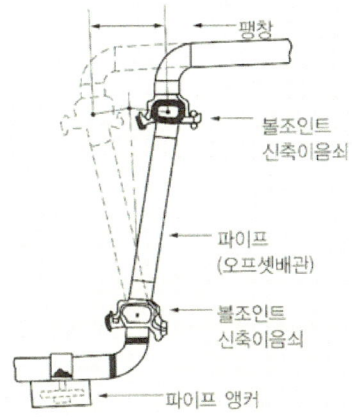

6) 플렉시블 신축 이음쇠(flexible type expantion joint)의 특징

① 가요(可撓)이음 이라고도 하며, 구형, 통형, 벨로즈형을 한 합성 고무제의 짧은 관이나 플렉시블 튜브 등의 양끝에 플랜지를 붙인 이음

② 배관과 장치의 편심, 진동의 전달 방지 목적으로 사용된다.

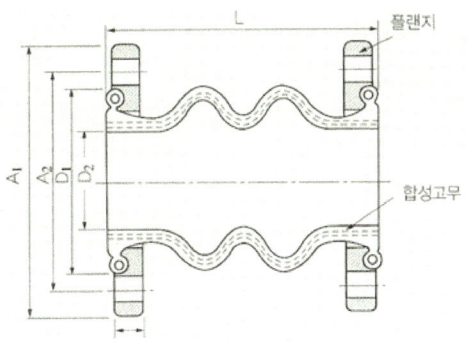

〈플렉시블 신축 이음쇠〉

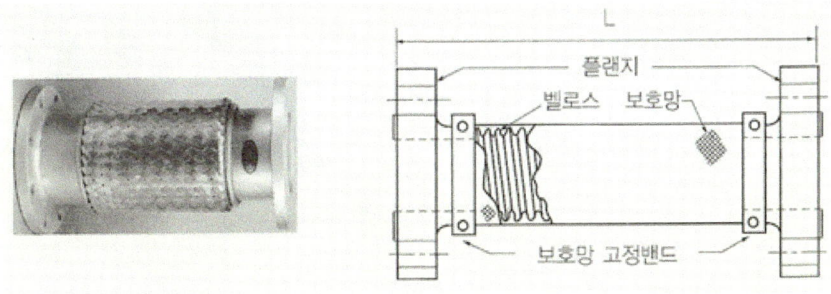

〈플렉시블 튜브〉

05 배관의 지지

대분류		소분류	
명칭	용도	명칭	용도
서포트 (Support)	배관의 중량을 지지하는 장치 (밑에서 지지 하는 것)	파이프 슈	관의 수평부, 곡관부지지에 사용
		리지드 서포트	빔 등으로 만든 지지대
		롤러 서포트	관의 축방향 이동 가능
		스프링 서포트	하중 변화에 다라 미소한 상하이동 허용
행거 (Hanger)	배관의 중량을 지지하는장치 (위에서 달아 매는 것)	리지드 행거	빔에 턴버클 연결 달아 올림 (수직방향 변위 없는 곳에 사용)
		스프링행거	방진을 위행 턴버클 대신 스프링 설치 (변위가 적은 개소에 사용)
		콘스텐트 행거	배관의 상하 이동 허용하면서 관지지력 일정하게 유지 (변위 큰 개소)
리스트레인트 (Restraint)	배관의 열팽창에 의한 이동을 구속 제한하는 것	앵커(Anchor)	관지점에서 이동·회전 방지 (고정)
		스터퍼(stopper)	관의 직선이동 제한
		가이드(Guide)	관의 회전제한, 축방향의 이동안내
브레이스 (Brace)	주로 배관의 진동 및 충격을 흡수하는 역할을 한다.	방진기	배관계의 진동방지 및 감쇠
		완충기	배관 계에서 발생한 충격을 완화

1) 서포트(Support)

① 파이프슈(pipe shoe)

파이프로 배관에 직접 접속하는 지지대로서 배관의 수평부와 곡관부를 지지 하는데 사용한다.

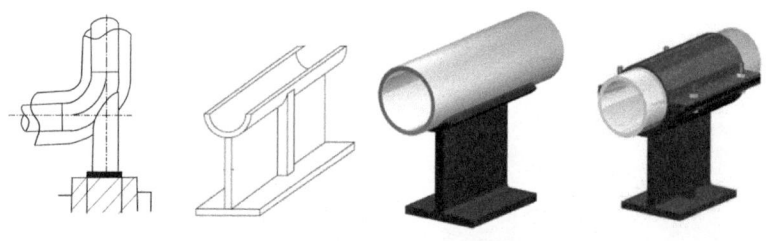

〈파이프슈(pipe shoe)〉

② 리지드 서포트(rigid support)=파이프 래크=파이프 지지대

강성이 큰 빔으로 만든 배관 지지대

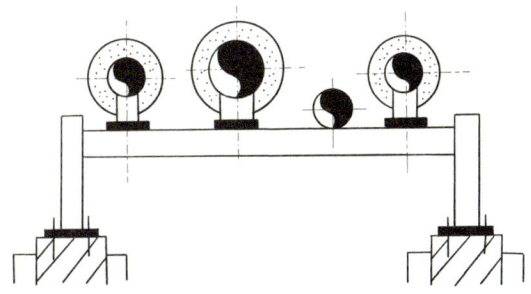

〈리지드 서포트(rigid support)〉

일반적으로 파이크 래크의 폭을 결정 하때 고려하 사항으로 인접하는 파이프의 외측과 외측과의 최소간격은 75mm 인접하는 플랜지 외측과 외측과닝 최소간격은 25mm로 한다.

③ 롤러 서포터(roller support)

배관의 축 방향이 이동을 자유롭게 하기 위해 배관을 롤러로 지지하는 것이다.

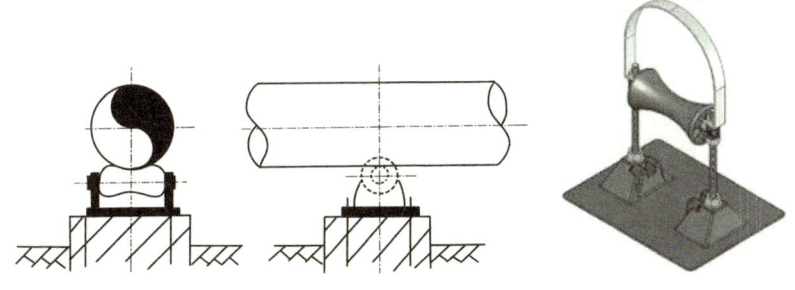

〈롤러 서포터(roller support)〉

④ 스프링 서포터(spring support)

스프링의 작용으로 파이프의 하중 변화에 따라 상하 이동을 다소 허용 하는 관의 지지대이다.

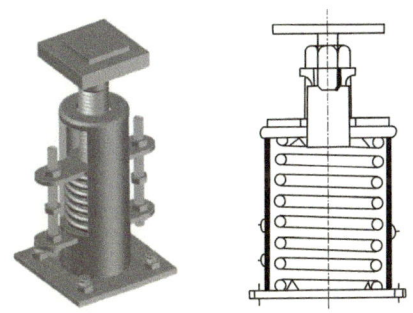

〈스프링 서포터(spring support)〉

2) 행거(hanger)
① 리지드 행거(rigid hanger)
빔(beam)에 턴버클을 연결하여 파이프를 아랫부분을 받쳐 달아 올린 것이며, 수직방향에 변위가 없는 곳에 사용되는 배관 지지대이다.

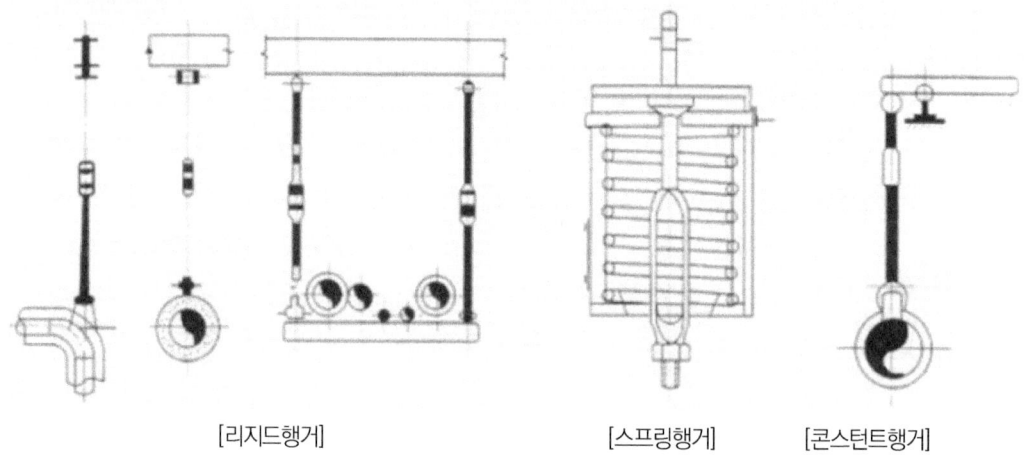

[리지드행거]   [스프링행거]   [콘스턴트행거]

② 스프링 행거(spring hanger) : 턴버클 대신 스프링을 사용한 것
③ 콘스턴트 행거(constant hanger) : 배관의 상하이동에 관계없이 관지지력이 일정한 것으로 중추식과 스프링식이 있다.

3) 리스트레인트(Restraint) : 열팽창에 의한 배관의 상하·좌우 이동을 구속 또는 제한하는 것이다.
① 앵커(Anchor) : 리지드 서포트의 일종으로 관의 이동 및 회전을 방지하기 위하여 지지점에 완전히 고정하는 장치이다.
② 스토퍼(Stopper) : 배관의 일정한 방향과 회전만 구속하고 다른 방향은 자유롭게 이동하게 하는 장치이다.
③ 가이드(Guide) : 배관의 곡관부분이나 신축 조인트 부분에 설치하는 것으로 회전을 제한하거나 축방향의 이동을 허용하며 직각방향으로 구속하는 장치이다.

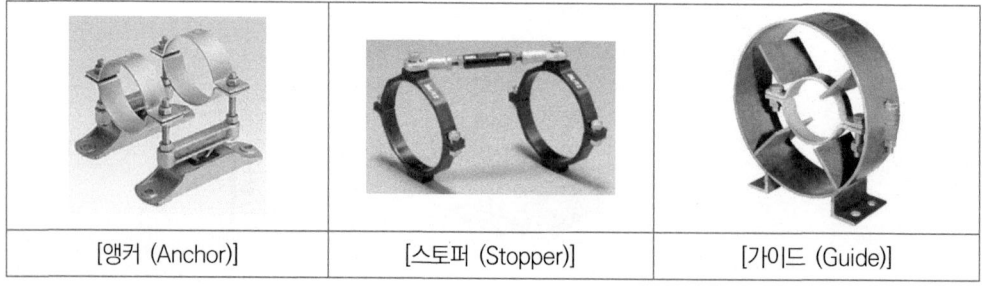

[앵커 (Anchor)]   [스토퍼 (Stopper)]   [가이드 (Guide)]

4) 브레이스 (Brace)
펌프, 압축기 등에서 발생하는 기계의 진동, 서징, 수격작용 등에 의한 진동, 충격 등을 완화하는 완충기이다.

06 밸브

1) 글로브 밸브(globe valve)의 특징

① 밸브의 몸통이 둥근 달걀형 밸브로서 유체의 압력 감소가 크므로 유체의 고압일때는 부적당하고 유량 조절용이나 차단용으로 적합한 밸브 이다.
② 밸브가 구형이며 직선배관 중간에 설치한다.
③ 유입방향과 유출방향은 같으나 유체가 밸브의 아래로부터 유입하여 밸브시트의 사이를 통해 흐르게 되어 있어 유체의 흐름이 갑자기 바뀌기 때문에 유체에 대한 저항은 크나 개폐(開/廢)가 쉽고, 유량조절이 용이하다.
④ 밸브형태에 앵글밸브, Y형밸브, 니들밸브 등으로 분류된다.
⑤ 밸브 디스크 모양은 평면형, 반구형, 원뿔형, 반원형이 있다.
⑥ 조작력이 적어 유량조절이 필요한 곳에 사용되는 밸브이다.
⑦ 고압에 의해 내부파트가 손상이 있어 주로 저압에 주로 사용된다.

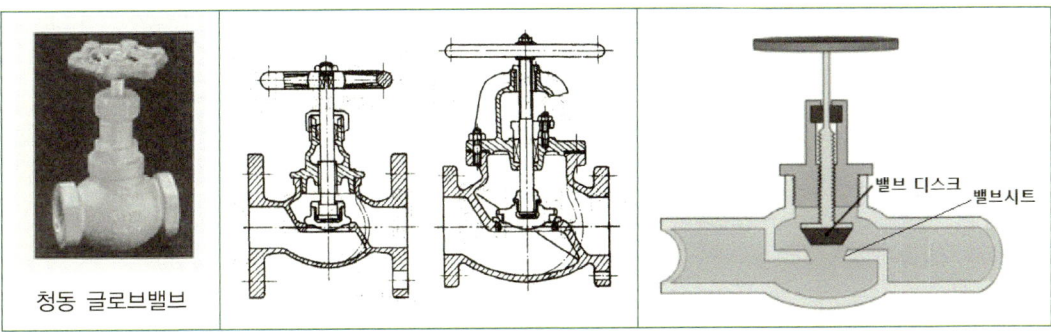

[글로브밸브의 구조]

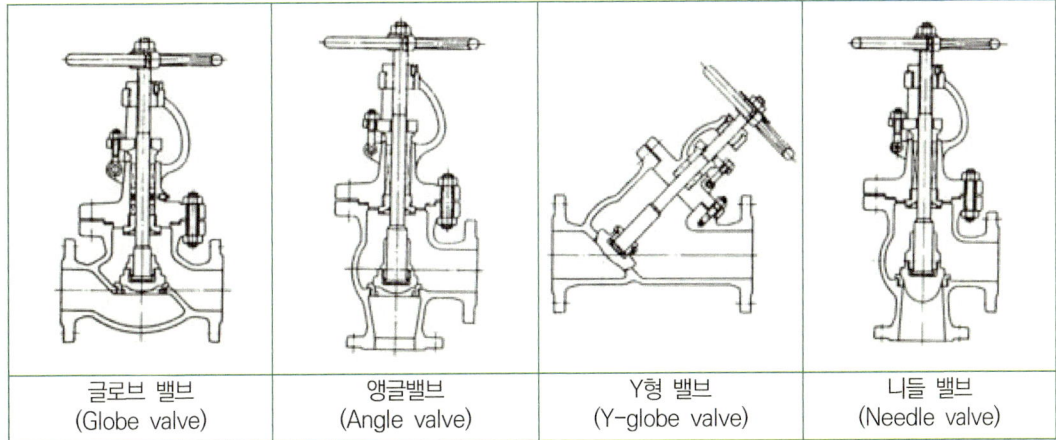

| 글로브 밸브 (Globe valve) | 앵글밸브 (Angle valve) | Y형 밸브 (Y-globe valve) | 니들 밸브 (Needle valve) |

2) 밸브 디스크의 형상 : 평면형, 반구형, 원뿔형, 반원형 등

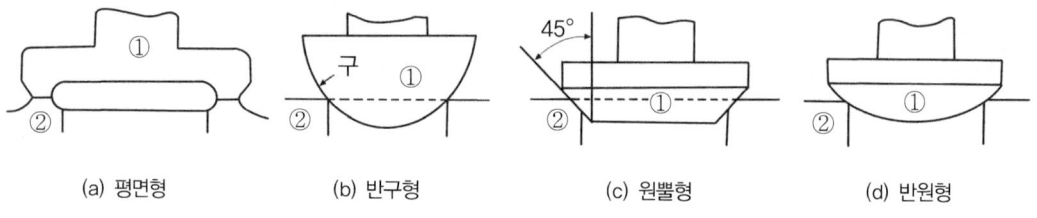

(a) 평면형   (b) 반구형   (c) 원뿔형   (d) 반원형

[글로브밸브 디스크의 형상]

3) 게이트밸브(gate valve) = 슬루스밸브(sluice valve)의 특징
   ① 유체의 흐름을 단속하는 대표적인 밸브로 유체의 흐름을 완전히 차단하든지, 완전히 열어 사용하며, 절반 정도 열고 사용하면 와류가 생겨 유체의 저항이 커지기 때문에 유량 조절용으로는 적당치 못하다.
   ② 글로브밸브에 비해 밸브를 여는 조작력이 크기 때문에 개폐(開閉)가 많지 않은 곳에 사용한다.

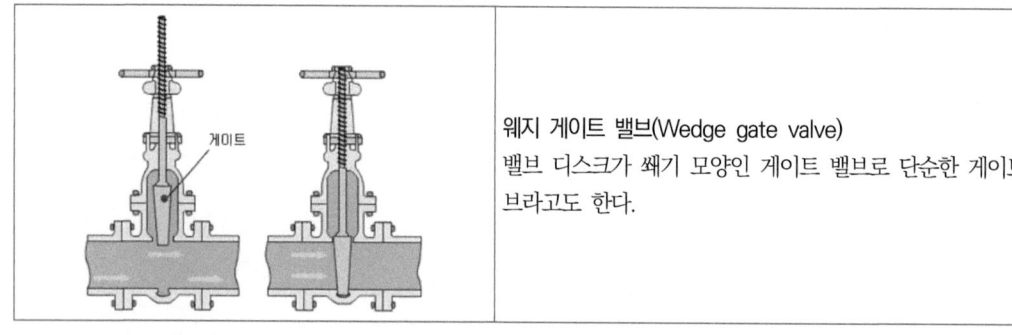

웨지 게이트 밸브(Wedge gate valve)
밸브 디스크가 쐐기 모양인 게이트 밸브로 단순한 게이트 밸브라고도 한다.

※ wedge : 사전적의미로 1. 쐐기   2. 쐐기 모양의 것 의 뜻을 가지고 있다.

4) 체크밸브(check valve; 역지변)
   1) 용도 : 유체를 일정한 방향으로 만 흐르게 하고, 역류를 방지하는 데 사용.
   2) 종류 : 체크밸브는 밸브 몸통과 디스크의 형상에 따라 아래와 같이 분류 한다
   ① 리프트형 체크 밸브(lift type check valve) : 스프링에 의해 제어 수평배관에 사용

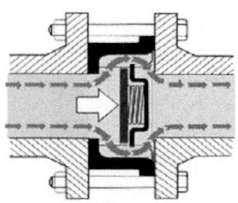

[리프트형 체크 밸브(lift type check valve)]

   ② 스윙형 체크밸브(swing type check valve) : 유수의 마찰저항이 리프트형보다 적고, 수평, 수직 배관에 사용

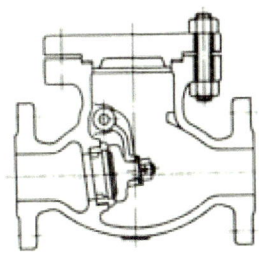

[스윙형 체크밸브(swing type check valve)]

5) 체크밸브의 설치기준

급수배브 및 체크밸브의 크기는 전열면적 $10m^2$ 이하의 보일러에서는 호칭 15A이상, 전열면적 $10m^2$를 초과하는 보일러에서는 호칭20A이상이어야 한다.

6) 버터플라이 밸브(butter fly valve)의 특징
① 원통형의 몸체 속에서 밸브 봉을 축으로 평판이 회전함으로써 회전각을 조절하여 유량을 제어한다.
② 90°회전으로 개폐가 가능하다.
③ 유량조절이 가능하다.
④ 완전 열림시 유체저항이 작다.

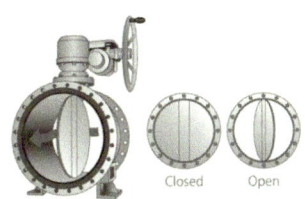

[버터 플라이 밸브(butter fly valve)]

7) 볼 밸브(ball valve ; 구형 밸브)의 특징
① 구멍이 뚫린 공 모양의 몸체가 90도로 움직여 개, 폐하는 밸브로서 개폐시간이 짧고 기밀성이 우수하여 가스배관에 많이 사용하고 있으나, 일반 유체에도 많이 사용된다.
② 유로가 배관과 같은 형상으로 유체의 저항이 적다.
③ 밸브의 개폐가 쉽고 조작이 간편하여 자동조작밸브로 활용된다.
④ 이음쇠 구조가 없기 때문에 설치공간이 작아도 되며 보수가 쉽다.

[볼밸브(ball valve)]

8) 다이어프램 밸브(diaphragm valve)의 특징
① 산(酸) 등의 화학 약품을 차단하는 경우에 내약품, 내열 고무재의 다이어프램을 밸브 시트에 밀착시키는 것으로 유체의 흐름에 대한 저항이 적어 기밀용으로 사용
② 유체의 흐름이 주는 영향이 비교적 적다.
③ 기밀을 유지하기 위한 패킹이 불필요하다.
④ 저항이 적어 유체의 흐름이 원활하다.

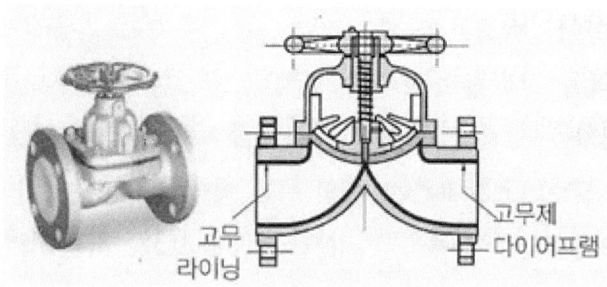

[다이어프램 밸브(diaphram valve)]

9) 안전밸브(Safety valve)
(1) 용도 : 고압유체를 취급하는 배관, 보일러 등의 압력 용기에 설치하여 규정 이상의 압력이 되면, 자동적으로 열려 용기 속의 압력을 항상 안전수준을 유지
(2) 안전밸브의 종류 : 스프링식, 중추식, 지렛대식이 있다.
　① 스프링식 안전밸브는 스프링의 신축으로 증기의 취출압력을 조절하기 때문에 고압, 대용량 보일러에 적합하다.
　② 지렛대식 안전밸브는 추의 이동에 따라 증기의 취출압력을 조정한다.
　③ 중추식 안전밸브는 밸브 위에 추를 올려 놓아 증기압력과 정방향이 되게 하여 고압용으로 적합하다.

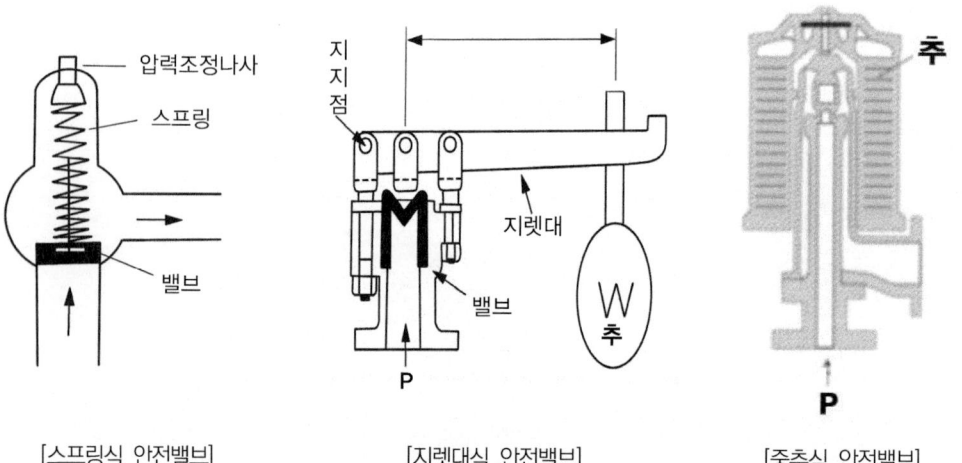

[스프링식 안전밸브]　　[지렛대식 안전밸브]　　[중추식 안전밸브]

07 배관과 유체유동의 관계

1) **원형관로에서의 손실수두** : 달시-바이스바하(Darcy-Weisbach) 방정식(층류, 난류 모두에 적용)

    손실수두 $h_L = f \times \dfrac{l}{d} \times \dfrac{v^2}{2g}$,

    압력손실 $\Delta P = \gamma \times h_L$

    (f : 관마찰계수, l : 관의 길이, d : 관의 직경, v : 속도, γ : 비중량)

    - 층류의 관마찰계수 : $f = \dfrac{64}{R_e}$ (레이놀즈수(R_e)만의 함수)
    - 레이놀즈수 : $R_e = \dfrac{\rho v d}{\mu}$ (ρ : 밀도, v : 속도, d : 관의 직경, μ : 점성계수)
    - 층류 : R_e가 2100이하
    - 천이 : R_e가 2100~4000
    - 난류 : R_e가 4000 이상일 때

2) **부차적 손실수두**
    ① 돌연축소관의 손실수두
    ② 돌연확대관의 손실수두
    ③ 관부속품의 손실계수

3) **수평원관의 의 층류유동일때의 유량**

    (유량) $Q = \dfrac{\Delta P \pi d^4}{128 \mu l}$

    (ΔP : 압력손실, d : 관의 직경, μ : 점성계수, l : 관의 길이)

4) **내압을 받는 관에 발생하는 응력**

    ① (축방향응력) $\sigma_x = \dfrac{Pd}{4t}$

    ② (원주방향응력) $\sigma_y = \dfrac{Pd}{2t}$

열설비재료 과년도 기출문제

01 다음 보기에서 설명하는 배관의 종류는?
  ○ 13년3월10일

- 350° 이하의 온도에서 압력 9.8N/mm² 이상의 배관에서 사용한다.
- 고압배관용 탄소강관이다.

① SPPH ② SPPS
③ SPHT ④ SPPW

해설
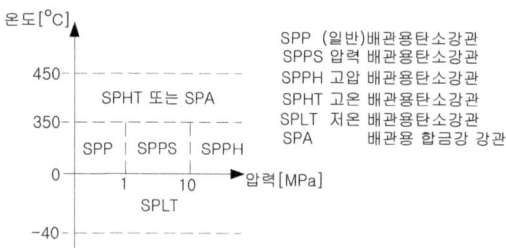

02 배관용 강관 기호에 대한 명칭이 틀린 것은?
  ○ 21년9월12일

① SPP : 배관용 탄소 강관
② SPPS : 압력 배관용 탄소 강관
③ SPPH : 고압 배관용 탄소 강관
④ STS : 저온 배관용 탄소 강관

해설
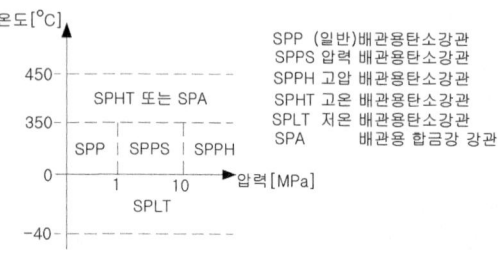

03 다음 강관의 표시기호 중 배관용 합금강 강관은?
  ○ 20년9월26일

① SPPH ② SPHT
③ SPA   ④ STA

해설
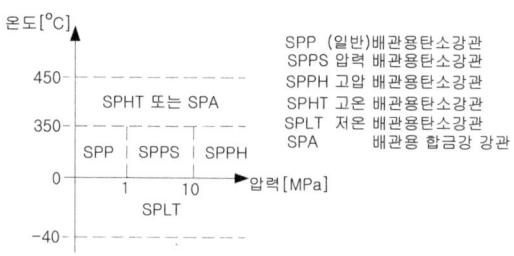

★★
04 사용압력이 비교적 낮은 증기, 물 등의 유체 수송관에 사용하며, 백관과 흑관으로 구분되는 강관은?
  ○ 15년9월19일, 20년6월6일

① SPP
② SPPH
③ SPPY
④ SPA

해설 (일반)배관용 탄소강관 (SPP) : 사용압력이 비교적 낮은 증기, 물 등의 유체 수송관에 사용하며, 백관과 흑관으로 구분되는 강관

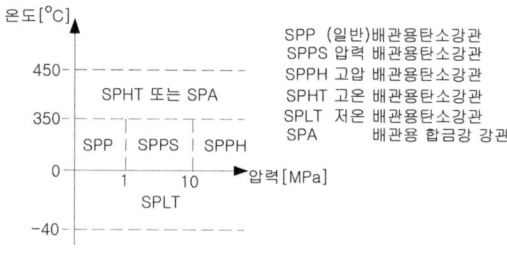

정답 01 ① 02 ④ 03 ③ 04 ①

05 일반적으로 압력 배관용에 사용되는 강관의 온도 범위는? ● 18년9월15일

① 800℃ 이하
② 750℃ 이하
③ 550℃ 이하
④ 350℃ 이하

해설 압력배관용 탄소강관 : SPPS

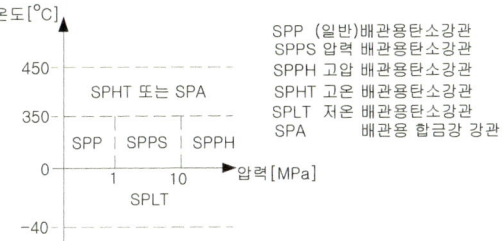

06 고압 배관용 탄소강관에 대한 설명으로 틀린 것은? ● 17년3월5일,

① 관의 소재로는 킬드강을 사용하여 이음매 없이 제조된다.
② KS 규격 기호로 SPPS 라고 표기한다.
③ 350℃이하, 100kg/cm2 이상의 압력범위에 사용이 가능하다.
④ NH3 합성용 배관, 화학공법의 고압유체 수송용에 사용한다.

해설

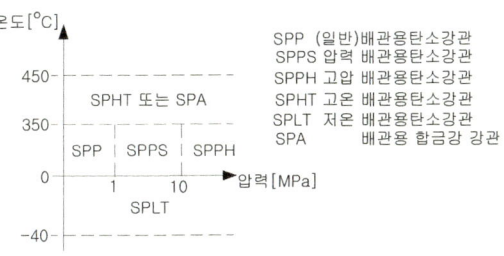

07 강관 이음 방법이 아닌 것은? ● 22년3월5일, 15년9월19일

① 나사이음
② 용접이음
③ 플랜지 이음
④ 플레이어 이음

해설 플레어이음(나팔관이음)은 동관에서 이음 하는 방법이다.

08 강관의 특징에 대한 설명으로 틀린 것은? ● 13년6월2일

① 내충격성이 크다.
② 인장강도가 크다.
③ 부식에 강하다.
④ 관의 접합이 쉽다.

해설 ▶ 강관의 특징
1) 충격성이 크다.
2) 장강도가 크다.
3) 성이 풍부하여 나사이음과 용접이음에 적합한다. 배관이음이 용이하다.
4) 부식에 약하다.

참고 주철관이 부식에 강하다.

09 전기와 열의 양도체로서 내식성, 굴곡성이 우수하고 내압성도 있어 열교환기의 내관(tube) 및 화학공업용으로 사용되는 관(pipe)은? ● 14년9월20일

① 주철관
② 강관
③ 알루미늄관
④ 동관

해설 ▶ 동관의 특징
1) 전기와 열의 양도체이다.
2) 내식성 굴곡성이 우수
3) 열교환기의 내관(tube)와 화학공업용으로 사용된다.
4) 플레이어 이음(나팔관이음)이 주로 사용된다.

정답 05 ④ 06 ② 07 ④ 08 ③ 09 ④

★★★
10 내식성, 굴곡성이 우수하고 양도체이며 내압성도 있어서 열교환기용 전열관, 급수관 등 화학공법으로 주로 사용되는 것은? 14년5월25일

① 주철관
② 동관
③ 강관
④ 알루미늄관

해설 ▶ 동관의 특징
1) 전기와 열의 양도체이다.
2) 내식성 굴곡성이 우수
3) 열교환기의 내관(tube)와 화학공업용으로 사용된다.
4) 플레이어 이음(나팔관이음)이 주로 사용된다.

★★
11 주철관에 대한 설명으로 틀린 것은?
19년9월21일

① 제조방법은 수직법과 원심력법이 있다.
② 수도용, 배수용, 가스용으로 사용된다.
③ 인성이 풍부하여 나사이음과 용접이음에 적합하다.
④ 주철은 인장강도에 따라 보통 주철과 고급주철로 분류된다.

해설 ▶ 주철관의 특징
1) 내식성이 우수하여 수도용,배수용,가스용 배관으로 사용된다.
2) 주조하는 방법으로 수직법과 원심력법이 사용된다.
3) 압축에는 강하지만 인장강도가 약하다.
4) 취성이 있어 충격에는 약하다.(인성부족)

12 파이프의 열변형에 대응하기 위해 설치하는 이음은?
19년3월3일

① 가스이음 ② 플랜지이음
③ 신축이음 ④ 소켓이음

해설 신축이음 : 파이프의 열변형에 대응하기 위해 설치하는 이음

★★★
13 신축이음에 대한 설명 중 틀린 것은?
13년9월28일

① 슬리브형은 단식과 복식의 2종류가 있으며 고온, 고압에 사용한다.
② 루프형은 고압에 잘 견디며 주로 고압증기의 옥외 배관에 사용한다.
③ 벨로즈형은 신축으로 인한 응력을 받지 않는다.
④ 스위블형은 온수 또는 저압증기의 배관에 사용하며 큰 신축에 대하여는 누설의 염려가 있다.

해설 ▶ 슬리브형 신축 이음쇠(sleeve type expantion joint) 특징
1) 신축량이 크고, 신축으로 인한 응력이 생기지 않는다.
2) 직선으로 이음 한다.
3) 단식과 복식의 2종류가 있으며 급탕, 난방용으로 저압일 때 사용한다.
4) 장시간 사용 시 패킹의 마모로 누수의 원인이 된다.

정답 10 ② 11 ③ 12 ③ 13 ①

14 관의 신축량에 대한 설명으로 옳은 것은?
  ★★★★
  17년3월5일, 18년3월4일, 13년6월2일

① 신축량은 관의 열팽창계수, 길이, 온도차에 반비례한다.
② 신축량은 관의 열팽창계수, 길이, 온도차에 비례한다.
③ 신축량은 관의 길이, 온도차에는 비례하지만, 열팽창계수에는 반비례한다.
④ 신축량은 관의 열팽창계수에 비례하고 온도차와 길이에 반비례한다.

[해설]
(열에의해 신장량=신축량) $\triangle L = \alpha \times L \times \triangle T$

α : 열팽창계수 $\left[\dfrac{1}{℃}\right]$
L : 처음길이
$\triangle T$: 온도변화

15 고압 증기의 옥외배관에 가장 적당한 신축이음 방법은?
  20년8월22일

① 오프셋형 ② 벨로즈형
③ 루프형   ④ 슬리브형

[해설] 루프형 : 고압 증기의 옥외배관에 가장 적당한 신축이음 방법

16 배관재료 중 온도범위 0~100℃ 사이에서 온도변화에 의한 팽창계수가 가장 큰 것은?
  16년5월8일

① 동
② 주철
③ 알루미늄
④ 스테인리스강

[해설] 알루미늄 : 온도범위 0~100℃ 사이에서 온도변화에 의한 팽창계수가 가장 큰 재질이다.

17 길이 7m, 외경 200mm, 내경 190mm의 탄소강관에 360℃ 과열증기를 통과시키면 이때 늘어나는 관의 길이는 몇 mm인가? (단, 주위 온도는 20℃이고, 관의 선팽창계수는 0.000013 mm/mm·℃이다.)
  17년3월5일

① 21.15   ② 25.71
③ 30.94   ④ 36.48

[해설]
$\triangle L = \alpha \times L \times \triangle T = 0.000013 \times 7000 \times (360-20) = 30.94 mm$

18 외경 76mm의 압력배관용 강관에 두께 50mm, 열전도율이 0.068kcal/m·h·℃인 보온재가 시공되어 있다. 보온재 내면온도가 260℃이고 외면온도가 30℃일 때 관 길이 10m당 열손실은?
  15년9월19일

① 313kcal/h   ② 531kcal/h
③ 982kcal/h   ④ 1170kcal/h

[해설]
$Q = \lambda \times \dfrac{2\pi L(T_H - T_L)}{\ln\dfrac{R_2}{R_1}} = 0.068 \times \dfrac{2\pi \times 10(260-30)}{\ln\dfrac{88}{38}} ≒ 1170 \dfrac{kcal}{h}$

19 배관의 축 방향 응력 σ(kPa)을 나타낸 식은? (단, d : 배관의 내경(mm), p : 배관의 내압(kPa), t : 배관의 두께(mm) 이며, t는 충분히 얇다.)
  21년5월15일

① $\sigma = \dfrac{P\pi d}{4t}$ ② $\sigma = \dfrac{Pd}{4t}$
③ $\sigma = \dfrac{P\pi d}{2t}$ ④ $\sigma = \dfrac{Pd}{2t}$

[해설] ▶ 내압을 받는 관에 발생하는 응력
① (축방향응력) $\sigma_x = \dfrac{Pd}{4t}$
② (원주방향응력) $\sigma_y = \dfrac{Pd}{2t}$

[정답] 14 ② 15 ③ 16 ③ 17 ③ 18 ④ 19 ②

20 파이프의 축 방향 응력(σ)을 나타낸 식은? (단, d는 파이프의 내경[mm], p는 원통의 내압[kg/cm²], σ는 축방향 응력[kg/mm²], t는 파이프의 두께[mm]이다.)
◎ 15년5월31일

① $\sigma = \dfrac{P\pi d}{400t}$

② $\sigma = \dfrac{Pd}{400t}$

③ $\sigma = \dfrac{P\pi d}{200t}$

④ $\sigma = \dfrac{Pd}{200t}$

해설 (축방향응력) $\sigma_x \dfrac{kg_f}{mm^2} = \dfrac{P\dfrac{kg_f}{cm^2} \times D[mm]}{400 \times t[mm]}$

★★
21 배관설비의 지지에 필요한 조건을 설명한 것 중 틀린 것은?
◎ 13년6월2일

① 온도의 변화에 따른 배관신축을 충분히 고려하여야 한다.
② 배관 시공 시 필요한 배관기울기를 용이하게 조정할 수 있어야 한다.
③ 배관설비의 진동과 소음을 외부로 쉽게 전달할 수 있어야 한다.
④ 수격현상 및 외부로부터 진동과 힘에 대하여 견고하여야 한다.

해설 배관설비의 진동과 소음을 외부로 전달되지 않도록 설계 되어야 한다.

★★
22 열팽창에 의한 배관의 측면 이동을 구속 또는 제한하는 장치가 아닌 것은?
◎ 18년3월4일, 22년4월24일

① 앵커
② 스톱
③ 브레이스
④ 가이드

해설

리스트레인트 (Restraint)	배관의 열팽창에 의한 이동을 구속 제한하는 것	앵커 (Anchor)	관지점에서 이동·회전 방지 (고정)
		스터퍼 (stopper)	관의 직선이동 제한
		가이드 (Guide)	관의 회전제한, 축방향의 이동안내
브레이스 (Brace)	주로 배관의 진동 및 충격을 흡수하는 역할을 한다.	방진기	배관계의 진동방지 및 감쇠
		완충기	배관 계에서 발생한 충격을 완화

23 다음 중 배관의 호칭법으로 사용되는 스케줄 번호를 산출하는데 직접적인 영향을 미치는 것은?
◎ 17년9월23일

① 관의 외경
② 관의 사용온도
③ 관의 허용응력
④ 관의 열팽창계수

해설 (스케줄번호) $Sch.No = 10 \times \dfrac{\text{사용압력}\left[\dfrac{Kg_f}{cm^2}\right]}{\text{허용응력}\left[\dfrac{Kg_f}{mm^2}\right]} = 10 \times \dfrac{\text{사용압력}\left[\dfrac{Kg_f}{cm^2}\right]}{\left(\dfrac{\text{인장강도}\left[\dfrac{Kg_f}{mm^2}\right]}{\text{안전률}}\right)}$

정답 20 ② 21 ③ 22 ③ 23 ③

24 고압 배관용 탄소 강관(KS D 3564)의 호칭지름의 기준이 되는 것은? ● 21년3월7일

① 배관의 안지름
② 배관의 바깥지름
③ 배관의 $\frac{\text{안지름} + \text{바깥지름}}{2}$
④ 배관나사의 바깥지름

[해설] 고압배관용 탄소강 강관(KS D 3564)의 호칭지름의 기준은 배관의 바깥지름 이다.

25 다음 밸브 중 유체가 역류하지 않고 한쪽 방향으로만 흐르게 하는 밸브는? ● 20년8월22일

① 감압밸브
② 체크밸브
③ 팽창밸브
④ 릴리프밸브

[해설] 체크 밸브 : 유체의 역류를 방지하기 위한 것으로 밸브로 역류방지 밸브 또는 한방향 밸브라고도 한다.

26 유체의 역류를 방지하여 한쪽 방향으로만 흐르게 하는 밸브 리프트식과 스윙식으로 대별되는 것은? ● 21년3월7일

① 회전밸브
② 게이트밸브
③ 체크밸브
④ 앵글밸브

[해설] 체크 밸브 : 유체의 역류를 방지하기 위한 것으로 밸브로 역류방지 밸브 또는 한방향 밸브라고도 한다.

27 유체의 역류를 방지하기 위한 것으로 밸브의 무게와 밸브의 양면 간 압력차를 이용하여 밸브를 자동으로 작동시켜 유체가 한쪽 방향으로만 흐르도록 한 밸브는? ● 15년3월8일, 19년9월21일

① 슬루스밸브
② 회전밸브
③ 체크밸브
④ 버터플라이밸브

[해설] 체크 밸브 : 유체의 역류를 방지하기 위한 것으로 밸브로 역류방지 밸브 또는 한방향 밸브라고도 한다.

28 다음은 보일러의 급수밸브 및 체크밸브 설치기준에 관한 설명이다. ()안에 알맞은 것은? ● 22년4월24일

> 급수밸브 및 체크밸브의 크기는 전열면적 10m² 이하의 보일러에서는 호칭 (㉠) 이상, 전열면적 10m²를 초과하는 보일러에서는 호칭 (㉡) 이상이어야 한다.

① ㉠ 5A, ㉡ 10A
② ㉠ 10A, ㉡ 15A
③ ㉠ 15A, ㉡ 20A
④ ㉠ 20A, ㉡ 30A

[해설] 급수밸브 및 체크밸브의 크기는 전열면적 10㎡ 이하의 보일러에서는 호칭 (15A) 이상, 전열면적 10㎡를 초과하는 보일러에서는 호칭 (20A) 이상이어야 한다.

정답 24 ② 25 ② 26 ③ 27 ③ 28 ③

29 글로브밸브(globe valve)에 대한 설명으로 틀린 것은? ○ 17년5월7일

① 밸브 디스크 모양은 평면형, 반구형, 원뿔형, 반원형이 있다.
② 유체의 흐름방향이 밸브 몸통 내부에서 변한다.
③ 디스크 형상에 따라 앵글밸브, Y형밸브, 니들밸브 등으로 분류된다.
④ 조작력이 적어 고압의 대구경 밸브에 적합하다.

[해설] 글로브밸브(globe valve) : 밸브의 몸통이 둥근 달걀형 밸브로서 유체의 압력 감소가 크므로 압력이 필요로 하지 않을 경우나 유량 조절용이나 차단용으로 적합한 밸브

30 글로브밸브(globe valve)에 대한 설명으로 틀린 것은? ○ 17년5월7일

① 유량조절이 용이하므로 자동조절밸브 등에 응용시킬 수 있다.
② 유체의 흐름방향이 밸브 몸통 내부에서 변한다.
③ 디스크 형상에 따라 앵글밸브, Y형밸브, 니들밸브 등으로 분류된다.
④ 조작력이 적어 고압의 대구경 밸브에 적합하다.

[해설] 글로브밸브(globe valve) : 밸브의 몸통이 둥근 달걀형 밸브로서 유체의 압력 감소가 크므로 압력이 필요로 하지 않을 경우나 유량 조절용이나 차단용으로 적합한 밸브

31 밸브의 몸통이 둥근 달걀형 밸브로서 유체의 압력 감소가 크므로 압력이 필요로 하지 않을 경우나 유량 조절용이나 차단용으로 적합한 밸브는? ○ 20년6월6일

① 글로브 밸브   ② 체크 밸브
③ 버터플라이 밸브   ④ 슬루스 밸브

[해설] 글로브 밸브 : 밸브의 몸통이 둥근 달걀형 밸브로서 유체의 압력 감소가 크므로 압력이 필요로 하지 않을 경우나 유량 조절용이나 차단용으로 적합한 밸브

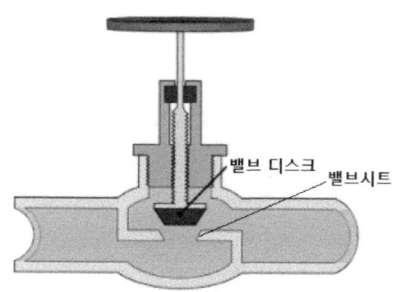

32 밸브의 몸통이 둥근 달걀형 밸브로서 유체의 압력 감소가 크므로 압력이 필요로 하지 않을 경우나 유량 조절용이나 차단용으로 적합한 밸브는? ○ 14년9월20일

① 글로브 밸브   ② 체크 밸브
③ 버터플라이 밸브   ④ 슬루스 밸브

[해설] 글로브 밸브 : 밸브의 몸통이 둥근 달걀형 밸브로서 유체의 압력 감소가 크므로 압력이 필요로 하지 않을 경우나 유량 조절용이나 차단용으로 적합한 밸브

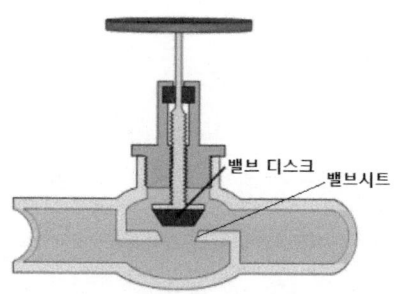

정답 29 ④ 30 ④ 31 ① 32 ①

★★★
33 다이어프램 밸브(diaphragm valve)의 특징이 아닌 것은? ✚ 17년5월7일, 22년3월5일, 12년9월15일

① 유체의 흐름이 주는 영향이 비교적 적다.
② 기밀을 유지하기 위한 패킹이 불필요하다.
③ 주된 용도가 유체의 역류를 방지하기 위한 것이다.
④ 산 등의 화학 약품을 차단하는데 사용하는 밸브이다.

해설 체크밸브 : 유체의 역류를 방지하기 위한 밸브

★★
34 다이어프램 밸브(diaphragm valve)에 대한 설명으로 틀린 것은? ✚ 18년4월28일

① 화학약품을 차단함으로써 금속부분의 부식을 방지한다.
② 기밀을 유지하기 위한 패킹을 필요로 하지 않는다.
③ 저항이 적어 유체의 흐름이 원활하다.
④ 유체가 일정 이상의 압력이 되면 작동하여 유체를 분출시킨다.

해설 안전밸브는 유체가 일정 이상의 압력이 되면 작동하여 유체를 분출시킨다.

35 산 등의 화학약품을 차단하는데 주로 사용하며 내약품성, 내열성의 고무로 만든 것을 밸브시트에 밀어붙여 기밀용으로 사용하는 밸브는? ✚ 21년9월12일

① 다이어프램밸브 ② 슬루스밸브
③ 버터플라이밸브 ④ 체크밸브

해설 다이어프램밸브 : 산 등의 화학약품을 차단하는데 주로 사용하며 내약품성, 내열성의 고무로 만든 것을 밸브시트에 밀어붙여 기밀용으로 사용하는 밸브

36 기밀을 유지하기 위한 패킹이 불필요하고 금속부분이 부식될 염려가 없어, 산 등의 화학약품을 차단하는데 주로 사용하는 밸브는? ✚ 20년9월26일

① 앵글밸브
② 체크밸브
③ 다이어프램 밸브
④ 버터플라이 밸브

해설 다이어프램 밸브 : 기밀을 유지하기 위한 패킹이 불필요하고 금속부분이 부식될 염려가 없어, 산 등의 화학약품을 차단하는데 주로 사용하는 밸브

★★
37 볼밸브의 특징에 대한 설명으로 틀린 것은? ✚ 19년4월27일

① 유로가 배관과 같은 형상으로 유체의 저항이 적다.
② 밸브의 개폐가 쉽고 조작이 간편하여 자동조작밸브로 활용된다.
③ 이음쇠 구조가 없기 때문에 설치공간이 작아도 되며 보수가 쉽다.
④ 밸브대가 90°회전하므로 패킹과의 원주방향 움직임이 크기 때문에 기밀성이 약하다.

해설 ▶ 볼 밸브(ball valve ; 구형 밸브)의 특징
① 구멍이 뚫린 공 모양의 몸체가 90도로 움직여 개, 폐하는 밸브로서 개폐시간이 짧고 기밀성이 우수하여 가스배관에 많이 사용하고 있으나, 일반 유체에도 많이 사용된다.
② 유로가 배관과 같은 형상으로 유체의 저항이 적다.
③ 밸브의 개폐가 쉽고 조작이 간편하여 자동조작밸브로 활용된다.
④ 이음쇠 구조가 없기 때문에 설치공간이 작아도 되며 보수가 쉽다.

정답 33 ③ 34 ④ 35 ① 36 ③ 37 ④

38 버터플라이 밸브의 특징에 대한 설명으로 틀린 것은?　　　　　　　◎ 19년3월3일

① 90°회전으로 개폐가 가능하다.
② 유량조절이 가능하다.
③ 완전 열림시 유체저항이 크다.
④ 밸브몸통 내에서 밸브대를 축으로 하여 원판형태의 디스트의 움직임으로 개폐하는 밸브이다.

[해설] 버터플라이 밸브는 완전 열림시 유체저항이 작다.

39 보일러에 부착하는 안전밸브에 대한 설명으로 틀린 것은?　　　　　◎ 13년6월2일

① 스프링식 안전밸브는 고압, 대용량 보일러에 적합하다.
② 지렛대식 안전밸브는 추의 이동에 따라 증기의 취출압력을 조정한다.
③ 스프링식 안전밸브는 스프링의 신축으로 증기의 취출압력을 조절한다.
④ 중추식 안전밸브는 밸브 위에 추를 올려 놓아 증기압력과 수직이 되게 하여 고압용으로 적합하다.

[해설] 안전밸브의 종류중 스프링식은 고압이고, 레버식 및 중추식은 저압용이다.

40 매끈한 원관 속을 흐르는 유체의 레이놀즈수가 1800일 때의 관마찰계수는?　◎ 20년6월6일

① 0.013　　② 0.015
③ 0.036　　④ 0.053

[해설] $f_{층류} = \dfrac{64}{R_e} = \dfrac{64}{1800} = 0.036$

41 유체가 관내를 흐를 때 생기는 마찰로 인한 압력손실에 대한 설명으로 틀린 것은?　　　　　　　◎ 18년3월4일

① 유체의 흐르는 속도가 빨라지면 압력손실도 커진다.
② 관의 길이가 짧을수록 압력손실은 작아진다.
③ 비중량이 큰 유체일수록 압력손실이 작다.
④ 관의 내경이 커지면 압력손실은 작아진다.

[해설] 비중량이 큰 유체일수록 압력손실이 크다.

손실수두 $h_L = f \times \dfrac{l}{d} \times \dfrac{v^2}{2g}$,

압력손실 $\Delta P = \gamma \times h_L$

(f : 관마찰계수, l : 관의 길이, d : 관의 직경, v : 속도, γ : 비중량)

★★
42 유체가 관로 내를 흐를 때 유체가 갖고 있는 에너지 일부가 유체 상호간 혹은 유체와 내벽과의 마찰로 인해 소모되는 것은 마찰손실이라 하는데, 다음 마찰 손실 중 국부저항손실수두가 아닌 것은?　　　　　◎ 12년9월5일

① 배관중의 밸브, 이음쇄류 등에 의한 것
② 관의 굴곡부분에 의한 것
③ 관내에서 유체와 관 내벽과의 마찰에 의한 것
④ 관의 축소, 확대에 의한 것

[해설] 마찰손실중 국부저항손실수두
1. 배관중의밸브, 이음쇄류등에의한것
2. 관의굴곡부분에의한것
3. 관의축소, 확대에의한것

정답　38 ③　39 ④　40 ③　41 ③　42 ③

43 원관을 흐르는 층류에 있어서 유량의 변화는?   15년5월31일, 18년9월15일

① 관의 반지름의 제곱에 반비례해서 변한다.
② 압력강하에 반비례하여 변한다.
③ 점성계수에 비례하여 변한다.
④ 관의 길이에 반비례해서 변한다.

해설 수평원관의 층류유동의 유량
$$Q = \frac{\Delta P \pi D^4}{128 \mu L}$$

정답 43 ④

열설비재료

Part 5

에너지관리기사 열설비설계

열설비설계

01
보일러의 종류 및 특징

01 보일러의 종류 및 특징
02 보일러설계
03 보일러의 부속장치
04 배관설계
05 전열(열전달)
06 용접, 리벳, 압력용기 설계
07 급수처리
08 보일러용량 및 열정산

CHAPTER 01 보일러의 종류 및 특징

자주출제 되는문제

01 보일러의 개요

1) **보일러의 3대 구성요소**
   (1) 보일러본체 : 원통형보일러에서는 동(胴 ; shell), 수관식보일러에서는 드럼(drum)이라한다.
   (2) 연소장치
   (3) 부속장치 : 과열기, 재열기, 절탄기, 증기트랩, 공기예열기, 등

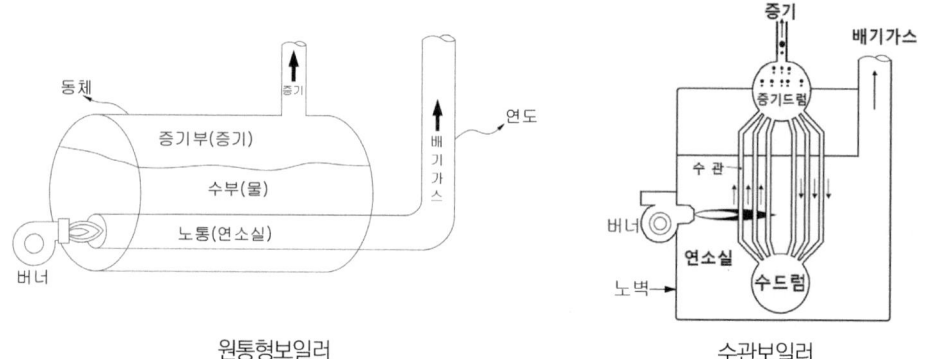

원통형보일러   수관보일러

2) **원형통보일러와 수관식 보일러의 비교**

구분	원통형 보일러	수관식 보일러
보유수량	많다	적다.(양질의 급수를 사용)
파열 시 피해	크다	작다
용도	저압, 소용량	고압(10bar 이상)(드럼이작아서), 대용량
압력변화	작다	크다
부하변동에 대한 대응	쉽다	어렵다
급수처리	간단하다	복잡하다

급수조절	쉽다	어렵다
전열면적	작다	크다
증기발생시간	길다	짧다
효율	낮다.	높다
스케일(관석(罐石)scale)	적다.	많다(수관의 직경이 작기때문)
구조	간단하다(청소용이)	복잡하다(청소불편)
제작(가격)	용이하다(저렴)	어렵다(고가)
취급	쉽다	어렵다(기술요함)

원통형 보일러		입형보일러	① 입형횡관보일러 ② 입형연관보일러 ③ 코코란 보일러
	횡형 보일러	노통 보일러	① 코르니시보일러(노통1개설치) ② 랭커셔 보일러(노통 2개설치)
		연관 보일러	① 횡연관 보일러 (외분식) ② 기관차보일러 ③ 케와니 보일러
		노통연관 보일러	① 스코치보일러 ② 하우덴존슨보일러(선박용) ③ 노통연관 패키지보일러(육용(陸用))
수관식 보일러		자연순환식	① 바브콕 ② 다쿠마 ③ 야로우 ④ 쓰네기찌 ⑤ 2동D형 보일러
		강제순환식	① 라몽트(라몽) ② 베룩스
		관류보일러 (드럼이 없다)	① 벤슨 ② 슐처 ③ 소형관류 보일러
주철제 보일러		주철제섹션(section) 보일러	① 증기보일러 ② 온수보일러
특수 보일러		(특수)열매체보일러	① 수은 ② 다우삼 ③ 모빌섬 ④ 카네크롤
		간접가열보일러	① 슈미터보일러 ② 레플러보일러

02 입형보일러

입형보일러는 횡형보일러에 비해 다음 특징이 있다.
① 설치 면적이 좁다.
② 전열면적이 적고 효율이 낮다.
③ 증발량이 적으며 습증기가 발생한다.
④ 입형 보일러는 증기실이 작아서 내부 청소 및 검사가 불편하다.
입형보일러는 횡형보일러로 설치가 어려운 좁은 장소에 주로 설치한다.

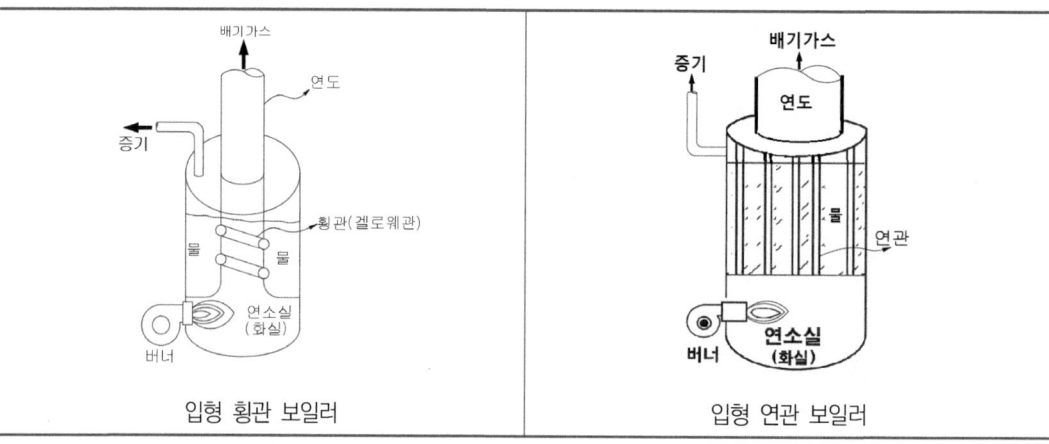

1) 입형 횡관 보일러

입형 보일러의 연소실(화실) 내부에 수부를 연결하는 횡관 3~4개를 설치한 보일러로 횡관을 설치하여 전열면적이 증가하고, 노통(화실벽)의 강도 보강되며, 관수의 순환이 양호하게 된다.

▶ 횡관(갤로웨이관 ; Galloway tube) : 노통을 가로 지르는 물이 흐르는 관으로 2~3개 정도 설치한다. 노통 에 갤러웨이 관을 직각 으로 설치한다.

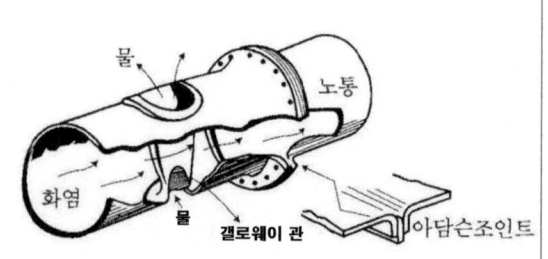

▶ 횡관설치시 이점
① 전열면적이 증가한다
② 보일러수의 순환을 좋게 한다.
③ 화실벽(노통)을 보강한다.
▶ 아담슨조인트
노통을 일체형으로 제작하면 강도가 약해지는 결점이 있다. 이러한 결점을 보완하기 위하여 몇 개의 플랜지형 노통으로 제작하는 데 이 때의 이음부로 평형 노통의 신축작용흡수와 노통의 강도보강이 된다.

2) 입형 연관 보일러

입형 보일러의 연관(연소가스가 흐르는관)과 직접 연결하는 상부관판과 하부관판 사이에 다수의 수직 연관군을 형성하여 전열면적을 증가시키어 효율을 향상시킨 보일러로 단점은 증기가 직접 접촉하는 상부관판에 과열부식이 발생할 수 있다.

3) 코크란 보일러

입형 횡관 보일러의 상부관판이 직접 증기와 접촉되어 과열 사고가 발생 할 수 있으므로 연관군을 횡형으로 설치하여 상부관판과 접촉되지 않게 하여 과열방지 하였고, 상부 동을 반구형으로 제작하여 고압에 안전하다.

03 횡형보일러

1) 노통 보일러

횡형 보일러의 동체 내부에 노통(연소실)을 설치한 보일러로서 구조가 간단하여 청소 및 수리가 용이하나, 전열면적은 크지 않아 효율은 낮다.

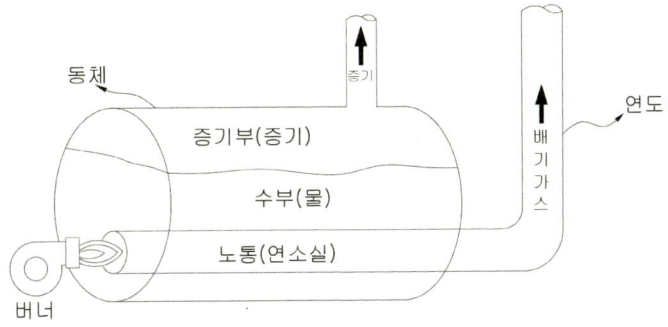

원통형 노통보일러

※ 노통보일러의 안전저수위 : 노통최고부 위쪽 100mm

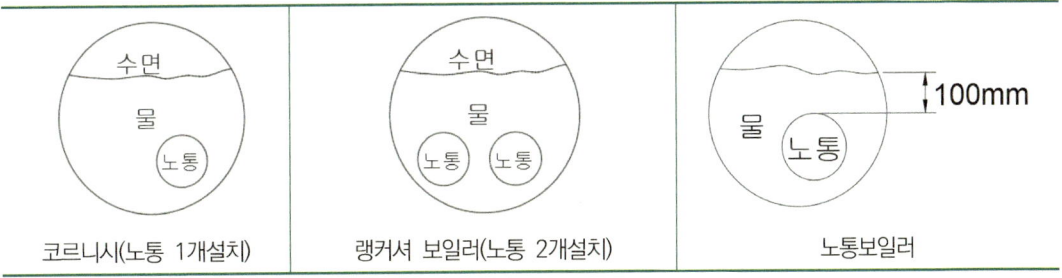

| 코르니시(노통 1개설치) | 랭커셔 보일러(노통 2개설치) | 노통보일러 |

참고 코르니시 노통을 편심시키는 이유 : 보일러수가 순환이 잘이루어지기 위해 편심 시켜서 노통을 설치한다.

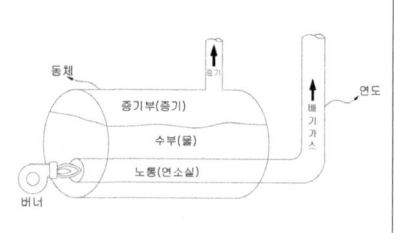	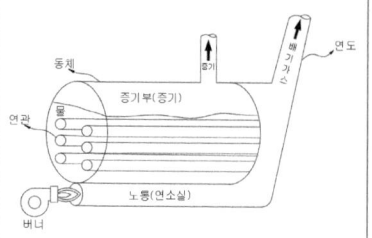	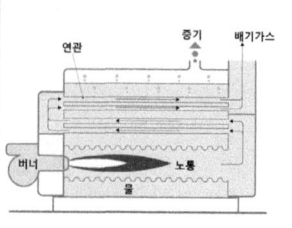
노통보일러 내분식(동체안에 노통이있다)	연관보일러 외분식(동체밖에 노통이 있다.)	노통연관보일러 내분식(동체안에 노통이있다)

구분	평형노통	파형노통
장점	① 제작이 용이하고 가격이 저렴하다. ② 청소와 검사가 용이 하다. ③ 연소가스의 마찰저항이 적다.(통풍이 양호하다)	① 열에 의한 신축성이 크다. ② 외압에 대한 강도가 크다. ③ 전열면적이 크서 효율이 좋다.
단점	① 열에 의한 신축성이 좋지 않다.(아담슨 조인트가 보완해준다) ② 외압에 대한 강도가 작다.(고압에 부적합하다) ③ 전열면적이작아 효율이좋지 못하다.	① 내부청소가 어렵다. ② 제작이 어려워 비싸다. ③ 연소가스의 마찰저항이 크다.(평형노통에 비해 통풍저항이 크다.

【파형노통의 종류별 피치 및 깊이】

노통의 종류	피치(mm)	골의 깊이(mm)
모리슨형	200 이하	32 이상
데이톤형	200 이하	38 이상
폭스형	200 이하	38 이상
파브스형	230 이하	35 이상
리즈포지 형	200 이하	57 이상
브라운형	230 이하	41 이상

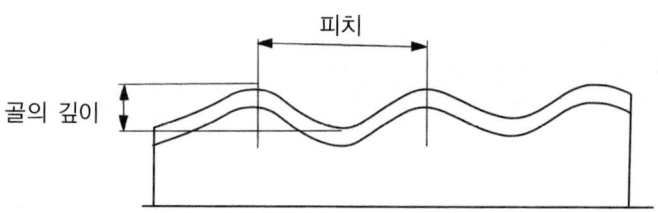

2) 연관 보일러

횡형 보일러의 동체 내부에 다수의 수평 연관군을 설치하여 전열면적을 증가시킨 보일러로 노통 보일러에 비해 효율은 양호하다.

횡관식 보일러에서 연관의 배열을 바둑판모양으로 하는 이유는 물의 원활한 순환을 하기 위해서 이다.

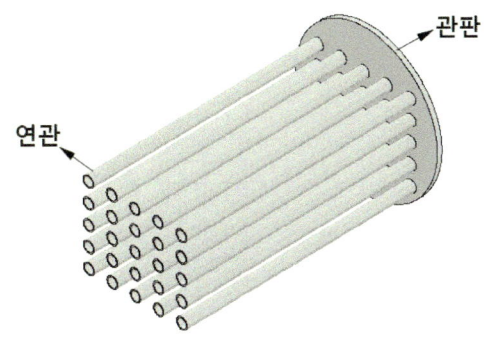

3) 노통연관 보일러

횡형 보일러의 동체 내부에 지름이 큰 파형 노통과 연관군을 조합하여 설치한 내분식 구조의 보일러로 노통(연소실)과 연관(연소가스관)이 동시에 있어 전열면적이 증가되므로 노통 보일러와 연관 보일러에 비해 효율이 가장 높지만, 구조가 복잡하므로 청소 및 수리, 점검이 불리하고, 증발속도가 빨라 과열로 인한 스케일 부착이 쉬우며, 급수처리가 까다롭다.

※ 노통연관보일러의 안전저수위 설정
① 노통이 연관 위쪽에 있는 경우 : 노통 최고부 위쪽 100mm
② 연관이 노통 위쪽에 있는 경우 : 연관 최고부 위쪽 75mm

4) 압궤(collapse), 라미네이션(lamination)재료, 블리스터(Blister)

① 원통 보일러의 노통은 물의 압력에 의한 압축하중과 열에 의한 압축 열응력을 주로 받는다.

② 압궤(collapse) : 노통이나 화실과 같은 원통 부분이 외측으로부터의 압력에 견딜 수 없게 되어 눌려 찌그러져 찢어지는 현상으로 주로 노통, 화실천장, 연관등에서 발생한다.

③ 라미네이션(lamination)재료 : 강판이나 관의 제조시 여러 층을 결합하여 재료의 물리적 및 기능적 특성을 향상시킨 재료

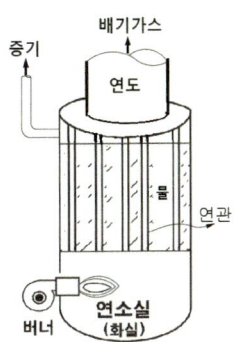

④ 블리스터(Blister) : 라미네이션의 재료가 외부로부터 강하게 열을 받아 소손 되어 부풀어 오르는 현상

04 수관식 보일러

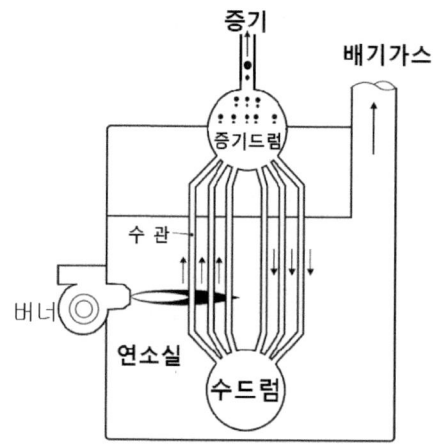

연료 소모량을 적게 하고, 고압의 증기를 짧은 시간에 다량 발생시키기 위해 직경이 작은 드럼과 수관군을 구성시킨 외분식의 전열면적을 최대한으로 설계한 고온·고압 대용량 보일러로 드럼의 수는 형식에 따라 1개 내지 4개 정도가 설치되며, 물의 순환방법에 따라 자연순환식, 강제순환식, 관류식으로 구분된다.

[장점]
① 고온 및 고압에 적당하고 발생열량이 크며, 설치면적이 적다
② 전체 구조(직경이 적은 드럼과 수관군)가 전열면으로 효율이 매우 높다
③ 보유수량이 적어서 증기 발생 시간이 빠르며, 파열 시 피해가 적다

[단점]
① 구조가 복잡하여 청소 및 수리 등 불편하며, 제작이 어렵고 고가이다.
② 수관군에 스케일 생성이 우려되므로 급수처리가 매우 까다롭다.
③ 보유수량이 적고 전열면적이 크므로 부하변동에 응하기 어렵다.

1) 자연순환식 보일러

상부 기수(수증기) 드럼과 하부 수 드럼의 비중차를 이용하여 순환을 시키는 중력환수방식으로 수관보일러의 대부분은 자연순환식 보일러이며 관수의 순환 촉진 방법은 포화수와 포화증기의 비중차를 크게 하고, 관경 및 수관의 경사도를 크게 하며, 강수관의 가열을 피하는 제작으로 물의 비중차에 의하여 순환을 원활하게 한다.

2) 강제순환식 보일러

자연순환식 보일러의 중력환수방식 운전에서 압력이 임계압력에 가까워지면 질수록 관 수위

비중량과 증기의 비중량 차이가 감소하여 자연 순환이 어렵게 되므로 순환펌프를 사용하여 관수를 강제 순환시키는 방식이다.

3) 관류식 보일러

하나의 관으로 구성되며 드럼이 없고 보유수량이 적어 증기발생이 빠른 보일러이다. 강제순환식으로 관하나에서 가열,증발,과열이동시에 일어나는 형식이다.

장점	단점
• 순환비(급수량/증기량)가 1로서 드럼이 필요없다.(단관식) • 고압이며 증기의 열량이 크다. • 전열면적이 크고 효율이 좋다. • 증기발생시간이 짧다.	• 완벽한 급수처리를 하여야 한다. • 급수의 유속을 일정하게 유지해야 한다. • 부하변동에 대한 적응력이 적다. • 완전한 연소제어 및 온도제어장치를 설치해야 한다.

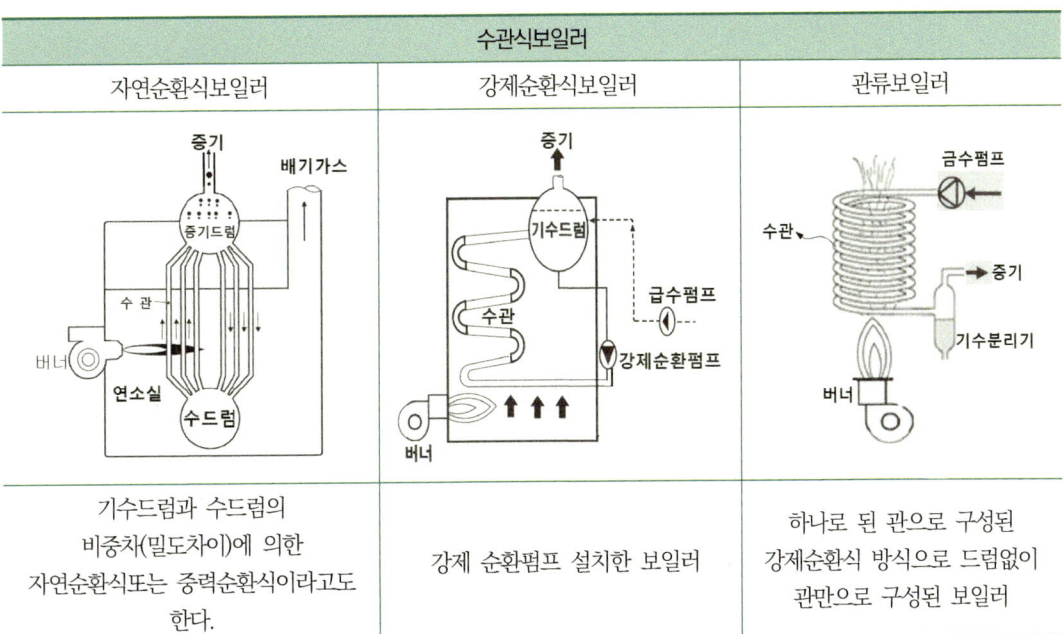

수관식보일러		
자연순환식보일러	강제순환식보일러	관류보일러
기수드럼과 수드럼의 비중차(밀도차이)에 의한 자연순환식또는 중력순환식이라고도 한다.	강제 순환펌프 설치한 보일러	하나로 된 관으로 구성된 강제순환식 방식으로 드럼없이 관만으로 구성된 보일러

▶ **수관보일러에서 수냉 노벽의 설치 목적**

수냉노벽 : 노벽을 수관으로 만들어서 노벽으로 빠져 나가는 방사 열량을 줄이기 위해 설치

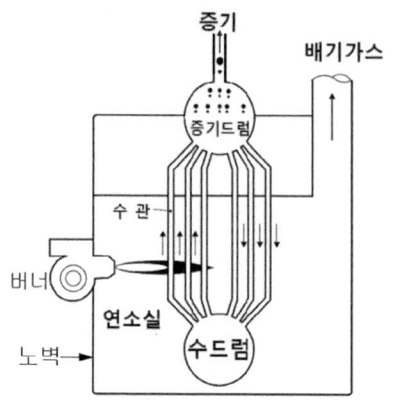

1) 고온의 연소열에 의해 내화물이 연화, 변형되는 것을 방지하기 위해
2) 복사열을 흡수시켜 복사에 의한 열손실을 줄이기 위해
3) 전열면적을 증가시켜 전열효율을 상승시키고 보일러효율을 높이기 위해
4) 노내의 기밀유지

05 주철제 보일러

섹셔널 보일러(sectional boiler)라고도 하며, 주철을 주조 성형하며 1개의 섹션(쪽)을 각각 만들어 보일러 용량에 맞추어 약 5개내지 18개정도의 섹션을 조립하여 사용하는 저압 보일러로 전열면적이 크고 효율이 높아 주로 난방에 사용되며 증기 보일러와 온수 보일러가 있다.

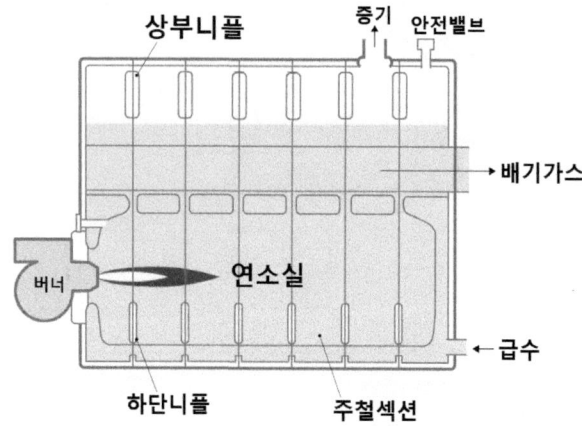

[장점]
① 주물 제작으로 복잡한 구조 제작이 가능하다.
② 내식성·내열성이 우수하고,
③ 저압($1\dfrac{kg_f}{cm^2}$ 이하)으로 사고 시 피해가 적고,
④ 조립식으로 반입 또는 해체가 용이하다
⑤ 섹션 증감 제작으로 용량 조절이 가능하다
⑥ 전열면적 크고 효율이 높다

[단점]
① 주물 제작으로 인장강도 및 충격에 약하다.
② 고압 대용량에는 부적합하다.
③ 열에 의한 부동팽창으로 균열이 생기기 쉽고, 열 충격에 약하다
④ 구조가 복잡하여 청소 및 검사가 곤란하다.
▶ 소용량주철제보일러는 주철제보일러 중 전열면적이 $5m^2$ 이하이고 최고 사용 압력이 0.1MPa 이하 보일러 이다.

06 (특수)열매체복일러=특수유체보일러

물대신 특수유체를 사용하여 낮은 압력에서 고온의 증기 및 고온의 액체를 공급하기 위해 사용하는 보일러이다.

물은 300℃의 증기를 얻으려면 $8MPa\left(80\dfrac{kg_f}{cm^2}\right)$ 정도의 압력이 필요하다.

특수유체 보일러는 300℃의 증기를 얻으려면 $0.2MPa\left(2\dfrac{kg_f}{cm^2}\right)$ 정도의 압력이 필요하다.

1) 열매체보일러의 특징
① 급수처리장치 및 청관제 주입장치가 필요없다.
② 낮은 압력에서도 고온의 증기를 얻을 수 있음
③ 안전관리상 보일러 안전밸브는 밀폐식 구조로 함
④ 다우삼, 모빌섬, 카네크롤 보일러 등이 이에 해당함
⑤ 겨울철 동결의 우려가 적음

07 브리징스페이스(breathing space)=완충폭

노통의 상부와 거싯스테이(거싯버팀)사이의 공간으로 열에 의한 압축응력을 완화시기기 위한 경판의 탄력구역을 브리징 스페이스라 한다. 브레이징 스페이스(Breathing space)는 노통의 호흡공간으로 도량모양의 침식인 구식(grooving)을 예방하기 위하여 설치아며 경판의 두께에 따라 브레이징스페이스(완충폭)이 달라진다.

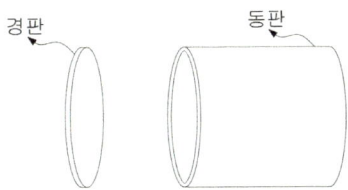

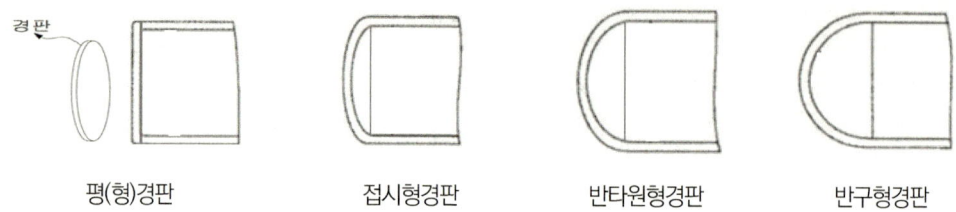

| 평(형)경판 | 접시형경판 | 반타원형경판 | 반구형경판 |

강도가 작은 것부터 큰순서
평(형)경판 < 접시형경판 < 반타원형 경판 < 반구형경판

경판의 두께	브레이징스페이스(완충폭)
13mm이하인 경우	230mm이상
15mm이하인 경우	260mm이상
17mm이하인 경우	280mm이상
19mm이하인 경우	300mm이상
19mm초과인 경우	320mm이상

보일러부식 ─ 외부부식 ─ 고온부식 : 과열기, 재열기에 주로 발생 배기가스 성분중 V(바나듐)인 많을때
　　　　　　　　　　└ 저온부식 : 절탄기, 공기예열기 주로발생 배기가스 성분중 S(황)이 많을때
　　　　　└ 내부부식 ─ 구식(grooving) : 접합부분의 부식을 대표적으로 경판과 거싯스테이부분의 도랑모양의 부식
　　　　　　　　　　└ 점식(pitting) : 용존산소에 의해 점모양의 부식으로 보일러 등의 수면 부근에서 발생함

▶ 구식(그루빙 ; grooving) : 접합부분의 부식을 대표적으로 경판과 거싯스테이부분의 도랑 모양의 부식

▶ 점식(피팅 : pitting) : 물속의 산소(용존산소)농도차에 의한 전기 화학적으로 발생하는 부식이다.

▶ 점식(Pitting)의 특징
① 진행속도가 아주 빠르다.
② 양극반응의 독특한 형태로 점모양으로 부식이 발생하며 수면 부근에서 발생한다.
③ 스테인리스강에서 흔히 발생함
④ 재료 표면의 성분이 고르지 못한 곳에 발생하기 쉬움

열설비설계 과년도 기출문제

01 다음 중 보일러 구성의 3대 요소에 해당되지 않는 것은? ◆ 15년 9월19일

① 본체
② 분출장치
③ 연소장치
④ 부속장치

[해설] ▶ 보일러 구성의 3대 요소
① 본체
② 연소장치
③ 부속장치(안전밸브, 방출밸브, 화염검출기, 고저수위 경보장치등 안전 및 효율적인 운전과 관련되는 장치)

02 다음 중 보일러 본체의 구조가 아닌 것은? ◆ 20년 6월6일

① 노통
② 노벽
③ 수관
④ 절탄기

[해설] 절탄기는 급수가열장치로 부속장치에 해당된다.

03 다음 중 횡형 보일러의 종류가 아닌 것은? ◆ 16년 3월6일

① 노통식 보일러
② 연관식 보일러
③ 노통연관식 보일러
④ 수관식 보일러

[해설]

원통형 보일러	입형보일러		① 입형횡관보일러 ② 입형연관보일러 ③ 코코란 보일러
	횡형 보일러	노통 보일러	① 코르니시보일러(노통1개설치) ② 랭커셔 보일러(노통 2개설치)
		연관 보일러	① 횡연관 보일러 (외분식) ② 기관차보일러 ③ 케와니 보일러
		노통연관 보일러	① 스코치보일러 ② 하우덴존슨보일러(선박용) ③ 노통연관 패키지보일러 (육용(陸用))
수관식 보일러	자연순환식		① 바브콕 ② 다쿠마 ③ 야로우 ④ 쓰네기찌 ⑤ 2동D형 보일러
	강제순환식		① 라몽트(라몽) ② 베룩스
	관류보일러 (드럼이 없다)		① 벤슨 ② 슐처 ③ 소형관류 보일러
주철제 보일러	주철제섹션 보일러		① 증기보일러 ② 온수보일러
특수 보일러	(특수)열매체 보일러		① 수은 ② 다우삼 ③ 모빌섬 ④ 카네크롤
	간접가열 보일러		① 슈미터보일러 ② 레플러보일러

04 수관식 보일러에 속하지 않는 것은? ◆ 20년 8월22일/16년 10월1일

① 코르니쉬 보일러
② 바브콕 보일러
③ 라몬트 보일러
④ 벤손 보일러

[해설] 문3번 해설 참조

정답 01 ② 02 ④ 03 ④ 04 ①

chapter 01 보일러의 종류 및 특징

05 다음 중 강제 순환식 수관 보일러는?

　　　　　　　　　　　◎ 13년 3월10일/17년 3월5일

① 라몬트(Lamont) 보일러
② 타쿠마(Takuma) 보일러
③ 슐저(Sulzer) 보일러
④ 벤슨(Benson) 보일러

해설 문3번 해설 참조

06 다음 보일러 중에서 드럼이 없는 구조의 보일러는?

　　　　　　　　　　　◎ 18년 9월15일

① 야로우 보일러
② 슐저 보일러
③ 타쿠마 보일러
④ 베록스 보일러

해설 관류보일러는 드럼이 없다.
문3번 해설 참조

07 다음 중 원통형 보일러가 아닌 것은?

　　　　　　　　　　　◎ 13년 6월2일

① 코나시 보일러
② 랭커셔 보일러
③ 케와니 보일러
④ 다꾸마 보일러

해설 다꾸마 보일러는 자연순환식 수관보일러이다.
문3번 해설 참조

08 순환식(자연 또는 강제) 보일러가 아닌 것은?

　　　　　　　　　　　◎ 17년 5월7일

① 타쿠마 보일러
② 야로우 보일러
③ 벤손 보일러
④ 라몬트 보일러

해설 문3번 해설 참조

09 보일러 형식에 따른 분류 중 원통형보일러에 해당하지 않는 것은?

　　　　　　　　　　　◎ 16년 5월8일

① 관류보일러
② 노통보일러
③ 입형보일러
④ 노통연관식보일러

해설 문3번 해설 참조

10 다음 중 횡형 보일러의 종류가 아닌 것은?

　　　　　　　　　　　◎ 16년 3월6일

① 노통식 보일러
② 연관식 보일러
③ 노통연관식 보일러
④ 수관식 보일러

해설 문3번 해설 참조

11 보일러의 형식에 따른 종류의 연결로 틀린 것은?

　　　　　　　　　　　◎ 19년 4월27일

① 노통식 원통보일러 - 코르니시 보일러
② 노통연관식 원통보일러 - 라몬트 보일러
③ 자연순환식 수관보일러 - 다꾸마 보일러
④ 관류보일러 - 슐처 보일러

해설 문3번 해설 참조(해설)

정답 05 ① 06 ② 07 ④ 08 ③ 09 ① 10 ④ 11 ②

12 원통 보일러의 특징이 아닌 것은?
　　　　　　　　　　　　● 15년 9월19일

① 압력변동이 크다.
② 구조가 간단하다.
③ 보유수량이 많아 증기 발생시간이 길다.
④ 보유수량이 많아 파열시 피해가 크다.

> 해설 ▶ 원통형 보일러의 특징
>   1) 구조가 간단하고 취급이 용이하다.
>   2) 고압 및 대용량에는 부적당하다.
>   3) 부하변동에 의한 압력변화가 적다.
>   4) 보유수량이 많아 증기 발생시간이 길다.
>   5) 보유수량이 많아 파열시 피해가 크다.

13 원통형 보일러의 특징이 아닌 것은?
　　　　　　　　　　　　● 16년 10월1일

① 구조가 간단하고 취급이 용이하다.
② 부하변동에 의한 압력변화가 적다.
③ 보유량이 적어 파열 시 피해가 적다.
④ 고압 및 대용량에는 부적당하다.

> 해설 원통형 보일러는 보유량이 많아 파열시 피해가 크다.

14 입형 보일러의 특징에 대한 설명으로 틀린 것은?
　　　　　　　　　　● 20년 9월26일/13년 6월2일

① 설치 면적이 좁다.
② 전열면적이 적고 효율이 낮다.
③ 증발량이 적으며 습증기가 발생한다.
④ 증기실이 커서 내부 청소 및 검사가 쉽다.

> 해설 입형 보일러는 증기실이 작아서 내부 청소 및 검사가 불편하다.

15 다음 중 수관식 보일러의 장점이 아닌 것은?
　　　　　　　　　　　　● 20년 6월6일

① 드럼이 작아 구조상 고온 고압의 대용량에 적합하다.
② 연소실 설계가 자유롭고 연료의 선택범위가 넓다.
③ 보일러수의 순환이 좋고 전열면 증발율이 크다.
④ 보유수량이 많아 부하변동에 대하여 압력변동이 적다.

> 해설 보유수량이 적어 부하변동에 대하여 압력변동이 많다.

16 수관보일러의 특징에 대한 설명으로 옳은 것은?
　　　　　　　　　● 13년 3월10일/20년 9월26일

① 10bar 이하의 중소형 보일러에 적용이 일반적이다.
② 연소실 주위에 수관을 배치하여 구성한 수냉벽을 로에 구성한다.
③ 수관의 특성상 기수분리의 필요가 없는 드럼리스보일러의 특징을 갖는다.
④ 열량을 전열면에서 잘 흡수시키기 위해 2-패스, 3-패스, 4-패스 등의 흐름구성을 갖도록 설계한다.

> 해설 수관보일러는 연소실 주위에 수관을 배치하여 구성한 수냉벽을 로에 구성한 것으로 외분식 보일러에 속한다.

정답 12 ① 13 ③ 14 ④ 15 ④ 16 ②

17 수관식 보일러에 대한 설명으로 틀린 것은? ● 20년 8월22일

① 증기 발생의 소요시간이 짧다.
② 보일러 순환이 좋고 효율이 높다.
③ 스케일의 발생이 적고 청소가 용이하다.
④ 드럼이 작아 구조적으로 고압에 적당하다.

[해설] 수관식 보일러는 관안에 스케일이 발생하며 청소 및 점검이 곤란하다.

18 다음 각 보일러의 특징에 대한 설명 중 틀린 것은? ● 14년 5월25일/2021년 5월15일

① 입형 보일러는 좁은 장소에도 설치할 수 있다.
② 노통 보일러는 보유수량이 적어 증기발생 소요시간이 짧다.
③ 수관 보일러는 구조상 대용량 및 고압용에 적합하다.
④ 관류 보일러는 드럼이 없어 초고압보일러에 적합하다.

[해설] 노통 보일러는 큰 동체를 가지고 있어 보유수량이 많아 증기발생 소요시간이 느리다.

19 노통연관식 보일러의 특징에 대한 설명으로 옳은 것은? ● 21년 5월15일

① 외분식이므로 방산손실열량이 크다.
② 고압이나 대용량보일러로 적당하다.
③ 내부청소가 간단하므로 급수처리가 필요 없다.
④ 보일러의 크기에 비하여 전열면적이 크고 효율이 좋다.

[해설] 노통연관식 보일러의 특징 보일러의 크기에 비하여 전열면적이 크고 효율이 좋다.

20 파형노통의 특징에 대한 설명으로 옳은 것은? ● 14년 9월20일

① 외압에 약하다.
② 전열면적이 좁다.
③ 열에 의한 신축에 대하여 탄력성이 적다.
④ 내부청소 및 제작이 어렵다.

[해설] 파형노통의 특징
① 파형 형태의 단면 구조는 외압에 대한 강도를 높여줍니다.
② 파형 형태의 단면 구조는 열전달 면적을 넓혀 효율적인 열교환을 가능하게 합니다.
③ 파형 형태는 열팽창 및 수축에 대한 탄력성을 제공하여 파손을 방지합니다.
④ 파형 형태는 내부 청소 및 제작 과정을 복잡하게 만들어 관리 및 유지 보수에 어려움을 초래합니다.

21 평형노통과 비교한 파형노통의 장점이 아닌 것은? ● 20년 6월6일

① 청소 및 검사가 용이하다.
② 고열에 의한 신축과 팽창이 용이하다.
③ 전열면적이 크다.
④ 외압에 대한 강도가 크다.

[해설] 파형노통보일러는 노통이 굴곡이 있어 청소 및 검사가 불편하다.

정답 17 ③ 18 ② 19 ④ 20 ④ 21 ①

22 피치가 200mm 이하이고, 골의 깊이가 38mm 이상인 것의 파형 노통의 종류로 가장 적절한 것은? ✚ 16년 5월8일/13년 9월28일

① 모리슨형　② 브라운형
③ 폭스형　　④ 리즈포지형

해설 파형노통의 종류별 피치 및 깊이

노통의 종류	피치(mm)	골의 깊이(mm)
모리슨형	200 이하	32 이상
데이톤형	200 이하	38 이상
폭스형	200 이하	38 이상
파브스형	230 이하	35 이상
리즈포지 형	200 이하	57 이상
브라운형	230 이하	41 이상

23 횡연관식 보일러에서 연관의 배열을 바둑판 모양으로 하는 주된 이유는? ✚ 13년 9월28일

① 보일러 강도상 유리하므로
② 관의 배치를 많게 하기 위하여
③ 물의 순환을 양호하게 하기 위하여
④ 연소가스의 흐름을 원활하게 하기 위하여

해설 횡연관식 보일러에서 연관의 배열을 바둑판 모양으로 하는 주된 이유는 물의 순환을 양호하게 하기 위함이다.

24 강제순환식 보일러의 특징에 대한 설명으로 틀린 것은? ✚ 19년 3월3일

① 증기발생 소요시간이 매우 짧다.
② 자유로운 구조의 선택이 가능하다.
③ 고압보일러에 대해서도 효율이 좋다.
④ 동력소비가 적어 유지비가 비교적 적게 든다.

해설 강제순환식 보일러는 순환펌프가 사용되기 때문에 자연순환식에 비해 동력소비가 크고 유지비가 많게 든다.

25 보일러 내에서 물을 강제 순환시키는 이유로 옳은 것은? ✚ 13년 6월2일

① 보일러의 성능을 양호하게 하기 위하여
② 보일러의 압력이 상승하면 포화수와 포화증기의 비중량의 차가 점점 줄어들기 때문에
③ 관의 마찰 저항을 줄이기 위하여
④ 보일러 드럼이 1개이기 때문에

해설 보일러의 압력이 상승하면 포화수와 포화증기의 비중량의 차가 점점 줄어들기 때문에 순환이 잘 일어나지 않는다.
그래서 보일러 내에서 물을 강제 순환 시킨다.

26 랭카셔 보일러에 대한 설명으로 틀린 것은? ✚ 19년 4월27일

① 노통이 2개이다.
② 부하변동 시 압력변화가 적다.
③ 연관보일러에 비해 전열면적이 작고 효율이 낮다.
④ 급수처리가 까다롭고 가동 후 증기 발생 시간이 길다.

해설 랭카셔 보일러는 노통이 2개로 급수처리가 용이하다.

정답 22 ③　23 ③　24 ④　25 ②　26 ④

chapter 01 보일러의 종류 및 특징 | 557

27 노통보일러의 설명으로 틀린 것은?

◆ 21년 3월7일

① 구조가 비교적 간단하다.
② 노통에는 파형과 평형이 있다.
③ 내분식 보일러의 대표적인 보일러이다.
④ 코르니쉬 보일러와 랭카셔 보일러의 노통은 모두 1개이다.

해설

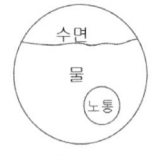
코르니쉬 보일러

랭카셔 보일러

28 코르니시 보일러에서 노통은 몇 개인가?

◆ 14년 9월20일

① 1　　　　② 2
③ 3　　　　④ 4

해설 코르니시 보일러는 1개의 노통을 가진 원통형 보일러 랭커셔 보일러는 2개의 노통을 가진 원통형 보일러

29 원통형보일러의 노통이 편심으로 설치되어 관수의 순환작용을 촉진시켜 줄 수 있는 보일러는?

◆ 21년 5월15일/15년 3월8일

① 코르니시 보일러
② 라몬트 보일러
③ 케와니 보일러
④ 기관차 보일러

해설

코르니쉬 보일러

랭카셔 보일러

30 코르니시 보일러의 노통을 한쪽으로 편심 부착시키는 주된 목적은?

◆ 17년 9월23일

① 강도상 유리하므로
② 전열면적을 크게 하기 위하여
③ 내부청소를 간편하게 하기 위하여
④ 보일러 물의 순환을 좋게 하기 위하여

해설 코르니시 보일러의 노통을 한쪽으로 편심부착 시키는 주된 목적물의 순환을 좋게 하기 위해서 이다.

31 노통보일러 중 원통형의 노통이 2개 설치된 보일러를 무엇이라고 하는가?

◆ 19년 9월21일/16년 5월8일/22년 3월5일

① 랭커셔보일러
② 라몬트보일러
③ 바브콕보일러
④ 다우삼보일러

해설 코르니시 보일러는 1개의 노통을 가진 원통형 보일러 랭커셔 보일러는 2개의 노통을 가진 원통형 보일러

32 수관식과 비교하여 노통연관식 보일러의 특징으로 옳은 것은?

◆ 17년 5월7일

① 설치 면적이 크다.
② 연소실을 자유로운 형상으로 만들 수 있다.
③ 파열시 비교적 위험하다.
④ 청소가 곤란하다.

해설 노통연관식은 수관식에 비해, 수부가 크고 CO 가스 빈번하게 발생하여 파열시 피해가 크나 증기의 질이 좋음

정답　27 ④　28 ①　29 ①　30 ④　31 ①　32 ③

33 수관보일러에서 수냉 노벽의 설치 목적으로 가장 거리가 먼 것은? ✚ 17년 9월23일

① 고온의 연소열에 의해 내화물이 연화, 변형되는 것을 방지하기 위하여
② 물의 순환을 좋게 하고 수관의 변형을 방지하기 위하여
③ 복사열을 흡수시켜 복사에 의한 열손실을 줄이기 위하여
④ 전열면적을 증가시켜 전열효율을 상승시키고 보일러 효율을 높이기 위하여

해설 ▶ 수관보일러에서 수냉 노벽의 설치 목적
1) 고온의 연소열에 의해 내화물이 연화, 변형되는 것을 방지하기 위해
2) 복사열을 흡수시켜 복사에 의한 열손실을 줄이기 위해
3) 전열면적을 증가시켜 전열효율을 상승시키고 보일러효율을 높이기 위해
4) 노내의 기밀유지

34 자연순환식 수관보일러에서 물의 순환에 관한 설명으로 틀린 것은? ✚ 18년 3월4일/15년 3월8일

① 순환을 높이기 위하여 수관을 경사지게 한다.
② 발생증기의 압력이 높을수록 순환력이 커진다.
③ 순환을 높이기 위하여 수관 직경을 크게 한다.
④ 순환을 높이기 위하여 보일러수의 비중차를 크게 한다.

해설 ▶ 자연순환식 수관보일러에서 물의 순환
1) 순환을 높이기 위하여 수관을 경사지게 한다.
2) 순환을 높이기 위하여 수관 직경을 크게 한다.
3) 순환을 높이기 위하여 보일러수의 비중차를 크게 한다.
4) 발생증기의 압력이 높을수록 순환력이 작아진다.

35 수관 보일러와 비교한 원통 보일러의 특징에 대한 설명으로 틀린 것은? ✚ 22년 4월24일

① 구조상 고압용 및 대용량에 적합하다.
② 구조가 간단하고 취급이 비교적 용이하다.
③ 전열면적당 수부의 크기는 수관보일러에 비해 크다.
④ 형상에 비해서 전열면적이 작고 열효율은 낮은 편이다.

해설 원통 보일러는 구조가 간단하나 보유수량이 많아 효율이 낮고 파열시 피해가 커서 저압용 및 소용량에 적합하다.

36 원통보일러와 비교하여 수관보일러의 장점으로 틀린 것은? ✚ 15년 9월19일

① 고압증기의 발생에 적합하다.
② 구조가 간단하고 청소가 용이하다.
③ 시동시간이 짧고 파열시 피해가 적다.
④ 증발률이 크고 열효율이 높아 대용량에 적합하다.

해설 ▶ 원통보일러와 비교하여 수관보일러의 장점
1) 고압증기의 발생에 적합하다.
2) 구조가 복잡하고 청소가 불편하다.
3) 시동시간이 짧고 파열시 피해가 적다.
4) 증발률이 크고 열효율이 높아 대용량에 적합하다.

37 긴 관의 일단에서 급수를 펌프로 압입하여 도중에서 가열, 증발, 과열을 한꺼번에 시켜 과열증기로 내보내는 보일러로서 드럼이 없고, 관만으로 구성된 보일러는? ✚ 15년 9월19일/18년 3월4일

① 이중 증발 보일러　② 특수 열매 보일러
③ 연관 보일러　　　④ 관류 보일러

해설 관류 보일러 : 긴 관의 일단에서 급수를 펌프로 압입하여 도중에서 가열, 증발, 과열을 한꺼번에 시켜 과열증기로 내보내는 보일러로서 드럼이 없고, 관만으로 구성된 보일러

정답　33 ②　34 ②　35 ①　36 ②　37 ④

38 횡연관식 보일러에서 연관의 배열을 바둑판 모양으로 하는 주된 이유는? ✪ 21년 3월7일

① 보일러 강도 증가
② 증기발생 억제
③ 물의 원활한 순환
④ 연소가스의 원활한 흐름

[해설] 횡연관식 보일러에서 연관의 배열을 바둑판 모양으로 하는 주된 이유는 물의 원활한 순환을 위함이다.

39 원통 보일러의 노통은 주로 어떤 열응력을 받는가? ✪ 16년 5월8일

① 압축 응력
② 인장 응력
③ 굽힘 응력
④ 전단 응력

[해설] 원통보일러의 노통은 노통 주위에 물에 의한 압축응력을 받는다.

40 보일러의 노통이나 화실과 같은 원통 부분이 외측으로부터의 압력에 견딜 수 없게 되어 눌려 찌그러져 찢어지는 현상을 무엇이라 하는가? ✪ 14년 3월2일/17년 5월7일/20년 9월26일

① 블리스터
② 압궤
③ 응력부식균열
④ 라미네이션

[해설] 압궤(collapse) : 보일러의 노통이나 화실과 같은 원통 부분이 외측으로부터의 압력에 견딜 수 없게 되어 눌려 찌그러져 찢어지는 현상

41 보일러의 과열에 의한 압괴(Collapse) 발생부분이 아닌 것은? ✪ 13년 3월10일17년 /9월23일/19년9월21일

① 노통 상부
② 화실 천장
③ 연관
④ 가셋스테이

[해설] 가셋스테이는 수관을 지지하는 부품으로, 과열 자체에 영향을 받지 않는다.
압괴(Collapse) : 수압에 의한 짓눌림으로 발생하는 부분은 노통

42 라미네이션의 재료가 외부로부터 강하게 열을 받아 소손되어 부풀어 오르는 현상을 무엇이라고 하는가? ✪ 19년 4월27일

① 크랙
② 압궤
③ 블리스터
④ 만곡

[해설] ▶ 블리스터(Blister) : 라미네이션의 재료가 외부로부터 강하게 열을 받아 소손 되어 부풀어 오르는 현상
▶ 라미네이션의 재료 : 강판이나 관의 제조시 여러 층을 결합하여 재료의 물리적 및 기능적 특성을 향상시킨 재료

43 노통보일러에서 일어나는 열팽창을 흡수하는 역할을 하는 것은? ✪ 14년 5월25일

① 엔드플레이트
② 애덤슨조인트
③ 카셋스테이
④ 프아이밍 방지기

[해설] 애덤슨조인트=아담슨조인트(Adamson joint) : 분할 플랜지 형식을 제작 하여 노통의 열에 의한 수축 및 팽창을 흡수 하고 주로 평행노통에 사용하고 노통의 강도도 보강해 준다.

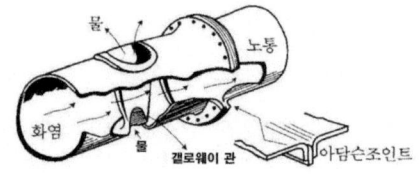

정답 38 ③ 39 ① 40 ② 41 ④ 42 ③ 43 ②

44 노통 보일러이 평형 노통을 일체형으로 제작하면 강도가 약해지는 결점이 있다. 이러한 결점을 보완하기 위하여 몇 개의 플랜지형 노통으로 제작하는 데 이 때의 이음부를 무엇이라 하는가?   ◎ 18년 4월28일

① 브리징 스페이스
② 가세트 스테이
③ 평형 조인트
④ 아담슨 조인트

해설

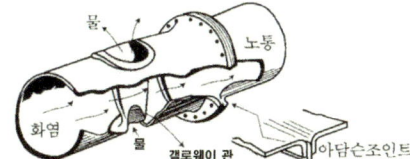

45 노통 보일러에 갤러웨이 관을 직각으로 설치하는 이유로 적절하지 않은 것은?
   ◎ 21년 5월15일

① 노통을 보강하기 위하여
② 보일러수의 순환을 돕기 위하여
③ 전열 면적을 증가시키기 위하여
④ 수격작용을 방지하기 위하여

해설 ▶ 노통 보일러에 갤러웨이 관을 직각으로 설치하는 이유
  ① 노통을 보강하기 위하여
  ② 보일러수의 순환을 돕기 위하여
  ③ 전열 면적을 증가시키기 위하여

46 노통보일러에서 갤로웨이관(Galloway tube)을 설치하는 이유가 아닌 것은?
   ◎ 17년 9월23일

① 전열면적의 증가
② 물의 순환 증가
③ 노통의 보강
④ 유동저항 감소

해설

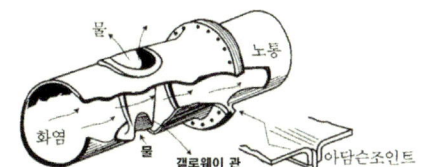

▶ 갤로웨이관(횡관)의 목적
• 노통의 보강
• 전열면적 증가
• 물의 순환 증가
• 열효율 향상

47 점식(pitting)에 대한 설명으로 틀린 것은?
   ◎ 16년 3월6일/20년 9월26일

① 진행속도가 아주 느리다.
② 양극반응의 독특한 형태이다.
③ 스테인리스강에서 흔히 발생한다.
④ 재료 표면의 성분이 고르지 못한 곳에 발생하기 쉽다.

해설 ▶ 점식(Pitting)부식의 설명
  산소농도차에 의한 전기화학적으로 발생하는 부식임
  급수 등의 포함된 용존산소(O2) 에 의한 부식으로, 보일러 등의 수면 부근에서 발생함

정답 44 ④ 45 ④ 46 ④ 47 ①

48 부식 중 점식에 대한 설명으로 틀린 것은?   ● 19년 4월27일

① 전기화학적으로 일어나는 부식이다.
② 국부부식으로서 그 진행상태가 느리다.
③ 보호피막이 파괴되었거나 고열을 받은 수열면 부분에 발생되기 쉽다.
④ 수중 용존산소를 제거하면 점식 발생을 방지할 수 있다.

해설 ▶ 점식(Pitting) : 산소농도차에 의한 전기화학적으로 발생하는 부식이다, 급수 등의 포함된 용존산소(O_2)에 의한 부식으로, 보일러 등의 수면 부근에서 발생한다.
▶ 부식 중 점식의 특징
1) 전기화학적으로 일어나는 부식이다.
2) 국부부식으로서 그 진행상태가 빠르다.
3) 보호피막이 파괴되었거나 고열을 받은 수열면 부분에 발생되기 쉽다.
4) 수중 용존산소를 제거하면 점식발생을 방지할 수 있다.

49 점식(pitting)부식에 대한 설명으로 옳은 것은?   ● 19년 9월21일

① 연료 내의 유황성분이 연소할대 발생하는 부식이다.
② 연료 중에 함유된 바나듐에 의해서 발생하는 부식이다.
③ 산소농도차에 의한 전기 화학적으로 발생하는 부식이다.
④ 급수 중에 함유된 암모니아가스에 의해 발생하는 부식이다.

해설 문48번 해설 참조

50 보일러경판의 강도가 큰 순서로 바르게 나열된 것은?   ● 14년 3월2일

① 반구형경판 > 반타원형경판 > 접시형경판 > 평경판
② 반구형경판 > 접시형경판 > 반타원형경판 > 평경판
③ 반타원형경판 > 반구형경판 > 접시형경판 > 평경판
④ 반타원형경판 > 접시형경판 > 반구형경판 > 평경판

해설 보일러경판의 강도가 큰 순서
반구형경판 > 반타원형 경판 > 접시형경판 > 평경판

51 노통보일러에서 브레이징 스페이스란 무엇을 말하는가?   ● 18년 9월15일

① 노통과 가셋트 스테이와의 거리
② 관군과 가셋트 스테이 사이의 거리
③ 동체와 노통 사이의 최소거리
④ 가셋트 스테이간의 거리

해설
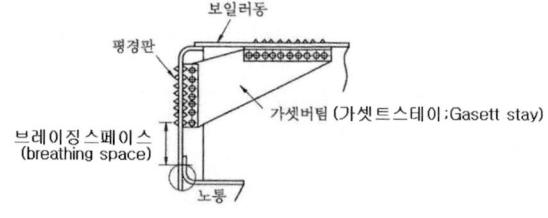

정답 48 ② 49 ③ 50 ① 51 ①

52 노통보일러에서 브레이징 스페이스란 무엇을 말하는가? ● 13년 3월10일/21년 3월7일

① 가셋트스테이를 부착할 경우 경판과의 부착부 하단과 노통상부사이의 거리
② 관군과 가셋트스테이사이의 거리
③ 동체와 노통사이의 최소거리
④ 가셋트스테이간의 거리

해설 노통보일러에서 브레이징 스페이스(breathing space) : 그루빙을 방지하기 위한 것으로 가셋트스테이를 부착할 경우 경판과의 부착부 하단과 노통상부사이의 거리이다.

53 다음 중 경판의 탄성(강도)을 높이기 위한 것은? ● 14년 3월2일

① 아담슨 조인트   ② 브리징스페이스
③ 용접조인트   ④ 그루빙

해설 브리징 스페이스(Breathing space)는 거싯스테이와 노통사이의 거리를 브리징스페이스라 한다. 노통의 호흡공간으로 최소 230mm이상은 유지 해야 된다. 도랑모양의 부식인 구루빙을 방지 할수 있다.
브리징 스페이스 경판이 압축력을 받을 때 좌굴을 방지하여 강도를 높여준다.
브리징 스페이스는 경판의 중량을 줄이고, 제작 및 설치 과정을 간소화하는 데 도움이 된다.

54 노통보일러에 가셋트스테이를 부착할 경우 경판과의 부착부 하단과 노통 상부 사이에는 완충폭(브레이징 스페이스)이 있어야 한다. 이때 경판의 두께가 20mm인 경우 완충폭은 최소 몇 mm 이상이어야 하는가? ● 19년 9월21일

① 230   ② 280
③ 320   ④ 350

해설 ▶ 경판두께에 따른 브레이징 스페이스

경판두께	브레이징 스페이스
13mm 이하	230mm 이상
15mm 이하	260mm 이상
17mm 이하	280mm 이상
19mm 이하	300mm 이상
19mm 초과	320mm 이상

55 노통 보일러에 두께 13mm 이하의 경판을 부착하였을 때 가셋 스테이의 하단과 노통 상단과의 완충폭(브레이징 스페이스)은 몇 mm 이상으로 하여야 하는가? ● 17년 5월7일

① 230 mm   ② 260 mm
③ 280 mm   ④ 300 mm

해설 노통 보일러에 두께 13mm 이하의 경판을 부착하였을 때 가셋 스테이의 하단과 노통 상단과의 완충폭(브레이징 스페이스)은 230 mm 이상으로 한다.

56 노통보일러에서 경판 두께가 15mm이하인 경우 브레이징 스페이스(Breathing space)는 얼마 이상이어야 하는가? ● 13년 9월28일

① 230mm   ② 260mm
③ 280mm   ④ 300mm

57 보일러 운전 중 경판의 적절한 탄성을 유지하기 위한 완충폭을 무엇이라고 하는가? ● 20년 6월6일

① 아담슨 조인트   ② 브레이징 스페이스
③ 용접 간격   ④ 그루빙

해설

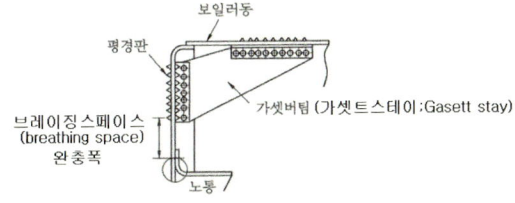

정답 52 ① 53 ② 54 ③ 55 ① 56 ② 57 ②

58 수관 1개의 길이가 2200mm, 수관의 내경이 60mm, 수관의 두께가 4mm인 수관 100개를 갖는 수관 보일러의 전열면적은 약 몇 m² 인가?

● 22년 4월24일

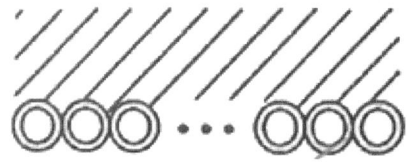

① 42 ② 47
③ 52 ④ 57

해설
$A = \pi D_2 L \times Z = \pi \times (0.06 + 0.004 \times 2) \times 2.2 \times 100 ≒ 47m^2$

59 그림과 같은 노냉수벽의 전열면적(m^2)은? (단, 수관의 바깥지름 30mm, 수관의 길이 5m, 수관의 수 200개이다.)

● 20년 8월22일

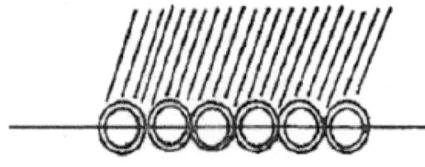

① 24 ② 47
③ 72 ④ 94

해설 수냉수벽의 전열면적은 바깥원주접촉면적의 절반이 전열면적이다.
$A = \dfrac{\pi D_2 L \times Z}{2} = \dfrac{\pi \times 0.03 \times 5 \times 200}{2} = 47.12 m^2$

60 일반적인 주철제 보일러의 특징으로 적절하지 않은 것은?

● 22년 4월24일

① 내식성이 좋다.
② 인장 및 충격에 강하다.
③ 복잡한 구조라도 제작이 가능하다.
④ 좁은 장소에서도 설치가 가능하다.

해설 주철제 보일러의 특징는 압축에는 강하지만, 인장에 약하고 충격에 약하다.

61 소용량주철제보일러에 대한 설명에서 ( ) 안에 들어갈 내용으로 옳은 것은?

● 22년 3월5일/19년 9월21일

소용량주철제보일러는 주철제보일러 중 전열면적이 (㉠)m² 이하이고 최고 사용압력이 (㉡)MPa 이하인 보일러다.

① ㉠ 4, ㉡ 0.1   ② ㉠ 5, ㉡ 0.1
③ ㉠ 4, ㉡ 0.5   ④ ㉠ 5, ㉡ 0.5

해설 소용량주철제보일러는 전열면적이 $5m^2$ 이하, 최고사용압력이 0.1MPa 이하인 보일러

62 열매체보일러의 특징이 아닌 것은?

● 14년 5월25일/16년 10월1일

① 낮은 압력에서도 고온의 증기를 얻을 수 있다.
② 물 처리장치나 청관제 주입장치가 필요하다.
③ 겨울철 동결의 우려가 적다.
④ 안전관리상 보일러 안전밸브는 밀폐식 구조로 한다.

해설 열매체보일러는 열매체를 가열하여 증기를 얻는 보일러이다.
① 열매체는 물, 오일, 증기 등 다양한 종류가 사용될 수 있습니다.
② 열매체보일러의 특징은 다음과 같습니다.
③ 낮은 압력에서도 고온의 증기를 얻을 수 있습니다.
④ 겨울철 동결의 우려가 적습니다.
⑤ 안전관리상 보일러 안전밸브는 밀폐식 구조로 합니다.

정답 58 ② 59 ② 60 ② 61 ② 62 ②

63 열매체보일러의 특징에 대한 설명으로 틀린 것은? ◎ 15년 3월8일/21년 9월12일

① 저압으로 고온의 증기를 얻을 수 있다.
② 겨울철에도 동결의 우려가 적다.
③ 물이나 스팀보다 전열특성이 좋으며, 사용온도한계가 일정하다.
④ 다우삼, 모빌섬, 카네크롤 보일러 등이 이에 해당한다.

해설 열매체 보일러는 액체 상태의 열매체를 사용하여 고온의 열을 전달하는 보일러이다.
물이나 증기를 사용하는 일반 보일러에 비해 저압에서 고온을 얻을 수 있으며, 내부 부식이나 동결의 위험이 적다는 장점이 있다.
열매체유는 비등점(끓는점)과 응고점이 넓은 범위를 가지고 있어, 특정 온도 이상으로 가열하거나 낮은 온도에서 얼어붙는 현상 없이 안정적으로 사용할 수 있다.

64 다음 중 특수열매체 보일러에서 가열 유체로 사용되는 것은? ◎ 22년 4월24일

① 폴리아미드
② 다우섬
③ 덱스트린
④ 에스테르

해설 ▶ 열매체 보일러에서 사용되는 가열유체 : 모빌섬, 수은, 다우섬, 카네크롤액, 세큐리티 등이 있다.

정답 63 ③ 64 ②

열설비설계

02 보일러설계

01 보일러의 종류 및 특징
02 보일러설계
03 보일러의 부속장치
04 배관설계
05 전열(열전달)
06 용접, 리벳, 압력용기 설계
07 급수처리
08 보일러용량 및 열정산

CHAPTER 02 보일러설계

자주출제 되는 문제

01 안전저수위=수면계 부착기준

1) 노통연관 보일러

※ 노통연관보일러의 안전저수위 설정=수면계 부착기준
① 노통이 연관 위쪽에 있는 경우 : 노통 최고부 위쪽 100mm
② 연관이 노통 위쪽에 있는 경우 : 연관 최고부 위쪽 75mm
※ 노통과 연관사이의 최소 틈새 50mm이다.

2) 입형보일러
① 입형횡관보일러 : 연소실 천정판 최고 부위 75mm
② 입형연관보일러 : 연관길이의 1/3

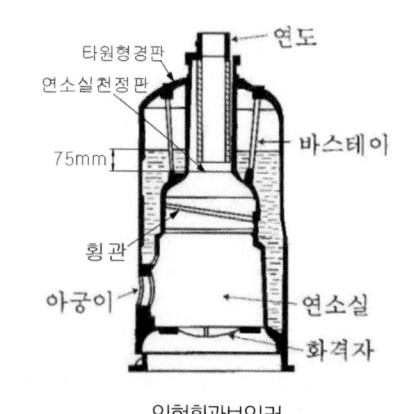

입형횡관보일러

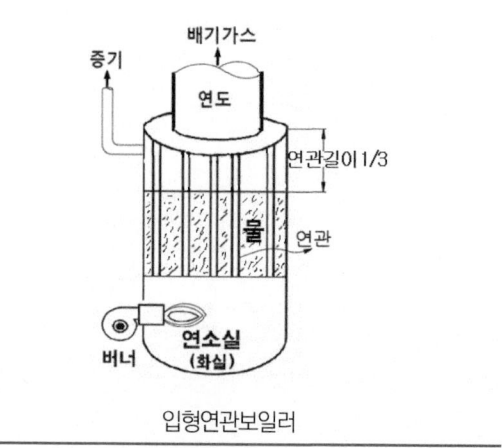

입형연관보일러

3) 보일러 사용 중 저수위사고 원인
   ① 수면계의 연락관이 막혀 수위를 알수 없을 때
   ② 수위 검출기가 이상이 있을 때
   ③ 급수펌프가 고장이 났을 때
   ④ 급수내관이 스케일로 막혔을 때
   ⑤ 분출장치에서 누설이 될 때

02 프라이밍(Priming, 비수), 포밍(Foaming, 물보라), 기수공발(Carry-over)

(1) 프라이밍(Priming, 비수현상) : 보일러 부하의 급변 또는 보일러의 급격한 증발현상 동 수면에서 작은 입자의 물방울이 솟아 올라 증기 속에 포함되는 현상 이다.

(2) 포밍(Foaming, 물보라 솟음 현상) : 급수내 녹아있는 유지분 등의 불순물로 인한 수면상부에 거품을 형성하는 현상

(3) 기수공발(Carry-over) : 보일러 동 내부에서 화합물이나 비수(물방울)가 함께 보일러 외부 증기배관으로 이송되는 현상

(4) 수격작용(water hammering) : 증기관 내에 체류된 응축수가 송기시에 밀려 배관 내부를 심하게 타격하여 소음 및 진동이 발생되는 현상

(5) 발생순서 : 프라이밍, 포밍→기수공발→수격현상

(6) 프라이밍(Priming)과 포밍(Foaming)의 발생 원인
   ① 증기부하가 많을 때
   ② 주증기 밸브를 급히 열었을 때
   ③ 수면과 증기 취출구와의 거리가 가까울 때
   ④ 고수위인 일때
   ⑤ 보일러수에 불순물, 유지분이 포함되어 있을 때

(7) 프라이밍이나 포밍의 방지대책
   ① 주증기 밸브를 급개방을 하지 않는다.
   ② 보일러수를 농축시키지 않는다.
   ③ 보일러수 중의 불순물을 제거함
   ④ 과부하가 되지 않도록 한다.

(8) 프라이밍 및 포밍 발생시, 조치사항
   ① 연소량을 줄인다.
   ② 저압운전을 하지 않는다.
   ③ 증기 취출을 서서히 한다.
   ④ 안전밸브를 전개하여 규정압력을 유지 한다.
   ⑤ 보일러수의 일부를 분출하고 새로운 물을 넣는다.
   ⑥ 주증기 밸브를 닫고 수위 안정을 시킨다.

(9) 보일러 운전 중에 발생하는 기수공발(Carry over)현상의 발생 원인
   ① 인산나트륨은 보일러수의 알칼리도를 높여 기수공발이 발생 한다.

② 증기부면적이 넓을 때
③ 증기 정지밸브를 급히 개방했을 때
④ 보일러 내의 수면이 비정상적으로 높을 때

(10) 캐리오버(Carry-over)의 방지방법
① 주중기 밸브를 서서히 연다
② 증기의 온도가 내려가지 않도록 증기관을 보온하다.
③ 관수의 농축을 방지함
④ 과부하를 피한다.

(11) 비등(끓음)
증발 : 액체의 표면에서 기화가 일어나는 현상
비등 : 액체의 표면과 내부에서 기화가 일어나는 현상
① 핵비등(nucleate boiling) : 전열면에 비등기포가 생겨 열유속이 급격하게 증대하며, 가열면상에 서로 다른 기포의 발생이 나타나는 비등과정
② 천이비등(transition boiling) : 비등이 안정되어 온도차가 커지면서 열유속이 작아지는 비등
③ 막비등(film boiling) : 전열면과 냉각액 사이에 증기 막이 형성되는 비등
핵비등→천이비등→막비등의 과정으로 이루어짐

(12) 보일러 수의 분출
 1) 보일러수의 분출시기
① 보일러 가동 전 관수가 정지되었을 때
② 연속운전일 경우 부하가 가벼울 때
③ 프라이밍 및 포밍이 발생할 때
④ 수위가 지나치게 높아 졌을 때
 2) 보일러수의 분출목적
① 물의 순환을 촉진한다.
② 가성취화를 방지한다.
③ 관수의 pH를 조절한다.
④ 프라이밍 및 포밍을 방지한다.

03 두께 계산

1) 육용강제 보일러에서 동체의 최소두께 기준
① 안지름이 900㎜ 이하인 것 : 6㎜ (스테이를 부착하는 경우 : 8㎜)
② 안지름이 900㎜ 초과, 1350㎜ 이하의 것 : 8㎜
③ 안지름이 1,350㎜ 초과 1,850㎜ 이하의 것 : 10㎜
④ 안지름이 1,850㎜ 초과하는 것 : 12㎜ 이상

2) **화실판의 두께** : 평노통, 파형노통, 화실 및 적립보일러 화실판의 최소 두께는 8mm 이상 최대 두께 22mm 이하로 한다.

3) **접시형 경판의 두께(스테이가 없을 때)**

$$t[mm] = \frac{P[MPa] \times R[mm]}{1.5 \times \sigma_a[MPa] \times \eta} + A[mm]$$

$P[MPa]$: 최고압력
$R[mm]$: 접시모양 경판의 중앙부에서의 내면 반지름
$\sigma_a[MPa]$: 경판 재료의 허용인장응력
η : 이음효율
A : 부식여유

4) **파형노통의 두께**

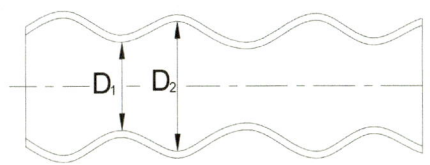

$$t[mm] = \frac{P[\frac{kg_f}{cm^2}] \times D_m[mm]}{C} = \frac{10 \times P[MPa] \times D_m[mm]}{C}$$

P : 최고사용압력

D_m : 최대내경과 최소내경의 평균 내경, $D_m = \frac{D_2 + D_1}{2}$

C : 노통의 종류에 따른 상수

5) **연관보일러 설계**

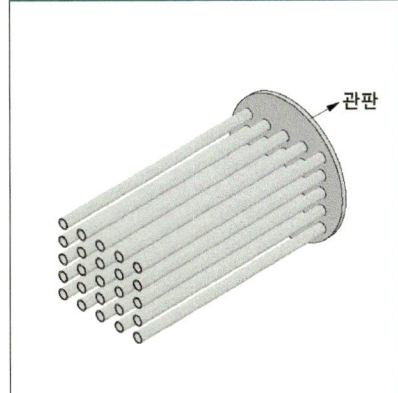
관판

① (연관의 최소두께)

$$t[mm] = \frac{P[\frac{kg_f}{cm^2}] \times d[mm]}{700} + 1.5 = \frac{P[MPa] \times d[mm]}{70} + 1.5$$

$P[MPa]$: 최고압력
$d[mm]$: 연관의 바깥지름

② (연관의 피치) $p = (1 + \frac{4.5}{t}) \times d$

$d[mm]$: 연관의 바깥지름(=관판의 구멍직경)
$t[mm]$ 관판의 두께

04 스테이 설계

1) 관스테이

연관 보일러에 있어서 연관군 속에 배치되어 전후의 평관판을 연결 보강하는 관으로 된 스테이를 말한다. 연관의 역할도 겸하고 있으며 소요압력에 따라 적당한 간격으로 배치한다.

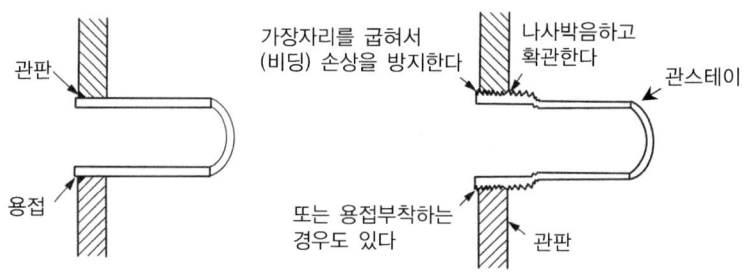

▶ 관스테이를 용접으로 부착하는 경우의 설명
1) 관스테이는 용접하기 전에 약간 확관해야 함
2) 관스테이의 두께는 4㎜이상으로 함
3) 스테이의 끝은 판의 외면보다 바깥쪽에 있어야 함
4) 스테이의 끝은 화염에 접촉하는 판의 바깥으로 10mm를 초과하여 돌출해서는 안된다.

2) 경사스테이

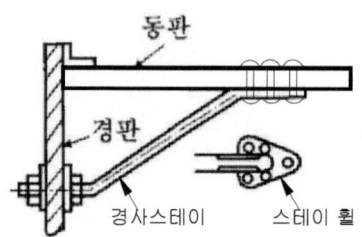

스테휠단면적 = 스테이소요단면적 × 1.25,

참고) 보일러의 스테이를 수리·변경하였을 경우에는 개조검사를 받아야 된다.

05 연소실의 체적을 결정할 때 고려사항

① 연소실의 열부하
② 연소실의 열발생률
③ 연소실의 연소량

06 연도

1) 연도설계시 고려사항
① 가스유속을 적당한 값으로 한다.
② 연도설계시 굴곡부를 적제 하여 유동저항을 줄인다.
③ 급격한 단면변화를 피한다.
④ 온도강하가 적도록 한다.

2) 연도의 단면적틔 크기를 정할 때 고려되는 사항
① 연도내부를 통과하는 연소가스량
② 연소가스의 통과속도
③ 연돌의 통풍력이다.

07 보일러 설치

1) 보일러 동체 최상부로부터 천장, 배관 등 보일러 상부에 있는 구조물까지의 거리는 1.2m 이상으로 한다.(소형보일러 : 0.6m이상)
2) 불연성 물질의 격벽으로 구분된 장소에 설치한다.
3) 연도의 외측으로부터 0.3m이내에 있는 가연성 물체에 대하여는 금속 이외의 불연성 재료로 피복해야 한다.
4) 연료를 저장할 때에는 소형보일러의 경우, 보일러 외측 으로부터 1m이상 거리를 두거나 반격벽으로 할 수 있음
5) 보일러에 부착되어 있는 압력계의 최고눈금은 보일러의 최고사용압력1.5~3배으로 한다.
6) 증기보일러에는 2개 이상의 유리수면계를 부착한다.
7) 온도가 120℃를 미만인 온수보일러에는 방출밸브 설치해야 한다.
8) 온도가 120℃를 초과하는 온수보일러에는 안전밸브를 설치한다.

과년도 기출문제

01 노통 보일러의 수면계 최저 수위 부착 기준으로 옳은 것은? ○ 17년 5월7일

① 노통 최고부 위 50 mm
② 노통 최고부 위 100 mm
③ 연관의 최고부 위 10 mm
④ 연소실 천정관 최고부 위 연관길이의 1/3

해설 ▶ 노통연관식 보일러의 수면계 부착위치 기준 : 노통 최고부 위 100㎜
▶ 연관의 최고부위 75㎜ (연관 최고부분보다 노통 윗면 이 높은 경우, 노통최고부위 100㎜)

02 노통연관식 보일러의 수면계 부착위치 기준에 대하여 가장 옳은 것은? ○ 14년 3월2일

① 노통 최고부위 50mm
② 노통 최고부위 100mm
③ 연관의 최고부위 10mm
④ 화실 천정판 최고부위의 길이의 1/3

해설 원통형보일러의 수면계 부착위치 기준
1. 직립형보일러 : 연소실 천정판 최고 부위 75mm
2. 직립형연관보일러 : 연소실 천정판 최고 부위, 연관길이의 1/3
3. 노통연관보일러 : 연관의 최고 부위 75mm (단 노통 윗면이 높은 것은 노통 최고부위 100mm)

03 보일러의 종류에 따른 수면계의 부착위치로 옳은 것은? ○ 16년 3월6일

① 직립형 보일러는 연소실 천정판 최고부위 95mm
② 수평연관 보일러는 연관의 최고부위 100mm
③ 노통 보일러는 노통 최고부(플랜지부를 제외)위 100mm
④ 직립형 연관보일러는 연소실 천정판 최고부위 연관길이의 2/3

해설 ▶ 보일러의 종류에 따른 수면계의 부착위치
1) 직립형 보일러는 연소실 천정판 최고부위 75㎜
2) 수평연관 보일러는 연관의 최고부위 75㎜
3) 노통 보일러는 노통 최고부(플랜지부를 제외)위 100㎜
4) 직립형 연관보일러는 연소실 천정판 최고부위 연관길이의 1/3

04 입형 횡관 보일러의 안전저수위로 가장 적당한 것은? ○ 20년 6월6일

① 하부에서 75mm 지점
② 횡관 전길이의 1/3 높이
③ 화격자 하부에서 100mm 지점
④ 화실 천장판에서 상부 75mm 지점

해설 ▶ 안전저수위
1) 입형횡관보일러 : 화실 천정판 최고 부위 75mm
2) 직립형연관보일러 : 화실 관판 최고부의 연관길이 $\frac{1}{3}$
3) 횡연관식보일러 : 최상단 연관 최고 부위 75mm
4) 노통보일러(플랜지부 제외)위 100mm
5) 노통연관식 : 연관이 높은 경우 최상단 부위 75mm, 노통이 높은 경우 노통최상단 100mm

정답 01 ② 02 ② 03 ③ 04 ④

05 보일러 운전 시 유지해야 할 최저 수위에 관한 설명으로 틀린 것은? ✚ 18년 3월4일

① 노통연관보일러에서 노통이 높은 경우에는 노통 상면보다 75mm 상부(플랜지 제외)
② 노통연관보일러에서 연관이 높은 경우에는 연관 최상위보다 75mm 상부
③ 횡연관 보일러에서 연관 최상위보다 75mm 상부
④ 입형 보일러에서 연소실 천정판 최고부보다 75mm 상부(플렌지 제외)

해설 노통연관보일러에서 노통이 높은 경우에는 노통 상면 보다100mm상부(플랜지 제외)

06 보일러 사용 중 이상 감수(저수위사고)의 원인으로 가장 거리가 먼 것은? ✚ 14년 9월20일

① 급수펌프가 고장이 났을 때
② 수면계의 연락관이 막혀 수위를 모를 때
③ 증기의 발생량이 많을 때
④ 분출장치에서 누설이 될 때

해설 증기발생량과 저수위사고는 상관이 없다.

07 보일러 사용 중 저수위 사고의 원인으로 가장 거리가 먼 것은? ✚ 18년 9월15일

① 급수펌프가 고장이 났을 때
② 급수내관이 스케일로 막혔을 때
③ 보일러의 부하가 너무 작을 때
④ 수위 검출기가 이상이 있을 때

해설 ▶ 보일러 사용 중 저수위사고 원인
  1) 수면계의 연락관이 막혀 수위를 모를 때
  2) 수위 검출기가 이상이 있을 때
  3) 급수펌프가 고장이 났을 때
  4) 급수내관이 스케일로 막혔을 때
  5) 분출장치에서 누설이 될 때

08 보일러 부하의 급변으로 인하여 동 수면에서 작은 입자의 물방울이 증기와 혼입하여 튀어 오르는 현상을 무엇이라고 하는가? ✚ 17년 5월7일/21년 3월7일/14년 3월2일

① 캐리오버
② 포밍
③ 프라이밍
④ 피팅

해설 ▶ 프라이밍(Priming, 비수)
  보일러 부하의 급변으로 인해, 동 수면에서 작은 입자의 물방울이 증기와 혼입하여 튀어오르는 현상

  ▶ 포밍(Foaming, 물보라)
  급수내 녹아있는 유지분 등의 불순물로 인한 수면상부에 거품을 형성하는 현상

  ▶ 캐리오버(Carry-over, 기수공발)
  보일러 동 내부에서 화합물이나 비수(물방울)가 함께 보일러 외부 증기배관으로 이송되는 현상

09 프라이밍이나 포밍의 방지대책에 대한 설명으로 틀린 것은? ✚ 13년 3월10일/18년 3월4일/21년 9월12일

① 주증기밸브를 급히 개방한다.
② 보일러수를 농축시키지 않는다.
③ 보일러수 중의 불순물을 제거한다.
④ 과부하가 되지 않도록 한다.

해설 ▶ 프라이밍이나 포밍의 방지대책
  1) 주증기 밸브를 급개방을 하지 않도록 한다.
  2) 보일러수를 농축시키지 않는다.
  3) 보일러수 중의 불순물을 제거한다.
  4) 과부하가 되지 않도록 한다.

정답 05 ① 06 ③ 07 ③ 08 ③ 09 ①

10 프라이밍(priming)과 포밍(foaming)의 발생 원인이 아닌 것은? ○ 15년 3월8일

① 증기부하가 적을 때
② 보일러수에 불순물, 유지분이 포함되어 있을 때
③ 수면과 증기 취출구와의 거리가 가까울 때
④ 주증기 밸브를 급히 열었을 때

해설 ▶ 프라이밍(priming)과 포밍(foaming)의 발생 원인
① 증기부하가 과대 할때
② 고위인 경우
③ 보일러수에 불순물, 유지분이 포함되어 있을 때
④ 수면과 증기 취출구와의 거리가 가까울때
⑤ 주증기 밸브를 급하게 열었을 때

11 프라이밍 및 포밍이 발생한 경우 조치 방법으로 틀린 것은? ○ 17년 9월23일

① 압력을 규정압력으로 유지한다.
② 보일러수의 일부를 분출하고 새로운 물을 넣는다.
③ 증기밸브를 열고 수면계의 수위 안정을 기다린다.
④ 안전밸브, 수면계의 시험과 압력계 연락관을 취출하여 본다.

해설 프라이밍 및 포밍이 발생한 경우 조치 방법은 증기밸브를 닫고 수면계의 수위 안정을 기다린다.

12 프라이밍 및 포밍 발생 시 조치사항에 대한 설명으로 틀린 것은? ○ 22년4월24일/17년 3월5일

① 안전밸브를 전개하여 압력을 강하시킨다.
② 증기 취출을 서서히 한다.
③ 연소량을 줄인다.
④ 수위를 안정시킨 후 보일러수의 농도를 낮춘다.

해설 프라이밍 및 포밍 발생 하면 안전밸브를 전개하여 규정압력을 유지 한다.

13 보일러 운전 중에 발생하는 기수공발(carry over)현상의 발생 원인으로 가장 거리가 먼 것은? ○ 16년 3월6일

① 인산나트륨이 많을 때
② 증발수 면적이 넓을 때
③ 증기 정지밸브를 급히 개방했을 때
④ 보일러 내의 수면이 비정상적으로 높을 때

해설 ▶ 기수공발(Carry-over)
보일러 동 내부에서 화합물이나 비수(물방울)가 함께 보일러 외부 증기배관으로 이송되는 현상
▶ 보일러 운전 중에 발생하는 기수공발(Carry over)현상의 발생 원인
1) 인산나트륨이 많을 때
2) 증기부 면적이 넓을 때
3) 증기 정지밸브를 급히 개방했을 때
4) 보일러 내의 수면이 비정상적으로 높을 때

14 보일러 운전 시 캐리오버(carrly-over)를 방지하기 위한 방법으로 틀린 것은? ○ 19년 3월3일

① 주증기 밸브를 서서히 연다.
② 관수의 농축을 방지한다.
③ 증기관을 냉각한다.
④ 과부하를 피한다.

해설 ▶ 보일러 운전시, 캐리오버(Carry-over)의 방지방법
1) 과부하를 피한다
2) 온도가 내려가지 않도록 한다.
3) 관수의 농축을 방지한다.
4) 주증기 밸브를 서서히 연다.

정답 10 ① 11 ③ 12 ① 13 ② 14 ③

15 전열면에 비등기포가 생겨 열유속이 급격하게 증대하며, 가열면상에 서로 다른 기포의 발생이 나타나는 비등과정을 무엇이라고 하는가?
✚ 13년 6월2일/17년 5월7일

① 단상액체 자연대류
② 핵비등(nucleate boiling)
③ 천이비등(transition boiling)
④ 막비등(film boiling)

> [해설]
> - 핵비등(nucleate boiling) : 전열면에 비등기포가 생겨 열유속이 급격하게 증대하며, 가열면상에 서로 다른 기포의 발생이 나타나는 비등과정
> - 천이비등(transition boiling) : 비등이 안정되어 온도차가 커지면서 열유속이 작아지는 비등
> - 막비등(film boiling) : 전열면과 냉각액 사이에 증기 막이 형성되는 비등
>
> 핵비등 → 천이비등 → 막비등의 과정으로 이루어짐

16 보일러 수의 분출 목적이 아닌 것은?
✚ 20년 8월22일/13년 9월28일/17년 5월7일

① 프라이밍 및 포밍을 촉진한다.
② 물의 순환을 촉진한다.
③ 가성취화를 방지한다.
④ 관수의 pH를 조절한다.

> [해설] ▶ 보일러수의 분출 목적
> 1) 물의 순환을 촉진한다.
> 2) 가성취화를 방지한다.
> 3) 관수의 pH를 조절한다.
> 4) 프라이밍 및 포밍을 방지한다.

17 보일러수의 분출시기가 아닌 것은?
✚ 17년 9월23일/20년 9월26일

① 보일러 가동 전 관수가 정지되었을 때
② 연속운전일 경우 부하가 가벼울 때
③ 수위가 지나치게 낮아졌을 때
④ 프라이밍 및 포밍이 발생할 때

> [해설] ▶ 보일러수의 분출시기
> 1) 보일러 가동 전 관수가 정지되었을 때
> 2) 연속운전일 경우 부하가 가벼울 때
> 3) 프라이밍 및 포밍이 발생할 때
> 4) 수위가 지나치게 높아 졌을 때

18 육용강제 보일러에서 동체의 최소 두께에 대한 설명으로 틀린 것은? ✚ 16년 10월1일/19년 4월27일

① 안지름이 900mm 이하인 것은 6mm (단, 스테이를 부착할 경우)
② 안지름이 900mm 초과, 1350mm 이하의 것을 8mm
③ 안지름이 1,350mm 초과 1,850mm 이하의 것은 10mm
④ 안지름이 1,850mm 초과하는 것은 12mm

> [해설] ▶ 육용강제 보일러에서 동체의 최소두께 기준
> 1) 안지름이 900㎜ 이하인 것 : 6㎜ (스테이를 부착하는 경우 : 8㎜)
> 2) 안지름이 900㎜ 초과, 1350㎜ 이하의 것 : 8㎜
> 3) 안지름이 1,350㎜ 초과 1,850㎜ 이하의 것 : 10㎜
> 4) 안지름이 1,850㎜ 초과하는 것 : 12㎜ 이상

정답 15 ② 16 ① 17 ③ 18 ①

19 열사용기자재의 검사 및 검사면제에 관한 기준상 보일러 동체의 최소 두께로 틀린 것은?
　　　　　　　　　　　　　　● 22년 3월5일

① 안지름이 900mm 이하의 것 : 6mm(단, 스테이를 부착할 경우)
② 안지름이 900mm 초과 1350mm 이하의 것 : 8mm
③ 안지름이 1350mm 초과 1850mm 이하의 것 : 10mm
④ 안지름이 1850mm 초과하는 것 : 12mm

해설 ▶ 육용강제 보일러에서 동체의 최소두께 기준
　1) 안지름이 900㎜ 이하인 것 : 6㎜ (스테이를 부착하는 경우 : 8㎜)
　2) 안지름이 900㎜ 초과, 1350㎜ 이하의 것 : 8㎜
　3) 안지름이 1,350㎜ 초과 1,850㎜ 이하의 것 : 10㎜
　4) 안지름이 1,850㎜ 초과하는 것 : 12㎜ 이상

20 육용 강재 보일러의 구조에 있어서 동체의 최소 두께 기준으로 틀린 것은? ● 19년 3월3일

① 안지름이 900mm 이하인 것은 4mm
② 안지름이 900mm 초과, 1,350mm 이하인 것은 8mm
③ 안지름이 1,350mm 초과, 1,850mm 이하인 것은 10mm
④ 안지름이 1,850mm를 초과하는 것은 12mm

해설 ▶ 육용((陸用)강제 보일러에서 동체의 최소두께 기준
　1) 안지름이 900㎜ 이하인 것 : 6㎜ (스테이를 부착하는 경우 : 8㎜)
　2) 안지름이 900㎜ 초과, 1350㎜ 이하의 것 : 8㎜
　3) 안지름이 1,350㎜ 초과 1,850㎜ 이하의 것 : 10㎜
　4) 안지름이 1,850㎜ 초과하는 것 : 12㎜ 이상

21 평노통, 파형노통, 화실 및 적립보일러 화실판의 최고 두께는 몇 mm 이하이어야 하는가? (단, 습식화실 및 조합노통 중 평노통은 제외한다.)
　　　　　　　　● 20년 8월22일/12년 9월15일

① 12　　② 22
③ 32　　④ 42

해설 평노통, 파형노통, 화실 및 적립보일러 화실판의 최소 두께는 8mm 이상 최대두께 22mm 이하로 한다.

22 연관의 안지름이 140mm이고, 두께가 5mm일 때 연관의 최고사용압력은 약 몇 MPa인가?
　　　　　　　　　　　　　● 21년 3월7일

① 1.12　　② 1.63
③ 2.25　　④ 2.83

해설 (연관의 관두께)

$$t[mm] = \frac{P[\frac{kg_f}{cm^2}] \times D_2[mm]}{700} + 1.5$$

$$5[mm] = \frac{P[\frac{kg_f}{cm^2}] \times (140 + 2 \times 5)[mm]}{700} + 1.5$$

$$P = 16.33[\frac{kg_f}{cm^2}] = 1.633 MPa$$

23 연관의 바깥지름이 100mm이고 최고사용압력이 10MPa인 경우 연관의 최소 두께는 얼마로 하여야 하는가?
　　　　　　　　　　　　　● 13년 3월10일

① 14.2　　② 15.8
③ 17.0　　④ 19.2

해설 (연관의 최소두께)
$$t = \frac{P[MPa] \times D_2[mm]}{70} + 1.5 = \frac{10 \times 100}{70} + 1.5 = 15.78 mm$$

정답　19 ①　20 ①　21 ②　22 ②　23 ②

24 노통식 보일러에서 파형부의 길이가 230mm 미만인 파형 노통의 최소 두께(t)를 결정하는 식은? (단, P는 최소 사용압력(MPa), D는 노통의 파형부에서의 최대 내경과 최소 내경의 평균치(mm), C는 노통의 종류에 따른 상수이다.) ● 13년 6월2일/17년 3월5일/20년 8월22일

① 10PD
② 10P/D
③ C/10PD
④ 10PD/C

해설 파형노통 두께

$$t[mm] = \frac{P[\frac{kg_f}{cm^2}] \times D[mm]}{C} = \frac{10 \times P[MPa] \times D[mm]}{C}$$

P: 최고압력, D: 평균직경, C: 노통의 종류에 따른 상수)

25 최고사용압력 1.5MPa, 파형 형상에 따른 정수(C)를 1100으로 할 때 노통의 평균지름이 1100mm인 파형노통의 최소 두께는 약 몇 mm인가? ● 13년 9월28일/21년 3월7일/17년 9월23일

① 10
② 15
③ 20
④ 25

해설 (파형노통의 최소두께)

$$t[mm] = \frac{10 \times P[MPa] \times d_m[mm]}{C} = \frac{10 \times 1.5 \times 1100}{1100} = 15mm$$

26 육용강제 보일러에서 오목면에 압력을 받는 스테이가 없는 접시형 경판으로 노통을 설치할 경우, 경판의 최소 두께(mm)를 구하는 식으로 옳은 것은? (단, P : 최고 사용압력(MPa), R : 접시모양 경판의 중앙부에서의 내면반지름(mm), σ_a : 재료의 허용인장응력(MPa), η : 경판자체의 이음효율, A : 부식여유(mm)이다.) ● 21년 3월7일/18년 4월28일/14년 9월20일

① $t = \frac{PR}{1.5\sigma_a\eta} + A$
② $t = \frac{1.5PR}{(\sigma_a + \eta)A}$
③ $t = \frac{PA}{1.5\sigma_a\eta} + R$
④ $t = \frac{AR}{\sigma_a\eta} + 1.5$

해설 (경판두께) $t = \frac{PR}{1.5\sigma_a\eta} + A$

경판두께는 최소 6mm 이상으로 하고 stay부착 시 8mm 이상으로 유지 한다.

27 보일러의 파형노통에서 노통의 평균지름을 1,000mm, 최고사용압력을 11kgf/cm²라 할 때 노통의 최소두께(mm)는? (단, 평형부 길이는 230mm미만이며, 정수 C는 1,100이다.) ● 19년 3월3일

① 5
② 8
③ 10
④ 13

해설

$$t[mm] = \frac{P[\frac{kg_f}{cm^2}] \times D_m[mm]}{C}$$

$$= \frac{11[\frac{kg_f}{cm^2}] \times 1000[mm]}{1100} = 10[mm]$$

28 파형노통의 최소 두께가 10mm, 노통의 평균지름이 1200mm 일 때, 최고사용압력은 약 몇 MPa 인가? (단, 끝의 평형부 길이가 230mm 미만이며, 정수 C는 985 이다.) ● 21년 9월12일

① 0.56
② 0.63
③ 0.82
④ 0.95

해설

$$t[mm] = \frac{P[\frac{kg_f}{cm^2}] \times D[mm]}{C} = \frac{10 \times P[MPa] \times D[mm]}{C}$$

$$P[MPa] = \frac{t[mm] \times C}{10 \times D[mm]} = \frac{10 \times 985}{10 \times 1200} = 0.82 MPa$$

정답 24 ④ 25 ② 26 ① 27 ③ 28 ③

29 보일러의 모리슨형 파형노통에서 노통의 최소 안지름이 950mm, 최고사용압력을 1.1MPa이라 할 때 노통의 최소두께는 몇 mm인가? (단, 평형부 길이가 230mm미만이며, 상수 C는 1100이다.)
　　　　　　　　　　　　◎ 22년 4월24일

① 5　　　　　　　② 8
③ 10　　　　　　　④ 13

〖해설〗
$t[mm] = \dfrac{10 \times P[MPa] \times D[mm]}{C}$

$\dfrac{D_2 - D_1}{2} = \dfrac{10 \times P[MPa] \times \dfrac{D_1 + D_2}{2}}{C}$

$\dfrac{D_2 - 950}{2} = \dfrac{10 \times 1.1[MPa] \times \dfrac{950 + D_2}{2}}{1100}$　　$D_2 = 969.19mm$

$t = \dfrac{D_2 - D_1}{2} = \dfrac{969.19 - 950}{2} = 9.595mm$

30 연관의 바깥지름이 75mm인 연관보일러 관판의 최소두께는 얼마 이상이어야 하는가?
　　　　　　　　　　　◎ 14년 9월20일/21년 3월7일

① 8.5mm　　　　　② 9.5mm
③ 12.5mm　　　　　④ 13.5mm

〖해설〗
$t = 5 + \dfrac{d}{10} = 5 + \dfrac{75}{10} = 12.5mm$

31 관판의 두께가 10mm이고 관 구멍의 직경이 30mm인 연관보일러의 연관의 최소피치는?
　　　　　　　　　　　　◎ 15년 5월31일

① 약 37.2mm　　　② 약 43.5mm
③ 약 53.2mm　　　④ 약 64.9mm

〖해설〗
$p = (1 + \dfrac{4.5}{t}) \times d = (1 + \dfrac{4.5}{10}) \times 30 = 43.5mm$

32 관판의 두께가 20mm이고, 관 구멍의 지름이 51mm인 연관의 최소피치(mm)는 얼마인가?
　　　　　　　　　　　　◎ 21년 5월15일

① 35.5　　　　　　② 45.5
③ 52.5　　　　　　④ 62.5

〖해설〗
$p = (1 + \dfrac{4.5}{t}) \times d = (1 + \dfrac{4.5}{20}) \times 51 = 62.475mm$

33 노통 연관 보일러의 노통 바깥 면은 가장 가까운 연관의 면과 몇 mm 이상의 틈새를 두어야 하는가?
　　　　　◎ 15년 3월8일/18년 9월15일/21년 9월12일

① 20mm　　　　　② 30mm
③ 40mm　　　　　④ 50mm

〖해설〗 노통 연관 보일러의 노통 바깥 면과 가장 가까운 연관의 면 사이에는 최소 50mm 이상의 틈새를 두어야 한다.

34 연관보일러에서 연관의 최소 피치를 구하는데 사용하는 식은? (단, p는 연관의 최소 피치(mm), t는 관판의 두께(mm), d는 관 구멍의 지름(mm) 이다.)
　　　　　　　　　　　　◎ 21년 9월12일

① $p = (1 + \dfrac{t}{4.5}) \times d$

② $p = (1 + d) \times \dfrac{4.5}{t}$

③ $p = (1 + \dfrac{4.5}{t}) \times d$

④ $p = (1 + \dfrac{d}{4.5}) \times t$

〖해설〗 연관보일러에서 연관의 최소 피치
$p = (1 + \dfrac{4.5}{t}) \times d$

정답　29 ③　30 ③　31 ②　32 ④　33 ④　34 ③

35 관 스테이를 용접으로 부착하는 경우에 대한 설명으로 옳은 것은? ✚ 16년 10월1일

① 용접의 다리길이를 10mm 이상으로 한다.
② 스테이의 끝은 판의 외면보다 안쪽에 있어야 한다.
③ 관 스테이의 두께는 4mm 이상으로 한다.
④ 스테이의 끝은 화염에 접촉하는 판의 바깥으로 5mm를 초과하여 돌출해서는 안된다.

> 해설 ▶ 관스테이를 용접으로 부착하는 경우의 설명
> 1) 관스테이는 용접하기 전에 약간 확관해야 함
> 2) 관스테이의 두께는 4㎜이상으로 함
> 3) 스테이의 끝은 판의 외면보다 바깥쪽에 있어야 함
> 4) 스테이의 끝은 화염에 접촉하는 판의 바깥으로 10㎜를 초과하여 돌출해서는 안된다.
> ▶ 스테이 종류 : 봉스테이, 관스테이, 스테이볼트, 경사스테이, 가셋트스테이
> ▶ 봉스테이는 용접다리 길이를 10㎜이상으로 한다.

36 육용강제 보일러에서 길이 스테이 또는 경사 스테이를 핀 이음으로 부착할 경우, 스테이 휠 부분의 단면적은 스테이 소요 단면적의 얼마 이상으로 하여야 하는가? ✚ 21년 9월12일/18년4월28일

① 1.0배 ② 1.25배
③ 1.5배 ④ 1.75배

> 해설 스테이휠부의단면적 = 스테이소요단면적×1.25

37 보일러의 스테이를 수리·변경하였을 경우 실시하는 검사는? ✚ 21년 5월15일

① 설치검사 ② 대체검사
③ 개조검사 ④ 개체검사

> 해설 ▶ 개조검사
> 1) 증기보일러를 온수보일러로 개조하는 경우
> 2) 보일러의 섹션 증감에 의한 용량을 변경하는 경우
> 3) 연료 또는 연소방법을 변경하는 경우
> 4) 동체·돔·노통·연소실·경판·천정부·관판·관모음 또는 스테이의 변경으로서 산업통상자원부장관이 정하여 고시하는 대수리의 경우

38 연소실의 체적을 결정할 때 고려사항으로 가장 거리가 먼 것은? ✚ 19년 3월3일/13년 9월28일

① 연소실의 열부하
② 연소실의 열발생률
③ 연소실의 연소량
④ 내화벽돌의 내압강도

> 해설 ▶ 연소실의 체적을 결정할 때 고려사항
> ① 연소실의 열부하
> ② 연소실의 열발생률
> ③ 연소실의 연소량

39 연도설계시 고려사항으로 틀린 것은? ✚ 18년 3월4일

① 가스유속을 적당한 값으로 한다.
② 적절한 굴곡저항을 위해 굴곡부를 많이 만든다.
③ 급격한 단면변화를 피한다.
④ 온도강하가 적도록 한다.

> 해설 연도(굴뚝)설계시 굴곡부를 적게 하여 유동저항을 줄여야 된다.

정답 35 ③ 36 ② 37 ③ 38 ④ 39 ②

40 연소실 연도의 단면적 크기를 정할 때 중요성이 가장 적게 강조되는 것은? ● 14년 3월2일

① 연도내부를 통과하는 연소가스량
② 연소가스의 통과속도
③ 연돌의 통풍력
④ 대기 온도

해설 연소실 연도의 단면적 크기를 정할 때 가장 중요하게 고려해야 할 요소는 연도내부를 통과하는 연소가스량, 연소가스의 통과속도, 연돌의 통풍력이다.
연도 설계 시에는 연료 종류, 연료 소비량, 연소가스 배출 온도 등 다양한 요소를 고려한다.

41 보일러 설치·시공기준상 대형보일러를 옥내에 설치할 때 보일러 동체 최상부에서 보일러실 상부에 있는 구조물까지의 거리는 얼마 이상이어야 하는가? (단, 주철제보일러는 제외한다.) ● 22년 3월5일/13년 3월10일

① 60cm
② 1m
③ 1.2m
④ 1.5m

해설 대형보일러를 옥내에 설치할 때 보일러 동체 최상부에서 보일러실 상부에 있는 구조물까지의 거리는 1.2m 이상이어야 한다. 소형보일러는 0.6m이상으로 한다.

42 보일러의 설치방법에 대한 설명으로 옳은 것은? ● 15년 9월19일

① 증기 보일러에는 4개 이상의 유리수면계를 부착한다.
② 온도가 120℃를 초과하는 온수 보일러에는 방출밸브를 설치해야 한다.
③ 온도가 120℃를 초과하는 온수 보일러에는 안전밸브를 설치한다.
④ 보일러의 설치 시 수위계의 최고눈금은 보일러 최고사용압력의 3배 이상 5배 이하로 하여야 한다.

해설 ▶ 보일러 설치방법
1) 증기보일러에는 2개 이상의 유리수면계를 부착한다.
2) 온도가 120℃를 미만인 온수보일러에는 방출밸브 설치해야 한다.
3) 온도가 120℃를 초과하는 온수보일러에는 안전밸브를 설치한다.
4) 보일러의 설치시, 수위계의 최고눈금은 보일러 최고 사용압력의 1배이상 3배이하로 하여야 한다.
대형보일러를 옥내에 설치할때 보일러 동체 최상부에서 보일러실 상부에 있는 구조물까지의 거리는1.2m 이상 이어야 되고소형인 경우는 0.6m이상이어야 된다.

43 보일러 설치공간의 계획 시 바닥으로부터 보일러 동체의 최상부까지의 높이가 4.4m라면, 바닥으로부터 상부 건축구조물까지의 최소높이는 얼마이상을 유지하여야 하는가? ● 17년 9월23일

① 5.0m 이상
② 5.3m 이상
③ 5.6m 이상
④ 5.9m이상

해설 보일러 동체 최상부로부터 천정, 배관등 보일러 상부 구조물까지의 거리는 1.2m이상 유지한다.

정답 40 ④ 41 ③ 42 ③ 43 ③

44 보일러의 옥내에 설치하는 경우에 대한 설명으로 틀린 것은? ◐ 16년 10월1일/20년 6월6일

① 불연성 물질의 격벽으로 구분된 장소에 설치한다.
② 보일러 동체 최상부로부터 천장, 배관 등 보일러 상부에 있는 구조물까지의 거리는 0.3m 이상으로 한다.
③ 연도의 외측으로부터 0.3m 이내에 있는 가연성 물체에 대하여는 금속 이외의 불연성 재료로 피복한다.
④ 연료를 저장할 때에는 소형보일러의 경우 보일러 외측으로부터 1m 이상 거리를 두거나 반격벽으로 할 수 있다.

|해설| ▶ 보일러의 옥내에 설치하는 경우, 설명
  1) 불연성 물질의 격벽으로 구분된 장소에 설치함
  2) 보일러 동체 최상부로부터 천장, 배관 등 보일러 상부에 있는 구조물까지의 거리는 1.2m 이상으로 한다.(소형보일러 : 0.6m이상)
  3) 연도의 외측으로부터 0.3m이내에 있는 가연성 물체에 대하여는 금속 이외의 불연성 재료로 피복함
  4) 연료를 저장할 때에는 소형보일러의 경우, 보일러 외측으로부터 1m이상 거리를 두거나 반격벽으로 할 수 있음
  ▶ 대형보일러는 연료저장탱크와 2m이상 거리가 필요함

45 보일러에 부착되어 있는 압력계의 최고눈금은 보일러의 최고사용압력의 최대 몇 배 이하의 것을 사용해야 하는가? ◐ 17년 9월23일

① 1.5배
② 2.0배
③ 3.0배
④ 3.5배

|해설| 보일러에 부착되어 있는 압력계의 최고눈금은 보일러의 최고사용압력1.5~3배으로 한다.

정답 44 ② 45 ③

열설비설계

03
보일러의 부속장치

01 보일러의 종류 및 특징
02 보일러설계
03 보일러의 부속장치
04 배관설계
05 전열(열전달)
06 용접, 리벳, 압력용기 설계
07 급수처리
08 보일러용량 및 열정산

CHAPTER 03 보일러의 부속장치

자주출제 되는 문제

01 폐열회수장치

1) **연도에서 폐열회수장치의 설치순서**
   본체→과열기→ 재열기→ 절탄기→ 공기예열기→ 연돌(굴뚝)

2) **보일러에서 연소용 공기 및 연소가스가 통과하는 순서**
   송풍기→공기예열기→연소실→과열기→절탄기→연돌(굴뚝)

3) **과열기(Super heater)**
   압력이 일정한 상태에서 가열하여 고온 의 과열증기를 만드는 장치로 고온부식 및 통풍저항 증대가 발생할 수 있다.
   ① 포화증기를 정압과정 고온의 과열증기를 만드는 장치(정압상태에서 온도만 증가)
   ② 과열증기는 마찰저항 감소 및 관내부식 방지
   ③ 포화증기가 과열증기로 되면서 엔탈피 증가로 증기소비량 감소 효과
   ④ 과열증기를 만들어 터빈의 효율 증대시킨다.
   ⑤ 과열기는 내열과 부식에 잘견디는 오스테나이트계 스테인레스강으로 제작한다.

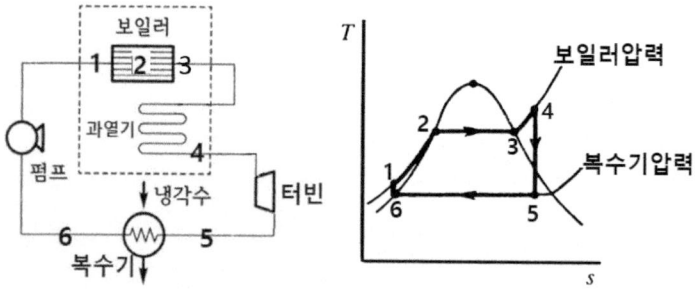

4) **재열기** : 재열사이클에서 고압증기터빈에서 팽창되어 압력이 저하된 증기를 가열하여 건도를 증가시키는 장치

5) **급수가열기** : 재생사이클에서 복수기에서 버리는 열량을 감소 시키기 위해 터비에서 팽창중인 증기 일부를 추기 하여 추기된 증기를 가열 하여 보일러로 보내는 장치

6) **절탄기(이코노마이져 ; Economizer)** : 배기가스 열을 회수하여 급수를 예열하여 효율을 증대시키는 급수가열기이다. 급수를 예열 함으로써 공급된는 석탄의 양을 줄이는 장치라 하여 절탄기라 명칭된다.

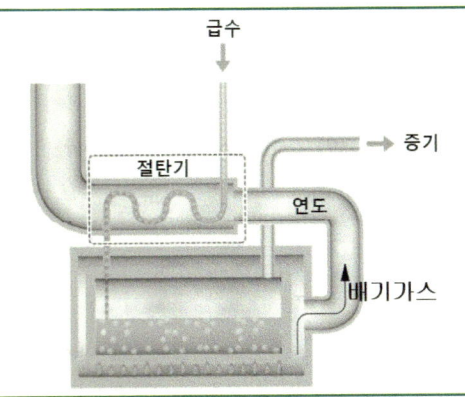

① 통풍손실이 발생할 수 있다.
② 저온부식이 발생할 수 있다.
③ 증발능력을 상승시킨다.
④ 열응력을 감소시킨다.
⑤ 열효율을 증가시킨다.
⑥ 저압용($2\frac{kg_f}{cm^2}$ 이하)은 주철제 사용하여 제작한다.
⑦ 고압용은 강관제 사용하여 제작한다.

> 참고 Economizer는 "절약자"이다.

7) **공기예열기**

(1) 공기예열기의 특징
① 공기예열기의 적정온도는 180~350℃이다.
② 유황(S)이 저온부식을 초래하므로, 150℃보다 높게 예열함
③ 보일러 연소효율을 증가시킨다
④ 과잉공기가 적어도 된다.
⑤ 연소실 용적을 적게할 수 있다.
⑥ 저질탄 연소에 효과적이다.
⑦ 배기가스 온도가 하강하여 배기가스 저항이 증가한다.
⑧ 질소산화물에 의한 대기오염의 우려가 있다.
⑨ 저온부식을 초래할 우려가 있다

(2) 공기예열기의 종류
① **전열식(관형, 판형)** : 금속벽을 통하여 연소가스로부터 공기에 전달하는 형식
② **재생식(축열식, 회전식)** : 파형강판 또는 평형강판을 조합하여 원통용기 내에 넣어 전열체로 하고 중심축의 주변에서 회전시킨다. 원통용기 내를 몇 개로 나누어 배기가스 통로와 공기통로를 구성하여 열교환시킨다.

회전식에서 융스트롬(Ljungstrom) 공기예열기가 있다.

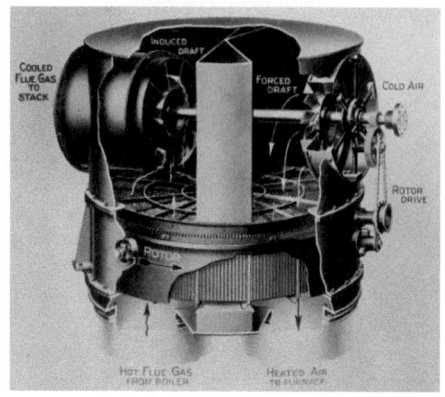

③ 히트파이프식 : 배관 표면에 알루미늄 핀 튜브를 부착시키고 진공으로 된 배관 내부에 열매체인 증류수를 넣어 봉입한 것을 경사지게 설치한 것이다.

02 기수분리기

보일러에서 발생된 습증기에서 물을 제거하여 건포화증기에 가까운 증기를 생산하는 역할을 한다. 압력이 높은 보일러의 경우 증기와 물의 비중량 차이가 극히 적어 기수분리가 어렵다.

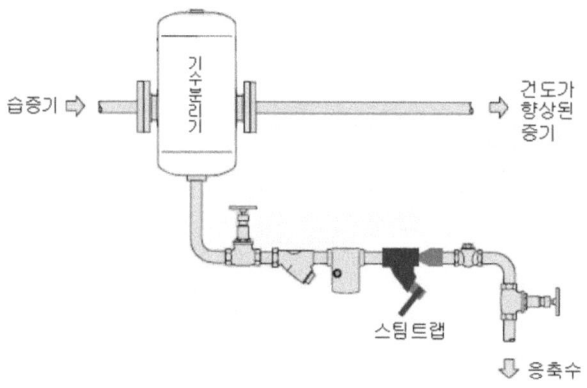

1) 기수분리 방법에 따라 분류

① 사이클론식 : 원심분리기를 이용한다.

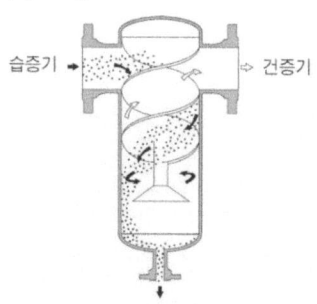

② 스크러버식 : 장애판 이용한다.

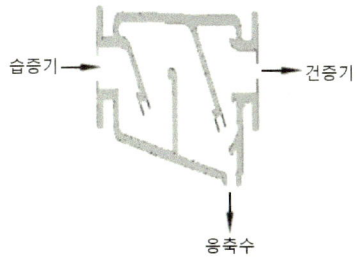

③ 건조스크린식 : 금속그물망 이용한다.
④ 배플식 : 방향전환을 이용한다.

03 증기트랩(스팀트랩 ; steam trap)

증기관의 도중이나 말단에 설치하여 증기의 일부가 응축되어 고여 있을 때 자동적으로 빼내는 장치이다.

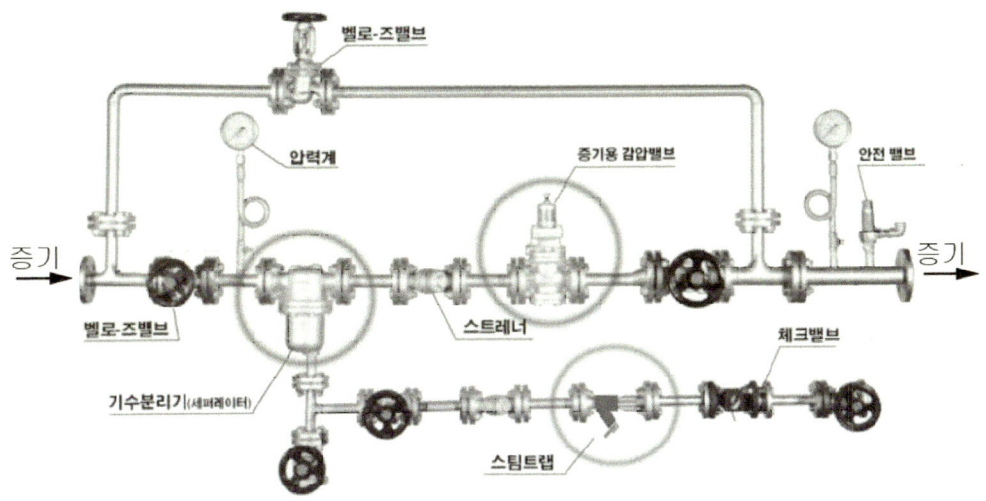

1) 증기트랩의 설치목적
① 관의 부식방지 : 응축수로 인한 설비의 부식을 방지함
② 수격작용 발생 억제 : 응축수를 배출함으로써 수격작용을 방지함
③ 마찰저항 감소 : 관내 유체의 흐름에 대한 마찰 저항을 감소시킴
④ 응축수 배출

2) 증기트랩의 종류
① 기계식 : 응축수와 증기의 비중차이를 이용하여 분리
② 온도조절식 : 응축수와 증기의 온도차이를 이용하여 분리
③ 열역학식 : 응축수와 증기의 열역학적 특성차를 이용하여 분리

구분		특징
기계식	플로트트랩 (다량트랩)	① 다량의 드레인을 연속적으로 처리 할수 있다. ② 증기누출이 거의 없다. ③ 가동시 공기빼기를 할 필요가 없다.
	버킷트랩 상향버킷식	① 장치의 설치는 수평으로 함 ② 배관계통에 설치하여 배출용으로 사용됨 ③ 가동시 공기 빼기를 해야하며, 겨울철 동결우려가 있음
	버킷트랩 하향버킷식	응축수의 유입구와 유출구의 차압이 80%정도 까지 차이가 나도 배출이 가능하다.
온도조절식	바이메탈식	구조상 열팽창계수가 다른 이종금속이 접합되어 있는 형태로 고압에 적당하여 배압이 높아도 작동하며, 드레인 배출온도를 변화시킬 수 있고 증기누출이 없는 트랩이다. 배기능력이 다른 트랩에 비해 탁월하다.
	벨로즈식 액체팽창식	① 소형이다. ② 응축수의 온도조절이 가능하다. ③ 배출능력이 우수하다.
열역학식	디스크트랩 (disc type trap)	① 가동시 공기배출이 필요없다. ② 작동이 빈번하여 내구성이 낮다. ③ 작동확률이 높고 소형이며 수격작용(워터해머)에 강하다. ④ 고압용에는 부적당하나 과열증기 사용에는 적합하다.
	오리피스트랩	① 과열증기의 사용이 가능하다. ② 디동시 공기빼기가 불필요하다. ③ 설치방법이 자유롭다. ④ 소형이다.

04 열교환기

1) Shell &Tube 열교환기

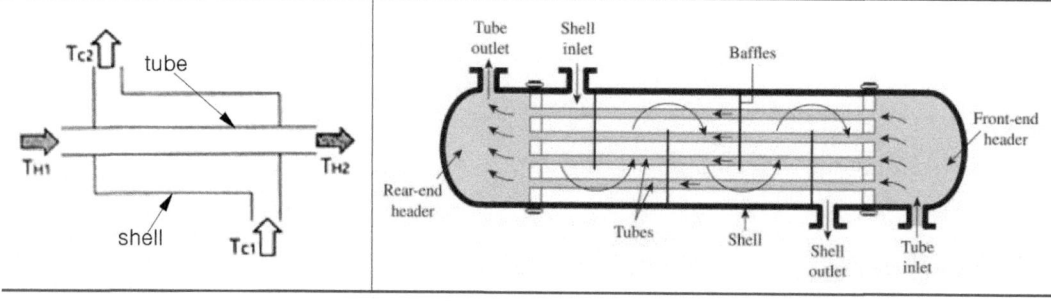

① 현장에서 조립하는 형태로 일정한 작업공간을 필요로 한다.
② 플레이트 열교환기에 비해서 열통과율이 낮다.
③ Shell과 Tube 내의 흐름은 직류보다 향류흐름의 성능이 더 우수하다.
④ 구조상 고온·고압에 견딜 수 있어 석유화학공업 분야 등에서 많이 이용된다.

2) 열교환기의 효율을 향상시키기 위한 방법
① 유체의 흐름 방향을 (대)항류의 흐름이 되도록 한다.
② 열전도율이 높은 재질을 사용한다.
③ 전열면적을 크게 한다.
④ 유체의 유속을 빠르게 한다.

05 어큐물레이터(accumulator)=증기축열기(Steam accumulator)

보일러 연소량을 일정하게 하고 저부하시 잉여증기를 축적시켰다가 갑작스런 부하변동이나 과부화 등에 대처 하기 위해 사용되는 장치

참고 accumulator : 사전적의미 "축전지"

06 플래쉬 탱크 flash tank

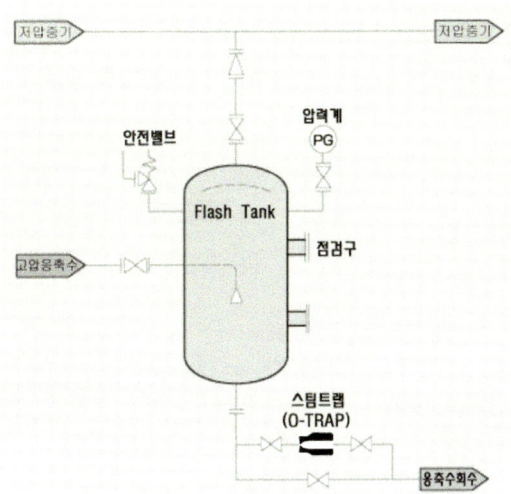

고압 0.8MPa의 응축수을 대기압으로 개방했을 때 보유 에너지의 차이로 발생하는 증기를 플래시 증기라고 한다.
고압의 응측수를 저압증기로 만드는 장치이다.

07 수트블로어(shoot blow) : 전열면의 그을음을 제거하는 장치

로터리형(rotary)형 수트 블로어 : 회전형 분사청
소로 연도 등의 저온의 전열면에 주로 사용한다.

08 저온부식과 고온부식

보일러부식 ┬ 외부부식 ┬ 고온부식 : 과열기, 재열기에 주로 발생 배기가스 성분중 V(바나듐)인 많을때
　　　　　 │　　　　　└ 저온부식 : 절탄기, 공기예열기 주로발생 배기가스 성분중 S(황)이 많을때
　　　　　 └ 내부부식 ┬ 구식(grooving) : 접합부분의 부식을 대표적으로 경판과 거싯스테이부분의 도랑 모양의 부식
　　　　　　　　　　　 └ 점식(pitting) : 용존산소에 의해 점모양의 부식으로 보일러 등의 수면 부근에서 발생함

1) 보일러에서 발생하는 저온부식의 방지 방법
① 발열량이 높은 황분을 제거해야 된다.
② 전열면 표면에 내식재료를 사용함
③ 공기예열기 전열면 온도를 높임
④ 배기가스의 온도를 노점온도 이상로 유지한다.
⑤ 연료첨가제(수산화마그네슘)을 이용하여 노점온도를 낮춤
⑥ 과잉공기를 적게하여 배기가스 중의 산소를 감소시킴
⑦ **발생장소** : 절탄기, 공기예열기

2) 고온부식의 방지대책
① 연소가스의 온도를 낮게 함
② 고온의 전열면에 내식재료를 사용함
③ 연료에 첨가제를 사용하여 바나듐의 융점을 높임
④ **발생장소** : 과열기, 재열기

열설비설계 과년도 기출문제

01 연소실에서 연도까지 배치된 보일러 부속설비의 순서를 바르게 나타낸 것은?
　　　　　　　13년 9월28일/18년 9월15일/19년 4월27일

① 과열기 → 절탄기 → 공기 예열기
② 절탄기 → 과열기 → 공기 예열기
③ 공기 예열기 → 과열기 → 절탄기
④ 과열기 → 공기 예열기 → 절탄기

해설 ▶ 연도에서 폐열회수장치의 설치순서
본체→과열기→ 재열기→ 절탄기→ 공기예열기→ 연돌
연소실에서 연도까지 배치된 보일러 부속 설비의 순서

02 보일러의 부속장치 중 여열장치가 아닌 것은?
　　　　　　　15년 5월31/20년 9월26일일

① 공기예열기　② 송풍기
③ 재열기　　　④ 절탄기

해설 보일러 열효율 증가장치(여열장치)
보일러 → 노통(화실) → 과열기 → 재열기 → 절탄기(급수가열기) → 공기예열기 → 굴뚝

03 보일러에서 폐열회수 장치가 아닌 것은?
　　　　　　　13년 3월10일

① 과열기　　② 재열기
③ 복수기　　④ 공기예열기

해설 보일러에서 폐열회수 장치는 과열기, 재열기, 절탄기, 공기 예열기가 있다.

04 보일러에서 연소용 공기 및 연소가스가 통과하는 순서로 옳은 것은?
　　　　　　　18년 3월4일

① 송풍기→절탄기→과열기→공기예열기→연소실→굴뚝
② 송풍기→연소실→공기예열기→과열기→절탄기→굴뚝
③ 송풍기→공기예열기→연소실→과열기→절탄기→굴뚝
④ 송풍기→연소실→공기예열기→절탄기→과열기→굴뚝

해설 ▶ 보일러에서 연소용 공기 및 연소가스가 통과하는 순서
송풍기→공기예열기→연소실→과열기→절탄기→굴뚝
▶ 연도에서 폐열회수장치의 설치순서
본체→과열기→ 재열기→ 절탄기→ 공기예열기→ 연돌

05 과열기(Super heater)에 대한 설명 중 틀린 것은?
　　　　　　　12년 9월15일/17년 5월7일

① 보일러에서 발생한 포화증기를 가열하여 증기의 온도를 높이는 장치이다.
② 저압 보일러의 효율을 상승시키기 위하여 주로 사용된다.
③ 증기의 열에너지가 커 열손실이 많아질 수 있다.
④ 고온부식의 우려와 연소가스의 저항으로 압력손실이 크다.

해설 압력이 일정한 상태에서 가열하여 과열증기를 만드는 장치로 고온부식 및 통풍저항 증대가 발생할 수 있다.

정답 **01** ①　**02** ②　**03** ③　**04** ③　**05** ②

06 보일러에서 과열기의 역할로 옳은 것은?
　　　　　　　　　　　　● 21년 9월12일

① 포화증기의 압력을 높인다.
② 포화증기의 온도를 높인다.
③ 포화증기의 압력과 온도를 높인다.
④ 포화증기의 압력은 낮추고 온도를 높인다.

[해설] 과열기 : 정압과정에서 온도를 증가 시켜 과열증기를 만드는 장치

07 보일러에 설치된 과열기의 역할로 틀린 것은?
　　　　　　　　　● 22년 3월5일/15년 3월8일

① 포화증기의 압력증가
② 마찰저항 감소 및 관내부식 방지
③ 엔탈피 증가로 증기소비량 감소 효과
④ 과열증기를 만들어 터빈의 효율 증대

[해설] 과열기는 포화증기를 일정한 압력 상태에서 온도만 상승시켜 과열증기로 만드는 장치이다.
과열기 : 정압과정에서 온도를 증가시켜 과열증기를 만드는 장치

08 과열기에 대한 설명으로 틀린 것은?
　　　　　　　　　　　　● 20년 9월26일

① 포화증기를 과열증기로 만드는 장치이다.
② 포화증기의 온도를 높이는 장치이다.
③ 고온부식이 발생하지 않는다.
④ 연소가스의 저항으로 압력손실이 크다.

[해설] 과열기는 저압상태에서 온도를 상승시키는 장치로 고온에 의한 고온부식이 발생된다.

09 과열기의 구조에 있어서 과열온도가 약 600℃ 이상에서는 다음 중 어느 강을 주로 사용하는가?
　　　　　　　　　　　　● 13년 9월28일

① 탄소강
② 니켈강
③ 저망간강
④ 오스테나이트계 스테인리스강

[해설] 내열강 : 페라이트 스테인리스강, 오스테나이트계스테인리스강으로 과열온도가 600℃ 이상일 때 사용된다.

10 고압 증기터빈에서 팽창되어 압력이 저하된 증기를 가열하는 보일러의 부속장치는?
　　　　　　　　　　　　● 22년 3월5일

① 재열기
② 과열기
③ 절탄기
④ 공기예열기

[해설] ▶ 재열기 : 고압 증기터빈에서 팽창되어 압력이 저하된 증기를 가열하는 장치

11 보일러의 급수를 예열하는 방법 중 증기터빈에서 추기된 증기에 의해 가열하는 것은?
　　　　　　　　　　　　● 12년 9월15일

① 현열기
② 급수가열기
③ 과열기
④ 재열기

[해설] 증기터빈에서 추기된 증기에 의해 가열하는 것은 급수가열기이고 공급가열 감소에 따른 효율 증대의 효과를 얻을 수 있다.

정답　06 ②　07 ①　08 ③　09 ④　10 ①　11 ②

12 보일러의 연소가스에 의해 보일러 급수를 예열하는 장치는? ● 18년 9월15일

① 절탄기
② 과열기
③ 재열기
④ 복수기

해설 절탄기(이코노마이저Economizer) : 보일러의 연소가스에 의해 보일러 급수를 예열하는 장치

13 보일러장치에 대한 설명으로 옳지 않은 것은? ● 12년 9월15일/20년 6월6일

① 절탄기는 연료공급을 적당히 분배하여 완전연소를 위한 장치이다.
② 공기예열기는 연소가스의 예열로 공급공기를 가열 시키는 장치이다.
③ 과열기는 포화증기를 가열시키는 장치이다.
④ 재열기는 원동기에서 팽창한 포화증기를 재가열시키는 장치이다.

해설 절탄기(이코노마이저)는 배기가스 열을 회수하여 급수를 예열하여 효율을 증대시키는 급수가열기를 말한다.

14 보일러의 부속장치인 이코노마이저에 대한 설명으로 틀린 것은? ● 13년 9월28일

① 통풍손실이 발생할 수 있다.
② 저온부식이 발생할 수 있다.
③ 증발능력을 상승시킨다.
④ 열응력을 증가시킨다.

해설 급수예열가열장치인 절탄기(이코노마이저)는 급수예열에 따른 열응력감소, 열효율증대의 장점이 있지만 저온부식, 통풍저항이 증대 되는 단점도 있다.

15 다음 중 절탄기를 설치하는 장소로서 가장 적합한 곳은? ● 14년 5월25일

① 연도
② 과열기 상부
③ 가압송풍기 입구
④ 연소실

해설 절탄기는 연도에 설치하여 급수를 예열하는 폐열회수장치이다.

16 저압용으로 내식성이 크고, 청소하기 쉬운 구조이며, 증기압이 $2\frac{kg_f}{cm^2}$ 이하의 경우에 사용되는 절탄기는? ● 15년 9월19일/18년4월28일

① 강관식
② 이중관식
③ 주철관식
④ 황동관식

해설 ▶ 절탄기(급수예열기) 종류
1) 저압용($2\frac{kg_f}{cm^2}$ 이하)은 주철제 사용하여 제작한다.
2) 고압용은 강관제 사용하여 제작한다.

17 보일러의 부대장치 중 공기예열기의 적정온도는? ● 12년 9월15일

① 30~50℃
② 50~100℃
③ 100~180℃
④ 180~350℃

해설 공기예열기의 적정온도는 180~350℃이다.

정답 12 ① 13 ① 14 ④ 15 ① 16 ③ 17 ④

18 고유황인 병커C를 사용하는 보일러의 부대장치 중 공기예열기의 적정온도는? ◎ 16년 5월8일

① 30~50℃
② 6~100℃
③ 110~120℃
④ 180~350℃

해설 ▶ 고유황인 병커C를 사용하는 보일러의 부대장치 중 공기 예열기의 적정온도는180~350℃이다.
유황(S)이 저온부식을 초래하므로, 150℃보다 높게 예열함

19 보일러의 부대장치 중 공기예열기 사용 시 나타나는 특징으로 틀린 것은? ◎ 19년 9월21일

① 과잉공기가 많아진다.
② 가스온도 저하에 따라 저온부식을 초래할 우려가 있다.
③ 보일러 효율이 높아진다.
④ 질소산화물에 의한 대기오염의 우려가 있다.

해설 ▶ 공기예열기 특징
1) 보일러 연소효율을 증가시킨다
2) 과잉공기가 적어도 된다.
3) 연소실 용적을 적게할 수 있다.
3) 저질탄 연소에 효과적이다.
4) 배기가스 온도가 하강하여 배기가스 저항이 증가한다.
5) 질소산화물에 의한 대기오염의 우려가 있다.
6) 가스온도 저하에 따라 저온부식을 초래할 우려가 있다.

20 공기예열기의 효과에 대한 설명 중 틀린 것은? ◎ 13년 3월10일/21년 5월15일

① 연소효율을 증가시킨다.
② 과잉공기가 적어도 된다.
③ 배기가스 저항이 줄어든다.
④ 저질탄 연소에 효과적이다.

해설 공기예열기설치 하면 통풍저항이 발생되어 배기가스 저항이 증대 된다.

21 전열요소가 회전하는 재생식 공기예열기는? ◎ 14년 9월20일

① 판형 공기예열기
② 관형 공기예열기
③ 융스트롬(Ljungstrom) 공기예열기
④ 로테뮬(Rothemuhle) 공기예열기

해설 공기 예열기의 종류
1. 전열식(관형, 판형)
   금속벽을 통하여 연소가스로부터 공기에 전달하는 형식
2. 재생식(축열식, 회전식)
   파형강판 또는 평형강판을 조합하여 원통용기 내에 넣어 전열로 하고 중심축의 주변에서 회전시킨다. 원통용기 내를 몇 개로 나누어 배기가스 통로와 공기통로를 구성하여 열교환시킨다.
   회전식에서 융스트롬(Ljungstrom) 공기예열기가 있다.
3. 히트파이프식
   배관 표면에 알루미늄 핀 튜브를 부착시키고 진공으로 된 배관 내부에 열매체인 증류수를 넣어 봉입한 것을 경사지게 설치한 것이다.

정답 18 ④ 19 ① 20 ③ 21 ③

22 공기예열기의 효과에 대한 설명으로 틀린 것은?   ◎ 17년 3월5일

① 연소효율을 증가시킨다.
② 과잉공기량을 줄일 수 있다.
③ 배기가스 저항이 줄어든다.
④ 저질탄 연소에 효과적이다.

해설 ▶ 공기예열기의 효과
1) 보일러 연소효율을 증가시킴
2) 과잉공기량을 줄일 수 있다.
3) 연소실 용적을 적게할 수 있음
3) 저질탄 연소에 효과적임
4) 배기가스 저항이 증가한다. (배기가스 온도 하강)
5) 질소산화물에 의한 대기오염의 우려가 있음
6) 가스온도 저하에 따라 저온부식을 초래할 우려가 있음
7) 통풍력 저하(통풍저항 증가함)

23 증기트랩의 설치목적이 아닌 것은?   ◎ 16년 3월6일

① 관의 부식 방지
② 수격작용 발생 억제
③ 마찰저항 감소
④ 응축수 누출방지

해설 ▶ 증기트랩의 설치목적
1) 관의 부식방지
2) 수격작용 발생 억제
3) 마찰저항 감소
4) 응축수 배출

24 증기트랩장치에 관한 설명으로 옳은 것은?   ◎ 22년 3월5일

① 증기관의 도중이나 상단에 설치하여 압력의 급상승 또는 급히 물이 들어가는 경우 다른 곳으로 빼내는 장치이다.
② 증기관의 도중이나 말단에 설치하여 증기의 일부가 응축되어 고여 있을 때 자동적으로 빼내는 장치이다.
③ 보일러 동에 설치하여 드레인을 빼내는 장치이다.
④ 증기관의 도중이나 말단에 설치하여 증기를 함유한 침전물을 분리시키는 장치이다.

해설 증기트랩장치 : 증기관의 도중이나 말단에 설치하여 증기의 일부가 응축되어 고여 있을 때 자동적으로 빼내는 장치이다.

25 다음 중 증기와 응축수의 온도 차이를 이용하여 작동하는 증기트랩은?   ◎ 13년 9월28일

① 바이메탈식
② 상향버켓식
③ 플로트식
④ 오리피스식

해설 증기트랩의 종류
1. 기계식
    ① 플로트트랩
    ② 버킷트랩
2. 온도조절식
    ① 바이메탈식
    ② 벨로즈식
    ③ 액체팽창식
3. 열학식
    ① 디스크트랩
    ② 오리피스트랩

정답 22 ③ 23 ④ 24 ② 25 ①

26 다음 보기에서 설명하는 증기 트랩(Trap)은?   ◎ 14년 5월25일/19년 9월21일

- 다량의 드레인을 연속적으로 처리할 수 있다.
- 증기누출이 거의 없다.
- 가동 시 공기빼기를 할 필요가 없다.

① 플로트식 트랩
② 버킷형 트랩
③ 열동식 트랩
④ 디스크식 트랩

[해설] 플로트식 트랩(=다량트랩)에 대한 설명이다.

27 다음 보기에서 설명하는 증기트랩은?   ◎ 15년 3월8일

- 가동 시 공기배출이 필요 없다.
- 작동이 빈번하여 내구성이 낮다.
- 작동확률이 높고 소형이며 워터해머에 강하다.
- 고압용에는 부적당하나 과열증기 사용에는 적합하다.

① 디스크식 트랩(disc type trap)
② 버켈형 트랩(bucket type trap)
③ 플로트식 트랩(float type trap)
④ 바이메탈식 트랩(bimetal type trap)

[해설] 보기 설명은 디스크식 트랩(disc type trap)의 설명이다.

28 구조상 고압에 적당하여 배압이 높아도 작동하며, 드레인 배출온도를 변화시킬 수 있고 증기누출이 없는 트랩의 종류는?   ◎ 16년 3월6일

① 디스크(disk)식
② 플로트(float)식
③ 상향 버킷(bucket)식
④ 바이메탈(bimatal)식

[해설] ▶ 바이메탈(Bimatal)식 트랩 : 구조상 열팽창 계수가 다른 이종금속이 접합되어 있는 형태로 고압에 적당하여 배압이 높아도 작동하며, 드레인 배출온도를 변화시킬 수 있고 증기누출이 없는 트랩이다.

29 스팀 트랩(steam trap)을 부착 시 얻는 효과가 아닌 것은?   ◎ 17년 5월7일

① 베이퍼락 현상을 방지한다.
② 응축수로 인한 설비의 부식을 방지한다.
③ 응축수를 배출함으로써 수격작용을 방지한다.
④ 관내 유체의 흐름에 대한 마찰 저항을 감소시킨다.

[해설] ▶ 스팀트랩(Steam trap)을 부착시, 얻는 효과
1) 응축수로 인한 설비의 부식을 방지함
2) 응축수를 배출함으로써 수격작용을 방지함
3) 관내 유체의 흐름에 대한 마찰 저항을 감소시킴
▶ 베어퍼락 : 유체의 압력이 저하하면 액에서 기포로 전환 하여 발생하는 것으로 자동차에서 베이퍼락이 발생되면 브레이크가 작동 불량이 된다.

정답 26 ① 27 ① 28 ④ 29 ①

30 상향 버킷식 증기트랩에 대한 설명으로 틀린 것은?
○ 17년 9월23일

① 응축수의 유입구와 유출구의 차압이 없어도 배출이 가능하다.
② 가동 시 공기 빼기를 하여야 하며 겨울철 동결 우려가 있다.
③ 배관계통에 설치하여 배출용으로 사용된다.
④ 장치의 설치는 수평으로 한다.

해설 ▶ 상향 버킷식 증기트랩의 설명
1) 장치의 설치는 수평으로 함
2) 배관계통에 설치하여 배출용으로 사용됨
3) 가동시 공기 빼기를 해야하며, 겨울철 동결 우려가 있음
▶ 버킷식 트랩에서 응축수의 유입구와 유출구의 차압이 형성되어야 응축수 배출이 원활하다.

31 바이메탈 트랩에 대한 설명으로 옳은 것은?
○ 18년 4월28일

① 배기능력이 탁월하다.
② 과열증기에도 사용할 수 있다.
③ 개폐온도의 차가 적다.
④ 밸브폐색의 우려가 있다.

해설 ▶ 바이메탈(Bimatal) 트랩
열팽창계수가 다른 이종금속이 접합되어 응축수배출이 뛰어나며 구조상 고압에 적당하여 배압이 높아도 작동하며, 드레인 배출온도를 변화시킬 수 있고 증기누출이 없는 트랩
▶ 디스크식 트랩 : 과열증기에도 사용할 수 있다.

32 보일러에 설치된 기수분리기에 대한 설명으로 틀린 것은?
○ 14년 3월2일/20년 6월6일

① 발생된 증기 중에서 수분을 제거하고 건포화증기에 가까운 증기를 사용하기 위한 장치이다.
② 증기부의 체적이나 높이가 작고 수면의 면적이 증발량에 비해 작은 때는 기수공발이 일어날 수 있다.
③ 압력이 비교적 낮은 보일러의 경우는 압력이 높은 보일러 보다 증기와 물의 비중량 차이가 극히 작아 기수분리가 어렵다.
④ 사용원리는 원심력을 이용한 것, 스크러버를 지나게 하는 것, 스크린을 사용하는 것 또는 이들의 조합을 이루는 것 등이 있다.

해설 기수분리기의 역할 : 보일러에서 발생된 증기 중 수분을 제거하여 건포화증기에 가까운 증기를 생산하는 역할을 한다.
기수분리기(steam separator)는 압력이 높은 보일러의 경우 증기와 물의 비중량 차이가 극히 적어 기수분리가 어렵다.

33 기수분리의 방법에 따라 분류하였을 때 다음 중 그 종류로서 가장 거리가 먼 것은?
○ 13년 9월28일/18년 4월28일

① 장애판을 이용한 것
② 그물을 이용한 것
③ 방향전환을 이용한 것
④ 압력을 이용한 것

해설 기수분리의 방법에 따라 분류
1. 사이클론식 : 원심분리기를 이용한다.
2. 스크러버식 : 장애판 이용한다.
3. 건조스크린식 : 금속그물망 이용한다.
4. 배플식 : 방향전환을 이용한다.

정답 30 ① 31 ① 32 ③ 33 ④

34 Shell &Tube 열교환기에 대한 설명으로 틀린 것은?
    ● 13년 6월2일

① 현장제작이 가능하여 좁은 공간에 설치가 가능하다.
② 플레이트 열교환기에 비해서 열통과율이 낮다.
③ Shell과 Tube 내의 흐름은 직류보다 향류 흐름의 성능이 더 우수하다.
④ 구조상 고온·고압에 견딜 수 있어 석유화학공업 분야 등에서 많이 이용된다.

|해설| Shell &Tube 열교환기는 현장에서 조립하는 형태로 일정한 작업공간을 필요로 한다.

35 다음 중 열교환기의 성능이 저하되는 요인은?
    ● 16년 5월8일

① 온도차의 증가
② 유체의 느린 유속
③ 항류 방향의 유체 흐름
④ 높은 열전율의 재료 사용

|해설| ▶ 열교환기의 효율을 향상시키기 위한 방법
1) 유체의 흐름 방향을 (대)항류의 흐름이 되도록 한다.
2) 열전도율이 높은 재질을 사용한다.
3) 전열면적을 크게 한다.
4) 유체의 유속을 빠르게 한다.

36 보일러 연소량을 일정하게 하고 저부하 시 잉여증기를 축적시켰다가 갑작스런 부하변동이나 과부하 등에 대처하기 위해 사용되는 장치는?
    ● 15년 9월19일/19년 4월27일

① 탈기기   ② 인젝터
③ 재열기   ④ 어큐물레이터

|해설| ▶ 어큐물레이터(accumulator)=증기축열기 (Steam accumulator)
보일러 연소량을 일정하게 하고 저부하시 잉여증기를 축적시켰다가 갑작스런 부하변동이나 과부화 등에 대처하기 위해 사용되는 장치

37 flash tank의 역할을 가자 옳게 설명한 것은?
    ● 14년 5월25일/20년 8월22일

① 고압응축수로 저압증기를 만든다.
② 저압응축수로 고압증기를 만든다.
③ 증기의 건도를 높인다.
④ 증기를 저장한다.

|해설| Flash tank는 고압의 응측수를 저압증기로 만드는 장치이다.

38 보일러 배기가스에 대한 설명으로 틀린 것은?
    ● 16년 10월1일

① 배기가스 열손실은 같은 연소 조건일 경우에 연소가스량이 적을수록 작아진다.
② 배기가스의 열량을 회수하기 위한 방법으로 급수예열기와 공기예열기를 적용한다.
③ 배기가스의 열량을 회수함에 따라 배기가스의 온도가 낮아지고 효율이 상승하지만 16℃ 이상부터는 효율이 일정하다.
④ 배기가스 온도는 발생증기의 포화온도 이하로 낮출 수 없어 보일러의 증기압력이 높아짐에 따라 배기가스 손실도 크다.

|해설| 배기가스의 열량을 회수함에 따라 배기가스의 온도가 낮아지고 효율이 상승하지만 150~180℃ 사이에서는 저온부식이 발생 할수 있다.

정답 34 ① 35 ② 36 ④ 37 ① 38 ③

39 저온가스 부식을 억제하기 위한 방법이 아닌 것은?　◆ 21년 9월12일/18년 3월4일

① 연료중의 유황성분을 제거한다.
② 첨가제를 사용한다.
③ 공기예열기 전열면 온도를 높인다.
④ 배기가스 중 바나듐의 성분을 제거한다.

해설　1) 저온부식방지 : 황제거
　　　2) 고온부식방지 : 바나듐제거

40 보일러에서 발생하는 저온부식의 방지 방법이 아닌 것은?　◆ 15년 3월8일/20년 9월26일

① 연료 중의 황 성분을 제거한다.
② 배기가스의 온도를 노점온도 이하로 유지한다.
③ 과잉공기를 적게 하여 배기가스 중의 산소를 감소시킨다.
④ 전열면 표면에 내식재료를 사용한다.

해설　▶ 보일러에서 발생하는 저온부식의 방지 방법
　㉠ 연료 중 황분(S)을 제거한다.
　㉡ 저온 전열면 표면에 내식재를 사용한다.
　㉢ 저온 전열면에 보호피막을 씌운다.
　㉣ 배기가스 온도를 노점온도 이상으로 유지시킨다.
　㉤ 배기가스 중 CO_2함량을 높여 황산가스의 노점을 강하시킨다.
　㉥ 과잉공기를 적게 하여 배기가스 중의 산소를 감소시켜 아황산가스(SO_2)의 산화를 방지한다.
　㉦ 연료에 첨가제를 사용하여 노점온도를 낮춘다(돌로마이트, 암모니아, 아연 등을 사용).
　㉧ 저온부식 발생위치 : 절탄기, 공기예열기

41 저온부식의 방지 방법이 아닌 것은?　◆ 17년 3월5일/22년 3월5일/14년 5월25일

① 과잉공기를 적게 하여 연소한다.
② 발열량이 높은 황분을 사용한다.
③ 연료첨가제(수산화마그네슘)를 이용하여 노점온도를 낮춘다.
④ 연소 배기가스의 온도가 너무 낮지 않게 한다.

해설　▶ 저온부식의 방지 방법
　1) 발열량이 높은 황분을 제거해야 된다.
　2) 전열면 표면에 내식재료를 사용함
　3) 공기예열기 전열면 온도를 높임
　4) 배기가스의 온도를 노점온도 이상으로 유지한다.
　5) 연료첨가제(수산화마그네슘)을 이용하여 노점온도를 낮춤
　6) 과잉공기를 적게하여 배기가스 중의 산소를 감소시킴

42 고온부식의 방지대책이 아닌 것은?　◆ 16년 3월6일

① 중유 중의 황 성분을 제거한다.
② 연소가스의 온도를 낮게 한다.
③ 고온의 전열면에 내식재료를 사용한다.
④ 연료에 첨가제를 사용하여 바나듐의 융점을 높인다.

해설　▶ 고온부식의 방지대책
　1) 연소가스의 온도를 낮게 함
　2) 고온의 전열면에 내식재료를 사용함
　3) 연료에 첨가제를 사용하여 바나듐의 융점을 높임
　▶ 저온부식 방치책 : 중유 중의 황 성분을 제거함

정답　39 ④　40 ②　41 ②　42 ①

43 다음 중 보일러의 안전장치가 아닌 것은?

◎ 12년 9월15일

① 저수위 경보기
② 화염검출기
③ 방폭문
④ 댐퍼

[해설] 댐퍼는 통풍력을 조절하고 가스의 흐름을 차단 또는 변경하는 장치이다.

44 보일러 안전장치의 종류가 아닌 것은?

◎ 15년 3월8일

① 방폭문
② 안전밸브
③ 체크밸브
④ 고저수위경보기

[해설] 보일러 안전장치의 종류 : 화염검출기, 안전밸브, 고저수위경보기, 방폭문, 가용전등

45 연도 등의 저온의 전열면에 주로 사용되는 수트 블로어의 종류는? ◎ 20년 8월22일/14년 5월25일

① 삽입형
② 예열기 클리너형
③ 로터리형
④ 건형(gun type)

[해설] ▶ 로터리형(rotary)형 수트 블로어 : 회전형 분사청소로 연도 등의 저온의 전열면에 주로 사용한다.

정답 43 ④ 44 ③ 45 ③

04

배관설계

01 보일러의 종류 및 특징
02 보일러설계
03 보일러의 부속장치
04 배관설계
05 전열(열전달)
06 용접, 리벳, 압력용기 설계
07 급수처리
08 보일러용량 및 열정산

CHAPTER 04 배관설계

자주 출제 되는 문제

01 배관 지름 설계

① 체적유량(Q) : 단위시간당 흘려간 유체의 체적

$$Q = AV = \frac{\pi}{4}D^2 \times V \quad D : 내경 \quad V : 유속$$

$$D[mm] = 1128\sqrt{\frac{Q\left[\frac{m^3}{s}\right]}{V\left[\frac{m}{s}\right]}}$$

② 중량유량(W) : 단위시간당 흘려간 유체의 무게

$$W = \gamma \times AV = s \times \gamma_w \times \frac{\pi}{4}D^2 \times V$$

D : 관의 내경 V : 유속 s : 유체의 비중 γ : 유체의 비중량

γ_w : 물의 비중량, $\gamma_w = \frac{1000kg_f}{m^3} = \frac{1kg_f}{l}$

$1m^3 = 1000l$

02 배관의 손실수두

① (원형관의 손실수두) $H_L = f \times \frac{L}{D} \times \frac{V^2}{2g}$

② (압력손실) $\Delta P = \gamma \times H_L = \gamma \times \left(f \times \frac{L}{D} \times \frac{v^2}{2g}\right)$

  L : 관의 길이, f : 관마찰계수, D : 관의 내경, V : 유속, γ : 유체의 비중량

- 층류의 관마찰계수 : $f = \frac{64}{R_e}$ (레이놀즈수(R_e)만의 함수)

③ 비원형관의 손실수두 $D = 4R_h$

$$H_L = f \times \frac{L}{4R_h} \times \frac{V^2}{2g}, \ (수력반경) R_h = \frac{유동면적}{접수길이}$$

④ 온수보일러 방출관 안지름

보일러의 전열면적	방출관의 안지름
$10m^2$ 미만	20mm 이상
$10 \sim 15m^2$	30mm 이상
$15 \sim 20m^2$	40mm 이상
$20m^2$ 이상	50mm 이상

03 밸브

1) **체크밸브(check valve ; 역지변)** : 유체를 일정한 방향으로 만 흐르게 하고, 역류를 방지하는 데 사용.

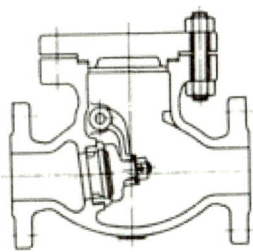

2) **버터플라이 밸브(butter fly valve)의 특징**
   ① 원통형의 몸체 속에서 밸브 봉을 축으로 평판이 회전함으로써 회전각을 조절하여 유량을 제어한다.
   ② 90°회전으로 개폐가 가능하다.
   ③ 유량조절이 가능하다.
   ④ 완전 열림시 유체저항이 작다.

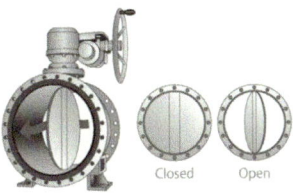

[버터 플라이 밸브(butter fly valve)]

3) 다이어프램 밸브(diaphragm valve)의 특징
   ① 산(酸) 등의 화학 약품을 차단하는 경우에 내약품, 내열 고무재의 다이어프램을 밸브 시트에 밀착시키는 것으로 유체의 흐름에 대한 저항이 적어 기밀용으로 사용
   ② 유체의 흐름이 주는 영향이 비교적 적다.
   ③ 기밀을 유지하기 위한 패킹이 불필요하다.
   ④ 저항이 적어 유체의 흐름이 원활하다.

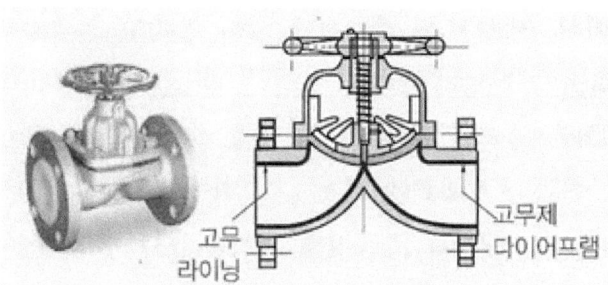

[다이어프램 밸브(diaphram valve)]

4) 안전밸브(Safety valve)
   (1) 용도 : 고압유체를 취급하는 배관, 보일러 등의 압력 용기에 설치하여 규정 이상의 압력이 되면, 자동적으로 열려 용기 속의 압력을 항상 안전수준을 유지
   (2) 안전밸브의 종류 : 스프링식, 중추식, 지렛대식이 있다.
   ① 스프링식 안전밸브는 스프링의 신축으로 증기의 취출압력을 조절하기 때문에 고압, 대용량 보일러에 적합하다.
   ② 지렛대식 안전밸브는 추의 이동에 따라 증기의 취출압력을 조정한다.
   ③ 중추식 안전밸브는 압력의방향과 정방향으로 설치되어야 한다.

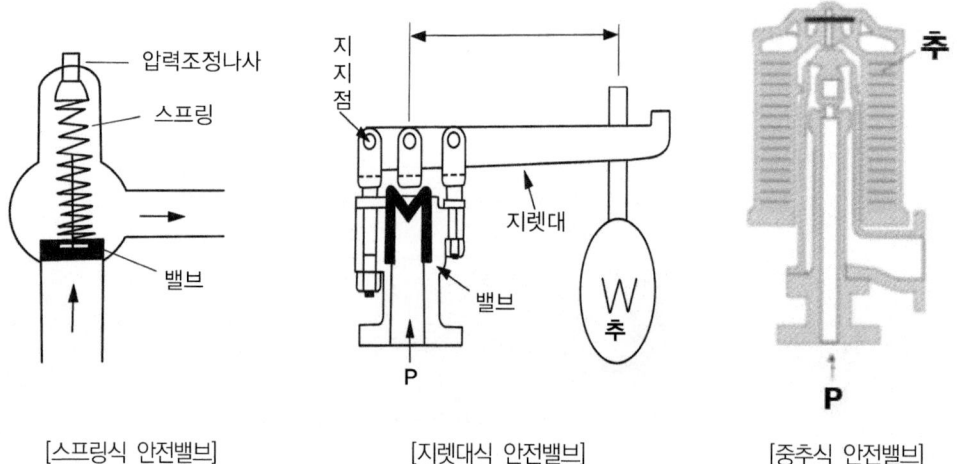

[스프링식 안전밸브]   [지렛대식 안전밸브]   [중추식 안전밸브]

(3) 안전밸브 설치기준
　① 안전밸브는 가능한 한 동체에 직접 부착시켜야 한다.
　② 전열면적 $50m^2$ 이하의 증기보일러에는 1개 이상의 안전밸브를 설치한다.
　③ 증기보일러는 전열면적 $50m^2$ 이상은 2개 이상의 안전밸브를 설치해야 한다.
　④ 안전밸브 및 압력 방출장치의 크기는 호칭지름 25mm 이상으로 하여야 한다.
(4) 온수보일러에서의 안전밸브 설치기준
　① 안전밸브는 보일러상부에 설치해야 한다.
　② 안전밸브는 보일러내부의 관에 연결하여서는 안된다.
　③ 안전밸브는 중심선을 수직으로 하여 설치해야 한다.
　④ 안전밸브 연결 시에 나사로 된 연결관을 사용한다.
(5) 감압밸브 : 입구측 압력보다 출구측 압력을 낮게 만드는 밸브

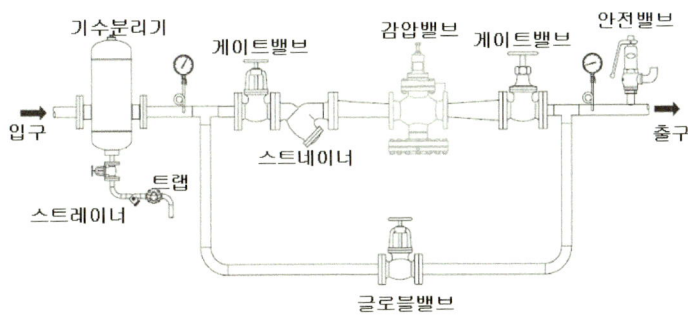

　① 감압밸브는 부하설비에 가깝게 설치한다.
　② 감압밸브는 반드시 스트레이너를 설치한다.
　④ 감압밸브 앞에는 기수분리기 또는 스팀트랩에 의해 응축수가 제거되어야 한다.

04 펌프

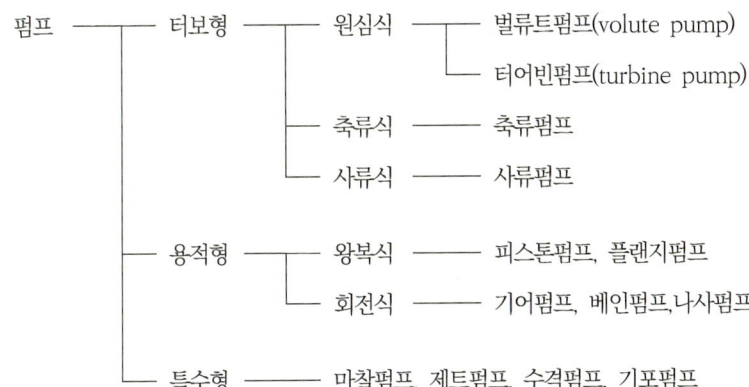

벌류트펌프(volute pump)	터어빈펌프(turbine pump) = 디퓨져 펌프(diffuser pump)
회전차(impeller)에 안내날개(guide vane)이 없다.	회전차(impeller)에 안내날개(guide vane)이 있다.
저양정=저압	고양정=고압
공동현상이 발생하기 쉽다	공동현상이 발생하기 어렵다.
구조가 간단하고 소형이다	구조가 복잡하고 대형이다
단단펌프로 많이 사용된다.	다단펌프로 많이 사용된다.
소~다량의 유량을 보낼수 있다.	중~대 유량을 보낼수 있다.

$$(\text{유체동력}) H = P \times Q(1 + \text{여유율})$$

$$(\text{소요동력}) H' = \frac{P \times Q}{\eta}(1 + \text{여유율})$$

P : 압력 Q : 체적유량 η : 펌프효율

05 배관의 지지

대분류		소분류	
명칭	용도	명칭	용도
서포트 (Support)	배관의 중량을 지지하는 장치 (밑에서 지지 하는 것)	파이프 슈	관의 수평부, 곡관부지지에 사용
		리지드 서포트	빔 등으로 만든 지지대
		롤러 서포트	관의 축방향 이동 가능
		스프링 서포트	하중 변화에 다라 미소한 상하이동 허용
행거 (Hanger)	배관의 중량을 지지하는장치 (위에서 달아 매는 것)	리지드 행거	빔에 턴버클 연결 달아 올림 (수직방향 변위 없는 곳에 사용)
		스프링행거	방진을 위행 턴버클 대신 스프링 설치 (변위가 적은 개소에 사용)
		콘스텐트 행거	배관의 상하 이동 허용하면서 관지지력 일정하게 유지 (변위 큰 개소)

리스트레인트 (Restraint)	배관의 열팽창에 의한 이동을 구속 제한하는 것	앵커(Anchor)	관지점에서 이동·회전 방지 (고정)
		스터퍼 (stopper)	관의 직선이동 제한
		가이드(Guide)	관의 회전제한, 축방향의 이동안내
브레이스 (Brace)	주로 배관의 진동 및 충격을 흡수하는 역할을 한다.	방진기	배관계의 진동방지 및 감쇠
		완충기	배관 계에서 발생한 충격을 완화

1) 보일러 실내에 설치하는 배관의 설치 기준
① 배관은 외부에 노출하여 시공하여야 한다.
② 배관의 이음부와 전기계량기와의 거리는 60cm이상의 거리를 유지하여야 한다.
③ 관경 50mm인 배관은 3m마다 고정장치를 설치하여야 한다.
④ 배관을 나사접합으로 하는 경우에는 관용 테이퍼나사에 의하여야 한다.

2) 만곡관(彎曲管, Bend pipe)
직선관을 구부려서 제작한 곡선 형태의 관으로, 배관의 방향을 바꾸거나 열팽창에 따른 변형을 흡수하는 기능을 합니다.

3) 사이폰관(siphon tube)
압력계에는 물을 넣은 안지름 6.5mm이상의 사이폰관을 부착하여 증기가 압력계에 직접 들어가지 않도록 한다.

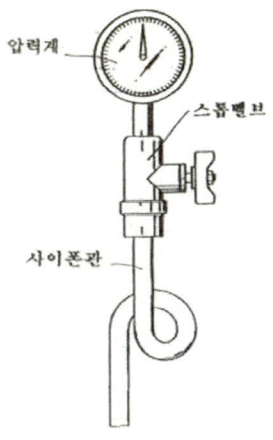

과년도 기출문제

01 내경이 220mm 이고, 강판두께가 10mm 인 파이프의 허용인장응력이 6kg/mm²일 때, 이 파이프의 유량이 40L/s이다. 이 때 평균유속은 약 몇 m/s인가? (단, 유량계수는 1이다.)

○ 12년 9월15일/14년 3월2일

① 0.92 ② 1.05
③ 1.23 ④ 1.78

해설

$$Q = AV, \quad V = \frac{Q}{A} = \frac{\frac{40}{1000}\left[\frac{m^3}{s}\right]}{\frac{\pi}{4} \times 0.22^2 [m^2]} \fallingdotseq 1.05 \frac{m}{s}$$

02 파이프의 내경 D(mm)를 유량 Q(m^3/s)와 평균속도 V(m/s)로 표시한 식으로 옳은 것은?

○ 15년 5월31일/22년 4월24일

① $D = 1128\sqrt{\dfrac{Q}{V}}$

② $D = 1128\sqrt{\dfrac{\pi Q}{V}}$

③ $D = 1128\sqrt{\dfrac{Q}{\pi V}}$

④ $D = 1128\sqrt{\dfrac{V}{Q}}$

해설

$Q = A \times V$, $Q = \dfrac{\pi}{4}D^2 \times V$,

$$D[m] = \sqrt{\frac{4Q\frac{m^3}{s}}{\pi V\frac{m}{s}}} = \sqrt{\frac{4}{\pi}} \times \sqrt{\frac{Q}{V}} \fallingdotseq 1.128\sqrt{\frac{Q}{V}}$$

$D[mm] \fallingdotseq 1128\sqrt{\dfrac{Q}{V}}$

$D[mm] = 1128\sqrt{\dfrac{Q\frac{m^3}{s}}{V\frac{m}{s}}}$

03 다음 중 $3kg_f/cm^2$ 압력의 증기 2.8ton/h를 공급하는 배관의 지름으로 가장 적합한 것은? (단, 증기의 비체적은 $0.4709 m^3/kg$이며, 평균 유속은 30m/s이다.)

○ 16년 10월1일

① 1inch
② 3inch
③ 4inch
④ 5inch

해설

$Q = \dfrac{2.8 \times 1000 kg}{3600 s} \times \dfrac{0.4709 m^3}{kg} = 0.366 \dfrac{m^3}{s}$

$D = \sqrt{\dfrac{Q}{\frac{\pi}{4} \times V}} = \sqrt{\dfrac{0.366}{\frac{\pi}{4} \times 30}}$
$= 0.1246m$

$D = 124.6mm \times \dfrac{1 inch}{25.4mm} = 4.9 inch$

04 유량 $7m^3/s$의 주철제 도수관의 지름(mm)은? (단, 평균유속(V)은 3m/s이다.)

○ 17년 9월23일

① 680
② 1312
③ 1723
④ 2163

해설

$D[mm] = 1128 \times \sqrt{\dfrac{Q[\frac{m^3}{s}]}{V[\frac{m}{s}]}} = 1128 \times \sqrt{\dfrac{7}{3}} = 1723 [mm]$

정답 01 ② 02 ① 03 ④ 04 ③

05 직경 200mm 철관을 이용하여 매분 1500L의 물을 흘려보낼 때 철관 내의 유속 (m/s)은? ● 19년 4월27일/15년 5월31일

① 0.59 ② 0.79
③ 0.99 ④ 1.19

해설 $Q = \frac{\pi}{4}d^2 \times V$,

$$V = \frac{Q}{\frac{\pi}{4}d^2} = \frac{\frac{1500 \times 10^{-3}}{60}\frac{m^3}{s}}{\frac{\pi}{4} 0.2^2\, m^2} \fallingdotseq 0.79\frac{m}{s}$$

06 지름 5cm의 파이프를 사용하여 매 시간 4t의 물을 공급하는 수도관이 있다. 이 수도관에서의 물의 속도(m/s)는? (단, 물의 비중은 1이다.) ● 19년 9월21일/14년 5월25일

① 0.12 ② 0.28
③ 0.56 ④ 0.93

해설 $Q = \frac{4000kg_f}{3600s} \times \frac{1m^3}{1000kg_f} = \frac{1}{900}\frac{m^3}{s}$, $Q = AV$,

$$V = \frac{Q}{A} = \frac{\frac{1}{900}[\frac{m^3}{s}]}{\frac{\pi}{4} \times 0.05^2 [m^2]} \fallingdotseq 0.565 \frac{m}{s}$$

07 유속을 일정하게 하고 관의 직경을 2배로 증가시켰을 경우 유량은 어떻게 변하는가? ● 19년 3월3일

① 2배로 증가 ② 4배로 증가
③ 6배로 증가 ④ 8배로 증가

해설 $Q = \frac{\pi}{4}d^2 \times V$,

$Q' = \frac{\pi}{4}(2d)^2 \times V = 4Q$

08 유체의 압력손실은 배관 설계 시 중요한 인자이다. 다음 중 압력손실과의 관계로서 틀린 것은? ● 13년 6월2일/17년 3월5일/22년 4월24일

① 압력손실은 관마찰계수에 비례한다.
② 압력손실은 유속의 제곱에 비례한다.
③ 압력손실은 관의 길이에 반비례한다.
④ 압력손실은 관의 내경에 반비례한다.

해설 $\Delta P = \gamma \times H_L = \gamma \times \left(f \times \frac{L}{D} \times \frac{v^2}{2g}\right)$

(원형관의 손실수두) $H_L = f \times \frac{L}{D} \times \frac{v^2}{2g}$

09 보일러 또는 로의 연도를 흐르는 연소가스는 연도 내면과의 마찰로 압력이 강하한다. 이 압력 강하 p1[mmAq]는 어떻게 표시되는가? (단, L : 연도의 길이(m), p : 연소가스의 밀도(kg/m³), D : 연도 단면형의 수력반경(m), f : 마찰저항계수, U : 연소가스의 유속(m/s), g : 중력가속도(m/s²) 이다. ● 14년 5월25일

① $P_1 = \frac{1}{4}f\frac{\rho U^2}{2}\frac{L}{D}$

② $P_1 = \frac{1}{4}f\frac{\rho U^2}{2}\sqrt{\frac{L}{D}}$

③ $P_1 = 4f\frac{\rho U^2}{2}\frac{L}{D}$

④ $P_1 = \frac{1}{4}f\frac{\rho U^2}{2}\frac{L^2}{D^2}$

해설

(원형관의 수력반경) $D = \frac{유동면적}{접수길이} = \frac{\frac{\pi}{4}d^2}{\pi d} = \frac{d}{4}$,

(관의 내경) $d = 4D$

(압력강하) $P_1 = \gamma H_L$
$= \rho g \times H_L$
$= \rho g \times (f \times \frac{L}{d} \times \frac{U^2}{2g})$
$= \frac{1}{4} \times \rho \times (f \times \frac{L}{D} \times \frac{U^2}{2})$

정답 05 ② 06 ③ 07 ② 08 ③ 09 ①

10 열교환기 설계 시 열교환 유체의 압력 강하는 중요한 설계인자이다. 관 내경, 길이 및 유속(평균)을 각각 Di, L, u로 표기할 때 압력강하량 △P와의 관계는? ○ 16년 3월6일

① $\Delta P \propto \dfrac{l}{D_i} \times \dfrac{1}{2g} u^2$

② $\Delta P \propto l \times D_i \times \dfrac{1}{2g} u^2$

③ $\Delta P \propto \dfrac{D_i}{l} \times \dfrac{1}{2g} u^2$

④ $\Delta P \propto \dfrac{l}{D_i^2} \times \dfrac{1}{2g} u^2$

[해설] $\Delta P = \gamma \times H_L = \gamma \times \left(f \dfrac{l}{D_i} \times \dfrac{u^2}{2g} \right)$

11 온수보일러에서의 안전밸브에 대한 설명으로 틀린 것은? ○ 14년 9월20일

① 안전밸브는 보일러상부에 설치해야 한다.
② 안전밸브는 보일러내부의 관에 연결하여서는 안된다.
③ 안전밸브는 중심선을 수직으로 하여 설치해야 한다.
④ 안전밸브 연결 시에 나사로 된 연결관을 사용하여서는 안된다.

[해설] 안전밸브 연결 시에 나사로 된 연결관을 사용한다.

12 보일러의 안전밸브에 대한 설명 중 옳지 않은 것은? ○ 12년 9월15일

① 안전밸브는 가능한 한 동체에 직접 부착시켜야 한다.
② 전열면적 $50m^2$ 이하의 증기보일러에는 1개 이상의 안전밸브를 설치한다.
③ 안전밸브 및 압력 방출장치의 크기는 호칭지름 25mm 이상으로 하여야 한다.
④ 안전밸브와 안전밸브가 부착된 동체 사이에는 차단 밸브를 1개 이상 설치하여야 한다.

[해설] 안전밸브에는 어떠한 차단밸브도 설치해서는 안된다.

13 다음 중 안전밸브에 대한 설명으로 틀린 것은? ○ 13년 3월10일

① 안전밸브는 보일러 동체에 직접 부착시킨다.
② 안전밸브의 방출관은 단독으로 설치하여야 한다.
③ 증기보일러는 2개 이상의 안전밸브를 설치해야 한다.
④ 안전밸브 및 압력방출장치의 크기는 호칭지름 50mm 이상으로 하여야 한다.

[해설] 안전밸브 및 압력방출장치의 크기에 대한 규정은 설비의 용량, 작동압력, 증기 발생량 등에 따라 달라질 수 있다.
안전밸브의 크기는 호칭지름 25A이상이어야 한다.

정답 10 ① 11 ④ 12 ④ 13 ④

14 다이어프램 밸브(diaphragm valve)에 대한 설명으로 틀린 것은? ✚ 13년 3월10일/20년 8월22일

① 역류를 방지하기 위한 것이다.
② 유체의 흐름에 주는 저항이 작다.
③ 기밀(氣密)할 때 패킹이 불필요하다.
④ 화학약품을 차단하여 금속부분의 부식을 방지한다.

[해설] 역류를 방지하기 위한 밸브는 체크 밸브이다.

15 감압밸브 설치 시 주의사항에 대한 설명으로 틀린 것은? ✚ 14년 9월20일

① 감압밸브는 부하설비에 가깝게 설치한다.
② 감압밸브는 반드시 스트레이너를 설치한다.
③ 감압밸브 1차 측에는 동심 리듀서가 설치되어야 한다.
④ 감압밸브 앞에는 기수분리기 또는 스팀트랩에 의해 응축수가 제거되어야 한다.

[해설]

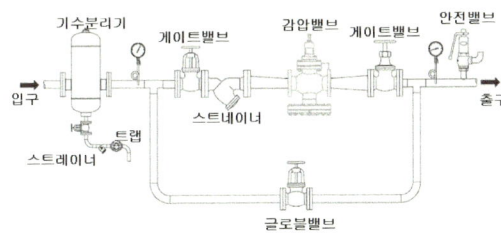

[참고] 리듀서는 지름이 다은 관의 연결에 사용되는 관연결 부속품이다. 리듀서와 감압밸브와는 관련이 없다.

16 보일러에서 최고사용압력 초과로 인한 파열을 방지하기 위하여 설치하는 안전밸브의 분출압력 조정 형식이 아닌 것은? ✚ 15년 9월19일

① 레버(지렛대)식
② 중추식
③ 전자식
④ 스프링식

[해설] ▶ 안전밸브의 분출압력 조정 형식
 1) 레버(지렛대)식
 2) 중추식
 3) 스프링식

17 보일러에서 사용하는 안전밸브의 방식으로 가장 거리가 먼 것은? ✚ 16년 3월6일/21년 9월12일

① 중추식
② 탄성식
③ 지렛대식
④ 스프링식

[해설] ▶ 안전밸브의 분출압력 조정 형식
 1) 레버(지렛대)식
 2) 중추식
 3) 스프링식

18 온수 발생 보일러에서 안전밸브를 설치해야 할 최소 운전 온도 기준은? ✚ 16년 5월8일

① 80℃ 초과
② 100℃ 초과
③ 120℃ 초과
④ 140℃ 초과

[해설] ▶ 온수보일러
 • 방출밸브 : 120℃ 이하
 • 안전밸브 : 120℃ 초과

[정답] 14 ① 15 ③ 16 ③ 17 ② 18 ③

19 송풍기 압력이 20kPa, 연소가스량이 1500m³/min, 송풍기 효율이 0.7일 때 송풍기의 실제 소요동력은 몇 kW인가? (단, 송풍기의 여유율은 0.1이다)   ○ 13년 6월2일

① 550   ② 700
③ 714   ④ 786

해설 $H = PQ \times (1 + 여유율)$
$= 20 \times 1500 \times (1+0.1) \left[\dfrac{kN}{m^2} \times \dfrac{m^3}{60s} \right]$
$= \dfrac{20 \times 1500 \times (1+0.1)}{60} [kW] = 786 [kW]$

20 다음 급수펌프 종류 중 원심식 펌프는?   ○ 19년 4월27일

① 워싱턴펌프   ② 피스톤펌프
③ 플런저펌프   ④ 터빈펌프

해설 원심식펌프는 벨류트펌프와 터빈펌프가 있다.

21 급수펌프 중 원심펌프는 어느 것인가?   ○ 15년 3월8일

① 워싱턴 펌프   ② 웨어 펌프
③ 볼류트 펌프   ④ 플런저 펌프

해설 원심식펌프는 벨류트펌프와 터빈펌프가 있다.

22 다음 중 사이폰관이 직접 부착된 장치는?   ○ 22년 4월24일/16년 10월1일

① 수면계   ② 안전밸브
③ 압력계   ④ 어큐물레이터

해설

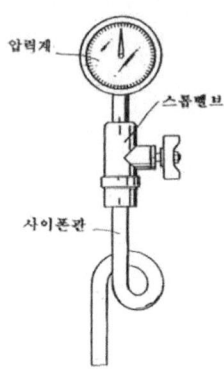

압력계에는 물을 넣은 안지름 6.5mm이상의 사이폰관을 부착하여 증기가 압력계에 직접 들어가지 않도록 한다.

23 보일러 실내에 설치하는 배관에 대한 설명으로 틀린 것은?   ○ 13년 6월2일

① 배관은 외부에 노출하여 시공하여야 한다.
② 배관의 이음부와 전기계량기와의 거리는 30cm이상의 거리를 유지하여야 한다.
③ 관경 50mm인 배관은 3m마다 고정장치를 설치하여야 한다.
④ 배관을 나사접합으로 하는 경우에는 관용 테이퍼나사에 의하여야 한다.

해설 배관의 이음부와 전기계량기와의 거리는 60cm 이상의 거리를 유지하여야 한다.

24 관의 분해, 조립 시 사용하는 이음장치는?   ○ 14년 9월20일

① 행거   ② 플랜지
③ 밴드   ④ 팽창이음

해설 행거 : 배관을 위쪽에서 지지하는 장치
밴드 : 배관을 굽히는 장치
팽창이음 : 관의 신축이음이다.
플랜지 : 관의 분해, 조립 시 사용하는 이음장치이다.

정답 19 ④　20 ④　21 ③　22 ③　23 ②　24 ②

25 보일러의 전열면적이 $10m^2$ 이상 $15m^2$ 미만인 경우 방출관의 안지름은 최소 몇 mm 이상이어야 하는가?

◉ 19년 4월27일

① 10 ② 20
③ 30 ④ 50

해설 온수보일러 방출관 안지름지름

보일러의 전열면적	방출관의 안지름
$10m^2$ 미만	20mm 이상
$10 \sim 15m^2$	30mm 이상
$15 \sim 20m^2$	40mm 이상
$20m^2$ 이상	50mm 이상

26 수증기관에 만곡관을 설치하는 주된 목적은?

◉ 18년 9월15일

① 증기관 속의 응결수를 배제하기 위하여
② 열팽창에 의한 관의 팽창작용을 흡수하기 위하여
③ 증기의 통과를 원활히 하고 급수의 양을 조절하기 위하여
④ 강수량의 순환을 좋게 하고 급수량의 조절을 쉽게 하기 위하여

해설 수증기관에 만곡관을 설치하는 주된 목적은 열팽창에 의한 관의 팽창작용을 흡수하기 위하여

27 다음 열설비에 사용되는 관 중 관내 유속이 30~80m/sec정도로서 가장 빠른 관은?

◉ 13년 6월2일

① 응축수관
② 펌프 토출관
③ 포화 증기관
④ 과열 증기관

해설 과열증기는 열적에너지가 가장 큰 상태이고, 관내 유속이 30~80m/sec정도이다.

28 열팽창에 의한 배관의 이동을 구속 또는 제한하는 것을 레스트레인트(restraint)라 한다. 레스트레인트의 종류에 해당하지 않는 것은?

◉ 12년 9월15일/16년 10월1일

① 앵커(anchor)
② 스토퍼(stopper)
③ 리지드(rigid)
④ 가이드(guide)

해설 1. 행거(Hanger) : 배관을 위쪽에서지지 하는 장치
 1) 리지드
 2) 콘스탄트
 3) 스프링

 2. 레스트레인트(Restraint) :
 1) 앵커
 2) 스토퍼
 3) 가이드

열설비설계

05

전열(열전달)

01 보일러의 종류 및 특징
02 보일러설계
03 보일러의 부속장치
04 배관설계
05 전열(열전달)
06 용접, 리벳, 압력용기 설계
07 급수처리
08 보일러용량 및 열정산

CHAPTER 05 전열(열전달)

자주출제 되는 문제

01 전도

평판의 열전달 퓨리에(fourier)열전도법칙

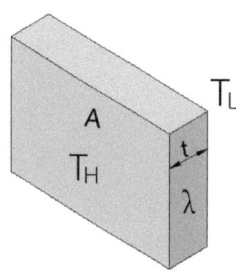

물질	λ열전도율 (W/m·K)
공기	0.024
고무	0.13 ~ 0.20
물	0.6
철	80.2
알루미늄	237
금	318
구리	401
은	429

은 > 구리 > 알루미늄 > 철 > 물 > 고무 > 공기

$$Q[W] = \lambda \frac{A(T_H - T_L)}{t}$$

Q : 시간당 전열량$[W]$, λ : 열전도계수$[\frac{W}{m°C}]$, A : 전열면적$[m^2]$, T_H : 높은 온도$[°C]$, T_L : 낮은 온도$[°C]$, t : 재료두께$[m]$

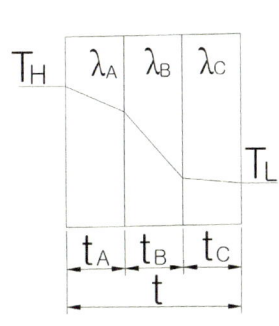

온도구배가 클수록 열전도률이 작다.
$\lambda_C > \lambda_A > \lambda_B$

$Q = KA(T_H - T_L)$, $Q = \lambda_m \dfrac{A(T_H - T_L)}{t}$,

(열유속)$q = \dfrac{Q}{A} = K(T_H - T_L)$ ――――― ①식

(다면층의 열관류율)$K = \dfrac{1}{\dfrac{t_A}{\lambda_A} + \dfrac{t_B}{\lambda_B} + \dfrac{t_C}{\lambda_C}}$

$Q = \lambda_m \dfrac{A(T_H - T_L)}{t}$, (열유속)$q = \dfrac{Q}{A} = \lambda_m \dfrac{(T_H - T_L)}{t}$

(열유속)$q\left[\dfrac{W}{m^2}\right] = \dfrac{Q}{A} = \lambda_m \dfrac{(T_H - T_L)}{t}$ ――――― ②식

① = ② $q = \dfrac{Q}{A} = K(T_H - T_L) = \lambda_m \dfrac{(T_H - T_L)}{t}$

(평균열전도율)$\lambda_m = \dfrac{t}{\dfrac{t_A}{\lambda_A} + \dfrac{t_B}{\lambda_B} + \dfrac{t_C}{\lambda_C}} = \dfrac{t_A + t_B + t_C}{\dfrac{t_A}{\lambda_A} + \dfrac{t_B}{\lambda_B} + \dfrac{t_C}{\lambda_C}}$

2) **대류** : 유체와 고체사이의 열전달, 또는 유체와 유체사이의 열전달

$Q[W] = \alpha A(T_H - T_L)$

Q : 시간당 전열량[W], α : 열전달계수[$\dfrac{W}{m^2 °C}$], A : 전열면적[m^2], T_H : 높은 온도[°C],

T_L : 낮은 온도[°C], t : 재료두께[m]

3) **복사** : 복사체에 의한 열전달

$Q[W] = \sigma \epsilon A T^4$

Q : 시간당 전열량[W], σ : 스테판 볼프만의 상수[$5.67 \times 10^{-6} \dfrac{W}{m^2 K}$], ϵ : 복사율 $0 < \epsilon < 1$

A : 전열면적[m^2], T : 복사체의 절대온도[K]

02 열관류(熱貫流) 참고)貫(꿸뚤 : 관)

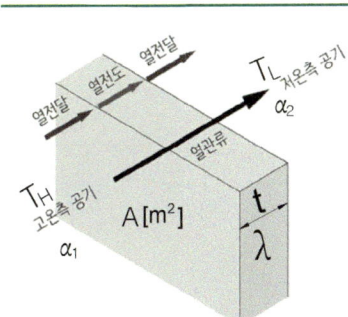

Q : 열관류에 의한 손실열량[W],

$Q[W] = KA(T_H - T_L)$

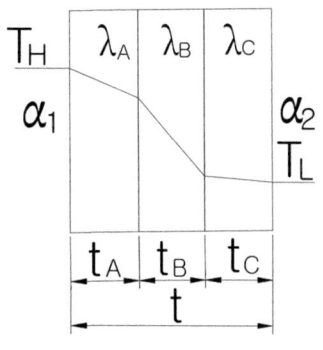

$$K = \cfrac{1}{\cfrac{1}{\alpha_1} + \cfrac{t}{\lambda} + \cfrac{1}{\alpha_2}}$$

K: 열관류계수 = 열통과계수 = 총괄전열계수 $[\frac{W}{m^2°C}]$,

L: 재료의 두께 $[m]$

α_1: 내측 유체열전달률 $[\frac{W}{m^2°C}]$, α_2: 외측 유체열전달률 $[\frac{W}{m^2°C}]$

A: 전열면적 $[m^2]$, T_H: 높은 온도 $[°C]$, T_L: 낮은 온도 $[°C]$

Q: 열관류에 의한 손실열량 $[W]$,

$Q[W] = KA(T_H - T_L)$

$$K = \cfrac{1}{\cfrac{1}{\alpha_1} + \cfrac{t_A}{\lambda_A} + \cfrac{t_B}{\lambda_B} + \cfrac{t_C}{\lambda_C} + \cfrac{1}{\alpha_2}}$$

K: 열관류계수 = 열통과계수 = 총괄전열계수 $[\frac{W}{m^2°C}]$,

L: 재료의 두께 $[m]$

α_1: 내측 유체열전달률 $[\frac{W}{m^2°C}]$, α_2: 외측 유체열전달률 $[\frac{W}{m^2°C}]$

03 원통의 전열

1) 전도만 고려 할 때

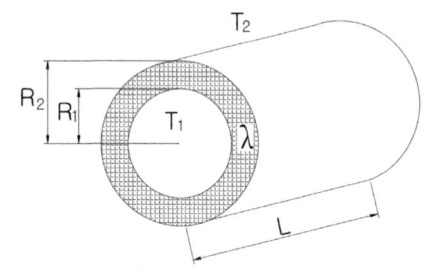

$T_1 > T_2$

$$Q = \lambda \frac{2\pi L(T_1 - T_2)}{\ln \frac{R_2}{R_1}} = \frac{(T_1 - T_2)}{R}, \text{ (열저항)}$$

$$R = \frac{\ln \frac{R_2}{R_1}}{2\pi L \lambda}$$

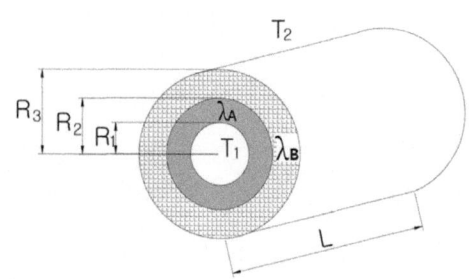

$T_1 > T_2$

$$Q = \frac{2\pi L \times (T_1 - T_2)}{\left(\frac{1}{\lambda_A} \times \ln \frac{R_2}{R_1}\right) + \left(\frac{1}{\lambda_B} \times \ln \frac{R_3}{R_2}\right)}$$

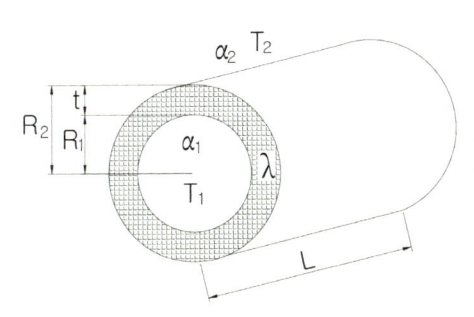

$$Q = KA_m(T_1 - T_2)$$

(열관류율) $K = \dfrac{1}{\dfrac{1}{\alpha_1} + \dfrac{t}{\lambda} + \dfrac{1}{\alpha_2}}$

(대수평균면적) $A_m = \dfrac{A_2 - A_1}{\ln\dfrac{A_2}{A_1}} = \dfrac{2\pi L(R_2 - R_1)}{\ln\dfrac{R_2}{R_1}}$

04 열교환기

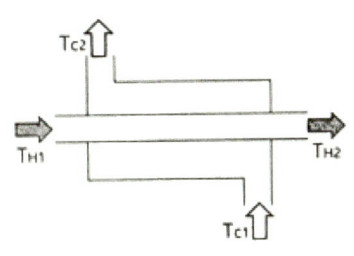

$$Q = \alpha \times A \times \Delta T_m$$

대수평균온도차(LMTD) ΔT_m

$$\Delta T_m = \dfrac{\Delta T_1 - \Delta T_2}{\ln\left(\dfrac{\Delta T_1}{\Delta T_2}\right)} = \dfrac{(T_{H1} - T_{C2}) - (T_{H2} - T_{C1})}{\ln\left(\dfrac{T_{H1} - T_{C2}}{T_{H2} - T_{C1}}\right)}$$

대수평균온도차(Logarithmic Mean Temperature Difference)

05 열전달에 사용되는 무차원수

1) 줄-톰슨계수(Joule-Thomson Coefficient, μ) : 증기가 교축(엔탈피가 일정)이 일어날 때 압력과 온도의 변화에 대해 나타낸 계수

$$\mu = \left(\dfrac{\partial T}{\partial P}\right)_H$$

$\mu > 0$일 경우 : 교축과정에서 증기가 팽창하면 압력이 내려간다. 압력이 내려갈 때 온도는 내려 간다.

$\mu < 0$일 경우 : 교축과정에서 증기가 팽창하면 압력이 내려간다. 압력이 내려갈 때 온도는 올라간다.

$\mu = 0$일 경우 : 온도변화가 없다.

2) Nu수(너셀수 ; Nusselt number)

$$N_u = \dfrac{\alpha \times d}{\lambda}$$

α : 관속의 액체의 열전달계수, λ관의 열전도계수, d : 관의지름

3) 프란달 수(Prandtl number ; P_r)

$$P_r = \frac{분자운동확산}{열확산} = \frac{c_p \times \mu}{\lambda} = \frac{c_p \times \rho\nu}{\lambda}$$

λ : 유체온도 전파속도,
c_p : 정압비열, μ : 점성계수,
ρ : 밀도, ν : 동점성계수

$P_r \ll 1$ 열원(물질)자체의 열확산도에 따른 열전달이 지배적이다.

$P_r \gg 1$ 열원(물질)의 난류유동에 따른 열전달(대류)가 지배적이다.

4) Wien의 법칙(빈의 법칙) : 빛의 파장과 절대온도의 곱은 항상 일정하다.

$$\lambda_1 \times T_1 = \lambda_2 \times T_2 = C$$

λ : 파장, T : 절대온도

과년도 기출문제

열설비설계

01 열의 이동에 대한 설명으로 틀린 것은?
◎ 18년 9월15일

① 전도란 정지하고 있는 물체 속을 열이 이동하는 현상을 말한다.
② 대류란 유동 물체가 고온 부분에서 저온 부분으로 이동하는 현상을 말한다.
③ 복사란 전자파의 에너지 형태로 열이 고온 물체에서 저온 물체로 이동하는 현상을 말한다.
④ 열관류란 유체가 열을 받으면 밀도가 작아져서 부력이 생기기 때문에 상승현상이 일어나는 것을 말한다.

해설
▶ 열관류란 고체벽을 사이에 두고 양쪽의 유체의 온도가 다를 때 고체벽을 통해서 고온측에서 저온측으로 열이 흐르는 현상
▶ 열대류란 유체가 열을 받으면 밀도가 작아져서 부력이 생기기 때문에 상승현상이 일어나는 것을 말한다.

02 열교환기의 격벽을 통해 정상적으로 열교환이 이루어지고 있을 경우 단위시간에 대한 교환열량 q(열유속, kcal/m²·h)의 식은? (단, Q는 열교환량(kcal/h), A는 전열면적(m²) 이다.)
◎ 17년 5월7일

① $q = AQ$
② $q = \dfrac{A}{Q}$
③ $q = \dfrac{Q}{A}$
④ $q = A(Q-1)$

해설 열유속 $q = AQ$

03 20℃ 상온에서 재료의 열전도율(kJ/m·h·K)이 큰 순서가 바르게 나열된 것은?
◎ 14년 3월2일

① 알루미늄 > 철 > 구리 > 고무 > 물
② 알루미늄 > 구리 > 철 > 물 > 고무
③ 구리 > 알루미늄 > 철 > 고무 > 물
④ 구리 > 알루미늄 > 철 > 물 > 고무

해설 구리>알루미늄>철>물>고무

물질	열전도율 (W/m·K)
공기	0.024
고무	0.13 ~ 0.20
물	0.6
철	80.2
알루미늄	237
금	318
구리	401
은	429

04 다음 중 열전도율이 가장 낮은 것은?
◎ 16년 5월8일

① 니켈
② 탄소강
③ 스케일
④ 그을음

해설 그을음(soot)은 전열면에 달라 붙어 열전달을 방해 한다.

정답 01 ④ 02 ③ 03 ④ 04 ④

chapter 05 전열(열전달) | 623

05 두께 25mm인 철판의 넓기 1m² 당 전열량이 매시간 2000kcal가 되려면 양면의 온도차는 얼마여야 하는가? (단, 철판의 열전도율은 50kcal/m·h·℃이다.)
⊙ 18년 9월15일

① 1℃
② 2℃
③ 3℃
④ 4℃

해설
$$Q = \lambda \frac{A(T_1 - T_2)}{t}$$
$$Q = \lambda \frac{A(T_1 - T_2)}{t}, \quad q = \frac{Q}{A} = \lambda \frac{(T_1 - T_2)}{t},$$
$$(T_1 - T_2) = \frac{q \times t}{\lambda} = \frac{\frac{2000 kcal}{m^2 h} \times 0.025 m}{50 \frac{kcal}{mh℃}} = 1℃$$

06 내화벽의 열전도율이 0.9kcal/m·h·℃인 재질로 된 평면 벽의 양측 온도가 800℃와 100℃이다. 이 벽을 통한 단위면적당 열전달량이 1400kcal/m²·h일 때, 벽 두께(cm)는?
⊙ 18년 3월4일

① 25
② 35
③ 45
④ 55

해설
$$Q = \lambda \frac{A(T_1 - T_2)}{t}, \quad q = \frac{Q}{A} = \lambda \frac{(T_1 - T_2)}{t},$$
$$(두께)t = \lambda \frac{(T_1 - T_2)}{q} = 0.9 \times \frac{(800 - 100)}{1400} = 0.45 m = 45 cm$$

07 가로×세로×두께=3m×1.5m×0.1m인 탄소강판의 열전도계수가 35kcal/m·h·℃, 아래 면의 표면온도는 40℃로 단열되고, 위 표면온도는 30℃일 때, 주위 공기 온도를 20℃라 하면 아래 표면에서 위 표면으로 강판을 통한 전열량은? (단, 기타 외기온도에 의한 열량은 무시한다.)
⊙ 16년 5월8일

① 12750kcal/h
② 13750kcal/h
③ 14750kcal/h
④ 15750kcal/h

해설
$$Q = \lambda \frac{A(T_1 - T_2)}{t} = 35 \times \frac{(3 \times 1.5) \times (40 - 30)}{0.1} = 15750 \frac{kcal}{h}$$

08 두께 4mm강의 평판에서 고온측 면의 온도가 100℃이고 저온측 면의 온도가 80℃이며 매분당 30000kJ/m²의 전열을 한다고 하면 이 강판의 열전도율은 약 몇 W/m℃ 인가?
⊙ 13년 9월28일/16년 5월8일

① 50
② 100
③ 150
④ 200

해설
$$q = \frac{Q}{A} = \lambda \frac{(T_1 - T_2)}{t},$$
$$\lambda = \frac{q\,t}{(T_1 - T_2)} = \frac{\frac{30000 kJ}{m^2 \min} \times 0.004 m}{(100 - 80)℃}$$
$$= \frac{6 kJ}{\min m℃} = \frac{6 \times 1000 J}{60 s \times m℃} = 100 \frac{W}{m℃}$$

정답 05 ① 06 ③ 07 ④ 08 ②

09 그림과 같이 가로×세로×높이가 3m×1.5m×0.03m인 탄소 강판이 놓여 있다. 강판의 열전도율은 43W/m·K이고, 탄소강판 아래 면에 열유속 700 W/m²을 가한 후, 정상상태가 되었다면 탄소강판의 윗면과 아랫면의 표면온도 차이는 약 몇 ℃인가? (단, 열유속은 알에서 위 방향으로만 진행한다.) ● 21년 9월12일/17년 3월5일

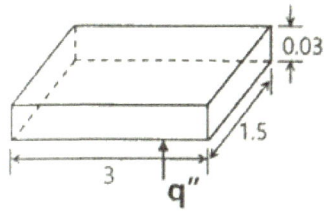

① 0.243
② 0.264
③ 0.488
④ 1.973

해설 $Q = \lambda \dfrac{A(T_1 - T_2)}{t}$, $q = \dfrac{Q}{A} = \lambda \dfrac{(T_1 - T_2)}{t}$,

$(T_1 - T_2) = \dfrac{q'' \times t}{\lambda} = \dfrac{700 \times 0.03}{43} = 0.488°C$

10 내부로부터 155mm, 97mm, 224mm의 두께를 가지는 3층의 노벽이 있다. 이들의 열전도율(W/m·℃)은 각각 0.121, 0.069, 1.21이다. 내부의 온도 710℃, 외벽의 온도 23℃ 일 때, 1m² 당 열손실량(W/m²)은? ● 20년 6월6일

① 58
② 120
③ 239
④ 564

해설 (다층면의 열관류율)K

$K = \dfrac{1}{\dfrac{t_1}{\lambda_1} + \dfrac{t_2}{\lambda_2} + \dfrac{t_3}{\lambda_3}} = \dfrac{1}{\dfrac{0.155}{0.121} + \dfrac{0.097}{0.069} + \dfrac{0.224}{1.21}}$

$\approx 1.9 \dfrac{kcal}{m^2 h°C}$

11 서로 다른 고체 물질 A, B, C인 3개의 평판이 서로 밀착되어 복합체를 이루고 있다. 젖상 상태에서의 온도 분포가 [그림]과 같을 때, 어느 물질의 열전도도가 가장 적은가? (단, 온도 T1=1000℃, T2=800℃, T3=550℃, T4=250℃이다.) ● 22년 4월24일/18년 9월15일/14년 5월25일

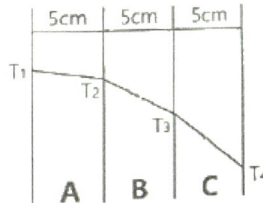

① A
② B
③ C
④ 모두 같다.

해설 $Q = \lambda \dfrac{A \times \Delta T}{t}$, (열전도율)

$\lambda = \dfrac{Qt}{A \times \Delta T}$ ΔT클수록 λ이 작아진다.

A : $\Delta T = 1000 - 800 = 200°C$
B : $\Delta T = 800 - 550 = 250°C$
C : $\Delta T = 550 - 250 = 300°C$

12 두께 150mm인 적벽돌과 100mm인 단열벽돌로 구성되어 있는 내화벽돌의 노벽이 있다. 이것의 열전도율은 각각 1.2kcal/m·h·℃, 0.06kcal/m·h·℃이다. 이 때 손실열량은? (단, 노내 벽면의 온도는 800℃이고 외벽면의 온도는 100℃이다.) ● 15년 5월31일

① 289kcal/m²·h
② 390kcal/m²·h
③ 505kcal/m²·h
④ 635kcal/m²·h

해설 $Q = KA(T_1 - T_2)$,

$q = \dfrac{Q}{A} = K(T_1 - T_2)$

$= \dfrac{1}{\dfrac{t_1}{\lambda_1} + \dfrac{t_1}{\lambda_1}} \times (T_1 - T_2)$

$= \dfrac{1}{\dfrac{0.15}{0.2} + \dfrac{0.1}{0.06}} \times (800 - 100) \approx 390 \dfrac{kca}{m^2 h}$

정답 09 ③ 10 ③ 11 ③ 12 ②

13 내화벽돌이 두께 140mm 적벽돌 및 100mm 단열 벽돌로 되어있는 노벽이 있다. 이것의 열전도율은 각각 1.2, 0.06kcal/m·h·℃이다. 이 때 손실열량은 약 몇 kcal/m²·h 인가? (단, 노내 벽면의 온도는 1000℃이고, 외벽면의 온도는 100℃이다.)

◎ 12년 9월15일

① 289   ② 442
③ 505   ④ 635

[해설] $q = \dfrac{Q}{A} = \dfrac{T_1 - T_2}{\dfrac{t_1}{\lambda_1} + \dfrac{t_2}{\lambda_2}} = \dfrac{1000 - 100}{\dfrac{0.14}{1.2} + \dfrac{0.1}{0.06}} = 505 \dfrac{kcal}{m^2 h}$

14 두께 150mm인 적벽돌과 100mm인 단열벽돌로 구성되어 있는 내화벽돌의 노벽이 있다. 적벽돌과 단열벽돌의 열전도율은 각각 1.4 W/m·℃, 0.07 W/m·℃일 때 단위면적당 손실열량은 약 몇 W/m²인가? (단, 노 내 벽면의 온도는 800℃이고, 외벽면의 온도는 100℃이다.)

◎ 20년 9월26일

① 336   ② 456
③ 587   ④ 635

[해설] (다층면의 열관류율)$K = \dfrac{1}{\dfrac{t_1}{\lambda_1} + \dfrac{t_2}{\lambda_2}}$
$= \dfrac{1}{\dfrac{0.15}{1.4} + \dfrac{0.1}{0.07}} ≒ 0.65 \dfrac{W}{m^2℃}$

15 노벽의 두께가 200mm이고, 그 외측은 75mm의 보온재로 보온되고 있다. 노벽의 내부온도가 400℃이고, 외측온도가 38℃일 경우 노벽의 면적이 10m² 라면 열손실은 약 몇 W인가? (단, 노벽과 보온재의 평균 열전도율은 각각 3.3 W/m·℃, 0.13 W/m·℃이다.)

◎ 21년 3월7일

① 4678
② 5678
③ 6678
④ 7678

[해설] (다층면의 열관류율)$K = \dfrac{1}{\dfrac{t_1}{\lambda_1} + \dfrac{t_2}{\lambda_2}}$
$= \dfrac{1}{\dfrac{0.2}{3.3} + \dfrac{0.075}{0.13}} ≒ 1.568 \dfrac{W}{m^2℃}$

$Q = KA(T_1 - T_2) = 1.538 \times 10 \times (400 - 38) = 5678.17 W$

16 다음 그림의 3겹층으로 되어 있는 평면벽의 평균 열전도율은? (단, 열전도율은 λA=1.0kcal/m·h·℃, λB=2.0kcal/m·h·℃, λc=1.0kcal/m·h·℃)

◎ 16년 5월8일

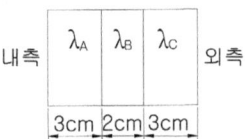

① 0.94cal/m·h·℃
② 1.14cal/m·h·℃
③ 1.24cal/m·h·℃
④ 2.44cal/m·h·℃

[해설] $K = \dfrac{1}{\dfrac{t_A}{\lambda_A} + \dfrac{t_B}{\lambda_B} + \dfrac{t_C}{\lambda_C}} = \dfrac{1}{\dfrac{0.03}{1} + \dfrac{0.02}{2} + \dfrac{0.03}{1}} = 14.28 \dfrac{kcal}{m^2 h℃}$

$Q = K \times A \times (T_1 - T_2) = \lambda_m \dfrac{A(T_1 - T_2)}{t_A + t_B + t_C}$

(평균열전도율)λ_m
$\lambda_m = K \times (t_A + t_B + t_C)$
$= 14.28 \times (0.03 + 0.02 + 0.03) = 1.14 \dfrac{kcal}{mh℃}$

정답 13 ③ 14 ② 15 ② 16 ②

17 대류 열전달에서 대류열전달계수(경막계수)의 단위는?
　　　　　　　　　　　　　　● 13년 9월28일

① kcal/℃
② kcal/kg·℃
③ kcal/m·h·℃
④ kcal/m²·h·℃

해설　$Q = a \times A \times \Delta T$,

$$a = \frac{Q}{A \times \Delta T} = \frac{\frac{kcal}{h}}{m^2 \, ℃} = \frac{kcal}{m^2 h ℃}$$

18 가로 50cm, 세로 70cm인 300℃로 가열된 평판에 20℃의 공기를 불어주고 있다. 열전달계수가 25W/m²·℃때 열전달량은 몇 kW인가?
　　　　　　　　　　　　　　● 20년 8월22일

① 2.45
② 2.72
③ 3.34
④ 3.96

해설　$Q = aA(T_2 - T_1)$
$= 25 \times (0.5 \times 0.7) \times (300-20)$
$= 2450 W = 2.45 kW$

19 다음 중 열관류율의 표시단위는?
　　　　　　　　　　　　　　● 14년 3월2일

① kJ/m·h·K
② kJ/m²·h·K
③ kJ/m³·h·K
④ kJ/m⁴·h·K

해설　열관류율(K)과 열전달률(a)의 단위는 같다.
$Q = KA(T_1 - T_2)$

$$K = \frac{Q}{A(T_1 - T_2)} \left[\frac{\frac{kJ}{h}}{m^2 \times K}\right] = \frac{kJ}{hm^2 K}$$

20 열관류율에 대한 설명으로 옳은 것은?
　　　　　　　　　　　　　　● 16년 5월8일

① 인위적인 장치를 설치하여 강제로 열이 이동되는 현상이다.
② 고온의 물체에서 방출되는 빛이나 열이 전자파의 형태로 저온의 물체에 도달되는 현상이다.
③ 고체의 벽을 통하여 고온 유체에서 저온의 유체로 열이 이동되는 현상이다.
④ 어떤 물질을 통하지 않는 열의 직접 이동을 말하며 정지된 공기층에 열 이동이 가장 적다.

해설　열관류율은 고체의 벽을 통하여 고온 유체에서 저온의 유체로 열이 이동되는 현상

21 어느 가열로에서 노벽의 상태가 다음과 같을 때 노벽을 관류하는 열량(kcal/h)은 얼마인가? (단, 노벽의 상하 및 둘레가 균일하며, 평균방열면적 120.5m², 노벽의 두께 45cm, 내벽표면온도 1,300℃, 외벽표면온도 175℃, 노벽재질의 열전도율 0.1kcal/m·h·℃이다.)
　　　　　　　　　　　　　　● 19년 3월3일

① 301.25
② 30,125
③ 13.556
④ 13,556

해설　(열관류율)K

$$K = \frac{1}{\frac{1}{a_1} + \frac{t}{\lambda} + \frac{1}{a_2}} = \frac{1}{0 + \frac{0.45}{0.1} + 0} ≒ 0.222 \frac{kcal}{m^2 h ℃}$$

$Q = KA(T_1 - T_2)$
$= 0.222 \times 120.5 \times (1300 - 175) = 30125 \frac{kcal}{h}$

정답　17 ④　18 ①　19 ②　20 ③　21 ②

22 표면응축기의 외측에 증기를 보내며 관속에 물이 흐른다. 사용하는 강관의 내경이 30mm, 두께가 2mm이고 증기의 전열계수는 6000 kcal/m²·h·℃, 물의 전열계수는 2500 kcal/m²·h·℃ 이다. 강관의 열전도도가 35 kcal/m·h·℃ 일 때 총괄전열계수(kcal/m²·h·℃)는?

◉ 19년 4월27일

① 16
② 160
③ 1603
④ 16031

[해설] 열관류율(kcal/m²·h·℃) K

$$K = \frac{1}{\frac{1}{\alpha_1} + \frac{t_1}{\lambda_1} + \frac{1}{\alpha_2}}$$

$$= \frac{1}{\frac{1}{6000} + \frac{0.002}{35} + \frac{1}{2500}} \fallingdotseq 1603 \frac{kcal}{m^2 h ℃}$$

23 두께 20cm의 벽돌의 내측에 10mm의 모르타르와 5mm의 플라스터 마무리를 시행하고, 외측은 두께 15mm의 모르타르 마무리를 시공한 다층벽의 열관류율은? (단, 실내측벽 표면의 열전달율은 λ1=8kcal/m²·h·℃, 실외측벽 표면의 열전도율은 λ2=20kcal/m²·h·℃, 플라스터의 열전도율은 λ3=0.5kcal/m²·h·℃, 모르타르의 열전도율은 λ4=1.3kcal/m²·h·℃, 벽돌의 열전도율은 λ5=0.65kcal/m²·h·℃이다.)

◉ 15년 5월31일

① 1.9kcal/m²·h·℃
② 4.5kcal/m²·h·℃
③ 8.7kcal/m²·h·℃
④ 12.1kcal/m²·h·℃

[해설] (다층면의 열관류율)

$$K = \frac{1}{\frac{1}{\alpha_1} + \frac{t_1}{\lambda_1} + \frac{t_2}{\lambda_2} + \frac{t_3}{\lambda_3} + \frac{1}{\alpha_2}}$$

$$= \frac{1}{\frac{1}{8} + \frac{0.005}{0.5} + \frac{0.01}{1.3} + \frac{t_3}{1.3} + \frac{0.015}{20}}$$

$$\fallingdotseq 1.9 \frac{kcal}{m^2 h ℃}$$

24 아래 벽체구조의 열관류율(kcal/h·m²·℃)은? (단, 내측 열전도저항 값은 0.05m²·h·℃/kcal이며, 외측 열전도저항 값은 0.13m²·h·℃/kcal)

◉ 17년 9월23일

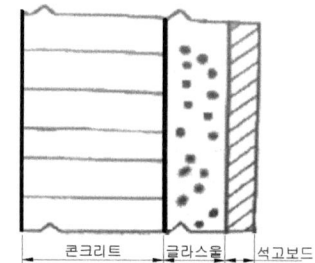

재료	두께 (mm)	열전도율 (kcal/h·m·℃)
내측		
① 콘크리트	200	1.4
② 글라스울	75	0.033
③ 석고보드	20	0.21
외측		

① 0.37
② 0.57
③ 0.87
④ 0.97

[해설] (열전도저항) $R_1 = \frac{1}{\alpha_1} = 0.05$

(열전도저항) $R_2 = \frac{1}{\alpha_2} = 0.13$

(다층면의 열관류율) K

$$K = \frac{1}{\frac{1}{\alpha_1} + \frac{t_1}{\lambda_1} + \frac{t_2}{\lambda_2} + \frac{t_3}{\lambda_3} + \frac{1}{\alpha_2}}$$

$$= \frac{1}{0.05 + \frac{0.2}{1.4} + \frac{0.075}{0.033} + \frac{0.02}{0.21} + 0.13} \fallingdotseq 0.372 \frac{kcal}{m^2 h ℃}$$

정답 22 ③ 23 ① 24 ①

25 두께 20cm 의 벽돌의 내측에 10mm의 모르타르와 5mm의 플라스터 마무리를 시행하고, 외측은 두께 15mm의 모르타르 마무리를 시공하였다. 아래 계수를 참고할 때, 다층벽의 총 열관류율($W/m^2 \cdot ℃$)은?

- 실내측벽 열전달계수 h_1 = 8 $W/m^2 \cdot ℃$
- 실내측벽 열전달계수 h_2 = 20 $W/m^2 \cdot ℃$
- 플라스터 열전도율 λ_1 = 0.5 $W/m \cdot ℃$
- 모르타르 열전도율 λ_2 = 1.3 $W/m \cdot ℃$
- 벽돌 열전도율 λ_3 = 0.65 $W/m \cdot ℃$

① 1.95 ② 4.57
③ 8.72 ④ 12.31

해설 (다층면의 열관류율)K

$$K = \cfrac{1}{\cfrac{1}{\alpha_1} + \cfrac{t_1}{\lambda_1} + \cfrac{t_2}{\lambda_2} + \cfrac{t_3}{\lambda_3} + \cfrac{t_4}{\lambda_4} + \cfrac{1}{\alpha_2}}$$

$$= \cfrac{1}{\cfrac{1}{8} + \cfrac{0.005}{0.5} + \cfrac{0.01}{1.3} + \cfrac{0.2}{0.65} + \cfrac{0.015}{1.3} + \cfrac{1}{20}}$$

$$\fallingdotseq 1.95 \cfrac{W}{m^2 ℃}$$

26 다음 그림과 같이 길이가 L인 원통 벽에서 전도에 의한 열전달률 q[W]을 아래 식으로 나타낼 수 있다. 아래 식 중 열저항R을 그림에 주어진 ro, ri, L로 표시하면? (단, k는 원통 벽의 열전도율이다.) ● 21년 3월7일/20년 9월26일

$$q = \frac{T_i - T_o}{R}$$

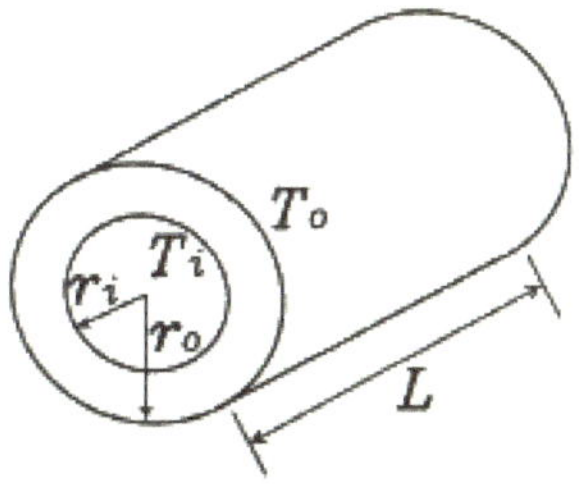

① $\dfrac{2\pi L}{\ln(r_o/r_i)K}$

② $\dfrac{\ln(r_o/r_i)}{2\pi LK}$

③ $\dfrac{2\pi L}{\ln(r_o - r_i)K}$

④ $\dfrac{\ln(r_o - r_i)}{2\pi LK}$

해설

$$Q = K \cfrac{2\pi L(T_i - T_o)}{\ln\cfrac{r_o}{r_i}} = \cfrac{(T_i - T_o)}{R}, \quad R = \cfrac{\ln\cfrac{r_o}{r_i}}{2\pi LK}$$

27 외경 30mm의 철관의 두께 15mm의 보온재를 감은 증기관이 있다. 관 표면의 온도가 100℃, 보온재의 표면온도가 20℃인 경우 관의 길이 15m인 관의 표면으로부터의 열손실(W)은? (단, 보온재의 열전도율은 0.06W/m·℃이다.)
● 20년 6월6일

① 312
② 464
③ 542
④ 653

해설

$$Q = \lambda \times \cfrac{2\pi L(T_1 - T_2)}{\ln\cfrac{R_2}{R_1}}$$

$$= 0.06 \times \cfrac{2\pi \times 15 \times (100 - 20)}{\ln\cfrac{0.03}{0.015}}$$

$$= 652.66 W$$

정답 25 ① 26 ② 27 ④

28 내경 200mm, 외경 210mm의 강관에 증기가 이송되고 있다. 증기 강관의 내면온도는 240℃, 외면온도는 25℃이며, 강관의 길이는 5m일 경우 발열량(kW)은 얼마인가? (단, 강관의 열전도율은 50W/m·℃, 강관의 내외면의 온도는 시간 경과에 관계없이 일정하다.)

◎ 21년 9월12일

① 6.6×10³
② 6.9×10³
③ 7.3×10³
④ 7.6×10³

해설

$$Q = \lambda \frac{2\pi L(T_1 - T_2)}{\ln\left(\frac{R_2}{R_1}\right)}$$

$$= 50 \times \frac{2\pi \times 5(240-25)}{\ln\left(\frac{105}{100}\right)} = 6921911.74\,W = 6.9 \times 10^3\,kW$$

29 외경과 내경이 각각 6cm, 4cm이고 길이가 2m인 강관이 두께 2cm인 단열재로 둘러 쌓여있다. 이때 관으로부터 주위공기로의 열손실이 400W라 하면 관 내벽과 단열재 외면의 온도차는? (단, 주어진 강관과 단열재의 열전도율은 각각 15W/m·℃, 0.2 W/m·℃이다.) ◎ 20년 6월6일

① 53.5℃
② 82.2℃
③ 120.6℃
④ 155.6℃

해설

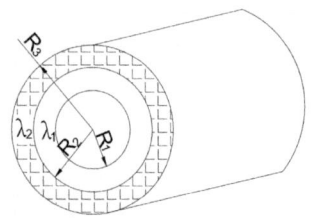

$R_1 = 0.02m,\ R_2 = 0.03m,\ R_3 = 0.05m$

$$Q = \frac{2\pi L \times \Delta T}{\left(\frac{1}{\lambda_1} \times \ln\frac{R_2}{R_1}\right) + \left(\frac{1}{\lambda_2} \times \ln\frac{R_3}{R_2}\right)}$$

$$\Delta T = \frac{Q \times \left(\left(\frac{1}{\lambda_1} \times \ln\frac{R_2}{R_1}\right) + \left(\frac{1}{\lambda_2} \times \ln\frac{R_3}{R_2}\right)\right)}{2\pi L}$$

$$= \frac{400 \times \left(\left(\frac{1}{15} \times \ln\frac{0.03}{0.02}\right) + \left(\frac{1}{0.2} \times \ln\frac{0.05}{0.03}\right)\right)}{2\pi \times 2}$$

$$= 82.16℃$$

30 외경 30mm, 벽두께 2mm의 관 내측과 외측의 열전달계수는 모두 3000W/m²·K 이다. 관 내부온도가 외부보다 30℃ 만큼 높고, 관의 열전도율이 100 W/m·K 일 때 관의 단위길이당 열손실량은 약 몇 W/m 인가? ◎ 22년 3월5일

① 2979
② 3324
③ 3824
④ 4174

해설

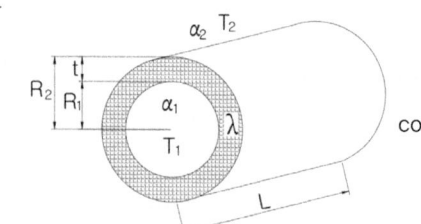

$$K = \frac{1}{\frac{1}{\alpha_1} + \frac{t}{\lambda} + \frac{1}{\alpha_2}}$$

$$= \frac{1}{\frac{1}{3000} + \frac{0.002}{100} + \frac{1}{3000}} = 1456.31\,\frac{W}{m^2℃}$$

(대수평균면적)

$$A_m = \frac{A_2 - A_1}{\ln\frac{A_2}{A_1}} = \frac{2\pi L(R_2 - R_1)}{\ln\frac{R_2}{R_1}}$$

$$= \frac{2\pi \times 1m \times (0.015 - 0.013)}{\ln\frac{0.015}{0.013}}$$

$$= 0.0878\,m^2$$

$$Q = \alpha_m A_m (T_1 - T_2) = 1456.31 \times 0.0878 \times 30 = 3835\,\frac{W}{m}$$

정답 28 ② 29 ② 30 ③

31 동일 조건에서 열교환기의 온도효율이 높은 순으로 바르게 나열한 것은?

◎ 13년 9월28일/17년 3월5일

① 향류 > 직교류 > 병류
② 병류 > 직교류 > 향류
③ 직교류 > 향류 > 병류
④ 직교류 > 병류 > 향류

해설 동일 조건에서 열교환기의 온도효율이 높은 순
(대)향류 > 직교류 > 병류

32 열교환기의 효율을 향상시키기 위한 방법으로 틀린 것은?

◎ 13년 3월10일

① 유체의 흐름 방향을 병류로 한다.
② 열전도율이 높은 재질을 사용한다.
③ 전열면적을 크게 한다.
④ 유체의 유속을 빠르게 한다.

해설 열교환기의 효율을 향상시키기 위한 방법은 열교환이 잘 이루어지는 대향류 흐름이 되도록 한다.

33 증기로 공기를 가열하는 열교환기에서 가열원으로 150℃의 증기가 열교환기 내부에서 포화상태를 유지하고 이 때 유입공기의 입, 출구 온도는 20℃와 70℃이다. 열교환기에서의 전열량이 3090kJ/h, 전열면적이 12m²이라고 할 때 열교환기의 총괄열전달계수는?

◎ 15년 9월19일

① 2.5kJ/h·m²·℃
② 2.9kJ/h·m²·℃
③ 3.1kJ/h·m²·℃
④ 3.5kJ/h·m²·℃

해설
(대수평균온도차이) $\Delta T_m = \dfrac{T_1 - T_2}{\ln \dfrac{T_1}{T_2}} = \dfrac{130 - 80}{\ln \dfrac{130}{80}} = 102.98℃$

$Q = \alpha A \Delta T_m$,
(열전달계수) $\alpha = \dfrac{Q}{A \times \Delta T_m} = \dfrac{3090}{12 \times 102.98} = 2.5 \dfrac{kJ}{m^2℃}$

34 대향류 열교환기에서 고온 유체의 온도는 T_{H1}에서 T_{H2}로, 저온 유체의 온도는 T_{C1}에서 T_{C2}로 열교환에 의해 변화된다. 열교환기의 대수평균온도차(LMTD)를 옳게 나타낸 것은?

◎ 22년 3월5일

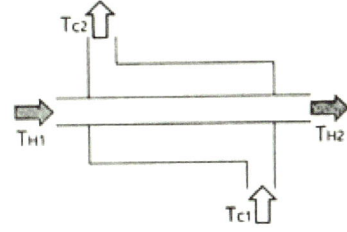

① $\dfrac{T_{H1} - T_{H2} + T_{C2} - T_{C1}}{\ln\left(\dfrac{T_{H1} - T_{C1}}{T_{H2} - T_{C2}}\right)}$

② $\dfrac{T_{H1} + T_{H2} - T_{C1} - T_{C2}}{\ln\left(\dfrac{T_{H1} - T_{H2}}{T_{C2} - T_{C1}}\right)}$

③ $\dfrac{T_{H2} - T_{H1} + T_{C2} - T_{C1}}{\ln\left(\dfrac{T_{H1} - T_{C2}}{T_{H2} - T_{C1}}\right)}$

④ $\dfrac{T_{H1} - T_{H2} + T_{C1} - T_{C2}}{\ln\left(\dfrac{T_{H1} - T_{C2}}{T_{H2} - T_{C1}}\right)}$

해설
$\Delta T_m = \dfrac{\Delta T_1 - \Delta T_2}{\ln\left(\dfrac{\Delta T_1}{\Delta T_2}\right)} = \dfrac{(T_{H1} - T_{C2}) - (T_{H2} - T_{C1})}{\ln\left(\dfrac{T_{H1} - T_{C2}}{T_{H2} - T_{C1}}\right)}$

$\Delta T_m = \dfrac{T_{H1} - T_{H2} + T_{C1} - T_{C2}}{\ln\left(\dfrac{T_{H1} - T_{C2}}{T_{H2} - T_{C1}}\right)}$

정답 31 ① 32 ① 33 ① 34 ④

35 대향류 열교환기에서 가열유체는 260℃에서 120℃로 나오고 수열유체는 70℃에서 110℃로 가열될 때 전열면적은? (단, 열관류율은 125W/m²·℃이고, 총열부하는 160000 W이다.)
          ○ 16년 3월6일

① $7.24m^2$ ② $14.06m^2$
③ $16.04m^2$ ④ $23.32m^2$

해설 가열유체 260℃------------>120℃
   110℃<------------70℃ 수열유체
   $\Delta T_1 = 150℃ \quad \Delta T_2 = 50℃$

(대수평균온도차) $\Delta T_m = \dfrac{\Delta T_1 - \Delta T_2}{\ln \dfrac{\Delta T_1}{\Delta T_2}} = \dfrac{150-50}{\ln \dfrac{150}{50}} = 91℃$

$Q = \alpha A \Delta T_m$, (면적) $A = \dfrac{Q}{\alpha \times \Delta T_m} = \dfrac{160000}{125 \times 91} = 14.06m^2$

36 향류열교환기 대수평균온온도차가 300℃, 열관류율이 15kcal/m²·h·℃, 열교환면적이 8m²일 때 열교환 열량은?
        ○ 16년 10월1일

① 16,000kcal/h
② 26,000kcal/h
③ 36,000kcal/h
④ 46,000kcal/h

해설 $Q = \alpha_m \times A \times \Delta T_m = 15 \times 8 \times 300 = 36000 \dfrac{kcal}{h}$

37 이중 열교환기의 총괄전열계수가 69kcal/m²·h·℃일 때, 더운 액체와 찬 액체를 향류로 접속시켰더니 더운 면의 온도가 65℃에서 25℃로 내려가고 찬 면의 온도가 20℃에서 53℃로 올라갔다. 단위면적당의 열교환량은? ○ 17년 3월5일

① 498 kcal/m²·h
② 552 kcal/m²·h
③ 2415 kcal/m²·h
④ 2760 kcal/m²·h

해설 가열유체 65℃------------>25℃
   53℃<------------20℃ 수열유체
   $\Delta T_1 = 12℃ \quad \Delta T_2 = 5℃$

(대수평균온도차) $\Delta T_m = \dfrac{\Delta T_1 - \Delta T_2}{\ln \dfrac{\Delta T_1}{\Delta T_2}} = \dfrac{12-5}{\ln \dfrac{12}{5}} = 7.99℃$

$\dfrac{Q}{A} = \alpha \times \Delta T_m = 69 \times 7.99 = 551.31 \dfrac{kcal}{m^2 h}$

38 열교환기에 입구와 출구의 온도차가 각각 △θ′, △θ″일 때 대수평균 온도차(△θm)의 식은? (단, △θ′>△θ″이다.)
        ○ 18년 4월28일

① $\dfrac{\ln \dfrac{\Delta \theta'}{\Delta \theta''}}{\Delta \theta' - \Delta \theta''}$

② $\dfrac{\ln \dfrac{\Delta \theta''}{\Delta \theta'}}{\Delta \theta' - \Delta \theta''}$

③ $\dfrac{\Delta \theta' - \Delta \theta''}{\ln \dfrac{\Delta \theta'}{\Delta \theta''}}$

④ $\dfrac{\Delta \theta' - \Delta \theta''}{\ln \dfrac{\Delta \theta''}{\Delta \theta'}}$

해설 $\Delta \theta' > \Delta \theta''$

대수평균 온도차 $\Delta \theta_m = \dfrac{\Delta \theta' - \Delta \theta''}{\ln \dfrac{\Delta \theta'}{\Delta \theta''}}$

정답 35 ②   36 ③   37 ②   38 ③

39 보일러 전열면에서 연소가스가 1000℃로 유입하여 500℃로 나가며 보일러수의 온도는 210℃로 일정하다. 열관류율이 150 kcal/m²·h·℃일 때, 단위 면적당 열교환량(kcal/m²·h)은? (단, 대수평균온도차를 활용한다.)

◆ 19년 4월27일

① 21118
② 46812
③ 67135
④ 74839

해설 연소가스 1000℃ ----------→ 500℃
210℃ ←---------- 210℃ 보일러수
$\Delta T_1 = 790℃ \quad \Delta T_2 = 290℃$
(대수평균온도차) ΔT_m
$\Delta T_m = \dfrac{\Delta T_1 - \Delta T_2}{\ln\dfrac{\Delta T_1}{\Delta T_2}} = \dfrac{790 - 290}{\ln\dfrac{790}{290}} = 498.93℃$

$Q = \alpha \times A \times \Delta T_m,$
$q = \dfrac{Q}{A} = \alpha \times \Delta T_m = 150 \times 498.93 = 74839.5 \dfrac{kcal}{m^2 h}$

40 유량 2200kg/h인 80℃의 벤젠을 40℃까지 냉각시키고자 한다. 냉각수 온도를 입구 30℃, 출구 45℃로 하여 대향류열교환기 형식의 이중관식 냉각기를 설계할 때 적당한 관의 길이(m)는? (단, 벤젠의 평균비열은 1884J/kg·℃, 관 내경 0.0427m, 총괄전열계수는 600W/m²·℃이다.)

◆ 20년8월22일

① 8.7
② 18.7
③ 28.6
④ 38.7

해설 벤젠 80℃ ----------→ 40℃
45℃ ←---------- 30℃ 냉각수
$\Delta T_1 = 35℃ \quad \Delta T_2 = 10℃$
(대수평균온도차) $\Delta T_m = \dfrac{\Delta T_1 - \Delta T_2}{\ln\dfrac{\Delta T_1}{\Delta T_2}} = \dfrac{35 - 10}{\ln\dfrac{35}{10}} = 19.96℃$

벤젠이 잃은 열량
$Q_1 = mC_m \times (80 - 40)$
$= \dfrac{2200 kg}{3600 s} \times 1884 \dfrac{J}{kg·℃} \times (80 - 40)℃$
$= 46053.33 \dfrac{J}{s} = 46053.33 W$

배관에 의한 손실열량
$Q_2 = KA \times \Delta T_m = 600 \times (\pi \times 0.0427 \times L) \times 19.96$
$Q_1 = Q_2$
$46053.33 = 600 \times (\pi \times 0.0427 \times L) \times 19.96, \quad L = 28.66 m$

41 완전 흑체의 복사열량(Eb)이 절대온도(T)와의 관계식으로 옳은 것은?

◆ 14년 3월2일

① $E_b = \sigma\left(\dfrac{T}{100}\right)^2$
② $E_b = \sigma\left(\dfrac{T}{100}\right)^4$
③ $E_b = \sigma\left(\dfrac{T}{100}\right)^6$
④ $E_b = \sigma\left(\dfrac{T}{100}\right)^8$

해설 (복사열량) $E_b = \sigma\left(\dfrac{T}{100}\right)^4$ => 스테판-볼츠만의 법칙

42 흑체로부터의 복사에너지는 절대온도의 몇 제곱에 비례하는가?

◆ 19년 9월21일/13년 9월28일/16년 5월8일

① $\sqrt{2}$
② 2
③ 3
④ 4

해설 흑체로부터의 복사에너지는 절대온도의 4 제곱에 비례 한다.

정답 39 ④ 40 ③ 41 ② 42 ④

chapter 05 전열(열전달) | 633

43 이상적인 흑체에 대하여 단위면적당 복사 에너지 E와 절대온도 T의 관계식으로 옳은 것은? (단, σ는 스테판-볼츠만 상수이다.) 21년 5월15일

① $E = \sigma T^2$ ② $E = \sigma T^4$
③ $E = \sigma T^6$ ④ $E = \sigma T^8$

해설 복사에너지는 절대온도 4승에 비례한다.

44 전기저항로에 발열체 저항이 R[Ω], 여기에 I[A]의 전류에 흘렸을 때 발생하는 이론 열량은 시간당 얼마인가? 14년 5월25일

① 864 IR[cal]
② 846 IR[cal]
③ 864 I^2R [cal]
④ 846 I^2R [cal]

해설
$P = VI = I^2R[W] = I^2R\frac{J}{s} \times \frac{3600s}{1hr} \times \frac{1cal}{4.185J} = 860I^2R$

45 줄-톰슨계수(Joule-Thomson Coefficient, μ)에 대한 설명으로 옳은 것은? 16년 10월1일/14년 3월2일/19년 9월21일

① μ가 (−)일 때 기체가 팽창함에 따라 온도는 내려간다.
② μ가 (+)일 때 기체가 팽창해도 온도는 일정하다.
③ μ의 부호는 온도의 함수이다.
④ μ의 부호는 열량의 함수이다.

해설 $\mu = \left(\frac{\partial T}{\partial P}\right)_H$

줄-톰슨계수(Joule-Thomson Coefficient, μ) : 증기가 교축(엔탈피가 일정)이 일어날 때 압력과 온도의 변화에 대해 나타낸 계수

$\mu = \left(\frac{\partial T}{\partial P}\right)_H$

μ > 0일 경우 : 교축과정에서 증기가 팽창하면 압력이 내려간다. 압력이 내려갈 때 온도는 내려간다.
μ < 0일 경우 : 교축과정에서 증기가 팽창하면 압력이 내려간다. 압력이 내려갈 때 온도는 올라간다.
μ = 0일 경우 : 온도변화가 없다.

46 지름이 5cm인 강관내에 온도 98K의 온수가 0.3m/s로 흐를 때, 온수의 열전달계수(W/m²·K)는?(단, 온수의 열전도도는 0.68[W/m.k]이고, Nu수(Nusseltnumber)는 160이다.) 15년 9월19일/18년 4월28일

① 1238 ② 2176
③ 3184 ④ 4232

해설 (너셀수) $= \frac{a \times d}{\lambda}$
(열전달계수) $a = \frac{너셀수 \times \lambda}{d}$
$= \frac{160 \times 0.68[\frac{W}{mK}]}{0.05[m]} = 2176 \frac{W}{m^2K}$

47 다음 무차원 수에 대한 설명으로 틀린 것은? 17년 9월23일

① Nusselt수는 열전달계수와 관계가 있다.
② Prandtl수는 동점성계수와 관계가 있다.
③ Reynolds수는 층류 및 난류와 관계가 있다.
④ Stanton수는 확산계수와 관계가 있다.

해설 (Nusselt수) 누셀 수
$N_U = \frac{aL}{\lambda}$
a : 흐름의 대류열전달계수, λ : 유체의 열 전도율, L : 특성길이
(Stanton수)스탠튼 수 S_t : 유체와 표면 사이의 열 전달 비율을 나타내는 무차원 수

정답 43 ③ 44 ③ 45 ③ 46 ② 47 ④

48 "어떤 주어진 온도에서 최대 복사강도에서의 파장(λmax)은 절대온도에 반비례한다."와 관련된 법칙은? ✪ 19년 3월3일

① Wien의 법칙
② Planck의 법칙
③ Fourier의 법칙
④ Stefan-Boltzmann의 법칙

> 해설 Wien의 법칙(빈의 법칙) : 빛의 파장과 절대온도의 곱은 항상 일정하다.
> $\lambda \times T = C$
> (최대파장)$\lambda_{max} = \dfrac{C}{T}$

49 유체의 동점성계수와 유체온도 전파속도의 비를 표현하는 무차원수는? ✪ 14년 5월25일

① Nusselt(Nu) 수
② Prandtl(Pr) 수
③ Grashof(Gr) 수
④ Schmidt(Sc) 수

> 해설 $P_r = \dfrac{\text{분자운동확산}}{\text{열확산}} = \dfrac{c_p \times \mu}{\lambda} = \dfrac{c_p \times \rho \nu}{\lambda}$
> λ : 유체온도 전파속도,
> c_p : 정압비열, μ : 점성계수,
> ρ : 밀도, ν : 동점성계수
>
> $P_r \ll 1$ 열원(물질)자체의 열확산도에 따른 열전달이 지배적이다.
>
> $P_r \gg 1$ 열원(물질)의 난류 유동에 따른 열전달(대류)가 지배적이다.

정답 48 ① 49 ②

chapter 05 전열(열전달)

열설비설계

06
용접, 리벳, 압력용기 설계

01 보일러의 종류 및 특징
02 보일러설계
03 보일러의 부속장치
04 배관설계
05 전열(열전달)
06 용접, 리벳, 압력용기 설계
07 급수처리
08 보일러용량 및 열정산

CHAPTER 06 용접, 리벳, 압력용기 설계

자주출제 되는 문제

01 용접

1) **리벳이음과 비교한 용접의 장단점**

장 점	단 점
• 재료가 절약되고 이음효율이 높다. • 기밀성이 높으며 사용하는 판재의 두께에 제한이 없다. • 소음이 없고 페인트 작업을 쉽게 할 수 있다. • 공정수를 줄일 수 있어 제작비가 싸다. • 제품의 생산률이 좋고 보수도 쉽다.	• 진동감쇠의 능력이 부족하다. • 고열에 의한 변형과 잔류응력의 발생 및 재질이 변한다. • 연속체로 되어 전체적인 파괴가 생긴다. • 결함이 생기기 쉽고 이에 따른 노치율과 에 민감하다. • 용접부에 대한 검사를 비파괴 검사법으로 이루어 지기 때문에 용접부의 이상현상을 파악하기 힘들다.

2) **용접부에 발생하는 응력**

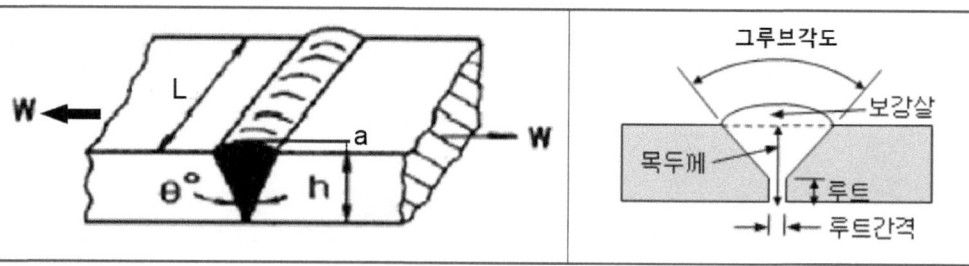

  h : 강판의 두께 = 모재의 두께 = 목두께
  W : 인장 하중
  a : 보강살의 붙임(보강살의 높이)
  L : 용접길이
  인장응력 : $\sigma_t = \dfrac{W}{A} = \dfrac{W}{h \times L}$

※ 보일러의 용접 설계에서 두께가 다른 판을 맞대기 이음할 때 중심선을 일치시킬 경우 1/3 이하로 기울기로 가공하여야 한다.

3) 그루브(홈)의 모양에 따른 판두께 선정

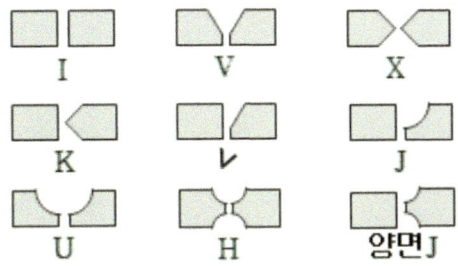

[그루브의 모양]

용접이음	판두께	
	맞대기 용접이음의 그루브(끝벌림)	열교환기제작시 용접이음 그루브(끝벌림)
I 형	1~5mm	6mm이하
V 형	(R형, J형)6~16mm	(X형)6~25mm이하
U 형	(X형, K형, 양면 J형)12~38mm	20mm이상
H 형	19mm이상	36mm이상

4) 용접 보수하는 방법

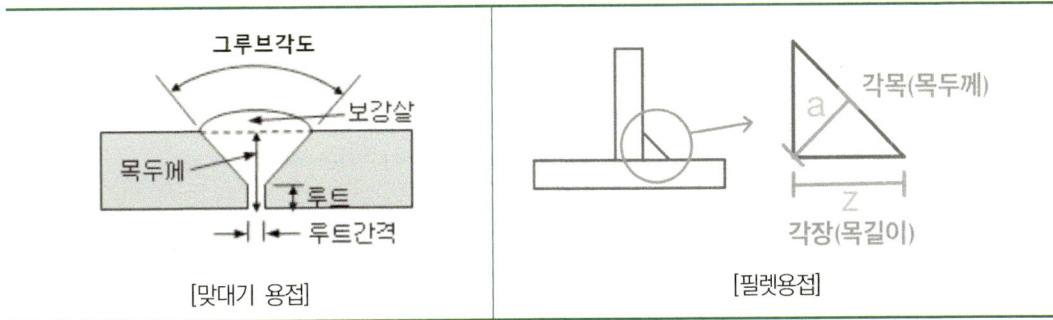

[맞대기 용접]   [필렛용접]

① 맞대기이음에서 간격(루트간격)이 6mm이하일 때에는 이음부의 한쪽 또는 양쪽에 덧붙이를 하고 깎아내어 간격을 맞춘다.
② 맞대기이음에서 6~16㎜일 때는 이음부에 6㎜정도의 뒤판을 대고 용접한다.
③ 맞대기이음에서 간격이 16mm이상일 때에는 판의 전부 또는 일부를 바꾼다
④ 필렛용접에서 간격이 1.5㎜이하일 때에는 그대로 용접한다.
⑤ 필렛용접에서 간격이 1.5~4.5mm일 때에는 그대로 용접 해도 좋지만 벌어진 간격만큼 각장을 크게한다.

5) 피복 아크 용접에서 피복제 역할

① **용융 금속 보호** : 피복제는 아크 열에 의해 분해되면서 발생하는 가스나 슬래그가 용융 금속을 대기 중의 산소나 질소로부터 격리시켜 산화 및 질화를 방지합니다.
② **아크 안정화** : 피복제는 아크 방전을 안정적으로 유지하여 용접 작업이 원활하게 진행되도록 돕습니다.
③ **용접 금속의 합금화** : 피복제는 용접 금속에 필요한 합금 성분을 포함하여 용접 금속의 기계적 성질을 향상시킵니다.
④ **슬래그 형성** : 피복제는 용융 상태에서 슬래그를 형성하여 용융 금속 표면을 덮어 냉각속도를 늦추고 용접 비드 형상을 개선하며, 용접 결함 발생을 줄입니다.
④ **용접 결함 방지** : 피복제는 용접 과정에서 발생하는 가스나 불순물을 제거하여 용접 금속 내 기공이나 균열과 같은 결함을 줄입니다.

6) 용접부의 잔류응력의 방지대책

① 모재에 줄 수 있는 열량을 될 수 있으면 적게 한다.
② 열량을 한 곳에 집중시키지 말아야 한다.
③ 홈의 형상이나 용접 순서 등을 사전에 잘 고려한다.
④ 용착 방법의 채택을 용도에 맞게 선정한다.
⑤ 응력 제거 풀림 열처리를 한다

7) 용접부의 비파괴 검사

용접부에서 부분 방사선 투과시험의 검사길이 계산은 300 mm 단위 로 검사 한다.

8) 테르밋 용접

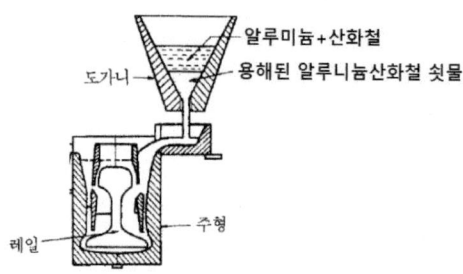

알루미늄과 산화철의 분말의 혼합물로 테르밋의 반열반응에 의한 용접방법이다. 테르밋 용접은 구조가 큰 플랜트나 기차 레일의 보수 작업에 주로 사용 된다.

02 리벳이음

1) 리벳의 개요

리벳 조인트는 강판을 포개서 영구적으로 결합하는 것으로 구조가 간단하고 응용 범위가 넓어서, 철골구조, 교량 등에 사용되며, 죄는 힘이 크므로 기밀을 요하는 압력용기, 보일러 등에 사용된다.

(1) 코킹(caulking) : 기밀, 수밀을 유지하기 위해
(2) 플러링(fullering) : 플러링 공구사용(강판과 같은 나비로 이용해서 때리는 작업)

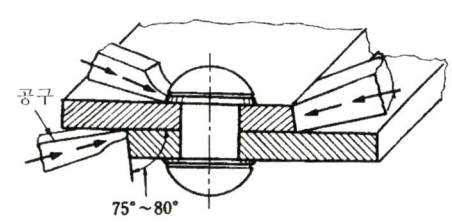

(1) 겹치기 이음

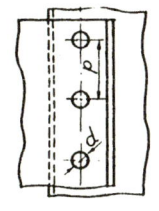
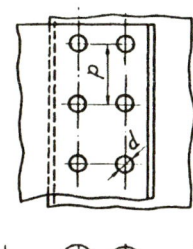
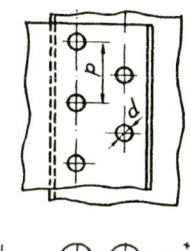
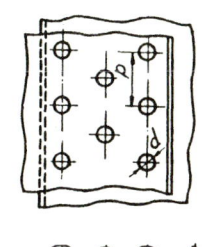

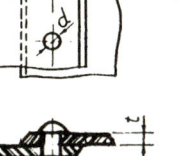
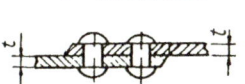
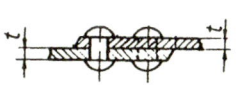

(겹치기 1열이음)   (겹치기 2열 병렬이음)   (겹치기 2열 지그재그형이음)   (겹치기 3열이음)

(2) 맞대기 이음

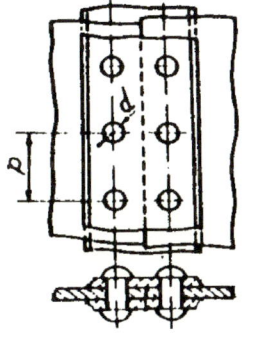
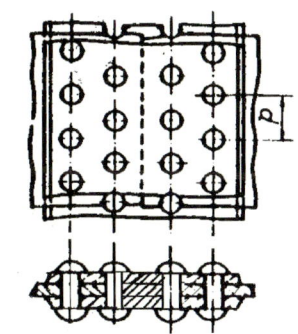

양쪽 덮개판 1열 맞대기 이음   양쪽 덮개판 2열 지그재그 이음

2) 리벳이음의 강도계산

(1) 리벳의 전단 하중(1피치 내에 걸리는 전단하중) : W_P

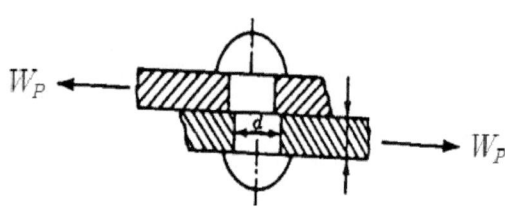

$$W_P = \tau_r \times A_r = \tau_r \times \frac{\pi}{4} d^2 \times n \cdots\cdots ①$$

W_P : 피치내 하중 $d = d_r$: 리벳의 직경

A_r : 리벳이 전단되는 단면적

τ_r : 리벳의 전단응력

n : 리벳의 전단되는 갯수=줄수

(2) 강판의 절단(1피치 내에 걸리는 강판의 인장하중)

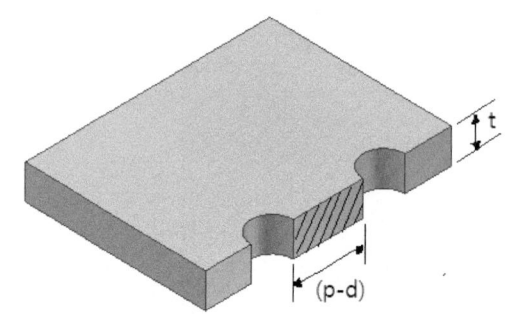

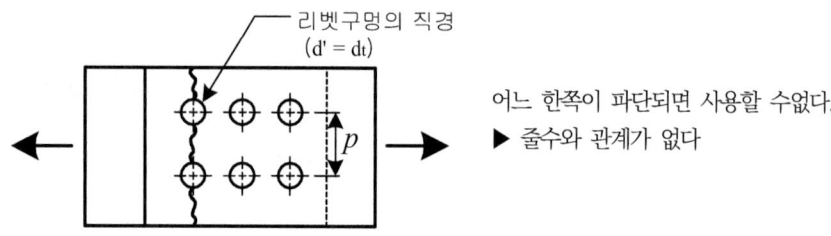

어느 한쪽이 파단되면 사용할 수 없다.
▶ 줄수와 관계가 없다

$$W_P = \sigma_t \times A_t = \sigma_t (p - d_t) \times t \cdots\cdots ②$$

여기서, σ_t : 강판의 인장응력, A_t : 강판의 파단면적

d_t : 구멍의 지름 d : 리벳의 지름

$d = d_t$: (d_t가 주어지지 않으면 d를 사용한다.)

(3) 리벳의 압괴 파괴(1피치 내에 걸리는 리벳의 압괴하중)

$$W_P = \sigma_c \times A_c = \sigma_c \times d \cdot t \times n \cdots\cdots ③$$

여기서, A_c : 리벳의 압괴단면적, σ_c : 리벳의 압괴응력

$d = d_r$: 리벳의 직경, n : 리벳의 전단되는 갯수=줄수

2) 리벳의 직경과 피치의 계산

(1) 리벳의 피치(p) 계산 : ① =② 식으로 두면,

$$\tau_r \times \frac{\pi d^2}{4} \times n = \sigma_t \times (p - d_t) \times t$$

$$p - d = \frac{\tau_r \pi d^2 n}{4 \sigma_t t}$$

$$\therefore (피치) p = \frac{\tau_r \pi d^2 n}{4 \sigma_t t} + d'$$

(2) 리벳의 직경 계산 : ① =③ 식으로 두면,

$$\tau_r \times \frac{\pi d^2}{4} \times n = \sigma_c \times d \cdot t \times n$$

$$\therefore (리벳의 지름) d = \frac{4 \sigma_c t}{\pi \tau_r}$$

3) 리벳이음의 효율

(1) 강판의 효율 (η_t)

$$\eta_t = \frac{구멍이\ 있을때의\ 강판의\ 인장력}{구멍이\ 없을때의\ 강판의\ 인장력} = \frac{\sigma_t (p - d_t) t}{\sigma_t p t} = \frac{p - d_t}{p} = 1 - \frac{d_t}{p}$$

한쪽 덮개판

① (피치)$p = \dfrac{\tau_r \pi d^2 n}{4 \sigma_t t} + d_t$

② (리벳의 지름)$d = \dfrac{4 \sigma_c t}{\pi \tau_r}$

③ (강판의 효율)$\eta_t = 1 - \dfrac{d_t}{p}$

④ (리벳의 효율)$\eta_r = \dfrac{\tau_r \pi d_r^2 n}{4 \sigma_t p t}$

⑤ (리벳이음의 효율)η 은 강판의 효율 (η_t)과 리벳의 효율 (η_r) 두 효율 중에서 작은 값은 효율이 리벳 이음의 효율이다.

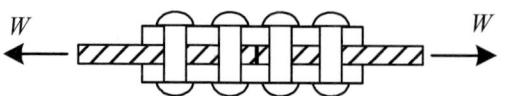

양쪽 덮개판 맞대기 이음일 경우

① (피치)$p = \dfrac{\tau_r \pi d^2 n \times 2}{4\sigma_t t} + d_t$

② (리벳의 지름)$d = \dfrac{4\sigma_c t}{\pi \tau_r}$

③ (강판의 효율)$\eta_t = 1 - \dfrac{d_t}{p}$

④ (리벳의 효율)$\eta_r = \dfrac{\tau_r \pi d_r^2 n \times 2}{4\sigma_t p t}$

⑤ (리벳이음의 효율)η 은 강판의 효율 (η_t)과 리벳의 효율 (η_r) 두 효율 중에서 작은 값은 효율이 리벳 이음의 효율이다.

03 압력용기

1) 내압을 받는 얇은 원통

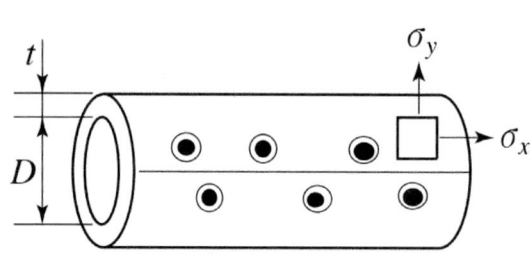

$\sigma_x = \dfrac{PD}{4t}$, $\sigma_y = \dfrac{PD}{2t}$

$\dfrac{\sigma_u}{s} = \sigma_a \leqq \sigma_y \;\Rightarrow\; t = \dfrac{PD}{2\sigma_a}$

여기서, σ_x : 길이방향 응력
σ_y : 원주방향 응력(hoop stress)
σ_u : 극한강도, S = 안전율

이음효율과 부식여유를 고려하면,

∴ (두께) $t = \dfrac{PD}{2\sigma_a \eta} + c$

여기서, $\sigma_a = \dfrac{\sigma_u}{S}$: 허용응력, D : 압력용기의 내경, c : 부식여유, η : 이음효율, P : 내압

보일러 설계 시 크리프 영역에 달하지 않는 설계 온도에서의 철강재료 허용인장응력σ_a 상온에서의 최소 인장강도의 1/4

허용인장응력$\sigma_a = 1.25\tau_a$ τ_a : 허용전단응역

2) 구형(球形) 압력용기(spherical pressure vessel)

$$\sigma_x = \sigma_y = \frac{PD}{4t}$$

3) 절탄기용 주철관의 최소두께

(두께) $t = \dfrac{PD}{2\sigma_a\eta - 1.2P} + C$

σ_a : 허용응력, D : 내경, C : 부식여유, η : 이음효율, P : 내압

4) 내압을 받는 보일러 동체의 두께

(두께) $t = \dfrac{PD}{2\sigma_a\eta - 2(1-k)P} + C$

σ_a : 허용응력, D : 내경, C : 부식여유, η : 이음효율, P : 내압, k : 온도상수

5) 압력용기에 대한 수압시험 압력 기준
   ① 최고 사용압력이 0.1kPa이상의 주철제 압력용기는 최고사용압력의 2배이다.
   ② 비철금속제 압력용기는 최고 사용압력의 1.5배의 압력에 온도를 보정한 압력이다.
   ③ 최고 사용압력이 1MPa이하의 주철제 압력용기는 0.2MPa
   ④ 법랑(표면에 코팅한 압력용기) 또는 유리 라이닝한 압력용기는 최고 사용압력이 수압시험 압력이다.

6) 압력용기 설치기준
   ① 압력용기는 1개소 이상 접지되어야 한다.
   ② 압력용기는 화상 위험이 있는 고온배관은 보온되야 한다.
   ③ 압력용기는 기초는 약하여 내려앉거나 갈라짐이 없어야 한다.
   ④ 압력용기의 본체는 바닥에서 100mm이상 높이에 설치 되어야 한다.
   ⑤ 압력용기를 옥내에 설치하는 경우, 압력용기의 본체와 벽과의 거리는 0.3m이상이어야 한다.
   ⑥ 압력용기를 옥내에 설치하는 경우, 유독성물질을 취급 하는 압력용기는 2개 이상의 출입구 및 환기장치가 되어 있어야 한다.

과년도 기출문제

01 일반적으로 리벳이음과 비교할 때 용접이음의 장점으로 옳은 것은? ✽ 22년 3월5일/16년 10월1일

① 이음효율이 좋다.
② 잔류응력이 발생되지 않는다.
③ 진동에 대한 감쇠력이 높다.
④ 응력집중에 대하여 민감하지 않다.

[해설] 용접이음의 장점은 이음효율이 좋다.
용접이음의 단점은 열에 의한 잔류응력발생, 진동에 대한 감쇠력이 부족하고, 응력집중현상이 일어난다.

02 용접이음에 대한 설명으로 틀린 것은?
✽ 19년 9월21일

① 두께의 한도가 없다.
② 이음효율이 우수하다.
③ 폭음이 생기지 않는다.
④ 기밀성이나 수밀성이 낮다.

[해설] 용접이음은 리벳이음에 비해 기밀성이나 수밀성이 우수하다.

03 [그림]과 같은 V형 용접이음의 인장응력(σ)을 구하는 식은?
✽ 12년 9월15일/19년4월27일/15년3월8일/22년3월5일

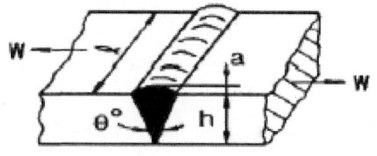

① $\sigma = \dfrac{W}{hl}$

② $\sigma = \dfrac{W}{h \times \cos\theta \times \dfrac{1}{2}l}$

③ $\sigma = \dfrac{W}{h+a}$

④ $\sigma = \dfrac{W}{(h+a) \times \cos\theta \times \dfrac{1}{2}l}$

[해설] $\sigma = \dfrac{W}{hl}$

04 그림과 같이 폭 150mm, 두께 10mm의 맞대기 용접이음에 작용하는 인장응력은?
✽ 18년 9월15일

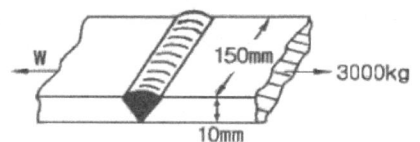

① $2kg/cm^2$
② $15kg/cm^2$
③ $100kg/cm^2$
④ $200kg/cm^2$

[해설] $\sigma = \dfrac{F}{h \times l} = \dfrac{3000}{1 \times 15} = 200\dfrac{kg_f}{cm^2}$

정답 01 ① 02 ④ 03 ① 04 ④

05 다음 그림의 용접이음에서 생기는 인장응력은 약 몇 kgf/cm²인가? ⊕ 17년 5월7일

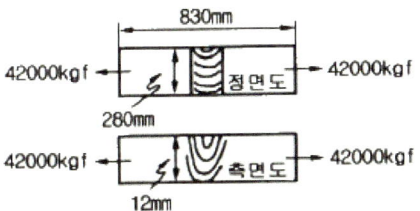

① 1250   ② 1400
③ 1550   ④ 1600

해설 $\sigma = \dfrac{F}{h \times l} = \dfrac{42000 kg_f}{1.2cm \times 28cm} = 1250 \dfrac{kg_f}{cm^2}$

06 맞대기 용접이음에서 하중 120kg, 용접부의 길이가 3cm, 판의 두께가 2mm라 할 때 용접부의 인장응력은 약 몇 MPa 인가? ⊕ 21년 3월7일

① 4.9   ② 19.6
③ 196   ④ 490

해설 $\sigma = \dfrac{F}{h \times l} = \dfrac{120 \times 9.8N}{30mm \times 2mm} = 1.96 \dfrac{N}{mm^2} = 19.6 MPa$

07 맞대기 이음 용접에서 하중이 3000kg, 용접 높이가 8mm일 때 용접 길이는 몇 mm로 설계하여야 하는가? (단, 재료의 허용 인장응력은 5kg/mm²이다.) ⊕ 16년 3월6일

① 52mm   ② 75mm
③ 82mm   ④ 100mm

해설 $\sigma = \dfrac{F}{h \times l}$,
(용접길이)$l = \dfrac{F}{h \times \sigma} = \dfrac{3000 kg_f}{8mm \times 5 \dfrac{kg_f}{mm^2}} = 75mm$

08 보일러의 용기에 판 두께가 12mm, 용접 길이가 230cm인 판을 맞대기 용접했을 때 45,000kg의 인장하중이 작용한다면 인장응력은? ⊕ 16년 10월1일

① 100kg/cm²   ② 145kg/cm²
③ 163kg/cm²   ④ 255kg/cm²

해설 $\sigma = \dfrac{F}{h \times l} = \dfrac{45000 kg_f}{1.2cm \times 230cm} = 163 \dfrac{kg_f}{cm^2}$

09 맞대기 용접은 용접방법에 따라서 그루브를 만들어야 한다. 판의 두께가 50mm 이상인 경우에 적합한 그루브의 형상은? (단, 자동용접은 제외한다.) ⊕ 16년 10월1일/19년 4월27일/21년 9월12일

① V형   ② H형
③ R형   ④ A형

해설

용접이음	판두께	
	맞대기 용접이음의 그루브(끝벌림)	열교환기제작시 용접이음 그루브(끝벌림)
I형	1~5mm	6mm이하
V형	(R형, J형)6~16mm	(X형)6~25mm이하
U형	(X형, K형, 양면J형)12~38mm	20mm이상
H형	19mm이상	36mm이상

10 맞대기 용접은 용접방법에 따라서 그루브를 만들어야 한다. 판의 두께가 19mm 이상인 경우 그루브의 현상은? ⊕ 13년 3월10일

① V형   ② H형
③ R형   ④ K형

해설 9번해설 (참조)

11 맞대기 용접은 용접방법에 따라 그루브를 만들어야 한다. 판 두께 10mm에 할 수 있는 그루브의 형상이 아닌 것은? ● 13년 9월28일/18년 4월28일

① V형
② R형
③ H형
④ J형

해설 9번해설 (참조)

12 맞대기용접은 용접방법에 따라 그루브를 만들어야 한다. 판의 두께 20mm의 강판을 맞대기 용접 이음할 때 적합한 그루브의 형상은?
● 13년 6월2일

① I 형
② J 형
③ X 형
④ H 형

해설 9번해설 (참조)

13 두께 20mm 강판을 맞대기 용접이음할 때 적당한 끝벌림 형식은? ● 14년 9월20일

① V형
② X형
③ H형
④ 양면 W형

해설 9번해설 (참조)

14 테르밋(thermit)용접의 테르밋이란 무엇과 무엇의 혼합물인가? ● 13년 3월10일/19년 9월21일

① 붕사와 붕산의 분말
② 탄소와 규소의 분말
③ 알루미늄과 산화철의 분말
④ 알루미늄과 납의 분말

해설 테르밋(thermit)용접의 테르밋은 알루미늄과 산화철의 분말의 혼합물로 테르밋의 반열반응에 의한 용접방법이다.

15 보일러의 용접 설계에서 두께가 다른 판을 맞대기 이음할 때 중심선을 일치시킬 경우 얼마 이하로 기울기로 가공하여야 하는가?
● 15년 3월8일

① 1/2 ② 1/3
③ 1/4 ④ 1/5

해설 보일러의 용접 설계에서 두께가 다른 판을 맞대기 이음할 때 중심선을 일치시킬 경우 1/3 이하로 기울기로 가공하여야 한다.

정답 11 ③ 12 ④ 13 ③ 14 ③ 15 ②

16 피복 아크용접에서 루트의 간격이 크게 되었을 때 보수하는 방법으로 틀린 것은?

○ 15년 5월31일/17년 9월23일

① 맞대기 이음에서 간격이 6mm 이하일 때에는 이음부의 한 쪽 또는 양쪽에 덧붙이를 하고 깎아내어 간격을 맞춘다.
② 맞대기 이음에서 간격이 16mm이상일 때에는 판의 전부 혹은 일부를 바꾼다.
③ 필렛 용접에서 간격이 1.5~4.5mm 일 때에는 그대로 용접해도 좋지만 벌어진 간격만큼 각장을 작게한다.
④ 필렛 용접에서 간격이 1.5mm 이하일 때에는 그대로 용접한다.

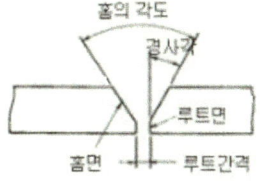

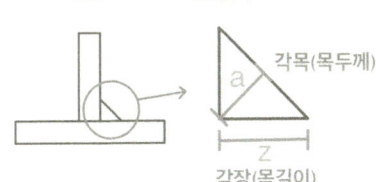

▶ 피복 아크용접에서 루트의 간격이 크게 되었을 때 보수하는 방법
① 맞대기이음에서 간격이 6mm이하일 때에는 이음부의 한쪽 또는 양쪽에 덧붙이를 하고 깎아내어 간격을 맞춘다.
② 맞대기이음에서 6~16㎜일 때는 이음부에 6㎜정도의 뒤판을 대고 용접한다.
③ 맞대기이음에서 간격이 16mm이상일 때에는 판의 전부 또는 일부를 바꾼다
④ 필렛용접에서 간격이 1.5㎜이하일 때에는 그대로 용접한다.
⑤ 필렛용접에서 간격이 1.5~4.5mm일 때에는 그대로 용접 해도 좋지만 벌어진 간격만큼 각장을 크게한다.

17 용접봉 피복제의 역할이 아닌 것은?

○ 17년 5월7일

① 용융금속의 정련작용을 하며 탈산제 역할을 한다.
② 용융금속의 급냉을 촉진시킨다.
③ 용융금속에 필요한 원소를 보충해 준다.
④ 피복제의 강도를 증가시킨다.

해설 용접봉 피복제의 역할은 용융금속을 천천히 냉각 시켜 용융금속을 안정화 시킨다.

18 보일러에서 용접 후에 풀림처리를 하는 주된 이유는?

○ 20년 9월26일/18년 3월4일

① 용접부의 열응력을 제거하기 위해
② 용접부의 균열을 제거하기 위해
③ 용접부의 연신률을 증가시키기 위해
④ 용접부의 강도를 증가시키기 위해

해설 보일러에서 용접 후에 풀림처리는 용접부의 열응력(잔류응력)을 제거하기 위한 열처리이다.

19 결정조직을 조정하고 연화시키기 위한 열처리 조작으로 용접에서 발생한 잔류응력을 제거하기 위한 것은?

○ 17년 9월23일/15년 5월31일

① 뜨임(tempering)
② 풀림(annealing)
③ 담금질(quenching)
④ 불림(normalizing)

해설 응력제거 풀림 열처리 : 결정조직을 조정하고 연화시키기 위한 열처리 조작으로 용접에서 발생한 잔류응력을 제거하기 위한 열처리

정답 16 ③ 17 ② 18 ① 19 ②

20 용접부에서 부분 방사선 투과시험의 검사 길이 계산은 몇 mm 단위로 하는가? ○ 19년 3월3일

① 50　　② 100
③ 200　　④ 300

[해설] 용접부에서 부분 방사선 투과시험의 검사길이 계산은 몇 300mm 단위로 한다.

21 부분 방사선투과시험의 검사 길이 계산은 몇 mm 단위로 하는가? ○ 13년 3월10일

① 50　　② 100
③ 200　　④ 300

[해설] 국제용접협회에서 제정한 ISO 5816에 따르면 부분 방사선투과시험의 검사 길이는 300mm 단위로 계산한다.

22 강판의 두께 12mm, 리벳의 직경 22.2mm, 피치 48mm의 1줄 겹치기 리벳 조인트가 있다. 1피치당 하중이 1200kg이라 할 때 리벳에 생기는 전단응력은 약 몇 kg/mm²인가?

○ 2013년 3월10일

① 3.1　　② 16.3
③ 34.5　　④ 53.0

[해설] $\tau = \dfrac{F}{\dfrac{\pi}{4}d^2 \times n} = \dfrac{1200}{\dfrac{\pi}{4} \times 22.2^2 \times 1} = 3.1 \dfrac{kg_f}{mm^2}$

23 리벳이음에 대한 설명으로 옳은 것은?

○ 13년 6월2일

① 기밀작업 시 리베팅하고 냉각된 후 가장 자리에 코킹작업을 한다.
② 열간 리베팅은 작업 완료 후 수축이 없어 판을 죄는 힘이 없고 마찰저항도 없다.
③ 보일러 제작 시 과거에는 용접이음을 통한 작업이 주류였으나 최근에는 리벳이음이 대부분이다.
④ 리벳 재료는 전기적 부식을 막기 위해 판재와 다른 종류의 재질계통을 쓰게 하는 것을 원칙으로 한다.

[해설] ② 열간 리베팅은 작업 완료 후 수축이 발생된다.
③ 보일러 제작 에는 대부분 용접이음을 한다.
④ 리벳 재료는 전기적 부식을 막기 위해 판재와 같은 종류의 재질계통을 쓰게 하는 것을 원칙으로 한다.

24 계산에 사용하는 재료의 허용전단응력은 허용인장응력의 얼마로 하는가? ○ 13년 9월28일

① 허용전단응력은 허용인정응력의 70%로 한다.
② 허용전단응력은 허용인정응력의 80%로 한다.
③ 허용전단응력은 허용인정응력의 90%로 한다.
④ 허용전단응력은 허용인정응력과 같게 취한다.

[해설] $\sigma_a = 1.25\tau_a$

정답 20 ④　21 ④　22 ①　23 ①　24 ②

25 10ton의 인장하중을 받는 양쪽 덮개판 맞대기 리벳이음이 있다. 리벳의 지름이 15mm, 리벳의 허용전단력이 6kg/mm²일 때 최소 몇 개의 리벳이 필요한가?   ● 13년 9월28일

① 3　　　　② 5
③ 7　　　　④ 10

해설 $\tau = \dfrac{F}{\dfrac{\pi}{4}d^2 \times 2 \times Z}$,

$Z = \dfrac{F}{\dfrac{\pi}{4}d^2 \times 2 \times \tau} = \dfrac{10000}{\dfrac{\pi}{4} \times 15^2 \times 2 \times 6} = 4.71$개 ≒ 5개

26 강관의 두께가 10mm이고 리벳의 직경이 16.8mm이며 리벳 구멍의 피치가 60.2mm의 1줄 겹치기 리벳조인트가 있을 때 이 강판의 효율은?   ● 15년 5월31일

① 58%　　　　② 62%
③ 68%　　　　④ 72%

해설 $\eta_t = 1 - \dfrac{d}{p} = 1 - \dfrac{16.8}{60.2} = 0.72 = 72\%$

27 강판의 두께가 20mm이고, 리벳의 직경이 28.2mm이며, 피치 50.1mm의 1줄 겹치기 리벳조인트가 있다. 이 강판의 효율은?   ● 16년 5월8일/19년 3월3일

① 34.7%　　　　② 43.7%
③ 53.7%　　　　④ 63.7%

해설 $\eta_t = 1 - \dfrac{d}{p} = 1 - \dfrac{28.2}{50.1} = 0.437 = 43.7\%$

28 두께 10mm의 판을 지름 18mm의 리벳으로 1열 리벳 겹치기 이음 할 때, 피치는 최소 몇 mm 이상이어야 하는가? (단, 리벳구멍의 지름은 21.5mm이고, 리벳의 허용 인장응력은 40N/mm², 허용 전단응력은 36 N/mm²으로 하며, 강판의 허용인장응력과 허용전단응력은 리벳과 같다.)   ● 20년 9월26일

① 40.4　　　　② 42.4
③ 44.4　　　　④ 46.4

해설 $W = \tau_r \times \dfrac{\pi d_r^2}{4} \times n = \sigma_t \times (p - d_t) \times t$

$p = d_t + \dfrac{\pi d_r^2 \tau_r}{4\sigma_t t} = 21.5 + \dfrac{\pi \times 18^2 \times 36}{4 \times 40 \times 10} = 44.4mm$

29 100kN의 인장하중을 받는 한쪽 덮개판 맞대기 리벳이음이 있다. 리벳의 지름이 15mm, 리벳의 허용전단력이 60MPa 일 때 최소 몇 개의 리벳이 필요한가?   ● 21년 5월15일

① 10　　　　② 8
③ 6　　　　④ 4

해설 $\tau_r = \dfrac{P}{\dfrac{\pi}{4}d^2 \times Z}$, $Z = \dfrac{P}{\dfrac{\pi}{4}d^2 \times \tau_r} = \dfrac{100}{\dfrac{\pi}{4}15^2 \times 60} = 9.43$개 $= 10$개

30 지름이 d(cm), 두께가 t(cm)인 얇은 두께의 밀폐된 원통 안에 압력 P(MPa)가 작용할 때 원통에 발생하는 원주방향의 인장응력(MPa)을 구하는 식은?   ● 22년 3월5일/15년 9월19일

① $\dfrac{\pi d P}{2t}$　　　　② $\dfrac{\pi d P}{4t}$

③ $\dfrac{d P}{2t}$　　　　④ $\dfrac{d P}{4t}$

해설 (원주방향응력) $\sigma_y = \dfrac{Pd}{2t}$

정답　25 ②　26 ④　27 ②　28 ③　29 ①　30 ③

31 보일러 동체, 드럼 및 일반적인 원통형 고압용기의 동체두께(t)를 구하는 계산식으로 옳은 것은? (단, P는 최고사용압력, D는 원통 안지름, σ는 허용인장응력(원주방향) 이다.)

◯ 19년 9월21일/15년 3월8일

① $t = \dfrac{PD}{\sqrt{2}\,\sigma}$ ② $t = \dfrac{PD}{\sigma}$

③ $t = \dfrac{PD}{2\sigma}$ ④ $t = \dfrac{PD}{4\sigma}$

해설 $t = \dfrac{PD}{2\sigma}$

32 지름이 d, 두께가 t인 얇은 살두께의 원통 안에 압력 P가 작용할 때 원통에 발생하는 길이방향의 인장응력은?

◯ 20년 8월22일

① $\dfrac{\pi dP}{4t}$ ② $\dfrac{\pi dP}{t}$

③ $\dfrac{dP}{4t}$ ④ $\dfrac{dP}{2t}$

해설 길이방향의 인장응력 $\sigma_x = \dfrac{Pd}{4t}$

33 보일러의 강도 계산에서 보일러 동체 속에 압력이 생기는 경우 원주방향의 응력은 축방향 응력의 몇 배 정도인가? (단, 동체 두께는 매우 얇다고 가정한다.)

◯ 22년 4월24일

① 2배 ② 4배
③ 8배 ④ 16배

해설 (축방향응력) $\sigma_x = \dfrac{Pd}{4t}$

(원주방향응력) $\sigma_y = \dfrac{Pd}{2t} = 2 \times \sigma_x$

34 내압을 받는 어떤 원통형 탱크의 압력이 0.3MPa, 직경이 5m, 강판 두께가 10mm이다. 이 탱크의 이음 효율을 75%로 할 때, 강판의 인장응력(N/mm²)는 얼마인가? (단, 탱크의 반경 방향으로 두께에 응력이 유기되지 않는 이론값을 계산한다.)

◯ 22년 4월24일

① 200 ② 100
③ 20   ④ 10

해설 $\sigma_a = \dfrac{Pd}{2t\eta} = \dfrac{0.3 \times 5000}{2 \times 10 \times 0.75} = 100\, \dfrac{N}{mm^2}$

35 동체의 안지름이 2000mm, 최고사용압력이 12kg/cm²인 원통보일러 동판의 두께(mm)는? (단, 강판의 인장강도 40kg/mm², 안전율 4.5, 용접부의 이음효율(η) 0.71, 부식여유는 2mm이다.)

◯ 17년 9월23일

① 12 ② 16
③ 19 ④ 21

해설

$t = \dfrac{Pd}{2\sigma_a \eta} + C = \dfrac{\frac{12}{100}\frac{kg_f}{mm^2} \times 2000mm}{2 \times \frac{40}{4.5}\frac{kg_f}{mm^2} \times 0.72} + 2 = 21.04mm$

36 내압을 받는 어떤 원통형 탱크의 압력은 3kgf/cm², 직경은 5m 강판 두께는 10mm이다. 이 탱크의 이음 효율을 75%로 할 때, 강판의 인장강도(kg/mm²)는 얼마로 하여야 하는가?

◯ 18년 3월4일

① 10   ② 20
③ 300 ④ 400

해설

$\sigma = \dfrac{Pd}{2t\eta} = \dfrac{\frac{3}{100}\frac{kg_f}{mm^2} \times 5000mm}{2 \times 10mm \times 0.75} = 10\, \dfrac{kg_f}{mm^2}$

37 보일러와 압력용기에서 일반적으로 사용되는 계산식에 의해 산정되는 두께에 부식여유를 포함한 두께를 무엇이라 하는가?

　　　　　　　　　　◯ 18년 4월28일/13년 6월2일

① 계산 두께
② 실제 두께
③ 최소 두께
④ 최대 두께

해설 부식여유를 고려한 배관의 최소두께라 한다.

38 내경 250mm, 두께 3mm인 주철관에 압력 4kgf/cm²의 증기를 통과시킬 때 원주방향의 인장응력(kgf/mm²)은?

　　　　　　　　　　◯ 19년 3월3일

① 1.23
② 1.66
③ 2.12
④ 3.28

해설
$$\sigma_y = \frac{PD}{2t} = \frac{\frac{4}{100}\frac{kg_f}{mm^2} \times 250mm}{2 \times 3mm} = 1.66\frac{kg_f}{mm^2}$$

39 내경 800mm이고, 최고사용압력이 12kg/cm² 인 보일러의 동체를 설계하고자 한다. 세로이음에서 동체판의 두께(mm)는 얼마이어야 하는가? (단, 강판의 인장강도는 35kg/mm², 안전계수는 5, 이음효율은 85%, 부식여유는 1mm로 한다.)

　　　　　　　　　　◯ 19년 4월27일

① 7　　　　② 8
③ 9　　　　④ 10

해설
$$t = \frac{Pd}{2\frac{\sigma_u}{s}\eta} + C = \frac{\frac{12}{100}\frac{kg_f}{mm^2} \times 800mm}{2 \times \frac{35}{5}\frac{kg_f}{mm^2} \times 0.85} + 1 = 9.07mm$$

40 내경이 150mm인 연동제 파이프의 인장강도가 80MPa 이라 할 때, 파이프의 최고사용압력이 4000kPa 이면 파이프의 최소두께(mm)는? (단, 이음효율은 1, 부식여유는 1mm, 안전계수는 1로 한다.)

　　　　　　　　　　◯ 19년 9월21일

① 2.63　　　　② 3.71
③ 4.75　　　　④ 5.22

해설
$$t = \frac{Pd}{2\frac{\sigma_u}{s}\eta} + C = \frac{4\frac{N}{mm^2} \times 150mm}{2 \times \frac{80}{1}\frac{N}{mm^2} \times 1} + 1 = 4.75mm$$

41 내압 60kgf/cm²이 작용하는 외경 150mm, 두께 5mm의 파이프에 작용하는 축방향의 인장력은 약 몇 kgf인가?

　　　　　　　　　　◯ 12년 9월15일

① 2450　　　　② 7625
③ 9566　　　　④ 19133

해설 (내경)
$$d = 150mm - (2 \times 5mm) = 140mm = 14cm$$
$$\sigma_x = \frac{Pd}{4t} = \frac{60 \times 14}{4 \times 0.5} = 420\frac{kg_f}{cm^2}$$
$$(인장력) F = \sigma_x \times A = 420 \times \frac{\pi}{4}(15^2 - 14^2) ≒ 9566 kg_f$$

42 직경 600mm, 압력 12kgf/cm²의 보일러의 세로이음을 설계하고자 한다. 강판의 인장강도를 35kgf/mm²으로 하고 안전율을 4.75이라 할 때 강판의 두께는 몇 mm인가? (단, 리벳의 이음효율은 0.6이고, 부식여유는 1mm로 한다.)

　　　　　　　　　　◯ 14년 5월25일

① 7.2　　　　② 8.1
③ 9.1　　　　④ 10.2

해설
$$t = \frac{PD_i}{2\sigma_a\eta} + c = \frac{\frac{12}{100}\frac{kg_f}{mm^2} \times 600mm}{2 \times \frac{35}{4.75}\frac{kg_f}{mm^2} \times 0.6} + 1mm = 9.14mm$$

정답 37 ③　38 ②　39 ③　40 ③　41 ③　42 ③

43 최고사용압력(P) 20kgf/cm², 안지름(Di) 600mm의 구형의 최소두께는 약 몇 mm인가? (단, 용접이음 효율(η)은 1, 부식여유(α)는 2.5mm, 재료의 허용인장강도(σa)는 8 kgf/mm²이다.)

　　　　　　　　　　　　　○ 14년 5월25일

① 6.3　　　　　② 8.2
③ 9.6　　　　　④ 13.0

해설

$$t = \frac{PD_i}{4\sigma_a \eta} + c = \frac{\frac{20}{100}\frac{kg_f}{mm^2} \times 600mm}{4 \times 8 \frac{kg_f}{mm^2} \times 1} + 2.5mm = 6.25mm$$

44 내경 2000mm, 사용압력 10kgf/cm²의 보일러 강판의 두께는 몇 mm로 해야 하는가? (단, 강판의 인장강도 40kgf/mm², 안전율 4.5, 이음효율 η=70%, 부식여유 2mm를 가산한다.)

　　　　　　　　　　　　　○ 15년 3월8일

① 16mm　　　　② 18mm
③ 20mm　　　　④ 24mm

해설

$$t = \frac{Pd}{2\frac{\sigma_u}{s}\eta} + C = \frac{\frac{10}{100}\frac{kg_f}{mm^2} \times 2000mm}{2 \times \frac{40}{4.5}\frac{kg_f}{mm^2} \times 0.7} + 2 = 18.07mm$$

45 두께 10mm의 강판으로 내경 1000mm인 원통을 만들면 최대 어느 압력까지 사용할 수 있는가? (단, 허용인장응력 7kgf/mm², 이음효율은 70%fh 한다.)

　　　　　　　　　　　　　○ 15년 5월31일

① 7.6kgf/cm²
② 8.3kgf/cm²
③ 9.8kgf/cm²
④ 10.5kgf/cm²

해설

$$t = \frac{Pd}{2\sigma_a\eta} + C, \ 10 = \frac{P\frac{kg_f}{mm^2} \times 1000mm}{2 \times 7 \frac{kg_f}{mm^2} \times 0.7} + 0, \ P = 0.098\frac{kg_f}{mm^2} = 9.8\frac{kg_f}{cm}$$

46 최고사용압력이 490kPa, 내경이 0.6m인 주철제 드럼이 있다. 드럼 강판에 대한 최대 인장강도는 8kg/mm² 안전계수는 2이며, 부식을 고려하지 않을 때, 드럼 동체에 대한 강판두께로 적당한 것은?(단, 이음 효율 n=0.94이다)

　　　　　　　　　　　　　○ 15년 9월19일

① 1mm　　　　　② 4mm
③ 5mm　　　　　④ 7mm

해설

$$t = \frac{Pd}{2\sigma_a\eta} + C,$$

$$t = \frac{\frac{490}{1000}\frac{N}{mm^2} \times 600mm}{2 \times \frac{8 \times 9.8}{2}\frac{N}{mm^2} \times 0.94} + 0 = 3.989mm$$

47 안지름이 30mm, 두께가 2.5mm인 절탄기용 주철관의 최소 분출압력(MPa)은? (단, 재료의 허용인장응력은 80MPa이고, 핀붙이를 하였다.)

　　　　　　　　　　　　　○ 20년 6월6일

① 0.92　　　　　② 1.14
③ 1.31　　　　　④ 2.61

해설 절탄기 : 급수가열기
핀 부착하지 않으면 부시여유 $\alpha = 4mm$
핀을 부착하면 $\alpha = 2mm$

$$t = \frac{Pd}{2\sigma_a - 1.2P} + \alpha,$$

$$2.5mm = \frac{P \times 30mm}{2 \times 80\frac{N}{mm^2} - 1.2 \times P} + 2, \quad P = 2.614MPa$$

정답 43 ①　44 ②　45 ③　46 ②　47 ④

48 보기에서 제시하는 절탄기용 주철관의 최소두께는? ● 13년 9월28일

- 릴리프밸브의 분출압력(P) : 2MPa
- 주철관의 안지름(D) : 200mm
- 재료의 허용인장응력(σ_a) : 100N/mm²
- 핀을 부착하지 않은 구조(α)이다.

① 3mm ② 4mm
③ 5mm ④ 6mm

해설

$$t = \frac{Pd}{2\sigma_a - 1.2P} + \alpha = \frac{2 \times 200}{2 \times 100 - 1.2 \times 2} + 4 = 6.024mm$$

49 내압을 받는 보일러 동체의 최고사용압력은? (단, t : 두께(mm), P : 최고사용압력(MPa), Di : 동체 내경(mm), η : 길이 이음효율, σa : 허용인장응력(MPa), α : 부식여유, k : 온도상수이다.) ● 21년 5월15일

① $P = \dfrac{2\sigma_a \eta (t-\alpha)}{D_i + (1-k)(t-\alpha)}$

② $P = \dfrac{2\sigma_a \eta (t-\alpha)}{D_i + 2(1-k)(t-\alpha)}$

③ $P = \dfrac{4\sigma_a \eta (t-\alpha)}{D_i + 2(1-k)(t-\alpha)}$

④ $P = \dfrac{4\sigma_a \eta (t-\alpha)}{D_i + (1-k)(t-\alpha)}$

해설 ▶ 내압동체 두께밍 압력
1) 내경기준

(두께) $t = \dfrac{PD_i}{2\sigma_a \eta - 2(1-k)P} + \alpha$

(압력) $P = \dfrac{2\sigma_a \eta (t-\alpha)}{D_i + 2(1-k)(t-\alpha)}$

2) 외경기준

(두께) $t = \dfrac{PD_o}{2\sigma_a \eta - 2kP} + \alpha$

(압력) $P = \dfrac{2\sigma_a \eta (t-\alpha)}{D_o + 2k(t-\alpha)}$

50 압력용기에 대한 수압시험 압력의 기준으로 옳은 것은? ● 16년 3월6일

① 최고 사용압력이 0.1kpa 이상의 주철제 업력용기는 최고 사용압력의 3배이다.
② 비철급속제 압력용기는 최고 사용압력의 1.5배의 압력에 온도를 보정한 압력이다.
③ 최고 사용압력이 1MPa 이하의 주철제 압력용기는 0.1MPa이다.
④ 법랑 또는 유리 라이닝한 압력용기는 최고 사용압력의 1.5배의 압력이다.

해설 ▶ 압력용기에 대한 수압시험 압력 기준
1) 최고 사용압력이 0.1kPa이상의 주철제 압력용기는 최고사용압력의 2배이다.
2) 비철급속제 압력용기는 최고 사용압력의 1.5배의 압력에 온도를 보정한 압력이다.
3) 최고 사용압력이 1MPa이하의 주철제 압력용기는 0.2MPa
4) 법랑 또는 유리 라이닝한 압력용기는 최고 사용압력이 수압시험 압력이다.

51 압력용기의 설치상태에 대한 설명으로 틀린 것은? ● 19년 3월3일

① 압력용기의 본체는 바닥보다 30mm 이상 높이 설치되어야 한다.
② 압력용기를 옥내에 설치하는 경우 유독성 물질을 취급하는 압력용기는 2개 이상의 출입구 및 환기장치가 되어 있어야 한다.
③ 압력용기를 옥내에 설치하는 경우 압력용기의 본체와 벽과의 거리는 0.3m 이상이어야 한다.
④ 압력용기의 기초가 약하여 내려앉거나 갈라짐이 없어야 한다.

해설 압력용기의 본체는 바닥보다 100mm 이상 높이 설치되어야 한다.

정답 48 ④ 49 ② 50 ② 51 ①

52 압력용기의 설치상태에 대한 설명으로 틀린 것은?   ○ 15년 5월31일

① 압력용기는 1개소 이상 접지되어야 한다.
② 압력용기는 화상 위험이 있는 고온배관은 보온되어야 한다.
③ 압력용기는 기초는 약하여 내려앉거나 갈라짐이 없어야 한다.
④ 압력용기의 본체는 바닥에서 30mm이상 높이 설치되어야 한다.

[해설] ▶ 압력용기 설치상태
① 압력용기는 1개소 이상 접지되어야 한다.
② 압력용기는 화상 위험이 있는 고온배관은 보온되야 한다.
③ 압력용기는 기초는 약하여 내려앉거나 갈라짐이 없어야 한다.
④ 압력용기의 본체는 바닥에서 100mm이상 높이에 설치 되어야 한다.
⑤ 압력용기를 옥내에 설치하는 경우, 압력용기의 본체와 벽과의 거리는 0.3m이상이어야 한다.
⑥ 압력용기를 옥내에 설치하는 경우, 유독성 물질을 취급 하는 압력용기는 2개 이상의 출입구 및 환기장치가 되어 있어야 한다.

53 보일러 재료로 이용되는 대부분의 강철제는 200~300℃에서 최대의 강도를 유지하나, 몇 ℃ 이상이 되면 재료의 강도가 급격히 저하되는가?   ○ 19년 3월3일

① 350℃
② 450℃
③ 550℃
④ 650℃

[해설] 강철제는 200~300℃에서 최대의 강도를 유지한다. 350℃이상에서는 강도저하가 나타난다.

54 보일러 설계 시 크리프 영역에 달하지 않는 설계 온도에서의 철강재료 허용인장응력은?   ○ 12년 9월15일

① 상온에서의 최소 인장강도의 1/4
② 상온에서의 최소 인장강도의 1/3
③ 상온에서의 최소 인장강도의 1/2
④ 상온에서의 최소 인장강도의 $1/\sqrt{2}$

[해설] 보일러 설계 시 크리프 영역에 달하지 않는 설계온도에서의 철강재료 허용 인장응력은 상온에서 최소 인장강도의 1/4이다.

55 압력용기를 옥내에 설치하는 경우에 대한 설명으로 옳은 것은?   ○ 13년 6월2일/18년 9월15일

① 압력용기의 천정과의 거리는 압력용기 본체상부로부터 1m 이상 이어야 한다.
② 압력용기 본체와 벽과의 거리는 1m 이상 이어야 한다.
③ 인접한 압력용기와의 거리는 1m 이상 이어야 한다.
④ 유독성 물질을 취급하는 압력용기는 1개 이상의 출입구 및 환기장치가 있어야 한다.

[해설] ▶ 압력용기를 옥내에 설치하는 경우
(1) 압력용기와 천정과의 거리는 압력용기 본체 상부로부터 1 m 이상이어야 한다.
(2) 압력용기의 본체와 벽과의 거리는 0.3 m 이상이어야 한다.
(3) 인접한 압력용기와의 거리는 0.3 m 이상이어야 한다. 다만, 2개 이상의 압력용기가 한 장치를 이룬 경우에는 예외로 한다.
(4) 유독성 물질을 취급하는 압력용기는 2개 이상의 출입구 및 환기장치가 되어 있어야 한다.

정답 52 ④ 53 ① 54 ① 55 ①

07

급수처리

01 보일러의 종류 및 특징
02 보일러설계
03 보일러의 부속장치
04 배관설계
05 전열(열전달)
06 용접, 리벳, 압력용기 설계
07 급수처리
08 보일러용량 및 열정산

CHAPTER 07 급수처리

자주출제 되는 문제

01 스케일(관석 ; scale)

급수중의 염류 등이 동체 저면이나 수관 내면에 슬러지 형태로 침전되어 있거나 고착된 물질로 열전도를 방해하는 물질이다.

1) 스케일(Scale)의 종류
① 연질성 스케일 (Soft Scale) : 부드럽고 쉽게 제거되는 성질, 중탄산칼슘$Ca(HCO_3)_2$, 탄산칼슘($CaCO_3$), 탄산마그네슘($MgCO_3$)
② 경질성 스케일 (Hard Scale) : 단단하고 잘 떨어지지 않음, 황산칼슘($CaSO_4$), 규산칼슘($CaSiO_3$)=규산염(Silicate), 산화철(Fe_2O_3)

2) 스케일(Scale)에 영향
① 전열효율저하로 보일러 효율저하
② 연료소비량 증가 및 증기발생소요시간 증가
③ 전열면 부식 및 순환불량
④ 배기가스 온도 상승 한다.
   노통보일러의 경우 노통외경의 스케일로 물과의 열전도가 잘 일어나지 않기 때문에 배기가스의 온도가 높아 진다.
   수관보일러의 경우 수관내경의 스케일로 물과의 열전도가 잘 일어나지 않기 때문에 배기가스의 온도가 높아 진다.
⑤ 스케일은 열전도율이 매우 작아서 전열면의 과열로 보일러 파열사고 발생
⑥ 스케일은 열전달률이 매우 작아 열전달을 방해 증기발열량의 감소
⑦ 물의 순환 속도 저하

3) 보일러에 스케일이 부착되었을 때 연료의 손실
① 1mm일 때부착 : 2.2%열손실
② 2mm일 때부착 : 4.0%열손실

③ 3mm일 때부착 : 4.7%열손실
④ 4mm일 때부착 : 6.3%열손실
⑤ 5mm일 때부착 : 6.8%열손실

> 참고 그을음 : 0.8mm부착시 2.2% 열손실

4) 산세관법

보일러 동내부와 수관 내에 부착된 스케일을 제거하기 위해 화학적인 방법 중 염산을 이용한방법이다.

염산을 많이 사용하는 이유는 물에 대해 용해도가 커서 세척이 용이하다.

5) 스케일 부착 방지나 제거를 위한 시설의 설치 기준

용량이 $1\frac{t}{h}$ 이상의 증기 보일러에 수질관리를 위한 급수처리 또는 스케일 부착방지 제거를 위한 시설을 하여야 한다.

02 물을 사용하는 설비에서 부식을 초래하는 인자

① **일반부식** : pH가 낮은 경우(산성)일 경우 pH7이하는 산성이다.

pH가 낮은 경우(산성), 즉 H^+ 농도가 높은 경우 철의 표면을 덮고 있던 수산화 1철 $(Fe(OH)_2)$이 중화되면서 부식이 진행될 뿐만 아니라 용존가스(O_2, CO_2)와 반응하여 물 또는 중탄산철($Fe(HCO_3)_2$)이 되어 부식을 일으킨다. $Fe + 2H_2CO_3 \rightarrow Fe(HCO_3)_2 + H_2$

② 용존산소

③ 용존 탄소가스

④ **가성취화부식** : 알칼리 열화라고도 하는 부식이다. 비교적 고압이나 고온의 리벳 보일러에 발생하는 응력 부식 균열의 일종이다.

가성 취화는 보일러수의 알칼리도가 높은 경우에 리벳 이음판의 중첩부 틈새 사이나 리벳 머리의 아래쪽에 보일러수가 침입하여 알칼리 성분이 가열에 의해 농축되고 이 알칼리와 이음부 등의 반복응력의 영향으로 재료의 결정 입계에 따라 균열이 생기는 열화 현상을 가성 취화라고 한다.

▶ 가성취화방지제 : 탄린, 인산나트륨, 질산나트륨, 리그닌

03 pH(수소이온 농도지수)

pH란 산성, 중성, 알칼리성을 판별하는 척도로서 수소이온(H^+)과 수산이온(OH^-)의 농도에 따라 결정된다.

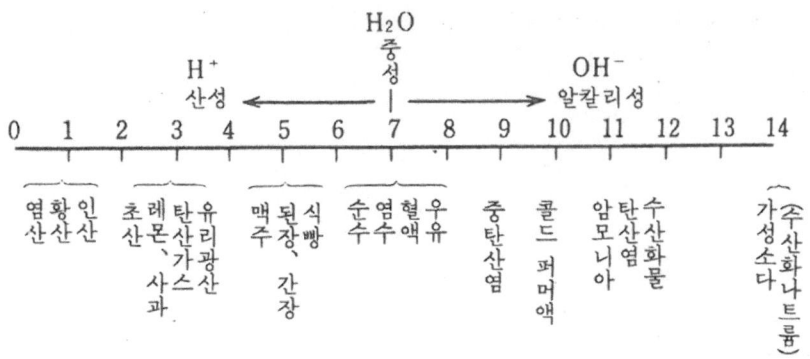

1) pH조절 약제

① pH 낮추는 약제 : 황산(H_2SO_4), 인산(H_3PO_4), 인산나트륨(Na_3PO_4)

② pH 높이는 약제 : 수산화나트륨(NaOH)=가성소다, 암모니아(NH_3), 탄산나트륨(Na_2CO_3)

③ 인산나트륨 : 보일러수 처리의 약제로서, pH를 조정하여 스케일을 방지하는데 주로 사용되는 물질

2) 보일러수를 pH 10.5 ~ 11.5 의 약알칼리로 유지하여야 보일러의 부식 및 스케일 부착을 방지할수 있다.

3) 수관보일러의 급수 수질기준

최고사용압력	pH(25℃)	경도	용존산소
1MPa	11-11.8	100~800mgCaCO$_3$/L	
3.0MPa 이하 일 때	8.0~9.5	0 mgCaCo$_3$/L	0.1mg O/L 이하
3.0MPa 초과 5.0MPa 이하일 때			0.03mg O/L 이하

04 수질을 나타내는 척도

1) ppm

ppm은 "parts per million"의 약자로, 배만분율=$\frac{1}{10^6}$. 급수에서 ppm 단위는 물 1000mL에 함유된 시료의 양을 mg으로 표시한값

$1ppm \frac{1mg}{1000mL} = 1[\frac{mg}{kg}] = 1\frac{mg}{kg}$

물$1kg = 1L = 1000mL$

2) epm(equivalents per million)=$epm\left[\dfrac{mg}{L}\right]$ 당량농도

   물 1L 중에 용해되어 있는 물질을 mg 당량수로 나타낸 것 $epm\left[\dfrac{mg}{L}\right]$

3) 물의 탁도(turbidity)

   물의 탁도 1도는 카올린($Al_2O_3+2SiO_2+2H_2O$) 1mg이 증류수 1L속에 들어 있을 때의 색과 같은 색을 가지는 물

05 경도(hardness)

보일러 급수 중에 함유되어 있는 칼슘(Ca) 및 마그네슘(Mg)의 농도를 나타내는 척도

1) 경도성분 제거방법
   ① 제로라이트법   ② 소다법   ③ 석회법   ④ 이온법

06 급수처리

1) **1차 처리방법 (외처리)** : 보일러 급수전 처리방법으로 기계적처리, 화학적처리, 전기적 처리방법으로구분된다.

구분		종류	특징
1차처리 (외처리)	용해고형물처리	약품첨가법	수중의 경도성분 제거
		증류법	우물물, 바닷물을 가열하여 증류수로 만드는 방법
		이온교환법	이온교환수지층에 급수, 화학적방법
	고형협잡물처리 (기계적방법)	침강법	비중이 큰 협잡물를 자연침강하여 처리하는 방법
		가열연화법	수중의 경도 성분을 제거하기 위해 가열하여 침전시키는 물리적 처리방법
		여과법	필커를 이용하여 부유물이나 유지분을 거르는 방법
		응집법	황산알루미늄 도는 폴리염화 알루미늄등 응집제을 사용하여 협잡물 처리
	용존가스처리	기폭법	NH_3, CO_2가스뿐만 아니라 철이나 망간등의 물질을 처리 할수 있다
		탈기법	O_2, CO_2등의 용존가스를 제거 할수 있는 처리방법
2차처리 (내처리)	청관제 투입법	화학적처리	인산염, 아질산염 등 투입
		물리적처리	증발농축, 슬러지 분리

[급수 첨가제]

경수 연화제	① 인산소다, ② 탄산소다 수, ③ 산화나트륨
탈산소제(청관제)	① 탄닌, ② 히드라진(N_2H_4, 고압보일러용) ③ 아황산나트륨=아황산소다(Na_2SO_3) : 저압보일러용
가성취화방지제	① 탄닌, ② 리그린, ③ 인산소다, ④ 질산소다
슬러지 조정제	① 탄닌, ② 리그린, ③ 전분
포밍 방지제	① 폴리아미드, ② 프탈산아미드, ③ 고급지방산
중화방지제	① 가성소다 = 수산화 나트륨, ② 인산소다, ③ 탄산소다, ④ 히드라진, ⑤ 암모니아

2) **계속사용검사기준에 따라 설치한 날로부터 15년 이내인 보일러에 대한 순수처리 수질 기준**
   ① 총경도(mg $CaCO_3$) : 0
   ② pH(298K{25℃}에서) : 7~9
   ③ 실리카(mg SiO_2) : 흔적이 나타나지 않음
   ④ 보일러 수(水)는 전기 전도율(298K{25℃}에서의)은 흔적이 나타나지 않아야 한다.

3) **이온교환법** : 수중의 용존 이온을 다른 이온과 교환하는 화학적 처리방법이다.
   수지의 성분과 Na형의 양이온과 결합하여 경도성분 제거
   물속의 경도성분이 이온교환수지를 통해 Ca, Mg성분을 Na과 교환하는 방식이며 연화하는 방법으로 재생순서는
   역세→통약→압출→ 수세→ 부하 의 순으로 화화적으로 처리 하는 방법이다.

4) **증류법** : 급수처리에서 양질의 급수를 얻을 수 있으나, 비용이 많이 들어 보급수의 양이 적은 보일러 또는 선박보일러에서 해수로부터 청수를 얻고자 할 때, 주로 사용하는 급수 처리 방법

5) **중화방지제** : 보일러에 사용되는 중화방청제는 보일러 내 금속 부식을 방지하고, 산성 성분을 중화시켜 부식 억제 및 수명 연장을 위한 약품이다.

6) **탈기장치** : 액체속 용존산소와 탄산가스를 헨리의 법치과 달터의 분압법칙을 이용하여 제거하는 장치
   ① 가열 탈기장치
   ② 진공탈기 장치
   ③ 막식탈기장치(MDG)
   ④ 촉매수지 탈기장치

07 인젝터 : 동력이 필요없는 비상급수장치

보일러에서, 펌프를 이용하지 않고 자기 자신의 압력으로 급수하는 장치. 관 내에 증기를 분사함으로써 분무기와 같은 원리로 낮은 압력을 만들어 내고 물을 빨아올린다.

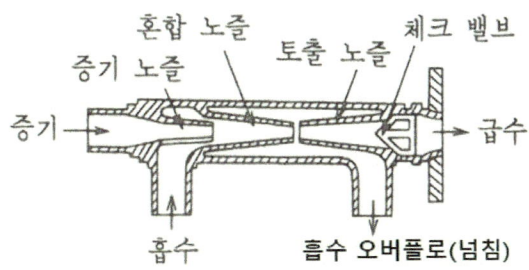

1) 인젝터의 시동순서

① 급수 출구관에 정지 밸브가 열렸는지 확인한다. → ② 급수밸브를 연다. → ③ 증기밸브를 연다. → ④ 인젝터 핸들 연다.

2) 인젝터의 특징

① 급수를 예열하므로 열효율이 좋다.
② 무동력 급수장치로 고온에서는 급수가 잘 이루어지지 않는다.
③ 증기압이 낮으면 급수가 곤란하다.
④ 별도의 소요동력이 필요 없다.
⑤ 소형 저압보일러용이다.
⑥ 구조가 간단하다.
⑦ 무동력장치로 보일러 효율과 관련이 없다.

열설비설계 과년도 기출문제

01 보일러의 전열면에 부착된 스케일 중 연질 성분인 것은? ● 21년 5월15일

① $Ca(HCO_3)_2$ ② $CaSO_4$
③ $CaCl_2$ ④ $CaSiO_3$

해설 ① 연질성 스케일 (Soft Scale) : 부드럽고 쉽게 제거되는 성질, 중탄산칼슘$Ca(HCO_3)_2$,탄산칼슘$(CaCO_3)$, 탄산마그네슘$(MgCO_3)$
② 경질성 스케일 (Hard Scale) : 단단하고 잘 떨어지지 않음, 황산칼슘$(CaSO_4)$, 규산염(Silicate), 산화철(Fe_2O_3)

02 관석(scale)에 대한 설명으로 틀린 것은? ● 20년 9월26일

① 규산칼슘, 황산칼슘 등이 관석의 주성분이다.
② 관석에 의해 배기가스의 온도가 올라간다.
③ 관석에 의해 관내수의 순환이 불량해 진다.
④ 관석의 열전도율이 아주 높아 전열면이 과열되어 각종 부작용을 일으킨다.

해설 관석(scale ; 스케일)은 열전도율이 아주 낮아 전열면이 과열되어 각종 부작용을 일으킨다.

03 원통형 보일러의 내면이나 관벽 등 전열면에 스케일이 부착될 때 발생되는 현상이 아닌 것은? ● 16년 5월8일

① 열전달률이 매우 작아 열전달 방해
② 보일러의 파열 및 변형
③ 물의 순환속도 저하
④ 전열면의 과열에 의한 증발량 증가

해설 원통형 보일러의 내면이나 관벽 등 전열면에 스케일이 부착되면 전열을 방해하여 물의 순환이 불량해 지고 과열로 인하 파열사고의 원인이 된다. 또한 전열이 잘 이루어지지 않아 보일러의 효율이 저하된다.

04 스케일(scale)에 대한 설명으로 틀린 것은? ● 17년 5월7일/13년 3월10일

① 스케일로 인하여 연료소비가 많아진다.
② 스케일로 규산칼슘, 황산칼슘이 주성분이다.
③ 스케일로 인하여 배기가스의 온도가 낮아진다.
④ 스케일은 보일러에서 열전도의 방해물질이다.

해설 연소실 벽의 스케일로 물과의 열전도가 잘 일어나지 않기 때문에 배기가스의 온도가 높아진다.

05 보일러에서 스케일 및 슬러지의 생성 시 나타나는 현상에 대한 설명으로 가장 거리가 먼 것은? ● 19년 9월21일

① 스케일이 부착되면 보일러 전열면을 과열시킨다.
② 스케일이 부착되면 배기가스 온도가 떨어진다.
③ 보일러에 연결한 코크, 밸브, 그 외의 구멍을 막게 한다.
④ 보일러 전열 성능을 감소시킨다.

해설 스케일은 전열면 과열의 원인이 되며, 정상적인 열교환이 이루어지지 않아 배기가스 온도가 올라간다.

정답 01 ① 02 ④ 03 ④ 04 ③ 05 ②

06 스케일의 주성분에 해당되지 않는 것은?
　　　　　　　　　　　　　◆ 15년 9월19일/19년 9월21일

① 탄산칼슘　　　② 규산칼슘
③ 탄산마그네슘　④ 과산화수소

해설 ▶ 스케일의 주성분
1) 탄산칼슘
2) 규산칼슘
3) 탄산마그네슘
▶ 과산화수소(H2O2) : 소독제로 사용된다.

07 스케일(scale)에 대한 설명으로 틀린 것은?
　　　　　　　　　　　　　◆ 20년 8월22일

① 스케일로 인하여 연료소비가 많아진다.
② 스케일은 규산칼슘, 황산칼슘이 주성분이다.
③ 스케일은 보일러에서 열전달을 저하시킨다.
④ 스케일로 인하여 배기가스 온도가 낮아진다.

해설 스케일로 인하여 열전도가 이루어지지 않기 때문에 배기가스 온도가 높아 진다.

08 원통형 보일러의 내면이나 관벽 등 전열면에 스케일이 부착될 때 발생되는 현상이 아닌 것은?
　　　　　　　　　　　　　◆ 20년 8월22일

① 열전달률이 매우 작아 열전달 방해
② 보일러의 파열 및 변형
③ 물의 순환속도 저하
④ 전열면의 과열에 의한 증발량 증가

해설 전열면에 스케일이 부착될 때 전열면의 과열에 의한 파열사고가 발생한다.

09 보일러에 스케일이 1mm 두께로 부착되었을 때 연료의 손실은 몇 % 인가?
　　　　　　　　　　　　　◆ 21년 3월7일

① 0.5　　　② 1.1
③ 2.2　　　④ 4.7

해설 ▶ 그을음 : 0.8mm부착시 2.2% 열손실
▶ 스케일
1mm일 때 : 2.2%열손실
2mm일 때 : 4.0%열손실
3mm일 때 : 4.7%열손실
4mm일 때 : 6.3%열손실
5mm일 때 : 6.8%열손실

10 보일러 동내부와 수관 내에 부착된 스케일을 제거하기 위해 화학적인 방법 중 염산을 이용한 산세관법을 많이 쓰고 있다. 염산을 많이 쓰는 이유로 가장 거리가 먼 것은?
　　　　　　　　　　　　　◆ 12년 9월15일

① 스케일의 용해능력이 우수하여
② 위험성이 적고 취급이 용이하여
③ 가격이 저렴하여 경제적이어서
④ 세관 후 물과 분리가 쉬워서

해설 염산을 많이 사용하는 이유는 물에 대한 용해도가 커서 세척이 용이하다.

11 증기보일러에 수질관리를 위한 급수처리 또는 스케일 부착방지 및 제거를 위한 시설을 해야하는 용량 기준은 몇 t/h 이상인가?
　　　　　　　　　　　　　◆ 21년 9월12일

① 0.5　　　② 1
③ 3　　　　④ 5

해설 용량이 $1\frac{t}{h}$ 이상의 증기 보일러에 수질관리를 위한 급수처리 또는 스케일 부착방지 제거를 위한 시설을 하여야 한다.

정답　06 ④　07 ④　08 ④　09 ③　10 ④　11 ②

12 물을 사용하는 설비에서 부식을 초래하는 인자로 가장 거리가 먼 것은?

◐ 16년 5월8일/19년 9월21일/22년 4월24일

① 용존산소　　② 용존 탄소가스
③ pH　　　　　④ 실리카(SiO_2)

[해설] ▶ 물을 사용하는 설비에서 부식을 초래하는 인자
1) 일반부식 pH가 낮은 경우(산성)일 경우 pH7 이하는 산성이다.
2) 용존산소
3) 용존 탄소가스
▶ 실리카 : 기계적·화학적으로 제거하기가 어려운 스케일 생성의 원인이 되는 물질이다.
실리카(SiO_2) : 경질스케일 생성의 원인이 된다.

13 보일러 급수 중에 함유되어 있는 칼슘(Ca) 및 마그네슘(Mg)의 농도를 나타내는 척도는?

◐ 15년 5월31일/20년 6월6일

① 탁도　　　　② 경도
③ BOD　　　　④ pH

[해설] ▶ 경도(hardness)
보일러 급수 중에 함유되어 있는 칼슘(Ca) 및 마그네슘(Mg)의 농도를 나타내는 척도

14 다음 중 용해 경도성분 제거방법으로 적절하지 않은 것은?

◐ 21년 3월7일

① 침전법　　　② 소다법
③ 석회법　　　④ 이온법

[해설] ▶ 경도성분 제거방법
① 제로라이트법
② 소다법
③ 석회법
④ 이온법

15 수질(水質)을 나타내는 ppm의 단위는?

◐ 13년 3월10일/20년 8월22일

① 1만분의 1단위　　② 십만분의 1단위
③ 백만분의 1단위　　④ 1억분의 1단위

[해설] ppm(Parts per million)=백만분의 1단위=1/1,000,000

16 급수에서 ppm 단위를 사용할 때 이에 대하여 가장 잘 나타낸 것은?

◐ 14년 3월2일/21년 3월7일/17년 3월5일

① 물 1mL 중에 함유한 시료의 양을 g 으로 표시한 것
② 물 100mL 중에 함유한 시료의 양을 mg 으로 표시한 것
③ 물 1000mL 중에 함유한 시료의 양을 g 으로 표시한 것
④ 물 1000mL 중에 함유한 시료의 양을 mg 으로 표시한 것

[해설] ppm은 "parts per million"의 약자로, 배만분율 $=\frac{1}{10^6}$. 급수에서 ppm 단위는 물 1000mL에 함유된 시료의 양을 mg으로 표시한 값

$ppm[\frac{mg}{kg}] = \frac{1mg}{1kg} = \frac{1mg}{1L} = \frac{1mg}{1000mL}$

물$1kg = 1L = 1000mL$

17 다음 중 ppm의 환산 단위로 가장 거리가 먼 것은?

◐ 15년 3월8일

① mg/kg　　　② g/ton
③ mg/L　　　　④ kg/s

[해설] $ppM = \frac{mg}{kg} = \frac{mg}{L} = \frac{g}{ton}$, 물$1kg = 1L$

정답 12 ④ 13 ② 14 ① 15 ③ 16 ④ 17 ④

18 보일러용 급수 1L를 분석한 결과 탄산칼슘이 2mg이 포함되어 있다. 이 급수의 탄산칼슘(CaCO3) 경도는 몇 PPM인가? ✚ 14년 9월20일

① 0.5PPM ② 2PPM
③ 4PPM   ④ 10PPM

해설 1PPM은 용액1kg중에 용질 1mg을 의미하는 단위이다.
보일러 급수 1L는 1kg이다.
$\frac{2mg}{1kg} = 2PPM$

19 보일러 수 5ton 중에 불순물이 40g 검출되었다. 함유량은 몇 ppm인가? ✚ 18년 3월4일

① 0.008 ② 0.08
③ 8   ④ 80

해설 $ppm[\frac{mg}{kg}] = \frac{40000mg}{5000kg} = 8ppm$

20 보일러수 1500kg 중에 불순물이 30g이 검출되었다. 이는 몇 ppm인가? (단, 보일러수의 비중은 1 이다.) ✚ 19년 9월21일

① 20 ② 30
③ 50 ④ 60

해설 $ppm[\frac{mg}{kg}] = \frac{30000mg}{1500kg} = 20ppm$

21 epm(equivalents per million)에 대한 설명으로 옳은 것은? ✚ 22년 3월5일

① 물 1L에 함유되어 있는 불순물의 양을 mg 으로 나타낸 것
② 물 1톤에 함유되어 있는 불순물의 양을 mg 으로 나타낸 것
③ 물 1L 중에 용해되어 있는 물질을 mg 당량수로 나타낸 것
④ 물 1 gallon 중에 함유된 grain의 양을 나타낸 것

해설 epm(equivalents per million)=당량농도 : 물 1L 중에 용해되어 있는 물질을 mg 당량수로 나타낸 것 $epm[\frac{mg}{L}]$

22 물의 탁도에 대한 설명으로 옳은 것은?
✚ 21년 9월12일/14년 3월2일/19년 4월27일/18년 4월28일

① 카올린 1g의 증류수 1L속에 들어 있을 때의 색과 같은 색을 가지는 물을 탁도 1도의 물이라 한다.
② 카올린 1mg의 증류수 1L속에 들어 있을 때의 색과 같은 색을 가지는 물을 탁도 1도의 물이라 한다.
③ 탄산칼슘 1g의 증류수 1L속에 들어 있을 때의 색과 같은 색을 가지는 물을 탁도 1도의 물이라 한다.
④ 탄산칼슘 1mg의 증류수 1L속에 들어 있을 때의 색과 같은 색을 가지는 물을 탁도 1도의 물이라 한다.

해설 물의 탁도 1도는 카올린($Al_2O_3 + 2SiO_2 + 2H_2O$) 1mg이 증류수 1L속에 들어 있을 때의 색과 같은 색을 가지는 물

23 보일러의 급수처리방법에 해당되지 않는 것은? ✚ 12년 9월15일/20년 8월22일

① 이온교환법 ② 응집법
③ 희석법   ④ 여과법

해설

구분		종류
1차처리 (외처리)	용해고형물처리	약품첨가법
		증류법
		이온교환법
	고형협잡물처리 (기계적방법)	침강법
		가열연화법
		여과법
		응집법
	용존가스처리	기폭법
		탈기법
2차처리 (내처리)	청관제 투입법	화학적처리
		물리적 처리

정답 18 ② 19 ③ 20 ① 21 ③ 22 ② 23 ③

24 다음 급수처리 방법 중 화학적 처리방법은?
　　　　　　　　　　　14년 3월2일/22년 4월24일/18년 3월4일

① 이온교환법　　　② 가열연화법
③ 증류법　　　　　④ 여과법

[해설] 이온교환법: 수중의 용존 이온을 다른 이온과 교환하는 화학적 처리방법
물속의 경도성분이 이온교환수지를 통해 Ca, Mg성분을 나트륨과 교환하는 방식이며 연화하는 방법으로 재생순서는
역세→통약→압출→수세→부하 의 순으로 화학적으로 처리 하는 방법이다.

25 보일러 용수처리법 중 관외처리법(1차)에 속하지 않는 것은?
　　　　　　　　　　　　　14년 9월20일

① 청관제 투입법　　② 탈기법
③ 기폭법　　　　　④ 이온교환법

[해설]

구분		종류
1차처리 (외처리)	용해고형물처리	약품첨가법
		증류법
		이온교환법
	고형협잡물처리 (기계적방법)	침강법
		가열연화법
		여과법
		응집법
	용존가스처리	기폭법
		탈기법
2차처리 (내처리)	청관제 투입법	화학적처리
		물리적 처리

26 보일러 급수처리 방법에서 수중에 녹아있는 기체 중 탈기기 장치에서 분리, 제거하는 대표적 용존 가스는?
　　　　　　　　　　　　18년 9월15일

① O_2, CO_2
② SO_2, CO
③ NO_3, CO
④ NO_2, CO_2

[해설] ▶ 보일러 급수처리 방법에서 수중에 녹아있는 기체 중 탈기기가 분리·제거하는 대표적인 용존가스: O_2, CO_2이다.
▶ 설비별 제거하는 가스
• 탈기법: O_2, CO_2 · 폭기법: CO_2, 망간, 철분

27 보일러수에 녹아있는 기체를 제거하는 탈기기(脫氣機)가 제거하는 대표적인 용존 가스는?
　　　　　　　　　　12년 9월15일/21년 9월12일/19년 4월27일

① O_2　　　　　② N_2
③ H_2S　　　　④ SO_2

[해설] 탈기법은 용존산소(O_2)를 제거하고, 기폭법은 CO_2 등을 제거한다.

28 보일러수의 처리방법 중 탈기장치가 아닌 것은?
　　　　　　　　　　　　20년 6월6일

① 가압 탈기장치
② 가열 탈기장치
③ 진공 탈기장치
④ 막식 탈기장치

[해설] 탈기장치: 액체속 용존산소와 탄산가스를 헨리의 법칙과 달턴의 분압법칙을 이용하여 제거하는 장치
1) 가열 탈기장치
2) 진공탈기 장치
3) 막식탈기장치(MDG)
4) 촉매수지 탈기장치

정답　24 ①　25 ①　26 ①　27 ①　28 ①

29 급수처리에 있어서 양질의 급수를 얻을 수 있으나 비용이 많이 들어 보급수의 양이 적은 보일러 또는 선박보일러에서 해수로부터 청수를 얻고자 할 때 주로 사용하는 급수처리 방법은? ✚ 15년 5월31일/18년 4월28일/12년 9월15일/22년 3월5일

① 증류법
② 여과법
③ 석회소오다법
④ 이온교환법

해설 ▶ 증류법 : 급수처리에서 양질의 급수를 얻을 수 있으나, 비용이 많이 들어 보급수의 양이 적은 보일러 또는 선박보일러에서 해수로부터 청수를 얻고자 할 때, 주로 사용하는 급수처리 방법

30 이온 교환체에 의한 경수의 연화 원리에 대한 설명으로 옳은 것은? ✚ 17년 9월23일/22년 4월24일

① 수지의 성분과 Na형의 양이온과 결합하여 경도성분 제거
② 산소 원자와 수지가 결합하여 경도 성분 제거
③ 물속의 음이온과 양이온이 동시에 수지와 결합하여 경도성분 제거
④ 수지가 물속의 모든 이물질과의 결합하여 경도성분 제거

해설 ▶ 이온교환체에 의한 경수의 연화 원리 : 수지의 성분과 Na형의 양이온과 결합하여 경도성분 제거
▶ 양이온 교환수지는 소금이나 염산, 황산으로 재생함
이온교환법 : 물 속의 경도성분이 이온교환수지를 통해 Ca, Mg성분을 나트륨과 교환한다.

31 급수펌프인 인젝터의 특징에 대한 설명으로 틀린 것은? ✚ 16년 10월1일/21년 3월7일

① 구조가 간단하여 소형에 사용된다.
② 별도의 소요동력이 필요하지 않다.
③ 송수량의 조절이 용이하다.
④ 소량의 고압증기로 다량을 급수할 수 있다.

해설 ▶ 인젝터의 특징
1) 구조가 간단하여, 소형 저압보일러용으로 사용됨
2) 급수를 예열하므로 열효율이 좋음
3) 별도의 소요동력이 필요없다
4) 소량의 고압증기로 다량을 급수할 수 있음
5) 송수량의 조절이 불가능하다.
6) 증기압이 낮으면 급수가 곤란함

32 다음 중 보일러의 전열효율을 향상시키기 위한 장치로 가장 거리가 먼 것은? ✚ 20년 8월22일

① 수트 블로어 ② 인젝터
③ 공기예열기 ④ 절탄기

해설 인젝터 : 동력이 필요없는 비상급수장치이다. 전열효율과는 무관하다.

33 인젝터의 장·단점에 관한 설명으로 틀린 것은? ✚ 18년 9월15일

① 급수를 예열하므로 열효율이 좋다.
② 급수온도가 55℃ 이상으로 높으면 급수가 잘 된다.
③ 증기압이 낮으면 급수가 곤란하다.
④ 별도의 소요동력이 필요 없다.

해설 인젝터는 무동력급수장치로 고온에서는 급수가 잘 이루어지지 않는다.

정답 29 ① 30 ① 31 ③ 32 ② 33 ②

34 다음 중 인젝터의 시동순서로 옳은 것은?
　　○ 18년 4월28일/14년 3월2일/14년 9월20일/17년 3월5일

> ㉮ 핸들을 연다.
> ㉯ 증기 밸브를 연다.
> ㉰ 급수 밸브를 연다.
> ㉱ 급수 출구관에 정지 밸브가 열렸는지 확인한다

① ㉱ → ㉰ → ㉯ → ㉮
② ㉯ → ㉰ → ㉮ → ㉱
③ ㉰ → ㉯ → ㉱ → ㉮
④ ㉱ → ㉰ → ㉮ → ㉯

[해설]
▶ 인젝터의 시동순서
　급수 출구관에 정지밸브가 열렸는지 확인 → 급수밸브 개방 → 증기밸브 개방 → 인젝터 핸들 개방
▶ 인젝터 (소형급수설비, 증기이용급수 공급)
▶ 인젝터(injector)
　보일러에서, 펌프를 이용하지 않고 자기 자신의 압력으로 급수하는 장치. 관 내에 증기를 분사함으로써 분무기와 같은 원리로 낮은 압력을 만들어 내고 물을 빨아올린다.

35 인젝터의 특징으로 틀린 것은?
　　○ 22년 4월24일/15년 3월8일

① 급수온도가 높으면 작동이 불가능하다.
② 소형 저압보일러용으로 사용된다.
③ 구조가 간단하다.
④ 열효율은 좋으나 별도의 소요 동력이 필요하다.

[해설] 인젝터는 무동력급수장치로 고온에서 급수가 곤란하다.

36 보일러수 처리의 약제로서 pH를 조정하여 스케일을 방지하는 데 주로 사용되는 것은?
　　○ 19년 3월3일/13년 3월10일

① 리그닌　　② 인산나트륨
③ 아황산나트륨　④ 탄닌

[해설]
• pH 낮추는 약제 : 황산, 인산, 인산나트륨
• pH 높이는 약제 : 수산화나트륨(NaOH)=가성소다, 암모니아, 탄산나트륨
▶ 인산나트륨 : 보일러수 처리의 약제로서, pH를 조정하여 스케일을 방지하는데 주로 사용되는 물질

37 다음 중 보일러수의 pH를 조절하기 위한 약품으로 적당하지 않은 것은?
　　○ 21년 9월12일

① NaOH
② Na_2CO_3
③ Na_3PO_4
④ $Al_2(SO_4)_3$

[해설] PH조절제
1) 암모니아(NH_3)
2) 수산화나트륨(NaOH)=가성소다
3) 탄산나트륨(Na_2CO_3)
4) 인산나트륨(Na_3PO_4)

[참고] 황산 알루미늄($Al_2(SO_4)_3$) : 물에 용해되며 주로 음용수 정화 및 폐수 처리 시설, 그리고 제지 제조에서 응집제 (전하를 중화하여 입자 충돌을 촉진)로 사용된다.

38 보일러 내처리를 위한 pH 조정제가 아닌 것은?
　　○ 21년 3월7일

① 수산화나트륨
② 암모니아
③ 제1인산나트륨
④ 아황산나트륨

[해설]

정답 34 ① 35 ④ 36 ② 37 ④ 38 ④

39 다음 중 보일러 내처리에 사용하는 pH 조정제가 아닌 것은?   ◆ 22년 3월5일/16년 5월8일

① 수산화나트륨   ② 탄닌
③ 암모니아   ④ 제3인산나트륨

|해설| ▶ PH조정제
① pH 낮추는 약제 : 황산, 인산, 인산나트륨 (Na_3PO_4)
② pH 높이는 약제 : 수산화나트륨(NaOH)=가성소다.
암모니아(NH_3), 탄산나트륨(Na_2CO_3)

40 급수 및 보일러수의 순도 표시방법에 대한 설명으로 틀린 것은? ◆ 19년 3월3일/15년 9월19일

① ppm의 단위는 100만분의 1의 단위이다.
② epm은 당량농도라 하고 용액 1kg 중에 용존되어 있는 물질의 mg 당량수를 의미한다.
③ 알칼리도는 수중에 함유하는 탄산염 등의 알칼리성 성분의 농도를 표시하는 척도이다.
④ 보일러수에서는 재료의 부식을 방지하기 위하여 pH가 7인 중성을 유지하여야 한다.

|해설| 보일러수에서는 재료의 부식을 방지하기 위하여 pH가 10.5~11.5인 알카리성을 유지하여야 한다.

41 다음 중 보일러수를 pH 10.5 ~ 11.5 의 약알칼리로 유지하는 주된 이유는?
  ◆ 16년 5월8일/19년 4월27일

① 첨가된 염산이 강재를 보호하기 때문에
② 보일러의 부식 및 스케일 부착을 방지하기 위하여
③ 과잉 알칼리성이 더 좋으나 약품이 많이 소요되므로 원가를 절약하기 위하여
④ 표면에 딱딱한 스케일이 생성되어 부식을 방지하기 위하여

|해설| 보일러수를 pH 10.5 ~ 11.5 의 약알칼리로 유지하는 주된 이유는 보일러의 부식 및 스케일 부착을 방지하기 위하여

42 보일러수로서 가장 적절한 pH는?
  ◆ 17년 3월5일

① 5 전후   ② 7 전후
③ 11 전후   ④ 14 이상

|해설| 보일러
1) 급수 : PH8~9
2) 보일러수 : 10.5~11.5

43 최고사용압력이 1MPa인 수관보일러의 보일러수 수질관리 기준으로 옳은 것은? (pH는 25℃ 기준으로 한다.) ◆ 18년 3월4일

① pH7-9, M알칼리도 100~800 mgCaCO₃/L
② pH7-9, M알칼리도 80~600 mgCaCO₃/L
③ pH11-11.8, M알칼리도 100~800 mgCaCO₃/L
④ pH11-11.8, M알칼리도 80~600 mgCaCO₃/L

|해설| M알칼리도 : 메틸레드+브롬크레졸 그림을 혼합하여 에틸 알콜에 용해
보일러수 : pH11-11.8, M알칼리도 100~800 mgCaCO₃/L

44 계속사용검사기준에 따라 설치한 날로부터 15년 이내인 보일러에 대한 순수처리 수질 기준으로 틀린 것은? ◆ 19년 3월3일/13년 6월2일

① 총경도(mg CaCO₃/l) : 0
② pH(298K{25℃}에서) : 7~9
③ 실리카(mg SiO₂/l) : 흔적이 나타나지 않음
④ 전기 전도율(298K{25℃}에서의) : 0.05μs/cm 이하

|해설| 보일러 수(水)는 전기 전도율(298K{25℃}에서의)은 흔적이 나타나지 않아야 한다.

정답 39 ② 40 ④ 41 ② 42 ③ 43 ③ 44 ④

45 최고사용압력이 3MPa 이하인 수관보일러의 급수 수질에 대한 기준으로 옳은 것은?
◎ 19년 4월27일

① pH(25℃) : 8.0 ~ 9.5, 경도 : 0mgCaCO₃/L, 용존산소 : 0.1 mgO/L 이하
② pH(25℃) : 10.5 ~ 11.0, 경도 : 2 mgCaCO₃/L, 용존산소 : 0.1 mgO/L 이하
③ pH(25℃) : 8.5 ~ 9.6, 경도 : 0 mgCaCO₃/L, 용존산소 : 0.007 mgO/L 이하
④ pH(25℃) : 8.5 ~ 9.6, 경도 : 2 mgCaCO₃/L, 용존산소 : 1 mgO/L 이하

[해설] ▶ 최고사용압력이 3MPa 이하인 수관보일러의 급수 수질에 대한 기준
pH(25℃) : 8.0 ~ 9.5, 경도 : 0 mgCaCO₃/L, 용존산소 : 0.1 mgO/L 이하

46 최고사용압력이 3.0MPa 초과 5.0MPa 이하인 수관보일러의 급수 수질기준에 해당하는 것은? (단, 25℃를 기준으로 한다.)
◎ 20년 6월6일

① pH : 7~9, 경도 : 0 mg CaCO₃/L
② pH : 7~9, 경도 : 1 mg CaCO₃/L 이하
③ pH : 8~9.5, 경도 : 0 mg CaCO₃/L
④ pH : 8~9.5, 경도 : 1 mg CaCO₃/L 이하

[해설] ▶ 수관보일러의 급수 수질기준
1) 최고사용압력이 3.0MPa 이하 일 때
  ① pH(25℃) : 8.0~9.5
  ② 경도 : 0 mgCaCO₃/L
  ③ 용존산소 : 0.1mg O/L 이하
2) 최고사용압력이 3.0MPa 초과 5.0MPa 이하 일 때
  ① pH(25℃) : 8.0~9.5
  ② 경도 : 0 mgCaCO₃/L,
  ③ 용존산소 : 0.03mg O/L 이하

47 보일러 수 내의 산소를 제거할 목적으로 사용하는 약품이 아닌 것은?
◎ 18년 9월15일

① 탄닌   ② 아황산 나트륨
③ 가성소다 ④ 히드라진

[해설]

48 보일러 슬러지 중에 염화마그네슘이 용존되어 있을 경우 180℃ 이상에서 강의 부식을 방지하기 위한 적정 pH는?
◎ 22년 3월5일

① 5.2±0.7   ② 7.2±0.7
③ 9.2±0.7   ④ 11.2±0.7

[해설] 보일러수의 적정PH 10.5~11.5정도이다.

49 일반적으로 보일러에 사용되는 중화방청제가 아닌 것은?
◎ 21년 5월15일

① 암모니아   ② 히드라진
③ 탄산나트륨 ④ 포름산나트륨

[해설] 보일러에 사용되는 중화방청제는 보일러 내 금속 부식을 방지하고, 산성 성분을 중화시켜 부식 억제 및 수명 연장을 위한 약품이다.
중화방청제
1) 가성소다 2) 인산소다
3) 탄산소다 4) 히드라진
5) 암모니아 가 있다.

50 다음 중 고압보일러용 탈산소제로서 가장 적합한 것은?
◎ 22년 4월24일

① (C₆H10O₅)ₙ   ② Na₂SO₃
③ N₂H₄   ④ NaHSO₃

[해설]

정답 45 ① 46 ③ 47 ③ 48 ④ 49 ④ 50 ③

51 용존고형물이 증가하면 전기 전도도는 어떻게 되는가?
◎ 15년 3월 8일

① 커지다 작아진다.
② 관계없다.
③ 작아진다.
④ 커진다.

해설 용존 고형물은 물에 용해된 이온성 물질을 포함되어 있기 때문에 용존 고형물가 증가 하면 전기 전도도는 증가 된다.

경수 연화제	① 인산소다 ② 탄산소다 수 ③ 산화나트륨
탈산소제 (청관제)	① 탄닌 ② 히드라진(N_2H_4, 고압보일러용) ③ 아황산나트륨=아황산소다 (Na_2SO_3) : 저압보일러용
가성취화방지제	① 탄닌 ② 리그린 ③ 인산소다 ④ 질산소다
슬러지 조정제	① 탄닌 ② 리그린 ③ 전분
포밍 방지제	① 폴리아미드 ② 프탈산아미드 ③ 고급지방산
중화방지제	① 가성소다=수산화 나트륨 ② 인산소다 ③ 탄산소다 ④ 히드라진 ⑤ 암모니아

52 보일러 급수처리 중 사용목적에 따른 청관제의 연결로 틀린 것은?
◎ 16년 10월 1일

① pH : 조정제 : 암모니아
② 연화제 : 인산소다
③ 탈산소제 : 히드라진
④ 가성취화방지제 : 아황산소다

해설 ▶ 가성취화부식 : 알칼리 열화라고도 하는 부식이다.
비교적 고압이나 고온의 리벳 보일러에 발생하는 응력 부식 균열의 일종이다.
가성 취화는 보일러수의 알칼리도가 높은 경우에 리벳 이음판의 중첩부 틈새 사이나 리벳 머리의 아래쪽에 보일러수가 침입하여 알칼리 성분이 가열에 의해 농축되고 이 알칼리와 이음부 등의 반복응력의 영향으로 재료의 결정 입계에 따라 균열이 생기는 열화 현상을 가성 취화라고 한다.
▶ 가성취화방지제 : 탄린, 인산나트륨, 질산나트륨, 리그닌

53 다음 중 보일러의 탈산소재로 사용되지 않는 것은?
◎ 15년 5월 31일/20년 6월 6일

① 아황산나트륨　② 히드라진
③ 탄닌　　　　　④ 수산화나트륨

해설 51번 해설참고

54 용존산소와 반응하여 질소와 물이 생성되며 용해고형물 농도가 상승하지 않아 고압보일러에 주로 사용되는 탈산소제는?
◎ 15년 9월 19일

① 탄산나트륨　② 탄닌
③ 히드라진　　④ 아황산소다

해설 51번 해설참고

55 보일러 내처리제와 그 작용에 대한 연결로 틀린 것은?
◎ 18년 3월 4일

① 탄산나트륨 -pH조정
② 수산화나트륨 -연화
③ 탄닌 -슬러지조정
④ 암모니아 -포밍방지

해설 51번 해설참고

정답 51 ④　52 ④　53 ④　54 ③　55 ④

56 원수(原水) 중의 용존 산소를 제거할 목적으로 사용되는 약제가 아닌 것은? 18년 4월28일

① 탄닌
② 히드라진
③ 아황산나트륨
④ 폴리아미드

해설 51번 해설참고

정답 56 ④

08

보일러용량 및 열정산

01 보일러의 종류 및 특징
02 보일러설계
03 보일러의 부속장치
04 배관설계
05 전열(열전달)
06 용접, 리벳, 압력용기 설계
07 급수처리
08 보일러용량 및 열정산

CHAPTER 08 보일러용량 및 열정산

자주출제 되는 문제

01 보일러 용량

1) 보일러 용량을 산출하거나 표시하는 값
   ① 연소율
   ② 증발률 $\left[\dfrac{kg}{h\,m^2}\right] = \dfrac{(실제증발량)G_a\left[\dfrac{kg_f}{h}\right]}{전열면적\,A\,[m^2]}$
   ③ (상당증발량=환산증발량) G_e
   ④ (전열면적) A
   ⑤ (정격출력=열출력=유효열=유효출력) Q

   $Q = G_a(h'' - h') = G_e \times \gamma$

   G_a : 실제증발량 $\left[\dfrac{kg}{h}\right]$

   h'' : 포화증기의 비엔탈피 $\left[\dfrac{kcal}{kg}\right]$

   h' : 포화수의 비엔탈피 $\left[\dfrac{kcal}{kg}\right]$

   γ : $1atm$ 상태에서 물의 증발잠열, $\gamma = 539\dfrac{kcal}{kg}$

   ⑥ (보일러 마력)BHP
   ⑦ 상당방열면적

2) 증발계수 $= \dfrac{(상당증발량)G_e}{(실제증발량)G_a} = \dfrac{h'' - h'}{\gamma}$

3) 증발배수 $= \dfrac{(\text{실제증발량})G_a[\frac{kg}{h}]}{(\text{연료사용량})G_f[\frac{kg}{h}]}$: 연료 1kg이 연소하여 발생하는 증가량의 비 이다.

4) 상당증발배수 $= \dfrac{(\text{상당증발량})G_e[\frac{kg}{h}]}{(\text{연료사용량})G_f[\frac{kg}{h}]}$

5) 보일러 마력(Boiler Horsepower, BHP)
   ① 100 °F(약 37.78 °C)의 물 1파운드를 212 °F(100 °C)의 포화증기로 만들 때 필요한 열량
   ② $1BHP = 8435\dfrac{kcal}{h}$
   ③ 1보일러 마력을 상당증발량으로 환산 단위 : 15.65 kg/h

6) 전열면증발률 $= \dfrac{(\text{실제증기량})G_a}{(\text{전열면적})A}\left[\dfrac{kg}{h\,m^2}\right]$

7) 전열면상당증발률 $= \dfrac{(\text{상당증기량})G_e}{(\text{전열면적})A}\left[\dfrac{kg}{h\,m^2}\right]$

02 열정산

열정산 입열	열정산 출열
• 공기의 현열 • 연료의 연소열 • 노내분입증기 현열 • 연료의 예열·현열	• 연소가스의 현열(배기가스 현열) • 발생증기 보유열 • 방사열손실 및 불완전연소실 • 미연탄소분에 의한 열손실

최대 출열량을 시험할 경우에는 반드시 정격부하에서 시험을 한다.

과년도 기출문제 (열설비설계)

01 보일러의 효율을 입·출열법에 의하여 계산하려고 할 때, 입열항목에 속하지 않는 것은?
  ○ 16년 10월1일

① 연료의 현열 ② 연소가스의 현열
③ 공기의 현열 ④ 연료의 발열량

해설

열정산 입열	열정산 출열
• 공기의 현열	• 연소가스의 현열(배기가스 현열)
• 연료의 연소열	• 발생증기 보유열
• 노내분입증기 현열	• 방사열손실 및 불완전연소실
• 연료의 예열·현열	• 미연탄소분에 의한 열손실

02 보일러의 열정산시 출열 항목이 아닌 것은?
  ○ 17년 5월7일/21년 9월12일/14년 5월25일

① 배기가스에 의한 손실열
② 발생증기 보유열
③ 불완전연소에 의한 손실열
④ 공기의 현열

해설 1번 해설참고

03 열정산에 대한 설명으로 틀린 것은?
  ○ 16년 5월8일/20년 9월26일

① 원칙적으로 정격부하 이상에서 정상상태로 적어도 2시간 이상의 운전결과에 따른다.
② 열량량은 원칙적으로 사용 시 연료의 총 발열량으로 한다.
③ 최대 출열량을 시험할 경우에는 반드시 최대부하에서 시험을 한다.
④ 증기의 건도는 98% 이상인 경우에 시험함을 원칙으로 한다.

해설 최대 출열량을 시험할 경우에는 반드시 정격부하에서 시험을 한다.

04 보일러의 용량을 산출하거나 표시하는 값으로 틀린 것은? ○ 21년 5월15일/17년 3월5일/14년 3월2일

① 상당증발량 ② 보일러마력
③ 재열계수 ④ 전열면적

해설 ▶ 보일러의 용량표시
1) 연소율
2) 보일러마력
3) 전열면 증발율
4) 상당증발량
5) 정격출력
6) 전열면적
7) 상당증발량

05 24500kw의 증기원동소에 사용하고 있는 석탄의 발열량이 7200kcal/kg이고, 원동소의 열효율을 23%라 하면 매 시간 당 필요한 석탄의 양(t/h)은? (단, 1kw는 860kcal/h로 한다.) ○ 14년 9월20일

① 10.5 ② 12.7
③ 15.3 ④ 18.2

해설

$(열효율)\eta = \dfrac{출력}{연료의 발열량 \times 연료소비율}$

$연료소비율 = \dfrac{출력}{연료의 발열량 \times 열효율}$

$= \dfrac{24500 kW}{7200 \dfrac{kcal}{kg} \times 0.23} = \dfrac{24500 \times 860 \dfrac{kcal}{h}}{7200 \dfrac{kcal}{kg} \times 0.23}$

$= 12.7 \dfrac{kg}{h}$

정답 01 ② 02 ④ 03 ③ 04 ③ 05 ②

06 상당증발량이 5.5t/h, 연료소비량이 350kg/h인 보일러의 효율은 약 몇 %인가? (단, 효율 산정 시 연료의 저위발열량 기준으로 하며, 값은 40000kJ/kg 이다.) ◎ 21년 3월7일

① 38 ② 52
③ 65 ④ 89

> **해설**
>
> 보일러 효율 = $\dfrac{539\dfrac{kcal}{kg} \times G_e}{\text{저위발열량} \times \text{연료소비율}}$
>
> $= \dfrac{539\dfrac{4.2kJ}{kg} \times \dfrac{5500}{3600}\dfrac{kg}{s}}{4000\dfrac{kJ}{kg} \times \dfrac{350}{3600}\dfrac{kg}{s}} = 0.8893 = 88.93\%$

07 온수보일러에 있어서 급탕량이 500kg/h이고 공급 주관의 온수온도가 80℃, 환수 주관의 온수온도가 50℃ 이라 할 때, 이 보일러의 출력은? (단, 물의 평균 비열은 1kcal/kg·℃이다.) ◎ 17년 5월7일

① 10000kcal/h
② 12500kcal/h
③ 15000kcal/h
④ 17500kcal/h

> **해설** $Q = GC(T_H - T_L)$
> $= 500\dfrac{kg}{h} \times 1\dfrac{kcal}{kg°C} \times (80-50) = 1500\dfrac{kcal}{h}$

08 실제증발량이 1800kg/h인 보일러에서 상당증발량은 약 몇 kg/h인가? (단, 증기엔탈피와 급수엔탈피는 각각 2780kJ/kg, 80 kJ/kg 이다.) ◎ 21년 3월7일

① 1210 ② 1480
③ 2020 ④ 2150

> **해설**
>
> (상당증발량)$G_e = \dfrac{1800\dfrac{kg}{h} \times (2780-80)\dfrac{kJ}{kg}}{539\dfrac{kcal}{kg}}$
>
> $= \dfrac{1800\dfrac{kg}{h} \times (2780-80)\dfrac{kJ}{kg}}{539\dfrac{4.2kJ}{kg}} = 2150\dfrac{kg}{h}$

09 급수온도 20℃인 보일러에서 증기압력이 1MPa 이며 이 때 온도 300℃의 증기가 1 t/h씩 발생될 때 상당증발량은 약 몇 kg/h 인가? (단, 증기압력 1MPa에 대한 300℃의 증기엔탈피는 3052kJ/kg, 20℃에 대한 급수엔탈피는 83kJ/kg이다.) ◎ 22년 3월5일

① 1315 ② 1565
③ 1895 ④ 2325

> **해설** 상당증발량
>
> $G_e = \dfrac{G(h_2 - h_1)}{\gamma}$
>
> $= \dfrac{1000\dfrac{kg}{h} \times (3052-83)\dfrac{kJ}{kg}}{539\dfrac{kcal}{kg} \times \dfrac{4.185kJ}{1kcal}} ≒ 1315\dfrac{kg}{h}$

10 10kg/cm²의 압력하에 2000kg/h로 증발하고 있는 보일러의 급수의 엔탈피는20kcal/kg 환산증발량(kg/h)은? (단, 발생증기의 엔탈피는 600kcal/kg이다.) ◎ 13년 3월10일

① 2152 ② 3124
③ 4562 ④ 5260

> **해설** 환산증발량(kcal/h)
>
> $G_e = \dfrac{G(h_2-h_1)}{539} = \dfrac{2000 \times (600-20)}{539} = 2.152\dfrac{kg}{h}$

정답 06 ④ 07 ③ 08 ④ 09 ① 10 ①

11 압력이 20kgf/cm², 건도가 95%인 습포화증기를 시간당 5ton을 발생하는 보일러에서 급수의 엔탈피는 50kcal/h라면 상당증발량은? (단, 20kgf/cm²의 포화수와 건포화증기의 엔탈피는 각각 215.82kcal/kg, 668.5kcal/kg이다.) ○ 15년 3월8일

① 5528kg/h ② 8345kg/h
③ 10258kg/h ④ 12573kg/h

해설 상당증발량

$$G_e = \frac{h_x - h}{539 \frac{kcal}{kg}} \times G$$

$$= \frac{(h' - x(h'' - h')) - h}{539} \times G$$

$$= \frac{(215.82 - 0.95(668.5 - 215.82)) - 50}{539} \times 5000$$

$$= 5527.8 \frac{kg}{h}$$

12 연료 1kg의 연소하여 발생하는 증기량의 비를 무엇이라고 하는가? ○ 21년 9월12일/17년 3월5일

① 열발생률 ② 증발배수
③ 전열면 증발률 ④ 증기량 발생률

해설 증발배수는 연료 1kg의 연소하여 발생하는 증기량의 비이다. 상당증발배수 또는 환산증발배수로도 사용된다.

13 보일러의 발생증기가 보유한 열량이 3.2×10⁶kcal/h일 때 이 보일러의 상당 증발량은? ○ 18년 9월15일

① 2500kg/h ② 3512kg/h
③ 5937kg/h ④ 6847kg/h

해설
$$G_e = \frac{3.2 \times 10^6 \frac{kcal}{h}}{539 \frac{kcal}{kg}} = 5936.9 \frac{kg}{h}$$

14 1보일러 마력을 상당 증발량으로 환산하면 약 몇 kg/h가 되는가? ○ 15년 9월19일

① 3.05 ② 15.65
③ 30.05 ④ 34.55

해설 ▶ 1보일러 마력을 상당증발량으로 환산 단위 : 15.65kg/h 보일러 1마력(8,435kcal/h) = 상당증발량 15.65kg/h

15 건조기의 열효율 표시를 옳게 나타낸 것은? (단, Q : 입열량, q1 : 수분 증발에 소비된 열량, q2 : 재료 가열에 소비된 열량, q3 : 건조기의 손실 열량을 나타낸다.) ○ 14년 5월25일

① $\dfrac{q_1}{Q}$

② $\dfrac{q_2}{Q}$

③ $\dfrac{q_1 + q_2}{Q}$

④ $\dfrac{q_1 + q_2 + q_3}{Q}$

해설 건조기의효율 = $\dfrac{\text{유효출열}}{\text{입열}}$ = $\dfrac{q_1 + q_2}{Q}$

16 전열면적이 50m²인 연관보일러를 5시간 연소시킨 결과 10000kg의 증기가 발생하였다면 이 보일러의 전열면 증발률은? ○ 14년 9월20일

① 20kg/m²h
② 30kg/m²h
③ 40kg/m²h
④ 50kg/m²h

해설
전열면 증발률 = $\dfrac{\text{증기량}}{\text{전열면적} \times \text{시간}}$ = $\dfrac{10000kg}{50m^2 \times 5h}$ = $40 \dfrac{kg}{m^2 h}$

정답 11 ① 12 ② 13 ③ 14 ② 15 ③ 16 ③

17 어느 보일러의 2시간 동안 증발량이 3600kg이고, 증기압이 5kg/cm², 급수온도는 80℃라고 한다. 이 압력에서 증기의 엔탈피는 640kcal/kg, 급수엔탈피 80kcal/kg일 때 증발계수는 얼마인가? (단, 물의 잠열은 539kcal/kg 이다.)
● 14년 9월20일

① 0.89 ② 1.04
③ 1.41 ④ 1.62

해설
$$증발계수 = \frac{증기엔탈피 - 급수엔탈피}{증발잠열} = \frac{640-80}{539} = 1.038$$

18 다음과 같은 결과의 수관식 보일러에서 시간당 증발량(a)과 시간당 연료사용량(b)은? (단, 증기압력 0.7MPa, 급유량 1000kg, 급수온도 24℃, 급수량 30000kg, 시험시간 5시간이다.)
● 15년 3월8일

① (a) 3000kg/h, (b) 100kg/h
② (a) 6000kg/h, (b) 100kg/h
③ (a) 3000kg/h, (b) 200kg/h
④ (a) 6000kg/h, (b) 200kg/h

해설
$$시간당 증발량 = \frac{30000}{5} = 6000 \frac{kg}{h}$$
$$시간당 연료사용량 = \frac{1000}{5} = 200 \frac{kg}{h}$$

19 보일러의 성능계산 시 사용되는 증발률 (kg/m²·h)에 대한 설명으로 옳은 것은?
● 13년 6월2일/20년 9월26일

① 실제 증발량에 대한 발생증기 엔탈피와의 비
② 연료 소비량에 대한 상당증발량과의 비
③ 상당 증발량에 대한 실제증발량과의 비
④ 전열 면적에 대한 실제증발량과의 비

해설
$$증발률 \left[\frac{kg}{h\,m^2}\right] = \frac{실제증발량\left[\frac{kg_f}{h}\right]}{면적[m^2]}$$

20 태양열 보일러가 800W/m²의 비율로 열을 흡수한다. 열효율이 9%인 장치로 12kW의 동력을 얻으려면 전열 면적(m²)의 최소 크기는 얼마이어야 하는가?
● 18년 3월4일

① 0.17 ② 1.35
③ 107.8 ④ 166.7

해설
$$열효율 \eta = \frac{출력}{q \times A},$$
$$(면적) A = \frac{출력}{q \times \eta} = \frac{12000\,W}{800\frac{W}{m^2} \times 0.09} = 166.7\,m^2$$

21 보일러의 증발량이 20 ton/h 이고, 보일러 본체의 전열면적이 450m²일 때, 보일러의 증발률(kg/m²·h)은?
● 18년 4월28일

① 24 ② 34
③ 44 ④ 54

해설
$$전열면증발률 = \frac{20000\frac{kg_f}{h}}{450\,m^2} = 44\frac{kg_f}{m^2 h}$$

22 증발량이 1200kg/h이고 상당 증발량이 1400 kg/h일 때 사용 연료가 140kg/h이고, 비중이 0.8 kg/L이면 상당 증발배수는 얼마인가?
● 20년 9월26일

① 8.6 ② 10
③ 10.7 ④ 12.5

해설
$$상당증발 배수 = \frac{상당증발량}{연소소비율} = \frac{1400}{140} = 10$$

정답 17 ② 18 ④ 19 ④ 20 ④ 21 ③ 22 ②

23 외경 76mm, 내경 68mm, 유효길이 4800mm의 수관 96개로 된 수관식 보일러가 있다. 이 보일러의 시간당 증발량은 약 몇 kg/h 인가? (단, 수관이외 부분의 전열면적은 무시하며, 전열면적 1m² 당 증발량은 26.9kg/h 이다.)

○ 20년 9월26일/16년 5월8일

① 2660 ② 2760
③ 2860 ④ 2960

해설 (전열면적)
$$A = \pi D_2 L \times Z = \pi \times 0.076 \times 4.8 \times 96 = 110.02 m^2$$
$$(증발량) = \frac{26.9 kg}{m^2 h} \times 110.02 m^2 = 2959.6 \frac{kg}{h}$$

정답 23 ④

Part 6 에너지 관련법규

관련법규

01
에너지법

01 에너지법
02 에너지법 시행령
03 에너지법 시행규칙
04 에너지이용 합리화법
05 에너지이용 합리화법 시행령
06 에너지이용 합리화법 시행규칙

CHAPTER 01 에너지법

제1조(목적) 안정적이고 효율적이며 환경친화적인 에너지 수급 구조를 실현하기 위한 에너지정책 및 에너지 관련 계획의 수립·시행에 관한 기본적인 사항을 정함으로써 국민경제의 지속가능한 발전과 국민의 복리 향상에 이바지하는 것

제2조(정의) 용어의 뜻
  1. "에너지"란 연료·열 및 전기를 말한다.

> **기출문제**
>
> 문1) 에너지법에서 정한 에너지에 해당하지 않는 것은? ● 14년 3월2일/18년 9월15일
>   ① 열   ② 연료
>   ③ 전기   ④ 원자력
>
> [정답] ④

  2. "연료"란 석유·가스·석탄, 그 밖에 열을 발생하는 열원(熱源)을 말한다. 다만, 제품의 원료로 사용되는 것은 제외한다.

> **기출문제**
>
> 문2) 에너지법상 연료에 해당되지 않는 것은? ● 15년 9월19일
>   ① 석유   ② 원유가스
>   ③ 천연가스   ④ 제품 원료로 사용되는 석탄
>
> [정답] ④
>
> 문3) 에너지법에서 정의하는 용어에 대한 설명으로 틀린 것은? ● 18년 4월28일
>   ① "에너지사용자"란 에너지사용시설의 소유자 또는 관리자를 말한다.
>   ② "에너지사용시설"이란 에너지를 사용하는 공장, 사업장 등의 시설이나 에너지를 전환하여 사용하는 시설을 말한다.
>   ③ "에너지공급자"란 에너지를 생산, 수입, 전환, 수송, 저장, 판매하는 사업자를 말한다.

④ "연료"란 석유, 석탄, 대체에너지 기타 열 등으로 제품의 원료로 사용되는 것을 말한다.

[정답] ③

3. "신·재생에너지"란 「신에너지 및 재생에너지 개발·이용·보급 촉진법」 제2조제1호 및 제2호에 따른 에너지를 말한다.

기출문제

제2조(정의) 이 법에서 사용하는 용어의 뜻은 다음과 같다.
  제1호. "신에너지"란 기존의 화석연료를 변환시켜 이용하거나 수소·산소 등의 화학 반응을 통하여 전기 또는 열을 이용하는 에너지로서 다음 각 목의 어느 하나에 해당하는 것을 말한다.
    가. 수소에너지
    나. 연료전지
    다. 석탄을 액화·가스화한 에너지 및 중질잔사유(重質殘渣油)를 가스화한 에너지로서 대통령령으로 정하는 기준 및 범위에 해당하는 에너지
    라. 그 밖에 석유·석탄·원자력 또는 천연가스가 아닌 에너지로서 대통령령으로 정하는 에너지

  제2호. "재생에너지"란 햇빛·물·지열(地熱)·강수(降水)·생물유기체 등을 포함하는 재생 가능한 에너지를 변환시켜 이용하는 에너지로서 다음 각 목의 어느 하나에 해당하는 것을 말한다.
    가. 태양에너지 : 의무공급량이 지정되어 있는 에너지
    나. 풍력
    다. 수력
    라. 해양에너지
    마. 지열에너지
    바. 생물자원을 변환시켜 이용하는 바이오에너지로서 대통령령으로 정하는 기준 및 범위에 해당하는 에너지
    사. 폐기물에너지(비재생폐기물로부터 생산된 것은 제외한다)로서 대통령령으로 정하는 기준 및 범위에 해당하는 에너지
    아. 그 밖에 석유·석탄·원자력 또는 천연가스가 아닌 에너지로서 대통령령으로 정하는 에너지

문4) 신재생에너지법령상 신·재생에너지 중 의무공급량이 지정되어 있는 에너지 종류는?

○ 21년 3월7일/14년 5월25일

① 해양에너지 ② 지열에너지
③ 태양에너지 ④ 바이오에너지

[정답] ③

4. "에너지사용시설"이란 에너지를 사용하는 공장·사업장 등의 시설이나 에너지를 전환하여 사용하는 시설을 말한다.
5. "에너지사용자"란 에너지사용시설의 소유자 또는 관리자를 말한다.

> **기출문제**
>
> 문5) 에너지법에서 정한 용어의 정의에 대한 설명으로 틀린 것은? ● 20년 6월6일/15년 5월31일
> ① 에너지란 연료·열 및 전기를 말한다.
> ② 연료란 석유·가스·석탄, 그 밖에 열을 발생하는 열원을 말한다.
> ③ 에너지사용자란 에너지를 전환하여 사용하는 자를 말한다.
> ④ 에너지사용기자재란 열사용기자재나 그 밖에 에너지를 사용하는 기자재를 말한다.
>
> [정답] ③
>
> 문6) 에너지법에 따른 용어의 정의에 대한 설명으로 틀린 것은? ● 2018년 3월4일
> ① 에너지사용시설이란 에너지를 사용하는 공장.사업장 등의 시설이나 에너지를 전환하여 사용하는 시설을 말한다.
> ② 에너지사용자란 에너지를 사용하는 소비자를 말한다.
> ③ 에너지공급자란 에너지를 생산·수입·전환·수송·저장 또는 판매하는 사업자를 말한다.
> ④ 에너지란 연료.열 및 전기를 말한다.
>
> [정답] ②

6. "에너지공급설비"란 에너지를 생산·전환·수송 또는 저장하기 위하여 설치하는 설비를 말한다.
7. "에너지공급자"란 에너지를 생산·수입·전환·수송·저장 또는 판매하는 사업자를 말한다.
   7의2. "에너지이용권"이란 저소득층 등 에너지 이용에서 소외되기 쉬운 계층의 사람이 에너지공급자에게 제시하여 냉방 및 난방 등에 필요한 에너지를 공급받을 수 있도록 일정한 금액이 기재(전자적 또는 자기적 방법에 의한 기록을 포함한다)된 증표를 말한다.
8. "에너지사용기자재"란 열사용기자재나 그 밖에 에너지를 사용하는 기자재를 말한다.
9. "열사용기자재"란 연료 및 열을 사용하는 기기, 축열식 전기기기와 단열성(斷熱性) 자재로서 산업통상자원부령으로 정하는 것을 말한다.

> **기출문제**
>
> 문7) 에너지법에서 정한 열사용기자재의 정의에 대한 내용이 아닌 것은? ● 20년 6월6일
> ① 연료를 사용하는 기기
> ② 열을 사용하는 기기
> ③ 단열성 자재 및 축열식 전기기기
> ④ 폐열 회수장치 및 전열장치
>
> [정답] ④

문8) 열사용기자재에 해당하지 않는 것은? ◯ 14년 9월20일
① 연료를 사용하는 기기
② 열을 사용하는 기기
③ 단열성 자재
④ 축전식 전기기기

[정답] ④

문9) 에너지법에서 정의한 용어의 설명으로 틀린 것은? ◯ 15년 3월8일
① 열사용기자재라 함은 핵연료를 사용하는 기기, 축열식 전기기기와 단열성 자재로서 기획재정부령이 정하는 것을 말한다.
② 에너지사용기자재라 함은 열사용기자재 그 밖에 에너지를 사용하는 기자재를 말한다.
③ 에너지공급설비라 함은 에너지를 생산·전환·수송·저장하기 위하여 설치하는 설비를 말한다.
④ 에너지사용시설이라 함은 에너지를 사용하는 공장·사업장 등의 시설이나 에너지를 전환하여 사용하는 시설을 말한다.

[정답] ①

문10) 다음 열사용기자재에 대한 설명으로 가장 적절한 것은? ◯ 18년 4월28일
① 연료 및 열을 사용하는 기기, 축열식 전기기기와 단열성 자재를 말한다.
② 일명 특정 열사용기자재라고도 한다.
③ 연료 및 열을 사용하는 기기만을 말한다.
④ 기기의 설치 및 시공에 있어 안전관리, 위해방지 또는 에너지이용의 효율관리가 특히 필요하다고 인정되는 기자재를 말한다.

[정답] ④

10. "온실가스"란 「기후위기 대응을 위한 탄소중립·녹색성장 기본법」 제2조제5호에 따른 온실가스를 말한다.

제3조 삭제

제4조(국가 등의 책무) ① 국가는 이 법의 목적을 실현하기 위한 종합적인 시책을 수립·시행하여야 한다.
② 지방자치단체는 이 법의 목적, 국가의 에너지정책 및 시책과 지역적 특성을 고려한 지역에너지시책을 수립·시행하여야 한다. 이 경우 지역에너지시책의 수립·시행에 필요한 사항은 해당 지방자치단체의 조례로 정할 수 있다.
③ 에너지공급자와 에너지사용자는 국가와 지방자치단체의 에너지시책에 적극 참여하고 협력하여야 하며, 에너지의 생산·전환·수송·저장·이용 등의 안전성, 효율성 및 환경친화성을 극대화하도록 노력하여야 한다.
④ 모든 국민은 일상생활에서 국가와 지방자치단체의 에너지시책에 적극 참여하고 협력하여야 하며, 에너지를 합리적이고 환경친화적으로 사용하도록 노력하여야 한다.
⑤ 국가, 지방자치단체 및 에너지공급자는 빈곤층 등 모든 국민에게 에너지가 보편적으로 공급되도록 기

여하여야 한다.
[전문개정 2010. 6. 8.]

제5조(적용 범위) 에너지에 관한 법령을 제정하거나 개정하는 경우에는 「저탄소 녹색성장 기본법」 제39조에 따른 기본원칙과 이 법의 목적에 맞도록 하여야 한다. 다만, 원자력의 연구·개발·생산·이용 및 안전관리에 관하여는 「원자력 진흥법」 및 「원자력안전법」 등 관계 법률에서 정하는 바에 따른다. 〈개정 2011. 7. 25.〉
[전문개정 2010. 6. 8.]

제6조 삭제 〈2010. 1. 13.〉

제7조(지역에너지계획의 수립) ① 특별시장·광역시장·특별자치시장·도지사 또는 특별자치도지사(이하 "시·도지사"라 한다)는 관할 구역의 지역적 특성을 고려하여 「저탄소 녹색성장 기본법」 제41조에 따른 에너지기본계획(이하 "기본계획"이라 한다)의 효율적인 달성과 지역경제의 발전을 위한 지역에너지계획(이하 "지역계획"이라 한다)을 5년마다 5년 이상을 계획기간으로 하여 수립·시행하여야 한다.
② 지역계획에는 해당 지역에 대한 다음 각 호의 사항이 포함되어야 한다.

기출문제

문11) 에너지법에 따라 지역에너지계획은 몇 년 이상을 계획기간으로 하여 수립.시행하는가?
　　　　　　　　　　　　　　　　　　　　　　● 2018년 3월4일
　　① 3년　　　　　　　　② 5년
　　③ 7년　　　　　　　　④ 10년

[정답] ②

문12) 에너지법령상 시·도지사는 관할 구역의 지역적 특성을 고려하여 저탄소 녹색성장 기본법에 따른 에너지기본계획의 효율적인 달성과 지역경제의 발전을 위한 지역에너지 계획을 몇 년마다 수립·시행하여야 하는가?
　　　　　　　　　　　　　　　　　　　　　　● 21년 5월15일
　　① 2년　　　　　　　　② 3년
　　③ 4년　　　　　　　　④ 5년

[정답] ①

---

1. 에너지 수급의 추이와 전망에 관한 사항
2. 에너지의 안정적 공급을 위한 대책에 관한 사항
3. 신·재생에너지 등 환경친화적 에너지 사용을 위한 대책에 관한 사항
4. 에너지 사용의 합리화와 이를 통한 온실가스의 배출감소를 위한 대책에 관한 사항
5. 「집단에너지사업법」 제5조제1항에 따라 집단에너지공급대상지역으로 지정된 지역의 경우 그 지역의 집단에너지 공급을 위한 대책에 관한 사항
6. 미활용 에너지원의 개발·사용을 위한 대책에 관한 사항

7. 그 밖에 에너지시책 및 관련 사업을 위하여 시·도지사가 필요하다고 인정하는 사항
③ 지역계획을 수립한 시·도지사는 이를 산업통상자원부장관에게 제출하여야 한다. 수립된 지역계획을 변경하였을 때에도 또한 같다.
④ 정부는 지방자치단체의 에너지시책 및 관련 사업을 촉진하기 위하여 필요한 지원시책을 마련할 수 있다.
[전문개정 2010. 6. 8.]

> **기출문제**
>
> 문13) 에너지법에 따른 지역에너지계획에 포함되어야 할 사항이 아닌 것은? ● 19년 4월27일
> ① 해당 지역에 대한 에너지 수급의 추이와 전망에 관한 사항
> ② 해당 지역에 대한 에너지의 안정적 공급을 위한 대책에 관한 사항
> ③ 해당 지역에 대한 에너지 효율적 사용을 위한 기술개발에 관한 사항
> ④ 해당 지역에 대한 미활용 에너지원의 개발·사용을 위한 대책에 관한 사항
>
> 해설)
>
> [정답] ③

제8조(비상시 에너지수급계획의 수립 등) ① 산업통상자원부장관은 에너지 수급에 중대한 차질이 발생할 경우에 대비하여 비상시 에너지수급계획(이하 "비상계획"이라 한다)을 수립하여야 한다.
② 비상계획은 제9조에 따른 에너지위원회의 심의를 거쳐 확정한다. 수립된 비상계획을 변경할 때에도 또한 같다.
③ 비상계획에는 다음 각 호의 사항이 포함되어야 한다.
1. 국내외 에너지 수급의 추이와 전망에 관한 사항
2. 비상시 에너지 소비 절감을 위한 대책에 관한 사항
3. 비상시 비축(備蓄)에너지의 활용 대책에 관한 사항
4. 비상시 에너지의 할당·배급 등 수급조정 대책에 관한 사항
5. 비상시 에너지 수급 안정을 위한 국제협력 대책에 관한 사항
6. 비상계획의 효율적 시행을 위한 행정계획에 관한 사항
④ 산업통상자원부장관은 국내외 에너지 사정의 변동에 따른 에너지의 수급 차질에 대비하기 위하여 에너지 사용을 제한하는 등 관계 법령에서 정하는 바에 따라 필요한 조치를 할 수 있다.

제9조(에너지위원회의 구성 및 운영) ① 정부는 주요 에너지정책 및 에너지 관련 계획에 관한 사항을 심의하기 위하여 산업통상자원부장관 소속으로 에너지위원회(이하 "위원회"라 한다)를 둔다.
② 위원회는 위원장 1명을 포함한 25명 이내의 위원으로 구성하고, 위원은 당연직위원과 위촉위원으로 구성한다.
③ 위원장은 산업통상자원부장관이 된다. 〈개정 2013. 3. 23.〉
④ 당연직위원은 관계 중앙행정기관의 차관급 공무원 중 대통령령으로 정하는 사람이 된다.
⑤ 위촉위원은 에너지 분야에 관한 학식과 경험이 풍부한 사람 중에서 산업통상자원부장관이 위촉하는

사람이 된다. 이 경우 위촉위원에는 대통령령으로 정하는 바에 따라 에너지 관련 시민단체에서 추천한 사람이 5명 이상 포함되어야 한다. 〈개정 2013. 3. 23.〉
⑥ 위촉위원의 임기는 2년으로 하고, 연임할 수 있다.
⑦ 위원회의 회의에 부칠 안건을 검토하거나 위원회가 위임한 안건을 조사·연구하기 위하여 분야별 전문위원회를 둘 수 있다.
⑧ 그 밖에 위원회 및 전문위원회의 구성·운영 등에 관하여 필요한 사항은 대통령령으로 정한다.
[전문개정 2010. 6. 8.]

제10조(위원회의 기능) 위원회는 다음 각 호의 사항을 심의한다.
1. 「저탄소 녹색성장 기본법」제41조제2항에 따른 에너지기본계획 수립·변경의 사전심의에 관한 사항
2. 비상계획에 관한 사항
3. 국내외 에너지개발에 관한 사항
4. 에너지와 관련된 교통 또는 물류에 관련된 계획에 관한 사항
5. 주요 에너지정책 및 에너지사업의 조정에 관한 사항
6. 에너지와 관련된 사회적 갈등의 예방 및 해소 방안에 관한 사항
7. 에너지 관련 예산의 효율적 사용 등에 관한 사항
8. 원자력 발전정책에 관한 사항
9. 「기후변화에 관한 국제연합 기본협약」에 대한 대책 중 에너지에 관한 사항
10. 다른 법률에서 위원회의 심의를 거치도록 한 사항
11. 그 밖에 에너지에 관련된 주요 정책사항에 관한 것으로서 위원장이 회의에 부치는 사항
[전문개정 2010. 6. 8.]

제11조(에너지기술개발계획) ① 정부는 에너지 관련 기술의 개발과 보급을 촉진하기 위하여 10년 이상을 계획기간으로 하는 에너지기술개발계획(이하 "에너지기술개발계획"이라 한다)을 5년마다 수립하고, 이에 따른 연차별 실행계획을 수립·시행하여야 한다.
② 에너지기술개발계획은 대통령령으로 정하는 바에 따라 관계 중앙행정기관의 장의 협의와 「국가과학기술자문회의법」에 따른 국가과학기술자문회의의 심의를 거쳐서 수립된다. 이 경우 위원회의 심의를 거친 것으로 본다. 〈개정 2013. 3. 23., 2018. 1. 16.〉
③ 에너지기술개발계획에는 다음 각 호의 사항이 포함되어야 한다.
1. 에너지의 효율적 사용을 위한 기술개발에 관한 사항
2. 신·재생에너지 등 환경친화적 에너지에 관련된 기술개발에 관한 사항
3. 에너지 사용에 따른 환경오염을 줄이기 위한 기술개발에 관한 사항
4. 온실가스 배출을 줄이기 위한 기술개발에 관한 사항
5. 개발된 에너지기술의 실용화의 촉진에 관한 사항
6. 국제 에너지기술 협력의 촉진에 관한 사항
7. 에너지기술에 관련된 인력·정보·시설 등 기술개발자원의 확대 및 효율적 활용에 관한 사항
[전문개정 2010. 6. 8.]

제12조(에너지기술 개발) ① 관계 중앙행정기관의 장은 에너지기술 개발을 효율적으로 추진하기 위하여 대통령령으로 정하는 바에 따라 다음 각 호의 어느 하나에 해당하는 자에게 에너지기술 개발을 하게 할 수

있다. 〈개정 2011. 3. 9., 2015. 1. 28., 2016. 3. 22., 2019. 12. 31., 2021. 4. 20., 2023. 6. 13.〉
1. 「공공기관의 운영에 관한 법률」 제4조에 따른 공공기관
2. 국·공립 연구기관
3. 「특정연구기관 육성법」의 적용을 받는 특정연구기관
4. 「산업기술혁신 촉진법」 제42조에 따른 전문생산기술연구소
5. 「소재·부품·장비산업 경쟁력 강화 및 공급망 안정화를 위한 특별조치법」에 따른 특화선도기업등
6. 「정부출연연구기관 등의 설립·운영 및 육성에 관한 법률」에 따른 정부출연연구기관
7. 「과학기술분야 정부출연연구기관 등의 설립·운영 및 육성에 관한 법률」에 따른 과학기술분야 정부출연연구기관
8. 「연구산업진흥법」 제2조제1호가목의 사업을 전문으로 하는 기업
9. 「고등교육법」에 따른 대학, 산업대학, 전문대학
10. 「산업기술연구조합 육성법」에 따른 산업기술연구조합
11. 「기초연구진흥 및 기술개발지원에 관한 법률」 제14조의2제1항에 따라 인정받은 기업부설연구소
12. 그 밖에 대통령령으로 정하는 과학기술 분야 연구기관 또는 단체
② 관계 중앙행정기관의 장은 제1항에 따른 기술개발에 필요한 비용의 전부 또는 일부를 출연(出捐)할 수 있다.
[전문개정 2010. 6. 8.]

제13조(한국에너지기술평가원의 설립) ① 제12조제1항에 따른 에너지기술 개발에 관한 사업(이하 "에너지기술개발사업"이라 한다)의 기획·평가 및 관리 등을 효율적으로 지원하기 위하여 한국에너지기술평가원(이하 "평가원"이라 한다)을 설립한다.
② 평가원은 법인으로 한다.
③ 평가원은 그 주된 사무소의 소재지에서 설립등기를 함으로써 성립한다.
④ 평가원은 다음 각 호의 사업을 한다.
1. 에너지기술개발사업의 기획, 평가 및 관리
2. 에너지기술 분야 전문인력 양성사업의 지원
3. 에너지기술 분야의 국제협력 및 국제 공동연구사업의 지원
4. 그 밖에 에너지기술 개발과 관련하여 대통령령으로 정하는 사업
⑤ 정부는 평가원의 설립·운영에 필요한 경비를 예산의 범위에서 출연할 수 있다.
⑥ 중앙행정기관의 장 및 지방자치단체의 장은 제4항 각 호의 사업을 평가원으로 하여금 수행하게 하고 필요한 비용의 전부 또는 일부를 대통령령으로 정하는 바에 따라 출연할 수 있다.
⑦ 평가원은 제1항에 따른 목적 달성에 필요한 경비를 조달하기 위하여 대통령령으로 정하는 바에 따라 수익사업을 할 수 있다.
⑧ 평가원의 운영 및 감독 등에 필요한 사항은 대통령령으로 정한다.
⑨ 삭제 〈2014. 12. 30.〉
⑩ 평가원에 관하여 이 법에 규정되지 아니한 사항은 「민법」 중 재단법인에 관한 규정을 준용한다.
[전문개정 2010. 6. 8.]

제14조(에너지기술개발사업비) ① 관계 중앙행정기관의 장은 에너지기술개발사업을 종합적이고 효율적으로 추진하기 위하여 제11조제1항에 따른 연차별 실행계획의 시행에 필요한 에너지기술개발사업비를 조성할

수 있다.
② 제1항에 따른 에너지기술개발사업비는 정부 또는 에너지 관련 사업자 등의 출연금, 융자금, 그 밖에 대통령령으로 정하는 재원(財源)으로 조성한다.
③ 관계 중앙행정기관의 장은 평가원으로 하여금 에너지기술개발사업비의 조성 및 관리에 관한 업무를 담당하게 할 수 있다.
④ 에너지기술개발사업비는 다음 각 호의 사업 지원을 위하여 사용하여야 한다.
1. 에너지기술의 연구・개발에 관한 사항
2. 에너지기술의 수요 조사에 관한 사항
3. 에너지사용기자재와 에너지공급설비 및 그 부품에 관한 기술개발에 관한 사항
4. 에너지기술 개발 성과의 보급 및 홍보에 관한 사항
5. 에너지기술에 관한 국제협력에 관한 사항
6. 에너지에 관한 연구인력 양성에 관한 사항
7. 에너지 사용에 따른 대기오염을 줄이기 위한 기술개발에 관한 사항
8. 온실가스 배출을 줄이기 위한 기술개발에 관한 사항
9. 에너지기술에 관한 정보의 수집・분석 및 제공과 이와 관련된 학술활동에 관한 사항
10. 평가원의 에너지기술개발사업 관리에 관한 사항
⑤ 제1항부터 제4항까지의 규정에 따른 에너지기술개발사업비의 관리 및 사용에 필요한 사항은 대통령령으로 정한다.
[전문개정 2010. 6. 8.]

제15조(에너지기술 개발 투자 등의 권고) 관계 중앙행정기관의 장은 에너지기술 개발을 촉진하기 위하여 필요한 경우 에너지 관련 사업자에게 에너지기술 개발을 위한 사업에 투자하거나 출연할 것을 권고할 수 있다.
[전문개정 2010. 6. 8.]

제16조(에너지 및 에너지자원기술 전문인력의 양성) ① 산업통상자원부장관은 에너지 및 에너지자원기술 분야의 전문인력을 양성하기 위하여 필요한 사업을 할 수 있다. 〈개정 2013. 3. 23.〉
② 산업통상자원부장관은 제1항에 따른 사업을 하기 위하여 자금지원 등 필요한 지원을 할 수 있다. 이 경우 지원의 대상 및 절차 등에 관하여 필요한 사항은 산업통상자원부령으로 정한다. 〈개정 2013. 3. 23.〉
[전문개정 2010. 6. 8.]

제16조의2(에너지복지 사업의 실시 등) ① 정부는 모든 국민에게 에너지가 보편적으로 공급되도록 하기 위하여 다음 각 호의 사항에 관한 지원사업(이하 "에너지복지 사업"이라 한다)을 할 수 있다.
1. 저소득층 등 에너지 이용에서 소외되기 쉬운 계층(이하 "에너지이용 소외계층"이라 한다)에 대한 에너지의 공급
2. 냉방・난방 장치의 보급 등 에너지이용 소외계층에 대한 에너지이용 효율의 개선
3. 그 밖에 에너지이용 소외계층의 에너지 이용 관련 복리의 향상에 관한 사항
② 산업통상자원부장관은 에너지복지 사업을 실시하는 경우 3년마다 에너지이용 소외계층에 관한 실태조사를 하고 그 결과를 공표하여야 한다. 다만, 산업통상자원부장관이 필요하다고 인정하는 경우에는 추

가로 간이조사를 할 수 있다.
③ 산업통상자원부장관은 제2항에 따른 실태조사 및 간이조사를 위하여 필요한 경우에는 관계 중앙행정기관의 장 또는 지방자치단체의 장에게 관련 자료의 제출을 요청할 수 있다. 이 경우 자료의 제출을 요청받은 중앙행정기관의 장 또는 지방자치단체의 장은 특별한 사유가 없으면 이에 따라야 한다.
④ 제2항에 따른 실태조사 및 간이조사의 내용·방법 등에 관하여 필요한 사항은 대통령령으로 정한다.
[제목개정 2022. 10. 18.]

제16조의3(에너지이용권의 발급 등) ① 산업통상자원부장관은 에너지이용 소외계층에 속하는 사람으로서 대통령령으로 정하는 요건을 갖춘 사람의 신청을 받아 에너지이용권을 발급할 수 있다.
② 산업통상자원부장관은 에너지이용권의 수급자 선정 및 수급 자격 유지에 관한 사항을 확인하기 위하여 가족관계증명·국세 및 지방세 등에 관한 자료 등 대통령령으로 정하는 자료의 제공을 당사자의 동의를 받아 관계 중앙행정기관의 장 또는 지방자치단체의 장에게 요청할 수 있다. 이 경우 요청을 받은 중앙행정기관의 장 또는 지방자치단체의 장은 특별한 사유가 없으면 그 요청에 따라야 한다.
③ 산업통상자원부장관은 제2항에 따른 자료의 확인을 위하여 「사회복지사업법」 제6조의2제2항에 따른 정보시스템을 연계하여 사용할 수 있다.
④ 산업통상자원부장관은 에너지공급자, 그 밖의 에너지 관련 기관 또는 단체에 다음 각 호의 자료의 제공을 요청할 수 있다. 이 경우 요청을 받은 에너지공급자, 기관 또는 단체는 특별한 사유가 없으면 그 요청에 따라야 한다.
1. 에너지 공급 현황
2. 에너지 이용 현황
3. 그 밖에 에너지이용권 수급 자격 기준 마련에 필요한 자료
⑤ 제1항부터 제4항까지에서 규정한 사항 외에 에너지이용권의 신청 및 발급 등에 필요한 사항은 대통령령으로 정한다.
[본조신설 2014. 12. 30.]

제16조의4(에너지이용권의 사용 등) ① 에너지이용권을 발급받은 사람(이하 "이용자"라 한다)은 에너지공급자에게 에너지이용권을 제시하고, 에너지를 공급받을 수 있다.
② 에너지이용권을 제시받은 에너지공급자는 정당한 사유 없이 에너지 공급을 거부할 수 없다.
③ 누구든지 에너지이용권을 판매·대여하거나 부정한 방법으로 사용해서는 아니 된다.
④ 산업통상자원부장관은 이용자가 에너지이용권을 판매·대여하거나 부정한 방법으로 사용한 경우에는 그 에너지이용권을 회수하거나 에너지이용권 기재금액에 상당하는 금액의 전부 또는 일부를 환수할 수 있다.
⑤ 제1항부터 제4항까지에서 규정한 사항 외에 에너지이용권의 사용 등에 필요한 사항은 산업통상자원부령으로 정한다.
[본조신설 2014. 12. 30.]

제16조의5(전담기관의 지정) ① 산업통상자원부장관은 에너지 관련 업무를 전문적으로 수행하는 기관 또는 단체를 에너지복지 사업 전담기관(이하 "전담기관"이라 한다)으로 지정하여 에너지이용권의 발급 및 운영 등 에너지복지 사업 관련 업무를 수행하게 할 수 있다.
② 산업통상자원부장관은 예산의 범위에서 전담기관에 대하여 제1항의 사업을 수행하는 데 필요한 경비

의 전부 또는 일부를 지원할 수 있다.
③ 전담기관의 지정 기준 및 절차 등에 관한 세부사항은 대통령령으로 정한다.
[본조신설 2014. 12. 30.]

제16조의6(전담기관 지정의 취소) ① 산업통상자원부장관은 전담기관이 다음 각 호의 어느 하나에 해당하는 경우에는 지정을 취소하거나 6개월의 범위에서 기간을 정하여 업무의 전부 또는 일부를 정지할 수 있다. 다만, 제1호에 해당하는 경우에는 지정을 취소하여야 한다.
1. 거짓이나 그 밖의 부정한 방법으로 지정을 받은 경우
2. 제16조의5제3항에 따른 지정 기준에 적합하지 아니하게 된 경우
② 제1항에 따른 행정처분의 세부기준은 그 사유와 위반의 정도를 고려하여 대통령령으로 정한다.
[본조신설 2014. 12. 30.]

제16조의7(과징금처분) ① 산업통상자원부장관은 제16조의6제1항에 따라 업무정지를 명하여야 할 경우로서 업무정지가 이용자 등에게 심한 불편을 주거나 공익을 해칠 우려가 있는 경우에는 대통령령으로 정하는 바에 따라 업무정지처분을 갈음하여 1천만원 이하의 과징금을 부과할 수 있다.
② 제1항에 따른 과징금을 부과하는 위반행위의 종류와 위반정도 등에 따른 과징금의 금액 등에 필요한 사항은 대통령령으로 정한다.
③ 제1항에 따라 과징금 부과처분을 받은 자가 과징금을 기한까지 납부하지 아니하면 국세 체납처분의 예에 따라 징수한다.
[본조신설 2014. 12. 30.]

제17조(행정 및 재정상의 조치) 국가와 지방자치단체는 이 법의 목적을 달성하기 위하여 학술연구·조사 및 기술개발 등에 필요한 행정적·재정적 조치를 할 수 있다.
[전문개정 2010. 6. 8.]

제18조(민간활동의 지원) 국가와 지방자치단체는 에너지에 관련된 공익적 활동을 촉진하기 위하여 민간부문에 대하여 필요한 자료를 제공하거나 재정적 지원을 할 수 있다.

제19조(에너지 관련 통계의 관리·공표) ① 산업통상자원부장관은 기본계획 및 에너지 관련 시책의 효과적인 수립·시행을 위하여 국내외 에너지 수급에 관한 통계를 작성·분석·관리하며, 관련 법령에 저촉되지 아니하는 범위에서 이를 공표할 수 있다. 〈개정 2010. 6. 8., 2013. 3. 23.〉
② 산업통상자원부장관은 매년 다음 각 호에 따른 통계를 작성·분석하며, 그 결과를 공표할 수 있다. 〈개정 2019. 8. 20.〉
1. 에너지 사용 및 산업 공정에서 발생하는 온실가스 배출량
2. 에너지이용 소외계층의 에너지 이용현황 등
③ 삭제 〈2010. 1. 13.〉
④ 산업통상자원부장관은 제1항과 제2항에 따른 통계를 작성할 때 필요하다고 인정하면 에너지 유관기관의 장 또는 산업통상자원부령으로 정하는 에너지사용자에 대하여 자료의 제출을 요구할 수 있다. 이 경우 자료의 제출을 요구받은 에너지 유관기관의 장 또는 에너지사용자는 정당한 사유가 없으면 이에 따라야 한다. 〈개정 2010. 6. 8., 2013. 3. 23., 2022. 10. 18.〉

⑤ 산업통상자원부장관은 필요하다고 인정하면 대통령령으로 정하는 바에 따라 에너지 총조사를 할 수 있다. 〈개정 2010. 6. 8., 2013. 3. 23.〉
⑥ 산업통상자원부장관은 대통령령으로 정하는 바에 따라 전문성을 갖춘 기관을 지정하여 제1항과 제2항에 따른 통계의 작성·분석·관리 및 제5항에 따른 에너지 총조사에 관한 업무의 전부 또는 일부를 수행하게 할 수 있다. 〈개정 2010. 6. 8., 2013. 3. 23., 2022. 10. 18.〉

제20조(국회 보고) ① 정부는 매년 주요 에너지정책의 집행 경과 및 결과를 국회에 보고하여야 한다.
② 제1항에 따른 보고에는 다음 각 호의 사항이 포함되어야 한다.
1. 국내외 에너지 수급의 추이와 전망에 관한 사항
2. 에너지·자원의 확보, 도입, 공급, 관리를 위한 대책의 추진 현황 및 계획에 관한 사항
3. 에너지 수요관리 추진 현황 및 계획에 관한 사항
4. 환경친화적인 에너지의 공급·사용 대책의 추진 현황 및 계획에 관한 사항
5. 온실가스 배출 현황과 온실가스 감축을 위한 대책의 추진 현황 및 계획에 관한 사항
6. 에너지정책의 국제협력 등에 관한 사항의 추진 현황 및 계획에 관한 사항
7. 그 밖에 주요 에너지정책의 추진에 관한 사항
③ 제1항에 따른 보고에 필요한 사항은 대통령령으로 정한다.
[전문개정 2010. 6. 8.]

제21조(질문 및 조사) 산업통상자원부장관은 다음 각 호의 어느 하나에 해당하는 경우에는 소속 공무원으로 하여금 에너지공급자, 에너지복지 사업의 대상자 또는 관계인에 대하여 질문하거나 장부 등 서류를 조사하게 할 수 있다.
1. 에너지복지 사업 대상자의 선정 및 자격 확인을 위하여 필요한 경우
2. 에너지이용권의 발급 및 사용의 적정성 여부 확인을 위하여 필요한 경우
3. 그 밖에 에너지복지 사업의 수행을 위하여 필요한 경우로서 대통령령으로 정하는 경우
[본조신설 2014. 12. 30.]

제22조(청문) 산업통상자원부장관은 제16조의6제1항에 따른 전담기관의 지정취소에 해당하는 처분을 하려면 청문을 하여야 한다.
[본조신설 2014. 12. 30.]

제23조(권한의 위임·위탁) ① 이 법에 따른 산업통상자원부장관의 권한은 그 일부를 대통령령으로 정하는 바에 따라 시·도지사 또는 시장·군수·구청장(자치구의 구청장을 말한다)에게 위임할 수 있다.
② 이 법에 따른 산업통상자원부장관의 업무는 그 일부를 대통령령으로 정하는 바에 따라 전담기관에 위탁할 수 있다.
[본조신설 2014. 12. 30.]

제24조(벌칙 적용에서의 공무원 의제) 다음 각 호의 어느 하나에 해당하는 사람은 「형법」 제129조부터 제132조까지의 규정을 적용할 때에는 공무원으로 본다.
1. 평가원의 임직원
2. 전담기관의 임직원(제16조의5제1항 또는 제23조제2항에 따른 업무에 종사하는 임직원에 한정한다)

[본조신설 2014. 12. 30.]

제25조(벌칙) 다음 각 호의 어느 하나에 해당하는 자는 1년 이하의 징역 또는 1천만원 이하의 벌금에 처한다.
1. 거짓 또는 그 밖의 부정한 방법으로 에너지이용권을 발급받거나 다른 사람으로 하여금 에너지이용권을 발급받게 한 자
2. 제16조의4제3항을 위반하여 에너지이용권을 판매·대여하거나 부정한 방법으로 사용한 자(해당 에너지이용권을 발급받은 이용자는 제외한다)

[본조신설 2014. 12. 30.]

제26조(과태료) ① 정당한 사유 없이 제21조에 따른 질문에 대하여 진술 거부 또는 거짓 진술을 하거나 조사를 거부·방해 또는 기피한 에너지공급자에게는 500만원 이하의 과태료를 부과한다.
② 정당한 사유 없이 제19조제4항에 따른 자료 제출 요구에 따르지 아니하거나 거짓으로 자료를 제출한 자에게는 100만원 이하의 과태료를 부과한다.
③ 제1항 및 제2항에 따른 과태료는 대통령령으로 정하는 바에 따라 산업통상자원부장관이 부과·징수한다. 〈개정 2022. 10. 18.〉

[본조신설 2014. 12. 30.]

부 칙

〈제19438호, 2023. 6. 13.〉 (소재·부품·장비산업 경쟁력 강화 및 공급망 안정화를 위한 특별조치법)

제조(시행일) 이 법은 공포 후 6개월이 경과한 날부터 시행한다. 〈단서 생략〉

제2조(다른 법률의 개정) ① 및 ② 생략
③ 에너지법 일부를 다음과 같이 개정한다.
제12조제1항제5호 중 "「소재·부품·장비산업 경쟁력강화를 위한 특별조치법」"을 "「소재·부품·장비산업 경쟁력 강화 및 공급망 안정화를 위한 특별조치법」"으로 한다.
④부터 ⑦까지 생략

02

에너지법 시행령

01 에너지법
02 에너지법 시행령
03 에너지법 시행규칙
04 에너지이용 합리화법
05 에너지이용 합리화법 시행령
06 에너지이용 합리화법 시행규칙

CHAPTER 02 에너지법 시행령

관련법규

제1조(목적) 이 영은 「에너지법」에서 위임된 사항과 그 시행에 필요한 사항을 규정함을 목적으로 한다. [전문개정 2011. 9. 30.]

제2조(에너지위원회의 구성) ① 「에너지법」(이하 "법"이라 한다) 제9조제4항에서 "대통령령으로 정하는 사람"이란 다음 각 호의 중앙행정기관의 차관(복수차관이 있는 중앙행정기관의 경우는 그 기관의 장이 지명하는 차관을 말한다)을 말한다. 〈개정 2013. 3. 23., 2017. 7. 26.〉
1. 기획재정부
2. 과학기술정보통신부
3. 외교부
4. 환경부
5. 국토교통부

② 법 제9조제5항 후단에 따른 에너지 관련 시민단체는 「비영리민간단체 지원법」 제2조에 따른 비영리민간단체 중 다음 각 호의 어느 하나의 사업을 정관에 따라 주된 사업으로 수행하고 있는 단체로 한다.
1. 에너지 절약과 이용 효율화에 관한 사업
2. 에너지와 관련된 환경 개선에 관한 사업
3. 에너지와 관련된 환경친화적 시민운동에 관한 사업
4. 에너지와 관련된 법령과 제도의 연구·개선에 관한 사업
5. 에너지와 관련된 사회적 갈등 조정과 예방에 관한 사업

③ 산업통상자원부장관은 법 제9조제5항 후단에 따라 에너지 관련 시민단체가 위촉위원을 추천할 수 있도록 추천기간 및 제출서류 등 추천에 필요한 사항을 정하여 7일 이상 공고하여야 한다. 〈개정 2013. 3. 23.〉

④ 법 제9조제1항에 따른 에너지위원회(이하 "위원회"라 한다)의 사무를 처리하기 위하여 간사 1명을 두며, 간사는 산업통상자원부 소속 고위공무원단에 속하는 공무원 중에서 산업통상자원부장관이 지명하는 사람이 된다.

⑤ 법 제9조제6항에 따른 위촉위원이 궐위(闕位)된 경우 후임 위원의 임기는 전임 위원 임기의 남은 기간으로 한다.

제3조(위원회의 운영 등) ① 위원회의 위원장(이하 "위원장"이라 한다)은 위원회를 대표하며, 위원회의 업무를 총괄한다.

② 위원장이 부득이한 사유로 직무를 수행할 수 없을 때에는 산업통상자원부 제2차관이 그 직무를 대행한다.

③ 위원장은 회의를 소집하려면 회의의 일시·장소 및 안건을 회의 개최 7일 전까지 각 위원에게 알려야 한다. 다만, 긴급한 사정이나 그 밖의 부득이한 사유가 있는 경우에는 그러하지 아니하다.
④ 위원회의 회의는 재적위원 과반수의 출석으로 개의(開議)하고, 출석위원 과반수의 찬성으로 의결한다. 다만, 회의에 부치는 안건의 내용이 경미하거나 회의를 소집할 시간적 여유가 없는 등의 경우에는 문서로 의결할 수 있되, 재적위원 과반수의 찬성으로 의결한다.
⑤ 위원장은 안건을 심의하기 위하여 필요하다고 인정하면 그 안건과 관련된 「공공기관의 운영에 관한 법률」 제4조에 따른 공공기관의 장 등 이해관계인 또는 관계 전문가를 위원회에 참석시켜 의견을 제시하게 할 수 있다.
⑥ 위원장은 위원회에 회의록을 작성하여 갖추어 두어야 한다.
⑦ 제1항부터 제6항까지에서 규정한 사항 외에 위원회의 운영에 필요한 사항은 위원회의 의결을 거쳐 위원장이 정한다.

제4조(전문위원회의 구성 및 운영) ① 법 제9조제7항에 따른 분야별 전문위원회는 다음 각 호와 같다.
1. 에너지정책전문위원회
2. 에너지기술기반전문위원회
3. 에너지산업자원개발전문위원회
4. 원자력발전전문위원회
5. 삭제
6. 에너지안전전문위원회

② 에너지정책전문위원회는 다음 각 호의 사항과 관련하여 위원회의 회의에 부칠 안건이나 위원회가 위임한 안건을 조사·연구한다.
1. 에너지 관련 중요 정책의 수립 및 추진에 관한 사항
2. 장애인·저소득층 등에 대한 최소한의 필수 에너지 공급 등 에너지복지정책에 관한 사항
3. 비상 시 에너지수급계획의 수립에 관한 사항
4. 에너지 산업의 구조조정에 관한 사항
5. 에너지와 관련된 교통 및 물류에 관한 사항
6. 에너지와 관련된 재원의 확보, 세제(稅制) 및 가격정책에 관한 사항
7. 에너지 관련 국제 및 남북 협력에 관한 사항
8. 에너지 부문의 녹색성장 전략 및 추진계획에 관한 사항
9. 에너지·산업 부문의 기후변화 대응과 온실가스의 감축에 관한 기본계획의 수립에 관한 사항
10. 「기후변화에 관한 국제연합 기본협약」 관련 에너지·산업 분야 대응 및 국내 이행에 관한 사항
11. 에너지·산업 부문의 기후변화 및 온실가스 감축을 위한 국제협력 강화에 관한 사항
12. 온실가스 감축목표 달성을 위한 에너지·산업 등 부문별 할당 및 이행방안에 관한 사항
13. 에너지 및 기후변화 대응 관련 갈등관리에 관한 사항
14. 그 밖에 에너지 및 기후변화와 관련된 사항으로서 에너지정책전문위원회의 위원장이 회의에 부치는 사항

③ 에너지기술기반전문위원회는 다음 각 호의 사항과 관련하여 위원회의 회의에 부칠 안건이나 위원회가 위임한 안건을 조사·연구한다.
1. 에너지기술개발계획 및 신·재생에너지 등 환경친화적 에너지와 관련된 기술개발과 그 보급 촉진에 관한 사항

2. 에너지의 효율적 이용을 위한 기술개발에 관한 사항
3. 에너지기술 및 신·재생에너지 관련 국제협력에 관한 사항
4. 신·재생에너지 및 에너지 분야 전문인력의 양성계획 수립에 관한 사항
5. 신·재생에너지 관련 갈등관리에 관한 사항
6. 그 밖에 에너지기술 및 신·재생에너지와 관련된 사항으로서 에너지기술기반전문위원회의 위원장이 회의에 부치는 사항

④ 에너지산업자원개발전문위원회는 다음 각 호의 사항과 관련하여 위원회의 회의에 부칠 안건이나 위원회가 위임한 안건을 조사·연구한다.
1. 외국과의 전략적 에너지(에너지 중 열 및 전기는 제외한다. 이하 이 항에서 같다)산업 및 자원개발 촉진에 관한 사항
2. 국내외 에너지산업 및 자원개발 관련 전략 수립 및 기본계획에 관한 사항
3. 국내외 에너지산업 및 자원개발 관련 기술개발·인력양성 등 기반 구축에 관한 사항
4. 에너지산업 및 자원개발 관련 기업 지원 시책 수립에 관한 사항
5. 에너지산업 및 자원개발 관련 국제협력 지원 및 국내 이행에 관한 사항
6. 에너지의 가격제도, 유통, 판매, 비축 및 소비 등에 관한 사항
7. 에너지산업 및 자원개발 관련 갈등관리에 관한 사항
8. 남북 간 에너지산업 및 자원개발 협력에 관한 사항
9. 에너지산업 및 자원개발 관련 경쟁력 강화 및 구조조정에 관한 사항
10. 에너지자원의 안정적 확보 및 위기 대응에 관한 사항
11. 에너지자원 관련 품질관리에 관한 사항
12. 그 밖에 에너지산업 및 자원개발과 관련된 사항으로서 에너지산업자원개발전문위원회의 위원장이 회의에 부치는 사항

⑤ 원자력발전전문위원회는 다음 각 호의 사항과 관련하여 위원회의 회의에 부칠 안건이나 위원회가 위임한 안건을 조사·연구한다.
1. 원전(原電) 및 방사성폐기물관리와 관련된 연구·조사와 인력양성 등에 관한 사항
2. 원전산업 육성시책의 수립 및 경쟁력 강화에 관한 사항
3. 원전 및 방사성폐기물관리에 대한 기본계획 수립에 관한 사항
4. 원전연료의 수급계획 수립에 관한 사항
5. 원전 및 방사성폐기물 관련 갈등관리에 관한 사항
6. 원전 플랜트·설비 및 기술의 수출 진흥, 국제협력 지원 및 국내 이행에 관한 사항
7. 그 밖에 원전 및 방사성폐기물과 관련된 사항으로서 원자력발전전문위원회의 위원장이 회의에 부치는 사항

⑥ 삭제

⑦ 에너지안전전문위원회는 다음 각 호의 사항과 관련하여 위원회의 회의에 부칠 안건이나 위원회가 위임한 안건을 조사·연구한다.
1. 석유·가스·전력·석탄 및 신·재생에너지의 안전관리에 관한 사항
2. 에너지사용시설 및 에너지공급시설의 안전관리에 관한 사항
3. 그 밖에 에너지안전과 관련된 사항으로서 에너지안전전문위원회의 위원장이 회의에 부치는 사항

⑧ 각 전문위원회는 위원장을 포함한 20명 이내의 위원으로 성별을 고려하여 구성한다.
⑨ 각 전문위원회의 위원장은 각 전문위원회의 위원 중에서 호선(互選)한다.

⑩ 각 전문위원회의 위원(제12항에 따른 간사위원은 제외한다)은 다음 각 호의 사람 중에서 산업통상자원부장관이 위촉한다.
1. 전문위원회 소관 분야에 관한 전문지식과 경험이 풍부한 사람
2. 경제단체, 「민법」 제32조에 따라 설립된 비영리법인 중 에너지 관련 단체, 「소비자기본법」 제29조에 따라 등록한 소비자단체 또는 제2조제2항에 따른 에너지 관련 시민단체의 장이 추천하는 관련 분야 전문가
3. 중앙행정기관의 고위공무원단에 속하는 공무원 또는 지방자치단체의 이에 상응하는 직급에 속하는 공무원 중에서 해당 기관의 장이 추천하는 사람
⑪ 제10항에 따라 위촉된 위원의 임기는 2년으로 하며, 연임할 수 있다. 다만, 위촉위원이 궐위된 경우 후임 위원의 임기는 전임 위원 임기의 남은 기간으로 한다.
⑫ 각 전문위원회의 사무를 처리하기 위하여 간사위원 1명을 각각 두며, 간사위원은 고위공무원단에 속하는 산업통상자원부 소속 공무원 중 에너지에 관한 업무를 담당하는 사람으로서 산업통상자원부장관이 지명하는 사람으로 한다.
⑬ 제1항부터 제12항까지에서 규정한 사항 외에 전문위원회의 구성 및 운영에 필요한 사항은 위원회의 의결을 거쳐 위원장이 정한다.

제5조(조사·연구의 의뢰) ① 위원회 또는 전문위원회는 안건의 심의와 그 밖의 업무 수행을 위하여 필요한 경우에는 국내외의 관계 기관이나 전문가에게 해당 사항에 대한 조사·연구를 의뢰할 수 있다.
② 제1항에 따라 조사·연구를 의뢰한 경우에는 예산의 범위에서 필요한 경비를 지급할 수 있다.
[전문개정 2011. 9. 30.]

제6조(여론의 수집) 위원회 또는 전문위원회는 업무수행을 위하여 필요한 경우에는 공청회·세미나, 설문조사 및 방송토론 등을 통하여 여론을 수집할 수 있다.
[전문개정 2011. 9. 30.]

제7조(수당 등) 위원회 또는 전문위원회에 출석한 위원(제3조제4항 단서에 따라 문서로 의결한 위원을 포함한다) 및 이해관계인과 의견을 제출한 전문가에게는 예산의 범위에서 수당 및 여비와 그 밖에 필요한 경비를 지급할 수 있다. 다만, 공무원인 위원이 그 소관 업무와 직접적으로 관련되어 위원회 또는 전문위원회에 출석하는 경우에는 그러하지 아니하다.
[전문개정 2011. 9. 30.]

제8조(연차별 실행계획의 수립) ① 산업통상자원부장관은 법 제11조제1항에 따른 에너지기술개발계획에 따라 관계 중앙행정기관의 장의 의견을 들어 연차별 실행계획을 수립·공고하여야 한다. 〈개정 2013. 3. 23.〉
② 제1항에 따른 연차별 실행계획에는 다음 각 호의 사항이 포함되어야 한다. 〈개정 2013. 3. 23.〉
1. 에너지기술 개발의 추진전략
2. 과제별 목표 및 필요 자금
3. 연차별 실행계획의 효과적인 시행을 위하여 산업통상자원부장관이 필요하다고 인정하는 사항
[전문개정 2011. 9. 30.]

제8조의2(에너지기술 개발의 실시기관) 법 제12조제1항제12호에서 "대통령령으로 정하는 과학기술 분야 연구기관 또는 단체"란 다음 각 호의 연구기관 또는 단체를 말한다.
1. 「민법」 또는 다른 법률에 따라 설립된 과학기술 분야 비영리법인
2. 그 밖에 연구인력 및 연구시설 등 산업통상자원부장관이 정하여 고시하는 기준에 해당하는 연구기관 또는 단체

[전문개정 2011. 9. 30.]

제9조(에너지기술개발사업 협약의 체결 등) 관계 중앙행정기관의 장은 법 제12조제1항에 따른 에너지기술 개발에 관한 사업(이하 "에너지기술개발사업"이라 한다)을 실시하려는 경우에는 법 제12조제1항 각 호의 자 중에서 해당 에너지기술개발사업을 주관할 기관(이하 "사업주관기관"이라 한다)의 장과 에너지기술개발사업에 대한 협약을 체결하여야 한다. 다만, 관계 중앙행정기관의 장이 에너지기술개발사업을 효율적으로 추진하기 위하여 필요하다고 인정하는 경우에는 법 제13조제1항에 따른 한국에너지기술평가원(이하 "평가원"이라 한다)에 에너지기술개발사업에 대한 협약의 체결을 대행하게 할 수 있다.

[전문개정 2011. 9. 30.]

제10조(출연금의 지급 및 관리) ① 관계 중앙행정기관의 장이 사업주관기관에 법 제12조제2항에 따라 출연금을 지급하는 경우에는 에너지기술개발사업의 추진상황 등을 고려하여 이를 한 번에 지급하거나 여러 차례에 걸쳐 지급할 수 있다.
② 제1항에 따라 출연금을 지급받은 사업주관기관은 그 출연금에 대하여 별도의 계정(計定)을 설정하여 관리하여야 한다.
③ 관계 중앙행정기관의 장은 사업주관기관이 정당한 사유 없이 제9조에 따른 에너지기술개발사업에 대한 협약에서 정한 용도 외의 용도로 출연금을 사용한 경우에는 그 출연금의 전부 또는 일부를 회수할 수 있다.

[전문개정 2011. 9. 30.]

제11조(평가원의 사업) 법 제13조제4항제4호에서 "대통령령으로 정하는 사업"이란 다음 각 호의 사업을 말한다. 〈개정 2013. 3. 23.〉

법 제13조(한국에너지기술평가원의 설립) ① 제12조제1항에 따른 에너지기술 개발에 관한 사업(이하 "에너지기술개발사업"이라 한다)의 기획·평가 및 관리 등을 효율적으로 지원하기 위하여 한국에너지기술평가원(이하 "평가원"이라 한다)을 설립한다.
② 평가원은 법인으로 한다.
③ 평가원은 그 주된 사무소의 소재지에서 설립등기를 함으로써 성립한다.
④ 평가원은 다음 각 호의 사업을 한다.
1. 에너지기술개발사업의 기획, 평가 및 관리
2. 에너지기술 분야 전문인력 양성사업의 지원
3. 에너지기술 분야의 국제협력 및 국제 공동연구사업의 지원
4. 그 밖에 에너지기술 개발과 관련하여 대통령령으로 정하는 사업
　각호 1. 에너지기술개발사업의 중장기 기술 기획
　　　　2. 에너지기술의 수요조사, 동향분석 및 예측

3. 에너지기술에 관한 정보·자료의 수집, 분석, 보급 및 지도
4. 에너지기술에 관한 정책수립의 지원
5. 법 제14조제1항에 따라 조성된 에너지기술개발사업비의 운용·관리(같은 조 제3항에 따라 관계 중앙행정기관의 장이 그 업무를 담당하게 하는 경우만 해당한다)
6. 에너지기술개발사업 결과의 실증연구 및 시범적용
7. 에너지기술에 관한 학술, 전시, 교육 및 훈련
8. 그 밖에 산업통상자원부장관이 에너지기술 개발과 관련하여 필요하다고 인정하는 사업
[전문개정 2011. 9. 30.]

제11조의2(협약의 체결 및 출연금의 지급 등) ① 중앙행정기관의 장 및 지방자치단체의 장은 법 제13조제6항에 따라 평가원에 같은 조 제4항 각 호의 사업을 수행하게 하려면 평가원과 다음 각 호의 사항이 포함된 협약을 체결하여야 한다.
1. 수행하는 사업의 범위, 방법 및 관리책임자
2. 사업수행 비용 및 그 비용의 지급시기와 지급방법
3. 사업수행 결과의 보고, 귀속 및 활용
4. 협약의 변경, 해지 및 위반에 관한 조치
5. 그 밖에 사업수행을 위하여 필요한 사항
② 중앙행정기관의 장 및 지방자치단체의 장은 평가원에 법 제13조제6항에 따라 출연금을 지급하는 경우에는 여러 차례에 걸쳐 지급한다. 다만, 수행하는 사업의 규모나 시작 시기 등을 고려하여 필요하다고 인정하는 경우에는 한 번에 지급할 수 있다.
③ 제2항에 따라 출연금을 지급받은 평가원은 그 출연금에 대하여 별도의 계정을 설정하여 관리하여야 한다.
[전문개정 2011. 9. 30.]

제11조의3(사업연도) 평가원의 사업연도는 정부의 회계연도에 따른다.
[본조신설 2009. 4. 21.]

제11조의4(평가원의 수익사업) 평가원은 법 제13조제7항에 따라 수익사업을 하려면 해당 사업연도가 시작하기 전까지 수익사업계획서를 산업통상자원부장관에게 제출하여야 하며, 해당 사업연도가 끝난 후 3개월 이내에 그 수익사업의 실적서 및 결산서를 산업통상자원부장관에게 제출하여야 한다. 〈개정 2013. 3. 23.〉
[전문개정 2011. 9. 30.]

제11조의5(사업계획서 등의 제출) ① 평가원은 산업통상자원부장관이 정하는 바에 따라 사업계획서와 예산서를 작성하여 매 사업연도가 시작하기 전까지 산업통상자원부장관의 승인을 받아야 한다. 승인받은 사업계획과 예산을 변경하는 경우에도 또한 같다. 〈개정 2013. 3. 23.〉
② 산업통상자원부장관은 제1항에 따른 사업계획과 예산을 승인하려는 경우에는 평가원의 사업계획과 예산이 법 제13조제4항 각 호의 사업을 효율적으로 추진하는 데에 필요한 것인지를 우선적으로 고려하여야 한다. 〈개정 2013. 3. 23.〉
③ 평가원은 「공인회계사법」에 따른 회계법인 또는 공인회계사로부터 회계감사를 받은 매 사업연도의

세입·세출결산서에 다음 각 호의 서류를 첨부하여 다음 연도의 3월 31일까지 산업통상자원부장관에게 제출해야 한다. 〈개정 2013. 3. 23., 2021. 1. 5.〉
1. 해당 사업연도의 재무상태표 및 손익계산서
2. 해당 사업연도의 사업계획과 그 집행실적
3. 해당 감사를 한 회계법인 또는 공인회계사의 감사 의견서 및 평가원의 해당 사업연도 감사 의견서
4. 그 밖에 결산 내용을 확인할 수 있는 참고 서류
[전문개정 2011. 9. 30.]

제12조(에너지기술 개발 투자 등의 권고) ① 법 제15조에 따른 에너지 관련 사업자는 다음 각 호의 자 중에서 산업통상자원부장관이 정하는 자로 한다. 〈개정 2013. 3. 23.〉
1. 법 제2조제7호에 따른 에너지공급자
2. 법 제2조제8호에 따른 에너지사용기자재의 제조업자
3. 「공공기관의 운영에 관한 법률」 제4조에 따른 공공기관 중 에너지와 관련된 공공기관
② 산업통상자원부장관은 법 제15조에 따라 에너지 관련 사업자에게 에너지기술 개발을 위한 사업에 투자하거나 출연할 것을 권고할 때에는 그 투자 또는 출연의 방법 및 규모 등을 구체적으로 밝혀 문서로 통보하여야 한다. 〈개정 2013. 3. 23.〉
[전문개정 2011. 9. 30.]

제12조의2(에너지기술개발사업 운영규정) 관계중앙행정기관의 장은 에너지기술개발사업의 추진에 필요한 세부적인 운영규정을 정하여 고시할 수 있다.

[제13조에서 이동 〈2023. 4. 18.〉]

제13조(에너지이용 소외계층에 관한 실태조사 등) ① 산업통상자원부장관은 법 제16조의2제2항 본문에 따라 3년마다 「국민기초생활 보장법」에 따른 생계급여 수급자 등을 대상으로 다음 각 호의 사항에 대하여 법 제16조의2제1항제1호에 따른 에너지이용 소외계층(이하 "에너지이용 소외계층"이라 한다)에 관한 실태조사를 실시한다.
1. 재산 및 소득 규모
2. 세대원 수 등 세대정보(「주민등록법」 제30조제1항에 따른 주민등록전산정보자료 및 「가족관계의 등록 등에 관한 법률」 제9조제1항에 따른 가족관계 등록사항에 관한 전산정보자료를 포함한다)
3. 에너지원별 사용량 및 비용지출 등 에너지 사용에 관한 사항
4. 냉난방 가동시간 등 에너지 소비행태에 관한 사항
5. 에너지이용권 이용 실태에 관한 사항
6. 그 밖에 에너지이용 소외계층에 대한 실태조사를 위해 산업통상자원부장관이 필요하다고 인정하는 사항
② 산업통상자원부장관은 제1항에 따른 실태조사를 하려는 경우 실태조사의 목적·대상자, 대상자 선정 기준, 내용·방법 및 기간 등을 포함한 실태조사 계획을 수립하여 해당 조사를 시작하기 전에 조사 대상자에게 통지해야 한다.
③ 산업통상자원부장관은 제1항에 따른 실태조사를 보완하기 위하여 필요한 경우 제1항 각 호의 전부 또는 일부에 대하여 법 제16조의2제2항 단서에 따른 간이조사(이하 "간이조사"라 한다)를 수시로 실시할

수 있다.
④ 제1항에 따른 실태조사 및 간이조사는 현장조사 또는 서면조사의 방법으로 하며, 효율적인 조사를 위해 필요한 경우에는 전자우편 등 정보통신망을 활용한 방식으로 할 수 있다.
[본조신설 2023. 4. 18.]

[종전 제13조는 제12조의2로 이동 〈2023. 4. 18.〉]

제13조의2(에너지이용권의 수급자) 법 제16조의3제1항에서 "대통령령으로 정하는 요건을 갖춘 사람"이란 다음 각 호의 요건을 모두 갖춘 사람을 말한다. 〈개정 2021. 6. 29.〉
1. 다음 각 목의 어느 하나에 해당하는 사람일 것
   가. 다음의 어느 하나에 해당하는 사람이 속한 세대의 세대원(「국민기초생활 보장법」 제5조의2에 따른 수급자로서 「주민등록법 시행령」 제6조의2제1항에 따라 세대별 주민등록표에 기록된 외국인을 포함한다. 이하 같다)으로서 「국민기초생활 보장법」에 따른 생계급여 수급자 또는 의료급여 수급자
      1) 65세 이상의 사람
      2) 「영유아보육법」 제2조제1호에 따른 영유아
      3) 「장애인복지법」 제32조에 따라 등록된 장애인
      4) 「모자보건법」 제2조제1호에 따른 임산부
   나. 그 밖에 경제적·사회적·지리적 제약 등으로 인하여 에너지 이용에 대한 지원이 필요하다고 산업통상자원부장관이 인정하여 고시하는 사람
2. 제1호에 해당하는 사람이 속한 세대의 세대원이 다음 각 목의 어느 하나에 해당하지 아니할 것
   가. 법 제16조의2제1호에 따른 지원사업으로 난방유를 지원받는 경우
   나. 「국민기초생활 보장법」 제32조에 따른 보장시설에서 급여를 받는 경우
   다. 「긴급복지지원법」 제9조제1항제1호바목에 따라 연료비를 해당 연도에 지원받는 경우
   라. 삭제 〈2023. 4. 18.〉
   마. 「석탄산업법」 제29조제7호에 따라 연탄을 지원받는 경우
[전문개정 2016. 10. 4.]

제13조의3(자료제공 요청 대상) 법 제16조의3제2항 전단에서 "가족관계증명·국세 및 지방세 등에 관한 자료 등 대통령령으로 정하는 자료"란 다음 각 호의 자료를 말한다. 〈개정 2016. 10. 4., 2023. 4. 18.〉
1. 제13조의2제1호에 해당하는지 여부를 확인하기 위한 다음 각 목의 자료
   가. 국민기초생활 수급자 증명서
   나. 주민등록표 등본(세대주 및 세대원의 성명과 주민등록번호가 표시된 것을 말한다. 이하 같다)
   다. 장애인 증명서
   라. 임신한 사실을 증명하는 의료기관의 진단서
2. 그 밖에 국세·지방세·토지·건물 등에 관한 자료 중 에너지이용권의 수급자 선정 및 수급 자격 유지에 관한 사항을 확인하기 위하여 산업통상자원부장관이 필요하다고 인정하여 고시하는 자료
[본조신설 2015. 6. 30.]

제13조의4(에너지이용권의 신청) ① 법 제16조의3제1항에 따라 에너지이용권의 발급을 신청하려는 사람은

산업통상자원부령으로 정하는 에너지이용권 발급 신청서에 다음 각 호의 서류를 첨부하여 산업통상자원부장관에게 제출해야 한다. 다만, 제1호부터 제4호까지의 서류는 해당 서류의 당사자가 법 제16조의3제2항에 따른 자료의 제공에 동의하지 않는 경우만 제출한다. 〈개정 2016. 10. 4., 2021. 6. 29.〉
1. 국민기초생활 수급자 증명서
2. 주민등록표 등본
3. 장애인 증명서(제13조의2제1호가목3)에 해당하는 경우만 제출한다)
4. 임신한 사실을 증명하는 의료기관의 진단서(제13조의2제1호가목4)에 해당하는 경우만 제출한다)
5. 대리인이 신청하는 경우에는 다음 각 목의 서류
　가. 대리인의 신분증 사본
　나. 대리사실을 확인할 수 있는 위임장
② 제1항에서 규정한 사항 외에 에너지이용권의 신청에 필요한 사항은 산업통상자원부장관이 정하여 고시한다.
[본조신설 2015. 6. 30.]

제13조의5(에너지이용권의 발급 등) ① 산업통상자원부장관은 제13조의4제1항에 따라 발급 신청을 받은 경우 에너지이용권을 발급할 것인지 여부를 결정하여 신청일부터 14일 이내에 서면 또는 전자문서로 신청인에게 알려야 한다.
② 산업통상자원부장관은 제1항에 따라 발급 결정 통보를 한 경우 세대 단위로 에너지이용권을 발급하여야 한다. 〈개정 2016. 10. 4.〉

법 제16조의3(에너지이용권의 발급 등) ① 산업통상자원부장관은 에너지이용 소외계층에 속하는 사람으로서 대통령령으로 정하는 요건을 갖춘 사람의 신청을 받아 에너지이용권을 발급할 수 있다.
③ 법 제16조의3제1항에 따라 에너지이용권을 발급받은 사람이 다음 각 호의 어느 하나에 해당하게 된 경우에는 그가 속한 세대의 다른 세대원이 산업통상자원부장관에게 에너지이용권을 재신청할 수 있다. 〈개정 2016. 10. 4.〉
1. 사망한 경우
2. 가출 또는 행방불명으로 경찰서 등 행정관청에 신고된 후 1개월이 지났거나 가출 또는 행방불명 사실을 특별자치시장·특별자치도지사·시장·군수·구청장(자치구의 구청장을 말한다)이 확인한 경우
④ 법 제16조의3제1항에 따라 에너지이용권을 발급받은 사람이 거주지를 변경하여 「주민등록법」에 따른 전입신고를 함에 따라 에너지이용권을 사용할 수 없게 된 경우에는 산업통상자원부장관에게 에너지이용권을 재신청할 수 있다. 〈개정 2016. 10. 4.〉
⑤ 제1항부터 제4항까지에서 규정한 사항 외에 에너지이용권의 발급 및 재신청에 필요한 사항은 산업통상자원부장관이 정하여 고시한다. 〈개정 2016. 10. 4.〉
[본조신설 2015. 6. 30.]

제13조의6(예외지급) ① 법 제16조의3제1항에 따른 에너지이용권 발급 요건을 갖춘 사람 또는 법 제16조의4제1항에 따른 이용자(이하 이 조에서 "이용자등"이라 한다)가 다음 각 호의 어느 하나에 해당하는 사유로 에너지이용권의 신청, 발급 또는 사용 등에 제한을 받는 경우에는 산업통상자원부령으로 정하는 바에 따라 금전 또는 현물 등의 지급(이하 "예외지급"이라 한다)을 산업통상자원부장관에게 신청할 수 있다. 〈개정 2021. 3. 30.〉

1. 「전기안전관리법 시행령」 제7조제4항제8호가목에 따른 고시원업의 시설을 이용하는 경우 등 에너지공급자로부터 직접 에너지를 공급받을 수 없거나 에너지이용권을 사용하여 에너지비용의 결제를 할 수 없는 경우
2. 행정상의 착오·지연 등 이용자등의 책임 없는 사유로 에너지이용권 발급이 불가능하게 되거나 지연된 경우
3. 제1호 및 제2호와 유사한 사유로서 산업통상자원부장관이 정하여 고시하는 사유에 해당하는 경우

② 제1항에 따른 신청을 받은 산업통상자원부장관은 검토한 결과 예외지급 사유에 해당하는 경우에는 예외지급의 방식을 결정하여 신청인에게 지급하여야 하며, 예외지급 사유에 해당하지 아니하는 경우에는 그 이유를 명시하여 신청인에게 서면 또는 전자문서 등으로 통지하여야 한다.

③ 제1항 및 제2항에서 규정한 사항 외에 예외지급의 방식 및 절차 등에 관한 사항은 산업통상자원부장관이 정하여 고시한다.

[본조신설 2016. 10. 4.]

[종전 제13조의6은 제13조의7로 이동 〈2016. 10. 4.〉]

제13조의7(전담기관의 지정 기준 등) ① 법 제16조의5제1항에 따른 에너지복지 사업 전담기관(이하 "전담기관"이라 한다)은 다음 각 호의 요건을 모두 갖추어야 한다.
1. 에너지 관련 업무를 전문적으로 수행하는 기관 또는 단체로서 다음 각 목의 어느 하나에 해당할 것
   가. 「공공기관의 운영에 관한 법률」 제4조에 따른 공공기관
   나. 「민법」에 따라 설립된 법인
2. 에너지복지 사업의 수행에 필요한 전담인력을 확보할 것
3. 에너지복지 사업의 수행에 필요한 재정적·기술적 능력을 갖추고 있을 것

② 산업통상자원부장관은 법 제16조의5제1항에 따라 전담기관을 지정한 경우 이를 고시하여야 한다.

③ 산업통상자원부장관은 전담기관에 대하여 다음 각 호의 업무를 수행하게 할 수 있다.
1. 법 제16조의2에 따른 에너지복지 사업(이하 "에너지복지 사업"이라 한다)의 홍보 및 교육
2. 에너지복지 사업의 활성화를 위한 조사·연구
3. 에너지복지 사업의 통계 작성 및 관리
4. 에너지복지 사업의 원활한 수행을 위한 에너지공급자 간의 연계 업무

[본조신설 2015. 6. 30.]

[제13조의6에서 이동, 종전 제13조의7은 제13조의8로 이동 〈2016. 10. 4.〉]

제13조의8(전담기관에 대한 행정처분의 기준) 법 제16조의6제1항에 따른 전담기관에 대한 지정취소 또는 업무정지의 세부기준은 별표 1과 같다.

[본조신설 2015. 6. 30.]

[제13조의7에서 이동, 종전 제13조의8은 제13조의9로 이동 〈2016. 10. 4.〉]

제13조의9(과징금의 부과기준) 법 제16조의7제1항에 따른 위반행위의 종류와 위반정도 등에 따른 과징금의 금액은 별표 2와 같다.

[본조신설 2015. 6. 30.]

[제13조의8에서 이동, 종전 제13조의9는 제13조의10으로 이동 〈2016. 10. 4.〉]

제13조의10(과징금의 부과 및 납부) ① 산업통상자원부장관은 법 제16조의7제1항에 따라 과징금을 부과할 때에는 위반행위의 종류와 과징금의 금액을 분명하게 적은 서면으로 알려야 한다.
② 제1항에 따라 통지를 받은 자는 통지받은 날부터 20일 이내에 과징금을 산업통상자원부장관이 정하는 수납기관에 내야 한다. 〈개정 2023. 12. 12.〉
③ 제2항에 따라 과징금을 받은 수납기관은 과징금을 낸 자에게 영수증을 내주어야 한다.
④ 과징금의 수납기관은 제2항에 따라 과징금을 받았을 때에는 지체 없이 그 사실을 산업통상자원부장관에게 통보하여야 한다.
⑤ 삭제 〈2021. 9. 24.〉
[본조신설 2015. 6. 30.]

[제13조의9에서 이동 〈2016. 10. 4.〉]

제14조(민간활동의 지원 대상) 법 제18조에 따른 민간활동의 지원 대상은 제2조제2항에 따른 에너지 관련 시민단체와 「민법」 제32조에 따라 설립된 비영리법인으로 한다.
[전문개정 2011. 9. 30.]

제15조(에너지 관련 통계 및 에너지 총조사) ① 법 제19조제1항에 따라 에너지 수급에 관한 통계를 작성하는 경우에는 산업통상자원부령으로 정하는 에너지열량 환산기준을 적용하여야 한다. 〈개정 2013. 3. 23.〉
③ 법 제19조제5항에 따른 에너지 총조사는 3년마다 실시하되, 산업통상자원부장관이 필요하다고 인정할 때에는 간이조사를 실시할 수 있다. 〈개정 2013. 3. 23.〉
[전문개정 2011. 9. 30.]

기출문제

문14) 국가에너지 기본계획 및 에너지 관련시책의 효과적인 수립, 시행을 위한 에너지 총조사는 몇 년을 주기로 하여 실시하는가?   ● 13년 3월10일/16년 10월1일/19년 9월21일
① 1년마다   ② 2년마다
③ 3년마다   ④ 5년마다

[정답] ③

문15) 에너지법령에 의한 에너지 총조사는 몇 년 주기로 시행하는가? (단, 간이조사는 제외한다.)   ● 22년 4월24일
① 2년   ② 3년
③ 4년   ④ 5년

[정답] ②

제15조의2(전문기관의 지정) ① 산업통상자원부장관은 법 제19조제6항에 따라 다음 각 호의 기관 중에서 같은 조 제1항 및 제2항에 따른 통계의 작성·분석·관리와 같은 조 제5항에 따른 에너지 총조사에 관한 업무의 전부 또는 일부를 수행하는 전문성을 갖춘 기관(이하 "전문기관"이라 한다)을 지정할 수 있다.
1. 「정부출연연구기관 등의 설립·운영 및 육성에 관한 법률」에 따라 설립된 에너지경제연구원
2. 「에너지이용 합리화법」 제45조에 따른 한국에너지공단
3. 「공공기관의 운영에 관한 법률」에 따른 공공기관
4. 「통계법」 제15조에 따른 통계작성지정기관

② 산업통상자원부장관은 제1항에 따라 전문기관을 지정한 경우에는 지정기관 및 그 업무 수행의 범위를 고시해야 한다.
[본조신설 2023. 1. 17.]

제16조(국회 보고) ① 산업통상자원부장관은 법 제20조에 따른 보고서를 해마다 작성하여 다음 연도 2월 말일까지 국회에 제출하여야 한다. 〈개정 2013. 3. 23.〉
② 제1항에 따른 보고서는 분야별 전문위원회의 검토를 거쳐 작성되어야 한다.
[전문개정 2011. 9. 30.]

제16조의2(질문 및 조사) 법 제21조제3호에서 "대통령령으로 정하는 경우"란 다음 각 호의 경우를 말한다.
1. 에너지이용권 기재금액의 산정 및 확인을 위하여 필요한 경우
2. 법 제16조의4제1항에 따라 에너지공급자가 이용자에게 에너지를 공급한 내용을 확인하기 위하여 필요한 경우

[본조신설 2015. 6. 30.]

제16조의3(권한의 위임·위탁) ① 산업통상자원부장관은 법 제23조제1항에 따라 다음 각 호의 권한을 특별자치시장·특별자치도지사·시장·군수·구청장(자치구의 구청장을 말한다)에게 위임한다. 〈개정 2016. 10. 4.〉
1. 법 제16조의3제1항에 따른 에너지이용권 신청의 접수
2. 법 제16조의3제1항에 따른 에너지이용권 발급 결정 및 통지
3. 법 제16조의4제2항에 따른 에너지공급 거부사유에 대한 정당성 여부 확인
4. 법 제16조의4제3항에 따른 에너지이용권의 부정 사용 여부 확인
5. 법 제16조의4제4항에 따른 에너지이용권의 회수 및 에너지이용권 기재금액에 상당하는 금액의 전부 또는 일부의 환수
6. 법 제21조에 따른 에너지공급자 등에 대한 질문 및 조사
7. 제13조의5제3항에 따른 에너지이용권 재신청에 대한 결정 및 통지
8. 제13조의6제1항에 따른 예외지급의 신청 접수 및 에너지이용권 수급자 여부 확인

② 산업통상자원부장관은 법 제23조제2항에 따라 다음 각 호의 업무를 전담기관에 위탁한다. 〈개정 2016. 10. 4.〉
1. 법 제16조의3제1항에 따른 에너지이용권의 발급에 관한 업무
2. 법 제16조의3제3항에 따른 정보시스템 연계에 관한 업무
3. 법 제16조의3제4항에 따른 자료요청에 관한 업무
4. 법 제16조의4제1항에 따른 에너지공급과 관련된 비용 정산에 관한 업무

5. 제13조의5제3항에 따른 에너지이용권의 재신청에 대한 발급 업무
6. 제13조의6에 따른 예외지급에 관한 업무(제1항제8호에 관한 사항은 제외한다)
[본조신설 2015. 6. 30.]

제17조(민감정보 및 고유식별정보의 처리) 산업통상자원부장관(제16조의3에 따라 산업통상자원부장관의 권한을 위임·위탁받은 자를 포함한다)은 다음 각 호의 사무를 수행하기 위하여 불가피한 경우 「개인정보 보호법」 제23조에 따른 건강에 관한 정보나 같은 법 시행령 제19조제1호 또는 제4호에 따른 주민등록번호 또는 외국인등록번호가 포함된 자료를 처리할 수 있다.
1. 법 제4조제5항에 따른 에너지의 보편적 공급을 위한 저소득층 에너지 이용 지원에 관한 사무
2. 법 제16조의2에 따른 에너지복지 사업에 관한 사무
[전문개정 2015. 6. 30.]

제18조(과태료) 법 제26조제1항 및 제2항에 따른 과태료의 부과기준은 별표 3과 같다. 〈개정 2023. 4. 18.〉
[본조신설 2015. 6. 30.]

부 칙

〈제34496호, 2024. 5. 7.〉

이 영은 공포한 날부터 시행한다.

03
에너지법 시행규칙

01 에너지법
02 에너지법 시행령
03 에너지법 시행규칙
04 에너지이용 합리화법
05 에너지이용 합리화법 시행령
06 에너지이용 합리화법 시행규칙

CHAPTER 03 에너지법 시행규칙

관련법규

제1조(목적) 이 규칙은 「에너지법」 및 같은 법 시행령에서 위임된 사항과 그 시행에 필요한 사항을 규정함을 목적으로 한다.
[전문개정 2011. 12. 30.]

제2조(열사용기자재) 「에너지법」(이하 "법"이라 한다) 제2조제9호에서 "산업통상자원부령으로 정하는 것"이란 「에너지이용 합리화법 시행규칙」 제1조의2에 따른 열사용기자재를 말한다. 〈개정 2012. 6. 28., 2013. 3. 23.〉
[전문개정 2011. 12. 30.]

제3조(전문인력 양성사업의 지원대상 등) ① 법 제16조제2항에 따라 산업통상자원부장관이 필요한 지원을 할 수 있는 대상은 다음 각 호와 같다. 〈개정 2013. 3. 23.〉
1. 국·공립 연구기관
2. 「특정연구기관 육성법」에 따른 특정연구기관
3. 「정부출연연구기관 등의 설립·운영 및 육성에 관한 법률」에 따른 정부출연연구기관
4. 「고등교육법」에 따른 대학(대학원을 포함한다)·산업대학(대학원을 포함한다) 또는 전문대학
5. 「과학기술분야 정부출연연구기관 등의 설립·운영 및 육성에 관한 법률」에 따른 과학기술분야 정부출연연구기관
6. 그 밖에 에너지 및 에너지자원기술 분야의 전문인력을 양성하기 위하여 산업통상자원부장관이 필요하다고 인정하는 기관 또는 단체

② 제1항 각 호의 어느 하나에 해당하는 자 중에서 법 제16조제2항에 따른 지원을 받으려는 자는 지원받으려는 내용 등이 포함된 지원신청서를 산업통상자원부장관에게 제출하여야 한다. 〈개정 2013. 3. 23.〉
③ 산업통상자원부장관은 제2항에 따른 지원신청서가 접수되었을 때에는 60일 이내에 지원 여부, 지원 범위 및 지원 우선순위 등을 심사·결정하여 지원신청자에게 알려야 한다. 〈개정 2013. 3. 23.〉
④ 제2항과 제3항에 따른 신청자격 및 신청방법과 그 밖에 지원 절차에 관하여 필요한 세부사항은 산업통상자원부장관이 정하여 고시한다. 〈개정 2013. 3. 23.〉
[전문개정 2011. 12. 30.]

제3조의2(에너지이용권의 신청 및 발급 등) ① 「에너지법 시행령」(이하 "영"이라 한다) 제13조의4제1항 및 제13조의5제3항·제4항에 따른 에너지이용권 발급 (재)신청서는 별지 제1호서식과 같다. 〈개정 2016. 10. 18.〉
② 영 제13조의4제1항제5호나목에 따른 위임장은 별지 제2호서식과 같다.

③ 영 제13조의5제1항에 따른 에너지이용권 결정 통지서는 별지 제3호서식과 같다.
④ 영 제13조의6제1항에 따라 금전 또는 현물 등의 지급을 신청하려는 사람은 별지 제4호서식의 에너지이용권 예외지급 신청서에 다음 각 호의 서류를 첨부하여 특별자치시장·특별자치도지사·시장·군수 또는 구청장(자치구의 구청장을 말한다. 이하 같다)에게 제출하여야 한다. 〈신설 2016. 10. 18.〉
1. 에너지 관련 영수증 또는 고지서
2. 신청인 또는 신청인이 속한 세대의 다른 세대원의 통장 사본
3. 신청인의 신분증(주민등록증, 운전면허증, 여권, 장애인등록증 등 본인 및 주소를 확인할 수 있는 증명서를 말한다. 이하 같다) 사본
4. 대리인이 신청하는 경우에는 다음 각 목의 서류
   가. 대리인의 신분증 사본
   나. 대리사실을 확인할 수 있는 위임장
⑤ 특별자치시장·특별자치도지사·시장·군수 또는 구청장은 법 제16조의4제4항에 따라 에너지이용권을 회수하거나 에너지이용권 수급자가 수급자격을 상실하게 된 경우에는 별지 제3호서식에 따라 수급자에게 에너지이용권의 사용을 중지하여야 한다는 사실을 통지하여야 한다. 〈개정 2016. 10. 18.〉
[본조신설 2015. 7. 1.]

제3조의3(에너지공급 비용의 청구 및 지급) ① 에너지공급자는 법 제16조의4제1항에 따라 에너지공급 비용을 법 제16조의5제1항에 따른 전담기관(이하 "전담기관"이라 한다)에 청구할 수 있다.
② 제1항에 따른 청구를 받은 전담기관은 그 내용을 확인하고 특별한 사유가 없으면 에너지공급자에게 공급 비용을 지급하여야 한다.
[본조신설 2015. 7. 1.]

제4조(에너지 통계자료의 제출대상 등) ① 법 제19조제4항에 따라 산업통상자원부장관이 자료의 제출을 요구할 수 있는 에너지사용자는 다음 각 호와 같다. 〈개정 2013. 3. 23.〉
1. 중앙행정기관·지방자치단체 및 그 소속기관
2. 「공공기관 운영에 관한 법률」 제4조에 따른 공공기관
3. 「지방공기업법」에 따른 지방직영기업, 지방공사, 지방공단
4. 에너지공급자와 에너지공급자로 구성된 법인·단체
5. 「에너지이용 합리화법」 제31조제1항에 따른 에너지다소비사업자
6. 자가소비를 목적으로 에너지를 수입하거나 전환하는 에너지사용자
② 제1항에 따른 에너지사용자가 자료의 제출을 요구받았을 때에는 특별한 사유가 없으면 그 요구를 받은 날부터 60일 이내에 산업통상자원부장관에게 그 자료를 제출하여야 한다. 〈개정 2013. 3. 23.〉
③ 법 제19조제1항 및 제2항에 따른 통계의 작성서식 및 자료의 제출기한과 그 밖에 통계작성에 필요한 세부 사항은 산업통상자원부장관이 정하여 고시한다. 〈개정 2013. 3. 23.〉
[전문개정 2011. 12. 30.]

제5조(에너지열량 환산기준) ① 영 제15조제1항에 따른 에너지열량 환산기준은 별표와 같다. 〈개정 2017. 12. 28.〉
② 에너지열량 환산기준은 5년마다 작성하되, 산업통상자원부장관이 필요하다고 인정하는 경우에는 수시로 작성할 수 있다. 〈개정 2013. 3. 23., 2017. 12. 28.〉

[전문개정 2011. 12. 30.]
[제목개정 2017. 12. 28.]

부 칙

〈제335호, 2019. 5. 22.〉

이 규칙은 공포한 날부터 시행한다.

04

에너지이용 합리화법

01 에너지법
02 에너지법 시행령
03 에너지법 시행규칙
04 에너지이용 합리화법
05 에너지이용 합리화법 시행령
06 에너지이용 합리화법 시행규칙

CHAPTER 04 에너지이용 합리화법

관련법규

산업통상자원부(에너지효율과) 044-203-5143

제1장 총칙

제1조(목적) 이 법은 에너지의 수급(需給)을 안정시키고 에너지의 합리적이고 효율적인 이용을 증진하며 에너지소비로 인한 환경피해를 줄임으로써 국민경제의 건전한 발전 및 국민복지의 증진과 지구온난화의 최소화에 이바지함을 목적으로 한다.

기출문제

문1) 에너지이용 합리화법의 목적이 아닌 것은? ● 15년 3월8일
① 에너지의 합리적인 이용 증진
② 국민경제의 건전한 발전에 이바지
③ 지구온난화의 최소화에 이바지
④ 에너지자원의 보전 및 관리와 에너지수급 안정

[정답] ④

문2) 에너지이용 합리화법의 목적이 아닌 것은? ● 16년 3월6일
① 에너지 수급 안정화
② 국민 경제의 건전한 발전에 이바지
③ 에너지 소비로 인한 환경피해 감소
④ 연료수급 및 가격 조정

[정답] ④

문3) 에너지이용 합리화법의 목적이 아닌 것은? ● 19년 3월3일
① 에너지의 합리적인 이용을 증진
② 국민경제의 건전한 발전에 이바지
③ 지구온난화의 최소화에 이바지
④ 신재생에너지의 기술개발에 이바지

[정답] ④

문4) 에너지이용 합리화법의 목적으로 가장 거리가 먼 것은? ○ 20년 8월22일
① 에너지의 합리적 이용을 증진
② 에너지 소비로 인한 환경피해 감소
③ 에너지원의 개발
④ 국민 경제의 건전한 발전과 국민복지의 증진

[정답] ③

제2조(용어의 정의)

1. "에너지경영시스템"이란 에너지사용자 또는 에너지공급자가 에너지이용효율을 개선할 수 있는 경영목표를 설정하고, 이를 달성하기 위하여 인적·물적 자원을 일정한 절차와 방법에 따라 체계적이고 지속적으로 관리하는 경영활동체제를 말한다.
2. "에너지관리시스템"이란 에너지사용을 효율적으로 관리하기 위하여 센서·계측장비, 분석 소프트웨어 등을 설치하고 에너지사용현황을 실시간으로 모니터링하여 필요시 에너지사용을 제어할 수 있는 통합 관리시스템을 말한다.
3. "에너지진단"이란 에너지를 사용하거나 공급하는 시설에 대한 에너지 이용실태와 손실요인 등을 파악하여 에너지이용효율의 개선 방안을 제시하는 모든 행위를 말한다.

제3조(정부와 에너지사용자·공급자 등의 책무)
① 정부는 에너지의 수급안정과 합리적이고 효율적인 이용을 도모하고 이를 통한 온실가스의 배출을 줄이기 위한 기본적이고 종합적인 시책을 강구하고 시행할 책무를 진다.
② 지방자치단체는 관할 지역의 특성을 고려하여 국가에너지정책의 효과적인 수행과 지역경제의 발전을 도모하기 위한 지역에너지시책을 강구하고 시행할 책무를 진다.
③ 에너지사용자와 에너지공급자는 국가나 지방자치단체의 에너지시책에 적극 참여하고 협력하여야 하며, 에너지의 생산·전환·수송·저장·이용 등에서 그 효율을 극대화하고 온실가스의 배출을 줄이도록 노력하여야 한다.
④ 에너지사용기자재와 에너지공급설비를 생산하는 제조업자는 그 기자재와 설비의 에너지효율을 높이고 온실가스의 배출을 줄이기 위한 기술의 개발과 도입을 위하여 노력하여야 한다.
⑤ 모든 국민은 일상 생활에서 에너지를 합리적으로 이용하여 온실가스의 배출을 줄이도록 노력하여야 한다.

제2장 에너지이용 합리화를 위한 계획 및 조치 등

제4조(에너지이용 합리화 기본계획)
① 산업통상자원부장관은 에너지를 합리적으로 이용하게 하기 위하여 에너지이용 합리화에 관한 기본계획(이하 "기본계획"이라 한다)을 수립하여야 한다.
② 기본계획에는 다음 각 호의 사항이 포함되어야 한다.
1. 에너지절약형 경제구조로의 전환
2. 에너지이용효율의 증대
3. 에너지이용 합리화를 위한 기술개발
4. 에너지이용 합리화를 위한 홍보 및 교육
5. 에너지원간 대체(代替)

6. 열사용기자재의 안전관리
7. 에너지이용 합리화를 위한 가격예시제(價格豫示制)의 시행에 관한 사항
8. 에너지의 합리적인 이용을 통한 온실가스의 배출을 줄이기 위한 대책
9. 그 밖에 에너지이용 합리화를 추진하기 위하여 필요한 사항으로서 산업통상자원부령으로 정하는 사항

기출문제

문5) 에너지이용 합리화법에 따라 에너지이용 합리화에 관한 기본계획 사항에 포함되지 않는 것은?
　　　　　　　　　　　　　　　　　　　　　　　　　　　　　　　　● 17년 9월23일/22년 3월5일
① 에너지 절약형 경제구조로의 전환
② 에너지이용 합리화를 위한 기술개발
③ 열사용기자재의 안전관리
④ 국가에너지정책목표를 달성하기 위하여 대통령령으로 정하는 사항

[정답] ④

문6) 에너지이용 합리화법에 따라 에너지이용 합리화 기본계획에 포함되지 않는 것은?
　　　　　　　　　　　　　　　　　　　　　　　　　　　　　　　　● 18년 3월4일
① 에너지이용 합리화를 위한 기술개발
② 에너지의 합리적인 이용을 통한 공해성분(SOx, NOx)의 배출을 줄이기 위한 대책
③ 에너지이용 합리화를 위한 가격예시제의 시행에 관한 사항
④ 에너지이용 합리화를 위한 홍보 및 교육

[정답] ②

문7) 에너지이용 합리화법령에 따른 에너지이용 합리화 기본계획에 포함되어야 할 내용이 아닌 것은?
　　　　　　　　　　　　　　　　　　　　　　　　　　　　　　　　● 20년 8월22일
① 에너지 이용 효율의 증대
② 열사용기자재의 안전관리
③ 에너지 소비 최대화를 위한 경제구조로의 전환
④ 에너지원간 대체

[정답] ③

문8) 다음 중 에너지이용 합리화법령상 에너지이용 합리화 기본계획에 포함될 사항이 아닌 것은?
　　　　　　　　　　　　　　　　　　　　　　　　　　　　　　　　● 21년 9월12일
① 열사용기자재의 안전관리
② 에너지절약형 경제구조로의 전환
③ 에너지이용 합리화를 위한 기술개발
④ 한국에너지공단의 운영 계획

[정답] ④

③ 산업통상자원부장관이 제1항에 따라 기본계획을 수립하려면 관계 행정기관의 장과 협의한 후 「에너지법」 제9조에 따른 에너지위원회(이하 "위원회"라 한다)의 심의를 거쳐야 한다.

> **기출문제**
>
> 문9) 에너지이용 합리화를 위한 계획 및 조치에 대한 설명으로 틀린 것은?　　　○ 12년 9월15일
> ① 에너지이용 합리화 기본계획은 5년 주기로 수립하여야 한다.
> ② 에너지이용 합리화 기본계획에는 열사용기자재의 안전관리에 관한 내용을 포함하여야 한다.
> ③ 에너지이용 합리화 기본계획 수립 시 국회에 상정하여 심의를 거쳐 확정한다. -에너지 위원회 심의
> ④ 에너지절약 정책의 수립 및 추진에 관한 사항을 심의하기 위하여 국가에너지절약추진위원회를 두어야 한다.
>
> [정답] ③
>
> 문10) 에너지이용 합리화법에 따라 에너지이용 합리화 기본계획에 대한 설명으로 틀린 것은?
> 　　　○ 19년 9월21일
> ① 기본계획에는 에너지이용효율의 증대에 관한 사항이 포함되어야 한다.
> ② 기본계획에는 에너지절약형 경제구조로의 전환에 관한 사항이 포함되어야 한다.
> ③ 산업통상자원부장관은 기본계획을 수립하기 위하여 필요하다고 인정하는 경우 관계 행정기관의 장에게 필요자료 제출을 요청할 수 있다.
> ④ 시·도지사는 기본계획을 수립하려면 관계 행정기관의 장과 협의한 후 산업통상자원부장관의 심의를 거쳐야 한다. -에너지 위원회 심의
>
> [정답] ④

④ 산업통상자원부장관은 기본계획을 수립하기 위하여 필요하다고 인정하는 경우 관계 행정기관의 장에게 필요한 자료를 제출하도록 요청할 수 있다.

제5조 삭제 〈2018. 4. 17.〉

제6조(에너지이용 합리화 실시계획) ① 관계 행정기관의 장과 특별시장·광역시장·도지사 또는 특별자치도지사(이하 "시·도지사"라 한다)는 기본계획에 따라 에너지이용 합리화에 관한 실시계획을 수립하고 시행하여야 한다.

> **기출문제**
>
> 문11) 에너지이용 합리화법상 에너지이용 합리화 기본계획에 따라 실시계획을 수립하고 시행하여야 하는 대상이 아닌 자는? ◆ 20년 9월26일
> ① 기초지방자치단체 시장   ② 관계 행정기관의 장
> ③ 특별자치도지사   ④ 도지사
>
> [정답] ①

② 관계 행정기관의 장 및 시·도지사는 제1항에 따른 실시계획과 그 시행 결과를 산업통상자원부장관에게 제출하여야 한다. 〈개정 2008. 2. 29., 2013. 3. 23.〉

③ 산업통상자원부장관은 위원회의 심의를 거쳐 제2항에 따라 제출된 실시계획을 종합·조정하고 추진 상황을 점검·평가하여야 한다. 이 경우 평가업무의 효과적인 수행을 위하여 대통령령으로 정하는 바에 따라 관계 연구기관 등에 그 업무를 대행하도록 할 수 있다. 〈신설 2018. 4. 17.〉

제7조(수급안정을 위한 조치) ① 산업통상자원부장관은 국내외 에너지사정의 변동에 따른 에너지의 수급차질에 대비하기 위하여 대통령령으로 정하는 주요 에너지사용자와 에너지공급자에게 에너지저장시설을 보유하고 에너지를 저장하는 의무를 부과할 수 있다. 〈개정 2008. 2. 29., 2013. 3. 23.〉

② 산업통상자원부장관은 국내외 에너지사정의 변동으로 에너지수급에 중대한 차질이 발생하거나 발생할 우려가 있다고 인정되면 에너지수급의 안정을 기하기 위하여 필요한 범위에서 에너지사용자·에너지공급자 또는 에너지사용기자재의 소유자와 관리자에게 다음 각 호의 사항에 관한 조정·명령, 그 밖에 필요한 조치를 할 수 있다. 〈개정 2008. 2. 29., 2013. 3. 23.〉

1. 지역별·주요 수급자별 에너지 할당
2. 에너지공급설비의 가동 및 조업
3. 에너지의 비축과 저장
4. 에너지의 도입·수출입 및 위탁가공
5. 에너지공급자 상호 간의 에너지의 교환 또는 분배 사용
6. 에너지의 유통시설과 그 사용 및 유통경로
7. 에너지의 배급
8. 에너지의 양도·양수의 제한 또는 금지
9. 에너지사용의 시기·방법 및 에너지사용기자재의 사용 제한 또는 금지 등 대통령령으로 정하는 사항
10. 그 밖에 에너지수급을 안정시키기 위하여 대통령령으로 정하는 사항

> **기출문제**
>
> 문12) 에너지이용 합리화법에 따라 산업통상자원부 장관이 국내외 에너지 사정의 변동으로 에너지 수급에 중대한 차질이 발생될 경우 수급안정을 위해 취할 수 있는 조치 사항이 아닌 것은?　　　　◎ 17년9월23일/22년4월24일
> ① 에너지의 배급
> ② 에너지의 비축과 저장
> ③ 에너지의 양도·양수의 제한 또는 금지
> ④ 에너지 수급의 안정을 위하여 산업통상자원부령으로 정하는 사항-대통령령
>
> [정답] ④
>
> 문13) 에너지이용 합리화법령에 따라 산업통상자원부장관은 에너지 수급안정을 위하여 에너지사용자에 필요한 조치를 할 수 있는데 이 조치의 해당사항이 아닌 것은?　◎ 20년8월22일
> ① 지역별·주요 수급자별 에너지 할당
> ② 에너지 공급설비의 정지명령
> ③ 에너지의 비축과 저장
> ④ 에너지사용기자재 사용 제한 또는 금지
>
> [정답] ②

③ 산업통상자원부장관은 제2항에 따른 조치를 시행하기 위하여 관계 행정기관의 장이나 지방자치단체의 장에게 필요한 협조를 요청할 수 있으며 관계 행정기관의 장이나 지방자치단체의 장은 이에 협조하여야 한다. 〈개정 2008. 2. 29., 2013. 3. 23.〉

④ 산업통상자원부장관은 제2항에 따른 조치를 한 사유가 소멸되었다고 인정하면 지체 없이 이를 해제하여야 한다. 〈개정 2008. 2. 29., 2013. 3. 23.〉

제8조(국가·지방자치단체 등의 에너지이용 효율화조치 등) ① 다음 각 호의 자는 이 법의 목적에 따라 에너지를 효율적으로 이용하고 온실가스 배출을 줄이기 위하여 필요한 조치를 추진하여야 한다. 이 경우 해당 조치에 관하여 위원회의 심의를 거쳐야 한다. 〈개정 2018. 4. 17.〉
1. 국가
2. 지방자치단체
3. 「공공기관의 운영에 관한 법률」 제4조제1항에 따른 공공기관

② 제1항에 따라 국가·지방자치단체 등이 추진하여야 하는 에너지의 효율적 이용과 온실가스의 배출 저감을 위하여 필요한 조치의 구체적인 내용은 대통령령으로 정한다.

제9조(에너지공급자의 수요관리투자계획) ① 에너지공급자 중 대통령령으로 정하는 에너지공급자는 해당 에너지의 생산·전환·수송·저장 및 이용상의 효율향상, 수요의 절감 및 온실가스배출의 감축 등을 도모하기 위한 연차별 수요관리투자계획을 수립·시행하여야 하며, 그 계획과 시행 결과를 산업통상자원부장관에게 제출하여야 한다. 연차별 수요관리투자계획을 변경하는 경우에도 또한 같다. 〈개정 2008. 2. 29., 2013. 3. 23.〉

② 산업통상자원부장관은 에너지수급상황의 변화, 에너지가격의 변동, 그 밖에 대통령령으로 정하는 사유가 생긴 경우에는 제1항에 따른 수요관리투자계획을 수정·보완하여 시행하게 할 수 있다. 〈개정 2008. 2. 29., 2013. 3. 23.〉

③ 제1항에 따른 에너지공급자는 연차별 수요관리투자사업비 중 일부를 대통령령으로 정하는 수요관리전문기관에 출연할 수 있다.

④ 산업통상자원부장관은 제1항에 따른 에너지공급자의 수요관리투자를 촉진하기 위하여 수요관리투자로 인하여 에너지공급자에게 발생되는 비용과 손실을 최소화하는 방안을 수립·시행할 수 있다. 〈개정 2008. 2. 29., 2013. 3. 23.〉

제10조(에너지사용계획의 협의) ① 도시개발사업이나 산업단지개발사업 등 대통령령으로 정하는 일정규모 이상의 에너지를 사용하는 사업을 실시하거나 시설을 설치하려는 자(이하 "사업주관자"라 한다)는 그 사업의 실시와 시설의 설치로 에너지수급에 미칠 영향과 에너지소비로 인한 온실가스(이산화탄소만을 말한다)의 배출에 미칠 영향을 분석하고, 소요에너지의 공급계획 및 에너지의 합리적 사용과 그 평가에 관한 계획(이하 "에너지사용계획"이라 한다)을 수립하여, 그 사업의 실시 또는 시설의 설치 전에 산업통상자원부장관에게 제출하여야 한다. 〈개정 2008. 2. 29., 2013. 3. 23.〉

> **기출문제**
>
> 문14) 에너지이용 합리화법에 따라 대통령령으로 정하는 일정규모 이상의 에너지를 사용하는 사업을 실시하거나 시설을 설치하려는 경우 에너지사용계획을 수립하여, 산업실시 전 누구에게 제출하여야 하는가?   ◐ 18년 3월4일
> ① 대통령   ② 시·도지사
> ③ 산업통상자원부장관   ④ 에너지 경제연구원장
>
> [정답] ③

② 산업통상자원부장관은 제1항에 따라 제출한 에너지사용계획에 관하여 사업주관자 중 제8조제1항 각 호에 해당하는 자(이하 "공공사업주관자"라 한다)와 협의하여야 하며, 공공사업주관자 외의 자(이하 "민간사업주관자"라 한다)로부터 의견을 들을 수 있다. 〈개정 2008. 2. 29., 2013. 3. 23.〉

③ 사업주관자가 제1항에 따라 제출한 에너지사용계획 중 에너지 수요예측 및 공급계획 등 대통령령으로 정한 사항을 변경하려는 경우에도 제1항과 제2항으로 정하는 바에 따른다.

④ 사업주관자는 국공립연구기관, 정부출연연구기관 등 에너지사용계획을 수립할 능력이 있는 자로 하여금 에너지사용계획의 수립을 대행하게 할 수 있다.

⑤ 제1항부터 제4항까지의 규정에 따른 에너지사용계획의 내용, 협의 및 의견청취의 절차, 대행기관의 요건, 그 밖에 필요한 사항은 대통령령으로 정한다.

⑥ 산업통상자원부장관은 제4항에 따른 에너지사용계획의 수립을 대행하는 데에 필요한 비용의 산정기준을 정하여 고시하여야 한다. 〈개정 2008. 2. 29., 2013. 3. 23.〉

제11조(에너지사용계획의 검토 등) ① 산업통상자원부장관은 에너지사용계획을 검토한 결과, 그 내용이 에너지의 수급에 적절하지 아니하거나 에너지이용의 합리화와 이를 통한 온실가스(이산화탄소만을 말한다)의 배출감소 노력이 부족하다고 인정되면 대통령령으로 정하는 바에 따라 공공사업주관자에게는 에너지사

용계획의 조정·보완을 요청할 수 있고, 민간사업주관자에게는 에너지사용계획의 조정·보완을 권고할 수 있다. 공공사업주관자가 조정·보완요청을 받은 경우에는 정당한 사유가 없으면 그 요청에 따라야 한다. 〈개정 2008. 2. 29., 2013. 3. 23.〉
② 산업통상자원부장관은 에너지사용계획을 검토할 때 필요하다고 인정되면 사업주관자에게 관련 자료를 제출하도록 요청할 수 있다. 〈개정 2008. 2. 29., 2013. 3. 23.〉
③ 제1항에 따른 에너지사용계획의 검토기준, 검토방법, 그 밖에 필요한 사항은 산업통상자원부령으로 정한다. 〈개정 2008. 2. 29., 2013. 3. 23.〉

제12조(에너지사용계획의 사후관리) ① 산업통상자원부장관은 사업주관자가 에너지사용계획 또는 제11조제1항에 따라 요청받거나 권고받은 조치를 이행하는지를 점검하거나 실태를 파악할 수 있다. 〈개정 2008. 2. 29., 2013. 3. 23.〉
② 제1항에 따른 점검이나 실태파악의 방법과 그 밖에 필요한 사항은 대통령령으로 정한다.

제13조(에너지이용 합리화를 위한 홍보) 정부는 에너지이용 합리화를 위하여 정부의 에너지정책, 기본계획 및 에너지의 효율적 사용방법등에 관한 홍보방안을 강구하여야 한다.

제14조(금융·세제상의 지원) ① 정부는 에너지이용을 합리화하고 이를 통하여 온실가스의 배출을 줄이기 위하여 대통령령으로 정하는 에너지절약형 시설투자, 에너지절약형 기자재의 제조·설치·시공, 그 밖에 에너지이용 합리화와 이를 통한 온실가스배출의 감축에 관한 사업과 우수한 에너지절약 활동 및 성과에 대하여 금융상·세제상의 지원, 경제적 인센티브 제공 또는 보조금의 지급, 그 밖에 필요한 지원을 할 수 있다. 〈개정 2015. 1. 28.〉
② 정부는 제1항에 따른 지원을 하는 경우 「중소기업기본법」 제2조에 따른 중소기업에 대하여 우선하여 지원할 수 있다.

제3장 에너지이용 합리화 시책

제1절 에너지사용기자재 및 에너지관련기자재 관련 시책 〈개정 2013. 7. 30.〉

제15조(효율관리기자재의 지정 등) ① 산업통상자원부장관은 에너지이용 합리화를 위하여 필요하다고 인정하는 경우에는 일반적으로 널리 보급되어 있는 에너지사용기자재(상당량의 에너지를 소비하는 기자재에 한정한다) 또는 에너지관련기자재(에너지를 사용하지 아니하나 그 구조 및 재질에 따라 열손실 방지 등으로 에너지절감에 기여하는 기자재를 말한다. 이하 같다)로서 산업통상자원부령으로 정하는 기자재(이하 "효율관리기자재"라 한다)에 대하여 다음 각 호의 사항을 정하여 고시하여야 한다. 다만, 에너지관련기자재 중 「건축법」 제2조제1항의 건축물에 고정되어 설치·이용되는 기자재 및 「자동차관리법」 제29조제2항에 따른 자동차부품을 효율관리기자재로 정하려는 경우에는 국토교통부장관과 협의한 후 다음 각 호의 사항을 공동으로 정하여 고시하여야 한다. 〈개정 2008. 2. 29., 2013. 3. 23., 2013. 7. 30.〉
1. 에너지의 목표소비효율 또는 목표사용량의 기준
2. 에너지의 최저소비효율 또는 최대사용량의 기준
3. 에너지의 소비효율 또는 사용량의 표시
4. 에너지의 소비효율 등급기준 및 등급표시

5. 에너지의 소비효율 또는 사용량의 측정방법
6. 그 밖에 효율관리기자재의 관리에 필요한 사항으로서 산업통상자원부령으로 정하는 사항

② 효율관리기자재의 제조업자 또는 수입업자는 산업통상자원부장관이 지정하는 시험기관(이하 "효율관리시험기관"이라 한다)에서 해당 효율관리기자재의 에너지 사용량을 측정받아 에너지소비효율등급 또는 에너지소비효율을 해당 효율관리기자재에 표시하여야 한다. 다만, 산업통상자원부장관이 정하여 고시하는 시험설비 및 전문인력을 모두 갖춘 제조업자 또는 수입업자로서 산업통상자원부령으로 정하는 바에 따라 산업통상자원부장관의 승인을 받은 자는 자체측정으로 효율관리시험기관의 측정을 대체할 수 있다. 〈개정 2008. 2. 29., 2013. 3. 23.〉

③ 효율관리기자재의 제조업자 또는 수입업자는 제2항에 따른 측정결과를 산업통상자원부령으로 정하는 바에 따라 산업통상자원부장관에게 신고하여야 한다. 〈개정 2008. 2. 29., 2013. 3. 23.〉

④ 효율관리기자재의 제조업자·수입업자 또는 판매업자가 산업통상자원부령으로 정하는 광고매체를 이용하여 효율관리기자재의 광고를 하는 경우에는 그 광고내용에 제2항에 따른 에너지소비효율등급 또는 에너지소비효율을 포함하여야 한다. 〈개정 2008. 2. 29., 2013. 3. 23.〉

기출문제

문15) 제조업자 등이 광고매체를 이용하여 효율관리기자재의 광고를 하는 경우에 그 광고내용에 포함시켜야 할 사항인 것은? ○ 19년 3월3일/15년 5월31일

① 에너지 최저효율 ② 에너지 사용량
③ 에너지 소비효율 ④ 에너지 평균소비량

[정답] ③

⑤ 효율관리시험기관은 「국가표준기본법」 제23조에 따라 시험·검사기관으로 인정받은 기관으로서 다음 각 호의 어느 하나에 해당하는 기관이어야 한다. 〈개정 2008. 2. 29., 2013. 3. 23.〉
1. 국가가 설립한 시험·연구기관
2. 「특정연구기관 육성법」 제2조에 따른 특정연구기관
3. 제1호 및 제2호의 연구기관과 동등 이상의 시험능력이 있다고 산업통상자원부장관이 인정하는 기관

기출문제

문16) 에너지이용 합리화법령에 따라 효율관리기자재의 제조업자 또는 수입업자는 효율관리시험기관에서 해당 효율관리 기자재의 에너지 사용량을 측정 받아야 한다. 이 시험기관은 누가 지정하는가? ○ 21년 5월15일

① 과학기술정보통신부장관 ② 산업통산자원부장관
③ 기획재정부장관 ④ 환경부장관

[정답] ②

제16조(효율관리기자재의 사후관리) ① 산업통상자원부장관은 효율관리기자재가 제15조제1항제1호·제3호 또는 제4호에 따라 고시한 내용에 적합하지 아니하면 그 효율관리기자재의 제조업자·수입업자 또는 판

매업자에게 일정한 기간을 정하여 그 시정을 명할 수 있다. 〈개정 2008. 2. 29., 2013. 3. 23.〉
② 산업통상자원부장관은 효율관리기자재가 제15조제1항제2호에 따라 고시한 최저소비효율기준에 미달하거나 최대사용량기준을 초과하는 경우에는 해당 효율관리기자재의 제조업자·수입업자 또는 판매업자에게 그 생산이나 판매의 금지를 명할 수 있다. 〈개정 2008. 2. 29., 2013. 3. 23.〉

기출문제

문17) 에너지이용 합리화법령에 따라 산업통상자원부령으로 정하는 광고매체를 이용하여 효율관리기자재의 광고를 하는 경우에는 그 광고내용에 동법에 따른 에너지소비효율 등급 또는 에너지소비효율을 포함하여야 한다. 이 때 효율관리 기자재 관련업자에 해당하지 않는 것은? ◎ 21년 3월7일

① 제조업자 ② 수입업자
③ 판매업자 ④ 수리업자

[정답] ④

---

③ 산업통상자원부장관은 효율관리기자재가 제15조제1항제1호부터 제4호까지의 규정에 따라 고시한 내용에 적합하지 아니한 경우에는 그 사실을 공표할 수 있다. 〈개정 2008. 2. 29., 2013. 3. 23.〉
④ 산업통상자원부장관은 제1항부터 제3항까지의 규정에 따른 처분을 하기 위하여 필요한 경우에는 산업통상자원부령으로 정하는 바에 따라 시중에 유통되는 효율관리기자재가 제15조제1항에 따라 고시된 내용에 적합한지를 조사할 수 있다. 〈신설 2009. 1. 30., 2013. 3. 23.〉

제17조(평균에너지소비효율제도) ① 산업통상자원부장관은 각 효율관리기자재의 에너지소비효율 합계를 그 기자재의 총수로 나누어 산출한 평균에너지소비효율에 대하여 총량적인 에너지효율의 개선이 특히 필요하다고 인정되는 기자재로서「자동차관리법」제3조제1항에 따른 승용자동차 등 산업통상자원부령으로 정하는 기자재(이하 이 조에서 "평균효율관리기자재"라 한다)를 제조하거나 수입하여 판매하는 자가 지켜야 할 평균에너지소비효율을 관계 행정기관의 장과 협의하여 고시하여야 한다. 〈개정 2008. 2. 29., 2013. 3. 23.〉

기출문제

문18) 다음 중 평균효율관리 기자제에 해당하는 것은? ◎ 14년 5월25일/13년 6월2일

① 승용자동차 ② 가전제품
③ 산업용 보일러 ④ 조명기기

[정답] ①

---

② 산업통상자원부장관은 제1항에 따라 고시한 평균에너지소비효율(이하 "평균에너지소비효율기준"이라 한다)에 미달하는 평균효율관리기자재를 제조하거나 수입하여 판매하는 자에게 일정한 기간을 정하여 평균에너지소비효율의 개선을 명할 수 있다. 다만,「자동차관리법」제3조제1항에 따른 승용자동차 등 산업통상자원부령으로 정하는 자동차에 대해서는 그러하지 아니하다. 〈개정 2008. 2. 29., 2013. 3. 23.,

2013. 7. 30.〉
③ 산업통상자원부장관은 제2항에 따른 개선명령을 이행하지 아니하는 자에 대하여는 그 내용을 공표할 수 있다. 〈개정 2008. 2. 29., 2013. 3. 23.〉
④ 평균효율관리기자재를 제조하거나 수입하여 판매하는 자는 에너지소비효율 산정에 필요하다고 인정되는 판매에 관한 자료와 효율측정에 관한 자료를 산업통상자원부장관에게 제출하여야 한다. 다만, 자동차 평균에너지소비효율 산정에 필요한 판매에 관한 자료에 대해서는 환경부장관이 산업통상자원부장관에게 제공하는 경우에는 그러하지 아니하다. 〈개정 2008. 2. 29., 2013. 3. 23., 2013. 7. 30.〉
⑤ 평균에너지소비효율의 산정방법, 개선기간, 개선명령의 이행절차 및 공표방법 등 필요한 사항은 산업통상자원부령으로 정한다. 〈개정 2008. 2. 29., 2013. 3. 23.〉

제17조의2(과징금 부과) ① 환경부장관은 「자동차관리법」 제3조제1항에 따른 승용자동차 등 산업통상자원부령으로 정하는 자동차에 대하여 「기후위기 대응을 위한 탄소중립·녹색성장 기본법」 제32조제2항에 따라 자동차 평균에너지소비효율기준을 택하여 준수하기로 한 자동차 제조업자·수입업자가 평균에너지소비효율기준을 달성하지 못한 경우 그 정도에 따라 대통령령으로 정하는 매출액에 100분의 1을 곱한 금액을 초과하지 아니하는 범위에서 과징금을 부과할 수 있다. 다만, 「대기환경보전법」 제76조의5제2항에 따라 자동차 제조업자·수입업자가 미달성분을 상환하는 경우에는 그러하지 아니하다. 〈개정 2021. 9. 24.〉
② 자동차 평균에너지소비효율기준의 적용·관리에 관한 사항은 「대기환경보전법」 제76조의5에 따른다.
③ 제1항에 따른 과징금의 산정방법·금액, 징수시기, 그 밖에 필요한 사항은 대통령령으로 정한다. 이 경우 과징금의 금액은 「대기환경보전법」 제76조의2에 따른 자동차 온실가스 배출허용기준을 준수하지 못하여 부과하는 과징금 금액과 동일한 수준이 될 수 있도록 정한다.
④ 환경부장관은 제1항에 따라 과징금 부과처분을 받은 자가 납부기한까지 과징금을 내지 아니하면 국세 체납처분의 예에 따라 징수한다.
⑤ 제1항에 따라 징수한 과징금은 「환경정책기본법」에 따른 환경개선특별회계의 세입으로 한다.
[본조신설 2013. 7. 30.]

제18조(대기전력저감대상제품의 지정) 산업통상자원부장관은 외부의 전원과 연결만 되어 있고, 주기능을 수행하지 아니하거나 외부로부터 켜짐 신호를 기다리는 상태에서 소비되는 전력(이하 "대기전력"이라 한다)의 저감(低減)이 필요하다고 인정되는 에너지사용기자재로서 산업통상자원부령으로 정하는 제품(이하 "대기전력저감대상제품"이라 한다)에 대하여 다음 각 호의 사항을 정하여 고시하여야 한다. 〈개정 2008. 2. 29., 2009. 1. 30., 2013. 3. 23.〉
1. 대기전력저감대상제품의 각 제품별 적용범위
2. 대기전력저감기준
3. 대기전력의 측정방법
4. 대기전력 저감성이 우수한 대기전력저감대상제품(이하 "대기전력저감우수제품"이라 한다)의 표시
5. 그 밖에 대기전력저감대상제품의 관리에 필요한 사항으로서 산업통상자원부령으로 정하는 사항

제19조(대기전력경고표지대상제품의 지정 등) ① 산업통상자원부장관은 대기전력저감대상제품 중 대기전력 저감을 통한 에너지이용의 효율을 높이기 위하여 제18조제2호의 대기전력저감기준에 적합할 것이 특히 요구되는 제품으로서 산업통상자원부령으로 정하는 제품(이하 "대기전력경고표지대상제품"이라 한다)에

대하여 다음 각 호의 사항을 정하여 고시하여야 한다. 〈개정 2008. 2. 29., 2013. 3. 23.〉
1. 대기전력경고표지대상제품의 각 제품별 적용범위
2. 대기전력경고표지대상제품의 경고 표시
3. 그 밖에 대기전력경고표지대상제품의 관리에 필요한 사항으로서 산업통상자원부령으로 정하는 사항
② 대기전력경고표지대상제품의 제조업자 또는 수입업자는 대기전력경고표지대상제품에 대하여 산업통상자원부장관이 지정하는 시험기관(이하 "대기전력시험기관"이라 한다)의 측정을 받아야 한다. 다만, 산업통상자원부장관이 정하여 고시하는 시험설비 및 전문인력을 모두 갖춘 제조업자 또는 수입업자로서 산업통상자원부령으로 정하는 바에 따라 산업통상자원부장관의 승인을 받은 자는 자체측정으로 대기전력시험기관의 측정을 대체할 수 있다. 〈개정 2008. 2. 29., 2013. 3. 23.〉
③ 대기전력경고표지대상제품의 제조업자 또는 수입업자는 제2항에 따른 측정 결과를 산업통상자원부령으로 정하는 바에 따라 산업통상자원부장관에게 신고하여야 한다. 〈개정 2008. 2. 29., 2013. 3. 23.〉
④ 대기전력경고표지대상제품의 제조업자 또는 수입업자는 제2항에 따른 측정 결과, 해당 제품이 제18조제2호의 대기전력저감기준에 미달하는 경우에는 그 제품에 대기전력경고표지를 하여야 한다.
⑤ 제2항의 대기전력시험기관으로 지정받으려는 자는 다음 각 호의 요건을 모두 갖추어 산업통상자원부령으로 정하는 바에 따라 산업통상자원부장관에게 지정 신청을 하여야 한다. 〈개정 2008. 2. 29., 2013. 3. 23.〉
1. 다음 각 목의 어느 하나에 해당할 것
    가. 국가가 설립한 시험·연구기관
    나. 「특정연구기관 육성법」 제2조에 따른 특정연구기관
    다. 「국가표준기본법」 제23조에 따라 시험·검사기관으로 인정받은 기관
    라. 가목 및 나목의 연구기관과 동등 이상의 시험능력이 있다고 산업통상자원부장관이 인정하는 기관
2. 산업통상자원부장관이 대기전력저감대상제품별로 정하여 고시하는 시험설비 및 전문인력을 갖출 것

제20조(대기전력저감우수제품의 표시 등) ① 대기전력저감대상제품의 제조업자 또는 수입업자가 해당 제품에 대기전력저감우수제품의 표시를 하려면 대기전력시험기관의 측정을 받아 해당 제품이 제18조제2호의 대기전력저감기준에 적합하다는 판정을 받아야 한다. 다만, 제19조제2항 단서에 따라 산업통상자원부장관의 승인을 받은 자는 자체측정으로 대기전력시험기관의 측정을 대체 할 수 있다. 〈개정 2008. 2. 29., 2013. 3. 23.〉
② 제1항에 따른 적합 판정을 받아 대기전력저감우수제품의 표시를 하는 제조업자 또는 수입업자는 제1항에 따른 측정 결과를 산업통상자원부령으로 정하는 바에 따라 산업통상자원부장관에게 신고하여야 한다. 〈개정 2008. 2. 29., 2013. 3. 23.〉
③ 산업통상자원부장관은 대기전력저감우수제품의 보급을 촉진하기 위하여 필요하다고 인정되는 경우에는 제8조제1항 각 호에 따른 자에 대하여 대기전력저감우수제품을 우선적으로 구매하게 하거나, 공장·사업장 및 집단주택단지 등에 대하여 대기전력저감우수제품의 설치 또는 사용을 장려할 수 있다. 〈개정 2008. 2. 29., 2013. 3. 23.〉

제21조(대기전력저감대상제품의 사후관리) ① 산업통상자원부장관은 대기전력저감우수제품이 제18조제2호의 대기전력저감기준에 미달하는 경우 산업통상자원부령으로 정하는 바에 따라 대기전력저감대상제품의 제조업자 또는 수입업자에게 일정한 기간을 정하여 그 시정을 명할 수 있다. 〈개정 2008. 2. 29., 2013. 3. 23.〉

② 산업통상자원부장관은 대기전력저감대상제품의 제조업자 또는 수입업자가 제1항에 따른 시정명령을 이행하지 아니하는 경우에는 그 사실을 공표할 수 있다. 〈개정 2008. 2. 29., 2013. 3. 23.〉

제22조(고효율에너지기자재의 인증 등) ① 산업통상자원부장관은 에너지이용의 효율성이 높아 보급을 촉진할 필요가 있는 에너지사용기자재 또는 에너지관련기자재로서 산업통상자원부령으로 정하는 기자재(이하 "고효율에너지인증대상기자재"라 한다)에 대하여 다음 각 호의 사항을 정하여 고시하여야 한다. 다만, 에너지관련기자재 중 「건축법」 제2조제1항의 건축물에 고정되어 설치·이용되는 기자재 및 「자동차관리법」 제29조제2항에 따른 자동차부품을 고효율에너지인증대상기자재로 정하려는 경우에는 국토교통부장관과 협의한 후 다음 각 호의 사항을 공동으로 정하여 고시하여야 한다. 〈개정 2008. 2. 29., 2013. 3. 23., 2013. 7. 30.〉
1. 고효율에너지인증대상기자재의 각 기자재별 적용범위
2. 고효율에너지인증대상기자재의 인증 기준·방법 및 절차
3. 고효율에너지인증대상기자재의 성능 측정방법
4. 에너지이용의 효율성이 우수한 고효율에너지인증대상기자재(이하 "고효율에너지기자재"라 한다)의 인증 표시
5. 그 밖에 고효율에너지인증대상기자재의 관리에 필요한 사항으로서 산업통상자원부령으로 정하는 사항

② 고효율에너지인증대상기자재의 제조업자 또는 수입업자가 해당 기자재에 고효율에너지기자재의 인증 표시를 하려면 해당 에너지사용기자재 또는 에너지관련기자재가 제1항제2호에 따른 인증기준에 적합한지 여부에 대하여 산업통상자원부장관이 지정하는 시험기관(이하 "고효율시험기관"이라 한다)의 측정을 받아 산업통상자원부장관으로부터 인증을 받아야 한다. 〈개정 2008. 2. 29., 2013. 3. 23., 2013. 7. 30.〉
③ 제2항에 따라 고효율에너지기자재의 인증을 받으려는 자는 산업통상자원부령으로 정하는 바에 따라 산업통상자원부장관에게 인증을 신청하여야 한다. 〈개정 2008. 2. 29., 2013. 3. 23.〉
④ 산업통상자원부장관은 제3항에 따라 신청된 고효율에너지인증대상기자재가 제1항제2호에 따른 인증기준에 적합한 경우에는 인증을 하여야 한다. 〈개정 2008. 2. 29., 2013. 3. 23.〉
⑤ 제4항에 따라 인증을 받은 자가 아닌 자는 해당 고효율에너지인증대상기자재에 고효율에너지기자재의 인증 표시를 할 수 없다.
⑥ 산업통상자원부장관은 고효율에너지기자재의 보급을 촉진하기 위하여 필요하다고 인정하는 경우에는 제8조제1항 각 호에 따른 자에 대하여 고효율에너지기자재를 우선적으로 구매하게 하거나, 공장·사업장 및 집단주택단지 등에 대하여 고효율에너지기자재의 설치 또는 사용을 장려할 수 있다. 〈개정 2008. 2. 29., 2013. 3. 23.〉
⑦ 제2항의 고효율시험기관으로 지정받으려는 자는 다음 각 호의 요건을 모두 갖추어 산업통상자원부령으로 정하는 바에 따라 산업통상자원부장관에게 지정 신청을 하여야 한다. 〈개정 2008. 2. 29., 2013. 3. 23.〉
1. 다음 각 목의 어느 하나에 해당할 것
　가. 국가가 설립한 시험·연구기관
　나. 「특정연구기관육성법」 제2조에 따른 특정연구기관
　다. 「국가표준기본법」 제23조에 따라 시험·검사기관으로 인정받은 기관
　라. 가목 및 나목의 연구기관과 동등 이상의 시험능력이 있다고 산업통상자원부장관이 인정하는 기관
2. 산업통상자원부장관이 고효율에너지인증대상기자재별로 정하여 고시하는 시험설비 및 전문인력을 갖

출 것

⑧ 산업통상자원부장관은 고효율에너지인증대상기자재 중 기술 수준 및 보급 정도 등을 고려하여 고효율에너지인증대상기자재로 유지할 필요성이 없다고 인정하는 기자재를 산업통상자원부령으로 정하는 기준과 절차에 따라 고효율에너지인증대상기자재에서 제외할 수 있다. 〈신설 2013. 7. 30.〉

제23조(고효율에너지기자재의 사후관리)
① 산업통상자원부장관은 고효율에너지기자재가 제1호에 해당하는 경우에는 인증을 취소하여야 하고, 제2호에 해당하는 경우에는 인증을 취소하거나 6개월 이내의 기간을 정하여 인증을 사용하지 못하도록 명할 수 있다. 〈개정 2008. 2. 29., 2013. 3. 23.〉
1. 거짓이나 그 밖의 부정한 방법으로 인증을 받은 경우
2. 고효율에너지기자재가 제22조제1항제2호에 따른 인증기준에 미달하는 경우

② 산업통상자원부장관은 제1항에 따라 인증이 취소된 고효율에너지기자재에 대하여 그 인증이 취소된 날부터 1년의 범위에서 산업통상자원부령으로 정하는 기간 동안 인증을 하지 아니할 수 있다. 〈개정 2008. 2. 29., 2013. 3. 23.〉

제24조(시험기관의 지정취소 등)
① 산업통상자원부장관은 효율관리시험기관, 대기전력시험기관 및 고효율시험기관이 다음 각 호의 어느 하나에 해당하는 경우에는 그 지정을 취소하거나 6개월 이내의 기간을 정하여 시험업무의 정지를 명할 수 있다. 다만, 제1호 또는 제2호에 해당하면 그 지정을 취소하여야 한다. 〈개정 2008. 2. 29., 2013. 3. 23.〉
1. 거짓이나 그 밖의 부정한 방법으로 지정을 받은 경우
2. 업무정지 기간 중에 시험업무를 행한 경우
3. 정당한 사유 없이 시험을 거부하거나 지연하는 경우
4. 산업통상자원부장관이 정하여 고시하는 측정방법을 위반하여 시험한 경우
5. 제15조제5항, 제19조제5항 또는 제22조제7항에 따른 시험기관의 지정기준에 적합하지 아니하게 된 경우

② 산업통상자원부장관은 제15조제2항 단서, 제19조제2항 단서에 따라 자체측정의 승인을 받은 자가 제1호 또는 제2호에 해당하면 그 승인을 취소하여야 하고, 제3호 또는 제4호에 해당하면 그 승인을 취소하거나 6개월 이내의 기간을 정하여 자체측정업무의 정지를 명할 수 있다. 〈개정 2008. 2. 29., 2013. 3. 23.〉
1. 거짓이나 그 밖의 부정한 방법으로 승인을 받은 경우
2. 업무정지 기간 중에 자체측정업무를 행한 경우
3. 산업통상자원부장관이 정하여 고시하는 측정방법을 위반하여 측정한 경우
4. 산업통상자원부장관이 정하여 고시하는 시험설비 및 전문인력 기준에 적합하지 아니하게 된 경우

제2절 산업 및 건물 관련 시책

제25조(에너지절약전문기업의 지원)
① 정부는 제3자로부터 위탁을 받아 다음 각 호의 어느 하나에 해당하는 사업을 하는 자로서 산업통상자원부장관에게 등록을 한 자(이하 "에너지절약전문기업"이라 한다)가 에너지절약사업과 이를 통한 온실가스의 배출을 줄이는 사업을 하는 데에 필요한 지원을 할 수 있다. 〈개정 2008. 2. 29., 2013. 3. 23.〉
1. 에너지사용시설의 에너지절약을 위한 관리·용역사업
2. 제14조제1항에 따른 에너지절약형 시설투자에 관한 사업

3. 그 밖에 대통령령으로 정하는 에너지절약을 위한 사업

② 에너지절약전문기업으로 등록하려는 자는 대통령령으로 정하는 바에 따라 장비, 자산 및 기술인력 등의 등록기준을 갖추어 산업통상자원부장관에게 등록을 신청하여야 한다. 〈개정 2008. 2. 29., 2013. 3. 23.〉

제26조(에너지절약전문기업의 등록취소 등) 산업통상자원부장관은 에너지절약전문기업이 다음 각 호의 어느 하나에 해당하면 그 등록을 취소하거나 이 법에 따른 지원을 중단할 수 있다. 다만, 제1호에 해당하는 경우에는 그 등록을 취소하여야 한다. 〈개정 2008. 2. 29., 2013. 3. 23.〉

1. 거짓이나 그 밖의 부정한 방법으로 제25조제1항에 따른 등록을 한 경우
2. 거짓이나 그 밖의 부정한 방법으로 제14조제1항에 따른 지원을 받거나 지원받은 자금을 다른 용도로 사용한 경우
3. 에너지절약전문기업으로 등록한 업체가 그 등록의 취소를 신청한 경우
4. 타인에게 자기의 성명이나 상호를 사용하여 제25조제1항 각 호의 어느 하나에 해당하는 사업을 수행하게 하거나 산업통상자원부장관이 에너지절약전문기업에 내준 등록증을 대여한 경우
5. 제25조제2항에 따른 등록기준에 미달하게 된 경우
6. 제66조제1항에 따른 보고를 하지 아니하거나 거짓으로 보고한 경우 또는 같은 항에 따른 검사를 거부·방해 또는 기피한 경우
7. 정당한 사유 없이 등록한 후 3년 이내에 사업을 시작하지 아니하거나 3년 이상 계속하여 사업수행실적이 없는 경우

기출문제

문19) 에너지이용 합리화법에서 정한 에너지절약전문기업 등록의 취소요건이 아닌 것은?

◉ 20년 9월26일

① 규정에 의한 등록기준에 미달하게 된 경우
② 사업수행과 관련하여 다수의 민원을 일으킨 경우
③ 동법에 따른 에너지절약전문기업에 대한 업무에 관한 보고를 하지 아니하거나 거짓으로 보고한 경우
④ 정당한 사유 없이 등록 후 3년 이상 계속하여 사업수행실적이 없는 경우

[정답] ②

제27조(에너지절약전문기업의 등록제한) 제26조에 따라 등록이 취소된 에너지절약전문기업은 등록취소일부터 2년이 지나지 아니하면 제25조제2항에 따른 등록을 할 수 없다.

> **기출문제**
>
> 문20) 에너지이용 합리화법령에 따라 에너지절약전문기업의 등록이 취소된 에너지절약전문기업은 원칙적으로 등록 취소일로부터 최소 얼마의 기간이 지나면 다시 등록을 할 수 있는가?
> ◎ 21년 3월7일/13년 9월28일
> ① 1년 ② 2년
> ③ 3년 ④ 5년
>
> [정답] ②

제27조의2(에너지절약전문기업의 공제조합 가입 등) ① 에너지절약전문기업은 에너지절약사업과 이를 통한 온실가스의 배출을 줄이는 사업을 원활히 수행하기 위하여 「엔지니어링산업 진흥법」 제34조에 따른 공제조합의 조합원으로 가입할 수 있다.
② 제1항에 따른 공제조합은 다음 각 호의 사업을 실시할 수 있다.
1. 에너지절약사업에 따른 의무이행에 필요한 이행보증
2. 에너지절약사업을 위한 채무 보증 및 융자
3. 에너지절약사업 수출을 위한 주거래은행 설정에 관한 보증
4. 에너지절약사업으로 인한 매출채권의 팩토링
5. 에너지절약사업의 대가로 받은 어음의 할인
6. 조합원 및 조합원에 고용된 자의 복지 향상을 위한 공제사업
7. 조합원 출자금의 효율적 운영을 위한 투자사업
③ 제2항제6호의 공제사업을 위한 공제규정, 공제규정으로 정할 내용 등에 관한 사항은 대통령령으로 정한다.
[본조신설 2011. 7. 25.]

제28조(자발적 협약체결기업의 지원 등) ① 정부는 에너지사용자 또는 에너지공급자로서 에너지의 절약과 합리적인 이용을 통한 온실가스의 배출을 줄이기 위한 목표와 그 이행방법 등에 관한 계획을 자발적으로 수립하여 이를 이행하기로 정부나 지방자치단체와 약속(이하 "자발적 협약"이라 한다)한 자가 에너지절약형 시설이나 그 밖에 대통령령으로 정하는 시설 등에 투자하는 경우에는 그에 필요한 지원을 할 수 있다.
② 자발적 협약의 목표, 이행방법의 기준과 평가에 관하여 필요한 사항은 환경부장관과 협의하여 산업통상자원부령으로 정한다. 〈개정 2008. 2. 29., 2013. 3. 23.〉

제28조의2(에너지경영시스템의 지원 등) ① 산업통상자원부장관은 에너지사용자 또는 에너지공급자에게 에너지효율 향상을 위한 전사적(全社的) 에너지경영시스템의 도입을 권장하여야 하며, 이를 도입하는 자에게 필요한 지원을 할 수 있다. 〈개정 2014. 1. 21.〉
② 제1항에 따른 에너지경영시스템의 권장 대상, 지원 기준·방법 등에 관하여 필요한 사항은 산업통상자원부령으로 정한다. 〈개정 2013. 3. 23., 2014. 1. 21., 2015. 1. 28.〉
[본조신설 2011. 7. 25.]
[제목개정 2014. 1. 21.]

제28조의3(에너지관리시스템의 지원 등) ① 산업통상자원부장관은 에너지관리시스템의 보급 활성화를 위하여 에너지사용자에게 에너지관리시스템의 도입을 권장할 수 있으며, 이를 도입하는 자에게 필요한 지원을 할 수 있다.
② 제1항에 따른 에너지관리시스템의 권장 대상, 지원 기준·방법 등에 필요한 사항은 산업통상자원부령으로 정한다.
[본조신설 2015. 1. 28.]

제29조(온실가스배출 감축실적의 등록·관리) ① 정부는 에너지절약전문기업, 자발적 협약체결기업 등이 에너지이용 합리화를 통한 온실가스배출 감축실적의 등록을 신청하는 경우 그 감축실적을 등록·관리하여야 한다.
② 제1항에 따른 신청, 등록·관리 등에 관하여 필요한 사항은 대통령령으로 정한다.

제30조(온실가스의 배출을 줄이기 위한 교육훈련 및 인력양성 등) ① 정부는 온실가스의 배출을 줄이기 위하여 필요하다고 인정하면 산업계종사자 등 온실가스배출 감축 관련 업무담당자에 대하여 교육훈련을 실시할 수 있다.
② 정부는 온실가스 배출을 줄이는 데에 필요한 전문인력을 양성하기 위하여 「고등교육법」 제29조에 따른 대학원 및 같은 법 제30조에 따른 대학원대학 중에서 대통령령으로 정하는 기준에 해당하는 대학원이나 대학원대학을 기후변화협약특성화대학원으로 지정할 수 있다.
③ 정부는 제2항에 따라 지정된 기후변화협약특성화대학원의 운영에 필요한 지원을 할 수 있다.
④ 제1항에 따른 교육훈련대상자와 교육훈련 내용, 제2항에 따른 기후변화협약특성화대학원 지정절차 및 제3항에 따른 지원내용 등에 필요한 사항은 대통령령으로 정한다.

제31조(에너지다소비사업자의 신고 등) ① 에너지사용량이 대통령령으로 정하는 기준량 이상인 자(이하 "에너지다소비사업자"라 한다)는 다음 각 호의 사항을 산업통상자원부령으로 정하는 바에 따라 매년 1월 31일까지 그 에너지사용시설이 있는 지역을 관할하는 시·도지사에게 신고하여야 한다. 〈개정 2008. 2. 29., 2013. 3. 23., 2014. 1. 21.〉

1. 전년도의 분기별 에너지사용량·제품생산량

기출문제

문21) 에너지이용 합리화법령상 에너지다소비 사업자는 산업통상자원부령으로 정하는 바에 따라 에너지사용기자재의 현황을 매년 언제까지 시·도지사에게 신고하여야 하는가?

◉ 15년 9월19일/22년 4월24일

① 12월 31일까지 ② 1월 31일까지
③ 2월 말까지   ④ 3월 31일까지

[정답] ②

문22) 에너지이용합리와법에 따라 에너지 사용량이 대통령령이 정하는 기준량 이상이 되는 에너지다소비사업자는 전년도의 분기별 에너지사용량·제품생산량 등의 사항을 언제까지 신고하여야 하는가?   ● 16년 10월1일/21년 3월7일

① 매년 1월 31일　　　② 매년 3월 31일
③ 매년 6월 30일　　　④ 매년 12월 31일

[정답] ①

문23) 에너지이용 합리화법에 따라 에너지 사용량이 대통령령으로 정하는 기준량 이상인 자는 산업통상자원부령으로 정하는 바에 따라 매년 언제까지 시·도지사에게 신고하여야 하는가?   ● 18년 9월15일

① 1월 31일까지　　　② 3월 31일까지
③ 6월 30일까지　　　④ 12월 31일까지

참고 에너지이용 합리합법 시행령 제35조(에너지다소비사업자) 법 제31조제1항 각 호 외의 부분에서 "대통령령으로 정하는 기준량 이상인 자"란 연료·열 및 전력의 연간 사용량의 합계(이하 "연간 에너지사용량"이라 한다)가 2천 티오이 이상인 자(이하 "에너지다소비사업자"라 한다)를 말한다.
"석유환산톤"(티오이 toe : ton of oil equivalent)이란 원유 1톤(t)이 갖는 열량으로 107kcal를 말한다.
1티오이=1toe=10^7 kcal

[정답] ①

2. 해당 연도의 분기별 에너지사용예정량·제품생산예정량
3. 에너지사용기자재의 현황
4. 전년도의 분기별 에너지이용 합리화 실적 및 해당 연도의 분기별 계획
5. 제1호부터 제4호까지의 사항에 관한 업무를 담당하는 자(이하 "에너지관리자"라 한다)의 현황
② 시·도지사는 제1항에 따른 신고를 받으면 이를 매년 2월 말일까지 산업통상자원부장관에게 통보하여야 한다. 〈개정 2008. 2. 29., 2013. 3. 23., 2024. 9. 20.〉

기출문제

문24) 에너지이용 합리화법에 따라 에너지다소비사업자가 산업통상자원부령으로 정하는 바에 따라 신고하여야 하는 사항이 아닌 것은?   ● 18년 3월4일

① 전년도의 분기별 에너지 사용량, 제품 생산량
② 해당 연도의 분기별 에너지 사용예정량, 제품 생산예정량
③ 에너지사용기자재의 현황
④ 에너지이용효과, 에너지수급체계의 영향분석현황

[정답] ④

문25) 에너지이용 합리화법에 따라 에너지다소비 사업자가 그 에너지사용시설이 있는 지역을

관할하는 시·도지사에게 신고하여야 할 사항에 해당되지 않는 것은?

◦ 16년 5월8일/20년 9월26일

① 전년도의 분기별 에너지사용량, 제품생산량
② 에너지 사용기자재의 현황
③ 사용 에너지원의 종류 및 사용처
④ 해당 연도의 분기별 에너지사용예정량, 제품 생산 예정량

[정답] ③

문26) 에너지이용 합리화법에 따라 에너지다소비사업자가 그 에너지사용시설이 있는 지역을 관할하는 시·도지사에게 신고하여야 하는 사항이 아닌 것은?

◦ 17년 5월7일

① 전년도의 분기별 에너지 사용량·제품생산량
② 해당연도의 분기별 에너지사용예정량·제품생산예정량
③ 내년도의 분기별 에너지이용 합리화 계획
④ 에너지사용기자개의 현황

[정답] ③

문27) 에너지이용 합리화법에 따라 에너지다소비사업자의 신고에 대한 설명으로 옳은 것은?

◦ 19년 9월21일/14년 3월2일

① 에너지다소비사업자는 매년 12월 31일까지 사무소가 소재하는 지역을 관할하는 시·도지사에게 신고하여야 한다.
② 에너지다소비사업자의 신고를 받은 시·도지사는 이를 매년 2월 말일까지 산업통상자원부장관에게 보고하여야 한다.
③ 에너지다소비사업자의 신고에는 에너지를 사용하여 만드는 제품·부가가치 등의 단위당 에너지이용효율 향상목표 또는 온실가스배출 감소목표 및 이행방법을 포함하여야 한다.
④ 에너지다소비사업자는 연료·열의 연간 사용량의 합계가 2천 티오이 이상이고, 전력의 연간 사용량이 4백만 킬로 와트시 이상인 자를 의미한다.

[정답] ②

③ 산업통상자원부장관 및 시·도지사는 에너지다소비사업자가 신고한 제1항 각 호의 사항을 확인하기 위하여 필요한 경우 다음 각 호의 어느 하나에 해당하는 자에 대하여 에너지다소비사업자에게 공급한 에너지의 공급량 자료를 제출하도록 요구할 수 있다. 〈신설 2014. 1. 21.〉
1. 「한국전력공사법」에 따른 한국전력공사
2. 「한국가스공사법」에 따른 한국가스공사
3. 「도시가스사업법」 제2조제2호에 따른 도시가스사업자
4. 「집단에너지사업법」 제2조제3호에 따른 사업자 및 같은 법 제29조에 따른 한국지역난방공사
5. 그 밖에 대통령령으로 정하는 에너지공급기관 또는 관리기관

> **기출문제**

문28) 에너지이용 합리화법상 에너지다소비사업자의 신고와 관련하여 다음 ()에 들어갈 수 없는 것은? (단, 대통령령은 제외한다.)   ● 22년 4월24일

> 산업통상자원부장관 및 시·도지사는 에너지다소비사업자가 신고한 사항을 확인하기 위하여 필요한 경우 (   )에 대하여 에너지다소비사업자에게 공급한 에너지의 공급량 자료를 제출하도록 요구할 수 있다.

① 한국전력공사   ② 한국가스공사
③ 한국가스안전공사   ④ 한국지역난방공사

[정답] ③

제32조(에너지진단 등) ① 산업통상자원부장관은 관계 행정기관의 장과 협의하여 에너지다소비사업자가 에너지를 효율적으로 관리하기 위하여 필요한 기준(이하 "에너지관리기준"이라 한다)을 부문별로 정하여 고시하여야 한다. 〈개정 2008. 2. 29., 2013. 3. 23.〉

> **기출문제**

문29) 에너지이용 합리화법에서 정한 에너지다소비사업자의 에너지관리기준이란?   ● 17년 9월23일

① 에너지를 효율적으로 관리하기 위하여 필요한 기준
② 에너지관리 현황 조사에 대한 필요한 기준
③ 에너지 사용량 및 제품 생산량에 맞게 에너지를 소비하도록 만든 기준
④ 에너지관리 진단 결과 손실요인을 줄이기 위하여 필요한 기준

[정답] ①

② 에너지다소비사업자는 산업통상자원부장관이 지정하는 에너지진단전문기관(이하 "진단기관"이라 한다)으로부터 3년 이상의 범위에서 대통령령으로 정하는 기간마다 그 사업장에 대하여 에너지진단을 받아야 한다. 다만, 물리적 또는 기술적으로 에너지진단을 실시할 수 없거나 에너지진단의 효과가 적은 아파트·발전소 등 산업통상자원부령으로 정하는 범위에 해당하는 사업장은 그러하지 아니하다. 〈개정 2008. 2. 29., 2013. 3. 23., 2015. 1. 28.〉
③ 산업통상자원부장관은 대통령령으로 정하는 바에 따라 에너지진단업무에 관한 자료제출을 요구하는 등 진단기관을 관리·감독한다. 〈개정 2008. 2. 29., 2013. 3. 23.〉
④ 산업통상자원부장관은 자체에너지절감실적이 우수하다고 인정되는 에너지다소비사업자에 대하여는 산업통상자원부령으로 정하는 바에 따라 에너지진단을 면제하거나 에너지진단주기를 연장할 수 있다. 〈개정 2008. 2. 29., 2013. 3. 23.〉
⑤ 산업통상자원부장관은 에너지진단 결과 에너지다소비사업자가 에너지관리기준을 지키고 있지 아니한 경우에는 에너지관리기준의 이행을 위한 지도(이하 "에너지관리지도"라 한다)를 할 수 있다. 〈개정 2008. 2. 29., 2013. 3. 23.〉

⑥ 산업통상자원부장관은 에너지다소비사업자가 에너지진단을 받기 위하여 드는 비용의 전부 또는 일부를 지원할 수 있다. 이 경우 지원 대상·규모 및 절차는 대통령령으로 정한다. 〈개정 2008. 2. 29., 2013. 3. 23.〉

⑦ 산업통상자원부장관은 진단기관에 대하여 평가하고 그 결과를 공개할 수 있다. 이 경우 평가의 기준·방법 및 결과의 공개에 필요한 사항은 산업통상자원부령으로 정한다. 〈신설 2022. 10. 18.〉

⑧ 진단기관의 지정기준은 대통령령으로 정하고, 진단기관의 지정절차와 그 밖에 필요한 사항은 산업통상자원부령으로 정한다. 〈개정 2008. 2. 29., 2013. 3. 23., 2022. 10. 18.〉

⑨ 에너지진단의 범위와 방법, 그 밖에 필요한 사항은 산업통상자원부장관이 정하여 고시한다. 〈개정 2008. 2. 29., 2013. 3. 23., 2022. 10. 18.〉

기출문제

문30) 에너지다소비사업자는 산업통상자원부장관이 지정하는 에너지진단전문기관(이하 "진단기관"이라 한다)으로부터 몇년 이상의 범위에서 대통령령으로 정하는 기간마다 그 사업장에 대하여 에너지진단을 받아야 하는가? ● 18년 9월15일/13년 6월2일

① 1년　　② 2년
③ 3년　　④ 5년

[정답] ③

문31) 에너지다소비사업자는 (　　)이 지정하는 에너지진단전문기관(이하 "진단기관"이라 한다)으로부터 3년 이상의 범위에서 대통령령으로 정하는 기간마다 그 사업장에 대하여 에너지진단을 받아야 한다. ● 22년 3월5일

① 시도지사　　② 대통령
③ 산업통사부장관　　④ 지식경제부 장관

[정답] ③

제33조(진단기관의 지정취소 등) 산업통상자원부장관은 진단기관의 지정을 받은 자가 다음 각 호의 어느 하나에 해당하면 그 지정을 취소하거나 2년 이내의 기간을 정하여 그 업무의 정지를 명할 수 있다. 다만, 제1호에 해당하는 경우에는 그 지정을 취소하여야 한다. 〈개정 2008. 2. 29., 2013. 3. 23., 2014. 1. 21., 2022. 10. 18.〉

1. 거짓이나 그 밖의 부정한 방법으로 지정을 받은 경우
2. 에너지관리기준에 비추어 현저히 부적절하게 에너지진단을 하는 경우
3. 제32조제7항에 따른 평가 결과 진단기관으로서 적절하지 아니하다고 판단되는 경우
4. 제32조제8항에 따른 지정기준에 적합하지 아니하게 된 경우
5. 제66조제1항에 따른 보고를 하지 아니하거나 거짓으로 보고한 경우 또는 같은 항에 따른 검사를 거부·방해 또는 기피한 경우
6. 정당한 사유 없이 3년 이상 계속하여 에너지진단업무 실적이 없는 경우

제34조(개선명령) ① 산업통상자원부장관은 에너지관리지도 결과, 에너지가 손실되는 요인을 줄이기 위하여 필요하다고 인정하면 에너지다소비사업자에게 에너지손실요인의 개선을 명할 수 있다. 〈개정 2008. 2. 29., 2013. 3. 23.〉
② 제1항에 따른 개선명령의 요건 및 절차는 대통령령으로 정한다.

> **기출문제**
>
> 문32) 에너지이용 합리화법령에 따라 에너지다소비사업자에게 에너지손실요인의 개선명령을 할 수 있는 자는?　　　　　　　　　　　　　　　　● 21년 3월7일/14년 5월25일/17년 5월7일
> ① 산업통상자원부장관　　　② 시·도지사
> ③ 한국에너지공단이사장　　④ 에너지관리진단기관협회장
>
> [정답] ①

제35조(목표에너지원단위의 설정 등) ① 산업통상자원부장관은 에너지의 이용효율을 높이기 위하여 필요하다고 인정하면 관계 행정기관의 장과 협의하여 에너지를 사용하여 만드는 제품의 단위당 에너지사용목표량 또는 건축물의 단위면적당 에너지사용목표량(이하 "목표에너지원단위"라 한다)을 정하여 고시하여야 한다. 〈개정 2008. 2. 29., 2013. 3. 23.〉

> **기출문제**
>
> 문33) 에너지이용 합리화법에서 목표에너지원단위란 무엇인가?　　● 18년 4월28일/14년 9월20일
> ① 연료의 단위당 제품생산목표량
> ② 제품의 단위당 에너지사용목표량
> ③ 제품의 생산목표량
> ④ 목표량에 맞는 에너지사용량
>
> [정답] ②
>
> 문34) 에너지이용 합리화법상의 "목표에너지원단위"란?　　　　● 13년 9월28일/17년 3월5일
> ① 열사용기기당 단위시간에 사용할 열의 사용 목표량
> ② 각 회사마다 단위기간 동안 사용할 열의 사용 목표량
> ③ 에너지를 사용하여 만드는 제품의 단위당 에너지사용 목표량
> ④ 보일러에서 증기 1톤을 발생할 때 사용할 연료의 사용목표량
>
> [정답] ③

문35) 에너지를 사용하여 만드는 제품의 단위당 에너지 사용 목표량 또는 건축물의 단위면적당 에너지사용 목표량을 정 하여 고시하는 자는?(관련 규정 개정된 문제)) ◉ 12년 9월15일
① 국토해양부장관
② 에너지관리공단이사장
③ 대통령
④ 산업통상자원부장관　　　*지식경제부장관 -개정전에는 지식경제부장관

[정답] ④

② 산업통상자원부장관은 산업통상자원부령으로 정하는 바에 따라 목표에너지원단위의 달성에 필요한 자금을 융자할 수 있다. 〈개정 2008. 2. 29., 2013. 3. 23.〉

제35조의2(붙박이에너지사용기자재의 효율관리) ① 산업통상자원부장관은 건설사업자(「주택법」 제4조에 따라 등록한 주택건설사업자 또는 「건축법」 제2조에 따른 건축주 및 공사시공자를 말한다. 이하 같다)가 설치하여 입주자에게 공급하는 붙박이 가전제품(건축물의 난방, 냉방, 급탕, 조명, 환기를 위한 제품은 제외한다)으로서 국토교통부장관과 협의하여 산업통상자원부령으로 정하는 에너지사용기자재(이하 "붙박이에너지사용기자재"라 한다)의 에너지이용 효율을 높이기 위하여 다음 각 호의 사항을 정하여 고시하여야 한다. 〈개정 2016. 1. 19., 2019. 12. 10.〉
1. 에너지의 최저소비효율 또는 최대사용량의 기준
2. 에너지의 소비효율등급 또는 대기전력 기준
3. 그 밖에 붙박이에너지사용기자재의 관리에 필요한 사항으로서 산업통상자원부령으로 정하는 사항
② 산업통상자원부장관은 건설사업자에게 제1항에 따라 고시된 사항을 준수하도록 권고할 수 있다. 〈개정 2019. 12. 10.〉
③ 산업통상자원부장관은 붙박이에너지사용기자재를 설치한 건설사업자에 대하여 국토교통부장관과 협의하여 산업통상자원부령으로 정하는 바에 따라 제2항에 따른 권고의 이행 여부를 조사할 수 있다. 〈개정 2019. 12. 10.〉
[본조신설 2013. 7. 30.]

제36조(폐열의 이용) ① 에너지사용자는 사업장 안에서 발생하는 폐열을 이용하기 위하여 노력하여야 하며, 사업장 안에서 이용하지 아니하는 폐열을 타인이 사업장 밖에서 이용하기 위하여 공급받으려는 경우에는 이에 적극 협조하여야 한다.
② 산업통상자원부장관은 폐열의 이용을 촉진하기 위하여 필요하다고 인정하면 폐열을 발생시키는 에너지사용자에게 폐열의 공동이용 또는 타인에 대한 공급 등을 권고할 수 있다. 다만, 폐열의 공동이용 또는 타인에 대한 공급 등에 관하여 당사자 간에 협의가 이루어지지 아니하거나 협의를 할 수 없는 경우에는 조정을 할 수 있다. 〈개정 2008. 2. 29., 2013. 3. 23.〉
③ 「집단에너지사업법」에 따른 사업자는 같은 법 제5조에 따라 집단에너지공급대상지역으로 지정된 지역에 소각시설이나 산업시설에서 발생되는 폐열을 활용하기 위하여 적극 노력하여야 한다.

제36조의2(냉난방온도제한건물의 지정 등) ① 산업통상자원부장관은 에너지의 절약 및 합리적인 이용을 위하여 필요하다고 인정하면 냉난방온도의 제한온도 및 제한기간을 정하여 다음 각 호의 건물 중에서 냉난방

온도를 제한하는 건물을 지정할 수 있다. 〈개정 2013. 3. 23.〉
1. 제8조제1항 각 호에 해당하는 자가 업무용으로 사용하는 건물
2. 에너지다소비사업자의 에너지사용시설 중 에너지사용량이 대통령령으로 정하는 기준량 이상인 건물
② 산업통상자원부장관은 제1항에 따라 냉난방온도의 제한온도 및 제한기간을 정하여 냉난방온도를 제한하는 건물을 지정한 때에는 다음 각 호의 구분에 따라 통지하고 이를 고시하여야 한다. 〈개정 2013. 3. 23.〉
1. 제1항제1호의 건물 : 관리기관(관리기관이 따로 없는 경우에는 그 기관의 장을 말한다. 이하 같다)에 통지
2. 제1항제2호의 건물 : 에너지다소비사업자에게 통지
③ 제1항 및 제2항에 따라 냉난방온도를 제한하는 건물로 지정된 건물(이하 "냉난방온도제한건물"이라 한다)의 관리기관 또는 에너지다소비사업자는 해당 건물의 냉난방온도를 제한온도에 적합하도록 유지·관리하여야 한다.
④ 산업통상자원부장관은 냉난방온도제한건물의 관리기관 또는 에너지다소비사업자가 해당 건물의 냉난방온도를 제한온도에 적합하게 유지·관리하는지 여부를 점검하거나 실태를 파악할 수 있다. 〈개정 2013. 3. 23.〉
⑤ 제1항에 따른 냉난방온도의 제한온도를 정하는 기준 및 냉난방온도제한건물의 지정기준, 제4항에 따른 점검 방법 등에 필요한 사항은 산업통상자원부령으로 정한다. 〈개정 2013. 3. 23.〉
[본조신설 2009. 1. 30.]

제36조의3(건물의 냉난방온도 유지·관리를 위한 조치) 산업통상자원부장관은 냉난방온도제한건물의 관리기관 또는 에너지다소비사업자가 제36조의2제3항에 따라 해당 건물의 냉난방온도를 제한온도에 적합하게 유지·관리하지 아니한 경우에는 냉난방온도의 조절 등 냉난방온도의 적합한 유지·관리에 필요한 조치를 하도록 권고하거나 시정조치를 명할 수 있다. 〈개정 2013. 3. 23.〉
[본조신설 2009. 1. 30.]

제4장 열사용기자재의 관리

제37조(특정열사용기자재) 열사용기자재 중 제조, 설치·시공 및 사용에서의 안전관리, 위해방지 또는 에너지이용의 효율관리가 특히 필요하다고 인정되는 것으로서 산업통상자원부령으로 정하는 열사용기자재(이하 "특정열사용기자재"라 한다)의 설치·시공이나 세관(洗罐 : 물이 흐르는 관 속에 낀 물때나 녹따위를 벗겨 냄)을 업(이하 "시공업"이라 한다)으로 하는 자는 「건설산업기본법」 제9조제1항에 따라 시·도지사에게 등록하여야 한다. 〈개정 2008. 2. 29., 2013. 3. 23.〉

기출문제

문36) 에너지이용 합리화법에 따라 특정열사용기자재의 설치·시공이나 세관을 업으로 하는 자는 어디에 등록을 하여야 하는가? ◎ 18년 9월15일
① 행정안전부장관 ② 한국열관리시공협회
③ 한국에너지공단 이사장 ④ 시·도지사

[정답] ④

문37) 에너지이용 합리화법령상 특정열사용기자재의 설치·시공이나 세관(洗罐)을 업으로 하는 자는 어떤 법령에 따라 누구에게 등록하여야 하는가? ● 21년 5월15일

① 건설산업기본법, 시·도지사
② 건설산업기본법, 과학기술정보통신부장관
③ 건설기술 진흥법, 시장·구청장
④ 건설기술 진흥법, 산업통상자원부장관

[정답] ①

제38조(시공업등록말소 등의 요청) 산업통상자원부장관은 제37조에 따라 시공업의 등록을 한 자(이하 "시공업자"라 한다)가 고의 또는 과실로 특정열사용기자재의 설치, 시공 또는 세관을 부실하게 함으로써 시설물의 안전 또는 에너지효율 관리에 중대한 문제를 초래하면 시·도지사에게 그 등록을 말소하거나 그 시공업의 전부 또는 일부를 정지하도록 요청할 수 있다. 〈개정 2008. 2. 29., 2013. 3. 23.〉

제39조(검사대상기기의 검사) ① 특정열사용기자재 중 산업통상자원부령으로 정하는 검사대상기기(이하 "검사대상기기"라 한다)의 제조업자는 그 검사대상기기의 제조에 관하여 시·도지사의 검사를 받아야 한다. 〈개정 2008. 2. 29., 2013. 3. 23.〉
② 다음 각 호의 어느 하나에 해당하는 자(이하 "검사대상기기설치자"라 한다)는 산업통상자원부령으로 정하는 바에 따라 시·도지사의 검사를 받아야 한다. 〈개정 2008. 2. 29., 2013. 3. 23.〉
1. 검사대상기기를 설치하거나 개조하여 사용하려는 자
2. 검사대상기기의 설치장소를 변경하여 사용하려는 자
3. 검사대상기기를 사용중지한 후 재사용하려는 자
③ 시·도지사는 제1항이나 제2항에 따른 검사에 합격된 검사대상기기의 제조업자나 설치자에게는 지체 없이 그 검사의 유효기간을 명시한 검사증을 내주어야 한다.
④ 검사의 유효기간이 끝나는 검사대상기기를 계속 사용하려는 자는 산업통상자원부령으로 정하는 바에 따라 다시 시·도지사의 검사를 받아야 한다. 〈개정 2008. 2. 29., 2013. 3. 23.〉
⑤ 제1항·제2항 또는 제4항에 따른 검사에 합격되지 아니한 검사대상기기는 사용할 수 없다. 다만, 시·도지사는 제4항에 따른 검사의 내용 중 산업통상자원부령으로 정하는 항목의 검사에 합격되지 아니한 검사대상기기에 대하여는 검사대상기기의 안전관리와 위해방지에 지장이 없는 범위에서 산업통상자원부령으로 정하는 기간 내에 그 검사에 합격할 것을 조건으로 계속 사용하게 할 수 있다. 〈개정 2008. 2. 29., 2013. 3. 23.〉
⑥ 시·도지사는 제1항·제2항 및 제4항에 따른 검사에서 검사대상기기의 안전관리와 위해방지에 지장이 없는 범위에서 산업통상자원부령으로 정하는 바에 따라 그 검사의 전부 또는 일부를 면제할 수 있다. 〈개정 2008. 2. 29., 2013. 3. 23.〉
⑦ 검사대상기기설치자는 다음 각 호의 어느 하나에 해당하면 산업통상자원부령으로 정하는 바에 따라 시·도지사에게 신고하여야 한다. 〈개정 2008. 2. 29., 2013. 3. 23.〉
1. 검사대상기기를 폐기한 경우
2. 검사대상기기의 사용을 중지한 경우
3. 검사대상기기의 설치자가 변경된 경우

4. 제6항에 따라 검사의 전부 또는 일부가 면제된 검사대상기기 중 산업통상자원부령으로 정하는 검사대상기기를 설치한 경우
⑧ 검사대상기기에 대한 검사의 내용·기준, 그 밖에 필요한 사항은 산업통상자원부령으로 정한다. 〈개정 2008. 2. 29., 2013. 3. 23.〉

제39조의2(수입 검사대상기기의 검사) ① 검사대상기기를 수입하려는 자는 제조업자로 하여금 그 검사대상기기의 제조에 관하여 산업통상자원부장관의 검사를 받도록 하여야 한다. 다만, 산업통상자원부장관은 수입 검사대상기기가 다음 각 호의 어느 하나에 해당하는 경우에는 검사대상기기의 안전관리와 위해방지에 지장이 없는 범위에서 산업통상자원부령으로 정하는 바에 따라 그 검사의 전부 또는 일부를 면제할 수 있다.
1. 산업통상자원부장관이 고시하는 외국의 검사기관에서 검사를 받은 경우
2. 전시회나 박람회에 출품할 목적으로 수입하는 경우
3. 그 밖에 산업통상자원부령으로 정하는 경우
② 산업통상자원부장관은 제1항에 따른 검사에 합격된 검사대상기기의 제조업자에게는 지체 없이 검사증을 내주어야 한다.
③ 제1항에 따른 검사에 합격되지 아니한 검사대상기기는 수입할 수 없다.
④ 제1항에 따른 검사의 내용·기준, 그 밖에 필요한 사항은 산업통상자원부령으로 정한다.
[본조신설 2016. 12. 2.]

제40조(검사대상기기관리자의 선임) ① 검사대상기기설치자는 검사대상기기의 안전관리, 위해방지 및 에너지 이용의 효율을 관리하기 위하여 검사대상기기의 관리자(이하 "검사대상기기관리자"라 한다)를 선임하여야 한다. 〈개정 2018. 4. 17.〉
② 검사대상기기관리자의 자격기준과 선임기준은 산업통상자원부령으로 정한다. 〈개정 2008. 2. 29., 2013. 3. 23., 2018. 4. 17.〉
③ 검사대상기기설치자는 검사대상기기관리자를 선임 또는 해임하거나 검사대상기기관리자가 퇴직한 경우에는 산업통상자원부령으로 정하는 바에 따라 시·도지사에게 신고하여야 한다. 〈개정 2008. 2. 29., 2013. 3. 23., 2018. 4. 17.〉

기출문제

문38) 에너지이용 합리화법에 따라 검사대상기기 설치자는 검사대상기기조종자를 선임하거나 해임한 때 산업통상자원부령에 따라 누구에게 신고하여야 하는가? ◈ 16년 3월6일
① 시·도지사 ② 시장·군수
③ 경찰서장·소방서장 ④ 한국에너지공단이사장

[정답] ①

---

④ 검사대상기기설치자는 검사대상기기관리자를 해임하거나 검사대상기기관리자가 퇴직하는 경우에는 해임이나 퇴직 이전에 다른 검사대상기기관리자를 선임하여야 한다. 다만, 산업통상자원부령으로 정하는 사유에 해당하는 경우에는 시·도지사의 승인을 받아 다른 검사대상기기관리자의 선임을 연기할 수 있다. 〈개정 2008. 2. 29., 2013. 3. 23., 2018. 4. 17.〉

[제목개정 2018. 4. 17.]

제40조의2(검사대상기기 사고의 통보 및 조사) ① 검사대상기기설치자는 검사대상기기로 인하여 다음 각 호의 어느 하나에 해당하는 사고가 발생한 때에는 지체 없이 사고의 일시·내용 등 산업통상자원부령으로 정하는 사항을 제45조에 따른 한국에너지공단에 통보하여야 하며, 한국에너지공단은 이를 산업통상자원부장관 또는 시·도지사에게 보고하여야 한다.
1. 사람이 사망한 사고
2. 사람이 부상당한 사고
3. 화재 또는 폭발 사고
4. 그 밖에 검사대상기기가 파손된 사고로서 산업통상자원부령으로 정하는 사고

② 제1항에 따라 통보를 받은 한국에너지공단은 사고의 재발 방지를 위하여 필요하다고 인정하면 사고의 원인과 경위 등을 조사할 수 있다.
[본조신설 2017. 10. 31.]

제5장 시공업자단체

제41조(시공업자단체의 설립) ① 시공업자는 품위 유지, 기술 향상, 시공방법 개선, 그 밖에 시공업의 건전한 발전을 위하여 산업통상자원부장관의 인가를 받아 시공업자단체를 설립할 수 있다.
② 시공업자단체는 법인으로 한다.
③ 시공업자단체는 설립등기를 함으로써 성립한다.
④ 시공업자단체의 설립, 정관의 기재사항과 감독에 관하여 필요한 사항은 대통령령으로 정한다.

기출문제

문39) 에너지이용 합리화법령상 시공업자단체에 대한 설명으로 틀린 것은? ● 22년 3월5일/13년 6월2일
① 시공업자는 산업통상자원부장관의 인가를 받아 시공업자단체를 설립할 수 있다.
② 시공업자단체는 개인으로 한다.
③ 시공업자는 시공업자단체에 가입할 수 있다.
④ 시공업자단체는 시공업에 관한 사업을 정부에 건의할 수 있다.

해설 시공업자단체는 개인이 아닌 법인으로 설립한다.

[정답] ②

제42조(시공업자단체의 회원 자격) 시공업자는 시공업자단체에 가입할 수 있다.

제43조(건의와 자문) 시공업자단체는 시공업에 관한 사항을 정부에 건의하거나 정부의 자문에 응할 수 있다.

제44조(「민법」의 준용) 시공업자단체에 관하여 이 법에 규정한 것 외에는 「민법」중 사단법인에 관한 규정을 준용한다.

제6장 한국에너지공단 〈개정 2015. 1. 28.〉

제45조(한국에너지공단의 설립 등) ① 에너지이용 합리화사업을 효율적으로 추진하기 위하여 한국에너지공단(이하 "공단"이라 한다)을 설립한다. 〈개정 2015. 1. 28.〉
② 정부 또는 정부 외의 자는 공단의 설립·운영과 사업에 드는 자금에 충당하기 위하여 출연을 할 수 있다.
③ 제2항에 따른 출연시기, 출연방법, 그 밖에 필요한 사항은 대통령령으로 정한다.
[제목개정 2015. 1. 28.]

> **기출문제**
>
> 문40) 에너지이용 합리화법에 명시된 에너지관리공단의 설립목적은?　　● 13년 9월28일
> ① 시·도의 기능을 대신하기 위하여
> ② 정부의 과대한 업무를 일부 분담키 위하여
> ③ 에너지수급 및 동향을 효율적인 방안으로 관리하기 위하여
> ④ 에너지이용합리화 사업을 효율적으로 추진하기 위하여
>
> [정답] ④

제46조(법인격) 공단은 법인으로 한다.

제47조(사무소) ① 공단의 주된 사무소의 소재지는 정관으로 정한다.
② 공단은 산업통상자원부장관의 승인을 받아 필요한 곳에 지부(支部), 연수원, 사업소 또는 부설기관을 둘 수 있다. 〈개정 2008. 2. 29., 2013. 3. 23.〉

제48조(정관) 공단의 정관에는 「공공기관의 운영에 관한 법률」 제16조제1항에 따른 기재사항 외에 다음 각 호의 사항을 포함하여야 한다.
1. 지부, 연수원 및 사업소에 관한 사항
2. 부설기관의 운영과 관리에 관한 사항
3. 재산에 관한 사항
4. 규약·규정의 제정, 개정 및 폐지에 관한 사항
[전문개정 2009. 1. 30.]

제49조(설립등기) ① 공단은 주된 사무소의 소재지에서 설립등기를 함으로써 성립한다.
② 제1항에 따른 설립등기 사항은 다음 각 호와 같다.
1. 목적
2. 명칭
3. 주된 사무소, 지부, 연수원 및 사업소
4. 임원의 성명과 주소
5. 공고의 방법

③ 설립등기 외의 등기에 관하여 필요한 사항은 대통령령으로 정한다.

제50조(유사명칭의 사용금지) 공단이 아닌 자는 한국에너지공단 또는 이와 유사한 명칭을 사용하지 못한다. 〈개정 2015. 1. 28.〉

제51조(임원) 공단에 임원으로 이사장과 부이사장을 포함한 이사와 감사를 두며, 그 정수는 다음 각 호와 같이 한다.
1. 이사장 1명
2. 부이사장 1명
3. 이사장, 부이사장을 제외한 이사 9명 이내(6명 이내의 비상임이사를 포함한다)
4. 감사 1명

기출문제

문41) 에너지관리공단의 임원에 관한 내용 중 틀린 것은?   ◉ 14년 5월25일
① 감사 1명
② 본부장 3명
③ 이사장 1명
④ 이사장, 부이사장을 제외한 이사 9명 이내(6명 이내의 비상임 이사를 포함한다.)

[정답] ②

제52조 삭제 〈2009. 1. 30.〉

제53조(임원의 직무) ① 이사장은 공단을 대표하고, 공단의 업무를 총괄한다
② 부이사장은 이사장을 보좌한다. 〈개정 2009. 1. 30.〉
③ 이사는 정관으로 정하는 바에 따라 공단의 업무를 분장한다. 〈개정 2009. 1. 30.〉
④ 감사는 공단의 업무와 회계를 감사한다.

제54조 삭제 〈2009. 1. 30.〉

제55조 삭제 〈2009. 1. 30.〉

제56조(직원의 임면) 공단의 직원은 정관으로 정하는 바에 따라 이사장이 임면한다.

제57조(사업) 공단은 다음 각 호의 사업을 한다. 〈개정 2008. 2. 29., 2013. 3. 23., 2013. 7. 30., 2015. 1. 28.〉
1. 에너지이용 합리화 및 이를 통한 온실가스의 배출을 줄이기 위한 사업과 국제협력
2. 에너지기술의 개발·도입·지도 및 보급
3. 에너지이용 합리화, 신에너지 및 재생에너지의 개발과 보급, 집단에너지공급사업을 위한 자금의 융자

및 지원
4. 제25조제1항 각 호의 사업
5. 에너지진단 및 에너지관리지도
6. 신에너지 및 재생에너지 개발사업의 촉진
7. 에너지관리에 관한 조사·연구·교육 및 홍보
8. 에너지이용 합리화사업을 위한 토지·건물 및 시설 등의 취득·설치·운영·대여 및 양도
9. 「집단에너지사업법」 제2조에 따른 집단에너지사업의 촉진을 위한 지원 및 관리
10. 에너지사용기자재·에너지관련기자재의 효율관리 및 열사용기자재의 안전관리
11. 사회취약계층의 에너지이용 지원
12. 제1호부터 제11호까지의 사업에 딸린 사업
13. 제1호부터 제12호까지의 사업 외에 산업통상자원부장관, 시·도지사, 그 밖의 기관 등이 위탁하는 에너지이용의 합리화와 온실가스의 배출을 줄이기 위한 사업

기출문제

문42) 에너지이용 합리화법에 따른 한국에너지공단의 사업이 아닌 것은? ✪ 19년 3월3일/16년 3월6일
① 에너지의 안정적 공급
② 열사용기자재의 안전관리
③ 신에너지 및 재생에너지 개발사업의 촉진
④ 집단에너지 사업의 촉진을 위한 지원 및 관리

[정답] ①

문43) 에너지이용 합리화법에 따라 한국에너지공단이 하는 사업이 아닌 것은? ✪ 16년 5월8일
① 에너지이용 합리화 사업
② 재생에너지 개발사업의 촉진
③ 에너지기술의 개발, 도입, 지도 및 보급
④ 에너지 자원 확보 사업

[정답] ④

제58조(비용부담) 공단은 산업통상자원부장관의 승인을 받아 그 사업에 따른 수익자로 하여금 그 사업에 필요한 비용을 부담하게 할 수 있다. 〈개정 2008. 2. 29., 2013. 3. 23.〉

제59조(자금의 차입) 공단이 제57조제4호에 따른 사업을 하는 경우에는 정부, 정부가 설치한 기금, 국내외 금융기관, 외국정부 또는 국제기구로부터 자금을 차입할 수 있다.

제60조(회계 등) ① 삭제 〈2009. 1. 30.〉
② 공단은 매 회계연도 시작 전에 예산총칙·추정손익계산서·추정대차대조표와 자금계획서로 구분하여 예산안을 편성하여 이사회의 의결을 거쳐 산업통상자원부장관의 승인을 받아야 한다. 이를 변경하는 경

우에도 또한 같다. 〈개정 2008. 2. 29., 2009. 1. 30., 2013. 3. 23.〉
③ 삭제 〈2009. 1. 30.〉

제61조(이익금의 처리) 공단은 매 회계연도의 결산결과 이익금이 생긴 경우에는 이월손실금을 보전하는 데에 충당하고, 나머지는 산업통상자원부장관이 정하는 바에 따라 적립하여야 한다. 〈개정 2008. 2. 29., 2013. 3. 23.〉

제62조(업무의 지도 및 감독) ① 산업통상자원부장관은 다음 각 호의 업무에 대하여 공단을 지도·감독하며, 그 사업의 수행에 필요한 지시·처분 또는 명령을 할 수 있다. 〈개정 2008. 2. 29., 2013. 3. 23.〉
  1. 사업계획 및 예산편성
  2. 사업실적 및 결산
  3. 제57조에 따라 공단이 수행하는 사업
  4. 제69조제3항에 따라 산업통상자원부장관이 위탁한 업무
② 산업통상자원부장관은 공단에 업무·회계 및 재산에 관하여 필요한 사항을 보고하게 하거나 소속 공무원으로 하여금 공단의 장부·서류, 그 밖의 물건을 검사하게 할 수 있다. 〈개정 2008. 2. 29., 2013. 3. 23.〉
③ 제2항에 따라 검사를 하는 공무원은 그 권한을 표시하는 증표를 지니고 이를 관계인에게 내보여야 한다.

제63조(비밀누설 등의 금지) 공단의 임직원으로 근무하거나 근무하였던 사람은 그 직무상 알게 된 비밀을 누설하거나 도용하여서는 아니 된다.

제64조(「민법」의 준용) 공단에 관하여 이 법 및 「공공기관의 운영에 관한 법률」에 규정한 것 외에는 「민법」 중 재단법인에 관한 규정을 준용한다. 〈개정 2009. 1. 30.〉

제7장 보칙

제65조(교육) ① 산업통상자원부장관은 에너지관리의 효율적인 수행과 특정열사용기자재의 안전관리를 위하여 에너지관리자, 시공업의 기술인력 및 검사대상기기관리자에 대하여 교육을 실시하여야 한다.
② 에너지관리자, 시공업의 기술인력 및 검사대상기기관리자는 제1항에 따라 실시하는 교육을 받아야 한다.
③ 에너지다소비사업자, 시공업자 및 검사대상기기설치자는 그가 선임 또는 채용하고 있는 에너지관리자, 시공업의 기술인력 또는 검사대상기기관리자로 하여금 제1항에 따라 실시하는 교육을 받게 하여야 한다.
④ 제1항에 따른 교육담당기관·교육기간 및 교육과정, 그 밖에 교육에 관하여 필요한 사항은 산업통상자원부령으로 정한다.

제66조(보고 및 검사 등) ① 산업통상자원부장관이나 시·도지사는 이 법의 시행을 위하여 필요하면 산업통상자원부령으로 정하는 바에 따라 효율관리기자재·대기전력저감대상제품·고효율에너지인증대상기자재의 제조업자·수입업자·판매업자 및 각 시험기관, 에너지절약전문기업, 에너지다소비사업자, 진단기관과 검사대상기기설치자에 대하여 그 업무에 관한 보고를 명하거나 소속 공무원 또는 공단으로 하여금

효율관리기자재 제조업자 등의 사무소·사업장·공장이나 창고에 출입하여 장부·서류·에너지사용기자재, 그 밖의 물건을 검사하게 할 수 있다. 〈개정 2008. 2. 29., 2013. 3. 23.〉
② 제1항에 따른 검사를 하는 공무원이나 공단의 직원은 그 권한을 표시하는 증표를 지니고 이를 관계인에게 내보여야 한다.

제67조(수수료) 다음 각 호의 어느 하나에 해당하는 자는 산업통상자원부령으로 정하는 바에 따라 수수료를 내야 한다. 〈개정 2008. 2. 29., 2013. 3. 23., 2016. 12. 2.〉
1. 제22조제3항에 따라 고효율에너지기자재의 인증을 신청하려는 자
2. 제32조제2항 본문에 따른 에너지진단을 받으려는 자
3. 제39조제1항·제2항 또는 제4항에 따라 검사대상기기의 검사를 받으려는 자
4. 제39조의2제1항에 따라 검사대상기기의 검사를 받으려는 제조업자

기출문제

문44) 산업통상자원부장관이 정하는 바에 따라 수수료를 납부하여야 하는 경우는? ✿ 15년 9월19일
① 제조업의 허가를 신청하는 경우
② 검사대상기기의 검사를 받고자 하는 경우
③ 에너지관리대상자의 지정을 받고자 하는 경우
④ 열사용 기자재의 형식 승인을 얻고자 하는 경우

해설 검사대상기기의 검사를 받고자 하는 경우 한구에너지공단에 수수료를 납부하여 신청한다.

[정답] ②

제68조(청문) 산업통상자원부장관은 다음 각 호의 어느 하나에 해당하는 처분을 하려면 청문을 하여야 한다. 〈개정 2008. 2. 29., 2011. 7. 25., 2013. 3. 23.〉
1. 제16조제2항에 따른 효율관리기자재의 생산 또는 판매의 금지명령
2. 제23조제1항에 따른 고효율에너지기자재의 인증 취소
3. 제24조제1항에 따른 각 시험기관의 지정 취소
4. 제24조제2항에 따른 자체측정을 할 수 있는 자의 승인 취소
5. 제26조에 따른 에너지절약전문기업의 등록 취소. 다만, 같은 조 제3호에 따른 등록 취소는 제외한다.
6. 제33조에 따른 진단기관의 지정 취소

제69조(권한의 위임·위탁) ① 이 법에 따른 산업통상자원부장관의 권한은 대통령령으로 정하는 바에 따라 그 일부를 시·도지사에게 위임할 수 있다. 〈개정 2008. 2. 29., 2013. 3. 23.〉
② 시·도지사는 제1항에 따라 위임받은 권한의 일부를 산업통상자원부장관의 승인을 받아 시장·군수 또는 구청장(자치구의 구청장을 말한다)에게 재위임할 수 있다. 〈개정 2008. 2. 29., 2013. 3. 23.〉
③ 산업통상자원부장관 또는 시·도지사는 대통령령으로 정하는 바에 따라 다음 각 호의 업무를 공단·시공업자단체 또는 대통령령으로 정하는 기관에 위탁할 수 있다. 〈개정 2008. 2. 29., 2009. 1. 30., 2013. 3. 23., 2016. 12. 2., 2018. 4. 17., 2022. 10. 18.〉
1. 제11조에 따른 에너지사용계획의 검토

2. 제12조에 따른 이행 여부의 점검 및 실태파악
3. 제15조제3항에 따른 효율관리기자재의 측정결과 신고의 접수
4. 제19조제3항에 따른 대기전력경고표지대상제품의 측정결과 신고의 접수
5. 제20조제2항에 따른 대기전력저감대상제품의 측정결과 신고의 접수
6. 제22조제3항 및 제4항에 따른 고효율에너지기자재 인증 신청의 접수 및 인증
7. 제23조제1항에 따른 고효율에너지기자재의 인증취소 또는 인증사용정지 명령
8. 제25조제1항에 따른 에너지절약전문기업의 등록
9. 제29조제1항에 따른 온실가스배출 감축실적의 등록 및 관리
10. 제31조제1항에 따른 에너지다소비사업자 신고의 접수
11. 제32조제3항에 따른 진단기관의 관리·감독
12. 제32조제5항에 따른 에너지관리지도
12의2. 제32조제7항에 따른 진단기관의 평가 및 그 결과의 공개
12의3. 제36조의2제4항에 따른 냉난방온도의 유지·관리 여부에 대한 점검 및 실태 파악
13. 제39조제1항부터 제4항까지 및 제7항에 따른 검사대상기기의 검사, 검사증의 교부 및 검사대상기기 폐기 등의 신고의 접수
13의2. 제39조의2제1항 및 제2항에 따른 검사대상기기의 검사 및 검사증의 교부
14. 제40조제3항 및 제4항 단서에 따른 검사대상기기관리자의 선임·해임 또는 퇴직신고의 접수 및 검사대상기기관리자의 선임기한 연기에 관한 승인

기출문제

문45) 다음 중 에너지이용 합리화법에 따라 산업통상자원부장관 또는 시·도지사가 한국에너지공단이사장에게 위탁한 업무가 아닌 것은? ◦ 19년 4월27일
① 에너지사용계획의 검토
② 에너지절약전문기업의 등록
③ 냉난방온도의 유지·관리 여부에 대한 점검 및 실태 파악
④ 에너지이용 합리화 기본계획의 수립

해설 에너지이용 합리화 기본계획의 수립 산업통상부 장관이 한다.

[정답] ④

문46) 에너지이용 합리화법령상 산업통상자원부장관 또는 시·도지사가 한국에너지공단 이사장에게 권한을 위탁한 업무가 아닌 것은? ◦ 20년 9월26일
① 에너지관리지도
② 에너지사용계획의 검토
③ 열사용기자재 제조업의 등록
④ 효율관리기자재의 측정 결과 신고의 접수

해설 열사용기자재 제조업 등록은 관할 시·도지사가 한다.

[정답] ③

제70조(벌칙 적용 시의 공무원 의제) 산업통상자원부장관이 제69조제3항에 따라 위탁한 업무에 종사하는 기관 또는 단체의 임직원은 「형법」 제129조부터 제132조까지를 적용할 때에는 공무원으로 본다. 〈개정 2008. 2. 29., 2013. 3. 23.〉

제71조(다른 법률과의 관계) ① 삭제 〈2009. 1. 30.〉
② 「집단에너지사업법」 제4조에 따라 집단에너지의 공급타당성에 관한 협의를 한 경우에는 제10조에 따른 에너지사용계획의 협의내용 중 집단에너지공급에 관한 사항을 협의한 것으로 본다.

제8장 벌칙

제72조(벌칙) 다음 각 호의 어느 하나에 해당하는 자는 2년 이하의 징역 또는 2천만원 이하의 벌금에 처한다.
1. 제7조제1항에 따른 에너지저장시설의 보유 또는 저장의무의 부과시 정당한 이유 없이 이를 거부하거나 이행하지 아니한 자
2. 제7조제2항제1호부터 제8호까지 또는 제10호에 따른 조정·명령 등의 조치를 위반한 자
3. 제63조를 위반하여 직무상 알게 된 비밀을 누설하거나 도용한 자

기출문제

문47) 에너지이용 합리화법에서 정한 에너지저장시설의 보유 또는 저장의무의 부과시 정당한 이유 없이 이를 거부하거나 이행하지 아니한 자에 대한 벌칙 기준은? ● 20년 6월6일
 ① 500만원 이하의 벌금
 ② 1천만원 이하의 벌금
 ③ 1년 이하의 징역 또는 1천만원 이하의 벌금
 ④ 2년 이하의 징역 또는 2천만원 이하의 벌금

[정답] ④

제73조(벌칙) 다음 각 호의 어느 하나에 해당하는 자는 1년 이하의 징역 또는 1천만원 이하의 벌금에 처한다. 〈개정 2016. 12. 2.〉
1. 제39조제1항·제2항 또는 제4항을 위반하여 검사대상기기의 검사를 받지 아니한 자
2. 제39조제5항을 위반하여 검사대상기기를 사용한 자
3. 제39조의2제3항을 위반하여 검사대상기기를 수입한 자

기출문제

문48) 에너지이용 합리화법에 따라 최대 1천만원 이하의 벌금에 처할 대상자에 해당되지 않는 자는?
◆ 13년 3월10일/17년 3월5일

① 검사대상기기조종자를 정당한 사유 없이 선임하지 아니한 자-제75조(벌칙)
② 검사대상기기의 검사를 정당한 사유없이 받지 아니한 자- 제73조(벌칙) 1
③ 검사에 불합격한 검사대상기기를 임의로 사용한 자 -제73조(벌칙) 2
④ 최저소비효율기준에 미달된 효율관리기자재를 생산한 자

해설 최저소비효율기준에 미달된 효율관리기자재를 생산한 자-최대2천만원 이하의 벌금

[정답] ④

문49) 에너지이용 합리화법에 따라 검사대상기기 설치자가 해당기기를 검사를 받지 않고 사용하였을 경우의 벌칙으로 맞는 것은?
◆ 13년 9월28일/ 20년 6월6일

① 2년 이하의 징역 또는 2천만원 이하의 벌금
② 1년 이하의 징역 또는 1천만원 이하의 벌금
③ 2천만원 이하의 과태료
④ 1천만원 이하의 과태료

[정답] ②

문50) 에너지이용 합리화법령상 검사에 불합격된 검사대상기기를 사용한 자의 벌칙 기준은?
◆ 21년 9월12일/15년 5월31일

① 5백만원 이하의 벌금
② 1년 이하의 징역 또는 1천만원 이하의 벌금
③ 2년 이하의 징역 또는 2천만원 이하의 벌금
④ 3천만원 이하의 벌금

[정답] ②

문51) 에너지이용 합리화법에 따라 1년 이하 징역 또는 1천만 원 이하의 벌금기준에 해당하는 자는?
◆ 16년 10월1일

① 검사대상기기의 검사를 받지 아니한 자
② 생산 또는 판매 금지명령을 위반한 자
③ 검사대상기기 조종자를 선임하지 아니한 자
④ 효율관리기자재에 대한 에너지사용량의 측정결과를 신고하지 아니한 자

[정답] ①

제74조(벌칙) 제16조제2항에 따른 생산 또는 판매 금지명령을 위반한 자는 2천만원 이하의 벌금에 처한다.
　　제16조(효율관리기자재의 사후관리)

② 산업통상자원부장관은 효율관리기자재가 제15조제1항제2호에 따라 고시한 최저소비효율기준에 미달하거나 최대사용량기준을 초과하는 경우에는 해당 효율관리기자재의 제조업자·수입업자 또는 판매업자에게 그 생산이나 판매의 금지를 명할 수 있다.

기출문제

문52) 효율관리기자재 중 최저 소비효율기준에 미달하거나 최대 사용량 기준을 초과한 것의 생산 또는 판매 금지 명령을 위반한 자에 해당하는 벌칙은? ◉ 13년 9월28일

① 2000만원 이하의 벌금
② 500만원 이하의 벌금
③ 1000만원 이하의 과태료
④ 500만원 이하의 과태료

[정답] ①

문53) 에너지이용 합리화법에서의 양벌규정 사항에 해당되지 않는 것은? ◉ 14년 3월2일

① 에너지저장시설의 보유 또는 저장의무의 부과 시 정당한 이유 없이 이를 거부하거나 이행하지 아니한 자 −72조 1
② 검사대상기기의 검사를 받지 아니한 자 −73조 1
③ 검사대상기기 조종자(관리자)를 선임하지 아니한 자 − 75조
④ 개선명령을 정당한 사유 없이 이행하지 아니한 자−1천만원 이하의 과태료

구분	양벌 규정	과태료
대상	행위자 외 관련 법인/개인	행정법규 위반 행위자
성격	행위자 및 관련자 처벌 규정	금전적 제재 (행정벌)
처벌	형벌 (징역, 벌금 등)	과태료
주요 목적	행위자 및 관련 단체/법인의 책임 부과	행정법규 위반 행위에 대한 제재
전과 여부	전과 기록 남음	전과 기록 없음

[정답] ④

제75조(벌칙) 제40조제1항 또는 제4항을 위반하여 검사대상기기관리자를 선임하지 아니한 자는 1천만원 이하의 벌금에 처한다. 〈개정 2018. 4. 17.〉
[전문개정 2009. 1. 30.]

제76조(벌칙) 다음 각 호의 어느 하나에 해당하는 자는 500만원 이하의 벌금에 처한다.
1. 삭제 〈2009. 1. 30.〉
2. 제15조제3항을 위반하여 효율관리기자재에 대한 에너지사용량의 측정결과를 신고하지 아니한 자
3. 삭제 〈2009. 1. 30.〉
4. 제19조제3항에 따라 대기전력경고표지대상제품에 대한 측정결과를 신고하지 아니한 자
5. 제19조제4항에 따른 대기전력경고표지를 하지 아니한 자
6. 제20조제1항을 위반하여 대기전력저감우수제품임을 표시하거나 거짓 표시를 한 자

7. 제21조제1항에 따른 시정명령을 정당한 사유 없이 이행하지 아니한 자
8. 제22조제5항을 위반하여 인증 표시를 한 자

제77조(양벌규정) 법인의 대표자나 법인 또는 개인의 대리인, 사용인, 그 밖의 종업원이 그 법인 또는 개인의 업무에 관하여 제72조부터 제76조까지의 어느 하나에 해당하는 위반행위를 하면 그 행위자를 벌하는 외에 그 법인 또는 개인에게도 해당 조문의 벌금형을 과(科)한다. 다만, 법인 또는 개인이 그 위반행위를 방지하기 위하여 해당 업무에 관하여 상당한 주의와 감독을 게을리하지 아니한 경우에는 그러하지 아니하다.
[전문개정 2008. 12. 26.]

제78조(과태료) ① 다음 각 호의 어느 하나에 해당하는 자에게는 2천만원 이하의 과태료를 부과한다. 〈개정 2013. 7. 30., 2017. 10. 31.〉
1. 제15조제2항을 위반하여 효율관리기자재에 대한 에너지소비효율등급 또는 에너지소비효율을 표시하지 아니하거나 거짓으로 표시를 한 자
2. 제32조제2항을 위반하여 에너지진단을 받지 아니한 에너지다소비사업자
3. 제40조의2제1항을 위반하여 한국에너지공단에 사고의 일시・내용 등을 통보하지 아니하거나 거짓으로 통보한 자

기출문제

문54) 에너지이용 합리화법령상 효율관리가지재에 대한 에너지소비효율등급을 거짓으로 표시한 자에 해당하는 과태료는? ◉ 21년 5월15일

① 3백만원 이하 ② 5백만원 이하
③ 1천만원 이하 ④ 2천만원 이하

[정답] ④

---

② 다음 각 호의 어느 하나에 해당하는 자에게는 1천만원 이하의 과태료를 부과한다. 〈개정 2009. 1. 30.〉
1. 제10조제1항이나 제3항을 위반하여 에너지사용계획을 제출하지 아니하거나 변경하여 제출하지 아니한 자. 다만, 국가 또는 지방자치단체인 사업주관자는 제외한다.
2. 제34조에 따른 개선명령을 정당한 사유 없이 이행하지 아니한 자
3. 제66조제1항에 따른 검사를 거부・방해 또는 기피한 자
③ 제15조제4항에 따른 광고내용이 포함되지 아니한 광고를 한 자에게는 500만원 이하의 과태료를 부과한다. 〈신설 2009. 1. 30., 2013. 7. 30.〉
1. 삭제 〈2013. 7. 30.〉
2. 삭제 〈2013. 7. 30.〉
④ 다음 각 호의 어느 하나에 해당하는 자에게는 300만원 이하의 과태료를 부과한다. 다만, 제1호, 제4호부터 제6호까지, 제8호, 제9호 및 제9호의2부터 제9호의4까지의 경우에는 국가 또는 지방자치단체를 제외한다. 〈개정 2009. 1. 30., 2015. 1. 28.〉
1. 제7조제2항제9호에 따른 에너지사용의 제한 또는 금지에 관한 조정・명령, 그 밖에 필요한 조치를

위반한 자
2. 제9조제1항을 위반하여 정당한 이유 없이 수요관리투자계획과 시행결과를 제출하지 아니한 자
3. 제9조제2항을 위반하여 수요관리투자계획을 수정·보완하여 시행하지 아니한 자
4. 제11조제1항에 따른 필요한 조치의 요청을 정당한 이유 없이 거부하거나 이행하지 아니한 공공사업주관자
5. 제11조제2항에 따른 관련 자료의 제출요청을 정당한 이유 없이 거부한 사업주관자
6. 제12조에 따른 이행 여부에 대한 점검이나 실태 파악을 정당한 이유 없이 거부·방해 또는 기피한 사업주관자
7. 제17조제4항을 위반하여 자료를 제출하지 아니하거나 거짓으로 자료를 제출한 자
8. 제20조제3항 또는 제22조제6항을 위반하여 정당한 이유 없이 대기전력저감우수제품 또는 고효율에너지기자재를 우선적으로 구매하지 아니한 자
9. 제31조제1항에 따른 신고를 하지 아니하거나 거짓으로 신고를 한 자
9의2. 제36조의2제4항에 따른 냉난방온도의 유지·관리 여부에 대한 점검 및 실태 파악을 정당한 사유 없이 거부·방해 또는 기피한 자
9의3. 제36조의3에 따른 시정조치명령을 정당한 사유 없이 이행하지 아니한 자
9의4. 제39조제7항 또는 제40조제3항에 따른 신고를 하지 아니하거나 거짓으로 신고를 한 자
10. 제50조를 위반하여 한국에너지공단 또는 이와 유사한 명칭을 사용한 자
11. 제65조제2항을 위반하여 교육을 받지 아니한 자 또는 같은 조 제3항을 위반하여 교육을 받게 하지 아니한 자
12. 제66조제1항에 따른 보고를 하지 아니하거나 거짓으로 보고를 한 자
⑤ 제1항부터 제4항까지의 규정에 따른 과태료는 대통령령으로 정하는 바에 따라 산업통상자원부장관이나 시·도지사가 부과·징수한다. 〈개정 2008. 2. 29., 2009. 1. 30., 2013. 3. 23.〉
⑥ 삭제 〈2009. 1. 30.〉
⑦ 삭제 〈2009. 1. 30.〉

기출문제

문55) 에너지용 합리화법에 따라 에너지 사용의 제한 또는 금지에 관한 조정·명령, 그 밖에 필요한 조치를 위반한 에너지사용자에 대한 과태료 부과 기준은? ✪ 19년 4월27일/19년 3월3일

① 300만원 이하　　② 100만원 이하
③ 50만원 이하　　④ 10만원 이하

[정답] ①

---

⑧ 삭제 〈2009. 1. 30.〉

부 칙
〈제20443호, 2024. 9. 20.〉

이 법은 공포한 날부터 시행한다.

관련법규

05
에너지이용 합리화법 시행령

01 에너지법
02 에너지법 시행령
03 에너지법 시행규칙
04 에너지이용 합리화법
05 에너지이용 합리화법 시행령
06 에너지이용 합리화법 시행규칙

CHAPTER 05 에너지이용 합리화법 시행령

제1장 총칙

제1조(목적) 이 영은 「에너지이용 합리화법」에서 위임된 사항과 그 시행에 필요한 사항을 규정함을 목적으로 한다.

제2조(지방자치단체 등에 대한 지원) 산업통상자원부장관은 법 제3조제2항부터 제5항까지의 규정에 따라 지방자치단체, 에너지사용자와 에너지공급자, 에너지사용기자재와 에너지공급설비를 생산하는 제조업자 및 국민이 각각의 책무를 이행하여 에너지를 효율적으로 이용하고 이를 통한 온실가스배출을 줄일 수 있도록 필요한 사항을 지원할 수 있다. 〈개정 2013. 3. 23.〉

제2장 에너지이용 합리화를 위한 계획 및 조치 등

제3조(에너지이용 합리화 기본계획 등) ① 산업통상자원부장관은 5년마다 법 제4조제1항에 따른 에너지이용 합리화에 관한 기본계획(이하 "기본계획"이라 한다)을 수립하여야 한다. 〈개정 2013. 3. 23.〉

> **기출문제**
>
> 문56) 산업통상자원부장관은 에너지이용합리와에 관한 기본계획을 몇 년마다 수립하는가?
> 　　　　　　　　　　　　　　　　　◎ 15년 9월19일/16년 3월6일/17년 3월5일/17년 5월7일
> 　① 5년　　　　　　　　　② 3년
> 　③ 2년　　　　　　　　　④ 1년
>
> **참고** 에너지 총조사는 3년 마다.
>
> [정답] ①

② 관계 행정기관의 장과 특별시장·광역시장·도지사 또는 특별자치도지사(이하 "시·도지사"라 한다)는 매년 법 제6조제1항에 따른 실시계획(이하 "실시계획"이라 한다)을 수립하고 그 계획을 해당 연도 1월 31일까지, 그 시행 결과를 다음 연도 2월 말일까지 각각 산업통상자원부장관에게 제출하여야 한다. 〈개정 2013. 3. 23.〉

③ 산업통상자원부장관은 제2항에 따라 받은 시행 결과를 평가하고, 해당 관계 행정기관의 장과 시·도지사에게 그 평가 내용을 통보하여야 한다. 〈개정 2013. 3. 23.〉

제4조 삭제 〈2018. 10. 16.〉

제5조 삭제 〈2011. 10. 26.〉

제6조 삭제 〈2018. 10. 16.〉

제7조 삭제 〈2018. 10. 16.〉

제8조 삭제 〈2018. 10. 16.〉

제9조 삭제 〈2018. 10. 16.〉

제10조 삭제 〈2018. 10. 16.〉

제11조 삭제 〈2018. 10. 16.〉

제11조의2(에너지이용 합리화 실시계획의 추진상황 평가업무의 대행) ① 법 제6조제3항 후단에 따라 에너지이용 합리화 실시계획 추진상황에 대한 평가업무를 대행할 수 있는 기관은 다음 각 호의 기관으로 한다. 〈개정 2018. 10. 16.〉
1. 「정부출연연구기관 등의 설립·운영 및 육성에 관한 법률」 제8조제1항에 따라 설립된 정부출연연구기관
2. 「과학기술분야 정부출연연구기관 등의 설립·운영 및 육성에 관한 법률」 제8조제1항에 따라 설립된 정부출연연구기관
3. 법 제45조에 따라 설립된 한국에너지공단

② 제1항에 따른 평가업무 대행의 내용, 방법 및 절차 등에 관하여 필요한 사항은 산업통상자원부장관이 정하여 고시한다. 〈개정 2013. 3. 23.〉
[본조신설 2011. 10. 26.]

제12조(에너지저장의무 부과대상자) ① 법 제7조제1항에 따라 산업통상자원부장관이 에너지저장의무를 부과할 수 있는 대상자는 다음 각 호와 같다. 〈개정 2010. 4. 13., 2013. 3. 23.〉
1. 「전기사업법」 제2조제2호에 따른 전기사업자
2. 「도시가스사업법」 제2조제2호에 따른 도시가스사업자
3. 「석탄산업법」 제2조제5호에 따른 석탄가공업자
4. 「집단에너지사업법」 제2조제3호에 따른 집단에너지사업자
5. 연간 2만 석유환산톤(「에너지법 시행령」 제15조제1항에 따라 석유를 중심으로 환산한 단위를 말한다. 이하 "티오이"라 한다) 이상의 에너지를 사용하는 자

② 산업통상자원부장관은 제1항 각 호의 자에게 에너지저장의무를 부과할 때에는 다음 각 호의 사항을 정하여 고시하여야 한다. 〈개정 2013. 3. 23.〉
1. 대상자
2. 저장시설의 종류 및 규모

3. 저장하여야 할 에너지의 종류 및 저장의무량
4. 그 밖에 필요한 사항

기출문제

문57) 다음 중 에너지 저장의무 부과 대상자가 아닌 자는? ◎ 13년 9월28일
① 전기사업법에 의한 전기 사업자
② 석유사업법에 의한 석유정제업자
③ 액화가스사업법에 의한 액화가스 사업자
④ 연간 2만 석유환산톤의 에너지 다소비 사업자

[정답] ②

문58) 에너지이용 합리화법에 따라 에너지사용안정을 위한 에너지저장의무 부과대상자에 해당되지 않는 사업자는? ◎ 15년 3월8일/18년 3월4일
① 전기사업법에 따른 전기사업자
② 석탄산업법에 따른 석탄가공업자
③ 집단에너지사업법에 따른 집단에너지사업자
④ 액화석유가스사업법에 따른 액화석유가스사업자

[정답] ④

문59) 에너지이용 합리화법에 따른 에너지 저장의무 부과대상자가 아닌 것은? ◎ 19년 3월3일
① 전기사업자
② 석탄생산자
③ 도시가스사업자
④ 연간 2만 석유환산톤 이상의 에너지를 사용하는 자

[정답] ②

문60) 에너지이용 합리화법령상 산업통상자원부장관이 에너지저장의무를 부과할 수 있는 대상자의 기준으로 틀린 것은? ◎ 21년 3월7일
① 연간 1만 석유환산톤 이상의 에너지를 사용하는 자
② 「전기사업법」에 따른 전기사업자
③ 「석탄산업법」에 따른 석탄가공업자
④ 「집단에너지사업법」에 따른 집단에너지사업자

[정답] ①

문61) 아래는 에너지이용 합리화법령상 에너지의 수급차질에 대비하기 위하여 산업통상자원부장관이 에너지저장의무를 부과할 수 있는 대상자의 기준이다. ( )에 들어갈 용어는?

◉ 21년 5월15일

| 연간( )석유환산톤 이상의 에너지를 사용하는자 |

① 1천 ② 5천
③ 1만 ④ 2만

[정답] ④

제13조(수급 안정을 위한 조치) ① 산업통상자원부장관은 법 제7조제2항에 따른 에너지수급의 안정을 위한 조치를 하려는 경우에는 그 사유·기간 및 대상자 등을 정하여 조치 예정일 7일 이전에 에너지사용자·에너지공급자 또는 에너지사용기자재의 소유자와 관리자에게 예고하여야 한다. 〈개정 2013. 3. 23.〉
② 에너지공급자가 그 에너지공급에 관하여 법 제7조제2항에 따른 조치를 받은 경우에는 제1항에 따라 예고된 바대로 에너지공급을 제한하고 그 결과를 산업통상자원부장관에게 보고하여야 한다. 〈개정 2013. 3. 23.〉

제14조(에너지사용의 제한 또는 금지) ① 법 제7조제2항제9호에서 "에너지사용의 시기·방법 및 에너지사용기자재의 사용제한 또는 금지 등 대통령령으로 정하는 사항"이란 다음 각 호의 사항을 말한다.
1. 에너지사용시설 및 에너지사용기자재에 사용할 에너지의 지정 및 사용 에너지의 전환
2. 위생 접객업소 및 그 밖의 에너지사용시설에 대한 에너지사용의 제한
3. 차량 등 에너지사용기자재의 사용제한
4. 에너지사용의 시기 및 방법의 제한
5. 특정 지역에 대한 에너지사용의 제한
② 산업통상자원부장관이 제1항제1호에 따른 사용 에너지의 지정 및 전환에 관한 조치를 할 때에는 에너지원 간의 수급상황을 고려하여 에너지사용시설 및 에너지사용기자재의 소유자 또는 관리인이 이에 대한 준비를 할 수 있도록 충분한 준비기간을 설정하여 예고하여야 한다. 〈개정 2013. 3. 23.〉
③ 산업통상자원부장관이 제1항제2호부터 제5호까지의 규정에 따른 에너지사용의 제한조치를 할 때에는 조치를 하기 7일 이전에 제한 내용을 예고하여야 한다. 다만, 긴급히 제한할 필요가 있을 때에는 그 제한 전일까지 이를 공고할 수 있다. 〈개정 2013. 3. 23.〉
④ 산업통상자원부장관은 정당한 사유 없이 법 제7조제2항에 따른 에너지의 사용제한 또는 금지조치를 이행하지 아니하는 자에 대하여는 에너지공급자로 하여금 에너지공급을 제한하게 할 수 있다. 〈개정 2013. 3. 23.〉

기출문제

문62) 에너지이용 합리화법령에서 에너지사용의 제한 또는 금지에 대한 내용으로 틀린 것은?
◎ 20년 8월22일

① 에너지 사용의 시기 및 방법의 제한
② 에너지 사용시설 및 에너지사용기자재에 사용할 에너지의 지정 및 사용에너지의 전환
③ 특정 지역에 대한 에너지 사용의 제한
④ 에너지 사용 설비에 관한 사항

[정답] ④

문63) 에너지이용 합리화법령에 따라 산업통상자원부장관이 위생 접객업소 등에 에너지사용의 제한 조치를 할 때 에는 며칠 이전에 제한 내용을 예고하여야 하는가?
◎ 22년 4월24일

① 7일 ② 10일
③ 15일 ④ 20일

[정답] ①

제15조(에너지이용 효율화조치 등의 내용) 법 제8조제1항에 따라 국가·지방자치단체 등이 에너지를 효율적으로 이용하고 온실가스의 배출을 줄이기 위하여 추진하여야 하는 필요한 조치의 구체적인 내용은 다음 각 호와 같다.
1. 에너지절약 및 온실가스배출 감축을 위한 제도·시책의 마련 및 정비
2. 에너지의 절약 및 온실가스배출 감축 관련 홍보 및 교육
3. 건물 및 수송 부문의 에너지이용 합리화 및 온실가스배출 감축

제16조(에너지공급자의 수요관리투자계획) ① 법 제9조제1항 전단에서 "대통령령으로 정하는 에너지공급자"란 다음 각 호에 해당하는 자를 말한다. 〈개정 2013. 3. 23.〉
1. 「한국전력공사법」에 따른 한국전력공사
2. 「한국가스공사법」에 따른 한국가스공사
3. 「집단에너지사업법」에 따른 한국지역난방공사
4. 그 밖에 대량의 에너지를 공급하는 자로서 에너지 수요관리투자를 촉진하기 위하여 산업통상자원부장관이 특히 필요하다고 인정하여 지정하는 자

② 제1항에 따른 에너지공급자는 법 제9조제1항에 따른 연차별 수요관리투자계획(이하 "투자계획"이라 한다)을 해당 연도 개시 2개월 전까지, 그 시행 결과를 다음 연도 2월 말일까지 산업통상자원부장관에게 제출하여야 하며, 제출된 투자계획을 변경하는 경우에는 그 변경한 날부터 15일 이내에 산업통상자원부장관에게 그 변경된 사항을 제출하여야 한다. 〈개정 2013. 3. 23.〉

③ 투자계획에는 다음 각 호의 사항이 포함되어야 한다.
1. 장·단기 에너지 수요 전망
2. 에너지절약 잠재량의 추정 내용

3. 수요관리의 목표 및 그 달성 방법
4. 그 밖에 수요관리의 촉진을 위하여 필요하다고 인정하는 사항

④ 투자계획 및 그 시행 결과의 구체적인 기재 사항, 작성 방법, 그 밖에 필요한 사항은 산업통상자원부장관이 정하여 고시한다. 〈개정 2013. 3. 23.〉

기출문제

문63) 에너지 공급자의 수요관리 투자계획 대상이 아닌 자는? ○ 13년 3월10일

① 한국전력공사법에 따른 한국전력공사
② 한국가스공사법에 따른 한국가스공사
③ 도시가스사업법에 따른 한국가스안전공사
④ 진단에너지사업법에 따른 한국지역난방공사

[정답] ③

문64) 에너지공급자가 제출하여야 할 수요관리 투자계획에 포함 되어야 할 사항이 아닌 것은? (단, 그 밖에 수요관리의 촉진을 위하여 필요하다고 인정하는 사항은 제외한다.)
○ 14년 9월20일

① 장·단기 에너지 수요 전망
② 수요관리의 목표 및 그 달성 방법
③ 에너지 연구 개발 내용
④ 에너지 절약 잠재량의 추정 내용

[정답] ③

문65) 에너지이용 합리화법에 따라 에너지공급자의 수요관리 투자계획에 대한 설명으로 틀린 것은? ○ 18년 9월15일

① 한국지역난방공사는 수요관리투자계획 수립대상이 되는 에너지공급자이다.
② 연차별 수요관리투자계획은 해당 연도 개시 2개월 전까지 제출하여야 한다.
③ 제출된 수요관리투자 계획을 변경하는 경우에는 그 변경한 날부터 15일 이내에 변경 사항을 제출하여야 한다.
④ 수요관리투자계획 시행 결과는 다음 연도 6월 말일까지 산업통상자원부장관에게 제출하여야 한다.

[정답] ④

제17조(투자계획의 수정·보완 사유) ① 법 제9조제2항에서 "그 밖에 대통령령으로 정하는 사유"란 다음 각 호에 해당하는 경우를 말한다.
1. 법 제7조제1항 및 제2항에 따른 에너지 수급안정을 위한 조치에 따라 투자계획의 변경이 필요한 경우
2. 에너지자원의 효율적 이용을 도모하기 위하여 에너지공급자 상호간 에너지의 교환, 분배 등 공급의 조정이 필요한 경우

3. 투자계획에 제16조제3항의 내용이 포함되어 있지 않거나 투자계획이 제16조제4항에 따라 작성되지 않은 경우

② 에너지공급자는 법 제9조제2항에 따라 투자계획의 수정 또는 보완을 요구받은 경우에는 특별한 사유가 없으면 그 요구를 받은 날부터 30일 이내에 산업통상자원부장관에게 투자계획의 수정 또는 보완 결과를 제출하여야 한다. 〈개정 2013. 3. 23.〉

제18조(수요관리전문기관) 법 제9조제3항에서 "대통령령으로 정하는 수요관리전문기관"이란 다음 각 호의 어느 하나에 해당하는 기관을 말한다. 〈개정 2013. 3. 23., 2015. 7. 24.〉
1. 법 제45조에 따라 설립된 한국에너지공단
2. 그 밖에 수요관리사업의 수행능력이 있다고 인정되는 기관으로서 산업통상자원부령으로 정하는 기관

기출문제

문66) 에너지이용 합리화법에서 규정한 수요관리 전문기관에 해당하는 것은?

◦ 19년 9월21일/15년 3월8일

① 한국가스안전공사　　② 한국에너지공단
③ 한국전력공사　　　　④ 전기안전공사

[정답] ②

제19조(수요관리투자의 촉진 등) 산업통상자원부장관은 법 제9조에 따른 수요관리투자로 인하여 에너지공급자에게 발생되는 비용 및 손실을 최소화하기 위한 방안의 수립·시행을 위하여 필요하면 관계 행정기관의 장에게 관련 조치를 하여 줄 것을 요청할 수 있다. 〈개정 2013. 3. 23.〉

제20조(에너지사용계획의 제출 등) ① 법 제10조제1항에 따라 에너지사용계획을 수립하여 산업통상자원부장관에게 제출하여야 하는 사업주관자는 다음 각 호의 어느 하나에 해당하는 사업을 실시하려는 자로 한다. 〈개정 2013. 3. 23.〉
1. 도시개발사업
2. 산업단지개발사업
3. 에너지개발사업
4. 항만건설사업
5. 철도건설사업
6. 공항건설사업
7. 관광단지개발사업
8. 개발촉진지구개발사업 또는 지역종합개발사업

② 법 제10조제1항에 따라 에너지사용계획을 수립하여 산업통상자원부장관에게 제출하여야 하는 공공사업주관자(법 제10조제2항에 따른 공공사업주관자를 말한다. 이하 같다)는 다음 각 호의 어느 하나에 해당하는 시설을 설치하려는 자로 한다. 〈개정 2013. 3. 23.〉
1. 연간 2천5백 티오이 이상의 연료 및 열을 사용하는 시설
2. 연간 1천만 킬로와트시 이상의 전력을 사용하는 시설

③ 법 제10조제1항에 따라 에너지사용계획을 수립하여 산업통상자원부장관에게 제출하여야 하는 민간사업주관자(법 제10조제2항에 따른 민간사업주관자를 말한다. 이하 같다)는 다음 각 호의 어느 하나에 해당하는 시설을 설치하려는 자로 한다. 〈개정 2013. 3. 23.〉
1. 연간 5천 티오이 이상의 연료 및 열을 사용하는 시설
2. 연간 2천만 킬로와트시 이상의 전력을 사용하는 시설
④ 제1항부터 제3항까지의 규정에 따른 사업 또는 시설의 범위와 에너지사용계획의 제출 시기는 별표 1과 같다.
⑤ 산업통상자원부장관은 법 제10조제1항에 따라 에너지사용계획을 제출받은 경우에는 그날부터 30일 이내에 공공사업주관자에게는 그 협의 결과를, 민간사업주관자에게는 그 의견청취 결과를 통보하여야 한다. 다만, 산업통상자원부장관이 필요하다고 인정할 때에는 20일의 범위에서 통보를 연장할 수 있다. 〈개정 2013. 3. 23.〉

기출문제

문67) 에너지이용 합리화법에 따라 에너지사용계획을 수립하여 산업통상자원부장관에게 제출하여야 하는 사업주관자가 실시하려는 사업의 종류가 아닌 것은? ● 18년 9월15일

① 도시개발사업 ② 항만건설사업
③ 관광단지개발사업 ④ 박람회 조경사업

[정답] ④

문68) 에너지이용 합리화법령상 에너지사용계획을 수립하여 제출하여야 하는 사업주관자로서 해당되지 않는 사업은? ● 20년 9월26일

① 항만건설사업 ② 도로건설사업
③ 철도건설사업 ④ 공항건설사업

[정답] ②

문69) 에너지이용 합리화법령상 에너지사용계획을 수립하여 산업통상자원부장관에게 제출하여야 하는 공공사 업주관자의 설치 시설 기준으로 옳은 것은? ● 22년 4월24일/15년 5월31일/21년 3월7일

① 연간 2천5백 티오이 이상의 연료 및 열을 사용하는 시설
② 연간 5천 티오이 이상의 연료 및 열을 사용하는 시설
③ 연간 2천5백만-1천만 킬로와트시 이상의 전력을 사용하는 시설
④ 연간 5천만 1천만 킬로와트시 이상의 전력을 사용하는 시설

[정답] ①

문70) 에너지사용계획을 수립하여 산업통상자원부장관에게 제출하여야 하는 민간사업주관자의 규모는?
◎ 17년 3월5일
① 연간 5백만 킬로와트시 이상의 전력을 사용하는 시설
② 연간 1천만 킬로와트시 이상의 전력을 사용하는 시설
③ 연간 1천5백만 킬로와트시 이상의 전력을 사용하는 시설
④ 연간 2천만 킬로와트시 이상의 전력을 사용하는 시설

[정답] ④

문71) 민간사업 주관자 중 에너지 사용계획을 수립하여 산업통상자원부장관에게 제출하여야 하는 사업자의 기준은?
◎ 16년 10월1일
① 연간 연료 및 열을 2천TOE 이상 사용하거나 전력을 5백만 KWh 이상 사용하는 시설을 설치하고자 하는 자
② 연간 연료 및 열을 3천TOE 이상 사용하거나 전력을 1천만 KWh 이상 사용하는 시설을 설치하고자 하는 자
③ 연간 연료 및 열을 5천TOE 이상 사용하거나 전력을 2천만 KWh 이상 사용하는 시설을 설치하고자 하는 자
④ 연간 연료 및 열을 1만TOE 이상 사용하거나 전력을 4천만 KWh 이상 사용하는 시설을 설치하고자 하는 자

[정답] ③

제21조(에너지사용계획의 내용 등) ① 법 제10조제1항에 따른 에너지사용계획(이하 "에너지사용계획"이라 한다)에는 다음 각 호의 사항이 포함되어야 한다. 〈개정 2013. 3. 23.〉
1. 사업의 개요
2. 에너지 수요예측 및 공급계획
3. 에너지 수급에 미치게 될 영향 분석
4. 에너지 소비가 온실가스(이산화탄소만 해당한다)의 배출에 미치게 될 영향 분석
5. 에너지이용 효율 향상 방안
6. 에너지이용의 합리화를 통한 온실가스(이산화탄소만 해당한다)의 배출감소 방안
7. 사후관리계획
8. 그 밖에 에너지이용 효율 향상을 위하여 필요하다고 산업통상자원부장관이 정하는 사항
② 에너지사용계획의 구체적인 기재 사항, 작성 방법, 그 밖에 필요한 사항은 산업통상자원부장관이 정하여 고시한다. 〈개정 2013. 3. 23.〉
③ 법 제10조제3항에서 "대통령령으로 정한 사항을 변경하려는 경우"란 다음 각 호에 해당하는 경우를 말하며, 공공사업주관자의 경우에는 그 에너지사용계획의 변경 사항에 관하여 산업통상자원부장관에게 협의를 요청하여야 한다. 〈개정 2013. 3. 23.〉
1. 토지나 건축물의 면적 또는 시설의 변경으로 인하여 법 제10조제1항에 따라 제출한 에너지사용계획의 에너지사용량이 100분의 10 이상 증가되는 경우
2. 집단에너지 공급계획의 변경, 냉난방 방식의 변경, 그 밖에 에너지사용계획에 큰 변동을 가져오는 사

항으로서 산업통상자원부장관이 정하여 고시하는 사항이 변경되는 경우

제22조(에너지사용계획 · 수립대행자의 요건) 법 제10조제4항에 따라 에너지사용계획의 수립을 대행할 수 있는 기관은 다음 각 호의 어느 하나에 해당하는 자로서 산업통상자원부장관이 정하여 고시하는 인력을 갖춘 자로 한다. 〈개정 2011. 1. 17., 2013. 3. 23.〉
1. 국공립연구기관
2. 정부출연연구기관
3. 대학부설 에너지 관계 연구소
4. 「엔지니어링산업 진흥법」 제2조에 따른 엔지니어링사업자 또는 「기술사법」 제6조에 따라 기술사사무소의 개설등록을 한 기술사
5. 법 제25조제1항에 따른 에너지절약전문기업

제23조(에너지사용계획에 대한 검토) ① 산업통상자원부장관은 법 제11조제1항에 따른 에너지사용계획의 검토 결과에 따라 다음 각 호의 사항에 관하여 필요한 조치를 하여 줄 것을 공공사업주관자에게 요청하거나 민간사업주관자에게 권고할 수 있다. 〈개정 2013. 3. 23.〉
1. 에너지사용계획의 조정 또는 보완
2. 사업의 실시 또는 시설설치계획의 조정
3. 사업의 실시 또는 시설설치시기의 연기
4. 그 밖에 산업통상자원부장관이 그 사업의 실시 또는 시설의 설치에 관하여 에너지 수급의 적정화 및 에너지사용의 합리화와 이를 통한 온실가스(이산화탄소만 해당한다)의 배출 감소를 도모하기 위하여 필요하다고 인정하는 조치

② 공공사업주관자는 제1항 각 호의 조치 요청을 받은 경우에는 산업통상자원부령으로 정하는 바에 따라 그 조치를 이행하기 위한 계획(이하 "이행계획"이라 한다)을 작성하여 산업통상자원부장관에게 제출하여야 한다. 〈개정 2013. 3. 23.〉

제24조(이의 신청) 공공사업주관자는 법 제11조제1항에 따라 요청받은 조치에 대하여 이의가 있는 경우에는 산업통상자원부령으로 정하는 바에 따라 그 요청을 받은 날부터 30일 이내에 산업통상자원부장관에게 이의를 신청할 수 있다. 〈개정 2013. 3. 23.〉

기출문제

문72) 공사업 주관자는 에너지 사용계획의 조정 또는 보완 등의 요청받은 조치에 대하여 이의가 있는 경우 며칠 이내에 이의를 신청할 수 있는가?　　◆ 13년 3월10일
① 7일　　② 14일
③ 30일　　④ 60일

[정답] ③

제25조(협의절차 완료 전 공사시행 금지 등) ① 공공사업주관자는 에너지사용계획에 관한 협의절차가 완료되기 전에는 그 사업 등에 관련되는 공사를 시행할 수 없다.

② 산업통상자원부장관은 공공사업주관자가 협의절차의 완료 전에 공사를 시행하는 경우에는 관계 행정기관의 장에게 그 사업 또는 시설공사의 일시 중지 등 필요한 조치를 하여 줄 것을 요청할 수 있다. 〈개정 2013. 3. 23.〉

제26조(에너지사용계획의 사후관리 등) ① 공공사업주관자는 에너지사용계획에 대한 협의절차가 완료된 경우에는 그 에너지사용계획 및 이행계획 중 그 사업 또는 시설의 실시설계서에 반영된 내용을 그 실시설계서가 확정된 후 14일 이내에 산업통상자원부장관에게 제출하여야 한다. 〈개정 2013. 3. 23.〉
② 산업통상자원부장관은 법 제12조에 따라 에너지사용계획 또는 제23조제1항에 따른 조치의 이행 여부를 확인하기 위하여 필요한 경우에는 공공사업주관자에 대하여는 소속 공무원으로 하여금 현지조사 또는 실태파악을 하게 할 수 있으며, 민간사업주관자에 대하여는 권고조치의 수용 여부 등의 실태파악을 위한 관련 자료의 제출을 요구할 수 있다. 〈개정 2013. 3. 23.〉
③ 산업통상자원부장관은 제2항에 따른 현지조사 또는 실태파악의 결과 에너지사용계획 또는 제23조제1항에 따른 조치를 이행하지 아니한 공공사업주관자에 대하여는 그 이행을 촉구하여야 한다. 〈개정 2013. 3. 23.〉
④ 산업통상자원부장관은 공공사업주관자가 제3항에 따른 이행의 촉구에도 불구하고 이를 이행하지 아니한 경우에는 그 사업을 관장하는 관계 행정기관의 장에게 사업 또는 시설공사의 일시 중지 등 필요한 조치를 하여 줄 것을 요청하여야 한다. 〈개정 2013. 3. 23.〉
⑤ 제20조제1항제1호 또는 제2호의 사업을 하는 공공사업주관자는 그 사업으로 조성된 토지를 공급하려고 공고할 때에는 그 사업이 법 제10조에 따른 에너지사용계획의 협의대상사업이라는 사실도 함께 공고하여야 한다.

제27조(에너지절약형 시설투자 등) ① 법 제14조제1항에 따른 에너지절약형 시설투자, 에너지절약형 기자재의 제조·설치·시공은 다음 각 호의 시설투자로서 산업통상자원부장관이 정하여 공고하는 것으로 한다. 〈개정 2013. 3. 23., 2021. 1. 5.〉
1. 노후 보일러 및 산업용 요로(燎爐 : 고온가열장치) 등 에너지다소비 설비의 대체
2. 집단에너지사업, 열병합발전사업, 폐열이용사업과 대체연료사용을 위한 시설 및 기기류의 설치
3. 그 밖에 에너지절약 효과 및 보급 필요성이 있다고 산업통상자원부장관이 인정하는 에너지절약형 시설투자, 에너지절약형 기자재의 제조·설치·시공

기출문제

문73). 에너지이용 합리화법에 따라 에너지 절약형 시설투자 시 세제지원이 되는 시설투자가 아닌 것은?
　　　　　　　　　　　　　　　　　　　　　　　　　　● 19년 9월21일
　　① 노후 보일러 등 에너지다소비 설비의 대체
　　② 열병합발전사업을 위한 시설 및 기기류의 설치
　　③ 5% 이상의 에너지절약 효과가 있다고 인정되는 설비
　　④ 산업용 요로 설비의 대체

[정답] ③

② 법 제14조제1항에 따라 지원대상이 되는 그 밖에 에너지이용 합리화와 이를 통한 온실가스배출의 감축에 관한 사업은 다음 각 호의 사업으로서 산업통상자원부장관이 인정하는 사업으로 한다. 〈개정 2013. 3. 23.〉
1. 에너지원의 연구개발사업
2. 에너지이용 합리화 및 이를 통하여 온실가스배출을 줄이기 위한 에너지절약시설 설치 및 에너지기술개발사업
3. 기술용역 및 기술지도사업
4. 에너지 분야에 관한 신기술·지식집약형 기업의 발굴·육성을 위한 지원사업

기출문제

문74) 정부가 에너지 이용 합리화를 촉진하기 위하여 지원하는 사업에 해당되지 않는 것은?
　　　　　　　　　　　　　　　　　　　　　　　　　　　　　　　◎ 14년 5월25일

① 에너지원의 기술홍보
② 에너지원의 연구개발사업
③ 기술용역 및 기술지도사업
④ 에너지이용합리화를 위한 에너지기술개발사업

[정답] ①

제3장 에너지이용 합리화 시책

제1절 에너지사용기자재 관련 시책

제28조(효율관리기자재의 사후관리 등) ① 산업통상자원부장관은 법 제16조에 따른 효율관리기자재의 사후관리를 위하여 필요한 경우에는 관계 행정기관의 장에게 필요한 자료의 제출을 요청할 수 있다. 〈개정 2013. 3. 23.〉
② 산업통상자원부장관은 법 제16조제1항 및 제2항에 따른 시정명령 및 생산·판매금지 명령의 이행 여부를 소속 공무원 또는 한국에너지공단으로 하여금 확인하게 할 수 있다. 〈개정 2013. 3. 23., 2015. 7. 24.〉

제28조의2(매출액 기준) 법 제17조의2제1항 본문에서 "대통령령으로 정하는 매출액"이란 평균에너지소비효율기준을 달성하지 못한 연도에 과징금 부과 대상 자동차를 판매하여 얻은 매출액을 말한다.
[본조신설 2014. 2. 5.]

제28조의3(과징금의 부과 및 납부) ① 법 제17조의2제1항 본문에 따른 과징금의 부과기준은 별표 1의2와 같다.
② 환경부장관은 법 제17조의2제1항에 따라 과징금을 부과할 때에는 과징금의 부과사유와 과징금의 금액을 분명하게 적어 「대기환경보전법」 제76조의5제2항에 따른 평균에너지소비효율을 이월·거래 또는 상환하는 기간이 끝나는 날의 다음 날부터 2년 이내에 서면으로 알려야 한다. 〈개정 2024. 8. 30.〉

③ 제2항에 따라 통지를 받은 자동차 제조업자 또는 수입업자는 그 통지를 받은 날부터 60일 이내에 과징금을 환경부장관이 정하는 수납기관에 내야 한다. 〈개정 2023. 12. 12., 2024. 8. 30.〉
④ 제3항에 따라 과징금을 받은 수납기관은 그 납부자에게 영수증을 발급하여야 한다.
⑤ 제1항부터 제4항까지에서 규정한 사항 외에 과징금의 부과에 필요한 세부기준은 환경부장관이 산업통상자원부장관과 협의하여 고시한다.
[본조신설 2014. 2. 5.]

제2절 산업 및 건물 관련 시책

제29조(에너지절약을 위한 사업) 법 제25조제1항제3호에서 "그 밖에 대통령령으로 정하는 에너지절약을 위한 사업"이란 다음 각 호의 사업을 말한다.
1. 신에너지 및 재생에너지원의 개발 및 보급사업
2. 에너지절약형 시설 및 기자재의 연구개발사업

제30조(에너지절약전문기업의 등록 등) ① 법 제25조제1항에 따라 에너지절약전문기업으로 등록을 하려는 자는 산업통상자원부령으로 정하는 등록신청서를 산업통상자원부장관에게 제출하여야 한다. 〈개정 2013. 3. 23.〉
② 법 제25조제1항에 따른 에너지절약전문기업의 등록기준은 별표 2와 같다.

기출문제

문75) 에너지이용 합리화법령상 에너지절약전문기업의 사업이 아닌 것은?   ● 22년 3월5일
① 에너지사용시설의 에너지절약을 위한 관리·용역사업
② 에너지절약형 시설투자에 관한 사업
③ 신에너지 및 재생에너지원의 개발 및 보급사업
④ 에너지절약 활동 및 성과에 대한 금융상·세제상의 지원

[정답] ④

제30조의2(공제규정) ① 법 제27조의2제1항에 따른 공제조합이 같은 조 제2항제6호에 따른 공제사업을 하려면 공제규정을 정하여야 한다.
② 제1항에 따른 공제규정에는 공제사업의 범위, 공제계약의 내용, 공제료, 공제금, 공제금에 충당하기 위한 책임준비금 등 공제사업의 운영에 필요한 사항이 포함되어야 한다.
[본조신설 2011. 10. 26.]

제31조(에너지절약형 시설 등) 법 제28조제1항에서 "그 밖에 대통령령으로 정하는 시설 등"이란 다음 각 호를 말한다. 〈개정 2013. 3. 23.〉
1. 에너지절약형 공정개선을 위한 시설
2. 에너지이용 합리화를 통한 온실가스의 배출을 줄이기 위한 시설
3. 그 밖에 에너지절약이나 온실가스의 배출을 줄이기 위하여 필요하다고 산업통상자원부장관이 인정하는 시설

4. 제1호부터 제3호까지의 시설과 관련된 기술개발

제32조(온실가스배출 감축사업계획서의 제출 등) ① 법 제29조에 따라 온실가스배출 감축실적의 등록을 신청하려는 자(이하 "등록신청자"라 한다)는 온실가스배출 감축사업계획서(이하 "사업계획서"라 한다)와 그 사업의 추진 결과에 대한 이행실적보고서를 각각 작성하여 산업통상자원부장관에게 제출하여야 한다. 〈개정 2013. 3. 23.〉
② 등록신청자는 사업계획서 및 이행실적보고서에 대하여 산업통상자원부장관이 지정하여 고시하는 에너지절약 관련 전문기관의 타당성 평가 및 검증을 받아 산업통상자원부장관에게 감축실적의 등록을 신청하여야 한다. 〈개정 2013. 3. 23.〉
③ 제1항 및 제2항에 관한 세부적인 사항은 산업통상자원부장관이 환경부장관과 협의를 거쳐 정하여 고시한다. 〈개정 2013. 3. 23.〉

제33조(온실가스배출 감축 관련 교육훈련 대상 등) ① 법 제30조제1항에 따른 교육훈련의 대상자는 다음 각 호의 어느 하나에 해당하는 자를 말한다.
1. 산업계의 온실가스배출 감축 관련 업무담당자
2. 정부 등 공공기관의 온실가스배출 감축 관련 업무담당자
② 법 제30조제1항에 따른 교육훈련의 내용은 다음 각 호와 같다.
1. 기후변화협약과 대응 방안
2. 기후변화협약 관련 국내외 동향
3. 온실가스배출 감축 관련 정책 및 감축 방법에 관한 사항

제34조(기후변화협약특성화대학원의 지정기준 등) ① 법 제30조제2항에서 "대통령령으로 정하는 기준에 해당하는 대학원 또는 대학원대학"이란 기후변화 관련 교통정책, 환경정책, 온난화방지과학, 산업활동과 대기오염 등 산업통상자원부장관이 정하여 고시하는 과목의 강의가 3과목 이상 개설되어 있는 대학원 또는 대학원대학을 말한다. 〈개정 2013. 3. 23.〉
② 법 제30조제2항에 따른 기후변화협약특성화대학원으로 지정을 받으려는 대학원 또는 대학원대학은 산업통상자원부장관에게 지정신청을 하여야 한다. 〈개정 2013. 3. 23.〉
③ 산업통상자원부장관은 법 제30조제2항에 따라 지정된 기후변화협약특성화대학원이 그 업무를 수행하는 데에 필요한 비용을 예산의 범위에서 지원할 수 있다. 〈개정 2013. 3. 23.〉
④ 제1항 및 제2항에 따른 지정기준 및 지정신청 절차에 관한 세부적인 사항은 산업통상자원부장관이 환경부장관, 국토교통부장관 및 해양수산부장관과의 협의를 거쳐 정하여 고시한다. 〈개정 2013. 3. 23.〉

제35조(에너지다소비사업자) 법 제31조제1항 각 호 외의 부분에서 "대통령령으로 정하는 기준량 이상인 자"란 연료·열 및 전력의 연간 사용량의 합계(이하 "연간 에너지사용량"이라 한다)가 2천 티오이 이상인 자(이하 "에너지다소비사업자"라 한다)를 말한다.

기출문제

문76) 에너지이용 합리화법에 따라 매년 1월 31일까지 전년도의 분기별 에너지사용량·제품생산량을 신고하여야 하는 대상은 연간 에너지사용량의 합계가 얼마 이상인 경우 해당되는가?
◯ 19년 3월3일

① 1천 티오이
② 2천 티오이
③ 3천 티오이
④ 5천 티오이

[정답] ②

문77) 에너지사용량은 신고하여야 하는 에너지관리대상자의 기준으로 옳은 것은? ◯ 13년 3월10일

① 연간 에너지사용량이 1천TOE 이상인 자
② 연간 에너지사용량이 2천TOE 이상인 자
③ 연간 에너지사용량이 5천TOE 이상인 자
④ 연간 에너지사용량이 1만TOE 이상인 자

[정답] ②

문78) 에너지이용 합리화법에 따라 냉난방온도의 제한 대상 건물에 해당하는 것은? ◯ 17년 5월7일

① 연간 에너지사용량이 5백 티오이 이상인 건물
② 연간 에너지사용량이 1천 티오이 이상인 건물
③ 연간 에너지사용량이 1천5백 티오이 이상인 건물
④ 연간 에너지사용량이 2천 티오이 이상인 건물

[해설] 에너지이용 합리화법에 따라 냉난방온도의 제한 대상 건물 : 에너지다소비사업자(연간 에너지사용량이 2천 티오이 이상인 건물)

[정답] ④

문79) 에너지이용합리와법에 따라 에너지다소비사업자가 함은 연료, 열 및 전력의 연간 사용량의 합계가 몇 티오이 (TOE) 이상인가?
◯ 16년 10월1일/17년 9월23일

① 1,000
② 1,500
③ 2,000
④ 3,000

[정답] ③

제36조(에너지진단주기 등) ① 법 제32조제2항에 따라 에너지다소비사업자가 주기적으로 에너지진단을 받아야 하는 기간(이하 "에너지진단주기"라 한다)은 별표 3과 같다.
② 에너지진단주기는 월 단위로 계산하되, 에너지진단을 시작한 달의 다음 달부터 기산(起算)한다.

제37조(에너지진단전문기관의 관리·감독 등) 산업통상자원부장관은 법 제32조제3항에 따라 다음 각 호의 사항에 관하여 법 제32조제2항 본문에 따른 에너지진단전문기관(이하 "진단기관"이라 한다)을 관리·감독한다. 〈개정 2013. 3. 23.〉

1. 제39조에 따른 진단기관 지정기준의 유지에 관한 사항
2. 진단기관의 에너지진단 결과에 관한 사항
3. 에너지진단 내용의 이행실태 및 이행에 필요한 기술지도 내용에 관한 사항
4. 그 밖에 진단기관의 관리·감독을 위하여 산업통상자원부장관이 필요하다고 인정하여 고시하는 사항

제38조(에너지진단비용의 지원) ① 산업통상자원부장관이 법 제32조제6항에 따라 에너지진단을 받기 위하여 드는 비용(이하 "에너지진단비용"이라 한다)의 일부 또는 전부를 지원할 수 있는 에너지다소비사업자는 다음 각 호의 요건을 모두 갖추어야 한다. 〈개정 2009. 7. 27., 2013. 3. 23.〉
1. 「중소기업기본법」 제2조에 따른 중소기업일 것
2. 연간 에너지사용량이 1만 티오이 미만일 것
② 제1항에 해당하는 에너지다소비사업자로서 에너지진단비용을 지원받으려는 자는 에너지진단신청서를 제출할 때에 제1항제1호에 해당함을 증명하는 서류를 첨부하여야 한다.
③ 에너지진단비용의 지원에 관한 세부기준 및 방법과 그 밖에 필요한 사항은 산업통상자원부장관이 정하여 고시한다. 〈개정 2013. 3. 23.〉

제39조(진단기관의 지정기준) 법 제32조제8항에 따라 진단기관이 보유하여야 하는 장비와 기술인력의 지정기준은 별표 4와 같다. 〈개정 2023. 1. 17.〉

제40조(개선명령의 요건 및 절차 등) ① 법 제34조제1항에 따라 산업통상자원부장관이 에너지다소비사업자에게 개선명령을 할 수 있는 경우는 법 제32조제5항에 따른 에너지관리지도 결과 10퍼센트 이상의 에너지효율 개선이 기대되고 효율 개선을 위한 투자의 경제성이 있다고 인정되는 경우로 한다. 〈개정 2013. 3. 23.〉

기출문제

문80) 음 중 에너지이용 합리화법령에 따라 에너지다소비사업자에게 에너지관리 개선명령을 할 수 있는 경우 는? ● 19년 9월21일/22년 4월24일/12년 9월15일
① 목표원단위보다 과다하게 에너지를 사용하는 경우
② 에너지관리지도 결과 10% 이상의 에너지효율 개선이 기대되는 경우
③ 에너지 사용실적이 전년도보다 현저히 증가한 경우
④ 에너지 사용계획 승인을 얻지 아니한 경우

[정답] ②

문81) 에너지이용 합리화법령상 산업통상자원부장관이 에너지다소비사업자에게 개선명령을 할 수 있는 경우는 에너지관 리지도 결과 몇 %이상의 에너지 효율개선이 기대될 때로 규정하고 있는가? ● 20년 8월22일
① 10 ③ 30
② 20 ④ 50

[정답] ①

② 산업통상자원부장관은 제1항의 개선명령을 하려는 경우에는 구체적인 개선 사항과 개선 기간 등을 분명히 밝혀야 한다. 〈개정 2013. 3. 23.〉
③ 에너지다소비사업자는 제1항에 따른 개선명령을 받은 경우에는 개선명령일부터 60일 이내에 개선계획을 수립하여 산업통상자원부장관에게 제출하여야 하며, 그 결과를 개선 기간 만료일부터 15일 이내에 산업통상자원부장관에게 통보하여야 한다. 〈개정 2013. 3. 23.〉
④ 산업통상자원부장관은 제3항에 따른 개선계획에 대하여 필요하다고 인정하는 경우에는 수정 또는 보완을 요구할 수 있다. 〈개정 2013. 3. 23.〉

제41조(개선명령의 이행 여부 확인) 산업통상자원부장관은 법 제34조제1항에 따른 개선명령의 이행 여부를 소속 공무원으로 하여금 확인하게 할 수 있다. 〈개정 2013. 3. 23.〉

제42조(폐열 이용의 조정안 작성 등) ① 산업통상자원부장관은 법 제36조제2항 단서에 따른 조정을 할 때에는 당사자로부터 의견을 듣고 조정안을 작성하여야 한다. 〈개정 2013. 3. 23.〉
② 산업통상자원부장관은 제1항에 따라 작성된 조정안을 당사자에게 알리고 60일 이내의 기간을 정하여 그 조정안을 수락할 것을 권고할 수 있다. 〈개정 2013. 3. 23.〉

제42조의2(냉난방온도의 제한 대상 건물 등) ① 법 제36조의2제1항제2호에서 "대통령령으로 정하는 기준량 이상인 건물"이란 연간 에너지사용량이 2천티오이 이상인 건물을 말한다.
② 산업통상자원부장관은 법 제36조의2제2항 각 호 외의 부분에 따른 고시를 하려는 경우에는 해당 고시 내용을 고시예정일 7일 이전에 같은 항 각 호에 따른 통지 대상자에게 예고하여야 한다. 〈개정 2013. 3. 23.〉
[본조신설 2009. 7. 27.]

기출문제

문82) 난방온도의 제한대상인 건물에 해당하는 것은?   ● 14년 9월20일/17년 5월7일
① 연간에너지사용량이 5백티오이 이상인 건물
② 연간에너지사용량이 1천 티오이이상인 건물
③ 연간에너지사용량이 1천5백 티오이 이상인 건물
④ 연간에너지사용량이 2천 티오이 이상인 건물

[정답] ④

제42조의3(시정조치 명령의 방법) 법 제36조의3에 따른 시정조치 명령은 다음 각 호의 사항을 구체적으로 밝힌 서면으로 하여야 한다.
1. 시정조치 명령의 대상 건물 및 대상자
2. 시정조치 명령의 사유 및 내용
3. 시정기한
[본조신설 2009. 7. 27.]

제4장 시공업자 단체

제43조(정관의 내용) ① 법 제41조제1항에 따른 시공업자단체(이하 "시공업자단체"라 한다)의 정관에는 다음 각 호의 사항이 포함되어야 한다.
  1. 목적
  2. 명칭
  3. 주된 사무소·지부에 관한 사항
  4. 업무 및 그 집행에 관한 사항
  5. 회원의 등록 및 권리·의무에 관한 사항
  6. 회비에 관한 사항
  7. 재산 및 회계에 관한 사항
  8. 임원 및 직원에 관한 사항
  9. 기구 및 조직에 관한 사항
  10. 총회와 이사회에 관한 사항
  11. 정관의 변경에 관한 사항
  12. 해산에 관한 사항
② 시공업자단체는 정관을 변경하려는 경우에는 산업통상자원부장관의 인가를 받아야 한다. 〈개정 2013. 3. 23.〉

제44조(지도·감독) ① 산업통상자원부장관은 법 제41조제4항에 따라 시공업자단체에 대하여 그 업무·회계 및 재산에 관하여 필요한 사항을 보고하게 하거나 소속 공무원으로 하여금 시공업자단체의 장부·서류나 그 밖의 물건을 검사하게 할 수 있다. 〈개정 2013. 3. 23.〉
② 제1항에 따라 검사를 하는 공무원은 그 권한을 표시하는 증표를 지니고 관계인에게 내보여야 한다.

제5장 한국에너지공단 〈개정 2015. 7. 24.〉

제45조(한국에너지공단에의 출연) ① 정부가 법 제45조제2항에 따라 한국에너지공단(이하 "공단"이라 한다)의 설립 및 운영에 드는 자금에 충당하게 하기 위하여 출연하려 할 때에는 회계연도마다 이를 세출예산에 계상(計上)하여야 한다. 〈개정 2015. 7. 24., 2021. 2. 2.〉
② 정부 외의 자가 법 제45조제2항에 따라 공단의 운영과 그 사업에 드는 자금에 충당하게 하기 위하여 출연하는 경우 출연시기·출연방법 등에 대해서는 산업통상자원부장관이 그 출연하려는 자와 협의하여 정할 수 있다. 〈신설 2021. 2. 2.〉
[제목개정 2015. 7. 24.]

제46조(지부 등의 설치등기) 공단이 지부·연수원·사업소 또는 부설기관(이하 "지부"라 한다)을 설치한 때에는 법 제49조제3항에 따라 다음 각 호의 구분에 따라 각각 등기하여야 한다.
  1. 주된 사무소의 소재지에서는 2주일 내에 설치된 지부의 명칭과 소재지
  2. 새로 설치된 지부의 소재지에서는 3주일 내에 다음 각 목의 사항
      가. 목적
      나. 명칭

다. 주된 사무소의 소재지
라. 이사장의 성명·주민등록번호 및 주소
마. 공고의 방법

제47조(이전등기) ① 공단이 주된 사무소를 다른 등기소의 관할 구역으로 이전한 경우에는 종전의 소재지에서는 2주일 내에 그 이전한 사실을, 새로운 소재지에서는 3주일 내에 제46조제2호 각 목의 사항을 각각 등기하여야 한다.
② 공단이 지부를 다른 등기소의 관할 구역으로 이전한 경우에는 종전의 소재지에서는 2주일 내에 그 이전한 사실을, 새로운 소재지에서는 3주일 내에 제46조제2호 각 목의 사항을 각각 등기하여야 한다.

제48조(변경등기) 법 제49조제2항 각 호의 사항이 변경된 경우에는 주된 사무소의 소재지에서는 2주일 내에 변경등기를 하여야 한다. 이 경우 제46조제2호 각 목의 사항이 변경된 경우에는 지부의 소재지에서도 3주일 내에 변경된 사항을 등기하여야 한다.

제49조(등기 기간의 기산) 이 영에 따른 등기사항으로서 산업통상자원부장관의 인가 또는 승인을 받아야 할 사항이 있을 때에는 그 인가서 또는 승인서가 도달한 날부터 등기 기간을 기산한다. 〈개정 2013. 3. 23.〉

제6장 보칙

제50조(권한의 위임) 산업통상자원부장관은 법 제69조제1항에 따라 법 제78조제4항제1호와 제11호에 따른 과태료의 부과·징수에 관한 권한을 시·도지사에게 위임한다. 〈개정 2009. 7. 27., 2013. 3. 23.〉

제51조(업무의 위탁) ① 산업통상자원부장관 또는 시·도지사는 법 제69조제3항에 따라 다음 각 호의 업무를 공단에 위탁한다. 〈개정 2009. 7. 27., 2013. 3. 23., 2017. 11. 7., 2018. 7. 17., 2023. 1. 17.〉
 1. 법 제11조에 따른 에너지사용계획의 검토
 2. 법 제12조에 따른 이행 여부의 점검 및 실태파악
 3. 법 제15조제3항에 따른 효율관리기자재의 측정 결과 신고의 접수
 4. 법 제19조제3항에 따른 대기전력경고표지대상제품의 측정 결과 신고의 접수
 5. 법 제20조제2항에 따른 대기전력저감대상제품의 측정 결과 신고의 접수
 6. 법 제22조제3항 및 제4항에 따른 고효율에너지기자재 인증 신청의 접수 및 인증
 7. 법 제23조제1항에 따른 고효율에너지기자재의 인증취소 또는 인증사용 정지명령
 8. 법 제25조에 따른 에너지절약전문기업의 등록
 9. 법 제29조제1항에 따른 온실가스배출 감축실적의 등록 및 관리
 10. 법 제31조제1항에 따른 에너지다소비사업자 신고의 접수
 11. 법 제32조제3항에 따른 진단기관의 관리·감독
 12. 법 제32조제5항에 따른 에너지관리지도
 12의2. 법 제32조제7항에 따른 진단기관의 평가 및 그 결과의 공개
 12의3. 법 제36조의2제4항에 따른 냉난방온도의 유지·관리 여부에 대한 점검 및 실태 파악
 13. 법 제39조제2항 및 제4항에 따른 검사대상기기의 검사
 14. 법 제39조제3항에 따른 검사증의 발급(제13호에 따른 검사만 해당한다)

15. 법 제39조제7항에 따른 검사대상기기의 폐기, 사용 중지, 설치자 변경 및 검사의 전부 또는 일부가 면제된 검사대상기기의 설치에 대한 신고의 접수
16. 법 제40조제3항에 따른 검사대상기기관리자의 선임·해임 또는 퇴직신고의 접수

② 산업통상자원부장관 또는 시·도지사는 법 제69조제3항에 따라 다음 각 호의 업무를 공단 또는 「국가표준기본법」 제23조에 따라 인정받은 시험·검사기관 중 산업통상자원부장관이 지정하여 고시하는 기관에 위탁한다. 〈개정 2013. 3. 23., 2017. 11. 7.〉

1. 법 제39조제1항에 따른 검사대상기기의 검사
2. 법 제39조제3항에 따른 검사증의 발급(제1호에 따른 검사만 해당한다)
3. 법 제39조의2제1항에 따른 수입 검사대상기기의 검사
4. 법 제39조의2제2항에 따른 검사증의 발급

③ 산업통상자원부장관 또는 시·도지사는 제2항에 따라 업무를 위탁한 경우에는 위탁받은 기관 및 위탁업무의 내용 등을 인터넷 홈페이지나 관보 또는 공보에 게재하여야 한다. 〈신설 2017. 11. 7.〉

기출문제

문83) 에너지관리공단 이사장에게 권한이 위탁된 것이 아닌 것은? ● 20년 9월26일/15년 3월8일
① 에너지사용계획의 검토
② 에너지관리지도
③ 효율관리기자재의 측정결과 신고의 접수
④ 열사용기자재 제조업의 등록

[정답] ④

문84) 다음 중 에너지이용 합리화법에 따라 산업통상자원부장관 또는 시·도지사가 한국에너지공단이사장에게 위탁한 업무가 아닌 것은? ● 19년 4월27일
① 에너지사용계획의 검토
② 에너지절약전문기업의 등록
③ 냉난방온도의 유지·관리 여부에 대한 점검 및 실태 파악
④ 에너지이용 합리화 기본계획의 수립

[정답] ④

제52조(보고) 제51조에 따라 권한의 위임 또는 업무의 위탁을 받은 자는 그 위임 또는 위탁받은 업무를 처리하였을 때에는 산업통상자원부장관 또는 시·도지사에게 그 처리 결과를 보고하여야 한다. 〈개정 2013. 3. 23.〉

제52조의2(고유식별정보의 처리) 시·도지사(해당 권한이 위임·위탁된 경우에는 그 권한을 위임·위탁받은 자를 포함한다)는 법 제40조제3항에 따른 검사대상기기관리자의 선임 등의 신고에 관한 사무를 수행하기 위하여 불가피한 경우 「개인정보 보호법 시행령」 제19조에 따른 주민등록번호 또는 외국인등록번호가 포함된 자료를 처리할 수 있다. 〈개정 2018. 7. 17.〉
[본조신설 2017. 3. 27.]

[종전 제52조의2는 제52조의3으로 이동 〈2017. 3. 27.〉]

제52조의3(규제의 재검토) 산업통상자원부장관은 제35조에 따른 에너지다소비사업자 기준에 대하여 2020년 1월 1일을 기준으로 3년마다(매 3년이 되는 해의 1월 1일 전까지를 말한다) 그 타당성을 검토하여 개선 등의 조치를 해야 한다.
[전문개정 2020. 3. 3.]

제53조(과태료의 부과기준) ① 법 제78조제1항부터 제4항까지의 규정에 따른 과태료의 부과기준은 별표 5와 같다.
② 삭제 〈2018. 4. 30.〉
[본조신설 2009. 7. 27.]

부　칙

〈제34867호, 2024. 8. 30.〉

제1조(시행일) 이 영은 2024년 9월 1일부터 시행한다.

제2조(과징금 부과·납부에 관한 적용례) 제28조의3제2항 및 제3항의 개정규정은 이 영 시행 이후 부과되는 과징금부터 적용한다.

06
에너지이용 합리화법 시행규칙

01 에너지법
02 에너지법 시행령
03 에너지법 시행규칙
04 에너지이용 합리화법
05 에너지이용 합리화법 시행령
06 에너지이용 합리화법 시행규칙

CHAPTER 06 에너지이용 합리화법 시행규칙

제1조(목적) 이 규칙은 「에너지이용 합리화법」 및 같은 법 시행령에서 위임된 사항과 그 시행에 필요한 사항을 규정함을 목적으로 한다.

제1조의2(열사용기자재) 「에너지이용 합리화법」(이하 "법"이라 한다) 제2조에 따른 열사용기자재는 별표 1과 같다. 다만, 다음 각 호의 어느 하나에 해당하는 열사용기자재는 제외한다. 〈개정 2013. 3. 23., 2017. 1. 26., 2021. 10. 12.〉
 1. 「전기사업법」 제2조제2호에 따른 전기사업자가 설치하는 발전소의 발전(發電)전용 보일러 및 압력용기. 다만, 「집단에너지사업법」의 적용을 받는 발전전용 보일러 및 압력용기는 열사용기자재에 포함된다.
 2. 「철도사업법」에 따른 철도사업을 하기 위하여 설치하는 기관차 및 철도차량용 보일러
 3. 「고압가스 안전관리법」 및 「액화석유가스의 안전관리 및 사업법」에 따라 검사를 받는 보일러(캐스케이드 보일러는 제외한다) 및 압력용기
 4. 「선박안전법」에 따라 검사를 받는 선박용 보일러 및 압력용기
 5. 「전기용품 및 생활용품 안전관리법」 및 「의료기기법」의 적용을 받는 2종 압력용기
 6. 이 규칙에 따라 관리하는 것이 부적합하다고 산업통상자원부장관이 인정하는 수출용 열사용기자재
[본조신설 2012. 6. 28.]

제2조(에너지열량 환산기준) 다음 각 호의 어느 하나에 해당하는 대상을 판단하는 경우 에너지원별열량은 「에너지법 시행규칙」 별표 제1호의 총발열량을 기준으로 환산한다. 〈개정 2011. 1. 19., 2012. 6. 28.〉
 1. 법 제10조제1항에 따른 에너지사용계획(이하 "에너지사용계획"이라 한다)의 협의대상
 2. 법 제31조제1항에 따른 에너지사용량 등의 신고대상
 3. 법 제32조에 따른 에너지관리기준의 준수대상 및 에너지진단의 대상
 4. 「에너지이용 합리화법 시행령」(이하 "영"이라 한다) 제12조제1항제5호에 따른 에너지저장의무부과의 대상

제3조(에너지사용계획의 검토기준 및 검토방법) ① 법 제11조제1항에 따른 에너지사용계획의 검토기준은 다음 각 호와 같다.
 1. 에너지의 수급 및 이용 합리화 측면에서 해당 사업의 실시 또는 시설 설치의 타당성
 2. 부문별·용도별 에너지 수요의 적절성
 3. 연료·열 및 전기의 공급 체계, 공급원 선택 및 관련 시설 건설계획의 적절성
 4. 해당 사업에 있어서 용지의 이용 및 시설의 배치에 관한 효율화 방안의 적절성

5. 고효율에너지이용 시스템 및 설비 설치의 적절성
6. 에너지이용의 합리화를 통한 온실가스(이산화탄소만 해당한다) 배출감소 방안의 적절성
7. 폐열의 회수·활용 및 폐기물 에너지이용계획의 적절성
8. 신·재생에너지이용계획의 적절성
9. 사후 에너지관리계획의 적절성

② 산업통상자원부장관은 제1항에 따른 검토를 할 때 필요하면 관계 행정기관, 지방자치단체, 연구기관, 에너지공급자, 그 밖의 관련 기관 또는 단체에 검토를 의뢰하여 의견을 제출하게 하거나, 소속 공무원으로 하여금 현지조사를 하게 할 수 있다. 〈개정 2013. 3. 23.〉

③ 제1항 각 호의 기준에 관한 구체적인 내용은 산업통상자원부장관이 정한다. 〈개정 2013. 3. 23.〉

기출문제

문85) 에너지 사용계획의 검토기준에 해당되지 않는 것은? ● 13년 6월2일
① 폐열의 회수·활용 및 폐기물 에너지이용 기술개발의 적절성
② 부문별·용도별 에너지 수요의 적절성
③ 연료·열 및 전기의 공급체계, 공급원 선택 및 관련시설 건설계획의 적절성
④ 고효율 에너지이용 시스템 및 설비 설치의 적절성

[정답] ①

제4조(변경협의 요청) 영 제21조제3항에 따라 공공사업주관자(법 제10조제2항에 따른 공공사업주관자를 말한다. 이하 같다)가 에너지사용계획의 변경 사항에 관하여 산업통상자원부장관에게 협의를 요청할 때에는 변경된 에너지사용계획에 다음 각 호의 사항을 적은 서류를 첨부하여 제출하여야 한다. 〈개정 2011. 1. 19., 2013. 3. 23.〉
1. 에너지사용계획의 변경 이유
2. 에너지사용계획의 변경 내용

제5조(이행계획의 작성 등) 영 제23조제2항에 따른 이행계획에는 다음 각 호의 사항이 포함되어야 한다. 〈개정 2013. 3. 23.〉
1. 영 제23조제1항 각 호의 사항에 관하여 산업통상자원부장관으로부터 요청받은 조치의 내용
2. 이행 주체
3. 이행 방법
4. 이행 시기

> **기출문제**
>
> 문86) 너지이용 합리화법령에 따라 에너지사용계획에 대한 검토결과 공공사업주관자가 조치 요철을 받은 경우, 이를 이행하기 위하여 제출하는 이행계획에 포함되어야 할 내용이 아닌 것은? (단, 산업통상자원부장관으로부터 요청 받은 조치의 내용은 제외한다.)
>
> ⊕ 15년 5월31일 /22년 4월24일/19년 9월21일
>
> ① 이행 주체 ② 이행 방법
> ③ 이행 장소 ④ 이행 시기
>
> [정답] ③

제6조(이의신청) 영 제24조에 따라 공공사업주관자가 이의신청을 하려는 경우에는 그 이유 및 내용을 적은 서류를 산업통상자원부장관에게 제출하여야 한다. 〈개정 2011. 1. 19., 2013. 3. 23.〉

제7조(효율관리기자재) ① 법 제15조제1항에 따른 효율관리기자재(이하 "효율관리기자재"라 한다)는 다음 각 호와 같다. 〈개정 2013. 3. 23.〉
 1. 전기냉장고
 2. 전기냉방기
 3. 전기세탁기
 4. 조명기기
 5. 삼상유도전동기(三相誘導電動機)
 6. 자동차
 7. 그 밖에 산업통상자원부장관이 그 효율의 향상이 특히 필요하다고 인정하여 고시하는 기자재 및 설비
② 제1항 각 호의 효율관리기자재의 구체적인 범위는 산업통상자원부장관이 정하여 고시한다. 〈개정 2013. 3. 23.〉
③ 법 제15조제1항제6호에서 "산업통상자원부령으로 정하는 사항"이란 다음 각 호와 같다. 〈개정 2011. 12. 15., 2013. 3. 23.〉
 1. 법 제15조제2항에 따른 효율관리시험기관(이하 "효율관리시험기관"이라 한다) 또는 자체측정의 승인을 받은 자가 측정할 수 있는 효율관리기자재의 종류, 측정 결과에 관한 시험성적서의 기재 사항 및 기재 방법과 측정 결과의 기록 유지에 관한 사항
 2. 이산화탄소 배출량의 표시
 3. 에너지비용(일정기간 동안 효율관리기자재를 사용함으로써 발생할 수 있는 예상 전기요금이나 그 밖의 에너지요금을 말한다)

기출문제

문87) 업통상자원부장관이 정한 에너지 이용합리화를 위한 효율관리기자재에 해당되지 않는 것은? (단, 산업통상자원부장관이 따로 고시하는 기자재 및 설비는 제외한다.)
　　　　　　　　　　　　　　　　　　　　　　　　　　　　　　◎ 14년 5월25일/ 15년 3월8일

① 전기냉장고　　　　② TV
③ 자동차　　　　　　④ 조명기기

[정답] ②

문88) 산업통상자원부장관은 에너지이용합리화를 위하여 필요하다고 인정하는 경우 효율관리기자재를 장하여 고시할 수 있다. 이에 따른 효율관리기자재에 해당하지 않는 것은?
　　　　　　　　　　　　　　　　　　　　　　　　　　　　　　◎ 15년 9월19일

① 전기냉장고　　　　② 조명기기
③ 개인용 PC　　　　④ 자동차

[정답] ③

문89) 에너지이용 합리화법에 따른 효율관리기자재의 종류로 가장 거리가 먼 것은? (단, 산업통상자원부장관이 그 효율의 향상이 특히 필요하다고 인정하여 고시하는 기자재 및 설비는 제외한다.)
　　　　　　　　　　　　　　　　　　　　　　　　　　　　　　◎ 16년 5월8일

① 전기냉방기　　　　② 전기세탁기
③ 조명기기　　　　　④ 전자레인지

[정답] ④

문90) 에너지이용 합리화법상의 효율관리기자재에 속하지 않는 것은?
　　　　　　　　　　　　　　　　　　　　　　　　　　　　　　◎ 17년 3월5일

① 전기철도　　　　　② 삼상유도전동기
③ 전기세탁기　　　　④ 자동차

[정답] ①

제8조(효율관리기자재 자체측정의 승인신청) 법 제15조제2항 단서에 따라 효율관리기자재에 대한 자체측정의 승인을 받으려는 자는 별지 제1호서식의 효율관리기자재 자체측정 승인신청서에 다음 각 호의 서류를 첨부하여 산업통상자원부장관에게 제출하여야 한다. 〈개정 2013. 3. 23.〉
1. 시험설비 현황(시험설비의 목록 및 사진을 포함한다)
2. 전문인력 현황(시험 담당자의 명단 및 재직증명서를 포함한다)
3. 「국가표준기본법」 제23조에 따른 시험·검사기관 인정서 사본(해당되는 경우에만 첨부한다)

제9조(효율관리기자재 측정 결과의 신고) ① 법 제15조제3항에 따라 효율관리기자재의 제조업자 또는 수입업자는 효율관리시험기관으로부터 측정 결과를 통보받은 날 또는 자체측정을 완료한 날부터 각각 90일 이

내에 그 측정 결과를 법 제45조에 따른 한국에너지공단(이하 "공단"이라 한다)에 신고하여야 한다. 이 경우 측정 결과 신고는 해당 효율관리기자재의 출고 또는 통관 전에 모델별로 하여야 한다. 〈개정 2014. 11. 5., 2015. 7. 29., 2018. 9. 18.〉

② 제1항에 따른 효율관리기자재 측정 결과 신고의 방법 및 절차 등에 관하여 필요한 사항은 산업통상자원부장관이 정하여 고시한다. 〈신설 2018. 9. 18.〉

기출문제

문91) 너지이용 합리화법령에 따라 효율관리기자재의 제조업자는 효율관리시험기관으로부터 측정 결과를 통보받은 날부터 며칠 이내에 그 측정 결과를 한국에너지공단에 신고하여야 하는가?

◎ 18년 3월4일/19년 4월27일/19년 4월27일/21년 9월12일/22년 4월24일

① 15일   ② 30일
③ 60일   ④ 90일

[정답] ④

제10조(효율관리기자재의 광고매체) 법 제15조제4항에 따른 광고매체는 다음 각 호와 같다. 〈개정 2013. 3. 23.〉

1. 「신문 등의 진흥에 관한 법률」 제2조제1호 및 제2호에 따른 신문 및 인터넷 신문
2. 「잡지 등 정기간행물의 진흥에 관한 법률」 제2조제1호에 따른 정기간행물
3. 「방송법」 제9조제5항에 따른 상품소개와 판매에 관한 전문편성을 행하는 방송채널사용사업자의 채널
4. 「전기통신기본법」 제2조제1호에 따른 전기통신
5. 해당 효율관리기자재의 제품안내서
6. 그 밖에 소비자에게 널리 알리거나 제시하는 것으로서 산업통상자원부장관이 정하여 고시하는 것

[전문개정 2011. 12. 15.]

제10조의2(효율관리기자재의 사후관리조사) ① 산업통상자원부장관은 법 제16조제4항에 따른 조사(이하 "사후관리조사"라 한다)를 실시하는 경우에는 다음 각 호의 어느 하나에 해당하는 효율관리기자재를 사후관리조사 대상에 우선적으로 포함하여야 한다. 〈개정 2013. 3. 23.〉

1. 전년도에 사후관리조사를 실시한 결과 부적합율이 높은 효율관리기자재
2. 전년도에 법 제15조제1항제2호부터 제5호까지의 사항을 변경하여 고시한 효율관리기자재

② 산업통상자원부장관은 사후관리조사를 위하여 필요하면 다른 제조업자・수입업자・판매업자나 「소비자기본법」 제33조에 따른 한국소비자원 또는 같은 법 제2조제3호에 따른 소비자단체에게 협조를 요청할 수 있다. 〈개정 2013. 3. 23.〉

③ 그 밖에 사후관리조사를 위하여 필요한 사항은 산업통상자원부장관이 정하여 고시한다. 〈개정 2013. 3. 23.〉

[본조신설 2009. 7. 30.]

제11조(평균효율관리기자재) ① 법 제17조제1항에서 "「자동차관리법」 제3조제1항에 따른 승용자동차 등 산업통상자원부령으로 정하는 기자재"란 다음 각 호의 어느 하나에 해당하는 자동차를 말한다.

1. 「자동차관리법」 제3조제1항제1호에 따른 승용자동차로서 총중량이 3.5톤 미만인 자동차
2. 「자동차관리법」 제3조제1항제2호에 따른 승합자동차로서 승차인원이 15인승 이하이고 총중량이 3.5톤 미만인 자동차
3. 「자동차관리법」 제3조제1항제3호에 따른 화물자동차로서 총중량이 3.5톤 미만인 자동차

② 제1항에도 불구하고 다음 각 호의 어느 하나에 해당하는 자동차는 제1항에 따른 자동차에서 제외한다.
1. 환자의 치료 및 수송 등 의료목적으로 제작된 자동차
2. 군용(軍用)자동차
3. 방송·통신 등의 목적으로 제작된 자동차
4. 2012년 1월 1일 이후 제작되지 아니하는 자동차
5. 「자동차관리법 시행규칙」 별표 1 제2호에 따른 특수형 승합자동차 및 특수용도형 화물자동차
[전문개정 2016. 12. 9.]

제12조(평균에너지소비효율의 산정 방법 등) ① 법 제17조제1항에 따른 평균에너지소비효율의 산정 방법은 별표 1의2와 같다. 〈개정 2012. 6. 28.〉
② 법 제17조제2항에 따른 평균에너지소비효율의 개선 기간은 개선명령을 받은 날부터 다음 해 12월 31일까지로 한다.
③ 법 제17조제2항에 따른 개선명령을 받은 자는 개선명령을 받은 날부터 60일 이내에 개선명령 이행계획을 수립하여 산업통상자원부장관에게 제출하여야 한다. 〈개정 2013. 3. 23.〉
④ 제3항에 따라 개선명령이행계획을 제출한 자는 개선명령의 이행 상황을 매년 6월 말과 12월 말에 산업통상자원부장관에게 보고하여야 한다. 다만, 개선명령이행계획을 제출한 날부터 90일이 지나지 아니한 경우에는 그 다음 보고 기간에 보고할 수 있다. 〈개정 2013. 3. 23.〉
⑤ 산업통상자원부장관은 제3항에 따른 개선명령이행계획을 검토한 결과 평균에너지소비효율의 개선계획이 미흡하다고 인정되는 경우에는 조정·보완을 요청할 수 있다. 〈개정 2013. 3. 23.〉
⑥ 제5항에 따른 조정·보완을 요청받은 자는 정당한 사유가 없으면 30일 이내에 개선명령이행계획을 조정·보완하여 산업통상자원부장관에게 제출하여야 한다. 〈개정 2013. 3. 23.〉
⑦ 법 제17조제5항에 따른 평균에너지소비효율의 공표 방법은 관보 또는 일간신문에의 게재로 한다.

기출문제

문92) 에너지이용 합리화법에 따라 평균에너지 소비효율의 산정방법에 대한 설명으로 틀린 것은?
◉ 19년 4월27일

① 기자재의 종류별 에너지소비효율의 산정방법은 산업통상자원부장관이 정하여 고시한다.
② 평균에너지소비효율은 $\dfrac{기자재판매량}{\sum \dfrac{기자재종류별 국내판매량}{기자재종류별 에너지소비효율}}$ 이다.
③ 평균에너지소비효율의 개선기간은 개선명령을 받은 날부터 다음해 1월 31일까지로 한다.
④ 평균에너지소비효율의 개선명령을 받은 자는 개선명령을 받은 날부터 60일 이내에 개선명령 이행계획을 수립하여 제출하여야 한다.

[정답] ③

제12조의2(과징금 부과대상) ① 법 제17조의2제1항 본문에서 "「자동차관리법」 제3조제1항에 따른 승용자동차 등 산업통상자원부령으로 정하는 자동차"란 다음 각 호의 어느 하나에 해당하는 자동차를 말한다.
  1. 「자동차관리법」 제3조제1항제1호에 따른 승용자동차로서 총중량이 3.5톤 미만인 자동차
  2. 「자동차관리법」 제3조제1항제2호에 따른 승합자동차로서 승차인원이 15인승 이하이고 총중량이 3.5톤 미만인 자동차
  3. 「자동차관리법」 제3조제1항제3호에 따른 화물자동차로서 총중량이 3.5톤 미만인 자동차
② 제1항에도 불구하고 다음 각 호의 어느 하나에 해당하는 자동차는 제1항에 따른 자동차에서 제외한다.
  1. 환자의 치료 및 수송 등 의료목적으로 제작된 자동차
  2. 군용(軍用)자동차
  3. 방송·통신 등의 목적으로 제작된 자동차
  4. 2012년 1월 1일 이후 제작되지 아니하는 자동차
  5. 「자동차관리법 시행규칙」 별표 1 제2호에 따른 특수형 승합자동차 및 특수용도형 화물자동차
[전문개정 2016. 12. 9.]

제13조(대기전력저감대상제품) ① 법 제18조에 따른 대기전력저감대상제품(이하 "대기전력저감대상제품"이라 한다)은 별표 2와 같다.
② 법 제18조제5호에서 "산업통상자원부령으로 정하는 사항"이란 법 제19조제2항에 따른 대기전력시험기관(이하 "대기전력시험기관"이라 한다) 또는 자체측정의 승인을 받은 자가 측정할 수 있는 대기전력저감대상제품의 종류, 측정 결과에 관한 시험성적서의 기재 사항 및 기재 방법과 측정 결과의 기록 유지에 관한 사항을 말한다. 〈개정 2013. 3. 23.〉

제14조(대기전력경고표지대상제품) ① 법 제19조제1항에 따른 대기전력경고표지대상제품(이하 "대기전력경고표지대상제품"이라 한다)은 다음 각 호와 같다. 〈개정 2010. 1. 18.〉
  1. 삭제 〈2022. 1. 26.〉
  2. 삭제 〈2022. 1. 26.〉
  3. 프린터
  4. 복합기
  5. 삭제 〈2012. 4. 5.〉
  6. 삭제 〈2014. 2. 21.〉
  7. 전자레인지
  8. 팩시밀리
  9. 복사기
  10. 스캐너
  11. 삭제 〈2014. 2. 21.〉
  12. 오디오
  13. DVD플레이어
  14. 라디오카세트
  15. 도어폰
  16. 유무선전화기

17. 비데
18. 모뎀
19. 홈 게이트웨이

② 법 제19조제1항제3호에서 "산업통상자원부령으로 정하는 사항"이란 법 제19조제2항에 따른 대기전력시험기관 또는 자체측정의 승인을 받은 자가 측정할 수 있는 대기전력경고표지대상제품의 종류, 측정 결과에 관한 시험성적서의 기재 사항 및 기재 방법과 측정 결과의 기록 유지에 관한 사항을 말한다. 〈개정 2013. 3. 23.〉

> **기출문제**
>
> 문93) 에너지이용 합리화법에 따라 대기전력 경고표지 대상 제품인 것은?   ● 18년 9월15일
> ① 디지털 카메라   ② 텔레비전
> ③ 셋톱박스   ④ 유무선전화기
>
> [정답] ④

제15조(대기전력 자체측정의 승인신청) 법 제19조제2항 단서 또는 법 제20조제1항 단서에 따라 대기전력경고표지대상제품 또는 대기전력저감대상제품에 대한 자체측정의 승인을 받으려는 자는 별지 제2호서식의 대기전력 저감(경고표지) 대상제품 자체측정 승인신청서에 다음 각 호의 서류를 첨부하여 산업통상자원부장관에게 제출하여야 한다. 〈개정 2013. 3. 23.〉
1. 시험설비 현황(시험설비의 목록 및 사진을 포함한다)
2. 전문인력 현황(시험 담당자의 명단 및 재직증명서를 포함한다)
3. 「국가표준기본법」 제23조에 따른 시험·검사기관 인정서 사본(해당되는 경우에만 첨부한다)

제16조(대기전력경고표지대상제품 측정 결과의 신고) 법 제19조제3항에 따라 대기전력경고표지대상제품의 제조업자 또는 수입업자는 대기전력시험기관으로부터 측정 결과를 통보받은 날 또는 자체측정을 완료한 날부터 각각 60일 이내에 그 측정 결과를 공단에 신고하여야 한다.

제17조(대기전력시험기관의 지정신청) 법 제19조제5항에 따라 대기전력시험기관으로 지정받으려는 자는 별지 제3호서식의 대기전력시험기관 지정신청서에 다음 각 호의 서류를 첨부하여 산업통상자원부장관에게 제출하여야 한다. 〈개정 2013. 3. 23.〉
1. 시험설비 현황(시험설비의 목록 및 사진을 포함한다)
2. 전문인력 현황(시험 담당자의 명단 및 재직증명서를 포함한다)
3. 「국가표준기본법」 제23조에 따른 시험·검사기관 인정서 사본(해당되는 경우에만 첨부한다)

제18조(대기전력저감우수제품의 신고) 법 제20조제2항에 따라 대기전력저감우수제품의 표시를 하려는 제조업자 또는 수입업자는 대기전력시험기관으로부터 측정 결과를 통보받은 날 또는 자체측정을 완료한 날부터 각각 60일 이내에 그 측정 결과를 공단에 신고하여야 한다.

제19조(시정명령) 법 제21조제1항에 따라 산업통상자원부장관은 대기전력저감우수제품이 대기전력저감기

준에 미달하는 경우 대기전력저감우수제품의 제조업자 또는 수입업자에게 6개월 이내의 기간을 정하여 다음 각 호의 시정을 명할 수 있다. 다만, 제2호는 대기전력저감우수제품이 대기전력경고표지대상제품에도 해당되는 경우에만 적용한다. 〈개정 2013. 3. 23.〉
1. 대기전력저감우수제품의 표시 제거
2. 대기전력경고표지의 표시

제20조(고효율에너지인증대상기자재) ① 법 제22조제1항에 따른 고효율에너지인증대상기자재(이하 "고효율에너지인증대상기자재"라 한다)는 다음 각 호와 같다. 〈개정 2013. 3. 23.〉
1. 펌프
2. 산업건물용 보일러
3. 무정전전원장치
4. 폐열회수형 환기장치
5. 발광다이오드(LED) 등 조명기기
6. 그 밖에 산업통상자원부장관이 특히 에너지이용의 효율성이 높아 보급을 촉진할 필요가 있다고 인정하여 고시하는 기자재 및 설비

② 법 제22조제1항제5호에서 "산업통상자원부령으로 정하는 사항"이란 법 제22조제2항에 따른 고효율시험기관(이하 "고효율시험기관"이라 한다)이 측정할 수 있는 고효율에너지인증대상기자재의 종류, 측정 결과에 관한 시험성적서의 기재 사항 및 기재 방법과 측정 결과의 기록 유지에 관한 사항을 말한다. 〈개정 2013. 3. 23.〉

기출문제

문94) 고효율에너지 인증대상기자재에 해당하지 않는 것은?   ◎ 14년 3월2일/17년 9월23일
① 펌프
② 무정전 전원장치
③ 가정용 가스보일러
④ 발광다이오드 등 조명기기

[정답] ③

제21조(고효율에너지기자재의 인증신청) 법 제22조제3항에 따라 고효율에너지기자재의 인증을 받으려는 자는 별지 제4호서식의 고효율에너지기자재 인증신청서에 다음 각 호의 서류를 첨부하여 공단에 인증을 신청하여야 한다. 〈개정 2012. 10. 5.〉
1. 고효율시험기관의 측정 결과(시험성적서)
2. 에너지효율 유지에 관한 사항

제22조(고효율시험기관의 지정신청) 법 제22조제7항에 따라 고효율시험기관으로 지정받으려는 자는 별지 제5호서식의 고효율시험기관 지정신청서에 다음 각 호의 서류를 첨부하여 산업통상자원부장관에게 제출하여야 한다. 〈개정 2013. 3. 23.〉
1. 시험설비 현황(시험설비의 목록 및 사진을 포함한다)

2. 전문인력 현황(시험 담당자의 명단 및 재직증명서를 포함한다)
3. 「국가표준기본법」 제23조에 따른 시험·검사기관 인정서 사본(해당되는 경우에만 첨부한다)

제22조의2(고효율에너지인증대상기자재의 제외 기준 등) ① 법 제22조제8항에 따라 산업통상자원부장관이 고효율에너지인증대상기자재를 제외하는 기준은 별표 2의2와 같다.
② 산업통상자원부장관은 법 제22조제8항에 따라 해당 기자재를 고효율에너지인증대상기자재에서 제외하려는 경우 관계 전문가 및 해당 고효율에너지인증대상기자재 제조업자 또는 수입업자 등의 의견을 들어야 한다.
③ 제1항 및 제2항에서 규정한 사항 외에 고효율에너지인증대상기자재의 제외와 관련된 세부 기준 및 절차 등은 산업통상자원부장관이 정하여 고시한다.
[본조신설 2014. 2. 21.]

제23조(인증 제한 기간) 법 제23조제2항에서 "산업통상자원부령으로 정하는 기간"이란 1년을 말한다. 〈개정 2013. 3. 23.〉

제24조(에너지절약전문기업의 등록신청) ① 영 제30조제1항에 따른 에너지절약전문기업의 등록신청서 및 등록 사항을 변경하는 경우의 변경등록신청서는 별지 제6호서식과 같다.
② 제1항에 따른 등록신청서에는 다음 각 호의 서류(변경등록의 경우에는 등록신청을 할 때 제출한 서류 중 변경된 것만을 말한다)를 첨부하여야 한다. 이 경우 신청을 받은 공단은 「전자정부법」 제36조제1항에 따른 행정정보의 공동이용을 통하여 법인 등기사항증명서(신청인이 법인인 경우만 해당한다)를 확인하여야 한다. 〈개정 2011. 1. 19., 2015. 7. 29., 2023. 8. 3.〉
1. 사업계획서
2. 삭제 〈2011. 1. 19.〉
3. 영 별표 2에 따른 보유장비명세서 및 기술인력명세서(자격증명서 사본을 포함한다)
4. 「감정평가 및 감정평가사에 관한 법률」 제2조제4호에 따른 감정평가법인등이 평가한 자산에 대한 감정평가서(개인인 경우만 해당한다)
5. 「공인회계사법」 제7조에 따른 공인회계사가 검증한 최근 1년 이내의 재무상태표(법인인 경우만 해당한다)

기출문제

문95) 에너지이용 합리화법령에 따라 에너지절약 전문기업의 등록신청 시 등록신청서에 첨부해야 할 서류가 아닌 것은?   ● 21년 5월15일

① 사업계획서
② 보유장비명세서
③ 기술인력명세서(자격증명서 사본 포함)
④ 감정평가업자가 평가한 자산에 대한 감정평가서(법인인 경우)

[정답] ④

제25조(에너지절약전문기업 등록증) ① 공단은 제24조제1항에 따른 신청을 받은 경우 그 내용이 영 제30조제2항에 따른 에너지절약전문기업의 등록기준에 적합하다고 인정하면 별지 제7호서식의 에너지절약전문기업 등록증을 그 신청인에게 발급하여야 한다.
② 제1항에 따른 등록증을 발급받은 자는 그 등록증을 잃어버리거나 헐어 못 쓰게 된 경우에는 공단에 재발급신청을 할 수 있다. 이 경우 등록증이 헐어 못 쓰게 되어 재발급신청을 할 때에는 그 등록증을 첨부하여야 한다.

제26조(자발적 협약의 이행 확인 등) ① 법 제28조에 따라 에너지사용자 또는 에너지공급자가 수립하는 계획에는 다음 각 호의 사항이 포함되어야 한다.
1. 협약 체결 전년도의 에너지소비 현황
2. 에너지를 사용하여 만드는 제품, 부가가치 등의 단위당 에너지이용효율 향상목표 또는 온실가스배출 감축목표(이하 "효율향상목표 등"이라 한다) 및 그 이행 방법
3. 에너지관리체제 및 에너지관리방법
4. 효율향상목표 등의 이행을 위한 투자계획
5. 그 밖에 효율향상목표 등을 이행하기 위하여 필요한 사항

② 법 제28조에 따른 자발적 협약의 평가기준은 다음 각 호와 같다.
1. 에너지절감량 또는 에너지의 합리적인 이용을 통한 온실가스배출 감축량
2. 계획 대비 달성률 및 투자실적
3. 자원 및 에너지의 재활용 노력
4. 그 밖에 에너지절감 또는 에너지의 합리적인 이용을 통한 온실가스배출 감축에 관한 사항

기출문제

문96) 에너지사용자가 수립하여야 할 자발적 협약 이행계획에 포함되지 않는 것은?

○ 15년 3월8일

① 협약 체결 전년도의 에너지소비 현황
② 에너지관리체제 및 관리방법
③ 전년도의 에너지사용량, 제품생산량
④ 효율향상목표 등의 이행을 위한 투자계획

[정답] ③

문97) 에너지이용 합리화법에서 에너지의 절약을 위해 정한 "자발적 협약"의 평가 기준이 아닌 것은?

○ 17년 9월23일

① 계획대비 달성률 및 투자실적
② 자원 및 에너지의 재활용 노력
③ 에너지 절약을 위한 연구개발 및 보급촉진
④ 에너지 절감량 또는 에너지의 합리적인 이용을 통한 온실가스배출 감축량

[정답] ③

제26조의2(에너지경영시스템의 지원 등) ① 삭제 〈2015. 7. 29.〉

② 법 제28조의2제1항에 따른 전사적(全社的) 에너지경영시스템의 도입 권장 대상은 연료·열 및 전력의 연간 사용량의 합계가 영 제35조에 따른 기준량 이상인 자(이하 "에너지다소비업자"라 한다)로 한다. 〈신설 2014. 8. 6.〉

③ 에너지사용자 또는 에너지공급자는 법 제28조의2제1항에 따른 지원을 받기 위해서는 다음 각 호의 사항을 모두 충족하여야 한다. 〈개정 2014. 8. 6.〉
1. 국제표준화기구가 에너지경영시스템에 관하여 정한 국제규격에 적합한 에너지경영시스템의 구축
2. 에너지이용효율의 지속적인 개선

④ 법 제28조의2제2항에 따른 지원의 방법은 다음 각 호와 같다. 〈개정 2013. 3. 23., 2014. 8. 6.〉
1. 에너지경영시스템 도입을 위한 기술의 지도 및 관련 정보의 제공
2. 에너지경영시스템 관련 업무를 담당하는 자에 대한 교육훈련
3. 그 밖에 에너지경영시스템의 도입을 위하여 산업통상자원부장관이 필요하다고 인정한 사항

⑤ 제4항에 따른 지원을 받으려는 자는 다음 각 호의 사항이 포함된 계획서를 산업통상자원부장관에게 제출하여야 한다. 〈개정 2013. 3. 23., 2014. 8. 6.〉
1. 에너지사용량 현황
2. 에너지이용효율의 개선을 위한 경영목표 및 그 관리체제
3. 주요 설비별 에너지이용효율의 목표와 그 이행 방법
4. 에너지사용량 모니터링 및 측정 계획

⑥ 에너지경영시스템의 권장 및 지원에 관한 세부 기준 및 절차 등에 필요한 사항은 산업통상자원부장관이 정하여 고시한다. 〈신설 2014. 8. 6.〉
[본조신설 2011. 10. 26.]

제26조의3(에너지관리시스템의 지원 등) ① 법 제28조의3제1항에 따른 에너지관리시스템의 도입 권장 대상은 에너지다소비업자로 한다.

② 산업통상자원부장관은 법 제28조의3제1항에 따른 지원을 하기 위하여 매년 다음 각 호의 사항을 포함한 지원계획을 인터넷 홈페이지와 관보에 게재하여야 한다.
1. 지원대상 분야
2. 신청자격, 신청방법 및 신청기간
3. 지원대상자의 선정절차 및 선정기준
4. 지원비율, 지원기간 및 지원규모
5. 그 밖에 지원대상 선정을 위하여 필요하다고 산업통상자원부장관이 인정하는 사항

③ 법 제28조의3제1항에 따른 지원을 받으려는 자는 제2항에 따른 지원계획에 따라 에너지관리시스템 도입에 관한 다음 각 호의 사항이 포함된 수행계획서를 산업통상자원부장관에게 신청하여야 한다.
1. 사업목적, 사업기간 및 사업범위
2. 사업장 등의 현황 분석, 문제점 및 개선방향
3. 세부 추진계획 및 기대효과
4. 향후 사업관리계획
5. 그 밖에 제2항에 따른 지원계획에서 정하는 사항

④ 산업통상자원부장관은 제3항에 따라 제출된 수행계획서를 과제수행능력, 사업계획의 타당성, 사업 결과의 활용가능성 등을 고려하여 지원대상을 선정한다.

[본조신설 2015. 7. 29.]

제27조(에너지사용량 신고) 에너지다소비사업자가 법 제31조제1항에 따라 에너지사용량을 신고하려는 경우에는 별지 제8호서식의 에너지사용량 신고서에 다음 각 호의 서류를 첨부하여 제출해야 한다.
1. 사업장 내 에너지사용시설 배치도
2. 에너지사용시설 현황(시설의 변경이 있는 경우로 한정한다)
3. 제품별 생산공정도
[전문개정 2022. 1. 26.]

제28조(에너지진단 제외대상 사업장) 법 제32조제2항 단서에서 "산업통상자원부령으로 정하는 범위에 해당하는 사업장"이란 다음 각 호의 어느 하나에 해당하는 사업장을 말한다. 〈개정 2011. 1. 19., 2013. 3. 23.〉
1. 「전기사업법」 제2조제2호에 따른 전기사업자가 설치하는 발전소
2. 「건축법 시행령」 별표 1 제2호가목에 따른 아파트
3. 「건축법 시행령」 별표 1 제2호나목에 따른 연립주택
4. 「건축법 시행령」 별표 1 제2호다목에 따른 다세대주택
5. 「건축법 시행령」 별표 1 제7호에 따른 판매시설 중 소유자가 2명 이상이며, 공동 에너지사용설비의 연간 에너지사용량이 2천 티오이 미만인 사업장
6. 「건축법 시행령」 별표 1 제14호나목에 따른 일반업무시설 중 오피스텔
7. 「건축법 시행령」 별표 1 제18호가목에 따른 창고
8. 「산업집적활성화 및 공장설립에 관한 법률」 제2조제13호에 따른 지식산업센터
9. 「군사기지 및 군사시설 보호법」 제2조제2호에 따른 군사시설
10. 「폐기물관리법」 제29조에 따라 폐기물처리의 용도만으로 설치하는 폐기물처리시설
11. 그 밖에 기술적으로 에너지진단을 실시할 수 없거나 에너지진단의 효과가 적다고 산업통상자원부장관이 인정하여 고시하는 사업장

제29조(에너지진단의 면제 등) ① 법 제32조제4항에 따라 에너지진단을 면제하거나 에너지진단주기를 연장할 수 있는 자는 다음 각 호의 어느 하나에 해당하는 자로 한다. 〈개정 2011. 3. 15., 2013. 3. 23., 2014. 2. 21., 2015. 7. 9., 2015. 7. 29., 2016. 12. 9., 2023. 8. 3.〉
1. 법 제28조제1항에 따라 자발적 협약을 체결한 자로서 제26조제2항에 따른 자발적 협약의 평가기준에 따라 자발적 협약의 이행 여부를 확인한 결과 이행실적이 우수한 사업자로 선정된 자
1의2. 법 제28조의2제1항에 따라 에너지경영시스템을 도입한 자로서 에너지를 효율적으로 이용하고 있다고 산업통상자원부장관이 정하여 고시하는 자
2. 에너지절약 유공자로서 「정부표창규정」 제10조에 따른 중앙행정기관의 장 이상의 표창권자가 준 단체표창을 받은 자
3. 에너지진단 결과를 반영하여 에너지를 효율적으로 이용하고 있다고 산업통상자원부장관이 인정하여 고시하는 자
4. 지난 연도 에너지사용량의 100분의 30 이상을 다음 각 목의 어느 하나에 해당하는 제품, 기자재 및 설비(이하 "친에너지형 설비"라 한다)를 이용하여 공급하는 자
 가. 법 제14조에 따른 금융·세제상의 지원을 받는 설비

나. 법 제15조에 따른 효율관리기자재 중 에너지소비효율이 1등급인 제품
다. 법 제20조에 따른 대기전력저감우수제품
라. 법 제22조에 따라 인증 표시를 받은 고효율에너지기자재
마. 「산업표준화법」 제15조에 따라 설비인증을 받은 신·재생에너지 설비
5. 산업통상자원부장관이 정하여 고시하는 요건을 갖춘 에너지관리시스템을 구축하여 에너지를 효율적으로 이용하고 있다고 산업통상자원부장관이 고시하는 자
6. 「기후위기 대응을 위한 탄소중립·녹색성장 기본법 시행령」 제17조제1항 각 호의 기관과 같은 법 시행령 제19조제1항에 따른 온실가스배출관리업체(이하 "목표관리업체"라 한다)로서 온실가스 목표관리 실적이 우수하다고 산업통상자원부장관이 환경부장관과 협의한 후 정하여 고시하는 자. 다만, 「온실가스 배출권의 할당 및 거래에 관한 법률」 제8조제1항에 따라 배출권 할당 대상업체로 지정·고시된 업체는 제외한다.

② 제1항에 따라 에너지진단을 면제 또는 에너지진단주기를 연장받으려는 자는 별지 제8호의2서식의 에너지진단 면제(에너지진단주기 연장) 신청서에 다음 각 호의 어느 하나에 해당하는 서류를 첨부하여 산업통상자원부장관에게 제출하여야 한다. 〈신설 2011. 3. 15., 2013. 3. 23., 2014. 2. 21., 2016. 12. 9., 2023. 8. 3.〉

1. 자발적 협약 우수사업장임을 확인할 수 있는 서류
2. 중소기업임을 확인할 수 있는 서류
2의2. 에너지경영시스템 구축 및 개선 실적을 확인할 수 있는 서류
3. 에너지절약 유공자 표창 사본
4. 에너지진단결과를 반영한 에너지절약 투자 및 개선실적을 확인할 수 있는 서류
5. 친에너지형 설비 설치를 확인할 수 있는 서류(설비의 목록, 용량 및 설치사진 등을 말한다)
6. 에너지관리시스템 구축 및 개선 실적을 확인할 수 있는 서류
7. 목표관리업체로서 온실가스 목표관리 실적을 확인할 수 있는 서류

③ 산업통상자원부장관은 제2항에 따른 신청을 받은 경우에는 이를 검토하여 에너지진단 면제 또는 에너지진단주기 연장 신청결과를 별지 제8호의3서식에 따라 신청인에게 알려 주어야 한다. 〈신설 2011. 3. 15., 2013. 3. 23.〉

④ 제1항에 따른 에너지진단의 면제 또는 에너지진단주기의 연장 범위는 별표 3과 같으며, 그 밖에 필요한 사항은 산업통상자원부장관이 정하여 고시한다. 〈개정 2011. 3. 15., 2013. 3. 23.〉

제29조의2(에너지진단전문기관의 평가 및 결과 공개) ① 공단은 법 제32조제7항에 따라 에너지진단전문기관(법 제32조제2항에 따른 에너지진단전문기관을 말하며, 이하 "진단기관"이라 한다) 중 전년도까지 지정된 진단기관을 대상으로 연 1회 평가를 실시한다.

② 제1항에 따른 평가는 다음 각 호의 사항을 기준으로 하여 실시한다.
1. 진단기관의 운영 및 기술인력 관리의 적정성
2. 에너지진단 추진 실적 및 달성도
3. 에너지진단 결과에 대한 개선 이행률
4. 진단기관에 대한 에너지다소비사업자의 만족도

③ 공단은 제1항에 따른 평가 결과를 진단기관에 알리고, 에너지다소비사업자가 알 수 있도록 공단의 홈페이지 등에 공개해야 한다.

④ 제1항부터 제3항까지에서 규정한 사항 외에 진단기관 평가의 기준·방법 및 결과의 공개에 관하여

필요한 사항은 산업통상자원부장관이 정하여 고시한다.
[본조신설 2023. 8. 3.]

제30조(진단기관의 지정절차 등) ① 진단기관으로 지정받으려는 자 또는 진단기관 지정서의 기재 내용을 변경하려는 자는 법 제32조제8항에 따라 별지 제9호서식의 진단기관 지정신청서 또는 진단기관 변경지정신청서를 산업통상자원부장관에게 제출하여야 한다. 〈개정 2013. 3. 23., 2023. 8. 3.〉
② 제1항에 따른 진단기관 지정신청서에는 다음 각 호의 서류(변경지정신청의 경우에는 지정신청을 할 때 제출한 서류 중 변경된 것만을 말한다)를 첨부하여야 한다. 이 경우 신청을 받은 산업통상자원부장관은 「전자정부법」 제36조제1항에 따른 행정정보의 공동이용을 통하여 법인 등기사항증명서(신청인이 법인인 경우만 해당한다)를 확인하여야 한다. 〈개정 2010. 1. 18., 2011. 1. 19., 2013. 3. 23.〉
1. 에너지진단업무 수행계획서
2. 보유장비명세서
3. 기술인력명세서(자격증 사본, 경력증명서, 재직증명서를 포함한다)
③ 산업통상자원부장관은 진단기관을 지정한 경우에는 별지 제10호서식의 진단기관 지정서를 발급하여야 한다. 〈개정 2013. 3. 23.〉
④ 제3항에 따라 지정서를 발급받은 자는 그 지정서를 잃어버리거나 헐어 못 쓰게 된 경우에는 산업통상자원부장관에게 재발급신청을 할 수 있다. 이 경우 지정서가 헐어 못 쓰게 되어 재발급신청을 할 때에는 그 지정서를 첨부하여야 한다. 〈개정 2013. 3. 23.〉
⑤ 제1항부터 제4항까지에서 규정한 사항 외에 진단기관의 지정절차 및 방법에 관하여 필요한 사항은 산업통상자원부장관이 정하여 고시한다. 〈신설 2023. 8. 3.〉
[제목개정 2023. 8. 3.]

제31조(진단기관의 지정취소 공고) 산업통상자원부장관은 법 제33조에 따라 진단기관의 지정을 취소하거나 그 업무의 정지를 명하였을 때에는 지체 없이 이를 관보와 인터넷 홈페이지 등에 공고하여야 한다. 〈개정 2013. 3. 23.〉

제31조의2(냉난방온도의 제한온도 기준) 법 제36조의2제1항에 따른 냉난방온도의 제한온도(이하 "냉난방온도의 제한온도"라 한다)를 정하는 기준은 다음 각 호와 같다. 다만, 판매시설 및 공항의 경우에 냉방온도는 25℃ 이상으로 한다.
1. 냉방 : 26℃ 이상
2. 난방 : 20℃ 이하
[본조신설 2009. 7. 30.]

기출문제

문98) 냉난방온도의 제한온도 기준 중 냉난방온도 제한건물(판매시설 및 공항은 제외)의 냉방 제한온도는? ◎ 15년 5월31일

① 18℃이하　　　　　② 20℃이상
③ 22℃이하　　　　　④ 26℃이상

[정답] ④

문99) 에너지 이용 합리화법에 따라 냉난방온도의 제한온도 기준 중 난방온도는 몇 ℃ 이하로 정해져 있는가? ◎ 19년 3월3일

① 18　　　　　② 20
③ 22　　　　　④ 26

[정답] ②

문100) 에너지이용 합리화법에 따라 냉난방온도의 제한온도 기준 및 건물의 지정기준에 대한 설명으로 틀린 것은? ◎ 18년 4월28일

① 공공기관의 건물은 냉방온도 26℃ 이상, 난방온도 20℃ 이하의 제한온도를 둔다.
② 판매시설 및 공항은 냉방온도의 제한온도는 25℃ 이상으로 한다.
③ 숙박시설 중 객실 내부 구역은 냉방온도의 제한온도는 25℃ 이상으로 한다.
④ 의료법에 의한 의료기관의 실내구역은 제한온도를 적용하지 않을 수 있다.

[정답] ③

제31조의3(냉난방온도제한건물의 지정기준) ① 법 제36조의2제1항에 따라 냉난방온도를 제한하는 건물(이하 "냉난방온도제한건물"이라 한다)은 법 제36조의2제1항 각 호의 건물로 한다. 다만, 법 제36조의2제1항 제2호의 건물 중 「산업집적활성화 및 공장설립에 관한 법률」 제2조제1호에 따른 공장과 「건축법」 제2조 제2항제2호에 따른 공동주택은 제외한다.

② 제1항의 본문에도 불구하고 냉난방온도제한건물 중 다음 각 호의 어느 하나에 해당하는 구역에는 냉난방온도의 제한온도를 적용하지 않을 수 있다. 〈개정 2013. 3. 23.〉

1. 「의료법」 제3조에 따른 의료기관의 실내구역
2. 식품 등의 품질관리를 위해 냉난방온도의 제한온도 적용이 적절하지 않은 구역
3. 숙박시설 중 객실 내부구역
4. 그 밖에 관련 법령 또는 국제기준에서 특수성을 인정하거나 건물의 용도상 냉난방온도의 제한온도를 적용하는 것이 적절하지 않다고 산업통상자원부장관이 고시하는 구역

[본조신설 2009. 7. 30.]

제31조의4(냉난방온도 점검 방법 등) ① 냉난방온도제한건물의 관리기관 및 에너지다소비사업자는 냉난방온도를 관리하는 책임자(이하 "관리책임자"라 한다)를 지정하여야 한다. 〈개정 2011. 1. 19., 2014. 8. 6.〉

② 관리책임자는 법 제36조의2제4항에 따른 냉난방온도 점검 및 실태파악에 협조하여야 한다.
③ 산업통상자원부장관이 법 제36조의2제4항에 따라 냉난방온도를 점검하거나 실태를 파악하는 경우에

는 산업통상자원부장관이 고시한 국가교정기관지정제도운영요령에서 정하는 방법에 따라 인정기관에서 교정 받은 측정기기를 사용한다. 이 경우 관리책임자가 동행하여 측정결과를 확인할 수 있다. 〈개정 2013. 3. 23.〉

④ 그 밖에 냉난방온도 점검을 위하여 필요한 사항은 산업통상자원부장관이 정하여 고시한다. 〈개정 2013. 3. 23.〉

[본조신설 2009. 7. 30.]

제31조의5(특정열사용기자재) 법 제37조에 따른 특정열사용기자재 및 그 설치·시공범위는 별표 3의2와 같다.

[본조신설 2012. 6. 28.]

제31조의6(검사대상기기) 법 제39조제1항 및 법 제39조의2제1항에 따라 검사를 받아야 하는 검사대상기기는 별표 3의3과 같다. 〈개정 2017. 12. 1.〉

[본조신설 2012. 6. 28.]

제31조의7(검사의 종류 및 적용대상) 법 제39조제1항·제2항·제4항 및 법 제39조의2제1항에 따른 검사의 종류 및 적용대상은 별표 3의4와 같다. 〈개정 2017. 12. 1.〉

[본조신설 2012. 6. 28.]

제31조의8(검사유효기간) ① 법 제39조제2항 및 제4항에 따른 검사대상기기의 검사유효기간은 별표 3의5와 같다.

② 제1항에 따른 검사유효기간은 검사(법 제39조제5항 단서에 따른 검사에 합격되지 아니한 검사대상기기에 대한 검사 및 「기업활동 규제완화에 관한 특별조치법 시행령」 제19조제1항에 따른 동시검사를 포함한다)에 합격한 날의 다음 날부터 계산한다. 다만, 검사에 합격한 날이 검사유효기간 만료일 이전 30일 이내인 경우와 제31조의20에 따라 검사를 연기한 경우에는 검사유효기간 만료일의 다음 날부터 계산한다.

③ 산업통상자원부장관은 검사대상기기의 안전관리 또는 에너지효율 향상을 위하여 부득이 하다고 인정할 때에는 제1항에 따른 검사유효기간을 조정할 수 있다. 〈개정 2013. 3. 23.〉

[본조신설 2012. 6. 28.]

기출문제

문101) 검사대상기기의 검사유효기간의 기준으로 틀린 것은? ○ 15년 3월8일/2019년 3월3일

① 검사에 합격한 날의 다음날부터 계산한다.
② 검사에 합격한날이 검사유효기간 만료일 이전60일이내인 경우 검사유효기간 만료일의 다음날부터 계산한다
③ 검사를 연기한 경우의 검사유효기간은 검사유효기간 만료일의 다음 날부터 계산한다.
④ 산업통상자원부장관은 검사대상기기의 안전관리 또는 에너지효율 향상을 위하여 부득이 하다고 인정할 때에는 검 사유효기간을 조정할 수 있다.

[정답] ②

제31조의9(검사기준) 법 제39조제1항·제2항·제4항 및 법 제39조의2제1항에 따른 검사대상기기의 검사기준은 「산업표준화법」 제12조에 따른 한국산업표준(이하 "한국산업표준"이라 한다) 또는 산업통상자원부장관이 정하여 고시하는 기준에 따른다. 〈개정 2013. 3. 23., 2017. 12. 1., 2018. 7. 23.〉
[본조신설 2012. 6. 28.]

제31조의10(신제품에 대한 검사기준) ① 산업통상자원부장관은 제31조의9에 따른 검사기준이 마련되지 아니한 검사대상기기(이하 "신제품"이라 한다)에 대해서는 제31조의11에 따른 열사용기자재기술위원회의 심의를 거친 검사기준으로 검사할 수 있다. 〈개정 2013. 3. 23.〉
② 산업통상자원부장관은 제1항에 따라 신제품에 대한 검사기준을 정한 경우에는 특별시장·광역시장·도지사 또는 특별자치도지사(이하 "시·도지사"라 한다) 및 검사신청인에게 그 사실을 지체 없이 알리고, 그 검사기준을 관보에 고시하여야 한다. 〈개정 2013. 3. 23.〉
[본조신설 2012. 6. 28.]

제31조의11(열사용기자재기술위원회의 구성 및 운영) ① 제31조의10제1항에 따른 신제품에 대한 검사기준 등에 관한 사항을 심의하기 위하여 공단에 열사용기자재기술위원회를 둔다.
② 제1항에 따른 열사용기자재기술위원회의 구성 및 운영, 그 밖에 필요한 사항은 공단이 정하는 바에 따른다.
[본조신설 2012. 6. 28.]

제31조의12(검사기준의 제정·개정 신청) ① 법 제39조제1항·제2항 및 법 제39조의2제1항에 따라 신제품 등 검사대상기기에 대한 검사를 받으려는 자는 산업통상자원부장관에게 검사기준을 제정하거나 개정할 것을 신청할 수 있다. 〈개정 2013. 3. 23., 2017. 12. 1.〉
② 산업통상자원부장관은 제1항에 따른 신청을 받은 경우에는 신청일부터 30일 이내에 검사기준의 제정 또는 개정 여부 등을 검토하여 그 결과를 신청인에게 알려야 한다. 〈개정 2013. 3. 23.〉
③ 제2항에 따른 통보를 받은 신청인은 그 결과에 대하여 이의가 있는 경우에는 그 통보받은 날부터 10일 이내에 이의를 신청할 수 있다.
[본조신설 2012. 6. 28.]

제31조의13(검사의 면제) ① 법 제39조제6항 및 법 제39조의2제1항 단서에 따라 검사의 전부 또는 일부가 면제되는 검사는 다음 각 호와 같다. 〈개정 2013. 3. 23., 2017. 12. 1.〉
1. 별표 3의6에서 정한 검사
2. 다음 각 목의 요건에 해당하는 보일러 및 압력용기의 제조업자에 대한 제조검사
   가. 산업통상자원부장관이 정하는 일정기간·일정량 이상 제조한 검사대상기기의 품질수준이 제31조의9에 따른 검사기준 이상일 것
   나. 제조시설·검사시설·기술인력 등 검사대상기기의 품질을 보장하기 위하여 필요한 생산조건에 적합한 공정 및 생산능력을 갖추고 있을 것
   다. 그 밖에 산업통상자원부장관이 정하는 조건에 적합할 것
      2의2. 전시회나 박람회에 출품할 목적으로 수입하는 보일러 및 압력용기의 제조업자에 대한 제조검사
3. 「통계법」 제22조에 따라 통계청장이 고시하는 한국표준산업분류에 따른 제조업의 사업장에 설치된

다음 각 목의 요건에 해당하는 검사대상기기의 계속사용검사
　가. 검사신청일 현재 최근 3년간 사업장 안에서의 업무상 재해로 인하여 「산업재해보상보험법」 제36조제1항에 따른 보험급여를 지급한 사실이 없는 업체에 설치된 검사대상기기
　나. 최초 설치 후 5년 이내이고 연속하여 2회 이상 검사에 합격한 검사대상기기
4. 다음 각 목의 요건에 해당하는 보일러 및 압력용기의 제조업자에 대한 제조검사 및 설치검사
　가. 별표 3의7의 요건을 갖춘 제조안전보험에 가입할 것
　나. 별표 3의8의 검사시설 및 기술인력을 보유할 것
5. 다음 각 목의 요건에 해당하는 보일러 및 압력용기의 사용자에 대한 계속사용검사, 설치장소 변경검사 및 개조검사
　가. 별표 3의7의 요건을 갖춘 사용안전보험으로서 약정보험금액이 400억원 이상인 사용안전보험에 가입할 것
　나. 보험가입일 현재 최근 2년간 사업장 안에서의 업무상 재해로 인하여 「산업재해보상보험법」 제36조제1항에 따른 보험급여를 지급한 사실이 없을 것

② 산업통상자원부장관 또는 시·도지사는 제1항제2호에 해당되어 검사가 면제되는 제조업자에 대해서도 연 1회 이상 공단이나 영 제51조제2항에 따라 산업통상자원부장관이 지정·고시하는 기관(이하 "검사기관"이라 한다)으로 하여금 제조검사를 하게 할 수 있다. 〈개정 2013. 3. 23., 2017. 12. 1.〉

③ 제1항제4호 또는 제5호에 따라 해당 검사를 면제받은 자는 보험계약의 효력이 발생한 날부터 15일 이내에 보험가입증명서 및 해당 요건의 증명서류를 첨부하여 보험가입 사실을 산업통상자원부장관 또는 시·도지사에게 알려야 한다. 〈개정 2017. 12. 1.〉

④ 제1항제4호 또는 제5호에 따라 제조업자 또는 사용자와 보험계약을 체결한 보험사업자는 다음 각 호의 어느 하나에 해당하는 경우에는 그 사실을 15일 이내에 산업통상자원부장관 또는 시·도지사에게 알려야 한다. 〈개정 2017. 12. 1.〉
1. 제조업자 또는 사용자에게 보험금을 지급한 경우
2. 보험계약에 따른 보증기간이 만료한 경우
3. 보험계약이 해지된 경우
4. 그 밖에 보험계약의 효력이 상실된 경우

⑤ 공단의 이사장(이하 "공단이사장"이라 한다) 또는 검사기관의 장은 제2항에 따른 검사 결과 검사의 면제가 부적당하다고 인정될 경우에는 그 사항을 산업통상자원부장관 또는 시·도지사에게 보고하여야 한다. 〈개정 2017. 12. 1.〉

⑥ 산업통상자원부장관 또는 시·도지사는 제5항에 따른 보고 또는 법 제66조제1항에 따른 검사 결과 검사의 면제가 부적당하다고 인정될 경우에는 제1항에 따라 면제한 검사를 다시 하여야 한다. 〈개정 2017. 12. 1.〉

⑦ 산업통상자원부장관 또는 시·도지사는 제1항제2호 또는 제4호에 따라 검사를 면제하는 경우와 제6항에 따라 면제한 검사를 다시 하는 경우에는 검사대상기기의 제조업자에게 해당 검사대상기기명 등 그 내용을 알려야 한다. 〈개정 2017. 12. 1.〉

⑧ 제1항제2호부터 제5호까지의 규정에 따라 검사를 면제하는 경우와 제6항에 따라 면제한 검사를 다시 하는 경우의 면제 범위, 검사절차 및 그 밖에 필요한 사항은 산업통상자원부장관이 정한다. 〈개정 2013. 3. 23.〉

[본조신설 2012. 6. 28.]

제31조의14(용접검사신청) ① 법 제39조제1항 및 법 제39조의2제1항에 따라 검사대상기기의 용접검사를 받으려는 자는 별지 제11호서식의 검사대상기기 용접검사신청서를 공단이사장 또는 검사기관의 장에게 제출하여야 한다. 〈개정 2017. 12. 1.〉
② 제1항에 따른 신청서에는 다음 각 호의 서류를 첨부하여야 한다. 다만, 검사대상기기의 규격이 이미 용접검사에 합격한 기기의 규격과 같은 경우에는 용접검사에 합격한 날부터 3년간 다음 각 호의 서류를 첨부하지 아니할 수 있다.
1. 용접 부위도 1부
2. 검사대상기기의 설계도면 2부
3. 검사대상기기의 강도계산서 1부
[본조신설 2012. 6. 28.]

제31조의15(구조검사신청) ① 법 제39조제1항 및 법 제39조의2제1항에 따라 검사대상기기의 구조검사를 받으려는 자는 별지 제11호서식의 검사대상기기 구조검사신청서를 공단이사장 또는 검사기관의 장에게 제출하여야 한다. 〈개정 2017. 12. 1.〉
② 제1항에 따른 신청서에는 용접검사증 1부(용접검사를 받지 아니하는 기기의 경우에는 설계도면 2부, 제31조의13에 따라 용접검사가 면제된 기기의 경우에는 제31조의14제2항 각 호에 따른 서류)를 첨부하여야 한다. 다만, 검사대상기기의 규격이 이미 구조검사에 합격한 기기의 규격과 같은 경우에는 구조검사에 합격한 날부터 3년간 해당 서류를 첨부하지 아니할 수 있다.
[본조신설 2012. 6. 28.]

제31조의16(용접검사 및 구조검사의 동시신청) 법 제39조제1항 및 법 제39조의2제1항에 따라 검사대상기기의 용접검사와 구조검사를 동시에 받으려는 자는 별지 제11호서식의 검사대상기기 용접(구조)검사신청서에 제31조의14제2항 각 호에 따른 서류와 제31조의15제2항에 따른 서류를 첨부하여 공단이사장 또는 검사기관의 장에게 제출하여야 한다. 다만, 제31조의15제2항에 따른 서류는 구조검사를 받을 때에 제출할 수 있다. 〈개정 2017. 12. 1.〉
[본조신설 2012. 6. 28.]

제31조의17(설치검사신청) ① 법 제39조제2항에 따라 검사대상기기의 설치검사를 받으려는 자는 별지 제12호서식의 검사대상기기 설치검사신청서를 공단이사장에게 제출하여야 한다. 〈개정 2017. 12. 1.〉
② 제1항에 따른 신청서에는 다음 각 호의 구분에 따른 서류를 첨부하여야 한다. 〈개정 2017. 12. 1.〉
1. 보일러 및 압력용기의 경우에는 검사대상기기의 용접검사증 및 구조검사증 각 1부 또는 제31조의21제8항에 따른 확인서 1부(수입한 검사대상기기는 수입면장 사본 및 법 제39조의2제1항에 따른 제조검사를 받았음을 증명하는 서류 사본 각 1부, 제31조의13제1항에 따라 제조검사가 면제된 경우에는 자체검사기록 사본 및 설계도면 각 1부)
2. 철금속가열로의 경우에는 다음 각 목의 모든 서류
  가. 검사대상기기의 설계도면 1부
  나. 검사대상기기의 설계계산서 1부
  다. 검사대상기기의 성능·구조 등에 대한 설명서 1부
[본조신설 2012. 6. 28.]

제31조의18(개조검사신청, 설치장소 변경검사신청 또는 재사용검사신청) ① 법 제39조제2항에 따라 검사대상기기의 개조검사, 설치장소 변경검사 또는 재사용검사를 받으려는 자는 별지 제12호서식의 검사대상기기 개조검사(설치장소 변경검사, 재사용검사)신청서를 공단이사장에게 제출하여야 한다. 〈개정 2017. 12. 1.〉
② 제1항에 따른 신청서에는 다음 각 호의 서류를 첨부하여야 한다.
1. 개조한 검사대상기기의 개조부분의 설계도면 및 그 설명서 각 1부(개조검사인 경우만 해당한다)
2. 검사대상기기 설치검사증 1부
[본조신설 2012. 6. 28.]

제31조의19(계속사용검사신청) ① 법 제39조제4항에 따라 검사대상기기의 계속사용검사를 받으려는 자는 별지 제12호서식의 검사대상기기 계속사용검사신청서를 검사유효기간 만료 10일 전까지 공단이사장에게 제출하여야 한다. 〈개정 2017. 12. 1.〉
② 제1항에 따른 신청서에는 해당 검사대상기기 설치검사증 사본을 첨부하여야 한다.
[본조신설 2012. 6. 28.]

기출문제

102) 에너지이용 합리화법에 따라 검사대상기기의 계속사용검사 신청은 검사 유효기간 만료의 며칠 전까지 하여야 하는가? ● 16년 3월6일
① 3일 ② 10일
③ 15일 ④ 30일

[정답] ②

제31조의20(계속사용검사의 연기) ① 법 제39조제4항에 따른 계속사용검사는 검사유효기간의 만료일이 속하는 연도의 말까지 연기할 수 있다. 다만, 검사유효기간 만료일이 9월 1일 이후인 경우에는 4개월 이내에서 계속사용검사를 연기할 수 있다.
② 제1항에 따라 계속사용검사를 연기하려는 자는 별지 제12호서식의 검사대상기기 검사연기신청서를 공단이사장에게 제출하여야 한다.
③ 다음 각 호의 어느 하나에 해당하는 경우에는 해당 검사일까지 계속사용검사가 연기된 것으로 본다.
1. 검사대상기기의 설치자가 검사유효기간이 지난 후 1개월 이내에서 검사시기를 지정하여 검사를 받으려는 경우로서 검사유효기간 만료일 전에 검사신청을 하는 경우
2. 「기업활동 규제완화에 관한 특별조치법 시행령」 제19조제1항에 따라 동시검사를 실시하는 경우
3. 계속사용검사 중 운전성능검사를 받으려는 경우로서 검사유효기간이 지난 후 해당 연도 말까지의 범위에서 검사시기를 지정하여 검사유효기간 만료일 전까지 검사신청을 하는 경우
[본조신설 2012. 6. 28.]

기출문제

문103) 보일러 유효기간 만료일이 9월 1일 이후인 경우 연기할 수 있는 최대 기한은?

◉ 16년 3월6일

① 2개월 이내   ② 4개월 이내
③ 6개월 이내   ④ 10개월 이내

[정답] ②

문104) 에너지이용 합리화법령상 검사대상기기의 계속사용검사 유효기간 만료일이 9월 1일 이후인 경우 계속사용검사를 연기할 수 있는 기간 기준은 몇 개월 이내인가?

◉ 22년 3월5일

① 2개월   ② 4개월
③ 6개월   ④ 10개월

[정답] ②

제31조의21(검사의 통지 등) ① 공단이사장 또는 검사기관의 장은 제31조의14부터 제31조의19까지의 규정에 따른 검사신청을 받은 경우에는 검사지정일 등을 별지 제14호서식에 따라 작성하여 검사신청인에게 알려야 한다. 이 경우 검사신청인이 검사신청을 한 날부터 7일 이내의 날을 검사일로 지정하여야 한다.
② 공단이사장 또는 검사기관의 장은 제31조의14부터 제31조의19까지의 규정에 따라 신청된 검사에 합격한 검사대상기기에 대해서는 검사신청인에게 별지 제15호서식부터 별지 제19호서식에 따른 검사증을 검사일부터 7일 이내에 각각 발급하여야 한다. 이 경우 검사증에는 그 검사대상기기의 설계도면 또는 용접검사증을 첨부하여야 한다.
③ 공단이사장 또는 검사기관의 장은 제1항에 따른 검사에 불합격한 검사대상기기에 대해서는 불합격사유를 별지 제21호서식에 따라 작성하여 검사일 후 7일 이내에 검사신청인에게 알려야 한다.
④ 법 제39조제5항 단서에서 "산업통상자원부령으로 정하는 항목의 검사"란 계속사용검사 중 운전성능검사를 말한다. 〈개정 2013. 3. 23.〉
⑤ 법 제39조제5항 단서에서 "산업통상자원부령으로 정하는 기간"이란 제31조의7에 따른 검사에 불합격한 날부터 6개월(철금속가열로는 1년)을 말한다. 〈개정 2013. 3. 23.〉
⑥ 제4항에 따라 계속사용검사 중 운전성능검사를 받으려는 자는 별지 제12호서식의 검사대상기기 계속사용검사신청서에 검사대상기기 설치검사증 사본을 첨부하여 공단이사장에게 제출하여야 한다.
⑦ 제2항에 따른 검사증을 잃어버리거나 헐어 못쓰게 되어 검사증을 재발급 받으려는 자는 별지 제20호서식의 검사대상기기검사증 재발급신청서를 공단이사장 또는 검사기관의 장에게 제출하여야 한다. 이 경우 검사증이 헐어 못 쓰게 되어 재발급을 신청하는 경우에는 그 검사증을 첨부하여야 한다.
⑧ 제31조의17제1항에 따른 검사신청을 하려는 자가 제2항에 따라 용접검사증 또는 구조검사증을 발급받은 자로부터 용접검사증 또는 구조검사증을 제공받지 못한 경우에는 공단이사장 또는 검사기관의 장에게 해당 검사대상기기가 용접검사 또는 구조검사에 합격한 것임을 증명하는 확인서를 발급하여 줄 것을 요청할 수 있다.
[본조신설 2012. 6. 28.]

제31조의22(검사에 필요한 조치 등) ① 공단이사장 또는 검사기관의 장은 법 제39조제1항·제2항·제4항 및 법 제39조의2제1항에 따른 검사를 받는 자에게 그 검사의 종류에 따라 다음 각 호 중 필요한 사항에 대한 조치를 하게 할 수 있다. 〈개정 2017. 12. 1.〉
1. 기계적 시험의 준비
2. 비파괴검사의 준비
3. 검사대상기기의 정비
4. 수압시험의 준비
5. 안전밸브 및 수면측정장치의 분해·정비
6. 검사대상기기의 피복물 제거
7. 조립식인 검사대상기기의 조립 해체
8. 운전성능 측정의 준비

② 제1항에 따른 검사를 받는 자는 그 검사대상기기의 관리자(용접검사 및 구조검사의 경우에는 검사 관계자)로 하여금 검사 시 참여하도록 하여야 한다. 〈개정 2018. 7. 23.〉

③ 공단이사장 또는 검사기관의 장은 다음 각 호의 어느 하나에 해당하는 사유로 인하여 검사를 하지 못한 경우에는 검사신청인에게 별지 제22호서식의 검사대상기기 미검사통지서에 따라 그 사실을 알려야 한다. 〈개정 2018. 7. 23.〉
1. 제1항 각 호에 따른 검사에 필요한 조치의 미완료
2. 제2항에 따른 검사대상기기의 관리자(용접검사 및 구조검사의 경우에는 검사 관계자)의 참여조치의 불이행

④ 제3항에 따른 통지를 받은 검사신청인 중 검사일을 변경하여 검사를 받으려는 자는 별지 제11호서식의 검사대상기기 용접(구조)검사신청서 또는 별지 제12호서식의 검사대상기기 설치검사(개조검사, 설치장소 변경검사, 재사용검사, 계속사용검사, 검사연기)신청서를 검사기관의 장 또는 공단이사장에게 제출하여야 한다. 이 경우 첨부서류는 제출하지 아니하여도 된다.
[본조신설 2012. 6. 28.]

기출문제

문105) 에너지이용 합리화법에 따라 한국에너지공단 이사장 또는 검사기관의 장이 검사를 받는 자에게 그 검사의 종류에 따라 필요한 사항에 대한 조치를 하게 할 수 있는 사항이 아닌 것은?
○ 16년 5월8일

① 검사수수료의 준비　　② 기계적 시험의 준비
③ 운전성능 측정의 준비　　④ 수압시험의 준비

[정답] ①

제31조의23(검사대상기기의 폐기신고 등) ① 법 제39조제7항제1호에 따라 검사대상기기의 설치자가 사용 중인 검사대상기기를 폐기한 경우에는 폐기한 날부터 15일 이내에 별지 제23호서식의 검사대상기기 폐기신고서를 공단이사장에게 제출하여야 한다.

② 법 제39조제7항제2호에 따라 검사대상기기의 설치자가 그 검사대상기기의 사용을 중지한 경우에는 중지한 날부터 15일 이내에 별지 제23호서식의 검사대상기기 사용중지신고서를 공단이사장에게 제출하

여야 한다.
③ 제1항 및 제2항에 따른 신고서에는 검사대상기기 설치검사증을 첨부하여야 한다.
[본조신설 2012. 6. 28.]

기출문제

문106) 에너지이용 합리화법에 따라 검사대상기기의 설치자가 사용 중인 검사대상기기를 폐기한 경우에는 폐기한 날부터 최대 며칠 이내에 검사대상기기 폐기신고서를 한국에너지공단이사장에게 제출하여야 하는가? ● 18년 4월28일
① 7일 ② 10일
③ 15일 ④ 200일

[정답] ③

문107) 에너지이용 합리화법에 따라 검사대상기기 설치자의 변경신고는 변경일로부터 15일 이내에 누구에게 신고하여야 하는가? ● 16년 3월6일
① 한국에너지공단이사장 ② 산업통상자원부장관
③ 지방자치단체장 ④ 관할소방서장

[정답] ①

문108) 에너지이용 합리화법에 따라 검사대상기기의 설치자가 변경된 경우 새로운 검사대상기기의 설치자는 그 변경일로부터 최대 며칠 이내에 검사대상기기 설치자 변경신고서를 제출하여야 하는가? ● 17년 9월23일
① 7일 ② 10일
③ 15일 ④ 20일

[정답] ③

제31조의24(검사대상기기의 설치자의 변경신고) ① 법 제39조제7항제3호에 따라 검사대상기기의 설치자가 변경된 경우 새로운 검사대상기기의 설치자는 그 변경일부터 15일 이내에 별지 제24호서식의 검사대상기기 설치자 변경신고서를 공단이사장에게 제출하여야 한다.
② 제1항에 따른 신고서에는 검사대상기기 설치검사증 및 설치자의 변경사실을 확인할 수 있는 다음 각 호의 어느 하나에 해당하는 서류 1부를 첨부하여야 한다.
1. 법인 등기사항증명서
2. 양도 또는 합병 계약서 사본
3. 상속인(지위승계인)임을 확인할 수 있는 서류 사본
[본조신설 2012. 6. 28.]

제31조의25(검사면제기기의 설치신고) ① 법 제39조제7항제4호에 따라 신고하여야 하는 검사대상기기(이하 "설치신고대상기기"라 한다)란 별표 3의6에 따른 검사대상기기 중 설치검사가 면제되는 보일러를 말한다.

② 설치신고대상기기의 설치자는 이를 설치한 날부터 30일 이내에 별지 제13호서식의 검사대상기기 설치신고서에 검사대상기기의 용접검사증 및 구조검사증 각 1부 또는 제31조의21제8항에 따른 확인서 1부(수입한 검사대상기기는 수입면장 사본 및 법 제39조의2제1항에 따른 제조검사를 받았음을 증명하는 서류 사본 각 1부, 제31조의13제1항에 따라 제조검사가 면제된 경우에는 자체검사기록 사본 및 설계도면 각 1부)를 첨부하여 공단이사장에게 제출하여야 한다. 〈개정 2017. 12. 1.〉
③ 공단이사장은 제2항에 따라 신고된 설치신고대상기기에 대해서는 신고인에게 별지 제19호서식의 검사대상기기 신고증명서를 발급하여야 한다.
[본조신설 2012. 6. 28.]

제31조의26(검사대상기기관리자의 자격 등) ① 법 제40조제2항에 따른 검사대상기기관리자의 자격 및 관리범위는 별표 3의9와 같다. 다만, 국방부장관이 관장하고 있는 검사대상기기의 관리자의 자격 등은 국방부장관이 정하는 바에 따른다. 〈개정 2018. 7. 23.〉
② 별표 3의9의 인정검사대상기기관리자가 받아야 할 교육과목, 과목별 시간, 교육의 유효기간 및 그 밖에 필요한 사항은 산업통상자원부장관이 정한다. 〈개정 2013. 3. 23., 2018. 7. 23.〉
[본조신설 2012. 6. 28.]
[제목개정 2018. 7. 23.]

제31조의27(검사대상기기관리자의 선임기준) ① 법 제40조제2항에 따른 검사대상기기관리자의 선임기준은 1구역마다 1명 이상으로 한다. 〈개정 2018. 7. 23.〉
② 제1항에 따른 1구역은 검사대상기기관리자가 한 시야로 볼 수 있는 범위 또는 중앙통제·관리설비를 갖추어 검사대상기기관리자 1명이 통제·관리할 수 있는 범위로 한다. 다만, 캐스케이드 보일러 또는 압력용기의 경우에는 검사대상기기관리자 1명이 관리할 수 있는 범위로 한다. 〈개정 2018. 7. 23., 2021. 10. 12.〉
[본조신설 2012. 6. 28.]
[제목개정 2018. 7. 23.]

제31조의28(검사대상기기관리자의 선임신고 등) ① 법 제40조제3항에 따라 검사대상기기의 설치자는 검사대상기기관리자를 선임·해임하거나 검사대상기기관리자가 퇴직한 경우에는 별지 제25호서식의 검사대상기기관리자 선임(해임, 퇴직)신고서에 자격증수첩과 관리할 검사대상기기 검사증을 첨부하여 공단이사장에게 제출하여야 한다. 다만, 제31조의26제1항 단서에 따라 국방부장관이 관장하고 있는 검사대상기기 관리자의 경우에는 국방부장관이 정하는 바에 따른다. 〈개정 2018. 7. 23.〉
② 제1항에 따른 신고는 신고 사유가 발생한 날부터 30일 이내에 하여야 한다.

> 기출문제

문109) 검사대상기기관리자의 해임신고는 신고사유가 발생한 날로부터 며칠 이내에 하여야 하는가?
◎ 18년 4월28일/14년 3월2일/15년 5월31일/22년 3월5일

① 15일　　　　　② 20일
③ 30일　　　　　④ 60일

[정답] ③

문110) 검사대상기기 설치자가 검사대상기기 조종자를 선임 또는 해임한 경우 산업통상자원부령에 따라 시·도지사에게 해야 하는 행정 사항은?
◎ 15년 3월8일

① 승인　　　　　② 보고
③ 지정　　　　　④ 신고

[정답] ④

③ 법 제40조제4항 단서에서 "산업통상자원부령으로 정하는 사유"란 다음 각 호의 어느 하나의 해당하는 경우를 말한다. 〈개정 2013. 3. 23., 2018. 7. 23.〉
1. 검사대상기기관리자가 천재지변 등 불의의 사고로 업무를 수행할 수 없게 되어 해임 또는 퇴직한 경우
2. 검사대상기기의 설치자가 선임을 위하여 필요한 조치를 하였으나 선임하지 못한 경우
④ 검사대상기기의 설치자는 제3항 각 호에 따른 사유가 발생한 경우에는 별지 제28호서식의 검사대상기기관리자 선임기한 연기신청서를 시·도지사에게 제출하여 검사대상기기관리자의 선임기한의 연기를 신청할 수 있다. 〈개정 2018. 7. 23.〉
⑤ 시·도지사는 제4항에 따른 연기신청을 받은 경우에는 그 사유가 제3항 각 호의 어느 하나에 해당되는 것으로서 연기가 부득이하다고 인정되면 그 신청인에게 검사대상기기관리자의 선임기한 및 조치사항을 별지 제29호서식에 따라 알려야 한다. 〈개정 2018. 7. 23.〉
[본조신설 2012. 6. 28.]
[제목개정 2018. 7. 23.]

제31조의29(검사대상기기 관리대행기관의 지정 등) ① 「기업활동 규제완화에 관한 특별조치법」 제40조에 따라 검사대상기기관리자의 업무를 위탁할 수 있는 관리대행기관(이하 "검사대상기기 관리대행기관"이라 한다)은 별표 3의10의 검사대상기기 관리대행기관 지정요건을 갖추어 산업통상자원부장관의 지정을 받은 자로 한다. 〈개정 2013. 3. 23., 2018. 7. 23.〉
② 제1항에 따라 검사대상기기 관리대행기관의 지정을 받은 자가 그 지정내용을 변경하려는 경우에는 변경지정을 받아야 한다.
③ 제1항 또는 제2항에 따라 검사대상기기 관리대행기관으로 지정받거나 변경지정을 받으려는 자는 별지 제26호서식의 검사대상기기 관리대행기관 지정(변경지정)신청서에 다음 각 호의 서류를 첨부하여 산업통상자원부장관에게 제출하여야 한다. 〈개정 2013. 3. 23.〉
1. 장비명세서 및 기술인력명세서
2. 향후 1년 간의 안전관리대행 사업계획서

3. 변경사항을 증명할 수 있는 서류(변경지정의 경우만 해당한다)

> **기출문제**
>
> 문111) 에너지이용 합리화법에 따라 검사대상기기 조종자 업무 관리대행기관으로 지정을 받기 위하여 산업통상자원부장관에게 제출하여야 하는 서류가 아닌 것은? ● 16년 3월6일
> ① 장비명세서
> ② 기술인력 명세서
> ③ 기술인력 고용계약서 사본
> ④ 향후 1년간 안전관리대행 사업계획서
>
> [정답] ③

④ 제3항에 따른 신청을 받은 산업통상자원부장관은 「전자정부법」 제36조제1항에 따른 행정정보의 공동이용을 통하여 법인 등기사항증명서(신청인이 법인인 경우만 해당한다)를 확인하여야 한다. 〈개정 2013. 3. 23., 2017. 12. 1.〉
⑤ 산업통상자원부장관은 제1항 또는 제2항에 따라 검사대상기기 관리대행기관을 지정하거나 변경지정하는 경우에는 별지 제27호서식의 검사대상기기 관리대행기관 지정서를 신청인에게 발급하여야 한다. 〈개정 2013. 3. 23.〉
[본조신설 2012. 6. 28.]

제31조의30(붙박이에너지사용기자재) ① 법 제35조의2제1항에서 "산업통상자원부령으로 정하는 에너지사용기자재"란 다음 각 호의 에너지사용기자재를 말한다.
1. 전기냉장고
2. 전기세탁기
3. 식기세척기
4. 제1호부터 제3호까지 규정된 에너지사용기자재 외에 산업통상자원부장관이 국토교통부장관과의 협의를 거쳐 고시하는 에너지사용기자재

② 제1항 각 호의 에너지사용기자재의 구체적인 범위는 산업통상자원부장관이 국토교통부장관과 협의하여 고시한다.
③ 산업통상자원부장관은 법 제35조의2제3항에 따라 건설업자에 대한 권고의 이행 여부를 조사하는 경우 해당 건설업자가 공급하였거나 공급할 에너지사용기자재의 종류 또는 규모 등 조사에 필요한 자료의 제출을 요청할 수 있다.
[본조신설 2014. 2. 21.]

제31조의31(검사대상기기 사고의 통보 등) ① 법 제40조의2제1항 각 호 외의 부분에서 "사고의 일시·내용 등 산업통상자원부령으로 정하는 사항"이란 다음 각 호의 사항을 말한다.
1. 통보자의 소속, 성명 및 연락처
2. 사고 발생 일시 및 장소
3. 사고 내용
4. 인명 및 재산의 피해현황

② 법 제40조의2제1항제4호에서 "산업통상자원부령으로 정하는 사고"란 가동 중인 검사대상기기에서 증기 또는 액체 등이 누출된 사고를 말한다.
③ 검사대상기기의 설치자는 제1항 각 호의 사항을 공단에 전화·팩스 또는 그 밖의 적절한 방법으로 통보하여야 한다.
[본조신설 2018. 4. 27.]

제32조(에너지관리자에 대한 교육)
① 법 제65조에 따른 에너지관리자에 대한 교육의 기관·기간·과정 및 대상자는 별표 4와 같다.
② 산업통상자원부장관은 제1항에 따라 교육대상이 되는 에너지관리자에게 교육기관 및 교육과정 등에 관한 사항을 알려야 한다. 〈개정 2013. 3. 23.〉
③ 공단이사장은 다음 연도의 교육계획을 수립하여 매년 12월 31일까지 산업통상자원부장관의 승인을 받아야 한다. 〈개정 2012. 6. 28., 2013. 3. 23.〉

제32조의2(시공업의 기술인력 등에 대한 교육)
① 법 제65조에 따른 시공업의 기술인력 및 검사대상기기관리자에 대한 교육의 기관·기간·과정 및 대상자는 별표 4의2와 같다. 〈개정 2018. 7. 23.〉
② 산업통상자원부장관은 제1항에 따라 교육의 대상이 되는 시공업의 기술인력 및 검사대상기기관리자에게 교육기관 및 교육과정 등에 관한 사항을 알려야 한다. 〈개정 2013. 3. 23., 2018. 7. 23.〉
③ 제1항에 따른 교육기관의 장은 다음 연도의 교육계획을 수립하여 매년 12월 31일까지 산업통상자원부장관의 승인을 받아야 한다. 〈개정 2013. 3. 23.〉
④ 제1항부터 제3항까지의 규정에도 불구하고 제31조의26제1항 단서에 따라 국방부장관이 관장하는 검사대상기기관리자에 대한 교육은 국방부장관이 정하는 바에 따른다. 〈개정 2018. 7. 23.〉
[본조신설 2012. 6. 28.]

제33조(보고 및 검사 등)
① 법 제66조제1항에 따라 산업통상자원부장관이 보고를 명할 수 있는 사항은 다음 각 호와 같다. 〈개정 2013. 3. 23.〉
1. 효율관리기자재·대기전력저감대상제품·고효율에너지인증대상기자재의 제조업자·수입업자 또는 판매업자의 경우 : 연도별 생산·수입 또는 판매 실적
2. 에너지절약전문기업(법 제25조제1항에 따른 에너지절약전문기업을 말한다. 이하 같다)의 경우 : 영업실적(연도별 계약실적을 포함한다)
3. 에너지다소비사업자의 경우 : 개선명령 이행실적
4. 진단기관의 경우 : 진단 수행실적

② 법 제66조제1항에 따라 산업통상자원부장관, 시·도지사가 소속 공무원 또는 공단으로 하여금 검사하게 할 수 있는 사항은 다음 각 호와 같다. 〈개정 2012. 6. 28., 2013. 3. 23., 2018. 7. 23., 2023. 8. 3.〉
1. 법 제15조제2항에 따른 에너지소비효율등급 또는 에너지소비효율 표시의 적합 여부에 관한 사항
2. 법 제15조제2항에 따른 효율관리시험기관의 지정 및 자체측정의 승인을 위한 시험능력 확보 여부에 관한 사항
3. 법 제16조제1항 및 제2항에 따른 효율관리기자재의 사후관리를 위한 사항
4. 법 제19조제2항에 따른 대기전력시험기관의 지정 및 자체측정의 승인을 위한 시험능력 확보 여부에 관한 사항

5. 법 제19조제4항에 따른 대기전력경고표지의 이행 여부에 관한 사항
6. 법 제20조제1항에 따른 대기전력저감우수제품 표시의 적합 여부에 관한 사항
7. 법 제21조제1항에 따른 대기전력저감대상제품의 사후관리를 위한 사항
8. 법 제22조제5항에 따른 고효율에너지기자재 인증 표시의 적합 여부에 관한 사항
9. 법 제22조제7항에 따른 고효율시험기관의 지정을 위한 시험능력 확보 여부에 관한 사항
10. 법 제23조제1항에 따른 고효율에너지기자재의 사후관리를 위한 사항
11. 법 제24조제1항에 따른 효율관리시험기관, 대기전력시험기관 및 고효율시험기관의 지정취소요건의 해당 여부에 관한 사항
12. 법 제24조제2항에 따른 자체측정의 승인을 받은 자의 승인취소 요건의 해당 여부에 관한 사항
13. 법 제25조제1항 각 호에 따른 에너지절약전문기업이 수행한 사업에 관한 사항
14. 법 제25조제2항에 따른 에너지절약전문기업의 등록기준 적합 여부에 관한 사항
15. 법 제31조제1항에 따른 에너지다소비사업자의 에너지사용량 신고 이행 여부에 관한 사항
16. 법 제32조제2항에 따른 에너지다소비사업자의 에너지진단 실시 여부에 관한 사항
17. 법 제32조제8항에 따른 진단기관의 지정기준 적합 여부에 관한 사항
18. 법 제33조에 따른 진단기관의 지정취소 요건의 해당 여부에 관한 사항
19. 법 제34조제1항에 따른 에너지다소비사업자의 개선명령 이행 여부에 관한 사항
20. 법 제39조제2항에 따른 검사대상기기설치자의 검사 이행에 관한 사항
21. 법 제39조제4항에 따른 검사대상기기를 계속 사용하려는 자의 검사 이행에 관한 사항
22. 법 제39조제7항 각 호에 따른 검사대상기기 폐기 등의 신고 이행에 관한 사항
23. 법 제40조제1항에 따른 검사대상기기관리자의 선임에 관한 사항
24. 법 제40조제3항에 따른 검사대상기기관리자의 선임·해임 또는 퇴직의 신고 이행에 관한 사항
③ 공단이사장 또는 검사기관의 장은 매달 검사대상기기의 검사 실적을 다음 달 10일까지 별지 제30호서식에 따라 작성하여 시·도지사에게 보고하여야 한다. 다만, 검사 결과 불합격한 경우에는 즉시 그 검사 결과를 시·도지사에게 보고하여야 한다. 〈신설 2012. 6. 28.〉

제34조(수수료) ① 공단은 법 제67조제1호에 따라 고효율에너지기자재의 인증을 신청하려는 제조업자 또는 수입업자가 내야 하는 수수료를 인증에 소요되는 일수(日數) 및 인력을 기준으로 정하되, 수수료는 직접 인건비, 직접 경비, 기술료 등 각종 경비로 구성한다.
② 진단기관은 법 제67조제2호에 따라 에너지진단을 받으려는 자가 내야 하는 수수료를 진단에 소요되는 일수 및 인력을 기준으로 정하되, 수수료는 직접 인건비, 직접 경비, 기술료 등 각종 경비로 구성한다.
③ 법 제67조제3호에 따른 검사대상기기의 검사수수료는 별표 4의3과 같다. 〈신설 2012. 6. 28.〉
④ 공단 또는 검사기관은 법 제67조제4호에 따라 검사대상기기의 검사를 받으려는 제조업자가 내야 하는 수수료를 검사에 소요되는 일수 및 인력을 기준으로 정하되, 수수료는 직접 인건비, 직접 경비, 기술료 등 각종 경비로 구성한다. 〈신설 2017. 12. 1.〉
⑤ 제1항부터 제4항까지의 규정에 따른 수수료는 현금 또는 정보통신망을 이용한 전자결재 등의 방법으로 공단이나 해당 진단기관 또는 검사기관에 내야 한다. 〈개정 2012. 6. 28., 2017. 12. 1.〉

제35조(규제의 재검토) ① 산업통상자원부장관은 다음 각 호의 사항에 대하여 다음 각 호의 기준일을 기준으로 3년마다(매 3년이 되는 해의 기준일과 같은 날 전까지를 말한다) 그 타당성을 검토하여 개선 등의 조치를 하여야 한다. 〈개정 2014. 2. 4., 2014. 12. 31., 2018. 7. 23.〉

1. 제28조에 따른 에너지진단 제외대상 사업장의 범위 : 2014년 1월 1일
2. 제32조제1항 및 별표 4에 따른 에너지관리자에 대한 교육 : 2014년 1월 1일
3. 제32조의2제1항 및 별표 4의2에 따른 시공업의 기술인력 및 검사대상기기관리자에 대한 교육의 기관·기간·과정 및 대상자 : 2014년 1월 1일

② 산업통상자원부장관은 다음 각 호의 사항에 대하여 다음 각 호의 기준일을 기준으로 2년마다(매 2년이 되는 해의 기준일과 같은 날 전까지를 말한다) 그 타당성을 검토하여 개선 등의 조치를 하여야 한다. 〈신설 2014. 12. 31., 2018. 7. 23.〉

1. 제14조제1항에 따른 대기전력경고표지대상제품의 범위 : 2015년 1월 1일
2. 제31조의2에 따른 냉난방온도의 제한온도 : 2015년 1월 1일
3. 삭제 〈2023. 2. 28.〉
4. 제31조의30제1항에 따른 붙박이에너지사용기자재의 범위 : 2015년 1월 1일
5. 제34조제3항 및 별표 4의3에 따른 검사대상기기의 검사수수료 : 2015년 1월 1일

[전문개정 2013. 12. 31.]

부 칙

〈제542호, 2023. 12. 20.〉

제1조(시행일) 이 규칙은 공포한 날부터 시행한다.

제2조(검사대상기기의 검사유효기간에 관한 적용례) 별표 3의5 비고 제4호라목의 개정규정은 이 규칙 시행 당시 종전의 규정에 따른 검사유효기간이 만료되지 않은 검사대상기기에 대해서도 적용한다. 이 경우 검사유효기간은 종전의 규정에 따른 검사유효기간의 기산일부터 계산한다.

■ 에너지법 시행규칙 [별표] 〈개정 2022. 11. 21.〉

에너지열량 환산기준(제5조제1항 관련)

구분	에너지원	단위	총발열량			순발열량		
			MJ	kcal	석유환산톤 (10-3toe)	MJ	kcal	석유환산톤 (10-3toe)
석유	원유	kg	45.7	10,920	1.092	42.8	10,220	1.022
	휘발유	L	32.4	7,750	0.775	30.1	7,200	0.720
	등유	L	36.6	8,740	0.874	34.1	8,150	0.815
	경유	L	37.8	9,020	0.902	35.3	8,420	0.842
	바이오디젤	L	34.7	8,280	0.828	32.3	7,730	0.773
	B-A유	L	39.0	9,310	0.931	36.5	8,710	0.871
	B-B유	L	40.6	9,690	0.969	38.1	9,100	0.910
	B-C유	L	41.8	9,980	0.998	39.3	9,390	0.939
	프로판(LPG1호)	kg	50.2	12,000	1.200	46.2	11,040	1.104
	부탄(LPG3호)	kg	49.3	11,790	1.179	45.5	10,880	1.088
	나프타	L	32.2	7,700	0.770	29.9	7,140	0.714
	용제	L	32.8	7,830	0.783	30.4	7,250	0.725
	항공유	L	36.5	8,720	0.872	34.0	8,120	0.812
	아스팔트	kg	41.4	9,880	0.988	39.0	9,330	0.933
	윤활유	L	39.6	9,450	0.945	37.0	8,830	0.883
	석유코크스	kg	34.9	8,330	0.833	34.2	8,170	0.817
	부생연료유1호	L	37.3	8,900	0.890	34.8	8,310	0.831
	부생연료유2호	L	39.9	9,530	0.953	37.7	9,010	0.901
가스	천연가스(LNG)	kg	54.7	13,080	1.308	49.4	11,800	1.180
	도시가스(LNG)	Nm3	42.7	10,190	1.019	38.5	9,190	0.919
	도시가스(LPG)	Nm3	63.4	15,150	1.515	58.3	13,920	1.392
석탄	국내무연탄	kg	19.7	4,710	0.471	19.4	4,620	0.462
	연료용 수입무연탄	kg	23.0	5,500	0.550	22.3	5,320	0.532
	원료용 수입무연탄	kg	25.8	6,170	0.617	25.3	6,040	0.604
	연료용 유연탄(역청탄)	kg	24.6	5,860	0.586	23.3	5,570	0.557
	원료용 유연탄(역청탄)	kg	29.4	7,030	0.703	28.3	6,760	0.676
	아역청탄	kg	20.6	4,920	0.492	19.1	4,570	0.457
	코크스	kg	28.6	6,840	0.684	28.5	6,810	0.681
전기 등	전기(발전기준)	kWh	8.9	2,130	0.213	8.9	2,130	0.213
	전기(소비기준)	kWh	9.6	2,290	0.229	9.6	2,290	0.229
	신탄	kg	18.8	4,500	0.450	-	-	-

비고
1. "총발열량"이란 연료의 연소과정에서 발생하는 수증기의 잠열을 포함한 발열량을 말한다.
2. "순발열량"이란 연료의 연소과정에서 발생하는 수증기의 잠열을 제외한 발열량을 말한다.
3. "석유환산톤"(toe : ton of oil equivalent)이란 원유 1톤(t)이 갖는 열량으로 107kcal를 말한다.
4. 석탄의 발열량은 인수식(引受式)을 기준으로 한다. 다만, 코크스는 건식(乾式)을 기준으로 한다.
5. 최종 에너지사용자가 사용하는 전력량 값을 열량 값으로 환산할 경우에는 1kWh=860kcal를 적용한다.
6. 1cal=4.1868J이며, 도시가스 단위인 Nm3은 0℃ 1기압(atm) 상태의 부피 단위(m3)를 말한다.
7. 에너지원별 발열량(MJ)은 소수점 아래 둘째 자리에서 반올림한 값이며, 발열량(kcal)은 발열량(MJ)으로부터 환산한 후 1의 자리에서 반올림한 값이다. 두 단위 간 상충될 경우 발열량(MJ)이 우선한다.

기출문제

문112) 에너지원별 에너지열량 환산기준으로 총발열량(kcal)이 가장 높은 연료는? (단, 1L 또는 1kg 기준이다.) ◎ 18년 3월4일

① 휘발유　　　　　② 항공유
③ B-C유　　　　　④ 천연가스

에너지원	단위	총발열량(kcal)
휘발유	L	7,750
항공유	L	8,720
윤활유	L	9,450
B-C유	L	9,980
천연가스(LNG)	kg	13,080

[정답] ④

문113) 에너지법령상 에너지원별 에너지열량 환산기준으로 총발열량이 가장 낮은 연료는? (단, 1L 기준이다.) ◎ 22년 3월5일

① 윤활유　　　　　② 항공유
③ B-C유　　　　　④ 휘발유

에너지원	단위	총발열량(kcal)
휘발유	L	7,750
항공유	L	8,720
윤활유	L	9,450
B-C유	L	9,980
천연가스(LNG)	kg	13,080

[정답] ④

■ 에너지이용 합리화법 시행규칙 [별표 1] 〈개정 2022. 1. 21.〉

열사용기자재(제1조의2 관련)

구분	품목명	적용범위
보일러	강철제 보일러, 주철제 보일러	다음 각 호의 어느 하나에 해당하는 것을 말한다. 1. 1종 관류보일러 : 강철제 보일러 중 헤더(여러 관이 붙어 있는 용기)의 안지름이 150미리미터 이하이고, 전열면적이 5제곱미터 초과 10제곱미터 이하이며, 최고사용압력이 1MPa 이하인 관류보일러(기수분리기를 장치한 경우에는 기수분리기의 안지름이 300미리미터 이하이고, 그 내부 부피가 0.07세제곱미터 이하인 것만 해당한다) 2. 2종 관류보일러 : 강철제 보일러 중 헤더의 안지름이 150미리미터 이하이고, 전열면적이 5제곱미터 이하이며, 최고사용압력이 1MPa 이하인 관류보일러(기수분리기를 장치한 경우에는 기수분리기의 안지름이 200미리미터 이하이고, 그 내부 부피가 0.02세제곱미터 이하인 것에 한정한다) 3. 제1호 및 제2호 외의 금속(주철을 포함한다)으로 만든 것. 다만, 소형 온수보일러·구멍탄용 온수보일러·축열식 전기보일러 및 가정용 화목보일러는 제외한다.
	소형 온수보일러	전열면적이 14제곱미터 이하이고, 최고사용압력이 0.35MPa 이하의 온수를 발생하는 것. 다만, 구멍탄용 온수보일러·축열식 전기보일러·가정용 화목보일러 및 가스사용량이 17kg/h(도시가스는 232.6킬로와트) 이하인 가스용 온수보일러는 제외한다.
	구멍탄용 온수보일러	「석탄산업법 시행령」 제2조제2호에 따른 연탄을 연료로 사용하여 온수를 발생시키는 것으로서 금속제만 해당한다.
	축열식 전기보일러	심야전력을 사용하여 온수를 발생시켜 축열조에 저장한 후 난방에 이용하는 것으로서 정격(기기의 사용조건 및 성능의 범위)소비전력이 30킬로와트 이하이고, 최고사용압력이 0.35MPa 이하인 것
	캐스케이드 보일러	「산업표준화법」 제12조제1항에 따른 한국산업표준에 적합함을 인증받거나 「액화석유가스의 안전관리 및 사업법」 제39조제1항에 따라 가스용품의 검사에 합격한 제품으로서, 최고사용압력이 대기압을 초과하는 온수보일러 또는 온수기 2대 이상이 단일 연통으로 연결되어 서로 연동되도록 설치되며, 최대 가스사용량의 합이 17kg/h(도시가스는 232.6킬로와트)를 초과하는 것
	가정용 화목보일러	화목(火木) 등 목재연료를 사용하여 90℃ 이하의 난방수 또는 65℃ 이하의 온수를 발생하는 것으로서 표시 난방출력이 70킬로와트 이하로서 옥외에 설치하는 것
태양열 집열기	태양열 집열기	
압력 용기	1종 압력용기	최고사용압력(MPa)과 내부 부피(m^3)를 곱한 수치가 0.004를 초과하는 다음 각 호의 어느 하나에 해당하는 것 1. 증기 그 밖의 열매체를 받아들이거나 증기를 발생시켜 고체 또는 액체를 가열하는 기기로서 용기안의 압력이 대기압을 넘는 것 2. 용기 안의 화학반응에 따라 증기를 발생시키는 용기로서 용기 안의 압력이 대기압을 넘는 것 3. 용기 안의 액체의 성분을 분리하기 위하여 해당 액체를 가열하거나 증기를 발생시키는 용기로서 용기 안의 압력이 대기압을 넘는 것 4. 용기 안의 액체의 온도가 대기압에서의 끓는 점을 넘는 것
	2종 압력용기	최고사용압력이 0.2MPa를 초과하는 기체를 그 안에 보유하는 용기로서 다음 각 호의 어느 하나에 해당하는 것

		1. 내부 부피가 0.04세제곱미터 이상인 것 2. 동체의 안지름이 200미리미터 이상(증기헤더의 경우에는 동체의 안지름이 300미리미터 초과)이고, 그 길이가 1천미리미터 이상인 것
요로 (窯爐 : 고온가 열장치)	요업요로	연속식유리용융가마·불연속식유리용융가마·유리용융도가니가마·터널가마·도염식가마·셔틀가마·회전가마 및 석회용선가마
	금속요로	용선로·비철금속용융로·금속소둔로·철금속가열로 및 금속균열로

■ 에너지이용 합리화법 시행규칙 [별표 1]열사용기자재

구분	품목명
보일러	① 강철제 보일러 ② 주철제 보일러 ③ 소형 온수보일러 ④ 구멍탄용 온수보일러 ⑤ 축열식전기보일러 ⑥ 캐스케이드보일러 ⑦ 가정용 화목보일러
태양열 집열기	태양열 집열기
압력용기	1종 압력용기
	2종 압력용기
요로 (窯爐 : 고온가열장치)	요업요로
	금속요로

기출문제

문114) 다음 중 2종 압력용기에 해당하는 것은?   ○ 21년 9월12일/13년 3월10일/17년 9월23일

① 보유하고 있는 기체의 최고사용압력이 0.1MPa이고 내용적이 $0.05m^3$ 인 압력용기
② 보유하고 있는 기체의 최고사용압력이 0.2MPa이고 내용적이 $0.02m^3$ 인 압력용기
③ 보유하고 있는 기체의 최고사용압력이 0.3MPa이고 동체의 안지름이 350mm이고, 그 길이가 1,050mm인 증기헤더
④ 보유하고 있는 기체의 최고사용압력이 0.4MPa이고 동체의 안지름이 150mm이고, 그 길이가 1,500mm인 압력용기

[정답] ③

문115). 에너지이용 합리화법에 따라 소형 온수보일러의 적용범위에 대한 설명으로 옳은 것은? (단, 구멍탄용 온 수보일러·축열식 전기보일러 및 가스 사용량이 17kg/h 이하인 가스용 온수보일러는 제외한다.)   ○ 19년 4월27일

① 전열면적이 $10m^2$ 이하이며, 최고사용압력이 0.35MPa 이하의 온수를 발생하는 보일러
② 전열면적이 $14m^2$ 이하이며, 최고사용압력이 0.35MPa 이하의 온수를 발생하는 보일러
③ 전열면적이 $10m^2$ 이하이며, 최고사용압력이 0.45MPa 이하의 온수를 발생하는 보일러
④ 전열면적이 $14m^2$ 이하이며, 최고사용압력이 0.45MPa 이하의 온수를 발생하는 보일러

[정답] ②

문116) 에너지이용 합리화법에서 정한 열사용 기자재의 적용범위로 옳은 것은? ● 20년 6월6일

① 전열면적이 $20m^2$ 이하인 소형 온수보일러
② 정격소비전력이 50kW 이하인 축열식 전기보일러
③ 1종 압력용기로서 최고사용압력(MPa)과 부피(m^3)를 곱한 수치가 0.01을 초과하는 것
④ 2종 압력용기로서 최고사용압력이 0.2MPa를 초과하는 기체를 그 안에 보유하는 용기로서 내부 부피가 $0.04m^3$ 이상인 것

[정답] ④

문117) 에너지이용 합리화법령상 최고사용압력(MPa)과 내부 부피(m^3)을 곱한 수치가 0.004를 초과하는 압력용기 중 1종 압력용기에 해당되지 않는 것은? ● 20년 9월26일

① 증기를 발생시켜 액체를 가열하며 용기안의 압력이 대기압을 초과하는 압력용기
② 용기안의 화학반응에 의하여 증기를 발생하는 것으로 용기안의 압력이 대기압을 초과하는 압력용기
③ 용기안의 액체의 성분을 분리하기 위하여 해당 액체를 가열하는 것으로 용기안의 압력이 대기압을 초과하는 압력용기
④ 용기안의 액체의 온도가 대기압에서의 비점을 초과하자 않는 압력용기

[정답] ④

문118) 에너지이용 합리화법령상 열사용기자재에 해당하는 것은? ● 13년 9월28일/20년 9월26일

① 금속요로
② 선박용 보일러
③ 고압가스 압력용기
④ 철도차량용 보일러

[정답] ①

구분	품목명
보일러	① 강철제 보일러 ② 주철제 보일러 ③ 소형 온수보일러 ④ 구멍탄용 온수보일러 ⑤ 축열식전기보일러 ⑥ 캐스케이드보일러 ⑦ 가정용 화목보일러
태양열 집열기	태양열 집열기
압력용기	1종 압력용기
	2종 압력용기
요로 (窯爐 : 고온가열장치)	요업요로
	금속요로

■ 에너지이용 합리화법 시행규칙 [별표 3의2] 〈개정 2021. 10. 12.〉

특정열사용기자재 및 그 설치·시공범위(제31조의5 관련)

구분	품목명	설치·시공범위
보일러	강철제 보일러 주철제 보일러 온수보일러 구멍탄용 온수보일러 축열식 전기보일러 캐스케이드 보일러 가정용 화목보일러	해당 기기의 설치·배관 및 세관
태양열 집열기	태양열 집열기	해당 기기의 설치·배관 및 세관
압력용기	1종 압력용기 2종 압력용기	해당 기기의 설치·배관 및 세관
요업요로	연속식유리용융가마 불연속식유리용융가마 유리용융도가니가마 터널가마 도염식각가마 셔틀가마 회전가마 석회용선가마	해당 기기의 설치를 위한 시공
금속요로	용선로 비철금속용융로 금속소둔로 철금속가열로 금속균열로	해당 기기의 설치를 위한 시공

기출문제

문119) 다음 중 특정 열사용 기자재가 아닌 것은? ◉ 13년 3월10일/17년 3월5일

① 주철제 보일러
② 금속 소둔로
③ 2종 압력용기
④ 석유 난로

[정답] ④

문120) 에너지이용 합리화법에 따른 특정열사용기자재 품목에 해당하지 않는 것은? ◉ 18년 3월4일

① 강철제 보일러
② 구멍탄용 온수보일러
③ 태양열 집열기
④ 태양광 발전기

[정답] ④

문121) 특정열사용기자재와 설치, 시공 범위가 바르게 연결된 것은? ◉ 16년 3월6일/21년 9월12일

① 강절제 보일러 : 해당 기기의 설치·배관 및 세관
② 태양열 집열기 : 해당 기기의 설치를 위한 시공
③ 비철금속 용융로 : 해당 기기의 설치·배관 미 세관
④ 축열식 전기보일러 : 해당 기기의 설치를 위한 시공

[정답] ①

문122) 에너지이용 합리화법령상 특정열사용기자재 설치·시공범위가 아닌 것은?
  ◉ 21년 9월12일/20년 8월22일

① 강철제보일러 세관
② 철금속가열로의 시공
③ 태양열 집열기 배관
④ 금속균열로의 배관

[정답] ④

문123) 에너지이용 합리화법상 특정열사용기자재 및 설치·시공범위에 해당하지 않는 품목은?
  ◉ 20년 6월6일

① 압력용기
② 태양열 집열기
③ 태양광 발전장치
④ 금속요로

[정답] ③

■ 에너지이용 합리화법 시행규칙 [별표 3의3] 〈개정 2021. 10. 12.〉

검사대상기기(제31조의6 관련)

구분	검사대상기기	적용범위
보일러	강철제 보일러, 주철제 보일러	다음 각 호의 어느 하나에 해당하는 것은 제외한다. 1. 최고사용압력이 0.1MPa 이하이고, 동체의 안지름이 300미리미터 이하이며, 길이가 600미리미터 이하인 것 2. 최고사용압력이 0.1MPa 이하이고, 전열면적이 5제곱미터 이하인 것 3. 2종 관류보일러 4. 온수를 발생시키는 보일러로서 대기개방형인 것
	소형 온수보일러	가스를 사용하는 것으로서 가스사용량이 17kg/h(도시가스는 232.6킬로와트)를 초과하는 것
	캐스케이드 보일러	별표 1에 따른 캐스케이드 보일러의 적용범위에 따른다.
압력용기	1종 압력용기 2종 압력용기	별표 1에 따른 압력용기의 적용범위에 따른다.
요로	철금속가열로	정격용량이 0.58MW를 초과하는 것

기출문제

문124) 에너지이용합리화 관련법에서 정한 검시를 받아아 하는 소형온수보일러의 기준은?

◎ 13년 9월28일/17년 5월7일/18년 9월15일

① 가스사용량이 15kg/h를 초과하는 보일러
② 가스사용량이 17kg/h를 초과하는 보일러
③ 가스사용량이 19kg/h를 초과하는 보일러
④ 가스사용량이 21kg/h를 초과하는 보일러

[정답] ②

문125) 에너지이용 합리화법에 따라 검사대상기기의 적용범위에 해당하는 것은? ◎ 17년 5월7일

① 최고사용압력이 0.05MPa이고, 동체의 안지름이 300mm이며, 길이가 500mm인 강철제보일러
② 정격용량이 0.3MW인 철금속가열로
③ 내용적 0.05m³, 최고사용압력이 0.3Mpa인 기체를 보유하는 2종 압력용기
④ 가스사용량이 10kg/h인 소형온수보일러

별표 1에 의한 2종 압력용기 기준	최고사용압력이 0.2MPa를 초과하는 기체를 그 안에 보유 하는 용기로서 다음 각 호의 어느 하나에 해당하는 것 1. 내부 부피가 0.04세제곱미터 이상인 것 2. 동체의 안지름이 200미리미터 이상(증기헤더의 경우에는 동체의 안지름이 300미리미터 초과)이고, 그 길이가 1천 미리미터 이상인 것

[정답] ③

문126) 에너지이용 합리화법에 따른 검사 대상기기에 해당하지 않는 것은? ● 18년 4월28일
① 가스 사용량이 17kg/h를 초과하는 소형온수보일러
② 정격용량이 0.58MW를 초과하는 철금속가열로
③ 온수를 발생시키는 보일러로서 대기개방형인 주철제 보일러
④ 최고사용압력이 0.2MPa를 초과하는 증기를 보유하는 용기로서 내용적이 0.04m³ 이상인 용기

[정답] ③

127) 에너지이용 합리화법에 따라 검사대상기기에 해당되는 것은? ● 19년 3월3일
① 정격용량이 0.4MW인 철금속가열로
② 가스사용량이 18kg/h인 소형온수보일러
③ 최고사용압력이 0.1MPa이고, 전열면적이 5m인 주철제보일러
④ 최고사용압력이 0.1MPa이고, 동체의 안지름이 300mm이며, 길이가 600mm인 강철제보일러

[정답] ②

문128) 다음 중 에너지이용 합리화법령에 따른 검사대상기기에 해당하는 것은? ● 21년 5월15일
① 정격용량이 0.5MW인 철금속가열로
② 가스사용량이 20kg/h 인 소형 온수보일러
③ 최고사용압력이 0.1MPa이고, 전열면적이 4m인 강철제 보일러
④ 최고사용압력이 0.1MPa 이고, 동체 안지름이 300mm이며, 길이가 500mm인 강철제 보일러

[정답] ②

문129) 에너지이용 합리화법령상 검사대상기기에 해당되지 않는 것은? ● 22년 3월5일
① 2종 관류보일러
② 정격용량이 1.2MW인 철금속가열로
③ 도시가스 사용량이 300W인 소형온수보일러
④ 최고사용압력이 0.3MPa, 내부 부피가 0.04m인 2종 압력용기

[정답] ①

■ 에너지이용 합리화법 시행규칙 [별표 3의4] 〈개정 2022. 1. 21.〉

검사의 종류 및 적용대상(제31조의7 관련)

검사의 종류		적용대상	근거 법조문
제조검사	용접검사	동체·경판(동체의 양 끝부분에 부착하는 판) 및 이와 유사한 부분을 용접으로 제조하는 경우의 검사	법 제39조제1항 및 법 제39조의2제1항
	구조검사	강판·관 또는 주물류를 용접·확대·조립·주조 등에 따라 제조하는 경우의 검사	
설치검사		신설한 경우의 검사(사용연료의 변경에 의하여 검사대상이 아닌 보일러가 검사대상으로 되는 경우의 검사를 포함한다)	
개조검사		다음 각 호의 어느 하나에 해당하는 경우의 검사 1. 증기보일러를 온수보일러로 개조하는 경우 2. 보일러 섹션의 증감에 의하여 용량을 변경하는 경우 3. 동체·돔·노통·연소실·경판·천정판·관판·관모음 또는 스테이의 변경으로서 산업통상자원부장관이 정하여 고시하는 대수리의 경우 4. 연료 또는 연소방법을 변경하는 경우 5. 철금속가열로로서 산업통상자원부장관이 정하여 고시하는 경우의 수리	법 제39조제2항제1호
설치장소 변경검사		설치장소를 변경한 경우의 검사. 다만, 이동식 검사대상기기를 제외한다.	법 제39조제2항제2호
재사용검사		사용중지 후 재사용하고자 하는 경우의 검사	법 제39조제2항제3호
계속사용검사	안전검사	설치검사·개조검사·설치장소 변경검사 또는 재사용검사 후 안전부문에 대한 유효기간을 연장하고자 하는 경우의 검사	법 제39조제4항
	운전성능검사	다음 각 호의 어느 하나에 해당하는 기기에 대한 검사로서 설치검사 후 운전성능부문에 대한 유효기간을 연장하고자 하는 경우의 검사 1. 용량이 1t/h(난방용의 경우에는 5t/h)이상인 강철제보일러 및 주철제보일러 2. 철금속가열로	

기출문제

문130) 에너지이용 합리화법에서 정한 검사대상기기에 대한 검사의 종류가 아닌 것은?
⊙ 22년 3월5일/14년 3월2일

① 계속사용검사 ② 개방검사
③ 개조검사 ④ 설치장소 변경검사

[정답] ②

문131) 사용연료를 변경함으로써 검사대상이 아닌 보일러가 검사대상으로 되었을 경우에 해당되는 검사는?
⊙ 15년 3월8일

① 구조검사 ② 설치검사
③ 개조검사 ④ 재사용검사

[정답] ②

문132) 에너지이용 합리화법에 따라 검사대상기기 검사 중 개조검사의 적용 대상이 아닌 것은?
⊙ 16년 5월8일/20년 6월6일

① 온수보일러를 증기보일러로 개조하는 경우
② 보일러 섹션의 증감에 의하여 용량을 변경하는 경우
③ 동체, 경판, 관판, 관모음 또는 스테이의 변경으로서 산업통상자원부장관이 정하여 고시하는 대수리의 경우
④ 연료 또는 연소방법을 변경하는 경우

[정답] ①

문133) 에너지이용합리화법에 따라 규정된 검사의 종류와 적용대상의 연결로 틀린 것은?
⊙ 16년 10월1일

① 용접검사 : 동체·경판 및 이와 유사한 부분을 용접으로 제조하는 경우의 검사
② 구조검사 : 강판, 관 또는 주물류를 용접, 확대, 조립, 주조 등에 따라 제조하는 경우의 검사
③ 개조검사 : 증기보일러의 온수보일러로 개조하는 경우의 검사
④ 재사용검사 : 사용 중 연속 재사용하고자 하는 경우의 검사

[정답] ④

문134) 에너지이용 합리화법령에서 정한 검사대상기기의 계속 사용검사에 해당하는 것은?
⊙ 20년 9월26일

① 운전성능검사 ② 개조검사
③ 구조검사 ④ 설치검사

[정답] ①

■ 에너지이용 합리화법 시행규칙 [별표 3의5] 〈개정 2023. 12. 20.〉

검사대상기기의 검사유효기간(제31조의8제1항 관련)

검사의 종류		검사유효기간
설치검사		1. 보일러 : 1년. 다만, 운전성능 부문의 경우에는 3년 1개월로 한다. 2. 캐스케이드 보일러, 압력용기 및 철금속가열로 : 2년
개조검사		1. 보일러 : 1년 2. 캐스케이드 보일러, 압력용기 및 철금속가열로 : 2년
설치장소 변경검사		1. 보일러 : 1년 2. 캐스케이드 보일러, 압력용기 및 철금속가열로 : 2년
재사용검사		1. 보일러 : 1년 2. 캐스케이드 보일러, 압력용기 및 철금속가열로 : 2년
계속사용 검사	안전검사	1. 보일러 : 1년 2. 캐스케이드 보일러 및 압력용기 : 2년
	운전성능 검사	1. 보일러 : 1년 2. 철금속가열로 : 2년

비고
1. 보일러의 계속사용검사 중 운전성능검사에 대한 검사유효기간은 해당 보일러가 산업통상자원부장관이 정하여 고시하는 기준에 적합한 경우에는 2년으로 한다.
2. 설치 후 3년이 지난 보일러로서 설치장소 변경검사 또는 재사용검사를 받은 보일러는 검사 후 1개월 이내에 운전성능검사를 받아야 한다.
3. 개조검사 중 연료 또는 연소방법의 변경에 따른 개조검사의 경우에는 검사유효기간을 적용하지 않는다.
4. 다음 각 목의 구분에 따른 검사대상기기의 검사에 대한 검사유효기간은 각 목의 구분에 따른다. 다만, 계속사용검사 중 운전성능검사에 대한 검사유효기간은 제외한다.
    가. 「고압가스 안전관리법」 제13조의2제1항에 따른 안전성향상계획과 「산업안전보건법」 제44조제1항에 따른 공정안전보고서 모두를 작성하여야 하는 자의 검사대상기기(보일러의 경우에는 제품을 제조·가공하는 공정에만 사용되는 보일러만 해당한다. 이하 나목에서 같다) : 4년. 다만, 산업통상자원부장관이 정하여 고시하는 바에 따라 8년의 범위에서 연장할 수 있다.
    나. 「고압가스 안전관리법」 제13조의2제1항에 따른 안전성향상계획과 「산업안전보건법」 제44조제1항에 따른 공정안전보고서 중 어느 하나를 작성하여야 하는 자의 검사대상기기 : 2년. 다만, 산업통상자원부장관이 정하여 고시하는 바에 따라 6년의 범위에서 연장할 수 있다.
    다. 「의약품 등의 안전에 관한 규칙」 별표 3에 따른 생물학적제제등을 제조하는 의약품제조업자로서 같은 표에 따른 제조 및 품질관리기준에 적합한 자의 압력용기 : 4년
    라. 「집단에너지사업법」 제9조에 따라 사업 허가를 받은 자가 사용하는 같은 법 시행규칙 제2조제1호가목에 따른 열발생설비 중 터빈에서 나온 열을 활용하는 보일러 : 2년
5. 제31조의25제1항에 따라 설치신고를 하는 검사대상기기는 신고 후 2년이 지난 날에 계속사용검사 중 안전검사(재사용검사를 포함한다)를 하며, 그 유효기간은 2년으로 한다.
6. 법 제32조제2항에 따라 에너지진단을 받은 운전성능검사대상기기가 제31조의9에 따른 검사기준에 적합한 경우에는 에너지진단 이후 최초로 받는 운전성능검사를 에너지진단으로 갈음한다(비고 4에 해당하는 경우는 제외한다).

기출문제

문135) 에너지이용 합리화법에 따라 연간 검사대상기기의 검사유효 기간으로 틀린 것은?

◉ 18년 9월15일

① 보일러의 개조검사는 2년이다.
② 보일러의 계속사용검사는 1년이다.
③ 압력용기의 계속사용검사는 2년이다.
④ 보일러의 설치장소 변경검사는 1년이다.

[정답] ①

■ 에너지이용 합리화법 시행규칙 [별표 3의6] 〈개정 2022. 1. 21.〉

검사의 면제대상 범위(제31조의13제1항제1호 관련)

검사대상 기기명	대상범위	면제되는 검사
강철제 보일러, 주철제 보일러	1. 강철제 보일러 중 전열면적이 5제곱미터 이하이고, 최고사용압력이 0.35MPa 이하인 것 2. 주철제 보일러 3. 1종 관류보일러 4. 온수보일러 중 전열면적이 18제곱미터 이하이고, 최고사용 압력이 0.35MPa 이하인 것	용접검사
	주철제 보일러	구조검사
	1. 가스 외의 연료를 사용하는 1종 관류보일러 2. 전열면적 30제곱미터 이하의 유류용 주철제 증기보일러	설치검사

	1. 전열면적 5제곱미터 이하의 증기보일러로서 다음 각 목의 어느 하나에 해당하는 것
	  가. 대기에 개방된 안지름이 25미리미터이상인 증기관이 부착된 것
	  나. 수두압(水頭壓 : 압력을 물기둥의 높이로 표시하는 단위)이 5미터 이하이며 안지름이 25미리미터 이상인 대기에 개방된 U자형 입관이 보일러의 증기부에 부착된 것
	2. 온수보일러로서 다음 각 목의 어느 하나에 해당하는 것
	  가. 유류·가스 외의 연료를 사용하는 것으로서 전열면적이 30제곱미터 이하인 것
	  나. 가스 외의 연료를 사용하는 주철제 보일러
		계속사용검사

소형 온수보일러	가스사용량이 17kg/h(도시가스는 232.6kW)를 초과하는 가스용 소형 온수보일러	제조검사
캐스케이드 보일러	캐스케이드 보일러	제조검사
1종 압력용기 2종 압력용기	1. 용접이음(동체와 플랜지와의 용접이음은 제외한다)이 없는 강관을 동체로 한 헤더 2. 압력용기 중 동체의 두께가 6미리미터 미만인 것으로서 최고사용압력(MPa)과 내부 부피(m³)를 곱한 수치가 0.02 이하(난방용의 경우에는 0.05 이하)인 것 3. 전열교환식인 것으로서 최고사용압력이 0.35MPa 이하이고, 동체의 안지름이 600미리미터 이하인 것	용접검사
	1. 2종 압력용기 및 온수탱크 2. 압력용기 중 동체의 두께가 6미리미터 미만인 것으로서 최고사용압력(MPa)과 내부 부피(m³)를 곱한 수치가 0.02 이하(난방용의 경우에는 0.05 이하)인 것 3. 압력용기 중 동체의 최고사용압력이 0.5MPa 이하인 난방용 압력용기 4. 압력용기 중 동체의 최고사용압력이 0.1MPa 이하인 취사용 압력용기	설치검사 및 계속 사용검사
철금속가열로	철금속가열로	제조검사, 재사용검사 및 계속사용검사 중 안전검사

기출문제

문136) 용접검사가 면제되는 대상기기가 아닌 것은?　　　　　○ 15년 5월31일/19년 9월21일

① 용접이음이 없는 강관을 동체로 한 헤더
② 최고사용압력이 0.35MPa 이하이고, 동체의 안지름이 600mm인 전열교환식 1종 압력용기
③ 전열면적이 $30m^2$ 이하의 유류용 주철제 증기보일러
④ 전열면적이 $18m^2$ 이하이고, 최고사용압력이 0.35MPa인 온수보일러

[정답] ③

문137) 에너지이용 합리화법에 따라 용접검사가 면제되는 대상범위에 해당되지 않는 것은?
　　　　　○ 18년 3월4일

① 주철제보일러
② 강철제 보일러 중 전열면적이 $5m^2$ 이하이고, 최고사용압력이 0.35MPa이하인 것
③ 압력용기 중 동체의 두께가 6mm 미만인 것으로서 최고사용압력(MPa)과 내부부피(m^3)를 곱한 수치가 0.02 이하인 것
④ 온수보일러로서 전열면적이 $20m^2$ 이하이고, 최고사용압력이 0.3MPa이하인 것

[정답] ④

문138) 에너지이용 합리화법령상 검사대상기기 검사 중 용접검사 면제 대상 기준이 아닌 것은?　　　　　○ 21년 9월12일

① 압력용기 중 동체의 두께가 8mm 미만인 것으로서 최고사용압력(MPa)과 내부 부피(m^3)를 곱한 수치가 0.02 이하인 것
② 강철제 또는 주철제 보일러이며, 온수보일러 중 전열면적이 18m 이하이고, 최고사용 압력이 0.35MPa 이 하인 것
③ 강철제 보일러 중 전열면적이 $5m^2$ 이하이고, 최고사용압력이 0.35MPa 이하인 것
④ 압력용기 중 전열교환식인 것으로서 최고사용압력이 0.35MPa 이하이고, 동체의 안지름이 600mm 이하인 것

[정답] ①

■ 에너지이용 합리화법 시행규칙 [별표 3의9] 〈개정 2018. 7. 23.〉

검사대상기기관리자의 자격 및 조종범위(제31조의26제1항 관련)

관리자의 자격	관리범위
에너지관리기능장 또는 에너지관리기사	용량이 30t/h를 초과하는 보일러
에너지관리기능장, 에너지관리기사 또는 에너지관리산업기사	용량이 10t/h를 초과하고 30t/h 이하인 보일러
에너지관리기능장, 에너지관리기사, 에너지관리산업기사 또는 에너지관리기능사	용량이 10t/h 이하인 보일러
에너지관리기능장, 에너지관리기사, 에너지관리산업기사, 에너지관리기능사 또는 인정검사대상기기관리자의 교육을 이수한 자	1. 증기보일러로서 최고사용압력이 1MPa 이하이고, 전열면적이 10제곱미터 이하인 것 2. 온수발생 및 열매체를 가열하는 보일러로서 용량이 581.5킬로와트 이하인 것 3. 압력용기

비고
1. 온수발생 및 열매체를 가열하는 보일러의 용량은 697.8킬로와트를 1t/h로 본다.
2. 제31조의27제2항에 따른 1구역에서 가스 연료를 사용하는 1종 관류보일러의 용량은 이를 구성하는 보일러의 개별 용량을 합산한 값으로 한다.
3. 계속사용검사 중 안전검사를 실시하지 않는 검사대상기기 또는 가스 외의 연료를 사용하는 1종 관류보일러의 경우에는 검사대상기기관리자의 자격에 제한을 두지 아니한다.
4. 가스를 연료로 사용하는 보일러의 검사대상기기관리자의 자격은 위 표에 따른 자격을 가진 사람으로서 제31조의26제2항에 따라 산업통상자원부장관이 정하는 관련 교육을 이수한 사람 또는 「도시가스사업법 시행령」 별표 1에 따른 특정가스사용시설의 안전관리 책임자의 자격을 가진 사람으로 한다.

기출문제

문139) 에너지이용 합리화법령에 따라 에너지관리산업기사 자격을 가진 자는 관리가 가능하나, 에너지관리기능사 자격을 가진 자는 관리할 수 없는 보일러 용량의 범위는? ❂ 22년 4월24일

① 5t/h 초과 10t/h 이하 ② 10t/h 초과 30t/h 이하
③ 20t/h 초과 40t/h 이하 ④ 30t/h 초과 60t/h 이하

[정답] ②

문140) 다음 중 에너지이용 합리화법에 따라 에너지관리산업기사의 자격을 가진 자가 조종할 수 없는 보일러는? ❂ 17년 5월7일

① 용량이 10t/h인 보일러
② 용량이 20t/h인 보일러
③ 용량이 581.5kW인 온수 발생 보일러
④ 용량이 40t/h인 보일러 -에너지 기능장 또는 에너지 관리기사 조종 가능

[정답] ④

문141) 인정검사대상기기 조종자교육을 이수한 자가 조종할 수 없는 것은? ● 17년 3월5일
　① 초고사용압력(MPa)과 내용적(m³)을 곱한 수치가 0.02을 초과하는 1종 압력용기
　② 용량이 581킬로오트인 열매체를 가열하는 보일러
　③ 용량이 700킬로와트의 온수발생 보일러
　④ 최고사용압력이 1MPa 이하이고 전열면적이 10m² 이하인 증기보일러

[정답] ③

문142) 인정검사대상기기 조종자(에머지관리공단에서 검사대상기기 조정에 관한 교육이수자)가 조정할 수 없는 검사대상 기기는? ● 20년 8월22일/15년 5월31일
　① 압력용기
　② 열매체를 가열하는 보일러로서 용량이 581.5kW 이하인 것
　③ 온수를 발생하는 보일러로서 용량이 581.5kW 이하인 것
　④ 증기보일러로서 최고사용압력이 2MPa이하이고, 전열 면적이 5m² 이하인 것

[정답] ④

문143) 에너지이용 합리화법에 따라 인정검사 대상기기 조종자의 교육을 이수한 자의 조종 범위에 해당하지 않는 것은? ● 18년 4월28일
　① 용량이 3t/h인 노통 연관식 보일러
　② 압력용기
　③ 온수를 발생하는 보일러로서 용량이 300kW인 것
　④ 증기 보일러로서 최고사용 압력이 0.5MPa이고 전열면적이 9m² 인 것

[정답] ①

문144) 에너지이용 합리화법에 따라 인정검사대상기기 조정자의 교육을 이수한 사람의 조종범위는 증기보 일러로서 최고사용 압력이 1MPa이하이고 전열면적이 얼마 이하일 때 가능한가? ● 16년 5월8일
　① $1m^2$　　　　　　② $2m^2$
　③ $5m^2$　　　　　　④ $10m^2$

[정답] ④

문145) 에너지이용 합리화법상 온수발생 용량이 0.5815 MW를 초과하며 10t/h 이하인 보일러에 대한 검사대상기기 관리자의 자격으로 모두 고른 것은? ● 20년 6월6일

　　ㄱ. 에너지관리기능장
　　ㄴ. 에너지관리기사
　　ㄷ. 에너지관리산업기사
　　ㄹ. 에너지기능사
　　ㅁ. 인정검사대상기기관리자의 교육을 이수한 자

① ㄱ, ㄴ ② ㄱ, ㄴ, ㄷ
③ ㄱ, ㄴ, ㄷ, ㄹ ④ ㄱ, ㄴ, ㄷ, ㄹ, ㅁ

[정답] ③

■ 에너지이용 합리화법 시행규칙 [별표 4] 〈개정 2015.7.29.〉

에너지관리자에 대한 교육(제32조제1항 관련)

교육과정	교육기간	교육대상자	교육기관
에너지관리자 기본교육과정	1일	법 제31조제1항제1호부터 제4호까지의 사항에 관한 업무를 담당하는 사람으로 신고된 사람	한국에너지공단

비고
1. 에너지관리자 기본교육과정의 교육과목 및 교육수수료 등에 관한 세부사항은 산업통상자원부장관이 정하여 고시한다.
2. 에너지관리자는 법 제31조제1항에 따라 같은 항 제1호부터 제4호까지의 업무를 담당하는 사람으로 최초로 신고된 연도(年度)에 교육을 받아야 한다.
3. 에너지관리자 기본교육과정을 마친 사람이 동일한 에너지다소비사업자의 에너지관리자로 다시 신고되는 경우에는 교육대상자에서 제외한다.

기출문제

문146) 에너지 이용합리화법에 의한 에너지관리자의 기본교육과정 교육기관은?　● 15년 9월19일
　　① 1일　　　　　　　　② 3일
　　③ 5일　　　　　　　　④ 7일

[정답] ①

■ 에너지이용 합리화법 시행규칙 [별표 4의2] 〈개정 2018. 7. 23.〉

시공업의 기술인력 및 검사대상기기관리자에 대한 교육(제32조의2제1항 관련)

구분	교육과정	교육기간	교육대상자	교육기관
시공업의 기술인력	1. 난방시공업 제1종기술자과정	1일	「건설산업기본법 시행령」별표 2에 따른 난방시공업 제1종의 기술자로 등록된 사람	법 제41조에 따라 설립된 한국열관리시공협회 및 「민법」제32조에 따라 국토교통부장관의 허가를 받아 설립된 전국보일러설비협회
	2. 난방시공업 제2종·제3종 기술자과정	1일	「건설산업기본법 시행령」별표 2에 따른 난방시공업 제2종 또는 난방시공업 제3종의 기술자로 등록된 사람	
검사대상기기관리자	1. 중·대형 보일러 관리자과정	1일	법 제40조제1항에 따른 검사대상기기관리자로 선임된 사람으로서 용량이 1t/h(난방용의 경우에는 5t/h)를 초과하는 강철제 보일러 및 주철제 보일러의 관리자	공단 및 「민법」제32조에 따라 산업통상자원부장관의 허가를 받아 설립된 한국에너지기술인협회
	2. 소형보일러·압력용기 관리자과정	1일	법 제40조제1항에 따른 검사대상기기관리자로 선임된 사람으로서 제1호의 보일러 관리자과정의 대상이 되는 보일러 외의 보일러 및 압력용기의 관리자	

비고
1. 난방시공업 제1종기술자과정 등에 대한 교육과목, 교육수수료 및 교육 통지 등에 관한 세부사항은 산업통상자원부장관이 정하여 고시한다.
2. 시공업의 기술인력은 난방시공업 제1종·제2종 또는 제3종의 기술자로 등록된 날부터, 검사대상기기관리자는 법 제40조제1항에 따른 검사대상기기관리자로 선임된 날부터 6개월 이내에, 그 후에는 교육을 받은 날부터 3년마다 교육을 받아야 한다.
3. 위 교육과정 중 난방시공업 제1종기술자과정을 이수한 경우에는 난방시공업 제2종·제3종기술자과정을 이수한 것으로 보며, 중·대형보일러 관리자과정을 이수한 경우에는 소형보일러·압력용기 관리자과정을 이수한 것으로 본다.
4. 산업통상자원부장관은 제도의 변경, 기술의 발달 등 안전관리환경의 변화로 효율 향상을 위하여 추가로 교육하려는 경우에는 교육의 기관·기간·과정 등에 관한 사항을 미리 고시하여야 한다.

기출문제

문147) 검사대상기기 조정자는 선임된 날부터 얼마이내에 교육을 받아야 하는가?
● 20년 8월22일/15년 5월31일

① 1개월　　② 3개월　　③ 6개월　　④ 1년

[정답] ③

문148) 에너지이용 합리화법에 따라 시공업의 기술인력 및 검사대상기기 조종자에 대한 교육과정과 그 기간으로 틀린 것은?
● 16년 5월8일/19년 3월3일

① 난방시공업 제1종기술자 과정 : 1일
② 난방시공업 제2종기술자 과정 : 1일
③ 소형 보일러, 압력용기조종자 과정 : 1일
④ 중, 대형 보일러 조종자 과정 : 2일

[정답] ④

■ 에너지이용 합리화법 시행규칙 [별표 1의2] 〈개정 2013.3.23〉

평균에너지소비효율 산정방법(제12조제1항 관련)

$$\text{평균에너지소비효율} = \frac{\text{기자재 판매량}}{\sum\left[\dfrac{\text{기자재의 종류별 국내 판매량}}{\text{기자재의 종류별 에너지소비효율}}\right]}$$

비고 : 기자재의 종류별 국내 판매량 및 기자재의 종류별 에너지소비효율의 산정방법은 산업통상자원부장관이 정하여 고시한다.

■ 에너지이용 합리화법 시행규칙 [별표 2] 〈개정 2022. 1. 26.〉

대기전력저감대상제품(제13조제1항 관련)

1. 삭제 〈2022. 1. 26.〉
2. 삭제 〈2022. 1. 26.〉
3. 프린터
4. 복합기
5. 삭제 〈2012.4.5〉
6. 삭제 〈2014.2.21〉
7. 전자레인지
8. 팩시밀리
9. 복사기
10. 스캐너
11. 삭제 〈2014.2.21〉
12. 오디오
13. DVD플레이어
14. 라디오카세트
15. 도어폰
16. 유무선전화기
17. 비데
18. 모뎀
19. 홈 게이트웨이
20. 자동절전제어장치
21. 손건조기
22. 서버
23. 디지털컨버터
24. 그 밖에 산업통상자원부장관이 대기전력의 저감이 필요하다고 인정하여 고시하는 제품

■ 에너지이용 합리화법 시행규칙 [별표 3] 〈개정 2016. 12. 9.〉

에너지진단의 면제 또는 에너지진단주기의 연장 범위(제29조제2항 관련)

대상사업자	면제 또는 연장 범위
1. 에너지절약 이행실적 우수사업자	
가. 자발적 협약 우수사업장으로 선정된 자(중소기업인 경우)	에너지진단 1회 면제
나. 자발적 협약 우수사업장으로 선정된 자(중소기업이 아닌 경우)	1회 선정에 에너지진단주기 1년 연장
1의2. 에너지경영시스템을 도입한 자로서 에너지를 효율적으로 이용하고 있다고 산업통상자원부장관이 정하여 고시하는 자	에너지진단주기 2회마다 에너지진단 1회 면제
2. 에너지절약 유공자	에너지진단 1회 면제
3. 에너지진단 결과를 반영하여 에너지를 효율적으로 이용하고 있는 자	1회 선정에 에너지진단주기 3년 연장
4. 지난 연도 에너지사용량의 100분의 30 이상을 친에너지형 설비를 이용하여 공급하는 자	에너지진단 1회 면제
5. 에너지관리시스템을 구축하여 에너지를 효율적으로 이용하고 있다고 산업통상자원부장관이 고시하는 자	에너지진단주기 2회 마다 에너지진단 1회 면제
6. 목표관리업체로서 온실가스·에너지 목표관리 실적이 우수하다고 산업통상자원부장관이 환경부장관과 협의한 후 정하여 고시하는 자	에너지진단주기 2회마다 에너지진단 1회 면제

비고
1. 에너지절약 유공자에 해당되는 자는 1개의 사업장만 해당한다.
2. 제1호, 제1호의2 및 제2호부터 제6호까지의 대상사업자가 동시에 해당되는 경우에는 어느 하나만 해당되는 것으로 한다.
3. 제1호가목 및 나목에서 "중소기업"이란 「중소기업기본법」 제2조에 따른 중소기업을 말한다.
4. 에너지진단이 면제되는 "1회"의 시점은 다음 각 목의 구분에 따라 최초로 에너지진단주기가 도래하는 시점을 말한다.
   가. 제1호가목의 경우 : 중소기업이 자발적 협약 우수사업장으로 선정된 후
   나. 제2호의 경우 : 에너지절약 유공자 표창을 수상한 후
   다. 제5호의 경우 : 100분의 30 이상의 에너지사용량을 친에너지형 설비를 이용하여 공급한 후

관련법규

저자약력

● **정영식**

- 현) 와우에듀 에너지관리기사전임
  국제기계학원 원장
  경상남도 건설기술심의 위원
  박문각 기계중등임용 강의
- 전) 한국폴리텍 7대학 강사
  문성대학교 겸임교수
  일학습병형 기계설계분야 NCS교육과정개발(고용노동부)

- 자격증
  기계기술사
  기계가공기능장
  일반기계기사
  건설기계기사
  소방설비기사
  에너지관리기사
  자동차정비기능사
  기계금속정교사
  직업훈련교사

저서
- 에너지관리기사 필기시험대비 (와우에듀)
- 에너지관리기사 필기[10개년 기출문제] (와우에듀)
- 에너지관리기사 실기 (와우에듀)
- 일반기계기사(북스케치)
- 기계설계산업기사(북스케치)
- 정영식 임용기계 기출문제집(박문각)

에너지관리기사
필기시험대비
핵심이론/단원별

인 쇄 일	2025. 10. 25
발 행 일	2025. 10. 30
저 자	정영식
발 행 인	김대윤
발 행 처	와우에듀
주 소	경남 창원시 마산회원구 3.15대로 772
전 화	1544-0942
홈 페 이 지	www.wowedu.co.kr
I S B N	979-11-994683-2-0

저자와의
협의하에
인지생략

정가 39,000원

- 낙장 및 파본은 교환해 드립니다.
- 불법복사는 지적재산을 훔치는 범죄행위입니다. 저작권법 제 136조에 따라 위반자는 5년 이하의 징역 또는 5천만 원 이하의 벌금에 처하거나 이를 병과할 수 있습니다.